Linear Algebra with Applications

Tenth Edition

线性代数

（原书第10版）

[美] 史蒂文·J. 利昂（Steven J. Leon） 莉塞特·G. 德·皮利什（Lisette G. de Pillis） 著

张文博 张丽静 译

机械工业出版社
CHINA MACHINE PRESS

图书在版编目（CIP）数据

线性代数：原书第 10 版 /（美）史蒂文 · J. 利昂（Steven J. Leon），（美）莉塞特 · G. 德 · 皮利什（Lisette G. de Pillis）著；张文博，张丽静译．—北京：机械工业出版社，2022.9（2024.3 重印）
（现代数学丛书）
书名原文：Linear Algebra with Applications, Tenth Edition

ISBN 978-7-111-71729-4

Ⅰ. ①线… Ⅱ. ①史… ②莉… ③张… ④张… Ⅲ. ①线性代数 Ⅳ. ① O151.2

中国版本图书馆 CIP 数据核字（2022）第 180672 号

北京市版权局著作权合同登记　图字：01-2020-4217 号.

本书结合大量应用和实例详细介绍线性代数的基本概念、基本定理与知识点，主要内容包括：矩阵与方程组、行列式、向量空间、线性变换、正交性、特征值、数值线性代数和标准型等. 为帮助读者巩固所学的基本概念和基本定理，书中每一节后都配有练习题，并在每一章后提供了 MATLAB 练习题和测试题.

本书叙述简洁，通俗易懂，理论与应用相结合，适合作为高等院校本科生“线性代数”课程的教材，同时也可作为工程技术人员的参考书.

出版发行：机械工业出版社（北京市西城区百万庄大街 22 号　邮政编码：100037）

责任编辑：王春华	责任校对：樊钟英　刘雅娜
印　　刷：涿州市京南印刷厂	版　　次：2024 年 3 月第 1 版第 3 次印刷
开　　本：186mm × 240mm　1/16	印　　张：31.5
书　　号：ISBN 978-7-111-71729-4	定　　价：99.00 元

客服电话：（010）88361066　68326294

译 者 序

本书译自 Steven J. Leon、Lisette G. de Pillis 所著的 *Linear Algebra with Applications, Tenth Edition*，是一本既具有深刻的理论意义，又具有重要应用价值的图书. 本书不仅适合作为本科生学习线性代数基本知识的教材，也可作为工程技术人员的参考书.

原书作者从事线性代数的教学和研究工作几十年，有着非常丰富的经验. 本书前 9 版得到了众多读者的肯定，本版又增添了新的章节，并调整了部分章节的内容.

本书包含的内容非常丰富，除了对线性代数的基本概念进行了必要的阐述和证明外，还给出了大量的应用实例. 这些实例均与现代科学技术及生产、生活实践紧密相关. 通过这些例子，读者可在学习线性代数基本知识的同时，了解这些基本知识是如何在实践中应用的，从而大大提高学习线性代数的兴趣，并将线性代数的理论与应用实践紧密结合起来.

本书另外一个重要的特色是，紧密结合数学工具软件 MATLAB. 在每一章的结尾都包含很多计算机操作的练习，附录中还给出了完成这些练习所需掌握的基本知识. 这些练习将为读者进一步理解线性代数的基本内容，把握线性代数研究的实质，灵活运用线性代数的基本方法，提供十分有益的帮助.

本书的翻译得到机械工业出版社的大力支持与帮助，在此表示感谢.

译 者

于北京

前　　言

我们非常欣喜地看到本书已经出版到了第10版. 大量读者的持续支持和热情让我们深受鼓舞. 现在线性代数的重要性日益凸显，其应用领域也越来越广泛. 这在很大程度上是由于过去75年来计算机技术的革命，线性代数在数学课程中的地位已经上升到与微积分同样重要了. 同时，现代软件技术为改进线性代数课程的教学方法提供了可能.

本书的第1版出版于1980年. 此后的每一个版本都有着显著的变化，包括增加MATLAB计算机练习，大量增加应用的数量，多次改变本书不同章节的顺序等. 非常幸运的是，我们遇到了很多杰出的审稿人，他们的建议促使本书做了很多重要的改进.

你可能已经注意到本书封面上新增了一位作者——哈维穆德学院的教授Lisette G. de Pillis，她将对教学和解决现实问题的热情带到这一版中.

内容概要

本书不但适用于本科低年级的学生，同时也适用于本科高年级的学生. 学生应熟悉微分和积分的基本知识，即学过一个学期的微积分课程.

若本书作为本科低年级课程的教材，教师应花更多的时间在前面的章节中，并略去后面的很多章节. 对更为高级的课程，教师可以快速浏览前两章中的很多主题，然后较为完整地讲述后面的章节. 本书内容讲解细致，初学者在阅读和理解这些材料时不会有什么问题. 为进一步帮助学生，书中还给出了大量的例子. 每一章后面的计算机练习有助于学生进行数值计算，学生还可尝试对这些结果进行推广. 另外，本书中包含很多应用问题，这些应用问题有助于学生开拓思路并理解学过的相关内容.

本书中包含了美国国家科学基金(NSF)发起的、线性代数课程研究小组(LACSG)推荐的所有内容并有所补充. 尽管有很多材料无法包含在一学期的课程中，但本书内容相对独立，教师可以很容易略过不需要的材料. 此外，学生可以将本书作为参考，并自学略过的主题.

后面给出了针对不同课程的推荐教学大纲.

建议的教学大纲

我们在这里列出了面向本科低年级和高年级一学期课程的教学大纲，一个强调矩阵，一个稍微偏重于理论.

1. 低年级学生的一学期课程

A. 低年级的基本课程

第 1 章	1.1～1.6 节	7 讲
第 2 章	2.1～2.2 节	2 讲
第 3 章	3.1～3.6 节	9 讲
第 4 章	4.1～4.3 节	4 讲
第 5 章	5.1～5.6 节	9 讲
第 6 章	6.1～6.3 节	4 讲
		总计 35 讲

B. LACSG 以矩阵为主的课程

线性代数课程研究小组推荐的核心课程中仅包含欧几里得向量空间. 因此，对该类课程，可以忽略 3.1 节(这是关于一般向量空间的内容)以及第 3～6 章中涉及函数空间的所有内容和练习. 本书包含了 LACSG 核心教学大纲中的所有内容，无须再引入其他的辅助材料. LACSG 建议用 28 讲讲授核心材料，这可通过采用每周一讲，并结合复习课来完成. 如果没有复习课，推荐使用下面的进度表：

第 1 章	1.1～1.6 节	7 讲
第 2 章	2.1～2.2 节	2 讲
第 3 章	3.2～3.6 节	7 讲
第 4 章	4.1～4.3 节	2 讲
第 5 章	5.1～5.6 节	9 讲
第 6 章	6.1 节、6.3～6.5 节	8 讲
		总计 35 讲

2. 高年级学生的一学期课程

在较为高级的课程中，覆盖的内容取决于学生的知识背景. 下面是两个课程建议.

A. 需要较少线性代数知识背景

第 1 章	1.1～1.6 节	6 讲
第 2 章	2.1～2.2 节	2 讲
第 3 章	3.1～3.6 节	7 讲
第 5 章	5.1～5.6 节	9 讲
第 6 章	6.1～6.7 节(如果时间允许，可加上 6.8 节)	10 讲
第 7 章	7.4 节	1 讲
		总计 35 讲

B. 需要一些线性代数知识背景

回顾第 1～3 章各主题	5 讲
第 4 章　4.1～4.3 节	2 讲
第 5 章　5.1～5.6 节	10 讲
第 6 章　6.1～6.7 节(如果时间允许，可加上 6.8 节)	11 讲
第 7 章　7.4～7.7 节(如果时间允许，可加上 7.1～7.3 节)	7 讲
第 8 章　如果时间允许，可加上 8.1～8.2 节	2 讲
总计	37 讲

3. 两学期课程

在两个学期的教学中，可以包含本书所有的 43 节，还可以包含一次额外的课来演示如何使用 MATLAB 软件.

计算机练习

本版每一章的结尾均包含一部分计算机练习，这些练习基于 MATLAB 软件包. 本书的 MATLAB 附录介绍了该软件的基本用法. MATLAB 的优势在于，它是矩阵运算的强大工具，并易于学习. 看完附录后，学生应可以完成计算机练习，而不需要参考其他的软件书籍或手册. 教学时，建议用一个学时讲授该软件. 这些练习可以作为一般的作业，也可作为规定的计算机实验课程的一部分.

虽然课程讲解可以不涉及计算机上的应用，但计算机练习有助于强化学生的学习，并为他们提供线性代数学习的新手段. LACSG 的建议之一是这种技术应该用于线性代数的第一门课程，该建议已得到广泛认同，并且线性代数课程中使用数学软件包也很常见.

致谢

感谢本书所有以前版本的审阅人和做出其他贡献的人. 还要感谢给出评论和建议的大量读者. 特别感谢第 10 版的审阅人：

- Stephen Adams，卡布里尼大学
- Kuzman Adzievski，南卡罗来纳州立大学
- Mike Albanese，中皮德蒙特社区学院
- Alan Alewine，麦肯德里大学
- John M. Alongi，西北大学
- Bonnie Amende，圣马丁大学
- Scott Annin，加州州立大学富勒顿分校
- Ioannis K. Argyros，卡梅隆大学
- Mark Arnold，阿肯色大学

- Victor Barranca，斯沃斯莫尔学院
- Richard Bastian，蒙茅斯大学
- Hossein Behforooz，尤蒂卡学院
- Kaddour Boukaabar，宾州加利福尼亚大学
- David Boyd，瓦尔多斯塔州立大学
- Katherine Brandl，路易斯安娜世纪学院
- Regina A. Buckley，维拉诺瓦大学
- George Pete Caleodis，洛杉矶山谷学院
- Gregory L. Cameron，杨百翰大学爱达荷分校
- Jeremy Case，泰勒大学
- Scott Cook，塔尔顿州立大学
- Joyati Debnath，威诺纳州立大学
- Geoffrey Dietz，甘农大学
- Paul Dostert，考克学院
- Kevin Farrell，林顿州立学院
- Jon Fassett，中央华盛顿大学
- Adam C. Fletcher，柏萨尼学院
- Lester French，缅因大学奥古斯塔分校
- Michael Gagliardo，加州路德大学
- Benjamin Gaines，爱欧那学院
- Mohammad Ganjizadeh，塔伦特郡学院
- Sanford Geraci，布劳沃德学院
- Nicholas L. Goins，圣克莱尔县社区学院
- Raymond N. Greenwell，霍夫斯特拉大学
- Mark Grinshpon，佐治亚州立大学
- Mohammad Hailat，南卡罗来纳大学艾肯分校
- Maila Brucal Hallare，诺福克州立大学
- Ryan Andrew Hass，俄勒冈州立大学
- Mary Juliano，SSJ，考德威尔大学
- Christiaan Ketelaar，特拉华大学
- Yang Kuang，亚利桑那州立大学
- Shinemin Lin，萨凡纳州立大学
- Dawn A. Lott，特拉华州立大学
- James E. Martin，克里斯托弗新港大学
- Peter McNamara，巴科内尔大学
- Mariana Montiel，佐治亚州立大学
- Robert G. Niemeyer，圣道大学

- Phillip E. Parker，维奇他州立大学
- Katherine A. Porter，圣马丁大学
- Pantelimon Stanica，海军研究生院
- J. Varbalow，托马斯尼尔森社区学院
- Haidong Wu，密西西比大学

感谢 Pearson 所有编辑、生产和销售人员所做的努力.

感谢 Gene Golub 和 Jim Wilkinson 的贡献. 本书第 1 版中的绝大多数内容写于 1977～1978 年，那时作者在斯坦福大学做访问学者. 在此期间，作者听取了 Gene Golub 和 Jim Wilkinson 讲授的数值线性代数课程，这些课程对本书有着深刻的影响. 最后，感谢 Germund Dahlquist 对本书早期版本的建议. 尽管 Gene Golub、Jim Wilkinson 和 Germund Dahlquist 已经离世，但他们仍然活在大家的记忆中.

Steven J. Leon
leonste@gmail. com
Lisette G. de Pillis
depillis@hmc. edu

目　录

第1章 矩阵与方程组

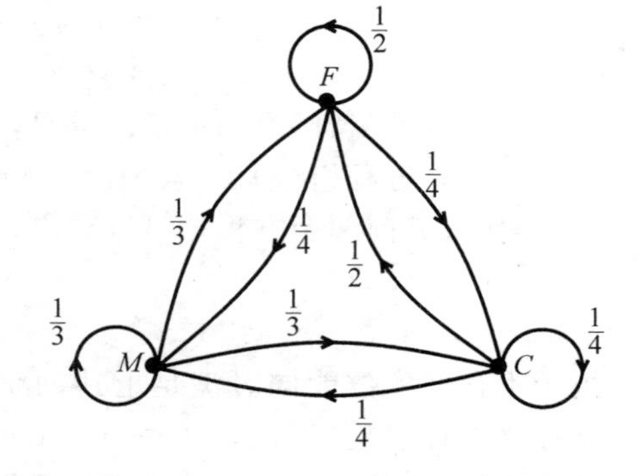

求解线性方程组或许是数学问题中最重要的问题之一．超过75％的科学研究和工程应用中的数学问题，在某个阶段都涉及求解线性方程组．利用新的数学方法，通常可将较为复杂的问题化为线性方程组．线性方程组广泛应用于商业、经济学、社会学、生态学、人口统计学、遗传学、电子学、工程学以及物理学等领域．因此，本书从讨论线性方程组开始应当是合适的．

1.1 线性方程组

形如

$$a_1x_1 + a_2x_2 + \cdots + a_nx_n = b$$

的方程称为含有 n 个未知量的线性方程，其中 a_1，a_2，…，a_n 和 b 为实数，x_1，x_2，…，x_n 称为变量．含有 m 个方程和 n 个未知量的线性方程组定义为

$$\begin{aligned} a_{11}x_1 + a_{12}x_2 + \cdots + a_{1n}x_n &= b_1 \\ a_{21}x_1 + a_{22}x_2 + \cdots + a_{2n}x_n &= b_2 \\ &\vdots \\ a_{m1}x_1 + a_{m2}x_2 + \cdots + a_{mn}x_n &= b_m \end{aligned} \tag{1}$$

其中 a_{ij} 及 b_i 均为实数．(1)称为 $m\times n$ 的线性方程组．下面是几个线性方程组的例子：

(a) $\begin{aligned} x_1+2x_2&=5 \\ 2x_1+3x_2&=8 \end{aligned}$　　(b) $\begin{aligned} x_1-x_2+x_3&=2 \\ 2x_1+x_2-x_3&=4 \end{aligned}$　　(c) $\begin{aligned} x_1+x_2&=2 \\ x_1-x_2&=1 \\ x_1\quad\;&=4 \end{aligned}$

方程组(a)称为 2×2 的方程组，(b)称为 2×3 的方程组，(c)称为 3×2 的方程组．

若有序 n 元组(x_1，x_2，…，x_n)满足方程组中的所有方程，则称其为 $m\times n$ 的方程组的解．例如，有序数对(1，2)为方程组(a)的解，因为

$$\begin{aligned} 1\cdot(1)+2\cdot(2) &= 5 \\ 2\cdot(1)+3\cdot(2) &= 8 \end{aligned}$$

有序三元组(2，0，0)为方程组(b)的解，因为

[1] 此页码为英文原书页码，与索引页码一致．

$$1\cdot(2)-1\cdot(0)+1\cdot(0)=2$$
$$2\cdot(2)+1\cdot(0)-1\cdot(0)=4$$

事实上，方程组(b)有很多解. 易见，对任意的实数α，有序三元组$(2, \alpha, \alpha)$均为(b)的解. 但是，方程组(c)无解. 由(c)中的第三个方程知，第一个变量的取值应为 4. 将$x_1=4$代入其前两个方程，可以看出，第二个变量必须满足

$$4+x_2=2$$
$$4-x_2=1$$

由于不存在实数能同时满足上述两个方程，故方程组(c)无解. 如果线性方程组无解，则称该方程组是不相容的(inconsistent). 如果线性方程组至少存在一个解，则称该方程组是相容的(consistent). 由此，方程组(c)为不相容的，而方程组(a)和(b)均为相容的.

线性方程组的所有解的集合称为方程组的解集(solution set). 如果线性方程组不相容，则其解集为空集. 相容的线性方程组的解集必非空. 因此，求解线性方程组，就是寻找其解集.

2×2 方程组

让我们从几何的角度考察方程组

$$a_{11}x_1+a_{12}x_2=b_1$$
$$a_{21}x_1+a_{22}x_2=b_2$$

每一个方程均可对应于平面上的一条直线. 有序对(x_1, x_2)为上述方程组解的充分必要条件是，两条直线均过该实数对对应的平面上的点. 例如，考虑三个方程组

(i) $x_1+x_2=2$, $x_1-x_2=2$　　(ii) $x_1+x_2=2$, $x_1+x_2=1$　　(iii) $x_1+x_2=2$, $-x_1-x_2=-2$

方程组(i)对应的两条直线的交点为(2，0). 因此{(2，0)}为方程组(i)的解集. 方程组(ii)对应的两条直线是平行的，因此，方程组(ii)为不相容的，即它的解集为空集. 方程组(iii)对应的两条直线相互重合，因此，直线上任一点的坐标均为方程组(iii)的解(参见图 1.1.1).

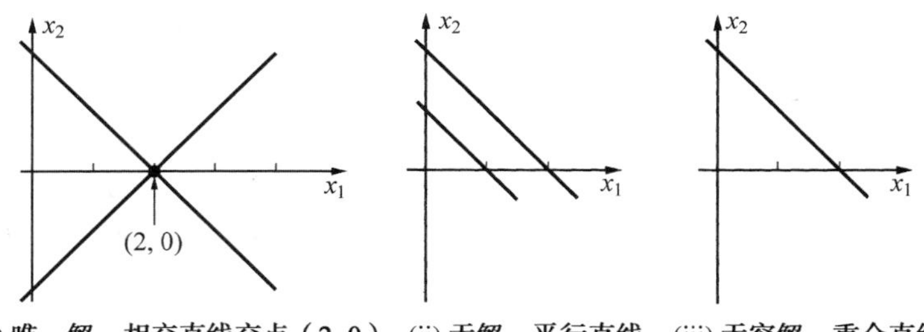

(i) 唯一解：相交直线交点（2, 0）　(ii) 无解：平行直线　(iii) 无穷解：重合直线

图 1.1.1

一般地，两条直线间有三种情况：相交、平行或重合，相应的解集中分别含有一个、零个或无穷多个元素.

$m\times n$ 的方程组与此类似. $m\times n$ 的方程组可能相容，也可能不相容. 如果它们相容，则方程组只能是有且只有一个解，或有无穷多个解. 事实上，这就是所有的可能性. 其原因将在 1.2 节中学习行阶梯形方程组时予以讲解. 下面关注的问题是求所给方程组的所有解. 为处理这个问题，首先引入等价方程组(equivalent systems)的概念.

等价方程组

考虑两个方程组

(a)
$$\begin{aligned} 3x_1+2x_2-x_3&=-2\\ x_2&=3\\ 2x_3&=4 \end{aligned}$$

(b)
$$\begin{aligned} 3x_1+2x_2-x_3&=-2\\ -3x_1-x_2+x_3&=5\\ 3x_1+2x_2+x_3&=2 \end{aligned}$$

显然，方程组(a)容易求解. 因为，由后两个方程容易得到 $x_2=3$ 和 $x_3=2$. 将这些值代入第一个方程，可得

$$\begin{aligned} 3x_1+2\cdot 3-2&=-2\\ x_1&=-2 \end{aligned}$$

于是，方程组(a)的解为(−2，3，2). 求解方程组(b)似乎不是很容易. 其实，方程组(b)与方程组(a)有相同的解. 为看清这一点，首先将其前两个方程相加：

3

$$\begin{array}{r} 3x_1+2x_2-x_3=-2\\ -3x_1-x_2+x_3=5\\ \hline x_2=3 \end{array}$$

若(x_1, x_2, x_3)为(b)的解，则它必满足方程组中的所有方程. 因此，它必然满足任意两个方程相加后得到的新方程. 因此，x_2 必为 3. 类似地，(x_1, x_2, x_3)必满足第三个方程减去第一个方程后得到的新方程：

$$\begin{array}{r} 3x_1+2x_2+x_3=2\\ 3x_1+2x_2-x_3=-2\\ \hline 2x_3=4 \end{array}$$

因此，方程组(b)的解必为方程组(a)的解. 通过类似的讨论，可以证明方程组(a)的解也是方程组(b)的解. 由(a)中的第二个方程减去第一个方程得

$$\begin{array}{r} x_2=3\\ 3x_1+2x_2-x_3=-2\\ \hline -3x_1-x_2+x_3=5 \end{array}$$

然后，将其第一个方程与第三个方程相加：

$$\begin{array}{r} 3x_1+2x_2-x_3=-2\\ 2x_3=4\\ \hline 3x_1+2x_2+x_3=2 \end{array}$$

因此，(x_1, x_2, x_3)为(b)的解的充要条件是，它是方程组(a)的解. 即方程组(a)和方程组(b)有相同的解集{(−2，3，2)}.

定义 若两个含有相同变量的方程组具有相同的解集，则称它们是**等价的**(equivalent).

显然，交换方程组中任意两个方程的位置，不会影响方程组的解集. 重新排列后的方程组将等价于原方程组. 例如，方程组

$$\begin{aligned} x_1 + 2x_2 &= 4 \\ 3x_1 - x_2 &= 2 \\ 4x_1 + x_2 &= 6 \end{aligned} \quad 和 \quad \begin{aligned} 4x_1 + x_2 &= 6 \\ 3x_1 - x_2 &= 2 \\ x_1 + 2x_2 &= 4 \end{aligned}$$

4

含有三个相同的方程，因此，它们必有相同的解集.

若将方程组中的某一方程两端同乘一非零实数，则方程组的解集不变，并且新方程组等价于原方程组. 例如，方程组

$$\begin{aligned} x_1 + x_2 + x_3 &= 3 \\ -2x_1 - x_2 + 4x_3 &= 1 \end{aligned} \quad 和 \quad \begin{aligned} 2x_1 + 2x_2 + 2x_3 &= 6 \\ -2x_1 - x_2 + 4x_3 &= 1 \end{aligned}$$

是等价的.

若将方程组中某一方程的倍数加到另一方程上，新的方程组将与原方程组等价. 由此可得，n 元组$(x_1, x_2, \cdots, x_n)$满足两个方程

$$\begin{aligned} a_{i1}x_1 + \cdots + a_{in}x_n &= b_i \\ a_{j1}x_1 + \cdots + a_{jn}x_n &= b_j \end{aligned}$$

的充要条件是，它满足方程

$$\begin{aligned} a_{i1}x_1 + \cdots + a_{in}x_n &= b_i \\ (a_{j1} + \alpha a_{i1})x_1 + \cdots + (a_{jn} + \alpha a_{in})x_n &= b_j + \alpha b_i \end{aligned}$$

综上所述，有三种运算可得到等价的方程组：

Ⅰ. 交换任意两个方程的顺序.

Ⅱ. 任一方程两边同乘一个非零的实数.

Ⅲ. 任一方程的倍数加到另一方程上.

对给定的方程组，可以使用这些运算得到一个容易求解的等价方程组.

$n \times n$ 方程组

本节中仅讨论 $n \times n$ 的方程组. 本节将证明，若 $n \times n$ 的方程组仅有一个解，则利用上面的运算Ⅰ和运算Ⅲ可得到一个等价的“严格三角形方程组”.

定义 若方程组中，第 k 个方程的前 $k-1$ 个变量的系数均为零，且 $x_k(k=1, \cdots, n)$ 的系数不为零，则称该方程组为**严格三角形的**(strict triangular form).

▶**例 1** 方程组

$$\begin{aligned} 3x_1 + 2x_2 + x_3 &= 1 \\ x_2 - x_3 &= 2 \\ 2x_3 &= 4 \end{aligned}$$

5

为严格三角形的，因为第二个方程中的系数分别为 0，1，-1，且第三个方程中的系数分别为 0，0，2. 由于该方程组为严格三角形的，因此容易求解. 由第三个方程可得 $x_3=2$. 将其代入第二个方程，有

$$x_2 - 2 = 2 \quad 或 \quad x_2 = 4$$

将 $x_2=4$，$x_3=2$ 代入第一个方程，最终可得

$$\begin{aligned} 3x_1 + 2 \cdot 4 + 2 &= 1 \\ x_1 &= -3 \end{aligned}$$

因此，方程组的解为(−3，4，2)． ◀

任何 $n\times n$ 的严格三角形方程组均可采用和上例相同的方法求解．首先，从第 n 个方程解得 x_n，将其代入第 $n-1$ 个方程解得 x_{n-1}，将 x_n 和 x_{n-1} 的值代入第 $n-2$ 个方程解得 x_{n-2}，以此类推．称这种求解严格三角形方程组的方法为**回代法**(back substitution)．

▶**例 2**　解方程组

$$\begin{aligned} 2x_1 - x_2 + 3x_3 - 2x_4 &= 1 \\ x_2 - 2x_3 + 3x_4 &= 2 \\ 4x_3 + 3x_4 &= 3 \\ 4x_4 &= 4 \end{aligned}$$

解　利用回代法可得

$$\begin{aligned} 4x_4 &= 4 & x_4 &= 1 \\ 4x_3 + 3\cdot 1 &= 3 & x_3 &= 0 \\ x_2 - 2\cdot 0 + 3\cdot 1 &= 2 & x_2 &= -1 \\ 2x_1 - (-1) + 3\cdot 0 - 2\cdot 1 &= 1 & x_1 &= 1 \end{aligned}$$

因此，方程组的解为(1，−1，0，1)． ◀

一般地，给定一个 n 个方程 n 个未知量的线性方程组，可用运算Ⅰ和运算Ⅲ尽可能将其转化为等价的严格三角形方程组．(我们将在下一节中看到，当方程组不是唯一解时，不可能将其化简为严格三角形式．)

▶**例 3**　解方程组

$$\begin{aligned} x_1 + 2x_2 + x_3 &= 3 \\ 3x_1 - x_2 - 3x_3 &= -1 \\ 2x_1 + 3x_2 + x_3 &= 4 \end{aligned}$$

6

解　第二式减去第一式的 3 倍，可得

$$-7x_2 - 6x_3 = -10$$

第三式减去第一式的 2 倍，可得

$$-x_2 - x_3 = -2$$

若将方程组中的第二和第三个方程分别用上面两个新方程替换后，则得到等价的方程组

$$\begin{aligned} x_1 + 2x_2 + x_3 &= 3 \\ -7x_2 - 6x_3 &= -10 \\ -x_2 - x_3 &= -2 \end{aligned}$$

若该方程组的第三个方程替换为它与第二个方程的 $-\frac{1}{7}$ 倍的和，最终可得严格三角形方程组：

$$\begin{aligned} x_1 + 2x_2 + x_3 &= 3 \\ -7x_2 - 6x_3 &= -10 \\ -\frac{1}{7}x_3 &= -\frac{4}{7} \end{aligned}$$

利用回代法，得到

$$x_3=4,\quad x_2=-2,\quad x_1=3$$ ◀

回顾上例中的方程组. 可以把方程组与一个以 x_i 的系数为元的 3×3 数字阵列联系起来.

$$\begin{bmatrix}1 & 2 & 1\\ 3 & -1 & -3\\ 2 & 3 & 1\end{bmatrix}$$

这个阵列称为方程组的**系数矩阵**(coefficient matrix). 简单地说，**矩阵**(matrix)就是一个矩形的数字阵列. 一个 m 行和 n 列的矩阵称为 $m\times n$ 矩阵. 如果矩阵的行数和列数相等，即 $m=n$，则称该矩阵为方阵.

如果在系数矩阵右侧添加一列方程组的右端项，可得到一个新的矩阵

$$\left[\begin{array}{ccc|c}1 & 2 & 1 & 3\\ 3 & -1 & -3 & -1\\ 2 & 3 & 1 & 4\end{array}\right]$$

7

这个矩阵称为方程组的**增广矩阵**(augmented matrix). 一般地，当一个 $m\times r$ 的矩阵 $\boldsymbol{B}$ 采用上述方法附加到一个 $m\times n$ 的矩阵 $\boldsymbol{A}$ 上时，相应的增广矩阵记为$(\boldsymbol{A}|\boldsymbol{B})$. 若

$$\boldsymbol{A}=\begin{bmatrix}a_{11} & a_{12} & \cdots & a_{1n}\\ a_{21} & a_{22} & \cdots & a_{2n}\\ \vdots & & & \\ a_{m1} & a_{m2} & \cdots & a_{mn}\end{bmatrix},\quad \boldsymbol{B}=\begin{bmatrix}b_{11} & b_{12} & \cdots & b_{1r}\\ b_{21} & b_{22} & \cdots & b_{2r}\\ \vdots & & & \\ b_{m1} & b_{m2} & \cdots & b_{mr}\end{bmatrix}$$

则

$$(\boldsymbol{A}|\boldsymbol{B})=\left[\begin{array}{ccc|ccc}a_{11} & \cdots & a_{1n} & b_{11} & \cdots & b_{1r}\\ \vdots & & & & & \\ a_{m1} & \cdots & a_{mn} & b_{m1} & \cdots & b_{mr}\end{array}\right]$$

每一方程组均对应于一个增广矩阵，形如

$$\left[\begin{array}{ccc|c}a_{11} & \cdots & a_{1n} & b_1\\ \vdots & & & \vdots\\ a_{m1} & \cdots & a_{mn} & b_m\end{array}\right]$$

方程组的求解可以通过对增广矩阵进行运算得到. x_i 作为位置标志符，在计算结束前可以省略. 用于得到等价方程组的三个运算，可对应于下列增广矩阵的行运算.

初等行运算

Ⅰ. 交换两行.

Ⅱ. 以非零实数乘以某行.

Ⅲ. 将某行替换为它与其他行的倍数的和.

注意到前面的例子，是用第一行将其他各行中的第一列元素消去. 称第一行为主行

(pivotal row). 为明显起见，主行中的元素均加黑表示并为整行添加阴影. 主行的第一个非零元素称为*主元*(pivot).

$$
\begin{array}{c}(\text{主元 } a_{11}=1)\\ \left.\begin{array}{r}\text{需要消去的元}\\ a_{21}=3\text{ 和 }a_{31}=2\end{array}\right\}\longrightarrow\end{array}
\left[\begin{array}{rrr|r}\mathbf{1} & \mathbf{2} & \mathbf{1} & \mathbf{3}\\ 3 & -1 & -3 & -1\\ 2 & 3 & 1 & 4\end{array}\right]\leftarrow \text{主行}
$$

通过利用行运算Ⅲ，从第二行中减去第一行的 3 倍，从第三行中减去第一行的 2 倍. 之后，得到矩阵

$$
\left[\begin{array}{rrr|r}1 & 2 & 1 & 3\\ \mathbf{0} & \mathbf{-7} & \mathbf{-6} & \mathbf{-10}\\ 0 & -1 & -1 & -2\end{array}\right]\leftarrow \text{主行}
$$

8

在这一步，选择第二行为新的主行并利用行运算Ⅲ消去第二列中最后一个元. 此时，主元为-7，商$\frac{-1}{-7}=\frac{1}{7}$即为从第三行中减去的第二行的倍数. 最终得到矩阵

$$
\left[\begin{array}{rrr|r}1 & 2 & 1 & 3\\ 0 & -7 & -6 & -10\\ 0 & 0 & -\frac{1}{7} & -\frac{4}{7}\end{array}\right]
$$

这就是与原方程组等价的严格三角形方程组的增广矩阵. 使用回代法容易得到此方程组的解.

▶**例 4**　解方程组

$$
\begin{aligned}
-x_2-x_3+x_4&=0\\
x_1+x_2+x_3+x_4&=6\\
2x_1+4x_2+x_3-2x_4&=-1\\
3x_1+x_2-2x_3+2x_4&=3
\end{aligned}
$$

解　该方程组对应的增广矩阵为

$$
\left[\begin{array}{rrrr|r}0 & -1 & -1 & 1 & 0\\ 1 & 1 & 1 & 1 & 6\\ 2 & 4 & 1 & -2 & -1\\ 3 & 1 & -2 & 2 & 3\end{array}\right]
$$

由于用 0 作为主元不可能消去同列的其他元，所以我们将利用行运算Ⅰ交换增广矩阵的前两行. 新的第一行将作为主行，且其主元将为 1.

$$
(\text{主元 } a_{11}=1)\quad\left[\begin{array}{rrrr|r}\mathbf{1} & \mathbf{1} & \mathbf{1} & \mathbf{1} & \mathbf{6}\\ 0 & -1 & -1 & 1 & 0\\ 2 & 4 & 1 & -2 & -1\\ 3 & 1 & -2 & 2 & 3\end{array}\right]\leftarrow \text{主行}
$$

然后使用两次行运算Ⅲ，消去第一列中的两个非零元.

$$\left[\begin{array}{cccc|c} 1 & 1 & 1 & 1 & 6 \\ \mathbf{0} & \mathbf{-1} & \mathbf{-1} & \mathbf{1} & \mathbf{0} \\ 0 & 2 & -1 & -4 & -13 \\ 0 & -2 & -5 & -1 & -15 \end{array}\right]$$

接着，选择第二行为主行，消去第二列中主元-1下面的两个元.

$$\left[\begin{array}{cccc|c} 1 & 1 & 1 & 1 & 6 \\ 0 & -1 & -1 & 1 & 0 \\ \mathbf{0} & \mathbf{0} & \mathbf{-3} & \mathbf{-2} & \mathbf{-13} \\ 0 & 0 & -3 & -3 & -15 \end{array}\right]$$

9

最后，用第三行作为主行，消去第三列中的最后一个元.

$$\left[\begin{array}{cccc|c} 1 & 1 & 1 & 1 & 6 \\ 0 & -1 & -1 & 1 & 0 \\ 0 & 0 & -3 & -2 & -13 \\ 0 & 0 & 0 & -1 & -2 \end{array}\right]$$

这个增广矩阵就表示一个严格三角形方程组. 利用回代法求解，得到解为(2，-1，3，2). ◀

一般地，如果 $n\times n$ 的线性方程组可以化简为严格三角形式，则它将有一个唯一解，并可通过三角形方程组的回代法求得. 化简过程可被看成一个 $n-1$ 步的算法. 第一步，从矩阵的第一列所有非零元中选择一个主元. 包含主元的行称为*主行*(pivotal row). 交换行(若需要)使得主行成为第一行. 然后其余的 $n-1$ 行减去主行的某个倍数，使得从第二到第 n 行中的第一个元为 0. 第二步，从矩阵的第二行到第 n 行中选择第二列的一个非零元作为主元，将包含主元的行作为主行，并和矩阵的第二行交换作为新的主行. 然后，余下的 $n-2$ 行减去主行的某个倍数，消去第二列中主元下面的所有元. 从第三列到第 $n-1$ 列重复相同的过程. 注意，在第二步中，第一行和第一列的元素并不发生变化；进行第三步时，前两行以及前两列的元素保持不变，以此类推. 在每一个步骤中，方程组的维数实际上有效地减少 1(参见图 1.1.2).

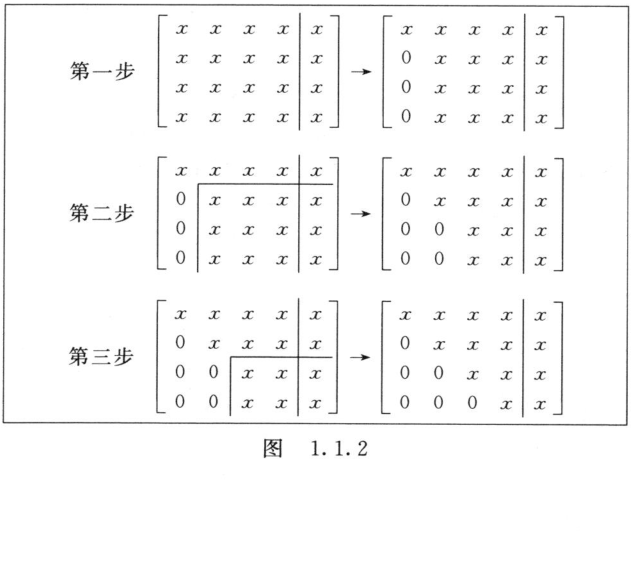

第一步
$$\left[\begin{array}{cccc|c} x & x & x & x & x \\ x & x & x & x & x \\ x & x & x & x & x \\ x & x & x & x & x \end{array}\right] \rightarrow \left[\begin{array}{cccc|c} x & x & x & x & x \\ 0 & x & x & x & x \\ 0 & x & x & x & x \\ 0 & x & x & x & x \end{array}\right]$$

第二步
$$\left[\begin{array}{cccc|c} x & x & x & x & x \\ 0 & x & x & x & x \\ 0 & x & x & x & x \\ 0 & x & x & x & x \end{array}\right] \rightarrow \left[\begin{array}{cccc|c} x & x & x & x & x \\ 0 & x & x & x & x \\ 0 & 0 & x & x & x \\ 0 & 0 & x & x & x \end{array}\right]$$

第三步
$$\left[\begin{array}{cccc|c} x & x & x & x & x \\ 0 & x & x & x & x \\ 0 & 0 & x & x & x \\ 0 & 0 & x & x & x \end{array}\right] \rightarrow \left[\begin{array}{cccc|c} x & x & x & x & x \\ 0 & x & x & x & x \\ 0 & 0 & x & x & x \\ 0 & 0 & 0 & x & x \end{array}\right]$$

图　1.1.2

如果能像上述方式进行消元，$n-1$ 步之后，即可得到一个等价的严格三角形方程组．然而，上述过程中，如果在任何一步所有可能选择的主元均为 0，此时该过程就将在这一步停止．当这种情况发生时，可以考虑将方程组化为某种特殊的梯形或阶梯形．阶梯形的方程组将在下一节进行讨论．它们还可用于 $m\times n$ 的方程组，其中 $m\neq n$． 10

1.1 节练习

1. 利用回代法求解下列方程组．

(a) $\begin{aligned} x_1 - 3x_2 &= 2 \\ 2x_2 &= 6 \end{aligned}$

(b) $\begin{aligned} x_1 + x_2 + x_3 &= 8 \\ 2x_2 + x_3 &= 5 \\ 3x_3 &= 9 \end{aligned}$

(c) $\begin{aligned} x_1 + 2x_2 + 2x_3 + x_4 &= 5 \\ 3x_2 + x_3 - 2x_4 &= 1 \\ -x_3 + 2x_4 &= -1 \\ 4x_4 &= 4 \end{aligned}$

(d) $\begin{aligned} x_1 + x_2 + x_3 + x_4 + x_5 &= 5 \\ 2x_2 + x_3 - 2x_4 + x_5 &= 1 \\ 4x_3 + x_4 - 2x_5 &= 1 \\ x_4 - 3x_5 &= 0 \\ 2x_5 &= 2 \end{aligned}$

2. 给出练习 1 中方程组的系数矩阵．

3. 在下列方程组中，将每一方程表示为平面上的一条直线．画出每一方程组所表示的直线并利用几何关系确定方程组解的个数．

(a) $\begin{aligned} x_1 + x_2 &= 4 \\ x_1 - x_2 &= 2 \end{aligned}$

(b) $\begin{aligned} x_1 + 2x_2 &= 4 \\ -2x_1 - 4x_2 &= 4 \end{aligned}$

(c) $\begin{aligned} 2x_1 - x_2 &= 3 \\ -4x_1 + 2x_2 &= -6 \end{aligned}$

(d) $\begin{aligned} x_1 + x_2 &= 1 \\ x_1 - x_2 &= 1 \\ -x_1 + 3x_2 &= 3 \end{aligned}$

4. 写出练习 3 中每一方程组对应的增广矩阵．

5. 写出下列每一增广矩阵对应的方程组．

(a) $\left[\begin{array}{cc|c} 3 & 2 & 8 \\ 1 & 5 & 7 \end{array}\right]$

(b) $\left[\begin{array}{ccc|c} 5 & -2 & 1 & 3 \\ 2 & 3 & -4 & 0 \end{array}\right]$

(c) $\left[\begin{array}{ccc|c} 2 & 1 & 4 & -1 \\ 4 & -2 & 3 & 4 \\ 5 & 2 & 6 & -1 \end{array}\right]$

(d) $\left[\begin{array}{cccc|c} 4 & -3 & 1 & 2 & 4 \\ 3 & 1 & -5 & 6 & 5 \\ 1 & 1 & 2 & 4 & 8 \\ 5 & 1 & 3 & -2 & 7 \end{array}\right]$

6. 解下列方程组．

(a) $\begin{aligned} x_1 - 2x_2 &= 5 \\ 3x_1 + x_2 &= 1 \end{aligned}$

(b) $\begin{aligned} 2x_1 + x_2 &= 8 \\ 4x_1 - 3x_2 &= 6 \end{aligned}$

(c) $\begin{aligned} 4x_1 + 3x_2 &= 4 \\ \frac{2}{3}x_1 + 4x_2 &= 3 \end{aligned}$

(d) $\begin{aligned} x_1 + 2x_2 - x_3 &= 1 \\ 2x_1 - x_2 + x_3 &= 3 \\ -x_1 + 2x_2 + 3x_3 &= 7 \end{aligned}$

(e) $\begin{aligned} 2x_1 + x_2 + 3x_3 &= 1 \\ 4x_1 + 3x_2 + 5x_3 &= 1 \\ 6x_1 + 5x_2 + 5x_3 &= -3 \end{aligned}$

(f) $\begin{aligned} 3x_1 + 2x_2 + x_3 &= 0 \\ -2x_1 + x_2 - x_3 &= 2 \\ 2x_1 - x_2 + 2x_3 &= -1 \end{aligned}$

(g) $\frac{1}{3}x_1 + \frac{2}{3}x_2 + 2x_3 = -1$

$$x_1 + 2x_2 + \frac{3}{2}x_3 = \frac{3}{2}$$

$$\frac{1}{2}x_1 + 2x_2 + \frac{12}{5}x_3 = \frac{1}{10}$$

(h) $x_2 + x_3 + x_4 = 0$

$$3x_1 + 3x_3 - 4x_4 = 7$$

$$x_1 + x_2 + x_3 + 2x_4 = 6$$

$$2x_1 + 3x_2 + x_3 + 3x_4 = 6$$

7. 两个方程组

$$\begin{aligned} 2x_1 + x_2 &= 3 \\ 4x_1 + 3x_2 &= 5 \end{aligned} \quad 和 \quad \begin{aligned} 2x_1 + x_2 &= -1 \\ 4x_1 + 3x_2 &= 1 \end{aligned}$$

有相同的系数矩阵，但右端项不同．试用类似的消元法消去如下增广矩阵中的第二行第一个元：

$$\left[\begin{array}{cc|cc} 2 & 1 & 3 & -1 \\ 4 & 3 & 5 & 1 \end{array}\right]$$

并利用回代法求解每一右端项所在列构成的方程组．

8. 使用 3×5 的增广矩阵然后使用两次回代法求解两个方程组

$$\begin{aligned} x_1 + 2x_2 - 2x_3 &= 1 \\ 2x_1 + 5x_2 + x_3 &= 9 \\ x_1 + 3x_2 + 4x_3 &= 9 \end{aligned} \qquad \begin{aligned} x_1 + 2x_2 - 2x_3 &= 9 \\ 2x_1 + 5x_2 + x_3 &= 9 \\ x_1 + 3x_2 + 4x_3 &= -2 \end{aligned}$$

9. 给定方程组

$$\begin{aligned} -m_1x_1 + x_2 &= b_1 \\ -m_2x_1 + x_2 &= b_2 \end{aligned}$$

其中 m_1，m_2，b_1 和 b_2 为常数：

11

(a) 试证：若 $m_1 \neq m_2$，则方程组有唯一解．

(b) 若 $m_1 = m_2$，试证仅当 $b_1 = b_2$ 时方程组相容．

(c) 试给出(a)和(b)的几何表示．

10. 考虑形如

$$\begin{aligned} a_{11}x_1 + a_{12}x_2 &= 0 \\ a_{21}x_1 + a_{22}x_2 &= 0 \end{aligned}$$

的方程组．其中 a_{11}，a_{12}，a_{21} 和 a_{22} 均为常数．试说明为什么一个这种形式的方程组必相容．

11. 给出一个有三个未知量的线性方程的几何表示．给出一个 3×3 线性方程组可能的解集的几何表示．

1.2　行阶梯形

1.1 节中介绍了将 $n \times n$ 的线性方程组化简为严格三角形方程组的方法．但是，若在化简过程中的某一步，主元所有可能的选择只能是 0，该方法将无法继续．

▶**例 1**　考虑如下增广矩阵表示的方程组：

$$\left[\begin{array}{ccccc|c} \mathbf{1} & \mathbf{1} & \mathbf{1} & \mathbf{1} & \mathbf{1} & \mathbf{1} \\ -1 & -1 & 0 & 0 & 1 & -1 \\ -2 & -2 & 0 & 0 & 3 & 1 \\ 0 & 0 & 1 & 1 & 3 & -1 \\ 1 & 1 & 2 & 2 & 4 & 1 \end{array}\right] \leftarrow 主行$$

若利用行运算Ⅲ消去主行下四行中第一列的非零元素，矩阵将化为

$$\left[\begin{array}{ccccc|c} 1 & 1 & 1 & 1 & 1 & 1 \\ \mathbf{0} & \mathbf{0} & \mathbf{1} & \mathbf{1} & \mathbf{2} & \mathbf{0} \\ 0 & 0 & 2 & 2 & 5 & 3 \\ 0 & 0 & 1 & 1 & 3 & -1 \\ 0 & 0 & 1 & 1 & 3 & 0 \end{array}\right] \leftarrow \text{主行}$$

此时，无法继续将其化简为严格三角形式. 因为四个可以选作主元的元素均为 0. 该如何继续呢？因为我们的目的就是将方程组尽可能地化简，所以自然是要消去第三列后面的三个元素.

$$\left[\begin{array}{ccccc|c} 1 & 1 & 1 & 1 & 1 & 1 \\ 0 & 0 & 1 & 1 & 2 & 0 \\ \mathbf{0} & \mathbf{0} & \mathbf{0} & \mathbf{0} & \mathbf{1} & \mathbf{3} \\ 0 & 0 & 0 & 0 & 1 & -1 \\ 0 & 0 & 0 & 0 & 1 & 0 \end{array}\right] \leftarrow \text{主行}$$

在第四列中，所有可能的主元均为 0；因此，仍从下一列继续. 若用第三行作为主行，则可消去后面两行的第五列元素.

12

$$\left[\begin{array}{ccccc|c} 1 & 1 & 1 & 1 & 1 & 1 \\ 0 & 0 & 1 & 1 & 2 & 0 \\ 0 & 0 & 0 & 0 & 1 & 3 \\ 0 & 0 & 0 & 0 & 0 & -4 \\ 0 & 0 & 0 & 0 & 0 & -3 \end{array}\right]$$

最终得到的系数矩阵不是严格三角形的；它是阶梯形的. 系数矩阵中的水平和垂直线段说明了系数矩阵的阶梯形式. 注意，每一步在垂直方向下降 1，但在水平方向的扩展可能多于 1.

最后两行表示的方程为

$$\begin{aligned} 0x_1 + 0x_2 + 0x_3 + 0x_4 + 0x_5 &= -4 \\ 0x_1 + 0x_2 + 0x_3 + 0x_4 + 0x_5 &= -3 \end{aligned}$$

由于不存在 5 元组满足上述方程，因此方程组不相容. ◀

假设现在我们更改最后一个例子中方程组的右端项，使得方程组成为相容的. 例如，从

$$\left[\begin{array}{ccccc|c} 1 & 1 & 1 & 1 & 1 & 1 \\ -1 & -1 & 0 & 0 & 1 & -1 \\ -2 & -2 & 0 & 0 & 3 & 1 \\ 0 & 0 & 1 & 1 & 3 & 3 \\ 1 & 1 & 2 & 2 & 4 & 4 \end{array}\right]$$

开始，通过化简过程将得到阶梯形的增广矩阵

$$\left[\begin{array}{ccccc|c} 1 & 1 & 1 & 1 & 1 & 1 \\ 0 & 0 & 1 & 1 & 2 & 0 \\ 0 & 0 & 0 & 0 & 1 & 3 \\ 0 & 0 & 0 & 0 & 0 & 0 \\ 0 & 0 & 0 & 0 & 0 & 0 \end{array}\right]$$

此时，任意的5元组均满足上述方程组的最后两个方程．因此，方程组的解集是所有满足前三个方程的5元组．

$$\begin{aligned} x_1 + x_2 + x_3 + x_4 + x_5 &= 1 \\ x_3 + x_4 + 2x_5 &= 0 \\ x_5 &= 3 \end{aligned} \tag{1}$$

增广矩阵每一行第一个非零元对应的变量称为首变量(lead variable)．因此，x_1，x_3 和 x_5 为首变量．化简过程中跳过的列对应的变量称为自由变量(free variable)．因此，x_2 和 x_4 为自由变量．如果将(1)中的自由变量移到等式右端，我们得到方程组

13

$$\begin{aligned} x_1 + x_3 + x_5 &= 1 - x_2 - x_4 \\ x_3 + 2x_5 &= -x_4 \\ x_5 &= 3 \end{aligned} \tag{2}$$

方程组(2)即为未知量 x_1，x_3 和 x_5 的严格三角形方程组．因此，对每一对给定的变量 x_2 和 x_4，均存在唯一解．例如，若 $x_2=x_4=0$，则 $x_5=3$，$x_3=-6$，$x_1=4$，因此(4，0，−6，0，3)为方程组的一个解．

定义　若一个矩阵满足如下条件，则称其为**行阶梯形**(row echelon form)：

(i) 每一非零行中的第一个非零元为1；

(ii) 第 k 行的元不全为零时，第 $k+1$ 行首变量之前零的个数多于第 k 行首变量之前零的个数；

(iii) 所有元素均为零的行必在不全为零的行之后．

▶**例2**　下列矩阵为行阶梯形的：

$$\begin{bmatrix} 1 & 4 & 2 \\ 0 & 1 & 3 \\ 0 & 0 & 1 \end{bmatrix}, \quad \begin{bmatrix} 1 & 2 & 3 \\ 0 & 0 & 1 \\ 0 & 0 & 0 \end{bmatrix}, \quad \begin{bmatrix} 1 & 3 & 1 & 0 \\ 0 & 0 & 1 & 3 \\ 0 & 0 & 0 & 0 \end{bmatrix}$$ ◀

▶**例3**　下列矩阵不是行阶梯形的：

$$\begin{bmatrix} 2 & 4 & 6 \\ 0 & 3 & 5 \\ 0 & 0 & 4 \end{bmatrix}, \quad \begin{bmatrix} 0 & 0 & 0 \\ 0 & 1 & 0 \end{bmatrix}, \quad \begin{bmatrix} 0 & 1 \\ 1 & 0 \end{bmatrix}$$

第一个矩阵不满足条件(i)，第二个矩阵不满足条件(iii)，而第三个矩阵不满足条件(ii)． ◀

定义　利用行运算Ⅰ、Ⅱ和Ⅲ，将线性方程组的增广矩阵化为行阶梯形的过程称为**高斯消元法**(Gaussian elimination)．

注意，利用行运算Ⅱ使各行的首系数全化为1．如果增广矩阵的行阶梯形中含有如

下形式的行：

$$\left[\begin{array}{cccc|c}0 & 0 & \cdots & 0 & 1\end{array}\right]$$

14

则该方程组不相容. 否则，方程组将相容. 若方程组相容且行阶梯形矩阵的非零行构成了严格三角形方程组，则这个方程组有唯一解.

超定方程组

若一个线性方程组中方程的个数多于未知量的个数，则称其为*超定的*(overdetermined). 超定方程组通常是(但不总是)不相容的.

▶例 4

(a)
$$\begin{aligned} x_1 + x_2 &= 1 \\ x_1 - x_2 &= 3 \\ -x_1 + 2x_2 &= -2 \end{aligned}$$

(b)
$$\begin{aligned} x_1 + 2x_2 + x_3 &= 1 \\ 2x_1 - x_2 + x_3 &= 2 \\ 4x_1 + 3x_2 + 3x_3 &= 4 \\ 2x_1 - x_2 + 3x_3 &= 5 \end{aligned}$$

(c)
$$\begin{aligned} x_1 + 2x_2 + x_3 &= 1 \\ 2x_1 - x_2 + x_3 &= 2 \\ 4x_1 + 3x_2 + 3x_3 &= 4 \\ 3x_1 + x_2 + 2x_3 &= 3 \end{aligned}$$

解 高斯消元法用于将这些方程组转换为行阶梯形矩阵(过程省略)，因此，我们可以写

方程组(a)：
$$\left[\begin{array}{cc|c} 1 & 1 & 1 \\ 1 & -1 & 3 \\ -1 & 2 & -2 \end{array}\right] \to \left[\begin{array}{cc|c} 1 & 1 & 1 \\ 0 & 1 & -1 \\ 0 & 0 & 1 \end{array}\right]$$

根据化简后矩阵的最后一行可知该方程组不相容. 方程组(a)中的三个方程表示平面上的三条直线. 前两条直线的交点为(2，−1). 而第三条直线并不经过该点. 因此，三条直线不过同一点(参见图 1.2.1).

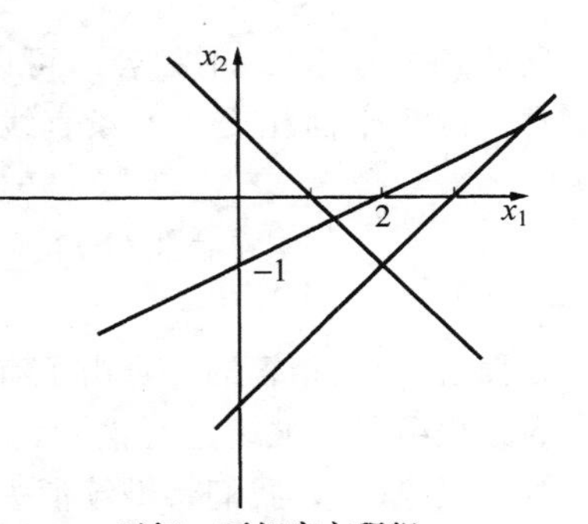

无解：不相容方程组

图 1.2.1

15

方程组(b)：
$$\left[\begin{array}{ccc|c} 1 & 2 & 1 & 1 \\ 2 & -1 & 1 & 2 \\ 4 & 3 & 3 & 4 \\ 2 & -1 & 3 & 5 \end{array}\right] \to \left[\begin{array}{ccc|c} 1 & 2 & 1 & 1 \\ 0 & 1 & \frac{1}{5} & 0 \\ 0 & 0 & 1 & \frac{3}{2} \\ 0 & 0 & 0 & 0 \end{array}\right]$$

利用回代法，我们看到方程组(b)仅有一个解(0.1，−0.3，1.5). 因为化简后的矩阵的非零行构成了一个严格三角形方程组，故解是唯一的.

方程组(c)：
$$\left[\begin{array}{ccc|c} 1 & 2 & 1 & 1 \\ 2 & -1 & 1 & 2 \\ 4 & 3 & 3 & 4 \\ 3 & 1 & 2 & 3 \end{array}\right] \to \left[\begin{array}{ccc|c} 1 & 2 & 1 & 1 \\ 0 & 1 & \frac{1}{5} & 0 \\ 0 & 0 & 0 & 0 \\ 0 & 0 & 0 & 0 \end{array}\right]$$

用 x_3 表示 x_2 和 x_1，我们得到

$$x_2 = -0.2x_3$$

$$x_1 = 1-2x_2-x_3 = 1-0.6x_3$$

由此可得，方程组的解集为形如$(1-0.6\alpha, -0.2\alpha, \alpha)$的有序3元组集合，其中 α 为实数. 由于存在自由变量 x_3，所以该方程组是相容的且有无穷多组解. ◀

亚定方程组

一个有 n 个未知量 m 个线性方程的方程组称为亚定的(underdetermined)，若方程的个数少于未知量的个数($m<n$). 尽管亚定方程组有可能不相容，但通常是相容的，且有无穷多组解. 亚定方程组不可能只有唯一解，这是因为系数矩阵的行阶梯形式均有 $r\leqslant m$ 个非零行. 因此，必有 r 个首变量和 $n-r$ 个自由变量，其中 $n-r\geqslant n-m>0$. 若方程组是相容的，我们可给自由变量任意赋值并求得首变量的值. 因此，一个相容的亚定方程组将有无穷多组解.

▶例 5

(a)
$$\begin{aligned} x_1 + 2x_2 + x_3 &= 1 \\ 2x_1 + 4x_2 + 2x_3 &= 3 \end{aligned}$$

(b)
$$\begin{aligned} x_1 + x_2 + x_3 + x_4 + x_5 &= 2 \\ x_1 + x_2 + x_3 + 2x_4 + 2x_5 &= 3 \\ x_1 + x_2 + x_3 + 2x_4 + 3x_5 &= 2 \end{aligned}$$

解

16

$$\text{方程组(a)：}\quad \left[\begin{array}{ccc|c} 1 & 2 & 1 & 1 \\ 2 & 4 & 2 & 3 \end{array}\right] \rightarrow \left[\begin{array}{ccc|c} 1 & 2 & 1 & 1 \\ 0 & 0 & 0 & 1 \end{array}\right]$$

显然，方程组(a)不相容. 可以认为方程组(a)中的两个方程表示3维空间中的平面. 通常，两个平面相交于一条直线；但是，现在的情形是两个平面平行.

$$\text{方程组(b)：}\quad \left[\begin{array}{ccccc|c} 1 & 1 & 1 & 1 & 1 & 2 \\ 1 & 1 & 1 & 2 & 2 & 3 \\ 1 & 1 & 1 & 2 & 3 & 2 \end{array}\right] \rightarrow \left[\begin{array}{ccccc|c} 1 & 1 & 1 & 1 & 1 & 2 \\ 0 & 0 & 0 & 1 & 1 & 1 \\ 0 & 0 & 0 & 0 & 1 & -1 \end{array}\right]$$

方程组(b)是相容的，且由于有两个自由变量，该方程组将有无穷多组解. 通常，这种形式的方程组可以继续进行消元，直到各方程的首变量1之上的所有项均被消去为止. 因此，对方程组(b)，我们将继续消去第五列的前两个元素以及第四列的第一个元素，可得

$$\left[\begin{array}{ccccc|c} 1 & 1 & 1 & 1 & 1 & 2 \\ 0 & 0 & 0 & 1 & 1 & 1 \\ \mathbf{0} & \mathbf{0} & \mathbf{0} & \mathbf{0} & \mathbf{1} & \mathbf{-1} \end{array}\right] \rightarrow \left[\begin{array}{ccccc|c} 1 & 1 & 1 & 1 & 0 & 3 \\ \mathbf{0} & \mathbf{0} & \mathbf{0} & \mathbf{1} & \mathbf{0} & \mathbf{2} \\ 0 & 0 & 0 & 0 & 1 & -1 \end{array}\right]$$

$$\rightarrow \left[\begin{array}{ccccc|c} 1 & 1 & 1 & 0 & 0 & 1 \\ 0 & 0 & 0 & 1 & 0 & 2 \\ 0 & 0 & 0 & 0 & 1 & -1 \end{array}\right]$$

如果将自由变量移到方程右端，可得

$$x_1 = 1-x_2-x_3$$

$$x_4 = 2$$

$$x_5 = -1$$

因此，对任意的实数 α 和 β，5 元组

$$(1-\alpha-\beta, \alpha, \beta, 2, -1)$$

为方程组的一个解. ◀

当相容的方程组对应的行阶梯形中含有自由变量时，可继续进行消元，直到类似上例方程组(b)中，每列首变量 1 之上的所有元均被消去. 得到的结果矩阵为行最简形的.

行最简形

定义 若一个矩阵满足如下条件，则称该矩阵为**行最简形**(reduced row echelon form)：

(i) 矩阵是行阶梯形的；

(ii) 每一行的第一个非零元是该列唯一的非零元.

17

下列矩阵为行最简形的：

$$\begin{bmatrix}1&0\\0&1\end{bmatrix},\quad \begin{bmatrix}1&0&0&3\\0&1&0&2\\0&0&1&1\end{bmatrix},\quad \begin{bmatrix}0&1&2&0\\0&0&0&1\\0&0&0&0\end{bmatrix},\quad \begin{bmatrix}1&2&0&1\\0&0&1&3\\0&0&0&0\end{bmatrix}$$

采用基本行运算将矩阵化为行最简形的过程称为高斯-若尔当消元法(Gauss-Jordan reduction).

▶**例 6** 用高斯-若尔当消元法解方程组

$$\begin{aligned} -x_1 + x_2 - x_3 + 3x_4 &= 0\\ 3x_1 + x_2 - x_3 - x_4 &= 0\\ 2x_1 - x_2 - 2x_3 - x_4 &= 0 \end{aligned}$$

解

$$\left[\begin{array}{cccc|c}-1&1&-1&3&0\\3&1&-1&-1&0\\2&-1&-2&-1&0\end{array}\right] \to \left[\begin{array}{cccc|c}-1&1&-1&3&0\\0&4&-4&8&0\\0&1&-4&5&0\end{array}\right]$$

$$\to \left[\begin{array}{cccc|c}-1&1&-1&3&0\\0&4&-4&8&0\\0&0&-3&3&0\end{array}\right] \to \left[\begin{array}{cccc|c}1&-1&1&-3&0\\0&1&-1&2&0\\0&0&1&-1&0\end{array}\right] \quad \text{行阶梯形}$$

$$\to \left[\begin{array}{cccc|c}1&-1&0&-2&0\\0&1&0&1&0\\0&0&1&-1&0\end{array}\right] \to \left[\begin{array}{cccc|c}1&0&0&-1&0\\0&1&0&1&0\\0&0&1&-1&0\end{array}\right] \quad \text{行最简形}$$

若令 x_4 为任意实数 α，则 $x_1=\alpha$，$x_2=-\alpha$，$x_3=\alpha$. 因此，所有形如(α，$-\alpha$，α，α)的 4 元组均为方程组的解. ◀

应用 1：交通流量

如图 1.2.2 所示，某城市市区的交叉路口由两条单向车道组成. 图中给出了在交通高峰时段每小时进入和离开路口的车辆数. 计算在四个交叉路口间车辆的数量.

解 在每一路口，必有进入的车辆数与离开的车辆数相等. 例如，在路口 A，进入该路口的车辆数为 x_1+450，离开路口的车辆数为 x_2+610. 因此，

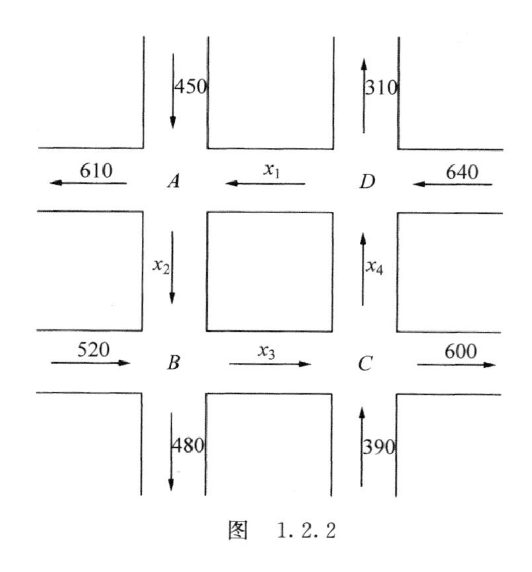

图　1.2.2

$$x_1 + 450 = x_2 + 610 \quad (\text{路口 } A)$$

类似地，

$$x_2 + 520 = x_3 + 480 \quad (\text{路口 } B)$$
$$x_3 + 390 = x_4 + 600 \quad (\text{路口 } C)$$
$$x_4 + 640 = x_1 + 310 \quad (\text{路口 } D)$$

此方程组的增广矩阵为

$$\left[\begin{array}{cccc|c} 1 & -1 & 0 & 0 & 160 \\ 0 & 1 & -1 & 0 & -40 \\ 0 & 0 & 1 & -1 & 210 \\ -1 & 0 & 0 & 1 & -330 \end{array}\right]$$

相应的行最简形为

$$\left[\begin{array}{cccc|c} 1 & 0 & 0 & -1 & 330 \\ 0 & 1 & 0 & -1 & 170 \\ 0 & 0 & 1 & -1 & 210 \\ 0 & 0 & 0 & 0 & 0 \end{array}\right]$$

该方程组为相容的，且由于方程组中存在一个自由变量，因此有无穷多组解. 而交通示意图并没有给出足够的信息来唯一地确定 x_1，x_2，x_3 和 x_4. 如果知道在某一路口的车辆数量，则其他路口的车辆数量即可求得. 例如，假设在路口 C 和 D 之间的平均车辆数量为 $x_4=200$，则相应的 x_1，x_2 和 x_3 为

$$x_1 = x_4 + 330 = 530$$
$$x_2 = x_4 + 170 = 370$$
$$x_3 = x_4 + 210 = 410$$

应用 2：电路

18~19

在一个电路中，可根据电阻大小和电源电压来确定电路中各分支的电流．例如，图 1.2.3所示的电路．

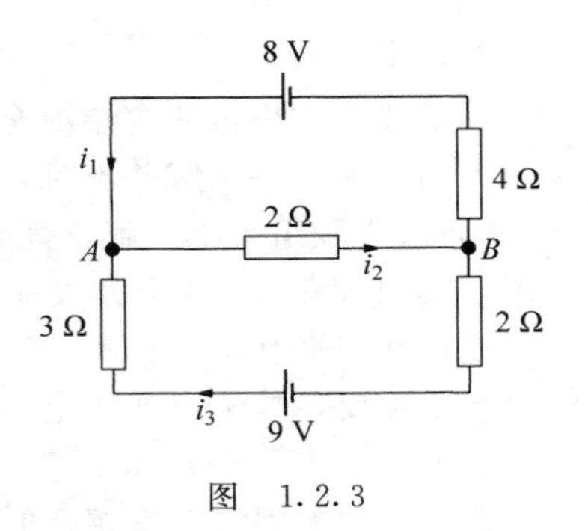

图 1.2.3

图中的符号为

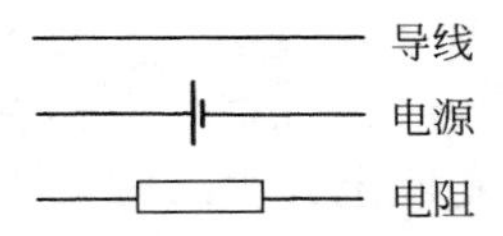

电源通常采用电池（单位为"伏特"，V），当附加荷载后，就会产生电流．电流从电源的输出端（即用较长竖线表示的一端）流出．电阻的单位为"欧姆"．字母表示连接节点，i 表示节点间的电流．电流的单位为"安培"（A）．导线上的箭头表示电流的方向．如果某分支上的电流（如 i_2）的符号为负的，则表示在该分支上电流的方向与箭头方向相反．

为计算分支上的电流，需使用如下的定律．

基尔霍夫定律（Kirchhoff's Law）

1. 任一节点上流出电流的量等于流入电流的量．
2. 任一回路上电压的代数和等于各元件压降的代数和．

计算电阻的压降 E 可使用**欧姆定律**（Ohm's law）：

$$E = iR$$

其中 i 为通过电阻的电流，单位为安培；R 表示电阻，单位为欧姆．

下面计算图 1.2.3 所示的电路中的电流．利用基尔霍夫电流定律，有

$$\begin{aligned} i_1 - i_2 + i_3 &= 0 \quad (\text{节点 } A) \\ -i_1 + i_2 - i_3 &= 0 \quad (\text{节点 } B) \end{aligned}$$

利用欧姆定律

$$\begin{aligned} 4i_1 + 2i_2 &= 8 \quad (\text{上层回路}) \\ 2i_2 + 5i_3 &= 9 \quad (\text{下层回路}) \end{aligned}$$

20

由此，电路对应的增广矩阵为

$$\left[\begin{array}{rrr|r} 1 & -1 & 1 & 0 \\ -1 & 1 & -1 & 0 \\ 4 & 2 & 0 & 8 \\ 0 & 2 & 5 & 9 \end{array}\right]$$

相应的行阶梯形矩阵为

$$\left(\begin{array}{ccc|c} 1 & -1 & 1 & 0 \\ 0 & 1 & -\frac{2}{3} & \frac{4}{3} \\ 0 & 0 & 1 & 1 \\ 0 & 0 & 0 & 0 \end{array}\right)$$

利用回代法可得 $i_1=1$，$i_2=2$ 及 $i_3=1$.

齐次方程组

如果线性方程组的右端项全为零，则称其为齐次的(homogeneous). 齐次方程组总是相容的，求其一个解并不难，只要令所有未知量为0，即可满足方程组. 因此，如果 $m\times n$ 齐次方程组有唯一解，则必然是其平凡解$(0, 0, \cdots, 0)$. 例6即为相容的齐次方程组，其中含有 $m=3$ 个方程和 $n=4$ 个未知量. 当 $n>m$ 时，总是存在自由变量，因此方程组存在非平凡解. 其实，这个结果已经在研究亚定方程组时讨论过了，但由于这个结果十分重要，故给出如下定理.

定理 1.2.1 若 $n>m$，则 $m\times n$ 的齐次线性方程组有非平凡解.

证 齐次方程组总是相容的. 因为其增广矩阵的行阶梯形最多有 m 个非零行，故至多有 m 个首变量. 又由于变量个数 n 满足 $n>m$，故必存在自由变量. 而自由变量可任意取值，对自由变量的任一组取值，均可得到方程组的一组解. ■

应用3：化学方程式

在光合作用中，植物利用太阳提供的辐射能，将二氧化碳(CO_2)和水(H_2O)转化为葡萄糖($C_6H_{12}O_6$)和氧气(O_2). 该化学反应的方程式为

$$x_1 CO_2 + x_2 H_2O \to x_3 O_2 + x_4 C_6H_{12}O_6$$

为平衡该方程式，需适当选择其中的 x_1，x_2，x_3 和 x_4，使得方程式两边的碳、氢和氧原子的数量分别相等. 由于一个二氧化碳分子含有一个碳原子，而一个葡萄糖分子含有六个碳原子，因此为平衡方程，需有

21

$$x_1 = 6x_4$$

类似地，要平衡氧原子需满足

$$2x_1 + x_2 = 2x_3 + 6x_4$$

氢原子需满足

$$2x_2 = 12x_4$$

将所有未知量移到等式左端，即可得到一个齐次线性方程组

$$\begin{aligned} x_1 \qquad\qquad\quad - 6x_4 &= 0 \\ 2x_1 + x_2 - 2x_3 - 6x_4 &= 0 \\ 2x_2 \qquad - 12x_4 &= 0 \end{aligned}$$

由定理1.2.1，该方程组有非平凡解. 为平衡化学方程式，我们需找到一组解(x_1, x_2, x_3, x_4)，其中每个元均为非负整数. 如果我们使用通常的方法求解方程组，可以看到 x_4 为自由变量且

$$x_1 = x_2 = x_3 = 6x_4$$

如果令 $x_4=1$，则 $x_1=x_2=x_3=6$，且化学方程式的形式为

$$6CO_2 + 6H_2O = 6O_2 + C_6H_{12}O_6$$

应用 4：商品交换的经济模型

假设一个原始社会的部落中，人们从事三种职业：农业生产、工具和器皿的手工制作、缝制衣物．最初，假设部落中不存在货币制度，所有的商品和服务均进行实物交换．我们记这三类人为 F，M 和 C，并假设有向图 1.2.4 表示实际的实物交易系统．

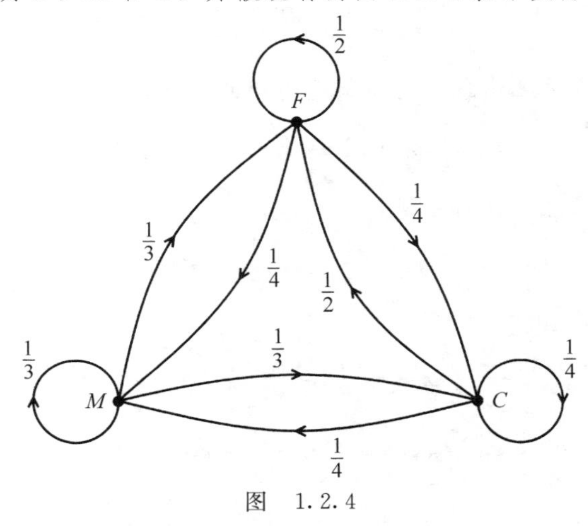

图　1.2.4

图 1.2.4 说明，农民留他们收成的一半给自己、1/4 收成给手工业者，并将 1/4 收成给制衣工人．手工业者将他们的产品平均分为三份，每一类成员得到 1/3．制衣工人将一半的衣物给农民，并将剩余的一半平均分给手工业者和他们自己．综上所述，可得如下表格：

	F	M	C
F	$\frac{1}{2}$	$\frac{1}{3}$	$\frac{1}{2}$
M	$\frac{1}{4}$	$\frac{1}{3}$	$\frac{1}{4}$
C	$\frac{1}{4}$	$\frac{1}{3}$	$\frac{1}{4}$

该表格的第一列表示农民生产产品的分配，第二列表示手工业者生产产品的分配，第三列表示制衣工人生产产品的分配．

当部落规模增大时，实物交易系统就变得非常复杂，因此，部落决定使用货币系统．对这个简单的经济体系，我们假设没有资本的积累和债务，并且每一种产品的价格均可反映实物交换系统中产品的价值．问题是，如何给三种产品定价，就可以公平地体现当前的实物交易系统．

这个问题可以利用诺贝尔奖获得者——经济学家列昂惕夫（Wassily Leontief）提出的经济模型转化为线性方程组．对这个模型，我们令 x_1 为所有农产品的价值，x_2 为所有手工业品的价值，x_3 为所有服装的价值．由表格的第一行，农民获得的产品价值是所有农产品价值的一半，加上1/3的手工业品的价值，再加上1/2的服装价值．因此，农民总共得到的产品价值为$\frac{1}{2}x_1+\frac{1}{3}x_2+\frac{1}{2}x_3$．如果这个系统是公平的，那么农民获得的产品价值应等于农民生产的产品总价值x_1．即我们有线性方程

$$\frac{1}{2}x_1+\frac{1}{3}x_2+\frac{1}{2}x_3=x_1$$

利用表格的第二行，将手工业者得到和制造的产品价值写成方程，我们得到第二个方程

$$\frac{1}{4}x_1+\frac{1}{3}x_2+\frac{1}{4}x_3=x_2$$

最后，利用表格的第三行，我们得到

$$\frac{1}{4}x_1+\frac{1}{3}x_2+\frac{1}{4}x_3=x_3$$

23

这些方程可写成齐次方程组：

$$\begin{aligned}
-\frac{1}{2}x_1+\frac{1}{3}x_2+\frac{1}{2}x_3&=0\\
\frac{1}{4}x_1-\frac{2}{3}x_2+\frac{1}{4}x_3&=0\\
\frac{1}{4}x_1+\frac{1}{3}x_2-\frac{3}{4}x_3&=0
\end{aligned}$$

该方程组对应的增广矩阵的行最简形式为

$$\left[\begin{array}{ccc|c}1&0&-\frac{5}{3}&0\\0&1&-1&0\\0&0&0&0\end{array}\right]$$

它有一个自由变量x_3．令$x_3=3$，我们得到解(5，3，3)，并且通解包含所有(5，3，3)的倍数．由此可得，变量x_1，x_2，x_3应按下面的比例取值：

$$x_1:x_2:x_3=5:3:3$$

这个简单的系统是封闭的列昂惕夫生产-消费模型的例子．列昂惕夫模型是我们理解经济体系的基础．现代应用则会包含成千上万的工厂并得到一个非常庞大的线性方程组．我们将在6.8节更为细致地讨论列昂惕夫模型．

1.2节练习

1. 下列矩阵哪些是行阶梯形的？哪些是行最简形的？

(a) $\begin{bmatrix}1&2&3&4\\0&0&1&2\end{bmatrix}$　(b) $\begin{bmatrix}1&0&0\\0&0&0\\0&0&1\end{bmatrix}$　(c) $\begin{bmatrix}1&3&0\\0&0&1\\0&0&0\end{bmatrix}$

(d) $\begin{bmatrix}0&1\\0&0\\0&0\end{bmatrix}$　(e) $\begin{bmatrix}1&1&1\\0&1&2\\0&0&3\end{bmatrix}$　(f) $\begin{bmatrix}1&4&6\\0&0&1\\0&1&3\end{bmatrix}$

(g) $\begin{bmatrix} 1 & 0 & 0 & 1 & 2 \\ 0 & 1 & 0 & 2 & 4 \\ 0 & 0 & 1 & 3 & 6 \end{bmatrix}$　　(h) $\begin{bmatrix} 0 & 1 & 3 & 4 \\ 0 & 0 & 1 & 3 \\ 0 & 0 & 0 & 0 \end{bmatrix}$

2. 下列增广矩阵均为行阶梯形的. 对每一种情形，确定它对应的线性方程组是否相容. 如果方程组有唯一解，求之.

(a) $\left[\begin{array}{cc|c} 1 & 2 & 4 \\ 0 & 1 & 3 \\ 0 & 0 & 1 \end{array}\right]$　　(b) $\left[\begin{array}{cc|c} 1 & 3 & 1 \\ 0 & 1 & -1 \\ 0 & 0 & 0 \end{array}\right]$　　(c) $\left[\begin{array}{ccc|c} 1 & -2 & 4 & 1 \\ 0 & 0 & 1 & 3 \\ 0 & 0 & 0 & 0 \end{array}\right]$

(d) $\left[\begin{array}{ccc|c} 1 & -2 & 2 & -2 \\ 0 & 1 & -1 & 3 \\ 0 & 0 & 1 & 2 \end{array}\right]$　　(e) $\left[\begin{array}{ccc|c} 1 & 3 & 2 & -2 \\ 0 & 0 & 1 & 4 \\ 0 & 0 & 0 & 1 \end{array}\right]$　　(f) $\left[\begin{array}{ccc|c} 1 & -1 & 3 & 8 \\ 0 & 1 & 2 & 7 \\ 0 & 0 & 1 & 2 \\ 0 & 0 & 0 & 0 \end{array}\right]$

24

3. 下列增广矩阵均为行最简形的. 对每一种情形，求出其对应的线性方程组的解集.

(a) $\left[\begin{array}{ccc|c} 1 & 0 & 0 & -2 \\ 0 & 1 & 0 & 5 \\ 0 & 0 & 1 & 3 \end{array}\right]$　　(b) $\left[\begin{array}{ccc|c} 1 & 4 & 0 & 2 \\ 0 & 0 & 1 & 3 \\ 0 & 0 & 0 & 1 \end{array}\right]$　　(c) $\left[\begin{array}{ccc|c} 1 & -3 & 0 & 2 \\ 0 & 0 & 1 & -2 \\ 0 & 0 & 0 & 0 \end{array}\right]$

(d) $\left[\begin{array}{cccc|c} 1 & 2 & 0 & 1 & 5 \\ 0 & 0 & 1 & 3 & 4 \end{array}\right]$　　(e) $\left[\begin{array}{cccc|c} 1 & 5 & -2 & 0 & 3 \\ 0 & 0 & 0 & 1 & 6 \\ 0 & 0 & 0 & 0 & 0 \\ 0 & 0 & 0 & 0 & 0 \end{array}\right]$　　(f) $\left[\begin{array}{ccc|c} 0 & 1 & 0 & 2 \\ 0 & 0 & 1 & -1 \\ 0 & 0 & 0 & 0 \end{array}\right]$

4. 对练习 3 中的每一方程组，分别列表写出它的首变量和自由变量.

5. 利用高斯消元法，给出与下列方程组等价且系数矩阵为行阶梯形的方程组. 指出方程组是否是相容的. 如果方程组是相容的且没有自由变量，则利用回代法求其唯一解. 如果方程组是相容的且存在自由变量，则将其转换为行最简形并求所有解.

(a) $\begin{aligned} x_1 - 2x_2 &= 3 \\ 2x_1 - x_2 &= 9 \end{aligned}$　　(b) $\begin{aligned} 2x_1 - 3x_2 &= 5 \\ -4x_1 + 6x_2 &= 8 \end{aligned}$

(c) $\begin{aligned} x_1 + x_2 &= 0 \\ 2x_1 + 3x_2 &= 0 \\ 3x_1 - 2x_2 &= 0 \end{aligned}$　　(d) $\begin{aligned} 3x_1 + 2x_2 - x_3 &= 4 \\ x_1 - 2x_2 + 2x_3 &= 1 \\ 11x_1 + 2x_2 + x_3 &= 14 \end{aligned}$

(e) $\begin{aligned} 2x_1 + 3x_2 + x_3 &= 1 \\ x_1 + x_2 + x_3 &= 3 \\ 3x_1 + 4x_2 + 2x_3 &= 4 \end{aligned}$　　(f) $\begin{aligned} x_1 - x_2 + 2x_3 &= 4 \\ 2x_1 + 3x_2 - x_3 &= 1 \\ 7x_1 + 3x_2 + 4x_3 &= 7 \end{aligned}$

(g) $\begin{aligned} x_1 + x_2 + x_3 + x_4 &= 0 \\ 2x_1 + 3x_2 - x_3 - x_4 &= 2 \\ 3x_1 + 2x_2 + x_3 + x_4 &= 5 \\ 3x_1 + 6x_2 - x_3 - x_4 &= 4 \end{aligned}$　　(h) $\begin{aligned} x_1 - 2x_2 &= 3 \\ 2x_1 + x_2 &= 1 \\ -5x_1 + 8x_2 &= 4 \end{aligned}$

(i) $\begin{aligned} -x_1 + 2x_2 - x_3 &= 2 \\ -2x_1 + 2x_2 + x_3 &= 4 \\ 3x_1 + 2x_2 + 2x_3 &= 5 \\ -3x_1 + 8x_2 + 5x_3 &= 17 \end{aligned}$　　(j) $\begin{aligned} x_1 + 2x_2 - 3x_3 + x_4 &= 1 \\ -x_1 - x_2 + 4x_3 - x_4 &= 6 \\ -2x_1 - 4x_2 + 7x_3 - x_4 &= 1 \end{aligned}$

(k) $\begin{aligned} x_1 + 3x_2 + x_3 + x_4 &= 3 \\ 2x_1 - 2x_2 + x_3 + 2x_4 &= 8 \\ x_1 - 5x_2 + x_4 &= 5 \end{aligned}$

(l) $\begin{aligned} x_1 - 3x_2 + x_3 &= 1 \\ 2x_1 + x_2 - x_3 &= 2 \\ x_1 + 4x_2 - 2x_3 &= 1 \\ 5x_1 - 8x_2 + 2x_3 &= 5 \end{aligned}$

6. 利用高斯-若尔当消元法求解下列方程组.

(a) $\begin{aligned} x_1 + x_2 &= -1 \\ 4x_1 - 3x_2 &= 3 \end{aligned}$

(b) $\begin{aligned} x_1 + 3x_2 + x_3 + x_4 &= 3 \\ 2x_1 - 2x_2 + x_3 + 2x_4 &= 8 \\ 3x_1 + x_2 + 2x_3 - x_4 &= -1 \end{aligned}$

(c) $\begin{aligned} x_1 + x_2 + x_3 &= 0 \\ x_1 - x_2 - x_3 &= 0 \end{aligned}$

(d) $\begin{aligned} x_1 + x_2 + x_3 + x_4 &= 0 \\ 2x_1 + x_2 - x_3 + 3x_4 &= 0 \\ x_1 - 2x_2 + x_3 + x_4 &= 0 \end{aligned}$

7. 采用几何法说明，含有两个方程和三个变量的齐次线性方程组有无穷多解. 对非齐次的 2×3 线性方程组会有多少组解？给出答案的几何解释.

25

8. 考虑线性方程组，其增广矩阵为

$$\left[\begin{array}{ccc|c} 1 & 2 & 1 & 1 \\ -1 & 4 & 3 & 2 \\ 2 & -2 & a & 3 \end{array}\right]$$

当 a 取何值时，该方程组有唯一解？

9. 考虑线性方程组，其增广矩阵为

$$\left[\begin{array}{ccc|c} 1 & 2 & 1 & 0 \\ 2 & 5 & 3 & 0 \\ -1 & 1 & \beta & 0 \end{array}\right]$$

(a) 该方程组是否会不相容？试说明.

(b) 当 β 取何值时，该方程组有无穷多解？

10. 考虑线性方程组，其增广矩阵为

$$\left[\begin{array}{ccc|c} 1 & 1 & 3 & 2 \\ 1 & 2 & 4 & 3 \\ 1 & 3 & a & b \end{array}\right]$$

(a) 当 a 和 b 取何值时，该方程组有无穷多解？

(b) 当 a 和 b 取何值时，该方程组不相容？

11. 给定线性方程组

(a) $\begin{aligned} x_1 + 2x_2 &= 2 \\ 3x_1 + 7x_2 &= 8 \end{aligned}$

(b) $\begin{aligned} x_1 + 2x_2 &= 1 \\ 3x_1 + 7x_2 &= 7 \end{aligned}$

将这两个方程组的右端项合并为一个 2×2 矩阵 $\boldsymbol{B}$，然后利用矩阵

$$(\boldsymbol{A} \mid \boldsymbol{B}) = \left[\begin{array}{cc|cc} 1 & 2 & 2 & 1 \\ 3 & 7 & 8 & 7 \end{array}\right]$$

的行最简形求解这两个方程组.

12. 给定方程组

(a) $\begin{aligned} x_1 + 2x_2 + x_3 &= 2 \\ -x_1 - x_2 + 2x_3 &= 3 \\ 2x_1 + 3x_2 &= 0 \end{aligned}$

(b) $\begin{aligned} x_1 + 2x_2 + x_3 &= -1 \\ -x_1 - x_2 + 2x_3 &= 2 \\ 2x_1 + 3x_2 &= -2 \end{aligned}$

利用增广矩阵$(\boldsymbol{A}|\boldsymbol{B})$的行最简形和两次回代法求解它们.

13. 给定一个齐次线性方程组，如果该方程组是超定方程组，其解的个数有什么可能性？试说明.

14. 给定一个非齐次线性方程组，如果该方程组是亚定方程组，其解的个数有什么可能性？试说明.

15. 确定下图中给出的交通流量 x_1，x_2，x_3 和 x_4.

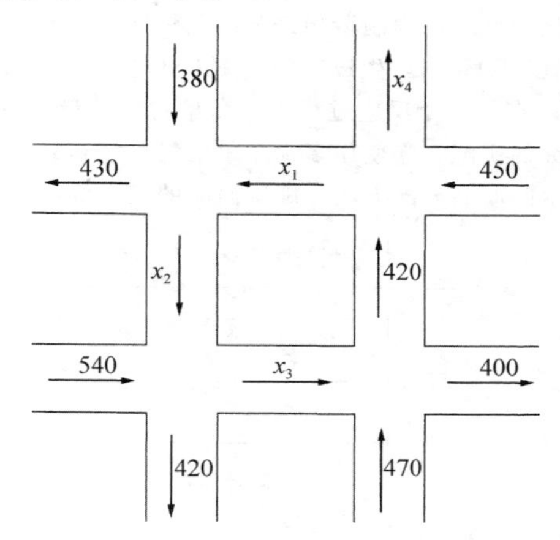

16. 考虑如下的交通图，其中 a_1，a_2，a_3，a_4，b_1，b_2，b_3，b_4 为固定正整数. 构造一个关于变量 x_1，

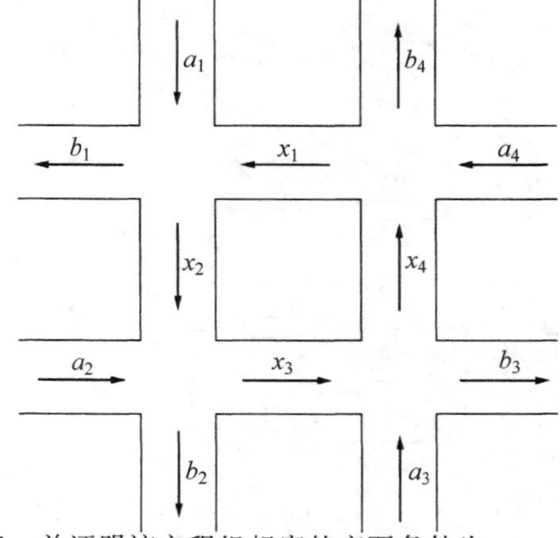

x_2，x_3，x_4 的线性方程组，并证明该方程组相容的充要条件为

$$a_1+a_2+a_3+a_4=b_1+b_2+b_3+b_4$$

由此可得进入和离开该交通网络的汽车数量有什么关系？

26

17. 令(c_1, c_2)为 2×2 方程组

$$\begin{aligned} a_{11}x_1 + a_{12}x_2 &= 0 \\ a_{21}x_1 + a_{22}x_2 &= 0 \end{aligned}$$

的解. 证明：对任意实数 α，有序对$(\alpha c_1, \alpha c_2)$也是方程组的解.

18. 在应用 3 中，如令自由变量 $x_4=1$，则可得解(6, 6, 6, 1).

(a) 求当 $x_4=0$ 时方程组的解. 这个解是否指出化学反应的某些信息？此时称“平凡解”是否合适？

(b) 选择一些其他的 x_4，例如 2，4 或 5，并求相应的解. 这些非平凡解之间有什么关系？

19. 液态苯在空气中可以燃烧. 如果将一个冷的物体直接放在燃烧的苯上部，则水蒸气就会在物体上凝结，同时烟灰(炭)也会在该物体上沉积. 这个化学反应的方程式为

$$x_1 C_6H_6 + x_2 O_2 \rightarrow x_3 C + x_4 H_2O$$

求变量 x_1，x_2，x_3 和 x_4，以配平该方程.

20. 市场上的硝酸是通过三个化学反应过程制造出来的. 第一个反应中，氮(N_2)与氢(H_2)化合，生成氨(NH_3). 第二步，氨和氧(O_2)化合，生成二氧化氮(NO_2)和水. 最后，NO_2 与水反应生成硝酸(HNO_3)和一氧化氮(NO). 在每一个反应过程中，衡量物质的量的单位是 mol(摩尔，化学反应中的标准单位). 要制造 8mol 的硝酸，需使用多少摩尔的氮、氢和氧呢?

21. 应用 4 中，若采用下表所示的商品分配方法，确定商品的相对价值 x_1，x_2 和 x_3.

	F	M	C
F	$\frac{1}{3}$	$\frac{1}{3}$	$\frac{1}{3}$
M	$\frac{1}{3}$	$\frac{1}{2}$	$\frac{1}{6}$
C	$\frac{1}{3}$	$\frac{1}{6}$	$\frac{1}{2}$

22. 求下列电路中各电流强度.

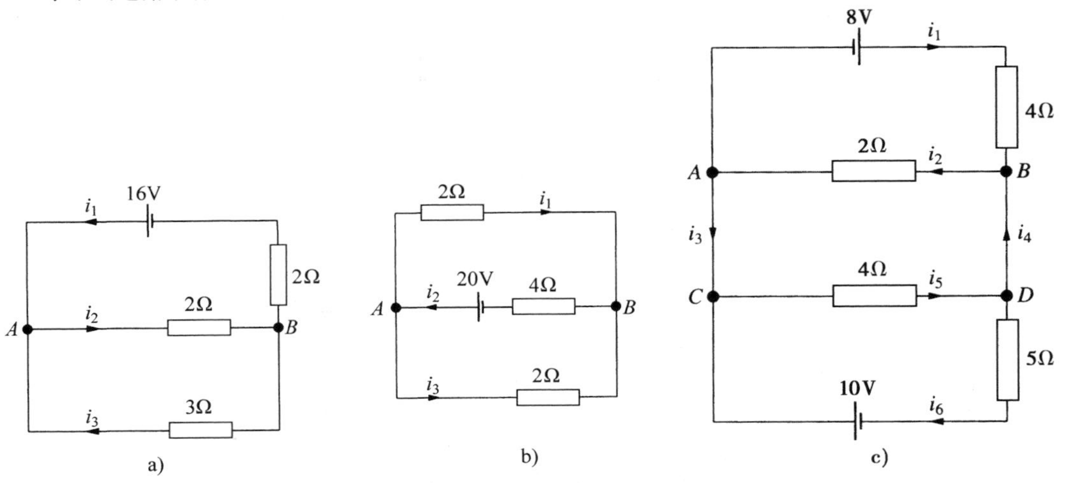

1.3 矩阵算术

本节我们引入矩阵和向量的标准记号，并定义矩阵的算术运算(加、减、乘). 我们还将引入两种附加运算：标量乘法和转置. 我们将了解如何表示包含矩阵和向量的线性方程组，然后推导出线性方程组相容的定理.

27

矩阵中的元素称为标量(scalar). 它们通常是实数或复数. 在大多数情况下，我们考虑所有元素为实数的矩阵. 在本书的前五章中，读者可以认为术语标量(scalar)就表示实数. 在第 6 章中将会出现使用复数作为标量的情形.

矩阵记号

若我们要引用矩阵，而不写出矩阵的所有元素，则可使用大写字母 $\boldsymbol{A}$，$\boldsymbol{B}$，$\boldsymbol{C}$ 等表示矩阵. 一般地，a_{ij} 表示矩阵 $\boldsymbol{A}$ 的第 i 行第 j 列的元素，并用 (i, j) 表示它. 因此，若 $\boldsymbol{A}$ 为一个 $m\times n$ 的矩阵，则

$$\boldsymbol{A}=\begin{bmatrix} a_{11} & a_{12} & \cdots & a_{1n} \\ a_{21} & a_{22} & \cdots & a_{2n} \\ \vdots & & & \\ a_{m1} & a_{m2} & \cdots & a_{mn} \end{bmatrix}$$

有时还将矩阵简记为 $\boldsymbol{A}=(a_{ij})$. 类似地，矩阵 $\boldsymbol{B}$ 可表示为 (b_{ij})，矩阵 $\boldsymbol{C}$ 可表示为 (c_{ij}) 等.

向量

由于仅有一行或一列的矩阵可以用来表示线性方程组的解，因此特别值得注意. 具有 m 个线性方程 n 个变量的线性方程组的解是一个由实数组成的 n 元组. 我们称这种 n 元组为向量（vector）. 如果将 n 元组表示为一个 $1\times n$ 的矩阵，则称为行向量（row vector）. 此外，若将 n 元组表示为一个 $n\times 1$ 的矩阵，则称为列向量（column vector）. 例如，线性方程组

$$\begin{aligned} x_1+x_2&=3 \\ x_1-x_2&=1 \end{aligned}$$

的解可表示为行向量 $(2, 1)$，或列向量 $\begin{bmatrix} 2 \\ 1 \end{bmatrix}$.

在使用矩阵方程时，用列向量（$n\times 1$ 的矩阵）表示解是较为方便的. 所有 $n\times 1$ 的实矩阵构成的集合称为 n 维欧几里得空间（Euclidean n-space），通常记为 $\mathbf{R}^n$. 由于后面大部分使用列向量，因此一般省略“列”字，并简称为 $\mathbf{R}^n$ 中的向量. 列向量的标准记号采用黑斜体小写字母.

$$\boldsymbol{x}=\begin{bmatrix} x_1 \\ x_2 \\ \vdots \\ x_n \end{bmatrix} \tag{1}$$

28

对于行向量，没有通用的标准记号. 本书中，我们用黑斜体小写字母表示行向量及列向量，为区分行向量和列向量，在字母上面加上一水平箭头表示行向量. 也就是说，水平箭头表示水平数组（行向量）而不是垂直数组（列向量）.

例如，

$$\vec{\boldsymbol{x}}=(x_1, x_2, x_3, x_4), \quad \boldsymbol{y}=\begin{bmatrix} y_1 \\ y_2 \\ y_3 \\ y_4 \end{bmatrix}$$

分别是有 4 项的行向量和列向量.

给定一个 $m\times n$ 矩阵 $\boldsymbol{A}$，经常会使用它的特定行或列. $\boldsymbol{A}$ 的第 j 个列向量的标准记号为 $\boldsymbol{a}_j$. 矩阵 $\boldsymbol{A}$ 的第 i 个行向量没有通用的标准记号. 本书中，由于使用水平箭头表示行向量，我们将 $\boldsymbol{A}$ 的第 i 个行向量记为 $\vec{\boldsymbol{a}}_i$.

设 $\boldsymbol{A}$ 为一个 $m\times n$ 矩阵，则 $\boldsymbol{A}$ 的行向量为

$$\vec{\boldsymbol{a}}_i=(a_{i1},a_{i2},\cdots,a_{in}),\quad i=1,\cdots,m$$

同时，列向量表示为

$$\boldsymbol{a}_j=\begin{bmatrix}a_{1j}\\a_{2j}\\\vdots\\a_{mj}\end{bmatrix},\quad j=1,\cdots,n$$

矩阵 $\boldsymbol{A}$ 可以用它的列向量或者行向量表示.

$$\boldsymbol{A}=(\boldsymbol{a}_1,\boldsymbol{a}_2,\cdots,\boldsymbol{a}_n)\quad 或\quad \boldsymbol{A}=\begin{bmatrix}\vec{\boldsymbol{a}}_1\\\vec{\boldsymbol{a}}_2\\\vdots\\\vec{\boldsymbol{a}}_m\end{bmatrix}$$

类似地，如果 $\boldsymbol{B}$ 为一个 $n\times r$ 矩阵，则

$$\boldsymbol{B}=(\boldsymbol{b}_1,\ \boldsymbol{b}_2,\ \cdots,\ \boldsymbol{b}_r)=\begin{bmatrix}\vec{\boldsymbol{b}}_1\\\vec{\boldsymbol{b}}_2\\\vdots\\\vec{\boldsymbol{b}}_n\end{bmatrix}$$

▶**例1**　如果

$$\boldsymbol{A}=\begin{bmatrix}3&2&5\\-1&8&4\end{bmatrix}$$

则

$$\boldsymbol{a}_1=\begin{bmatrix}3\\-1\end{bmatrix},\quad \boldsymbol{a}_2=\begin{bmatrix}2\\8\end{bmatrix},\quad \boldsymbol{a}_3=\begin{bmatrix}5\\4\end{bmatrix}$$

$$\vec{\boldsymbol{a}}_1=(3,2,5),\quad \vec{\boldsymbol{a}}_2=(-1,8,4)$$ ◀

29

相等

若两个矩阵相等，则它们的维数以及它们对应的元素必相等.

定义　若两个 $m\times n$ 矩阵 $\boldsymbol{A}$ 和 $\boldsymbol{B}$ 对任一 i 和 j 均满足 $a_{ij}=b_{ij}$，则称它们**相等**(equal).

标量乘法

设 $\boldsymbol{A}$ 为矩阵，且 α 为标量，则 $\alpha\boldsymbol{A}$ 为将 $\boldsymbol{A}$ 中的任一元素乘以 α 而构成的一个矩阵.

定义　设 $\boldsymbol{A}$ 为 $m\times n$ 的矩阵，且 α 为标量，则 $\alpha\boldsymbol{A}$ 为一个 $m\times n$ 的矩阵，其 $(i,\ j)$ 元素为 αa_{ij}.

例如，设

$$\boldsymbol{A}=\begin{bmatrix}4&8&2\\6&8&10\end{bmatrix}$$

则

$$\frac{1}{2}\boldsymbol{A}=\begin{bmatrix}2 & 4 & 1\\3 & 4 & 5\end{bmatrix}\quad 且\quad 3\boldsymbol{A}=\begin{bmatrix}12 & 24 & 6\\18 & 24 & 30\end{bmatrix}$$

矩阵加法

两个相同维数矩阵的加法可通过对应元素相加得到.

定义 设 $\boldsymbol{A}=(a_{ij})$ 及 $\boldsymbol{B}=(b_{ij})$ 都是 $m\times n$ 矩阵，则它们的**和**(sum)$\boldsymbol{A}+\boldsymbol{B}$ 也为一个 $m\times n$的矩阵，对每一个有序对(i, j)，它的(i, j)元素为 $a_{ij}+b_{ij}$.

例如，

$$\begin{bmatrix}3 & 2 & 1\\4 & 5 & 6\end{bmatrix}+\begin{bmatrix}2 & 2 & 2\\1 & 2 & 3\end{bmatrix}=\begin{bmatrix}5 & 4 & 3\\5 & 7 & 9\end{bmatrix}$$

$$\begin{bmatrix}2\\1\\8\end{bmatrix}+\begin{bmatrix}-8\\3\\2\end{bmatrix}=\begin{bmatrix}-6\\4\\10\end{bmatrix}$$

30

若我们定义 $\boldsymbol{A}-\boldsymbol{B}$ 为$\boldsymbol{A}+(-1)\boldsymbol{B}$，则可得 $\boldsymbol{A}-\boldsymbol{B}$ 为矩阵$\boldsymbol{A}$ 中的元素减去矩阵$\boldsymbol{B}$ 中的对应元素形成的矩阵. 因而

$$\begin{aligned}\begin{bmatrix}2 & 4\\3 & 1\end{bmatrix}-\begin{bmatrix}4 & 5\\2 & 3\end{bmatrix}&=\begin{bmatrix}2 & 4\\3 & 1\end{bmatrix}+(-1)\begin{bmatrix}4 & 5\\2 & 3\end{bmatrix}\\&=\begin{bmatrix}2 & 4\\3 & 1\end{bmatrix}+\begin{bmatrix}-4 & -5\\-2 & -3\end{bmatrix}\\&=\begin{bmatrix}2-4 & 4-5\\3-2 & 1-3\end{bmatrix}\\&=\begin{bmatrix}-2 & -1\\1 & -2\end{bmatrix}\end{aligned}$$

如果用$\boldsymbol{O}$表示与$\boldsymbol{A}$ 维数相同且元素全为 0 的矩阵，则

$$\boldsymbol{A}+\boldsymbol{O}=\boldsymbol{O}+\boldsymbol{A}=\boldsymbol{A}$$

我们称$\boldsymbol{O}$为零矩阵(zero matrix). 该矩阵为所有 $m\times n$ 矩阵集合中关于加法的单位元. 此外，每一个 $m\times n$ 矩阵都有一个加法意义下的逆元. 事实上，

$$\boldsymbol{A}+(-1)\boldsymbol{A}=\boldsymbol{O}=(-1)\boldsymbol{A}+\boldsymbol{A}$$

通常记加法的逆元为$-\boldsymbol{A}$. 因此

$$-\boldsymbol{A}=(-1)\boldsymbol{A}$$

矩阵乘法及线性方程组

我们还定义了极为重要的运算，即两个矩阵的乘法. 引入如下定义方式的主要原因来源于线性方程组的应用. 若有一个单变量的线性方程，它可写为如下形式：

$$ax=b \tag{2}$$

我们通常认为 a，x 和 b 是标量；然而，它们也可以看成 1×1 矩阵. 现在的目标就是将方程(2)推广，使得一个 $m\times n$ 的线性方程组可表示为一个矩阵方程

$$Ax=b$$

其中 $\boldsymbol{A}$ 为一个 $m\times n$ 矩阵，$\boldsymbol{x}$ 为 $\mathbf{R}^n$ 中的一个未知向量，$\boldsymbol{b}$ 为 $\mathbf{R}^m$ 中的向量. 我们首先考虑一个方程有多个未知量的情形.

情形 1：一个方程有多个未知量

我们首先考虑一个方程有多个变量的情形. 例如考虑方程

$$3x_1+2x_2+5x_3=4$$

若令

$$\boldsymbol{A}=\begin{bmatrix}3 & 2 & 5\end{bmatrix} \quad 及 \quad \boldsymbol{x}=\begin{bmatrix}x_1\\x_2\\x_3\end{bmatrix}$$

并定义乘积 $\boldsymbol{Ax}$ 为

$$\boldsymbol{Ax}=\begin{bmatrix}3 & 2 & 5\end{bmatrix}\begin{bmatrix}x_1\\x_2\\x_3\end{bmatrix}=3x_1+2x_2+5x_3$$

31

则方程 $3x_1+2x_2+5x_3=4$ 可写为矩阵方程

$$\boldsymbol{Ax}=4$$

对一个有 n 个未知量的线性方程

$$a_1x_1+a_2x_2+\cdots+a_nx_n=b$$

若令

$$\boldsymbol{A}=\begin{bmatrix}a_1 & a_2 & \cdots & a_n\end{bmatrix} \quad 及 \quad \boldsymbol{x}=\begin{bmatrix}x_1\\x_2\\\vdots\\x_n\end{bmatrix}$$

并定义乘积 $\boldsymbol{Ax}$ 为

$$\boldsymbol{Ax}=a_1x_1+a_2x_2+\cdots+a_nx_n$$

则方程组可写为 $\boldsymbol{Ax}=\boldsymbol{b}$ 的形式.

例如，若

$$\boldsymbol{A}=\begin{bmatrix}2 & 1 & -3 & 4\end{bmatrix} \quad 且 \quad \boldsymbol{x}=\begin{bmatrix}3\\2\\1\\-2\end{bmatrix}$$

则

$$\boldsymbol{Ax}=2\cdot 3+1\cdot 2+(-3)\cdot 1+4\cdot(-2)=-3$$

注意，左侧的行向量与右侧的列向量乘积的结果为一个标量. 因此，这种乘法通常称为标量积(scalar product).

情形 2：m 个方程 n 个未知量

现在考虑一个 $m\times n$ 线性方程组

$$\begin{aligned} a_{11}x_1 + a_{12}x_2 + \cdots + a_{1n}x_n &= b_1 \\ a_{21}x_1 + a_{22}x_2 + \cdots + a_{2n}x_n &= b_2 \\ &\vdots \\ a_{m1}x_1 + a_{m2}x_2 + \cdots + a_{mn}x_n &= b_m \end{aligned} \tag{3}$$

若能将这个方程组写为类似(2)的形式则是理想的，即写为矩阵方程

$$\boldsymbol{A}\boldsymbol{x} = \boldsymbol{b} \tag{4}$$

其中$\boldsymbol{A}=(a_{ij})$已知，$\boldsymbol{x}$ 为一个 $n\times 1$ 的未知变量矩阵，$\boldsymbol{b}$ 为一个 $m\times 1$ 矩阵，表示方程组的右端项．这样，若令

$$\boldsymbol{A} = \begin{bmatrix} a_{11} & a_{12} & \cdots & a_{1n} \\ a_{21} & a_{22} & \cdots & a_{2n} \\ \vdots & & & \\ a_{m1} & a_{m2} & \cdots & a_{mn} \end{bmatrix}, \quad \boldsymbol{x} = \begin{bmatrix} x_1 \\ x_2 \\ \vdots \\ x_n \end{bmatrix}, \quad \boldsymbol{b} = \begin{bmatrix} b_1 \\ b_2 \\ \vdots \\ b_m \end{bmatrix}$$

32

并定义乘积 $\boldsymbol{A}\boldsymbol{x}$ 为

$$\boldsymbol{A}\boldsymbol{x} = \begin{bmatrix} a_{11}x_1 + a_{12}x_2 + \cdots + a_{1n}x_n \\ a_{21}x_1 + a_{22}x_2 + \cdots + a_{2n}x_n \\ \vdots \\ a_{m1}x_1 + a_{m2}x_2 + \cdots + a_{mn}x_n \end{bmatrix} \tag{5}$$

则线性方程组(3)等价于矩阵方程(4).

给定一个 $m\times n$ 矩阵 $\boldsymbol{A}$ 和空间 $\mathbf{R}^n$ 中的向量 $\boldsymbol{x}$，可用(5)计算乘积 $\boldsymbol{A}\boldsymbol{x}$．乘积 $\boldsymbol{A}\boldsymbol{x}$ 将是一个$m\times 1$ 的矩阵，即是 $\mathbf{R}^m$ 中的一个向量．$\boldsymbol{A}\boldsymbol{x}$ 中第 i 个元素可采用下面的方法计算：

$$a_{i1}x_1 + a_{i2}x_2 + \cdots + a_{in}x_n$$

它等于矩阵 $\boldsymbol{A}$ 的第 i 个行向量与列向量 $\boldsymbol{x}$ 的标量积$\vec{\boldsymbol{a}}_i\boldsymbol{x}$．因此，

$$\boldsymbol{A}\boldsymbol{x} = \begin{bmatrix} \vec{\boldsymbol{a}}_1\boldsymbol{x} \\ \vec{\boldsymbol{a}}_2\boldsymbol{x} \\ \vdots \\ \vec{\boldsymbol{a}}_n\boldsymbol{x} \end{bmatrix}$$

▶**例 2**

$$\boldsymbol{A} = \begin{bmatrix} 4 & 2 & 1 \\ 5 & 3 & 7 \end{bmatrix}, \quad \boldsymbol{x} = \begin{bmatrix} x_1 \\ x_2 \\ x_3 \end{bmatrix}$$

$$\boldsymbol{A}\boldsymbol{x} = \begin{bmatrix} 4x_1 + 2x_2 + x_3 \\ 5x_1 + 3x_2 + 7x_3 \end{bmatrix}$$

◀

▶**例 3**

$$\boldsymbol{A}=\begin{bmatrix}-3 & 1\\ 2 & 5\\ 4 & 2\end{bmatrix},\quad \boldsymbol{x}=\begin{bmatrix}2\\ 4\end{bmatrix}$$

$$\boldsymbol{Ax}=\begin{bmatrix}-3\cdot 2+1\cdot 4\\ 2\cdot 2+5\cdot 4\\ 4\cdot 2+2\cdot 4\end{bmatrix}=\begin{bmatrix}-2\\ 24\\ 16\end{bmatrix}$$ ◀

▶**例 4**　将下列方程组写为矩阵方程 $\boldsymbol{Ax}=\boldsymbol{b}$.

$$\begin{aligned}3x_1+2x_2+x_3&=5\\ x_1-2x_2+5x_3&=-2\\ 2x_1+x_2-3x_3&=1\end{aligned}$$

33

解

$$\begin{bmatrix}3 & 2 & 1\\ 1 & -2 & 5\\ 2 & 1 & -3\end{bmatrix}\begin{bmatrix}x_1\\ x_2\\ x_3\end{bmatrix}=\begin{bmatrix}5\\ -2\\ 1\end{bmatrix}$$ ◀

另外一种将线性方程组(3)表示为矩阵方程的方法是，将乘积 $\boldsymbol{Ax}$ 表示为列向量和的形式：

$$\boldsymbol{Ax}=\begin{bmatrix}a_{11}x_1+a_{12}x_2+\cdots+a_{1n}x_n\\ a_{21}x_1+a_{22}x_2+\cdots+a_{2n}x_n\\ \vdots\\ a_{m1}x_1+a_{m2}x_2+\cdots+a_{mn}x_n\end{bmatrix}$$

$$=x_1\begin{bmatrix}a_{11}\\ a_{21}\\ \vdots\\ a_{m1}\end{bmatrix}+x_2\begin{bmatrix}a_{12}\\ a_{22}\\ \vdots\\ a_{m2}\end{bmatrix}+\cdots+x_n\begin{bmatrix}a_{1n}\\ a_{2n}\\ \vdots\\ a_{mn}\end{bmatrix}$$

因此，有

$$\boldsymbol{Ax}=x_1\boldsymbol{a}_1+x_2\boldsymbol{a}_2+\cdots+x_n\boldsymbol{a}_n \tag{6}$$

利用这个公式，可将方程组(3)表示为一个矩阵方程

$$x_1\boldsymbol{a}_1+x_2\boldsymbol{a}_2+\cdots+x_n\boldsymbol{a}_n=\boldsymbol{b} \tag{7}$$

▶**例 5**　线性方程组

$$\begin{aligned}2x_1+3x_2-2x_3&=5\\ 5x_1-4x_2+2x_3&=6\end{aligned}$$

可以写为一个矩阵方程

$$x_1\begin{bmatrix}2\\ 5\end{bmatrix}+x_2\begin{bmatrix}3\\ -4\end{bmatrix}+x_3\begin{bmatrix}-2\\ 2\end{bmatrix}=\begin{bmatrix}5\\ 6\end{bmatrix}$$ ◀

定义　若 $\boldsymbol{a}_1$，$\boldsymbol{a}_2$，…，$\boldsymbol{a}_n$ 为 $\mathbf{R}^m$ 中的向量，且 c_1，c_2，…，c_n 为标量，则和式

$$c_1\boldsymbol{a}_1+c_2\boldsymbol{a}_2+\cdots+c_n\boldsymbol{a}_n$$

称为向量 $\boldsymbol{a}_1$，$\boldsymbol{a}_2$，…，$\boldsymbol{a}_n$ 的一个**线性组合**(linear combination).

由方程(6)可知，乘积 $\boldsymbol{Ax}$ 为矩阵 $\boldsymbol{A}$ 的列向量的一个线性组合. 某些书上甚至用这种线性组合的表示来定义矩阵与向量的乘积.

34

> 若 $\boldsymbol{A}$ 为一个 $m\times n$ 的矩阵，且 $\boldsymbol{x}$ 为 $\mathbf{R}^n$ 中的一个向量，则
> $$\boldsymbol{Ax}=x_1\boldsymbol{a}_1+x_2\boldsymbol{a}_2+\cdots+x_n\boldsymbol{a}_n$$

▶**例 6** 如果我们在例 5 中选择 $x_1=2$，$x_2=3$，$x_3=4$，则

$$\begin{bmatrix}5\\6\end{bmatrix}=2\begin{bmatrix}2\\5\end{bmatrix}+3\begin{bmatrix}3\\-4\end{bmatrix}+4\begin{bmatrix}-2\\2\end{bmatrix}$$

因此，向量$\begin{bmatrix}5\\6\end{bmatrix}$为系数矩阵三个列向量的线性组合. 由此可知例 5 中的线性方程组是相容的，且

$$\boldsymbol{x}=\begin{bmatrix}2\\3\\4\end{bmatrix}$$

为方程组的一个解. ◀

矩阵方程(7)给出了一个很好的方法来刻画线性方程组是否相容. 事实上，下面的定理是(7)的直接推论.

定理 1.3.1(线性方程组的相容性定理) *一个线性方程组 $\boldsymbol{Ax}=\boldsymbol{b}$ 相容的充要条件是向量 $\boldsymbol{b}$ 可写为矩阵 $\boldsymbol{A}$ 列向量的一个线性组合.*

▶**例 7** 线性方程组

$$\begin{aligned}x_1+2x_2&=1\\2x_1+4x_2&=1\end{aligned}$$

是不相容的，因为向量$\begin{bmatrix}1\\1\end{bmatrix}$不能表示为列向量$\begin{bmatrix}1\\2\end{bmatrix}$和$\begin{bmatrix}2\\4\end{bmatrix}$的一个线性组合. 注意，这些向量的任何线性组合应形如

$$x_1\begin{bmatrix}1\\2\end{bmatrix}+x_2\begin{bmatrix}2\\4\end{bmatrix}=\begin{bmatrix}x_1+2x_2\\2x_1+4x_2\end{bmatrix}$$

因此，该向量的第二个元素必为其第一个元素的两倍. ◀

35

矩阵乘法

更为一般地，如果矩阵 $\boldsymbol{A}$ 的列数等于矩阵 $\boldsymbol{B}$ 的行数，则矩阵 $\boldsymbol{A}$ 可以和矩阵 $\boldsymbol{B}$ 相乘. 乘积的第一列由矩阵 $\boldsymbol{B}$ 的第一列求得，即 $\boldsymbol{AB}$ 的第一列为 $\boldsymbol{Ab}_1$，$\boldsymbol{AB}$ 的第二列为 $\boldsymbol{Ab}_2$，等等. 因此乘积 $\boldsymbol{AB}$ 是以 $\boldsymbol{Ab}_1$，$\boldsymbol{Ab}_2$，…，$\boldsymbol{Ab}_n$ 为列的矩阵.

$$\boldsymbol{AB}=(\boldsymbol{Ab}_1,\boldsymbol{Ab}_2,\cdots,\boldsymbol{Ab}_n)$$

$\boldsymbol{AB}$ 的(i, j)元素为列向量 $\boldsymbol{Ab}_j$ 的第 i 个元素. 它是由 $\boldsymbol{A}$ 的第 i 个行向量乘以 $\boldsymbol{B}$ 的第 j 个

列向量得到的.

定义 若$\boldsymbol{A}=(a_{ij})$为一个$m\times n$的矩阵，且$\boldsymbol{B}=(b_{ij})$为一个$n\times r$的矩阵，则乘积$\boldsymbol{AB}=\boldsymbol{C}=(c_{ij})$为一个$m\times r$的矩阵，它的元素定义为

$$c_{ij}=\vec{\boldsymbol{a}}_i\boldsymbol{b}_j=\sum_{k=1}^{n}a_{ik}b_{kj}$$

▶**例 8** 若

$$\boldsymbol{A}=\begin{bmatrix}3&-2\\2&4\\1&-3\end{bmatrix}\quad 及\quad \boldsymbol{B}=\begin{bmatrix}-2&1&3\\4&1&6\end{bmatrix}$$

则

$$\begin{aligned}\boldsymbol{AB}&=\begin{bmatrix}3&-2\\ \mathbf{2}&\mathbf{4}\\1&-3\end{bmatrix}\begin{bmatrix}-2&1&\mathbf{3}\\4&1&\mathbf{6}\end{bmatrix}\\&=\begin{bmatrix}3\cdot(-2)-2\cdot4&3\cdot1-2\cdot1&3\cdot3-2\cdot6\\2\cdot(-2)+4\cdot4&2\cdot1+4\cdot1&\mathbf{2\cdot3+4\cdot6}\\1\cdot(-2)-3\cdot4&1\cdot1-3\cdot1&1\cdot3-3\cdot6\end{bmatrix}\\&=\begin{bmatrix}-14&1&-3\\12&6&\mathbf{30}\\-14&-2&-15\end{bmatrix}\end{aligned}$$

阴影部分表示乘积中的元素(2，3)是如何由$\boldsymbol{A}$的第二行和$\boldsymbol{B}$的第三列求得的. 也可计算乘积$\boldsymbol{BA}$；然而结果矩阵$\boldsymbol{BA}$并不等于$\boldsymbol{AB}$. 事实上，正如下面的乘积所示，$\boldsymbol{AB}$和$\boldsymbol{BA}$甚至没有相同的维数.

$$\begin{aligned}\boldsymbol{BA}&=\begin{bmatrix}-2\cdot3+1\cdot2+3\cdot1&-2\cdot(-2)+1\cdot4+3\cdot(-3)\\4\cdot3+1\cdot2+6\cdot1&4\cdot(-2)+1\cdot4+6\cdot(-3)\end{bmatrix}\\&=\begin{bmatrix}-1&-1\\20&-22\end{bmatrix}\end{aligned}$$ ◀

▶**例 9** 若

$$\boldsymbol{A}=\begin{bmatrix}3&4\\1&2\end{bmatrix}\quad 及\quad \boldsymbol{B}=\begin{bmatrix}1&2\\4&5\\3&6\end{bmatrix}$$

则不可能将$\boldsymbol{A}$乘以$\boldsymbol{B}$，因为$\boldsymbol{A}$的列数不等于$\boldsymbol{B}$的行数. 然而，可以用$\boldsymbol{B}$乘以$\boldsymbol{A}$.

$$\boldsymbol{BA}=\begin{bmatrix}1&2\\4&5\\3&6\end{bmatrix}\begin{bmatrix}3&4\\1&2\end{bmatrix}=\begin{bmatrix}5&8\\17&26\\15&24\end{bmatrix}$$ ◀

若$\boldsymbol{A}$和$\boldsymbol{B}$均为$n\times n$的矩阵，则$\boldsymbol{AB}$和$\boldsymbol{BA}$也将是$n\times n$的矩阵，但一般它们不相等. 矩阵的乘法不满足交换律.

▶**例 10** 若

$$\boldsymbol{A}=\begin{bmatrix}1&1\\0&0\end{bmatrix}\quad\text{及}\quad\boldsymbol{B}=\begin{bmatrix}1&1\\2&2\end{bmatrix}$$

则

$$\boldsymbol{AB}=\begin{bmatrix}1&1\\0&0\end{bmatrix}\begin{bmatrix}1&1\\2&2\end{bmatrix}=\begin{bmatrix}3&3\\0&0\end{bmatrix}$$

且

$$\boldsymbol{BA}=\begin{bmatrix}1&1\\2&2\end{bmatrix}\begin{bmatrix}1&1\\0&0\end{bmatrix}=\begin{bmatrix}1&1\\2&2\end{bmatrix}$$

因此，$\boldsymbol{AB}\neq\boldsymbol{BA}$. ◀

应用 1：生产成本

某工厂生产三种产品. 它的成本分为三类. 每一类成本中，给出生产单个产品时估计需要的量. 同时给出每季度生产每种产品数量的估计. 这些估计在表 1.3.1 和表 1.3.2 中给出. 该公司希望在股东会议上用一个表格展示出每一季度三类成本中的每一类成本的数量：原料费、工资和管理费.

表 1.3.1 生产单个产品的成本(美元)

成本	产品		
	A	B	C
原料费	0.10	0.30	0.15
工资	0.30	0.40	0.25
管理费和其他	0.10	0.20	0.15

表 1.3.2 每季度产量

产品	季度			
	夏季	秋季	冬季	春季
A	4 000	4 500	4 500	4 000
B	2 000	2 600	2 400	2 200
C	5 800	6 200	6 000	6 000

解 我们用矩阵的方法考虑这个问题. 这两个表格中的每一个均可表示为一个矩阵，即

$$\boldsymbol{M}=\begin{bmatrix}0.10&0.30&0.15\\0.30&0.40&0.25\\0.10&0.20&0.15\end{bmatrix}$$

及

$$\boldsymbol{P}=\begin{bmatrix}4\,000&4\,500&4\,500&4\,000\\2\,000&2\,600&2\,400&2\,200\\5\,800&6\,200&6\,000&6\,000\end{bmatrix}$$

如果我们构造乘积 $\boldsymbol{MP}$，则 $\boldsymbol{MP}$ 的第一列表示夏季的成本.

原料费：　　　　$(0.10)(4\,000)+(0.30)(2\,000)+(0.15)(5\,800)=1\,870$

工资：　　　　　$(0.30)(4\,000)+(0.40)(2\,000)+(0.25)(5\,800)=3\,450$

管理费和其他：$(0.10)(4\,000)+(0.20)(2\,000)+(0.15)(5\,800)=1\,670$

$\boldsymbol{MP}$ 的第二列表示秋季的成本.

原料费：　　　　$(0.10)(4\,500)+(0.30)(2\,600)+(0.15)(6\,200)=2\,160$

工资：　　　　　$(0.30)(4\,500)+(0.40)(2\,600)+(0.25)(6\,200)=3\,940$

管理费和其他：$(0.10)(4\,500)+(0.20)(2\,600)+(0.15)(6\,200)=1\,900$

$\boldsymbol{MP}$ 的第三列和第四列分别表示冬季和春季的成本.

$$\boldsymbol{MP}=\begin{bmatrix}1\,870 & 2\,160 & 2\,070 & 1\,960\\ 3\,450 & 3\,940 & 3\,810 & 3\,580\\ 1\,670 & 1\,900 & 1\,830 & 1\,740\end{bmatrix}$$

$\boldsymbol{MP}$ 第一行的元素表示四个季度中每一季度原料的总成本. 第二和第三行的元素分别表示四个季度中每一季度工资和管理的成本. 每一类成本的年度总成本可由矩阵的每一行元素相加得到. 每一列元素相加，即可得到每一季度的总成本. 表 1.3.3 汇总了总成本.

38

表 1.3.3

	季度				
	夏季	秋季	冬季	春季	全年
原料费	1 870	2 160	2 070	1 960	8 060
工资	3 450	3 940	3 810	3 580	14 780
管理费和其他	1 670	1 900	1 830	1 740	7 140
总成本	6 990	8 000	7 710	7 280	29 980

应用 2：管理科学——层次分析法

层次分析法(Analytic Hierarchy Process，AHP)是一种进行复杂决策分析时常用的方法. 该方法最早由 T. L. Saaty 在 20 世纪 70 年代提出. 层次分析法在商业、工业、政府、教育和医疗等领域有着广泛的应用. 该方法适用于存在某一特定目标，并存在固定数量达到目标的可选项的问题. 何种选项是否最终被选择依赖于一系列评价准则. 当处理复杂的决策问题时，每一个评价准则都可能存在一系列的子准则，同时，每一子准则仍可能存在子准则，以此类推. 因此，对于复杂的决策问题，人们可能需要多层的决策准则.

为说明层次分析法是如何工作的，我们考虑一个简单的问题. 一个州立大学数学系的查找与筛选委员会(Search and Screen Committee)正在执行一项填补本系教授职位的筛选过程. 经过预筛选过程之后，该委员会将候选人数缩小到三位：Gauss 博士、O'Leary 博士和 Taussky 博士. 经过最后一轮的面试，委员会必须挑选出最适合该职位的候选人. 为达到这个目标，他们必须从研究、教学和学术活动三方面对候选人进行评估．完成该项决策过程的层次结构如图 1.3.1 所示．

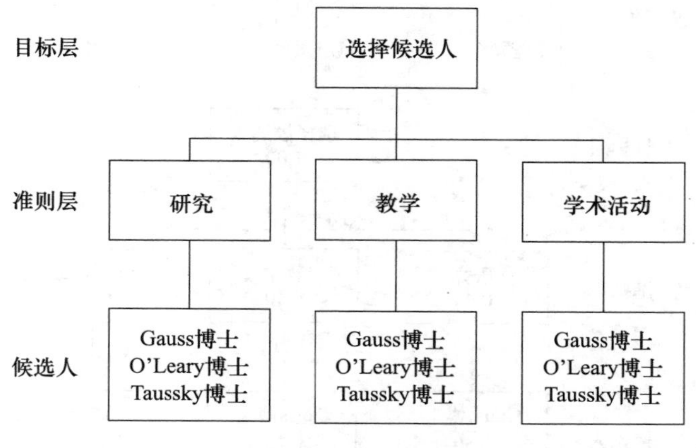

图 1.3.1　层次分析过程

层次分析法的第一步是确定三个评估标准的相对重要性．这可通过两两比较完成．例如，若委员会认为研究和教学应当具有相同的重要性，而这两点的重要性都是学术活动的两倍，则数学上可将这些相对的评级用权重 0.40，0.40 和 0.20 进行相应的赋值．需要注意的是，前两项评估标准的权重是第三项评估标准权重的两倍．还需注意的是，权重的选择需要使得它们的和为 1．权重向量

39

$$\boldsymbol{w}=\begin{bmatrix}0.40\\0.40\\0.20\end{bmatrix}$$

给出了查找准则之间相对重要性的数值表示．

该方法的下一步是针对每一准则，为列表中的三位候选人给出相对的权重评级．给出这些权重的方法可以是定量的，也可以是定性的．例如，对研究的评估可以用三位候选人在研究性期刊上发表的论文页数进行定量的评估．因此，若 Gauss 发表了 500 页，O'Leary 发表了 250 页，Taussky 发表了 250 页，则可以将权重赋值为将这些数值除以 1 000(三人发表论文页数的总和)．因此，此方法得到的权重为 0.50，0.25 和 0.25．定量的评估并不考虑论文质量不同的因素．确定定性的权重需要人来判断，但该过程不能完全主观．第 5 章和第 6 章将回顾这个例子，并考虑如何定性确定权重．该方法需要引入成对比较，因此需要使用更为高级的矩阵方法从成对比较结果中得到权重．

委员会另外一种细化查找过程的方法是将研究准则细分为两个子类——定量的研究和定性的研究．此时，可以直接在图 1.3.1 的准则层下再加上一个子准则层．这种细化的方法将在 5.3 节回顾层次分析法的例子中引入．

至此，假设委员会已经确定了针对三个准则中每一准则的相对权重，且这些权重在图 1.3.2 中给出．相对于研究、教学和学术活动，候选人的相对评级可使用如下向量表示：

$$a_1 = \begin{bmatrix} 0.50 \\ 0.25 \\ 0.25 \end{bmatrix}, \quad a_2 = \begin{bmatrix} 0.20 \\ 0.50 \\ 0.30 \end{bmatrix}, \quad a_3 = \begin{bmatrix} 0.25 \\ 0.50 \\ 0.25 \end{bmatrix}$$

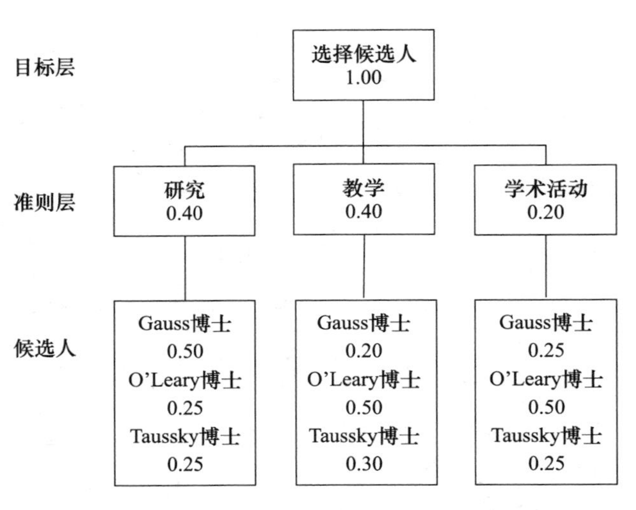

图 1.3.2　带权的层次分析图

为确定候选人的总体评级，我们将每一个这样的向量都乘以相应的权重 w_1，w_2，w_3 并将结果相加.

$$\boldsymbol{r} = w_1\boldsymbol{a}_1 + w_2\boldsymbol{a}_2 + w_3\boldsymbol{a}_3 = 0.40\begin{bmatrix} 0.50 \\ 0.25 \\ 0.25 \end{bmatrix} + 0.40\begin{bmatrix} 0.20 \\ 0.50 \\ 0.30 \end{bmatrix} + 0.20\begin{bmatrix} 0.25 \\ 0.50 \\ 0.25 \end{bmatrix} = \begin{bmatrix} 0.33 \\ 0.40 \\ 0.27 \end{bmatrix}$$

40

注意到，如果令 $\boldsymbol{A}=[\boldsymbol{a}_1 \quad \boldsymbol{a}_2 \quad \boldsymbol{a}_3]$，则相对评级向量 $\boldsymbol{r}$ 可使用矩阵 $\boldsymbol{A}$ 与向量 $\boldsymbol{w}$ 的乘积表示.

$$\boldsymbol{r} = \boldsymbol{A}\boldsymbol{w} = \begin{bmatrix} 0.50 & 0.20 & 0.25 \\ 0.25 & 0.50 & 0.50 \\ 0.25 & 0.30 & 0.25 \end{bmatrix}\begin{bmatrix} 0.40 \\ 0.40 \\ 0.20 \end{bmatrix} = \begin{bmatrix} 0.33 \\ 0.40 \\ 0.27 \end{bmatrix}$$

本例中，第二位候选人具有最高的相对评级，因此委员会将该职位提供给 O'Leary. 若 O'Leary 拒绝了该职位，则优先考虑 Gauss，他的相对评级处于第二位.

参考文献

1. Saaty, T. L., *The Analytic Hierarchy Process*, McGraw Hill, 1980.

符号规则

正如通常的代数，如果表达式中既包含乘法也包含加法，且没有使用括号指明运算的顺序，那么乘法先于加法计算. 这同样适用于标量乘法和矩阵乘法. 例如，设

$$\boldsymbol{A} = \begin{bmatrix} 3 & 4 \\ 1 & 2 \end{bmatrix}, \quad \boldsymbol{B} = \begin{bmatrix} 1 & 3 \\ 2 & 1 \end{bmatrix}, \quad \boldsymbol{C} = \begin{bmatrix} -2 & 1 \\ 3 & 2 \end{bmatrix}$$

则

$$A+BC=\begin{bmatrix}3&4\\1&2\end{bmatrix}+\begin{bmatrix}7&7\\-1&4\end{bmatrix}=\begin{bmatrix}10&11\\0&6\end{bmatrix}$$

且

$$3A+B=\begin{bmatrix}9&12\\3&6\end{bmatrix}+\begin{bmatrix}1&3\\2&1\end{bmatrix}=\begin{bmatrix}10&15\\5&7\end{bmatrix}$$

41

矩阵的转置

给定 $m\times n$ 矩阵 $\boldsymbol{A}$，构造一个各列是 $\boldsymbol{A}$ 的各行的 $n\times m$ 矩阵常常是非常有用的.

定义 一个 $m\times n$ 矩阵 $\boldsymbol{A}$ 的**转置**(transpose)为 $n\times m$ 矩阵 $\boldsymbol{B}$，定义为

$$b_{ji}=a_{ij} \tag{8}$$

其中 $j=1,\cdots,n$ 和 $i=1,\cdots,m$. $\boldsymbol{A}$ 的转置记为 $\boldsymbol{A}^{\mathrm{T}}$.

由(8)可得 $\boldsymbol{A}^{\mathrm{T}}$ 的第 j 行元素分别与 $\boldsymbol{A}$ 的第 j 列元素相同，并且 $\boldsymbol{A}^{\mathrm{T}}$ 的第 i 列元素分别与 $\boldsymbol{A}$ 的第 i 行元素相同.

▶**例 11** (a) 若 $\boldsymbol{A}=\begin{bmatrix}1&2&3\\4&5&6\end{bmatrix}$，则 $\boldsymbol{A}^{\mathrm{T}}=\begin{bmatrix}1&4\\2&5\\3&6\end{bmatrix}$.

(b) 若 $\boldsymbol{B}=\begin{bmatrix}-3&2&1\\4&3&2\\1&2&5\end{bmatrix}$，则 $\boldsymbol{B}^{\mathrm{T}}=\begin{bmatrix}-3&4&1\\2&3&2\\1&2&5\end{bmatrix}$.

(c) 若 $\boldsymbol{C}=\begin{bmatrix}1&2\\2&3\end{bmatrix}$，则 $\boldsymbol{C}^{\mathrm{T}}=\begin{bmatrix}1&2\\2&3\end{bmatrix}$. ◀

例 11 中的矩阵 $\boldsymbol{C}$ 是自转置的，这在实际应用中经常出现.

定义 一个 $n\times n$ 的矩阵 $\boldsymbol{A}$，若满足 $\boldsymbol{A}^{\mathrm{T}}=\boldsymbol{A}$，则称为**对称的**(symmetric).

下面给出了一些对称矩阵的例子：

$$\begin{bmatrix}1&0\\0&-4\end{bmatrix}\quad\begin{bmatrix}2&3&4\\3&1&5\\4&5&3\end{bmatrix}\quad\begin{bmatrix}0&1&2\\1&1&-2\\2&-2&-3\end{bmatrix}$$

应用 3：信息检索

因特网上数据库的发展带动了信息存储和信息检索的巨大进步. 现代检索技术是基于矩阵理论和线性代数的.

在典型情况下，一个数据库包含一组文档，并且我们希望通过搜索这些文档找到最符合特定搜索内容的文档. 根据数据库的类型，我们可以像在期刊上搜索论文、在因特网上搜索网页、在图书馆中搜索图书或在电影集中搜索某部电影一样，搜索这些条目.

42

为说明搜索是如何进行的，假设数据库包含 m 个文档和 n 个可用于搜索的关键字的字典字. 由于搜索类似冠词和前缀之类的通用词汇不是很现实，因此并不是所有的词汇都是允许的. 假设字典字是按照字母顺序进行排序的，那么我们可将数据库表示为一个 $m\times n$ 矩阵 $\boldsymbol{A}$. 每一个文档被表示为矩阵的一列. $\boldsymbol{A}$ 的第 j 列的第一个元素为第 j 个文档

中第一个字典字出现的相对频率. 元素 a_{2j} 表示第 j 个文档中出现的第二个字典字的相对频率, 等等. 用于搜索的关键字被表示为 $\mathbf{R}^m$ 中的一个向量 $\boldsymbol{x}$. 如果第 i 个关键字在搜索列表中, 则向量 $\boldsymbol{x}$ 中的第 i 个元素为 1; 否则, 令 $x_i=0$. 为完成搜索, 我们只需用 $\boldsymbol{A}^{\mathrm{T}}$ 乘以 $\boldsymbol{x}$.

简单匹配搜索

一类最简单的搜索是确定每一个文档中有多少个搜索的关键字, 这种方法不考虑字的相对频率问题. 例如, 假设数据库中包含下列书名:

B1. Applied Linear Algebra

B2. Elementary Linear Algebra

B3. Elementary Linear Algebra with Applications

B4. Linear Algebra and Its Applications

B5. Linear Algebra with Applications

B6. Matrix Algebra with Applications

B7. Matrix Theory

按照字母顺序给出关键字集合为

algebra, application, elementary, linear, matrix, theory

对简单匹配搜索, 只需在数据库矩阵中使用 0 和 1, 而不必考虑关键字的相对频率. 因此矩阵的 (i, j) 元素用 1 表示第 i 个单词出现在第 j 个书名中, 0 表示第 i 个单词不出现在第 j 个书名中. 假设搜索引擎十分先进, 可以将单词的不同形式认为是一个单词. 例如, 在上面给出的书名列表中, 单词 applied 和 application 均被认为是单词 application. 所给出的书名列表对应的数据库矩阵定义为表 1.3.4 中的阵列.

表 1.3.4 线性代数书籍数据库的阵列表示

关键字	书籍						
	B1	B2	B3	B4	B5	B6	B7
algebra	1	1	1	1	1	1	0
application	1	0	1	1	1	1	0
elementary	0	1	1	0	0	0	0
linear	1	1	1	1	1	0	0
matrix	0	0	0	0	0	1	1
theory	0	0	0	0	0	0	1

如果搜索的关键字是 applied、linear 和 algebra, 则数据库矩阵和搜索向量为

$$\boldsymbol{A}=\begin{bmatrix}1&1&1&1&1&1&0\\1&0&1&1&1&1&0\\0&1&1&0&0&0&0\\1&1&1&1&1&0&0\\0&0&0&0&0&1&1\\0&0&0&0&0&0&1\end{bmatrix},\quad \boldsymbol{x}=\begin{bmatrix}1\\1\\0\\1\\0\\0\end{bmatrix}$$

如果令 $\boldsymbol{y}=\boldsymbol{A}^{\mathrm{T}}\boldsymbol{x}$，则

$$\boldsymbol{y}=\begin{bmatrix}1&1&0&1&0&0\\1&0&1&1&0&0\\1&1&1&1&0&0\\1&1&0&1&0&0\\1&1&0&1&0&0\\1&1&0&0&1&0\\0&0&0&0&1&1\end{bmatrix}\begin{bmatrix}1\\1\\0\\1\\0\\0\end{bmatrix}=\begin{bmatrix}3\\2\\3\\3\\3\\2\\0\end{bmatrix}$$

y_1 的值就是搜索关键字在第一个书名中的数量，y_2 的值就是搜索关键字在第二个书名中的数量，等等. 因为 $y_1=y_3=y_4=y_5=3$，故书名 B1、B3、B4 和 B5 必然包含所有三个搜索的单词. 如果搜索设置为匹配所有搜索单词，那么搜索引擎将返回第一、第三、第四和第五个书名.

相对频率搜索

非营利数据库的搜索通常会找到所有包含搜索关键字的文档，并将它们按照相对频率进行排序. 此时，数据库矩阵的元素应能反映出关键字在文档中出现的频率. 例如，假设数据库所有关键字的字典中第 6 个单词为 algebra、第 8 个单词为 applied，字典中的单词采用字母顺序排序. 如果说，数据库中文档 9 包含关键字字典中单词的总次数为 200，且若单词 algebra 在文档中出现 10 次，而单词 applied 出现 6 次，那么这些单词的相对频率分别为 $\frac{10}{200}$ 和 $\frac{6}{200}$，并且它们对应的数据库矩阵中的元素分别为

$$a_{69}=0.05 \quad \text{和} \quad a_{89}=0.03$$

为搜索这两个单词，我们取搜索向量 $\boldsymbol{x}$ 为其元素 x_6 和 x_8 为 1、其他元素为 0 的向量. 然后我们计算

$$\boldsymbol{y}=\boldsymbol{A}^{\mathrm{T}}\boldsymbol{x}$$

44

$\boldsymbol{y}$ 中对应于文档 9 的元素为

$$y_9=a_{69}\cdot 1+a_{89}\cdot 1=0.08$$

这说明文档 9 中出现搜索单词为 200 次中的 16 次(所有单词出现次数的 8%). 如果 y_j 为向量 $\boldsymbol{y}$ 中最大的元素，则说明数据库中的文档 j 包含关键字的相对频率最高.

高级搜索方法

搜索某些关键字，例如 linear 和 algebra，可能会很容易返回数以百计的文档，其中有些文档甚至不是关于线性代数的. 如果增加搜索关键字的数量并要求所有搜索的单词均要匹配，那么可能不包含某些重要的线性代数文档. 相较匹配扩展的搜索列表中所有单词的方法，我们的数据库搜索应优先给出匹配关键字最多且相对频率高的文档. 为实现它，需要寻找和搜索向量 $\boldsymbol{x}$“接近”的数据库矩阵 $\boldsymbol{A}$ 的一个列. 一种衡量两个向量接近程度的方法是定义**两向量间的夹角**. 我们将在 5.1 节中讨论它.

在学习了**奇异值分解**(singular value decomposition)(6.5 节)后，我们还会重新考虑信息搜索的应用问题. 这种分解可用于寻找数据库矩阵的一个简单近似，它使得搜索速

度极大提高．通常，这种方法还有一个额外的好处，就是过滤**噪声**(noise)，即使用数据库矩阵的近似版本，可以自动地消除不必要的上下文中含有关键字的文档．例如，一个牙科学生和一个数学学生可能都会用到 calculus 作为他们搜索的单词之一．因为数学搜索词列表中不包含任何其他关于牙科的项，因此可以期望使用近似数据库矩阵的数学搜索排除所有与牙科相关的文档．类似地，牙科学生的搜索中也应过滤掉数学文档．

网络搜索和网页分级

现代网络搜索很容易出现在数以十亿计的文档中搜索成百上千个关键字的情形．事实上，如 2008 年 6 月，在因特网上有超过一万亿的网页，要求搜索引擎在一天的时间内更新 1 000 万个网页是很常见的．尽管因特网上网页的数据库矩阵极其巨大，但是搜索却可以极大简化，因为矩阵和搜索向量均是**稀疏的**(sparse)，即任一列中大多数元素为 0.

对网络搜索，好的搜索引擎应能通过简单的匹配找到所有包含关键字的网页，但这些网页并不按照其关键字的相对频率进行排序．这在因特网商务中很自然，因为希望出售商品的人可以通过重复使用关键字，来保证他们的网站总是处于任何使用相对频率的搜索中级别较高的位置．事实上，很容易将某一关键字列表在不知不觉中重复上百次．如果将单词的前景色和网页的背景色设为相同，那么浏览者将不会察觉到单词的重复．

45

对网络搜索，一个更为先进的算法，需要将包含所有搜索关键字的网页进行分级．第 6 章中我们将学习一类特殊的矩阵模型，它针对某些特定随机过程计算概率．这种模型称为**马尔可夫过程**(Markov process)或**马尔可夫链**(Markov chain)．6.3 节中我们会看到如何使用马尔可夫链模拟网上冲浪并得到网页分级的模型．

参考文献

1. Berry, Michael W., and Murray Browne, *Understanding Search Engines: Mathematical Modeling and Text Retrieval*, SIAM, Philadelphia, 1999.

2. Langville, Amy N., and Carl D. Meyer, *Google's PageRank and Beyond: The Science of Search Engine Rankings*, Princeton University Press, 2012.

1.3 节练习

1. 设

$$A=\begin{bmatrix}3&1&4\\-2&0&1\\1&2&2\end{bmatrix}\quad \text{和}\quad B=\begin{bmatrix}1&0&2\\-3&1&1\\2&-4&1\end{bmatrix}$$

求：

(a) $2A$　(b) $A+B$　(c) $2A-3B$　(d) $(2A)^T-(3B)^T$

(e) AB　(f) BA　(g) A^TB^T　(h) $(BA)^T$

2. 对下列每一对矩阵，确定是否可以用第一个矩阵乘以第二个矩阵．如果可以，求它们的乘积．

(a) $\begin{bmatrix}3&5&1\\-2&0&2\end{bmatrix}\begin{bmatrix}2&1\\1&3\\4&1\end{bmatrix}$　(b) $\begin{bmatrix}4&-2\\6&-4\\8&-6\end{bmatrix}\begin{bmatrix}1&2&3\end{bmatrix}$　(c) $\begin{bmatrix}1&4&3\\0&1&4\\0&0&2\end{bmatrix}\begin{bmatrix}3&2\\1&1\\4&5\end{bmatrix}$

(d) $\begin{bmatrix}4 & 6\\2 & 1\end{bmatrix}\begin{bmatrix}3 & 1 & 5\\4 & 1 & 6\end{bmatrix}$　(e) $\begin{bmatrix}4 & 6 & 1\\2 & 1 & 1\end{bmatrix}\begin{bmatrix}3 & 1 & 5\\4 & 1 & 6\end{bmatrix}$　(f) $\begin{bmatrix}2\\-1\\3\end{bmatrix}\begin{bmatrix}3 & 2 & 4 & 5\end{bmatrix}$

3. 对练习 2 中的每一对矩阵，是否可以用第二个矩阵乘以第一个矩阵？它们的乘积的维数是多少？

4. 将下列方程组写为矩阵方程的形式.

(a) $\begin{aligned}3x_1 + 2x_2 &= 1\\2x_1 - 3x_2 &= 5\end{aligned}$　(b) $\begin{aligned}x_1 + x_2 \qquad &= 5\\2x_1 + x_2 - x_3 &= 6\\3x_1 - 2x_2 + 2x_3 &= 7\end{aligned}$　(c) $\begin{aligned}2x_1 + x_2 + x_3 &= 4\\x_1 - x_2 + 2x_3 &= 2\\3x_1 - 2x_2 - x_3 &= 0\end{aligned}$

5. 设

$$\boldsymbol{A}=\begin{bmatrix}3 & 4\\1 & 1\\2 & 7\end{bmatrix}$$

验证：

(a) $5\boldsymbol{A}=3\boldsymbol{A}+2\boldsymbol{A}$　(b) $6\boldsymbol{A}=3(2\boldsymbol{A})$　(c) $(\boldsymbol{A}^{\mathrm{T}})^{\mathrm{T}}=\boldsymbol{A}$

6. 设

$$\boldsymbol{A}=\begin{bmatrix}4 & 1 & 6\\2 & 3 & 5\end{bmatrix}\quad 及\quad \boldsymbol{B}=\begin{bmatrix}1 & 3 & 0\\-2 & 2 & -4\end{bmatrix}$$

验证：

(a) $\boldsymbol{A}+\boldsymbol{B}=\boldsymbol{B}+\boldsymbol{A}$　(b) $3(\boldsymbol{A}+\boldsymbol{B})=3\boldsymbol{A}+3\boldsymbol{B}$　(c) $(\boldsymbol{A}+\boldsymbol{B})^{\mathrm{T}}=\boldsymbol{A}^{\mathrm{T}}+\boldsymbol{B}^{\mathrm{T}}$

7. 设

$$\boldsymbol{A}=\begin{bmatrix}2 & 1\\6 & 3\\-2 & 4\end{bmatrix}\quad 及\quad \boldsymbol{B}=\begin{bmatrix}2 & 4\\1 & 6\end{bmatrix}$$

46

验证：

(a) $3(\boldsymbol{AB})=(3\boldsymbol{A})\boldsymbol{B}=\boldsymbol{A}(3\boldsymbol{B})$　(b) $(\boldsymbol{AB})^{\mathrm{T}}=\boldsymbol{B}^{\mathrm{T}}\boldsymbol{A}^{\mathrm{T}}$

8. 设

$$\boldsymbol{A}=\begin{bmatrix}2 & 4\\1 & 3\end{bmatrix},\quad \boldsymbol{B}=\begin{bmatrix}-2 & 1\\0 & 4\end{bmatrix},\quad \boldsymbol{C}=\begin{bmatrix}3 & 1\\2 & 1\end{bmatrix}$$

验证：

(a) $(\boldsymbol{A}+\boldsymbol{B})+\boldsymbol{C}=\boldsymbol{A}+(\boldsymbol{B}+\boldsymbol{C})$　(b) $(\boldsymbol{AB})\boldsymbol{C}=\boldsymbol{A}(\boldsymbol{BC})$

(c) $\boldsymbol{A}(\boldsymbol{B}+\boldsymbol{C})=\boldsymbol{AB}+\boldsymbol{AC}$　(d) $(\boldsymbol{A}+\boldsymbol{B})\boldsymbol{C}=\boldsymbol{AC}+\boldsymbol{BC}$

9. 设 $\boldsymbol{A}=\begin{bmatrix}1 & 2\\1 & -2\end{bmatrix}$，$\boldsymbol{b}=\begin{bmatrix}4\\0\end{bmatrix}$，$\boldsymbol{c}=\begin{bmatrix}-3\\-2\end{bmatrix}$.

(a) 将 $\boldsymbol{b}$ 写为列向量 $\boldsymbol{a}_1$ 和 $\boldsymbol{a}_2$ 的线性组合的形式.

(b) 利用(a)的结果确定线性方程组 $\boldsymbol{Ax}=\boldsymbol{b}$ 的解．方程组有其他的解吗？试说明.

(c) 将 $\boldsymbol{c}$ 写为列向量 $\boldsymbol{a}_1$ 和 $\boldsymbol{a}_2$ 的线性组合的形式.

10. 对下列的 $\boldsymbol{A}$ 和 $\boldsymbol{b}$，通过考察 $\boldsymbol{b}$ 与 $\boldsymbol{A}$ 的列向量的关系确定方程组 $\boldsymbol{Ax}=\boldsymbol{b}$ 是否相容．解释每一情形的答案.

(a) $\boldsymbol{A}=\begin{bmatrix}2 & 1\\-2 & -1\end{bmatrix}$，$\boldsymbol{b}=\begin{bmatrix}3\\1\end{bmatrix}$　(b) $\boldsymbol{A}=\begin{bmatrix}1 & 4\\2 & 3\end{bmatrix}$，$\boldsymbol{b}=\begin{bmatrix}5\\5\end{bmatrix}$　(c) $\boldsymbol{A}=\begin{bmatrix}3 & 2 & 1\\3 & 2 & 1\\3 & 2 & 1\end{bmatrix}$，$\boldsymbol{b}=\begin{bmatrix}1\\0\\-1\end{bmatrix}$

11. 设 $\boldsymbol{A}$ 为 5×3 的矩阵．如果 $\boldsymbol{b}=\boldsymbol{a}_1+\boldsymbol{a}_2=\boldsymbol{a}_2+\boldsymbol{a}_3$，则关于线性方程组 $\boldsymbol{Ax}=\boldsymbol{b}$ 的解的个数会有什么结

论？试说明.

12. 设 $\boldsymbol{A}$ 为 3×4 的矩阵. 如果 $\boldsymbol{b}=\boldsymbol{a}_1+\boldsymbol{a}_2+\boldsymbol{a}_3+\boldsymbol{a}_4$，则关于线性方程组 $\boldsymbol{Ax}=\boldsymbol{b}$ 的解的个数会有什么结论？试说明.
13. 设 $\boldsymbol{Ax}=\boldsymbol{b}$ 是增广矩阵具有行最简形

$$\left[\begin{array}{ccccc|c}1&2&0&3&1&-2\\0&0&1&2&4&5\\0&0&0&0&0&0\\0&0&0&0&0&0\end{array}\right]$$

的线性方程组.

(a) 求出方程组的所有解.

(b) 如果 $\boldsymbol{a}_1=\begin{bmatrix}1\\1\\3\\4\end{bmatrix}$，$\boldsymbol{a}_3=\begin{bmatrix}2\\-1\\1\\3\end{bmatrix}$，确定 $\boldsymbol{b}$.

14. 在应用2中，假设查找与筛选委员会确定实际上研究的重要性是教学的1.5倍，并且是学术活动的3倍. 委员会还评定教学的重要性是学术活动的2倍. 确定一个新的权重向量 $\boldsymbol{w}$，以反映修改后的优先级. 再确定一个新的评定向量 $\boldsymbol{r}$. 新的权重会影响候选人的总体评级吗？
15. 设 $\boldsymbol{A}$ 是 $m\times n$ 的矩阵. 解释为什么矩阵乘法 $\boldsymbol{A}^{\mathrm{T}}\boldsymbol{A}$ 和 $\boldsymbol{A}\boldsymbol{A}^{\mathrm{T}}$ 是可行的.
16. 如果 $\boldsymbol{A}^{\mathrm{T}}=-\boldsymbol{A}$，则称矩阵 $\boldsymbol{A}$ 是反对称的. 证明如果矩阵是反对称的，则它的对角元素均为0.
17. 在应用3中，假设我们在有7本线性代数书的数据库中搜索单词 elementary、matrix、algebra. 构造一个搜索向量 $\boldsymbol{x}$，然后计算表示搜索结果的向量 $\boldsymbol{y}$. 解释向量 $\boldsymbol{y}$ 中数值所表示的含义.
18. 设 $\boldsymbol{A}$ 是 2×2 的矩阵，其中 $a_{11}\neq0$，设 $\alpha=a_{21}/a_{11}$. 证明 $\boldsymbol{A}$ 可分解为积的形式

$$\begin{bmatrix}1&0\\\alpha&1\end{bmatrix}\begin{bmatrix}a_{11}&a_{12}\\0&b\end{bmatrix}$$

b 的值是多少？

1.4 矩阵代数

实数的代数法则可能适用也可能不适用于矩阵. 例如，如果 a 和 b 是实数，则

47

$$a+b=b+a,\text{且 } ab=ba$$

对实数而言，加法运算和乘法运算都满足交换律. 当我们用方阵 $\boldsymbol{A}$ 和 $\boldsymbol{B}$ 代替 a 和 b 时，上述第一条代数法则仍适用，即

$$\boldsymbol{A}+\boldsymbol{B}=\boldsymbol{B}+\boldsymbol{A}$$

然而，我们已经知道矩阵乘法不满足交换律. 这一点应格外引起重视.

警告 一般来讲，$\boldsymbol{AB}\neq\boldsymbol{BA}$. 矩阵乘法不满足交换律.

本节我们考察哪些代数法则适用于矩阵.

代数法则

下面的定理给出了一些矩阵代数中有用的法则.

定理 1.4.1 在定义了需要的运算后，下述法则对任何标量 α 和 β 及矩阵 $\boldsymbol{A}$，$\boldsymbol{B}$ 和 $\boldsymbol{C}$ 都是成立的.

1. $\boldsymbol{A}+\boldsymbol{B}=\boldsymbol{B}+\boldsymbol{A}$
2. $(\boldsymbol{A}+\boldsymbol{B})+\boldsymbol{C}=\boldsymbol{A}+(\boldsymbol{B}+\boldsymbol{C})$
3. $(\boldsymbol{AB})\boldsymbol{C}=\boldsymbol{A}(\boldsymbol{BC})$
4. $\boldsymbol{A}(\boldsymbol{B}+\boldsymbol{C})=\boldsymbol{AB}+\boldsymbol{AC}$
5. $(\boldsymbol{A}+\boldsymbol{B})\boldsymbol{C}=\boldsymbol{AC}+\boldsymbol{BC}$
6. $(\alpha\beta)\boldsymbol{A}=\alpha(\beta\boldsymbol{A})$
7. $\alpha(\boldsymbol{AB})=(\alpha\boldsymbol{A})\boldsymbol{B}=\boldsymbol{A}(\alpha\boldsymbol{B})$
8. $(\alpha+\beta)\boldsymbol{A}=\alpha\boldsymbol{A}+\beta\boldsymbol{A}$
9. $\alpha(\boldsymbol{A}+\boldsymbol{B})=\alpha\boldsymbol{A}+\alpha\boldsymbol{B}$

我们将证明其中的两个法则，其他的留给读者验证.

证(法则 4)　设 $A=(a_{ij})$为一个 $m\times n$ 矩阵，$\boldsymbol{B}=(b_{ij})$和 $\boldsymbol{C}=(c_{ij})$均为 $n\times r$ 的矩阵. 令 $\boldsymbol{D}=\boldsymbol{A}(\boldsymbol{B}+\boldsymbol{C})$及 $\boldsymbol{E}=\boldsymbol{AB}+\boldsymbol{AC}$. 则有

$$d_{ij}=\sum_{k=1}^{n}a_{ik}(b_{kj}+c_{kj})$$

及

$$e_{ij}=\sum_{k=1}^{n}a_{ik}b_{kj}+\sum_{k=1}^{n}a_{ik}c_{kj}$$

但

$$\sum_{k=1}^{n}a_{ik}(b_{kj}+c_{kj})=\sum_{k=1}^{n}a_{ik}b_{kj}+\sum_{k=1}^{n}a_{ik}c_{kj}$$

所以 $d_{ij}=e_{ij}$，由此 $\boldsymbol{A}(\boldsymbol{B}+\boldsymbol{C})=\boldsymbol{AB}+\boldsymbol{AC}$. ■

48

证(法则 3)　令 $\boldsymbol{A}$ 为 $m\times n$ 矩阵，$\boldsymbol{B}$ 为 $n\times r$ 矩阵，$\boldsymbol{C}$ 为 $r\times s$ 矩阵. 令 $\boldsymbol{D}=\boldsymbol{AB}$ 及 $\boldsymbol{E}=\boldsymbol{BC}$. 我们需证明 $\boldsymbol{DC}=\boldsymbol{AE}$. 根据矩阵乘法的定义有

$$d_{il}=\sum_{k=1}^{n}a_{ik}b_{kl}\quad 及\quad e_{kj}=\sum_{l=1}^{r}b_{kl}c_{lj}$$

$\boldsymbol{DC}$ 的(i, j)元为

$$\sum_{l=1}^{r}d_{il}c_{lj}=\sum_{l=1}^{r}\left(\sum_{k=1}^{n}a_{ik}b_{kl}\right)c_{lj}$$

且 $\boldsymbol{AE}$ 的(i, j)元为

$$\sum_{k=1}^{n}a_{ik}e_{kj}=\sum_{k=1}^{n}a_{ik}\left(\sum_{l=1}^{r}b_{kl}c_{lj}\right)$$

由于

$$\sum_{l=1}^{r}\left(\sum_{k=1}^{n}a_{ik}b_{kl}\right)c_{lj}=\sum_{l=1}^{r}\left(\sum_{k=1}^{n}a_{ik}b_{kl}c_{lj}\right)=\sum_{k=1}^{n}a_{ik}\left(\sum_{l=1}^{r}b_{kl}c_{lj}\right)$$

可得

$$(\boldsymbol{AB})\boldsymbol{C}=\boldsymbol{DC}=\boldsymbol{AE}=\boldsymbol{A}(\boldsymbol{BC})$$ ■

定理 1.4.1 中的代数法则看起来十分自然，因为它们与我们对实数使用的法则类

似．然而，矩阵的代数法则和实数的代数法则之间有着重要的区别．其中一些差别在本节最后的练习1到练习5中加以说明．

▶**例1**　若

$$\boldsymbol{A}=\begin{bmatrix}1 & 2\\3 & 4\end{bmatrix},\quad \boldsymbol{B}=\begin{bmatrix}2 & 1\\-3 & 2\end{bmatrix}\quad 及\quad \boldsymbol{C}=\begin{bmatrix}1 & 0\\2 & 1\end{bmatrix}$$

验证 $\boldsymbol{A}(\boldsymbol{BC})=(\boldsymbol{AB})\boldsymbol{C}$ 及 $\boldsymbol{A}(\boldsymbol{B}+\boldsymbol{C})=\boldsymbol{AB}+\boldsymbol{AC}$.

解

$$\boldsymbol{A}(\boldsymbol{BC})=\begin{bmatrix}1 & 2\\3 & 4\end{bmatrix}\begin{bmatrix}4 & 1\\1 & 2\end{bmatrix}=\begin{bmatrix}6 & 5\\16 & 11\end{bmatrix}$$

$$(\boldsymbol{AB})\boldsymbol{C}=\begin{bmatrix}-4 & 5\\-6 & 11\end{bmatrix}\begin{bmatrix}1 & 0\\2 & 1\end{bmatrix}=\begin{bmatrix}6 & 5\\16 & 11\end{bmatrix}$$

49

于是

$$\boldsymbol{A}(\boldsymbol{BC})=\begin{bmatrix}6 & 5\\16 & 11\end{bmatrix}=(\boldsymbol{AB})\boldsymbol{C}$$

$$\boldsymbol{A}(\boldsymbol{B}+\boldsymbol{C})=\begin{bmatrix}1 & 2\\3 & 4\end{bmatrix}\begin{bmatrix}3 & 1\\-1 & 3\end{bmatrix}=\begin{bmatrix}1 & 7\\5 & 15\end{bmatrix}$$

$$\boldsymbol{AB}+\boldsymbol{AC}=\begin{bmatrix}-4 & 5\\-6 & 11\end{bmatrix}+\begin{bmatrix}5 & 2\\11 & 4\end{bmatrix}=\begin{bmatrix}1 & 7\\5 & 15\end{bmatrix}$$

因此，

$$\boldsymbol{A}(\boldsymbol{B}+\boldsymbol{C})=\boldsymbol{AB}+\boldsymbol{AC}$$ ◀

记号　由于 $(\boldsymbol{AB})\boldsymbol{C}=\boldsymbol{A}(\boldsymbol{BC})$，因此可以省略圆括号，并写为 $\boldsymbol{ABC}$. 对四个或更多矩阵的乘积，这个结论也是成立的．当一个 $n\times n$ 矩阵与自身相乘有限次时，使用幂记号表示比较方便．因此，若 k 为一个正整数，则

$$\boldsymbol{A}^k=\underbrace{\boldsymbol{AA}\cdots\boldsymbol{A}}_{k次}$$

▶**例2**　若

$$\boldsymbol{A}=\begin{bmatrix}1 & 1\\1 & 1\end{bmatrix}$$

则

$$\boldsymbol{A}^2=\begin{bmatrix}1 & 1\\1 & 1\end{bmatrix}\begin{bmatrix}1 & 1\\1 & 1\end{bmatrix}=\begin{bmatrix}2 & 2\\2 & 2\end{bmatrix}$$

$$\boldsymbol{A}^3=\boldsymbol{AAA}=\boldsymbol{AA}^2=\begin{bmatrix}1 & 1\\1 & 1\end{bmatrix}\begin{bmatrix}2 & 2\\2 & 2\end{bmatrix}=\begin{bmatrix}4 & 4\\4 & 4\end{bmatrix}$$

一般地，

$$\boldsymbol{A}^n=\begin{bmatrix}2^{n-1} & 2^{n-1}\\2^{n-1} & 2^{n-1}\end{bmatrix}$$ ◀

应用 1：一个婚姻状况计算的简单模型

某个城镇中，每年有 30%的已婚女性离婚，20%的单身女性结婚．城镇中有 8 000 位已婚女性和 2 000 位单身女性．假设所有女性的总数为一个常数，1 年后，有多少已婚女性和单身女性呢？2 年后呢？

50

解 可用如下方式构造矩阵 $\boldsymbol{A}$．矩阵 $\boldsymbol{A}$ 的第一行元素分别为 1 年后仍处于婚姻状态的已婚女性和未婚的单身女性的百分比．第二行元素分别为 1 年后离婚的女性和未婚的单身女性的百分比．因此，

$$\boldsymbol{A}=\begin{bmatrix}0.70 & 0.20\\0.30 & 0.80\end{bmatrix}$$

若令 $\boldsymbol{x}=\begin{bmatrix}8\,000\\2\,000\end{bmatrix}$，则 1 年后已婚女性和单身女性人数可以用 $\boldsymbol{A}$ 乘以 $\boldsymbol{x}$ 计算．

$$\boldsymbol{Ax}=\begin{bmatrix}0.70 & 0.20\\0.30 & 0.80\end{bmatrix}\begin{bmatrix}8\,000\\2\,000\end{bmatrix}=\begin{bmatrix}6\,000\\4\,000\end{bmatrix}$$

1 年后将有 6 000 位已婚女性，4 000 位单身女性．要求 2 年后已婚女性和单身女性的数量，计算

$$\boldsymbol{A}^2\boldsymbol{x}=\boldsymbol{A}(\boldsymbol{Ax})=\begin{bmatrix}0.70 & 0.20\\0.30 & 0.80\end{bmatrix}\begin{bmatrix}6\,000\\4\,000\end{bmatrix}=\begin{bmatrix}5\,000\\5\,000\end{bmatrix}$$

2 年后，一半的女性将为已婚，一半的女性将为单身．一般地，n 年后已婚女性和单身女性的数量可由 $\boldsymbol{A}^n\boldsymbol{x}$ 求得．

应用 2：生态学：海龟的种群统计学

很多野生物种的管理和保护依赖于我们模型化动态种群的能力．一个经典的模型化方法是将物种的生命周期划分为几个阶段．该模型假设每一阶段种群的大小仅依赖于雌性的数量，并且每一个雌性个体从一年到下一年存活的概率仅依赖于它在生命周期中的阶段，而并不依赖于个体的实际年龄．例如，我们考虑一个 4 阶段的模型来分析海龟(图 1.4.1)的动态种群．

图 1.4.1 海龟

在每一个阶段，我们估计出 1 年中存活的概率，并用每年期望的产卵量近似给出繁殖能力的估计．这些结果在表 1.4.1 中给出．在每一阶段名称后的圆括号中给出该阶段近似的年龄．

51

表 1.4.1 海龟种群统计学的 4 阶段模型

阶段编号	描述(年龄以年为单位)	年存活率	年产卵量
1	卵、孵化期(<1)	0.67	0
2	幼年和未成年期(1～21)	0.74	0
3	初始繁殖期(22)	0.81	127
4	成熟繁殖期(23～54)	0.81	79

若 d_i 表示第 i 个阶段持续的时间，s_i 为该阶段每年的存活率，那么在第 i 阶段中，下一年仍然存活的比例将为

$$p_i = \left(\frac{1-s_i^{d_i-1}}{1-s_i^{d_i}}\right)s_i \tag{1}$$

而下一年转移到第 $i+1$ 个阶段时，可以存活的比例应为

$$q_i = \frac{s_i^{d_i}(1-s_i)}{1-s_i^{d_i}} \tag{2}$$

若令 e_i 表示阶段 $i(i=2, 3, 4)$1 年中平均的产卵量，并构造矩阵

$$\boldsymbol{L} = \begin{bmatrix} p_1 & e_2 & e_3 & e_4 \\ q_1 & p_2 & 0 & 0 \\ 0 & q_2 & p_3 & 0 \\ 0 & 0 & q_3 & p_4 \end{bmatrix} \tag{3}$$

则 $\boldsymbol{L}$ 可以用于预测以后每阶段海龟的数量. 形如(3)的矩阵称为**莱斯利**(Leslie)**矩阵**，相应的种群模型通常称为**莱斯利种群模型**. 利用表 1.4.1 给出的数字，模型的莱斯利矩阵为

$$\boldsymbol{L} = \begin{bmatrix} 0 & 0 & 127 & 79 \\ 0.67 & 0.7394 & 0 & 0 \\ 0 & 0.0006 & 0 & 0 \\ 0 & 0 & 0.81 & 0.8097 \end{bmatrix}$$

假设初始时种群在各个阶段的数量分别为 200 000，300 000，500 和 1 500. 若将这个初始种群数量表示为向量 $\boldsymbol{x}_0$，1 年后各个阶段的种群数量可如下计算：

$$\boldsymbol{x}_1 = \boldsymbol{L}\boldsymbol{x}_0 = \begin{bmatrix} 0 & 0 & 127 & 79 \\ 0.67 & 0.7394 & 0 & 0 \\ 0 & 0.0006 & 0 & 0 \\ 0 & 0 & 0.81 & 0.8097 \end{bmatrix}\begin{bmatrix} 200\,000 \\ 300\,000 \\ 500 \\ 1\,500 \end{bmatrix} = \begin{bmatrix} 182\,000 \\ 355\,820 \\ 180 \\ 1\,620 \end{bmatrix}$$

52

(上述结果已经四舍五入到最近的整数了.)为求得 2 年后种群数量向量，再次乘以矩阵 $\boldsymbol{L}$.

$$\boldsymbol{x}_2 = \boldsymbol{L}\boldsymbol{x}_1 = \boldsymbol{L}^2\boldsymbol{x}_0$$

一般地，k 年后种群数量可通过计算向量 $\boldsymbol{x}_k = \boldsymbol{L}^k\boldsymbol{x}_0$ 求得. 为观察长时间的趋势，我们计算 $\boldsymbol{x}_{10}$，$\boldsymbol{x}_{25}$，$\boldsymbol{x}_{50}$ 和 $\boldsymbol{x}_{100}$. 结果归纳在表 1.4.2 中. 这个模型预测，繁殖期的海龟数量将在 100 年后大约减少 95%.

表 1.4.2　海龟种群预测

阶段编号	初始种群数量	10 年后	25 年后	50 年后	100 年后
1	200 000	115 403	75 768	37 623	9 276
2	300 000	331 274	217 858	108 178	26 673
3	500	215	142	70	17
4	1 500	1 074	705	350	86

一个7阶段的种群动态模型在文献[1]中进行了描述. 我们将在本章最后的练习中使用7阶段模型进行计算. 文献[2]为Leslie最初的文献.

参考文献

1. Crouse, Deborah T., Larry B. Crowder, and Hal Caswell, "A Stage-Based Population Model for Loggerhead Sea Turtles and Implications for Conservation", *Ecology*, 68(5), 1987.

2. Leslie, P. H., "On the Use of Matrices in Certain Population Mathematics", *Biometrika*, 33, 1945.

单位矩阵

正如数1为实数乘法中的单位元一样, 也存在一个特殊矩阵 $\boldsymbol{I}$ 是矩阵乘法中的单位元, 即

$$\boldsymbol{IA} = \boldsymbol{AI} = \boldsymbol{A} \tag{4}$$

对任意 $n\times n$ 矩阵 $\boldsymbol{A}$ 都成立. 容易验证, 若我们定义 $\boldsymbol{I}$ 为一个主对角元素均为1、其他元素均为0的 $n\times n$ 矩阵, 则对任意的 $n\times n$ 矩阵 $\boldsymbol{A}$, $\boldsymbol{I}$ 满足(4). 更为正式地, 我们有如下定义.

定义 $n\times n$ 的**单位矩阵**(identity matrix)为矩阵 $\boldsymbol{I}=(\delta_{ij})$, 其中

$$\delta_{ij} = \begin{cases} 1 & \text{当 } i = j \\ 0 & \text{当 } i \neq j \end{cases}$$

53

作为一个例子, 我们验证公式(4)在 $n=3$ 时的情形.

$$\begin{bmatrix} 1 & 0 & 0 \\ 0 & 1 & 0 \\ 0 & 0 & 1 \end{bmatrix}\begin{bmatrix} 3 & 4 & 1 \\ 2 & 6 & 3 \\ 0 & 1 & 8 \end{bmatrix} = \begin{bmatrix} 3 & 4 & 1 \\ 2 & 6 & 3 \\ 0 & 1 & 8 \end{bmatrix}$$

且

$$\begin{bmatrix} 3 & 4 & 1 \\ 2 & 6 & 3 \\ 0 & 1 & 8 \end{bmatrix}\begin{bmatrix} 1 & 0 & 0 \\ 0 & 1 & 0 \\ 0 & 0 & 1 \end{bmatrix} = \begin{bmatrix} 3 & 4 & 1 \\ 2 & 6 & 3 \\ 0 & 1 & 8 \end{bmatrix}$$

一般地, 若 $\boldsymbol{B}$ 为任意 $m\times n$ 矩阵, 且 C 为任意 $n\times r$ 矩阵, 则

$$\boldsymbol{BI} = \boldsymbol{B} \quad \text{且} \quad \boldsymbol{IC} = \boldsymbol{C}$$

$n\times n$ 单位矩阵 $\boldsymbol{I}$ 的列向量为用于定义 n 维欧几里得坐标空间的标准向量. $\boldsymbol{I}$ 的第 j 列向量的标准记号为 $\boldsymbol{e}_j$, 而不是通常的 $\boldsymbol{i}_j$. 因此, $n\times n$ 单位矩阵可写为

$$\boldsymbol{I} = (\boldsymbol{e}_1, \boldsymbol{e}_2, \cdots, \boldsymbol{e}_n)$$

矩阵的逆

对一个实数 a, 如果存在一个数 b 使得 $ab=1$, 则称它有关于乘法的逆元. 任何非零的数 a 均有一个乘法逆元 $b=\dfrac{1}{a}$. 如下定义将这个概念推广到一般矩阵乘法的逆.

定义 若存在一个矩阵 $\boldsymbol{B}$ 使得 $\boldsymbol{AB}=\boldsymbol{BA}=\boldsymbol{I}$, 则称 $n\times n$ 矩阵 $\boldsymbol{A}$ 为**非奇异的**(nonsingular)或**可逆的**(invertible). 矩阵 $\boldsymbol{B}$ 称为 $\boldsymbol{A}$ 的**乘法逆元**(multiplicative inverse).

若 $\boldsymbol{B}$ 和 $\boldsymbol{C}$ 均为 $\boldsymbol{A}$ 的乘法逆元，则

$$\boldsymbol{B}=\boldsymbol{BI}=\boldsymbol{B}(\boldsymbol{AC})=(\boldsymbol{BA})\boldsymbol{C}=\boldsymbol{IC}=\boldsymbol{C}$$

因此，一个矩阵最多有一个乘法逆元．我们将非奇异矩阵 $\boldsymbol{A}$ 的乘法逆元简称为 $\boldsymbol{A}$ 的逆(inverse)，并记为 $\boldsymbol{A}^{-1}$．

▶**例 3**　矩阵

$$\begin{bmatrix}2 & 4\\3 & 1\end{bmatrix}\quad 和 \quad\begin{bmatrix}-\frac{1}{10} & \frac{2}{5}\\ \frac{3}{10} & -\frac{1}{5}\end{bmatrix}$$

互为逆元，因为

$$\begin{bmatrix}2 & 4\\3 & 1\end{bmatrix}\begin{bmatrix}-\frac{1}{10} & \frac{2}{5}\\ \frac{3}{10} & -\frac{1}{5}\end{bmatrix}=\begin{bmatrix}1 & 0\\0 & 1\end{bmatrix}$$

54

且

$$\begin{bmatrix}-\frac{1}{10} & \frac{2}{5}\\ \frac{3}{10} & -\frac{1}{5}\end{bmatrix}\begin{bmatrix}2 & 4\\3 & 1\end{bmatrix}=\begin{bmatrix}1 & 0\\0 & 1\end{bmatrix}$$

◀

▶**例 4**　3×3 矩阵

$$\begin{bmatrix}1 & 2 & 3\\0 & 1 & 4\\0 & 0 & 1\end{bmatrix}\quad 和 \quad\begin{bmatrix}1 & -2 & 5\\0 & 1 & -4\\0 & 0 & 1\end{bmatrix}$$

是互逆的，因为

$$\begin{bmatrix}1 & 2 & 3\\0 & 1 & 4\\0 & 0 & 1\end{bmatrix}\begin{bmatrix}1 & -2 & 5\\0 & 1 & -4\\0 & 0 & 1\end{bmatrix}=\begin{bmatrix}1 & 0 & 0\\0 & 1 & 0\\0 & 0 & 1\end{bmatrix}$$

且

$$\begin{bmatrix}1 & -2 & 5\\0 & 1 & -4\\0 & 0 & 1\end{bmatrix}\begin{bmatrix}1 & 2 & 3\\0 & 1 & 4\\0 & 0 & 1\end{bmatrix}=\begin{bmatrix}1 & 0 & 0\\0 & 1 & 0\\0 & 0 & 1\end{bmatrix}$$

◀

▶**例 5**　矩阵

$$\boldsymbol{A}=\begin{bmatrix}1 & 0\\0 & 0\end{bmatrix}$$

没有逆．事实上，若 $\boldsymbol{B}$ 为任意 2×2 矩阵，则

$$\boldsymbol{BA}=\begin{bmatrix}b_{11} & b_{12}\\b_{21} & b_{22}\end{bmatrix}\begin{bmatrix}1 & 0\\0 & 0\end{bmatrix}=\begin{bmatrix}b_{11} & 0\\b_{21} & 0\end{bmatrix}$$

因此，$\boldsymbol{BA}$ 不可能等于 $\boldsymbol{I}$．

◀

55

定义　一个 $n\times n$ 矩阵若不存在乘法逆元，则称为**奇异的**(singular).

注意　只有方阵有乘法逆元. 对于非方阵，不应使用术语**奇异**或**非奇异**.

我们通常使用非奇异矩阵的乘积. 可以证明，任意非奇异矩阵的乘积是非奇异的. 下面的定理刻画了两个非奇异矩阵 $\boldsymbol{A}$ 和 $\boldsymbol{B}$ 的乘积之逆与 $\boldsymbol{A}$ 和 $\boldsymbol{B}$ 的逆之乘积间的关系.

定理 1.4.2　若 $\boldsymbol{A}$ 和 $\boldsymbol{B}$ 为非奇异的 $n\times n$ 矩阵，则 $\boldsymbol{AB}$ 也为非奇异的，且 $(\boldsymbol{AB})^{-1}=\boldsymbol{B}^{-1}\boldsymbol{A}^{-1}$.

证

$$(\boldsymbol{B}^{-1}\boldsymbol{A}^{-1})\boldsymbol{AB}=\boldsymbol{B}^{-1}(\boldsymbol{A}^{-1}\boldsymbol{A})\boldsymbol{B}=\boldsymbol{B}^{-1}\boldsymbol{B}=\boldsymbol{I}$$

$$(\boldsymbol{AB})(\boldsymbol{B}^{-1}\boldsymbol{A}^{-1})=\boldsymbol{A}(\boldsymbol{BB}^{-1})\boldsymbol{A}^{-1}=\boldsymbol{AA}^{-1}=\boldsymbol{I}$$

■

由此可得，若 $\boldsymbol{A}_1$，…，$\boldsymbol{A}_k$ 均为 $m\times n$ 非奇异矩阵，则乘积 $\boldsymbol{A}_1\boldsymbol{A}_2\cdots\boldsymbol{A}_k$ 为非奇异的，且

$$(\boldsymbol{A}_1\boldsymbol{A}_2\cdots\boldsymbol{A}_k)^{-1}=\boldsymbol{A}_k^{-1}\cdots\boldsymbol{A}_2^{-1}\boldsymbol{A}_1^{-1}$$

下一节我们将研究如何确定矩阵是否有乘法逆元，还将学习求非奇异矩阵逆的一个方法.

转置的代数法则

在矩阵的转置中有四个代数法则.

转置的代数法则

1. $(\boldsymbol{A}^{\mathrm{T}})^{\mathrm{T}}=\boldsymbol{A}$
2. $(\alpha\boldsymbol{A})^{\mathrm{T}}=\alpha\boldsymbol{A}^{\mathrm{T}}$
3. $(\boldsymbol{A}+\boldsymbol{B})^{\mathrm{T}}=\boldsymbol{A}^{\mathrm{T}}+\boldsymbol{B}^{\mathrm{T}}$
4. $(\boldsymbol{AB})^{\mathrm{T}}=\boldsymbol{B}^{\mathrm{T}}\boldsymbol{A}^{\mathrm{T}}$

前三个法则是显然的，我们将它们留给读者验证. 为证明第四个法则，仅需证明 $(\boldsymbol{AB})^{\mathrm{T}}$ 和 $\boldsymbol{B}^{\mathrm{T}}\boldsymbol{A}^{\mathrm{T}}$ 的$(i,\ j)$元素相等. 若 $\boldsymbol{A}$ 为 $m\times n$ 矩阵，则要使矩阵乘法可以进行，矩阵 $\boldsymbol{B}$ 必有 n 行. $(\boldsymbol{AB})^{\mathrm{T}}$ 的$(i,\ j)$元素为 $\boldsymbol{AB}$ 的$(j,\ i)$元素. 该元素可由 $\boldsymbol{A}$ 的第 j 行向量与 $\boldsymbol{B}$ 的第 i 列向量相乘求得.

$$\vec{\boldsymbol{a}}_j\boldsymbol{b}_i=(a_{j1},a_{j2},\cdots,a_{jn})\begin{bmatrix}b_{1i}\\b_{2i}\\\vdots\\b_{ni}\end{bmatrix}=a_{j1}b_{1i}+a_{j2}b_{2i}+\cdots+a_{jn}b_{ni}\tag{5}$$

$\boldsymbol{B}^{\mathrm{T}}\boldsymbol{A}^{\mathrm{T}}$ 的$(i,\ j)$元素可由 $\boldsymbol{B}^{\mathrm{T}}$ 的第 i 行乘以 $\boldsymbol{A}^{\mathrm{T}}$ 的第 j 列求得. 因为 $\boldsymbol{B}^{\mathrm{T}}$ 的第 i 行为 $\boldsymbol{B}$ 的第 i 列的转置，$\boldsymbol{A}^{\mathrm{T}}$ 的第 j 列为 $\boldsymbol{A}$ 的第 j 行的转置，所以 $\boldsymbol{B}^{\mathrm{T}}\boldsymbol{A}^{\mathrm{T}}$ 的$(i,\ j)$元素为

$$\boldsymbol{b}_i^{\mathrm{T}}\vec{\boldsymbol{a}}_j^{\mathrm{T}}=(b_{1i},b_{2i},\cdots,b_{ni})\begin{bmatrix}a_{j1}\\a_{j2}\\\vdots\\a_{jn}\end{bmatrix}=b_{1i}a_{j1}+b_{2i}a_{j2}+\cdots+b_{ni}a_{jn}\tag{6}$$

由(5)和(6)可得$(\boldsymbol{AB})^{\mathrm{T}}$和$\boldsymbol{B}^{\mathrm{T}}\boldsymbol{A}^{\mathrm{T}}$的$(i, j)$元素相等.

56　下面的例子说明了最后一个证明的思想.

▶**例 6**　令

$$\boldsymbol{A}=\begin{bmatrix}1&2&1\\3&3&5\\2&4&1\end{bmatrix},\quad \boldsymbol{B}=\begin{bmatrix}1&0&2\\2&1&1\\5&4&1\end{bmatrix}$$

注意到$\boldsymbol{AB}$的(3, 2)元素由$\boldsymbol{A}$的第 3 行和$\boldsymbol{B}$的第 2 列求得.

$$\boldsymbol{AB}=\begin{bmatrix}1&2&1\\3&3&5\\\mathbf{2}&\mathbf{4}&\mathbf{1}\end{bmatrix}\begin{bmatrix}1&\mathbf{0}&2\\2&\mathbf{1}&1\\5&\mathbf{4}&1\end{bmatrix}=\begin{bmatrix}10&6&5\\34&23&14\\15&\mathbf{8}&9\end{bmatrix}$$

当乘积转置后，$\boldsymbol{AB}$的(3, 2)元素成为$(\boldsymbol{AB})^{\mathrm{T}}$的(2, 3)元素.

$$(\boldsymbol{AB})^{\mathrm{T}}=\begin{bmatrix}10&34&15\\6&23&\mathbf{8}\\5&14&9\end{bmatrix}$$

另一方面，$\boldsymbol{B}^{\mathrm{T}}\boldsymbol{A}^{\mathrm{T}}$的(2, 3)元素可由$\boldsymbol{B}^{\mathrm{T}}$的第 2 行和$\boldsymbol{A}^{\mathrm{T}}$的第 3 列求得.

$$\boldsymbol{B}^{\mathrm{T}}\boldsymbol{A}^{\mathrm{T}}=\begin{bmatrix}1&2&5\\\mathbf{0}&\mathbf{1}&\mathbf{4}\\2&1&1\end{bmatrix}\begin{bmatrix}1&3&\mathbf{2}\\2&3&\mathbf{4}\\1&5&\mathbf{1}\end{bmatrix}=\begin{bmatrix}10&34&15\\6&23&\mathbf{8}\\5&14&9\end{bmatrix}$$

这两种情况下计算(3, 2)元素的算术运算是相同的.　◀

对称矩阵和网络

回顾若$\boldsymbol{A}^{\mathrm{T}}=\boldsymbol{A}$，则矩阵$\boldsymbol{A}$是对称矩阵.

在一类关于网络的应用问题中，即可导出对称矩阵. 这种问题通常使用数学领域中的图论(graph theory)进行求解.

应用 3：网络和图

图论是应用数学中的一个重要领域. 事实上，所有的应用科学中都用到图论构造模型问题. 图论在通信网络中更为有用.

一个图(graph)定义为**顶点**(vertex)和无序的顶点对(或称为**边**(edge))的集合. 图 1.4.2 给出了一个图的几何表示. 我们可以将顶点V_1, V_2, V_3, V_4, V_5看成通信网络的结点.

将两个顶点互相连接的线段对应于边，如下表示：

$$\{V_1,V_2\},\{V_2,V_5\},\{V_3,V_4\},\{V_3,V_5\},\{V_4,V_5\}$$

每条边表示网络中两个结点之间有直接通信链路.

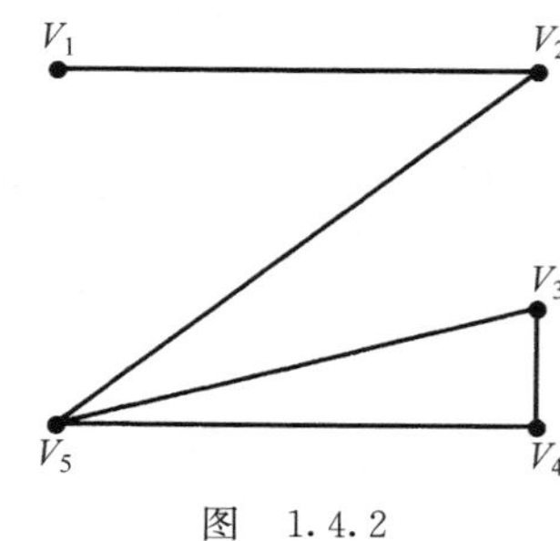

图　1.4.2

一个实际的通信网络可能包含大量的结点和边. 事实上，57　如果有几百万个顶点，网络的图形将变得十分混乱. 另一个方法是使用矩阵来表示网络. 如果图共包含n个顶点，可定义一个$n\times n$的矩阵$\boldsymbol{A}$为

$$a_{ij}=\begin{cases}1 & \text{如果}\{V_i,V_j\}\text{是图的一条边}\\ 0 & \text{如果没有边连接顶点}V_i\text{和}V_j\end{cases}$$

矩阵 $\mathbf{A}$ 称为图的**邻接矩阵**(adjacency matrix). 图 1.4.2 的邻接矩阵为

$$\mathbf{A}=\begin{bmatrix}0&1&0&0&0\\1&0&0&0&1\\0&0&0&1&1\\0&0&1&0&1\\0&1&1&1&0\end{bmatrix}$$

注意矩阵 $\mathbf{A}$ 是对称的. 事实上, 任何邻接矩阵必然是对称的, 因为如果$\{V_i, V_j\}$是图的一条边, 则 $a_{ij}=a_{ji}=1$; 如果没有边连接顶点 V_i 和 V_j, 则 $a_{ij}=a_{ji}=0$. 在每种情况, $a_{ij}=a_{ji}$.

可以将图上的**路**(walk)看成连接一个顶点到另一个顶点的边的序列. 例如, 图 1.4.2 的边$\{V_1, V_2\}$, $\{V_2, V_5\}$就表示从顶点 V_1 到顶点 V_5 的一条路. 称该路的长度为 2, 因为它包含了两条边. 一个简单的表示路的方法是将顶点间的移动用箭头表示. 因此 $V_1\to V_2\to V_5$ 表示从 V_1 到 V_5 长度为 2 的路. 类似地, $V_4\to V_5\to V_2\to V_1$ 表示从 V_4 到 V_1 长度为 3 的路. 一条路可能多次经过同一条边. 例如 $V_5\to V_3\to V_5\to V_3$ 就是一条从 V_5 到 V_3 长度为 3 的路. 一般地, 通过将邻接矩阵乘幂, 可以求任意两顶点间给定长度的路的条数.

定理 1.4.3 设 $\mathbf{A}$ 为某图的 $n\times n$ 邻接矩阵, 且 $a_{ij}^{(k)}$ 表示 $\mathbf{A}^k$ 的(i, j)元素, 则 $a_{ji}^{(k)}$ 等于顶点 V_i 和 V_j 间长度为 k 的路的条数.

证 采用数学归纳法. 当 $k=1$ 时, 由邻接矩阵的定义可知, a_{ij} 表示从顶点 V_i 到 V_j 长度为 1 的路的数量. 假设对某个 m, 矩阵 $\mathbf{A}^m$ 中的每一元素表示相应两顶点间长度为 m 的路的数量. 因此, $a_{il}^{(m)}$ 表示从顶点 V_i 到 V_l 长度为 m 的路的数量. 如果有一条边$\{V_l, V_j\}$, 则 $a_{il}^{(m)}a_{lj}=a_{il}^{(m)}$ 表示从顶点 V_i 到 V_j 长度为 $m+1$ 的形如

58

$$V_i\to\cdots\to V_l\to V_j$$

的路的数量. 另一方面, 如果$\{V_l, V_j\}$不是一条边, 则从 V_i 到 V_j 没有长度为 $m+1$ 的路, 且

$$a_{il}^{(m)}a_{lj}=a_{il}^{(m)}\cdot 0=0$$

由此得到, 从 V_i 到 V_j 长度为 $m+1$ 的所有路的总数为

$$a_{i1}^{(m)}a_{1j}+a_{i2}^{(m)}a_{2j}+\cdots+a_{in}^{(m)}a_{nj}$$

而这恰为 $\mathbf{A}^{m+1}$ 的(i, j)元素. ■

▶**例 7** 为求图 1.4.2 中任何两个顶点间长度为 3 的路的数量, 我们只需计算

$$\mathbf{A}^3=\begin{bmatrix}0&2&1&1&0\\2&0&1&1&4\\1&1&2&3&4\\1&1&3&2&4\\0&4&4&4&2\end{bmatrix}$$

因此，从 V_3 到 V_5 长度为 3 的路的数量为 $a_{35}^{(3)}=4$. 注意，矩阵 $\boldsymbol{A}^3$ 是对称的. 这说明从顶点 V_i 到 V_j 长度为 3 的路之条数与从顶点 V_j 到 V_i 的路之条数相同. ◀

1.4 节练习

1. 说明为什么下列代数法则中将实数 a 和 b 用 $n\times n$ 矩阵 $\boldsymbol{A}$ 和 $\boldsymbol{B}$ 替换后一般是不成立的.
   (a) $(a+b)^2=a^2+2ab+b^2$　　(b) $(a+b)(a-b)=a^2-b^2$
2. 若将练习 1 法则中的实数 a 替换为 $n\times n$ 矩阵 $\boldsymbol{A}$，将 b 替换为 $n\times n$ 单位矩阵 $\boldsymbol{I}$，它们是否成立？
3. 求 2×2 非零矩阵 $\boldsymbol{A}$ 和 $\boldsymbol{B}$，满足 $\boldsymbol{AB}=\boldsymbol{O}$.
4. 求非零矩阵 $\boldsymbol{A}$，$\boldsymbol{B}$，$\boldsymbol{C}$，使得

$$\boldsymbol{AC}=\boldsymbol{BC}\quad \text{且}\quad \boldsymbol{A}\neq\boldsymbol{B}$$

5. 矩阵

$$\boldsymbol{A}=\begin{bmatrix}1 & -1\\ 1 & -1\end{bmatrix}$$

   有性质 $\boldsymbol{A}^2=\boldsymbol{O}$. 是否存在一个 2×2 的对称非零矩阵满足这个性质？证明你的结论.
6. 对 2×2 矩阵，证明矩阵乘法的结合律，即令

$$\boldsymbol{A}=\begin{bmatrix}a_{11} & a_{12}\\ a_{21} & a_{22}\end{bmatrix},\quad \boldsymbol{B}=\begin{bmatrix}b_{11} & b_{12}\\ b_{21} & b_{22}\end{bmatrix},\quad \boldsymbol{C}=\begin{bmatrix}c_{11} & c_{12}\\ c_{21} & c_{22}\end{bmatrix}$$

   并证明

59

$$(\boldsymbol{AB})\boldsymbol{C}=\boldsymbol{A}(\boldsymbol{BC})$$

7. 令

$$\boldsymbol{A}=\begin{bmatrix}\frac{1}{2} & -\frac{1}{2}\\ -\frac{1}{2} & \frac{1}{2}\end{bmatrix}$$

   求 $\boldsymbol{A}^2$ 和 $\boldsymbol{A}^3$. $\boldsymbol{A}^n$ 是什么？
8. 令

$$\boldsymbol{A}=\begin{bmatrix}\frac{1}{2} & -\frac{1}{2} & -\frac{1}{2} & -\frac{1}{2}\\ -\frac{1}{2} & \frac{1}{2} & -\frac{1}{2} & -\frac{1}{2}\\ -\frac{1}{2} & -\frac{1}{2} & \frac{1}{2} & -\frac{1}{2}\\ -\frac{1}{2} & -\frac{1}{2} & -\frac{1}{2} & \frac{1}{2}\end{bmatrix}$$

   求 $\boldsymbol{A}^2$ 和 $\boldsymbol{A}^3$. $\boldsymbol{A}^{2n}$ 和 $\boldsymbol{A}^{2n+1}$ 是什么？
9. 令

$$\boldsymbol{A}=\begin{bmatrix}0 & 1 & 0 & 0\\ 0 & 0 & 1 & 0\\ 0 & 0 & 0 & 1\\ 0 & 0 & 0 & 0\end{bmatrix}$$

   证明：当 $n\geqslant 4$ 时 $\boldsymbol{A}^n=\boldsymbol{O}$.
10. 设 $\boldsymbol{A}$ 和 $\boldsymbol{B}$ 为 $n\times n$ 对称矩阵. 对下列每一情形，确定给出的矩阵是否必为对称的或者是非对称的：
    (a) $\boldsymbol{C}=\boldsymbol{A}+\boldsymbol{B}$　　(b) $\boldsymbol{D}=\boldsymbol{A}^2$

(c) $\boldsymbol{E}=\boldsymbol{AB}$　　(d) $\boldsymbol{F}=\boldsymbol{ABA}$

(e) $\boldsymbol{G}=\boldsymbol{AB}+\boldsymbol{BA}$　　(f) $\boldsymbol{H}=\boldsymbol{AB}-\boldsymbol{BA}$

11. 设 $\boldsymbol{C}$ 是 $n\times n$ 非对称矩阵. 对下列每一情形，确定给出的矩阵是否必为对称矩阵或非对称矩阵：

(a) $\boldsymbol{A}=\boldsymbol{C}+\boldsymbol{C}^{\mathrm{T}}$　　(b) $\boldsymbol{B}=\boldsymbol{C}-\boldsymbol{C}^{\mathrm{T}}$

(c) $\boldsymbol{D}=\boldsymbol{C}^{\mathrm{T}}\boldsymbol{C}$　　(d) $\boldsymbol{E}=\boldsymbol{C}^{\mathrm{T}}\boldsymbol{C}-\boldsymbol{C}\boldsymbol{C}^{\mathrm{T}}$

(e) $\boldsymbol{F}=(\boldsymbol{I}+\boldsymbol{C})(\boldsymbol{I}+\boldsymbol{C}^{\mathrm{T}})$　　(f) $\boldsymbol{G}=(\boldsymbol{I}+\boldsymbol{C})(\boldsymbol{I}-\boldsymbol{C}^{\mathrm{T}})$

12. 令

$$\boldsymbol{A}=\begin{bmatrix} a_{11} & a_{12} \\ a_{21} & a_{22} \end{bmatrix}$$

证明：若 $d=a_{11}a_{22}-a_{21}a_{12}\neq 0$，则

$$\boldsymbol{A}^{-1}=\frac{1}{d}\begin{bmatrix} a_{22} & -a_{12} \\ -a_{21} & a_{11} \end{bmatrix}$$

13. 利用练习 12 的结论求出下列每一个矩阵的逆矩阵.

(a) $\begin{bmatrix} 7 & 2 \\ 3 & 1 \end{bmatrix}$　　(b) $\begin{bmatrix} 3 & 5 \\ 2 & 3 \end{bmatrix}$　　(c) $\begin{bmatrix} 4 & 3 \\ 2 & 2 \end{bmatrix}$

14. 设 $\boldsymbol{A}$ 和 $\boldsymbol{B}$ 是 $n\times n$ 矩阵. 证明：如果

$$\boldsymbol{AB}=\boldsymbol{A} \quad \text{且} \quad \boldsymbol{B}\neq \boldsymbol{I}$$

则 $\boldsymbol{A}$ 必为奇异矩阵.

15. 令 $\boldsymbol{A}$ 为非奇异矩阵，证明：$\boldsymbol{A}^{-1}$ 也是非奇异的且 $(\boldsymbol{A}^{-1})^{-1}=\boldsymbol{A}$.

16. 证明：若 $\boldsymbol{A}$ 为非奇异的，则 $\boldsymbol{A}^{\mathrm{T}}$ 为非奇异的且

$$(\boldsymbol{A}^{\mathrm{T}})^{-1}=(\boldsymbol{A}^{-1})^{\mathrm{T}}$$

[提示：$(\boldsymbol{AB})^{\mathrm{T}}=\boldsymbol{B}^{\mathrm{T}}\boldsymbol{A}^{\mathrm{T}}$.]

17. 令 $\boldsymbol{A}$ 为 $n\times n$ 矩阵，$\boldsymbol{x}$ 和 $\boldsymbol{y}$ 为 $\mathbf{R}^n$ 中的向量. 证明：如果 $\boldsymbol{Ax}=\boldsymbol{Ay}$ 且 $\boldsymbol{x}\neq\boldsymbol{y}$，则 $\boldsymbol{A}$ 必为奇异的.

18. 令 $\boldsymbol{A}$ 为非奇异的 $n\times n$ 矩阵. 用数学归纳法证明：$\boldsymbol{A}^m$ 为非奇异的，且对 $m=1, 2, 3, \cdots$,

$$(\boldsymbol{A}^m)^{-1}=(\boldsymbol{A}^{-1})^m$$

19. 设 $\boldsymbol{A}$ 为 $n\times n$ 矩阵. 证明：如果 $\boldsymbol{A}^2=\boldsymbol{O}$，则 $\boldsymbol{I}-\boldsymbol{A}$ 是非奇异的且 $(\boldsymbol{I}-\boldsymbol{A})^{-1}=\boldsymbol{I}+\boldsymbol{A}$.

20. 设 $\boldsymbol{A}$ 为 $n\times n$ 矩阵. 证明：如果 $\boldsymbol{A}^{k+1}=\boldsymbol{O}$，则 $\boldsymbol{I}-\boldsymbol{A}$ 是非奇异的且 $(\boldsymbol{I}-\boldsymbol{A})^{-1}=\boldsymbol{I}+\boldsymbol{A}+\boldsymbol{A}^2+\cdots+\boldsymbol{A}^k$.

21. 给定 $\boldsymbol{R}=\begin{bmatrix} \cos\theta & -\sin\theta \\ \sin\theta & \cos\theta \end{bmatrix}$，证明：$\boldsymbol{R}$ 是非奇异的且 $\boldsymbol{R}^{-1}=\boldsymbol{R}^{\mathrm{T}}$.

22. 如果 $\boldsymbol{A}^2=I$，则称 $n\times n$ 矩阵 $\boldsymbol{A}$ 是一个对合. 证明：如果 $\boldsymbol{G}$ 是任意形如 $\boldsymbol{G}=\begin{bmatrix} \cos\theta & \sin\theta \\ \sin\theta & -\cos\theta \end{bmatrix}$ 的矩阵，则 $\boldsymbol{G}$ 是一个对合.

23. 设 $\boldsymbol{u}$ 是 $\mathbf{R}^n$ 中的一个单位向量(即 $\boldsymbol{u}^{\mathrm{T}}\boldsymbol{u}=1$)，令 $\boldsymbol{H}=\boldsymbol{I}-2\boldsymbol{u}\boldsymbol{u}^{\mathrm{T}}$. 证明：$\boldsymbol{H}$ 是一个对合.

24. 如果 $\boldsymbol{A}^2=\boldsymbol{A}$，则称矩阵 $\boldsymbol{A}$ 是幂等的. 证明：下列每一个矩阵都是幂等的.

(a) $\begin{bmatrix} 1 & 0 \\ 1 & 0 \end{bmatrix}$　　(b) $\begin{bmatrix} \frac{2}{3} & \frac{1}{3} \\ \frac{2}{3} & \frac{1}{3} \end{bmatrix}$　　(c) $\begin{bmatrix} \frac{1}{4} & \frac{1}{4} & \frac{1}{4} \\ \frac{1}{4} & \frac{1}{4} & \frac{1}{4} \\ \frac{1}{2} & \frac{1}{2} & \frac{1}{2} \end{bmatrix}$

60

25. 设 $\boldsymbol{A}$ 是一个幂等矩阵.

(a) 证明：$\boldsymbol{I}-\boldsymbol{A}$ 也是幂等的.

(b) 证明：$\boldsymbol{I}+\boldsymbol{A}$ 是非奇异的且$(\boldsymbol{I}+\boldsymbol{A})^{-1}=\boldsymbol{I}-\frac{1}{2}\boldsymbol{A}$.

26. 设 $\boldsymbol{D}$ 是 $n\times n$ 对角矩阵，其对角元为 0 或 1.

(a) 证明：$\boldsymbol{D}$ 是幂等的.

(b) 证明：如果 $\boldsymbol{X}$ 是非奇异矩阵且 $\boldsymbol{A}=\boldsymbol{X}\boldsymbol{D}\boldsymbol{X}^{-1}$，则 $\boldsymbol{A}$ 是幂等的.

27. 设 $\boldsymbol{A}$ 是一个对合矩阵，并设 $\boldsymbol{B}=\frac{1}{2}(\boldsymbol{I}+\boldsymbol{A})$，$\boldsymbol{C}=\frac{1}{2}(\boldsymbol{I}-\boldsymbol{A})$.

证明：$\boldsymbol{B}$ 和 $\boldsymbol{C}$ 都是幂等的且 $\boldsymbol{B}\boldsymbol{C}=\boldsymbol{O}$.

28. 令 $\boldsymbol{A}$ 为 $m\times n$ 矩阵. 证明：$\boldsymbol{A}^{\mathrm{T}}\boldsymbol{A}$ 和 $\boldsymbol{A}\boldsymbol{A}^{\mathrm{T}}$ 均为对称的.

29. 令 $\boldsymbol{A}$ 和 $\boldsymbol{B}$ 均为 $n\times n$ 的对称矩阵. 证明：$\boldsymbol{A}\boldsymbol{B}=\boldsymbol{B}\boldsymbol{A}$ 当且仅当 $\boldsymbol{A}\boldsymbol{B}$ 对称.

30. 令 $\boldsymbol{A}$ 为 $n\times n$ 矩阵，且令

$$\boldsymbol{B}=\boldsymbol{A}+\boldsymbol{A}^{\mathrm{T}} \quad 和 \quad \boldsymbol{C}=\boldsymbol{A}-\boldsymbol{A}^{\mathrm{T}}$$

(a) 证明：$\boldsymbol{B}$ 为对称的，$\boldsymbol{C}$ 为反对称的.

(b) 证明：每一 $n\times n$ 矩阵均可表示为一个对称矩阵和一个反对称矩阵的和.

31. 在应用 1 中，3 年后有多少已婚女性和单身女性？

32. 给定矩阵

$$\boldsymbol{A}=\begin{bmatrix}0&1&0&1&1\\1&0&1&1&0\\0&1&0&0&1\\1&1&0&0&1\\1&0&1&1&0\end{bmatrix}$$

(a) 画一个以 $\boldsymbol{A}$ 为邻接矩阵的图，并对图的顶点进行标注.

(b) 通过检查图，确定从 V_2 到 V_3 和从 V_2 到 V_5 长度为 2 的路的条数.

(c) 计算 $\boldsymbol{A}^3$ 的第 2 列，并由此确定从 V_2 到 V_3 和从 V_2 到 V_5 长度为 3 的路的条数.

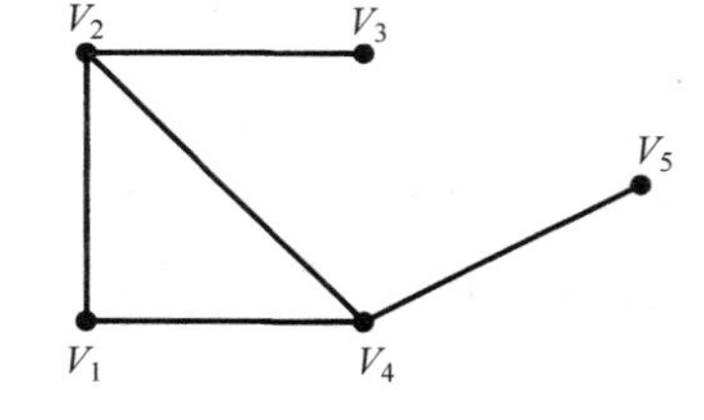

33. 考虑右图.

(a) 确定图的邻接矩阵 $\boldsymbol{A}$.

(b) 计算 $\boldsymbol{A}^2$. $\boldsymbol{A}^2$ 的第一行告诉你关于从 V_1 开始长度为 2 的路的什么信息？

(c) 计算 $\boldsymbol{A}^3$. 从 V_2 到 V_4 有几条长度为 3 的路？从 V_2 到 V_4 有几条长度小于或等于 3 的路？

对下列每一个条件命题，如果命题总是为真则答案为真，反之则为假. 在命题为真的情况下，解释或证明你的答案. 在命题为假的情况下，给出可以证明命题不总为真的例子.

34. 对某个非零向量 $\boldsymbol{x}$，如果 $\boldsymbol{A}\boldsymbol{x}=\boldsymbol{B}\boldsymbol{x}$，则矩阵 $\boldsymbol{A}$ 和 $\boldsymbol{B}$ 必相等.

35. 如果 $\boldsymbol{A}$ 和 $\boldsymbol{B}$ 为 $n\times n$ 奇异矩阵，则 $\boldsymbol{A}+\boldsymbol{B}$ 也为奇异的.

36. 如果 $\boldsymbol{A}$ 和 $\boldsymbol{B}$ 为非奇异矩阵，则$(\boldsymbol{A}\boldsymbol{B})^{\mathrm{T}}$ 为非奇异矩阵，且$((\boldsymbol{A}\boldsymbol{B})^{\mathrm{T}})^{-1}=(\boldsymbol{A}^{-1})^{\mathrm{T}}(\boldsymbol{B}^{-1})^{\mathrm{T}}$.

1.5　初等矩阵

本节我们将介绍通过矩阵乘法，而不是使用行运算，求解线性方程组. 给定一线性方程组$\boldsymbol{A}\boldsymbol{x}=\boldsymbol{b}$，可以在其两端同乘一系列特殊矩阵，以得到一个等价的行阶梯形方程组. 我们将使用的这些特殊矩阵称为*初等矩阵*(elementary matrix). 它们将用来观察如何计

算非奇异矩阵的逆矩阵，以及得到一个重要的矩阵分解．下面从考虑线性方程组两端同乘一个非奇异矩阵的作用开始．

61

等价方程组

给定一个 $m\times n$ 线性方程组 $\boldsymbol{A}\boldsymbol{x}=\boldsymbol{b}$，可以通过在其两端同乘一个非奇异的 $m\times m$ 矩阵 $\boldsymbol{M}$，得到它的一个等价方程组：

$$\boldsymbol{A}\boldsymbol{x}=\boldsymbol{b} \tag{1}$$

$$\boldsymbol{M}\boldsymbol{A}\boldsymbol{x}=\boldsymbol{M}\boldsymbol{b} \tag{2}$$

显然，任何(1)的解也将为(2)的解．另一方面，如果 $\hat{\boldsymbol{x}}$ 为(2)的解，则

$$\boldsymbol{M}^{-1}(\boldsymbol{M}\boldsymbol{A}\hat{\boldsymbol{x}})=\boldsymbol{M}^{-1}(\boldsymbol{M}\boldsymbol{b})$$

$$\boldsymbol{A}\hat{\boldsymbol{x}}=\boldsymbol{b}$$

因此，这两个方程组是等价的．

为获得一个容易求解的等价方程组，我们可以将一系列非奇异的矩阵 $\boldsymbol{E}_1,\cdots,\boldsymbol{E}_k$ 应用到方程 $\boldsymbol{A}\boldsymbol{x}=\boldsymbol{b}$ 的两端，从而得到一个较为简单的方程组：

$$\boldsymbol{U}\boldsymbol{x}=\boldsymbol{c}$$

其中 $\boldsymbol{U}=\boldsymbol{E}_k\cdots\boldsymbol{E}_1\boldsymbol{A}$，且 $\boldsymbol{c}=\boldsymbol{E}_k\cdots\boldsymbol{E}_1\boldsymbol{b}$．由于 $\boldsymbol{M}=\boldsymbol{E}_k\cdots\boldsymbol{E}_1$ 为非奇异的，因此新的方程组和原有方程组是等价的．然而，因为 $\boldsymbol{M}$ 为非奇异矩阵的乘积，故它也为非奇异的．

下面将说明三个初等行运算可以用 $\boldsymbol{A}$ 左乘一个非奇异矩阵来实现．

初等矩阵

如果从单位矩阵 $\boldsymbol{I}$ 开始，只进行一次初等行运算，得到的矩阵称为*初等*(elementary)矩阵．

分别对应于三类初等行运算，有三类初等矩阵．

类型Ⅰ．第Ⅰ类初等矩阵由交换矩阵 $\boldsymbol{I}$ 的两行得到．

▶**例 1**　令

$$\boldsymbol{E}_1=\begin{bmatrix}0&1&0\\1&0&0\\0&0&1\end{bmatrix}$$

$\boldsymbol{E}_1$ 就是一个第Ⅰ类初等矩阵，因为它可由交换矩阵 $\boldsymbol{I}$ 的前两行得到．令 $\boldsymbol{A}$ 是一个 3×3 的矩阵，则

$$\boldsymbol{E}_1\boldsymbol{A}=\begin{bmatrix}0&1&0\\1&0&0\\0&0&1\end{bmatrix}\begin{bmatrix}a_{11}&a_{12}&a_{13}\\a_{21}&a_{22}&a_{23}\\a_{31}&a_{32}&a_{33}\end{bmatrix}=\begin{bmatrix}a_{21}&a_{22}&a_{23}\\a_{11}&a_{12}&a_{13}\\a_{31}&a_{32}&a_{33}\end{bmatrix}$$

$$\boldsymbol{A}\boldsymbol{E}_1=\begin{bmatrix}a_{11}&a_{12}&a_{13}\\a_{21}&a_{22}&a_{23}\\a_{31}&a_{32}&a_{33}\end{bmatrix}\begin{bmatrix}0&1&0\\1&0&0\\0&0&1\end{bmatrix}=\begin{bmatrix}a_{12}&a_{11}&a_{13}\\a_{22}&a_{21}&a_{23}\\a_{32}&a_{31}&a_{33}\end{bmatrix}$$

62

$\boldsymbol{A}$ 左乘 $\boldsymbol{E}_1$ 就是交换矩阵 $\boldsymbol{A}$ 的第一行和第二行，$\boldsymbol{A}$ 右乘 $\boldsymbol{E}_1$ 等价于交换第一列和第二列的初等列运算．◀

类型Ⅱ. 第Ⅱ类初等矩阵由单位矩阵 $\boldsymbol{I}$ 的某一行乘以一个非零常数得到.

▶**例 2**

$$\boldsymbol{E}_2=\begin{bmatrix}1&0&0\\0&1&0\\0&0&3\end{bmatrix}$$

为第Ⅱ类初等矩阵. 若 $\boldsymbol{A}$ 为一个 3×3 矩阵，则

$$\boldsymbol{E}_2\boldsymbol{A}=\begin{bmatrix}1&0&0\\0&1&0\\0&0&3\end{bmatrix}\begin{bmatrix}a_{11}&a_{12}&a_{13}\\a_{21}&a_{22}&a_{23}\\a_{31}&a_{32}&a_{33}\end{bmatrix}=\begin{bmatrix}a_{11}&a_{12}&a_{13}\\a_{21}&a_{22}&a_{23}\\3a_{31}&3a_{32}&3a_{33}\end{bmatrix}$$

$$\boldsymbol{A}\boldsymbol{E}_2=\begin{bmatrix}a_{11}&a_{12}&a_{13}\\a_{21}&a_{22}&a_{23}\\a_{31}&a_{32}&a_{33}\end{bmatrix}\begin{bmatrix}1&0&0\\0&1&0\\0&0&3\end{bmatrix}=\begin{bmatrix}a_{11}&a_{12}&3a_{13}\\a_{21}&a_{22}&3a_{23}\\a_{31}&a_{32}&3a_{33}\end{bmatrix}$$

左乘 $\boldsymbol{E}_2$ 就是将矩阵的第三行乘以 3 的初等行运算，右乘矩阵 $\boldsymbol{E}_2$ 就是将矩阵的第三列乘以 3 的初等列运算. ◀

类型Ⅲ. 第Ⅲ类初等矩阵由矩阵 $\boldsymbol{I}$ 的某一行的倍数加到另一行得到.

▶**例 3**

$$\boldsymbol{E}_3=\begin{bmatrix}1&0&3\\0&1&0\\0&0&1\end{bmatrix}$$

为第Ⅲ类初等矩阵. 若 $\boldsymbol{A}$ 为一个 3×3 矩阵，则

$$\boldsymbol{E}_3\boldsymbol{A}=\begin{bmatrix}a_{11}+3a_{31}&a_{12}+3a_{32}&a_{13}+3a_{33}\\a_{21}&a_{22}&a_{23}\\a_{31}&a_{32}&a_{33}\end{bmatrix}$$

$$\boldsymbol{A}\boldsymbol{E}_3=\begin{bmatrix}a_{11}&a_{12}&3a_{11}+a_{13}\\a_{21}&a_{22}&3a_{21}+a_{23}\\a_{31}&a_{32}&3a_{31}+a_{33}\end{bmatrix}$$

左乘 $\boldsymbol{E}_3$ 就是将矩阵的第三行的 3 倍加到矩阵的第一行，右乘 $\boldsymbol{E}_3$ 就是将矩阵的第一列的 3 倍加到第三列. ◀

一般地，假设 $\boldsymbol{E}$ 为 $n\times n$ 的初等矩阵. 我们可以认为 $\boldsymbol{E}$ 是由 $\boldsymbol{I}$ 经过一个行运算或一个列运算得到的. 若 $\boldsymbol{A}$ 为 $n\times r$ 矩阵，则 $\boldsymbol{A}$ 左乘 $\boldsymbol{E}$ 的作用就是对 $\boldsymbol{A}$ 进行相应的行运算. 若 $\boldsymbol{B}$ 为 $m\times n$ 矩阵，则 $\boldsymbol{B}$ 右乘 $\boldsymbol{E}$ 等价于对 $\boldsymbol{B}$ 进行相应的列运算.

63

定理 1.5.1　若 $\boldsymbol{E}$ 为一初等矩阵，则 $\boldsymbol{E}$ 是非奇异的，且 $\boldsymbol{E}^{-1}$ 为一与它同类型的初等矩阵.

证　若 $\boldsymbol{E}$ 为第Ⅰ类初等矩阵，且是 $\boldsymbol{I}$ 交换第 i 行和第 j 行得到的，则 $\boldsymbol{E}$ 可通过交换这两行回到 $\boldsymbol{I}$. 于是 $\boldsymbol{E}\boldsymbol{E}=\boldsymbol{I}$，因此 $\boldsymbol{E}$ 为自逆的. 若 $\boldsymbol{E}$ 为第Ⅱ类初等矩阵，且是由 $\boldsymbol{I}$ 的第 i 行乘以某非零标量 α 得到的，则 $\boldsymbol{E}$ 可通过将第 i 行或第 i 列乘以标量 $\frac{1}{\alpha}$ 得到单位矩阵.

因此，

$$
\boldsymbol{E}^{-1}=\begin{bmatrix} 1 & & & & & & \\ & \ddots & & & & O & \\ & & 1 & & & & \\ & & & 1/\alpha & & & \\ & & & & 1 & & \\ & O & & & & \ddots & \\ & & & & & & 1 \end{bmatrix} \text{第 } i \text{ 行}
$$

最后，假设 $\boldsymbol{E}$ 为第Ⅲ类初等矩阵，且是由 $\boldsymbol{I}$ 的第 i 行的 m 倍加到第 j 行得到的，即

$$
\boldsymbol{E}=\begin{bmatrix} 1 & & & & & & \\ \vdots & \ddots & & & & O & \\ 0 & \cdots & 1 & & & & \\ \vdots & & & \ddots & & & \\ 0 & \cdots & m & \cdots & 1 & & \\ \vdots & & & & & \ddots & \\ 0 & \cdots & 0 & \cdots & 0 & \cdots & 1 \end{bmatrix} \begin{matrix} \\ \\ \text{第 } i \text{ 行} \\ \\ \text{第 } j \text{ 行} \\ \\ \\ \end{matrix}
$$

则 $\boldsymbol{E}$ 可通过将第 j 行减去第 i 行的 m 倍回到单位矩阵. 因此，

$$
\boldsymbol{E}^{-1}=\begin{bmatrix} 1 & & & & & & \\ \vdots & \ddots & & & & O & \\ 0 & \cdots & 1 & & & & \\ \vdots & & & \ddots & & & \\ 0 & \cdots & -m & \cdots & 1 & & \\ \vdots & & & & & \ddots & \\ 0 & \cdots & 0 & \cdots & 0 & \cdots & 1 \end{bmatrix}
$$

■　64

定义　若存在一个有限初等矩阵的序列 $\boldsymbol{E}_1$，$\boldsymbol{E}_2$，…，$\boldsymbol{E}_k$，使得

$$\boldsymbol{B}=\boldsymbol{E}_k\boldsymbol{E}_{k-1}\cdots\boldsymbol{E}_1\boldsymbol{A}$$

则称 $\boldsymbol{A}$ 与 $\boldsymbol{B}$ 为**行等价的**(row equivalent).

换句话说，如果矩阵 $\boldsymbol{B}$ 可以由矩阵 $\boldsymbol{A}$ 经过有限次行运算得到，则 $\boldsymbol{B}$ 与 $\boldsymbol{A}$ 是行等价的. 特别地，当且仅当 $\boldsymbol{Ax}=\boldsymbol{b}$ 和 $\boldsymbol{Bx}=\boldsymbol{c}$ 是等价方程组时，两个增广矩阵 $(\boldsymbol{A}|\boldsymbol{b})$ 和 $(\boldsymbol{B}|\boldsymbol{c})$ 是行等价的.

容易得到以下行等价矩阵的性质：

Ⅰ. 若 $\boldsymbol{A}$ 与 $\boldsymbol{B}$ 是行等价的，则 $\boldsymbol{B}$ 与 $\boldsymbol{A}$ 是行等价的.

Ⅱ. 若 $\boldsymbol{A}$ 与 $\boldsymbol{B}$ 是行等价的，且 $\boldsymbol{B}$ 与 $\boldsymbol{C}$ 是行等价的，则 $\boldsymbol{A}$ 与 $\boldsymbol{C}$ 是行等价的.

性质Ⅰ可利用定理 1.5.1 证明. 性质Ⅰ和Ⅱ的具体证明留给读者作为练习.

定理 1.5.2(非奇异矩阵的等价条件)　令 $\boldsymbol{A}$ 为 $n\times n$ 矩阵，则下列命题是等价的：

(a) $\boldsymbol{A}$ 是非奇异的.

(b) $\boldsymbol{Ax}=\boldsymbol{0}$ 仅有平凡解 $\boldsymbol{0}$.

(c) $\boldsymbol{A}$ 与 $\boldsymbol{I}$ 行等价.

证　我们首先证明(a)可推出(b). 若 $\boldsymbol{A}$ 是非奇异的，且 $\hat{\boldsymbol{x}}$ 是 $\boldsymbol{A}\boldsymbol{x}=\boldsymbol{0}$ 的一个解，则

$$\hat{\boldsymbol{x}} = \boldsymbol{I}\hat{\boldsymbol{x}} = (\boldsymbol{A}^{-1}\boldsymbol{A})\hat{\boldsymbol{x}} = \boldsymbol{A}^{-1}(\boldsymbol{A}\hat{\boldsymbol{x}}) = \boldsymbol{A}^{-1}\boldsymbol{0} = \boldsymbol{0}$$

因此 $\boldsymbol{A}\boldsymbol{x}=\boldsymbol{0}$ 仅有平凡解. 然后我们证明(b)可推出(c). 若我们使用初等行运算，则方程组可以化为 $\boldsymbol{U}\boldsymbol{x}=\boldsymbol{0}$ 的形式，其中 $\boldsymbol{U}$ 是行阶梯形的. 若 $\boldsymbol{U}$ 的某一个对角元素为0，那么 $\boldsymbol{U}$ 的最后一行元素应全部为0. 但此时，$\boldsymbol{A}\boldsymbol{x}=\boldsymbol{0}$ 会等价于一个未知量的个数多于方程个数的方程组，因此，由定理1.2.1知，应存在非平凡解. 故 $\boldsymbol{U}$ 必为一个对角元素全为1的严格三角形矩阵. 于是 $\boldsymbol{I}$ 就是 $\boldsymbol{A}$ 的行最简形，因此 $\boldsymbol{A}$ 与 $\boldsymbol{I}$ 行等价.

最后，我们证明(c)可推出(a). 若 $\boldsymbol{A}$ 与 $\boldsymbol{I}$ 行等价，则必存在初等矩阵 $\boldsymbol{E}_1$，$\boldsymbol{E}_2$，…，$\boldsymbol{E}_k$，使得

$$\boldsymbol{A} = \boldsymbol{E}_k\boldsymbol{E}_{k-1}\cdots\boldsymbol{E}_1\boldsymbol{I} = \boldsymbol{E}_k\boldsymbol{E}_{k-1}\cdots\boldsymbol{E}_1$$

但由于 $\boldsymbol{E}_i(i=1,\cdots,k)$是可逆的，乘积 $\boldsymbol{E}_k\boldsymbol{E}_{k-1}\cdots\boldsymbol{E}_1$ 也可逆. 因此 $\boldsymbol{A}$ 为非奇异的，且

65

$$\boldsymbol{A}^{-1} = (\boldsymbol{E}_k\boldsymbol{E}_{k-1}\cdots\boldsymbol{E}_1)^{-1} = \boldsymbol{E}_1^{-1}\boldsymbol{E}_2^{-1}\cdots\boldsymbol{E}_k^{-1}$$ ■

推论1.5.3　当且仅当 $\boldsymbol{A}$ 非奇异时，n 个未知量 n 个方程的线性方程组 $\boldsymbol{A}\boldsymbol{x}=\boldsymbol{b}$ 有唯一解.

证　若 $\boldsymbol{A}$ 为非奇异的，且 $\hat{\boldsymbol{x}}$ 为 $\boldsymbol{A}\boldsymbol{x}=\boldsymbol{b}$ 的一个解，则 $\boldsymbol{A}\hat{\boldsymbol{x}}=\boldsymbol{b}$，将其两端同乘 $\boldsymbol{A}^{-1}$，可得到 $\hat{\boldsymbol{x}}$ 必等于 $\boldsymbol{A}^{-1}\boldsymbol{b}$.

反之，若 $\boldsymbol{A}\boldsymbol{x}=\boldsymbol{b}$ 有唯一解 $\hat{\boldsymbol{x}}$，则我们说 $\boldsymbol{A}$ 不会是奇异的. 事实上，若 $\boldsymbol{A}$ 是奇异的，则方程 $\boldsymbol{A}\boldsymbol{x}=\boldsymbol{0}$ 应有一个解 $\boldsymbol{z}\neq\boldsymbol{0}$. 但这将意味着 $\boldsymbol{y}=\hat{\boldsymbol{x}}+\boldsymbol{z}$ 为 $\boldsymbol{A}\boldsymbol{x}=\boldsymbol{b}$ 的第二个解，因为

$$\boldsymbol{A}\boldsymbol{y} = \boldsymbol{A}(\hat{\boldsymbol{x}}+\boldsymbol{z}) = \boldsymbol{A}\hat{\boldsymbol{x}} + \boldsymbol{A}\boldsymbol{z} = \boldsymbol{b}+\boldsymbol{0} = \boldsymbol{b}$$

因此，若 $\boldsymbol{A}\boldsymbol{x}=\boldsymbol{b}$ 有唯一解，则 $\boldsymbol{A}$ 必为非奇异的. ■

若 $\boldsymbol{A}$ 为非奇异的，则 $\boldsymbol{A}$ 与 $\boldsymbol{I}$ 行等价，也即存在初等矩阵 $\boldsymbol{E}_1$，$\boldsymbol{E}_2$，…，$\boldsymbol{E}_k$，使得

$$\boldsymbol{E}_k\boldsymbol{E}_{k-1}\cdots\boldsymbol{E}_1\boldsymbol{A} = \boldsymbol{I}$$

这个方程两端右乘 $\boldsymbol{A}^{-1}$，我们得到

$$\boldsymbol{E}_k\boldsymbol{E}_{k-1}\cdots\boldsymbol{E}_1\boldsymbol{I} = \boldsymbol{A}^{-1}$$

因此，与将非奇异矩阵 $\boldsymbol{A}$ 转换为 $\boldsymbol{I}$ 相同的初等矩阵序列将把 $\boldsymbol{I}$ 转换为 $\boldsymbol{A}^{-1}$. 这也就给出了一个求 $\boldsymbol{A}^{-1}$的方法. 若将 $\boldsymbol{A}$ 和 $\boldsymbol{I}$ 写为增广形式，并利用初等行运算将其中的 $\boldsymbol{A}$ 转换为 $\boldsymbol{I}$，则 $\boldsymbol{I}$ 将转换为 $\boldsymbol{A}^{-1}$. 也就是说，增广矩阵$(\boldsymbol{A}|\boldsymbol{I})$的行最简形为$(\boldsymbol{I}|\boldsymbol{A}^{-1})$.

▶**例4**　求 $\boldsymbol{A}^{-1}$，其中

$$\boldsymbol{A} = \begin{bmatrix} 1 & 4 & 3 \\ -1 & -2 & 0 \\ 2 & 2 & 3 \end{bmatrix}$$

解

$$\left[\begin{array}{ccc|ccc} 1 & 4 & 3 & 1 & 0 & 0 \\ -1 & -2 & 0 & 0 & 1 & 0 \\ 2 & 2 & 3 & 0 & 0 & 1 \end{array}\right] \rightarrow \left[\begin{array}{ccc|ccc} 1 & 4 & 3 & 1 & 0 & 0 \\ 0 & 2 & 3 & 1 & 1 & 0 \\ 0 & -6 & -3 & -2 & 0 & 1 \end{array}\right]$$

$$\rightarrow\left[\begin{array}{ccc|ccc}1&4&3&1&0&0\\0&2&3&1&1&0\\0&0&6&1&3&1\end{array}\right]\rightarrow\left[\begin{array}{ccc|ccc}1&4&0&\frac{1}{2}&-\frac{3}{2}&-\frac{1}{2}\\0&2&0&\frac{1}{2}&-\frac{1}{2}&-\frac{1}{2}\\0&0&6&1&3&1\end{array}\right]$$

$$\rightarrow\left[\begin{array}{ccc|ccc}1&0&0&-\frac{1}{2}&-\frac{1}{2}&\frac{1}{2}\\0&2&0&\frac{1}{2}&-\frac{1}{2}&-\frac{1}{2}\\0&0&6&1&3&1\end{array}\right]\rightarrow\left[\begin{array}{ccc|ccc}1&0&0&-\frac{1}{2}&-\frac{1}{2}&\frac{1}{2}\\0&1&0&\frac{1}{4}&-\frac{1}{4}&-\frac{1}{4}\\0&0&1&\frac{1}{6}&\frac{1}{2}&\frac{1}{6}\end{array}\right]$$

66

因此，

$$A^{-1}=\begin{bmatrix}-\frac{1}{2}&-\frac{1}{2}&\frac{1}{2}\\\frac{1}{4}&-\frac{1}{4}&-\frac{1}{4}\\\frac{1}{6}&\frac{1}{2}&\frac{1}{6}\end{bmatrix}$$ ◀

▶**例 5** 解方程组

$$\begin{aligned}x_1+4x_2+3x_3&=12\\-x_1-2x_2&=-12\\2x_1+2x_2+3x_3&=8\end{aligned}$$

解 这个方程组的系数矩阵为上一个例子中的 $\boldsymbol{A}$. 方程组的解为

$$\boldsymbol{x}=\boldsymbol{A}^{-1}\boldsymbol{b}=\begin{bmatrix}-\frac{1}{2}&-\frac{1}{2}&\frac{1}{2}\\\frac{1}{4}&-\frac{1}{4}&-\frac{1}{4}\\\frac{1}{6}&\frac{1}{2}&\frac{1}{6}\end{bmatrix}\begin{bmatrix}12\\-12\\8\end{bmatrix}=\begin{bmatrix}4\\4\\-\frac{8}{3}\end{bmatrix}$$ ◀

对角矩阵和三角形矩阵

一个 $n\times n$ 矩阵 $\boldsymbol{A}$，当 $i>j$ 时，$a_{ij}=0$，则称 $\boldsymbol{A}$ 为上三角形的(upper triangular)；当 $i<j$ 时，$a_{ij}=0$，则称 $\boldsymbol{A}$ 为下三角形的(lower triangular). 同时，如果 $\boldsymbol{A}$ 为上三角形的或下三角形的，则称 $\boldsymbol{A}$ 为三角形的(triangular). 例如，3×3 矩阵

$$\begin{bmatrix}3&2&1\\0&2&1\\0&0&5\end{bmatrix}\quad 和 \quad\begin{bmatrix}1&0&0\\6&0&0\\1&4&3\end{bmatrix}$$

均为三角形的，其中第一个是上三角形的，第二个是下三角形的.

一个三角形矩阵的对角线元素可能是 0. 然而，对严格三角形的线性方程组 $\boldsymbol{Ax}=\boldsymbol{b}$，系数矩阵 $\boldsymbol{A}$ 必为对角元素非零的上三角形矩阵.

一个 $n\times n$ 的矩阵 $\boldsymbol{A}$，当 $i\neq j$ 时，$a_{ij}=0$，则称 $\boldsymbol{A}$ 为对角的(diagonal)．矩阵

$$\begin{bmatrix}1 & 0\\0 & 2\end{bmatrix}\quad\begin{bmatrix}1 & 0 & 0\\0 & 3 & 0\\0 & 0 & 1\end{bmatrix}\quad\begin{bmatrix}0 & 0 & 0\\0 & 2 & 0\\0 & 0 & 0\end{bmatrix}$$

67 均为对角的．对角矩阵既是上三角形的又是下三角形的．

三角形分解

如果一个 $n\times n$ 的矩阵 $\boldsymbol{A}$ 可以仅利用行运算Ⅲ化简为严格上三角形的，则可将化简过程用矩阵分解表示．我们用下面的例子说明如何进行．

▶**例 6**　令

$$\boldsymbol{A}=\begin{bmatrix}2 & 4 & 2\\1 & 5 & 2\\4 & -1 & 9\end{bmatrix}$$

下面仅利用行运算Ⅲ进行化简．第一步用第二行减去第一行的 $\frac{1}{2}$ 倍，然后从第三行减去第一行的 2 倍．

$$\begin{bmatrix}2 & 4 & 2\\1 & 5 & 2\\4 & -1 & 9\end{bmatrix}\to\begin{bmatrix}2 & 4 & 2\\0 & 3 & 1\\0 & -9 & 5\end{bmatrix}$$

为明确减去第一行的倍数，我们令 $l_{21}=\frac{1}{2}$，$l_{31}=2$．再消去(3，2)处的 -9，则可完成消元过程．

$$\begin{bmatrix}2 & 4 & 2\\0 & 3 & 1\\0 & -9 & 5\end{bmatrix}\to\begin{bmatrix}2 & 4 & 2\\0 & 3 & 1\\0 & 0 & 8\end{bmatrix}$$

令 $l_{32}=-3$ 表示从第三行减去第二行的倍数．如果称结果矩阵为 $\boldsymbol{U}$，并令

$$\boldsymbol{L}=\begin{bmatrix}1 & 0 & 0\\l_{21} & 1 & 0\\l_{31} & l_{32} & 1\end{bmatrix}=\begin{bmatrix}1 & 0 & 0\\\frac{1}{2} & 1 & 0\\2 & -3 & 1\end{bmatrix}$$

则容易验证

$$\boldsymbol{LU}=\begin{bmatrix}1 & 0 & 0\\\frac{1}{2} & 1 & 0\\2 & -3 & 1\end{bmatrix}\begin{bmatrix}2 & 4 & 2\\0 & 3 & 1\\0 & 0 & 8\end{bmatrix}=\begin{bmatrix}2 & 4 & 2\\1 & 5 & 2\\4 & -1 & 9\end{bmatrix}=\boldsymbol{A}$$ ◀

上例中的矩阵 $\boldsymbol{L}$ 为对角元素是 1 的下三角形矩阵．我们称 $\boldsymbol{L}$ 为单位下三角形矩阵(unit lower triangular)．将矩阵 $\boldsymbol{A}$ 分解为一个单位下三角形矩阵和一个严格上三角形矩阵 $\boldsymbol{U}$ 的乘积的过程，通常称为 LU 分解(LU factorization)．

为看到为什么例 6 中的分解可行，我们从初等矩阵的角度考察消元过程．对矩阵 $\boldsymbol{A}$ 进行的三个行运算可以表示为矩阵与初等矩阵相乘的形式：

$$\boldsymbol{E}_3\boldsymbol{E}_2\boldsymbol{E}_1\boldsymbol{A}=\boldsymbol{U} \tag{3}$$

68

其中

$$\boldsymbol{E}_1=\begin{bmatrix}1 & 0 & 0\\ -\dfrac{1}{2} & 1 & 0\\ 0 & 0 & 1\end{bmatrix},\quad \boldsymbol{E}_2=\begin{bmatrix}1 & 0 & 0\\ 0 & 1 & 0\\ -2 & 0 & 1\end{bmatrix},\quad \boldsymbol{E}_3=\begin{bmatrix}1 & 0 & 0\\ 0 & 1 & 0\\ 0 & 3 & 1\end{bmatrix}$$

对应于消元过程的行运算．由于每一个初等矩阵均为非奇异的，可将方程(3)两端乘以它们的逆矩阵：

$$\boldsymbol{A}=\boldsymbol{E}_1^{-1}\boldsymbol{E}_2^{-1}\boldsymbol{E}_3^{-1}\boldsymbol{U}$$

[我们用逆序乘方程两端，因为$(\boldsymbol{E}_3\boldsymbol{E}_2\boldsymbol{E}_1)^{-1}=\boldsymbol{E}_1^{-1}\boldsymbol{E}_2^{-1}\boldsymbol{E}_3^{-1}$.]然而，当采用这个顺序乘以逆矩阵时，乘子 l_{21}，l_{31}，l_{32}将填入它们乘积的对角线下方：

$$\boldsymbol{E}_1^{-1}\boldsymbol{E}_2^{-1}\boldsymbol{E}_3^{-1}=\begin{bmatrix}1 & 0 & 0\\ \dfrac{1}{2} & 1 & 0\\ 0 & 0 & 1\end{bmatrix}\begin{bmatrix}1 & 0 & 0\\ 0 & 1 & 0\\ 2 & 0 & 1\end{bmatrix}\begin{bmatrix}1 & 0 & 0\\ 0 & 1 & 0\\ 0 & -3 & 1\end{bmatrix}=\boldsymbol{L}$$

一般地，如果一个 $n\times n$ 矩阵 $\boldsymbol{A}$ 可以仅利用行运算Ⅲ化简为严格上三角形的，则 $\boldsymbol{A}$ 有一 LU 分解．矩阵 $\boldsymbol{L}$ 为单位下三角形矩阵，且若 $i>j$，则 l_{ij} 为消元过程中第 i 行减去第 j 行的倍数．

LU 分解在消元过程中十分有用．我们将在第 7 章中学习求解线性方程组的计算机方法时看到，这种方法特别有用．线性代数中很多重要内容都可看成是矩阵分解．在第 5～7 章中，我们将学习其他有趣的和重要的分解．

1.5 节练习

1. 下列哪个是初等矩阵？将每一初等矩阵进行分类．

(a) $\begin{bmatrix}0 & 1\\ 1 & 0\end{bmatrix}$　(b) $\begin{bmatrix}2 & 0\\ 0 & 3\end{bmatrix}$　(c) $\begin{bmatrix}1 & 0 & 0\\ 0 & 1 & 0\\ 5 & 0 & 1\end{bmatrix}$　(d) $\begin{bmatrix}1 & 0 & 0\\ 0 & 5 & 0\\ 0 & 0 & 1\end{bmatrix}$

2. 求练习 1 中各矩阵的逆．对每一初等矩阵，验证它的逆为相同类型的初等矩阵．

3. 对下列每一对矩阵，求一个初等矩阵 $\boldsymbol{E}$，使得 $\boldsymbol{EA}=\boldsymbol{B}$．

(a) $\boldsymbol{A}=\begin{bmatrix}2 & -1\\ 5 & 3\end{bmatrix}$　$\boldsymbol{B}=\begin{bmatrix}-4 & 2\\ 5 & 3\end{bmatrix}$

(b) $\boldsymbol{A}=\begin{bmatrix}2 & 1 & 3\\ -2 & 4 & 5\\ 3 & 1 & 4\end{bmatrix}$　$\boldsymbol{B}=\begin{bmatrix}2 & 1 & 3\\ 3 & 1 & 4\\ -2 & 4 & 5\end{bmatrix}$

(c) $\boldsymbol{A}=\begin{bmatrix}4 & -2 & 3\\ 1 & 0 & 2\\ -2 & 3 & 1\end{bmatrix}$　$\boldsymbol{B}=\begin{bmatrix}4 & -2 & 3\\ 1 & 0 & 2\\ 0 & 3 & 5\end{bmatrix}$

4. 对下列每一对矩阵，求一个初等矩阵 $\boldsymbol{E}$，使得 $\boldsymbol{AE}=\boldsymbol{B}$.

(a) $\boldsymbol{A}=\begin{bmatrix}4&1&3\\2&1&4\\1&3&2\end{bmatrix}$　　$\boldsymbol{B}=\begin{bmatrix}3&1&4\\4&1&2\\2&3&1\end{bmatrix}$

69

(b) $\boldsymbol{A}=\begin{bmatrix}2&4\\1&6\end{bmatrix}$　　$\boldsymbol{B}=\begin{bmatrix}2&-2\\1&3\end{bmatrix}$

(c) $\boldsymbol{A}=\begin{bmatrix}4&-2&3\\-2&4&2\\6&1&-2\end{bmatrix}$　　$\boldsymbol{B}=\begin{bmatrix}2&-2&3\\-1&4&2\\3&1&-2\end{bmatrix}$

5. 给定

$$\boldsymbol{A}=\begin{bmatrix}1&2&4\\2&1&3\\1&0&2\end{bmatrix},\quad \boldsymbol{B}=\begin{bmatrix}1&2&4\\2&1&3\\2&2&6\end{bmatrix},\quad \boldsymbol{C}=\begin{bmatrix}1&2&4\\0&-1&-3\\2&2&6\end{bmatrix}$$

(a) 求一个初等矩阵 $\boldsymbol{E}$，使得 $\boldsymbol{EA}=\boldsymbol{B}$.

(b) 求一个初等矩阵 $\boldsymbol{F}$，使得 $\boldsymbol{FB}=\boldsymbol{C}$.

(c) $\boldsymbol{C}$ 与 $\boldsymbol{A}$ 行等价吗？试说明.

6. 给定

$$\boldsymbol{A}=\begin{bmatrix}2&1&1\\6&4&5\\4&1&3\end{bmatrix}$$

(a) 求初等矩阵 $\boldsymbol{E}_1$，$\boldsymbol{E}_2$，$\boldsymbol{E}_3$，使得

$$\boldsymbol{E}_3\boldsymbol{E}_2\boldsymbol{E}_1\boldsymbol{A}=\boldsymbol{U}$$

其中 $\boldsymbol{U}$ 为上三角形矩阵.

(b) 求矩阵 $\boldsymbol{E}_1$，$\boldsymbol{E}_2$，$\boldsymbol{E}_3$ 的逆，并令 $\boldsymbol{L}=\boldsymbol{E}_1^{-1}\boldsymbol{E}_2^{-1}\boldsymbol{E}_3^{-1}$. 矩阵 $\boldsymbol{L}$ 是何种类型的？验证 $\boldsymbol{A}=\boldsymbol{LU}$.

7. 给定

$$\boldsymbol{A}=\begin{bmatrix}2&1\\6&4\end{bmatrix}$$

(a) 将 $\boldsymbol{A}^{-1}$ 写为初等矩阵的乘积.

(b) 将 $\boldsymbol{A}$ 写为初等矩阵的乘积.

8. 计算下列矩阵的 LU 分解.

(a) $\begin{bmatrix}3&1\\9&5\end{bmatrix}$　　(b) $\begin{bmatrix}2&4\\-2&1\end{bmatrix}$

(c) $\begin{bmatrix}1&1&1\\3&5&6\\-2&2&7\end{bmatrix}$　　(d) $\begin{bmatrix}-2&1&2\\4&1&-2\\-6&-3&4\end{bmatrix}$

9. 令

$$\boldsymbol{A}=\begin{bmatrix}1&0&1\\3&3&4\\2&2&3\end{bmatrix}$$

(a) 验证

$$A^{-1}=\begin{bmatrix}1&2&-3\\-1&1&-1\\0&-2&3\end{bmatrix}$$

(b) 对下列 $\boldsymbol{b}$，利用 A^{-1} 求解 $A\boldsymbol{x}=\boldsymbol{b}$.

(i) $\boldsymbol{b}=(1,1,1)^{\mathrm{T}}$　　(ii) $\boldsymbol{b}=(1,2,3)^{\mathrm{T}}$　　(iii) $\boldsymbol{b}=(-2,1,0)^{\mathrm{T}}$

10. 求下列矩阵的逆.

(a) $\begin{bmatrix}-1&1\\1&0\end{bmatrix}$　(b) $\begin{bmatrix}2&5\\1&3\end{bmatrix}$　(c) $\begin{bmatrix}2&6\\3&8\end{bmatrix}$

(d) $\begin{bmatrix}3&0\\9&3\end{bmatrix}$　(e) $\begin{bmatrix}1&1&1\\0&1&1\\0&0&1\end{bmatrix}$　(f) $\begin{bmatrix}2&0&5\\0&3&0\\1&0&3\end{bmatrix}$

(g) $\begin{bmatrix}-1&-3&-3\\2&6&1\\3&8&3\end{bmatrix}$　(h) $\begin{bmatrix}1&0&1\\-1&1&1\\-1&-2&-3\end{bmatrix}$

11. 给定

$$A=\begin{bmatrix}3&1\\5&2\end{bmatrix}\quad 和\quad B=\begin{bmatrix}1&2\\3&4\end{bmatrix}$$

计算 A^{-1}，并用它：

(a) 求一个 2×2 矩阵 X，使得 $AX=B$.

(b) 求一个 2×2 矩阵 Y，使得 $YA=B$.

12. 给定

$$A=\begin{bmatrix}5&3\\3&2\end{bmatrix},\qquad B=\begin{bmatrix}6&2\\2&4\end{bmatrix},\qquad C=\begin{bmatrix}4&-2\\-6&3\end{bmatrix}$$

解下列矩阵方程：

(a) $AX+B=C$　　(b) $XA+B=C$

(c) $AX+B=X$　　(d) $XA+C=X$

13. 初等矩阵的转置和原初等矩阵类型相同吗？两个初等矩阵的乘积是否是初等矩阵？

14. 令 U 与 R 为 $n\times n$ 上三角形矩阵，且令 $T=UR$. 证明：T 也是上三角形矩阵，且 $t_{jj}=u_{jj}r_{jj}$，$j=1,\cdots,n$.

15. 令 A 为 3×3 矩阵，并假设

$$2\boldsymbol{a}_1+\boldsymbol{a}_2-4\boldsymbol{a}_3=\boldsymbol{0}$$

方程组 $A\boldsymbol{x}=\boldsymbol{0}$ 有多少解？试说明．A 是否是非奇异的？试说明.

16. 令 A 为 3×3 矩阵，并假设

$$\boldsymbol{a}_1=3\boldsymbol{a}_2-2\boldsymbol{a}_3$$

方程组 $A\boldsymbol{x}=\boldsymbol{0}$ 是否有非平凡解？A 是否为非奇异的？试说明你的答案.

70

17. 令 A 和 B 为 $n\times n$ 的矩阵，并令 $C=A-B$. 证明：如果 $A\boldsymbol{x}_0=B\boldsymbol{x}_0$ 且 $\boldsymbol{x}_0\neq\boldsymbol{0}$，则 C 必为奇异的.

18. 令 A 和 B 为 $n\times n$ 的矩阵，并令 $C=AB$. 证明：如果 B 为奇异的，则 C 也必为奇异的.（提示：用定理 1.5.2.）

19. 令 U 为对角元素非零的 $n\times n$ 上三角形矩阵.

(a) 说明为什么 U 必为非奇异的.

(b) 说明为什么 U^{-1} 必为上三角形矩阵.

20. 令 A 为非奇异的 $n\times n$ 矩阵，且令 B 为 $n\times r$ 矩阵. 证明：$(A|B)$ 的行最简形是 $(I|C)$，其中 $C=A^{-1}B$.

21. 一般地，矩阵乘法是不满足交换律的(即 $AB\neq BA$). 然而，在特定情况下，交换律是成立的. 证明：

(a) 如果 D_1 和 D_2 为 $n\times n$ 的对角矩阵，则 $D_1D_2=D_2D_1$.

(b) 如果 A 为 $n\times n$ 的矩阵，且

$$B = a_0I + a_1A + a_2A^2 + \cdots + a_kA^k$$

其中 a_0，a_1，…，a_k 均为标量，则 $AB=BA$.

22. 证明：若 A 为对称的非奇异矩阵，则 A^{-1} 也是对称的.

23. 证明：若 A 行等价于 B，则 B 行等价于 A.

24. (a) 证明：若 A 行等价于 B，且 B 行等价于 C，则 A 行等价于 C.

(b) 证明：任意两个非奇异的 $n\times n$ 矩阵是行等价的.

25. 设 A 和 B 是 $m\times n$ 矩阵，证明：如果 B 行等价于 A，且 U 为 A 的任意行阶梯形，则 B 行等价于 U.

26. 证明：B 行等价于 A 的充要条件是，存在非奇异矩阵 M，使得 $B=MA$.

27. 奇异矩阵 B 有可能行等价于非奇异矩阵 A 吗？试说明.

28. 给定向量 $x\in\mathbf{R}^{n+1}$，定义 $(n+1)\times(n+1)$ 矩阵 V 为

$$v_{ij} = \begin{cases} 1 & j = 1 \\ x_i^{j-1} & j = 2,\cdots,n+1 \end{cases}$$

称其为范德蒙德(Vandermonde)矩阵.

(a) 证明：如果

$$Vc = y$$

且

$$p(x) = c_1 + c_2x + \cdots + c_{n+1}x^n$$

则

$$p(x_i) = y_i,\quad i = 1,2,\cdots,n+1$$

(b) 假定 x_1，x_2，…，x_{n+1} 均不同. 证明：如果 c 是 $Vx=0$ 的解，则系数 c_1，c_2，…，c_n 必全为零，因此 V 必为非奇异的.

对下列每一个命题，如果命题总是为真，则答案为真，反之则为假. 在命题为真的情况下，解释或证明你的答案. 在命题为假的情况下，举例说明命题不总为真.

29. 如果 A 行等价于 I 且 $AB=AC$，则 B 必等于 C.

30. 如果 E 和 F 是初等矩阵且 $G=EF$，则 G 是非奇异的.

31. 如果 A 是 4×4 矩阵且 $a_1+a_2=a_3+2a_4$，则 A 必为奇异的.

32. 如果 A 行等价于 B 和 C，则 A 行等价于 $B+C$.

1.6　分块矩阵

通常，将矩阵看成由若干子矩阵复合而成很有用. 一个矩阵 C 可通过在其行中画一条横线，并在其列中画一条竖线划分为较小的矩阵. 这种较小的矩阵通常称为块(block). 例如，令

$$C=\begin{bmatrix}1 & -2 & 4 & 1 & 3\\ 2 & 1 & 1 & 1 & 1\\ 3 & 3 & 2 & -1 & 2\\ 4 & 6 & 2 & 2 & 4\end{bmatrix}$$

71

如果在第二行和第三行之间画一条横线、在第三列和第四列之间画一条竖线，则矩阵 $\boldsymbol{C}$ 被划分为四个子矩阵，即 $\boldsymbol{C}_{11}$，$\boldsymbol{C}_{12}$，$\boldsymbol{C}_{21}$，$\boldsymbol{C}_{22}$.

$$\begin{bmatrix}\boldsymbol{C}_{11} & \boldsymbol{C}_{12}\\ \boldsymbol{C}_{21} & \boldsymbol{C}_{22}\end{bmatrix}=\left[\begin{array}{ccc|cc}1 & -2 & 4 & 1 & 3\\ 2 & 1 & 1 & 1 & 1\\ \hline 3 & 3 & 2 & -1 & 2\\ 4 & 6 & 2 & 2 & 4\end{array}\right]$$

一种有用的划分方法是将矩阵按列划分. 例如，设

$$\boldsymbol{B}=\begin{bmatrix}-1 & 2 & 1\\ 2 & 3 & 1\\ 1 & 4 & 1\end{bmatrix}$$

可将 $\boldsymbol{B}$ 划分为三个列子矩阵：

$$\boldsymbol{B}=(\boldsymbol{b}_1,\boldsymbol{b}_2,\boldsymbol{b}_3)=\left[\begin{array}{c|c|c}-1 & 2 & 1\\ 2 & 3 & 1\\ 1 & 4 & 1\end{array}\right]$$

假设我们给定一个有三列的矩阵 $\boldsymbol{A}$，则乘积 $\boldsymbol{AB}$ 可以看成一个分块乘法. 矩阵 $\boldsymbol{B}$ 的每一块均乘以 $\boldsymbol{A}$，并且结果矩阵也有三块，即 $\boldsymbol{Ab}_1$，$\boldsymbol{Ab}_2$，$\boldsymbol{Ab}_3$，也就是说，

$$\boldsymbol{AB}=\boldsymbol{A}(\boldsymbol{b}_1,\boldsymbol{b}_2,\boldsymbol{b}_3)=(\boldsymbol{Ab}_1,\boldsymbol{Ab}_2,\boldsymbol{Ab}_3)$$

例如，若

$$\boldsymbol{A}=\begin{bmatrix}1 & 3 & 1\\ 2 & 1 & -2\end{bmatrix}$$

$$\boldsymbol{Ab}_1=\begin{bmatrix}6\\ -2\end{bmatrix},\quad \boldsymbol{Ab}_2=\begin{bmatrix}15\\ -1\end{bmatrix},\quad \boldsymbol{Ab}_3=\begin{bmatrix}5\\ 1\end{bmatrix}$$

因此，

$$\boldsymbol{A}(\boldsymbol{b}_1,\boldsymbol{b}_2,\boldsymbol{b}_3)=\left[\begin{array}{c|c|c}6 & 15 & 5\\ -2 & -1 & 1\end{array}\right]$$

一般地，如果 $\boldsymbol{A}$ 为 $m\times n$ 矩阵，而 $\boldsymbol{B}$ 为按列划分的 $n\times r$ 矩阵$(\boldsymbol{b}_1, \cdots, \boldsymbol{b}_r)$，那么，$\boldsymbol{A}$ 乘 $\boldsymbol{B}$ 的分块乘法由下式给出：

$$\boxed{\boldsymbol{AB}=(\boldsymbol{Ab}_1,\ \boldsymbol{Ab}_2,\ \cdots,\ \boldsymbol{Ab}_r)}$$

特别地，

$$(\boldsymbol{a}_1,\cdots,\boldsymbol{a}_n)=\boldsymbol{A}=\boldsymbol{AI}=(\boldsymbol{Ae}_1,\cdots,\boldsymbol{Ae}_n)$$

72

令 $\boldsymbol{A}$ 为 $m\times n$ 矩阵. 如果将 $\boldsymbol{A}$ 按行分块，那么

$$\boldsymbol{A}=\begin{bmatrix}\vec{\boldsymbol{a}}_1\\\vec{\boldsymbol{a}}_2\\\vdots\\\vec{\boldsymbol{a}}_m\end{bmatrix}$$

如果 $\boldsymbol{B}$ 为 $n\times r$ 矩阵，乘积 $\boldsymbol{AB}$ 的第 i 行是由 $\boldsymbol{A}$ 的第 i 行乘以 $\boldsymbol{B}$ 得到的．因此，$\boldsymbol{AB}$ 的第 i 行为 $\vec{\boldsymbol{a}}_i\boldsymbol{B}$．一般地，乘积 $\boldsymbol{AB}$ 可写为如下分块行的形式：

$$\boldsymbol{AB}=\begin{bmatrix}\vec{\boldsymbol{a}}_1\boldsymbol{B}\\\vec{\boldsymbol{a}}_2\boldsymbol{B}\\\vdots\\\vec{\boldsymbol{a}}_m\boldsymbol{B}\end{bmatrix}$$

为说明这个结论，我们来看一个例子．设

$$\boldsymbol{A}=\begin{bmatrix}2&5\\3&4\\1&7\end{bmatrix}\quad 和\quad \boldsymbol{B}=\begin{bmatrix}3&2&-3\\-1&1&1\end{bmatrix}$$

则

$$\begin{aligned}\vec{\boldsymbol{a}}_1\boldsymbol{B}&=[1\quad 9\quad -1]\\\vec{\boldsymbol{a}}_2\boldsymbol{B}&=[5\quad 10\quad -5]\\\vec{\boldsymbol{a}}_3\boldsymbol{B}&=[-4\quad 9\quad 4]\end{aligned}$$

这些就是乘积 $\boldsymbol{AB}$ 的行向量：

$$\boldsymbol{AB}=\begin{bmatrix}\vec{\boldsymbol{a}}_1\boldsymbol{B}\\\vec{\boldsymbol{a}}_2\boldsymbol{B}\\\vec{\boldsymbol{a}}_3\boldsymbol{B}\end{bmatrix}=\begin{bmatrix}1&9&-1\\\hline 5&10&-5\\\hline -4&9&4\end{bmatrix}$$

下面我们考虑如何使用更为一般的分块来计算 $\boldsymbol{A}$ 和 $\boldsymbol{B}$ 的乘积 $\boldsymbol{AB}$．

分块乘法

令 $\boldsymbol{A}$ 为 $m\times n$ 矩阵，且 $\boldsymbol{B}$ 为 $n\times r$ 矩阵．通常将 $\boldsymbol{A}$ 和 $\boldsymbol{B}$ 进行分块，并将 $\boldsymbol{A}$ 和 $\boldsymbol{B}$ 的乘积表示为它们的子矩阵乘积的形式是有用的．考虑如下四种情形．

73

情形 1：$\boldsymbol{B}=[\boldsymbol{B}_1\quad\boldsymbol{B}_2]$，其中 $\boldsymbol{B}_1$ 为 $n\times t$ 矩阵，且 $\boldsymbol{B}_2$ 为 $n\times(r-t)$ 矩阵．

$$\begin{aligned}\boldsymbol{AB}&=\boldsymbol{A}(\boldsymbol{b}_1,\cdots,\boldsymbol{b}_t,\boldsymbol{b}_{t+1},\cdots,\boldsymbol{b}_r)\\&=(\boldsymbol{Ab}_1,\cdots,\boldsymbol{Ab}_t,\boldsymbol{Ab}_{t+1},\cdots,\boldsymbol{Ab}_r)\\&=(\boldsymbol{A}(\boldsymbol{b}_1,\cdots,\boldsymbol{b}_t),\boldsymbol{A}(\boldsymbol{b}_{t+1},\cdots,\boldsymbol{b}_r))\\&=[\boldsymbol{AB}_1\quad\boldsymbol{AB}_2]\end{aligned}$$

因此，

$$\boxed{\boldsymbol{A}[\boldsymbol{B}_1\quad\boldsymbol{B}_2]=[\boldsymbol{AB}_1\quad\boldsymbol{AB}_2]}$$

情形 2：$\boldsymbol{A}=\begin{bmatrix}\boldsymbol{A}_1\\\boldsymbol{A}_2\end{bmatrix}$，其中 $\boldsymbol{A}_1$ 为 $k\times n$ 矩阵，且 $\boldsymbol{A}_2$ 为 $(m-k)\times n$ 矩阵．

$$\begin{bmatrix}\boldsymbol{A}_1\\\boldsymbol{A}_2\end{bmatrix}\boldsymbol{B}=\left[\begin{array}{c}\vec{\boldsymbol{a}}_1\\\vdots\\\vec{\boldsymbol{a}}_k\\\hline\vec{\boldsymbol{a}}_{k+1}\\\vdots\\\vec{\boldsymbol{a}}_m\end{array}\right]\boldsymbol{B}=\left[\begin{array}{c}\vec{\boldsymbol{a}}_1\boldsymbol{B}\\\vdots\\\vec{\boldsymbol{a}}_k\boldsymbol{B}\\\hline\vec{\boldsymbol{a}}_{k+1}\boldsymbol{B}\\\vdots\\\vec{\boldsymbol{a}}_m\boldsymbol{B}\end{array}\right]$$

$$=\begin{bmatrix}\begin{bmatrix}\vec{\boldsymbol{a}}_1\\\vdots\\\vec{\boldsymbol{a}}_k\end{bmatrix}\boldsymbol{B}\\\begin{bmatrix}\vec{\boldsymbol{a}}_{k+1}\\\vdots\\\vec{\boldsymbol{a}}_m\end{bmatrix}\boldsymbol{B}\end{bmatrix}=\begin{bmatrix}\boldsymbol{A}_1\boldsymbol{B}\\\boldsymbol{A}_2\boldsymbol{B}\end{bmatrix}$$

因此，

$$\boxed{\begin{bmatrix}\boldsymbol{A}_1\\\boldsymbol{A}_2\end{bmatrix}\boldsymbol{B}=\begin{bmatrix}\boldsymbol{A}_1\boldsymbol{B}\\\boldsymbol{A}_2\boldsymbol{B}\end{bmatrix}}$$

情形 3：$\boldsymbol{A}=[\boldsymbol{A}_1\quad\boldsymbol{A}_2]$，且 $\boldsymbol{B}=\begin{bmatrix}\boldsymbol{B}_1\\\boldsymbol{B}_2\end{bmatrix}$，其中 $\boldsymbol{A}_1$ 为 $m\times s$ 矩阵，$\boldsymbol{A}_2$ 为 $m\times(n-s)$ 矩阵，$\boldsymbol{B}_1$ 为 $s\times r$ 矩阵，且 $\boldsymbol{B}_2$ 为 $(n-s)\times r$ 矩阵．若 $\boldsymbol{C}=\boldsymbol{AB}$，则

$$c_{ij}=\sum_{l=1}^{n}a_{il}b_{lj}=\sum_{l=1}^{s}a_{il}b_{lj}+\sum_{l=s+1}^{n}a_{il}b_{lj}$$

74

因此 c_{ij} 为 $\boldsymbol{A}_1\boldsymbol{B}_1$ 的 (i,j) 元素与 $\boldsymbol{A}_2\boldsymbol{B}_2$ 的 (i,j) 元素之和．因此，

$$\boldsymbol{AB}=\boldsymbol{C}=\boldsymbol{A}_1\boldsymbol{B}_1+\boldsymbol{A}_2\boldsymbol{B}_2$$

由此得到

$$\boxed{[\boldsymbol{A}_1\quad\boldsymbol{A}_2]\begin{bmatrix}\boldsymbol{B}_1\\\boldsymbol{B}_2\end{bmatrix}=\boldsymbol{A}_1\boldsymbol{B}_1+\boldsymbol{A}_2\boldsymbol{B}_2}$$

情形 4：令 $\boldsymbol{A}$ 和 $\boldsymbol{B}$ 采用如下的方式分块：

$$\boldsymbol{A}=\left[\begin{array}{c|c}\boldsymbol{A}_{11}&\boldsymbol{A}_{12}\\\hline\boldsymbol{A}_{21}&\boldsymbol{A}_{22}\end{array}\right]\begin{matrix}k\\m-k\end{matrix},\qquad\boldsymbol{B}=\left[\begin{array}{c|c}\boldsymbol{B}_{11}&\boldsymbol{B}_{12}\\\hline\boldsymbol{B}_{21}&\boldsymbol{B}_{22}\end{array}\right]\begin{matrix}s\\n-s\end{matrix}$$

$$\begin{matrix}s & n-s\end{matrix}\qquad\qquad\begin{matrix}t & r-t\end{matrix}$$

令

$$\boldsymbol{A}_1=\begin{bmatrix}\boldsymbol{A}_{11}\\\boldsymbol{A}_{21}\end{bmatrix}\qquad\boldsymbol{A}_2=\begin{bmatrix}\boldsymbol{A}_{12}\\\boldsymbol{A}_{22}\end{bmatrix}$$

$$\boldsymbol{B}_1=[\boldsymbol{B}_{11}\quad\boldsymbol{B}_{12}]\qquad\boldsymbol{B}_2=[\boldsymbol{B}_{21}\quad\boldsymbol{B}_{22}]$$

由情形 3 有

$$\boldsymbol{AB}=[\boldsymbol{A}_1\quad \boldsymbol{A}_2]\begin{bmatrix}\boldsymbol{B}_1\\ \boldsymbol{B}_2\end{bmatrix}=\boldsymbol{A}_1\boldsymbol{B}_1+\boldsymbol{A}_2\boldsymbol{B}_2$$

由情形1和2有

$$\boldsymbol{A}_1\boldsymbol{B}_1=\begin{bmatrix}\boldsymbol{A}_{11}\\ \boldsymbol{A}_{21}\end{bmatrix}\boldsymbol{B}_1=\begin{bmatrix}\boldsymbol{A}_{11}\boldsymbol{B}_1\\ \boldsymbol{A}_{21}\boldsymbol{B}_1\end{bmatrix}=\begin{bmatrix}\boldsymbol{A}_{11}\boldsymbol{B}_{11} & \boldsymbol{A}_{11}\boldsymbol{B}_{12}\\ \boldsymbol{A}_{21}\boldsymbol{B}_{11} & \boldsymbol{A}_{21}\boldsymbol{B}_{12}\end{bmatrix}$$

$$\boldsymbol{A}_2\boldsymbol{B}_2=\begin{bmatrix}\boldsymbol{A}_{12}\\ \boldsymbol{A}_{22}\end{bmatrix}\boldsymbol{B}_2=\begin{bmatrix}\boldsymbol{A}_{12}\boldsymbol{B}_2\\ \boldsymbol{A}_{22}\boldsymbol{B}_2\end{bmatrix}=\begin{bmatrix}\boldsymbol{A}_{12}\boldsymbol{B}_{21} & \boldsymbol{A}_{12}\boldsymbol{B}_{22}\\ \boldsymbol{A}_{22}\boldsymbol{B}_{21} & \boldsymbol{A}_{22}\boldsymbol{B}_{22}\end{bmatrix}$$

因此，

$$\begin{bmatrix}\boldsymbol{A}_{11} & \boldsymbol{A}_{12}\\ \boldsymbol{A}_{21} & \boldsymbol{A}_{22}\end{bmatrix}\begin{bmatrix}\boldsymbol{B}_{11} & \boldsymbol{B}_{12}\\ \boldsymbol{B}_{21} & \boldsymbol{B}_{22}\end{bmatrix}=\begin{bmatrix}\boldsymbol{A}_{11}\boldsymbol{B}_{11}+\boldsymbol{A}_{12}\boldsymbol{B}_{21} & \boldsymbol{A}_{11}\boldsymbol{B}_{12}+\boldsymbol{A}_{12}\boldsymbol{B}_{22}\\ \boldsymbol{A}_{21}\boldsymbol{B}_{11}+\boldsymbol{A}_{22}\boldsymbol{B}_{21} & \boldsymbol{A}_{21}\boldsymbol{B}_{12}+\boldsymbol{A}_{22}\boldsymbol{B}_{22}\end{bmatrix}$$

一般地，如果各块的维数适当，则分块矩阵的乘法按与通常的矩阵乘法相同的方式进行. 设

$$\boldsymbol{A}=\begin{bmatrix}\boldsymbol{A}_{11} & \cdots & \boldsymbol{A}_{1t}\\ \vdots & & \\ \boldsymbol{A}_{s1} & \cdots & \boldsymbol{A}_{st}\end{bmatrix}\quad 及\quad \boldsymbol{B}=\begin{bmatrix}\boldsymbol{B}_{11} & \cdots & \boldsymbol{B}_{1r}\\ \vdots & & \\ \boldsymbol{B}_{t1} & \cdots & \boldsymbol{B}_{tr}\end{bmatrix}$$

75

则

$$\boldsymbol{AB}=\begin{bmatrix}\boldsymbol{C}_{11} & \cdots & \boldsymbol{C}_{1r}\\ \vdots & & \\ \boldsymbol{C}_{s1} & \cdots & \boldsymbol{C}_{sr}\end{bmatrix}$$

其中

$$\boldsymbol{C}_{ij}=\sum_{k=1}^{t}\boldsymbol{A}_{ik}\boldsymbol{B}_{kj}$$

仅当对每一个 k，$\boldsymbol{A}_{ik}$ 的列数等于 $\boldsymbol{B}_{kj}$ 的行数时，这种乘法是可以进行的.

▶**例1**　令

$$\boldsymbol{A}=\begin{bmatrix}1 & 1 & 1 & 1\\ 2 & 2 & 1 & 1\\ 3 & 3 & 2 & 2\end{bmatrix}$$

及

$$\boldsymbol{B}=\begin{bmatrix}\boldsymbol{B}_{11} & \boldsymbol{B}_{12}\\ \boldsymbol{B}_{21} & \boldsymbol{B}_{22}\end{bmatrix}=\left[\begin{array}{cc|cc}1 & 1 & 1 & 1\\ 1 & 2 & 1 & 1\\ \hline 3 & 1 & 1 & 1\\ 3 & 2 & 1 & 2\end{array}\right]$$

将 $\boldsymbol{A}$ 分成四块并进行分块乘法.

解　由于每个 $\boldsymbol{B}_{kj}$ 有两行，每个 $\boldsymbol{A}_{ik}$ 必须有两列. 因此有两种可能：

$$\text{(i)}\quad \begin{bmatrix}\boldsymbol{A}_{11} & \boldsymbol{A}_{12}\\ \boldsymbol{A}_{21} & \boldsymbol{A}_{22}\end{bmatrix}=\left[\begin{array}{cc|cc}1 & 1 & 1 & 1\\ \hline 2 & 2 & 1 & 1\\ 3 & 3 & 2 & 2\end{array}\right]$$

此时

$$\left[\begin{array}{cc|cc} 1 & 1 & 1 & 1 \\ \hline 2 & 2 & 1 & 1 \\ 3 & 3 & 2 & 2 \end{array}\right]\left[\begin{array}{cc|cc} 1 & 1 & 1 & 1 \\ 1 & 2 & 1 & 1 \\ \hline 3 & 1 & 1 & 1 \\ 3 & 2 & 1 & 2 \end{array}\right]=\left[\begin{array}{cc|cc} 8 & 6 & 4 & 5 \\ \hline 10 & 9 & 6 & 7 \\ 18 & 15 & 10 & 12 \end{array}\right]$$

或

$$\text{(ii)}\quad \begin{bmatrix} A_{11} & A_{12} \\ A_{21} & A_{22} \end{bmatrix}=\left[\begin{array}{cc|cc} 1 & 1 & 1 & 1 \\ 2 & 2 & 1 & 1 \\ \hline 3 & 3 & 2 & 2 \end{array}\right]$$

76

此时

$$\left[\begin{array}{cc|cc} 1 & 1 & 1 & 1 \\ 2 & 2 & 1 & 1 \\ \hline 3 & 3 & 2 & 2 \end{array}\right]\left[\begin{array}{cc|cc} 1 & 1 & 1 & 1 \\ 1 & 2 & 1 & 1 \\ \hline 3 & 1 & 1 & 1 \\ 3 & 2 & 1 & 2 \end{array}\right]=\left[\begin{array}{cc|cc} 8 & 6 & 4 & 5 \\ 10 & 9 & 6 & 7 \\ \hline 18 & 15 & 10 & 12 \end{array}\right]$$

▶**例 2**　令 $\boldsymbol{A}$ 为 $n\times n$ 矩阵，形如

$$\begin{bmatrix} \boldsymbol{A}_{11} & \boldsymbol{O} \\ \boldsymbol{O} & \boldsymbol{A}_{22} \end{bmatrix}$$

其中 $\boldsymbol{A}_{11}$ 为 $k\times k(k<n)$ 矩阵．证明当且仅当 $\boldsymbol{A}_{11}$ 和 $\boldsymbol{A}_{22}$ 非奇异时，$\boldsymbol{A}$ 为非奇异的．

解　若 $\boldsymbol{A}_{11}$ 和 $\boldsymbol{A}_{22}$ 为非奇异的，则有

$$\begin{bmatrix} \boldsymbol{A}_{11}^{-1} & \boldsymbol{O} \\ \boldsymbol{O} & \boldsymbol{A}_{22}^{-1} \end{bmatrix}\begin{bmatrix} \boldsymbol{A}_{11} & \boldsymbol{O} \\ \boldsymbol{O} & \boldsymbol{A}_{22} \end{bmatrix}=\begin{bmatrix} \boldsymbol{I}_k & \boldsymbol{O} \\ \boldsymbol{O} & \boldsymbol{I}_{n-k} \end{bmatrix}=\boldsymbol{I}$$

及

$$\begin{bmatrix} \boldsymbol{A}_{11} & \boldsymbol{O} \\ \boldsymbol{O} & \boldsymbol{A}_{22} \end{bmatrix}\begin{bmatrix} \boldsymbol{A}_{11}^{-1} & \boldsymbol{O} \\ \boldsymbol{O} & \boldsymbol{A}_{22}^{-1} \end{bmatrix}=\begin{bmatrix} \boldsymbol{I}_k & \boldsymbol{O} \\ \boldsymbol{O} & \boldsymbol{I}_{n-k} \end{bmatrix}=\boldsymbol{I}$$

所以 $\boldsymbol{A}$ 为非奇异的，且

$$\boldsymbol{A}^{-1}=\begin{bmatrix} \boldsymbol{A}_{11}^{-1} & \boldsymbol{O} \\ \boldsymbol{O} & \boldsymbol{A}_{22}^{-1} \end{bmatrix}$$

反之，设 $\boldsymbol{A}$ 为非奇异的，则令 $\boldsymbol{B}=\boldsymbol{A}^{-1}$，且 $\boldsymbol{B}$ 采用与 $\boldsymbol{A}$ 相同的方法分块．因为

$$\boldsymbol{BA}=\boldsymbol{I}=\boldsymbol{AB}$$

则可得

$$\begin{bmatrix} \boldsymbol{B}_{11} & \boldsymbol{B}_{12} \\ \boldsymbol{B}_{21} & \boldsymbol{B}_{22} \end{bmatrix}\begin{bmatrix} \boldsymbol{A}_{11} & \boldsymbol{O} \\ \boldsymbol{O} & \boldsymbol{A}_{22} \end{bmatrix}=\begin{bmatrix} \boldsymbol{I}_k & \boldsymbol{O} \\ \boldsymbol{O} & \boldsymbol{I}_{n-k} \end{bmatrix}=\begin{bmatrix} \boldsymbol{A}_{11} & \boldsymbol{O} \\ \boldsymbol{O} & \boldsymbol{A}_{22} \end{bmatrix}\begin{bmatrix} \boldsymbol{B}_{11} & \boldsymbol{B}_{12} \\ \boldsymbol{B}_{21} & \boldsymbol{B}_{22} \end{bmatrix}$$

$$\begin{bmatrix} \boldsymbol{B}_{11}\boldsymbol{A}_{11} & \boldsymbol{B}_{12}\boldsymbol{A}_{22} \\ \boldsymbol{B}_{21}\boldsymbol{A}_{11} & \boldsymbol{B}_{22}\boldsymbol{A}_{22} \end{bmatrix}=\begin{bmatrix} \boldsymbol{I}_k & \boldsymbol{O} \\ \boldsymbol{O} & \boldsymbol{I}_{n-k} \end{bmatrix}=\begin{bmatrix} \boldsymbol{A}_{11}\boldsymbol{B}_{11} & \boldsymbol{A}_{11}\boldsymbol{B}_{12} \\ \boldsymbol{A}_{22}\boldsymbol{B}_{21} & \boldsymbol{A}_{22}\boldsymbol{B}_{22} \end{bmatrix}$$

因此，

$$\boldsymbol{B}_{11}\boldsymbol{A}_{11}=\boldsymbol{I}_k=\boldsymbol{A}_{11}\boldsymbol{B}_{11}$$

$$\boldsymbol{B}_{22}\boldsymbol{A}_{22}=\boldsymbol{I}_{n-k}=\boldsymbol{A}_{22}\boldsymbol{B}_{22}$$

77

于是，$\boldsymbol{A}_{11}$ 和 $\boldsymbol{A}_{22}$ 均为非奇异的，且逆分别为 $\boldsymbol{B}_{11}$ 和 $\boldsymbol{B}_{22}$. ◀

外积展开

给定 $\mathbf{R}^n$ 中的两个向量 $\boldsymbol{x}$ 和 $\boldsymbol{y}$，若首先将其中一个向量转置，则这两个向量即可进行矩阵乘法. 矩阵乘积 $\boldsymbol{x}^{\mathrm{T}}\boldsymbol{y}$ 为一个行向量($1\times n$ 矩阵)和一个列向量($n\times 1$ 矩阵)的乘积. 结果为一个 1×1 矩阵，或简称标量：

$$\boldsymbol{x}^{\mathrm{T}}\boldsymbol{y}=(x_1,x_2,\cdots,x_n)\begin{bmatrix}y_1\\y_2\\\vdots\\y_n\end{bmatrix}=x_1y_1+x_2y_2+\cdots+x_ny_n$$

这种乘积称为*标量积*(scalar product)或*内积*(inner product). 标量积是一种常见的运算. 例如，当计算两个矩阵的乘积时，乘积中的每一元素就是一个标量积(一个行向量乘以一个列向量).

一个列向量乘以一个行向量同样十分有用. 矩阵乘积 $\boldsymbol{x}\boldsymbol{y}^{\mathrm{T}}$ 为一个 $n\times 1$ 矩阵乘以一个 $1\times n$矩阵. 其结果为一个 $n\times n$ 矩阵：

$$\boldsymbol{x}\boldsymbol{y}^{\mathrm{T}}=\begin{bmatrix}x_1\\x_2\\\vdots\\x_n\end{bmatrix}(y_1,y_2,\cdots,y_n)=\begin{bmatrix}x_1y_1&x_1y_2&\cdots&x_1y_n\\x_2y_1&x_2y_2&\cdots&x_2y_n\\\vdots&&&\\x_ny_1&x_ny_2&\cdots&x_ny_n\end{bmatrix}$$

乘积 $\boldsymbol{x}\boldsymbol{y}^{\mathrm{T}}$ 称为 $\boldsymbol{x}$ 和 $\boldsymbol{y}$ 的*外积*(outer product). 矩阵的外积有着特殊的结构，它的每一行均为 $\boldsymbol{y}^{\mathrm{T}}$ 的倍数，且列向量均为 $\boldsymbol{x}$ 的倍数. 例如，设

$$\boldsymbol{x}=\begin{bmatrix}4\\1\\3\end{bmatrix}\quad 和\quad \boldsymbol{y}=\begin{bmatrix}3\\5\\2\end{bmatrix}$$

则

$$\boldsymbol{x}\boldsymbol{y}^{\mathrm{T}}=\begin{bmatrix}4\\1\\3\end{bmatrix}\begin{bmatrix}3&5&2\end{bmatrix}=\begin{bmatrix}12&20&8\\3&5&2\\9&15&6\end{bmatrix}$$

注意，每一行均为(3，5，2)的倍数，且每一列均为 $\boldsymbol{x}$ 的倍数.

下面我们将外积的概念从向量推广到矩阵. 假设从一个 $m\times n$ 矩阵 $\boldsymbol{X}$ 和一个 $k\times n$ 矩阵 $\boldsymbol{Y}$ 开始. 我们可以得到矩阵乘积 $\boldsymbol{X}\boldsymbol{Y}^{\mathrm{T}}$. 设将 $\boldsymbol{X}$ 按列进行划分，且将 $\boldsymbol{Y}^{\mathrm{T}}$按行进行划分，然后进行分块矩阵乘法，我们看到 $\boldsymbol{X}\boldsymbol{Y}^{\mathrm{T}}$可以表示为向量的外积之和：

$$\boldsymbol{X}\boldsymbol{Y}^{\mathrm{T}}=(\boldsymbol{x}_1,\boldsymbol{x}_2,\cdots,\boldsymbol{x}_n)\begin{bmatrix}\boldsymbol{y}_1^{\mathrm{T}}\\\boldsymbol{y}_2^{\mathrm{T}}\\\vdots\\\boldsymbol{y}_n^{\mathrm{T}}\end{bmatrix}=\boldsymbol{x}_1\boldsymbol{y}_1^{\mathrm{T}}+\boldsymbol{x}_2\boldsymbol{y}_2^{\mathrm{T}}+\cdots+\boldsymbol{x}_n\boldsymbol{y}_n^{\mathrm{T}}$$

78

这个表达式称为*外积展开*(outer product expansion). 这种展开在很多应用中起着重要的

作用. 在6.5节中，我们会看到外积展开如何在数字图像处理和信息检索中加以应用.

▶**例3** 给定

$$\boldsymbol{X}=\begin{bmatrix}3&1\\2&4\\1&2\end{bmatrix} \quad \text{和} \quad \boldsymbol{Y}=\begin{bmatrix}1&2\\2&4\\3&1\end{bmatrix}$$

计算 $\boldsymbol{XY}^{\mathrm{T}}$的外积展开.

解

$$\begin{aligned}\boldsymbol{XY}^{\mathrm{T}}&=\begin{bmatrix}3&1\\2&4\\1&2\end{bmatrix}\begin{bmatrix}1&2&3\\2&4&1\end{bmatrix}\\&=\begin{bmatrix}3\\2\\1\end{bmatrix}\begin{bmatrix}1&2&3\end{bmatrix}+\begin{bmatrix}1\\4\\2\end{bmatrix}\begin{bmatrix}2&4&1\end{bmatrix}\\&=\begin{bmatrix}3&6&9\\2&4&6\\1&2&3\end{bmatrix}+\begin{bmatrix}2&4&1\\8&16&4\\4&8&2\end{bmatrix}\end{aligned}$$

◀

1.6节练习

1. 令 $\boldsymbol{A}$ 为 $n\times n$ 非奇异矩阵. 计算下列乘法.

(a) $\boldsymbol{A}^{-1}[\boldsymbol{A}\quad \boldsymbol{I}]$ (b) $\begin{bmatrix}\boldsymbol{A}\\\boldsymbol{I}\end{bmatrix}\boldsymbol{A}^{-1}$ (c) $[\boldsymbol{A}\quad \boldsymbol{I}]^{\mathrm{T}}[\boldsymbol{A}\quad \boldsymbol{I}]$

(d) $[\boldsymbol{A}\quad \boldsymbol{I}][\boldsymbol{A}\quad \boldsymbol{I}]^{\mathrm{T}}$ (e) $\begin{bmatrix}\boldsymbol{A}^{-1}\\\boldsymbol{I}\end{bmatrix}[\boldsymbol{A}\quad \boldsymbol{I}]$

2. 令 $\boldsymbol{B}=\boldsymbol{A}^{\mathrm{T}}\boldsymbol{A}$. 证明 $b_{ij}=\boldsymbol{a}_i{}^{\mathrm{T}}\boldsymbol{a}_j$.

3. 令

$$\boldsymbol{A}=\begin{bmatrix}1&1\\2&-1\end{bmatrix} \quad \text{和} \quad \boldsymbol{B}=\begin{bmatrix}2&1\\1&3\end{bmatrix}$$

(a) 计算 $\boldsymbol{Ab}_1$ 与 $\boldsymbol{Ab}_2$.

(b) 计算 $\vec{\boldsymbol{a}}_1\boldsymbol{B}$ 和 $\vec{\boldsymbol{a}}_2\boldsymbol{B}$.

(c) 计算 $\boldsymbol{AB}$，并验证它的列向量为(a)中的向量，行向量为(b)中的向量.

4. 令

$$\boldsymbol{I}=\begin{bmatrix}1&0\\0&1\end{bmatrix},\quad \boldsymbol{E}=\begin{bmatrix}0&1\\1&0\end{bmatrix},\quad \boldsymbol{O}=\begin{bmatrix}0&0\\0&0\end{bmatrix}$$

$$\boldsymbol{C}=\begin{bmatrix}1&0\\-1&1\end{bmatrix},\quad \boldsymbol{D}=\begin{bmatrix}2&0\\0&2\end{bmatrix}$$

及

$$\boldsymbol{B}=\begin{bmatrix}\boldsymbol{B}_{11}&\boldsymbol{B}_{12}\\\boldsymbol{B}_{21}&\boldsymbol{B}_{22}\end{bmatrix}=\left[\begin{array}{cc|cc}1&1&1&1\\1&2&1&1\\\hline 3&1&1&1\\3&2&1&2\end{array}\right]$$

计算下列分块乘法：

(a) $\begin{bmatrix} \boldsymbol{O} & \boldsymbol{I} \\ \boldsymbol{I} & \boldsymbol{O} \end{bmatrix} \begin{bmatrix} \boldsymbol{B}_{11} & \boldsymbol{B}_{12} \\ \boldsymbol{B}_{21} & \boldsymbol{B}_{22} \end{bmatrix}$　(b) $\begin{bmatrix} \boldsymbol{C} & \boldsymbol{O} \\ \boldsymbol{O} & \boldsymbol{C} \end{bmatrix} \begin{bmatrix} \boldsymbol{B}_{11} & \boldsymbol{B}_{12} \\ \boldsymbol{B}_{21} & \boldsymbol{B}_{22} \end{bmatrix}$

(c) $\begin{bmatrix} \boldsymbol{D} & \boldsymbol{O} \\ \boldsymbol{O} & \boldsymbol{I} \end{bmatrix} \begin{bmatrix} \boldsymbol{B}_{11} & \boldsymbol{B}_{12} \\ \boldsymbol{B}_{21} & \boldsymbol{B}_{22} \end{bmatrix}$　(d) $\begin{bmatrix} \boldsymbol{E} & \boldsymbol{O} \\ \boldsymbol{O} & \boldsymbol{E} \end{bmatrix} \begin{bmatrix} \boldsymbol{B}_{11} & \boldsymbol{B}_{12} \\ \boldsymbol{B}_{21} & \boldsymbol{B}_{22} \end{bmatrix}$

5. 计算下列分块乘法：

(a) $\left[\begin{array}{ccc|c} 1 & 1 & 1 & -1 \\ 2 & 1 & 2 & -1 \end{array}\right] \left[\begin{array}{ccc} 4 & -2 & 1 \\ 2 & 3 & 1 \\ 1 & 1 & 2 \\ \hline 1 & 2 & 3 \end{array}\right]$　(b) $\left[\begin{array}{cc} 4 & -2 \\ 2 & 3 \\ 1 & 1 \\ \hline 1 & 2 \end{array}\right] \left[\begin{array}{ccc|c} 1 & 1 & 1 & -1 \\ 2 & 1 & 2 & -1 \end{array}\right]$

(c) $\left[\begin{array}{cc|cc} \frac{3}{5} & -\frac{4}{5} & 0 & 0 \\ \frac{4}{5} & \frac{3}{5} & 0 & 0 \\ \hline 0 & 0 & 1 & 0 \end{array}\right] \left[\begin{array}{cc|c} \frac{3}{5} & \frac{4}{5} & 0 \\ -\frac{4}{5} & \frac{3}{5} & 0 \\ \hline 0 & 0 & 1 \\ 0 & 0 & 0 \end{array}\right]$　(d) $\left[\begin{array}{ccc|cc} 0 & 0 & 1 & 0 & 0 \\ 0 & 1 & 0 & 0 & 0 \\ 1 & 0 & 0 & 0 & 0 \\ \hline 0 & 0 & 0 & 0 & 1 \\ 0 & 0 & 0 & 1 & 0 \end{array}\right] \left[\begin{array}{cc} 1 & -1 \\ 2 & -2 \\ 3 & -3 \\ \hline 4 & -4 \\ 5 & -5 \end{array}\right]$

6. 给定

$$\boldsymbol{X} = \begin{bmatrix} 2 & 1 & 5 \\ 4 & 2 & 3 \end{bmatrix} \qquad \boldsymbol{Y} = \begin{bmatrix} 1 & 2 & 4 \\ 2 & 3 & 1 \end{bmatrix}$$

(a) 计算 $\boldsymbol{XY}^{\mathrm{T}}$ 的外积展开.

(b) 计算 $\boldsymbol{YX}^{\mathrm{T}}$ 的外积展开. $\boldsymbol{YX}^{\mathrm{T}}$ 的外积展开和 $\boldsymbol{XY}^{\mathrm{T}}$ 的外积展开之间有什么联系？

7. 令

$$\boldsymbol{A} = \begin{bmatrix} \boldsymbol{A}_{11} & \boldsymbol{A}_{12} \\ \boldsymbol{A}_{21} & \boldsymbol{A}_{22} \end{bmatrix} \quad 和 \quad \boldsymbol{A}^{\mathrm{T}} = \begin{bmatrix} \boldsymbol{A}_{11}^{\mathrm{T}} & \boldsymbol{A}_{21}^{\mathrm{T}} \\ \boldsymbol{A}_{12}^{\mathrm{T}} & \boldsymbol{A}_{22}^{\mathrm{T}} \end{bmatrix}$$

是否可计算分块乘法 $\boldsymbol{AA}^{\mathrm{T}}$ 和 $\boldsymbol{A}^{\mathrm{T}}\boldsymbol{A}$？试说明.

8. 令 $\boldsymbol{A}$ 为 $m\times n$ 矩阵，$\boldsymbol{X}$ 为 $n\times r$ 矩阵，$\boldsymbol{B}$ 为 $m\times r$ 矩阵. 证明：

$$\boldsymbol{AX} = \boldsymbol{B}$$

的充要条件是

$$\boldsymbol{A}\boldsymbol{x}_j = \boldsymbol{b}_j, \quad j = 1,2,\cdots,r$$

9. 令 $\boldsymbol{A}$ 为 $n\times n$ 矩阵，并令 $\boldsymbol{D}$ 为 $n\times n$ 对角矩阵.

(a) 证明：$\boldsymbol{D}=(d_{11}\boldsymbol{e}_1, d_{22}\boldsymbol{e}_2, \cdots, d_{nn}\boldsymbol{e}_n)$.

(b) 证明：$\boldsymbol{AD}=(d_{11}\boldsymbol{a}_1, d_{22}\boldsymbol{a}_2, \cdots, d_{nn}\boldsymbol{a}_n)$.

10. 令 $\boldsymbol{U}$ 为 $m\times m$ 矩阵，$\boldsymbol{V}$ 为 $n\times n$ 矩阵，并令

$$\boldsymbol{\Sigma} = \begin{bmatrix} \boldsymbol{\Sigma}_1 \\ \boldsymbol{O} \end{bmatrix}$$

其中 $\boldsymbol{\Sigma}_1$ 为 $n\times n$ 对角矩阵，其对角元素为 $\sigma_1, \sigma_2, \cdots, \sigma_n$，且 $\boldsymbol{O}$ 为 $(m-n)\times n$ 的零矩阵.

(a) 设 $\boldsymbol{U}=(\boldsymbol{U}_1, \boldsymbol{U}_2)$，其中 $\boldsymbol{U}_1$ 有 n 列，证明：

$$\boldsymbol{U\Sigma} = \boldsymbol{U}_1\boldsymbol{\Sigma}_1$$

(b) 证明：如果 $\boldsymbol{A}=\boldsymbol{U\Sigma V}^{\mathrm{T}}$，则 $\boldsymbol{A}$ 可表示为外积展开形式

$$\boldsymbol{A} = \sigma_1\boldsymbol{u}_1\boldsymbol{v}_1^{\mathrm{T}} + \sigma_2\boldsymbol{u}_2\boldsymbol{v}_2^{\mathrm{T}} + \cdots + \sigma_n\boldsymbol{u}_n\boldsymbol{v}_n^{\mathrm{T}}$$

11. 令

$$\boldsymbol{A}=\begin{bmatrix}\boldsymbol{A}_{11} & \boldsymbol{A}_{12}\\ \boldsymbol{O} & \boldsymbol{A}_{22}\end{bmatrix}$$

其中四个分块矩阵均为 $n\times n$ 矩阵.

(a) 若 $\boldsymbol{A}_{11}$ 和 $\boldsymbol{A}_{22}$ 为非奇异的，证明：$\boldsymbol{A}$ 必为非奇异的，且 $\boldsymbol{A}^{-1}$ 必形如

$$\left[\begin{array}{c|c}\boldsymbol{A}_{11}^{-1} & \boldsymbol{C}\\ \hline \boldsymbol{O} & \boldsymbol{A}_{22}^{-1}\end{array}\right]$$

(b) 求 $\boldsymbol{C}$.

12. 令 $\boldsymbol{A}$ 和 $\boldsymbol{B}$ 为 $n\times n$ 矩阵，并令 $\boldsymbol{M}$ 为如下的分块矩阵：

$$\boldsymbol{M}=\begin{bmatrix}\boldsymbol{A} & \boldsymbol{O}\\ \boldsymbol{O} & \boldsymbol{B}\end{bmatrix}$$

利用定理 1.5.2 的条件(b)证明：如果 $\boldsymbol{A}$ 或 $\boldsymbol{B}$ 为奇异的，则 $\boldsymbol{M}$ 必为奇异的.

13. 令

$$\boldsymbol{A}=\begin{bmatrix}\boldsymbol{O} & \boldsymbol{I}\\ \boldsymbol{B} & \boldsymbol{O}\end{bmatrix}$$

其中四个子矩阵均为 $k\times k$ 的. 求 $\boldsymbol{A}^2$ 和 $\boldsymbol{A}^4$.

14. 令 $\boldsymbol{I}$ 为 $n\times n$ 单位矩阵. 求下列 $2n\times 2n$ 矩阵分块形式的逆矩阵.

(a) $\begin{bmatrix}\boldsymbol{O} & \boldsymbol{I}\\ \boldsymbol{I} & \boldsymbol{O}\end{bmatrix}$ (b) $\begin{bmatrix}\boldsymbol{I} & \boldsymbol{O}\\ \boldsymbol{B} & \boldsymbol{I}\end{bmatrix}$

80

15. 令 $\boldsymbol{O}$ 为 $k\times k$ 矩阵，其元素全部为 0，令 $\boldsymbol{I}$ 为 $k\times k$ 单位矩阵，$\boldsymbol{B}$ 为 $k\times k$ 矩阵，满足 $\boldsymbol{B}^2=\boldsymbol{O}$. 如果 $\boldsymbol{A}=\begin{bmatrix}\boldsymbol{O} & \boldsymbol{I}\\ \boldsymbol{I} & \boldsymbol{B}\end{bmatrix}$，求分块形式 $\boldsymbol{A}^{-1}+\boldsymbol{A}^2+\boldsymbol{A}^3$.

16. 令 $\boldsymbol{A}$ 和 $\boldsymbol{B}$ 为 $n\times n$ 的矩阵，并定义 $2n\times 2n$ 矩阵 $\boldsymbol{S}$ 和 $\boldsymbol{M}$ 为

$$\boldsymbol{S}=\begin{bmatrix}\boldsymbol{I} & \boldsymbol{A}\\ \boldsymbol{O} & \boldsymbol{I}\end{bmatrix},\qquad \boldsymbol{M}=\begin{bmatrix}\boldsymbol{AB} & \boldsymbol{O}\\ \boldsymbol{B} & \boldsymbol{O}\end{bmatrix}$$

求 $\boldsymbol{S}^{-1}$ 的分块形式，并利用它计算乘积 $\boldsymbol{S}^{-1}\boldsymbol{MS}$ 的分块形式.

17. 令

$$\boldsymbol{A}=\begin{bmatrix}\boldsymbol{A}_{11} & \boldsymbol{A}_{12}\\ \boldsymbol{A}_{21} & \boldsymbol{A}_{22}\end{bmatrix}$$

其中 $\boldsymbol{A}_{11}$ 为 $k\times k$ 非奇异矩阵. 证明：$\boldsymbol{A}$ 可分解为乘积

$$\begin{bmatrix}\boldsymbol{I} & \boldsymbol{O}\\ \boldsymbol{B} & \boldsymbol{I}\end{bmatrix}\begin{bmatrix}\boldsymbol{A}_{11} & \boldsymbol{A}_{12}\\ \boldsymbol{O} & \boldsymbol{C}\end{bmatrix}$$

其中

$$\boldsymbol{B}=\boldsymbol{A}_{21}\boldsymbol{A}_{11}^{-1}\quad 和\quad \boldsymbol{C}=\boldsymbol{A}_{22}-\boldsymbol{A}_{21}\boldsymbol{A}_{11}^{-1}\boldsymbol{A}_{12}$$

(注意，这个问题给出了 1.3 节中练习 18 的分块矩阵形式的分解.)

18. 令 $\boldsymbol{A}$，$\boldsymbol{B}$，$\boldsymbol{L}$，$\boldsymbol{M}$，$\boldsymbol{S}$，$\boldsymbol{T}$ 为 $n\times n$ 矩阵，其中 $\boldsymbol{A}$，$\boldsymbol{B}$，$\boldsymbol{M}$ 为非奇异的，而 $\boldsymbol{L}$，$\boldsymbol{S}$，$\boldsymbol{T}$ 为奇异的. 确定是否可求得矩阵 $\boldsymbol{X}$ 和 $\boldsymbol{Y}$，使得

$$\begin{bmatrix}\boldsymbol{O} & \boldsymbol{I} & \boldsymbol{O} & \boldsymbol{O} & \boldsymbol{O} & \boldsymbol{O}\\ \boldsymbol{O} & \boldsymbol{O} & \boldsymbol{I} & \boldsymbol{O} & \boldsymbol{O} & \boldsymbol{O}\\ \boldsymbol{O} & \boldsymbol{O} & \boldsymbol{O} & \boldsymbol{I} & \boldsymbol{O} & \boldsymbol{O}\\ \boldsymbol{O} & \boldsymbol{O} & \boldsymbol{O} & \boldsymbol{O} & \boldsymbol{I} & \boldsymbol{O}\\ \boldsymbol{O} & \boldsymbol{O} & \boldsymbol{O} & \boldsymbol{O} & \boldsymbol{O} & \boldsymbol{X}\\ \boldsymbol{Y} & \boldsymbol{O} & \boldsymbol{O} & \boldsymbol{O} & \boldsymbol{O} & \boldsymbol{O}\end{bmatrix}\begin{bmatrix}\boldsymbol{M}\\ \boldsymbol{A}\\ \boldsymbol{T}\\ \boldsymbol{L}\\ \boldsymbol{A}\\ \boldsymbol{B}\end{bmatrix}=\begin{bmatrix}\boldsymbol{A}\\ \boldsymbol{T}\\ \boldsymbol{L}\\ \boldsymbol{A}\\ \boldsymbol{S}\\ \boldsymbol{T}\end{bmatrix}$$

如果可以，说明如何求；如果不可以，说明原因.

19. 令 $\boldsymbol{A}$ 为 $n\times n$ 矩阵且 $\boldsymbol{x}\in\mathbf{R}^n$.
   (a) 一个标量 c 也可看成一个 1×1 矩阵 $\boldsymbol{C}=[c]$，且向量 $\boldsymbol{b}\in\mathbf{R}^n$ 可看成一个 $n\times1$ 矩阵 $\boldsymbol{B}$. 尽管矩阵乘法 $\boldsymbol{CB}$ 没有定义，但证明矩阵乘积 $\boldsymbol{BC}$ 等于标量乘法 $c\boldsymbol{b}$.
   (b) 将 $\boldsymbol{A}$ 按列划分，同时将 $\boldsymbol{x}$ 按行划分，用分块矩阵乘法计算 $\boldsymbol{A}$ 乘以 $\boldsymbol{x}$.
   (c) 证明：
$$\boldsymbol{A}\boldsymbol{x}=x_1\boldsymbol{a}_1+x_2\boldsymbol{a}_2+\cdots+x_n\boldsymbol{a}_n$$
20. 设 $\boldsymbol{A}$ 为 $n\times n$ 矩阵，且对所有 $\boldsymbol{x}\in\mathbf{R}^n$ 有 $\boldsymbol{A}\boldsymbol{x}=\boldsymbol{0}$，证明 $\boldsymbol{A}=\boldsymbol{O}$.（提示：令 $\boldsymbol{x}=\boldsymbol{e}_j$，$j=1,2,\cdots,n$.）
21. 令 $\boldsymbol{B}$ 和 $\boldsymbol{C}$ 为 $n\times n$ 矩阵，且对所有 $\boldsymbol{x}\in\mathbf{R}^n$ 有 $\boldsymbol{B}\boldsymbol{x}=\boldsymbol{C}\boldsymbol{x}$. 证明 $\boldsymbol{B}=\boldsymbol{C}$.
22. 考虑如下方程组：
$$\begin{bmatrix}\boldsymbol{A} & \boldsymbol{a}\\ \boldsymbol{c}^{\mathrm{T}} & \beta\end{bmatrix}\begin{bmatrix}\boldsymbol{x}\\ x_{n+1}\end{bmatrix}=\begin{bmatrix}\boldsymbol{b}\\ b_{n+1}\end{bmatrix}$$
   其中 $\boldsymbol{A}$ 为 $n\times n$ 非奇异矩阵，且 $\boldsymbol{a}$，$\boldsymbol{b}$ 及 $\boldsymbol{c}$ 为 $\mathbf{R}^n$ 中的向量.
   (a) 方程组两端同乘
$$\begin{bmatrix}\boldsymbol{A}^{-1} & \boldsymbol{0}\\ -\boldsymbol{c}^{\mathrm{T}}\boldsymbol{A}^{-1} & 1\end{bmatrix}$$
   可得到一个等价三角形方程组.
   (b) 令 $\boldsymbol{y}=\boldsymbol{A}^{-1}\boldsymbol{a}$ 且 $\boldsymbol{z}=\boldsymbol{A}^{-1}\boldsymbol{b}$. 证明：若 $\beta-\boldsymbol{c}^{\mathrm{T}}\boldsymbol{y}\neq0$，则计算方程组的解可令
$$x_{n+1}=\frac{b_{n+1}-\boldsymbol{c}^{\mathrm{T}}\boldsymbol{z}}{\beta-\boldsymbol{c}^{\mathrm{T}}\boldsymbol{y}}$$
   然后令
$$\boldsymbol{x}=\boldsymbol{z}-x_{n+1}\boldsymbol{y}$$

第1章练习

MATLAB 练习

下面的练习均是使用 MATLAB 软件包进行求解，该软件在本书附录中进行介绍. 这些练习也包含需要结合计算中阐明的基本数学原理进行回答的问题. 将你的所有会话保存在一个文件中. 当编辑并打印出该文件后，问题的答案即可直接从输出中得到.

81

MATLAB 有一个方便的帮助系统，包含了它所有命令和运算的说明. 例如，要得到 MATLAB 命令 rand 的信息，只需输入：help rand. 本章练习中用到的 MATLAB 命令有 inv、floor、rand、tic、toc、rref、abs、max、round、sum、eye、triu、ones、zeros 和 magic. 引入的运算有＋、－、∗、′、\. 其中＋和－表示通常标量及矩阵的加法和减法运算. ∗表示标量或矩阵的乘法. 对所有元素为实数的矩阵，′运算对应于转置运算. 若 $\boldsymbol{A}$ 为 $n\times n$ 非奇异矩阵且 $\boldsymbol{B}$ 为 $n\times r$ 矩阵，则运算 $\boldsymbol{A}\backslash\boldsymbol{B}$ 等价于计算 $\boldsymbol{A}^{-1}\boldsymbol{B}$.

1. 用 MATLAB 随机生成 4×4 矩阵 $\boldsymbol{A}$ 和 $\boldsymbol{B}$. 求下列指定的 $\boldsymbol{A}1$，$\boldsymbol{A}2$，$\boldsymbol{A}3$，$\boldsymbol{A}4$，并确定哪些矩阵是相等的. 你可以利用 MATLAB 计算两个矩阵的差来测试两个矩阵是否相等.
   (a) A1＝A ∗ B，A2＝B ∗ A，A3＝(A′ ∗ B′)′，A4＝(B′ ∗ A′)′
   (b) A1＝A′ ∗ B′，A2＝(A ∗ B)′，A3＝B′ ∗ A′，A4＝(B ∗ A)′
   (c) A1＝inv(A ∗ B)，A2＝inv(A) ∗ inv(B)，A3＝inv(B ∗ A)，A4＝inv(B) ∗ inv(A)
   (d) A1＝inv((A ∗ B)′)，A2＝inv(A′ ∗ B′)，A3＝inv(A′) ∗ inv(B′)，A4＝(inv(A) ∗ inv(B))′
2. 令 $n=200$ 并使用命令

$$\boldsymbol{A} = \texttt{floor}(10 * \texttt{rand}(n)); \quad \boldsymbol{b} = \texttt{sum}(\boldsymbol{A}')'; \quad \boldsymbol{z} = \texttt{ones}(n,1)$$

生成一个 $n\times n$ 矩阵和两个 $\mathbf{R}^n$ 中的向量，它们的元素均为整数.（因为矩阵和向量都很大，我们添加分号来抑制输出.）

(a) 方程组 $\boldsymbol{Ax}=\boldsymbol{b}$ 的真解应为向量 $\boldsymbol{z}$. 为什么？试说明. 可在 MATLAB 中利用“\”运算或计算 $\boldsymbol{A}^{-1}$，然后用 $\boldsymbol{A}^{-1}$ 乘以 $\boldsymbol{b}$ 来求解. 比较这两种计算方法的速度和精度. 我们将使用 MATLAB 命令 tic 和 toc 来测量每一个计算过程消耗的时间. 只需用下面的命令：

$$\texttt{tic}, \quad \boldsymbol{x} = \boldsymbol{A} \backslash \boldsymbol{b}; \quad \texttt{toc}$$

$$\texttt{tic}, \quad \boldsymbol{y} = \texttt{inv}(\boldsymbol{A}) * \boldsymbol{b}; \quad \texttt{toc}$$

哪一种方法更快？

为比较这两种方法的精度，可以测量求得的解 $\boldsymbol{x}$ 和 $\boldsymbol{y}$ 与真解 $\boldsymbol{z}$ 接近的程度. 利用下面的命令：

$$\texttt{max}(\texttt{abs}(\boldsymbol{x} - \boldsymbol{z}))$$

$$\texttt{max}(\texttt{abs}(\boldsymbol{y} - \boldsymbol{z}))$$

哪种方法得到的解更精确？

(b) 用 $n=500$ 和 $n=1000$ 替换(a)中的 n.

3. 令 $\boldsymbol{A}=\texttt{floor}(10 * \texttt{rand}(6))$. 根据构造，矩阵 $\boldsymbol{A}$ 将有整数元. 将矩阵 $\boldsymbol{A}$ 的第六列更改，使得矩阵 $\boldsymbol{A}$ 为奇异的. 令

$$\boldsymbol{B} = \boldsymbol{A}', \quad \boldsymbol{A}(:,6) = -\texttt{sum}(\boldsymbol{B}(1:5,:))'$$

(a) 设 $\boldsymbol{x}=\texttt{ones}(6, 1)$，并利用 MATLAB 计算 $\boldsymbol{Ax}$. 为什么我们知道 $\boldsymbol{A}$ 必为奇异的？试说明. 通过化为行最简形来判断 $\boldsymbol{A}$ 是奇异的.

(b) 令

$$\boldsymbol{B} = \boldsymbol{x} * [1:6]$$

乘积 $\boldsymbol{AB}$ 应为零矩阵. 为什么？试说明. 用 MATLAB 的 * 运算计算 $\boldsymbol{AB}$ 进行验证.

(c) 令

$$\boldsymbol{C} = \texttt{floor}(10 * \texttt{rand}(6)) \quad \text{和} \quad \boldsymbol{D} = \boldsymbol{B} + \boldsymbol{C}$$

尽管 $\boldsymbol{C}\neq\boldsymbol{D}$，但乘积 $\boldsymbol{AC}$ 和 $\boldsymbol{AD}$ 是相等的. 为什么？试说明. 计算 $\boldsymbol{A} * \boldsymbol{C}$ 和 $\boldsymbol{A} * \boldsymbol{D}$ 并验证它们确实相等.

4. 采用如下方式构造一个矩阵. 令

$$\boldsymbol{B} = \texttt{eye}(10) - \texttt{triu}(\texttt{ones}(10), 1)$$

为什么我们知道 $\boldsymbol{B}$ 必为奇异的？令

$$\boldsymbol{C} = \texttt{inv}(\boldsymbol{B}) \quad \text{且} \quad \boldsymbol{x} = \boldsymbol{C}(:,10)$$

现在用 $\boldsymbol{B}(10, 1)=-1/256$ 将 $\boldsymbol{B}$ 进行微小改变. 利用 MATLAB 计算乘积 $\boldsymbol{Bx}$. 由这个计算结果，你可以得出关于新矩阵 $\boldsymbol{B}$ 的什么结论？它是否仍然为奇异的？试说明. 用 MATLAB 计算它的行最简形.

82

5. 生成一个矩阵 $\boldsymbol{A}$：

$$\boldsymbol{A} = \texttt{floor}(10 * \texttt{rand}(6))$$

并生成一个向量 $\boldsymbol{b}$：

$$\boldsymbol{b} = \texttt{floor}(20 * \texttt{rand}(6,1)) - 10$$

(a) 因为 $\boldsymbol{A}$ 是随机生成的，我们可以认为它是非奇异的. 那么方程组 $\boldsymbol{Ax}=\boldsymbol{b}$ 应有唯一解. 用运算“\”求解. 用 MATLAB 计算 $[\boldsymbol{A} \quad \boldsymbol{b}]$ 的行最简形 $\boldsymbol{U}$. 比较 $\boldsymbol{U}$ 的最后一列和解 $\boldsymbol{x}$，结果是什么？在精确算术运算时，它们应当是相等的. 为什么？试说明. 为比较它们两个，计算差 $\boldsymbol{U}(:, 7)-\boldsymbol{x}$ 或用format long 考察它们.

(b) 现在改变 $\boldsymbol{A}$，使它成为奇异的. 令

$$A(:,3) = A(:,1:2) * [4 \quad 3]'$$

利用 MATLAB 计算 rref([A　b]). 方程组 $Ax=b$ 有多少组解？试说明.

(c) 令

$$y = \text{floor}(20 * \text{rand}(6,1)) - 10 \quad 且 \quad c = A * y$$

为什么我们知道方程组 $Ax=c$ 必为相容的？试说明. 计算[A　c]的行最简形 U. 方程组 $Ax=c$ 有多少解？试说明.

(d) 由阶梯形确定的自由变量应为 x_3. 通过考察矩阵 U 对应的方程组，可以求得 $x_3=0$ 时所对应的解. 将这个解作为列向量 w 输入 MATLAB 中. 为检验 $Aw=c$，计算剩余向量 $c-Aw$.

(e) 令 U(：，7)=zeros(6，1). 矩阵 U 应对应于($A|0$)的行最简形. 用 U 求自由变量 $x_3=1$ 时齐次方程组的解(手工计算)，并将你的结果输入为向量 z. 用 $A*z$ 检验你的结论.

(f) 令 $v=w+3*z$. 向量 v 应为方程组 $Ax=c$ 的解. 为什么？试说明. 用 MATLAB 计算剩余向量 $c-Av$ 来验证 v 为方程组的解. 在这个解中，自由变量 x_3 的取值是什么？如何使用向量 w 和 z 来求所有可能的方程组的解？试说明.

6. 考虑右图.

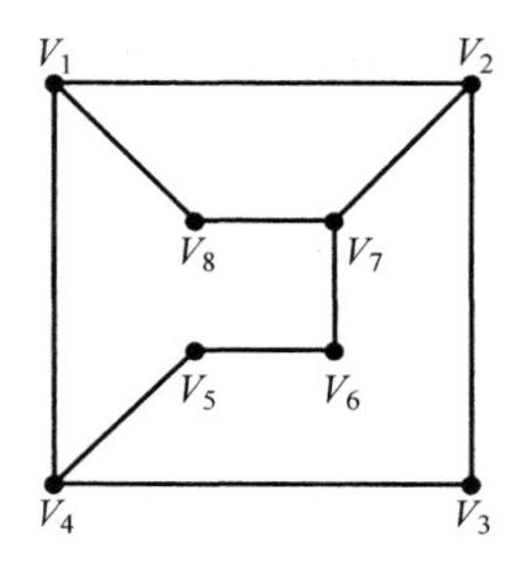

(a) 确定图的邻接矩阵 A，并将其输入 MATLAB.

(b) 计算 A^2 并确定长度为 2 的路的条数，其起止点分别为：(i)V_1 到 V_7，(ii)V_4 到 V_8，(iii)V_5 到 V_6，(iv)V_8 到 V_3.

(c) 计算 A^4，A^6，A^8 并回答(b)中各长度为 4，6，8 的路的条数. 试推测什么时候从顶点 V_i 到 V_j 没有长度为偶数的路.

(d) 计算 A^3，A^5，A^7 并回答(b)中各长度为 3，5，7 的路的条数. 你由(c)得到的推测对长度为奇数的路是否成立？试说明. 推测根据 $i+j+k$ 的奇偶性，是否存在长度为 k 的路.

(e) 如果我们在图中增加边{V_3，V_6}，{V_5，V_8}，新图的邻接矩阵 B 可首先令$B=A$，然后令

$$B(3,6) = 1, \quad B(6,3) = 1, \quad B(5,8) = 1, \quad B(8,5) = 1$$

对 $k=2$，3，4，5，计算 B^k. (d)中的推测在新的图形中是否还是成立的？

(f) 在图中增加{V_6，V_8}，并构造得到的图的邻接矩阵 C. 计算 C 的幂次，并验证你在(d)中的推测对这个新图是否仍然成立.

7. 在 1.4 节应用 1 中，对给定矩阵 A 和 X，1 年后和 2 年后已婚女性和单身女性的数量可由计算 AX 和 A^2X 得到. 使用 format long，并将这些矩阵输入 MATLAB. 对 $k=5$，10，15，20，计算 A^k 和 A^kX. 当 k 增大时，A^k 有什么变化？城镇中已婚女性和单身女性较长时间后如何分布？

83

8. 下表是生命周期为 7 个阶段的海龟模型.

海龟种群统计学的 7 个阶段

阶段编号	描述(年龄以年为单位)	年存活率	年产卵量
1	卵、孵化期(<1)	0.674 7	0
2	小幼龟(1～7)	0.785 7	0
3	大幼龟(8～15)	0.675 8	0
4	未成年龟(16～21)	0.742 5	0
5	初始繁殖期(22)	0.809 1	127
6	第一年洄游(23)	0.809 1	4
7	成熟繁殖期(24～54)	0.808 9	80

相应的莱斯利矩阵为

$$L=\begin{bmatrix}0 & 0 & 0 & 0 & 127 & 4 & 80\\ 0.6747 & 0.7370 & 0 & 0 & 0 & 0 & 0\\ 0 & 0.0486 & 0.6610 & 0 & 0 & 0 & 0\\ 0 & 0 & 0.0147 & 0.6907 & 0 & 0 & 0\\ 0 & 0 & 0 & 0.0518 & 0 & 0 & 0\\ 0 & 0 & 0 & 0 & 0.8091 & 0 & 0\\ 0 & 0 & 0 & 0 & 0 & 0.8091 & 0.8089\end{bmatrix}$$

假设初始海龟种群各个阶段中，海龟的数量表示为向量

$$\boldsymbol{x}_0=(200\,000\quad 130\,000\quad 100\,000\quad 70\,000\quad 500\quad 400\quad 1\,100)^{\mathrm{T}}$$

(a) 在 MATLAB 中输入 $\boldsymbol{L}$，并令

```
x0 = [200000,130000,100000,70000,500,400,1100]'
```

使用命令

```
x50 = round(L^50 * x0)
```

计算 $\boldsymbol{x}_{50}$. 再计算 $\boldsymbol{x}_{100}$，$\boldsymbol{x}_{150}$，$\boldsymbol{x}_{200}$，$\boldsymbol{x}_{250}$及 $\boldsymbol{x}_{300}$.

(b) 海龟在陆地上产卵. 假设自然资源保护学家采用特殊的方法保护这些卵，结果使得卵的存活和孵化率提高到77%. 为将这个变化加入我们的模型中，只需改变 $\boldsymbol{L}$ 中的(2，1)元素为0.77. 更改矩阵 $\boldsymbol{L}$ 后，重复进行(a). 海龟生存的趋势是否有明显的变化呢?

(c) 假设不改变产卵和孵化率，而改以保护小幼龟，使得它们的存活率增长到88%. 利用1.4节应用2中的方程(1)和(2)，求采用保护小幼龟的方法后，在同一阶段中存活的数量以及长大到下一阶段存活的数量. 相应修改初始的 $\boldsymbol{L}$ 矩阵并利用新矩阵重复(a). 海龟存活的趋势是否有明显的变化呢?

9. 令 $\boldsymbol{A}$=magic(8)，然后计算其行最简形. 使得首1对应于前三个变量 x_1，x_2，x_3，且其余的五个变量均为自由的.

(a) 令 $\boldsymbol{c}$=[1 : 8]′，通过计算矩阵[$\boldsymbol{A}$ $\boldsymbol{c}$]的行最简形确定方程组 $\boldsymbol{Ax}=\boldsymbol{c}$ 是否相容. 方程组是相容的吗? 试说明.

(b) 令

$$\boldsymbol{b}=[8\quad -8\quad -8\quad 8\quad 8\quad -8\quad -8\quad 8]'$$

并考虑方程组 $\boldsymbol{Ax}=\boldsymbol{b}$. 该方程组应为相容的. 通过 $\boldsymbol{U}$=rref([$\boldsymbol{A}$ $\boldsymbol{b}$])加以验证. 对五个自由变量的任一组取值，我们都应可以找到一组解. 事实上，令 **x**2=floor(10 * rand(5，1)). 若 **x**2表示方程组解的最后五个坐标，则我们由 **x**2 求得 **x**1=(x_1，x_2，x_3)^{T}. 要这样做，只需令 $\boldsymbol{U}$=rref([$\boldsymbol{A}$ $\boldsymbol{b}$]). $\boldsymbol{U}$ 的非零行对应于分块形式的线性方程组

84

$$[\boldsymbol{I}\quad \boldsymbol{V}]\begin{bmatrix}\boldsymbol{x}1\\ \boldsymbol{x}2\end{bmatrix}=\boldsymbol{c}\tag{1}$$

为解方程(1)，令

$$\boldsymbol{V}=\boldsymbol{U}(1:3,4:8),\quad \boldsymbol{c}=\boldsymbol{U}(1:3,9)$$

并利用 MATLAB，根据项 **x**2，$\boldsymbol{c}$ 和 V 计算 **x**1. 令 $\boldsymbol{x}$=[**x**1; **x**2]，验证 $\boldsymbol{x}$ 是方程组的解.

10. 令

$$\boldsymbol{B}=[-1,-1;1,1]\quad 和\quad \boldsymbol{A}=[\text{zeros}(2),\text{eye}(2);\text{eye}(2),\boldsymbol{B}]$$

验证 $\boldsymbol{B}^2=\boldsymbol{O}$.

(a) 用 MATLAB 计算 $\boldsymbol{A}^2$，$\boldsymbol{A}^4$，$\boldsymbol{A}^6$ 和 $\boldsymbol{A}^8$. 猜想用子矩阵 $\boldsymbol{I}$，$\boldsymbol{O}$ 和 $\boldsymbol{B}$ 如何表示分块形式的 $\boldsymbol{A}^{2k}$. 用数

学归纳法证明你的猜想对任何正整数 k 都是成立的.

(b) 用 MATLAB 计算 $\boldsymbol{A}^3$，$\boldsymbol{A}^5$，$\boldsymbol{A}^7$ 和 $\boldsymbol{A}^9$. 猜想用子矩阵 $\boldsymbol{I}$，$\boldsymbol{O}$ 和 $\boldsymbol{B}$ 如何表示分块形式的 $\boldsymbol{A}^{2k-1}$. 用数学归纳法证明你的猜想对任何正整数 k 都是成立的.

11. (a) MATLAB 命令

$$\boldsymbol{A} = \texttt{floor(10 * rand(6))}, \quad \boldsymbol{B} = \boldsymbol{A}' * \boldsymbol{A}$$

将得到元素为整数的对称矩阵. 为什么？试说明. 用这种方法计算 $\boldsymbol{B}$ 来验证结论. 然后，将 $\boldsymbol{B}$ 划分为四个3×3子矩阵. 在 MATLAB 中求子矩阵，令

$$\boldsymbol{B}11 = \boldsymbol{B}(1:3,1:3), \quad \boldsymbol{B}12 = \boldsymbol{B}(1:3,4:6)$$

并用 $\boldsymbol{B}$ 的第 4 行到第 6 行类似定义 $\boldsymbol{B}21$ 和 $\boldsymbol{B}22$.

(b) 令 $\boldsymbol{C}=\texttt{inv}(\boldsymbol{B}11)$. 应有 $\boldsymbol{C}^{\mathrm{T}}=\boldsymbol{C}$ 和 $\boldsymbol{B}21^{\mathrm{T}}=\boldsymbol{B}12$. 为什么？试说明. 用 MATLAB 运算符′计算转置，并验证结论. 然后，令

$$\boldsymbol{E} = \boldsymbol{B}21 * \boldsymbol{C} \quad 和 \quad \boldsymbol{F} = \boldsymbol{B}22 - \boldsymbol{B}21 * \boldsymbol{C} * \boldsymbol{B}21'$$

利用 MATLAB 函数 eye 和 zeros 构造

$$\boldsymbol{L} = \begin{bmatrix} \boldsymbol{I} & \boldsymbol{O} \\ \boldsymbol{E} & \boldsymbol{I} \end{bmatrix}, \quad \boldsymbol{D} = \begin{bmatrix} \boldsymbol{B}11 & \boldsymbol{O} \\ \boldsymbol{O} & \boldsymbol{F} \end{bmatrix}$$

计算 $\boldsymbol{H}=\boldsymbol{L}*\boldsymbol{D}*\boldsymbol{L}'$，并通过计算 $\boldsymbol{H}-\boldsymbol{B}$ 与 $\boldsymbol{B}$ 进行比较. 证明：若用算术运算精确计算 $\boldsymbol{LDL}^{\mathrm{T}}$，它应恰好等于 $\boldsymbol{B}$.

测试题 A——判断正误

本章测试包含 15 道判断题. 当命题总是成立时回答真(true)，否则回答假(false). 如果命题为真，说明或证明你的结论. 如果命题为假，举例说明命题不总是成立. 例如，对 $n\times n$ 矩阵 $\boldsymbol{A}$ 和 $\boldsymbol{B}$ 考虑如下命题：

(i) $\boldsymbol{A}+\boldsymbol{B}=\boldsymbol{B}+\boldsymbol{A}$.

(ii) $\boldsymbol{AB}=\boldsymbol{BA}$.

命题(i)的答案为真. 解释：矩阵 $\boldsymbol{A}+\boldsymbol{B}$ 的(i, j)元素为 $a_{ij}+b_{ij}$，且矩阵 $\boldsymbol{B}+\boldsymbol{A}$ 的(i, j)元素为 $b_{ij}+a_{ij}$. 因为对任意的 i 和 j，$a_{ij}+b_{ij}=b_{ij}+a_{ij}$，由此有 $\boldsymbol{A}+\boldsymbol{B}=\boldsymbol{B}+\boldsymbol{A}$.

命题(ii)的答案是假. 尽管该命题在某些情况下是成立的，但它不总是成立的. 为说明它，我们只需举出一个实例，使得等式不成立即可. 例如，设

$$\boldsymbol{A} = \begin{bmatrix} 1 & 2 \\ 3 & 1 \end{bmatrix}, \quad \boldsymbol{B} = \begin{bmatrix} 2 & 3 \\ 1 & 1 \end{bmatrix}$$

那么

$$\boldsymbol{AB} = \begin{bmatrix} 4 & 5 \\ 7 & 10 \end{bmatrix}, \quad \boldsymbol{BA} = \begin{bmatrix} 11 & 7 \\ 4 & 3 \end{bmatrix}$$

这就证明了命题(ii)为假.

1. 若 $\boldsymbol{A}$ 的行阶梯形中含有自由变量，则方程组 $\boldsymbol{Ax}=\boldsymbol{b}$ 将有无穷多解.
2. 齐次线性方程组总是相容的.
3. 一个 $n\times n$ 矩阵 $\boldsymbol{A}$ 为非奇异的，当且仅当 $\boldsymbol{A}$ 的行最简形为 $\boldsymbol{I}$(单位矩阵).
4. 设 $\boldsymbol{A}$ 和 $\boldsymbol{B}$ 为非奇异的 $n\times n$ 矩阵，则 $\boldsymbol{A}+\boldsymbol{B}$ 也是非奇异的，且$(\boldsymbol{A}+\boldsymbol{B})^{-1}=\boldsymbol{A}^{-1}+\boldsymbol{B}^{-1}$.
5. 设 $\boldsymbol{A}$ 和 $\boldsymbol{B}$ 为非奇异的 $n\times n$ 矩阵，则 $\boldsymbol{AB}$ 也是非奇异的，且$(\boldsymbol{AB})^{-1}=\boldsymbol{A}^{-1}\boldsymbol{B}^{-1}$.
6. 若 $\boldsymbol{A}=\boldsymbol{A}^{-1}$，则 $\boldsymbol{A}$ 必等于 $\boldsymbol{I}$ 或 $-\boldsymbol{I}$.
7. 设 $\boldsymbol{A}$ 和 $\boldsymbol{B}$ 为 $n\times n$ 矩阵，则$(\boldsymbol{A}-\boldsymbol{B})^2=\boldsymbol{A}^2-2\boldsymbol{AB}+\boldsymbol{B}^2$.

8. 若 $\boldsymbol{AB}=\boldsymbol{AC}$，且 $\boldsymbol{A}\neq\boldsymbol{O}$(零矩阵)，则 $\boldsymbol{B}=\boldsymbol{C}$.
9. 若 $\boldsymbol{AB}=\boldsymbol{O}$，则 $\boldsymbol{BA}=\boldsymbol{O}$.
10. 若 $\boldsymbol{A}$ 为 3×3 矩阵且 $\boldsymbol{a}_1+2\boldsymbol{a}_2-\boldsymbol{a}_3=0$，则 $\boldsymbol{A}$ 必为奇异的.
11. 若 $\boldsymbol{A}$ 为 4×3 矩阵且 $\boldsymbol{b}=\boldsymbol{a}_1+\boldsymbol{a}_3$，则方程组 $\boldsymbol{Ax}=\boldsymbol{b}$ 必相容.
12. 令 $\boldsymbol{A}$ 为 4×3 矩阵，其中 $\boldsymbol{a}_2=\boldsymbol{a}_3$. 若 $\boldsymbol{b}=\boldsymbol{a}_1+\boldsymbol{a}_2+\boldsymbol{a}_3$，则方程组 $\boldsymbol{Ax}=\boldsymbol{b}$ 将有无穷多解.
13. 若 $\boldsymbol{E}$ 是初等矩阵，则 $\boldsymbol{E}^{\mathrm{T}}$ 也是初等矩阵.
14. 两个初等矩阵的乘积还是初等矩阵.
15. 设 $\boldsymbol{x}$ 和 $\boldsymbol{y}$ 为 $\mathbf{R}^n$ 中的非零向量且 $\boldsymbol{A}=\boldsymbol{xy}^{\mathrm{T}}$，则 $\boldsymbol{A}$ 的行最简形将仅包含一个非零行.

测试题 B

1. 求如下线性方程组的所有解：

$$\begin{aligned} x_1 - x_2 + 3x_3 + 2x_4 &= 1 \\ -x_1 + x_2 - 2x_3 + x_4 &= -2 \\ 2x_1 - 2x_2 + 7x_3 + 7x_4 &= 1 \end{aligned}$$

2. (a) 两个变量的线性方程对应于平面上的一条直线. 对有 3 个变量的线性方程给出类似的几何表示.
   (b) 给定一个 2 个方程 3 个变量的线性方程组，它可能有多少解？给出你的答案的一个几何解释.
   (c) 给定一个 2 个方程 3 个变量的齐次线性方程组，它可能有多少解？试说明.
3. 令 $\boldsymbol{Ax}=\boldsymbol{b}$ 为一个 n 个方程 n 个变量的方程组，并假设 $\boldsymbol{x}_1$ 和 $\boldsymbol{x}_2$ 均为它的解，且 $\boldsymbol{x}_1\neq\boldsymbol{x}_2$.
   (a) 该方程组有多少解？试说明.
   (b) 矩阵 $\boldsymbol{A}$ 是否为非奇异的？试说明.
4. 令 $\boldsymbol{A}$ 为一个矩阵，形如

$$\boldsymbol{A}=\begin{bmatrix}\alpha & \beta \\ 2\alpha & 2\beta\end{bmatrix}$$

   其中 α 和 β 为给定的非零标量.
   (a) 说明为什么方程组

$$\boldsymbol{Ax}=\begin{bmatrix}3 \\ 1\end{bmatrix}$$

   必为不相容的.
   (b) 如何选择一个非零向量 $\boldsymbol{b}$，使得方程组 $\boldsymbol{Ax}=\boldsymbol{b}$ 为相容的？试说明.
5. 给定

$$\boldsymbol{A}=\begin{bmatrix}2 & 1 & 3 \\ 4 & 2 & 7 \\ 1 & 3 & 5\end{bmatrix}\quad \boldsymbol{B}=\begin{bmatrix}2 & 1 & 3 \\ 1 & 3 & 5 \\ 4 & 2 & 7\end{bmatrix}\quad \boldsymbol{C}=\begin{bmatrix}0 & 1 & 3 \\ 0 & 2 & 7 \\ -5 & 3 & 5\end{bmatrix}$$

   (a) 求初等矩阵 $\boldsymbol{E}$，使得 $\boldsymbol{EA}=\boldsymbol{B}$.
   (b) 求初等矩阵 $\boldsymbol{F}$，使得 $\boldsymbol{AF}=\boldsymbol{C}$.
6. 令 $\boldsymbol{A}$ 为 3×3 矩阵，且令

$$\boldsymbol{b}=3\boldsymbol{a}_1+\boldsymbol{a}_2+4\boldsymbol{a}_3$$

   方程组 $\boldsymbol{Ax}=\boldsymbol{b}$ 是否相容？试说明.
7. 令 $\boldsymbol{A}$ 为 3×3 矩阵，并假设

$$\boldsymbol{a}_1-3\boldsymbol{a}_2+2\boldsymbol{a}_3=\boldsymbol{0}\text{(零向量)}$$

   $\boldsymbol{A}$ 是否为非奇异的？试说明.

8. 给定向量

$$\boldsymbol{x}_0 = \begin{bmatrix} 1 \\ 1 \end{bmatrix}$$

能否求得 2×2 矩阵 $\boldsymbol{A}$ 和 $\boldsymbol{B}$，使得 $\boldsymbol{A} \neq \boldsymbol{B}$ 且 $\boldsymbol{A}\boldsymbol{x}_0 = \boldsymbol{B}\boldsymbol{x}_0$？试说明.

9. 令 $\boldsymbol{A}$ 和 $\boldsymbol{B}$ 为 $n \times n$ 对称矩阵，且 $\boldsymbol{C}=\boldsymbol{AB}$. $\boldsymbol{C}$ 是否为对称的？试说明.

10. 令 $\boldsymbol{E}$ 和 $\boldsymbol{F}$ 为 $n \times n$ 初等矩阵，且 $\boldsymbol{C}=\boldsymbol{EF}$. $\boldsymbol{C}$ 是否为非奇异的？试说明.

11. 给定

$$\boldsymbol{A} = \begin{bmatrix} \boldsymbol{I} & \boldsymbol{O} & \boldsymbol{O} \\ \boldsymbol{O} & \boldsymbol{I} & \boldsymbol{O} \\ \boldsymbol{O} & \boldsymbol{B} & \boldsymbol{I} \end{bmatrix}$$

其中所有的子矩阵为 $n \times n$ 的，求分块形式的 $\boldsymbol{A}^{-1}$.

12. 令 $\boldsymbol{A}$ 和 $\boldsymbol{B}$ 为 10×10 矩阵，并按照如下的方式分块：

$$\boldsymbol{A} = \begin{bmatrix} \boldsymbol{A}_{11} & \boldsymbol{A}_{12} \\ \boldsymbol{A}_{21} & \boldsymbol{A}_{22} \end{bmatrix} \quad \boldsymbol{B} = \begin{bmatrix} \boldsymbol{B}_{11} & B_{12} \\ \boldsymbol{B}_{21} & \boldsymbol{B}_{22} \end{bmatrix}$$

(a) 若 $\boldsymbol{A}_{11}$ 为 6×5 矩阵，且 $\boldsymbol{B}_{11}$ 为 $k \times r$ 矩阵，那么当 k 和 r 满足什么条件时，$\boldsymbol{A}$ 和 $\boldsymbol{B}$ 的分块乘法可以进行？

86

(b) 假设分块乘法可以进行，乘积中(2，2)块矩阵如何求得？

第2章 行列式

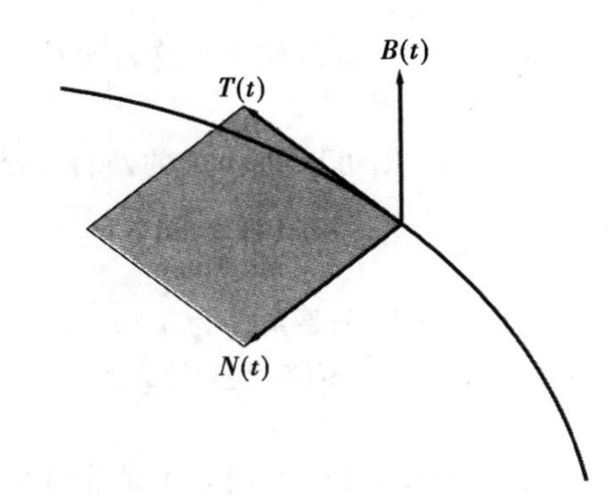

每一个方阵都可以和一个称为矩阵行列式的实数相对应．这个数值将告诉我们矩阵是否是奇异的．

在2.1节中，将给出矩阵的行列式的定义．在2.2节中，我们学习行列式的性质及一种求行列式的消元法．对$n\times n$矩阵，当$n>3$时，消元法通常是求行列式的最简单方法．在2.3节中，我们将看到在求$n\times n$线性方程组时如何使用行列式，以及如何使用行列式计算矩阵的逆．2.3节还介绍了行列式的两个应用．行列式的进一步应用将在第3章和第6章中介绍．

2.1 矩阵的行列式

对每一个$n\times n$矩阵$\boldsymbol{A}$，均可对应一个标量$\det(\boldsymbol{A})$，它的值将告诉我们矩阵是否为非奇异的．在引入一般定义之前，我们考虑如下的情形．

情形1：1×1矩阵

如果$\boldsymbol{A}=[a]$为1×1矩阵，则当且仅当$a\neq 0$时，$\boldsymbol{A}$存在乘法逆元．因此，如果定义

$$\det(\boldsymbol{A})=a$$

则当且仅当$\det(\boldsymbol{A})\neq 0$时，$\boldsymbol{A}$为非奇异的．

情形2：2×2矩阵

令

$$\boldsymbol{A}=\begin{bmatrix}a_{11} & a_{12}\\ a_{21} & a_{22}\end{bmatrix}$$

由定理1.5.2，$\boldsymbol{A}$是非奇异的充要条件为它行等价于$\boldsymbol{I}$．因此，若$a_{11}\neq 0$，则可以利用如下的运算检测$\boldsymbol{A}$是否行等价于$\boldsymbol{I}$．

1. 将$\boldsymbol{A}$的第2行乘以a_{11}：

$$\begin{bmatrix}a_{11} & a_{12}\\ a_{11}a_{21} & a_{11}a_{22}\end{bmatrix}$$

2. 从新的第二行中减去a_{21}乘以第一行：

$$\begin{bmatrix}a_{11} & a_{12}\\ 0 & a_{11}a_{22}-a_{21}a_{12}\end{bmatrix}$$

因为 $a_{11}\neq 0$，所以结果矩阵行等价于 I 的充要条件为

$$a_{11}a_{22}-a_{21}a_{12}\neq 0 \tag{1}$$

若 $a_{11}=0$，则可以交换 $\boldsymbol{A}$ 的两行. 结果矩阵

$$\begin{bmatrix} a_{21} & a_{22} \\ 0 & a_{12} \end{bmatrix}$$

行等价于 I 的充要条件为 $a_{21}a_{12}\neq 0$. 当 $a_{11}=0$ 时，这个条件等价于条件(1). 因此，若 $\boldsymbol{A}$ 为任意 2×2 矩阵，且定义

$$\det(\boldsymbol{A})=a_{11}a_{22}-a_{12}a_{21}$$

当且仅当 $\det(\boldsymbol{A})\neq 0$ 时，$\boldsymbol{A}$ 是非奇异的.

记号 我们用两条竖线间包括的阵列表示给定矩阵的行列式. 例如，若

$$\boldsymbol{A}=\begin{bmatrix} 3 & 4 \\ 2 & 1 \end{bmatrix}$$

则

$$\begin{vmatrix} 3 & 4 \\ 2 & 1 \end{vmatrix}$$

表示 $\boldsymbol{A}$ 的行列式.

情形 3： 3×3 矩阵

我们也可通过对一个 3×3 矩阵进行行运算，并观察它是否行等价于单位矩阵 I，来检验该矩阵是否为非奇异的. 对任意一个 3×3 矩阵，为实现消去第一列的过程，首先假设 $a_{11}\neq 0$. 消元过程即可通过从第二行中减去 a_{21}/a_{11} 乘以第一行，并从第三行中减去 a_{31}/a_{11} 乘以第一行进行：

$$\begin{bmatrix} a_{11} & a_{12} & a_{13} \\ a_{21} & a_{22} & a_{23} \\ a_{31} & a_{32} & a_{33} \end{bmatrix} \rightarrow \begin{bmatrix} a_{11} & a_{12} & a_{13} \\ 0 & \dfrac{a_{11}a_{22}-a_{21}a_{12}}{a_{11}} & \dfrac{a_{11}a_{23}-a_{21}a_{13}}{a_{11}} \\ 0 & \dfrac{a_{11}a_{32}-a_{31}a_{12}}{a_{11}} & \dfrac{a_{11}a_{33}-a_{31}a_{13}}{a_{11}} \end{bmatrix}$$

88

右侧的矩阵行等价于 I 的充要条件为

$$a_{11}\begin{vmatrix} \dfrac{a_{11}a_{22}-a_{21}a_{12}}{a_{11}} & \dfrac{a_{11}a_{23}-a_{21}a_{13}}{a_{11}} \\ \dfrac{a_{11}a_{32}-a_{31}a_{12}}{a_{11}} & \dfrac{a_{11}a_{33}-a_{31}a_{13}}{a_{11}} \end{vmatrix}\neq 0$$

尽管代数形式有些复杂，但是这个条件可以化简为

$$a_{11}a_{22}a_{33}-a_{11}a_{32}a_{23}-a_{12}a_{21}a_{33}+a_{12}a_{31}a_{23}+a_{13}a_{21}a_{32}-a_{13}a_{31}a_{22}\neq 0 \tag{2}$$

因此，如果我们定义

$$\begin{aligned}\det(\boldsymbol{A})=&a_{11}a_{22}a_{33}-a_{11}a_{32}a_{23}-a_{12}a_{21}a_{33}+\\ &a_{12}a_{31}a_{23}+a_{13}a_{21}a_{32}-a_{13}a_{31}a_{22}\end{aligned} \tag{3}$$

则当 $a_{11}\neq 0$ 时，矩阵是非奇异的充要条件为 $\det(\boldsymbol{A})\neq 0$.

当 $a_{11}=0$ 时，情况又怎样呢？考虑如下的可能性：

(i) $a_{11}=0$，$a_{21}\neq 0$

(ii) $a_{11}=a_{21}=0$，$a_{31}\neq 0$

(iii) $a_{11}=a_{21}=a_{31}=0$

对情形(i)，容易证明 $\boldsymbol{A}$ 行等价于 $\boldsymbol{I}$ 的充要条件为

$$-a_{12}a_{21}a_{33}+a_{12}a_{31}a_{23}+a_{13}a_{21}a_{32}-a_{13}a_{31}a_{22}\neq 0$$

这个条件与条件(2)在 $a_{11}=0$ 时是相同的. 情形(i)的细节留给读者作为练习(见练习 7).

对情形(ii)，可以推出

$$\boldsymbol{A}=\begin{bmatrix} 0 & a_{12} & a_{13} \\ 0 & a_{22} & a_{23} \\ a_{31} & a_{32} & a_{33} \end{bmatrix}$$

行等价于 $\boldsymbol{I}$ 的充要条件为

$$a_{31}(a_{12}a_{23}-a_{22}a_{13})\neq 0$$

它又对应于条件(2)中 $a_{11}=a_{21}=0$ 的特殊情形.

显然，对情形(iii)，矩阵 $\boldsymbol{A}$ 不行等价于 $\boldsymbol{I}$，因此它是奇异的. 此时，如果令方程(3)中的 a_{11}，a_{21} 和 a_{31} 等于 0，则结果为 $\det(\boldsymbol{A})=0$.

一般来说，公式(2)给出了一个 3×3 矩阵 $\boldsymbol{A}$ 非奇异的充要条件(无论 a_{11} 取何值).

我们现在希望定义一个 $n\times n$ 矩阵的行列式. 为看清如何这样做，注意到 2×2 矩阵

$$\boldsymbol{A}=\begin{bmatrix} a_{11} & a_{12} \\ a_{21} & a_{22} \end{bmatrix}$$

89

的行列式可以用两个 1×1 矩阵定义：

$$\boldsymbol{M}_{11}=[a_{22}] \quad \text{和} \quad \boldsymbol{M}_{12}=[a_{21}]$$

矩阵 $\boldsymbol{M}_{11}$ 为 $\boldsymbol{A}$ 删除第一行和第一列得到的，$\boldsymbol{M}_{12}$ 为 $\boldsymbol{A}$ 删除第一行和第二列得到的.

$\boldsymbol{A}$ 的行列式可表示为如下的形式：

$$\det(\boldsymbol{A})=a_{11}a_{22}-a_{12}a_{21}=a_{11}\det(\boldsymbol{M}_{11})-a_{12}\det(\boldsymbol{M}_{12}) \tag{4}$$

对 3×3 矩阵 $\boldsymbol{A}$，可将方程(3)改写为

$$\det(\boldsymbol{A})=a_{11}(a_{22}a_{33}-a_{32}a_{23})-a_{12}(a_{21}a_{33}-a_{31}a_{23})+a_{13}(a_{21}a_{32}-a_{31}a_{22})$$

对 $j=1, 2, 3$，用 $\boldsymbol{M}_{1j}$ 表示删除 $\boldsymbol{A}$ 的第一行和第 j 列得到的 2×2 矩阵，则 $\boldsymbol{A}$ 的行列式可表示为

$$\det(\boldsymbol{A})=a_{11}\det(\boldsymbol{M}_{11})-a_{12}\det(\boldsymbol{M}_{12})+a_{13}\det(\boldsymbol{M}_{13}) \tag{5}$$

其中

$$\boldsymbol{M}_{11}=\begin{bmatrix} a_{22} & a_{23} \\ a_{32} & a_{33} \end{bmatrix},\quad \boldsymbol{M}_{12}=\begin{bmatrix} a_{21} & a_{23} \\ a_{31} & a_{33} \end{bmatrix},\quad \boldsymbol{M}_{13}=\begin{bmatrix} a_{21} & a_{22} \\ a_{31} & a_{32} \end{bmatrix}$$

为得到 $n>3$ 时的一般情况，我们引入如下的定义.

定义 令 $\boldsymbol{A}=[a_{ij}]$ 为 $n\times n$ 矩阵，并用 $\boldsymbol{M}_{ij}$ 表示删除 $\boldsymbol{A}$ 中包含 a_{ij} 的行和列得到的 $(n-1)\times(n-1)$ 矩阵. 矩阵 $\boldsymbol{M}_{ij}$ 的行列式称为 a_{ij} 的**余子式**. 定义 a_{ij} 的**代数余子式** A_{ij} 为

$$A_{ij}=(-1)^{i+j}\det(\boldsymbol{M}_{ij})$$

考虑到这个定义，对 2×2 矩阵 **A**，方程(4)可改写为

$$\det(\boldsymbol{A}) = a_{11}A_{11} + a_{12}A_{12} \quad (n = 2) \tag{6}$$

方程(6)称为 det(**A**)按 **A** 的第一行的代数余子式展开. 注意，也可写为

$$\det(\boldsymbol{A}) = a_{21}(-a_{12}) + a_{22}a_{11} = a_{21}A_{21} + a_{22}A_{22} \tag{7}$$

公式(7)将 det(**A**)表示为 **A** 的第二行元素及其代数余子式的形式. 事实上，没有必要必须按照矩阵的行进行展开，行列式也可按照矩阵的某一列进行代数余子式展开：

$$\begin{aligned}\det(\boldsymbol{A}) &= a_{11}a_{22} + a_{21}(-a_{12})\\ &= a_{11}A_{11} + a_{21}A_{21} \qquad (\text{第一列})\\ \det(\boldsymbol{A}) &= a_{12}(-a_{21}) + a_{22}a_{11}\\ &= a_{12}A_{12} + a_{22}A_{22} \qquad (\text{第二列})\end{aligned}$$

90

对一个 3×3 矩阵 **A**，我们有

$$\det(\boldsymbol{A}) = a_{11}A_{11} + a_{12}A_{12} + a_{13}A_{13} \tag{8}$$

因此 3×3 矩阵的行列式可用矩阵的第一行及其相应的代数余子式的形式定义.

▶**例 1**　设

$$\boldsymbol{A} = \begin{bmatrix} 2 & 5 & 4 \\ 3 & 1 & 2 \\ 5 & 4 & 6 \end{bmatrix}$$

则

$$\begin{aligned}\det(\boldsymbol{A}) &= a_{11}A_{11} + a_{12}A_{12} + a_{13}A_{13}\\ &= (-1)^2 a_{11}\det(\boldsymbol{M}_{11}) + (-1)^3 a_{12}\det(\boldsymbol{M}_{12}) + (-1)^4 a_{13}\det(\boldsymbol{M}_{13})\\ &= 2\begin{vmatrix} 1 & 2 \\ 4 & 6 \end{vmatrix} - 5\begin{vmatrix} 3 & 2 \\ 5 & 6 \end{vmatrix} + 4\begin{vmatrix} 3 & 1 \\ 5 & 4 \end{vmatrix}\\ &= 2(6-8) - 5(18-10) + 4(12-5)\\ &= -16\end{aligned}$$

◀

类似于 2×2 矩阵情形，3×3 矩阵的行列式可以用矩阵的任何一行或列的代数余子式展开来表示. 例如，方程(3)可写为

$$\begin{aligned}\det(\boldsymbol{A}) &= a_{12}a_{31}a_{23} - a_{13}a_{31}a_{22} - a_{11}a_{32}a_{23} + a_{13}a_{21}a_{32} + a_{11}a_{22}a_{33} - a_{12}a_{21}a_{33}\\ &= a_{31}(a_{12}a_{23} - a_{13}a_{22}) - a_{32}(a_{11}a_{23} - a_{13}a_{21}) + a_{33}(a_{11}a_{22} - a_{12}a_{21})\\ &= a_{31}A_{31} + a_{32}A_{32} + a_{33}A_{33}\end{aligned}$$

这个代数余子式展开是沿着 **A** 的第三行进行的.

▶**例 2**　令 **A** 为例 1 中的矩阵. 则 det(**A**)按照第二列的代数余子式展开为

$$\begin{aligned}\det(\boldsymbol{A}) &= -5\begin{vmatrix} 3 & 2 \\ 5 & 6 \end{vmatrix} + 1\begin{vmatrix} 2 & 4 \\ 5 & 6 \end{vmatrix} - 4\begin{vmatrix} 2 & 4 \\ 3 & 2 \end{vmatrix}\\ &= -5(18-10) + 1(12-20) - 4(4-12) = -16\end{aligned}$$

◀

4×4 矩阵的行列式可以定义为沿任何一行或一列的代数余子式展开. 为计算 4×4 的行列式，我们需要计算四个 3×3 行列式.

91

定义　一个 $n \times n$ 矩阵 **A** 的**行列式**(determinant)，记为 det(**A**)，是一个与矩阵 **A** 对

应的标量，它可如下递归定义：

$$\det(\boldsymbol{A}) = \begin{cases} a_{11} & \text{当 } n=1 \text{ 时} \\ a_{11}A_{11}+a_{12}A_{12}+\cdots+a_{1n}A_{1n} & \text{当 } n>1 \text{ 时} \end{cases}$$

其中

$$A_{1j}=(-1)^{1+j}\det(\boldsymbol{M}_{1j}),\quad j=1,2,\cdots,n$$

为 $\boldsymbol{A}$ 第一行元素对应的代数余子式.

正如我们已经看到的，并不需要限制在使用第一行的代数余子式展开. 我们不加证明地给出如下定理.

定理 2.1.1 设 $\boldsymbol{A}$ 为 $n\times n$ 矩阵，其中 $n\geqslant 2$，则 $\det(\boldsymbol{A})$ 可表示为 $\boldsymbol{A}$ 的任何行或列的代数余子式展开，即

$$\begin{aligned}\det(\boldsymbol{A}) &= a_{i1}A_{i1}+a_{i2}A_{i2}+\cdots+a_{in}A_{in}\\ &= a_{1j}A_{1j}+a_{2j}A_{2j}+\cdots+a_{nj}A_{nj}\end{aligned}$$

其中 $i=1, 2, \cdots, n$，且 $j=1, 2, \cdots, n$.

一个 4×4 的行列式的代数余子式展开会包含四个 3×3 的行列式. 我们通常使用零元素最多的行或列展开以减少工作量. 例如，计算

$$\begin{vmatrix} 0 & 2 & 3 & 0 \\ 0 & 4 & 5 & 0 \\ 0 & 1 & 0 & 3 \\ 2 & 0 & 1 & 3 \end{vmatrix}$$

可以沿第一列向下展开. 前三项可以省去，剩下的是

$$-2\begin{vmatrix} 2 & 3 & 0 \\ 4 & 5 & 0 \\ 1 & 0 & 3 \end{vmatrix} = -2\cdot 3\cdot \begin{vmatrix} 2 & 3 \\ 4 & 5 \end{vmatrix} = 12$$

对 $n\leqslant 3$，我们已经看到一个 $n\times n$ 矩阵 $\boldsymbol{A}$ 是非奇异的充要条件为 $\det(\boldsymbol{A})\neq 0$. 下一节还会看到，这个结论对 n 的任何取值都是成立的. 下一节中还会看到行运算对行列式值的影响，并将使用行运算得到一个计算行列式值的更为高效的方法.

在本节的最后，给出根据代数余子式展开的定义容易得到的三个定理. 后两个定理的证明留给读者(见练习 8、9 和 10).

定理 2.1.2 设 $\boldsymbol{A}$ 为 $n\times n$ 矩阵，则 $\det(\boldsymbol{A}^{\mathrm{T}})=\det(\boldsymbol{A})$.

92

证 对 n 采用数学归纳法证明. 显然，因为 1×1 矩阵是对称的，该结论对 $n=1$ 是成立的. 假设这个结论对所有 $k\times k$ 矩阵也成立. 对 $(k+1)\times(k+1)$ 矩阵 $\boldsymbol{A}$，将 $\det(\boldsymbol{A})$ 按照 $\boldsymbol{A}$ 的第一行展开，我们有

$$\begin{aligned}\det(\boldsymbol{A}) = &(-1)^2 a_{11}\det(\boldsymbol{M}_{11})+(-1)^3 a_{12}\det(\boldsymbol{M}_{12})+\cdots+\\ &(-1)^{k+1}a_{1,k}\det(\boldsymbol{M}_{1,k})+(-1)^{k+2}a_{1,k+1}\det(\boldsymbol{M}_{1,k+1})\end{aligned}$$

由于 $\boldsymbol{M}_{ij}$ 均为 $k\times k$ 矩阵，由归纳假设有

$$\det(\boldsymbol{A}) = a_{11}\det(\boldsymbol{M}_{11}^{\mathrm{T}})-a_{12}\det(\boldsymbol{M}_{12}^{\mathrm{T}})+\cdots+(-1)^{k+2}a_{1,k+1}\det(\boldsymbol{M}_{1,k+1}^{\mathrm{T}}) \tag{9}$$

(9)的右端恰是 $\det(\boldsymbol{A}^{\mathrm{T}})$ 按照 $\boldsymbol{A}^{\mathrm{T}}$ 的第一列的代数余子式展开. 因此

$$\det(\boldsymbol{A}^{\mathrm{T}}) = \det(\boldsymbol{A})$$ ■

定理 2.1.3 设 $\boldsymbol{A}$ 为 $n\times n$ 三角形矩阵，则 $\boldsymbol{A}$ 的行列式等于 $\boldsymbol{A}$ 的对角元素的乘积.

证 根据定理 2.1.2，只需证明结论对下三角形矩阵成立. 利用代数余子式展开和对 n 的归纳法，容易证明这个结论. 详细证明留给读者(见练习 8). ■

定理 2.1.4 令 $\boldsymbol{A}$ 为 $n\times n$ 矩阵.

(i) 若 $\boldsymbol{A}$ 有一行或一列包含的元素全为零，则 $\det(\boldsymbol{A})=0$.

(ii) 若 $\boldsymbol{A}$ 有两行或两列相等，则 $\det(\boldsymbol{A})=0$.

这些结论容易利用代数余子式展开加以证明. 证明留给读者(见练习 9 和练习 10). ■

下一节我们将看到行运算对行列式值的影响. 这将使得我们可以利用定理 2.1.3 得到一个计算行列式值的更为高效的方法.

2.1 节练习

1. 给定

$$\boldsymbol{A} = \begin{bmatrix} 3 & 2 & 4 \\ 1 & -2 & 3 \\ 2 & 3 & 2 \end{bmatrix}$$

(a) 求 $\det(\boldsymbol{M}_{21})$，$\det(\boldsymbol{M}_{22})$和 $\det(\boldsymbol{M}_{23})$的值.

(b) 求 A_{21}，A_{22}和 A_{23}的值.

(c) 用(b)中的结论计算 $\det(\boldsymbol{A})$.

2. 用行列式判断下列 2×2 矩阵是否非奇异.

(a) $\begin{bmatrix} 3 & 5 \\ 2 & 4 \end{bmatrix}$ (b) $\begin{bmatrix} 3 & 6 \\ 2 & 4 \end{bmatrix}$ (c) $\begin{bmatrix} 3 & -6 \\ 2 & 4 \end{bmatrix}$

3. 计算下列行列式.

93

(a) $\begin{vmatrix} 3 & 5 \\ -2 & -3 \end{vmatrix}$ (b) $\begin{vmatrix} 5 & -2 \\ -8 & 4 \end{vmatrix}$ (c) $\begin{vmatrix} 3 & 1 & 2 \\ 2 & 4 & 5 \\ 2 & 4 & 5 \end{vmatrix}$ (d) $\begin{vmatrix} 4 & 3 & 0 \\ 3 & 1 & 2 \\ 5 & -1 & -4 \end{vmatrix}$

(e) $\begin{vmatrix} 1 & 3 & 2 \\ 4 & 1 & -2 \\ 2 & 1 & 3 \end{vmatrix}$ (f) $\begin{vmatrix} 2 & -1 & 2 \\ 1 & 3 & 2 \\ 5 & 1 & 6 \end{vmatrix}$ (g) $\begin{vmatrix} 2 & 0 & 0 & 1 \\ 0 & 1 & 0 & 0 \\ 1 & 6 & 2 & 0 \\ 1 & 1 & -2 & 3 \end{vmatrix}$ (h) $\begin{vmatrix} 2 & 1 & 2 & 1 \\ 3 & 0 & 1 & 1 \\ -1 & 2 & -2 & 1 \\ -3 & 2 & 3 & 1 \end{vmatrix}$

4. 用观察法估计下列行列式的值.

(a) $\begin{vmatrix} 3 & 5 \\ 2 & 4 \end{vmatrix}$ (b) $\begin{vmatrix} 2 & 0 & 0 \\ 4 & 1 & 0 \\ 7 & 3 & -2 \end{vmatrix}$ (c) $\begin{vmatrix} 3 & 0 & 0 \\ 2 & 1 & 1 \\ 1 & 2 & 2 \end{vmatrix}$ (d) $\begin{vmatrix} 4 & 0 & 2 & 1 \\ 5 & 0 & 4 & 2 \\ 2 & 0 & 3 & 4 \\ 1 & 0 & 2 & 3 \end{vmatrix}$

5. 计算下列行列式，并将结果写为 x 的多项式.

$$\begin{vmatrix} a-x & b & c \\ 1 & -x & 0 \\ 0 & 1 & -x \end{vmatrix}$$

6. 求使得下列行列式等于 0 的所有 λ 值：

$$\begin{vmatrix} 2-\lambda & 4 \\ 3 & 3-\lambda \end{vmatrix}$$

7. 令 $\boldsymbol{A}$ 为 3×3 矩阵，其中 $a_{11}=0$，且 $a_{21}\neq0$. 证明：$\boldsymbol{A}$ 行等价于 $\boldsymbol{I}$ 的充要条件为

$$-a_{12}a_{21}a_{33}+a_{12}a_{31}a_{23}+a_{13}a_{21}a_{32}-a_{13}a_{31}a_{22}\neq0$$

8. 给出定理 2.1.3 的详细证明.
9. 证明：如果一个 $n\times n$ 矩阵 $\boldsymbol{A}$ 有一行或一列含有全为零的元素，则 $\det(\boldsymbol{A})=0$.
10. 使用数学归纳法证明：如果一个 $(n+1)\times(n+1)$ 矩阵 $\boldsymbol{A}$ 有两行相等，则 $\det(\boldsymbol{A})=0$.
11. 令 $\boldsymbol{A}$ 和 $\boldsymbol{B}$ 为 2×2 矩阵.
    (a) 是否 $\det(\boldsymbol{A}+\boldsymbol{B})=\det(\boldsymbol{A})+\det(\boldsymbol{B})$？
    (b) 是否 $\det(\boldsymbol{AB})=\det(\boldsymbol{A})\det(\boldsymbol{B})$？
    (c) 是否 $\det(\boldsymbol{AB})=\det(\boldsymbol{BA})$？
    证明你的答案.
12. 令 $\boldsymbol{A}$ 和 $\boldsymbol{B}$ 为 2×2 矩阵，且令

$$\boldsymbol{C}=\begin{bmatrix} a_{11} & a_{12} \\ b_{21} & b_{22} \end{bmatrix},\quad \boldsymbol{D}=\begin{bmatrix} b_{11} & b_{12} \\ a_{21} & a_{22} \end{bmatrix},\quad \boldsymbol{E}=\begin{bmatrix} 0 & \alpha \\ \beta & 0 \end{bmatrix}$$

    (a) 证明：$\det(\boldsymbol{A}+\boldsymbol{B})=\det(\boldsymbol{A})+\det(\boldsymbol{B})+\det(\boldsymbol{C})+\det(\boldsymbol{D})$.
    (b) 证明：如果 $\boldsymbol{B}=\boldsymbol{EA}$，则 $\det(\boldsymbol{A}+\boldsymbol{B})=\det(\boldsymbol{A})+\det(\boldsymbol{B})$.
13. 令 $\boldsymbol{A}$ 为对称三角形矩阵（$\boldsymbol{A}$ 为对称的，且当 $|i-j|>1$ 时 $a_{ij}=0$）. 令 $\boldsymbol{B}$ 为 $\boldsymbol{A}$ 删除前两行和前两列构成的矩阵. 证明：

$$\det(\boldsymbol{A})=a_{11}\det(\boldsymbol{M}_{11})-a_{12}^2\det(\boldsymbol{B})$$

2.2　行列式的性质

本节我们考虑行运算对矩阵行列式的作用. 一旦确定了这些作用，我们将证明矩阵 $\boldsymbol{A}$ 是奇异的当且仅当其行列式为零，并且利用行运算得到计算行列式的方法. 同时，还将讨论关于两个矩阵乘积的行列式的重要定理. 我们从下面的引理开始.

引理 2.2.1　令 $\boldsymbol{A}$ 为 $n\times n$ 矩阵. 若 A_{jk} 表示 a_{jk} 的代数余子式，其中 $k=1, 2, \cdots, n$，则

$$a_{i1}A_{j1}+a_{i2}A_{j2}+\cdots+a_{in}A_{jn}=\begin{cases}\det(\boldsymbol{A}) & \text{当 } i=j \text{ 时} \\ 0 & \text{当 } i\neq j \text{ 时}\end{cases} \tag{1}$$

94

证　若 $i=j$，则(1)恰为 $\det(\boldsymbol{A})$ 按照 $\boldsymbol{A}$ 的第 i 行的代数余子式展开. 为证明 $i\neq j$ 时的(1)式，令 $\boldsymbol{A}^*$ 是将 $\boldsymbol{A}$ 的第 j 行替换为 $\boldsymbol{A}$ 的第 i 行得到的矩阵：

$$\boldsymbol{A}^*=\begin{bmatrix} a_{11} & a_{12} & \cdots & a_{1n} \\ \vdots & & & \\ a_{i1} & a_{i2} & \cdots & a_{in} \\ \vdots & & & \\ a_{i1} & a_{i2} & \cdots & a_{in} \\ \vdots & & & \\ a_{n1} & a_{n2} & \cdots & a_{nn} \end{bmatrix}\quad \text{第 } j \text{ 行}$$

因为 $\boldsymbol{A}^*$ 的两行相同，因此它的行列式必为零. 将 $\det(\boldsymbol{A}^*)$按照第 j 行进行代数余子式展开，有

$$\begin{aligned}0 &= \det(\boldsymbol{A}^*) = a_{i1}A_{j1}^* + a_{i2}A_{j2}^* + \cdots + a_{in}A_{jn}^* \\ &= a_{i1}A_{j1} + a_{i2}A_{j2} + \cdots + a_{in}A_{jn}\end{aligned}$$

■

现在我们考虑三种行运算中每一种运算对行列式值的作用.

行运算Ⅰ： 交换 $\boldsymbol{A}$ 的两行

若 $\boldsymbol{A}$ 为 2×2 的矩阵，且

$$\boldsymbol{E} = \begin{bmatrix} 0 & 1 \\ 1 & 0 \end{bmatrix}$$

则

$$\det(\boldsymbol{EA}) = \begin{vmatrix} a_{21} & a_{22} \\ a_{11} & a_{12} \end{vmatrix} = a_{21}a_{12} - a_{22}a_{11} = -\det(\boldsymbol{A})$$

对 $n>2$，令 $\boldsymbol{E}_{ij}$ 为用于交换 $\boldsymbol{A}$ 的第 i 行和第 j 行的初等矩阵. 容易使用归纳法证明 $\det(\boldsymbol{E}_{ij}\boldsymbol{A})=-\det(\boldsymbol{A})$. 我们对 $n=3$ 来说明证明背后的思想. 假设一个 3×3 矩阵 $\boldsymbol{A}$ 的第一行和第三行进行了交换. 按照第二行展开 $\det(\boldsymbol{E}_{13}\boldsymbol{A})$，并利用 2×2 矩阵的结果，我们有

$$\begin{aligned}\det(\boldsymbol{E}_{13}\boldsymbol{A}) &= \begin{vmatrix} a_{31} & a_{32} & a_{33} \\ a_{21} & a_{22} & a_{23} \\ a_{11} & a_{12} & a_{13} \end{vmatrix} \\ &= -a_{21}\begin{vmatrix} a_{32} & a_{33} \\ a_{12} & a_{13} \end{vmatrix} + a_{22}\begin{vmatrix} a_{31} & a_{33} \\ a_{11} & a_{13} \end{vmatrix} - a_{23}\begin{vmatrix} a_{31} & a_{32} \\ a_{11} & a_{12} \end{vmatrix} \\ &= a_{21}\begin{vmatrix} a_{12} & a_{13} \\ a_{32} & a_{33} \end{vmatrix} - a_{22}\begin{vmatrix} a_{11} & a_{13} \\ a_{31} & a_{33} \end{vmatrix} + a_{23}\begin{vmatrix} a_{11} & a_{12} \\ a_{31} & a_{32} \end{vmatrix} \\ &= -\det(\boldsymbol{A})\end{aligned}$$

95

一般地，如果 $\boldsymbol{A}$ 为 $n\times n$ 的矩阵，且 $\boldsymbol{E}_{ij}$ 是交换 $\boldsymbol{I}$ 的第 i 行和第 j 行得到的 $n\times n$ 的初等矩阵，则

$$\det(\boldsymbol{E}_{ij}\boldsymbol{A}) = -\det(\boldsymbol{A})$$

特别地，

$$\det(\boldsymbol{E}_{ij}) = \det(\boldsymbol{E}_{ij}\boldsymbol{I}) = -\det(\boldsymbol{I}) = -1$$

因此，对任意第Ⅰ类初等矩阵 $\boldsymbol{E}$，

$$\det(\boldsymbol{EA}) = -\det(\boldsymbol{A}) = \det(\boldsymbol{E})\det(\boldsymbol{A})$$

行运算Ⅱ： $\boldsymbol{A}$ 的某一行乘以一个非零常数

令 $\boldsymbol{E}$ 为第Ⅱ类初等矩阵，它由 $\boldsymbol{I}$ 的第 i 行乘以一个非零常数 α 得到. 如果将 $\det(\boldsymbol{EA})$ 按第 i 行进行代数余子式展开，则

$$\begin{aligned}\det(\boldsymbol{EA}) &= \alpha a_{i1}A_{i1} + \alpha a_{i2}A_{i2} + \cdots + \alpha a_{in}A_{in} \\ &= \alpha(a_{i1}A_{i1} + a_{i2}A_{i2} + \cdots + a_{in}A_{in}) = \alpha\det(\boldsymbol{A})\end{aligned}$$

特别地，

$$\det(\boldsymbol{E})=\det(\boldsymbol{EI})=\alpha\det(\boldsymbol{I})=\alpha$$

由此

$$\det(\boldsymbol{EA})=\alpha\det(\boldsymbol{A})=\det(\boldsymbol{E})\det(\boldsymbol{A})$$

行运算Ⅲ：某一行的倍数加到其他行

令 $\boldsymbol{E}$ 为第Ⅲ类初等矩阵，它由 $\boldsymbol{I}$ 的第 i 行的 c 倍加到第 j 行得到($j\neq i$)．因为 $\boldsymbol{E}$ 是三角形的，且它的对角线元素均为1，因此 $\det(\boldsymbol{E})=1$．我们将证明

$$\det(\boldsymbol{EA})=\det(\boldsymbol{A})=\det(\boldsymbol{E})\det(\boldsymbol{A})$$

如果 $\det(\boldsymbol{EA})$ 按第 j 行进行代数余子式展开，由引理2.2.1，有

$$\begin{aligned}\det(\boldsymbol{EA})&=(a_{j1}+ca_{i1})A_{j1}+(a_{j2}+ca_{i2})A_{j2}+\cdots+(a_{jn}+ca_{in})A_{jn}\\&=(a_{j1}A_{j1}+\cdots+a_{jn}A_{jn})+c(a_{i1}A_{j1}+\cdots+a_{in}A_{jn})\\&=\det(\boldsymbol{A})\end{aligned}$$

因此，

$$\det(\boldsymbol{EA})=\det(\boldsymbol{A})=\det(\boldsymbol{E})\det(\boldsymbol{A})$$

96

总结

综上所述，若 $\boldsymbol{E}$ 为初等矩阵，则

$$\det(\boldsymbol{EA})=\det(\boldsymbol{E})\det(\boldsymbol{A})$$

其中

$$\det(\boldsymbol{E})=\begin{cases}-1 & \text{若 } \boldsymbol{E} \text{ 为第 Ⅰ 类初等矩阵}\\ \alpha\neq 0 & \text{若 } \boldsymbol{E} \text{ 为第 Ⅱ 类初等矩阵}\\ 1 & \text{若 } \boldsymbol{E} \text{ 为第 Ⅲ 类初等矩阵}\end{cases}\tag{2}$$

类似的结论对列运算也是成立的．事实上，如果 $\boldsymbol{E}$ 为初等矩阵，则 $\boldsymbol{E}^{\mathrm{T}}$ 也是初等矩阵(见练习8)，且

$$\begin{aligned}\det(\boldsymbol{AE})&=\det((\boldsymbol{AE})^{\mathrm{T}})=\det(\boldsymbol{E}^{\mathrm{T}}\boldsymbol{A}^{\mathrm{T}})\\&=\det(\boldsymbol{E}^{\mathrm{T}})\det(\boldsymbol{A}^{\mathrm{T}})=\det(\boldsymbol{E})\det(\boldsymbol{A})\end{aligned}$$

因此，行或列运算对行列式值的作用总结如下：

Ⅰ．交换矩阵的两行(或列)改变行列式的符号．

Ⅱ．矩阵的某行或列乘以一个标量的作用是将行列式乘以这个标量．

Ⅲ．将某行(或列)的倍数加到其他行(或列)上不改变行列式的值．

注 作为结论Ⅲ的一个推论，如果矩阵的某行(或列)为另一行(或列)的倍数，则矩阵的行列式必为零．

主要结论

我们现在可以利用行运算对行列式值的作用来证明两个主要的定理，并建立一个计算行列式的较简单的方法．由(2)可知，所有初等矩阵均有非零的行列式．这个发现可用于证明如下的定理．

定理 2.2.2　一个 $n \times n$ 矩阵 $\boldsymbol{A}$ 是奇异的充要条件为

$$\det(\boldsymbol{A}) = 0$$

证　矩阵 $\boldsymbol{A}$ 可通过有限次行运算化为行阶梯形式．因此

97

$$\boldsymbol{U} = \boldsymbol{E}_k \boldsymbol{E}_{k-1} \cdots \boldsymbol{E}_1 \boldsymbol{A}$$

其中 $\boldsymbol{U}$ 为行阶梯形矩阵，且 $\boldsymbol{E}_i$ 均为初等矩阵．因此有

$$\begin{aligned}\det(\boldsymbol{U}) &= \det(\boldsymbol{E}_k \boldsymbol{E}_{k-1} \cdots \boldsymbol{E}_1 \boldsymbol{A}) \\ &= \det(\boldsymbol{E}_k)\det(\boldsymbol{E}_{k-1}) \cdots \det(\boldsymbol{E}_1)\det(\boldsymbol{A})\end{aligned}$$

由于 $\boldsymbol{E}_i$ 的行列式均非零，所以 $\det(\boldsymbol{A})=0$ 的充要条件为 $\det(\boldsymbol{U})=0$．如果 $\boldsymbol{A}$ 为奇异的，则 $\boldsymbol{U}$ 有一行元素全部为零，且 $\det(\boldsymbol{U})=0$．如果 $\boldsymbol{A}$ 非奇异，则 $\boldsymbol{U}$ 为三角形矩阵，且对角线元素均为 1，因此 $\det(\boldsymbol{U})=1$． ■

由定理 2.2.2 的证明，我们可以得到一个计算 $\det(\boldsymbol{A})$ 的方法．将 $\boldsymbol{A}$ 化简为行阶梯形：

$$\boldsymbol{U} = \boldsymbol{E}_k \boldsymbol{E}_{k-1} \cdots \boldsymbol{E}_1 \boldsymbol{A}$$

如果 $\boldsymbol{U}$ 的最后一行包含的元素全为零，则 $\boldsymbol{A}$ 为奇异的，且 $\det(\boldsymbol{A})=0$．否则，$\boldsymbol{A}$ 为非奇异的，且

$$\det(\boldsymbol{A}) = [\det(\boldsymbol{E}_k)\det(\boldsymbol{E}_{k-1}) \cdots \det(\boldsymbol{E}_1)]^{-1}$$

事实上，如果 $\boldsymbol{A}$ 为非奇异的，容易将 $\boldsymbol{A}$ 化简为三角形的．这可仅利用行运算 Ⅰ 和运算 Ⅲ 实现．因此，

$$\boldsymbol{T} = \boldsymbol{E}_m \boldsymbol{E}_{m-1} \cdots \boldsymbol{E}_1 \boldsymbol{A}$$

且

$$\det(\boldsymbol{A}) = \pm \det(\boldsymbol{T}) = \pm t_{11} t_{22} \cdots t_{nn}$$

其中 t_{ii} 为 $\boldsymbol{T}$ 的对角元素．如果行运算 Ⅰ 使用了偶数次，则符号将为正，否则为负．

▶**例 1**　计算

$$\begin{vmatrix} 2 & 1 & 3 \\ 4 & 2 & 1 \\ 6 & -3 & 4 \end{vmatrix}$$

解

$$\begin{aligned}\begin{vmatrix} 2 & 1 & 3 \\ 4 & 2 & 1 \\ 6 & -3 & 4 \end{vmatrix} = \begin{vmatrix} 2 & 1 & 3 \\ 0 & 0 & -5 \\ 0 & -6 & -5 \end{vmatrix} &= (-1)\begin{vmatrix} 2 & 1 & 3 \\ 0 & -6 & -5 \\ 0 & 0 & -5 \end{vmatrix} \\ &= (-1)(2)(-6)(-5) \\ &= -60\end{aligned}$$ ◀

现在，我们有两种方法计算 $n \times n$ 矩阵 $\boldsymbol{A}$ 的行列式．如果 $n>3$，且 $\boldsymbol{A}$ 有非零元素，则消元法是最高效的方法，因为它包含的算术运算较少．表 2.2.1 给出了每一种方法在 $n=2,3,4,5,10$ 时包含的算术运算次数．容易给出在一般情况下每一种方法包含运算次数的公式(见练习 20 和练习 21)．

98

表 2.2.1 运算次数

n	代数余子式		消 元	
	加法	乘法	加法	乘法和除法
2	1	2	1	3
3	5	9	5	10
4	23	40	14	23
5	119	205	30	44
10	3 628 799	6 235 300	285	339

我们已经看到，对任意初等矩阵 $\boldsymbol{E}$，

$$\det(\boldsymbol{EA}) = \det(\boldsymbol{E})\det(\boldsymbol{A}) = \det(\boldsymbol{AE})$$

这是下面定理的一个特殊情况.

定理 2.2.3 若 $\boldsymbol{A}$ 和 $\boldsymbol{B}$ 均为 $n\times n$ 矩阵，则

$$\det(\boldsymbol{AB}) = \det(\boldsymbol{A})\det(\boldsymbol{B})$$

证 若 $\boldsymbol{B}$ 为奇异的，则由定理 1.4.2 知 $\boldsymbol{AB}$ 也是奇异的(见 1.4 节练习 14)，因此，

$$\det(\boldsymbol{AB}) = 0 = \det(\boldsymbol{A})\det(\boldsymbol{B})$$

若 $\boldsymbol{B}$ 为非奇异的，则 $\boldsymbol{B}$ 可写为初等矩阵的乘积. 我们已经看到上述结论对初等矩阵是成立的. 因此，

$$\begin{aligned}\det(\boldsymbol{AB}) &= \det(\boldsymbol{AE}_k\boldsymbol{E}_{k-1}\cdots\boldsymbol{E}_1)\\ &= \det(\boldsymbol{A})\det(\boldsymbol{E}_k)\det(\boldsymbol{E}_{k-1})\cdots\det(\boldsymbol{E}_1)\\ &= \det(\boldsymbol{A})\det(\boldsymbol{E}_k\boldsymbol{E}_{k-1}\cdots\boldsymbol{E}_1)\\ &= \det(\boldsymbol{A})\det(\boldsymbol{B})\end{aligned}$$

■

若 $\boldsymbol{A}$ 为奇异的，则采用精确算术方法计算 $\det(\boldsymbol{A})$的值必为 0. 然而，利用计算机计算得到的结果却并非如此. 这是因为计算机使用有限数字系统，舍入误差总是不能避免的. 因此，计算的 $\det(\boldsymbol{A})$通常总是比较接近 0. 由于存在舍入误差，故不可能完全用计算方法确定矩阵确实是奇异的. 在计算机应用中，更有意义的是问一个矩阵是否是“接近”奇异的. 一般地，$\det(\boldsymbol{A})$的值并不是一个接近奇异的好判断标准. 我们将在 6.5 节中讨论怎样判断一个矩阵是否接近奇异.

99

2.2 节练习

1. 用观察法求下列行列式的值.

(a) $\begin{vmatrix} 0 & 0 & 3\\ 0 & 4 & 1\\ 2 & 3 & 1\end{vmatrix}$ (b) $\begin{vmatrix} 1 & 1 & 1 & 3\\ 0 & 3 & 1 & 1\\ 0 & 0 & 2 & 2\\ -1 & -1 & -1 & 2\end{vmatrix}$ (c) $\begin{vmatrix} 0 & 0 & 0 & 1\\ 1 & 0 & 0 & 0\\ 0 & 1 & 0 & 0\\ 0 & 0 & 1 & 0\end{vmatrix}$

2. 令

$$\boldsymbol{A} = \begin{bmatrix} 0 & 1 & 2 & 3\\ 1 & 1 & 1 & 1\\ -2 & -2 & 3 & 3\\ 1 & 2 & -2 & -3\end{bmatrix}$$

(a) 利用消元法计算 $\det(\boldsymbol{A})$.

(b) 利用 $\det(\boldsymbol{A})$的值计算

$$\begin{vmatrix} 0 & 1 & 2 & 3 \\ -2 & -2 & 3 & 3 \\ 1 & 2 & -2 & -3 \\ 1 & 1 & 1 & 1 \end{vmatrix} + \begin{vmatrix} 0 & 1 & 2 & 3 \\ 1 & 1 & 1 & 1 \\ -1 & -1 & 4 & 4 \\ 2 & 3 & -1 & -2 \end{vmatrix}$$

3. 对下列矩阵，计算它们的行列式，并说明矩阵是奇异的还是非奇异的.

(a) $\begin{bmatrix} 3 & 1 \\ 6 & 2 \end{bmatrix}$　(b) $\begin{bmatrix} 3 & 1 \\ 4 & 2 \end{bmatrix}$　(c) $\begin{bmatrix} 3 & 3 & 1 \\ 0 & 1 & 2 \\ 0 & 2 & 3 \end{bmatrix}$

(d) $\begin{bmatrix} 2 & 1 & 1 \\ 4 & 3 & 5 \\ 2 & 1 & 2 \end{bmatrix}$　(e) $\begin{bmatrix} 2 & -1 & 3 \\ -1 & 2 & -2 \\ 1 & 4 & 0 \end{bmatrix}$　(f) $\begin{bmatrix} 1 & 1 & 1 & 1 \\ 2 & -1 & 3 & 2 \\ 0 & 1 & 2 & 1 \\ 0 & 0 & 7 & 3 \end{bmatrix}$

4. 求使得下列矩阵奇异的所有可能的 c.

$$\begin{bmatrix} 1 & 1 & 1 \\ 1 & 9 & c \\ 1 & c & 3 \end{bmatrix}$$

5. 令 $\boldsymbol{A}$ 为 $n\times n$ 矩阵，α 为标量. 证明：

$$\det(\alpha\boldsymbol{A}) = \alpha^n \det(\boldsymbol{A})$$

6. 令 $\boldsymbol{A}$ 为非奇异矩阵. 证明：

$$\det(\boldsymbol{A}^{-1}) = \frac{1}{\det(\boldsymbol{A})}$$

7. 令 $\boldsymbol{A}$ 和 $\boldsymbol{B}$ 为 3×3 矩阵，且 $\det(\boldsymbol{A})=4$，$\det(\boldsymbol{B})=5$. 求下列各值：

(a) $\det(\boldsymbol{AB})$　(b) $\det(3\boldsymbol{A})$　(c) $\det(2\boldsymbol{AB})$　(d) $\det(\boldsymbol{A}^{-1}\boldsymbol{B})$

8. 证明：若 $\boldsymbol{E}$ 为初等矩阵，则 $\boldsymbol{E}^{\mathrm{T}}$ 为与 $\boldsymbol{E}$ 同类型的初等矩阵.

9. 令 $\boldsymbol{E}_1$，$\boldsymbol{E}_2$，$\boldsymbol{E}_3$ 分别为第Ⅰ、Ⅱ、Ⅲ类 3×3 初等矩阵，并令 $\boldsymbol{A}$ 为 3×3 矩阵，且 $\det(\boldsymbol{A})=6$. 此外，假设 $\boldsymbol{E}_2$ 为将 $\boldsymbol{I}$ 的第二行乘以 3 得到的矩阵. 求下列各值.

(a) $\det(\boldsymbol{E}_1\boldsymbol{A})$　(b) $\det(\boldsymbol{E}_2\boldsymbol{A})$　(c) $\det(\boldsymbol{E}_3\boldsymbol{A})$

(d) $\det(\boldsymbol{AE}_1)$　(e) $\det(\boldsymbol{E}_1^2)$　(f) $\det(\boldsymbol{E}_1\boldsymbol{E}_2\boldsymbol{E}_3)$

10. 令 $\boldsymbol{A}$ 和 $\boldsymbol{B}$ 为行等价矩阵，并假设 $\boldsymbol{B}$ 可由 $\boldsymbol{A}$ 仅通过行运算Ⅰ和运算Ⅲ得到. 比较 $\det(\boldsymbol{A})$和 $\det(\boldsymbol{B})$的值会有什么结论？如果 $\boldsymbol{B}$ 可由 $\boldsymbol{A}$ 仅通过行运算Ⅲ得到，比较它们的行列式的值会有什么结论？解释你的答案.

11. 令 $\boldsymbol{A}$ 为 $n\times n$ 矩阵. 当 n 为奇数时，是否可使 $\boldsymbol{A}^2+\boldsymbol{I}=\boldsymbol{O}$? 当 n 为偶数时，回答相同的问题.

12. 考虑 3×3 范德蒙德矩阵

$$\boldsymbol{V} = \begin{bmatrix} 1 & x_1 & x_1^2 \\ 1 & x_2 & x_2^2 \\ 1 & x_3 & x_3^2 \end{bmatrix}$$

(a) 证明：$\det(\boldsymbol{V})=(x_2-x_1)(x_3-x_1)(x_3-x_2)$. [提示：利用行运算Ⅲ.]

100

(b) 标量 x_1，x_2，x_3需满足什么条件，才能使 $\boldsymbol{V}$ 为非奇异的？

13. 设一个 3×3 矩阵 $\boldsymbol{A}$ 分解为如下的乘积：

$$\begin{bmatrix}1 & 0 & 0\\ l_{21} & 1 & 0\\ l_{31} & l_{32} & 1\end{bmatrix}\begin{bmatrix}u_{11} & u_{12} & u_{13}\\ 0 & u_{22} & u_{23}\\ 0 & 0 & u_{33}\end{bmatrix}$$

计算 $\det(\boldsymbol{A})$的值.

14. 令 $\boldsymbol{A}$ 和 $\boldsymbol{B}$ 为 $n\times n$ 矩阵. 证明：乘积 $\boldsymbol{AB}$ 是非奇异的充要条件为 $\boldsymbol{A}$ 和 $\boldsymbol{B}$ 是非奇异的.
15. 令 $\boldsymbol{A}$ 和 $\boldsymbol{B}$ 为 $n\times n$ 矩阵. 证明：若 $\boldsymbol{AB}=\boldsymbol{I}$，则 $\boldsymbol{BA}=\boldsymbol{I}$. 这个结果在定义非奇异矩阵中有什么重要作用?
16. 若矩阵 $\boldsymbol{A}$ 满足 $\boldsymbol{A}^{\mathrm{T}}=-\boldsymbol{A}$，则称其为反对称的(skew symmetric). 例如，

$$\boldsymbol{A}=\begin{bmatrix}0 & 1\\ -1 & 0\end{bmatrix}$$

为反对称的，因为

$$\boldsymbol{A}^{\mathrm{T}}=\begin{bmatrix}0 & -1\\ 1 & 0\end{bmatrix}=-\boldsymbol{A}$$

若 $\boldsymbol{A}$ 为 $n\times n$ 反对称矩阵，且 n 为奇数，证明：$\boldsymbol{A}$ 必为奇异的.

17. 设 $\boldsymbol{A}$ 为非奇异 $n\times n$ 矩阵，且有非零代数余子式 A_{nn}，并令

$$c=\frac{\det(\boldsymbol{A})}{A_{nn}}$$

证明：如果我们从 a_{nn} 中减去常数 c，则结果矩阵为奇异的.

18. 令 $\boldsymbol{A}$ 为 $k\times k$ 矩阵，$\boldsymbol{B}$ 为$(n-k)\times(n-k)$矩阵. 设 $\boldsymbol{E}=\begin{bmatrix}\boldsymbol{I}_k & \boldsymbol{O}\\ \boldsymbol{O} & \boldsymbol{B}\end{bmatrix}$，$\boldsymbol{F}=\begin{bmatrix}\boldsymbol{A} & \boldsymbol{O}\\ \boldsymbol{O} & \boldsymbol{I}_{n-k}\end{bmatrix}$，$\boldsymbol{C}=\begin{bmatrix}\boldsymbol{A} & \boldsymbol{O}\\ \boldsymbol{O} & \boldsymbol{B}\end{bmatrix}$，其中 $\boldsymbol{I}_k$ 和 $\boldsymbol{I}_{n-k}$分别为 $k\times k$ 单位矩阵和$(n-k)\times(n-k)$单位矩阵.

    (a) 证明：$\det(\boldsymbol{E})=\det(\boldsymbol{B})$.

    (b) 证明：$\det(\boldsymbol{F})=\det(\boldsymbol{A})$.

    (c) 证明：$\det(\boldsymbol{C})=\det(\boldsymbol{A})\det(\boldsymbol{B})$.

19. 设 $\boldsymbol{A}$ 和 $\boldsymbol{B}$ 为 $k\times k$ 矩阵，

$$\boldsymbol{M}=\begin{bmatrix}\boldsymbol{O} & \boldsymbol{B}\\ \boldsymbol{A} & \boldsymbol{O}\end{bmatrix}$$

证明：

$$\det(\boldsymbol{M})=(-1)^k\det(\boldsymbol{A})\det(\boldsymbol{B})$$

20. 证明：用代数余子式计算 $n\times n$ 矩阵的行列式用到$(n!\ -1)$个加法和 $\sum_{k=1}^{n-1}n!/k!$个乘法.
21. 证明：计算 $n\times n$ 矩阵的行列式值的消元法含有$[n(n-1)(2n-1)]/6$ 个加法和$[(n-1)(n^2+n+3)]/3$ 个乘除法. [提示：第 i 步化简过程需要 $n-i$ 次除法，计算主元下面其他行要减去第 i 行的倍数. 在计算第 $i+1$ 行到第 n 行、第 $i+1$ 列到第 n 列的新值时，必须计算$(n-i)^2$ 项的新值.]

2.3 附加主题和应用

本节我们学习利用非奇异矩阵 $\boldsymbol{A}$ 的行列式来计算矩阵的逆以及如何使用行列式求解线性方程组. 这两种方法均依赖于引理 2.2.1. 我们还说明如何用行列式定义两个向量的向量积. 向量积在涉及三维空间中粒子运动的物理应用中非常有用.

矩阵的伴随

令 $\boldsymbol{A}$ 为 $n\times n$ 矩阵. 我们定义一个新矩阵，称为矩阵 $\boldsymbol{A}$ 的伴随(adjoint)，

$$\operatorname{adj} \boldsymbol{A}=\begin{bmatrix} A_{11} & A_{21} & \cdots & A_{n1} \\ A_{12} & A_{22} & \cdots & A_{n2} \\ \vdots & & & \\ A_{1n} & A_{2n} & \cdots & A_{nn} \end{bmatrix}$$

101

因此，要构造伴随矩阵，只需将原矩阵的元素用它们的代数余子式替换，然后将结果矩阵转置. 由引理2.2.1，有

$$a_{i1}A_{j1}+a_{i2}A_{j2}+\cdots+a_{in}A_{jn}=\begin{cases}\det(\boldsymbol{A}) & \text{当 } i=j \text{ 时} \\ 0 & \text{当 } i\neq j \text{ 时}\end{cases}$$

并由此得到

$$\boldsymbol{A}(\operatorname{adj} \boldsymbol{A})=\det(\boldsymbol{A})\boldsymbol{I}$$

若 $\boldsymbol{A}$ 为非奇异的，则 $\det(\boldsymbol{A})$ 为非零标量，且可以记

$$\boldsymbol{A}\left(\frac{1}{\det(\boldsymbol{A})}\operatorname{adj} \boldsymbol{A}\right)=\boldsymbol{I}$$

因此，

$$\boxed{\boldsymbol{A}^{-1}=\frac{1}{\det(\boldsymbol{A})}\operatorname{adj} \boldsymbol{A}\text{，其中 } \det(\boldsymbol{A})\neq 0}$$

▶**例 1**　对一个 2×2 矩阵

$$\operatorname{adj} \boldsymbol{A}=\begin{bmatrix} a_{22} & -a_{12} \\ -a_{21} & a_{11} \end{bmatrix}$$

若 $\boldsymbol{A}$ 为非奇异的，则

$$\boldsymbol{A}^{-1}=\frac{1}{a_{11}a_{22}-a_{12}a_{21}}\begin{bmatrix} a_{22} & -a_{12} \\ -a_{21} & a_{11} \end{bmatrix}$$ ◀

▶**例 2**　令

$$\boldsymbol{A}=\begin{bmatrix} 2 & 1 & 2 \\ 3 & 2 & 2 \\ 1 & 2 & 3 \end{bmatrix}$$

求 $\operatorname{adj}\boldsymbol{A}$ 和 $\boldsymbol{A}^{-1}$.

解

$$\operatorname{adj} \boldsymbol{A}=\begin{bmatrix} \begin{vmatrix} 2 & 2 \\ 2 & 3 \end{vmatrix} & -\begin{vmatrix} 3 & 2 \\ 1 & 3 \end{vmatrix} & \begin{vmatrix} 3 & 2 \\ 1 & 2 \end{vmatrix} \\ -\begin{vmatrix} 1 & 2 \\ 2 & 3 \end{vmatrix} & \begin{vmatrix} 2 & 2 \\ 1 & 3 \end{vmatrix} & -\begin{vmatrix} 2 & 1 \\ 1 & 2 \end{vmatrix} \\ \begin{vmatrix} 1 & 2 \\ 2 & 2 \end{vmatrix} & -\begin{vmatrix} 2 & 2 \\ 3 & 2 \end{vmatrix} & \begin{vmatrix} 2 & 1 \\ 3 & 2 \end{vmatrix} \end{bmatrix}^{\mathrm{T}}=\begin{bmatrix} 2 & 1 & -2 \\ -7 & 4 & 2 \\ 4 & -3 & 1 \end{bmatrix}$$

102

$$\boldsymbol{A}^{-1}=\frac{1}{\det(\boldsymbol{A})}\operatorname{adj}\boldsymbol{A}=\frac{1}{5}\begin{bmatrix} 2 & 1 & -2 \\ -7 & 4 & 2 \\ 4 & -3 & 1 \end{bmatrix}$$ ◀

利用公式

$$\boldsymbol{A}^{-1}=\frac{1}{\det(\boldsymbol{A})}\mathrm{adj}\boldsymbol{A}$$

可以得到用行列式表示的方程组 $\boldsymbol{Ax}=\boldsymbol{b}$ 的解.

克拉默法则

定理 2.3.1(克拉默法则)　令 $\boldsymbol{A}$ 为 $n\times n$ 非奇异矩阵，并令 $\boldsymbol{b}\in\mathbf{R}^n$. 令 $\boldsymbol{A}_i$ 为将矩阵 $\boldsymbol{A}$ 中的第 i 列用 $\boldsymbol{b}$ 替换得到的矩阵. 若 $\boldsymbol{x}$ 为方程组 $\boldsymbol{Ax}=\boldsymbol{b}$ 的唯一解，则

$$x_i=\frac{\det(\boldsymbol{A}_i)}{\det(\boldsymbol{A})},\quad i=1,2,\cdots,n$$

证　由于

$$\boldsymbol{x}=\boldsymbol{A}^{-1}\boldsymbol{b}=\frac{1}{\det(\boldsymbol{A})}(\mathrm{adj}\boldsymbol{A})\boldsymbol{b}$$

因此得到

$$\begin{aligned}x_i&=\frac{b_1A_{1i}+b_2A_{2i}+\cdots+b_nA_{ni}}{\det(\boldsymbol{A})}\\&=\frac{\det(\boldsymbol{A}_i)}{\det(\boldsymbol{A})}\end{aligned}$$

■

▶**例 3**　用克拉默法则解

$$\begin{aligned}x_1+2x_2+x_3&=5\\2x_1+2x_2+x_3&=6\\x_1+2x_2+3x_3&=9\end{aligned}$$

解

$$\det(\boldsymbol{A})=\begin{vmatrix}1&2&1\\2&2&1\\1&2&3\end{vmatrix}=-4\qquad\det(\boldsymbol{A}_1)=\begin{vmatrix}5&2&1\\6&2&1\\9&2&3\end{vmatrix}=-4$$

$$\det(\boldsymbol{A}_2)=\begin{vmatrix}1&5&1\\2&6&1\\1&9&3\end{vmatrix}=-4\qquad\det(\boldsymbol{A}_3)=\begin{vmatrix}1&2&5\\2&2&6\\1&2&9\end{vmatrix}=-8$$

103

因此，

$$x_1=\frac{-4}{-4}=1,\quad x_2=\frac{-4}{-4}=1,\quad x_3=\frac{-8}{-4}=2$$

◀

克拉默法则给出了一个将 $n\times n$ 的线性方程组的解用行列式表示的便利方法. 然而，要计算结果，我们需计算 $n+1$ 个 n 阶行列式. 即使计算两个这样的行列式，其计算量通常也要大于高斯消元法.

应用 1：信息编码

一个通用的传递信息的方法是，将每一个字母与一个整数相对应，然后传输一串整数. 例如，信息

SEND MONEY

可以编码为

$$5,\ 8,\ 10,\ 21,\ 7,\ 2,\ 10,\ 8,\ 3$$

其中S表示为5，E表示为8，等等．但是，这种编码很容易破译．在一段较长的信息中，我们可以根据数字出现的相对频率猜测每一数字表示的字母．例如，若8为编码信息中最常出现的数字，则它最有可能表示字母E，即英文中最常出现的字母．

我们可以用矩阵乘法对信息进行进一步的伪装．设 $\boldsymbol{A}$ 是所有元素均为整数的矩阵，且其行列式为± 1，由于 $\boldsymbol{A}^{-1}=\pm\operatorname{adj}\boldsymbol{A}$，则 $\boldsymbol{A}^{-1}$ 的元素也是整数．我们可以用这个矩阵对信息进行变换．变换后的信息将很难破译．为演示这个技术，令

$$\boldsymbol{A}=\begin{bmatrix}1&2&1\\2&5&3\\2&3&2\end{bmatrix}$$

需要编码的信息放置在三行矩阵 $\boldsymbol{B}$ 的各个列上：

$$\boldsymbol{B}=\begin{bmatrix}5&21&10\\8&7&8\\10&2&3\end{bmatrix}$$

乘积

$$\boldsymbol{AB}=\begin{bmatrix}1&2&1\\2&5&3\\2&3&2\end{bmatrix}\begin{bmatrix}5&21&10\\8&7&8\\10&2&3\end{bmatrix}=\begin{bmatrix}31&37&29\\80&83&69\\54&67&50\end{bmatrix}$$

给出了用于传输的编码信息：

104

$$31,80,54,37,83,67,29,69,50$$

接收到信息的人可通过左乘 $\boldsymbol{A}^{-1}$ 进行译码．

$$\begin{bmatrix}1&-1&1\\2&0&-1\\-4&1&1\end{bmatrix}\begin{bmatrix}31&37&29\\80&83&69\\54&67&50\end{bmatrix}=\begin{bmatrix}5&21&10\\8&7&8\\10&2&3\end{bmatrix}$$

为构造编码矩阵 $\boldsymbol{A}$，我们可以从单位矩阵 $\boldsymbol{I}$ 开始，利用行运算Ⅲ，仔细地将它的某一行的整数倍数加到其他行上．也可使用行运算Ⅰ．结果矩阵 $\boldsymbol{A}$ 将仅有整数元，且由于

$$\det(\boldsymbol{A})=\pm\det(\boldsymbol{I})=\pm 1$$

因此 $\boldsymbol{A}^{-1}$ 也将有整数元．

参考文献

1. Hansen, Robert, *Two-Year College Mathematics Journal*, 13(1), 1982.

向量积

给定 $\mathbf{R}^3$ 中的两个向量 $\boldsymbol{x}$ 和 $\boldsymbol{y}$，可以定义第三个向量，即向量积，记为 $\boldsymbol{x}\times\boldsymbol{y}$：

$$\boldsymbol{x}\times\boldsymbol{y}=\begin{bmatrix}x_2y_3-y_2x_3\\y_1x_3-x_1y_3\\x_1y_2-y_1x_2\end{bmatrix}\tag{1}$$

若 $\boldsymbol{C}$ 为任意形如

$$\boldsymbol{C}=\begin{bmatrix} w_1 & w_2 & w_3 \\ x_1 & x_2 & x_3 \\ y_1 & y_2 & y_3 \end{bmatrix}$$

的矩阵，则

$$\boldsymbol{x}\times\boldsymbol{y}=C_{11}\boldsymbol{e}_1+C_{12}\boldsymbol{e}_2+C_{13}\boldsymbol{e}_3=\begin{bmatrix} C_{11} \\ C_{12} \\ C_{13} \end{bmatrix}$$

沿第一行用代数余子式展开 $\det(\boldsymbol{C})$，可以看到

$$\det(\boldsymbol{C})=w_1\boldsymbol{C}_{11}+w_2\boldsymbol{C}_{12}+w_3\boldsymbol{C}_{13}=\boldsymbol{w}^{\mathrm{T}}(\boldsymbol{x}\times\boldsymbol{y})$$

特别地，若选择 $\boldsymbol{w}=\boldsymbol{x}$ 或 $\boldsymbol{w}=\boldsymbol{y}$，则矩阵 $\boldsymbol{C}$ 将有两个相同的行，因此它的行列式为 0. 于是有

$$\boldsymbol{x}^{\mathrm{T}}(\boldsymbol{x}\times\boldsymbol{y})=\boldsymbol{y}^{\mathrm{T}}(\boldsymbol{x}\times\boldsymbol{y})=0 \tag{2}$$

在微积分教材中，一般使用行向量

$$\boldsymbol{x}=(x_1,x_2,x_3) \text{ 和 } \boldsymbol{y}=(y_1,y_2,y_3)$$

105

并定义向量积为行向量

$$\boldsymbol{x}\times\boldsymbol{y}=(x_2y_3-y_2x_3)\boldsymbol{i}-(x_1y_3-y_1x_3)\boldsymbol{j}+(x_1y_2-y_1x_2)\boldsymbol{k}$$

其中 $\boldsymbol{i}$，$\boldsymbol{j}$ 和 $\boldsymbol{k}$ 是 3×3 单位矩阵的行向量．若在矩阵 $\boldsymbol{C}$ 的第一行分别用 $\boldsymbol{i}$，$\boldsymbol{j}$ 和 $\boldsymbol{k}$ 代替 w_1，w_2 和 w_3，则向量积可以写为行列式：

$$\boldsymbol{x}\times\boldsymbol{y}=\begin{vmatrix} \boldsymbol{i} & \boldsymbol{j} & \boldsymbol{k} \\ x_1 & x_2 & x_3 \\ y_1 & y_2 & y_3 \end{vmatrix}$$

在线性代数课程中，通常将 $\boldsymbol{x}$，$\boldsymbol{y}$ 和 $\boldsymbol{x}\times\boldsymbol{y}$ 看作列向量. 此时，可以用矩阵的行列式表示向量积，其第一行是 $\boldsymbol{e}_1$，$\boldsymbol{e}_2$ 和 $\boldsymbol{e}_3$，即 3×3 单位矩阵的列向量：

$$\boldsymbol{x}\times\boldsymbol{y}=\begin{vmatrix} \boldsymbol{e}_1 & \boldsymbol{e}_2 & \boldsymbol{e}_3 \\ x_1 & x_2 & x_3 \\ y_1 & y_2 & y_3 \end{vmatrix}$$

方程(2)中给出的关系已经被应用于牛顿力学中. 特别地，向量积可以用于定义副法线方向，牛顿用它来导出三维空间质点的运动定律.

应用 2：牛顿力学

若 $\boldsymbol{x}$ 是 $\mathbf{R}^2$ 或 $\mathbf{R}^3$ 中的一个向量，则 $\boldsymbol{x}$ 的长度记为 $\|\boldsymbol{x}\|$，定义为

$$\|\boldsymbol{x}\|=(\boldsymbol{x}^{\mathrm{T}}\boldsymbol{x})^{\frac{1}{2}}$$

若 $\|\boldsymbol{x}\|=1$，则向量 $\boldsymbol{x}$ 称为单位向量. 牛顿用单位向量导出了平面或三维空间中质点的运动定律. 若 $\boldsymbol{x}$ 和 $\boldsymbol{y}$ 为 $\mathbf{R}^2$ 中的非零向量，则向量间的夹角 θ 是按顺时针方向旋转两个向量之一使得它与另一个向量方向相同所必需的最小角度(如图 2.3.1 所示).

在平面上移动的质点在平面上的轨迹是一条曲线. 在任一时刻 t 质点的位置可用一

向量$(x_1(t), x_2(t))$表示. 在描述质点的运动时，牛顿发现将向量在时刻 t 的位置表示为向量 $\boldsymbol{T}(t)$和 $\boldsymbol{N}(t)$的线性组合会很方便，其中 $\boldsymbol{T}(t)$是曲线在点$(x_1(t), x_2(t))$的切线方向上的单位向量，$\boldsymbol{N}(t)$是曲线在给定点的法线(与切线垂直的直线)方向上的单位向量(如图 2.3.2 所示).

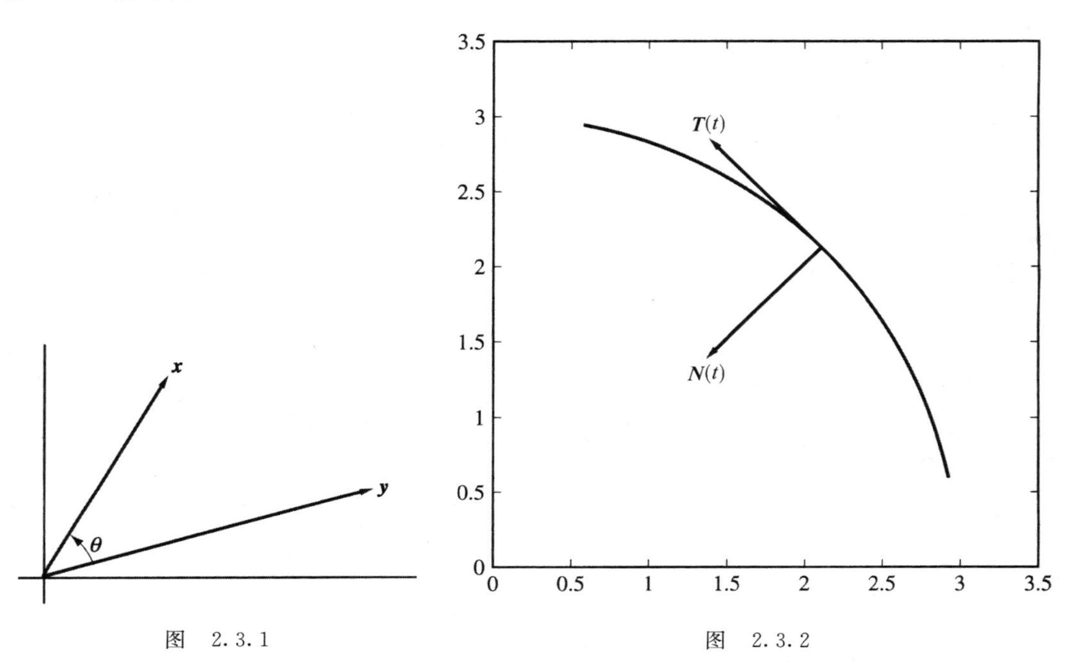

图　2.3.1　　　　图　2.3.2

在第 5 章，我们将证明若 $\boldsymbol{x}$ 和 $\boldsymbol{y}$ 是非零向量且向量间的夹角为 θ，则

$$\boldsymbol{x}^{\mathrm{T}}\boldsymbol{y} = \|\boldsymbol{x}\|\,\|\boldsymbol{y}\|\cos\theta \tag{3}$$

106

该方程也可以用于定义 $\mathbf{R}^3$ 中非零向量间的夹角. 由(3)可得当且仅当 $\boldsymbol{x}^{\mathrm{T}}\boldsymbol{y}=0$ 时，向量间的夹角为直角. 此时，我们说向量 $\boldsymbol{x}$ 和 $\boldsymbol{y}$ 是**正交的**. 特别地，由于 $\boldsymbol{T}(t)$和 $\boldsymbol{N}(t)$是 $\mathbf{R}^2$ 中的单位正交向量，我们有 $\|\boldsymbol{T}(t)\| = \|\boldsymbol{N}(t)\| =1$，且向量间的夹角为$\dfrac{\pi}{2}$. 由(3)可得

$$\boldsymbol{T}(t)^{\mathrm{T}}\boldsymbol{N}(t) = 0$$

在第 5 章，我们也将证明若 $\boldsymbol{x}$ 和 $\boldsymbol{y}$ 是 $\mathbf{R}^3$ 中的向量，且 θ 为向量间的夹角，则

$$\|\boldsymbol{x}\times\boldsymbol{y}\| = \|\boldsymbol{x}\|\,\|\boldsymbol{y}\|\sin\theta \tag{4}$$

在三维空间中移动的质点的轨迹为三维空间中的一条曲线. 此时，在时刻 t，曲线在点$(x_1(t), x_2(t))$的切线和法线确定三维空间的一个平面. 然而，在三维空间中的运动并不局限在一个平面上. 为得到描述运动的定律，牛顿需要运用另外一个向量，即由 $\boldsymbol{T}(t)$和 $\boldsymbol{N}(t)$确定的平面的法线方向上的向量. 若 $\boldsymbol{z}$ 是该平面法线方向上的任一非零向量，则向量 $\boldsymbol{z}$ 与 $\boldsymbol{T}(t)$间的夹角以及 $\boldsymbol{z}$ 与 $\boldsymbol{N}(t)$间的夹角均应为直角. 如果令

$$\boldsymbol{B}(t) = \boldsymbol{T}(t)\times\boldsymbol{N}(t) \tag{5}$$

则由(2)可得 $\boldsymbol{B}(t)$与 $\boldsymbol{T}(t)$和 $\boldsymbol{N}(t)$均垂直，因此它在法线方向上. 而且 $\boldsymbol{B}(t)$为单位向量，

这是因为由(4)可得

$$\| \boldsymbol{B}(t) \| = \| \boldsymbol{T}(t) \times \boldsymbol{N}(t) \| = \| \boldsymbol{T}(t) \| \, \| \boldsymbol{N}(t) \| \sin \frac{\pi}{2} = 1$$

107

由(5)定义的向量 $\boldsymbol{B}(t)$ 称为副法线向量(如图 2.3.3 所示).

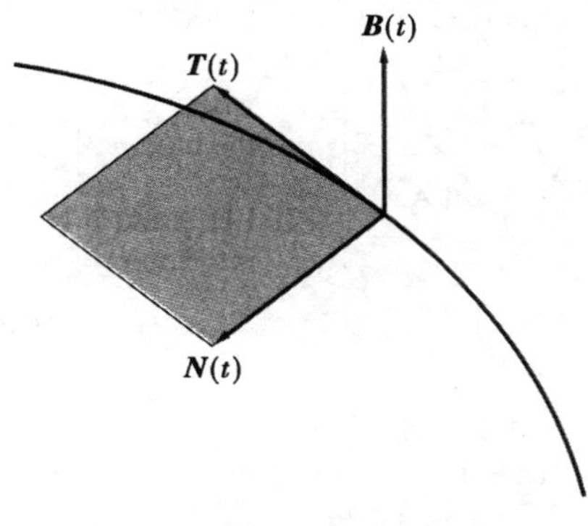

图　2.3.3

2.3 节练习

1. 对下列各种情况，计算(i)$\det(\boldsymbol{A})$，(ii)$\operatorname{adj} \boldsymbol{A}$，(iii)$\boldsymbol{A}^{-1}$.

(a) $\boldsymbol{A}=\begin{bmatrix}1 & 2\\ 3 & -1\end{bmatrix}$　(b) $\boldsymbol{A}=\begin{bmatrix}3 & 1\\ 2 & 4\end{bmatrix}$　(c) $\boldsymbol{A}=\begin{bmatrix}1 & 3 & 1\\ 2 & 1 & 1\\ -2 & 2 & -1\end{bmatrix}$　(d) $\boldsymbol{A}=\begin{bmatrix}1 & 1 & 1\\ 0 & 1 & 1\\ 0 & 0 & 1\end{bmatrix}$

2. 利用克拉默法则解下列方程组.

(a) $\begin{aligned} x_1 + 2x_2 &= 3 \\ 3x_1 - x_2 &= 1 \end{aligned}$　(b) $\begin{aligned} 2x_1 + 3x_2 &= 2 \\ 3x_1 + 2x_2 &= 5 \end{aligned}$　(c) $\begin{aligned} 2x_1 + x_2 - 3x_3 &= 0 \\ 4x_1 + 5x_2 + x_3 &= 8 \\ -2x_1 - x_2 + 4x_3 &= 2 \end{aligned}$

(d) $\begin{aligned} x_1 + 3x_2 + x_3 &= 1 \\ 2x_1 + x_2 + x_3 &= 5 \\ -2x_1 + 2x_2 - x_3 &= -8 \end{aligned}$　(e) $\begin{aligned} x_1 + x_2 &= 0 \\ x_2 + x_3 - 2x_4 &= 1 \\ x_1 + 2x_3 + x_4 &= 0 \\ x_1 + x_2 + x_4 &= 0 \end{aligned}$

3. 给定

$$\boldsymbol{A} = \begin{bmatrix}1 & 2 & 1\\ 0 & 4 & 3\\ 1 & 2 & 2\end{bmatrix}$$

用两个行列式的商计算 $\boldsymbol{A}^{-1}$ 的(2，3)元素.

4. 令 $\boldsymbol{A}$ 为练习 3 中的矩阵. 利用克拉默法则解方程组 $\boldsymbol{A}\boldsymbol{x}=\boldsymbol{e}_3$ 来计算 $\boldsymbol{A}^{-1}$ 的第三列.

5. 给定

$$\boldsymbol{A} = \begin{bmatrix}1 & 2 & 3\\ 2 & 3 & 4\\ 3 & 4 & 5\end{bmatrix}$$

(a) 计算 $\boldsymbol{A}$ 的行列式. $\boldsymbol{A}$ 是非奇异的吗?

(b) 计算 $\operatorname{adj} \boldsymbol{A}$ 及乘积 $\boldsymbol{A}\operatorname{adj} \boldsymbol{A}$.

108

6. 若 $\boldsymbol{A}$ 为奇异的，对乘积 $\boldsymbol{A}\text{adj}\,\boldsymbol{A}$ 会有什么结论？

7. 用 $\boldsymbol{B}_j$ 表示将单位矩阵的第 j 列替换为向量 $\boldsymbol{b}=(b_1, b_2, \cdots, b_n)^{\mathrm{T}}$ 得到的矩阵．利用克拉默法则证明：

$$b_j = \det(\boldsymbol{B}_j), \quad \text{其中 } j = 1,2,\cdots,n$$

8. 令 $\boldsymbol{A}$ 为非奇异的 $n\times n$ 矩阵，其中 $n>1$．证明：

$$\det(\text{adj}\,\boldsymbol{A}) = (\det(\boldsymbol{A}))^{n-1}$$

9. 令 $\boldsymbol{A}$ 为 4×4 的矩阵．若

$$\text{adj}\,\boldsymbol{A} = \begin{bmatrix} 2 & 0 & 0 & 0 \\ 0 & 2 & 1 & 0 \\ 0 & 4 & 3 & 2 \\ 0 & -2 & -1 & 2 \end{bmatrix}$$

(a) 求 $\det(\text{adj}\,\boldsymbol{A})$．$\det(\boldsymbol{A})$的值应是什么？[提示：利用练习 8 中的结论.]

(b) 求 $\boldsymbol{A}$.

10. 证明：若 $\boldsymbol{A}$ 为非奇异的，则 $\text{adj}\,\boldsymbol{A}$ 为非奇异的，且

$$(\text{adj}\,\boldsymbol{A})^{-1} = \det(\boldsymbol{A}^{-1})\boldsymbol{A} = \text{adj}\,\boldsymbol{A}^{-1}$$

11. 证明：若 $\boldsymbol{A}$ 为奇异的，那么 $\text{adj}\,\boldsymbol{A}$ 也为奇异的.

12. 证明：若 $\det(\boldsymbol{A})=1$，则

$$\text{adj}(\text{adj}\,\boldsymbol{A}) = \boldsymbol{A}$$

13. 设 $\boldsymbol{Q}$ 为一个矩阵，它有性质 $\boldsymbol{Q}^{-1}=\boldsymbol{Q}^{\mathrm{T}}$．证明：

$$q_{ij} = \frac{\boldsymbol{Q}_{ij}}{\det(\boldsymbol{Q})}$$

14. 在信息编码中，空格用 0 表示，A 用 1 表示，B 用 2 表示，C 用 3 表示，等等．使用矩阵

$$\boldsymbol{A} = \begin{bmatrix} -1 & -1 & 2 & 0 \\ 1 & 1 & -1 & 0 \\ 0 & 0 & -1 & 1 \\ 1 & 0 & 0 & -1 \end{bmatrix}$$

进行信息变换，并传输

$$-19,19,25,-21,0,18,-18,15,3,10,-8,3,-2,20,-7,12$$

该信息是什么？

15. 设 $\boldsymbol{x}$，$\boldsymbol{y}$ 和 $\boldsymbol{z}$ 为 $\mathbf{R}^3$ 中的向量．证明下面的结论.

(a) $\boldsymbol{x}\times\boldsymbol{x}=\boldsymbol{0}$

(b) $\boldsymbol{y}\times\boldsymbol{x}=-(\boldsymbol{x}\times\boldsymbol{y})$

(c) $\boldsymbol{x}\times(\boldsymbol{y}+\boldsymbol{z})=(\boldsymbol{x}\times\boldsymbol{y})+(\boldsymbol{x}\times\boldsymbol{z})$

(d) $\boldsymbol{z}^{\mathrm{T}}(\boldsymbol{x}\times\boldsymbol{y})=\begin{vmatrix} x_1 & x_2 & x_3 \\ y_1 & y_2 & y_3 \\ z_1 & z_2 & z_3 \end{vmatrix}$

16. 设 $\boldsymbol{x}$，$\boldsymbol{y}$ 为 $\mathbf{R}^3$ 中的向量，反对称矩阵 $\boldsymbol{A}_x$ 定义为

$$\boldsymbol{A}_x = \begin{bmatrix} 0 & -x_3 & x_2 \\ x_3 & 0 & -x_1 \\ -x_2 & x_1 & 0 \end{bmatrix}$$

(a) 证明：$\boldsymbol{x}\times\boldsymbol{y}=\boldsymbol{A}_x\boldsymbol{y}$.

(b) 证明：$\boldsymbol{y}\times\boldsymbol{x}=\boldsymbol{A}_x^{\mathrm{T}}\boldsymbol{y}$.

第 2 章练习

MATLAB 练习

前面的四个练习使用整数矩阵，并演示一些本章讨论的行列式的性质. 最后两个练习演示我们使用浮点运算计算行列式时出现的不同.

理论上讲，行列式的值应告诉我们矩阵是否是非奇异的. 然而，如果矩阵是奇异的，且计算其行列式采用有限位精度运算，那么由于舍入误差，计算出的行列式的值也许不是零. 一个计算得到的行列式的值很接近零，并不能说明矩阵是奇异的甚至是接近奇异的. 此外，一个接近奇异的矩阵，它的行列式值也可能不接近零(见练习 6).

1. 采用如下方法随机生成整数元素的 5×5 矩阵：

$$\boldsymbol{A} = \texttt{round}(10 * \texttt{rand}(5)) \quad 和 \quad \boldsymbol{B} = \texttt{round}(20 * \texttt{rand}(5)) - 10$$

用 MATLAB 计算下列每对数. 在每种情况下比较第一个是否等于第二个.

(a) $\det(\boldsymbol{A})$ $\det(\boldsymbol{A}^{\mathrm{T}})$ (b) $\det(\boldsymbol{A}+\boldsymbol{B})$ $\det(\boldsymbol{A})+\det(\boldsymbol{B})$

(c) $\det(\boldsymbol{AB})$ $\det(\boldsymbol{A})\det(\boldsymbol{B})$ (d) $\det(\boldsymbol{A}^{\mathrm{T}}\boldsymbol{B}^{\mathrm{T}})$ $\det(\boldsymbol{A}^{\mathrm{T}})\det(\boldsymbol{B}^{\mathrm{T}})$

(e) $\det(\boldsymbol{A}^{-1})$ $1/\det(\boldsymbol{A})$ (f) $\det(\boldsymbol{AB}^{-1})$ $\det(\boldsymbol{A})/\det(\boldsymbol{B})$

2. $n\times n$ 的幻方是否非奇异？用 MATLAB 命令 det(magic(n))计算 $n=3$，4，…，10 时的幻方矩阵的行列式. 看起来发生了什么？检验当 $n=24$ 和 25 时，结论是否仍然成立.

3. 令 $\boldsymbol{A}$=round(10 * rand(6)). 下列每种情形下，用 MATLAB 计算给出的另一个矩阵. 说明第二个矩阵和矩阵 $\boldsymbol{A}$ 之间的关系，并计算两个矩阵的行列式. 这些行列式之间有什么关联？

(a) $\boldsymbol{B}=\boldsymbol{A}$； $\boldsymbol{B}(2,:)=\boldsymbol{A}(1,:)$； $\boldsymbol{B}(1,:)=\boldsymbol{A}(2,:)$

(b) $\boldsymbol{C}=\boldsymbol{A}$； $\boldsymbol{C}(3,:)=4*A(3,:)$

(c) $\boldsymbol{D}=\boldsymbol{A}$； $\boldsymbol{D}(5,:)=\boldsymbol{A}(5,:)+2*\boldsymbol{A}(4,:)$

4. 我们可通过如下方法随机生成一个全部元素为 0 和 1 的 6×6 矩阵 $\boldsymbol{A}$：

$$\boldsymbol{A} = \texttt{round}(\texttt{rand}(6))$$

(a) 这些 0-1 矩阵奇异的百分比是多少？可以用 MATLAB 命令估计这个百分比：

$$\boldsymbol{y} = \texttt{zeros}(1,100);$$

然后生成 100 个测试矩阵，并且若第 j 个矩阵是奇异的，令 $y(j)=1$，否则为 0. 这可通过 MATLAB 中的 for 循环容易地实现. 循环如下：

```
for  j = 1:100
     A = round(rand(6));
     y(j) = (det(A) == 0);
end
```

(注：在一行的后面加上一个分号用于抑制输出. 建议在 for 循环中用于计算的每一行后面均添加分号.)为确定生成了多少奇异矩阵，使用 MATLAB 命令 sum($\boldsymbol{y}$). 生成的矩阵中奇异矩阵的百分比是多少？

(b) 对任意正整数 n，可以通过下面命令随机生成元素为 $0\sim n$ 的整数的矩阵 $\boldsymbol{A}$：

$$\boldsymbol{A} = \texttt{round}(n * \texttt{rand}(6))$$

若 $n=3$，采用这种方法生成的矩阵中奇异矩阵的百分比是多少？$n=6$ 呢？$n=10$ 呢？我们可采用 MATLAB 对这些问题进行估计. 对每种情况，生成 100 个测试矩阵，并确定其中多少矩阵是奇异的.

5. 若一个矩阵对舍入误差敏感，则计算得到的行列式将会与真实值有极大的不同. 作为这个问题的例子，令

$$\boldsymbol{U} = \text{round}(100 * \text{rand}(10)); \qquad \boldsymbol{U} = \text{triu}(\boldsymbol{U},1) + 0.1 * \text{eye}(10)$$

理论上，

$$\det(\boldsymbol{U}) = \det(\boldsymbol{U}^{\mathrm{T}}) = 10^{-10}$$

且

$$\det(\boldsymbol{U}\boldsymbol{U}^{\mathrm{T}}) = \det(\boldsymbol{U})\det(\boldsymbol{U}^{\mathrm{T}}) = 10^{-20}$$

用 MATLAB 计算 $\det(\boldsymbol{U})$，$\det(\boldsymbol{U}')$和 $\det(\boldsymbol{U} * \boldsymbol{U}')$. 计算结果和理论值是否相同？

6. 用 MATLAB 构造矩阵 $\boldsymbol{A}$：

$$\boldsymbol{A} = \text{vander}(1:6); \qquad \boldsymbol{A} = \boldsymbol{A} - \text{diag}(\text{sum}(\boldsymbol{A}'))$$

(a) 由构造，$\boldsymbol{A}$ 的每一行所有元素的和均为零. 为检测结论，令 $\boldsymbol{x}$=ones(6, 1)，并用 MATLAB 计算乘积 $\boldsymbol{Ax}$. 矩阵 $\boldsymbol{A}$ 应为奇异的. 为什么？试说明理由. 用 MATLAB 函数 det 和 inv 计算 $\det(\boldsymbol{A})$和 $\boldsymbol{A}^{-1}$. 哪一个 MATLAB 函数作为奇异性的指示函数更可靠？

(b) 用 MATLAB 计算 $\det(\boldsymbol{A}^{\mathrm{T}})$. 计算得到的 $\det(\boldsymbol{A})$和 $\det(\boldsymbol{A}^{\mathrm{T}})$是否相等？另一种检测矩阵是否奇异的方法是计算它的行最简形. 用 MATLAB 计算 $\boldsymbol{A}$ 和 $\boldsymbol{A}^{\mathrm{T}}$ 的行最简形.

(c) 为看清问题在哪里，知道利用 MATLAB 如何计算行列式是很有帮助的. MATLAB 计算行列式的方法是，首先将矩阵进行 LU 分解. 矩阵 $\boldsymbol{L}$ 的行列式为± 1，正负号依赖于在计算过程中进行了奇数或偶数次行交换. $\boldsymbol{A}$ 的行列式的计算值是 $\boldsymbol{U}$ 的对角线元素的乘积乘以 $\det(\boldsymbol{L})=\pm 1$ 得到. 特别地，如果初始矩阵的元素为整数，则行列式的准确值应为整数. 此时 MATLAB 将把它计算的结果舍入到最接近的整数. 为看出对初始矩阵做了什么，使用下列命令进行计算，并显示因子 $\boldsymbol{U}$.

110

```
format short e
[L,U] = lu(A);U
```

在精确算术运算时 $\boldsymbol{U}$ 应为奇异的. 计算得到的 $\boldsymbol{U}$ 是奇异的吗？如果不是，哪里有问题？使用如下命令观察计算 $d=\det(\boldsymbol{A})$的余下过程：

```
format  short
d = prod(diag(U))
```

测试题 A——判断正误

对下列各题，当命题总是成立时回答真(true)，否则回答假(false). 如果命题为真，说明或证明你的结论. 如果命题为假，举例说明该命题并不总是成立的. 对下列每种情况，假设所有矩阵为 $n\times n$ 的.

1. $\det(\boldsymbol{AB})=\det(\boldsymbol{BA})$
2. $\det(\boldsymbol{A}+\boldsymbol{B})=\det(\boldsymbol{A})+\det(\boldsymbol{B})$
3. $\det(c\boldsymbol{A})=c\det(\boldsymbol{A})$
4. $\det((\boldsymbol{AB})^{\mathrm{T}})=\det(\boldsymbol{A})\det(\boldsymbol{B})$
5. $\det(\boldsymbol{A})=\det(\boldsymbol{B})$可推出 $\boldsymbol{A}=\boldsymbol{B}$.
6. $\det(\boldsymbol{A}^k)=\det(\boldsymbol{A})^k$
7. 一个三角形矩阵是非奇异的当且仅当它的对角线上的元素全不为零.
8. 若 $\boldsymbol{x}$ 为 $\mathbf{R}^n$ 中的非零向量，且 $\boldsymbol{Ax}=\boldsymbol{0}$，则 $\det(\boldsymbol{A})=0$.
9. 若 $\boldsymbol{A}$ 和 $\boldsymbol{B}$ 为行等价矩阵，则它们的行列式相等.
10. 若 $\boldsymbol{A}\neq\boldsymbol{O}$，但 $\boldsymbol{A}^k=\boldsymbol{O}$(其中 $\boldsymbol{O}$ 为零矩阵)对某正整数 k 成立，则 $\boldsymbol{A}$ 必为奇异的.

测试题 B

1. 令 $\boldsymbol{A}$ 和 $\boldsymbol{B}$ 为 3×3 矩阵，且 $\det(\boldsymbol{A})=4$，$\det(\boldsymbol{B})=6$，令 $\boldsymbol{E}$ 为第Ⅰ类初等矩阵．计算下列各值：

   (a) $\det\left(\frac{1}{2}\boldsymbol{A}\right)$

   (b) $\det(\boldsymbol{B}^{-1}\boldsymbol{A}^{\mathrm{T}})$

   (c) $\det(\boldsymbol{E}\boldsymbol{A}^2)$

2. 令

$$\boldsymbol{A}=\begin{bmatrix} x & 1 & 1 \\ 1 & x & -1 \\ -1 & -1 & x \end{bmatrix}$$

   (a) 计算 $\det(\boldsymbol{A})$ 的值(答案应表示为 x 的函数)．

   (b) x 取何值时，矩阵为奇异的？试说明．

3. 给定矩阵

$$\boldsymbol{A}=\begin{bmatrix} 1 & 1 & 1 & 1 \\ 1 & 2 & 3 & 4 \\ 1 & 3 & 6 & 10 \\ 1 & 4 & 10 & 20 \end{bmatrix}$$

   (a) 求 $\boldsymbol{A}$ 的 LU 分解．

   (b) 利用 LU 分解求 $\det(\boldsymbol{A})$ 的值．

4. 若 $\boldsymbol{A}$ 为 $n\times n$ 非奇异矩阵，证明：$\boldsymbol{A}^{\mathrm{T}}\boldsymbol{A}$ 为非奇异的，且 $\det(\boldsymbol{A}^{\mathrm{T}}\boldsymbol{A})>0$．

5. 令 $\boldsymbol{A}$ 为 $n\times n$ 矩阵．证明：若对某非奇异矩阵 $\boldsymbol{S}$ 有 $\boldsymbol{B}=\boldsymbol{S}^{-1}\boldsymbol{A}\boldsymbol{S}$，则 $\det(\boldsymbol{B})=\det(\boldsymbol{A})$．

6. 令 $\boldsymbol{A}$ 和 $\boldsymbol{B}$ 为 $n\times n$ 矩阵，并令 $\boldsymbol{C}=\boldsymbol{A}\boldsymbol{B}$．用行列式证明：如果 $\boldsymbol{A}$ 或 $\boldsymbol{B}$ 为奇异的，则 $\boldsymbol{C}$ 必为奇异的．

7. 令 $\boldsymbol{A}$ 为 $n\times n$ 矩阵，并令 λ 为一标量．证明：

$$\det(\boldsymbol{A}-\lambda\boldsymbol{I})=0$$

   的充要条件为

$$\boldsymbol{A}\boldsymbol{x}=\lambda\boldsymbol{x},\quad 对某\ \boldsymbol{x}\neq\boldsymbol{0}\ 成立$$

8. 令 $\boldsymbol{x}$ 和 $\boldsymbol{y}$ 为 $\mathbf{R}^n$ 中的向量，其中 $n>1$．证明：若 $\boldsymbol{A}=\boldsymbol{x}\boldsymbol{y}^{\mathrm{T}}$，则 $\det(\boldsymbol{A})=0$．

9. 令 $\boldsymbol{x}$ 和 $\boldsymbol{y}$ 为 $\mathbf{R}^n$ 中不相同的向量(即 $\boldsymbol{x}\neq\boldsymbol{y}$)，并令 $\boldsymbol{A}$ 为 $n\times n$ 矩阵，满足性质 $\boldsymbol{A}\boldsymbol{x}=\boldsymbol{A}\boldsymbol{y}$．证明 $\det(\boldsymbol{A})=0$．

10. 令 $\boldsymbol{A}$ 为元素是整数的矩阵．若 $|\det(\boldsymbol{A})|=1$，则你能否知道 $\boldsymbol{A}^{-1}$ 的元素是什么类型的？试说明．

111

第3章 向量空间

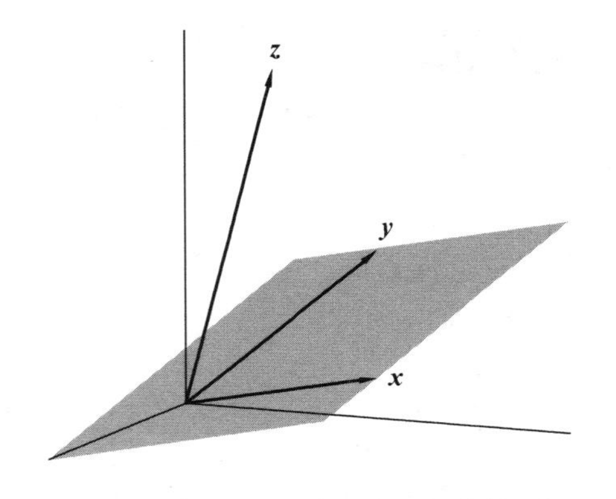

加法和标量乘法的运算在很多数学领域中都有使用. 然而，如果不考虑领域的话，这些运算通常遵循着统一的代数法则. 因此，关于涉及加法和标量乘法的数学系统的一般性定理可能也可应用在很多数学领域中. 这种数学系统称为向量空间或线性空间. 本章将给出向量空间的定义，并给出某些一般性的定理.

3.1 定义和例子

本节我们给出向量空间的定义. 在此之前，首先看一些例子. 我们从欧几里得向量空间 $\mathbf{R}^n$ 开始.

欧几里得向量空间

也许最基本的向量空间就是欧几里得向量空间 $\mathbf{R}^n$，$n=1, 2, \cdots$. 为简单起见，我们首先考虑 $\mathbf{R}^2$. $\mathbf{R}^2$ 中的非零向量在几何上可表示为有向线段. 这种几何表示将有助于我们理解 $\mathbf{R}^2$ 中标量乘法和加法运算的作用. 给定一个非零向量 $\boldsymbol{x}=\begin{bmatrix} x_1 \\ x_2 \end{bmatrix}$，可将其和一个坐标平面上从(0, 0)到$(x_1, x_2)$的有向线段对应起来(参见图 3.1.1). 如果将有相同长度和方向的线段看成是相同的(见图 3.1.2)，则 $\boldsymbol{x}$ 可用任何从(a, b)到$(a+x_1, b+x_2)$的线段表示.

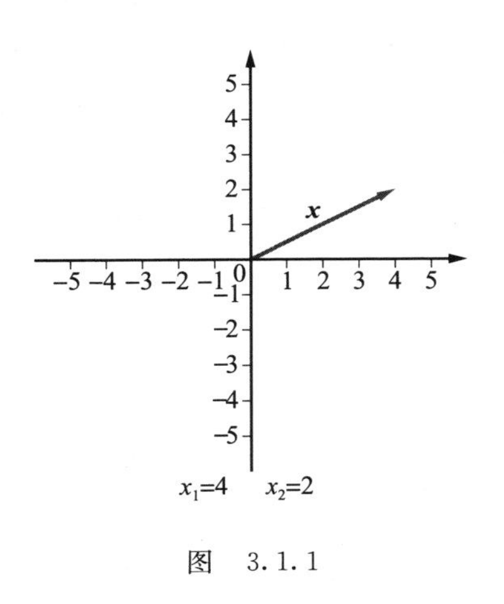

图　3.1.1

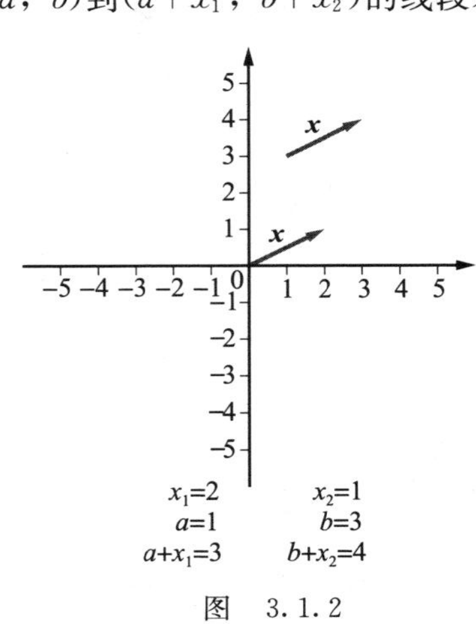

图　3.1.2

例如，$\mathbf{R}^2$ 中的向量 $\boldsymbol{x}=\begin{bmatrix}2\\1\end{bmatrix}$可以表示为从(2，2)到(4，3)或从(−1，−1)到(1，0)的有向线段，如图 3.1.3 所示.

我们将向量 $\boldsymbol{x}=\begin{bmatrix}x_1\\x_2\end{bmatrix}$的欧几里得长度看成是任何表示 $\boldsymbol{x}$ 的有向线段的长度. 从(0，0)到(x_1，x_2)的有向线段长度为$\sqrt{x_1^2+x_2^2}$(见图 3.1.4). 对每一向量 $\boldsymbol{x}=\begin{bmatrix}x_1\\x_2\end{bmatrix}$和每一标量 α，乘积 $\alpha\boldsymbol{x}$ 定义为

$$\alpha\begin{bmatrix}x_1\\x_2\end{bmatrix}=\begin{bmatrix}\alpha x_1\\\alpha x_2\end{bmatrix}$$

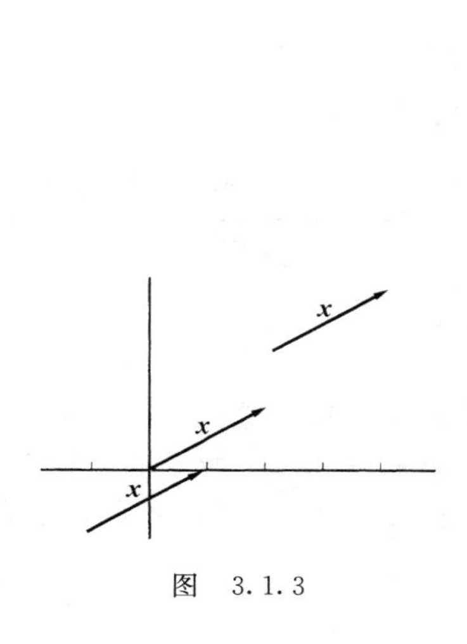

图　3.1.3

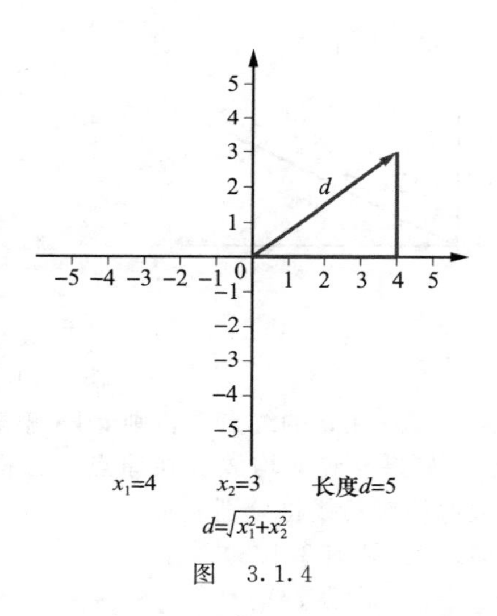

图　3.1.4

113

例如，如图 3.1.5 所示，设 $\boldsymbol{x}=\begin{bmatrix}2\\1\end{bmatrix}$，则

$$-\boldsymbol{x}=\begin{bmatrix}-2\\-1\end{bmatrix},\quad 3\boldsymbol{x}=\begin{bmatrix}6\\3\end{bmatrix},\quad -2\boldsymbol{x}=\begin{bmatrix}-4\\-2\end{bmatrix}$$

向量 $3\boldsymbol{x}$ 的方向和 $\boldsymbol{x}$ 相同，但长度为 $\boldsymbol{x}$ 的 3 倍，如图 3.1.5c 所示. 向量$-\boldsymbol{x}$ 和 $\boldsymbol{x}$ 有相同的长度，但它指向相反的方向，如图 3.1.5b 所示. 向量$-2\boldsymbol{x}$ 的长度为 $\boldsymbol{x}$ 的 2 倍，且方向和$-\boldsymbol{x}$ 相同，如图 3.1.5d 所示. 两个向量

$$\boldsymbol{u}=\begin{bmatrix}u_1\\u_2\end{bmatrix}\quad 和\quad \boldsymbol{v}=\begin{bmatrix}v_1\\v_2\end{bmatrix}$$

的和定义为

$$\boldsymbol{u}+\boldsymbol{v}=\begin{bmatrix}u_1+v_1\\u_2+v_2\end{bmatrix}$$

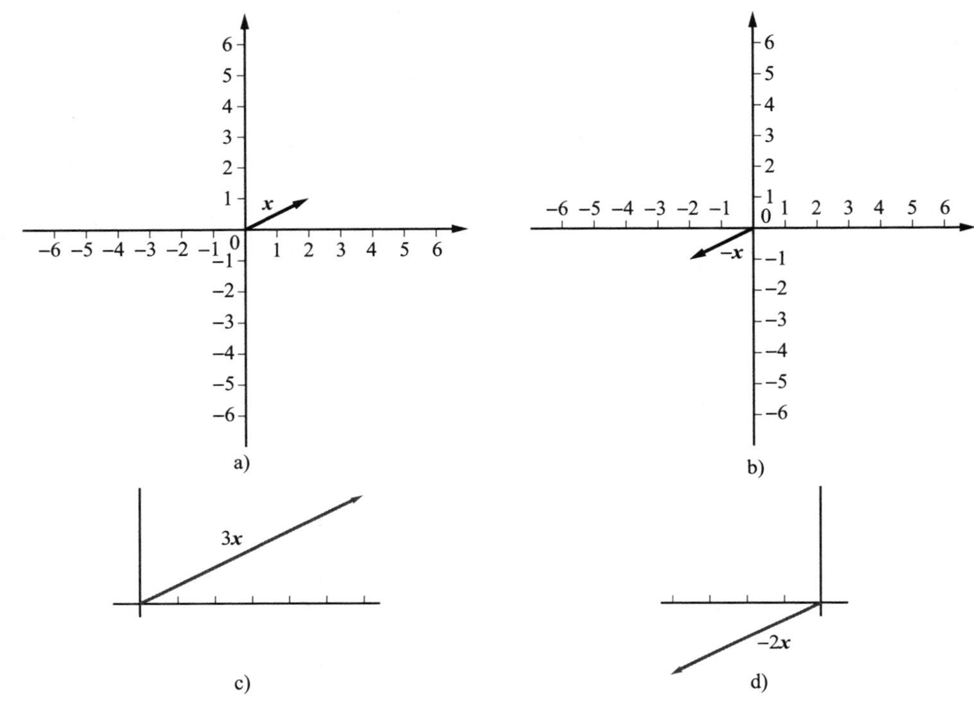

图　3.1.5

注意，若 $\boldsymbol{v}$ 放置在 $\boldsymbol{u}$ 的终点上，则 $\boldsymbol{u}+\boldsymbol{v}$ 就表示为从 $\boldsymbol{u}$ 的起点到 $\boldsymbol{v}$ 的终点的有向线段(见图 3.1.6). 如果 $\boldsymbol{u}$ 和 $\boldsymbol{v}$ 均放置在原点，且构成一个如图 3.1.7 所示的平行四边形，则该平行四边形的对角线将分别表示 $\boldsymbol{u}+\boldsymbol{v}$ 与 $\boldsymbol{v}-\boldsymbol{u}$. 类似地，$\mathbf{R}^3$ 中的向量可表示为 3 维空间中的有向线段(见图 3.1.8).

114

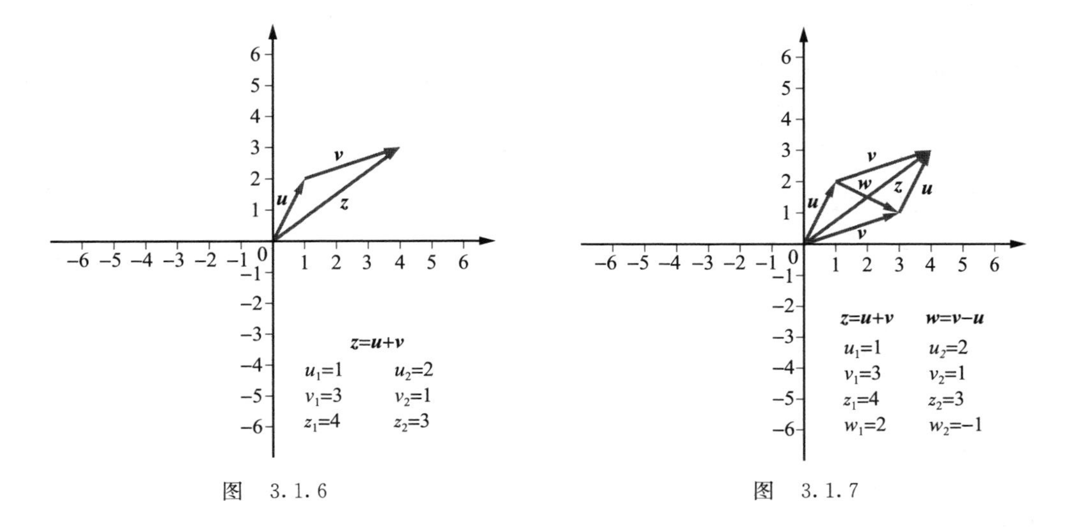

图　3.1.6　　　　图　3.1.7

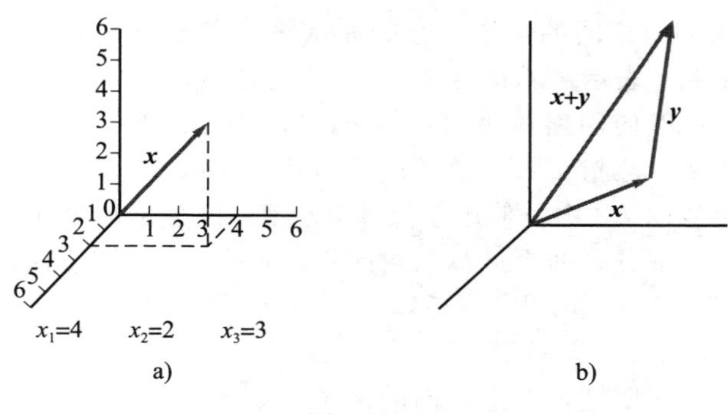

图 3.1.8

一般地，$\mathbf{R}^n$ 中的标量乘法和加法定义为

$$\alpha \boldsymbol{x} = \begin{bmatrix} \alpha x_1 \\ \alpha x_2 \\ \vdots \\ \alpha x_n \end{bmatrix} \quad 和 \quad \boldsymbol{x}+\boldsymbol{y} = \begin{bmatrix} x_1+y_1 \\ x_2+y_2 \\ \vdots \\ x_n+y_n \end{bmatrix}$$

其中 $\boldsymbol{x}$，$\boldsymbol{y}\in\mathbf{R}^n$，且 α 为标量.

向量空间 $\mathbf{R}^{m\times n}$

我们也可以将 $\mathbf{R}^n$ 空间看成是所有元素都是实数的 $n\times 1$ 矩阵的集合. $\mathbf{R}^n$ 中向量的加法和标量乘法就是通常的矩阵的加法和标量乘法. 更一般地，用 $\mathbf{R}^{m\times n}$表示所有 $m\times n$ 实矩阵的集合. 若 $\boldsymbol{A}=[a_{ij}]$，且 $\boldsymbol{B}=[b_{ij}]$，则它们的和 $\boldsymbol{A}+\boldsymbol{B}$ 定义为 $m\times n$ 矩阵 $\boldsymbol{C}=[c_{ij}]$，其中 $c_{ij}=a_{ij}+b_{ij}$. 给定一标量 α，可定义$\alpha\boldsymbol{A}$为$m\times n$矩阵，它的(i, j)元素为 αa_{ij}. 于是，根据 $\mathbf{R}^{m\times n}$集合上运算的定义，可以建立一个数学体系. $\mathbf{R}^{m\times n}$上的加法运算和标量乘法运算遵循着特定的代数法则. 这些法则构成了定义向量空间概念的公理.

115

向量空间的公理

定义 令 V 为一定义了加法和标量乘法运算的集合. 这意味着对 V 中的每一对元素 $\boldsymbol{x}$ 和 $\boldsymbol{y}$，可唯一对应于 V 中的一个元素 $\boldsymbol{x}+\boldsymbol{y}$，且对每一个 V 中的元素 $\boldsymbol{x}$ 和每一个标量 α，可唯一对应于 V 中的元素 $\alpha\boldsymbol{x}$. 如果集合 V 连同其上的加法和标量乘法运算满足下面的公理，则称为**向量空间**(vector space).

A1. 对 V 中的任何 $\boldsymbol{x}$ 和 $\boldsymbol{y}$，$\boldsymbol{x}+\boldsymbol{y}=\boldsymbol{y}+\boldsymbol{x}$.

A2. 对 V 中的任何 $\boldsymbol{x}$，$\boldsymbol{y}$ 和 $\boldsymbol{z}$，$(\boldsymbol{x}+\boldsymbol{y})+\boldsymbol{z}=\boldsymbol{x}+(\boldsymbol{y}+\boldsymbol{z})$.

A3. V 中存在一个元素 $\mathbf{0}$，满足对任意的 $\boldsymbol{x}\in V$ 有 $\boldsymbol{x}+\mathbf{0}=\boldsymbol{x}$.

A4. 对每一 $\boldsymbol{x}\in V$，存在 V 中的一个元素 $-\boldsymbol{x}$，满足 $\boldsymbol{x}+(-\boldsymbol{x})=\mathbf{0}$.

A5. 对任意标量 α 和 V 中的元素 $\boldsymbol{x}$ 和 $\boldsymbol{y}$，有 $\alpha(\boldsymbol{x}+\boldsymbol{y})=\alpha\boldsymbol{x}+\alpha\boldsymbol{y}$.

A6. 对任意标量 α 和 β 及 $\boldsymbol{x}\in V$，有 $(\alpha+\beta)\boldsymbol{x}=\alpha\boldsymbol{x}+\beta\boldsymbol{x}$.

A7. 对任意标量 α 和 β 及 $\boldsymbol{x}\in V$，有 $(\alpha\beta)\boldsymbol{x}=\alpha(\beta\boldsymbol{x})$.

A8. 对所有 $\boldsymbol{x}\in V$，有 $1\cdot\boldsymbol{x}=\boldsymbol{x}$.

我们称集合 V 为向量空间的全集．它的元素称为**向量**(vector)，并常用黑斜体小写字母 $\boldsymbol{u}$，$\boldsymbol{v}$，$\boldsymbol{w}$，$\boldsymbol{x}$，$\boldsymbol{y}$ 和 $\boldsymbol{z}$ 表示．术语标量(scalar)通常是指实数，尽管在某些情况下，它还用于指复数．标量一般使用斜体小写字母 a，b，c 或希腊字母 α，β，γ 来表示．在本书前五章中，术语标量一般指实数．通常用实向量空间(real vector space)表示标量的集合，即实数集合．在公理 A3 中，使用了黑体 $\mathbf{0}$，用以区分零向量和标量 0.

定义中一个重要的部分是两个运算的封闭性．这个性质可以归纳如下：

C1. 若 $\boldsymbol{x}\in V$，且 α 为标量，则 $\alpha\boldsymbol{x}\in V$.

C2. 若 $\boldsymbol{x}$，$\boldsymbol{y}\in V$，则 $\boldsymbol{x}+\boldsymbol{y}\in V$.

为说明封闭性质的必要性，考虑下面的例子．令

$$W=\{(a,1)\mid a\text{ 是实数}\}$$

在其上按照通常的方法定义加法和标量乘法．对 W 中的元素(3，1)和(5，1)，它们的和

116

$$(3,1)+(5,1)=(8,2)$$

却不是 W 中的元素．$+$运算不是定义在集合 W 上的，因为性质 C2 不成立．类似地，标量乘法也不是定义在 W 上的，因为性质 C1 不成立．集合 W 连同加法运算和标量乘法运算不是向量空间.

另一方面，如果给定一个集合 U，并在其上定义了满足性质 C1 和 C2 的加法运算和标量乘法运算，则必须检验向量空间的 8 个公理是否满足，以确定 U 是否为向量空间．我们将 $\mathbf{R}^n$ 和 $\mathbf{R}^{m\times n}$ 连同通常的矩阵加法和标量乘法均为向量空间的验证留给读者．还有很多重要的向量空间的例子.

向量空间 $C[a,b]$

用 $C[a,b]$表示所有定义在闭区间$[a,b]$上的实值连续函数．此时，全集为一个函数集合．因此，我们的向量为 $C[a,b]$中的函数．$C[a,b]$中两个函数的和 $f+g$ 定义为对所有$[a,b]$中的 x，

$$(f+g)(x)=f(x)+g(x)$$

新函数 $f+g$ 也是 $C[a,b]$的元素，因为两个连续函数的和仍为连续函数．若 f 为 $C[a,b]$中的函数，α 为一个实数，则 αf 定义为对所有$[a,b]$中的 x，

$$(\alpha f)(x)=\alpha f(x)$$

显然，αf 是 $C[a,b]$中的元素，因为一个常数乘以一个连续函数也总是连续函数．因此，在 $C[a,b]$上，我们定义了加法和标量乘法运算．为证明满足第一个公理，即 $f+g=g+f$，我们必须证明

$$(f+g)(x)=(g+f)(x),\quad \text{对所有}[a,b]\text{ 中的 } x \text{ 成立}$$

这个结论是成立的，因为对所有$[a,b]$中的 x，有

$$(f+g)(x)=f(x)+g(x)=g(x)+f(x)=(g+f)(x)$$

公理 A3 是成立的，因为函数

$$z(x)=0,\quad \text{对所有}[a,b]\text{ 中的 } x$$

就是零向量．因此

$$f+z=f,\quad \text{对所有 } C[a,b] \text{ 中的 } f \text{ 成立}$$

我们将向量空间其他公理均成立的验证留给读者.

117

向量空间 P_n

令 P_n 表示次数小于 n 的所有多项式的集合. 对所有的实数 x，定义 $p+q$ 和 αp 分别为

$$(p+q)(x) = p(x)+q(x)$$

且

$$(\alpha p)(x) = \alpha p(x)$$

此时，零向量是零多项式：

$$z(x) = 0x^{n-1}+0x^{n-2}+\cdots+0x+0$$

容易验证向量空间的所有公理都成立. 因此 P_n 连同一般的函数加法和标量乘法构成一个向量空间.

向量空间的其他性质

我们用向量空间中的三个更基本的定理来结束本节. 其他重要的性质在练习 7、8 和 9 中给出.

定理 3.1.1 *若 V 为向量空间，且 $\boldsymbol{x}$ 为 V 的任一元素，则*

(i) $0\boldsymbol{x}=\boldsymbol{0}$.

(ii) $\boldsymbol{x}+\boldsymbol{y}=\boldsymbol{0}$ *蕴涵* $\boldsymbol{y}=-\boldsymbol{x}$*(即 $\boldsymbol{x}$ 的加法逆元是唯一的).*

(iii) $(-1)\boldsymbol{x}=-\boldsymbol{x}$.

证 由公理 A6 和公理 A8，有

$$\boldsymbol{x} = 1\boldsymbol{x} = (1+0)\boldsymbol{x} = 1\boldsymbol{x}+0\boldsymbol{x} = \boldsymbol{x}+0\boldsymbol{x}$$

因此，

$$-\boldsymbol{x}+\boldsymbol{x}=-\boldsymbol{x}+(\boldsymbol{x}+0\boldsymbol{x}) = (-\boldsymbol{x}+\boldsymbol{x})+0\boldsymbol{x} \qquad \text{(A2)}$$

$$\boldsymbol{0}= \boldsymbol{0}+0\boldsymbol{x} = 0\boldsymbol{x} \qquad \text{(A1、A3 和 A4)}$$

为证明(ii)，假设 $\boldsymbol{x}+\boldsymbol{y}=\boldsymbol{0}$. 则

$$-\boldsymbol{x} =-\boldsymbol{x}+\boldsymbol{0} =-\boldsymbol{x}+(\boldsymbol{x}+\boldsymbol{y})$$

故

$$-\boldsymbol{x} = (-\boldsymbol{x}+\boldsymbol{x})+\boldsymbol{y} = \boldsymbol{0}+\boldsymbol{y} = \boldsymbol{y} \qquad \text{(A1、A2、A3 和 A4)}$$

最后，为证明(iii)，注意到

$$\boldsymbol{0} = 0\boldsymbol{x} = (1+(-1))\boldsymbol{x} = 1\boldsymbol{x}+(-1)\boldsymbol{x} \qquad \text{((i) 和 A6)}$$

因此，

$$\boldsymbol{x}+(-1)\boldsymbol{x} = \boldsymbol{0} \qquad \text{(A8)}$$

并由结论(ii)有

$$(-1)\boldsymbol{x} =-\boldsymbol{x}$$

■

118

3.1 节练习

1. 考虑 $\mathbf{R}^2$ 中的向量 $\boldsymbol{x}_1=(8, 6)^{\mathrm{T}}$ 和 $\boldsymbol{x}_2=(4, -1)^{\mathrm{T}}$.
   (a) 求每一向量的长度.

(b) 令 $\boldsymbol{x}_3=\boldsymbol{x}_1+\boldsymbol{x}_2$. 求 $\boldsymbol{x}_3$ 的长度. 它的长度与 $\boldsymbol{x}_1$ 和 $\boldsymbol{x}_2$ 长度的和有什么关系?

(c) 画图说明在几何上如何利用 $\boldsymbol{x}_1$ 和 $\boldsymbol{x}_2$ 构造 $\boldsymbol{x}_3$. 利用这个图形给出你在(b)中得到的答案的一个几何解释.

2. 重复练习1,取向量 $\boldsymbol{x}_1=(2,1)^{\mathrm{T}}$ 和 $\boldsymbol{x}_2=(6,3)^{\mathrm{T}}$.

3. 令 C 为复数集合. 定义 C 上的加法为

$$(a+b\mathrm{i})+(c+d\mathrm{i})=(a+c)+(b+d)\mathrm{i}$$

并定义标量乘法为对所有实数 α,

$$\alpha(a+b\mathrm{i})=\alpha a+\alpha b\mathrm{i}$$

证明:在这些运算下,C 为向量空间.

4. 证明:$\mathbf{R}^{m\times n}$ 连同通常的矩阵加法和标量乘法满足向量空间的8个公理.

5. 证明:$C[a,b]$连同通常的函数标量乘法和加法满足向量空间的8个公理.

6. 令 P 为所有多项式的集合. 证明:P 连同通常的函数加法和标量乘法构成向量空间.

7. 证明:$\mathbf{0}$ 元素在向量空间中是唯一的.

8. 令 $\boldsymbol{x}$,$\boldsymbol{y}$ 和 $\boldsymbol{z}$ 为向量空间 V 中的向量. 证明:若

$$\boldsymbol{x}+\boldsymbol{y}=\boldsymbol{x}+\boldsymbol{z}$$

则 $\boldsymbol{y}=\boldsymbol{z}$.

9. 令 V 为向量空间,并令 $\boldsymbol{x}\in V$. 证明:

(a) 对每一个标量 β,$\beta\mathbf{0}=\mathbf{0}$.

(b) 若 $\alpha\boldsymbol{x}=\mathbf{0}$,则 $\alpha=0$ 或 $\boldsymbol{x}=\mathbf{0}$.

10. 令 S 为所有有序实数对的集合. 定义 S 上的标量乘法和加法为

$$\alpha(x_1,x_2)=(\alpha x_1,\alpha x_2)$$
$$(x_1,x_2)\oplus(y_1,y_2)=(x_1+y_1,0)$$

我们用符号$\oplus$表示该系统的加法,以避免和通常行向量的加法 $\boldsymbol{x}+\boldsymbol{y}$ 混淆. 证明:S 连同普通的标量乘法和加法运算$\oplus$不构成向量空间. 8个公理中的哪个不满足呢?

11. 令 V 为所有有序实数对的集合,并定义加法为

$$(x_1,x_2)+(y_1,y_2)=(x_1+y_1,x_2+y_2)$$

标量乘法为

$$\alpha\circ(x_1,x_2)=(\alpha x_1,x_2)$$

该系统的标量乘法采用了不同的定义方法,因此,我们使用符号$\circ$,以避免和通常行向量的标量乘法混淆. V 连同这些运算是否构成向量空间?验证你的答案.

12. 令 $\mathbf{R}^+$ 表示正实数的集合. 定义标量乘法运算$\circ$为对每一 $x\in\mathbf{R}^+$ 及任何实数 α,

$$\alpha\circ x=x^{\alpha}$$

定义加法运算$\oplus$为

$$x\oplus y=x\cdot y,\quad 对所有的\ x,y\in\mathbf{R}^+$$

因此,该系统中-3乘以$\frac{1}{2}$的标量乘积为

$$-3\circ\frac{1}{2}=\left(\frac{1}{2}\right)^{-3}=8$$

2与5的和为

$$2\oplus 5=2\cdot 5=10$$

$\mathbf{R}^+$ 连同这些运算是否构成向量空间？证明你的结论.

13. 令 $\mathbf{R}$ 为所有实数的集合. 定义标量乘法为

$$\alpha x = \alpha \cdot x \quad (\text{通常实数的乘法})$$

定义加法(记作$\oplus$)为

$$x \oplus y = \max(x, y) \quad (\text{两个实数中的较大值})$$

$\mathbf{R}$ 连同这些运算是否构成向量空间？证明你的结论.

14. 令 $\mathbf{Z}$ 表示所有整数的集合，按照通常的意义定义加法，标量乘法(记为$\circ$)定义为

$$\alpha \circ k = [\![\alpha]\!] \cdot k, \quad k \in \mathbf{Z}$$

其中$[\![\alpha]\!]$表示不超过 α 的最大整数. 例如,

$$2.25 \circ 4 = [\![2.25]\!] \cdot 4 = 2 \cdot 4 = 8$$

证明：$\mathbf{Z}$ 连同这些运算不构成向量空间. 哪一个公理不成立呢？

15. 令 S 表示所有实数无限序列的集合，在其上定义标量乘法和加法为

$$\alpha\{a_n\} = \{\alpha a_n\}$$
$$\{a_n\} + \{b_n\} = \{a_n + b_n\}$$

证明：S 为向量空间.

16. 我们可在 P_n中的元素与 $\mathbf{R}^n$ 中的元素之间建立一一对应关系

$$p(x) = a_1 + a_2 x + \cdots + a_n x^{n-1} \leftrightarrow (a_1, \cdots, a_n)^{\mathrm{T}} = \boldsymbol{a}$$

证明：如果 $p \leftrightarrow \boldsymbol{a}$，且 $q \leftrightarrow \boldsymbol{b}$，则

(a) 对任何标量 α，$\alpha p \leftrightarrow \alpha \boldsymbol{a}$.

(b) $p + q \leftrightarrow \boldsymbol{a} + \boldsymbol{b}$.

[一般地，如果两个向量空间的元素间可以建立一一对应的关系，并在标量乘法和加法意义下保持(a)和(b)成立，则称这两个向量空间为同构的(isomorphic).]

3.2 子空间

给定一个向量空间 V，常常会用到在 V 上定义的运算意义下，V 的一个子集 S 所构成的向量空间. 由于 V 为向量空间，加法和标量乘法运算总是会得到 V 中的另外一个向量. 若要使以 V 的子集 S 作为全集的系统成为向量空间，则集合 S 必须对加法和标量乘法运算封闭. 也就是说，S 中两个元素的和仍为 S 中的元素，且一个标量和一个 S 中的元素的乘积仍为 S 中的元素.

▶**例 1** 令

$$S = \left\{ \begin{bmatrix} x_1 \\ x_2 \end{bmatrix} \middle| \, x_2 = 2x_1 \right\}$$

S 为 $\mathbf{R}^2$ 的一个子集. 若

$$\boldsymbol{x} = \begin{bmatrix} c \\ 2c \end{bmatrix}$$

为 S 的任一元素，且 α 为任意标量，则

$$\alpha \boldsymbol{x} = \alpha \begin{bmatrix} c \\ 2c \end{bmatrix} = \begin{bmatrix} \alpha c \\ 2\alpha c \end{bmatrix}$$

仍为 S 的元素．若

$$\begin{bmatrix} a \\ 2a \end{bmatrix} \quad 和 \quad \begin{bmatrix} b \\ 2b \end{bmatrix}$$

为 S 中的任意两个元素，则它们的和

$$\begin{bmatrix} a+b \\ 2a+2b \end{bmatrix} = \begin{bmatrix} a+b \\ 2(a+b) \end{bmatrix}$$

仍是 S 中的一个元素．容易看到，一个由 S（而不是 $\mathbf{R}^2$）连同 $\mathbf{R}^2$ 上的运算组成的数学系统构成向量空间． ◀

120

定义 若 S 为向量空间 V 的非空子集，且 S 满足如下条件：

(i) 对任意标量 α，若 $\boldsymbol{x}\in S$，则 $\alpha\boldsymbol{x}\in S$.

(ii) 若 $\boldsymbol{x}\in S$ 且 $\boldsymbol{y}\in S$，则 $\boldsymbol{x}+\boldsymbol{y}\in S$.

则 S 称为 V 的**子空间**(subspace).

条件(i)说明，S 在标量乘法意义下是封闭的．也就是说，S 中的一个元素乘以一个标量，其结果仍为 S 中的一个元素．条件(ii)说明，S 在加法意义下是封闭的．也就是说，两个 S 中元素的和仍为 S 中的一个元素．因此，如果利用空间 V 上的运算对 S 中的元素进行算术运算，总会得到 S 中的元素．V 的一个子空间即是一个在 V 上的运算意义下封闭的子集 S.

令 S 为向量空间 V 的一个子空间．利用 V 上的加法和标量乘法运算，我们可以构造一个新的以 S 为全集的数学系统．容易看到，这个新的系统满足向量空间的所有 8 个公理．公理 A3 和 A4 可由定理 3.1.1 和子空间定义中的条件(i)得到．其他 6 个公理对 V 中的任何元素都是成立的，特别地，对 S 中的元素也成立．因此，以 S 为全集的数学系统连同从向量空间 V 继承的两个运算满足向量空间定义中的所有条件．向量空间的任何子空间仍为向量空间．

注 1. 在向量空间 V 中，容易验证$\{\mathbf{0}\}$和 V 是 V 的子空间．所有其他子空间称为真子空间(proper subspace)．我们称$\{\mathbf{0}\}$为零子空间(zero subspace).

2. 为证明一个向量空间的子集 S 构成一个子空间，我们必须证明 S 为非空的且满足定义中的闭包性质(i)和(ii)．由于每个子空间必包含零向量，因此可以通过证明 $\mathbf{0}\in S$ 来验证 S 是非空的.

▶**例 2** 令 $S=\{(x_1, x_2, x_3)^{\mathrm{T}} \mid x_1=x_2\}$．因为 $\boldsymbol{x}=(1, 1, 0)^{\mathrm{T}}\in S$，因此 S 非空．要证明 S 为 $\mathbf{R}^3$ 的一个子空间，我们需要验证两个闭包性质成立.

(i) 若 $\boldsymbol{x}=(a, a, b)^{\mathrm{T}}$ 为 S 中的任意向量，则

$$\alpha\boldsymbol{x} = (\alpha a, \alpha a, \alpha b)^{\mathrm{T}} \in S$$

(ii) 若 $(a, a, b)^{\mathrm{T}}$ 和 $(c, c, d)^{\mathrm{T}}$ 为 S 中的任意元素，则

$$(a,a,b)^{\mathrm{T}} + (c,c,d)^{\mathrm{T}} = (a+c, a+c, b+d)^{\mathrm{T}} \in S$$

由于 S 非空且满足两个闭包条件，故 S 为 $\mathbf{R}^3$ 的子空间. ◀

121

▶**例 3** 令 $S=\left\{\begin{bmatrix} x \\ 1 \end{bmatrix} \middle| x \text{ 为实数}\right\}$．如果子空间定义中的两个条件任意一个不满足，则

S将不是子空间．此时，第一个条件不成立，因为

$$\alpha\begin{bmatrix}x\\1\end{bmatrix}=\begin{bmatrix}\alpha x\\\alpha\end{bmatrix}\notin S,\quad 若\ \alpha\neq 1$$

因此，S不是一个子空间．事实上，两个条件都不成立．S在加法意义下不封闭，因为

$$\begin{bmatrix}x\\1\end{bmatrix}+\begin{bmatrix}y\\1\end{bmatrix}=\begin{bmatrix}x+y\\2\end{bmatrix}\notin S$$ ◀

▶**例 4** 令 $S=\{A\in\mathbf{R}^{2\times 2}\mid a_{12}=-a_{21}\}$．集合$S$是非空的，因为$\boldsymbol{O}$(零矩阵)在$S$中．为证明$S$是一个子空间，我们验证其满足闭包性质：

(i) 若$\boldsymbol{A}\in S$，则A必形如

$$\boldsymbol{A}=\begin{bmatrix}a & b\\-b & c\end{bmatrix}$$

因此，

$$\alpha\boldsymbol{A}=\begin{bmatrix}\alpha a & \alpha b\\-\alpha b & \alpha c\end{bmatrix}$$

由于$\alpha\boldsymbol{A}$的(2，1)元素为负的(1，2)元素，所以$\alpha\boldsymbol{A}\in S$.

(ii) 若$\boldsymbol{A}$，$\boldsymbol{B}\in S$，则它们必形如

$$\boldsymbol{A}=\begin{bmatrix}a & b\\-b & c\end{bmatrix}\quad 和\quad \boldsymbol{B}=\begin{bmatrix}d & e\\-e & f\end{bmatrix}$$

由此得到

$$\boldsymbol{A}+\boldsymbol{B}=\begin{bmatrix}a+d & b+e\\-(b+e) & c+f\end{bmatrix}$$

于是$\boldsymbol{A}+\boldsymbol{B}\in S$. ◀

▶**例 5** 令S为所有次数小于n的多项式集合，且$p(0)=0$．集合S为非空的，因为它含有零多项式．我们说S为P_n的子空间．因为：

(i) 若$p(x)\in S$，且α为标量，则

$$\alpha p(0)=\alpha\cdot 0=0$$

因此，$\alpha p\in S$.

(ii) 若$p(x)$和$q(x)$为S中的元素，则

$$(p+q)(0)=p(0)+q(0)=0+0=0$$

因此$p+q\in S$. ◀

▶**例 6** 令$C^n[a,b]$为定义在$[a,b]$上的n阶连续可导函数f的集合．我们将$C^n[a,b]$是$C[a,b]$的子空间的验证留给读者． ◀ 122

▶**例 7** 函数$f(x)=|x|\in C[-1,1]$，但它在$x=0$处不可导，因此，它不属于$C^1[-1,1]$．这说明$C^1[-1,1]$是$C[-1,1]$的真子空间．函数$g(x)=x|x|\in C^1[-1,1]$，因为它在$[-1,1]$内的任何一点可导，且$g'(x)=2|x|$在$[-1,1]$内连续．然而$g\notin C^2[-1,1]$，因为$g''(x)$在$x=0$点无定义．因此，向量空间$C^2[-1,1]$为$C[-1,1]$和$C^1[-1,1]$的真子空间． ◀

▶**例 8**　令 S 为 $C^2[a, b]$中所有函数 f 的集合，满足对所有属于$[a, b]$的 x，有

$$f''(x)+f(x)=0$$

则集合 S 非空，因为零函数属于 S. 若 $f\in S$，且 α 为任一标量，则对所有属于$[a, b]$的 x，有

$$\begin{aligned}(\alpha f)''(x)+(\alpha f)(x)&=\alpha f''(x)+\alpha f(x)\\&=\alpha(f''(x)+f(x))=\alpha\cdot 0=0\end{aligned}$$

因此 $\alpha f\in S$. 若 f 和 g 均属于 S，则

$$\begin{aligned}(f+g)''(x)+(f+g)(x)&=f''(x)+g''(x)+f(x)+g(x)\\&=[f''(x)+f(x)]+[g''(x)+g(x)]\\&=0+0=0\end{aligned}$$

因此，所有$[a, b]$上微分方程 $y''+y=0$ 的解构成 $C^2[a, b]$的一个子空间. 注意 $f(x)=\sin x$ 和$g(x)=\cos x$ 均属于 S. 由于 S 是子空间，因此任何形如 $c_1\sin x+c_2\cos x$ 的函数也必属于 S. 容易验证，这样的函数是$y''+y=0$ 的解. ◀

矩阵的零空间

令 $\mathbf{A}$ 为 $m\times n$ 矩阵. 令 $N(\mathbf{A})$为所有齐次方程组 $\mathbf{Ax}=\mathbf{0}$ 的解的集合. 于是

$$N(\mathbf{A})=\{\mathbf{x}\in\mathbf{R}^n\,|\,\mathbf{Ax}=\mathbf{0}\}$$

我们说 $N(\mathbf{A})$为 $\mathbf{R}^n$ 的子空间. 显然 $\mathbf{0}\in N(\mathbf{A})$，所以 $N(\mathbf{A})$非空. 若 $\mathbf{x}\in N(\mathbf{A})$，且 α 为一标量，则

$$\mathbf{A}(\alpha\mathbf{x})=\alpha\mathbf{Ax}=\alpha\mathbf{0}=\mathbf{0}$$

因此 $\alpha\mathbf{x}\in N(\mathbf{A})$. 若 $\mathbf{x}$ 和 $\mathbf{y}$ 都是 $N(\mathbf{A})$中的元素，则

$$\mathbf{A}(\mathbf{x}+\mathbf{y})=\mathbf{Ax}+\mathbf{Ay}=\mathbf{0}+\mathbf{0}=\mathbf{0}$$

因此，$\mathbf{x}+\mathbf{y}\in N(\mathbf{A})$. 由此得到 $N(\mathbf{A})$是 $\mathbf{R}^n$ 的一个子空间. 所有齐次方程组 $\mathbf{Ax}=\mathbf{0}$ 的解的集合构成了 $\mathbf{R}^n$ 的一个子空间. 子空间 $N(\mathbf{A})$称为 $\mathbf{A}$ 的零空间(nullspace).

▶**例 9**　若

$$\mathbf{A}=\begin{bmatrix}1&1&1&0\\2&1&0&1\end{bmatrix}$$

123

求 $N(\mathbf{A})$.

解　用高斯-若尔当消元法求解 $\mathbf{Ax}=\mathbf{0}$，我们得到

$$\left[\begin{array}{cccc|c}1&1&1&0&0\\2&1&0&1&0\end{array}\right]\to\left[\begin{array}{cccc|c}1&1&1&0&0\\0&-1&-2&1&0\end{array}\right]$$

$$\to\left[\begin{array}{cccc|c}1&0&-1&1&0\\0&-1&-2&1&0\end{array}\right]\to\left[\begin{array}{cccc|c}1&0&-1&1&0\\0&1&2&-1&0\end{array}\right]$$

行最简形包含两个自由变量，即 x_3 和 x_4：

$$\begin{aligned}x_1&=x_3-x_4\\x_2&=-2x_3+x_4\end{aligned}$$

因此，若令 $x_3=\alpha$，$x_4=\beta$，则

$$\boldsymbol{x}=\begin{bmatrix}\alpha-\beta\\-2\alpha+\beta\\\alpha\\\beta\end{bmatrix}=\alpha\begin{bmatrix}1\\-2\\1\\0\end{bmatrix}+\beta\begin{bmatrix}-1\\1\\0\\1\end{bmatrix}$$

为 $\boldsymbol{Ax}=\boldsymbol{0}$ 的一个解. 向量空间 $N(\boldsymbol{A})$包含所有形如

$$\alpha\begin{bmatrix}1\\-2\\1\\0\end{bmatrix}+\beta\begin{bmatrix}-1\\1\\0\\1\end{bmatrix}$$

的向量，其中 α 和 β 为标量. ◀

向量集合的张成

定义　令 $\boldsymbol{v}_1$，$\boldsymbol{v}_2$，…，$\boldsymbol{v}_n$ 为向量空间 V 中的向量. $\alpha_1\boldsymbol{v}_1+\alpha_2\boldsymbol{v}_2+\cdots+\alpha_n\boldsymbol{v}_n$(其中 α_1，α_2，…，α_n 为标量)称为向量 $\boldsymbol{v}_1$，$\boldsymbol{v}_2$，…，$\boldsymbol{v}_n$ 的**线性组合**(linear combination). 向量 $\boldsymbol{v}_1$，$\boldsymbol{v}_2$，…,$\boldsymbol{v}_n$ 的所有线性组合构成的集合称为 $\boldsymbol{v}_1$，$\boldsymbol{v}_2$，…，$\boldsymbol{v}_n$ 的**张成**(span). 向量 $\boldsymbol{v}_1$，$\boldsymbol{v}_2$，…，$\boldsymbol{v}_n$ 的张成记为 $\mathrm{Span}(\boldsymbol{v}_1, \boldsymbol{v}_2, \cdots, \boldsymbol{v}_n)$.

在例 9 中，我们看到 $\boldsymbol{A}$ 的零空间是向量$(1, -2, 1, 0)^{\mathrm{T}}$和$(-1, 1, 0, 1)^{\mathrm{T}}$的张成.

▶**例 10**　$\mathbf{R}^3$ 中向量 $\boldsymbol{e}_1$ 和 $\boldsymbol{e}_2$ 的张成为所有形如

$$\alpha\boldsymbol{e}_1+\beta\boldsymbol{e}_2=\begin{bmatrix}\alpha\\\beta\\0\end{bmatrix}$$

124

的向量的集合. 读者可以验证 $\mathrm{Span}(\boldsymbol{e}_1, \boldsymbol{e}_2)$为 $\mathbf{R}^3$ 的一个子空间. 这个子空间从几何上可表示为所有 x_1x_2 平面内 3 维空间的向量(见图 3.2.1). $\boldsymbol{e}_1$，$\boldsymbol{e}_2$，$\boldsymbol{e}_3$ 的张成为所有形如

$$\alpha_1\boldsymbol{e}_1+\alpha_2\boldsymbol{e}_2+\alpha_3\boldsymbol{e}_3=\begin{bmatrix}\alpha_1\\\alpha_2\\\alpha_3\end{bmatrix}$$

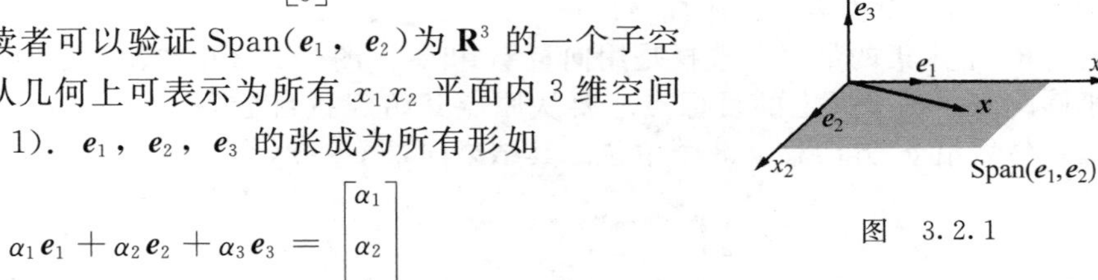

图　3.2.1

的向量的集合. 因此 $\mathrm{Span}(\boldsymbol{e}_1, \boldsymbol{e}_2, \boldsymbol{e}_3)=\mathbf{R}^3$. ◀

定理 3.2.1　若 $\boldsymbol{v}_1$，$\boldsymbol{v}_2$，…，$\boldsymbol{v}_n$ 为向量空间 V 中的元素，则 $\mathrm{Span}(\boldsymbol{v}_1, \boldsymbol{v}_2, \cdots, \boldsymbol{v}_n)$为 V 的一个子空间.

证　令 β 为标量，并令 $\boldsymbol{v}=\alpha_1\boldsymbol{v}_1+\alpha_2\boldsymbol{v}_2+\cdots+\alpha_n\boldsymbol{v}_n$ 为 $\mathrm{Span}(\boldsymbol{v}_1, \boldsymbol{v}_2, \cdots, \boldsymbol{v}_n)$中的任意一个元素. 由于

$$\beta\boldsymbol{v}=(\beta\alpha_1)\boldsymbol{v}_1+(\beta\alpha_2)\boldsymbol{v}_2+\cdots+(\beta\alpha_n)\boldsymbol{v}_n$$

因此 $\beta\boldsymbol{v}\in\mathrm{Span}(\boldsymbol{v}_1, \boldsymbol{v}_2, \cdots, \boldsymbol{v}_n)$. 下面我们必须证明 $\mathrm{Span}(\boldsymbol{v}_1, \boldsymbol{v}_2, \cdots, \boldsymbol{v}_n)$中元素的和也在 $\mathrm{Span}(\boldsymbol{v}_1, \boldsymbol{v}_2, \cdots, \boldsymbol{v}_n)$中. 令 $\boldsymbol{v}=\alpha_1\boldsymbol{v}_1+\alpha_2\boldsymbol{v}_2+\cdots+\alpha_n\boldsymbol{v}_n$，$\boldsymbol{w}=\beta_1\boldsymbol{v}_1+\beta_2\boldsymbol{v}_2+\cdots+\beta_n\boldsymbol{v}_n$. 则

$$\boldsymbol{v}+\boldsymbol{w}=(\alpha_1+\beta_1)\boldsymbol{v}_1+(\alpha_2+\beta_2)\boldsymbol{v}_2+\cdots+(\alpha_n+\beta_n)\boldsymbol{v}_n\in\mathrm{Span}(\boldsymbol{v}_1,\boldsymbol{v}_2,\cdots,\boldsymbol{v}_n)$$

因此，Span($\boldsymbol{v}_1$，$\boldsymbol{v}_2$，…，$\boldsymbol{v}_n$)是 V 的一个子空间. ■

一个 $\mathbf{R}^3$ 中的向量 $\boldsymbol{x}$ 属于 Span($\boldsymbol{e}_1$，$\boldsymbol{e}_2$)的充要条件为它落在 3 维空间的 x_1x_2 平面内. 因此，几何上可将子空间 Span($\boldsymbol{e}_1$，$\boldsymbol{e}_2$)看成 x_1x_2 平面(见图 3.2.1). 类似地，给定两个向量 $\boldsymbol{x}$ 和 $\boldsymbol{y}$，若(0，0，0)，(x_1，x_2，x_3)及(y_1，y_2，y_3)不共线，则这些点确定一个平面. 若 $\boldsymbol{z}=c_1\boldsymbol{x}+c_2\boldsymbol{y}$，则 $\boldsymbol{z}$ 为平行于 $\boldsymbol{x}$ 与 $\boldsymbol{y}$ 的向量的和，因此必落在这两个向量确定的平面内(见图 3.2.2). 一般地，如果两个向量 $\boldsymbol{x}$ 和 $\boldsymbol{y}$ 可确定 3 维空间中的一个平面，则这个平面就是 Span($\boldsymbol{x}$，$\boldsymbol{y}$)的几何表示.

125

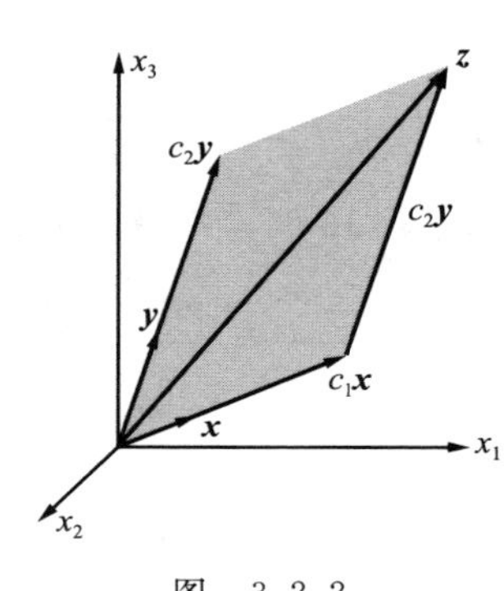

图　3.2.2

向量空间的张集

令 $\boldsymbol{v}_1$，$\boldsymbol{v}_2$，…，$\boldsymbol{v}_n$ 为向量空间 V 中的向量. 我们用 Span($\boldsymbol{v}_1$，$\boldsymbol{v}_2$，…，$\boldsymbol{v}_n$)表示由向量 $\boldsymbol{v}_1$，$\boldsymbol{v}_2$，…，$\boldsymbol{v}_n$ 张成的(spanned)V 的子空间. 可能有 Span($\boldsymbol{v}_1$，$\boldsymbol{v}_2$，…，$\boldsymbol{v}_n$)$=V$ 的情形，此时，我们说向量 $\boldsymbol{v}_1$，$\boldsymbol{v}_2$，…，$\boldsymbol{v}_n$ 张成(span)V，或$\{\boldsymbol{v}_1, \boldsymbol{v}_2, \cdots, \boldsymbol{v}_n\}$是 V 的一个张集(spanning set). 因此我们有如下的定义.

定义　$\{\boldsymbol{v}_1, \boldsymbol{v}_2, \cdots, \boldsymbol{v}_n\}$是 V 的一个**张集**的充要条件为 V 中的每个向量都可写为 $\boldsymbol{v}_1$，$\boldsymbol{v}_2$，…，$\boldsymbol{v}_n$ 的一个线性组合.

容易可视化 $\mathbf{R}^2$ 空间中一个向量集张成的集合. 若 $\boldsymbol{v}_1$ 为 $\mathbf{R}^2$ 中的一个非零向量，则 Span($\boldsymbol{v}_1$)包含所有形如 $c_1\boldsymbol{v}_1$ 的向量. 由于 c_1 可以为正、负或零，所以该子空间在几何上对应于平面上过原点的直线. 对任何不在该直线上的点，对应的向量也不在 Span($\boldsymbol{v}_1$)内. 一个非零的向量 $\boldsymbol{v}_1$ 可以张成 $\mathbf{R}^2$ 的一个真子空间，但不能张成整个空间. 要张成整个 $\mathbf{R}^2$ 空间，至少需要两个向量.

$\mathbf{R}^2$ 中张集的最简单选择是用向量 $\boldsymbol{e}_1$ 和 $\boldsymbol{e}_2$. 图 3.2.3 中给出了向量 $\boldsymbol{e}_1$ 和 $\boldsymbol{e}_2$ 及一个用小圆圈表示的平面上的目标点. 要从原点开始到达目标点，可先沿 $\boldsymbol{e}_1$ 方向移动 2 个单位，然后沿 $\boldsymbol{e}_2$ 方向移动 3 个单位. 其结果向量 $\boldsymbol{v}=(2, 3)^{\mathrm{T}}$ 如图 3.2.4 所示. 若将目标点

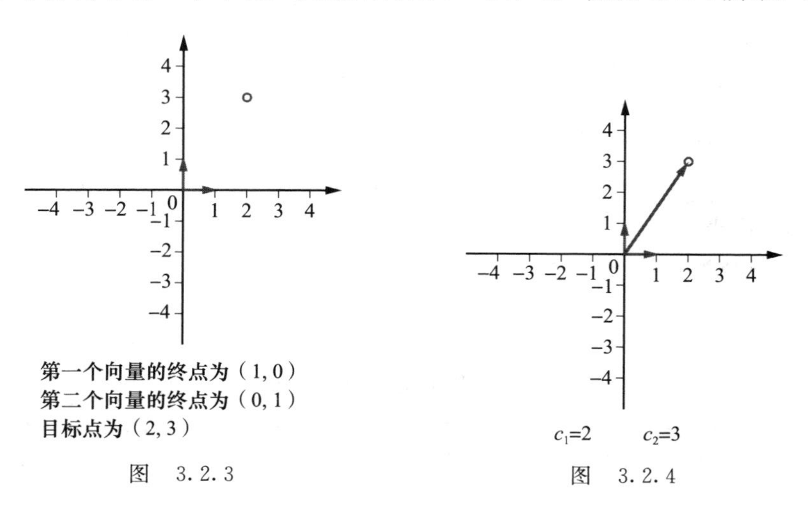

图　3.2.3　　　　图　3.2.4

变成其他坐标(a, b)，则对应的向量为

$$\boldsymbol{x}=a\boldsymbol{e}_1+b\boldsymbol{e}_2=\begin{bmatrix}a\\b\end{bmatrix}$$

因此，$\mathbf{R}^2$ 中的任意向量 $\boldsymbol{x}$ 可表示为 $\boldsymbol{e}_1$ 和 $\boldsymbol{e}_2$ 的一个线性组合，因此，$\{\boldsymbol{e}_1, \boldsymbol{e}_2\}$是 $\mathbf{R}^2$ 的一个张集.

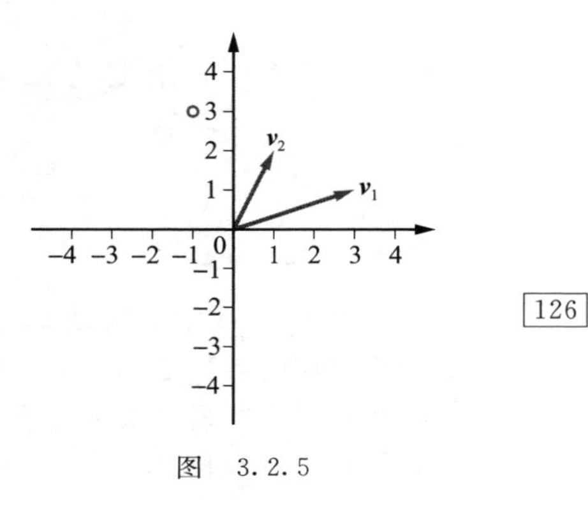

图 3.2.5

在图 3.2.5 中，将 $\boldsymbol{e}_1$ 和 $\boldsymbol{e}_2$ 进行旋转及拉伸以构成 $\boldsymbol{v}_1$ 和 $\boldsymbol{v}_2$，同时，目标点也被移动到了新位置. 若从原点到目标点的过程可以仅通过在 $\boldsymbol{v}_1$、$-\boldsymbol{v}_1$、$\boldsymbol{v}_2$ 和 $-\boldsymbol{v}_2$ 方向上的移动得到，则目标向量就可表示为给定向量的一个线性组合. 根据这一方法，常常可以得到标量 c_1 和 c_2 准确值的良好估计. 但当两个向量之间的夹角较小时，使用这类几何方法就很难得到好的估计了. 事实上，若给定的向量和目标向量是已知的，则不需要进行估计. 可以直接将标量解出. 例如，若图 3.2.5 中的向量为

126

$$\boldsymbol{v}_1=\begin{bmatrix}3\\1\end{bmatrix},\quad \boldsymbol{v}_2=\begin{bmatrix}1\\2\end{bmatrix},\quad \boldsymbol{x}=\begin{bmatrix}-1\\3\end{bmatrix}$$

则标量 c_1 和 c_2 的值可由如下方程组解得：

$$c_1\boldsymbol{v}_1+c_2\boldsymbol{v}_2=\begin{bmatrix}-1\\3\end{bmatrix}$$

若平面内任意点(a, b)都可沿向量 $\boldsymbol{v}_1$ 和 $\boldsymbol{v}_2$ 的方向到达，则它们将张成 $\mathbf{R}^2$. 这在方程组

$$c_1\boldsymbol{v}_1+c_2\boldsymbol{v}_2=\begin{bmatrix}a\\b\end{bmatrix}$$

对一切 a 和 b 都相容时是可能的.

127

现考虑求 $\mathbf{R}^3$ 张集的问题. 与 $\mathbf{R}^2$ 的情形类似，一个非零向量 $\boldsymbol{x}$ 是无法张成的. 此时，$\mathrm{Span}(\boldsymbol{x})$可在几何上表示为一个 3 维空间中过原点的直线. $\mathbf{R}^3$ 中两个非零向量能够张成什么呢？若 $\boldsymbol{y}$ 不是 $\boldsymbol{x}$ 的倍数，则 $\boldsymbol{z}=\boldsymbol{x}+\boldsymbol{y}$ 在几何上可表示为 3 维空间中平行四边形的一条对角线. 该平行四边形的一个角点在原点，且可被扩张为一个过原点的平面(参见图 3.2.6a). 任意线性组合 $c_1\boldsymbol{x}+c_2\boldsymbol{y}$ 将对应于平面上的一个点. 从原点出发，可以沿着 $\boldsymbol{x}$ 和 $\boldsymbol{y}$ 给出的方向移动到该点，若标量为负，则沿着 $-\boldsymbol{x}$ 和 $-\boldsymbol{y}$ 的方向. 事实上，若 $\boldsymbol{x}$ 和 $\boldsymbol{y}$ 为非零向量，且其中一个向量不是另一个向量的倍数，则 $\mathrm{Span}(\boldsymbol{x}, \boldsymbol{y})$与一个过原点的平面对应. 若$(z_1, z_2, z_3)$是一个不在平面上的点，则对应的向量也不在 $\mathrm{Span}(\boldsymbol{x}, \boldsymbol{y})$中(参见图 3.2.6b). 一般地，不能仅用一个或两个向量张成 $\mathbf{R}^3$. 要张成 $\mathbf{R}^3$，至少需要三个向量，且若将前两个向量张成的集合表示为一个过原点的平面，则第三个向量对应的点不能在平面内(参见图 3.2.6b).

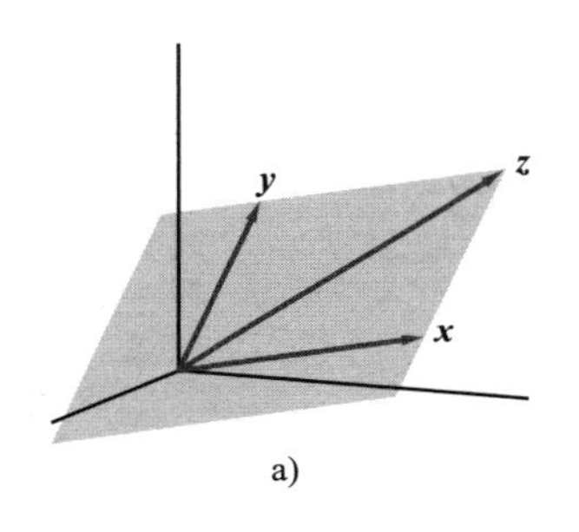

b)

图　3.2.6

当图 3.2.6a 中的向量 $\boldsymbol{x}$、$\boldsymbol{y}$ 和 $\boldsymbol{z}$ 无法构成张集时，图 3.2.6b 中的三个向量可以张成 $\mathbf{R}^3$. 从几何上看，令$(a,\ b,\ c)$为 3 维空间中的任一点. 若该点不在 $\boldsymbol{x}$ 和 $\boldsymbol{y}$ 张成的平面上，可先过该点画一条平行于向量 $\boldsymbol{z}$ 的直线，然后从原点出发到该直线与平面的交点画一个向量 $\boldsymbol{v}$(参见图 3.2.7). 从向量 $\boldsymbol{v}$ 的终点，沿 $\boldsymbol{z}$ 或 $-\boldsymbol{z}$ 的方向移动适当距离，即可到达点$(a,\ b,\ c)$. 因此，若 $\boldsymbol{b}=(a,\ b,\ c)^{\mathrm{T}}$，则对某标量 c_3，$\boldsymbol{b}=\boldsymbol{v}+c_3\boldsymbol{z}$. 由于 $\boldsymbol{v}\in\mathrm{Span}(\boldsymbol{x},\ \boldsymbol{y})$，可以求得标量 c_1 和 c_2，使 $\boldsymbol{v}=c_1\boldsymbol{x}+c_2\boldsymbol{y}$. 由于向量 $\boldsymbol{b}$ 是任意的，且

$$\boldsymbol{b}=\boldsymbol{v}+c_3\boldsymbol{z}=c_1\boldsymbol{x}+c_2\boldsymbol{y}+c_3\boldsymbol{z}$$

可知 $\boldsymbol{x}$，$\boldsymbol{y}$ 和 $\boldsymbol{z}$ 张成了 $\mathbf{R}^3$.

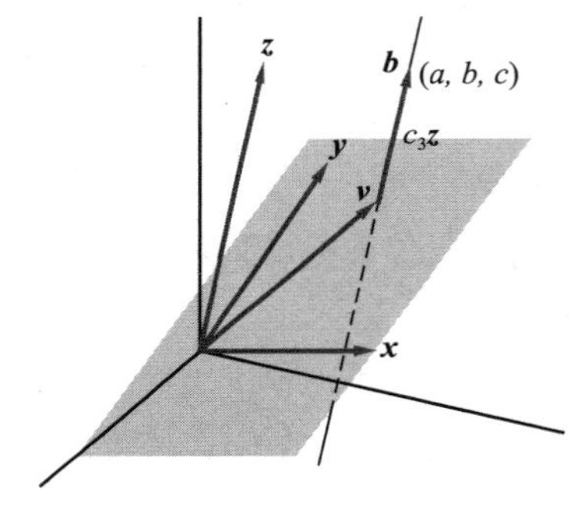

图　3.2.7

▶**例 11**　下列哪个是 $\mathbf{R}^3$ 的张集？

(a) $\{\boldsymbol{e}_1,\ \boldsymbol{e}_2,\ \boldsymbol{e}_3,\ (1,\ 2,\ 3)^{\mathrm{T}}\}$

(b) $\{(1,\ 1,\ 1)^{\mathrm{T}},\ (1,\ 1,\ 0)^{\mathrm{T}},\ (1,\ 0,\ 0)^{\mathrm{T}}\}$

(c) $\{(1,\ 0,\ 1)^{\mathrm{T}},\ (0,\ 1,\ 0)^{\mathrm{T}}\}$

128

(d) $\{(1,\ 2,\ 4)^{\mathrm{T}},\ (2,\ 1,\ 3)^{\mathrm{T}},\ (4,\ -1,\ 1)^{\mathrm{T}}\}$

解　要确定一个集合是否张成 $\mathbf{R}^3$，必须确定 $\mathbf{R}^3$ 中的任意向量$(a,\ b,\ c)^{\mathrm{T}}$ 是否可被写为集合中给定向量的线性组合. 对情形(a)，容易看到$(a,\ b,\ c)^{\mathrm{T}}$ 可写为

$$(a,b,c)^{\mathrm{T}}=a\boldsymbol{e}_1+b\boldsymbol{e}_2+c\boldsymbol{e}_3+0(1,2,3)^{\mathrm{T}}$$

对情形(b)，必须确定是否能找到常数 α_1，α_2，α_3，使得

$$\begin{bmatrix}a\\b\\c\end{bmatrix}=\alpha_1\begin{bmatrix}1\\1\\1\end{bmatrix}+\alpha_2\begin{bmatrix}1\\1\\0\end{bmatrix}+\alpha_3\begin{bmatrix}1\\0\\0\end{bmatrix}$$

这可导出方程组

$$\begin{aligned}\alpha_1+\alpha_2+\alpha_3&=a\\\alpha_1+\alpha_2\qquad&=b\\\alpha_1\qquad\qquad&=c\end{aligned}$$

由于方程组的系数矩阵非奇异，故方程组有唯一解. 事实上，我们求得

$$\begin{bmatrix}\alpha_1\\ \alpha_2\\ \alpha_3\end{bmatrix}=\begin{bmatrix}c\\ b-c\\ a-b\end{bmatrix}$$

因此，

$$\begin{bmatrix}a\\ b\\ c\end{bmatrix}=c\begin{bmatrix}1\\ 1\\ 1\end{bmatrix}+(b-c)\begin{bmatrix}1\\ 1\\ 0\end{bmatrix}+(a-b)\begin{bmatrix}1\\ 0\\ 0\end{bmatrix}$$

所以这三个向量张成 $\mathbf{R}^3$.

对情形(c)，我们注意到，$(1, 0, 1)^{\mathrm{T}}$ 和 $(0, 1, 0)^{\mathrm{T}}$ 的线性组合得到形如 $(\alpha, \beta, \alpha)^{\mathrm{T}}$ 的向量. 因此，$\mathbf{R}^3$ 中的任何向量 $(a, b, c)^{\mathrm{T}}$（其中 $a \neq c$）不可能在这两个向量张成的集合中.

129

对情形(d)，可用与(b)相同的方法处理. 若

$$\begin{bmatrix}a\\ b\\ c\end{bmatrix}=\alpha_1\begin{bmatrix}1\\ 2\\ 4\end{bmatrix}+\alpha_2\begin{bmatrix}2\\ 1\\ 3\end{bmatrix}+\alpha_3\begin{bmatrix}4\\ -1\\ 1\end{bmatrix}$$

则

$$\begin{aligned}\alpha_1+2\alpha_2+4\alpha_3&=a\\ 2\alpha_1+\alpha_2-\alpha_3&=b\\ 4\alpha_1+3\alpha_2+\alpha_3&=c\end{aligned}$$

然而，此时系数矩阵是奇异的. 利用高斯消元法将得到方程组

$$\begin{aligned}\alpha_1+2\alpha_2+4\alpha_3&=a\\ \alpha_2+3\alpha_3&=\frac{2a-b}{3}\\ 0&=2a-3c+5b\end{aligned}$$

若

$$2a-3c+5b\neq 0$$

则方程组不相容. 因此，对多种 a，b，c 的选择，不可能将 $(a, b, c)^{\mathrm{T}}$ 表示为 $(1, 2, 4)^{\mathrm{T}}$，$(2, 1, 3)^{\mathrm{T}}$，$(4, -1, 1)^{\mathrm{T}}$ 的线性组合. 向量不能张成 $\mathbf{R}^3$. ◀

▶**例 12**　向量 $1-x^2$，$x+2$ 和 x^2 张成 P_3. 因此，若 ax^2+bx+c 为 P_3 中的任意多项式，则可以求得常数 α_1，α_2 和 α_3，使得

$$ax^2+bx+c=\alpha_1(1-x^2)+\alpha_2(x+2)+\alpha_3x^2$$

事实上，

$$\alpha_1(1-x^2)+\alpha_2(x+2)+\alpha_3x^2=(\alpha_3-\alpha_1)x^2+\alpha_2x+(\alpha_1+2\alpha_2)$$

令

$$\begin{aligned}\alpha_3-\alpha_1&=a\\ \alpha_2&=b\\ \alpha_1+2\alpha_2&=c\end{aligned}$$

并求解，我们有 $\alpha_1=c-2b$，$\alpha_2=b$ 及 $\alpha_3=a+c-2b$. ◀

例 11(a)中我们看到，$\mathbf{e}_1$，$\mathbf{e}_2$，$\mathbf{e}_3$，$(1,2,3)^T$ 张成 $\mathbf{R}^3$. 显然 $\mathbf{R}^3$ 可仅使用 $\mathbf{e}_1$，$\mathbf{e}_2$，$\mathbf{e}_3$ 张成. 向量$(1,2,3)^T$ 并不必要. 下一节将讨论寻找向量空间 V 的最小张集(即包含最少向量数的张集).

130

回顾线性代数方程组

令 S 为一个相容 $m\times n$ 线性代数方程组 $\mathbf{A}\mathbf{x}=\mathbf{b}$ 的解集. 若 $\mathbf{b}=\mathbf{0}$，则 $S=N(\mathbf{A})$，因此其解集构成了 $\mathbf{R}^n$ 的一个子空间. 若 $\mathbf{b}\neq\mathbf{0}$，则 S 不能构成 $\mathbf{R}^n$ 的一个子空间. 但是，如果可以找到一个特解 $\mathbf{x}_0$，则可以将任一解向量表示为 $\mathbf{x}_0$ 与一个 $\mathbf{A}$ 的零空间中向量 $\mathbf{z}$ 的和.

设 $\mathbf{A}\mathbf{x}=\mathbf{b}$ 为一个相容的线性代数方程组，$\mathbf{x}_0$ 为它的一个特解. 若 $\mathbf{x}_1$ 为方程组的另一个解，则差向量 $\mathbf{z}=\mathbf{x}_1-\mathbf{x}_0$ 必然在 $N(\mathbf{A})$内，因为

$$\mathbf{A}\mathbf{z}=\mathbf{A}\mathbf{x}_1-\mathbf{A}\mathbf{x}_0=\mathbf{b}-\mathbf{b}=\mathbf{0}$$

故其第二个解必然形如 $\mathbf{x}_1=\mathbf{x}_0+\mathbf{z}$，其中 $\mathbf{z}\in N(\mathbf{A})$.

一般地，若 $\mathbf{x}_0$ 为方程组 $\mathbf{A}\mathbf{x}=\mathbf{b}$ 的一个特解，$\mathbf{z}$ 为 $N(\mathbf{A})$内的任一向量，若令 $\mathbf{y}=\mathbf{x}_0+\mathbf{z}$，则

$$\mathbf{A}\mathbf{y}=\mathbf{A}\mathbf{x}_0+\mathbf{A}\mathbf{z}=\mathbf{b}+\mathbf{0}=\mathbf{b}$$

因此 $\mathbf{y}=\mathbf{x}_0+\mathbf{z}$ 必然也为 $\mathbf{A}\mathbf{x}=\mathbf{b}$ 的一个解.

该结果可以整理为如下的定理.

定理 3.2.2 若线性方程组 $\mathbf{A}\mathbf{x}=\mathbf{b}$ 是相容的，$\mathbf{x}_0$ 为它的一个特解，则向量 $\mathbf{y}$ 也为其解的充要条件为 $\mathbf{y}=\mathbf{x}_0+\mathbf{z}$，其中 $\mathbf{z}\in N(\mathbf{A})$.

为帮助理解定理 3.2.2，我们首先考虑一个零空间由非零向量 $\mathbf{z}_1$ 和 $\mathbf{z}_2$ 张成的 $m\times 3$ 矩阵. 若 $\mathbf{z}_1$ 不是 $\mathbf{z}_2$ 的标量倍数，则 $\mathbf{z}_1$ 和 $\mathbf{z}_2$ 的所有线性组合构成的集合对应于 3 维空间中一个过原点的平面(见图 3.2.8). 若 $\mathbf{x}_0$ 为 $\mathbf{R}^3$ 中的一个向量且 $\mathbf{b}=\mathbf{A}\mathbf{x}_0$ 为一非零向量，则 $\mathbf{x}_0$ 为非齐次线性方程组 $\mathbf{A}\mathbf{x}=\mathbf{b}$ 的一个特解. 由定理 3.2.2 可知，解集 S 包含的所有向量形如

$$\mathbf{y}=\mathbf{x}_0+c_1\mathbf{z}_1+c_2\mathbf{z}_2$$

其中 c_1 和 c_2 为任意标量. 解集 S 对应于 3 维空间中一个不通过原点的平面(见图 3.2.8).

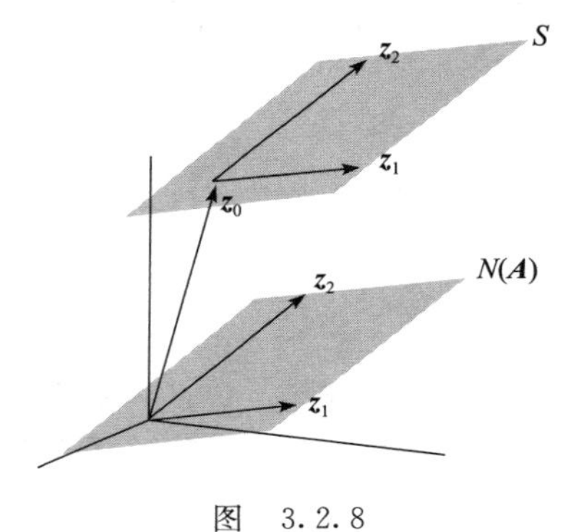

图 3.2.8

131

3.2 节练习

1. 确定下列集合是否构成 $\mathbf{R}^2$ 的子空间.

(a) $\{(x_1,x_2)^T \mid x_1+x_2=0\}$　　(b) $\{(x_1,x_2)^T \mid x_1x_2=0\}$

(c) $\{(x_1,x_2)^T \mid x_1=3x_2\}$　　(d) $\{(x_1,x_2)^T \mid |x_1|=|x_2|\}$

(e) $\{(x_1,x_2)^T \mid x_1^2=x_2^2\}$

2. 确定下列集合是否构成 $\mathbf{R}^3$ 的子空间.

(a) $\{(x_1,x_2,x_3)^T \mid x_1+x_3=1\}$　　(b) $\{(x_1,x_2,x_3)^T \mid x_1=x_2=x_3\}$

(c) $\{(x_1, x_2, x_3)^T \mid x_3 = x_1 + x_2\}$ (d) $\{(x_1, x_2, x_3)^T \mid x_3 = x_1$ 或 $x_3 = x_2\}$

3. 确定下列集合是否构成 $\mathbf{R}^{2\times 2}$ 的子空间.
   (a) 所有 2×2 对角矩阵的集合 (b) 所有 2×2 三角形矩阵的集合
   (c) 所有 2×2 下三角形矩阵的集合 (d) 所有 2×2 矩阵 $\boldsymbol{A}$ 的集合，其中 $a_{12}=1$
   (e) 所有 2×2 矩阵 $\boldsymbol{B}$ 的集合，其中 $b_{11}=0$ (f) 所有 2×2 对称矩阵的集合
   (g) 所有 2×2 奇异矩阵的集合
4. 求下列矩阵的零空间.
   (a) $\begin{bmatrix} 2 & 1 \\ 3 & 2 \end{bmatrix}$ (b) $\begin{bmatrix} 1 & 2 & -3 & -1 \\ -2 & -4 & 6 & 3 \end{bmatrix}$
   (c) $\begin{bmatrix} 1 & 3 & -4 \\ 2 & -1 & -1 \\ -1 & -3 & 4 \end{bmatrix}$ (d) $\begin{bmatrix} 1 & 1 & -1 & 2 \\ 2 & 2 & -3 & 1 \\ -1 & -1 & 0 & -5 \end{bmatrix}$
5. 确定下列集合是否为 P_4 的子空间.（小心!）
   (a) P_4 中偶数次多项式的集合
   (b) 所有 3 次多项式的集合
   (c) P_4 中满足 $p(0)=0$ 的所有多项式 $p(x)$的集合
   (d) P_4 中至少有一个实根的所有多项式的集合
6. 确定下列集合是否为 $C[-1, 1]$的子空间.
   (a) $C[-1, 1]$中满足 $f(-1)=f(1)$的所有函数 f 的集合
   (b) $C[-1, 1]$中所有奇函数的集合
   (c) $[-1, 1]$上所有非减的连续函数的集合
   (d) $C[-1, 1]$中满足 $f(-1)=0$ 且 $f(1)=0$ 的所有函数 f 的集合
   (e) $C[-1, 1]$中满足 $f(-1)=0$ 或 $f(1)=0$ 的所有函数 f 的集合
7. 证明：$C^n[a, b]$是 $C[a, b]$的一个子空间.
8. 设 $\boldsymbol{A}$ 为 $\mathbf{R}^{n\times n}$ 中的固定向量，设 S 为与 $\boldsymbol{A}$ 可交换的所有矩阵的集合，即
$$S = \{\boldsymbol{B} \mid \boldsymbol{AB} = \boldsymbol{BA}\}$$
   证明：S 是 $\mathbf{R}^{n\times n}$ 的子空间.
9. 求由所有与下列给定矩阵交换的矩阵组成的 $\mathbf{R}^{2\times 2}$ 的子空间.
   (a) $\begin{bmatrix} 1 & 0 \\ 0 & -1 \end{bmatrix}$ (b) $\begin{bmatrix} 0 & 0 \\ 1 & 0 \end{bmatrix}$ (c) $\begin{bmatrix} 1 & 1 \\ 0 & 1 \end{bmatrix}$ (d) $\begin{bmatrix} 1 & 1 \\ 1 & 1 \end{bmatrix}$
10. 令 $\boldsymbol{A}$ 为 $\mathbf{R}^{2\times 2}$ 中特定的向量. 确定下列集合是否为 $\mathbf{R}^{2\times 2}$ 的子空间.
   (a) $S_1 = \{\boldsymbol{B} \in \mathbf{R}^{2\times 2} \mid \boldsymbol{BA} = \boldsymbol{O}\}$ (b) $S_2 = \{\boldsymbol{B} \in \mathbf{R}^{2\times 2} \mid \boldsymbol{AB} \neq \boldsymbol{BA}\}$
   (c) $S_3 = \{\boldsymbol{B} \in \mathbf{R}^{2\times 2} \mid \boldsymbol{AB} + \boldsymbol{B} = \boldsymbol{O}\}$
11. 确定下列集合是否为 $\mathbf{R}^2$ 的张集.
   (a) $\left\{\begin{bmatrix} 2 \\ 1 \end{bmatrix}, \begin{bmatrix} 3 \\ 2 \end{bmatrix}\right\}$ (b) $\left\{\begin{bmatrix} 2 \\ 3 \end{bmatrix}, \begin{bmatrix} 4 \\ 6 \end{bmatrix}\right\}$
   (c) $\left\{\begin{bmatrix} -2 \\ 1 \end{bmatrix}, \begin{bmatrix} 1 \\ 3 \end{bmatrix}, \begin{bmatrix} 2 \\ 4 \end{bmatrix}\right\}$ (d) $\left\{\begin{bmatrix} -1 \\ 2 \end{bmatrix}, \begin{bmatrix} 1 \\ -2 \end{bmatrix}, \begin{bmatrix} 2 \\ -4 \end{bmatrix}\right\}$
   (e) $\left\{\begin{bmatrix} 1 \\ 2 \end{bmatrix}, \begin{bmatrix} -1 \\ 1 \end{bmatrix}\right\}$
12. 下列哪一个集合是 $\mathbf{R}^3$ 的张集？验证你的答案.

132

(a) $\{(1, 0, 0)^T, (0, 1, 1)^T, (1, 0, 1)^T\}$

(b) $\{(1, 0, 0)^T, (0, 1, 1)^T, (1, 0, 1)^T, (1, 2, 3)^T\}$

(c) $\{(2, 1, -2)^T, (3, 2, -2)^T, (2, 2, 0)^T\}$

(d) $\{(2, 1, -2)^T, (-2, -1, 2)^T, (4, 2, -4)^T\}$

(e) $\{(1, 1, 3)^T, (0, 2, 1)^T\}$

13. 给定

$$\boldsymbol{x}_1 = \begin{bmatrix} -1 \\ 2 \\ 3 \end{bmatrix}, \quad \boldsymbol{x}_2 = \begin{bmatrix} 3 \\ 4 \\ 2 \end{bmatrix}, \quad \boldsymbol{x} = \begin{bmatrix} 2 \\ 6 \\ 6 \end{bmatrix}, \quad \boldsymbol{y} = \begin{bmatrix} -9 \\ -2 \\ 5 \end{bmatrix}$$

(a) 是否 $\boldsymbol{x} \in \text{Span}(\boldsymbol{x}_1, \boldsymbol{x}_2)$？

(b) 是否 $\boldsymbol{y} \in \text{Span}(\boldsymbol{x}_1, \boldsymbol{x}_2)$？

证明你的答案.

14. 令 $\boldsymbol{A}$ 为一个 4×3 矩阵，且 $\boldsymbol{b} \in \mathbf{R}^4$. 若 $N(\boldsymbol{A}) = \{\boldsymbol{0}\}$，线性方程组 $\boldsymbol{Ax} = \boldsymbol{b}$ 有多少个可能的解？在 $N(\boldsymbol{A}) \neq \{\boldsymbol{0}\}$时，试回答同样的问题. 请说明你的答案.

15. 令 $\boldsymbol{A}$ 为一个 4×3 矩阵，且

$$\boldsymbol{c} = 2\boldsymbol{a}_1 + \boldsymbol{a}_2 + \boldsymbol{a}_3$$

(a) 若 $N(\boldsymbol{A}) = \{\boldsymbol{0}\}$，可以得到关于方程组 $\boldsymbol{Ax} = \boldsymbol{c}$ 解的什么结论？

(b) 若 $N(\boldsymbol{A}) \neq \{\boldsymbol{0}\}$，方程组 $\boldsymbol{Ax} = \boldsymbol{c}$ 有多少解？请说明.

16. 令 $\boldsymbol{x}_1$ 为方程组 $\boldsymbol{Ax} = \boldsymbol{b}$ 的一个特解，并令$\{\boldsymbol{z}_1, \boldsymbol{z}_2, \boldsymbol{z}_3\}$为 $N(\boldsymbol{A})$的张集. 若

$$\boldsymbol{Z} = [\boldsymbol{z}_1 \quad \boldsymbol{z}_2 \quad \boldsymbol{z}_3]$$

证明：$\boldsymbol{y}$ 是 $\boldsymbol{Ax} = \boldsymbol{b}$ 的解的充要条件为存在 $\boldsymbol{c} \in \mathbf{R}^3$，使得 $\boldsymbol{y} = \boldsymbol{x}_1 + \boldsymbol{Zc}$.

17. 图 3.2.6 给出了方程组 $\boldsymbol{Ax} = \boldsymbol{b}$ 解集 S 的几何示意，其中 $\boldsymbol{A}$ 为一个 $m \times 3$ 矩阵，$N(\boldsymbol{A}) = \text{Span}(\boldsymbol{z}_1, \boldsymbol{z}_2)$，且存在 $\boldsymbol{x}_0 \notin N(\boldsymbol{A})$，使得 $\boldsymbol{b} = \boldsymbol{Ax}_0$. 设可以改变 $\boldsymbol{b}$，使其等于 $\boldsymbol{Ax}_1$，其中 $\boldsymbol{x}_1$ 是不在 $N(\boldsymbol{A})$中的另一个不同向量. 说明这一改变会对原图产生何种影响. 从几何上看，与原 $N(\boldsymbol{A})$的解集 S 比，新解集 S_1 有何不同？

18. 令$\{\boldsymbol{x}_1, \boldsymbol{x}_2, \cdots, \boldsymbol{x}_k\}$为向量空间 V 的一个张集.

(a) 若添加一个向量 $\boldsymbol{x}_{k+1}$ 到集合中，是否仍然得到一个张集？试说明.

(b) 若从集合中删除一个向量，如 $\boldsymbol{x}_k$，是否仍然得到一个张集？试说明.

19. 在 $\mathbf{R}^{2\times 2}$ 中，令

$$\boldsymbol{E}_{11} = \begin{bmatrix} 1 & 0 \\ 0 & 0 \end{bmatrix}, \quad \boldsymbol{E}_{12} = \begin{bmatrix} 0 & 1 \\ 0 & 0 \end{bmatrix}$$

$$\boldsymbol{E}_{21} = \begin{bmatrix} 0 & 0 \\ 1 & 0 \end{bmatrix}, \quad \boldsymbol{E}_{22} = \begin{bmatrix} 0 & 0 \\ 0 & 1 \end{bmatrix}$$

证明：$\boldsymbol{E}_{11}, \boldsymbol{E}_{12}, \boldsymbol{E}_{21}, \boldsymbol{E}_{22}$ 张成 $\mathbf{R}^{2\times 2}$.

20. 下列哪一个集合为 P_3 的张集？验证你的答案.

(a) $\{1, x^2, x^2 - 2\}$

(b) $\{2, x^2, x, 2x+3\}$

(c) $\{x+2, x+1, x^2-1\}$

(d) $\{x+2, x^2-1\}$

21. 令 S 为 3.1 节练习 15 中定义的无穷序列的向量空间. 令 S_0 为$\{a_n\}$的集合，当 $n \to \infty$时 $a_n \to 0$. 证明：S_0 为 S 的一个子空间.

22. 证明：若 S 为 $\mathbf{R}^1$ 的子空间，则 $S = \{\boldsymbol{0}\}$或 $S = \mathbf{R}^1$.

23. 令 $\boldsymbol{A}$ 为$n \times n$ 矩阵. 证明下列命题是等价的.

(a) $N(A)=\{\mathbf{0}\}$.

(b) $\mathbf{A}$ 是非奇异的.

(c) 对每一 $\boldsymbol{b}\in\mathbf{R}^n$，方程组 $\mathbf{A}\boldsymbol{x}=\boldsymbol{b}$ 有唯一解.

24. 令 U 和 V 为向量空间 W 的子空间. 证明：它们的交集 $U\cap V$ 也是 W 的子空间.

25. 令 S 为由 $\boldsymbol{e}_1$ 张成的 $\mathbf{R}^2$ 的子空间，并令 T 为由 $\boldsymbol{e}_2$ 张成的 $\mathbf{R}^2$ 的子空间. $S\cup T$ 是否为 $\mathbf{R}^2$ 的一个子空间？试说明.

26. 令 U 和 V 为向量空间 W 的子空间. 定义

$$U+V=\{\boldsymbol{z}\mid\boldsymbol{z}=\boldsymbol{u}+\boldsymbol{v},\quad \text{其中 } \boldsymbol{u}\in U \text{ 且 } \boldsymbol{v}\in V\}$$

证明：$U+V$ 也是 W 的一个子空间.

27. 令 S，T 和 U 为向量空间 V 的子空间. 我们可以利用练习 24 和 26 定义的运算 $\cap$ 和 $+$ 构造新的子空间. 当使用数的算术运算时，我们知道乘法对加法有分配律，即

$$a(b+c)=ab+ac$$

自然会问对前面两个运算在该子空间上是否有类似的分配律.

(a) 子空间上的交运算对加法运算是否有分配律，即是否有

$$S\cap(T+U)=(S\cap T)+(S\cap U)$$

(b) 子空间上的加法运算对交运算是否有分配律，即是否有

$$S+(T\cap U)=(S+T)\cap(S+U)$$

133

3.3 线性无关

本节我们进一步讨论向量空间的结构. 在开始时，我们限制向量空间为由有限个元素的集合生成的. 向量空间中的每一个向量可由这些生成集合中的元素仅通过加法和标量乘法运算得到. 生成集合通常称为张集. 特别地，要求寻找最小的张集. 其中“最小”的含义是张集中不包含不必要的元素(集合中所有的元素均为张成向量空间所必需的). 为看到如何求最小的张集，需要考虑集合中的向量如何依赖于(depend)其他向量. 因此，我们引入线性相关(linear dependence)和线性无关(linear independence)的概念. 这些简单的概念有助于我们理解向量空间的结构.

考虑下列 $\mathbf{R}^3$ 中的向量：

$$\boldsymbol{x}_1=\begin{bmatrix}1\\-1\\2\end{bmatrix},\quad \boldsymbol{x}_2=\begin{bmatrix}-2\\3\\1\end{bmatrix},\quad \boldsymbol{x}_3=\begin{bmatrix}-1\\3\\8\end{bmatrix}$$

令 S 为由 $\boldsymbol{x}_1$，$\boldsymbol{x}_2$，$\boldsymbol{x}_3$ 张成的 $\mathbf{R}^3$ 的子空间. 事实上，S 可以用两个向量 $\boldsymbol{x}_1$ 和 $\boldsymbol{x}_2$ 表示，因为向量 $\boldsymbol{x}_3$ 已经在 $\boldsymbol{x}_1$ 和 $\boldsymbol{x}_2$ 的张集中.

$$\boldsymbol{x}_3=3\boldsymbol{x}_1+2\boldsymbol{x}_2 \tag{1}$$

任何 $\boldsymbol{x}_1$，$\boldsymbol{x}_2$，$\boldsymbol{x}_3$ 的线性组合可化简为 $\boldsymbol{x}_1$ 和 $\boldsymbol{x}_2$ 的线性组合：

$$\begin{aligned}\alpha_1\boldsymbol{x}_1+\alpha_2\boldsymbol{x}_2+\alpha_3\boldsymbol{x}_3&=\alpha_1\boldsymbol{x}_1+\alpha_2\boldsymbol{x}_2+\alpha_3(3\boldsymbol{x}_1+2\boldsymbol{x}_2)\\&=(\alpha_1+3\alpha_3)\boldsymbol{x}_1+(\alpha_2+2\alpha_3)\boldsymbol{x}_2\end{aligned}$$

因此，

$$S=\operatorname{Span}(\boldsymbol{x}_1,\boldsymbol{x}_2,\boldsymbol{x}_3)=\operatorname{Span}(\boldsymbol{x}_1,\boldsymbol{x}_2)$$

方程(1)可写为

$$3\boldsymbol{x}_1 + 2\boldsymbol{x}_2 - 1\boldsymbol{x}_3 = \boldsymbol{0} \tag{2}$$

由于(2)的三个系数均非零，故可将其中任何一个向量用其他两个向量表示：

$$\boldsymbol{x}_1 = -\frac{2}{3}\boldsymbol{x}_2 + \frac{1}{3}\boldsymbol{x}_3, \quad \boldsymbol{x}_2 = -\frac{3}{2}\boldsymbol{x}_1 + \frac{1}{2}\boldsymbol{x}_3, \quad \boldsymbol{x}_3 = 3\boldsymbol{x}_1 + 2\boldsymbol{x}_2$$

由此得

134

$$\mathrm{Span}(\boldsymbol{x}_1, \boldsymbol{x}_2, \boldsymbol{x}_3) = \mathrm{Span}(\boldsymbol{x}_2, \boldsymbol{x}_3) = \mathrm{Span}(\boldsymbol{x}_1, \boldsymbol{x}_3) = \mathrm{Span}(\boldsymbol{x}_1, \boldsymbol{x}_2)$$

由于(2)的相关关系，子空间 S 可表示为给定向量中任意两个向量张成的形式.

另一方面，在 $\boldsymbol{x}_1$ 和 $\boldsymbol{x}_2$ 间不存在这种相关关系. 事实上，如果存在不全为 0 的标量 c_1 和 c_2，使得

$$c_1\boldsymbol{x}_1 + c_2\boldsymbol{x}_2 = \boldsymbol{0} \tag{3}$$

则我们可以通过一个向量求出另一个向量：

$$\boldsymbol{x}_1 = -\frac{c_2}{c_1}\boldsymbol{x}_2 \quad (c_1 \neq 0) \qquad 或 \qquad \boldsymbol{x}_2 = -\frac{c_1}{c_2}\boldsymbol{x}_1 \quad (c_2 \neq 0)$$

然而，两个向量中并非一个是另一个的倍数. 因此，$\mathrm{Span}(\boldsymbol{x}_1)$ 和 $\mathrm{Span}(\boldsymbol{x}_2)$ 均为 $\mathrm{Span}(\boldsymbol{x}_1, \boldsymbol{x}_2)$ 的真子空间，且使得(3)成立的唯一情形是 $c_1 = c_2 = 0$.

我们通过如下的观察可以将上面的例子推广.

(Ⅰ)若 $\boldsymbol{v}_1, \boldsymbol{v}_2, \cdots, \boldsymbol{v}_n$ 张成向量空间 V，且其中一个向量可表示为其他 $n-1$ 个向量的线性组合，则这 $n-1$ 个向量张成 V.

(Ⅱ)给定 n 个向量 $\boldsymbol{v}_1, \boldsymbol{v}_2, \cdots, \boldsymbol{v}_n$，可将其中一个向量写为其他 $n-1$ 个向量的线性组合的充要条件是存在不全为零的标量 $c_1, c_2, \cdots, c_n$，使得

$$c_1\boldsymbol{v}_1 + c_2\boldsymbol{v}_2 + \cdots + c_n\boldsymbol{v}_n = \boldsymbol{0}$$

证　(Ⅰ)假设 $\boldsymbol{v}_n$ 可写为向量 $\boldsymbol{v}_1, \boldsymbol{v}_2, \cdots, \boldsymbol{v}_{n-1}$ 的线性组合，即

$$\boldsymbol{v}_n = \beta_1\boldsymbol{v}_1 + \beta_2\boldsymbol{v}_2 + \cdots + \beta_{n-1}\boldsymbol{v}_{n-1}$$

令 $\boldsymbol{v}$ 为 V 中的任一元素. 因为

$$\begin{aligned}
\boldsymbol{v} &= \alpha_1\boldsymbol{v}_1 + \alpha_2\boldsymbol{v}_2 + \cdots + \alpha_{n-1}\boldsymbol{v}_{n-1} + \alpha_n\boldsymbol{v}_n \\
&= \alpha_1\boldsymbol{v}_1 + \alpha_2\boldsymbol{v}_2 + \cdots + \alpha_{n-1}\boldsymbol{v}_{n-1} + \alpha_n(\beta_1\boldsymbol{v}_1 + \beta_2\boldsymbol{v}_2 + \cdots + \beta_{n-1}\boldsymbol{v}_{n-1}) \\
&= (\alpha_1 + \alpha_n\beta_1)\boldsymbol{v}_1 + (\alpha_2 + \alpha_n\beta_2)\boldsymbol{v}_2 + \cdots + (\alpha_{n-1} + \alpha_n\beta_{n-1})\boldsymbol{v}_{n-1}
\end{aligned}$$

于是，任意 V 中的向量 $\boldsymbol{v}$ 可写为 $\boldsymbol{v}_1, \boldsymbol{v}_2, \cdots, \boldsymbol{v}_{n-1}$ 的线性组合，因此，这些向量张成 V.

(Ⅱ)设 $\boldsymbol{v}_1, \boldsymbol{v}_2, \cdots, \boldsymbol{v}_n$ 中的一个向量，如 $\boldsymbol{v}_n$，可表示为其他向量的线性组合，即

$$\boldsymbol{v}_n = \alpha_1\boldsymbol{v}_1 + \alpha_2\boldsymbol{v}_2 + \cdots + \alpha_{n-1}\boldsymbol{v}_{n-1}$$

该方程两边同时减去 $\boldsymbol{v}_n$，得到

$$\alpha_1\boldsymbol{v}_1 + \alpha_2\boldsymbol{v}_2 + \cdots + \alpha_{n-1}\boldsymbol{v}_{n-1} - \boldsymbol{v}_n = \boldsymbol{0}$$

如果令 $c_i = \alpha_i$，$i = 1, \cdots, n-1$ 及 $c_n = -1$，则有

135

$$c_1\boldsymbol{v}_1 + c_2\boldsymbol{v}_2 + \cdots + c_n\boldsymbol{v}_n = \boldsymbol{0}$$

反之，如果

$$c_1\boldsymbol{v}_1 + c_2\boldsymbol{v}_2 + \cdots + c_n\boldsymbol{v}_n = \boldsymbol{0}$$

且 c_i 中至少有一个非零，不妨设为 c_n，则

$$v_n = \frac{-c_1}{c_n}v_1 + \frac{-c_2}{c_n}v_2 + \cdots + \frac{-c_{n-1}}{c_n}v_{n-1} \qquad \blacksquare$$

定义 如果向量空间 V 中的向量 $\boldsymbol{v}_1, \boldsymbol{v}_2, \cdots, \boldsymbol{v}_n$ 满足

$$c_1\boldsymbol{v}_1 + c_2\boldsymbol{v}_2 + \cdots + c_n\boldsymbol{v}_n = \boldsymbol{0}$$

就可推出所有标量 $c_1, \cdots, c_n$ 必为 0，则称它们为**线性无关的**(linearly independent).

由(Ⅰ)和(Ⅱ)知，若$\{\boldsymbol{v}_1, \boldsymbol{v}_2, \cdots, \boldsymbol{v}_n\}$是最小张集，则 $\boldsymbol{v}_1, \boldsymbol{v}_2, \cdots, \boldsymbol{v}_n$ 线性无关. 反之，若 $\boldsymbol{v}_1, \boldsymbol{v}_2, \cdots, \boldsymbol{v}_n$线性无关，并张成$V$，则$\{\boldsymbol{v}_1, \boldsymbol{v}_2, \cdots, \boldsymbol{v}_n\}$是 V 的最小张集(见练习 20). 最小张集称为基(basis). 基的概念将在下一节中更为详细地讨论.

▶**例 1** 向量$\begin{bmatrix}1\\1\end{bmatrix}$和$\begin{bmatrix}1\\2\end{bmatrix}$是线性无关的，因为若

$$c_1\begin{bmatrix}1\\1\end{bmatrix} + c_2\begin{bmatrix}1\\2\end{bmatrix} = \begin{bmatrix}0\\0\end{bmatrix}$$

则

$$\begin{aligned} c_1 + c_2 &= 0 \\ c_1 + 2c_2 &= 0 \end{aligned}$$

且该方程组仅有解 $c_1=0$，$c_2=0$. ◀

定义 如果存在不全为零的标量 $c_1, c_2, \cdots, c_n$，使得向量空间 V 中的向量 $\boldsymbol{v}_1, \boldsymbol{v}_2, \cdots, \boldsymbol{v}_n$ 满足

$$c_1\boldsymbol{v}_1 + c_2\boldsymbol{v}_2 + \cdots + c_n\boldsymbol{v}_n = \boldsymbol{0}$$

则称它们为**线性相关的**(linearly dependent).

▶**例 2** 令 $\boldsymbol{x}=(1, 2, 3)^{\mathrm{T}}$. 向量 $\boldsymbol{e}_1, \boldsymbol{e}_2, \boldsymbol{e}_3, \boldsymbol{x}$ 是线性相关的，因为

$$\boldsymbol{e}_1 + 2\boldsymbol{e}_2 + 3\boldsymbol{e}_3 - \boldsymbol{x} = \boldsymbol{0}$$

(此时 $c_1=1$，$c_2=2$，$c_3=3$，$c_4=-1$.) ◀ 136

给定向量空间 V 中的向量集合$\{\boldsymbol{v}_1, \boldsymbol{v}_2, \cdots, \boldsymbol{v}_n\}$，容易找到标量 $c_1, c_2, \cdots, c_n$，使得

$$c_1\boldsymbol{v}_1 + c_2\boldsymbol{v}_2 + \cdots + c_n\boldsymbol{v}_n = \boldsymbol{0}$$

只需取

$$c_1 = c_2 = \cdots = c_n = 0$$

> 若存在非平凡的标量使得线性组合 $c_1\boldsymbol{v}_1 + c_2\boldsymbol{v}_2 + \cdots + c_n\boldsymbol{v}_n$ 等于零向量，则 $\boldsymbol{v}_1, \boldsymbol{v}_2, \cdots, \boldsymbol{v}_n$ 为线性相关的. 如果线性组合 $c_1\boldsymbol{v}_1 + c_2\boldsymbol{v}_2 + \cdots + c_n\boldsymbol{v}_n$ 等于零向量仅当 $c_1, c_2, \cdots, c_n$ 全为零时成立，则$\boldsymbol{v}_1, \boldsymbol{v}_2, \cdots, \boldsymbol{v}_n$ 为线性无关的.

几何解释

设 $\boldsymbol{x}$ 和 $\boldsymbol{y}$ 为 $\mathbf{R}^2$ 中线性相关的向量，则

$$c_1\boldsymbol{x} + c_2\boldsymbol{y} = \boldsymbol{0}$$

其中 c_1 和 c_2 不全为 0．假设 $c_1 \neq 0$(比如说)，我们有

$$x = -\frac{c_2}{c_1}y$$

如果 $\mathbf{R}^2$ 中的两个向量线性相关，则其中一个向量可写为另一个向量的标量倍数的形式．因此，如果将两个向量均放置在原点，则它们落在同一直线上(见图 3.3.1)．

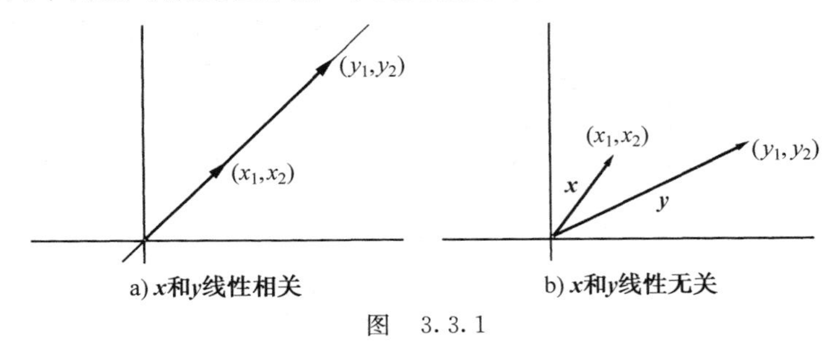

图 3.3.1

若

$$x = \begin{bmatrix} x_1 \\ x_2 \\ x_3 \end{bmatrix} \quad 和 \quad y = \begin{bmatrix} y_1 \\ y_2 \\ y_3 \end{bmatrix}$$

在 $\mathbf{R}^3$ 中线性无关，则两点(x_1, x_2, x_3)和(y_1, y_2, y_3)将不会在3维空间中同一条通过原点的直线上．由于(0，0，0)，(x_1, x_2, x_3)和(y_1, y_2, y_3)不共线，故它们确定一个平面．若(z_1, z_2, z_3)在这个平面上，向量 $z=(z_1, z_2, z_3)^T$ 可写为 x 和 y 的线性组合，因此，x，y 和 z 线性相关．若(z_1, z_2, z_3)不在这个平面上，则这三个向量线性无关(见图 3.3.2)．

137

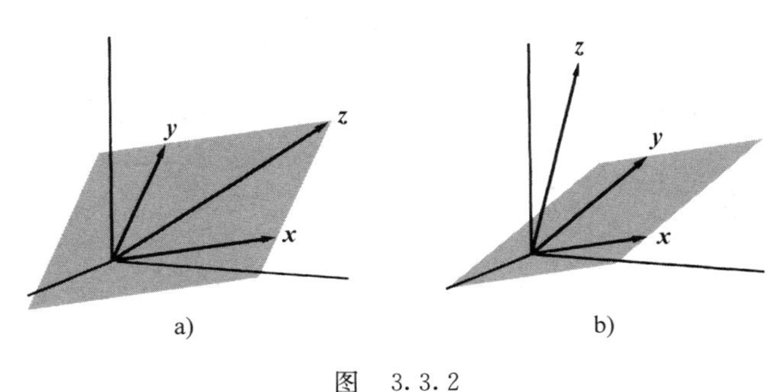

图 3.3.2

定理和例子

▶**例 3** 下列哪一个 $\mathbf{R}^3$ 中的向量集合是线性无关的？

(a) $(1, 1, 1)^T$，$(1, 1, 0)^T$，$(1, 0, 0)^T$

(b) $(1, 0, 1)^T$，$(0, 1, 0)^T$

(c) $(1, 2, 4)^T$，$(2, 1, 3)^T$，$(4, -1, 1)^T$

解 (a) 这三个向量线性无关. 为验证它，我们需要证明满足

$$c_1(1,1,1)^{\mathrm{T}}+c_2(1,1,0)^{\mathrm{T}}+c_3(1,0,0)^{\mathrm{T}}=(0,0,0)^{\mathrm{T}} \tag{4}$$

的标量 c_1，c_2，c_3 只能是全为零. 方程(4)可写为变量 c_1，c_2，c_3 的线性方程组.

$$\begin{aligned} c_1+c_2+c_3 &= 0 \\ c_1+c_2 &= 0 \\ c_1 &= 0 \end{aligned}$$

该方程组的唯一解为 $c_1=0$，$c_2=0$，$c_3=0$.

(b) 若

$$c_1(1,0,1)^{\mathrm{T}}+c_2(0,1,0)^{\mathrm{T}}=(0,0,0)^{\mathrm{T}}$$

则

$$(c_1,c_2,c_1)^{\mathrm{T}}=(0,0,0)^{\mathrm{T}}$$

所以 $c_1=c_2=0$. 因此，这两个向量线性无关.

(c) 若

$$c_1(1,2,4)^{\mathrm{T}}+c_2(2,1,3)^{\mathrm{T}}+c_3(4,-1,1)^{\mathrm{T}}=(0,0,0)^{\mathrm{T}}$$

138

则

$$\begin{aligned} c_1+2c_2+4c_3 &= 0 \\ 2c_1+c_2-c_3 &= 0 \\ 4c_1+3c_2+c_3 &= 0 \end{aligned}$$

该方程组的系数矩阵奇异，故方程组有非平凡解. 因此，向量是线性相关的. ◀

注意到例 3 中的(a)和(c)，需要求解一个 3×3 的方程组，以确定三个向量是否线性无关. 在(a)中，系数矩阵是非奇异的，向量是线性无关的，而在(c)中，系数矩阵是奇异的，向量是线性相关的. 这实际上给出了下面定理的一个特例.

定理 3.3.1 令 $\boldsymbol{x}_1$，$\boldsymbol{x}_2$，…，$\boldsymbol{x}_n$ 为 $\mathbf{R}^n$ 中的 n 个向量，并令 $\boldsymbol{X}=(\boldsymbol{x}_1, \boldsymbol{x}_2, \cdots, \boldsymbol{x}_n)$. 向量 $\boldsymbol{x}_1$，$\boldsymbol{x}_2$，…，$\boldsymbol{x}_n$ 线性相关的充要条件是 $\boldsymbol{X}$ 为奇异的.

证 方程

$$c_1\boldsymbol{x}_1+c_2\boldsymbol{x}_2+\cdots+c_n\boldsymbol{x}_n=\mathbf{0}$$

可写为矩阵形式

$$\boldsymbol{X}\boldsymbol{c}=\mathbf{0}$$

当且仅当 $\boldsymbol{X}$ 奇异时，这个方程组才有非平凡解. 因此，当且仅当 $\boldsymbol{X}$ 奇异时，$\boldsymbol{x}_1$，…，$\boldsymbol{x}_n$ 才是线性相关的. ■

▶**例 4** 图 3.3.3 中给出了下列向量.

$$\boldsymbol{x}_1=\begin{bmatrix}2\\3\\1\end{bmatrix},\quad \boldsymbol{x}_2=\begin{bmatrix}3\\2\\1\end{bmatrix},\quad \boldsymbol{x}_3=\begin{bmatrix}5\\5\\2\end{bmatrix},\quad \boldsymbol{x}_4=\begin{bmatrix}2\\2\\4\end{bmatrix}$$

可以看出，前三个向量是线性相关的，因为

$$\boldsymbol{x}_3=\boldsymbol{x}_1+\boldsymbol{x}_2$$

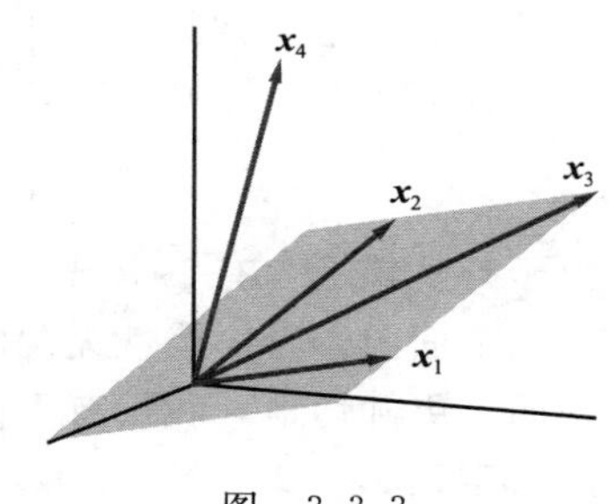

图 3.3.3

139

此时，向量 $\boldsymbol{x}_3$ 在 $\boldsymbol{x}_1$ 和 $\boldsymbol{x}_2$ 张成的平面内．于是

$$\boldsymbol{x}_1+\boldsymbol{x}_2-\boldsymbol{x}_3+0\boldsymbol{x}_4=0$$

这四个向量构成的集合必然是线性相关的，因为标量 $c_1=1$，$c_2=1$，$c_3=-1$，$c_4=0$ 不全为 0．◀

本书的下一节中将证明任意三个 $\mathbf{R}^3$ 中线性无关的向量将构成其张集．如果向这一集合中再添加第四个向量，新向量可被表示为张集中三个向量的线性组合．因此，四个向量的集合必是线性相关的．

我们可利用定理 3.3.1 来判断 $\mathbf{R}^n$ 中的 n 个向量是否是线性无关的．只需简单地构造矩阵 $\boldsymbol{X}$，它的各个列就是要测试的向量．为确定 $\boldsymbol{X}$ 是否为奇异的，可以计算 $\det(\boldsymbol{X})$ 的值．若 $\det(\boldsymbol{X})=0$，则向量线性相关；若 $\det(X)\neq 0$，则向量线性无关．

▶**例 5**　确定向量 $(4,2,3)^{\mathrm{T}}$，$(2,3,1)^{\mathrm{T}}$ 和 $(2,-5,3)^{\mathrm{T}}$ 是否为线性相关的．

解　由于

$$\begin{vmatrix}4 & 2 & 2\\ 2 & 3 & -5\\ 3 & 1 & 3\end{vmatrix}=0$$

所以向量是线性相关的．◀

为确定 $\mathbf{R}^n$ 中的 k 个向量 $\boldsymbol{x}_1$，$\boldsymbol{x}_2$，…，$\boldsymbol{x}_k$ 是否是线性无关的，我们可以改写方程

$$c_1\boldsymbol{x}_1+c_2\boldsymbol{x}_2+\cdots+c_k\boldsymbol{x}_k=\mathbf{0}$$

为线性方程组 $\boldsymbol{Xc}=\mathbf{0}$，其中 $\boldsymbol{X}=(\boldsymbol{x}_1,\boldsymbol{x}_2,\cdots,\boldsymbol{x}_k)$．若 $k\neq n$，则矩阵 $\boldsymbol{X}$ 不是方阵，所以不能使用行列式来确定向量是否线性无关．因为该方程组是齐次的，所以它有平凡解 $\boldsymbol{c}=\mathbf{0}$．当且仅当 $\boldsymbol{X}$ 的行阶梯形含有自由变量时，方程组才有非平凡解．如果有非平凡解，则向量是线性相关的．如果没有自由变量，则 $\boldsymbol{c}=\mathbf{0}$ 是唯一解，因此向量必线性无关．

▶**例 6**　给定

$$\boldsymbol{x}_1=\begin{bmatrix}1\\-1\\2\\3\end{bmatrix},\quad \boldsymbol{x}_2=\begin{bmatrix}-2\\3\\1\\-2\end{bmatrix},\quad \boldsymbol{x}_3=\begin{bmatrix}1\\0\\7\\7\end{bmatrix}$$

140

为确定这些向量是否为线性无关的，我们将方程组 $\boldsymbol{Xc}=\mathbf{0}$ 化简为行阶梯形：

$$\left[\begin{array}{rrr|r}1 & -2 & 1 & 0\\ -1 & 3 & 0 & 0\\ 2 & 1 & 7 & 0\\ 3 & -2 & 7 & 0\end{array}\right]\rightarrow\left[\begin{array}{rrr|r}1 & -2 & 1 & 0\\ 0 & 1 & 1 & 0\\ 0 & 0 & 0 & 0\\ 0 & 0 & 0 & 0\end{array}\right]$$

由于行阶梯形含有一个自由变量 c_3，因此存在非平凡解，故向量必线性相关．◀

下面我们考虑线性无关向量的一个非常重要的性质：线性无关向量的线性组合是唯一的．更确切地，我们有下面的定理．

定理 3.3.2　令 $\boldsymbol{v}_1$，$\boldsymbol{v}_2$，…，$\boldsymbol{v}_n$ 为向量空间 V 中的向量．当且仅当 $\boldsymbol{v}_1$，$\boldsymbol{v}_2$，…，$\boldsymbol{v}_n$ 线性无关时，$\mathrm{Span}(\boldsymbol{v}_1,\boldsymbol{v}_2,\cdots,\boldsymbol{v}_n)$ 中的任一向量 $\boldsymbol{v}$ 才可唯一地用向量 $\boldsymbol{v}_1$，$\boldsymbol{v}_2$，…，$\boldsymbol{v}_n$ 的

线性组合表示.

证 若 $\boldsymbol{v}\in \mathrm{Span}(\boldsymbol{v}_1, \boldsymbol{v}_2, \cdots, \boldsymbol{v}_n)$，则 $\boldsymbol{v}$ 可写为线性组合：

$$\boldsymbol{v} = \alpha_1\boldsymbol{v}_1 + \alpha_2\boldsymbol{v}_2 + \cdots + \alpha_n\boldsymbol{v}_n \tag{5}$$

假设 $\boldsymbol{v}$ 还可写为线性组合：

$$\boldsymbol{v} = \beta_1\boldsymbol{v}_1 + \beta_2\boldsymbol{v}_2 + \cdots + \beta_n\boldsymbol{v}_n \tag{6}$$

我们将证明，若 $\boldsymbol{v}_1, \boldsymbol{v}_2, \cdots, \boldsymbol{v}_n$ 是线性无关的，则 $\beta_i=\alpha_i$，$i=1, 2, \cdots, n$，且如果 $\boldsymbol{v}_1, \boldsymbol{v}_2, \cdots, \boldsymbol{v}_n$ 线性相关，则 β_i 和 α_i 可取不同的值.

若 $\boldsymbol{v}_1, \boldsymbol{v}_2, \cdots, \boldsymbol{v}_n$ 是线性无关的，则从(5)中减去(6)可得

$$(\alpha_1-\beta_1)\boldsymbol{v}_1 + (\alpha_2-\beta_2)\boldsymbol{v}_2 + \cdots + (\alpha_n-\beta_n)\boldsymbol{v}_n = \boldsymbol{0} \tag{7}$$

由 $\boldsymbol{v}_1, \boldsymbol{v}_2, \cdots, \boldsymbol{v}_n$ 的线性无关性，(7)的系数必全为0. 因此

$$\alpha_1=\beta_1, \alpha_2=\beta_2, \cdots, \alpha_n=\beta_n$$

于是，当 $\boldsymbol{v}_1, \boldsymbol{v}_2, \cdots, \boldsymbol{v}_n$ 线性无关时，表达式(5)是唯一的.

另一方面，若 $\boldsymbol{v}_1, \boldsymbol{v}_2, \cdots, \boldsymbol{v}_n$ 是线性相关的，则存在不全为0的 $c_1, c_2, \cdots, c_n$ 使得

$$\boldsymbol{0} = c_1\boldsymbol{v}_1 + c_2\boldsymbol{v}_2 + \cdots + c_n\boldsymbol{v}_n \tag{8}$$

此时，若令

$$\beta_1=\alpha_1+c_1, \beta_2=\alpha_2+c_2, \cdots, \beta_n=\alpha_n+c_n$$

则(5)加上(8)，得到

$$\begin{aligned}\boldsymbol{v} &= (\alpha_1+c_1)\boldsymbol{v}_1 + (\alpha_2+c_2)\boldsymbol{v}_2 + \cdots + (\alpha_n+c_n)\boldsymbol{v}_n \\ &= \beta_1\boldsymbol{v}_1 + \beta_2\boldsymbol{v}_2 + \cdots + \beta_n\boldsymbol{v}_n\end{aligned}$$

因为 c_i 不全为0，因此至少存在一个 i 使得 $\beta_i\neq\alpha_i$. 于是，若 $\boldsymbol{v}_1, \boldsymbol{v}_2, \cdots, \boldsymbol{v}_n$ 线性相关，则向量用 $\boldsymbol{v}_1, \boldsymbol{v}_2, \cdots, \boldsymbol{v}_n$ 的线性组合的表示不是唯一的. ■

141

函数的向量空间

为确定 $\mathbf{R}^n$ 中的向量集合是否是线性无关的，我们必须解一个齐次线性方程组. 对向量空间 P_n 也有类似的结果.

向量空间 P_n

为判断 P_n 中的多项式 $p_1, p_2, \cdots, p_k$ 是否线性无关，我们令

$$c_1p_1 + c_2p_2 + \cdots + c_kp_k = z \tag{9}$$

其中 z 表示零多项式：

$$z(x) = 0x^{n-1} + 0x^{n-2} + \cdots + 0x + 0$$

若(9)左侧的多项式可写为 $a_1x^{n-1}+a_2x^{n-2}+\cdots+a_{n-1}x+a_n$ 的形式，则由于当且仅当多项式的系数相等时两个多项式才相等，故系数 a_i 必全为0. 但每一个 a_i 均为 c_j 的一个线性组合. 由此导出一个变量为 $c_1, c_2, \cdots, c_k$ 的齐次线性方程组. 如果方程组仅有平凡解，则多项式是线性无关的；否则，它们是线性相关的.

▶**例 7** 要判断向量

$$p_1(x)=x^2-2x+3, \quad p_2(x)=2x^2+x+8, \quad p_3(x)=x^2+8x+7$$

是否是线性无关的，令

$$c_1 p_1(x) + c_2 p_2(x) + c_3 p_3(x) = 0x^2 + 0x + 0$$

按照 x 的幂分组，我们有

$$(c_1 + 2c_2 + c_3)x^2 + (-2c_1 + c_2 + 8c_3)x + (3c_1 + 8c_2 + 7c_3) = 0x^2 + 0x + 0$$

由方程两端系数相等得到方程组

$$\begin{aligned} c_1 + 2c_2 + c_3 &= 0 \\ -2c_1 + c_2 + 8c_3 &= 0 \\ 3c_1 + 8c_2 + 7c_3 &= 0 \end{aligned}$$

142 该方程组的系数矩阵是奇异的，因此有非平凡解. 故 p_1，p_2，p_3 是线性相关的. ◀

向量空间 $C^{(n-1)}[a, b]$

例 5 中使用行列式来判断 $\mathbf{R}^3$ 中的三个向量是否线性无关. 行列式同样也可用于确定 $C^{(n-1)}[a, b]$中的 n 个向量是否线性无关. 事实上，令 f_1，f_2，…，f_n 为 $C^{(n-1)}[a, b]$的元素. 若这些向量线性相关，则存在不全为 0 的标量 c_1，c_2，…，c_n，使得对所有属于$[a, b]$的 x，有

$$c_1 f_1(x) + c_2 f_2(x) + \cdots + c_n f_n(x) = 0 \tag{10}$$

(10)的两边分别对 x 取导数，得到

$$c_1 f'_1(x) + c_2 f'_2(x) + \cdots + c_n f'_n(x) = 0$$

如果继续对等式两端求导，则可得到如下的方程组：

$$\begin{aligned} c_1 f_1(x) + c_2 f_2(x) + \cdots + c_n f_n(x) &= 0 \\ c_1 f'_1(x) + c_2 f'_2(x) + \cdots + c_n f'_n(x) &= 0 \\ &\vdots \\ c_1 f_1^{(n-1)}(x) + c_2 f_2^{(n-1)}(x) + \cdots + c_n f_n^{(n-1)}(x) &= 0 \end{aligned}$$

对$[a, b]$中每个给定的 x，矩阵方程

$$\begin{bmatrix} f_1(x) & f_2(x) & \cdots & f_n(x) \\ f'_1(x) & f'_2(x) & \cdots & f'_n(x) \\ \vdots & & & \\ f_1^{(n-1)}(x) & f_2^{(n-1)}(x) & \cdots & f_n^{(n-1)}(x) \end{bmatrix} \begin{bmatrix} \alpha_1 \\ \alpha_2 \\ \vdots \\ \alpha_n \end{bmatrix} = \begin{bmatrix} 0 \\ 0 \\ \vdots \\ 0 \end{bmatrix} \tag{11}$$

将有相同的非平凡解$(c_1, c_2, \cdots, c_n)^{\mathrm{T}}$. 因此，若 f_1，f_2…，f_n 在 $C^{(n-1)}[a, b]$中线性相关，则对$[a, b]$中每个给定的 x，(11)的系数矩阵是奇异的. 若矩阵是奇异的，则它的行列式为零.

定义 令 f_1，f_2，…，f_n 为 $C^{(n-1)}[a, b]$中的函数，定义$[a, b]$上的函数 $W[f_1, f_2, \cdots, f_n](x)$为

$$W[f_1, f_2, \cdots, f_n](x) = \begin{vmatrix} f_1(x) & f_2(x) & \cdots & f_n(x) \\ f'_1(x) & f'_2(x) & \cdots & f'_n(x) \\ \vdots & & & \\ f_1^{(n-1)}(x) & f_2^{(n-1)}(x) & \cdots & f_n^{(n-1)}(x) \end{vmatrix}$$

函数 $W[f_1, f_2, \cdots, f_n]$称为 f_1，f_2，…，f_n 的**朗斯基行列式**.

定理 3.3.3　令 $f_1, f_2, \cdots, f_n$ 为 $C^{(n-1)}[a, b]$的元素．若在$[a, b]$中存在一个点 x_0，使得$W[f_1, f_2, \cdots, f_n](x_0) \neq 0$，则 $f_1, f_2, \cdots, f_n$ 线性无关．

143

证　若 $f_1, f_2, \cdots, f_n$ 线性相关，则前面(11)中讨论的系数矩阵将对$[a, b]$中的每个 x 均为奇异的，由此，$W[f_1, f_2, \cdots, f_n]$在$[a, b]$上应恒为零．■

如果 $f_1, f_2, \cdots, f_n$ 在 $C^{(n-1)}[a, b]$中线性无关，则它们也将在 $C[a, b]$中线性无关．

▶**例 8**　证明 e^x 和 e^{-x}在 $C[-\infty, \infty]$内线性无关．

解

$$W[e^x, e^{-x}] = \begin{vmatrix} e^x & e^{-x} \\ e^x & -e^{-x} \end{vmatrix} = -2$$

因为 $W[e^x, e^{-x}]$不恒为零，所以 e^x 和 e^{-x}线性无关．◀

▶**例 9**　考虑 $C[-1, 1]$中的函数 x^2 和 $x|x|$．它们都是子空间 $C^1[-1, 1]$中的函数(见 3.2 节例 7)，所以可以计算朗斯基行列式：

$$W[x^2, x|x|] = \begin{vmatrix} x^2 & x|x| \\ 2x & 2|x| \end{vmatrix} \equiv 0$$

因为朗斯基行列式恒为零，所以不能说明函数是否是线性无关的．为回答这个问题，假设对所有的 $x \in [-1, 1]$有

$$c_1 x^2 + c_2 x|x| = 0$$

则特别地取 $x=1$ 和 $x=-1$ 时，我们有

$$c_1 + c_2 = 0$$
$$c_1 - c_2 = 0$$

且方程组有唯一解 $c_1 = c_2 = 0$．因此，尽管 $W[x^2, x|x|] \equiv 0$，但函数 x^2 和 $x|x|$ 在 $C[-1, 1]$内线性无关．

这个例子说明定理 3.3.3 的逆命题是不成立的．◀

▶**例 10**　证明 $C((-\infty, \infty))$中的向量 $1, x, x^2, x^3$ 线性无关．

证

$$W[1, x, x^2, x^3] = \begin{vmatrix} 1 & x & x^2 & x^3 \\ 0 & 1 & 2x & 3x^2 \\ 0 & 0 & 2 & 6x \\ 0 & 0 & 0 & 6 \end{vmatrix} = 12$$

因为 $W[1, x, x^2, x^3] \neq 0$，所以向量线性无关．◀

144

3.3 节练习

1. 确定下列 $\mathbf{R}^2$ 中的向量是否是线性无关的．

(a) $\begin{bmatrix} 2 \\ 1 \end{bmatrix}, \begin{bmatrix} 3 \\ 2 \end{bmatrix}$　(b) $\begin{bmatrix} 2 \\ 3 \end{bmatrix}, \begin{bmatrix} 4 \\ 6 \end{bmatrix}$　(c) $\begin{bmatrix} -2 \\ 1 \end{bmatrix}, \begin{bmatrix} 1 \\ 3 \end{bmatrix}, \begin{bmatrix} 2 \\ 4 \end{bmatrix}$

(d) $\begin{bmatrix} -1 \\ 2 \end{bmatrix}, \begin{bmatrix} 1 \\ -2 \end{bmatrix}, \begin{bmatrix} 2 \\ -4 \end{bmatrix}$　(e) $\begin{bmatrix} 1 \\ 2 \end{bmatrix}, \begin{bmatrix} -1 \\ 1 \end{bmatrix}$

2. 确定下列 $\mathbf{R}^3$ 中的向量是否是线性无关的.

(a) $\begin{bmatrix}1\\0\\0\end{bmatrix}, \begin{bmatrix}0\\1\\1\end{bmatrix}, \begin{bmatrix}1\\0\\1\end{bmatrix}$　(b) $\begin{bmatrix}1\\0\\0\end{bmatrix}, \begin{bmatrix}0\\1\\1\end{bmatrix}, \begin{bmatrix}1\\0\\1\end{bmatrix}, \begin{bmatrix}1\\2\\3\end{bmatrix}$　(c) $\begin{bmatrix}2\\1\\-2\end{bmatrix}, \begin{bmatrix}3\\2\\-2\end{bmatrix}, \begin{bmatrix}2\\2\\0\end{bmatrix}$

(d) $\begin{bmatrix}2\\1\\-2\end{bmatrix}, \begin{bmatrix}-2\\-1\\2\end{bmatrix}, \begin{bmatrix}4\\2\\-4\end{bmatrix}$　(e) $\begin{bmatrix}1\\1\\3\end{bmatrix}, \begin{bmatrix}0\\2\\1\end{bmatrix}$

3. 对练习 2 中的每一组向量，用几何方法描述给定向量的张成.

4. 确定下列 $\mathbf{R}^{2\times 2}$ 中的向量是否是线性无关的.

(a) $\begin{bmatrix}1&0\\1&1\end{bmatrix}, \begin{bmatrix}0&1\\0&0\end{bmatrix}$　(b) $\begin{bmatrix}1&0\\0&1\end{bmatrix}, \begin{bmatrix}0&1\\0&0\end{bmatrix}, \begin{bmatrix}0&0\\1&0\end{bmatrix}$　(c) $\begin{bmatrix}1&0\\0&1\end{bmatrix}, \begin{bmatrix}0&1\\0&0\end{bmatrix}, \begin{bmatrix}2&3\\0&2\end{bmatrix}$

5. 令 $\boldsymbol{x}_1$，$\boldsymbol{x}_2$，…，$\boldsymbol{x}_k$ 为向量空间 V 中线性无关的向量.

(a) 若在集合中添加一个向量 $\boldsymbol{x}_{k+1}$，是否仍然得到一个线性无关的向量集合？试说明.

(b) 若从集合中删除一个向量，如 $\boldsymbol{x}_k$，是否仍然得到一个线性无关的向量集合？试说明.

6. 设 $\boldsymbol{x}_1$，$\boldsymbol{x}_2$，$\boldsymbol{x}_3$ 为 $\mathbf{R}^n$ 中线性无关的向量，并设

$$\boldsymbol{y}_1=\boldsymbol{x}_1+\boldsymbol{x}_2, \boldsymbol{y}_2=\boldsymbol{x}_2+\boldsymbol{x}_3, \boldsymbol{y}_3=\boldsymbol{x}_3+\boldsymbol{x}_1$$

$\boldsymbol{y}_1$，$\boldsymbol{y}_2$ 和 $\boldsymbol{y}_3$ 线性无关吗？证明你的结论.

7. 设 $\boldsymbol{x}_1$，$\boldsymbol{x}_2$，$\boldsymbol{x}_3$ 为 $\mathbf{R}^n$ 中线性无关的向量，并设

$$\boldsymbol{y}_1=\boldsymbol{x}_2-\boldsymbol{x}_1, \boldsymbol{y}_2=\boldsymbol{x}_3-\boldsymbol{x}_2, \boldsymbol{y}_3=\boldsymbol{x}_3-\boldsymbol{x}_1$$

$\boldsymbol{y}_1$，$\boldsymbol{y}_2$ 和 $\boldsymbol{y}_3$ 线性无关吗？证明你的结论.

8. 确定下列 P_3 中的向量是否是线性无关的.

(a) 1，x^2，x^2-2　(b) 2，x^2，x，$2x+3$　(c) $x+2$，$x+1$，x^2-1　(d) $x+2$，x^2-1

9. 对下列情况，证明给定的向量在 $C[0, 1]$中是线性无关的.

(a) $\cos\pi x$，$\sin\pi x$　(b) $x^{3/2}$，$x^{5/2}$　(c) 1，e^x+e^{-x}，e^x-e^{-x}　(d) e^x，e^{-x}，e^{2x}

145

10. 确定向量 $\cos x$，1，$\sin^2(x/2)$在 $C[-\pi, \pi]$中是否线性无关.

11. 考虑 $C[-\pi, \pi]$中的向量 $\cos(x+\alpha)$和 $\sin x$. 当 α 取何值时，这两个向量线性相关？给出你的答案的一个几何解释.

12. 给定函数 $2x$ 和 $|x|$，证明：

(a) 在 $C[-1, 1]$中，这两个向量是线性无关的.

(b) 在 $C[0, 1]$中，这两个向量是线性相关的.

13. 证明：任何含有零向量的有限个向量的集合必为线性相关的.

14. 令 $\boldsymbol{v}_1$，$\boldsymbol{v}_2$ 为向量空间 V 中的两个向量. 证明：$\boldsymbol{v}_1$ 和 $\boldsymbol{v}_2$ 是线性相关的，当且仅当其中一个向量是另一个向量的标量倍数.

15. 证明：线性无关的向量集合$\{\boldsymbol{v}_1, \boldsymbol{v}_2, \cdots, \boldsymbol{v}_n\}$的任意非空子集也是线性无关的.

16. 令 $\boldsymbol{A}$ 为 $m\times n$ 矩阵. 证明：若 $\boldsymbol{A}$ 的各列向量线性无关，则 $N(\boldsymbol{A})=\{\boldsymbol{0}\}$. [提示：对任意 $\boldsymbol{x}\in\mathbf{R}^n$，$\boldsymbol{A}\boldsymbol{x}=x_1\boldsymbol{a}_1+x_2\boldsymbol{a}_2+\cdots+x_n\boldsymbol{a}_n$.]

17. 令 $\boldsymbol{x}_1$，$\boldsymbol{x}_2$，…，$\boldsymbol{x}_k$ 为 $\mathbf{R}^n$ 中线性无关的向量，并令 $\boldsymbol{A}$ 为非奇异的 $n\times n$ 矩阵. 定义 $\boldsymbol{y}_i=\boldsymbol{A}\boldsymbol{x}_i$，$i=1, 2, \cdots, k$. 证明：$\boldsymbol{y}_1$，$\boldsymbol{y}_2$，…，$\boldsymbol{y}_k$ 为线性无关的.

18. 设 $\boldsymbol{A}$ 为 3×3 矩阵，$\boldsymbol{x}_1$，$\boldsymbol{x}_2$，$\boldsymbol{x}_3$ 为 $\mathbf{R}^3$ 中的向量. 证明：若向量 $\boldsymbol{y}_1=\boldsymbol{A}\boldsymbol{x}_1$，$\boldsymbol{y}_2=\boldsymbol{A}\boldsymbol{x}_2$，$\boldsymbol{y}_3=\boldsymbol{A}\boldsymbol{x}_3$ 是线性无关的，则矩阵 $\boldsymbol{A}$ 必非奇异，且向量 $\boldsymbol{x}_1$，$\boldsymbol{x}_2$，$\boldsymbol{x}_3$ 必线性无关.

19. 令$\{\boldsymbol{v}_1, \boldsymbol{v}_2, \cdots, \boldsymbol{v}_n\}$为向量空间 V 的张集，并令 $\boldsymbol{v}$ 为向量空间 V 中的任意其他向量. 证明：

$\mathbf{v}$, $\mathbf{v}_1$, $\mathbf{v}_2$, $\cdots$, $\mathbf{v}_n$ 为线性相关的.

20. 令 $\mathbf{v}_1$, $\mathbf{v}_2$, $\cdots$, $\mathbf{v}_n$ 为向量空间 V 中线性无关的向量，证明：$\mathbf{v}_2$, $\mathbf{v}_3$, $\cdots$, $\mathbf{v}_n$ 不能张成 V.

3.4 基和维数

在 3.3 节中，我们证明了如果向量空间张集中的元素是线性无关的，则它就是最小的. 向量空间的最小张集中的元素是构筑整个向量空间的基础，因此，我们说它们是构成向量空间的基.

定义 当且仅当向量空间 V 中的向量 $\mathbf{v}_1$, $\mathbf{v}_2$, $\cdots$, $\mathbf{v}_n$ 满足

(i) $\mathbf{v}_1$, $\mathbf{v}_2$, $\cdots$, $\mathbf{v}_n$ 线性无关.

(ii) $\mathbf{v}_1$, $\mathbf{v}_2$, $\cdots$, $\mathbf{v}_n$ 张成 V.

称它们是向量空间 V 的**基**(basis).

▶**例 1** $\mathbf{R}^3$ 的标准基(standard basis)为$\{\mathbf{e}_1, \mathbf{e}_2, \mathbf{e}_3\}$. 然而，$\mathbf{R}^3$ 的基可以有多种取法. 例如，

$$\left\{\begin{bmatrix}1\\1\\1\end{bmatrix}, \begin{bmatrix}0\\1\\1\end{bmatrix}, \begin{bmatrix}2\\0\\1\end{bmatrix}\right\} \quad 和 \quad \left\{\begin{bmatrix}1\\1\\1\end{bmatrix}, \begin{bmatrix}1\\1\\0\end{bmatrix}, \begin{bmatrix}1\\0\\1\end{bmatrix}\right\}$$

均为 $\mathbf{R}^3$ 的基. 我们稍后会看到，任何 $\mathbf{R}^3$ 的基必恰含有三个元素. ◀

▶**例 2** 在 $\mathbf{R}^{2\times 2}$ 中，考虑集合$\{\mathbf{E}_{11}, \mathbf{E}_{12}, \mathbf{E}_{21}, \mathbf{E}_{22}\}$，其中

$$\mathbf{E}_{11} = \begin{bmatrix}1 & 0\\0 & 0\end{bmatrix}, \qquad \mathbf{E}_{12} = \begin{bmatrix}0 & 1\\0 & 0\end{bmatrix},$$

$$\mathbf{E}_{21} = \begin{bmatrix}0 & 0\\1 & 0\end{bmatrix}, \qquad \mathbf{E}_{22} = \begin{bmatrix}0 & 0\\0 & 1\end{bmatrix}$$

若

$$c_1\mathbf{E}_{11} + c_2\mathbf{E}_{12} + c_3\mathbf{E}_{21} + c_4\mathbf{E}_{22} = \mathbf{O}$$

则

$$\begin{bmatrix}c_1 & c_2\\c_3 & c_4\end{bmatrix} = \begin{bmatrix}0 & 0\\0 & 0\end{bmatrix}$$

146

所以 $c_1 = c_2 = c_3 = c_4 = 0$. 因此，$\mathbf{E}_{11}$, $\mathbf{E}_{12}$, $\mathbf{E}_{21}$, $\mathbf{E}_{22}$ 为线性无关的. 若 $\mathbf{A}$ 属于 $\mathbf{R}^{2\times 2}$，则

$$\mathbf{A} = a_{11}\mathbf{E}_{11} + a_{12}\mathbf{E}_{12} + a_{21}\mathbf{E}_{21} + a_{22}\mathbf{E}_{22}$$

因此，$\mathbf{E}_{11}$, $\mathbf{E}_{12}$, $\mathbf{E}_{21}$, $\mathbf{E}_{22}$ 张成 $\mathbf{R}^{2\times 2}$，并构成 $\mathbf{R}^{2\times 2}$ 的一组基. ◀

在很多应用问题中，需要寻找向量空间 V 的某个特殊子空间. 这可通过找到该子空间的基来实现. 例如，求方程组

$$\begin{aligned} x_1 + x_2 + x_3 \qquad &= 0\\ 2x_1 + x_2 \qquad + x_4 &= 0 \end{aligned}$$

的所有解，需要求出矩阵

$$\mathbf{A} = \begin{bmatrix}1 & 1 & 1 & 0\\2 & 1 & 0 & 1\end{bmatrix}$$

的零空间. 在 3.2 节例 9 中，我们看到 $N(\mathbf{A})$为 $\mathbf{R}^4$ 的子空间，并由向量

$$\begin{bmatrix} 1 \\ -2 \\ 1 \\ 0 \end{bmatrix} \quad \text{和} \quad \begin{bmatrix} -1 \\ 1 \\ 0 \\ 1 \end{bmatrix}$$

张成. 由于这两个向量线性无关，所以它们构成了 $N(\mathbf{A})$的一组基.

定理 3.4.1 若$\{\boldsymbol{v}_1, \boldsymbol{v}_2, \cdots, \boldsymbol{v}_n\}$为向量空间 V 的一个张集，则 V 中的任何 m 个向量必线性相关，其中 $m>n$.

证 令 $\boldsymbol{u}_1, \boldsymbol{u}_2, \cdots, \boldsymbol{u}_m$ 为 V 中的 m 个向量，其中 $m>n$. 那么，由于 $\boldsymbol{v}_1, \boldsymbol{v}_2, \cdots, \boldsymbol{v}_n$ 张成 V，我们有

$$\boldsymbol{u}_i = a_{i1}\boldsymbol{v}_1 + a_{i2}\boldsymbol{v}_2 + \cdots + a_{in}\boldsymbol{v}_n, \quad i = 1,2,\cdots,m$$

线性组合 $c_1\boldsymbol{u}_1 + c_2\boldsymbol{u}_2 + \cdots + c_m\boldsymbol{u}_m$ 可写为

$$c_1\sum_{j=1}^{n} a_{1j}\boldsymbol{v}_j + c_2\sum_{j=1}^{n} a_{2j}\boldsymbol{v}_j + \cdots + c_m\sum_{j=1}^{n} a_{mj}\boldsymbol{v}_j$$

重新排列各项，我们看到

$$\begin{aligned} c_1\boldsymbol{u}_1 + c_2\boldsymbol{u}_2 + \cdots + c_m\boldsymbol{u}_m &= \sum_{i=1}^{m}\left[c_i\left(\sum_{j=1}^{n} a_{ij}\boldsymbol{v}_j\right)\right] \\ &= \sum_{j=1}^{n}\left(\sum_{i=1}^{m} a_{ij}c_i\right)\boldsymbol{v}_j \end{aligned}$$

147

现在考虑方程组

$$\sum_{i=1}^{m} a_{ij}c_i = 0, \quad j = 1,2,\cdots,n$$

这个齐次方程组的变量个数多于方程个数. 因此，由定理 1.2.1，方程组必有非平凡解$(\hat{c}_1, \hat{c}_2, \cdots, \hat{c}_m)^{\mathrm{T}}$. 而

$$\hat{c}_1\boldsymbol{u}_1 + \hat{c}_2\boldsymbol{u}_2 + \cdots + \hat{c}_m\boldsymbol{u}_m = \sum_{j=1}^{n} 0\boldsymbol{v}_j = \mathbf{0}$$

于是 $\boldsymbol{u}_1, \boldsymbol{u}_2, \cdots, \boldsymbol{u}_m$ 为线性相关的. ■

推论 3.4.2 若$\{\boldsymbol{v}_1, \boldsymbol{v}_2, \cdots, \boldsymbol{v}_n\}$和$\{\boldsymbol{u}_1, \boldsymbol{u}_2, \cdots, \boldsymbol{u}_m\}$均为向量空间 V 的基，则$n=m$.

证 令 $\boldsymbol{v}_1, \boldsymbol{v}_2, \cdots, \boldsymbol{v}_n$ 和 $\boldsymbol{u}_1, \boldsymbol{u}_2, \cdots, \boldsymbol{u}_m$ 均为 V 的基. 由于 $\boldsymbol{v}_1, \boldsymbol{v}_2, \cdots, \boldsymbol{v}_n$ 张成 V，且 $\boldsymbol{u}_1, \boldsymbol{u}_2, \cdots, \boldsymbol{u}_m$ 为线性无关的，故由定理 3.4.1，有 $m\leqslant n$. 根据相同的原因，$\boldsymbol{u}_1, \boldsymbol{u}_2, \cdots, \boldsymbol{u}_m$ 张成 V，且 $\boldsymbol{v}_1, \boldsymbol{v}_2, \cdots, \boldsymbol{v}_n$ 为线性无关的，所以 $n\leqslant m$. ■

由推论 3.4.2，我们现在可以引入给定向量空间的任何基的元素个数. 因此有下面定义.

定义 令 V 为一个向量空间. 若 V 的一组基含有 n 个向量，我们称 V 的**维数**(dimension)为 n. V 的子空间$\{\mathbf{0}\}$的维数为 0. 如果有有限多个向量张成 V，则称 V 是**有限维的**(finite-dimensional)；否则，称 V 是**无限维的**(infinite-dimensional).

若 $\boldsymbol{x}$ 为 $\mathbf{R}^3$ 中的非零向量，则 $\boldsymbol{x}$ 张成一个一维子空间 $\mathrm{Span}(\boldsymbol{x})=\{\alpha\boldsymbol{x} \mid \alpha$ 为标量$\}$. 当

且仅当点(a, b, c)在$(0, 0, 0)$和(x_1, x_2, x_3)确定的直线上时，向量$(a, b, c)^{\mathrm{T}}$属于$\mathrm{Span}(\boldsymbol{x})$. 因此，$\mathbf{R}^3$ 的一个一维子空间的几何表示为一条过原点的直线.

若 $\boldsymbol{x}$ 和 $\boldsymbol{y}$ 在 $\mathbf{R}^3$ 中是线性无关的，则

$$\mathrm{Span}(\boldsymbol{x},\boldsymbol{y}) = \{\alpha\boldsymbol{x} + \beta\boldsymbol{y} \mid \alpha \text{ 和 } \beta \text{ 为标量}\}$$

为 $\mathbf{R}^3$ 的一个二维子空间. 当且仅当(a, b, c)在$(0, 0, 0)$，(x_1, x_2, x_3)和(y_1, y_2, y_3)所确定的平面上时，向量$(a, b, c)^{\mathrm{T}}$属于$\mathrm{Span}(\boldsymbol{x}, \boldsymbol{y})$. 因此，可以将 $\mathbf{R}^3$ 的二维子空间看成一个过原点的平面. 若 $\boldsymbol{x}$，$\boldsymbol{y}$ 和 $\boldsymbol{z}$ 为 $\mathbf{R}^3$ 中线性无关的向量，则它们构成了 $\mathbf{R}^3$ 的一组基，且$\mathrm{Span}(\boldsymbol{x}, \boldsymbol{y}, \boldsymbol{z})=\mathbf{R}^3$. 因此，任意第四个点$(a, b, c)^{\mathrm{T}}$必落在$\mathrm{Span}(\boldsymbol{x}, \boldsymbol{y}, \boldsymbol{z})$中(见图 3.4.1).

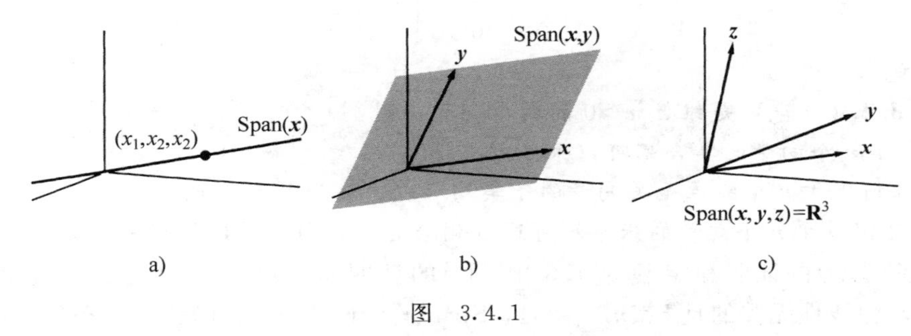

图 3.4.1

▸**例 3**　令 P 为所有多项式的向量空间，我们说 P 为无限维的. 若 P 是有限维的，不妨设维数为 n，则任何 $n+1$ 个向量应为线性相关的. 然而，因为 $W[1, x, x^2, \cdots, x^n]>0$，故 $1, x, x^2, \cdots, x^n$为线性无关的. 因此，P 的维数不能为 n. 由于 n 是任意的，故 P 必为无限维的. 同样，可以证明 $C[a, b]$是无限维的. ◂

148

定理 3.4.3　若 V 是维数 $n>0$ 的向量空间，则：

(Ⅰ) 任意 n 个线性无关的向量张成 V.

(Ⅱ) 任何张成 V 的 n 个向量是线性无关的.

证　为证明(Ⅰ)，假设 $\boldsymbol{v}_1, \boldsymbol{v}_2, \cdots, \boldsymbol{v}_n$ 为线性无关的，且 $\boldsymbol{v}$ 为 V 中的任意其他向量. 因为 V 的维数为n，它的基有 n 个向量，并且这些向量张成 V. 由定理 3.4.1 可知 $\boldsymbol{v}_1, \boldsymbol{v}_2, \cdots, \boldsymbol{v}_n, \boldsymbol{v}$ 必为线性相关的. 因此存在不全为零的标量 $c_1, c_2, \cdots, c_n, c_{n+1}$，使得

$$c_1\boldsymbol{v}_1 + c_2\boldsymbol{v}_2 + \cdots + c_n\boldsymbol{v}_n + c_{n+1}\boldsymbol{v} = \boldsymbol{0} \tag{1}$$

标量 c_{n+1}不会为零，否则(1)意味着 $\boldsymbol{v}_1, \boldsymbol{v}_2, \cdots, \boldsymbol{v}_n$ 为线性相关的. 于是，由(1)可解出 $\boldsymbol{v}$：

$$\boldsymbol{v} = \alpha_1\boldsymbol{v}_1 + \alpha_2\boldsymbol{v}_2 + \cdots + \alpha_n\boldsymbol{v}_n$$

其中 $\alpha_i=-c_i/c_{n+1}$，$i=1, 2, \cdots, n$. 因为 $\boldsymbol{v}$ 为 V 中的任意向量，因此 $\boldsymbol{v}_1, \boldsymbol{v}_2, \cdots, \boldsymbol{v}_n$ 张成 V.

为证明(Ⅱ)，假设 $\boldsymbol{v}_1, \boldsymbol{v}_2, \cdots, \boldsymbol{v}_n$ 张成 V. 若 $\boldsymbol{v}_1, \boldsymbol{v}_2, \cdots, \boldsymbol{v}_n$ 线性相关，则其中一个向量 $\boldsymbol{v}_i$，不妨设为 $\boldsymbol{v}_n$，可写为其他向量的线性组合. 因此 $\boldsymbol{v}_1, \boldsymbol{v}_2, \cdots, \boldsymbol{v}_{n-1}$将张成 V. 若

$\boldsymbol{v}_1$，$\boldsymbol{v}_2$，…，$\boldsymbol{v}_{n-1}$是线性相关的，则消去另一个向量仍然得到一个张集，可以继续这个消去向量的过程，直到张集中的向量线性无关，且元素个数 $k<n$. 但这与 $\dim V=n$ 矛盾. 因此，$\boldsymbol{v}_1$，$\boldsymbol{v}_2$，…，$\boldsymbol{v}_n$ 必为线性无关的. ■

149

▶**例 4**　证明$\left\{\begin{bmatrix}1\\2\\3\end{bmatrix},\begin{bmatrix}-2\\1\\0\end{bmatrix},\begin{bmatrix}1\\0\\1\end{bmatrix}\right\}$为 $\mathbf{R}^3$ 的一组基.

证　由于 $\dim\mathbf{R}^3=3$，我们只需证明这三个向量线性无关. 由于

$$\begin{vmatrix}1 & -2 & 1\\2 & 1 & 0\\3 & 0 & 1\end{vmatrix}=2$$

故可得结论. ◀

定理 3.4.4　若 V 是维数 $n>0$ 的向量空间，则：

(i) 少于 n 个向量的集合不可以张成 V.

(ii) 任何少于 n 个线性无关向量的子集均可以扩展为 V 的一组基.

(iii) 任何多于 n 个向量的张集均可通过删除其中的向量得到 V 的一组基.

证　命题(i)的证明和定理 3.4.3 中(Ⅰ)的证明是一样的. 为证明(ii)，假设 $\boldsymbol{v}_1$，$\boldsymbol{v}_2$，…，$\boldsymbol{v}_k$ 为线性无关的且 $k<n$. 由(i)，$\mathrm{Span}(\boldsymbol{v}_1, \boldsymbol{v}_2, \cdots, \boldsymbol{v}_k)$为 V 的真子空间，因此必存在向量 $\boldsymbol{v}_{k+1}$在 V 中但不在 $\mathrm{Span}(\boldsymbol{v}_1, \boldsymbol{v}_2, \cdots, \boldsymbol{v}_k)$中. 由此得到 $\boldsymbol{v}_1$，$\boldsymbol{v}_2$，…，$\boldsymbol{v}_k$，$\boldsymbol{v}_{k+1}$ 必线性无关. 如果 $k+1<n$，则通过相同的方法，可将$\{\boldsymbol{v}_1, \boldsymbol{v}_2, \cdots, \boldsymbol{v}_k, \boldsymbol{v}_{k+1}\}$扩展为 $k+2$ 个线性无关向量的集合. 这个扩展过程可以持续到集合$\{\boldsymbol{v}_1, \boldsymbol{v}_2\cdots, \boldsymbol{v}_k, \boldsymbol{v}_{k+1}, \cdots, \boldsymbol{v}_n\}$有 n 个线性无关的向量.

为证明(iii)，假设 $\boldsymbol{v}_1$，$\boldsymbol{v}_2$，…，$\boldsymbol{v}_m$ 张成 V，且 $m>n$. 由定理 3.4.1，$\boldsymbol{v}_1$，$\boldsymbol{v}_2$，…，$\boldsymbol{v}_m$ 必为线性相关的. 因此其中一个向量，不妨设为 $\boldsymbol{v}_m$，可写为其他向量的线性组合. 于是，若从集合中消去 $\boldsymbol{v}_m$，则剩余的 $m-1$ 个向量仍可张成 V. 若 $m-1>n$，可以采用相同的方法继续消去向量，直到张集包含 n 个元素. ■

标准基

在例 1 中，集合$\{\boldsymbol{e}_1, \boldsymbol{e}_2, \boldsymbol{e}_3\}$ 为 $\mathbf{R}^3$ 的标准基(standard basis). 之所以称这个基为标准基，是因为使用这个基表示向量空间 $\mathbf{R}^3$ 最为自然. 更一般地，$\mathbf{R}^n$ 的标准基为集合$\{\boldsymbol{e}_1, \boldsymbol{e}_2, \cdots, \boldsymbol{e}_n\}$.

表示 $\mathbf{R}^{2\times 2}$的最自然方法是使用例 2 中给出的基$\{\boldsymbol{E}_{11}, \boldsymbol{E}_{12}, \boldsymbol{E}_{21}, \boldsymbol{E}_{22}\}$. 这组基称为 $\mathbf{R}^{2\times 2}$的标准基.

表示 P_n中的多项式的标准方法是用 1，x，x^2，…，x^{n-1}，因此，P_n的标准基为$\{1, x, x^2, \cdots, x^{n-1}\}$.

尽管这些标准基看起来非常简单，且使用非常自然，但很多实际问题中标准基并不是最适用的. (例如，参见第 5 章中的最小二乘问题和第 6 章中特征值的应用.)事实上，求解很多应用问题的关键是将标准基转化为对特定应用问题很自然的基. 一旦应用问题

在新的基下解出，很容易再将解用标准基表示．下一节，我们将学习如何从一组基转化到另一组基．

150

3.4 节练习

1. 在 3.3 节练习 1 中，指出给定的向量组是否构成 $\mathbf{R}^2$ 的一组基．
2. 在 3.3 节练习 2 中，指出给定的向量组是否构成 $\mathbf{R}^3$ 的一组基．
3. 给定向量

$$\boldsymbol{x}_1=\begin{bmatrix}2\\1\end{bmatrix},\quad \boldsymbol{x}_2=\begin{bmatrix}4\\3\end{bmatrix},\quad \boldsymbol{x}_3=\begin{bmatrix}7\\-3\end{bmatrix}$$

(a) 证明 $\boldsymbol{x}_1$ 和 $\boldsymbol{x}_2$ 构成 $\mathbf{R}^2$ 的一组基．

(b) 为什么 $\boldsymbol{x}_1$，$\boldsymbol{x}_2$ 和 $\boldsymbol{x}_3$ 必线性相关？

(c) $\mathrm{Span}(\boldsymbol{x}_1, \boldsymbol{x}_2, \boldsymbol{x}_3)$的维数是多少？

4. 给定向量

$$\boldsymbol{x}_1=\begin{bmatrix}3\\-2\\4\end{bmatrix},\quad \boldsymbol{x}_2=\begin{bmatrix}-3\\2\\-4\end{bmatrix},\quad \boldsymbol{x}_3=\begin{bmatrix}-6\\4\\-8\end{bmatrix}$$

$\mathrm{Span}(\boldsymbol{x}_1, \boldsymbol{x}_2, \boldsymbol{x}_3)$的维数是多少？

5. 给定向量

$$\boldsymbol{x}_1=\begin{bmatrix}2\\1\\3\end{bmatrix},\quad \boldsymbol{x}_2=\begin{bmatrix}3\\-1\\4\end{bmatrix},\quad \boldsymbol{x}_3=\begin{bmatrix}2\\6\\4\end{bmatrix}$$

(a) 证明 $\boldsymbol{x}_1$，$\boldsymbol{x}_2$，$\boldsymbol{x}_3$ 是线性相关的．

(b) 证明 $\boldsymbol{x}_1$ 和 $\boldsymbol{x}_2$ 是线性无关的．

(c) $\mathrm{Span}(\boldsymbol{x}_1, \boldsymbol{x}_2, \boldsymbol{x}_3)$的维数是多少？

(d) 给出 $\mathrm{Span}(\boldsymbol{x}_1, \boldsymbol{x}_2, \boldsymbol{x}_3)$的一个几何解释．

6. 在 3.2 节练习 2 中，一些集合构成了 $\mathbf{R}^3$ 的子空间．对每一种情况，求子空间的基并确定其维数．
7. 求 $\mathbf{R}^4$ 中包含所有形如$(a+b, a-b+2c, b, c)^{\mathrm{T}}$ 的向量的子空间 S 的基，其中 a，b 和 c 为实数．S 的维数是多少？
8. 给定 $\boldsymbol{x}_1=(1, 1, 1)^{\mathrm{T}}$ 和 $\boldsymbol{x}_2=(3, -1, 4)^{\mathrm{T}}$．

(a) $\boldsymbol{x}_1$ 和 $\boldsymbol{x}_2$ 是否张成 $\mathbf{R}^3$？试说明．

(b) 令 $\boldsymbol{x}_3$ 为 $\mathbf{R}^3$ 中的第三个向量，并令 $X=\{\boldsymbol{x}_1, \boldsymbol{x}_2, \boldsymbol{x}_3\}$．当 X 满足什么条件时，向量 $\boldsymbol{x}_1$，$\boldsymbol{x}_2$，$\boldsymbol{x}_3$ 构成 $\mathbf{R}^3$ 的一组基？

(c) 求第三个向量 $\boldsymbol{x}_3$，使得集合$\{\boldsymbol{x}_1, \boldsymbol{x}_2\}$扩展为 $\mathbf{R}^3$ 的一组基．

9. 令 $\boldsymbol{a}_1$ 和 $\boldsymbol{a}_2$ 为 $\mathbf{R}^3$ 中线性无关的向量，并令 $\boldsymbol{x}$ 为 $\mathbf{R}^2$ 中的向量．

(a) 给出 $\mathrm{Span}(\boldsymbol{a}_1, \boldsymbol{a}_2)$的几何表示．

(b) 若 $\boldsymbol{A}=(\boldsymbol{a}_1, \boldsymbol{a}_2)$，且 $\boldsymbol{b}=\boldsymbol{A}\boldsymbol{x}$，则 $\mathrm{Span}(\boldsymbol{a}_1, \boldsymbol{a}_2, \boldsymbol{b})$的维数是多少？试说明．

10. 向量组

$$\boldsymbol{x}_1=\begin{bmatrix}1\\2\\2\end{bmatrix},\quad \boldsymbol{x}_2=\begin{bmatrix}2\\5\\4\end{bmatrix},\quad \boldsymbol{x}_3=\begin{bmatrix}1\\3\\2\end{bmatrix},\quad \boldsymbol{x}_4=\begin{bmatrix}2\\7\\4\end{bmatrix},\quad \boldsymbol{x}_5=\begin{bmatrix}1\\1\\0\end{bmatrix}$$

张成 $\mathbf{R}^3$．通过消去集合$\{\boldsymbol{x}_1, \boldsymbol{x}_2, \boldsymbol{x}_3, \boldsymbol{x}_4, \boldsymbol{x}_5\}$ 中的向量，来构造 $\mathbf{R}^3$ 的一组基．

11. 令 S 为 P_3 中包含所有形如 $ax^2+bx+2a+3b$ 的多项式的子空间. 求 S 的一组基.
12. 在 3.2 节练习 3 中，某些集合构成 $\mathbf{R}^{2\times2}$ 的子空间. 对每一种情况，求子空间的基并确定其维数.
13. 在 $C[-\pi, \pi]$中，求由 1，$\cos2x$，$\cos^2x$ 张成的子空间的维数.
14. 求由下列给定的向量张成的 P_3 的子空间的维数.

    (a) x，$x-1$，x^2+1　　(b) x，$x-1$，x^2+1，x^2-1

    (c) x^2，x^2-x-1，$x+1$　　(d) $2x$，$x-2$
15. 令 S 为所有满足 $p(0)=0$ 的多项式 $p(x)$构成的 P_3 的子空间，并令 T 为所有满足 $q(1)=0$ 的多项式 $q(x)$的子空间. 求下列空间的基.

    (a) S　　(b) T　　(c) $S\cap T$
16. 在 $\mathbf{R}^4$ 中，令 U 为所有形如$(u_1, u_2, 0, 0)^{\mathrm{T}}$ 的向量的子空间，并令 V 为所有形如$(0, v_2, v_3, 0)^{\mathrm{T}}$ 的向量的子空间. 则 U，V，$U\cap V$，$U+V$ 的维数是多少? 求这四个子空间中每一个的一组基. (见 3.2 节练习 24 和 26.)
17. 是否可以找到 $\mathbf{R}^3$ 中的两个二维子空间 U 和 V，使得 $U\cap V=\{\mathbf{0}\}$? 证明你的答案. 给出结论的几何解释. [提示：令$\{\boldsymbol{u}_1, \boldsymbol{u}_2\}$ 和$\{\boldsymbol{v}_1, \boldsymbol{v}_2\}$ 分别为 U 和 V 的基. 证明 $\boldsymbol{u}_1$，$\boldsymbol{u}_2$，$\boldsymbol{v}_1$，$\boldsymbol{v}_2$ 为线性相关的.]

151

18. 证明：若 U 和 V 为 $\mathbf{R}^n$ 的子空间，且 $U\cap V=\{\mathbf{0}\}$，则
$$\dim(U+V)=\dim U+\dim V$$

3.5 基变换

很多应用问题可通过从一个坐标系转化为另一坐标系而得到简化. 在一个向量空间中转换坐标系和从一组基转换为另一组基本质上是相同的. 例如，描述平面上质点在特定时刻的运动，通常使用单位切向量 $\boldsymbol{t}$ 和单位法向量 $\boldsymbol{n}$ 作为 $\mathbf{R}^2$ 中的基来替代标准基$\{\boldsymbol{e}_1, \boldsymbol{e}_2\}$会更为方便.

本节中，我们讨论从一个坐标系转换为另一坐标系的问题，并证明它可通过将给定的坐标向量 $\boldsymbol{x}$ 乘以一个非奇异矩阵 $\boldsymbol{S}$ 来实现. 乘积 $\boldsymbol{y}=\boldsymbol{S}\boldsymbol{x}$ 为新坐标系下的坐标向量.

$\mathbf{R}^2$ 中的坐标变换

$\mathbf{R}^2$ 的标准基为$\{\boldsymbol{e}_1, \boldsymbol{e}_2\}$. 任何 $\mathbf{R}^2$ 中的向量 $\boldsymbol{x}$ 都可表示为线性组合
$$\boldsymbol{x}=x_1\boldsymbol{e}_1+x_2\boldsymbol{e}_2$$
标量 x_1 和 x_2 可以看成是 $\boldsymbol{x}$ 在标准基下的坐标(coordinate). 事实上，对任意 $\mathbf{R}^2$ 的基$\{\boldsymbol{y}, \boldsymbol{z}\}$，由定理 3.3.2，给定向量 $\boldsymbol{x}$ 可唯一地表示为线性组合
$$\boldsymbol{x}=\alpha\boldsymbol{y}+\beta\boldsymbol{z}$$
标量 α 和 β 为 $\boldsymbol{x}$ 相应于基$\{\boldsymbol{y}, \boldsymbol{z}\}$的坐标. 对基中的元素进行排序，使得 $\boldsymbol{y}$ 为第一个基向量，$\boldsymbol{z}$ 为第二个基向量，并将这个有序的基记为$[\boldsymbol{y}, \boldsymbol{z}]$. 然后称向量$(\alpha, \beta)^{\mathrm{T}}$ 为 $\boldsymbol{x}$ 对应于$[\boldsymbol{y}, \boldsymbol{z}]$的坐标向量(coordinate vector). 注意，如果交换基向量的顺序为$[\boldsymbol{z}, \boldsymbol{y}]$，则必须同时交换坐标向量. $\boldsymbol{x}$ 对应于$[\boldsymbol{z}, \boldsymbol{y}]$的坐标向量为$(\beta, \alpha)^{\mathrm{T}}$. 当使用下标表示基时，例如$\{\boldsymbol{u}_1, \boldsymbol{u}_2\}$，下标就表示基向量的一个顺序.

▶**例 1** 令 $\boldsymbol{y}=(2, 1)^{\mathrm{T}}$，$\boldsymbol{z}=(1, 4)^{\mathrm{T}}$. 向量 $\boldsymbol{y}$ 和 $\boldsymbol{z}$ 为线性无关的，且构成 $\mathbf{R}^2$ 的一组基. 向量$\boldsymbol{x}=(7, 7)^{\mathrm{T}}$可写为线性组合
$$\boldsymbol{x}=3\boldsymbol{y}+\boldsymbol{z}$$

因此，$\boldsymbol{x}$ 相应于$[\boldsymbol{y}, \boldsymbol{z}]$的坐标向量是$(3, 1)^{\mathrm{T}}$. 从几何上看，坐标向量表示如何从原点移动到点(7, 7)，即首先沿着 $\boldsymbol{y}$ 方向，然后沿着 $\boldsymbol{z}$ 方向. 而如果把 $\boldsymbol{z}$ 看作第一个基向量，$\boldsymbol{y}$ 是第二个基向量，则

$$\boldsymbol{x} = \boldsymbol{z} + 3\boldsymbol{y}$$

$\boldsymbol{x}$ 对应于有序基$[\boldsymbol{z}, \boldsymbol{y}]$的坐标向量为$(1, 3)^{\mathrm{T}}$. 从几何上看，这个向量告诉我们如何从原点移动到点(7, 7)，即首先沿着 $\boldsymbol{z}$ 方向，然后沿着 $\boldsymbol{y}$ 方向(见图 3.5.1). ◀

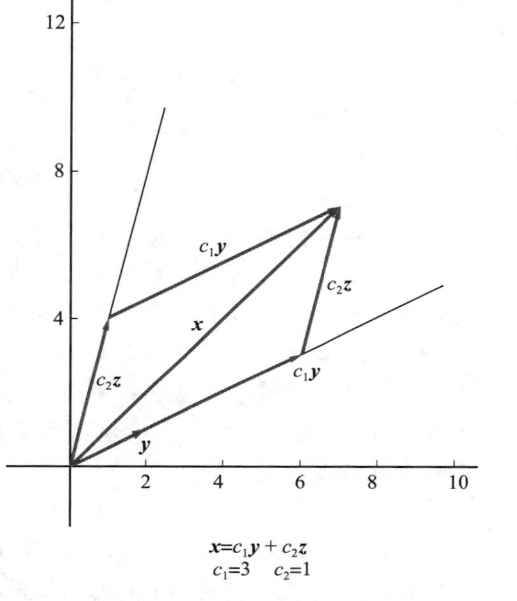

图 3.5.1

152

考虑如下的应用问题，这个问题说明了坐标变换的作用.

应用 1：人口迁移

假设一个大城市的总人口保持相对固定. 然而，每年有 6% 的人从城市搬到郊区，2% 的人从郊区搬到城市. 如果初始时，30% 的人生活在城市，70% 的人生活在郊区，那么 10 年后这些比例有什么变化？30 年后呢？50 年后呢？长时过程意味着什么？

人口的变化可由矩阵乘法确定. 若令

$$\boldsymbol{A} = \begin{bmatrix} 0.94 & 0.02 \\ 0.06 & 0.98 \end{bmatrix} \quad \text{及} \quad \boldsymbol{x}_0 = \begin{bmatrix} 0.30 \\ 0.70 \end{bmatrix}$$

则 1 年后，在城市和郊区生活的人口比例可由 $\boldsymbol{x}_1 = \boldsymbol{A}\boldsymbol{x}_0$ 求得. 2 年后的比例可由 $\boldsymbol{x}_2 = \boldsymbol{A}\boldsymbol{x}_1 = \boldsymbol{A}^2\boldsymbol{x}_0$ 求得. 一般地，n 年后的比例可由 $\boldsymbol{x}_n = \boldsymbol{A}^n\boldsymbol{x}_0$ 给出. 如果计算 $n=10$，30 和 50 时的百分比，并将它们舍入到最接近的百分比，则我们有

$$\boldsymbol{x}_{10} = \begin{bmatrix} 0.27 \\ 0.73 \end{bmatrix} \qquad \boldsymbol{x}_{30} = \begin{bmatrix} 0.25 \\ 0.75 \end{bmatrix} \qquad \boldsymbol{x}_{50} = \begin{bmatrix} 0.25 \\ 0.75 \end{bmatrix}$$

事实上，当 n 增加时，向量序列 $\boldsymbol{x}_n = \boldsymbol{A}^n\boldsymbol{x}_0$ 收敛到极限 $\boldsymbol{x} = (0.25, 0.75)^{\mathrm{T}}$. 向量 $\boldsymbol{x}$ 的极限称为该过程的**稳态向量**(steady-state vector).

153

为理解该过程趋向于一个稳态的原因，将坐标变换为不同的坐标系十分有用. 对新的坐标系，我们选择向量 $\boldsymbol{u}_1$ 和 $\boldsymbol{u}_2$，使得容易看出乘以矩阵 $\boldsymbol{A}$ 的作用. 特别地，如果选择 $\boldsymbol{u}_1$ 为稳态向量 $\boldsymbol{x}$ 的任意倍数，则 $\boldsymbol{A}\boldsymbol{u}_1$ 将等于 $\boldsymbol{u}_1$. 我们选择 $\boldsymbol{u}_1 = (1, 3)^{\mathrm{T}}$ 及 $\boldsymbol{u}_2 = (-1, 1)^{\mathrm{T}}$. 选择第二个向量是因为乘以 $\boldsymbol{A}$ 的运算相当于将向量进行缩放，缩放因子为 0.92. 因此，我们新的基向量满足

$$\boldsymbol{A}\boldsymbol{u}_1 = \begin{bmatrix} 0.94 & 0.02 \\ 0.06 & 0.98 \end{bmatrix}\begin{bmatrix} 1 \\ 3 \end{bmatrix} = \begin{bmatrix} 1 \\ 3 \end{bmatrix} = \boldsymbol{u}_1$$

$$\boldsymbol{A}\boldsymbol{u}_2 = \begin{bmatrix} 0.94 & 0.02 \\ 0.06 & 0.98 \end{bmatrix}\begin{bmatrix} -1 \\ 1 \end{bmatrix} = \begin{bmatrix} -0.92 \\ 0.92 \end{bmatrix} = 0.92\boldsymbol{u}_2$$

初始向量 $\boldsymbol{x}_0$ 可写为新基向量的线性组合：

$$\boldsymbol{x}_0 = \begin{bmatrix} 0.30 \\ 0.70 \end{bmatrix} = 0.25\begin{bmatrix} 1 \\ 3 \end{bmatrix} - 0.05\begin{bmatrix} -1 \\ 1 \end{bmatrix} = 0.25\boldsymbol{u}_1 - 0.05\boldsymbol{u}_2$$

由此得到

$$\boldsymbol{x}_n = A^n\boldsymbol{x}_0 = 0.25\boldsymbol{u}_1 - 0.05(0.92)^n\boldsymbol{u}_2$$

当 n 增大时第二部分的元素趋于 0. 事实上，当 $n>27$ 时，它的元素已经足够小，使得 $\boldsymbol{x}_n$ 的舍入值等于

$$0.25\boldsymbol{u}_1 = \begin{bmatrix} 0.25 \\ 0.75 \end{bmatrix}$$

这个应用问题是一类称为**马尔可夫过程**(Markov process)的数学模型的例子. 向量序列 $\boldsymbol{x}_1$，$\boldsymbol{x}_2$，…称为**马尔可夫链**(Markov chain). 矩阵 $\boldsymbol{A}$ 的特殊结构在于，它所有的元素均为非负的，且各列元素相加均为 1. 这样的矩阵称为**随机矩阵**(stochastic matrix). 我们将在第 6 章中学习这一类问题时给出更为精确的定义. 在此处希望强调的是，理解这一类问题的关键是将基进行变换，使得矩阵在其中的作用变得十分简单. 特别地，如果 $\boldsymbol{A}$ 为 $n\times n$ 矩阵，则我们希望选择基向量，使得矩阵对每一个基向量 $\boldsymbol{u}_j$ 的作用仅仅是将它乘以某因子 λ_j，即

$$\boldsymbol{A}\boldsymbol{u}_j = \lambda_j\boldsymbol{u}_j,\quad j = 1,2,\cdots,n \tag{1}$$

很多应用问题中会用到一个 $n\times n$ 矩阵 $\boldsymbol{A}$，求解这类问题的关键是寻找基向量 $\boldsymbol{u}_1$，…，$\boldsymbol{u}_n$ 和标量 λ_1，…，λ_n，使得(1)成立. 这些新的基向量可看成是使用矩阵 $\boldsymbol{A}$ 的自然坐标系，而标量可看成是在基向量下的自然频率. 这类问题将在第 6 章中详细介绍.

154

坐标变换

一旦决定使用一组新的基，就需要寻找在这组基下的坐标. 例如，假设我们希望用一组不同的基替代 $\mathbf{R}^2$ 中的标准基$[\boldsymbol{e}_1, \boldsymbol{e}_2]$，不妨设

$$\boldsymbol{u}_1 = \begin{bmatrix} 3 \\ 2 \end{bmatrix},\quad \boldsymbol{u}_2 = \begin{bmatrix} 1 \\ 1 \end{bmatrix}$$

事实上，我们希望在两个坐标系间进行转换. 考虑下面的两个问题：

Ⅰ. 给定一个向量 $\boldsymbol{x}=(x_1, x_2)^{\mathrm{T}}$，求它在 $\boldsymbol{u}_1$ 和 $\boldsymbol{u}_2$ 下的坐标.

Ⅱ. 给定一个向量 $c_1\boldsymbol{u}_1+c_2\boldsymbol{u}_2$，求它在 $\boldsymbol{e}_1$ 和 $\boldsymbol{e}_2$ 下的坐标.

我们将首先求解Ⅱ，因为它较为简单. 为将基$[\boldsymbol{u}_1, \boldsymbol{u}_2]$转换为$[\boldsymbol{e}_1, \boldsymbol{e}_2]$，我们必须将原来的基元素 $\boldsymbol{u}_1$ 和 $\boldsymbol{u}_2$ 表示为新的基元素 $\boldsymbol{e}_1$ 和 $\boldsymbol{e}_2$.

$$\begin{aligned} \boldsymbol{u}_1 &= 3\boldsymbol{e}_1 + 2\boldsymbol{e}_2 \\ \boldsymbol{u}_2 &= \boldsymbol{e}_1 + \boldsymbol{e}_2 \end{aligned}$$

由此得到

$$\begin{aligned} c_1\boldsymbol{u}_1 + c_2\boldsymbol{u}_2 &= (3c_1\boldsymbol{e}_1 + 2c_1\boldsymbol{e}_2) + (c_2\boldsymbol{e}_1 + c_2\boldsymbol{e}_2) \\ &= (3c_1 + c_2)\boldsymbol{e}_1 + (2c_1 + c_2)\boldsymbol{e}_2 \end{aligned}$$

因此 $c_1\boldsymbol{u}_1+c_2\boldsymbol{u}_2$ 相应于$[\boldsymbol{e}_1, \boldsymbol{e}_2]$的坐标向量为

$$\boldsymbol{x}=\begin{bmatrix}3c_1+c_2\\2c_1+c_2\end{bmatrix}=\begin{bmatrix}3&1\\2&1\end{bmatrix}\begin{bmatrix}c_1\\c_2\end{bmatrix}$$

如果令

$$U=(\boldsymbol{u}_1,\boldsymbol{u}_2)=\begin{bmatrix}3&1\\2&1\end{bmatrix}$$

则给定任何相应于$[\boldsymbol{u}_1,\boldsymbol{u}_2]$的坐标向量$\boldsymbol{c}$，求相应于$[\boldsymbol{e}_1,\boldsymbol{e}_2]$的坐标向量$\boldsymbol{x}$，我们只需用$\boldsymbol{U}$乘以$\boldsymbol{c}$：

$$\boldsymbol{x}=\boldsymbol{U}\boldsymbol{c}\tag{2}$$

矩阵$\boldsymbol{U}$称为从有序基$[\boldsymbol{u}_1,\boldsymbol{u}_2]$到基$[\boldsymbol{e}_1,\boldsymbol{e}_2]$的转移矩阵(transition matrix).

为求解问题Ⅰ，我们需要求从$[\boldsymbol{e}_1,\boldsymbol{e}_2]$到$[\boldsymbol{u}_1,\boldsymbol{u}_2]$的转移矩阵. (2)中的矩阵$\boldsymbol{U}$是非奇异的，因为它的列向量$\boldsymbol{u}_1$和$\boldsymbol{u}_2$线性无关. 由(2)有

$$\boldsymbol{c}=\boldsymbol{U}^{-1}\boldsymbol{x}$$

因此，给定向量

$$\boldsymbol{x}=(x_1,x_2)^{\mathrm{T}}=x_1\boldsymbol{e}_1+x_2\boldsymbol{e}_2$$

我们只需乘以$\boldsymbol{U}^{-1}$即可求出在$[\boldsymbol{u}_1,\boldsymbol{u}_2]$下的坐标向量. $\boldsymbol{U}^{-1}$为从$[\boldsymbol{e}_1,\boldsymbol{e}_2]$到$[\boldsymbol{u}_1,\boldsymbol{u}_2]$的转移矩阵.

155

▶**例 2** 令$\boldsymbol{u}_1=(3,2)^{\mathrm{T}}$，$\boldsymbol{u}_2=(1,1)^{\mathrm{T}}$及$\boldsymbol{x}=(7,4)^{\mathrm{T}}$. 求$\boldsymbol{x}$相应于$\boldsymbol{u}_1$和$\boldsymbol{u}_2$的坐标向量.

解 由前述讨论，从$[\boldsymbol{e}_1,\boldsymbol{e}_2]$到$[\boldsymbol{u}_1,\boldsymbol{u}_2]$的转移矩阵为

$$\boldsymbol{U}=(\boldsymbol{u}_1,\boldsymbol{u}_2)=\begin{bmatrix}3&1\\2&1\end{bmatrix}$$

的逆矩阵. 因此，

$$\boldsymbol{c}=\boldsymbol{U}^{-1}\boldsymbol{x}=\begin{bmatrix}1&-1\\-2&3\end{bmatrix}\begin{bmatrix}7\\4\end{bmatrix}=\begin{bmatrix}3\\-2\end{bmatrix}$$

即为要求的坐标向量，且

$$\boldsymbol{x}=3\boldsymbol{u}_1-2\boldsymbol{u}_2$$ ◀

▶**例 3** 令$\boldsymbol{b}_1=(1,-1)^{\mathrm{T}}$及$\boldsymbol{b}_2=(-2,3)^{\mathrm{T}}$. 求从$[\boldsymbol{e}_1,\boldsymbol{e}_2]$到$[\boldsymbol{b}_1,\boldsymbol{b}_2]$的转移矩阵，并确定$\boldsymbol{x}=(1,2)^{\mathrm{T}}$相应于$[\boldsymbol{b}_1,\boldsymbol{b}_2]$的坐标向量.

解 从$[\boldsymbol{b}_1,\boldsymbol{b}_2]$到$[\boldsymbol{e}_1,\boldsymbol{e}_2]$的转移矩阵为

$$\boldsymbol{B}=(\boldsymbol{b}_1,\boldsymbol{b}_2)=\begin{bmatrix}1&-2\\-1&3\end{bmatrix}$$

由此，从$[\boldsymbol{e}_1,\boldsymbol{e}_2]$到$[\boldsymbol{b}_1,\boldsymbol{b}_2]$的转移矩阵为

$$\boldsymbol{B}^{-1}=\begin{bmatrix}3&2\\1&1\end{bmatrix}$$

向量$\boldsymbol{x}$相应于$[\boldsymbol{b}_1,\boldsymbol{b}_2]$的坐标向量为

$$\boldsymbol{c}=\boldsymbol{B}^{-1}\boldsymbol{x}=\begin{bmatrix}3&2\\1&1\end{bmatrix}\begin{bmatrix}1\\2\end{bmatrix}=\begin{bmatrix}7\\3\end{bmatrix}$$

于是

$$x = 7b_1 + 3b_2$$ ◀

下面考虑从一组 $\mathbf{R}^2$ 的基[v_1，v_2]到另一组基[u_1，u_2]的一般问题．此时，假设对给定的向量 x，它相应于[v_1，v_2]的坐标已知：

$$x = c_1v_1 + c_2v_2$$

现在我们希望将 x 表示为和 $d_1u_1+d_2u_2$．因此，必须求标量 d_1 和 d_2，使得

$$c_1v_1 + c_2v_2 = d_1u_1 + d_2u_2 \tag{3}$$

若令 $V=(v_1, v_2)$，且 $U=(u_1, u_2)$，则方程(3)可写为矩阵形式

156

$$Vc = Ud$$

由此得到

$$d = U^{-1}Vc$$

因此，给定 $\mathbf{R}^2$ 中的向量 x 及其相应于有序基[v_1，v_2]的坐标向量 c，要求 x 相应于新的基[u_1，u_2]的坐标向量，只需将 c 乘以转移矩阵 $S=U^{-1}V$．

▶**例 4**　求从[v_1，v_2]到[u_1，u_2]的转移矩阵，其中

$$v_1 = \begin{bmatrix}5\\2\end{bmatrix},\quad v_2 = \begin{bmatrix}7\\3\end{bmatrix}\quad 及\quad u_1 = \begin{bmatrix}3\\2\end{bmatrix},\quad u_2 = \begin{bmatrix}1\\1\end{bmatrix}$$

解　从[v_1，v_2]到[u_1，u_2]的转移矩阵为

$$S = U^{-1}V = \begin{bmatrix}1 & -1\\-2 & 3\end{bmatrix}\begin{bmatrix}5 & 7\\2 & 3\end{bmatrix} = \begin{bmatrix}3 & 4\\-4 & -5\end{bmatrix}$$ ◀

从[v_1，v_2]到[u_1，u_2]的转换可以看成是一个两步过程．首先从[v_1，v_2]转换为标准基[e_1，e_2]，然后再从标准基转换为[u_1，u_2]．给定 $\mathbf{R}^2$ 中的向量 x，若 c 为 x 相应于[v_1，v_2]的坐标向量，且 d 为 x 相应于[u_1，u_2]的坐标向量，则

$$c_1v_1 + c_2v_2 = x_1e_1 + x_2e_2 = d_1u_1 + d_2u_2$$

因为 V 是从[v_1，v_2]到[e_1，e_2]的转移矩阵，且 U^{-1} 是从[e_1，e_2]到[u_1，u_2]的转移矩阵，由此得到

$$Vc = x \quad 及 \quad U^{-1}x = d$$

于是

$$U^{-1}Vc = U^{-1}x = d$$

如前所述，我们看到从[v_1，v_2]到[u_1，u_2]的转移矩阵为 $U^{-1}V$．(见图 3.5.2.)

157

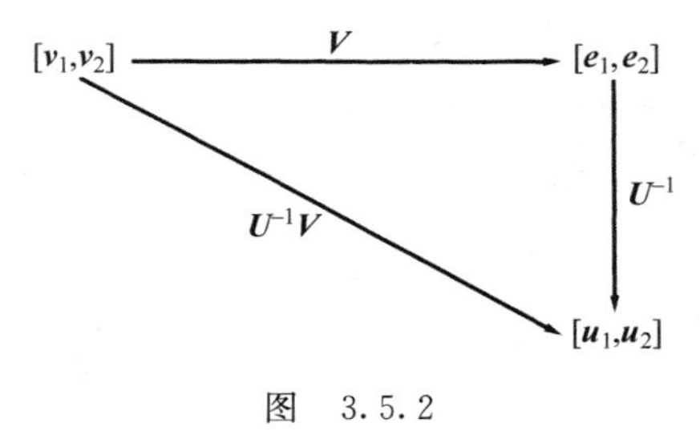

图　3.5.2

一般向量空间的基变换

前面的所有结论都可以很容易地推广到任何有限维向量空间中．我们从定义一个 n 维向量空间的坐标向量开始讨论．

定义　令 V 为一向量空间，且令 $E=[v_1, v_2, \cdots, v_n]$ 为 V 的一组有序基．若 v 为 V 中的任一元素，则 v 可写为

$$v = c_1v_1 + c_2v_2 + \cdots + c_nv_n$$

其中 c_1，c_2，…，c_n 为标量．因此可以将每一向量 v 唯一对应于 $\mathbf{R}^n$ 中的一个向量 $c=(c_1$，

c_2，…，$c_n)^{\mathrm{T}}$. 采用这种方式定义的向量 $\boldsymbol{c}$ 称为 $\boldsymbol{v}$ 相应于有序基 E 的**坐标向量**(coordinate vector)，并记为$[\boldsymbol{v}]_E$. c_i 称为 $\boldsymbol{v}$ 相对于 E 的**坐标**(coordinate).

前面的例子均假定坐标变换在 $\mathbf{R}^2$ 中进行. 类似的方法也可应用于 $\mathbf{R}^n$. 在 $\mathbf{R}^n$ 中，转移矩阵将为 $n\times n$ 矩阵.

▶**例 5**　若

$$\boldsymbol{v}_1=\begin{bmatrix}1\\1\\1\end{bmatrix},\quad \boldsymbol{v}_2=\begin{bmatrix}2\\3\\2\end{bmatrix},\quad \boldsymbol{v}_3=\begin{bmatrix}1\\5\\4\end{bmatrix}$$

$$\boldsymbol{u}_1=\begin{bmatrix}1\\1\\0\end{bmatrix},\quad \boldsymbol{u}_2=\begin{bmatrix}1\\2\\0\end{bmatrix},\quad \boldsymbol{u}_3=\begin{bmatrix}1\\2\\1\end{bmatrix}$$

则 $E=\{\boldsymbol{v}_1,\boldsymbol{v}_2,\boldsymbol{v}_3\}$和 $F=\{\boldsymbol{u}_1,\boldsymbol{u}_2,\boldsymbol{u}_3\}$是 $\mathbf{R}^3$ 的有序基. 令

$$\boldsymbol{x}=3\boldsymbol{v}_1+2\boldsymbol{v}_2-\boldsymbol{v}_3\quad 及\quad \boldsymbol{y}=\boldsymbol{v}_1-3\boldsymbol{v}_2+2\boldsymbol{v}_3$$

求从 E 到 F 的转移矩阵，并用它求 $\boldsymbol{x}$ 和 $\boldsymbol{y}$ 相应于有序基 F 的坐标.

解　如例 4，转移矩阵为

$$\boldsymbol{U}^{-1}\boldsymbol{V}=\begin{bmatrix}2&-1&0\\-1&1&-1\\0&0&1\end{bmatrix}\begin{bmatrix}1&2&1\\1&3&5\\1&2&4\end{bmatrix}=\begin{bmatrix}1&1&-3\\-1&-1&0\\1&2&4\end{bmatrix}$$

$\boldsymbol{x}$ 和 $\boldsymbol{y}$ 相应于有序基 F 的坐标向量为

$$[\boldsymbol{x}]_F=\begin{bmatrix}1&1&-3\\-1&-1&0\\1&2&4\end{bmatrix}\begin{bmatrix}3\\2\\-1\end{bmatrix}=\begin{bmatrix}8\\-5\\3\end{bmatrix}$$

158

和

$$[\boldsymbol{y}]_F=\begin{bmatrix}1&1&-3\\-1&-1&0\\1&2&4\end{bmatrix}\begin{bmatrix}1\\-3\\2\end{bmatrix}=\begin{bmatrix}-8\\2\\3\end{bmatrix}$$

读者可以验证

$$8\boldsymbol{u}_1-5\boldsymbol{u}_2+3\boldsymbol{u}_3=3\boldsymbol{v}_1+2\boldsymbol{v}_2-\boldsymbol{v}_3$$
$$-8\boldsymbol{u}_1+2\boldsymbol{u}_2+3\boldsymbol{u}_3=\boldsymbol{v}_1-3\boldsymbol{v}_2+2\boldsymbol{v}_3$$
◀

若 V 为任一 n 维向量空间，它可以在转移矩阵为 $n\times n$ 矩阵的意义下，从一组基转换为另一组基. 我们将证明这个转移矩阵必为非奇异的. 为看到如何证明，令 $E=[\boldsymbol{w}_1,\boldsymbol{w}_2,\cdots,\boldsymbol{w}_n]$及$F=[\boldsymbol{v}_1,\boldsymbol{v}_2,\cdots,\boldsymbol{v}_n]$为 V 的两组有序基. 关键步骤是如何将每一组基向量 $\boldsymbol{w}_j$ 表示为 $\boldsymbol{v}_i$ 的线性组合.

$$\begin{aligned}\boldsymbol{w}_1&=s_{11}\boldsymbol{v}_1+s_{21}\boldsymbol{v}_2+\cdots+s_{n1}\boldsymbol{v}_n\\ \boldsymbol{w}_2&=s_{12}\boldsymbol{v}_1+s_{22}\boldsymbol{v}_2+\cdots+s_{n2}\boldsymbol{v}_n\\ &\ \ \vdots\\ \boldsymbol{w}_n&=s_{1n}\boldsymbol{v}_1+s_{2n}\boldsymbol{v}_2+\cdots+s_{nn}\boldsymbol{v}_n\end{aligned}\tag{4}$$

令 $\boldsymbol{v}\in V$. 若 $\boldsymbol{x}=[\boldsymbol{v}]_E$，由(4)有

$$\begin{aligned}\boldsymbol{v}&=x_1\boldsymbol{w}_1+x_2\boldsymbol{w}_2+\cdots+x_n\boldsymbol{w}_n\\&=\left(\sum_{j=1}^{n}s_{1j}x_j\right)\boldsymbol{v}_1+\left(\sum_{j=1}^{n}s_{2j}x_j\right)\boldsymbol{v}_2+\cdots+\left(\sum_{j=1}^{n}s_{nj}x_j\right)\boldsymbol{v}_n\end{aligned}$$

因此，若 $\boldsymbol{y}=[\boldsymbol{v}]_F$，则

$$y_i=\sum_{j=1}^{n}s_{ij}x_j,\quad i=1,2,\cdots,n$$

于是

$$\boldsymbol{y}=\boldsymbol{S}\boldsymbol{x}$$

由(4)定义的矩阵 $\boldsymbol{S}$ 称为转移矩阵(transition matrix). 一旦 $\boldsymbol{S}$ 确定了，坐标变换就非常简单了. 为求 $\boldsymbol{v}=x_1\boldsymbol{w}_1+x_2\boldsymbol{w}_2+\cdots+x_n\boldsymbol{w}_n$ 相应于$[\boldsymbol{v}_1, \boldsymbol{v}_2, \cdots, \boldsymbol{v}_n]$的坐标，我们仅需计算 $\boldsymbol{y}=\boldsymbol{S}\boldsymbol{x}$.

从$[\boldsymbol{w}_1, \boldsymbol{w}_2, \cdots, \boldsymbol{w}_n]$到$[\boldsymbol{v}_1, \boldsymbol{v}_2, \cdots, \boldsymbol{v}_n]$的转移矩阵 $\boldsymbol{S}$ 可刻画为

$$\text{当且仅当 } x_1\boldsymbol{w}_1+x_2\boldsymbol{w}_2+\cdots+x_n\boldsymbol{w}_n=y_1\boldsymbol{v}_1+y_2\boldsymbol{v}_2+\cdots+y_n\boldsymbol{v}_n \text{ 时}, \boldsymbol{S}\boldsymbol{x}=\boldsymbol{y} \tag{5}$$

在(5)中取 $\boldsymbol{y}=\boldsymbol{0}$，我们注意到 $\boldsymbol{S}\boldsymbol{x}=\boldsymbol{0}$ 意味着

159

$$x_1\boldsymbol{w}_1+x_2\boldsymbol{w}_2+\cdots+x_n\boldsymbol{w}_n=0$$

因为 $\boldsymbol{w}_i$ 是线性无关的，故 $\boldsymbol{x}=\boldsymbol{0}$. 因此，方程组 $\boldsymbol{S}\boldsymbol{x}=0$ 仅有平凡解，于是矩阵 $\boldsymbol{S}$ 为非奇异的. 它的逆矩阵可刻画为

$$\text{当且仅当 } y_1\boldsymbol{v}_1+y_2\boldsymbol{v}_2+\cdots+y_n\boldsymbol{v}_n=x_1\boldsymbol{w}_1+x_2\boldsymbol{w}_2+\cdots+x_n\boldsymbol{w}_n \text{ 时}, \boldsymbol{S}^{-1}\boldsymbol{y}=\boldsymbol{x}$$

因此 $\boldsymbol{S}^{-1}$是从$[\boldsymbol{v}_1, \boldsymbol{v}_2, \cdots, \boldsymbol{v}_n]$到$[\boldsymbol{w}_1, \boldsymbol{w}_2, \cdots, \boldsymbol{w}_n]$的转移矩阵.

▶**例 6**　假设在 P_3 中，我们希望从有序基$[1, x, x^2]$转换为有序基$[1, 2x, 4x^2-2]$. 因为$[1, x, x^2]$为 P_3 的标准基，所以容易找到从$[1, 2x, 4x^2-2]$到$[1, x, x^2]$的转移矩阵. 因为

$$\begin{aligned}1&=1\cdot1+0x+0x^2\\2x&=0\cdot1+2x+0x^2\\4x^2-2&=-2\cdot1+0x+4x^2\end{aligned}$$

则转移矩阵为

$$\boldsymbol{S}=\begin{bmatrix}1&0&-2\\0&2&0\\0&0&4\end{bmatrix}$$

$\boldsymbol{S}$ 的逆矩阵就是从$[1, x, x^2]$到$[1, 2x, 4x^2-2]$的转移矩阵：

$$\boldsymbol{S}^{-1}=\begin{bmatrix}1&0&\frac{1}{2}\\0&\frac{1}{2}&0\\0&0&\frac{1}{4}\end{bmatrix}$$

给定 P_3 中任意 $p(x)=a+bx+cx^2$，求 $p(x)$相应于$[1, 2x, 4x^2-2]$的坐标，我们只需

简单作乘法

$$\begin{bmatrix} 1 & 0 & \frac{1}{2} \\ 0 & \frac{1}{2} & 0 \\ 0 & 0 & \frac{1}{4} \end{bmatrix} \begin{bmatrix} a \\ b \\ c \end{bmatrix} = \begin{bmatrix} a + \frac{1}{2}c \\ \frac{1}{2}b \\ \frac{1}{4}c \end{bmatrix}$$

因此，

$$p(x) = \left(a + \frac{1}{2}c\right) \cdot 1 + \left(\frac{1}{2}b\right) \cdot 2x + \frac{1}{4}c \cdot (4x^2 - 2)$$ ◀

我们已经看到每一个转移矩阵均为非奇异的. 事实上，任何非奇异矩阵均可看成一个转移矩阵. 如果 $\boldsymbol{S}$ 为一 $n \times n$ 非奇异矩阵，且$[\boldsymbol{v}_1, \boldsymbol{v}_2, \cdots, \boldsymbol{v}_n]$为 V 的一组有序基，则利用(4)定义$[\boldsymbol{w}_1, \boldsymbol{w}_2, \cdots, \boldsymbol{w}_n]$. 注意到 $\boldsymbol{w}_j$ 是线性无关的，假设

160

$$\sum_{j=1}^{n} x_j \boldsymbol{w}_j = \boldsymbol{0}$$

由(4)知，

$$\sum_{i=1}^{n} \left(\sum_{j=1}^{n} s_{ij} x_j \right) \boldsymbol{v}_j = \boldsymbol{0}$$

由 $\boldsymbol{v}_i$ 的线性无关性，有

$$\sum_{j=1}^{n} s_{ij} x_j = 0, \quad i = 1, 2, \cdots, n$$

或等价地，

$$\boldsymbol{S}\boldsymbol{x} = \boldsymbol{0}$$

因为 $\boldsymbol{S}$ 是非奇异的，$\boldsymbol{x}$ 必为 $\boldsymbol{0}$. 因此，$\boldsymbol{w}_1, \boldsymbol{w}_2, \cdots, \boldsymbol{w}_n$ 为线性无关的，且它们构成了 V 的一组基. 矩阵 $\boldsymbol{S}$ 是从有序基$[\boldsymbol{w}_1, \boldsymbol{w}_2, \cdots, \boldsymbol{w}_n]$到$[\boldsymbol{v}_1, \boldsymbol{v}_2, \cdots, \boldsymbol{v}_n]$的转移矩阵.

在很多应用问题中，选择正确类型的基是十分重要的. 第 5 章中，我们将看到求解最小二乘问题的关键就是转换为一组特殊类型的基，称为规范正交基(orthonormal basis). 第 6 章中，我们将考虑一些对应于 $n \times n$ 矩阵 $\mathbf{A}$ 的特征值(eigenvalue)和特征向量(eigenvector)的应用问题. 解决这类问题的关键是转换到由 $\mathbf{A}$ 的特征向量构成的 $\mathbf{R}^n$ 的基.

3.5 节练习

1. 对下列问题，求从基$[\boldsymbol{u}_1, \boldsymbol{u}_2]$到$[\boldsymbol{e}_1, \boldsymbol{e}_2]$对应的转移矩阵.
   (a) $\boldsymbol{u}_1 = (1, 1)^{\mathrm{T}}$, $\boldsymbol{u}_2 (-1, 1)^{\mathrm{T}}$
   (b) $\boldsymbol{u}_1 = (1, 2)^{\mathrm{T}}$, $\boldsymbol{u}_2 = (2, 5)^{\mathrm{T}}$
   (c) $\boldsymbol{u}_1 = (0, 1)^{\mathrm{T}}$, $\boldsymbol{u}_2 = (1, 0)^{\mathrm{T}}$
2. 对练习 1 中的每一组有序基$[\boldsymbol{u}_1, \boldsymbol{u}_2]$，求对应于从$[\boldsymbol{e}_1, \boldsymbol{e}_2]$到$[\boldsymbol{u}_1, \boldsymbol{u}_2]$的转移矩阵.
3. 令 $\boldsymbol{v}_1 = (3, 2)^{\mathrm{T}}$ 且 $\boldsymbol{v}_2 = (4, 3)^{\mathrm{T}}$. 对练习 1 中的每一组有序基$[\boldsymbol{u}_1, \boldsymbol{u}_2]$，求从$[\boldsymbol{v}_1, \boldsymbol{v}_2]$到$[\boldsymbol{u}_1, \boldsymbol{u}_2]$的转移矩阵.
4. 令 $E = [(5, 3)^{\mathrm{T}}, (3, 2)^{\mathrm{T}}]$，并令 $\boldsymbol{x} = (1, 1)^{\mathrm{T}}$，$\boldsymbol{y} = (1, -1)^{\mathrm{T}}$，且 $\boldsymbol{z} = (10, 7)^{\mathrm{T}}$. 计算$[\boldsymbol{x}]_E$，$[\boldsymbol{y}]_E$ 和$[\boldsymbol{z}]_E$.

5. 令 $\boldsymbol{u}_1=(1,1,1)^{\mathrm{T}}$，$\boldsymbol{u}_2=(1,2,2)^{\mathrm{T}}$，$\boldsymbol{u}_3=(2,3,4)^{\mathrm{T}}$.
   (a) 求从基$[\boldsymbol{e}_1, \boldsymbol{e}_2, \boldsymbol{e}_3]$到$[\boldsymbol{u}_1, \boldsymbol{u}_2, \boldsymbol{u}_3]$的转移矩阵.
   (b) 求下列向量在基$[\boldsymbol{u}_1, \boldsymbol{u}_2, \boldsymbol{u}_3]$下的坐标.
      (i) $(3,2,5)^{\mathrm{T}}$　　(ii) $(1,1,2)^{\mathrm{T}}$　　(iii) $(2,3,2)^{\mathrm{T}}$
6. 令 $\boldsymbol{v}_1=(4,6,7)^{\mathrm{T}}$，$\boldsymbol{v}_2=(0,1,1)^{\mathrm{T}}$，且 $\boldsymbol{v}_3=(0,1,2)^{\mathrm{T}}$，并令 $\boldsymbol{u}_1$，$\boldsymbol{u}_2$，$\boldsymbol{u}_3$ 为练习 5 中的向量.
   (a) 求从$[\boldsymbol{v}_1, \boldsymbol{v}_2, \boldsymbol{v}_3]$到$[\boldsymbol{u}_1, \boldsymbol{u}_2, \boldsymbol{u}_3]$的转移矩阵.
   (b) 若 $\boldsymbol{x}=2\boldsymbol{v}_1+3\boldsymbol{v}_2-4\boldsymbol{v}_3$，确定向量 $\boldsymbol{x}$ 相应于$[\boldsymbol{u}_1, \boldsymbol{u}_2, \boldsymbol{u}_3]$的坐标.
7. 给定

$$\boldsymbol{v}_1=\begin{bmatrix}1\\2\end{bmatrix},\quad \boldsymbol{v}_2=\begin{bmatrix}2\\3\end{bmatrix},\quad S=\begin{bmatrix}3 & 5\\1 & -2\end{bmatrix}$$

   求 $\boldsymbol{w}_1$ 和 $\boldsymbol{w}_2$，使得 S 为从$[\boldsymbol{w}_1, \boldsymbol{w}_2]$到$[\boldsymbol{v}_1, \boldsymbol{v}_2]$的转移矩阵.
8. 给定

$$\boldsymbol{v}_1=\begin{bmatrix}2\\6\end{bmatrix},\quad \boldsymbol{v}_2=\begin{bmatrix}1\\4\end{bmatrix},\quad S=\begin{bmatrix}4 & 1\\2 & 1\end{bmatrix}$$

161

   求 $\boldsymbol{u}_1$ 和 $\boldsymbol{u}_2$，使得 $\boldsymbol{S}$ 为从$[\boldsymbol{v}_1, \boldsymbol{v}_2]$到$[\boldsymbol{u}_1, \boldsymbol{u}_2]$的转移矩阵.
9. 令$[x, 1]$和$[2x-1, 2x+1]$为 P_2 的有序基.
   (a) 求从$[2x-1, 2x+1]$到$[x, 1]$的转移矩阵.
   (b) 求从$[x, 1]$到$[2x-1, 2x+1]$的转移矩阵.
10. 在 P_3 中进行坐标变换，求从有序基$[1, x, x^2]$到

$$[1, 1+x, 1+x+x^2]$$

   的转移矩阵.
11. 令 $E=[\boldsymbol{u}_1, \boldsymbol{u}_2, \cdots, \boldsymbol{u}_n]$和 $F=[\boldsymbol{v}_1, \boldsymbol{v}_2, \cdots, \boldsymbol{v}_n]$为 $\mathbf{R}^n$ 的两组有序基，且令

$$\boldsymbol{U}=(\boldsymbol{u}_1,\boldsymbol{u}_2,\cdots,\boldsymbol{u}_n),\quad \boldsymbol{V}=(\boldsymbol{v}_1,\boldsymbol{v}_2,\cdots,\boldsymbol{v}_n)$$

   证明：从 E 到 F 的转移矩阵可通过将$(\boldsymbol{V}\,|\,\boldsymbol{U})$化为行最简形求得.

3.6 行空间和列空间

若 $\boldsymbol{A}$ 为 $m\times n$ 矩阵，$\boldsymbol{A}$ 的每一行为一个实的 n 元组，于是可将其看成是 $\mathbf{R}^{1\times n}$ 中的一个向量. 对应于 $\boldsymbol{A}$ 的 m 个行的向量称为 $\boldsymbol{A}$ 的行向量(row vector). 类似地，$\boldsymbol{A}$ 的每一列可以看成是 $\mathbf{R}^m$ 中的一个向量，且称这 n 个向量为 $\boldsymbol{A}$ 的列向量(column vector).

定义 如果 $\boldsymbol{A}$ 为 $m\times n$ 矩阵，由 $\boldsymbol{A}$ 的行向量张成的 $\mathbf{R}^{1\times n}$ 的子空间称为 $\boldsymbol{A}$ 的**行空间**(row space). 由 $\boldsymbol{A}$ 的各列张成的 $\mathbf{R}^m$ 的子空间称为 $\boldsymbol{A}$ 的**列空间**(column space).

▶**例 1** 令

$$\boldsymbol{A}=\begin{bmatrix}1 & 0 & 0\\0 & 1 & 0\end{bmatrix}$$

$\boldsymbol{A}$ 的行空间是所有如下形式的 3 元组：

$$\alpha(1,0,0)+\beta(0,1,0)=(\alpha,\beta,0)$$

$\boldsymbol{A}$ 的列空间是所有如下形式的向量：

$$\alpha\begin{bmatrix}1\\0\end{bmatrix}+\beta\begin{bmatrix}0\\1\end{bmatrix}+\gamma\begin{bmatrix}0\\0\end{bmatrix}=\begin{bmatrix}\alpha\\\beta\end{bmatrix}$$

因此，$\boldsymbol{A}$ 的行空间为一个 $\mathbf{R}^{1\times 3}$ 的二维子空间，且 $\boldsymbol{A}$ 的列空间为 $\mathbf{R}^2$. ◀

定理 3.6.1 两个行等价的矩阵有相同的行空间.

证 若 $\boldsymbol{B}$ 行等价于 $\boldsymbol{A}$，则 $\boldsymbol{B}$ 可由 $\boldsymbol{A}$ 经有限次行运算得到. 因此，$\boldsymbol{B}$ 的行向量必为 $\boldsymbol{A}$ 的行向量的线性组合. 所以，$\boldsymbol{B}$ 的行空间必为 $\boldsymbol{A}$ 的行空间的子空间. 因为 $\boldsymbol{A}$ 行等价于 $\boldsymbol{B}$，由相同的原因，$\boldsymbol{A}$ 的行空间是 $\boldsymbol{B}$ 的行空间的子空间. ■

162

定义 $\boldsymbol{A}$ 的行空间的维数称为矩阵 $\boldsymbol{A}$ 的**秩**(rank).

为求矩阵的秩，可以将矩阵化为行阶梯形. 行阶梯形矩阵中的非零行将构成行空间的一组基.

▶**例 2** 令

$$\boldsymbol{A}=\begin{bmatrix}1 & -2 & 3\\ 2 & -5 & 1\\ 1 & -4 & -7\end{bmatrix}$$

将 $\boldsymbol{A}$ 化为行阶梯形，得到矩阵

$$\boldsymbol{U}=\begin{bmatrix}1 & -2 & 3\\ 0 & 1 & 5\\ 0 & 0 & 0\end{bmatrix}$$

显然，(1，−2，3)和(0，1，5)构成 $\boldsymbol{U}$ 的行空间的一组基. 因为 $\boldsymbol{U}$ 和 $\boldsymbol{A}$ 是行等价的，所以它们有相同的行空间，且因此 $\boldsymbol{A}$ 的秩为 2. ◀

线性方程组

在研究线性方程组时，行空间和列空间的概念十分有用. 一个方程组 $\boldsymbol{Ax}=\boldsymbol{b}$ 可写为

$$x_1\begin{bmatrix}a_{11}\\ a_{21}\\ \vdots\\ a_{m1}\end{bmatrix}+x_2\begin{bmatrix}a_{12}\\ a_{22}\\ \vdots\\ a_{m2}\end{bmatrix}+\cdots+x_n\begin{bmatrix}a_{1n}\\ a_{2n}\\ \vdots\\ a_{mn}\end{bmatrix}=\begin{bmatrix}b_1\\ b_2\\ \vdots\\ b_m\end{bmatrix}\tag{1}$$

在第 1 章中，我们使用这个表达式刻画一个线性方程组是否是相容的. 其结论(定理 1.3.1)现在可以用矩阵的列空间重新表述.

定理 3.6.2(线性方程组的相容性定理) 一个线性方程组 $\boldsymbol{Ax}=\boldsymbol{b}$ 相容的充要条件是 $\boldsymbol{b}$ 在 $\boldsymbol{A}$ 的列空间中.

若将 $\boldsymbol{b}$ 用零向量替代，则(1)化为

$$x_1\boldsymbol{a}_1+x_2\boldsymbol{a}_2+\cdots+x_n\boldsymbol{a}_n=\boldsymbol{0}\tag{2}$$

由(2)知，当且仅当 $\boldsymbol{A}$ 的列向量线性无关时，方程组 $\boldsymbol{Ax}=\boldsymbol{0}$ 仅有平凡解 $\boldsymbol{x}=\boldsymbol{0}$.

163

定理 3.6.3 令 $\boldsymbol{A}$ 为 $m\times n$ 矩阵. 当且仅当 $\boldsymbol{A}$ 的列向量张成 $\mathbf{R}^m$ 时，对每一 $\boldsymbol{b}\in\mathbf{R}^m$，线性方程组 $\boldsymbol{Ax}=\boldsymbol{b}$ 是相容的. 当且仅当 $\boldsymbol{A}$ 的列向量线性无关时，对每一 $\boldsymbol{b}\in\mathbf{R}^m$，方程组 $\boldsymbol{Ax}=\boldsymbol{b}$ 至多有一个解.

证 我们已经看到，当且仅当 $\boldsymbol{b}$ 在 $\boldsymbol{A}$ 的列空间中时，方程组 $\boldsymbol{Ax}=\boldsymbol{b}$ 相容. 由此，对每一 $\boldsymbol{b}\in\mathbf{R}^m$，当且仅当 $\boldsymbol{A}$ 的列向量张成 $\mathbf{R}^m$ 时，$\boldsymbol{Ax}=\boldsymbol{b}$ 是相容的. 为证明第二个命题，注意到，如果 $\boldsymbol{Ax}=\boldsymbol{b}$ 对每一 $\boldsymbol{b}$ 至少有一个解，则特别地，方程组 $\boldsymbol{Ax}=\boldsymbol{0}$ 将仅有平凡解，

因此 $\boldsymbol{A}$ 的列向量必为线性无关的. 反之，若 $\boldsymbol{A}$ 的列向量线性无关，则 $\boldsymbol{Ax}=\boldsymbol{0}$ 仅有平凡解. 现在，令 $\boldsymbol{x}_1$ 和 $\boldsymbol{x}_2$ 均为 $\boldsymbol{Ax}=\boldsymbol{b}$ 的解，则 $\boldsymbol{x}_1-\boldsymbol{x}_2$ 应为$\boldsymbol{Ax}=\boldsymbol{0}$ 的解，

$$\boldsymbol{A}(\boldsymbol{x}_1-\boldsymbol{x}_2)=\boldsymbol{Ax}_1-\boldsymbol{Ax}_2=\boldsymbol{b}-\boldsymbol{b}=\boldsymbol{0}$$

由此得到 $\boldsymbol{x}_1-\boldsymbol{x}_2=\boldsymbol{0}$，且因此必有 $\boldsymbol{x}_1$ 等于 $\boldsymbol{x}_2$. ■

令 $\boldsymbol{A}$ 为 $m\times n$ 矩阵. 如果 $\boldsymbol{A}$ 的列向量张成 $\mathbf{R}^m$，由于不存在少于 m 个的向量可以张成 $\mathbf{R}^m$，故 n 必大于或等于 m. 如果 $\boldsymbol{A}$ 的各列线性无关，由于 $\mathbf{R}^m$ 中任何多于 m 个的向量必线性相关，故 n 必小于或等于 m. 因此，如果 $\boldsymbol{A}$ 的列向量为 $\mathbf{R}^m$ 的一组基，则 n 必等于 m.

推论 3.6.4 当且仅当一个 $n\times n$ 矩阵 $\boldsymbol{A}$ 的列向量为 $\mathbf{R}^n$ 的一组基时，$\boldsymbol{A}$ 是非奇异的.

一般地，矩阵的秩和其零空间的维数加起来等于矩阵的列数. 一个矩阵的零空间的维数称为矩阵的零度(nullity).

定理 3.6.5(秩-零度定理) 若 $\boldsymbol{A}$ 为 $m\times n$ 矩阵，则 $\boldsymbol{A}$ 的秩与 $\boldsymbol{A}$ 的零度的和为 n.

证 令 $\boldsymbol{U}$ 为 $\boldsymbol{A}$ 的行最简形. 方程组 $\boldsymbol{Ax}=\boldsymbol{0}$ 等价于方程组 $\boldsymbol{Ux}=0$. 若 $\boldsymbol{A}$ 的秩为 r，则 $\boldsymbol{U}$ 有 r 个非零行，且因此方程组 $\boldsymbol{Ux}=0$ 有 r 个首变量和 $n-r$ 个自由变量. $N(\boldsymbol{A})$的维数将等于自由变量的个数. ■

▶**例 3** 令

$$\boldsymbol{A}=\begin{bmatrix}1 & 2 & -1 & 1\\ 2 & 4 & -3 & 0\\ 1 & 2 & 1 & 5\end{bmatrix}$$

164

求 $\boldsymbol{A}$ 的行空间的基和 $N(\boldsymbol{A})$的基. 验证 $\dim N(\boldsymbol{A})=n-r$.

解 $\boldsymbol{A}$ 的行最简形为

$$\boldsymbol{U}=\begin{bmatrix}1 & 2 & 0 & 3\\ 0 & 0 & 1 & 2\\ 0 & 0 & 0 & 0\end{bmatrix}$$

因此{(1，2，0，3)，(0，0，1，2)}为 $\boldsymbol{A}$ 的行空间的一组基，且 $\boldsymbol{A}$ 的秩为 2. 由于方程组$\boldsymbol{Ax}=\boldsymbol{0}$ 和 $\boldsymbol{Ux}=\boldsymbol{0}$ 是等价的，因此，当且仅当

$$\begin{aligned}x_1+2x_2+\qquad\quad 3x_4&=0\\ x_3+2x_4&=0\end{aligned}$$

时，$\boldsymbol{x}$ 属于 $N(\boldsymbol{A})$. 首变量 x_1 和 x_3 可用自由变量 x_2 和 x_4 表示：

$$\begin{aligned}x_1&=-2x_2-3x_4\\ x_3&=-2x_4\end{aligned}$$

令 $x_2=\alpha$，且 $x_4=\beta$. 则可得 $N(\boldsymbol{A})$由所有如下形式的向量组成：

$$\begin{bmatrix}x_1\\ x_2\\ x_3\\ x_4\end{bmatrix}=\begin{bmatrix}-2\alpha-3\beta\\ \alpha\\ -2\beta\\ \beta\end{bmatrix}=\alpha\begin{bmatrix}-2\\ 1\\ 0\\ 0\end{bmatrix}+\beta\begin{bmatrix}-3\\ 0\\ -2\\ 1\end{bmatrix}$$

向量$(-2, 1, 0, 0)^{\mathrm{T}}$和$(-3, 0, -2, 1)^{\mathrm{T}}$构成 $N(\boldsymbol{A})$的一组基. 注意到

$$n-r=4-2=2=\dim N(\boldsymbol{A})$$ ◀

列空间

例 3 中的矩阵 $\boldsymbol{A}$ 和 $\boldsymbol{U}$ 有不同的列空间；但是，它们的列向量满足相同的依赖关系. 对矩阵 $\boldsymbol{U}$，列向量 $\boldsymbol{u}_1$ 和 $\boldsymbol{u}_3$ 是线性无关的，而

$$\boldsymbol{u}_2=2\boldsymbol{u}_1$$
$$\boldsymbol{u}_4=3\boldsymbol{u}_1+2\boldsymbol{u}_3$$

对矩阵 $\boldsymbol{A}$ 的列也有相同的关系. 向量 $\boldsymbol{a}_1$ 和 $\boldsymbol{a}_3$ 是线性无关的，而

$$\boldsymbol{a}_2=2\boldsymbol{a}_1$$
$$\boldsymbol{a}_4=3\boldsymbol{a}_1+2\boldsymbol{a}_3$$

一般地，若 $\boldsymbol{A}$ 为 $m\times n$ 矩阵，且 $\boldsymbol{U}$ 是 $\boldsymbol{A}$ 的行阶梯形，则由于当且仅当 $\boldsymbol{Ux}=\boldsymbol{0}$ 时，$\boldsymbol{Ax}=\boldsymbol{0}$，故它们的列向量满足相同的依赖关系. 我们将利用这个结论证明 $\boldsymbol{A}$ 的列空间的维数等于 $\boldsymbol{A}$ 的行空间的维数.

165

定理 3.6.6　*若 $\boldsymbol{A}$ 为 $m\times n$ 矩阵，则 $\boldsymbol{A}$ 的行空间的维数等于 $\boldsymbol{A}$ 的列空间的维数.*

证　若 $\boldsymbol{A}$ 是秩为 r 的 $m\times n$ 矩阵，则 $\boldsymbol{A}$ 的行阶梯形 $\boldsymbol{U}$ 将有 r 个首 1 元素. $\boldsymbol{U}$ 中对应于首 1 元素的列将是线性无关的. 然而，它们并不构成 $\boldsymbol{A}$ 的列空间的基，这是因为一般地，$\boldsymbol{A}$ 和 $\boldsymbol{U}$ 有不同的列空间. 令 $\boldsymbol{U}_L$ 为消去 $\boldsymbol{U}$ 中自由变量所在的列得到的新矩阵. 从 $\boldsymbol{A}$ 中消去相应的列，并记新矩阵为 $\boldsymbol{A}_L$. 矩阵 $\boldsymbol{A}_L$ 和 $\boldsymbol{U}_L$ 也是行等价的. 因此，若 $\boldsymbol{x}$ 为 $\boldsymbol{A}_L\boldsymbol{x}=\boldsymbol{0}$的一个解，则 $\boldsymbol{x}$ 必为 $\boldsymbol{U}_L\boldsymbol{x}=\boldsymbol{0}$ 的解. 因为 $\boldsymbol{U}_L$ 的各列是线性无关的，故 $\boldsymbol{x}$ 必为 $\boldsymbol{0}$. 因此，利用定理 3.6.3 后的注释，$\boldsymbol{A}_L$ 的各列也是线性无关的. 因为 $\boldsymbol{A}_L$ 有 r 列，所以 $\boldsymbol{A}$ 的列空间的维数至少为 r.

我们已经证明，对任何矩阵，其列空间的维数大于或等于行空间的维数. 将这个结论应用于 $\boldsymbol{A}^{\mathrm{T}}$，我们有

$$\begin{aligned}\dim(\boldsymbol{A}\text{ 的行空间})&=\dim(\boldsymbol{A}^{\mathrm{T}}\text{ 的列空间})\\&\geqslant\dim(\boldsymbol{A}^{\mathrm{T}}\text{ 的行空间})\\&=\dim(\boldsymbol{A}\text{ 的列空间})\end{aligned}$$

因此，对任何矩阵 $\boldsymbol{A}$，行空间的维数必等于列空间的维数. ■

我们可以利用 $\boldsymbol{A}$ 的行阶梯形 $\boldsymbol{U}$ 求 $\boldsymbol{A}$ 的列空间的一组基. 我们只需求 $\boldsymbol{U}$ 中对应于首 1 元素的列即可. $\boldsymbol{A}$ 中的相应列将是线性无关的，并构成 $\boldsymbol{A}$ 的列空间的一组基.

注　行阶梯形 $\boldsymbol{U}$ 仅告诉我们 $\boldsymbol{A}$ 的哪一列用于构成基. 但不能用 $\boldsymbol{U}$ 的列作为基向量，这是因为 $\boldsymbol{U}$ 和 $\boldsymbol{A}$ 一般有不同的列空间.

▶**例 4**　令

$$\boldsymbol{A}=\begin{bmatrix}1&-2&1&1&2\\-1&3&0&2&-2\\0&1&1&3&4\\1&2&5&13&5\end{bmatrix}$$

$\boldsymbol{A}$ 的行阶梯形为

$$U=\begin{bmatrix}1&-2&1&1&2\\0&1&1&3&0\\0&0&0&0&1\\0&0&0&0&0\end{bmatrix}$$

166

其首 1 元素在第一、二和五列．因此，

$$\boldsymbol{a}_1=\begin{bmatrix}1\\-1\\0\\1\end{bmatrix},\quad \boldsymbol{a}_2=\begin{bmatrix}-2\\3\\1\\2\end{bmatrix},\quad \boldsymbol{a}_5=\begin{bmatrix}2\\-2\\4\\5\end{bmatrix}$$

构成了 $\boldsymbol{A}$ 的列空间的一组基． ◀

▶**例 5**　求由向量

$$\boldsymbol{x}_1=\begin{bmatrix}1\\2\\-1\\0\end{bmatrix},\quad \boldsymbol{x}_2=\begin{bmatrix}2\\5\\-3\\2\end{bmatrix},\quad \boldsymbol{x}_3=\begin{bmatrix}2\\4\\-2\\0\end{bmatrix},\quad \boldsymbol{x}_4=\begin{bmatrix}3\\8\\-5\\4\end{bmatrix}$$

张成的 $\mathbf{R}^4$ 的子空间的维数．

解　子空间 $\mathrm{Span}(\boldsymbol{x}_1, \boldsymbol{x}_2, \boldsymbol{x}_3, \boldsymbol{x}_4)$和矩阵

$$X=\begin{bmatrix}1&2&2&3\\2&5&4&8\\-1&-3&-2&-5\\0&2&0&4\end{bmatrix}$$

的列空间相同．$\boldsymbol{X}$ 的行阶梯形为

$$\begin{bmatrix}1&2&2&3\\0&1&0&2\\0&0&0&0\\0&0&0&0\end{bmatrix}$$

$\boldsymbol{X}$ 的前两列 $\boldsymbol{x}_1$，$\boldsymbol{x}_2$ 将构成 $\boldsymbol{X}$ 的列空间的基．因此 $\dim\mathrm{Span}(\boldsymbol{x}_1, \boldsymbol{x}_2, \boldsymbol{x}_3, \boldsymbol{x}_4)=2$． ◀

3.6 节练习

1. 对下列矩阵，求其行空间的基、列空间的基和零空间的基．

(a) $\begin{bmatrix}1&3&2\\2&1&4\\4&7&8\end{bmatrix}$　　(b) $\begin{bmatrix}-3&1&3&4\\1&2&-1&-2\\-3&8&4&2\end{bmatrix}$　　(c) $\begin{bmatrix}1&3&-2&1\\2&1&3&2\\3&4&5&6\end{bmatrix}$

2. 对下列每种情况，计算由给定向量张成的 $\mathbf{R}^3$ 的子空间的维数．

(a) $\begin{bmatrix}1\\-2\\2\end{bmatrix}, \begin{bmatrix}2\\-2\\4\end{bmatrix}, \begin{bmatrix}-3\\3\\6\end{bmatrix}$　　(b) $\begin{bmatrix}1\\1\\1\end{bmatrix}, \begin{bmatrix}1\\2\\3\end{bmatrix}, \begin{bmatrix}2\\3\\1\end{bmatrix}$

(c) $\begin{bmatrix}1\\-1\\2\end{bmatrix}, \begin{bmatrix}-2\\2\\-4\end{bmatrix}, \begin{bmatrix}3\\-2\\5\end{bmatrix}, \begin{bmatrix}2\\-1\\3\end{bmatrix}$

167

3. 令

$$\boldsymbol{A}=\begin{bmatrix}1&2&2&3&1&4\\2&4&5&5&4&9\\3&6&7&8&5&9\end{bmatrix}$$

(a) 求 $\boldsymbol{A}$ 的行最简形 $\boldsymbol{U}$. $\boldsymbol{U}$ 的哪几列对应于自由变量？将这些向量写为首变量对应的列的线性组合.

(b) $\boldsymbol{A}$ 中对应于 $\boldsymbol{U}$ 的首变量的列向量有哪些？这些列向量构成了 $\boldsymbol{A}$ 的列空间的一组基. 将 $\boldsymbol{A}$ 的其他列向量写成这些基向量的线性组合.

4. 对下列每种 $\boldsymbol{A}$ 和 $\boldsymbol{b}$ 的选择，确定 $\boldsymbol{b}$ 是否在 $\boldsymbol{A}$ 的列空间中，并说明方程组 $\boldsymbol{Ax}=\boldsymbol{b}$ 是否相容.

(a) $\boldsymbol{A}=\begin{bmatrix}1&2\\2&4\end{bmatrix},\quad \boldsymbol{b}=\begin{bmatrix}4\\8\end{bmatrix}$

(b) $\boldsymbol{A}=\begin{bmatrix}3&6\\1&2\end{bmatrix},\quad \boldsymbol{b}=\begin{bmatrix}1\\1\end{bmatrix}$

(c) $\boldsymbol{A}=\begin{bmatrix}2&1\\3&4\end{bmatrix},\quad \boldsymbol{b}=\begin{bmatrix}4\\6\end{bmatrix}$

(d) $\boldsymbol{A}=\begin{bmatrix}1&1&2\\1&1&2\\1&1&2\end{bmatrix},\quad \boldsymbol{b}=\begin{bmatrix}1\\2\\3\end{bmatrix}$

(e) $\boldsymbol{A}=\begin{bmatrix}0&1\\1&0\\0&1\end{bmatrix},\quad \boldsymbol{b}=\begin{bmatrix}2\\5\\2\end{bmatrix}$

(f) $\boldsymbol{A}=\begin{bmatrix}1&2\\2&4\\1&2\end{bmatrix},\quad \boldsymbol{b}=\begin{bmatrix}5\\10\\5\end{bmatrix}$

5. 对练习 4 中每一个相容的方程组，根据系数矩阵 $\boldsymbol{A}$ 的列向量确定方程组有一个还是有无穷多个解.

6. 若 $\boldsymbol{b}$ 在 $\boldsymbol{A}$ 的列空间中，且 $\boldsymbol{A}$ 的列向量是线性无关的，则线性方程组 $\boldsymbol{Ax}=\boldsymbol{b}$ 有多少个解？试说明.

7. 设 $\boldsymbol{A}$ 是秩为 r 的 $6\times n$ 矩阵，$\boldsymbol{b}$ 为 $\mathbf{R}^6$ 中的向量. 对下列每一对 r 和 n 的值，指出线性方程组 $\boldsymbol{Ax}=\boldsymbol{b}$ 可能有的解的个数. 试说明你的答案.

(a) $n=7$，$r=5$　　(b) $n=7$，$r=6$

(c) $n=5$，$r=5$　　(d) $n=5$，$r=4$

8. 令 $\boldsymbol{A}$ 为 $m\times n$ 矩阵，且 $m>n$. 令 $\boldsymbol{b}\in\mathbf{R}^m$，且假设 $N(\boldsymbol{A})=\{\boldsymbol{0}\}$.

(a) 关于 $\boldsymbol{A}$ 的各个列向量，你可以得到什么结论？它们是否是线性无关的？它们是否张成 $\mathbf{R}^m$？试说明.

(b) 若 $\boldsymbol{b}$ 不在 $\boldsymbol{A}$ 的列空间中，线性方程组 $\boldsymbol{Ax}=\boldsymbol{b}$ 将有多少个解？若 $\boldsymbol{b}$ 在 $\boldsymbol{A}$ 的列空间中，方程组将有多少个解？试说明.

9. 令 $\boldsymbol{A}$ 和 $\boldsymbol{B}$ 为 6×5 矩阵. 若 $\dim N(\boldsymbol{A})=2$，则 $\boldsymbol{A}$ 的秩为多少？如果 $\boldsymbol{B}$ 的秩为 4，则 $N(\boldsymbol{B})$的维数为多少？

10. 令 $\boldsymbol{A}$ 为 $m\times n$ 矩阵，其秩为 n. 若 $\boldsymbol{Ac}=\boldsymbol{Ad}$，这意味着 $\boldsymbol{c}$ 必等于 $\boldsymbol{d}$ 吗？若 $\boldsymbol{A}$ 的秩小于 n 呢？试说明你的答案.

11. 设 $\boldsymbol{A}$ 为 $m\times n$ 矩阵. 证明：

$$\operatorname{rank}(\boldsymbol{A})\leqslant\min(m,n)$$

12. 令 $\boldsymbol{A}$ 和 $\boldsymbol{B}$ 为行等价的矩阵.

(a) 证明：$\boldsymbol{A}$ 的列空间的维数等于 $\boldsymbol{B}$ 的列空间的维数.

(b) 这两个矩阵的列空间必为相同的吗？验证你的结论.

13. 令 $\boldsymbol{A}$ 为 4×3 矩阵，并假设向量

$$\boldsymbol{z}_1=\begin{bmatrix}1\\1\\2\end{bmatrix},\boldsymbol{z}_2=\begin{bmatrix}1\\0\\-1\end{bmatrix}$$

构成 $N(\boldsymbol{A})$的一组基．如果 $\boldsymbol{b}=\boldsymbol{a}_1+2\boldsymbol{a}_2+\boldsymbol{a}_3$，求方程组 $\boldsymbol{Ax}=\boldsymbol{b}$ 的所有解．

14. 令 $\boldsymbol{A}$ 为 4×4 矩阵，它的行最简形为

$$\boldsymbol{U}=\begin{bmatrix}1&0&2&1\\0&1&1&4\\0&0&0&0\\0&0&0&0\end{bmatrix}$$

若

$$\boldsymbol{a}_1=\begin{bmatrix}-3\\5\\2\\1\end{bmatrix}\quad 和 \quad \boldsymbol{a}_2=\begin{bmatrix}4\\-3\\7\\-1\end{bmatrix}$$

求 $\boldsymbol{a}_3$ 和 $\boldsymbol{a}_4$．

15. 设 $\boldsymbol{A}$ 为 4×5 矩阵，并设 $\boldsymbol{U}$ 是 $\boldsymbol{A}$ 的行最简形，若

$$\boldsymbol{a}_1=\begin{bmatrix}2\\1\\-3\\-2\end{bmatrix},\quad \boldsymbol{a}_2=\begin{bmatrix}-1\\2\\3\\1\end{bmatrix},\quad \boldsymbol{U}=\begin{bmatrix}1&0&2&0&-1\\0&1&3&0&-2\\0&0&0&1&5\\0&0&0&0&0\end{bmatrix}$$

168

(a) 求 $N(\boldsymbol{A})$的一组基．

(b) 给定 $\boldsymbol{x}_0$ 为 $\boldsymbol{Ax}=\boldsymbol{b}$ 的一个解，其中

$$\boldsymbol{b}=\begin{bmatrix}0\\5\\3\\4\end{bmatrix},\quad \boldsymbol{x}_0=\begin{bmatrix}3\\2\\0\\2\\0\end{bmatrix}$$

(i) 求方程组的所有解．

(ii) 确定 $\boldsymbol{A}$ 的其余列向量．

16. 令 $\boldsymbol{A}$ 是秩为 5 的 5×8 矩阵，并令 $\boldsymbol{b}$ 为 $\mathbf{R}^5$ 中的任意向量．解释为什么方程组 $\boldsymbol{Ax}=\boldsymbol{b}$ 必有无穷多个解．

17. 令 $\boldsymbol{A}$ 为 4×5 矩阵．若 $\boldsymbol{a}_1$，$\boldsymbol{a}_2$，$\boldsymbol{a}_4$ 线性无关，且

$$\boldsymbol{a}_3=\boldsymbol{a}_1+2\boldsymbol{a}_2\qquad \boldsymbol{a}_5=2\boldsymbol{a}_1-\boldsymbol{a}_2+3\boldsymbol{a}_4$$

求 $\boldsymbol{A}$ 的行最简形．

18. 令 $\boldsymbol{A}$ 是秩为 3 的 5×3 矩阵，并令$\{\boldsymbol{x}_1,\boldsymbol{x}_2,\boldsymbol{x}_3\}$为 $\mathbf{R}^3$ 的一组基．

(a) 证明 $N(\boldsymbol{A})=\{\boldsymbol{0}\}$．

(b) 证明：若 $\boldsymbol{y}_1=\boldsymbol{Ax}_1$，$\boldsymbol{y}_2=\boldsymbol{Ax}_2$ 及 $\boldsymbol{y}_3=\boldsymbol{Ax}_3$，则 $\boldsymbol{y}_1$，$\boldsymbol{y}_2$，$\boldsymbol{y}_3$ 是线性无关的．

(c) 向量 $\boldsymbol{y}_1$，$\boldsymbol{y}_2$，$\boldsymbol{y}_3$ 是否构成(b)中 $\mathbf{R}^5$ 的一组基？试说明．

19. 令 $\boldsymbol{A}$ 是一个秩为 n 的 $m\times n$ 矩阵．证明：如果 $\boldsymbol{x}\neq\boldsymbol{0}$ 及 $\boldsymbol{y}=\boldsymbol{Ax}$，则 $\boldsymbol{y}\neq\boldsymbol{0}$．

20. 证明：当且仅当$(\boldsymbol{A}\,|\,\boldsymbol{b})$的秩等于 $\boldsymbol{A}$ 的秩时，线性方程组 $\boldsymbol{Ax}=\boldsymbol{b}$ 是相容的．

21. 令 $\boldsymbol{A}$ 和 $\boldsymbol{B}$ 是 $m\times n$ 矩阵．证明：$\operatorname{rank}(\boldsymbol{A}+\boldsymbol{B})\leqslant\operatorname{rank}(\boldsymbol{A})+\operatorname{rank}(\boldsymbol{B})$．

22. 令 $\boldsymbol{A}$ 为 $m\times n$ 矩阵．

(a) 若 $\boldsymbol{B}$ 为 $m\times m$ 的非奇异矩阵，证明：$\boldsymbol{BA}$ 和 $\boldsymbol{A}$ 有相同的零空间，并因此有相同的秩．

(b) 若 $\boldsymbol{C}$ 为 $n\times n$ 的非奇异矩阵，证明：$\boldsymbol{AC}$ 和 $\boldsymbol{A}$ 有相同的秩．

23. 证明推论 3.6.4.
24. 证明：若 $\boldsymbol{A}$ 和 $\boldsymbol{B}$ 为 $n\times n$ 矩阵，且 $N(\boldsymbol{A}-\boldsymbol{B})=\mathbf{R}^n$，则 $\boldsymbol{A}=\boldsymbol{B}$.
25. 令 $\boldsymbol{A}$ 和 $\boldsymbol{B}$ 为 $n\times n$ 矩阵.
   (a) 证明：当且仅当 $\boldsymbol{B}$ 的列空间是 $\boldsymbol{A}$ 的零空间的子空间时，有 $\boldsymbol{AB}=\boldsymbol{O}$.
   (b) 证明：若 $\boldsymbol{AB}=\boldsymbol{O}$，则 $\boldsymbol{A}$ 和 $\boldsymbol{B}$ 的秩的和不会超过 n.
26. 令 $\boldsymbol{A}\in\mathbf{R}^{m\times n}$，$\boldsymbol{b}\in\mathbf{R}^m$，且令 $\boldsymbol{x}_0$ 为方程组 $\boldsymbol{Ax}=\boldsymbol{b}$ 的一个特解. 证明：若 $N(\boldsymbol{A})=\{\boldsymbol{0}\}$，则解 $\boldsymbol{x}_0$ 是唯一的.
27. 令 $\boldsymbol{x}$ 和 $\boldsymbol{y}$ 分别为 $\mathbf{R}^m$ 和 $\mathbf{R}^n$ 中的非零向量，并令 $\boldsymbol{A}=\boldsymbol{xy}^{\mathrm{T}}$.
   (a) 证明：$\{\boldsymbol{x}\}$为 $\boldsymbol{A}$ 的列空间的一组基，且$\{\boldsymbol{y}^{\mathrm{T}}\}$为 $\boldsymbol{A}$ 的行空间的一组基.
   (b) $N(\boldsymbol{A})$的维数是多少？
28. 令 $\boldsymbol{A}\in\mathbf{R}^{m\times n}$，$\boldsymbol{B}\in\mathbf{R}^{n\times r}$及 $\boldsymbol{C}=\boldsymbol{AB}$. 证明：
   (a) $\boldsymbol{C}$ 的列空间为 $\boldsymbol{A}$ 的列空间的子空间.
   (b) $\boldsymbol{C}$ 的行空间为 $\boldsymbol{B}$ 的行空间的子空间.
   (c) $\operatorname{rank}(\boldsymbol{C})\leqslant\min\{\operatorname{rank}(\boldsymbol{A}),\ \operatorname{rank}(\boldsymbol{B})\}$.
29. 令 $\boldsymbol{A}\in\mathbf{R}^{m\times n}$，$\boldsymbol{B}\in\mathbf{R}^{n\times r}$及 $\boldsymbol{C}=\boldsymbol{AB}$. 证明：
   (a) 若 $\boldsymbol{A}$ 和 $\boldsymbol{B}$ 的列向量均为线性无关的，则 $\boldsymbol{C}$ 的列向量也是线性无关的.
   (b) 若 $\boldsymbol{A}$ 和 $\boldsymbol{B}$ 的行向量均为线性无关的，则 $\boldsymbol{C}$ 的行向量也是线性无关的.
   [提示：对 $\boldsymbol{C}^{\mathrm{T}}$ 应用(a)的结论.]
30. 令 $\boldsymbol{A}\in\mathbf{R}^{m\times n}$，$\boldsymbol{B}\in\mathbf{R}^{n\times r}$及 $\boldsymbol{C}=\boldsymbol{AB}$. 证明：
   (a) 若 $\boldsymbol{B}$ 的列向量为线性相关的，则 $\boldsymbol{C}$ 的列向量必为线性相关的.
   (b) 若 $\boldsymbol{A}$ 的行向量为线性相关的，则 $\boldsymbol{C}$ 的行向量必为线性相关的.
   [提示：对 $\boldsymbol{C}^{\mathrm{T}}$ 应用(a)的结论.]
31. 令 $\boldsymbol{A}$ 为 $m\times n$ 矩阵. 若存在一个 $n\times m$ 矩阵 $\boldsymbol{C}$，使得 $\boldsymbol{AC}=\boldsymbol{I}_m$，则称 $\boldsymbol{A}$ 有*右逆*(right inverse). 若存在一个$n\times m$矩阵 $\boldsymbol{D}$，使得 $\boldsymbol{DA}=\boldsymbol{I}_n$，则称 $\boldsymbol{A}$ 有*左逆*(left inverse).
   (a) 若 $\boldsymbol{A}$ 有右逆，证明 $\boldsymbol{A}$ 的列向量张成 $\mathbf{R}^m$.
   (b) 若 $n<m$，对一个 $m\times n$ 矩阵，是否存在右逆？$n\geqslant m$ 呢？试说明.
32. 证明：若 $\boldsymbol{A}$ 为 $m\times n$ 矩阵且 $\boldsymbol{A}$ 的列向量张成 $\mathbf{R}^m$，则 $\boldsymbol{A}$ 有一右逆. [提示：令 $\boldsymbol{e}_j$ 为 $\boldsymbol{I}_m$ 的第 j 列，对$j=1,\ 2,\ \cdots,\ m$，解方程组 $\boldsymbol{Ax}=\boldsymbol{e}_j$.]

169

33. 证明：当且仅当 $\boldsymbol{B}^{\mathrm{T}}$ 存在一个右逆时，矩阵 $\boldsymbol{B}$ 存在一个左逆.
34. 令 $\boldsymbol{B}$ 为 $n\times m$ 矩阵，且各列线性无关. 证明 $\boldsymbol{B}$ 存在一个左逆.
35. 证明：若 $\boldsymbol{B}$ 存在一个左逆，则 $\boldsymbol{B}$ 的各列线性无关.
36. 若矩阵 $\boldsymbol{U}$ 为行阶梯形，证明：$\boldsymbol{U}$ 的非零行向量构成 $\boldsymbol{U}$ 的行空间的一组基.

第 3 章练习

MATLAB 练习

1. (基变换)令

$$\boldsymbol{U}=\texttt{round}(20*\texttt{rand}(4))-10,\qquad \boldsymbol{V}=\texttt{round}(10*\texttt{rand}(4))$$

   并令 $\boldsymbol{b}=\texttt{ones}(4,\ 1)$.
   (a) 我们可以用 MATLAB 函数 rank 确定一个矩阵的列向量是否是线性无关的. 若 $\boldsymbol{U}$ 的列向量是线性无关的，则它的秩应为多少？计算 $\boldsymbol{U}$ 的秩，并验证它的列向量是线性无关的，由此构造 $\mathbf{R}^4$ 的一组基. 计算 $\boldsymbol{V}$ 的秩，并验证它的列向量也构成 $\mathbf{R}^4$ 的一组基.

(b) 用 MATLAB 计算从 $\mathbf{R}^4$ 的标准基到有序基 $E=[\boldsymbol{u}_1, \boldsymbol{u}_2, \boldsymbol{u}_3, \boldsymbol{u}_4]$ 的转移矩阵. [注意：在 MATLAB 中第 j 列向量 $\boldsymbol{u}_j$ 的记号是 $\boldsymbol{U}(:, j)$.] 利用这个转移矩阵计算坐标向量 $\boldsymbol{c}$ 和 $\boldsymbol{b}$ 相应于 E 的坐标. 验证

$$\boldsymbol{b} = c_1\boldsymbol{u}_1 + c_2\boldsymbol{u}_2 + c_3\boldsymbol{u}_3 + c_4\boldsymbol{u}_4 = \boldsymbol{U}\boldsymbol{c}$$

(c) 用 MATLAB 计算从标准基到有序基 $F=[\boldsymbol{v}_1, \boldsymbol{v}_2, \boldsymbol{v}_3, \boldsymbol{v}_4]$ 的转移矩阵，并用这个转移矩阵求 $\boldsymbol{b}$ 相应于 F 的坐标向量 $\boldsymbol{d}$. 验证

$$\boldsymbol{b} = d_1\boldsymbol{v}_1 + d_2\boldsymbol{v}_2 + d_3\boldsymbol{v}_3 + d_4\boldsymbol{v}_4 = \boldsymbol{V}\boldsymbol{d}$$

(d) 用 MATLAB 计算从 E 到 F 的转移矩阵 $\boldsymbol{S}$ 和从 F 到 E 的转移矩阵 $\boldsymbol{T}$. $\boldsymbol{S}$ 和 $\boldsymbol{T}$ 有什么关系？验证 $\boldsymbol{S}\boldsymbol{c}=\boldsymbol{d}$ 和 $\boldsymbol{T}\boldsymbol{d}=\boldsymbol{c}$.

2. (亏秩矩阵) 本练习中，我们考虑如何用 MATLAB 生成给定秩的矩阵.

(a) 一般地，若 $\boldsymbol{A}$ 为一个秩为 r 的 $m\times n$ 矩阵，则 $r\leqslant\min(m, n)$. 为什么？试说明. 如果 $\boldsymbol{A}$ 的元素为随机数，则可认为 $r=\min(m, n)$. 为什么？试说明. 用 MATLAB 随机生成 6×6，8×6，5×8 矩阵，并使用 MATLAB 命令 rank 计算它们的秩. 当一个 $m\times n$ 矩阵的秩等于 $\min(m, n)$ 时，我们称该矩阵满秩(full rank)，否则称为亏秩(rank deficient).

(b) MATLAB 的 rand 和 round 命令可用于随机生成给定区间 $[a, b]$ 中的整数元素的 $m\times n$ 矩阵. 这可使用命令

$$\boldsymbol{A} = \text{round}((b-a)*\text{rand}(m, n))+a$$

例如，命令

$$\boldsymbol{A}=\text{round}(4*\text{rand}(6, 8))+3$$

将生成一个 6×8 矩阵，它的元素为从 3～7 之间的随机整数. 利用区间 [1, 10]，生成 10×7，8×12 和 10×15 的随机整数矩阵，并计算每种情况下矩阵的秩. 这些整数矩阵是否是满秩的？

(c) 假设我们想用 MATLAB 生成一个不满秩的矩阵. 生成秩为 1 的矩阵很容易. 若 $\boldsymbol{x}$ 和 $\boldsymbol{y}$ 分别为 $\mathbf{R}^m$ 和 $\mathbf{R}^n$ 中的非零向量，则 $\boldsymbol{A}=\boldsymbol{x}\boldsymbol{y}^{\mathrm{T}}$ 将是一个秩为 1 的 $m\times n$ 矩阵. 为什么？试说明. 验证这一结论的 MATLAB 命令为

$$\boldsymbol{x}=\text{round}(9*\text{rand}(8, 1))+1, \quad \boldsymbol{y}=\text{round}(9*\text{rand}(6, 1))+1$$

用这些向量构造一个 8×6 的矩阵 $\boldsymbol{A}$. 用 MATLAB 命令 rank 对 $\boldsymbol{A}$ 的秩进行验证.

(d) 一般地，

$$\text{rank}(\boldsymbol{AB})\leqslant\min(\text{rank}(\boldsymbol{A}),\text{rank}(\boldsymbol{B})) \tag{1}$$

(见 3.6 节练习 28.) 若 $\boldsymbol{A}$ 和 $\boldsymbol{B}$ 为随机生成的非整数矩阵，关系式(1)应为等式. 生成一个 8×6 的矩阵 $\boldsymbol{A}$，其中令

$$\boldsymbol{X}=\text{rand}(8, 2), \quad \boldsymbol{Y}=\text{rand}(6, 2), \quad \boldsymbol{A}=\boldsymbol{X}*\boldsymbol{Y}'$$

170

你认为 $\boldsymbol{A}$ 的秩为多少？试说明. 用 MATLAB 验证 $\boldsymbol{A}$ 的秩.

(e) 用 MATLAB 命令生成矩阵 $\boldsymbol{A}$，$\boldsymbol{B}$，$\boldsymbol{C}$，使得

(i) $\boldsymbol{A}$ 是秩为 3 的 8×8 矩阵.

(ii) $\boldsymbol{B}$ 是秩为 4 的 6×9 矩阵.

(iii) $\boldsymbol{C}$ 是秩为 5 的 10×7 矩阵.

3. (列空间和行最简形) 令 $\boldsymbol{B}=\text{round}(10*\text{rand}(8, 4))$，$\boldsymbol{X}=\text{round}(10*\text{rand}(4, 3))$，$\boldsymbol{C}=\boldsymbol{B}*\boldsymbol{X}$ 及 $\boldsymbol{A}=[\boldsymbol{B}\quad\boldsymbol{C}]$.

(a) $\boldsymbol{B}$ 和 $\boldsymbol{C}$ 的列空间有什么关系？（见3.6节练习28.）你认为 $\boldsymbol{A}$ 的秩是什么？试说明．利用MATLAB验证你的答案．

(b) $\boldsymbol{A}$ 的哪些列可构成其列空间的基？试说明．若 $\boldsymbol{U}$ 为 $\boldsymbol{A}$ 的行最简形，你认为它的前四列应为什么？试说明．你认为它的后四行应为什么？试说明．用MATLAB命令计算 $\boldsymbol{U}$ 来验证你的答案．

(c) 用MATLAB构造另一矩阵 $\boldsymbol{D}=[\boldsymbol{E}\quad \boldsymbol{EY}]$，其中 $\boldsymbol{E}$ 为随机生成的 6×4 矩阵，且 $\boldsymbol{Y}$ 为随机生成的 4×2 矩阵．你认为 $\boldsymbol{D}$ 的行最简形是什么？用MATLAB计算它．证明：一般地，若 $\boldsymbol{B}$ 为一个秩为 n 的 $m\times n$ 矩阵，且 $\boldsymbol{X}$ 为 $n\times k$ 矩阵，则 $[\boldsymbol{B}\quad \boldsymbol{BX}]$ 的行最简形将有分块形式

$$[\boldsymbol{I}\quad \boldsymbol{X}],\quad m=n \quad 或 \quad \begin{bmatrix} \boldsymbol{I} & \boldsymbol{X} \\ \boldsymbol{O} & \boldsymbol{O} \end{bmatrix},\quad m>n$$

4. （线性方程组的秩1校正）

(a) 令 $\boldsymbol{A}=\text{round}(10*\text{rand}(8))$，$\boldsymbol{b}=\text{round}(10*\text{rand}(8,1))$，且 $\boldsymbol{M}=\text{inv}(\boldsymbol{A})$．用矩阵 $\boldsymbol{M}$ 求 $\boldsymbol{y}$ 的方程组 $\boldsymbol{Ay}=\boldsymbol{b}$．

(b) 考虑方程组 $\boldsymbol{Cx}=\boldsymbol{b}$，其中 $\boldsymbol{C}$ 用如下方式构造：

$$\boldsymbol{u}=\text{round}(10*\text{rand}(8,1)),\qquad \boldsymbol{v}=\text{round}(10*\text{rand}(8,1))$$
$$\boldsymbol{E}=\boldsymbol{u}*\boldsymbol{v}',\qquad \boldsymbol{C}=\boldsymbol{A}+\boldsymbol{E}$$

矩阵 $\boldsymbol{C}$ 和 $\boldsymbol{A}$ 相差一个秩为1的矩阵 $\boldsymbol{E}$．用MATLAB验证 $\boldsymbol{E}$ 的秩为1．用MATLAB运算“\”解方程组 $\boldsymbol{Cx}=\boldsymbol{b}$，并计算剩余向量 $\boldsymbol{r}=\boldsymbol{b}-\boldsymbol{Ax}$．

(c) 我们采用新的方法，利用 $\boldsymbol{A}$ 和 $\boldsymbol{C}$ 相差一个秩为1的矩阵，解方程组 $\boldsymbol{Cx}=\boldsymbol{b}$．这个新的过程称为秩1校正法(rank 1 update method)．令

$$\boldsymbol{z}=\boldsymbol{M}*\boldsymbol{u},\quad c=\boldsymbol{v}'*\boldsymbol{y},\quad d=\boldsymbol{v}'*\boldsymbol{z},\quad e=c/(1+d)$$

然后通过下式求解 $\boldsymbol{x}$：

$$\boldsymbol{x}=\boldsymbol{y}-e*\boldsymbol{z}$$

计算剩余向量 $\boldsymbol{b}-\boldsymbol{Cx}$，并和(b)中的剩余向量进行比较．这种新方法看起来比较复杂，但它在计算上确实很有效．

(d) 为说明秩1校正为什么起作用，用MATLAB计算，并比较

$$\boldsymbol{Cy}\quad 和 \quad \boldsymbol{b}+c\boldsymbol{u}$$

证明：如果所有计算均为严格算术运算，则这两个向量将是相等的．同样，计算

$$\boldsymbol{Cz}\quad 和 \quad (1+d)\boldsymbol{u}$$

证明：如果所有计算均为严格算术运算，则这两个向量将是相等的．利用这些恒等式证明 $\boldsymbol{Cx}=\boldsymbol{b}$．假设 $\boldsymbol{A}$ 为非奇异的，秩1校正法是否总是有效的？在什么情况下是无效的？试说明．

测试题A——判断正误

判断下列命题的真假．对每一情况，均说明或证明你的结论．

1. 若 S 为向量空间 V 的子空间，则 S 是向量空间．
2. $\mathbf{R}^2$ 为 $\mathbf{R}^3$ 的一个子空间．
3. 可以找到 $\mathbf{R}^3$ 的两个二维子空间 S 和 T，使得 $S\cap T=\{\mathbf{0}\}$．
4. 若 S 和 T 为向量空间 V 的子空间，则 $S\cup T$ 为 V 的子空间．
5. 若 S 和 T 为向量空间 V 的子空间，则 $S\cap T$ 为 V 的子空间．
6. 若 $\boldsymbol{x}_1,\boldsymbol{x}_2,\cdots,\boldsymbol{x}_n$ 张成 $\mathbf{R}^n$，则它们线性无关．
7. 若 $\boldsymbol{x}_1,\boldsymbol{x}_2,\cdots,\boldsymbol{x}_n$ 张成向量空间 V，则它们线性无关．

8. 若 $\boldsymbol{x}_1$，$\boldsymbol{x}_2$，…，$\boldsymbol{x}_k$ 为向量空间 V 的向量，且

$$\mathrm{Span}(\boldsymbol{x}_1,\boldsymbol{x}_2,\cdots,\boldsymbol{x}_k)=\mathrm{Span}(\boldsymbol{x}_1,\boldsymbol{x}_2,\cdots,\boldsymbol{x}_{k-1})$$

171

则 $\boldsymbol{x}_1$，$\boldsymbol{x}_2$，…，$\boldsymbol{x}_k$ 为线性相关的.

9. 若 $\boldsymbol{A}$ 为 $m\times n$ 矩阵，则 $\boldsymbol{A}$ 和 $\boldsymbol{A}^{\mathrm{T}}$ 有相同的秩.

10. 若 $\boldsymbol{A}$ 为 $m\times n$ 矩阵，则 $\boldsymbol{A}$ 和 $\boldsymbol{A}^{\mathrm{T}}$ 有相同的零度.

11. 若 $\boldsymbol{U}$ 是 $\boldsymbol{A}$ 的行最简形，则 $\boldsymbol{A}$ 和 $\boldsymbol{U}$ 有相同的行空间.

12. 若 $\boldsymbol{U}$ 是 $\boldsymbol{A}$ 的行最简形，则 $\boldsymbol{A}$ 和 $\boldsymbol{U}$ 有相同的列空间.

13. 设 $\boldsymbol{x}_1$，$\boldsymbol{x}_2$，…，$\boldsymbol{x}_k$ 是 $\mathbf{R}^n$ 中线性无关的向量，若 $k<n$ 且 $\boldsymbol{x}_{k+1}$ 是不在 $\mathrm{Span}(\boldsymbol{x}_1,\boldsymbol{x}_2,\cdots,\boldsymbol{x}_k)$ 中的向量，则向量 $\boldsymbol{x}_1$，$\boldsymbol{x}_2$，…，$\boldsymbol{x}_k$，$\boldsymbol{x}_{k+1}$ 是线性无关的.

14. 设 $\{\boldsymbol{u}_1,\boldsymbol{u}_2\}$，$\{\boldsymbol{v}_1,\boldsymbol{v}_2\}$ 和 $\{\boldsymbol{w}_1,\boldsymbol{w}_2\}$ 为 $\mathbf{R}^2$ 的基. 若 $\boldsymbol{X}$ 是从 $\{\boldsymbol{u}_1,\boldsymbol{u}_2\}$ 到 $\{\boldsymbol{v}_1,\boldsymbol{v}_2\}$ 的转移矩阵，$\boldsymbol{Y}$ 是从 $\{\boldsymbol{v}_1,\boldsymbol{v}_2\}$ 到 $\{\boldsymbol{w}_1,\boldsymbol{w}_2\}$ 的转移矩阵，则 $\boldsymbol{Z}=\boldsymbol{XY}$ 是从 $\{\boldsymbol{u}_1,\boldsymbol{u}_2\}$ 到 $\{\boldsymbol{w}_1,\boldsymbol{w}_2\}$ 的转移矩阵.

15. 若 $\boldsymbol{A}$ 和 $\boldsymbol{B}$ 是有相同的秩的 $n\times n$ 矩阵，则 $\boldsymbol{A}^2$ 的秩必等于 $\boldsymbol{B}^2$ 的秩.

测试题 B

1. 在 $\mathbf{R}^3$ 中，令 $\boldsymbol{x}_1$ 和 $\boldsymbol{x}_2$ 为线性无关的向量，且令 $\boldsymbol{x}_3=\mathbf{0}$(零向量). $\boldsymbol{x}_1$，$\boldsymbol{x}_2$，$\boldsymbol{x}_3$ 是否线性无关？证明你的答案.

2. 对下列情况，确定给定的集合是否为 $\mathbf{R}^2$ 的子空间. 证明你的答案.

(a) $S_1=\left\{\boldsymbol{x}=\begin{bmatrix}x_1\\x_2\end{bmatrix}\middle|\, x_1+x_2=0\right\}$　　(b) $S_2=\left\{\boldsymbol{x}=\begin{bmatrix}x_1\\x_2\end{bmatrix}\middle|\, x_1x_2=0\right\}$

3. 令

$$\boldsymbol{A}=\begin{bmatrix}1&3&1&3&4\\0&0&1&1&1\\0&0&2&2&2\\0&0&3&3&3\end{bmatrix}$$

(a) 求 $N(\boldsymbol{A})$($\boldsymbol{A}$ 的零空间)的一组基. $N(\boldsymbol{A})$的维数是多少？

(b) 求 $\boldsymbol{A}$ 的列空间的一组基. $\boldsymbol{A}$ 的秩是什么？

4. 矩阵的零空间和列空间的维数与矩阵的最简形的首变量和自由变量的个数有什么关系？试说明.

5. 回答下列问题并对每一种情况，给出你的答案的几何解释.

(a) 是否可以找到 $\mathbf{R}^3$ 的两个一维子空间 U_1 和 U_2，使得 $U_1\cap U_2=\{\mathbf{0}\}$？

(b) 是否可以找到 $\mathbf{R}^3$ 的两个二维子空间 V_1 和 V_2，使得 $V_1\cap V_2=\{\mathbf{0}\}$？

6. 令 S 为所有元素为实值的 2×2 对称矩阵的集合.

(a) 证明 S 是 $\mathbf{R}^{2\times 2}$ 的子空间.

(b) 求 S 的一组基.

7. 令 $\boldsymbol{A}$ 是秩为 4 的 6×4 矩阵.

(a) $N(\boldsymbol{A})$的维数是多少？$\boldsymbol{A}$ 的列空间的维数是多少？

(b) $\boldsymbol{A}$ 的列向量是否张成 $\mathbf{R}^6$？$\boldsymbol{A}$ 的列向量是否线性无关？试解释你的答案.

(c) 若 $\boldsymbol{b}$ 在 $\boldsymbol{A}$ 的列空间中，则线性方程组 $\boldsymbol{Ax}=\boldsymbol{b}$ 有多少个解？试说明.

8. 给定向量组

$$\boldsymbol{x}_1=\begin{bmatrix}1\\2\\2\end{bmatrix},\quad \boldsymbol{x}_2=\begin{bmatrix}1\\3\\3\end{bmatrix},\quad \boldsymbol{x}_3=\begin{bmatrix}1\\5\\5\end{bmatrix},\quad \boldsymbol{x}_4=\begin{bmatrix}1\\2\\3\end{bmatrix}$$

(a) $\boldsymbol{x}_1$，$\boldsymbol{x}_2$，$\boldsymbol{x}_3$，$\boldsymbol{x}_4$在 $\mathbf{R}^3$ 中是否线性无关？试说明.

(b) $\boldsymbol{x}_1$ 和 $\boldsymbol{x}_2$ 是否可以张成 $\mathbf{R}^3$？试说明.

(c) $\boldsymbol{x}_1$，$\boldsymbol{x}_2$ 和 $\boldsymbol{x}_3$ 是否可以张成 $\mathbf{R}^3$？它们是否线性无关？它们是否构成 $\mathbf{R}^3$ 的一组基？试说明.

(d) $\boldsymbol{x}_1$，$\boldsymbol{x}_2$ 和 $\boldsymbol{x}_4$ 是否可以张成 $\mathbf{R}^3$？它们是否线性无关？它们是否构成 $\mathbf{R}^3$ 的一组基？试说明或证明你的答案.

9. 令 $\boldsymbol{x}_1$，$\boldsymbol{x}_2$，$\boldsymbol{x}_3$为 $\mathbf{R}^4$ 中的线性无关向量，并令 $\boldsymbol{A}$ 为 4×4 非奇异矩阵. 证明：若

$$\boldsymbol{y}_1=\boldsymbol{A}\boldsymbol{x}_1,\quad \boldsymbol{y}_2=\boldsymbol{A}\boldsymbol{x}_2,\quad \boldsymbol{y}_3=\boldsymbol{A}\boldsymbol{x}_3$$

则 $\boldsymbol{y}_1$，$\boldsymbol{y}_2$，$\boldsymbol{y}_3$是线性无关的.

10. 令 $\boldsymbol{A}$ 为 6×5 矩阵，其各列向量 $\boldsymbol{a}_1$，$\boldsymbol{a}_2$，$\boldsymbol{a}_3$ 线性无关，且其他的列向量满足

$$\boldsymbol{a}_4=\boldsymbol{a}_1+3\boldsymbol{a}_2+\boldsymbol{a}_3,\quad \boldsymbol{a}_5=2\boldsymbol{a}_1-\boldsymbol{a}_3$$

(a) $N(\mathbf{A})$的维数是多少？试说明.

(b) 求 $\mathbf{A}$ 的行最简形.

172

11. 令$[\boldsymbol{u}_1,\boldsymbol{u}_2]$及$[\boldsymbol{v}_1,\boldsymbol{v}_2]$为 $\mathbf{R}^2$ 的有序基，其中

$$\boldsymbol{u}_1=\begin{bmatrix}1\\3\end{bmatrix},\quad \boldsymbol{u}_2=\begin{bmatrix}2\\7\end{bmatrix}\quad 且\quad \boldsymbol{v}_1=\begin{bmatrix}5\\2\end{bmatrix},\quad \boldsymbol{v}_2=\begin{bmatrix}4\\9\end{bmatrix}$$

(a) 确定从标准基$[\boldsymbol{e}_1,\boldsymbol{e}_2]$到有序基$[\boldsymbol{u}_1,\boldsymbol{u}_2]$的转移矩阵. 用这个转移矩阵求 $\boldsymbol{x}=\begin{bmatrix}1\\1\end{bmatrix}$在$[\boldsymbol{u}_1,\boldsymbol{u}_2]$下的坐标.

(b) 确定从标准基$[\boldsymbol{v}_1,\boldsymbol{v}_2]$到有序基$[\boldsymbol{u}_1,\boldsymbol{u}_2]$的转移矩阵. 用这个转移矩阵求 $\boldsymbol{z}=2\boldsymbol{v}_1+3\boldsymbol{v}_2$ 在$[\boldsymbol{u}_1,\boldsymbol{u}_2]$下的坐标.

173

第 4 章 线性变换

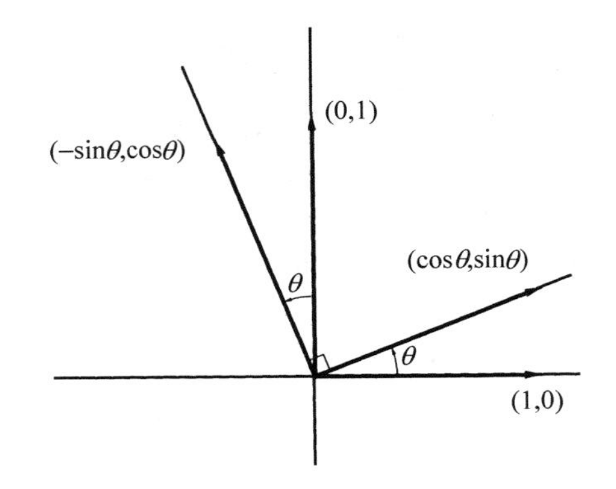

从一个向量空间到另一个向量空间的线性映射在数学中扮演着重要的角色. 本章将简单介绍有关这类映射的理论. 在 4.1 节中，给出线性变换的定义并举一些例子. 在 4.2 节中，证明任何将 n 维向量空间 V 映射到 m 维向量空间 W 的线性变换 L 可表示为一个 $m\times n$ 矩阵 $\boldsymbol{A}$. 因此，我们可以使用矩阵 $\boldsymbol{A}$ 来代替映射 L. 若线性变换 L 将 V 映射到它自身，则表示 L 的矩阵将依赖于 V 中有序基的选择. 因此，L 可表示为依赖于 V 的一个有序基的矩阵 $\boldsymbol{A}$，并在另一个有序基下表示为另一个矩阵 $\boldsymbol{B}$. 在 4.3 节中，我们考虑表示相同线性变换的两个不同矩阵间的联系. 在很多应用问题中，需要选择 V 的基，使得表示线性变换的矩阵是对角的或其他简单形式.

4.1 定义和例子

在向量空间的学习中，最重要的一类映射为线性变换.

定义 一个将向量空间 V 映射到向量空间 W 的映射 L，如果对所有 $\boldsymbol{v}_1$，$\boldsymbol{v}_2\in V$ 及所有的标量 α 和 β，有

$$L(\alpha\boldsymbol{v}_1+\beta\boldsymbol{v}_2)=\alpha L(\boldsymbol{v}_1)+\beta L(\boldsymbol{v}_2) \tag{1}$$

174

则称其为**线性变换**(linear transformation).

若 L 是向量空间 V 到 W 的线性变换，则由(1)有

$$L(\boldsymbol{v}_1+\boldsymbol{v}_2)=L(\boldsymbol{v}_1)+L(\boldsymbol{v}_2)\quad(\alpha=\beta=1) \tag{2}$$

和

$$L(\alpha\boldsymbol{v})=\alpha L(\boldsymbol{v})\quad(\boldsymbol{v}=\boldsymbol{v}_1,\beta=0) \tag{3}$$

反之，若 L 满足(2)和(3)，则

$$\begin{aligned}L(\alpha\boldsymbol{v}_1+\beta\boldsymbol{v}_2)&=L(\alpha\boldsymbol{v}_1)+L(\beta\boldsymbol{v}_2)\\&=\alpha L(\boldsymbol{v}_1)+\beta L(\boldsymbol{v}_2)\end{aligned}$$

因此，当且仅当 L 满足(2)和(3)，L 为线性变换.

记号 一个从向量空间 V 到向量空间 W 的映射 L 记为

$$L:V\rightarrow W$$

当使用箭头记号时，需假设 V 和 W 均表示向量空间.

如果向量空间 V 和 W 是相同的，我们称线性变换 L：$V\rightarrow V$ 为 V 上的线性算子

(linear operator). 因此，一个线性算子是一个向量空间到其自身的线性变换.

我们现在考虑一些线性变换的例子. 首先从 $\mathbf{R}^2$ 上的线性算子开始. 此时，容易看出线性算子的几何作用.

$\mathbf{R}^2$ 上的线性算子

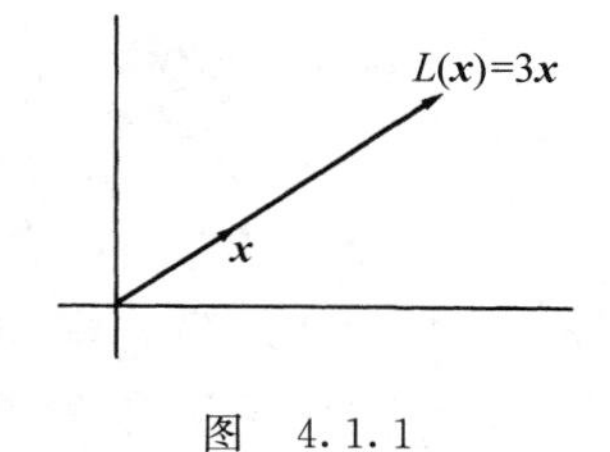

图 4.1.1

▶**例 1** 令 L 为一算子，定义为

$$L(\boldsymbol{x}) = 3\boldsymbol{x}$$

其中 $\boldsymbol{x}\in\mathbf{R}^2$. 由于

$$L(\alpha\boldsymbol{x}) = 3(\alpha\boldsymbol{x}) = \alpha(3\boldsymbol{x}) = \alpha L(\boldsymbol{x})$$

及

$$L(\boldsymbol{x}+\boldsymbol{y}) = 3(\boldsymbol{x}+\boldsymbol{y}) = (3\boldsymbol{x})+(3\boldsymbol{y}) = L(\boldsymbol{x})+L(\boldsymbol{y})$$

故 L 为线性算子. 我们可以将 L 看成是伸长 3 倍的运算(见图 4.1.1). 一般地，若 α 为一个正标量，则线性算子 $F(\boldsymbol{x})=\alpha\boldsymbol{x}$ 可被认为是伸长或压缩 α 倍的运算. ◀ [175]

▶**例 2** 考虑线性映射 L，定义为

$$L(\boldsymbol{x}) = x_1\boldsymbol{e}_1$$

其中 $\boldsymbol{x}\in\mathbf{R}^2$. 因此，若 $\boldsymbol{x}=(x_1, x_2)^{\mathrm{T}}$，则 $L(\boldsymbol{x})=(x_1, 0)^{\mathrm{T}}$. 若 $\boldsymbol{y}=(y_1, y_2)^{\mathrm{T}}$，则

$$\alpha\boldsymbol{x}+\beta\boldsymbol{y} = \begin{bmatrix}\alpha x_1+\beta y_1\\ \alpha x_2+\beta y_2\end{bmatrix}$$

由此可得

$$L(\alpha\boldsymbol{x}+\beta\boldsymbol{y}) = (\alpha x_1+\beta y_1)\boldsymbol{e}_1 = \alpha(x_1\boldsymbol{e}_1)+\beta(y_1\boldsymbol{e}_1) = \alpha L(\boldsymbol{x})+\beta L(\boldsymbol{y})$$

因此，L 为一线性算子. 我们可将 L 看成是一个到 x_1 轴的投影(见图 4.1.2). ◀

▶**例 3** 令 L 为如下定义的算子：对每一个 $\mathbf{R}^2$ 中的 $\boldsymbol{x}=(x_1, x_2)^{\mathrm{T}}$，

$$L(\boldsymbol{x}) = (x_1, -x_2)^{\mathrm{T}}$$

由于

$$\begin{aligned}L(\alpha\boldsymbol{x}+\beta\boldsymbol{y}) &= \begin{bmatrix}\alpha x_1+\beta y_1\\ -(\alpha x_2+\beta y_2)\end{bmatrix}\\ &= \alpha\begin{bmatrix}x_1\\ -x_2\end{bmatrix}+\beta\begin{bmatrix}y_1\\ -y_2\end{bmatrix}\\ &= \alpha L(\boldsymbol{x})+\beta L(\boldsymbol{y})\end{aligned}$$

由此可得 L 为线性算子. 算子 L 的作用是将向量关于 x_1 轴作对称(见图 4.1.3). ◀

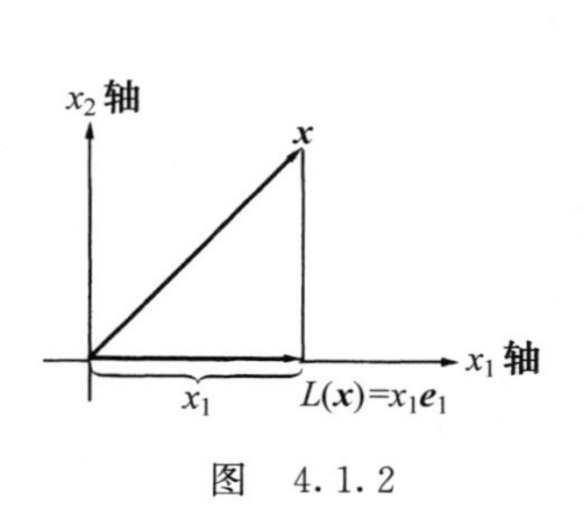

图 4.1.2

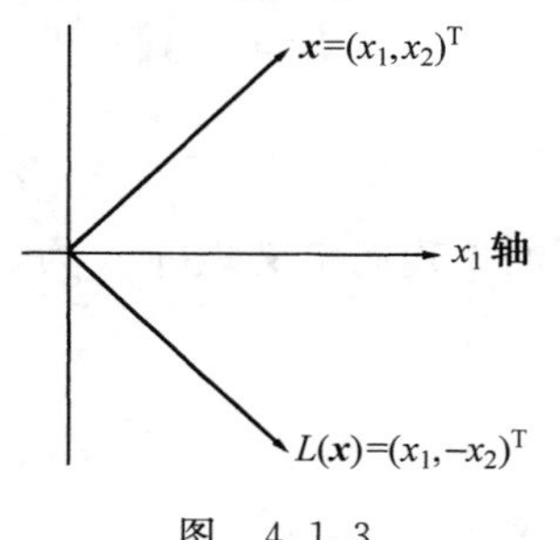

图 4.1.3

[176]

▶**例 4**　由

$$L(\boldsymbol{x})=(-x_2,x_1)^{\mathrm{T}}$$

定义的算子 L 是线性的，因为

$$\begin{aligned}L(\alpha\boldsymbol{x}+\beta\boldsymbol{y})&=\begin{bmatrix}-(\alpha x_2+\beta y_2)\\ \alpha x_1+\beta y_1\end{bmatrix}\\&=\alpha\begin{bmatrix}-x_2\\ x_1\end{bmatrix}+\beta\begin{bmatrix}-y_2\\ y_1\end{bmatrix}\\&=\alpha L(\boldsymbol{x})+\beta L(\boldsymbol{y})\end{aligned}$$

算子 L 的作用是将 $\mathbf{R}^2$ 中的每一个向量逆时针旋转 90°(见图 4.1.4).　◀

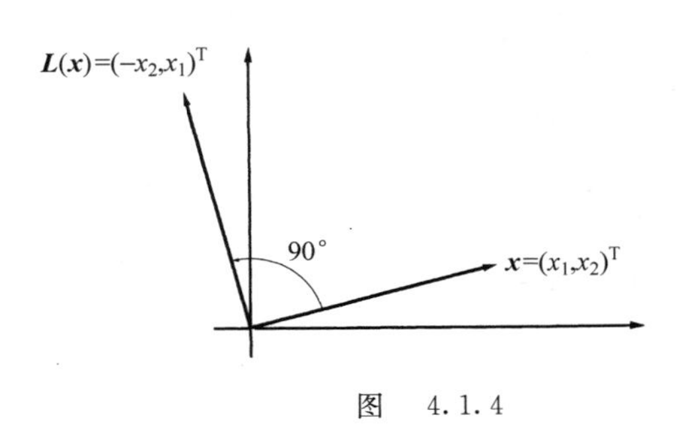

图　4.1.4

177

从 $\mathbf{R}^n$ 到 $\mathbf{R}^m$ 的线性变换

▶**例 5**　由

$$L(\boldsymbol{x})=x_1+x_2$$

定义的映射 L：$\mathbf{R}^2\to\mathbf{R}^1$ 为线性变换，因为

$$\begin{aligned}L(\alpha\boldsymbol{x}+\beta\boldsymbol{y})&=(\alpha x_1+\beta y_1)+(\alpha x_2+\beta y_2)\\&=\alpha(x_1+x_2)+\beta(y_1+y_2)\\&=\alpha L(\boldsymbol{x})+\beta L(\boldsymbol{y})\end{aligned}$$

◀

▶**例 6**　考虑由

$$M(\boldsymbol{x})=(x_1^2+x_2^2)^{1/2}$$

定义的映射 M. 由于

$$M(\alpha\boldsymbol{x})=(\alpha^2x_1^2+\alpha^2x_2^2)^{1/2}=|\alpha|M(\boldsymbol{x})$$

则有

$$\alpha M(\boldsymbol{x})\neq M(\alpha\boldsymbol{x})$$

其中 $\alpha<0$ 且 $\boldsymbol{x}\neq\mathbf{0}$. 因此，$M$ 不是线性变换.　◀

▶**例 7**　由

$$L(\boldsymbol{x})=(x_2,x_1,x_1+x_2)^{\mathrm{T}}$$

定义的从 $\mathbf{R}^2$ 到 $\mathbf{R}^3$ 的映射 L 为线性的，因为

$$L(\alpha\boldsymbol{x})=(\alpha x_2,\alpha x_1,\alpha x_1+\alpha x_2)^{\mathrm{T}}=\alpha L(\boldsymbol{x})$$

及

$$\begin{aligned}L(\boldsymbol{x}+\boldsymbol{y})&=(x_2+y_2,x_1+y_1,x_1+y_1+x_2+y_2)^{\mathrm{T}}\\&=(x_2,x_1,x_1+x_2)^{\mathrm{T}}+(y_2,y_1,y_1+y_2)^{\mathrm{T}}\\&=L(\boldsymbol{x})+L(\boldsymbol{y})\end{aligned}$$

注意到，如果我们定义矩阵 $\mathbf{A}$ 为

$$\mathbf{A}=\begin{bmatrix}0&1\\1&0\\1&1\end{bmatrix}$$

则对每一 $\boldsymbol{x}\in\mathbf{R}^2$，

$$L(\mathbf{x})=\begin{bmatrix} x_2 \\ x_1 \\ x_1+x_2 \end{bmatrix}=\mathbf{A}\mathbf{x}$$ ◀

178

一般地，如果 $\mathbf{A}$ 为任何 $m\times n$ 矩阵，我们可定义一个从 $\mathbf{R}^n$ 到 $\mathbf{R}^m$ 的线性变换 L_A，即对每一 $\mathbf{x}\in\mathbf{R}^n$，

$$L_A(\mathbf{x})=\mathbf{A}\mathbf{x}$$

变换 L_A 为线性的，因为

$$\begin{aligned} L_A(\alpha\mathbf{x}+\beta\mathbf{y}) &= \mathbf{A}(\alpha\mathbf{x}+\beta\mathbf{y}) \\ &= \alpha\mathbf{A}\mathbf{x}+\beta\mathbf{A}\mathbf{y} \\ &= \alpha L_A(\mathbf{x})+\beta L_A(\mathbf{y}) \end{aligned}$$

因此，我们可以认为每一个 $m\times n$ 矩阵 $\mathbf{A}$ 定义了一个从 $\mathbf{R}^n$ 到 $\mathbf{R}^m$ 的线性变换.

在例 7 中，我们看到线性变换 L 可以用一个矩阵 $\mathbf{A}$ 来定义. 下一节我们将看到，对所有从 $\mathbf{R}^n$ 到 $\mathbf{R}^m$ 的线性变换，这个结论都是正确的.

从 V 到 W 的线性变换

若 L 为一从向量空间 V 到向量空间 W 的线性变换，则

(i) $L(\mathbf{0}_V)=\mathbf{0}_W$（其中 $\mathbf{0}_V$ 和 $\mathbf{0}_W$ 分别为 V 和 W 中的零向量）.

(ii) 若 $\mathbf{v}_1$，$\mathbf{v}_2$，…，$\mathbf{v}_n$ 为 V 的元素，且 α_1，α_2，…，α_2 为标量，则

$$L(\alpha_1\mathbf{v}_1+\alpha_2\mathbf{v}_2+\cdots+\alpha_n\mathbf{v}_n)=\alpha_1L(\mathbf{v}_1)+\alpha_2L(\mathbf{v}_2)+\cdots+\alpha_nL(\mathbf{v}_n)$$

(iii) 对所有的 $\mathbf{v}\in V$，有 $L(-\mathbf{v})=-L(\mathbf{v})$.

命题(i)可在 $L(\alpha\mathbf{v})=\alpha L(\mathbf{v})$ 中令 $\alpha=0$ 得到. 命题(ii)可用数学归纳法容易地证明. 我们将前两个命题的证明留给读者作为练习. 为证明(iii)，注意到

$$\mathbf{0}_W=L(\mathbf{0}_V)=L(\mathbf{v}+(-\mathbf{v}))=L(\mathbf{v})+L(-\mathbf{v})$$

因此，$L(-\mathbf{v})$ 为 $L(\mathbf{v})$ 的加法逆元，故

$$L(-\mathbf{v})=-L(\mathbf{v})$$

▶**例 8**　若 V 为任意向量空间，则对所有 $\mathbf{v}\in V$，恒等算子 $\mathcal{I}$ 定义为

$$\mathcal{I}(\mathbf{v})=\mathbf{v}$$

显然，$\mathcal{I}$ 为将 V 映射到其自身的线性变换：

$$\mathcal{I}(\alpha\mathbf{v}_1+\beta\mathbf{v}_2)=\alpha\mathbf{v}_1+\beta\mathbf{v}_2=\alpha\,\mathcal{I}(\mathbf{v}_1)+\beta\,\mathcal{I}(\mathbf{v}_2)$$ ◀

▶**例 9**　令 L 为由

179

$$L(f)=\int_a^b f(x)\mathrm{d}x$$

定义的从 $C[a,b]$ 到 $\mathbf{R}^1$ 的映射，若 f 和 g 为 $C[a,b]$ 中的任意向量，则

$$\begin{aligned} L(\alpha f+\beta g) &= \int_a^b(\alpha f+\beta g)(x)\mathrm{d}x \\ &= \alpha\int_a^b f(x)\mathrm{d}x+\beta\int_a^b g(x)\mathrm{d}x \\ &= \alpha L(f)+\beta L(g) \end{aligned}$$

因此，L 为线性变换. ◀

▶**例 10**　令 D 为从 $C^1[a, b]$到 $C[a, b]$的线性变换，定义为

$$D(f) = f' \quad (f\text{ 的导数})$$

D 是线性变换，因为

$$D(\alpha f + \beta g) = \alpha f' + \beta g' = \alpha D(f) + \beta D(g)$$ ◀

象与核

令 L：$V \to W$ 为一线性变换. 我们以考虑 L 在 V 的子空间上的作用来结束本节. 特别重要的是 V 中被映射为 W 中的零向量的向量集合.

定义　令 L：$V \to W$ 为线性变换. L 的**核**(kernel)记为 $\ker(L)$，定义为

$$\ker(L) = \{\boldsymbol{v} \in V \mid L(\boldsymbol{v}) = \boldsymbol{0}_W\}$$

定义　令 L：$V \to W$ 为线性变换，并令 S 为 V 的一个子空间. S 的**象**(image)记为 $L(S)$，定义为

$$L(S) = \{\boldsymbol{w} \in W \mid \boldsymbol{w} = L(\boldsymbol{v}), \text{对某个 } \boldsymbol{v} \in S\}$$

整个向量空间的象 $L(V)$称为 L 的**值域**(range).

令 L：$V \to W$ 为线性变换. 容易看出 $\ker(L)$为 V 的子空间，且若 S 为 V 的任意子空间，则$L(S)$为 W 的一个子空间. 特别地，$L(V)$为 W 的一个子空间. 事实上，我们有如下的定理.

定理 4.1.1　若 L：$V \to W$ 为线性变换，且 S 为 V 的子空间，则

(i) $\ker(L)$为 V 的一个子空间.

(ii) $L(S)$为 W 的一个子空间.

证　显然 $\ker(L)$非空，因为 V 中的零向量 $\boldsymbol{0}_V$ 在 $\ker(L)$中. 为证明(i)，我们必须证明$\ker(L)$对标量乘法和向量加法是封闭的. 若 $\boldsymbol{v} \in \ker(L)$，且 α 为标量，则

180

$$L(\alpha \boldsymbol{v}) = \alpha L(\boldsymbol{v}) = \alpha \boldsymbol{0}_W = \boldsymbol{0}_W$$

因此，$\alpha \boldsymbol{v} \in \ker(L)$.

若 $\boldsymbol{v}_1$，$\boldsymbol{v}_2 \in \ker(L)$，则

$$L(\boldsymbol{v}_1 + \boldsymbol{v}_2) = L(\boldsymbol{v}_1) + L(\boldsymbol{v}_2) = \boldsymbol{0}_W + \boldsymbol{0}_W = \boldsymbol{0}_W$$

因此 $\boldsymbol{v}_1 + \boldsymbol{v}_2 \in \ker(L)$，于是 $\ker(L)$为 V 的子空间.

类似地，可以证明(ii). $L(S)$为非空的，因为 $\boldsymbol{0}_W = L(\boldsymbol{0}_V) \in L(S)$. 若 $\boldsymbol{w} \in L(S)$，则对某个 $\boldsymbol{v} \in S$ 有 $\boldsymbol{w} = L(\boldsymbol{v})$. 对任何标量 α，

$$\alpha \boldsymbol{w} = \alpha L(\boldsymbol{v}) = L(\alpha \boldsymbol{v})$$

因为 $\alpha \boldsymbol{v} \in S$，故可得 $\alpha \boldsymbol{w} \in L(S)$，由此有 $L(S)$对标量乘法是封闭的. 若 $\boldsymbol{w}_1$，$\boldsymbol{w}_2 \in L(S)$，则存在 $\boldsymbol{v}_1$，$\boldsymbol{v}_2 \in S$，使得 $L(\boldsymbol{v}_1) = \boldsymbol{w}_1$，且 $L(\boldsymbol{v}_2) = \boldsymbol{w}_2$. 因此，

$$\boldsymbol{w}_1 + \boldsymbol{w}_2 = L(\boldsymbol{v}_1) + L(\boldsymbol{v}_2) = L(\boldsymbol{v}_1 + \boldsymbol{v}_2)$$

于是，$L(S)$对加法也是封闭的. 这就得到 $L(S)$是 W 的一个子空间. ■

▶**例 11**　令 L 为 $\mathbf{R}^2$ 上的线性算子，定义为

$$L(\boldsymbol{x}) = \begin{bmatrix} x_1 \\ 0 \end{bmatrix}$$

一个向量 $\boldsymbol{x}$ 在 ker(L)中的充要条件是 $x_1=0$，因此 ker(L)为由 $\boldsymbol{e}_2$ 张成的 $\mathbf{R}^2$ 的一维子空间．一个向量 $\boldsymbol{y}$ 在 L 的值域中的充要条件是 $\boldsymbol{y}$ 为 $\boldsymbol{e}_1$ 的倍数，因此 $L(\mathbf{R}^2)$为由 $\boldsymbol{e}_1$ 张成的 $\mathbf{R}^2$ 的一维子空间． ◀

▶**例 12** 令 L：$\mathbf{R}^3\to\mathbf{R}^2$ 为线性变换，定义为

$$L(\boldsymbol{x})=(x_1+x_2,x_2+x_3)^{\mathrm{T}}$$

并令 S 为由 $\boldsymbol{e}_1$ 和 $\boldsymbol{e}_2$ 张成的 $\mathbf{R}^3$ 的子空间．

若 $\boldsymbol{x}\in\ker(L)$，则

$$x_1+x_2=0\quad 且\quad x_2+x_3=0$$

令自由变量 $x_3=a$，我们有

$$x_2=-a,\quad x_1=a$$

因此 ker(L)为由所有形如 $a(1,-1,1)^{\mathrm{T}}$ 的向量组成的 $\mathbf{R}^3$ 的一维子空间．

若 $\boldsymbol{x}\in S$，则 $\boldsymbol{x}$ 必形如$(a,0,b)^{\mathrm{T}}$，因此有 $L(\boldsymbol{x})=(a,b)^{\mathrm{T}}$．显然 $L(S)=\mathbf{R}^2$．由于子空间 S 的象为 $\mathbf{R}^2$ 全体，由此得 L 的整个值域必为 $\mathbf{R}^2$[即 $L(\mathbf{R}^3)=\mathbf{R}^2$]． ◀ 181

▶**例 13** 令 D：$P_3\to P_3$ 为微分算子，定义为

$$D(p(x))=p'(x)$$

D 的核包含所有次数为 0 的多项式．因此 $\ker(D)=P_1$．任何 P_3 中的多项式的导数将为 1 次或更低次的多项式．反之，任何 P_2 中的多项式将在 P_3 中存在一个原函数，因此，每一 P_2 中的多项式均为 P_3 中的多项式在算子 D 下的象．因此，$D(P_3)=P_2$． ◀

4.1 节练习

1．证明下列线性变换为 $\mathbf{R}^2$ 上的线性算子．给出每一线性变换作用的几何描述．

(a) $L(\boldsymbol{x})=(-x_1,x_2)^{\mathrm{T}}$　(b) $L(\boldsymbol{x})=-\boldsymbol{x}$　(c) $L(\boldsymbol{x})=(x_2,x_1)^{\mathrm{T}}$

(d) $L(\boldsymbol{x})=\frac{1}{2}\boldsymbol{x}$　(e) $L(\boldsymbol{x})=x_2\boldsymbol{e}_2$

2．令 L 为 $\mathbf{R}^2$ 上的线性算子，定义为

$$L(\boldsymbol{x})=(x_1\cos\alpha-x_2\sin\alpha,x_1\sin\alpha+x_2\cos\alpha)^{\mathrm{T}}$$

将 x_1，x_2 和 $L(\boldsymbol{x})$用极坐标表示．给出该线性变换作用的几何描述．

3．令 $\boldsymbol{a}$ 为 $\mathbf{R}^2$ 中一固定的非零向量．映射

$$L(\boldsymbol{x})=\boldsymbol{x}+\boldsymbol{a}$$

称为平移(translation)．证明平移不是线性算子．给出平移作用的几何描述．

4．令 L：$\mathbf{R}^2\to\mathbf{R}^2$ 为一线性算子．若

$$L((1,2)^{\mathrm{T}})=(-2,3)^{\mathrm{T}}\quad 且\quad L((1,-1)^{\mathrm{T}})=(5,2)^{\mathrm{T}}$$

求 $L((7,5)^{\mathrm{T}})$的值．

5．确定下列是否为 $\mathbf{R}^3$ 到 $\mathbf{R}^2$ 的线性变换．

(a) $L(\boldsymbol{x})=(x_2,x_3)^{\mathrm{T}}$　(b) $L(\boldsymbol{x})=(0,0)^{\mathrm{T}}$

(c) $L(\boldsymbol{x})=(1+x_1,x_2)^{\mathrm{T}}$　(d) $L(\boldsymbol{x})=(x_3,x_1+x_2)^{\mathrm{T}}$

6．确定下列是否为 $\mathbf{R}^2$ 到 $\mathbf{R}^3$ 的线性变换．

(a) $L(\boldsymbol{x})=(x_1,x_2,1)^{\mathrm{T}}$　(b) $L(\boldsymbol{x})=(x_1,x_2,x_1+2x_2)^{\mathrm{T}}$

(c) $L(\boldsymbol{x})=(x_1,0,0)^{\mathrm{T}}$　(d) $L(\boldsymbol{x})=(x_1,x_2,x_1^2+x_2^2)^{\mathrm{T}}$

7. 确定下列是否为 $\mathbf{R}^{n\times n}$ 上的线性算子.

(a) $L(\boldsymbol{A})=2\boldsymbol{A}$　(b) $L(\boldsymbol{A})=\boldsymbol{A}^{\mathrm{T}}$

(c) $L(\boldsymbol{A})=\boldsymbol{A}+\boldsymbol{I}$　(d) $L(\boldsymbol{A})=\boldsymbol{A}-\boldsymbol{A}^{\mathrm{T}}$

8. 令 $\boldsymbol{C}$ 为一个固定的 $n\times n$ 矩阵. 确定下列是否为 $\mathbf{R}^{n\times n}$ 上的线性算子.

(a) $L(\boldsymbol{A})=\boldsymbol{CA}+\boldsymbol{AC}$　(b) $L(\boldsymbol{A})=\boldsymbol{C}^2\boldsymbol{A}$　(c) $L(\boldsymbol{A})=\boldsymbol{A}^2\boldsymbol{C}$

9. 确定下列是否为从 P_2 到 P_3 的线性变换.

(a) $L(p(x))=xp(x)$　(b) $L(p(x))=x^2+p(x)$　(c) $L(p(x))=p(x)+xp(x)+x^2p'(x)$

10. 对每一 $f\in C[0,1]$, 定义 $L(f)=F$, 其中

$$F(x)=\int_0^x f(t)\mathrm{d}t,\quad 0\leqslant x\leqslant 1$$

证明 L 为 $C[0,1]$上的线性算子, 然后求 $L(\mathrm{e}^x)$和 $L(x^2)$.

11. 确定下列是否为从 $C[0,1]$到 $\mathbf{R}^1$ 的线性变换.

(a) $L(f)=f(0)$　(b) $L(f)=|f(0)|$

(c) $L(f)=[f(0)+f(1)]/2$　(d) $L(f)=\left\{\int_0^1[f(x)]^2\mathrm{d}x\right\}^{1/2}$

12. 若 L 为从 V 到 W 的线性变换, 用数学归纳法证明:

$$L(\alpha_1\boldsymbol{v}_1+\alpha_2\boldsymbol{v}_2+\cdots+\alpha_n\boldsymbol{v}_n)=\alpha_1L(\boldsymbol{v}_1)+\alpha_2L(\boldsymbol{v}_2)+\cdots+\alpha_nL(\boldsymbol{v}_n)$$

182

13. 令$\{\boldsymbol{v}_1,\boldsymbol{v}_2,\cdots,\boldsymbol{v}_n\}$为向量空间 V 的一组基, 并令 L_1 和 L_2 为从 V 到向量空间 W 的两个线性变换. 证明: 若

$$L_1(\boldsymbol{v}_i)=L_2(\boldsymbol{v}_i)$$

对每一 $i=1,2,\cdots,n$ 均成立, 则 $L_1=L_2$. [即证明对所有的 $\boldsymbol{v}\in V$, 有 $L_1(\boldsymbol{v})=L_2(\boldsymbol{v})$.]

14. 令 L 为 $\mathbf{R}^1$ 上的一个线性算子, 且令 $a=L(1)$. 证明对所有的 $x\in\mathbf{R}^1$, 有 $L(x)=ax$.

15. 令 L 为向量空间 V 上的一个线性算子. 递归地定义 $L^n(n\geqslant 1)$为

$$L^1=L$$

$$L^{k+1}(\boldsymbol{v})=L(L^k(\boldsymbol{v})),\quad \text{对所有的 } \boldsymbol{v}\in V$$

证明对每一 $n\geqslant 1$, L^n 为 V 上的一个线性算子.

16. 令 $L_1: U\to V$ 和 $L_2: V\to W$ 为线性变换, 且令映射 $L=L_2\circ L_1$ 定义为对每一 $\boldsymbol{u}\in U$,

$$L(\boldsymbol{u})=L_2(L_1(\boldsymbol{u}))$$

证明 L 为从 U 到 W 的线性变换.

17. 求下列 $\mathbf{R}^3$ 上线性算子的核和值域.

(a) $L(\boldsymbol{x})=(x_3,x_2,x_1)^{\mathrm{T}}$　(b) $L(\boldsymbol{x})=(x_1,x_2,0)^{\mathrm{T}}$　(c) $L(\boldsymbol{x})=(x_1,x_1,x_1)^{\mathrm{T}}$

18. 令 S 为 $\mathbf{R}^3$ 的子空间, 并由 $\boldsymbol{e}_1$ 和 $\boldsymbol{e}_2$ 张成. 对练习 17 中的每一线性算子 L, 求 $L(S)$.

19. 求下列 P_3 上线性算子的核和值域.

(a) $L(p(x))=xp'(x)$　(b) $L(p(x))=p(x)-p'(x)$　(c) $L(p(x))=p(0)x+p(1)$

20. 令 $L: V\to W$ 为一线性变换, 并令 T 为 W 的子空间. T 的原象(inverse image)[记为 $L^{-1}(T)$]定义为

$$L^{-1}(T)=\{\boldsymbol{v}\in V\,|\,L(\boldsymbol{v})\in T\}$$

证明 $L^{-1}(T)$为 V 的子空间.

21. 一个线性变换 $L: V\to W$ 称为一一的(one-to-one), 若 $L(\boldsymbol{v}_1)=L(\boldsymbol{v}_2)$蕴涵着 $\boldsymbol{v}_1=\boldsymbol{v}_2$. (即 V 中不存在两个不同的向量 $\boldsymbol{v}_1$, $\boldsymbol{v}_2$ 映射为相同的向量 $\boldsymbol{w}\in W$.)证明 L 为一一的, 当且仅当 $\ker(L)=\{\boldsymbol{0}_V\}$.

22. 若线性变换 $L: V\to W$ 满足 $L(V)=W$, 则称其为从 V 映上(onto)到 W 的映射. 证明线性变换

$$L(\boldsymbol{x})=(x_1,x_1+x_2,x_1+x_2+x_3)^{\mathrm{T}}$$

为一个从 $\mathbf{R}^3$ 映上到 $\mathbf{R}^3$ 的映射.

23. 练习 17 中的线性算子哪个是一一的？哪个为从 $\mathbf{R}^3$ 映上到 $\mathbf{R}^3$ 的映射？

24. 令 $\boldsymbol{A}$ 为 2×2 矩阵，并令 L_A 为线性算子，定义为

$$L_A(\boldsymbol{x}) = \boldsymbol{A}\boldsymbol{x}$$

(a) 证明 L_A 为从 $\mathbf{R}^2$ 映上到 $\boldsymbol{A}$ 的列空间的映射.

(b) 证明：若 $\boldsymbol{A}$ 为非奇异的，则 L_A 为从 $\mathbf{R}^2$ 映上到 $\mathbf{R}^2$ 的映射.

25. 令 D 为 P_3 上的微分算子，并令

$$S = \{p \in P_3 \mid p(0) = 0\}$$

(a) 证明 D 为从 P_3 映上到子空间 P_2 的映射，但 D：$P_3\to P_2$ 不是一一的.

(b) 证明 D：$S\to P_3$ 是一一的，但不是映上的.

4.2 线性变换的矩阵表示

4.1 节中证明了每一个 $m\times n$ 矩阵 $\boldsymbol{A}$ 都定义了一个从 $\mathbf{R}^n$ 到 $\mathbf{R}^m$ 的线性变换 L_A，其中

$$L_A(\boldsymbol{x}) = \boldsymbol{A}\boldsymbol{x}$$

对每一 $\boldsymbol{x}\in\mathbf{R}^n$ 都成立. 本节我们将了解对每一从 $\mathbf{R}^n$ 到 $\mathbf{R}^m$ 的线性变换 L，存在一个 $m\times n$ 矩阵 $\boldsymbol{A}$，使得

$$L(\boldsymbol{x}) = \boldsymbol{A}\boldsymbol{x}$$

183

我们还将了解如何把任意有限维空间上的线性变换表示为一个矩阵.

定理 4.2.1 若 L 为一个从 $\mathbf{R}^n$ 到 $\mathbf{R}^m$ 的线性变换，则存在一个 $m\times n$ 矩阵 $\boldsymbol{A}$，使得对每一 $\boldsymbol{x}\in\mathbf{R}^n$，有

$$L(\boldsymbol{x}) = \boldsymbol{A}\boldsymbol{x}$$

事实上，$\boldsymbol{A}$ 的第 j 个列向量为

$$\boldsymbol{a}_j = L(\boldsymbol{e}_j) \quad j = 1,2,\cdots,n$$

证 对 $j=1$，2，…，n，定义

$$\boldsymbol{a}_j = L(\boldsymbol{e}_j)$$

并令

$$\boldsymbol{A} = (a_{ij}) = (\boldsymbol{a}_1,\boldsymbol{a}_2,\cdots,\boldsymbol{a}_n)$$

若

$$\boldsymbol{x} = x_1\boldsymbol{e}_1 + x_2\boldsymbol{e}_2 + \cdots + x_n\boldsymbol{e}_n$$

为 $\mathbf{R}^n$ 中的任意元素，则

$$\begin{aligned} L(\boldsymbol{x}) &= x_1L(\boldsymbol{e}_1) + x_2L(\boldsymbol{e}_2) + \cdots + x_nL(\boldsymbol{e}_n) \\ &= x_1\boldsymbol{a}_1 + x_2\boldsymbol{a}_2 + \cdots + x_n\boldsymbol{a}_n \\ &= (\boldsymbol{a}_1,\boldsymbol{a}_2,\cdots,\boldsymbol{a}_n)\begin{bmatrix} x_1 \\ x_2 \\ \vdots \\ x_n \end{bmatrix} \\ &= \boldsymbol{A}\boldsymbol{x} \end{aligned}$$

■

我们已经证明了每一从 $\mathbf{R}^n$ 到 $\mathbf{R}^m$ 的线性变换均可表示为一个 $m\times n$ 的矩阵. 定理

4.2.1 告诉我们对每一特定的线性变换 L 如何构造矩阵 $\mathbf{A}$. 为得到 $\mathbf{A}$ 的第一列，观察 L 对 $\mathbf{R}^n$ 的第一个基向量 $\boldsymbol{e}_1$ 的作用是什么. 令 $\boldsymbol{a}_1=L(\boldsymbol{e}_1)$. 为得到 A 的第二列，观察 L 对 $\mathbf{R}^n$ 的第二个基向量 $\boldsymbol{e}_2$ 的作用是什么，并令$\boldsymbol{a}_2=L(\boldsymbol{e}_2)$，等等. 因为 $\mathbf{R}^n$ 中的标准基取为 $\boldsymbol{e}_1$，$\boldsymbol{e}_2$，…，$\boldsymbol{e}_n$($n\times n$ 单位矩阵的列向量)，并可将 $m\times m$ 单位矩阵的列向量取为 $\mathbf{R}^m$ 的一组基，我们称 $\mathbf{A}$ 为 L 的标准矩阵表示(standard matrix representation). 以后(定理 4.2.3)我们将看到如何在其他基下表示线性变换.

▶**例 1**　对 $\mathbf{R}^3$ 中的每一 $\boldsymbol{x}=(x_1, x_2, x_3)^{\mathrm{T}}$，定义线性变换 L：$\mathbf{R}^3\to\mathbf{R}^2$ 为

184

$$L(\boldsymbol{x})=(x_1+x_2, x_2+x_3)^{\mathrm{T}}$$

容易验证 L 为线性算子. 我们希望求一个矩阵 $\mathbf{A}$，使得对每一 $\boldsymbol{x}\in\mathbf{R}^3$，$L(\boldsymbol{x})=\mathbf{A}\boldsymbol{x}$. 为做到这一点，我们必须求 $L(\boldsymbol{e}_1)$，$L(\boldsymbol{e}_2)$和 $L(\boldsymbol{e}_3)$：

$$L(\boldsymbol{e}_1)=L((1,0,0)^{\mathrm{T}})=\begin{bmatrix}1\\0\end{bmatrix}$$

$$L(\boldsymbol{e}_2)=L((0,1,0)^{\mathrm{T}})=\begin{bmatrix}1\\1\end{bmatrix}$$

$$L(\boldsymbol{e}_3)=L((0,0,1)^{\mathrm{T}})=\begin{bmatrix}0\\1\end{bmatrix}$$

选择这些向量作为矩阵 $\mathbf{A}$ 的列向量：

$$\mathbf{A}=\begin{bmatrix}1&1&0\\0&1&1\end{bmatrix}$$

为验证结果，计算 $\mathbf{A}\boldsymbol{x}$：

$$\mathbf{A}\boldsymbol{x}=\begin{bmatrix}1&1&0\\0&1&1\end{bmatrix}\begin{bmatrix}x_1\\x_2\\x_3\end{bmatrix}=\begin{bmatrix}x_1+x_2\\x_2+x_3\end{bmatrix}$$ ◀

▶**例 2**　令 L 为 $\mathbf{R}^2$ 的线性算子，它将每一向量逆时针旋转角度 θ. 我们可从图 4.2.1a 中看到，$\boldsymbol{e}_1$ 被映射为$(\cos\theta, \sin\theta)^{\mathrm{T}}$，且 $\boldsymbol{e}_2$ 被映射为$(-\sin\theta, \cos\theta)^{\mathrm{T}}$. 相应于这个变换的矩阵 $\mathbf{A}$ 将以$(\cos\theta, \sin\theta)^{\mathrm{T}}$ 为第一列，并以$(-\sin\theta, \cos\theta)^{\mathrm{T}}$ 为第二列：

$$\mathbf{A}=\begin{bmatrix}\cos\theta&-\sin\theta\\\sin\theta&\cos\theta\end{bmatrix}$$

若 $\boldsymbol{x}$ 为 $\mathbf{R}^2$ 中的任意向量，则要将 $\boldsymbol{x}$ 逆时针旋转角度 θ，只需简单地乘以 $\mathbf{A}$(见图 4.2.1b).

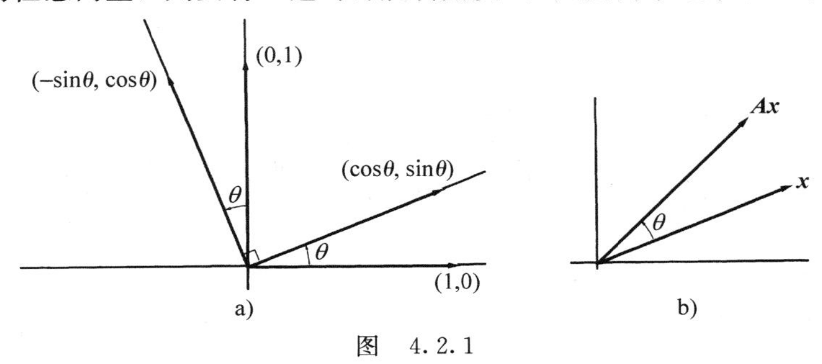

185

图　4.2.1 ◀

现在我们已经看到如何用矩阵表示从 $\mathbf{R}^n$ 到 $\mathbf{R}^m$ 的线性变换，读者可能会问，从 V 到 W 的线性变换是否可类似地表示，其中 V 和 W 分别为 n 维和 m 维的向量空间. 为看到如何来做，令$E=[\boldsymbol{v}_1, \boldsymbol{v}_2, \cdots, \boldsymbol{v}_n]$为 V 的一组有序基，$F=[\boldsymbol{w}_1, \boldsymbol{w}_2, \cdots, \boldsymbol{w}_m]$为 W 的一组有序基. 令 L 为从 V 到 W 的线性变换．若 $\boldsymbol{v}$ 为 V 中的任意向量，则可将 $\boldsymbol{v}$ 用 E 的基表示：

$$\boldsymbol{v} = x_1\boldsymbol{v}_1 + x_2\boldsymbol{v}_2 + \cdots + x_n\boldsymbol{v}_n$$

我们将证明，存在一个 $m\times n$ 矩阵 $\mathbf{A}$ 按如下意义表示线性变换 L：

$$\text{当且仅当 } L(\boldsymbol{v}) = y_1\boldsymbol{w}_1 + y_2\boldsymbol{w}_2 + \cdots + y_m\boldsymbol{w}_m \text{ 时，} \quad \mathbf{A}\boldsymbol{x} = \boldsymbol{y}$$

矩阵 $\mathbf{A}$ 表明了线性变换 L 的作用. 若 $\boldsymbol{x}$ 为向量 $\boldsymbol{v}$ 在 E 下对应的坐标向量，则$L(\boldsymbol{v})$的坐标向量在 F 下为

$$[L(\boldsymbol{v})]_F = \mathbf{A}\boldsymbol{x}$$

求矩阵 $\mathbf{A}$ 的过程实质上和前面的方法是相同的. 对 $j=1, 2, \cdots, n$，令 $\boldsymbol{a}_j=(a_{1j}, a_{2j}, \cdots, a_{mj})^{\mathrm{T}}$ 为 $L(\boldsymbol{v}_j)$相应于$[\boldsymbol{w}_1, \boldsymbol{w}_2, \cdots, \boldsymbol{w}_m]$的坐标向量，即

$$L(\boldsymbol{v}_j) = a_{1j}\boldsymbol{w}_1 + a_{2j}\boldsymbol{w}_2 + \cdots + a_{mj}\boldsymbol{w}_m, \quad 1 \leqslant j \leqslant n$$

令 $\mathbf{A}=[a_{ij}]=(\boldsymbol{a}_1, \boldsymbol{a}_2, \cdots, \boldsymbol{a}_n)$. 若

$$\boldsymbol{v} = x_1\boldsymbol{v}_1 + x_2\boldsymbol{v}_2 + \cdots + x_n\boldsymbol{v}_n$$

则

$$\begin{aligned} L(\boldsymbol{v}) &= L\left(\sum_{j=1}^{n} x_j\boldsymbol{v}_j\right) = \sum_{j=1}^{n} x_j L(\boldsymbol{v}_j) \\ &= \sum_{j=1}^{n} x_j\left(\sum_{i=1}^{m} a_{ij}\boldsymbol{w}_i\right) = \sum_{i=1}^{m}\left(\sum_{j=1}^{n} a_{ij}x_j\right)\boldsymbol{w}_i \end{aligned}$$

对 $i=1, 2, \cdots, m$，令

$$y_i = \sum_{j=1}^{n} a_{ij}x_j$$

于是

$$\boldsymbol{y} = (y_1, y_2, \cdots, y_m)^{\mathrm{T}} = \mathbf{A}\boldsymbol{x}$$

为 $L(\boldsymbol{v})$相应于$[\boldsymbol{w}_1, \boldsymbol{w}_2, \cdots, \boldsymbol{w}_m]$的坐标向量. 现在我们已经建立了下面的定理. 186

定理 4.2.2(矩阵表示定理) 若 $E=[\boldsymbol{v}_1, \boldsymbol{v}_2, \cdots, \boldsymbol{v}_n]$和 $F=[\boldsymbol{w}_1, \boldsymbol{w}_2, \cdots, \boldsymbol{w}_m]$分别为向量空间 V 和 W 的有序基，则对每一线性变换 L：$V\to W$，存在一个 $m\times n$ 矩阵 $\mathbf{A}$，使得对每一$\boldsymbol{v}\in V$，有

$$[L(\boldsymbol{v})]_F = \mathbf{A}[\boldsymbol{v}]_E$$

$\mathbf{A}$ 称为 L 相应于有序基 E 和 F 的表示矩阵. 事实上，

$$\boldsymbol{a}_j = [L(\boldsymbol{v}_j)]_F, \quad j = 1,2,\cdots,n$$

定理 4.2.2 可用图 4.2.2 表示. 若 $\mathbf{A}$ 为 L 相应于基 E 和 F 的表示矩阵，且

$\boldsymbol{x} = [\boldsymbol{v}]_E$ （$\boldsymbol{v}$ 在 E 下的坐标向量）

$\boldsymbol{y} = [\boldsymbol{w}]_F$ （$\boldsymbol{w}$ 在 F 下的坐标向量）

则当且仅当 $\mathbf{A}$ 将 $\boldsymbol{x}$ 映射为 $\boldsymbol{y}$ 时，L 将 $\boldsymbol{v}$ 映射

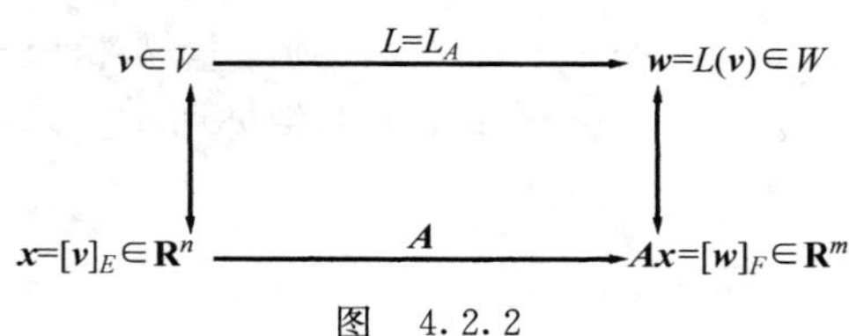

图 4.2.2

为 $\boldsymbol{w}$.

▶**例 3**　令 L 为一 $\mathbf{R}^3$ 到 $\mathbf{R}^2$ 的线性变换，对每一 $\boldsymbol{x}\in\mathbf{R}^3$，有

$$L(\boldsymbol{x}) = x_1\boldsymbol{b}_1 + (x_2 + x_3)\boldsymbol{b}_2$$

其中

$$\boldsymbol{b}_1 = \begin{bmatrix}1\\1\end{bmatrix} \quad 且 \quad \boldsymbol{b}_2 = \begin{bmatrix}-1\\1\end{bmatrix}$$

求 L 相应于有序基$[\boldsymbol{e}_1, \boldsymbol{e}_2, \boldsymbol{e}_3]$和$[\boldsymbol{b}_1, \boldsymbol{b}_2]$的表示矩阵 $\mathbf{A}$.

解

$$L(\boldsymbol{e}_1) = 1\boldsymbol{b}_1 + 0\boldsymbol{b}_2$$
$$L(\boldsymbol{e}_2) = 0\boldsymbol{b}_1 + 1\boldsymbol{b}_2$$
$$L(\boldsymbol{e}_3) = 0\boldsymbol{b}_1 + 1\boldsymbol{b}_2$$

矩阵 $\mathbf{A}$ 的第 i 列由 $L(\boldsymbol{e}_i)$相应于$[\boldsymbol{b}_1, \boldsymbol{b}_2]$的坐标确定，其中 $i=1, 2, 3$. 因此，

$$\mathbf{A} = \begin{bmatrix}1 & 0 & 0\\0 & 1 & 1\end{bmatrix}$$ ◀

187

▶**例 4**　令 L 为一个 $\mathbf{R}^2$ 到其自身的线性变换，定义为

$$L(\alpha\boldsymbol{b}_1 + \beta\boldsymbol{b}_2) = (\alpha + \beta)\boldsymbol{b}_1 + 2\beta\boldsymbol{b}_2$$

其中$[\boldsymbol{b}_1, \boldsymbol{b}_2]$为例 3 中定义的有序基. 求 L 相应于$[\boldsymbol{b}_1, \boldsymbol{b}_2]$的表示矩阵 $\mathbf{A}$.

解

$$L(\boldsymbol{b}_1) = 1\boldsymbol{b}_1 + 0\boldsymbol{b}_2$$
$$L(\boldsymbol{b}_2) = 1\boldsymbol{b}_1 + 2\boldsymbol{b}_2$$

因此，

$$\mathbf{A} = \begin{bmatrix}1 & 1\\0 & 2\end{bmatrix}$$ ◀

▶**例 5**　线性变换 D 定义为 $D(p)=p'$，它是从 P_3 到 P_2 的映射. 分别给定 P_3 和 P_2 的有序基$[x^2, x, 1]$和$[x, 1]$，我们要求 D 的表示矩阵. 为此，将 D 作用在 P_3 的基元素上：

$$D(x^2) = 2x + 0\cdot 1$$
$$D(x) = 0x + 1\cdot 1$$
$$D(1) = 0x + 0\cdot 1$$

在 P_2 中，$D(x^2)$，$D(x)$，$D(1)$的坐标向量分别为$(2, 0)^{\mathrm{T}}$，$(0, 1)^{\mathrm{T}}$，$(0, 0)^{\mathrm{T}}$. 矩阵 $\mathbf{A}$ 就是以这些向量为列向量构造的.

$$\mathbf{A} = \begin{bmatrix}2 & 0 & 0\\0 & 1 & 0\end{bmatrix}$$

若 $p(x)=ax^2+bx+c$，则向量 p 相应于 P_3 的有序基的坐标向量为$(a, b, c)^{\mathrm{T}}$. 要求 $D(p)$在 P_2 的有序基下的坐标向量，只需简单作乘法

$$\begin{bmatrix}2 & 0 & 0\\0 & 1 & 0\end{bmatrix}\begin{bmatrix}a\\b\\c\end{bmatrix} = \begin{bmatrix}2a\\b\end{bmatrix}$$

因此，

$$D(ax^2+bx+c)=2ax+b$$ ◀

为求线性变换 L：$\mathbf{R}^n\to\mathbf{R}^m$ 相应于有序基 $E=[\boldsymbol{u}_1, \boldsymbol{u}_2, \cdots, \boldsymbol{u}_n]$和 $F=[\boldsymbol{b}_1, \boldsymbol{b}_2, \cdots, \boldsymbol{b}_m]$的表示矩阵 $\boldsymbol{A}$，我们必须将每一向量 $L(\boldsymbol{u}_j)$表示为 $\boldsymbol{b}_1, \boldsymbol{b}_2, \cdots, \boldsymbol{b}_m$ 的线性组合. 下面的定理说明，求 $L(\boldsymbol{u}_j)$的这种表示等价于解线性方程组 $\boldsymbol{Bx}=L(\boldsymbol{u}_j)$.

188

定理 4.2.3 令 $E=[\boldsymbol{u}_1, \boldsymbol{u}_2, \cdots, \boldsymbol{u}_n]$及 $F=[\boldsymbol{b}_1, \boldsymbol{b}_2, \cdots, \boldsymbol{b}_m]$分别为 $\mathbf{R}^n$ 和 $\mathbf{R}^m$ 的有序基. 若L：$\mathbf{R}^n\to\mathbf{R}^m$ 为线性变换，且 $\boldsymbol{A}$ 为 L 相应于 E 和 F 的表示矩阵，则

$$\boldsymbol{a}_j=\boldsymbol{B}^{-1}L(\boldsymbol{u}_j),\quad j=1,2,\cdots,n$$

其中 $\boldsymbol{B}=(\boldsymbol{b}_1, \boldsymbol{b}_2, \cdots, \boldsymbol{b}_m)$.

证 若 $\boldsymbol{A}$ 为 L 相应于 E 和 F 的表示矩阵，则对 $j=1, 2, \cdots, n$，有

$$\begin{aligned}L(\boldsymbol{u}_j)&=a_{1j}\boldsymbol{b}_1+a_{2j}\boldsymbol{b}_2+\cdots+a_{mj}\boldsymbol{b}_m\\&=\boldsymbol{B}\boldsymbol{a}_j\end{aligned}$$

矩阵 $\boldsymbol{B}$ 是非奇异的，因为它的列向量构成了 $\mathbf{R}^m$ 的一组基. 因此，

$$\boldsymbol{a}_j=\boldsymbol{B}^{-1}L(\boldsymbol{u}_j),\quad j=1,2,\cdots,n$$ ■

这个定理的一个结论是，可以通过计算一个增广矩阵的行最简形来求线性变换的表示矩阵. 下面的推论说明了如何来做.

推论 4.2.4 若 $\boldsymbol{A}$ 为线性变换 L：$\mathbf{R}^n\to\mathbf{R}^m$ 相应于基

$$E=[\boldsymbol{u}_1,\boldsymbol{u}_2,\cdots,\boldsymbol{u}_n]\quad 和\quad F=[\boldsymbol{b}_1,\boldsymbol{b}_2,\cdots,\boldsymbol{b}_m]$$

的表示矩阵，则$(\boldsymbol{b}_1, \boldsymbol{b}_2, \cdots, \boldsymbol{b}_m | L(\boldsymbol{u}_1), L(\boldsymbol{u}_2), \cdots, L(\boldsymbol{u}_n))$的行最简形为$(\boldsymbol{I}|\boldsymbol{A})$.

证 令 $\boldsymbol{B}=(\boldsymbol{b}_1, \boldsymbol{b}_2, \cdots, \boldsymbol{b}_m)$. 矩阵$(\boldsymbol{B}|L(\boldsymbol{u}_1), L(\boldsymbol{u}_2), \cdots, L(\boldsymbol{u}_n))$行等价于

$$\begin{aligned}\boldsymbol{B}^{-1}(\boldsymbol{B}|L(\boldsymbol{u}_1),L(\boldsymbol{u}_2),\cdots,L(\boldsymbol{u}_n))&=(\boldsymbol{I}|\boldsymbol{B}^{-1}L(\boldsymbol{u}_1),\boldsymbol{B}^{-1}L(\boldsymbol{u}_2),\cdots,\boldsymbol{B}^{-1}L(\boldsymbol{u}_n))\\&=(\boldsymbol{I}|\boldsymbol{a}_1,\boldsymbol{a}_2,\cdots,\boldsymbol{a}_n)\\&=(\boldsymbol{I}|\boldsymbol{A})\end{aligned}$$ ■

▶**例 6** 令 L：$\mathbf{R}^2\to\mathbf{R}^3$ 为线性变换，定义为

$$L(\boldsymbol{x})=(x_2,x_1+x_2,x_1-x_2)^{\mathrm{T}}$$

求 L 相应于有序基$[\boldsymbol{u}_1, \boldsymbol{u}_2]$和$[\boldsymbol{b}_1, \boldsymbol{b}_2, \boldsymbol{b}_3]$的表示矩阵，其中

$$\boldsymbol{u}_1=(1,2)^{\mathrm{T}},\quad \boldsymbol{u}_2=(3,1)^{\mathrm{T}}$$

且

$$\boldsymbol{b}_1=(1,0,0)^{\mathrm{T}},\quad \boldsymbol{b}_2=(1,1,0)^{\mathrm{T}},\quad \boldsymbol{b}_3=(1,1,1)^{\mathrm{T}}$$

解 我们需要求 $L(\boldsymbol{u}_1)$，$L(\boldsymbol{u}_2)$，并将矩阵$(\boldsymbol{b}_1, \boldsymbol{b}_2, \boldsymbol{b}_3 | L(\boldsymbol{u}_1), L(\boldsymbol{u}_2))$化为行最简形：

$$L(\boldsymbol{u}_1)=(2,3,-1)^{\mathrm{T}}\quad ,\quad L(\boldsymbol{u}_2)=(1,4,2)^{\mathrm{T}}$$

$$\left[\begin{array}{ccc|cc}1&1&1&2&1\\0&1&1&3&4\\0&0&1&-1&2\end{array}\right]\to\left[\begin{array}{ccc|cc}1&0&0&-1&-3\\0&1&0&4&2\\0&0&1&-1&2\end{array}\right]$$

189

L 相应于给定有序基的表示矩阵为

$$A=\begin{bmatrix}-1 & -3\\ 4 & 2\\ -1 & 2\end{bmatrix}$$

读者可以验证

$$L(\boldsymbol{u}_1)=-\boldsymbol{b}_1+4\boldsymbol{b}_2-\boldsymbol{b}_3$$
$$L(\boldsymbol{u}_2)=-3\boldsymbol{b}_1+2\boldsymbol{b}_2+2\boldsymbol{b}_3$$

◀

应用1：计算机图形和动画

一个平面上的图形可以在计算机上存储为一个顶点的集合．通过画出顶点，并将顶点用直线相连即可得到图形．若有n个顶点，则它们存储在一个$2\times n$矩阵中．顶点的x坐标存储在矩阵的第一行，y坐标存储在第二行．每一对相继顶点用一条直线相连．

例如，要存储一个顶点为(0，0)，(1，1)，(1，-1)的三角形，将每一顶点对应的数对存储为矩阵的一列：

$$\boldsymbol{T}=\begin{bmatrix}0 & 1 & 1 & 0\\ 0 & 1 & -1 & 0\end{bmatrix}$$

附加顶点(0，0)的副本存储在$\boldsymbol{T}$的最后一列，这样，前一个顶点(1，-1)可以画回到(0，0)(见图4.2.3a)．

通过改变顶点的位置并重新绘制图形，即可变换图形．如果变换是线性的，则可通过矩阵乘法实现．观察一系列这样的图形就得到一个动画．

计算机中用到的四个基本几何变换如下：

1. **放大和缩小**(dilation and contraction)．对于形如

$$L(\boldsymbol{x})=c\boldsymbol{x}$$

的线性算子，当$c>1$时为**放大**(dilation)，当$0<c<1$时为**缩小**(contraction)．算子L可表示为矩阵$c\boldsymbol{I}$，其中$\boldsymbol{I}$为2×2单位矩阵．放大将图形增加因子$c>1$，而缩小则将图形压缩因子$c<1$．图4.2.3b为将矩阵$\boldsymbol{T}$中存储的三角形放大1.5倍后的图形．

2. **关于某轴对称**(reflection about an axis)．若L_x为将向量$\boldsymbol{x}$关于x轴作对称的变换，则L_x为线性算子，且可表示为2×2矩阵$\boldsymbol{A}$．因为

$$L_x(\boldsymbol{e}_1)=\boldsymbol{e}_1 \quad 且 \quad L_x(\boldsymbol{e}_2)=-\boldsymbol{e}_2$$

故

$$\boldsymbol{A}=\begin{bmatrix}1 & 0\\ 0 & -1\end{bmatrix}$$

类似地，若L_y为将向量关于y轴作对称的变换，则L_y可表示为矩阵

$$\begin{bmatrix}-1 & 0\\ 0 & 1\end{bmatrix}$$

图4.2.3c给出T表示的三角形关于y轴作对称的图形．在第7章中，我们将学习构造将一向量相对于任意一条过原点的直线作对称变换的矩阵的简单方法．

a) $\boldsymbol{T}$定义的三角形　b) 放大1.5倍

c) 关于y轴对称　d) 旋转60°

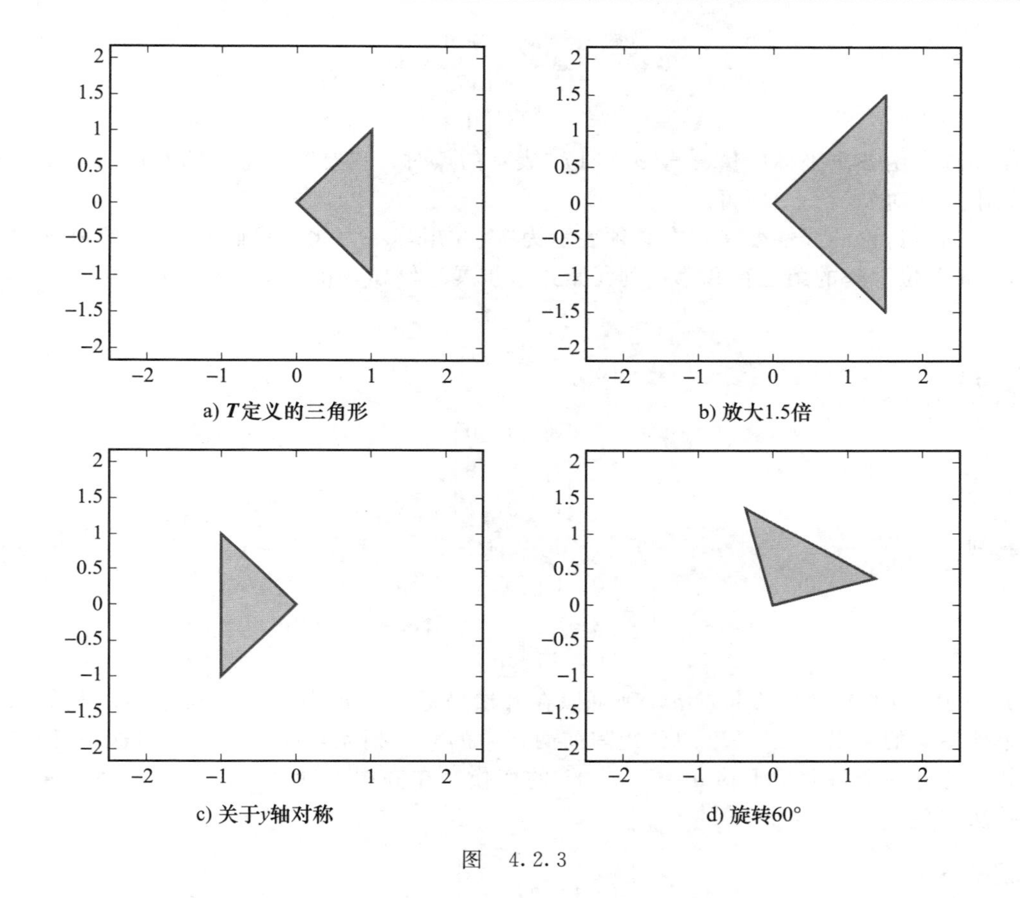

图 4.2.3

3. 旋转(rotation). 令 L 为一个将向量从初始位置逆时针旋转角度 θ 的变换. 例 2 中我们看到 L 为线性算子，且 $L(\boldsymbol{x})=\boldsymbol{Ax}$，其中

$$\boldsymbol{A}=\begin{bmatrix}\cos\theta & -\sin\theta\\ \sin\theta & \cos\theta\end{bmatrix}$$ 190~191

图 4.2.3d 给出将三角形逆时针旋转 60°后的图形.

4. 平移(translation). 向量 $\boldsymbol{a}$ 的平移变换形如

$$L(\boldsymbol{x})=\boldsymbol{x}+\boldsymbol{a}$$

若 $\boldsymbol{a}\neq\boldsymbol{0}$，则 L 不是线性变换，且 L 不能表示为一个 2×2 矩阵. 然而，在计算机图形学中，要求所有的变换均表示为矩阵的乘法. 围绕着这个问题，引入了一个新的坐标，称为齐次坐标(homogeneous coordinate). 这个新的坐标系使得我们可以将平移表示为线性变换.

齐次坐标

齐次坐标系(homogeneous coordinate system)是通过将 $\mathbf{R}^2$ 中的向量等同于 $\mathbf{R}^3$ 中和该向量前两个坐标相同，而第三个坐标为 1 的向量来构造的.

$$\begin{bmatrix} x_1 \\ x_2 \end{bmatrix} \leftrightarrow \begin{bmatrix} x_1 \\ x_2 \\ 1 \end{bmatrix}$$

当需要画出由齐次坐标向量$(x_1, x_2, 1)^T$表示的点时，只要简单地忽略它的第三个坐标并画出有序对(x_1, x_2)即可.

前面所讨论的线性变换现在必须表示为 3×3 矩阵. 为此，我们将 2×2 矩阵通过添加 3×3 单位矩阵的第三行和第三列元素进行扩展. 例如，将一个 2×2 放大矩阵

$$\begin{bmatrix} 3 & 0 \\ 0 & 3 \end{bmatrix}$$

替换为 3×3 矩阵

$$\begin{bmatrix} 3 & 0 & 0 \\ 0 & 3 & 0 \\ 0 & 0 & 1 \end{bmatrix}$$

注意到

$$\begin{bmatrix} 3 & 0 & 0 \\ 0 & 3 & 0 \\ 0 & 0 & 1 \end{bmatrix} \begin{bmatrix} x_1 \\ x_2 \\ 1 \end{bmatrix} = \begin{bmatrix} 3x_1 \\ 3x_2 \\ 1 \end{bmatrix}$$

若 L 将 $\mathbf{R}^2$ 中的向量平移向量 $\boldsymbol{a}$，则可以在齐次坐标系中求出 L 的矩阵表示. 我们只需简单地用 $\boldsymbol{a}$ 的元素替换 3×3 单位矩阵前两行中的第三列元素即可. 为说明这是可行的，例如，考虑一个将向量平移 $\boldsymbol{a}=(6, 2)^T$ 的变换. 在齐次坐标系中，这个变换可通过矩阵乘法实现：

$$\boldsymbol{A}\boldsymbol{x} = \begin{bmatrix} 1 & 0 & 6 \\ 0 & 1 & 2 \\ 0 & 0 & 1 \end{bmatrix} \begin{bmatrix} x_1 \\ x_2 \\ 1 \end{bmatrix} = \begin{bmatrix} x_1+6 \\ x_2+2 \\ 1 \end{bmatrix}$$

192

图 4.2.4a 为一个 3×81 矩阵 $\boldsymbol{S}$ 表示的棒状图，将 $\boldsymbol{S}$ 乘以平移矩阵 $\boldsymbol{A}$，平移图形 $\boldsymbol{AS}$ 即如图 4.2.4b 所示.

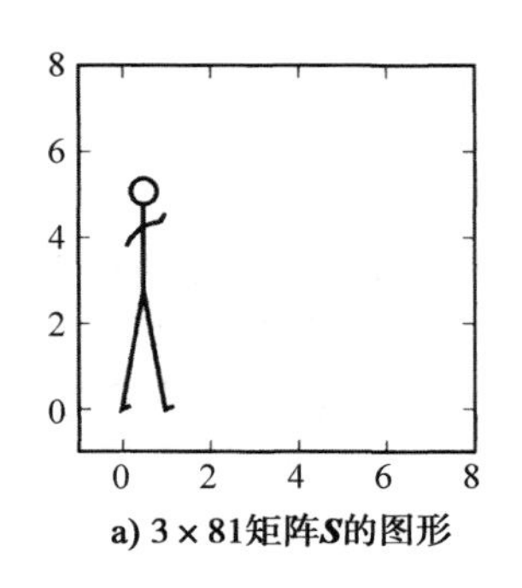

a) 3×81矩阵$\boldsymbol{S}$的图形

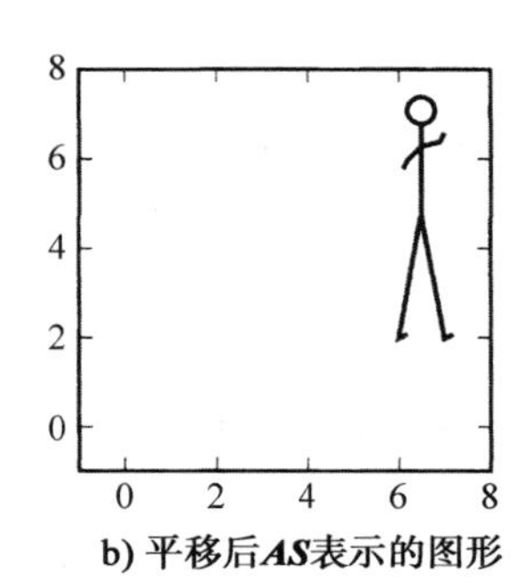

b) 平移后$\boldsymbol{AS}$表示的图形

图 4.2.4

应用 2：飞机的偏航、俯仰和翻滚

术语**偏航**(yaw)、**俯仰**(pitch)和**翻滚**(roll)通常用在航空工业中，用来描述飞机的操纵性能．图 4.2.5a给出了一个模型飞机的初始位置．为描述偏航、俯仰和翻滚，我们将坐标系选在飞机上．通常假定飞机处于 xy 平面上，机头指向 x 轴的正向，左翼指向 y 轴的正向．此外，当飞机运动时，三个坐标轴和飞机同时运动(见图 4.2.5)．

偏航是一个在 xy 平面内的旋转．图 4.2.5b 为偏航 45°的示意．此时，飞机右转 45°(顺时针方向)．从 3 维空间线性变换的角度看，偏航就是关于 z 轴旋转．注意，如果模型飞机机头的初始坐标表示为向量(1，0，0)，则偏航变换后，它的 xyz 坐标仍然是(1，0，0)．因为坐标轴连同飞机一起旋转．在初始位置时，x，y 和 z 轴与前后、左右和上下轴是相同的．我们称初始的前、左、上轴系统为 FLT 轴系统．偏航 45°后，机头相对于 FLT 轴系统的位置为$\left(\frac{1}{\sqrt{2}}, -\frac{1}{\sqrt{2}}, 0\right)$．

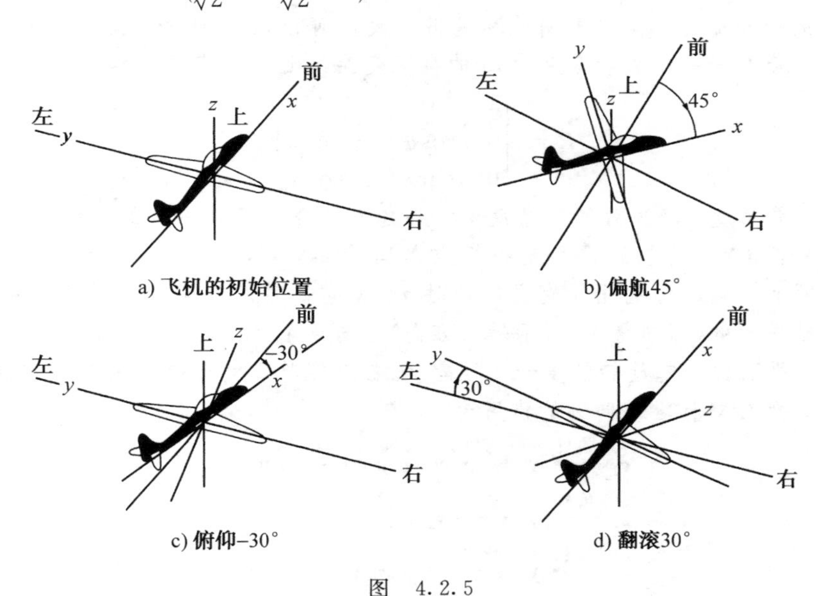

a) 飞机的初始位置　b) 偏航45°　c) 俯仰–30°　d) 翻滚30°

图　4.2.5

如果将偏航变换 L 看成 FLT 轴系统的变换，则容易求得它的表示矩阵．如果 L 对应的偏航角度为 u，则 L 将点(1，0，0)和(0，1，0)分别旋转为点($\cos u$，$-\sin u$，0)和($\sin u$，$\cos u$，0)．点(0，0，1)在偏航时将保持不变，因为它在旋转轴上．对列向量，若 $\boldsymbol{y}_1$，$\boldsymbol{y}_2$，$\boldsymbol{y}_3$ 为 L 在 $\mathbf{R}^3$ 中的标准基向量，则

$$\boldsymbol{y}_1 = L(\boldsymbol{e}_1) = \begin{bmatrix} \cos u \\ -\sin u \\ 0 \end{bmatrix}, \quad \boldsymbol{y}_2 = L(\boldsymbol{e}_2) = \begin{bmatrix} \sin u \\ \cos u \\ 0 \end{bmatrix}, \quad \boldsymbol{y}_3 = L(\boldsymbol{e}_3) = \begin{bmatrix} 0 \\ 0 \\ 1 \end{bmatrix}$$

193 ~ 194

因此，偏航变换的表示矩阵为

$$\boldsymbol{Y}=\begin{bmatrix}\cos u & \sin u & 0\\ -\sin u & \cos u & 0\\ 0 & 0 & 1\end{bmatrix}\tag{1}$$

飞机的俯仰是在 xz 平面中的旋转．图 4.2.5c 为俯仰 $-30°$ 的示意．因为角度为负的，机头的位置沿下轴方向向下旋转 30°．从 3 维空间线性变换的角度看，俯仰就是关于 y 轴旋转．正如偏航一样，我们可以为俯仰变换找到一个相对于 FLT 轴系统的矩阵．若 L 是一个旋转角度为 v 的俯仰变换，则 L 的表示矩阵为

$$\boldsymbol{P}=\begin{bmatrix}\cos v & 0 & -\sin v\\ 0 & 1 & 0\\ \sin v & 0 & \cos v\end{bmatrix}\tag{2}$$

飞机的翻滚是在 yz 平面内的旋转．图 4.2.5d 为翻滚 30°的示意．此时，左翼沿上轴方向向上旋转 30°，右翼沿下轴方向向下旋转 30°．从 3 维空间线性变换的角度看，翻滚就是关于 x 轴的旋转．类似于偏航和俯仰，我们可以求得翻滚变换关于 FLT 轴系统的表示矩阵．若 L 是一个旋转角度为 w 的翻滚变换，则 L 的表示矩阵为

$$\boldsymbol{R}=\begin{bmatrix}1 & 0 & 0\\ 0 & \cos w & -\sin w\\ 0 & \sin w & \cos w\end{bmatrix}\tag{3}$$

如果先偏航角度 u，然后俯仰角度 v，则这个复合变换是线性的．然而，它的表示矩阵并不是乘积 $\boldsymbol{PY}$．偏航的作用是将标准基向量 $\boldsymbol{e}_1$，$\boldsymbol{e}_2$，$\boldsymbol{e}_3$ 转换到新的方向 $\boldsymbol{y}_1$，$\boldsymbol{y}_2$，$\boldsymbol{y}_3$．所以向量 $\boldsymbol{y}_1$，$\boldsymbol{y}_2$，$\boldsymbol{y}_3$ 将用于定义俯仰时 x、y 和 z 轴的方向．接下来的俯仰变换是针对新的 y 轴进行的(即向量 $\boldsymbol{y}_2$ 所示轴的方向)．向量 $\boldsymbol{y}_1$ 和 $\boldsymbol{y}_3$ 构成一个平面，且在俯仰时，它们将在平面内一起旋转角度 v．向量 $\boldsymbol{y}_2$ 在俯仰时不受影响，因为它在旋转轴上．因此，复合变换 L 对标准基向量的作用为

$$\boldsymbol{e}_1\xrightarrow{\text{偏航}}\boldsymbol{y}_1\xrightarrow{\text{俯仰}}\cos v\,\boldsymbol{y}_1+\sin v\,\boldsymbol{y}_3$$

$$\boldsymbol{e}_2\xrightarrow{\text{偏航}}\boldsymbol{y}_2\xrightarrow{\text{俯仰}}\boldsymbol{y}_2$$

$$\boldsymbol{e}_3\xrightarrow{\text{偏航}}\boldsymbol{y}_3\xrightarrow{\text{俯仰}}-\sin v\,\boldsymbol{y}_1+\cos v\,\boldsymbol{y}_3$$

标准基向量的象构成复合变换表示矩阵的列向量：

$$\begin{aligned}&(\cos v\,\boldsymbol{y}_1+\sin v\,\boldsymbol{y}_3,\boldsymbol{y}_2,-\sin v\,\boldsymbol{y}_1+\cos v\,\boldsymbol{y}_3)\\ &=(\boldsymbol{y}_1,\boldsymbol{y}_2,\boldsymbol{y}_3)\begin{bmatrix}\cos v & 0 & -\sin v\\ 0 & 1 & 0\\ \sin v & 0 & \cos v\end{bmatrix}\\ &=\boldsymbol{YP}\end{aligned}$$

195

由此得到，复合变换的表示矩阵是分别表示偏航和俯仰的两个矩阵的乘积，但乘积必须以相反的顺序进行，即偏航矩阵 $\boldsymbol{Y}$ 在左，俯仰矩阵 $\boldsymbol{P}$ 在右．类似地，偏航角度 u，然后俯仰角度 v，再翻滚角度 w 的复合变换的表示矩阵应为乘积 $\boldsymbol{YPR}$．

4.2 节练习

1. 4.1 节练习 1 中，对每一个线性变换 L，求 L 的标准表示矩阵.
2. 对下列每一个从 $\mathbf{R}^3$ 到 $\mathbf{R}^2$ 的线性变换 L，求一个矩阵 $\boldsymbol{A}$，使得对 $\mathbf{R}^3$ 中的每一个 $\boldsymbol{x}$ 有 $L(\boldsymbol{x})=\boldsymbol{A}\boldsymbol{x}$.

   (a) $L((x_1, x_2, x_3)^{\mathrm{T}})=(x_1+x_2, 0)^{\mathrm{T}}$ (b) $L((x_1, x_2, x_3)^{\mathrm{T}})=(x_1, x_2)^{\mathrm{T}}$

   (c) $L((x_1, x_2, x_3)^{\mathrm{T}})=(x_2-x_1, x_3-x_2)^{\mathrm{T}}$
3. 对下列每一个 $\mathbf{R}^3$ 上的线性算子 L，求一个矩阵 $\boldsymbol{A}$，使得对 $\mathbf{R}^3$ 中的每一个 $\boldsymbol{x}$ 有 $L(\boldsymbol{x})=\boldsymbol{A}\boldsymbol{x}$.

   (a) $L((x_1, x_2, x_3)^{\mathrm{T}})=(x_3, x_2, x_1)^{\mathrm{T}}$ (b) $L((x_1, x_2, x_3)^{\mathrm{T}})=(x_1, x_1+x_2, x_1+x_2+x_3)^{\mathrm{T}}$

   (c) $L((x_1, x_2, x_3)^{\mathrm{T}})=(2x_3, x_2+3x_1, 2x_1-x_3)^{\mathrm{T}}$
4. 令 L 为 $\mathbf{R}^3$ 上的线性算子，定义为
$$L(\boldsymbol{x}) = (2x_1 - x_2 - x_3, 2x_2 - x_1 - x_3, 2x_3 - x_1 - x_2)^{\mathrm{T}}$$
   求 L 的标准表示矩阵 $\boldsymbol{A}$，并利用 $\boldsymbol{A}$ 求下列向量 $\boldsymbol{x}$ 对应的 $L(\boldsymbol{x})$.

   (a) $\boldsymbol{x}=(1, 1, 1)^{\mathrm{T}}$ (b) $\boldsymbol{x}=(2, 1, 1)^{\mathrm{T}}$ (c) $\boldsymbol{x}=(-5, 3, 2)^{\mathrm{T}}$
5. 求下列线性算子的标准表示矩阵.

   (a) L 为将 $\mathbf{R}^2$ 中的每一个 $\boldsymbol{x}$ 顺时针旋转 45°的线性算子.

   (b) L 为将 $\mathbf{R}^2$ 中的每一个向量 $\boldsymbol{x}$ 关于 x_1 轴对称，然后逆时针旋转 90°的线性算子.

   (c) L 为将 $\mathbf{R}^2$ 中的每一个 $\boldsymbol{x}$ 长度加倍，然后逆时针旋转 30°的线性算子.

   (d) L 为将每一向量 $\boldsymbol{x}$ 关于直线 $x_2=x_1$ 作对称变换，然后投影到 x_1 轴上的线性算子.
6. 令
$$\boldsymbol{b}_1 = \begin{bmatrix}1\\1\\0\end{bmatrix}, \quad \boldsymbol{b}_2 = \begin{bmatrix}1\\0\\1\end{bmatrix}, \quad \boldsymbol{b}_3 = \begin{bmatrix}0\\1\\1\end{bmatrix}$$
   并令 L 为 $\mathbf{R}^2$ 到 $\mathbf{R}^3$ 的线性变换，定义为
$$L(\boldsymbol{x}) = x_1\boldsymbol{b}_1 + x_2\boldsymbol{b}_2 + (x_1 + x_2)\boldsymbol{b}_3$$
   求 L 相应于基$[\boldsymbol{e}_1, \boldsymbol{e}_2]$和$[\boldsymbol{b}_1, \boldsymbol{b}_2, \boldsymbol{b}_3]$的表示矩阵 $\boldsymbol{A}$.
7. 令
$$\boldsymbol{y}_1 = \begin{bmatrix}1\\1\\1\end{bmatrix}, \quad \boldsymbol{y}_2 = \begin{bmatrix}1\\1\\0\end{bmatrix}, \quad \boldsymbol{y}_3 = \begin{bmatrix}1\\0\\0\end{bmatrix}$$
   并令 $\mathcal{I}$ 为 $\mathbf{R}^3$ 上的恒等算子.

   (a) 求 $\mathcal{I}(\boldsymbol{e}_1)$，$\mathcal{I}(\boldsymbol{e}_2)$和$\mathcal{I}(\boldsymbol{e}_3)$在$[\boldsymbol{y}_1, \boldsymbol{y}_2, \boldsymbol{y}_3]$下的坐标.

   (b) 求矩阵 $\boldsymbol{A}$，使得 $\boldsymbol{A}\boldsymbol{x}$ 为向量 $\boldsymbol{x}$ 相应于$[\boldsymbol{y}_1, \boldsymbol{y}_2, \boldsymbol{y}_3]$的坐标向量.
8. 令 $\boldsymbol{y}_1$，$\boldsymbol{y}_2$，$\boldsymbol{y}_3$ 如练习 7 中定义，并令 L 为 $\mathbf{R}^3$ 上的线性算子，定义为
$$L(c_1\boldsymbol{y}_1 + c_2\boldsymbol{y}_2 + c_3\boldsymbol{y}_3) = (c_1 + c_2 + c_3)\boldsymbol{y}_1 + (2c_1 + c_3)\boldsymbol{y}_2 - (2c_2 + c_3)\boldsymbol{y}_3$$
   (a) 求 L 相应于有序基$[\boldsymbol{y}_1, \boldsymbol{y}_2, \boldsymbol{y}_3]$的表示矩阵.

   (b) 对下列情况，将向量 $\boldsymbol{x}$ 写为 $\boldsymbol{y}_1$，$\boldsymbol{y}_2$，$\boldsymbol{y}_3$ 的线性组合，并用(a)中的矩阵求 $L(\boldsymbol{x})$.

   (i) $\boldsymbol{x}=(7, 5, 2)^{\mathrm{T}}$ (ii) $\boldsymbol{x}=(3, 2, 1)^{\mathrm{T}}$ (iii) $\boldsymbol{x}=(1, 2, 3)^{\mathrm{T}}$
9. 令
$$\boldsymbol{R} = \begin{bmatrix}0 & 0 & 1 & 1 & 0\\0 & 1 & 1 & 0 & 0\\1 & 1 & 1 & 1 & 1\end{bmatrix}$$

$\boldsymbol{R}$ 的列向量表示在齐次坐标下平面上的点.

196

(a) 绘制 $\boldsymbol{R}$ 的列向量对应的顶点表示的图形. 这个图形是什么类型的?

(b) 对下列矩阵 $\boldsymbol{A}$ 的每一选择，绘制 $\boldsymbol{AR}$ 的草图并说明线性变换的几何意义.

(i) $\boldsymbol{A}=\begin{bmatrix}\frac{1}{2} & 0 & 0\\ 0 & \frac{1}{2} & 0\\ 0 & 0 & 1\end{bmatrix}$ (ii) $\boldsymbol{A}=\begin{bmatrix}\frac{1}{\sqrt{2}} & \frac{1}{\sqrt{2}} & 0\\ -\frac{1}{\sqrt{2}} & \frac{1}{\sqrt{2}} & 0\\ 0 & 0 & 1\end{bmatrix}$ (iii) $\boldsymbol{A}=\begin{bmatrix}1 & 0 & 2\\ 0 & 1 & -3\\ 0 & 0 & 1\end{bmatrix}$

10. 对下列每一 $\mathbf{R}^2$ 上的线性算子，求变换在齐次坐标系中的表示矩阵.
   (a) 变换 L 将每一向量逆时针旋转 120°.
   (b) 变换 L 将每一点左移 3 个单位、上移 5 个单位.
   (c) 变换 L 将每一向量缩小为原来的三分之一.
   (d) 变换将每一向量关于 y 轴作对称，然后向上平移 2 个单位.
11. 对下列复合变换，确定它们的表示矩阵.
   (a) 偏航 90°，然后俯仰 90°.
   (b) 俯仰 90°，然后偏航 90°.
   (c) 俯仰 45°，然后翻滚 −90°.
   (d) 翻滚 −90°，然后俯仰 45°.
   (e) 偏航 45°，然后俯仰 −90°，再翻滚 −45°.
   (f) 翻滚 −45°，然后俯仰 −90°，再偏航 45°.
12. 令 $\boldsymbol{Y}$，$\boldsymbol{P}$ 和 $\boldsymbol{R}$ 为方程(1)，(2)和(3)中给出的偏航、俯仰和翻滚对应的矩阵，并令 $\boldsymbol{Q}=\boldsymbol{YPR}$.
   (a) 证明 $\boldsymbol{Y}$，$\boldsymbol{P}$ 和 $\boldsymbol{R}$ 的行列式均为 1.
   (b) $\boldsymbol{Y}$ 表示偏航角度为 u 的矩阵. 其逆变换应是偏航角度为 $-u$ 的矩阵. 证明逆变换的表示矩阵为 $\boldsymbol{Y}^{\mathrm{T}}$，且 $\boldsymbol{Y}^{\mathrm{T}}=Y^{-1}$.
   (c) 证明 $\boldsymbol{Q}$ 为非奇异的，并将 $\boldsymbol{Q}^{-1}$ 用 $\boldsymbol{Y}$，$\boldsymbol{P}$ 和 $\boldsymbol{R}$ 表示.
13. 令 L 为从 P_2 到 $\mathbf{R}^2$ 的线性变换，定义为

$$L(p(x))=\begin{bmatrix}\int_0^1 p(x)\mathrm{d}x\\ p(0)\end{bmatrix}$$

   求矩阵 $\boldsymbol{A}$ 使得

$$L(\alpha+\beta x)=\boldsymbol{A}\begin{bmatrix}\alpha\\ \beta\end{bmatrix}$$

14. 从 P_3 到 P_2 的线性变换 L 定义为

$$L(p(x))=p'(x)+p(0)$$

   求 L 相应于有序基 $[x^2, x, 1]$ 和 $[2, 1-x]$ 的表示矩阵. 对下列每一 P_3 中的向量 $p(x)$，求在有序基 $[2, 1-x]$ 下 $L(p(x))$ 的坐标.
   (a) x^2+2x-3 (b) x^2+1 (c) $3x$ (d) $4x^2+2x$
15. 令 S 为由 e^x，$x\mathrm{e}^x$ 和 $x^2\mathrm{e}^x$ 张成的 $C[a, b]$ 的子空间. 令 D 为 S 上定义的微分算子. 求 D 相对于 $[\mathrm{e}^x, x\mathrm{e}^x, x^2\mathrm{e}^x]$ 的表示矩阵.
16. 令 L 为 $\mathbf{R}^n$ 上的线性算子. 设对所有 $\boldsymbol{x}\neq\mathbf{0}$，有 $L(\boldsymbol{x})=\mathbf{0}$. 令 $\boldsymbol{A}$ 为 L 相应于标准基 $[\boldsymbol{e}_1, \boldsymbol{e}_2, \cdots, \boldsymbol{e}_n]$ 的表示矩阵. 证明 $\boldsymbol{A}$ 为奇异的.

17. 令 L 为向量空间 V 上的线性算子. 令 $\boldsymbol{A}$ 为 L 相应于 V 的有序基$[\boldsymbol{v}_1, \boldsymbol{v}_2, \cdots, \boldsymbol{v}_n]$的表示矩阵 $\left[L(\boldsymbol{v}_j)=\sum_{i=1}^{n} a_{ij}\boldsymbol{v}_i, j=1,2,\cdots,n\right]$. 证明 $\boldsymbol{A}^m$ 为 L^m 相应于$[\boldsymbol{v}_1, \boldsymbol{v}_2, \cdots, \boldsymbol{v}_n]$的表示矩阵.
18. 令 $E=[\boldsymbol{u}_1, \boldsymbol{u}_2, \boldsymbol{u}_3]$, 且 $F=[\boldsymbol{b}_1, \boldsymbol{b}_2]$, 其中

$$\boldsymbol{u}_1=\begin{bmatrix}1\\0\\-1\end{bmatrix}, \quad \boldsymbol{u}_2=\begin{bmatrix}1\\2\\1\end{bmatrix}, \quad \boldsymbol{u}_3=\begin{bmatrix}-1\\1\\1\end{bmatrix}$$

及

$$\boldsymbol{b}_1=(1,-1)^{\mathrm{T}}, \qquad \boldsymbol{b}_2=(2,-1)^{\mathrm{T}}$$

对下列每一 $\mathbf{R}^3$ 到 $\mathbf{R}^2$ 的线性变换, 求 L 相应于有序基 E 和 F 的表示矩阵.

(a) $L(\boldsymbol{x})=(x_3, x_1)^{\mathrm{T}}$ (b) $L(\boldsymbol{x})=(x_1+x_2, x_1-x_3)^{\mathrm{T}}$ (c) $L(\boldsymbol{x})=(2x_2, -x_1)^{\mathrm{T}}$

19. 设 $L_1: V\to W$ 及 $L_2: W\to Z$ 为线性变换, 且 E, F 和 G 分别为 V, W 和 Z 的有序基. 证明: 若 $\boldsymbol{A}$ 为 L_1 相应于 E 和 F 的表示矩阵, 且 $\boldsymbol{B}$ 为 L_2 相应于 F 和 G 的表示矩阵, 则 $\boldsymbol{C}=\boldsymbol{BA}$ 为 $L_2\circ L_1: V\to Z$ 相应于 E 和 G 的表示矩阵. [提示: 证明对所有 $\boldsymbol{v}\in V$, $\boldsymbol{BA}[\boldsymbol{v}]_E=[(L_2\circ L_1)(\boldsymbol{v})]_G$.]

197

20. 令 V, W 为向量空间, 其有序基分别为 E 和 F. 若 L: $V\to W$ 为线性变换, 且 $\boldsymbol{A}$ 为 L 相应于 E 和 F 的表示矩阵.

(a) 证明当且仅当$[\boldsymbol{v}]_E\in N(\boldsymbol{A})$时, 有 $\boldsymbol{v}\in\ker(L)$.

(b) 证明当且仅当$[\boldsymbol{w}]_F$ 在 $\boldsymbol{A}$ 的列空间中时, 有 $\boldsymbol{w}\in L(V)$.

4.3 相似性

若 L 为 n 维向量空间 V 上的线性算子, L 的表示矩阵将依赖于 V 中有序基的选择. 使用不同的基, 可能将 L 表示为不同的 $n\times n$ 矩阵. 本节我们将考虑线性算子的不同表示矩阵, 并刻画这些相同线性算子的不同表示矩阵之间的关系.

从考虑 $\mathbf{R}^2$ 中的例子开始. 令 L 为 $\mathbf{R}^2$ 映射到自身的线性变换, 定义为

$$L(\boldsymbol{x})=(2x_1, x_1+x_2)^{\mathrm{T}}$$

由于

$$L(\boldsymbol{e}_1)=\begin{bmatrix}2\\1\end{bmatrix} \quad \text{且} \quad L(\boldsymbol{e}_2)=\begin{bmatrix}0\\1\end{bmatrix}$$

可得 L 相应于$[\boldsymbol{e}_1, \boldsymbol{e}_2]$的表示矩阵为

$$\boldsymbol{A}=\begin{bmatrix}2&0\\1&1\end{bmatrix}$$

若用 $\mathbf{R}^2$ 中的另一组基, L 的表示矩阵将发生变化. 例如, 若用

$$\boldsymbol{u}_1=\begin{bmatrix}1\\1\end{bmatrix} \quad \text{和} \quad \boldsymbol{u}_2=\begin{bmatrix}-1\\1\end{bmatrix}$$

为一组基, 则要确定 L 相应于$[\boldsymbol{u}_1, \boldsymbol{u}_2]$的表示矩阵, 我们需要计算 $L(\boldsymbol{u}_1)$和 $L(\boldsymbol{u}_2)$, 并将这些向量表示为 $\boldsymbol{u}_1$ 和 $\boldsymbol{u}_2$ 的线性组合. 我们可用矩阵 $\boldsymbol{A}$ 求 $L(\boldsymbol{u}_1)$和 $L(\boldsymbol{u}_2)$:

$$L(\boldsymbol{u}_1)=\boldsymbol{A}\boldsymbol{u}_1=\begin{bmatrix}2&0\\1&1\end{bmatrix}\begin{bmatrix}1\\1\end{bmatrix}=\begin{bmatrix}2\\2\end{bmatrix}$$

$$L(\boldsymbol{u}_2)=\boldsymbol{A}\boldsymbol{u}_2=\begin{bmatrix}2&0\\1&1\end{bmatrix}\begin{bmatrix}-1\\1\end{bmatrix}=\begin{bmatrix}-2\\0\end{bmatrix}$$

为用 $\boldsymbol{u}_1$ 和 $\boldsymbol{u}_2$ 表示这些向量，我们使用一个从有序基 $[\boldsymbol{e}_1, \boldsymbol{e}_2]$ 到 $[\boldsymbol{u}_1, \boldsymbol{u}_2]$ 的转移矩阵. 首先计算从 $[\boldsymbol{u}_1, \boldsymbol{u}_2]$ 到 $[\boldsymbol{e}_1, \boldsymbol{e}_2]$ 的转移矩阵. 容易得到

198

$$\boldsymbol{U}=(\boldsymbol{u}_1,\boldsymbol{u}_2)=\begin{bmatrix}1&-1\\1&1\end{bmatrix}$$

从 $[\boldsymbol{e}_1, \boldsymbol{e}_2]$ 到 $[\boldsymbol{u}_1, \boldsymbol{u}_2]$ 的转移矩阵将为

$$\boldsymbol{U}^{-1}=\begin{bmatrix}\frac{1}{2}&\frac{1}{2}\\-\frac{1}{2}&\frac{1}{2}\end{bmatrix}$$

为计算 $L(\boldsymbol{u}_1)$ 和 $L(\boldsymbol{u}_2)$ 相应于 $[\boldsymbol{u}_1, \boldsymbol{u}_2]$ 的坐标，将这些向量乘以 $\boldsymbol{U}^{-1}$：

$$\boldsymbol{U}^{-1}L(\boldsymbol{u}_1)=\boldsymbol{U}^{-1}\boldsymbol{A}\boldsymbol{u}_1=\begin{bmatrix}\frac{1}{2}&\frac{1}{2}\\-\frac{1}{2}&\frac{1}{2}\end{bmatrix}\begin{bmatrix}2\\2\end{bmatrix}=\begin{bmatrix}2\\0\end{bmatrix}$$

$$\boldsymbol{U}^{-1}L(\boldsymbol{u}_2)=\boldsymbol{U}^{-1}\boldsymbol{A}\boldsymbol{u}_2=\begin{bmatrix}\frac{1}{2}&\frac{1}{2}\\-\frac{1}{2}&\frac{1}{2}\end{bmatrix}\begin{bmatrix}-2\\0\end{bmatrix}=\begin{bmatrix}-1\\1\end{bmatrix}$$

因此

$$L(\boldsymbol{u}_1)=2\boldsymbol{u}_1+0\boldsymbol{u}_2$$
$$L(\boldsymbol{u}_2)=-1\boldsymbol{u}_1+1\boldsymbol{u}_2$$

且 L 相应于 $[\boldsymbol{u}_1, \boldsymbol{u}_2]$ 的表示矩阵为

$$\boldsymbol{B}=\begin{bmatrix}2&-1\\0&1\end{bmatrix}$$

$\boldsymbol{A}$ 和 $\boldsymbol{B}$ 有什么关系呢？注意到 $\boldsymbol{B}$ 的列为

$$\begin{bmatrix}2\\0\end{bmatrix}=\boldsymbol{U}^{-1}\boldsymbol{A}\boldsymbol{u}_1\quad\text{和}\quad\begin{bmatrix}-1\\1\end{bmatrix}=\boldsymbol{U}^{-1}\boldsymbol{A}\boldsymbol{u}_2$$

于是

$$\boldsymbol{B}=(\boldsymbol{U}^{-1}\boldsymbol{A}\boldsymbol{u}_1,\boldsymbol{U}^{-1}\boldsymbol{A}\boldsymbol{u}_2)=\boldsymbol{U}^{-1}\boldsymbol{A}(\boldsymbol{u}_1,\boldsymbol{u}_2)=\boldsymbol{U}^{-1}\boldsymbol{A}\boldsymbol{U}$$

因此，若

(i) $\boldsymbol{B}$ 为 L 相应于 $[\boldsymbol{u}_1, \boldsymbol{u}_2]$ 的表示矩阵，

(ii) $\boldsymbol{A}$ 为 L 相应于 $[\boldsymbol{e}_1, \boldsymbol{e}_2]$ 的表示矩阵，

(iii) $\boldsymbol{U}$ 为从 $[\boldsymbol{u}_1, \boldsymbol{u}_2]$ 到 $[\boldsymbol{e}_1, \boldsymbol{e}_2]$ 的转移矩阵，

则

$$\boldsymbol{B}=\boldsymbol{U}^{-1}\boldsymbol{A}\boldsymbol{U}\tag{1}$$

对这个 $\mathbf{R}^2$ 上特殊的线性算子得到的结论在很多更为一般的情况时也会出现. 下面

将证明，(1)中给出的关系对任意两个将 n 维向量空间到映射到其自身的线性算子的表示矩阵都是成立的.

199

定理 4.3.1 令 $E=[\boldsymbol{v}_1, \boldsymbol{v}_2, \cdots, \boldsymbol{v}_n]$及 $F=[\boldsymbol{w}_1, \boldsymbol{w}_2, \cdots, \boldsymbol{w}_n]$为一个向量空间 V 的两个有序基，并令 L 为 V 上的线性算子. 令 $\boldsymbol{S}$ 为从 F 到 E 的转移表示矩阵. 若 $\boldsymbol{A}$ 为 L 相应于 E 的表示矩阵，且 $\boldsymbol{B}$ 为 L 相应于 F 的表示矩阵，则 $\boldsymbol{B}=\boldsymbol{S}^{-1}\boldsymbol{A}\boldsymbol{S}$.

证 令 $\boldsymbol{x}$ 为 $\mathbf{R}^n$ 中的任一向量，并令

$$\boldsymbol{v}=x_1\boldsymbol{w}_1+x_2\boldsymbol{w}_2+\cdots+x_n\boldsymbol{w}_n$$

令

$$\boldsymbol{y}=\boldsymbol{S}\boldsymbol{x}, \quad \boldsymbol{t}=\boldsymbol{A}\boldsymbol{y}, \quad \boldsymbol{z}=\boldsymbol{B}\boldsymbol{x} \tag{2}$$

由 $\boldsymbol{S}$ 的定义有 $\boldsymbol{y}=[\boldsymbol{v}]_E$，因此，

$$\boldsymbol{v}=y_1\boldsymbol{v}_1+y_2\boldsymbol{v}_2+\cdots+y_n\boldsymbol{v}_n$$

由于 $\boldsymbol{A}$ 为 L 相应于 E 的表示矩阵，且 $\boldsymbol{B}$ 为 L 相应于 F 的表示矩阵，我们有

$$\boldsymbol{t}=[L(\boldsymbol{v})]_E \quad 和 \quad \boldsymbol{z}=[L(\boldsymbol{v})]_F$$

从 E 到 F 的转移矩阵为 $\boldsymbol{S}^{-1}$. 因此，

$$\boldsymbol{S}^{-1}\boldsymbol{t}=\boldsymbol{z} \tag{3}$$

由(2)和(3)有

$$\boldsymbol{S}^{-1}\boldsymbol{A}\boldsymbol{S}\boldsymbol{x}=\boldsymbol{S}^{-1}\boldsymbol{A}\boldsymbol{y}=\boldsymbol{S}^{-1}\boldsymbol{t}=\boldsymbol{z}=\boldsymbol{B}\boldsymbol{x}$$

(见图 4.3.1). 因此，对每一 $\boldsymbol{x}\in\mathbf{R}^n$，有

$$\boldsymbol{S}^{-1}\boldsymbol{A}\boldsymbol{S}\boldsymbol{x}=\boldsymbol{B}\boldsymbol{x}$$

于是 $\boldsymbol{S}^{-1}\boldsymbol{A}\boldsymbol{S}=\boldsymbol{B}$. ■

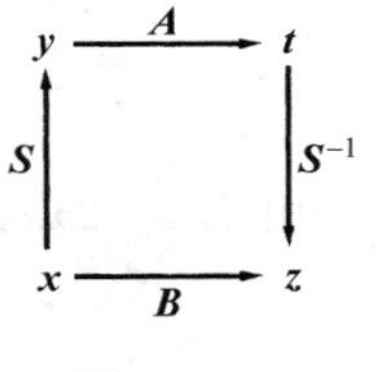

图 4.3.1

对定理 4.3.1 的另一种观点是，将 $\boldsymbol{S}$ 作为恒等变换 $\mathcal{I}$ 相应于有序基

$$F=[\boldsymbol{w}_1,\boldsymbol{w}_2,\cdots,\boldsymbol{w}_n] \quad 和 \quad E=[\boldsymbol{v}_1,\boldsymbol{v}_2,\cdots,\boldsymbol{v}_n]$$

的表示矩阵. 若

$\boldsymbol{S}$ 为 $\mathcal{I}$ 相应于 F 和 E 的表示矩阵，

$\boldsymbol{A}$ 为 L 相应于 E 的表示矩阵，

$\boldsymbol{S}^{-1}$为 $\mathcal{I}$ 相应于 E 和 F 的表示矩阵，

则 L 可表示为一个复合算子 $\mathcal{I}\circ L\circ\mathcal{I}$，且该复合算子的表示矩阵将为各个分量表示矩阵的乘积. 因此 $\mathcal{I}\circ L\circ\mathcal{I}$ 相应于 F 的表示矩阵为 $\boldsymbol{S}^{-1}\boldsymbol{A}\boldsymbol{S}$. 若 $\boldsymbol{B}$ 为 L 相应于 F 的表示矩阵，则 $\boldsymbol{B}$ 必为 $\boldsymbol{S}^{-1}\boldsymbol{A}\boldsymbol{S}$(见图 4.3.2).

200

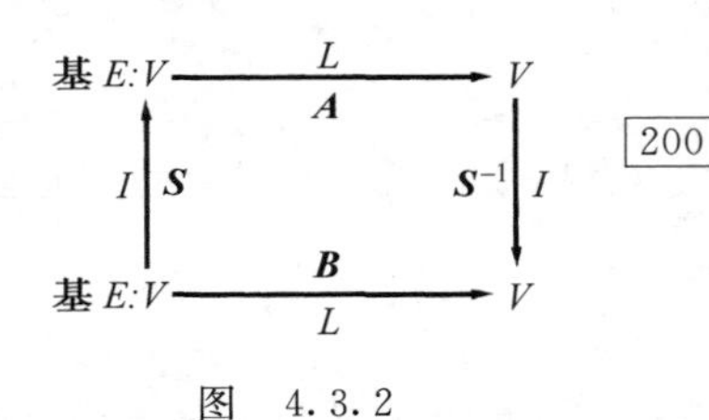

图 4.3.2

定义 令 $\boldsymbol{A}$ 和 $\boldsymbol{B}$ 为 $n\times n$ 矩阵. 如果存在一个非奇异矩阵 $\boldsymbol{S}$，使得 $\boldsymbol{B}=\boldsymbol{S}^{-1}\boldsymbol{A}\boldsymbol{S}$，则称 $\boldsymbol{B}$ **相似**(similar)于 $\boldsymbol{A}$.

注意到，如果 $\boldsymbol{B}$ 相似于 $\boldsymbol{A}$，则 $\boldsymbol{A}=(\boldsymbol{S}^{-1})^{-1}\boldsymbol{B}\boldsymbol{S}^{-1}$ 相似于 $\boldsymbol{B}$. 因此，我们简称 $\boldsymbol{A}$ 和 $\boldsymbol{B}$ 是相似矩阵.

由定理 4.3.1，若 $\boldsymbol{A}$ 和 $\boldsymbol{B}$ 为同一线性算子 L 的 $n\times n$ 表示矩阵，则 $\boldsymbol{A}$ 和 $\boldsymbol{B}$ 是相似的. 反之，设 $\boldsymbol{A}$ 为 L 相应于有序基$[\boldsymbol{v}_1, \boldsymbol{v}_2, \cdots, \boldsymbol{v}_n]$的表示矩阵，且 $\boldsymbol{B}=\boldsymbol{S}^{-1}\boldsymbol{A}\boldsymbol{S}$，其中 $\boldsymbol{S}$ 为非

奇异矩阵. 若 $\boldsymbol{w}_1$, $\boldsymbol{w}_2$, …, $\boldsymbol{w}_n$ 定义为

$$\begin{aligned}\boldsymbol{w}_1 &= s_{11}\boldsymbol{v}_1 + s_{21}\boldsymbol{v}_2 + \cdots + s_{n1}\boldsymbol{v}_n\\ \boldsymbol{w}_2 &= s_{12}\boldsymbol{v}_1 + s_{22}\boldsymbol{v}_2 + \cdots + s_{n2}\boldsymbol{v}_n\\ &\vdots\\ \boldsymbol{w}_n &= s_{1n}\boldsymbol{v}_1 + s_{2n}\boldsymbol{v}_2 + \cdots + s_{nn}\boldsymbol{v}_n\end{aligned}$$

则$[\boldsymbol{w}_1, \boldsymbol{w}_2, \cdots, \boldsymbol{w}_n]$为 V 的一组有序基, 且 $\boldsymbol{B}$ 为 L 相应于$[\boldsymbol{w}_1, \boldsymbol{w}_2, \cdots, \boldsymbol{w}_n]$的表示矩阵.

▶**例 1** 令 D 为 P_3 上的微分算子. 求 D 相应于$[1, x, x^2]$的表示矩阵 $\boldsymbol{B}$, 以及相应于$[1, 2x, 4x^2-2]$的表示矩阵 $\boldsymbol{A}$.

解

$$\begin{aligned}D(1) &= 0\cdot 1 + 0\cdot x + 0\cdot x^2\\ D(x) &= 1\cdot 1 + 0\cdot x + 0\cdot x^2\\ D(x^2) &= 0\cdot 1 + 2\cdot x + 0\cdot x^2\end{aligned}$$

则可得矩阵 $\boldsymbol{B}$ 为

201

$$\boldsymbol{B} = \begin{bmatrix}0 & 1 & 0\\ 0 & 0 & 2\\ 0 & 0 & 0\end{bmatrix}$$

将 D 作用于 1, $2x$ 及 $4x^2-2$, 我们有

$$\begin{aligned}D(1) &= 0\cdot 1 + 0\cdot 2x + 0\cdot (4x^2-2)\\ D(2x) &= 2\cdot 1 + 0\cdot 2x + 0\cdot (4x^2-2)\\ D(4x^2-2) &= 0\cdot 1 + 4\cdot 2x + 0\cdot (4x^2-2)\end{aligned}$$

因此,

$$\boldsymbol{A} = \begin{bmatrix}0 & 2 & 0\\ 0 & 0 & 4\\ 0 & 0 & 0\end{bmatrix}$$

从基$[1, 2x, 4x^2-2]$到$[1, x, x^2]$的转移矩阵 $\boldsymbol{S}$ 及其逆矩阵为

$$\boldsymbol{S} = \begin{bmatrix}1 & 0 & -2\\ 0 & 2 & 0\\ 0 & 0 & 4\end{bmatrix} \quad 和 \quad \boldsymbol{S}^{-1} = \begin{bmatrix}1 & 0 & \frac{1}{2}\\ 0 & \frac{1}{2} & 0\\ 0 & 0 & \frac{1}{4}\end{bmatrix}$$

(见 3.5 节例 6). 我们将 $\boldsymbol{A}=\boldsymbol{S}^{-1}\boldsymbol{BS}$ 的验证留给读者作为练习. ◀

▶**例 2** 令 L 为将 $\mathbf{R}^3$ 映射到自身上的线性算子, 定义为 $L(\boldsymbol{x})=\boldsymbol{Ax}$, 其中

$$\boldsymbol{A} = \begin{bmatrix}2 & 2 & 0\\ 1 & 1 & 2\\ 1 & 1 & 2\end{bmatrix}$$

因此，矩阵 $\boldsymbol{A}$ 为 L 相应于$[\boldsymbol{e}_1, \boldsymbol{e}_2, \boldsymbol{e}_3]$的表示矩阵. 求 L 相应于$[\boldsymbol{y}_1, \boldsymbol{y}_2, \boldsymbol{y}_3]$的表示矩阵，其中

$$\boldsymbol{y}_1 = \begin{bmatrix} 1 \\ -1 \\ 0 \end{bmatrix}, \quad \boldsymbol{y}_2 = \begin{bmatrix} -2 \\ 1 \\ 1 \end{bmatrix}, \quad \boldsymbol{y}_3 = \begin{bmatrix} 1 \\ 1 \\ 1 \end{bmatrix}$$

解

$$L(\boldsymbol{y}_1) = A\boldsymbol{y}_1 = \boldsymbol{0} = 0\boldsymbol{y}_1 + 0\boldsymbol{y}_2 + 0\boldsymbol{y}_3$$
$$L(\boldsymbol{y}_2) = A\boldsymbol{y}_2 = \boldsymbol{y}_2 = 0\boldsymbol{y}_1 + 1\boldsymbol{y}_2 + 0\boldsymbol{y}_3$$
$$L(\boldsymbol{y}_3) = A\boldsymbol{y}_3 = 4\boldsymbol{y}_3 = 0\boldsymbol{y}_1 + 0\boldsymbol{y}_2 + 4\boldsymbol{y}_3$$

因此，L 相应于$[\boldsymbol{y}_1, \boldsymbol{y}_2, \boldsymbol{y}_3]$的表示矩阵为

$$\boldsymbol{D} = \begin{bmatrix} 0 & 0 & 0 \\ 0 & 1 & 0 \\ 0 & 0 & 4 \end{bmatrix}$$

我们已经可以利用转移矩阵 $\boldsymbol{Y}=(\boldsymbol{y}_1, \boldsymbol{y}_2, \boldsymbol{y}_3)$，并通过计算

$$\boldsymbol{D} = \boldsymbol{Y}^{-1}\boldsymbol{A}\boldsymbol{Y}$$

202

求出 $\boldsymbol{D}$. 然而，由于 L 在基$[\boldsymbol{y}_1, \boldsymbol{y}_2, \boldsymbol{y}_3]$下的作用很简单，这样做是不必要的. ◀

例 2 中，线性算子 L 在基$[\boldsymbol{y}_1, \boldsymbol{y}_2, \boldsymbol{y}_3]$下表示为一个对角矩阵 $\boldsymbol{D}$. 使用 $\boldsymbol{D}$ 比使用 $\boldsymbol{A}$ 简单得多. 例如，计算 $\boldsymbol{Dx}$ 和 $\boldsymbol{D}^n\boldsymbol{x}$ 比计算 $\boldsymbol{Ax}$ 和 $\boldsymbol{A}^n\boldsymbol{x}$ 要简单. 一般地，对线性算子，总是要求找到尽可能简单的表示矩阵. 特别地，如果算子可以表示为对角矩阵，这通常是首选的表示矩阵. 求线性算子对角表示矩阵的方法将在第 6 章中学习.

4.3 节练习

1. 对下列 $\mathbf{R}^2$ 上的线性算子 L，求 L 相应于基$[\boldsymbol{e}_1, \boldsymbol{e}_2]$的表示矩阵 $\boldsymbol{A}$(见 4.2 节练习 1)，及 L 相应于$[\boldsymbol{u}_1=(1, 1)^T, \boldsymbol{u}_2=(-1, 1)^T]$的表示矩阵 $\boldsymbol{B}$.

   (a) $L(\boldsymbol{x})=(-x_1, x_2)^T$　　(b) $L(\boldsymbol{x})=-\boldsymbol{x}$　　(c) $L(\boldsymbol{x})=(x_2, x_1)^T$

   (d) $L(\boldsymbol{x})=\frac{1}{2}\boldsymbol{x}$　　(e) $L(\boldsymbol{x})=x_2\boldsymbol{e}_2$

2. 令$[\boldsymbol{u}_1, \boldsymbol{u}_2]$和$[\boldsymbol{v}_1, \boldsymbol{v}_2]$为 $\mathbf{R}^2$ 的有序基，其中

$$\boldsymbol{u}_1 = \begin{bmatrix} 1 \\ 1 \end{bmatrix}, \quad \boldsymbol{u}_2 = \begin{bmatrix} -1 \\ 1 \end{bmatrix} \quad 及 \quad \boldsymbol{v}_1 = \begin{bmatrix} 2 \\ 1 \end{bmatrix}, \quad \boldsymbol{v}_2 = \begin{bmatrix} 1 \\ 0 \end{bmatrix}$$

   令 L 为线性变换，定义为

$$L(\boldsymbol{x}) = (-x_1, x_2)^T$$

   并令 $\boldsymbol{B}$ 为 L 相应于$[\boldsymbol{u}_1, \boldsymbol{u}_2]$的表示矩阵(由练习 1(a)).

   (a) 求从基$[\boldsymbol{u}_1, \boldsymbol{u}_2]$到$[\boldsymbol{v}_1, \boldsymbol{v}_2]$的转移矩阵 $\boldsymbol{S}$.

   (b) 通过计算 $\boldsymbol{SBS}^{-1}$求 L 相应于$[\boldsymbol{v}_1, \boldsymbol{v}_2]$的表示矩阵.

   (c) 证明

$$L(\boldsymbol{v}_1) = a_{11}\boldsymbol{v}_1 + a_{21}\boldsymbol{v}_2$$
$$L(\boldsymbol{v}_2) = a_{12}\boldsymbol{v}_1 + a_{22}\boldsymbol{v}_2$$

3. 令 L 为 $\mathbf{R}^3$ 上的线性变换，定义为

$$L(\boldsymbol{x})=\begin{bmatrix}2x_1-x_2-x_3\\2x_2-x_1-x_3\\2x_3-x_1-x_2\end{bmatrix}$$

并令 $\boldsymbol{A}$ 为 L 的标准表示矩阵(见 4.2 节练习 4). 若 $\boldsymbol{u}_1=(1, 1, 0)^{\mathrm{T}}$, $\boldsymbol{u}_2=(1, 0, 1)^{\mathrm{T}}$, 且 $\boldsymbol{u}_3=(0, 1, 1)^{\mathrm{T}}$, 则 $[\boldsymbol{u}_1, \boldsymbol{u}_2, \boldsymbol{u}_3]$ 为 $\mathbf{R}^3$ 的一组有序基, 且 $\boldsymbol{U}=(\boldsymbol{u}_1, \boldsymbol{u}_2, \boldsymbol{u}_3)$ 为从 $[\boldsymbol{u}_1, \boldsymbol{u}_2, \boldsymbol{u}_3]$ 到标准基 $[\boldsymbol{e}_1, \boldsymbol{e}_2, \boldsymbol{e}_3]$ 的转移矩阵. 通过计算 $\boldsymbol{U}^{-1}\boldsymbol{A}\boldsymbol{U}$ 求 L 在基 $[\boldsymbol{u}_1, \boldsymbol{u}_2, \boldsymbol{u}_3]$ 下的表示矩阵 $\boldsymbol{B}$.

4. 令 L 为从 $\mathbf{R}^3$ 到 $\mathbf{R}^3$ 的线性算子, 定义为 $L(\boldsymbol{x})=\boldsymbol{A}\boldsymbol{x}$, 其中

$$\boldsymbol{A}=\begin{bmatrix}3&-1&-2\\2&0&-2\\2&-1&-1\end{bmatrix}$$

并令

$$\boldsymbol{v}_1=\begin{bmatrix}1\\1\\1\end{bmatrix},\quad \boldsymbol{v}_2=\begin{bmatrix}1\\2\\0\end{bmatrix},\quad \boldsymbol{v}_3=\begin{bmatrix}0\\-2\\1\end{bmatrix}$$

求从基 $[\boldsymbol{v}_1, \boldsymbol{v}_2, \boldsymbol{v}_3]$ 到 $[\boldsymbol{e}_1, \boldsymbol{e}_2, \boldsymbol{e}_3]$ 的转移矩阵, 并利用它求 L 在 $[\boldsymbol{v}_1, \boldsymbol{v}_2, \boldsymbol{v}_3]$ 下的表示矩阵 $\boldsymbol{B}$.

5. 令 L 为 P_3 上的算子, 定义为

$$L(p(x))=xp'(x)+p''(x)$$

(a) 求 L 在 $[1, x, x^2]$ 下的表示矩阵 $\boldsymbol{A}$.

(b) 求 L 在 $[1, x, 1+x^2]$ 下的表示矩阵 $\boldsymbol{B}$.

(c) 求矩阵 $\boldsymbol{S}$, 使得 $\boldsymbol{B}=\boldsymbol{S}^{-1}\boldsymbol{A}\boldsymbol{S}$.

(d) 若 $p(x)=a_0+a_1x+a_2(1+x^2)$, 计算 $L^n(p(x))$.

203

6. 令 V 为由 1, e^x, e^{-x} 张成的 $C[a, b]$ 的子空间, 并令 D 为 V 上的微分算子.

(a) 求坐标从有序基 $[1, \mathrm{e}^x, \mathrm{e}^{-x}]$ 变换到有序基 $[1, \cosh x, \sinh x]$ 的转移矩阵 $\boldsymbol{S}$. $\left[\cosh x=\frac{1}{2}(\mathrm{e}^x+\mathrm{e}^{-x}), \sinh x=\frac{1}{2}(\mathrm{e}^x-\mathrm{e}^{-x}).\right]$

(b) 求 D 在 $[1, \cosh x, \sinh x]$ 下的表示矩阵 $\boldsymbol{A}$.

(c) 求 D 在 $[1, \mathrm{e}^x, \mathrm{e}^{-x}]$ 下的表示矩阵 $\boldsymbol{B}$.

(d) 验证 $\boldsymbol{B}=\boldsymbol{S}^{-1}\boldsymbol{A}\boldsymbol{S}$.

7. 证明: 若 $\boldsymbol{A}$ 相似于 $\boldsymbol{B}$, 且 $\boldsymbol{B}$ 相似于 $\boldsymbol{C}$, 则 $\boldsymbol{A}$ 相似于 $\boldsymbol{C}$.

8. 设 $\boldsymbol{A}=\boldsymbol{S}^{-1}\boldsymbol{A}\boldsymbol{S}$, 其中 $\boldsymbol{A}$ 为对角元是 $\lambda_1, \lambda_2, \cdots, \lambda_n$ 的对角矩阵.

(a) 证明 $\boldsymbol{A}\boldsymbol{s}_i=\lambda_i\boldsymbol{s}_i$, $i=1, 2, \cdots, n$.

(b) 证明: 若 $\boldsymbol{x}=\alpha_1\boldsymbol{s}_1+\alpha_2\boldsymbol{s}_2+\cdots+\alpha_n\boldsymbol{s}_n$, 则

$$\boldsymbol{A}^k\boldsymbol{x}=\alpha_1\lambda_1^k\boldsymbol{s}_1+\alpha_2\lambda_2^k\boldsymbol{s}_2+\cdots+\alpha_n\lambda_n^k\boldsymbol{s}_n$$

(c) 设对 $i=1, 2, \cdots, n$, 有 $|\lambda_i|<1$. 当 $k\to\infty$ 时, $\boldsymbol{A}^k\boldsymbol{x}$ 会怎样? 试说明.

9. 设 $\boldsymbol{A}=\boldsymbol{S}\boldsymbol{T}$, 其中 $\boldsymbol{S}$ 为非奇异的. 令 $\boldsymbol{B}=\boldsymbol{T}\boldsymbol{S}$. 证明 $\boldsymbol{B}$ 相似于 $\boldsymbol{A}$.

10. 令 $\boldsymbol{A}$ 和 $\boldsymbol{B}$ 为 $n\times n$ 矩阵. 证明: 若 $\boldsymbol{A}$ 相似于 $\boldsymbol{B}$, 则存在 $n\times n$ 矩阵 $\boldsymbol{S}$ 和 $\boldsymbol{T}$, 其中 $\boldsymbol{S}$ 为非奇异的, 使得

$$\boldsymbol{A}=\boldsymbol{S}\boldsymbol{T}\quad 且\quad \boldsymbol{B}=\boldsymbol{T}\boldsymbol{S}$$

11. 证明: 若 $\boldsymbol{A}$ 和 $\boldsymbol{B}$ 为相似矩阵, 则 $\det(\boldsymbol{A})=\det(\boldsymbol{B})$.

12. 令 $\boldsymbol{A}$ 和 $\boldsymbol{B}$ 为相似矩阵.

(a) 证明 $\boldsymbol{A}^{\mathrm{T}}$ 和 $\boldsymbol{B}^{\mathrm{T}}$ 为相似的.　　(b) 证明 $\boldsymbol{A}^k$ 和 $\boldsymbol{B}^k$ 对每一正整数 k 均相似.

13. 证明：若 $\boldsymbol{A}$ 相似于 $\boldsymbol{B}$，且 $\boldsymbol{A}$ 为非奇异的，则 $\boldsymbol{B}$ 必然也为非奇异的，且 $\boldsymbol{A}^{-1}$ 和 $\boldsymbol{B}^{-1}$ 相似.

14. 令 $\boldsymbol{A}$ 和 $\boldsymbol{B}$ 为相似矩阵，并令 λ 为任意标量.

(a) 证明 $\boldsymbol{A}-\lambda\boldsymbol{I}$ 和 $\boldsymbol{B}-\lambda\boldsymbol{I}$ 为相似的. (b) 证明 $\det(\boldsymbol{A}-\lambda\boldsymbol{I})=\det(\boldsymbol{B}-\lambda\boldsymbol{I})$.

15. $n\times n$ 矩阵 $\boldsymbol{A}$ 的迹(trace)[记为 $\mathrm{tr}(\boldsymbol{A})$]为其对角元素的和，即

$$\mathrm{tr}(\boldsymbol{A})=a_{11}+a_{22}+\cdots+a_{nn}$$

(a) 证明 $\mathrm{tr}(\boldsymbol{AB})=\mathrm{tr}(\boldsymbol{BA})$. (b) 证明：若 $\boldsymbol{A}$ 和 $\boldsymbol{B}$ 相似，则 $\mathrm{tr}(\boldsymbol{A})=\mathrm{tr}(\boldsymbol{B})$.

第 4 章练习

MATLAB 练习

1. 用 MATLAB 命令

$$\boldsymbol{W}=\texttt{triu(ones(5))} \quad 和 \quad \boldsymbol{x}=[1:5]'$$

生成矩阵 $\boldsymbol{W}$ 和向量 $\boldsymbol{x}$. $\boldsymbol{W}$ 的列向量可用于构造一个有序基：

$$F=[\boldsymbol{w}_1,\boldsymbol{w}_2,\boldsymbol{w}_3,\boldsymbol{w}_4,\boldsymbol{w}_5]$$

令 L：$\mathbf{R}^5\to\mathbf{R}^5$ 为线性算子，使得

$$L(\boldsymbol{w}_1)=\boldsymbol{w}_2,\quad L(\boldsymbol{w}_2)=\boldsymbol{w}_3,\quad L(\boldsymbol{w}_3)=\boldsymbol{w}_4$$

且

$$L(\boldsymbol{w}_4)=4\boldsymbol{w}_1+3\boldsymbol{w}_2+2\boldsymbol{w}_3+\boldsymbol{w}_4$$
$$L(\boldsymbol{w}_5)=\boldsymbol{w}_1+\boldsymbol{w}_2+\boldsymbol{w}_3+3\boldsymbol{w}_4+\boldsymbol{w}_5$$

(a) 求 L 在 F 下的表示矩阵 $\boldsymbol{A}$，并将其输入 MATLAB.

(b) 利用 MATLAB 计算 $\boldsymbol{x}$ 在 F 下的坐标向量 $\boldsymbol{y}=\boldsymbol{W}^{-1}\boldsymbol{x}$.

(c) 用 $\boldsymbol{A}$ 计算 $L(\boldsymbol{x})$在 F 下的坐标向量 $\boldsymbol{z}$.

(d) $\boldsymbol{W}$ 为从 F 到 $\mathbf{R}^5$ 的标准基的转移矩阵. 用 $\boldsymbol{W}$ 计算 $L(\boldsymbol{x})$在标准基下的坐标向量.

2. 令 $\boldsymbol{A}=$`triu(ones(5)) * tril(ones(5))`. 若 L 为线性算子，定义为对所有 $\mathbf{R}^n$ 中的 $\boldsymbol{x}$，有 $L(\boldsymbol{x})=\boldsymbol{Ax}$，则 $\boldsymbol{A}$ 为 L 在 $\mathbf{R}^5$ 的标准基下的表示矩阵. 用

$$\boldsymbol{U}=\texttt{hankel(ones(5,1),1:5)}$$

构造 5×5 矩阵 $\boldsymbol{U}$. 用 MATLAB 函数 `rank` 验证 $\boldsymbol{U}$ 的列向量为线性无关的. 因此 $E=[\boldsymbol{u}_1,\boldsymbol{u}_2,\boldsymbol{u}_3,\boldsymbol{u}_4,\boldsymbol{u}_5]$为 $\mathbf{R}^5$ 的一组有序基. 矩阵 $\boldsymbol{U}$ 为从 E 到标准基的转移矩阵.

(a) 用 MATLAB 计算 L 在 E 下的表示矩阵 $\boldsymbol{B}$.（矩阵 $\boldsymbol{B}$ 应可使用 $\boldsymbol{A}$，$\boldsymbol{U}$ 和 $\boldsymbol{U}^{-1}$求得.）

(b) 用命令

$$\boldsymbol{V}=\texttt{toeplitz([1,0,1,1,1])}$$

204

生成另一矩阵. 用 MATLAB 验证 $\boldsymbol{V}$ 为非奇异的. 这是由于 $\boldsymbol{V}$ 的列向量是线性无关的，且构成 $\mathbf{R}^5$ 的有序基 F. 用 MATLAB 计算 L 在 F 下的表示矩阵 $\boldsymbol{C}$.（矩阵 $\boldsymbol{C}$ 应可利用 $\boldsymbol{A}$，$\boldsymbol{V}$ 和 $\boldsymbol{V}^{-1}$ 求得.）

(c) (a)和(b)中的矩阵 $\boldsymbol{B}$ 和 $\boldsymbol{C}$ 应为相似的. 为什么？试说明. 用 MATLAB 计算从 F 到 E 的转移矩阵 $\boldsymbol{S}$. 用 $\boldsymbol{B}$，$\boldsymbol{S}$ 和 $\boldsymbol{S}^{-1}$ 计算矩阵 $\boldsymbol{C}$. 与你在(b)中求得的结果进行比较.

3. 令

$$\boldsymbol{A}=\texttt{toeplitz(1:7)},\qquad \boldsymbol{S}=\texttt{compan(ones(8,1))}$$

并令 $\boldsymbol{B}=\boldsymbol{S}^{-1}*\boldsymbol{A}*\boldsymbol{S}$. 矩阵 $\boldsymbol{A}$ 和 $\boldsymbol{B}$ 为相似的. 用 MATLAB 验证这两个矩阵有如下的性质：

(a) $\det(\boldsymbol{B})=\det(\boldsymbol{A})$ (b) $\boldsymbol{B}^{\mathrm{T}}=\boldsymbol{S}^{\mathrm{T}}\boldsymbol{A}^{\mathrm{T}}(\boldsymbol{S}^{\mathrm{T}})^{-1}$

(c) $\boldsymbol{B}^{-1}=\boldsymbol{S}^{-1}\boldsymbol{A}^{-1}\boldsymbol{S}$ (d) $\boldsymbol{B}^9=\boldsymbol{S}^{-1}\boldsymbol{A}^9\boldsymbol{S}$

(e) $\boldsymbol{B}-3\boldsymbol{I}=\boldsymbol{S}^{-1}(\boldsymbol{A}-3\boldsymbol{I})\boldsymbol{S}$　　(f) $\det(\boldsymbol{B}-3\boldsymbol{I})=\det(\boldsymbol{A}-3\boldsymbol{I})$

(g) $\text{tr}(\boldsymbol{B})=\text{tr}(\boldsymbol{A})$（注意，矩阵 $\boldsymbol{A}$ 的迹可用 MATLAB 命令 trace 来计算.）

这些性质对一般的两个相似矩阵也是成立的（见 4.3 节练习 11～15）.

测试题 A——判断正误

下列每一命题如果总是成立则回答真，否则回答假. 如果命题为真，说明或证明你的结论. 如果命题为假，举例说明命题并不总是成立的.

1. 令 L：$\mathbf{R}^n\to\mathbf{R}^n$ 为线性算子. 若 $L(\boldsymbol{x}_1)=L(\boldsymbol{x}_2)$，则向量 $\boldsymbol{x}_1$ 和 $\boldsymbol{x}_2$ 必相等.
2. 若 L_1 和 L_2 均为向量空间 V 上的线性算子，则 L_1+L_2 也是向量空间 V 上的线性算子，其中 L_1+L_2 为一映射，定义为对所有的 $\boldsymbol{v}\in V$，
$$(L_1+L_2)(\boldsymbol{v})=L_1(\boldsymbol{v})+L_2(\boldsymbol{v})$$
3. 若 L：$V\to V$ 为一线性算子，且 $\boldsymbol{x}\in\ker(L)$，则对所有的 $\boldsymbol{v}\in V$，有 $L(\boldsymbol{v}+\boldsymbol{x})=L(\boldsymbol{v})$.
4. 若 L_1 将所有 $\mathbf{R}^2$ 中的每一向量 $\boldsymbol{x}$ 旋转 60°，然后关于 x 轴作对称，而 L_2 也进行同样的两个操作，但以相反的顺序进行，则 $L_1=L_2$.
5. 齐次坐标系（见 4.2 节中计算机图形和动画的应用）中的所有向量 $\boldsymbol{x}$ 构成的集合为 $\mathbf{R}^3$ 的一个子空间.
6. 令 L：$\mathbf{R}^2\to\mathbf{R}^2$ 为线性算子，并令 $\boldsymbol{A}$ 为 L 的标准表示矩阵. 若对所有的 $x\in\mathbf{R}^2$，L^2 定义为
$$L^2(\boldsymbol{x})=L(L(\boldsymbol{x}))$$
则 L^2 也是线性算子，且它的标准表示矩阵为 $\boldsymbol{A}^2$.
7. 令 $E=[\boldsymbol{x}_1, \boldsymbol{x}_2, \cdots, \boldsymbol{x}_n]$为 $\mathbf{R}^n$ 的一组有序基. 若 L_1：$\mathbf{R}^n\to\mathbf{R}^n$，且 L_2：$\mathbf{R}^n\to\mathbf{R}^n$在 E 下有相同的表示矩阵，则$L_1=L_2$.
8. 令 L：$\mathbf{R}^n\to\mathbf{R}^n$ 为线性算子. 若 $\boldsymbol{A}$ 为 L 的标准表示矩阵，则当且仅当 $n\times n$ 矩阵 $\boldsymbol{B}$ 相似于 $\boldsymbol{A}$ 时，$\boldsymbol{B}$ 也为 L 的表示矩阵.
9. 令 $\boldsymbol{A}$，$\boldsymbol{B}$ 和 $\boldsymbol{C}$ 为 $n\times n$ 矩阵. 若 $\boldsymbol{A}$ 相似于 $\boldsymbol{B}$，且 $\boldsymbol{B}$ 相似于 $\boldsymbol{C}$，则 $\boldsymbol{A}$ 相似于 $\boldsymbol{C}$.
10. 任何两个迹相同的矩阵相似. [这个命题为 4.3 节练习 15 中(b)的逆.]

测试题 B

1. 确定下列是否为 $\mathbf{R}^2$ 上的线性算子.

   (a) L 为算子，定义为 $L(\boldsymbol{x})=(x_1+x_2, x_1)^{\mathrm{T}}$.

   (b) L 为算子，定义为 $L(\boldsymbol{x})=(x_1x_2, x_1)^{\mathrm{T}}$.
2. 令 L 为 $\mathbf{R}^2$ 上的线性算子，并令
$$\boldsymbol{v}_1=\begin{bmatrix}1\\1\end{bmatrix},\quad \boldsymbol{v}_2=\begin{bmatrix}-1\\2\end{bmatrix},\quad \boldsymbol{v}_3=\begin{bmatrix}1\\7\end{bmatrix}$$
若
$$L(\boldsymbol{v}_1)=\begin{bmatrix}2\\5\end{bmatrix}\quad 且\quad L(\boldsymbol{v}_2)=\begin{bmatrix}-3\\1\end{bmatrix}$$
205
求 $L(\boldsymbol{v}_3)$的值.
3. 令 L 为 $\mathbf{R}^3$ 上的线性算子，定义为
$$L(\boldsymbol{x})=\begin{bmatrix}x_2-x_1\\x_3-x_2\\x_3-x_1\end{bmatrix}$$
并令 $S=\text{Span}((1, 0, 1)^{\mathrm{T}})$.

(a) 求 L 的核.

(b) 求 $L(S)$.

4. 令 L 为 $\mathbf{R}^3$ 上的线性算子，定义为

$$L(\boldsymbol{x})=\begin{bmatrix}x_2\\x_1\\x_1+x_2\end{bmatrix}$$

求 L 的值域.

5. 令 L：$\mathbf{R}^2\to\mathbf{R}^3$ 定义为

$$L(\boldsymbol{x})=\begin{bmatrix}x_1+x_2\\x_1-x_2\\3x_1+2x_2\end{bmatrix}$$

求矩阵 $\boldsymbol{A}$，使得对 $\mathbf{R}^2$ 中的每一 $\boldsymbol{x}$，有 $L(\boldsymbol{x})=\boldsymbol{A}\boldsymbol{x}$.

6. 令 L 为 $\mathbf{R}^2$ 上的线性算子，它将向量逆时针旋转 30°，然后关于 y 轴作对称. 求 L 的标准表示矩阵.

7. 令 L 为 $\mathbf{R}^2$ 上的平移算子，定义为

$$L(\boldsymbol{x})=\boldsymbol{x}+\boldsymbol{a},\quad 其中\ \boldsymbol{a}=\begin{bmatrix}2\\5\end{bmatrix}$$

求 L 在齐次坐标系下的表示矩阵.

8. 令

$$\boldsymbol{u}_1=\begin{bmatrix}3\\1\end{bmatrix},\quad \boldsymbol{u}_2=\begin{bmatrix}5\\2\end{bmatrix}$$

并令 L 为将 $\mathbf{R}^2$ 中的向量逆时针旋转 45°的线性算子. 求 L 相应于有序基$[\boldsymbol{u}_1,\boldsymbol{u}_2]$的表示矩阵.

9. 令

$$\boldsymbol{u}_1=\begin{bmatrix}3\\1\end{bmatrix},\quad \boldsymbol{u}_2=\begin{bmatrix}5\\2\end{bmatrix}\quad 及\quad \boldsymbol{v}_1=\begin{bmatrix}1\\-2\end{bmatrix},\quad \boldsymbol{v}_2=\begin{bmatrix}1\\-1\end{bmatrix}$$

并令 L 为 $\mathbf{R}^2$ 上的线性算子，它在基$[\boldsymbol{u}_1,\boldsymbol{u}_2]$下的表示矩阵为

$$\boldsymbol{A}=\begin{bmatrix}2&1\\3&2\end{bmatrix}$$

(a) 求从$[\boldsymbol{v}_1,\boldsymbol{v}_2]$到$[\boldsymbol{u}_1,\boldsymbol{u}_2]$的转移矩阵.

(b) 求 L 在$[\boldsymbol{v}_1,\boldsymbol{v}_2]$下的表示矩阵.

10. 令 $\boldsymbol{A}$ 和 $\boldsymbol{B}$ 为相似矩阵.

(a) 证明 $\det(\boldsymbol{A})=\det(\boldsymbol{B})$.

(b) 证明：若 λ 为任意标量，则 $\det(\boldsymbol{A}-\lambda\boldsymbol{I})=\det(\boldsymbol{B}-\lambda\boldsymbol{I})$.

第5章 正交性

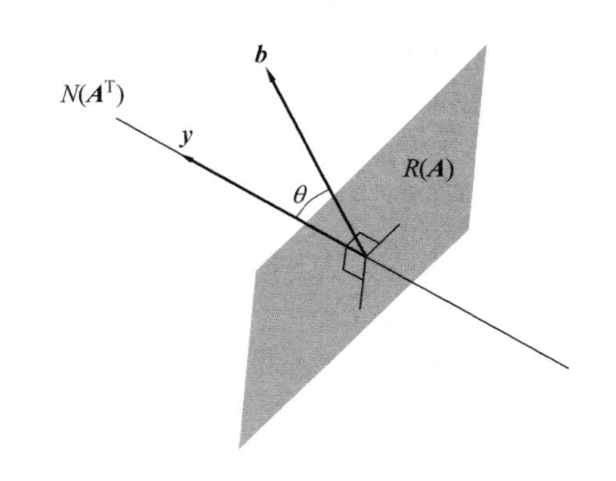

我们可以通过定义一个标量积或内积在向量空间上增加结构的概念. 因为对每一对向量，这种乘积得到一个标量，而不是第三个向量，因此，它并不是真正的向量乘法. 例如，在 $\mathbf{R}^2$ 中，可以定义两个向量 $\boldsymbol{x}$ 和 $\boldsymbol{y}$ 的标量积为 $\boldsymbol{x}^{\mathrm{T}}\boldsymbol{y}$. 可以认为 $\mathbf{R}^2$ 中的向量为从原点出发的有向线段. 不难证明，两个线段的夹角为直角的充要条件是两个向量对应的标量积为零. 一般地，若 V 为定义了标量积的向量空间，且 V 中的两个向量的标量积为零，则称它们正交(orthogonal).

可以将正交性理解为任何定义了内积的向量空间中垂直(perpendicularity)概念的推广. 为看到这样做的重要意义，考虑如下的问题. 令 l 为一通过原点的直线，并令 Q 不是 l 上的点. 求 l 上离 Q 点最近的点 P. 这个问题中所求的点 P 的特征是，QP 垂直于 OP(见图 5.0.1). 如果将直线 l 看成 $\mathbf{R}^2$ 的一个子空间，且 $\boldsymbol{v}=OQ$ 为 $\mathbf{R}^2$ 中的向量，则问题化为在子空间中求一向量使得它最"接近" $\boldsymbol{v}$. 解 $\boldsymbol{p}$ 的特征将是 $\boldsymbol{p}$ 与 $\boldsymbol{v}-\boldsymbol{p}$ 正交(见图 5.0.1). 通过在向量空间中引入内积，我们可以考虑一般的最小二乘(least square)问题. 在这些问题中，给定了一个 V 中的向量 $\boldsymbol{v}$ 和一个子空间 W. 我们希望在 W 中寻找与 $\boldsymbol{v}$ 最"接近"的向量. 解 $\boldsymbol{p}$ 必与 $\boldsymbol{v}-\boldsymbol{p}$ 正交. 这个正交性条件提供了求解最小二乘问题的关键. 最小二乘问题常常出现在很多涉及数据拟合的统计应用中.

207

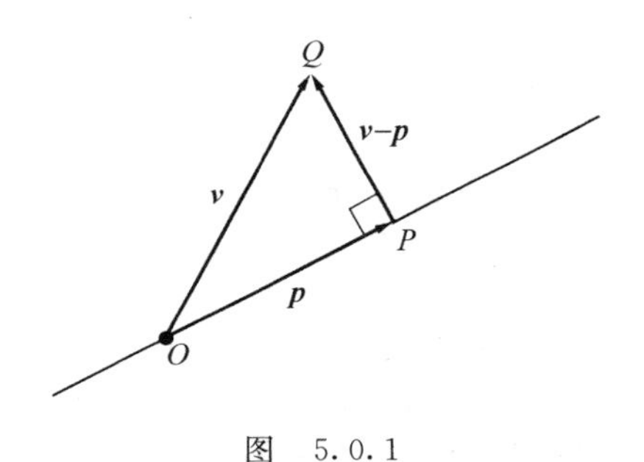

图 5.0.1

5.1 $\mathbf{R}^n$ 中的标量积

两个 $\mathbf{R}^n$ 中的向量 $\boldsymbol{x}$ 和 $\boldsymbol{y}$ 可以看成是 $n\times 1$ 矩阵. 然后，我们可以构造矩阵乘积 $\boldsymbol{x}^{\mathrm{T}}\boldsymbol{y}$. 这个乘积为一个 1×1 矩阵，可看成一个 $\mathbf{R}^1$ 中的向量，或者更简单地，看成一个实数. 乘积 $\boldsymbol{x}^{\mathrm{T}}\boldsymbol{y}$ 称为 $\boldsymbol{x}$ 和 $\boldsymbol{y}$ 的标量积(scalar product). 特别地，若 $\boldsymbol{x}=(x_1, \cdots, x_n)^{\mathrm{T}}$，且 $\boldsymbol{y}=(y_1, \cdots, y_n)^{\mathrm{T}}$，则

$$\boldsymbol{x}^{\mathrm{T}}\boldsymbol{y}=x_1y_1+x_2y_2+\cdots+x_ny_n$$

▶**例 1**　若

$$x=\begin{bmatrix}3\\-2\\1\end{bmatrix}\quad 及 \quad y=\begin{bmatrix}4\\3\\2\end{bmatrix}$$

则

$$x^{\mathrm{T}}y=(3,-2,1)\begin{bmatrix}4\\3\\2\end{bmatrix}=3\cdot 4-2\cdot 3+1\cdot 2=8$$ ◀

$\mathbf{R}^2$ 和 $\mathbf{R}^3$ 中的标量积

为看出标量积的几何意义，我们首先仅考虑 $\mathbf{R}^2$ 和 $\mathbf{R}^3$. $\mathbf{R}^2$ 和 $\mathbf{R}^3$ 中的向量可表示为有向线段. 给定一个 $\mathbf{R}^2$ 或 $\mathbf{R}^3$ 中的向量 $\boldsymbol{x}$，它的欧几里得长度(Euclidean length)可通过标量积定义：

$$\|x\|=(x^{\mathrm{T}}x)^{1/2}=\begin{cases}\sqrt{x_1^2+x_2^2} & x\in\mathbf{R}^2\\ \sqrt{x_1^2+x_2^2+x_3^2} & x\in\mathbf{R}^3\end{cases}$$

给定两个非零向量 $\boldsymbol{x}$ 和 $\boldsymbol{y}$，可将它们看成是由同一点起始的两条有向线段. 于是这两个向量的夹角可以定义为两条线段的夹角 θ. 我们可以通过度量向量 $\boldsymbol{x}$ 和 $\boldsymbol{y}$ 的终点之间的连线长度来度量两个向量的距离(见图 5.1.1). 于是，我们有如下的定义.

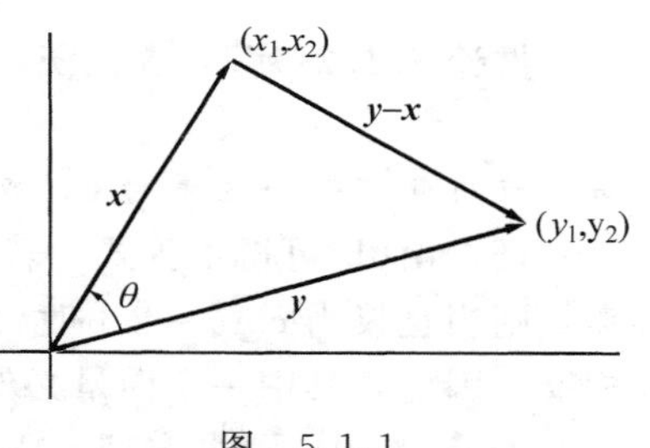

图　5.1.1

定义　令 $\boldsymbol{x}$ 和 $\boldsymbol{y}$ 均为 $\mathbf{R}^2$ 或 $\mathbf{R}^3$ 中的向量. $\boldsymbol{x}$ 和 $\boldsymbol{y}$ 间的距离定义为数值 $\|x-y\|$.

208

▶**例 2**　若 $x=(3,4)^{\mathrm{T}}$ 及 $y=(-1,7)^{\mathrm{T}}$，则 $\boldsymbol{x}$ 和 $\boldsymbol{y}$ 间的距离为

$$\|y-x\|=\sqrt{(-1-3)^2+(7-4)^2}=5$$ ◀

求两个向量的夹角可以使用如下的定理.

定理 5.1.1　若 $\boldsymbol{x}$ 和 $\boldsymbol{y}$ 为 $\mathbf{R}^2$ 或 $\mathbf{R}^3$ 中的两个非零向量，且 θ 为它们的夹角，则

$$x^{\mathrm{T}}y=\|x\|\,\|y\|\cos\theta \tag{1}$$

证　如图 5.1.1 中，向量 $\boldsymbol{x}$，$\boldsymbol{y}$ 及 $\boldsymbol{y}-\boldsymbol{x}$ 可以构成一个三角形. 由余弦定理我们有

$$\|y-x\|^2=\|x\|^2+\|y\|^2-2\|x\|\,\|y\|\cos\theta$$

由此得到

$$\begin{aligned}\|x\|\,\|y\|\cos\theta&=\frac{1}{2}(\|x\|^2+\|y\|^2-\|y-x\|^2)\\&=\frac{1}{2}(\|x\|^2+\|y\|^2-(y-x)^{\mathrm{T}}(y-x))\\&=\frac{1}{2}(\|x\|^2+\|y\|^2-(y^{\mathrm{T}}y-y^{\mathrm{T}}x-x^{\mathrm{T}}y+x^{\mathrm{T}}x))\\&=x^{\mathrm{T}}y\end{aligned}$$ ■

若 $\boldsymbol{x}$ 和 $\boldsymbol{y}$ 为非零向量，则可以通过构造以下单位向量给出它们的方向：

$$\boldsymbol{u}=\frac{1}{\|\boldsymbol{x}\|}\boldsymbol{x}\quad \text{及}\quad \boldsymbol{v}=\frac{1}{\|\boldsymbol{y}\|}\boldsymbol{y}$$

若 θ 为 $\boldsymbol{x}$ 和 $\boldsymbol{y}$ 的夹角，则

$$\cos\theta=\frac{\boldsymbol{x}^{\mathrm{T}}\boldsymbol{y}}{\|\boldsymbol{x}\|\ \|\boldsymbol{y}\|}=\boldsymbol{u}^{\mathrm{T}}\boldsymbol{v}$$

209

向量 $\boldsymbol{x}$ 和 $\boldsymbol{y}$ 间的夹角的余弦可以简单地通过它们相应的方向向量 $\boldsymbol{u}$ 和 $\boldsymbol{v}$ 的标量积得到.

例 3　令 $\boldsymbol{x}$ 和 $\boldsymbol{y}$ 为例 2 中的向量. 这些向量的方向可以用单位向量

$$\boldsymbol{u}=\frac{1}{\|\boldsymbol{x}\|}\boldsymbol{x}=\begin{bmatrix}\frac{3}{5}\\ \frac{4}{5}\end{bmatrix}\quad \text{和}\quad \boldsymbol{v}=\frac{1}{\|\boldsymbol{y}\|}\boldsymbol{y}=\begin{bmatrix}-\frac{1}{5\sqrt{2}}\\ \frac{7}{5\sqrt{2}}\end{bmatrix}$$

来表示. 这两个向量间的夹角 θ 的余弦为

$$\cos\theta=\boldsymbol{u}^{\mathrm{T}}\boldsymbol{v}=\frac{1}{\sqrt{2}}$$

于是 $\theta=\frac{\pi}{4}$. ◀

推论 5.1.2（柯西-施瓦茨不等式）　若 $\boldsymbol{x}$ 和 $\boldsymbol{y}$ 为 $\mathbf{R}^2$ 或 $\mathbf{R}^3$ 中的向量，则

$$|\boldsymbol{x}^{\mathrm{T}}\boldsymbol{y}|\leqslant\|\boldsymbol{x}\|\ \|\boldsymbol{y}\| \tag{2}$$

当且仅当其中一个向量为 $\mathbf{0}$，或一个向量为另一个向量的倍数时，等号成立.

证　由(1)可得不等式. 若其中一个向量为 $\mathbf{0}$，则(2)的两边均为 0. 若所有向量均非零，则当且仅当 $\cos\theta=\pm1$ 时，由(1)可得(2)中等式成立. 但这意味着向量方向相同或相反，因此，其中一个向量必然为另一个向量的倍数. ■

若 $\boldsymbol{x}^{\mathrm{T}}\boldsymbol{y}=0$，则由定理 5.1.1 知，其中一个向量为零向量或者 $\cos\theta=0$. 若 $\cos\theta=0$，则向量间的夹角为直角.

定义　若 $\boldsymbol{x}^{\mathrm{T}}\boldsymbol{y}=0$，则 $\mathbf{R}^2$（或 $\mathbf{R}^3$）中的向量 $\boldsymbol{x}$ 和 $\boldsymbol{y}$ 称为**正交的**(orthogonal).

例 4　(a) 向量 $\mathbf{0}$ 和 $\mathbf{R}^2$ 中的任何向量正交.

(b) 向量 $\begin{bmatrix}3\\2\end{bmatrix}$ 和 $\begin{bmatrix}-4\\6\end{bmatrix}$ 在 $\mathbf{R}^2$ 中正交.

(c) 向量 $\begin{bmatrix}2\\-3\\1\end{bmatrix}$ 和 $\begin{bmatrix}1\\1\\1\end{bmatrix}$ 在 $\mathbf{R}^3$ 中正交. ◀

标量和向量投影

标量积可用于求一个向量在另一个向量方向上的分量. 令 $\boldsymbol{x}$ 和 $\boldsymbol{y}$ 为 $\mathbf{R}^2$ 或 $\mathbf{R}^3$ 中的非零向量. 我们希望将向量 $\boldsymbol{x}$ 写为形如 $\boldsymbol{p}+\boldsymbol{z}$ 的形式，其中 $\boldsymbol{p}$ 为 $\boldsymbol{y}$ 方向的，且 $\boldsymbol{z}$ 与 $\boldsymbol{p}$ 正交（见图 5.1.2）. 为此，令 $\boldsymbol{u}=(1/\|\boldsymbol{y}\|)\boldsymbol{y}$. 因此 $\boldsymbol{u}$ 为 $\boldsymbol{y}$ 方向

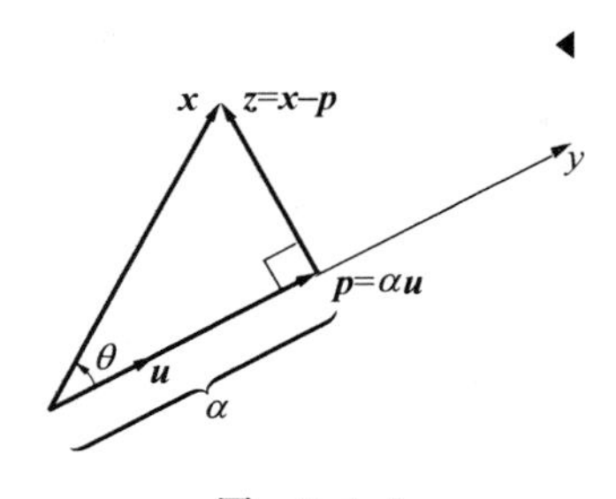

图　5.1.2

的单位向量(长度为 1). 我们希望求 α, 使得 $\boldsymbol{p}=\alpha\boldsymbol{u}$, 且与 $\boldsymbol{z}=\boldsymbol{x}-\alpha\boldsymbol{u}$ 正交. 要使 $\boldsymbol{p}$ 和 $\boldsymbol{z}$ 正交, 标量 α 必满足 210

$$\alpha=\|\boldsymbol{x}\|\cos\theta=\frac{\|\boldsymbol{x}\|\ \|\boldsymbol{y}\|\cos\theta}{\|\boldsymbol{y}\|}=\frac{\boldsymbol{x}^{\mathrm{T}}\boldsymbol{y}}{\|\boldsymbol{y}\|}$$

标量 α 称为 $\boldsymbol{x}$ 到 $\boldsymbol{y}$ 的标量投影(scalar projection), 且向量 $\boldsymbol{p}$ 称为 $\boldsymbol{x}$ 到 $\boldsymbol{y}$ 的向量投影(vector projection).

> $\boldsymbol{x}$ 到 $\boldsymbol{y}$ 的标量投影:
>
> $$\alpha=\frac{\boldsymbol{x}^{\mathrm{T}}\boldsymbol{y}}{\|\boldsymbol{y}\|}$$
>
> $\boldsymbol{x}$ 到 $\boldsymbol{y}$ 的向量投影:
>
> $$\boldsymbol{p}=\alpha\boldsymbol{u}=\alpha\frac{1}{\|\boldsymbol{y}\|}\boldsymbol{y}=\frac{\boldsymbol{x}^{\mathrm{T}}\boldsymbol{y}}{\boldsymbol{y}^{\mathrm{T}}\boldsymbol{y}}\boldsymbol{y}$$

▶**例 5**　图 5.1.3 中的点 Q 为直线 $y=\frac{1}{3}x$ 上距(1, 4)最近的点. 求 Q 点的坐标. 211

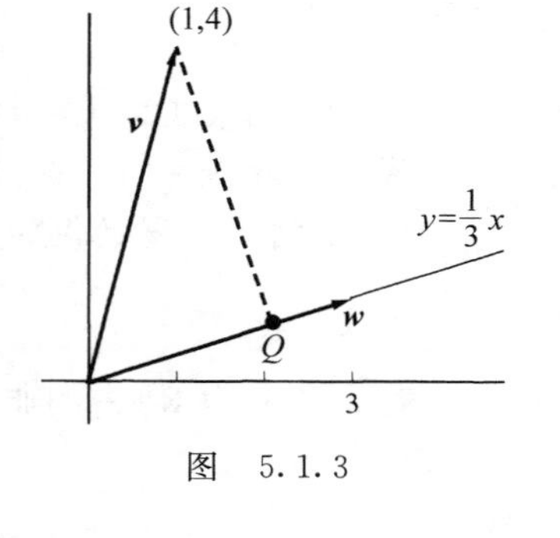

图　5.1.3

解　向量 $\boldsymbol{w}=(3,1)^{\mathrm{T}}$ 为直线 $y=\frac{1}{3}x$ 方向上的一个向量. 令 $\boldsymbol{v}=(1,4)^{\mathrm{T}}$. 若 Q 为所求的点, 则 Q^{T} 为 $\boldsymbol{v}$ 到 $\boldsymbol{w}$ 的向量投影.

$$Q^{\mathrm{T}}=\left(\frac{\boldsymbol{v}^{\mathrm{T}}\boldsymbol{w}}{\boldsymbol{w}^{\mathrm{T}}\boldsymbol{w}}\right)\boldsymbol{w}=\frac{7}{10}\begin{bmatrix}3\\1\end{bmatrix}=\begin{bmatrix}2.1\\0.7\end{bmatrix}$$

因此 $Q=(2.1, 0.7)$为最接近的点.

记号　若 P_1 和 P_2 为 3 维空间的两个点, 我们将用记号$\overrightarrow{P_1P_2}$表示从 P_1 到 P_2 的向量. ◀

若 $\boldsymbol{N}$ 为一非零向量, 且 P_0 为一定点, 使得$\overrightarrow{P_0P}$和 $\boldsymbol{N}$ 正交的点 P 的集合构成了一个过 P_0 的 3 维空间中的平面 π. 向量 $\boldsymbol{N}$ 和平面 π 称为相互垂直(normal), 向量 $\boldsymbol{N}$ 称为平面 π 的法向量. 当且仅当

$$(\overrightarrow{P_0P})^{\mathrm{T}}\boldsymbol{N}=0$$

时, 点 $P=(x, y, z)$在平面 π 上. 若 $\boldsymbol{N}=(a, b, c)^{\mathrm{T}}$, 且 $P_0=(x_0, y_0, z_0)$, 则这个方程可写为

$$a(x-x_0)+b(y-y_0)+c(z-z_0)=0$$

▶**例 6**　求过点(2, −1, 3)并和向量 $\boldsymbol{N}=(2,3,4)^{\mathrm{T}}$ 垂直的平面方程.

解　$\overrightarrow{P_0P}=(x-2, y+1, z-3)^{\mathrm{T}}$. 方程为$(\overrightarrow{P_0P})^{\mathrm{T}}\boldsymbol{N}=0$, 或

$$2(x-2)+3(y+1)+4(z-3)=0$$ ◀

$\mathbf{R}^3$ 中两个线性无关向量 $\boldsymbol{x}$ 和 $\boldsymbol{y}$ 的张成对应于 3 维空间中过原点的平面. 为求出平面

的方程，我们必须求出垂直于平面的向量. 在2.3节中，我们知道两个向量的向量积与每个向量都垂直. 若取 $\boldsymbol{N}=\boldsymbol{x}\times\boldsymbol{y}$ 作为向量，则平面方程由下式给出：

$$n_1x+n_2y+n_3z=0$$

▶**例7**　求通过点 $P_1=(1,1,2)$，$P_2=(2,3,3)$，$P_3=(3,-3,3)$的平面方程.

解　令

212

$$\boldsymbol{x}=\overrightarrow{P_1P_2}=\begin{bmatrix}1\\2\\1\end{bmatrix},\quad \boldsymbol{y}=\overrightarrow{P_1P_3}=\begin{bmatrix}2\\-4\\1\end{bmatrix}$$

法向量 $\boldsymbol{N}$ 必与 $\boldsymbol{x}$ 和 $\boldsymbol{y}$ 正交. 如果令

$$\boldsymbol{N}=\boldsymbol{x}\times\boldsymbol{y}=\begin{bmatrix}6\\1\\-8\end{bmatrix}$$

则 $\boldsymbol{N}$ 为过给定点的平面的法向量. 于是我们可用任意一点确定平面方程. 利用点 P_1，可以看出平面方程为

$$6(x-1)+(y-1)-8(z-2)=0$$ ◀

▶**例8**　求点(2, 0, 0)到平面 $x+2y+2z=0$ 的距离.

解　向量 $\boldsymbol{N}=(1,2,2)^{\mathrm{T}}$ 与平面垂直，且平面过原点. 令 $\boldsymbol{v}=(2,0,0)^{\mathrm{T}}$. 从(2, 0, 0)到平面的距离 d 仅为 $\boldsymbol{v}$ 到 $\boldsymbol{N}$ 的标量投影的绝对值. 因此，

$$d=\frac{|\boldsymbol{v}^{\mathrm{T}}\boldsymbol{N}|}{\|\boldsymbol{N}\|}=\frac{2}{3}$$ ◀

若 $\boldsymbol{x}$ 和 $\boldsymbol{y}$ 为 $\mathbf{R}^3$ 中的非零向量，且 θ 为两个向量的夹角，则

$$\cos\theta=\frac{\boldsymbol{x}^{\mathrm{T}}\boldsymbol{y}}{\|\boldsymbol{x}\|\,\|\boldsymbol{y}\|}$$

于是可得

$$\sin\theta=\sqrt{1-\cos^2\theta}=\sqrt{1-\frac{(\boldsymbol{x}^{\mathrm{T}}\boldsymbol{y})^2}{\|\boldsymbol{x}\|^2\,\|\boldsymbol{y}\|^2}}=\frac{\sqrt{\|\boldsymbol{x}\|^2\,\|\boldsymbol{y}\|^2-(\boldsymbol{x}^{\mathrm{T}}\boldsymbol{y})^2}}{\|\boldsymbol{x}\|\,\|\boldsymbol{y}\|}$$

因此，

$$\begin{aligned}\|\boldsymbol{x}\|\,\|\boldsymbol{y}\|\sin\theta&=\sqrt{\|\boldsymbol{x}\|^2\,\|\boldsymbol{y}\|^2-(\boldsymbol{x}^{\mathrm{T}}\boldsymbol{y})^2}\\&=\sqrt{(x_1^2+x_2^2+x_3^2)(y_1^2+y_2^2+y_3^2)-(x_1y_1+x_2y_2+x_3y_3)^2}\\&=\sqrt{(x_2y_3-x_3y_2)^2+(x_3y_1-x_1y_3)^2+(x_1y_2-x_2y_1)^2}\\&=\|\boldsymbol{x}\times\boldsymbol{y}\|\end{aligned}$$

这样，对 $\mathbf{R}^3$ 中的任意非零向量 $\boldsymbol{x}$ 和 $\boldsymbol{y}$，

$$\|\boldsymbol{x}\times\boldsymbol{y}\|=\|\boldsymbol{x}\|\,\|\boldsymbol{y}\|\sin\theta$$

213

若 $\boldsymbol{x}$ 或 $\boldsymbol{y}$ 为零向量，则 $\boldsymbol{x}\times\boldsymbol{y}=\boldsymbol{0}$，因此 $\boldsymbol{x}\times\boldsymbol{y}$ 的范数为0.

$\mathbf{R}^n$ 中的正交性

对 $\mathbf{R}^2$ 和 $\mathbf{R}^3$ 中给出的所有定义均可以推广到 $\mathbf{R}^n$ 中. 事实上，若 $\boldsymbol{x}\in\mathbf{R}^n$，则 $\boldsymbol{x}$ 的欧几

里得长度定义为

$$\|\boldsymbol{x}\| = (\boldsymbol{x}^{\mathrm{T}}\boldsymbol{x})^{1/2} = (x_1^2 + x_2^2 + \cdots + x_n^2)^{1/2}$$

若 $\boldsymbol{x}$ 和 $\boldsymbol{y}$ 为 $\mathbf{R}^n$ 中的两个向量，则向量之间的距离为 $\|\boldsymbol{y}-\boldsymbol{x}\|$.

柯西-施瓦茨不等式在 $\mathbf{R}^n$ 中也成立.（我们将在 5.4 节中给出证明.）因此，对 $\mathbf{R}^n$ 中的任何非零向量 $\boldsymbol{x}$ 和 $\boldsymbol{y}$，有

$$-1 \leqslant \frac{\boldsymbol{x}^{\mathrm{T}}\boldsymbol{y}}{\|\boldsymbol{x}\|\,\|\boldsymbol{y}\|} \leqslant 1 \tag{3}$$

注意到(3)，$\mathbf{R}^2$ 中两个向量间的夹角的定义可以推广到 $\mathbf{R}^n$ 中．因此，两个 $\mathbf{R}^n$ 中的向量 $\boldsymbol{x}$ 和 $\boldsymbol{y}$ 的夹角 θ 定义为

$$\cos\theta = \frac{\boldsymbol{x}^{\mathrm{T}}\boldsymbol{y}}{\|\boldsymbol{x}\|\,\|\boldsymbol{y}\|}, \quad 0 \leqslant \theta \leqslant \pi$$

在谈及两个向量间的夹角时，通常将向量缩放为单位向量比较简便．如果令

$$\boldsymbol{u} = \frac{1}{\|\boldsymbol{x}\|}\boldsymbol{x} \quad \text{且} \quad \boldsymbol{v} = \frac{1}{\|\boldsymbol{y}\|}\boldsymbol{y}$$

则 $\boldsymbol{u}$ 和 $\boldsymbol{v}$ 的夹角 θ 显然与 $\boldsymbol{x}$ 和 $\boldsymbol{y}$ 的夹角相同，并且它的余弦可以通过简单地计算两个单位向量的标量积求得.

$$\cos\theta = \frac{\boldsymbol{x}^{\mathrm{T}}\boldsymbol{y}}{\|\boldsymbol{x}\|\,\|\boldsymbol{y}\|} = \boldsymbol{u}^{\mathrm{T}}\boldsymbol{v}$$

若 $\boldsymbol{x}^{\mathrm{T}}\boldsymbol{y}=0$，则向量 $\boldsymbol{x}$ 和 $\boldsymbol{y}$ 称为正交的(orthogonal)．通常，用记号⊥表示正交．因此，若 $\boldsymbol{x}$ 和 $\boldsymbol{y}$ 为正交的，我们将写为 $\boldsymbol{x}\perp\boldsymbol{y}$．在 $\mathbf{R}^n$ 中定义的向量和标量投影也可采用与 $\mathbf{R}^2$ 中相同的定义方式.

若 $\boldsymbol{x}$ 和 $\boldsymbol{y}$ 为 $\mathbf{R}^n$ 中的向量，则

$$\|\boldsymbol{x}+\boldsymbol{y}\|^2 = (\boldsymbol{x}+\boldsymbol{y})^{\mathrm{T}}(\boldsymbol{x}+\boldsymbol{y}) = \|\boldsymbol{x}\|^2 + 2\boldsymbol{x}^{\mathrm{T}}\boldsymbol{y} + \|\boldsymbol{y}\|^2 \tag{4}$$

当 $\boldsymbol{x}$ 和 $\boldsymbol{y}$ 正交时，方程(4)即称为毕达哥拉斯定律(Pythagorean Law).

$$\|\boldsymbol{x}+\boldsymbol{y}\|^2 = \|\boldsymbol{x}\|^2 + \|\boldsymbol{y}\|^2$$

毕达哥拉斯定律是毕达哥拉斯定理的推广．当 $\boldsymbol{x}$ 和 $\boldsymbol{y}$ 为 $\mathbf{R}^2$ 中正交的向量时，我们可以用这些向量以及它们的和 $\boldsymbol{x}+\boldsymbol{y}$ 构成如图 5.1.4所示的直角三角形．毕达哥拉斯定律建立了三角形各边之间的关系．事实上，如果令

$$a = \|\boldsymbol{x}\|, \quad b = \|\boldsymbol{y}\|, \quad c = \|\boldsymbol{x}+\boldsymbol{y}\|$$

则

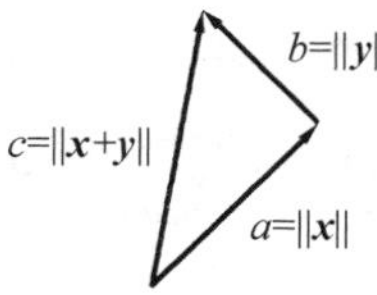

$b=\|y\|$
$c=\|x+y\|$
$a=\|x\|$

图　5.1.4

$$c^2 = a^2 + b^2 \quad \text{（著名的毕达哥拉斯定理）}$$

214

在很多应用中，两个非零向量间夹角的余弦都用于衡量向量的方向是如何接近的标准．若 $\cos\theta$ 接近 1，则两个向量的夹角就会很小，于是向量方向十分接近．一个接近零的余弦值将表示两个向量的夹角接近直角.

应用 1：再次考察信息检索

在 1.3 节中，我们考虑了搜索含有关键字的文档的数据库的问题．若在集合中有 m

个可能的搜索关键字和 n 个文档，则数据库可以表示为一个 $m\times n$ 矩阵 $\boldsymbol{A}$. $\boldsymbol{A}$ 的每一列表示一个数据库中的文档. 第 j 列元素对应于第 j 个文档中关键字的相对频率.

改进的搜索方法应可以处理词汇的不同和语言的复杂性. 两个主要问题是**多义词**(polysemy)(一个单词有多个意义)和**同义词**(synonymy)(多个单词有相同的意义). 一方面，一些搜索的关键字可能有多个意义，并可能出现在和你指定的搜索完全无关的上下文中. 例如，单词 calculus 可能频繁出现在数学文章和牙科医学文章中. 另一方面，很多单词又有相同意义，且在很多文章中均可能使用同义词，而不使用给定的搜索词. 例如，寻找一个关于狂犬病的文章时你可能使用单词 dogs，然而，文章的作者通常更喜欢在文章中使用 canines. 为解决这些问题，我们需要寻找与给定搜索单词列表最接近的文章，而不必符合列表中的每一单词. 我们想要从数据库矩阵中选出最接近搜索向量的列向量. 为此，使用两个向量的夹角来衡量两个向量的匹配程度.

在实际中，因为有太多可能的关键字和太多用以搜索的文章，所以 m 和 n 均非常大. 为简化，我们考虑一个例子，其中 $m=10$ 及 $n=8$. 假设一个网站有8个学习线性代数的模块，且每一模块分别放置在不同的网页中. 可能的搜索单词列表包括

determinants, eigenvalues, linear, matrices, numerical,
orthogonality, spaces, systems, transformations, vector

(这个关键字列表是按本书章节英文名称编排的.)表5.1.1给出了在每一模块中关键字出现的频率. 该表的第(2, 6)元素为5，表示关键字 eigenvalues 在第6个模块中出现了5次.

215

表 5.1.1　关键字频率

关键字	模块							
	M1	M2	M3	M4	M5	M6	M7	M8
determinants	0	6	3	0	1	0	1	1
eigenvalues	0	0	0	0	0	5	3	2
linear	5	4	4	5	4	0	3	3
matrices	6	5	3	3	4	4	3	2
numerical	0	0	0	0	3	0	4	3
orthogonality	0	0	0	0	4	6	0	2
spaces	0	0	5	2	3	3	0	1
systems	5	3	3	2	4	2	1	1
transformations	0	0	0	5	1	3	1	0
vector	0	4	4	3	4	1	0	3

数据库矩阵是将表格的各列缩放成单位列向量后得到的. 因此，若 $\boldsymbol{A}$ 为对应表5.1.1的矩阵，则数据库矩阵 $\boldsymbol{Q}$ 的各列可由下式确定：

$$\boldsymbol{q}_j=\frac{1}{\|\boldsymbol{a}_j\|}\boldsymbol{a}_j\quad j=1,2,\cdots,8$$

为搜索关键字 orthogonality、spaces 和 vector，我们构造一个搜索向量 $\boldsymbol{x}$，它除了

对应于搜索行的三行不是 0 外，其他元素均为 0. 为得到单位搜索向量，我们将对应于搜索单词的各行乘以$\frac{1}{\sqrt{3}}$. 例如，数据库矩阵 $\boldsymbol{Q}$ 和搜索向量 $\boldsymbol{x}$(每一个元素均四舍五入保留 3 位小数)为

$$\boldsymbol{Q}=\begin{bmatrix} 0.000 & 0.594 & 0.327 & 0.000 & 0.100 & 0.000 & 0.147 & 0.154 \\ 0.000 & 0.000 & 0.000 & 0.000 & 0.000 & 0.500 & 0.442 & 0.309 \\ 0.539 & 0.396 & 0.436 & 0.574 & 0.400 & 0.000 & 0.442 & 0.463 \\ 0.647 & 0.495 & 0.327 & 0.344 & 0.400 & 0.400 & 0.442 & 0.309 \\ 0.000 & 0.000 & 0.000 & 0.000 & 0.300 & 0.000 & 0.590 & 0.463 \\ 0.000 & 0.000 & 0.000 & 0.000 & 0.400 & 0.600 & 0.000 & 0.309 \\ 0.000 & 0.000 & 0.546 & 0.229 & 0.300 & 0.300 & 0.000 & 0.154 \\ 0.539 & 0.297 & 0.327 & 0.229 & 0.400 & 0.200 & 0.147 & 0.154 \\ 0.000 & 0.000 & 0.000 & 0.574 & 0.100 & 0.300 & 0.147 & 0.000 \\ 0.000 & 0.396 & 0.436 & 0.344 & 0.400 & 0.100 & 0.000 & 0.463 \end{bmatrix},\quad \boldsymbol{x}=\begin{bmatrix} 0.000 \\ 0.000 \\ 0.000 \\ 0.000 \\ 0.000 \\ 0.577 \\ 0.577 \\ 0.000 \\ 0.000 \\ 0.577 \end{bmatrix}$$

若令 $\boldsymbol{y}=\boldsymbol{Q}^{\mathrm{T}}\boldsymbol{x}$，则

$$y_i=\boldsymbol{q}_i^{\mathrm{T}}\boldsymbol{x}=\cos\theta_i$$

其中 θ_i 为单位向量 $\boldsymbol{x}$ 和 $\boldsymbol{q}_i$ 之间的夹角. 对我们的例子，

$$\boldsymbol{y}=(0.000,0.229,0.567,0.331,0.635,0.577,0.000,0.535)^{\mathrm{T}}$$

由于 $y_5=0.635$ 为 $\boldsymbol{y}$ 中最接近 1 的元素，这说明搜索向量 $\boldsymbol{x}$ 最接近 $\boldsymbol{q}_5$ 的方向，因此，模块 5 是最匹配搜索标准的一个. 接下来最好的匹配为模块 6($y_6=0.577$)和 3($y_3=0.567$). 若一个文档不包含任何搜索单词，则对应的数据库矩阵的列向量将与搜索向量正交. 注意到，模块 1 和 7 不包含三个搜索关键字中的任何一个，因此有 [216]

$$y_1=\boldsymbol{q}_1^{\mathrm{T}}\boldsymbol{x}=0 \quad 和 \quad y_7=\boldsymbol{q}_7^{\mathrm{T}}\boldsymbol{x}=0$$

这个例子说明了一些数据库搜索的基本思想. 利用现代矩阵方法，可以将搜索过程显著改进. 我们可以加快搜索速度，并同时纠正由于多义词和同义词而出现的错误. 这些新的技术称为**潜语义索引**(Latent Semantic Indexing，LSI)，它依赖于矩阵分解，**奇异值分解**(singular value decomposition)，这方面的内容将在 6.5 节中讨论.

还有很多涉及向量间夹角的重要应用. 特别地，统计学家用两个向量间夹角的余弦来衡量两个向量之间的相关程度.

应用 2：统计学——相关矩阵和协方差矩阵

假设我们要计算一个班级的考试成绩和作业成绩之间的相关程度. 作为一个例子，我们考虑马萨诸塞大学达特茅斯分校一个数学班的作业成绩和考试成绩. 该班整个学期的作业成绩在表 5.1.2 的第二列中给出，第三列为整个学期两次测验的总成绩，最后一列为期末考试成绩. 对每种情况，最好成绩均为 200 分. 最后一行为班级平均分的汇总.

表 5.1.2　1996年秋数学成绩

学　生	成　绩		
	作业	测验	期末
S1	198	200	196
S2	160	165	165
S3	158	158	133
S4	150	165	91
S5	175	182	151
S6	134	135	101
S7	152	136	80
平均	161	163	131

我们希望通过对每一个测试或作业成绩集合的比较来衡量学生的成绩. 为看到两个成绩集合的相关程度，并考虑到某些难度的差异，需要将每一个测试的成绩调整为均值为0. 若将每一列中的元素减去每一个成绩的平均分，则变换后的每一个成绩的均值均为0. 我们将变换后的成绩存储在一个矩阵中：

217

$$\boldsymbol{X}=\begin{bmatrix}37 & 37 & 65\\ -1 & 2 & 34\\ -3 & -5 & 2\\ -11 & 2 & -40\\ 14 & 19 & 20\\ -27 & -28 & -30\\ -9 & -27 & -51\end{bmatrix}$$

$\boldsymbol{X}$ 的列向量表示三个成绩集合中的每一成绩相对于均值的偏差. 由 $\boldsymbol{X}$ 的列向量给出的三个数据集合的均值均为0，且它们的和均为0. 为比较两个成绩集合，我们计算 $\boldsymbol{X}$ 中相应于两个列向量之间的夹角的余弦. 余弦值接近1表示这两个成绩集合是高度相关的. 例如，作业成绩和考试成绩的相关度为

$$\cos\theta=\frac{\boldsymbol{x}_1^{\mathrm{T}}\boldsymbol{x}_2}{\|\boldsymbol{x}_1\|\ \|\boldsymbol{x}_2\|}\approx 0.92$$

最好的相关度1对应于两个变换后的成绩集合是成比例的. 因此，对一个变换后具有好的相关度的向量，应满足

$$\boldsymbol{x}_2=\alpha\boldsymbol{x}_1\quad(\alpha>0)$$

若将 $\boldsymbol{x}_1$ 和 $\boldsymbol{x}_2$ 的对应坐标组成数对，则每一个有序对均位于直线 $y=\alpha x$ 上. 尽管我们给出的例子中的向量 $\boldsymbol{x}_1$ 和 $\boldsymbol{x}_2$ 并没有十分好的相关度，但系数0.92仍说明这两个成绩集合高度相关. 图5.1.5给出了实际数对与直线 $y=\alpha x$ 的接近程度. 图中直线的斜率可由

$$\alpha=\frac{\boldsymbol{x}_1^{\mathrm{T}}\boldsymbol{x}_2}{\boldsymbol{x}_1^{\mathrm{T}}\boldsymbol{x}_1}=\frac{2625}{2506}\approx 1.05$$

确定. 这种斜率的选择得到了一个对数据点的最优最小二乘(least squares)拟合.（见5.3节练习7.）

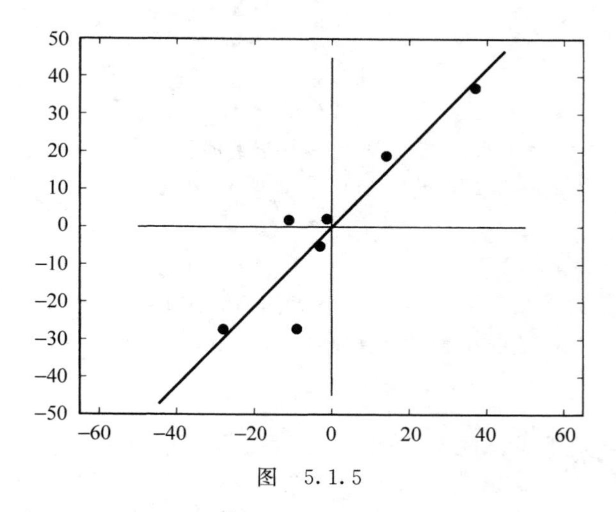

图 5.1.5

如果将 $\boldsymbol{x}_1$ 和 $\boldsymbol{x}_2$ 缩放为以下单位向量：

$$\boldsymbol{u}_1=\frac{1}{\|\boldsymbol{x}_1\|}\boldsymbol{x}_1 \quad \text{和} \quad \boldsymbol{u}_2=\frac{1}{\|\boldsymbol{x}_2\|}\boldsymbol{x}_2$$

则向量之间的夹角的余弦仍然保持不变，并且它可以简单地通过标量积 $\boldsymbol{u}_1^{\mathrm{T}}\boldsymbol{u}_2$ 算得. 将三个变换后的成绩集合用这种方法缩放并存储为一个矩阵：

$$\boldsymbol{U}=\begin{bmatrix} 0.74 & 0.65 & 0.62 \\ -0.02 & 0.03 & 0.33 \\ -0.06 & -0.09 & 0.02 \\ -0.22 & 0.03 & -0.38 \\ 0.28 & 0.33 & 0.19 \\ -0.54 & -0.49 & -0.29 \\ -0.18 & -0.47 & -0.49 \end{bmatrix}$$

218

若令 $\boldsymbol{C}=\boldsymbol{U}^{\mathrm{T}}\boldsymbol{U}$，则

$$\boldsymbol{C}=\begin{bmatrix} 1 & 0.92 & 0.83 \\ 0.92 & 1 & 0.83 \\ 0.83 & 0.83 & 1 \end{bmatrix}$$

且 $\boldsymbol{C}$ 的第(i, j)元素表示第 i 个成绩集合和第 j 个成绩集合的相关程度. 矩阵 $\boldsymbol{C}$ 称为**相关矩阵**(correlation matrix).

由于相关系数均为正的，所以例子中的三个成绩集合均为**正相关的**(positively correlated). 负相关系数表示两个数据集合为**负相关的**(negatively correlated)，而 0 相关系数表示它们是**不相关的**(uncorrelated). 因此，若两个成绩集合对应的相对平均值的偏差向量是不相关的，则它们是正交的.

另外一个和相关矩阵联系紧密的重要统计量为**协方差矩阵**(covariance matrix). 给定表示某变量 x 的 n 个数据点，我们计算数据点的平均值$\bar{x}$，并构造相对平均值的偏差

向量 $\boldsymbol{x}$. **方差**(variance)s^2 定义为

$$s^2 = \frac{1}{n-1}\sum_1^n x_i^2 = \frac{\boldsymbol{x}^{\mathrm{T}}\boldsymbol{x}}{n-1}$$

且标准差 s 定义为方差的平方根. 若有关于一个变量的两个含有 n 个数据的数据集合 X_1 和 X_2，则可以构造这两个集合相对平均值的偏差向量 $\boldsymbol{x}_1$ 和 $\boldsymbol{x}_2$. **协方差**(covariance)定义为

219

$$\mathrm{cov}(X_1, X_2) = \frac{\boldsymbol{x}_1^{\mathrm{T}}\boldsymbol{x}_2}{n-1}$$

如果有多于两个数据集合，则可以构造一个矩阵 $\boldsymbol{X}$，它的每一列表示每一数据集合相对平均值的偏差向量，再构造一个**协方差矩阵**(covariance matrix)$\boldsymbol{S}$，

$$\boldsymbol{S} = \frac{1}{n-1}\boldsymbol{X}^{\mathrm{T}}\boldsymbol{X}$$

三个数学成绩集合的协方差矩阵为

$$\boldsymbol{S} = \frac{1}{6}\begin{bmatrix} 37 & -1 & -3 & -11 & 14 & -27 & -9 \\ 37 & 2 & -5 & 2 & 19 & -28 & -27 \\ 65 & 34 & 2 & -40 & 20 & -30 & -51 \end{bmatrix}\begin{bmatrix} 37 & 37 & 65 \\ -1 & 2 & 34 \\ -3 & -5 & 2 \\ -11 & 2 & -40 \\ 14 & 19 & 20 \\ -27 & -28 & -30 \\ -9 & -27 & -51 \end{bmatrix}$$

$$= \begin{bmatrix} 417.7 & 437.5 & 725.7 \\ 437.5 & 546.0 & 830.0 \\ 725.7 & 830.0 & 1814.3 \end{bmatrix}$$

$\boldsymbol{S}$ 的对角线元素为三个成绩集合的方差，而非对角线元素为协方差.

为说明相关矩阵和协方差矩阵的重要性，下面考虑一个心理学的应用.

应用3：心理学——因素分析和要素分析

因素分析开始于20世纪初，当时心理学家正致力于确定智力产生的因素. 这个领域中一个较为公认的先驱者是心理学家查尔斯·斯皮尔曼(Charles Spearman). 在1904年的一篇论文中，斯皮尔曼分析了一个预科学校的一系列测试成绩. 这些测试来自于一个有23名学生的班级的一些基本科目，同时也包含辨别能力. 斯皮尔曼给出的相关矩阵汇总在表5.1.3中.

表5.1.3　斯皮尔曼的相关矩阵

	文学	法语	英语	数学	辨别	音乐
文学	1	0.83	0.78	0.70	0.66	0.63
法语	0.83	1	0.67	0.67	0.65	0.57
英语	0.78	0.67	1	0.64	0.54	0.51
数学	0.70	0.67	0.64	1	0.45	0.51
辨别	0.66	0.65	0.54	0.45	1	0.40
音乐	0.63	0.57	0.51	0.51	0.40	1

利用该表及其他数据集合，斯皮尔曼发现了在不同学科的测试成绩中存在一个相关层次．他得到结论："各个不同分支的智力活动中均有一个公共的基本函数（或一组基本函数）……"．尽管斯皮尔曼没有给出这些函数的名称，但其他人已经使用诸如言语理解、空间、知觉、联想记忆等术语来描述假设因子．

220

假设因子可以使用称为**主成分分析**（principal component analysis）的数学方法来分离．其基本思想就是构造相对平均值的偏差矩阵 $\boldsymbol{X}$，并将它因式分解为乘积 $\boldsymbol{UW}$，其中 $\boldsymbol{U}$ 的各列相应于假设因子．然而，实际中 $\boldsymbol{X}$ 的列向量是正相关的，假设因子应为不相关的．因此 $\boldsymbol{U}$ 的列向量应当相互正交（即当 $i\neq j$ 时，$\boldsymbol{u}_i^{\mathrm{T}}\boldsymbol{u}_j=0$）．$\boldsymbol{U}$ 的每一列中的元素衡量了由每一列所表示的每一名学生表现出的特定的智力水平．矩阵 $\boldsymbol{W}$ 衡量了每一个按照假设因子进行的测试的外延．

主成分向量可以使用协方差矩阵 $\boldsymbol{S}=\frac{1}{n-1}\boldsymbol{X}^{\mathrm{T}}\boldsymbol{X}$ 得到．由于它依赖于 $\boldsymbol{S}$ 的特征值和特征向量，我们将在第 6 章中讨论这个问题的细节．在 6.5 节中，我们将再次考察这个例子，并学习一种重要的分解方法，称为**奇异值分解**（singular value decomposition），这是主成分分析中的主要方法．

参考文献

1. Spearman, C., "'General Intelligence', Objectively Determined and Measured", *American Journal of Psychology*, **15**, 1904.

2. Hotelling, H., "Analysis of a Complex of Statistical Variables in Principal Components", *Journal of Educational Psychology*, **26**, 1933.

3. Maxwell, A. E., *Multivariate Analysis in Behavioral Research*, Chapman and Hall, London, 1977.

5.1 节练习

1. 求下列向量 $\boldsymbol{v}$ 和 $\boldsymbol{w}$ 之间的夹角．

   (a) $\boldsymbol{v}=(2,1,3)^{\mathrm{T}}$，$\boldsymbol{w}=(6,3,9)^{\mathrm{T}}$　　(b) $\boldsymbol{v}=(2,-3)^{\mathrm{T}}$，$\boldsymbol{w}=(3,2)^{\mathrm{T}}$

   (c) $\boldsymbol{v}=(4,1)^{\mathrm{T}}$，$\boldsymbol{w}=(3,2)^{\mathrm{T}}$　　(d) $\boldsymbol{v}=(-2,3,1)^{\mathrm{T}}$，$\boldsymbol{w}=(1,2,4)^{\mathrm{T}}$

2. 对练习 1 中的每一对向量，求 $\boldsymbol{v}$ 到 $\boldsymbol{w}$ 的标量投影，并求 $\boldsymbol{v}$ 到 $\boldsymbol{w}$ 的向量投影．

3. 对下列每一对向量 $\boldsymbol{x}$ 和 $\boldsymbol{y}$，求 $\boldsymbol{x}$ 到 $\boldsymbol{y}$ 的向量投影 $\boldsymbol{p}$，并验证 $\boldsymbol{p}$ 和 $\boldsymbol{x}-\boldsymbol{p}$ 是正交的．

   (a) $\boldsymbol{x}=(3,4)^{\mathrm{T}}$，$\boldsymbol{y}=(1,0)^{\mathrm{T}}$　　(b) $\boldsymbol{x}=(3,5)^{\mathrm{T}}$，$\boldsymbol{y}=(1,1)^{\mathrm{T}}$

   (c) $\boldsymbol{x}=(2,4,3)^{\mathrm{T}}$，$\boldsymbol{y}=(1,1,1)^{\mathrm{T}}$　　(d) $\boldsymbol{x}=(2,-5,4)^{\mathrm{T}}$，$\boldsymbol{y}=(1,2,-1)^{\mathrm{T}}$

4. 令 $\boldsymbol{x}$ 和 $\boldsymbol{y}$ 为 $\mathbf{R}^2$ 中的线性无关向量．若 $\|\boldsymbol{x}\|=2$ 且 $\|\boldsymbol{y}\|=3$，那么我们可以从 $|\boldsymbol{x}^{\mathrm{T}}\boldsymbol{y}|$ 中得到什么结论呢？

5. 求直线 $y=2x$ 上距点 $(5,2)$ 最近的点．

6. 求直线 $y=2x+1$ 上距点 $(5,2)$ 最近的点．

7. 求点 $(1,2)$ 到直线 $4x-3y=0$ 的距离．

8. 对下列情形求通过点 P_0 且垂直于向量 $\boldsymbol{N}$ 的平面的方程．

   (a) $\boldsymbol{N}=(2,4,3)^{\mathrm{T}}$，$P_0=(0,0,0)$　　(b) $\boldsymbol{N}=(-3,6,2)^{\mathrm{T}}$，$P_0=(4,2,-5)$

   (c) $\boldsymbol{N}=(0,0,1)^{\mathrm{T}}$，$P_0=(3,2,4)$

9. 求过点 $P_1=(2,3,1)$，$P_2=(5,4,3)$，$P_3=(3,4,4)$ 的平面的方程．

10. 求从点 $(1,1,1)$ 到平面 $2x+2y+z=0$ 的距离．

221

11. 求从点(2，1，−2)到平面

$$6(x-1)+2(y-3)+3(z+4)=0$$

的距离.

12. 设 $\boldsymbol{x}=(x_1,\ x_2)^{\mathrm{T}}$，$\boldsymbol{y}=(y_1,\ y_2)^{\mathrm{T}}$ 及 $\boldsymbol{z}=(z_1,\ z_2)^{\mathrm{T}}$ 为 $\mathbf{R}^2$ 中的任意向量，证明：

(a) $\boldsymbol{x}^{\mathrm{T}}\boldsymbol{x}\geqslant 0$　　(b) $\boldsymbol{x}^{\mathrm{T}}\boldsymbol{y}=\boldsymbol{y}^{\mathrm{T}}\boldsymbol{x}$　　(c) $\boldsymbol{x}^{\mathrm{T}}(\boldsymbol{y}+\boldsymbol{z})=\boldsymbol{x}^{\mathrm{T}}\boldsymbol{y}+\boldsymbol{x}^{\mathrm{T}}\boldsymbol{z}$

13. 若 $\boldsymbol{u}$ 和 $\boldsymbol{v}$ 为 $\mathbf{R}^2$ 中的向量，证明 $\|\boldsymbol{u}+\boldsymbol{v}\|^2\leqslant(\|\boldsymbol{u}\|+\|\boldsymbol{v}\|)^2$，并由此得到 $\|\boldsymbol{u}+\boldsymbol{v}\|\leqslant\|\boldsymbol{u}\|+\|\boldsymbol{v}\|$. 何时取等号？给出不等式的几何解释.

14. 令 $\boldsymbol{x}_1$，$\boldsymbol{x}_2$，$\boldsymbol{x}_3$ 为 $\mathbf{R}^3$ 中的向量. 若 $\boldsymbol{x}_1\perp\boldsymbol{x}_2$，且 $\boldsymbol{x}_2\perp\boldsymbol{x}_3$，是否可得 $\boldsymbol{x}_1\perp\boldsymbol{x}_3$？证明你的答案.

15. 令 $\boldsymbol{A}$ 为 2×2 矩阵，它的列向量 $\boldsymbol{a}_1$ 和 $\boldsymbol{a}_2$ 线性无关. 若 $\boldsymbol{a}_1$ 和 $\boldsymbol{a}_2$ 可以构成一个高度为 h 的平行四边形 P(如右图)，证明：

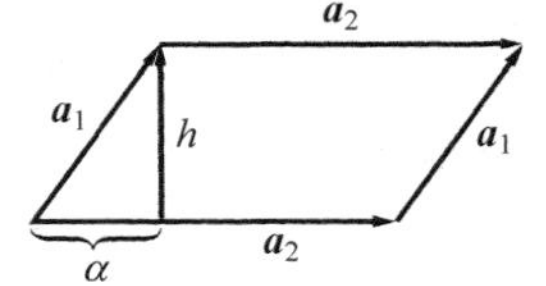

(a) $h^2\|\boldsymbol{a}_2\|^2=\|\boldsymbol{a}_1\|^2\|\boldsymbol{a}_2\|^2-(\boldsymbol{a}_1^{\mathrm{T}}\boldsymbol{a}_2)^2$.

(b) P 的面积 $=|\det(\boldsymbol{A})|$.

16. 若 $\boldsymbol{x}$，$\boldsymbol{y}$ 为 $\mathbf{R}^3$ 中线性无关的向量，则可用它们在对应于 span($\boldsymbol{x}$，$\boldsymbol{y}$)的过原点的平面上构造一平行四边形 P. 证明：

$$P \text{ 的面积}=\|\boldsymbol{x}\times\boldsymbol{y}\|$$

17. 设

$$\boldsymbol{x}=\begin{bmatrix}4\\4\\-4\\4\end{bmatrix}\quad \text{和}\quad \boldsymbol{y}=\begin{bmatrix}4\\2\\2\\1\end{bmatrix}$$

(a) 求 $\boldsymbol{x}$ 和 $\boldsymbol{y}$ 间的夹角.

(b) 求 $\boldsymbol{x}$ 和 $\boldsymbol{y}$ 间的距离.

18. 令 $\boldsymbol{x}$ 和 $\boldsymbol{y}$ 为 $\mathbf{R}^n$ 中的向量，并定义

$$\boldsymbol{p}=\frac{\boldsymbol{x}^{\mathrm{T}}\boldsymbol{y}}{\boldsymbol{y}^{\mathrm{T}}\boldsymbol{y}}\boldsymbol{y}\quad \text{和}\quad \boldsymbol{z}=\boldsymbol{x}-\boldsymbol{p}$$

(a) 证明 $\boldsymbol{p}\perp\boldsymbol{z}$. 因此 $\boldsymbol{p}$ 为 $\boldsymbol{x}$ 到 $\boldsymbol{y}$ 上的向量投影(vector projection)，也即 $\boldsymbol{x}=\boldsymbol{p}+\boldsymbol{z}$，其中 $\boldsymbol{p}$ 和 $\boldsymbol{z}$ 为 $\boldsymbol{x}$ 的正交分量，且 $\boldsymbol{p}$ 为 $\boldsymbol{y}$ 的标量倍数.

(b) 若 $\|\boldsymbol{p}\|=6$ 及 $\|\boldsymbol{z}\|=8$，求 $\|\boldsymbol{x}\|$.

19. 利用应用 1 中的数据库矩阵 $\boldsymbol{Q}$，搜索关键字 orthogonality-spaces-vector，仅在此时将关键字 orthogonality 的权置为其他关键字权的两倍. 它的 8 个模块中，哪个和给定的搜索条件最匹配？[提示：搜索向量中，对应于搜索关键字的权使用 2，1，1，然后将向量缩放为单位向量.]

20. 对 5 名小学生进行英语、数学和科学的能力测试，他们的成绩在下表中给出. 求相关矩阵并说明这三个成绩的集合是如何相关的.

学　生	成　绩		
	英语	数学	科学
S1	61	53	53
S2	63	73	78
S3	78	61	82
S4	65	84	96
S5	63	59	71
平均	66	66	76

21. 设 t 是固定实数，并令

$$c=\cos t, s=\sin t, \boldsymbol{x}=(c, cs, cs^2, \cdots, cs^{n-1}, s^n)^{\mathrm{T}}$$

证明 $\boldsymbol{x}$ 是 $\mathbf{R}^{n+1}$ 中的单位向量.

提示：

$$1+s^2+s^4+\cdots+s^{2n-2}=\frac{1-s^{2n}}{1-s^2}$$

222

5.2　正交子空间

令 $\mathbf{A}$ 为 $m\times n$ 矩阵，并令 $\boldsymbol{x}\in N(\mathbf{A})$，$N(\mathbf{A})$为 $\mathbf{A}$ 的零空间. 由于 $\mathbf{A}\boldsymbol{x}=\mathbf{0}$，我们有

$$a_{i1}x_1+a_{i2}x_2+\cdots+a_{in}x_n=0 \tag{1}$$

其中 $i=1, 2, \cdots, m$. 方程(1)说明，$\boldsymbol{x}$ 与 $\mathbf{A}^{\mathrm{T}}$ 的第 i 个列向量正交，其中 $i=1, 2, \cdots, m$. 由于 $\boldsymbol{x}$ 和 $\mathbf{A}^{\mathrm{T}}$ 的每一个列向量正交，所以它和 $\mathbf{A}^{\mathrm{T}}$ 的列向量的任何线性组合也正交. 因此，若 $\boldsymbol{y}$ 为 $\mathbf{A}^{\mathrm{T}}$ 的列空间中的任何一个向量，则 $\boldsymbol{x}^{\mathrm{T}}\boldsymbol{y}=0$. 于是，$N(\mathbf{A})$中的每一向量都和 $\mathbf{A}^{\mathrm{T}}$ 的列空间中的任何向量正交. 当 $\mathbf{R}^n$ 的两个子空间具有这个性质时，称它们是正交的.

定义　设 X 和 Y 为 $\mathbf{R}^n$ 的子空间，若对每一 $\boldsymbol{x}\in X$ 及 $\boldsymbol{y}\in Y$ 都有 $\boldsymbol{x}^{\mathrm{T}}\boldsymbol{y}=0$，则称 X 和 Y **为正交的**(orthogonal). 若 X 和 Y 是正交的，我们记为 $X\perp Y$.

▶**例 1**　令 X 为由 $\boldsymbol{e}_1$ 张成的 $\mathbf{R}^3$ 的子空间，并令 Y 为由 $\boldsymbol{e}_2$ 张成的子空间. 若 $\boldsymbol{x}\in X$，且 $\boldsymbol{y}\in Y$，则这些向量必形如

$$\boldsymbol{x}=\begin{bmatrix}x_1\\0\\0\end{bmatrix}\quad 和 \quad \boldsymbol{y}=\begin{bmatrix}0\\y_2\\0\end{bmatrix}$$

故

$$\boldsymbol{x}^{\mathrm{T}}\boldsymbol{y}=x_1\cdot 0+0\cdot y_2+0\cdot 0=0$$

因此，$X\perp Y$. ◀

正交子空间的概念并不总是和我们直观概念中的垂直一样. 例如，教室的墙壁和地板“看起来”是正交的，但是 xy 平面和 yz 平面并不是正交的子空间. 事实上，可以考虑向量 $\boldsymbol{x}_1=(1, 1, 0)^{\mathrm{T}}$ 及 $\boldsymbol{x}_2=(0, 1, 1)^{\mathrm{T}}$，它们分别在 xy 和 yz 平面上. 由于

$$\boldsymbol{x}_1^{\mathrm{T}}\boldsymbol{x}_2=1\cdot 0+1\cdot 1+0\cdot 1=1$$

所以子空间不是正交的. 下一个例子说明，对应于 z 轴的子空间和对应于 xy 平面的子空间是正交的.

▶**例 2**　令 X 为由 $\boldsymbol{e}_1$ 和 $\boldsymbol{e}_2$ 张成的 $\mathbf{R}^3$ 的子空间，并令 Y 为由 $\boldsymbol{e}_3$ 张成的子空间. 若 $\boldsymbol{x}\in X$，且$\boldsymbol{y}\in Y$，则

$$\boldsymbol{x}^{\mathrm{T}}\boldsymbol{y}=x_1\cdot 0+x_2\cdot 0+0\cdot y_3=0$$

因此 $X\perp Y$. 此外，若 $\boldsymbol{z}$ 为 $\mathbf{R}^3$ 中的任意向量，它正交于 Y 中的每一个向量，则 $\boldsymbol{z}\perp\boldsymbol{e}_3$，并有

$$z_3=\boldsymbol{z}^{\mathrm{T}}\boldsymbol{e}_3=0$$

但是，若 $z_3=0$，则 $\boldsymbol{z}\in X$. 因此 X 为 $\mathbf{R}^3$ 中所有与 Y 中的每一向量正交的向量集合(见图 5.2.1). ◀

223

定义　令 Y 为 $\mathbf{R}^n$ 的子空间. $\mathbf{R}^n$ 中所有与 Y 中的每一向量正交的向量集合记为 $Y^{\perp}$. 因此

$$Y^{\perp}=\{\boldsymbol{x}\in\mathbf{R}^n \mid \boldsymbol{x}^{\mathrm{T}}\boldsymbol{y}=0, 对每一\ \boldsymbol{y}\in Y\}$$

集合 $Y^{\perp}$ 称为 Y 的**正交补**(orthogonal complement).

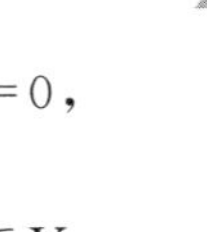

图　5.2.1

注意　例 1 中给出的 $\mathbf{R}^3$ 的子空间 $X=\mathrm{Span}(\boldsymbol{e}_1)$ 和 $Y=\mathrm{Span}(\boldsymbol{e}_2)$是正交的，但它们并不互为正交补. 事实上，

$$X^{\perp}=\mathrm{Span}(\boldsymbol{e}_2,\boldsymbol{e}_3),\quad 而\ Y^{\perp}=\mathrm{Span}(\boldsymbol{e}_1,\boldsymbol{e}_3)$$

注　1. 若 X 和 Y 为 $\mathbf{R}^n$ 中的正交子空间，则 $X\cap Y=\{\mathbf{0}\}$.

2. 若 Y 为 $\mathbf{R}^n$ 的子空间，则 $Y^{\perp}$ 也是 $\mathbf{R}^n$ 的子空间.

证　1. 设 $\boldsymbol{x}\in X\cap Y$，且 $X\perp Y$，则 $\|\boldsymbol{x}\|^2=\boldsymbol{x}^{\mathrm{T}}\boldsymbol{x}=0$，因此 $\boldsymbol{x}=\mathbf{0}$.

2. 设 $\boldsymbol{x}\in Y^{\perp}$，且 α 为一个标量，则对任意 $\boldsymbol{y}\in Y$，

$$(\alpha\boldsymbol{x})^{\mathrm{T}}\boldsymbol{y}=\alpha(\boldsymbol{x}^{\mathrm{T}}\boldsymbol{y})=\alpha\cdot 0=0$$

因此，$\alpha\boldsymbol{x}\in Y^{\perp}$. 若 $\boldsymbol{x}_1$ 和 $\boldsymbol{x}_2$ 为 $Y^{\perp}$ 的元素，则对每一个 $\boldsymbol{y}\in Y$，有

$$(\boldsymbol{x}_1+\boldsymbol{x}_2)^{\mathrm{T}}\boldsymbol{y}=\boldsymbol{x}_1^{\mathrm{T}}\boldsymbol{y}+\boldsymbol{x}_2^{\mathrm{T}}\boldsymbol{y}=0+0=0$$

于是 $\boldsymbol{x}_1+\boldsymbol{x}_2\in Y^{\perp}$. 因此，$Y^{\perp}$ 为 $\mathbf{R}^n$ 的子空间. ■

基本子空间

令 $\boldsymbol{A}$ 为 $m\times n$ 矩阵. 我们在第 3 章中看到，一个向量 $\boldsymbol{b}\in\mathbf{R}^m$ 在 $\boldsymbol{A}$ 的列空间中的充要条件是对某 $\boldsymbol{x}\in\mathbf{R}^n$，有 $\boldsymbol{b}=\boldsymbol{A}\boldsymbol{x}$. 如果将 $\boldsymbol{A}$ 看成是将 $\mathbf{R}^n$ 映射为 $\mathbf{R}^m$ 的线性变换，则 $\boldsymbol{A}$ 的列空间和 $\boldsymbol{A}$ 的值域是相同的. 我们记 $\boldsymbol{A}$ 的值域为 $R(\boldsymbol{A})$. 则

224

$$\begin{aligned}R(\boldsymbol{A})&=\{\boldsymbol{b}\in\mathbf{R}^m \mid \boldsymbol{b}=\boldsymbol{A}\boldsymbol{x}, 对某\ \boldsymbol{x}\in\mathbf{R}^n\}\\&=\boldsymbol{A}\ 的列空间\end{aligned}$$

$\boldsymbol{A}^{\mathrm{T}}$ 的列空间 $R(\boldsymbol{A}^{\mathrm{T}})$为 $\mathbf{R}^n$ 的一个子空间：

$$R(\boldsymbol{A}^{\mathrm{T}})=\{\boldsymbol{y}\in\mathbf{R}^n \mid \boldsymbol{y}=\boldsymbol{A}^{\mathrm{T}}\boldsymbol{x}, 对某\ \boldsymbol{x}\in\mathbf{R}^m\}$$

除了 $R(\boldsymbol{A}^{\mathrm{T}})$的列空间包含 $\mathbf{R}^n$ 中的向量($n\times 1$ 矩阵)而不是 n 元组外，它和 $\boldsymbol{A}$ 的行空间在本质上是相同的. 因此，$\boldsymbol{y}\in R(\boldsymbol{A}^{\mathrm{T}})$的充要条件为 $\boldsymbol{y}^{\mathrm{T}}$ 在 $\boldsymbol{A}$ 的行空间中. 我们已经看到 $R(\boldsymbol{A}^{\mathrm{T}})\perp N(\boldsymbol{A})$. 下面的定理说明，$N(\boldsymbol{A})$事实上是 $R(\boldsymbol{A}^{\mathrm{T}})$的正交补.

定理 5.2.1(基本子空间定理)　若 $\boldsymbol{A}$ 为 $m\times n$ 矩阵，则 $N(\boldsymbol{A})=R(\boldsymbol{A}^{\mathrm{T}})^{\perp}$，且 $N(\boldsymbol{A}^{\mathrm{T}})=R(\boldsymbol{A})^{\perp}$.

证　我们已经看到 $N(\boldsymbol{A})\perp R(\boldsymbol{A}^{\mathrm{T}})$，这意味着 $N(\boldsymbol{A})\subset R(\boldsymbol{A}^{\mathrm{T}})^{\perp}$. 另一方面，若 $\boldsymbol{x}$ 为 $R(\boldsymbol{A}^{\mathrm{T}})^{\perp}$中的任何向量，则 $\boldsymbol{x}$ 和 $\boldsymbol{A}^{\mathrm{T}}$ 的每一个列向量正交，因此，$\boldsymbol{A}\boldsymbol{x}=\mathbf{0}$. 于是 $\boldsymbol{x}$ 必为 $N(\boldsymbol{A})$中的元素，由此 $N(\boldsymbol{A})=R(\boldsymbol{A}^{\mathrm{T}})^{\perp}$. 这个证明并不依赖于 $\boldsymbol{A}$ 的维数. 特别地，这个结论在矩阵$\boldsymbol{B}=\boldsymbol{A}^{\mathrm{T}}$时也是成立的. 故

$$N(\boldsymbol{A}^{\mathrm{T}})=N(\boldsymbol{B})=R(\boldsymbol{B}^{\mathrm{T}})^{\perp}=R(\boldsymbol{A})^{\perp}$$ ■

▶**例 3**　令

$$\boldsymbol{A}=\begin{bmatrix}1&0\\2&0\end{bmatrix}$$

$\boldsymbol{A}$ 的列空间包含所有形如

$$\begin{bmatrix}\alpha\\2\alpha\end{bmatrix}=\alpha\begin{bmatrix}1\\2\end{bmatrix}$$

的向量．注意到，若 $\boldsymbol{x}$ 为 $\mathbf{R}^2$ 中的任意向量，且 $\boldsymbol{b}=\boldsymbol{A}\boldsymbol{x}$，则

$$\boldsymbol{b}=\begin{bmatrix}1&0\\2&0\end{bmatrix}\begin{bmatrix}x_1\\x_2\end{bmatrix}=\begin{bmatrix}1x_1\\2x_1\end{bmatrix}=x_1\begin{bmatrix}1\\2\end{bmatrix}$$

$\boldsymbol{A}^{\mathrm{T}}$ 的零空间包含所有形如 $\beta(-2,1)^{\mathrm{T}}$ 的向量．由于 $(1,2)^{\mathrm{T}}$ 和 $(-2,1)^{\mathrm{T}}$ 是正交的，可得 $R(\boldsymbol{A})$ 中的每一向量将和 $N(\boldsymbol{A}^{\mathrm{T}})$ 中的每一向量正交．$R(\boldsymbol{A}^{\mathrm{T}})$ 和 $N(\boldsymbol{A})$ 之间也有相同的联系．$R(\boldsymbol{A}^{\mathrm{T}})$ 包含所有形如 $\alpha\boldsymbol{e}_1$ 的向量，且 $N(\boldsymbol{A})$ 包含所有形如 $\beta\boldsymbol{e}_2$ 的向量．由于 $\boldsymbol{e}_1$ 和 $\boldsymbol{e}_2$ 是正交的，可得 $R(\boldsymbol{A}^{\mathrm{T}})$ 中的每一向量和 $N(\boldsymbol{A})$ 中的每一向量正交． ◀ 225

定理 5.2.1 是本章中极为重要的定理之一．在 5.3 节中，我们将看到 $N(\boldsymbol{A}^{\mathrm{T}})=R(\boldsymbol{A})^{\perp}$ 对求解最小二乘问题至关重要．为进行表述，我们将利用定理 5.2.1 证明下面的定理，并将利用这个定理依次建立两个更为重要的关于正交子空间的定理．

定理 5.2.2 若 S 为 $\mathbf{R}^n$ 的一个子空间，则 $\dim S+\dim S^{\perp}=n$．此外，若 $\{\boldsymbol{x}_1,\boldsymbol{x}_2,\cdots,\boldsymbol{x}_r\}$ 为 S 的一组基，且 $\{\boldsymbol{x}_{r+1},\boldsymbol{x}_{r+2},\cdots,\boldsymbol{x}_n\}$ 为 $S^{\perp}$ 的一组基，则 $\{\boldsymbol{x}_1,\boldsymbol{x}_2,\cdots,\boldsymbol{x}_r,\boldsymbol{x}_{r+1},\cdots,\boldsymbol{x}_n\}$ 为 $\mathbf{R}^n$ 的一组基．

证 若 $S=\{\boldsymbol{0}\}$，则 $S^{\perp}=\mathbf{R}^n$，且

$$\dim S+\dim S^{\perp}=0+n=n$$

若 $S\neq\{\boldsymbol{0}\}$，则令 $\{\boldsymbol{x}_1,\boldsymbol{x}_2,\cdots,\boldsymbol{x}_r\}$ 为 S 的一组基，并定义 $\boldsymbol{X}$ 为一个 $r\times n$ 矩阵，对每一个 i，它的第 i 行是 $\boldsymbol{x}_i^{\mathrm{T}}$．根据构造，矩阵 $\boldsymbol{X}$ 的秩为 r，且 $R(\boldsymbol{X}^{\mathrm{T}})=S$．利用定理 5.2.1，有

$$S^{\perp}=R(\boldsymbol{X}^{\mathrm{T}})^{\perp}=N(\boldsymbol{X})$$

由定理 3.6.5 可得

$$\dim S^{\perp}=\dim N(\boldsymbol{X})=n-r$$

为证明 $\{\boldsymbol{x}_1,\boldsymbol{x}_2,\cdots,\boldsymbol{x}_r,\boldsymbol{x}_{r+1},\cdots,\boldsymbol{x}_n\}$ 为 $\mathbf{R}^n$ 的一组基，只要证明这 n 个向量线性无关即可．假设

$$c_1\boldsymbol{x}_1+c_2\boldsymbol{x}_2+\cdots+c_r\boldsymbol{x}_r+c_{r+1}\boldsymbol{x}_{r+1}+\cdots+c_n\boldsymbol{x}_n=\boldsymbol{0}$$

令 $\boldsymbol{y}=c_1\boldsymbol{x}_1+c_2\boldsymbol{x}_2+\cdots+c_r\boldsymbol{x}_r$ 及 $\boldsymbol{z}=c_{r+1}\boldsymbol{x}_{r+1}+c_{r+2}\boldsymbol{x}_{r+2}+\cdots+c_n\boldsymbol{x}_n$．则我们有

$$\boldsymbol{y}+\boldsymbol{z}=\boldsymbol{0}$$

$$\boldsymbol{y}=-\boldsymbol{z}$$

因此 $\boldsymbol{y}$ 和 $\boldsymbol{z}$ 均为 $S\cap S^{\perp}$ 中的元素．但是 $S\cap S^{\perp}=\{\boldsymbol{0}\}$．因此，

$$c_1\boldsymbol{x}_1+c_2\boldsymbol{x}_2+\cdots+c_r\boldsymbol{x}_r=\boldsymbol{0}$$

$$c_{r+1}\boldsymbol{x}_{r+1}+c_{r+2}\boldsymbol{x}_{r+2}+\cdots+c_n\boldsymbol{x}_n=\boldsymbol{0}$$

由于 $\boldsymbol{x}_1,\boldsymbol{x}_2,\cdots,\boldsymbol{x}_r$ 是线性无关的，故

$$c_1=c_2=\cdots=c_r=0$$

类似地，$\boldsymbol{x}_{r+1},\boldsymbol{x}_{r+2},\cdots,\boldsymbol{x}_n$ 为线性无关的，因此，

$$c_{r+1}=c_{r+2}=\cdots=c_n=0$$

所以 $\boldsymbol{x}_1,\boldsymbol{x}_2,\cdots,\boldsymbol{x}_n$ 为线性无关的，并构成了 $\mathbf{R}^n$ 的一组基． ■

给定 $\mathbf{R}^n$ 中的一个子空间 S，我们将利用定理5.2.2证明，每一 $\boldsymbol{x}\in\mathbf{R}^n$ 均可以唯一地

226

表示为 $\boldsymbol{y}+\boldsymbol{z}$ 的和，其中 $\boldsymbol{y}\in S$ 且 $\boldsymbol{z}\in S^{\perp}$.

定义　若 U 和 V 为一个向量空间 W 的子空间，且每一个 $\boldsymbol{w}\in W$ 可以唯一地写为一个和 $\boldsymbol{u}+\boldsymbol{v}$，其中 $\boldsymbol{u}\in U$，且 $\boldsymbol{v}\in V$，则我们称 W 为 U 与 V 的**直和**(direct sum)，并记作 $W=U\oplus V$.

定理 5.2.3　若 S 为 $\mathbf{R}^n$ 的一个子空间，则

$$\mathbf{R}^n=S\oplus S^{\perp}$$

证　若 $S=\{\mathbf{0}\}$ 或 $S=\mathbf{R}^n$，这个结果是显然的．当 $\dim S=r(0<r<n)$ 时，由定理5.2.2，每一向量 $\boldsymbol{x}\in\mathbf{R}^n$ 可表示为

$$\boldsymbol{x}=c_1\boldsymbol{x}_1+c_2\boldsymbol{x}_2+\cdots+c_r\boldsymbol{x}_r+c_{r+1}\boldsymbol{x}_{r+1}+\cdots+c_n\boldsymbol{x}_n$$

其中 $\{\boldsymbol{x}_1,\boldsymbol{x}_2,\cdots,\boldsymbol{x}_r\}$ 为 S 的一组基，且 $\{\boldsymbol{x}_{r+1},\boldsymbol{x}_{r+2},\cdots,\boldsymbol{x}_n\}$ 为 $S^{\perp}$ 的一组基．若令

$$\boldsymbol{u}=c_1\boldsymbol{x}_1+c_2\boldsymbol{x}_2+\cdots+c_r\boldsymbol{x}_r\quad\text{和}\quad\boldsymbol{v}=c_{r+1}\boldsymbol{x}_{r+1}+c_{r+2}\boldsymbol{x}_{r+2}+\cdots+c_n\boldsymbol{x}_n$$

则 $\boldsymbol{u}\in S$，$\boldsymbol{v}\in S^{\perp}$，且 $\boldsymbol{x}=\boldsymbol{u}+\boldsymbol{v}$．为证明唯一性，假设 $\boldsymbol{x}$ 还可以写为和 $\boldsymbol{y}+\boldsymbol{z}$，其中 $\boldsymbol{y}\in S$，且 $\boldsymbol{z}\in S^{\perp}$．因此，

$$\boldsymbol{u}+\boldsymbol{v}=\boldsymbol{x}=\boldsymbol{y}+\boldsymbol{z}$$
$$\boldsymbol{u}-\boldsymbol{y}=\boldsymbol{z}-\boldsymbol{v}$$

但 $\boldsymbol{u}-\boldsymbol{y}\in S$，且 $\boldsymbol{z}-\boldsymbol{v}\in S^{\perp}$，所以它们每一个均在 $S\cap S^{\perp}$ 中．由于

$$S\cap S^{\perp}=\{\mathbf{0}\}$$

故可得

$$\boldsymbol{u}=\boldsymbol{y}\quad\text{和}\quad\boldsymbol{v}=\boldsymbol{z}$$
■

定理 5.2.4　若 S 为 $\mathbf{R}^n$ 的一个子空间，则 $(S^{\perp})^{\perp}=S$.

证　若 $\boldsymbol{x}\in S$，则 $\boldsymbol{x}$ 正交于 $S^{\perp}$ 中的每一个 $\boldsymbol{y}$．因此，$\boldsymbol{x}\in(S^{\perp})^{\perp}$，于是 $S\subset(S^{\perp})^{\perp}$．另一方面，假设 $\boldsymbol{z}$ 为 $(S^{\perp})^{\perp}$ 的任意元素．由定理5.2.3，我们可以将 $\boldsymbol{z}$ 写为和 $\boldsymbol{u}+\boldsymbol{v}$，其中 $\boldsymbol{u}\in S$，且 $\boldsymbol{v}\in S^{\perp}$．由于 $\boldsymbol{v}\in S^{\perp}$，故它与 $\boldsymbol{u}$ 和 $\boldsymbol{z}$ 均为正交的．由此可得

$$0=\boldsymbol{v}^{\mathrm{T}}\boldsymbol{z}=\boldsymbol{v}^{\mathrm{T}}\boldsymbol{u}+\boldsymbol{v}^{\mathrm{T}}\boldsymbol{v}=\boldsymbol{v}^{\mathrm{T}}\boldsymbol{v}$$

从而 $\boldsymbol{v}=\mathbf{0}$．因此，$\boldsymbol{z}=\boldsymbol{u}\in S$，于是 $S=(S^{\perp})^{\perp}$．　■

由定理5.2.4可得，若 T 为一子空间 S 的正交补，则 S 也为 T 的正交补，我们简称 S 和 T 互为正交补．特别地，由定理5.2.1可得，$N(\boldsymbol{A})$ 和 $R(\boldsymbol{A}^{\mathrm{T}})$ 互为正交补，且 $N(\boldsymbol{A}^{\mathrm{T}})$ 和 $R(\boldsymbol{A})$ 也互为正交补．因此，我们将记

$$N(\boldsymbol{A})^{\perp}=R(\boldsymbol{A}^{\mathrm{T}})\quad\text{和}\quad N(\boldsymbol{A}^{\mathrm{T}})^{\perp}=R(\boldsymbol{A})$$

回顾方程组 $\boldsymbol{A}\boldsymbol{x}=\boldsymbol{b}$ 相容的充要条件是 $\boldsymbol{b}\in R(\boldsymbol{A})$．由于

227

$R(\boldsymbol{A})=N(\boldsymbol{A}^{\mathrm{T}})^{\perp}$，我们有如下的结论，它是定理5.2.1的推论.

推论 5.2.5　若 $\boldsymbol{A}$ 为 $m\times n$ 矩阵，且 $\boldsymbol{b}\in\mathbf{R}^m$，则或者存在一个向量 $\boldsymbol{x}\in\mathbf{R}^n$ 使得 $\boldsymbol{A}\boldsymbol{x}=\boldsymbol{b}$，或者存在一个向量 $\boldsymbol{y}\in\mathbf{R}^m$ 使得 $\boldsymbol{A}^{\mathrm{T}}\boldsymbol{y}=\mathbf{0}$ 且 $\boldsymbol{y}^{\mathrm{T}}\boldsymbol{b}\neq 0$.

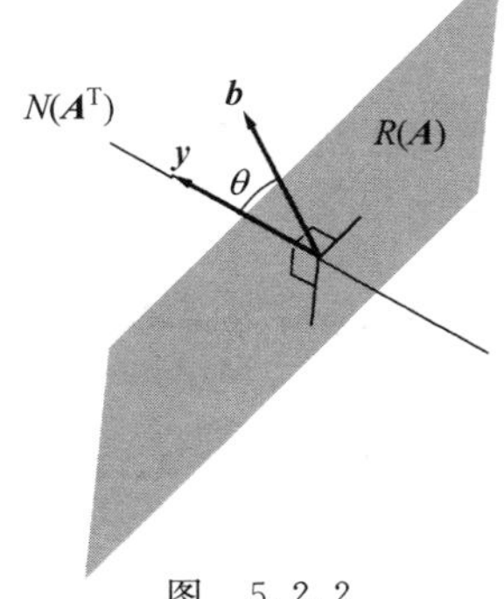

图　5.2.2

当 $R(\boldsymbol{A})$ 为 $\mathbf{R}^3$ 的二维子空间时，推论5.2.5如图5.2.2

所示. 图中角 θ 为直角的充要条件是 $\boldsymbol{b}\in R(\boldsymbol{A})$.

▶**例 4** 令

$$\boldsymbol{A}=\begin{bmatrix}1&1&2\\0&1&1\\1&3&4\end{bmatrix}$$

求 $\boldsymbol{N}(\boldsymbol{A})$，$R(\boldsymbol{A}^{\mathrm{T}})$，$N(\boldsymbol{A}^{\mathrm{T}})$和 $R(\boldsymbol{A})$的基：

解 我们可以通过将 $\boldsymbol{A}$ 化为行最简形来求 $N(\boldsymbol{A})$和 $R(\boldsymbol{A}^{\mathrm{T}})$的基：

$$\begin{bmatrix}1&1&2\\0&1&1\\1&3&4\end{bmatrix}\to\begin{bmatrix}1&1&2\\0&1&1\\0&2&2\end{bmatrix}\to\begin{bmatrix}1&0&1\\0&1&1\\0&0&0\end{bmatrix}$$

由于(1，0，1)和(0，1，1)构成了 $\boldsymbol{A}$ 的行空间的一组基，可得$(1,\ 0,\ 1)^{\mathrm{T}}$ 和$(0,\ 1,\ 1)^{\mathrm{T}}$构成了$R(\boldsymbol{A}^{\mathrm{T}})$的一组基. 若 $\boldsymbol{x}\in N(\boldsymbol{A})$，由 $\boldsymbol{A}$ 的行最简形可得

$$x_1+x_3=0$$
$$x_2+x_3=0$$

因此，

$$x_1=x_2=-x_3$$

令 $x_3=\alpha$，我们看到 $N(\boldsymbol{A})$由所有形如 $\alpha(-1,\ -1,\ 1)^{\mathrm{T}}$ 的向量组成. 注意，$(-1,\ -1,\ 1)^{\mathrm{T}}$ 与$(1,\ 0,\ 1)^{\mathrm{T}}$和$(0,\ 1,\ 1)^{\mathrm{T}}$ 正交.

228

为求 $R(\boldsymbol{A})$和 $N(\boldsymbol{A}^{\mathrm{T}})$的基，将 $\boldsymbol{A}^{\mathrm{T}}$ 化简为行最简形：

$$\begin{bmatrix}1&0&1\\1&1&3\\2&1&4\end{bmatrix}\to\begin{bmatrix}1&0&1\\0&1&2\\0&1&2\end{bmatrix}\to\begin{bmatrix}1&0&1\\0&1&2\\0&0&0\end{bmatrix}$$

因此$(1,\ 0,\ 1)^{\mathrm{T}}$ 和$(0,\ 1,\ 2)^{\mathrm{T}}$ 构成了 $R(\boldsymbol{A})$的一组基. 若 $\boldsymbol{x}\in N(\boldsymbol{A}^{\mathrm{T}})$，则 $x_1=-x_3$，$x_2=-2x_3$. 因此，$N(\boldsymbol{A}^{\mathrm{T}})$为由$(-1,\ -2,\ 1)^{\mathrm{T}}$ 张成的 $\mathbf{R}^3$ 的子空间. 注意，$(-1,\ -2,\ 1)^{\mathrm{T}}$ 与$(1,\ 0,\ 1)^{\mathrm{T}}$ 和$(0,\ 1,\ 2)^{\mathrm{T}}$ 正交. ◀

我们在第 3 章中看到，行空间和列空间有相同的维数. 若 $\boldsymbol{A}$ 的秩为 r，则

$$\dim R(\boldsymbol{A})=\dim R(\boldsymbol{A}^{\mathrm{T}})=r$$

事实上，$\boldsymbol{A}$ 可以用于构造一个 $R(\boldsymbol{A}^{\mathrm{T}})$和 $R(\boldsymbol{A})$之间的一一对应关系.

我们可将 $m\times n$ 矩阵 $\boldsymbol{A}$ 看成是从 $\mathbf{R}^n$ 到 $\mathbf{R}^m$ 的线性变换.

$$\boldsymbol{x}\in\mathbf{R}^n\to\boldsymbol{A}\boldsymbol{x}\in\mathbf{R}^m$$

由于 $R(\boldsymbol{A}^{\mathrm{T}})$和 $N(\boldsymbol{A})$在 $\mathbf{R}^n$ 中互为正交补，

$$\mathbf{R}^n=R(\boldsymbol{A}^{\mathrm{T}})\oplus N(\boldsymbol{A})$$

每一个向量 $\boldsymbol{x}\in\mathbf{R}^n$ 可以写为和

$$\boldsymbol{x}=\boldsymbol{y}+\boldsymbol{z},\quad \boldsymbol{y}\in R(\boldsymbol{A}^{\mathrm{T}}),\quad \boldsymbol{z}\in N(\boldsymbol{A})$$

由此可得，对每一 $\boldsymbol{x}\in\mathbf{R}^n$，

$$\boldsymbol{A}\boldsymbol{x}=\boldsymbol{A}\boldsymbol{y}+\boldsymbol{A}\boldsymbol{z}=\boldsymbol{A}\boldsymbol{y}$$

因此，

$$R(\mathbf{A})=\{\mathbf{A}\mathbf{x}\mid\mathbf{x}\in\mathbf{R}^n\}=\{\mathbf{A}\mathbf{y}\mid\mathbf{y}\in R(\mathbf{A}^{\mathrm{T}})\}$$

于是，如果将 $\mathbf{A}$ 的定义域限制为 $R(\mathbf{A}^{\mathrm{T}})$，则 $\mathbf{A}$ 将 $R(\mathbf{A}^{\mathrm{T}})$ 映上到 $R(\mathbf{A})$. 此外，这个映射是一一的. 事实上，如果 $\mathbf{x}_1$，$\mathbf{x}_2\in R(\mathbf{A}^{\mathrm{T}})$，且

$$\mathbf{A}\mathbf{x}_1=\mathbf{A}\mathbf{x}_2$$

则

$$\mathbf{A}(\mathbf{x}_1-\mathbf{x}_2)=\mathbf{0}$$

因此，

$$\mathbf{x}_1-\mathbf{x}_2\in R(\mathbf{A}^{\mathrm{T}})\cap N(\mathbf{A})$$

由于 $R(\mathbf{A}^{\mathrm{T}})\cap N(\mathbf{A})=\{\mathbf{0}\}$，可得 $\mathbf{x}_1=\mathbf{x}_2$. 因此，我们可认为 $\mathbf{A}$ 确定了一个 $R(\mathbf{A}^{\mathrm{T}})$ 和 $R(\mathbf{A})$ 之间的一一对应关系. 由于每一 $\mathbf{b}\in R(\mathbf{A})$ 恰对应一个 $\mathbf{y}\in R(\mathbf{A}^{\mathrm{T}})$，因此可以定义一个从 $R(\mathbf{A})$ 到 $R(\mathbf{A}^{\mathrm{T}})$ 的逆变换. 事实上，如果将每一 $m\times n$ 矩阵 $\mathbf{A}$ 看成是从 $R(\mathbf{A}^{\mathrm{T}})$ 到 $R(\mathbf{A})$ 的线性变换，则它可逆.

229

▶**例 5** 令 $\mathbf{A}=\begin{bmatrix}2&0&0\\0&3&0\end{bmatrix}$. $R(\mathbf{A}^{\mathrm{T}})$ 是由 $\mathbf{e}_1$ 和 $\mathbf{e}_2$ 张成的，且 $N(\mathbf{A})$ 是由 $\mathbf{e}_3$ 张成的. 任何向量 $\mathbf{x}\in\mathbf{R}^3$ 可写为和

$$\mathbf{x}=\mathbf{y}+\mathbf{z}$$

其中

$$\mathbf{y}=(x_1,x_2,0)^{\mathrm{T}}\in R(\mathbf{A}^{\mathrm{T}})\quad 且\quad \mathbf{z}=(0,0,x_3)^{\mathrm{T}}\in N(\mathbf{A})$$

如果我们仅考虑向量 $\mathbf{y}\in R(\mathbf{A}^{\mathrm{T}})$，则

$$\mathbf{y}=\begin{bmatrix}x_1\\x_2\\0\end{bmatrix}\to\mathbf{A}\mathbf{y}=\begin{bmatrix}2x_1\\3x_2\end{bmatrix}$$

此时 $R(\mathbf{A})=\mathbf{R}^2$，且从 $R(\mathbf{A})$ 到 $R(\mathbf{A}^{\mathrm{T}})$ 的逆变换定义为

$$\mathbf{b}=\begin{bmatrix}b_1\\b_2\end{bmatrix}\to\begin{bmatrix}\frac{1}{2}b_1\\\frac{1}{3}b_2\\0\end{bmatrix}$$ ◀

5.2 节练习

1. 对下列每一矩阵，求子空间 $R(\mathbf{A}^{\mathrm{T}})$，$N(\mathbf{A})$，$R(\mathbf{A})$ 和 $N(\mathbf{A}^{\mathrm{T}})$ 的一组基.

   (a) $\mathbf{A}=\begin{bmatrix}3&4\\6&8\end{bmatrix}$　　(b) $\mathbf{A}=\begin{bmatrix}1&3&1\\2&4&0\end{bmatrix}$

   (c) $\mathbf{A}=\begin{bmatrix}4&-2\\1&3\\2&1\\3&4\end{bmatrix}$　　(d) $\mathbf{A}=\begin{bmatrix}1&0&0&0\\0&1&1&1\\0&0&1&1\\1&1&2&2\end{bmatrix}$

2. 令 S 为由 $\mathbf{x}=(1，-1，1)^{\mathrm{T}}$ 张成的 $\mathbf{R}^3$ 的子空间.

   (a) 求 $S^{\perp}$ 的一组基.

(b) 给出 S 和 $S^{\perp}$ 的一个几何描述.

3. (a) 令 S 为由向量 $\boldsymbol{x}=(x_1, x_2, x_3)^{\mathrm{T}}$ 和 $\boldsymbol{y}=(y_1, y_2, y_3)^{\mathrm{T}}$ 张成的 $\mathbf{R}^3$ 的子空间. 令

$$\boldsymbol{A}=\begin{bmatrix} x_1 & x_2 & x_3 \\ y_1 & y_2 & y_3 \end{bmatrix}$$

证明 $S^{\perp}=N(\boldsymbol{A})$.

(b) 求由 $(1, 2, 1)^{\mathrm{T}}$ 和 $(1, -1, 2)^{\mathrm{T}}$ 张成的 $\mathbf{R}^3$ 子空间的正交补.

4. 令 S 为由 $\boldsymbol{x}_1=(1, 0, -2, 1)^{\mathrm{T}}$ 和 $\boldsymbol{x}_2=(0, 1, 3, -2)^{\mathrm{T}}$ 张成的 $\mathbf{R}^4$ 的子空间. 求 $S^{\perp}$ 的一组基.

5. 令 $\boldsymbol{A}$ 为 3×2 矩阵，其秩为 2. 给出 $R(\boldsymbol{A})$ 和 $N(\boldsymbol{A}^{\mathrm{T}})$ 的几何描述，并用几何方法说明子空间是如何关联的.

6. 是否可能有一个矩阵，使得 $(3, 1, 2)$ 在它的行空间中，且 $(2, 1, 1)^{\mathrm{T}}$ 在它的零空间中？试说明.

7. 令 $\boldsymbol{a}_j$ 为一个 $m\times n$ 矩阵 $\boldsymbol{A}$ 的非零列向量. 是否可使 $\boldsymbol{a}_j$ 在 $N(\boldsymbol{A}^{\mathrm{T}})$ 中？试说明.

8. 令 S 为由 $\boldsymbol{x}_1, \boldsymbol{x}_2, \cdots, \boldsymbol{x}_k$ 张成的 $\mathbf{R}^n$ 的子空间. 证明 $\boldsymbol{y}\in S^{\perp}$ 的充要条件是 $\boldsymbol{y}\perp\boldsymbol{x}_i$，其中 $i=1, 2, \cdots, k$.

9. 若 $\boldsymbol{A}$ 是一个秩为 r 的 $m\times n$ 矩阵，$N(\boldsymbol{A})$ 和 $N(\boldsymbol{A}^{\mathrm{T}})$ 的维数是多少？试说明.

10. 证明推论 5.2.5.

11. 证明：若 $\boldsymbol{A}$ 为 $m\times n$ 矩阵且 $\boldsymbol{x}\in\mathbf{R}^n$，则或者 $\boldsymbol{A}\boldsymbol{x}=\boldsymbol{0}$，或者存在一个 $\boldsymbol{y}\in R(\boldsymbol{A}^{\mathrm{T}})$ 使得 $\boldsymbol{x}^{\mathrm{T}}\boldsymbol{y}\neq 0$. 当 $N(\boldsymbol{A})$ 为 $\mathbf{R}^3$ 的一个二维子空间时，绘制一个类似图 5.2.2 的图，用几何方法说明这个结论.

230

12. 令 $\boldsymbol{A}$ 为 $m\times n$ 矩阵. 试说明为什么下列命题是正确的.
    (a) 任何 $\mathbf{R}^n$ 中的向量 $\boldsymbol{x}$ 可唯一地写为一个和 $\boldsymbol{y}+\boldsymbol{z}$，其中 $\boldsymbol{y}\in N(\boldsymbol{A})$，且 $\boldsymbol{z}\in R(\boldsymbol{A}^{\mathrm{T}})$.
    (b) 任何向量 $\boldsymbol{b}\in\mathbf{R}^m$ 可唯一地写为一个和 $\boldsymbol{u}+\boldsymbol{v}$，其中 $\boldsymbol{u}\in N(\boldsymbol{A}^{\mathrm{T}})$，且 $\boldsymbol{v}\in R(\boldsymbol{A})$.

13. 令 $\boldsymbol{A}$ 为 $m\times n$ 矩阵，证明：
    (a) 若 $\boldsymbol{x}\in N(\boldsymbol{A}^{\mathrm{T}}\boldsymbol{A})$，则 $\boldsymbol{A}\boldsymbol{x}$ 在 $R(\boldsymbol{A})$ 和 $N(\boldsymbol{A}^{\mathrm{T}})$ 中.
    (b) $N(\boldsymbol{A}^{\mathrm{T}}\boldsymbol{A})=N(\boldsymbol{A})$.
    (c) $\boldsymbol{A}$ 和 $\boldsymbol{A}^{\mathrm{T}}\boldsymbol{A}$ 有相同的秩.
    (d) 若 $\boldsymbol{A}$ 存在线性无关的列，则 $\boldsymbol{A}^{\mathrm{T}}\boldsymbol{A}$ 是非奇异的.

14. 令 $\boldsymbol{A}$ 为 $m\times n$ 矩阵，$\boldsymbol{B}$ 为 $n\times r$ 矩阵，且 $\boldsymbol{C}=\boldsymbol{A}\boldsymbol{B}$. 证明：
    (a) $N(\boldsymbol{B})$ 为 $N(\boldsymbol{C})$ 的一个子空间.
    (b) $N(\boldsymbol{C})^{\perp}$ 为 $N(\boldsymbol{B})^{\perp}$ 的子空间，从而 $R(\boldsymbol{C}^{\mathrm{T}})$ 为 $R(\boldsymbol{B}^{\mathrm{T}})$ 的一个子空间.

15. 令 U 和 V 为向量空间 W 的子空间. 若 $W=U\oplus V$，证明 $U\cap V=\{\boldsymbol{0}\}$.

16. 令 $\boldsymbol{A}$ 是一个秩为 r 的 $m\times n$ 矩阵，并令 $\{\boldsymbol{x}_1, \boldsymbol{x}_2, \cdots, \boldsymbol{x}_r\}$ 为 $R(\boldsymbol{A}^{\mathrm{T}})$ 的一组基. 证明 $\{\boldsymbol{A}\boldsymbol{x}_1, \boldsymbol{A}\boldsymbol{x}_2, \cdots, \boldsymbol{A}\boldsymbol{x}_r\}$ 为 $R(\boldsymbol{A})$ 的一组基.

17. 令 $\boldsymbol{x}$ 和 $\boldsymbol{y}$ 为 $\mathbf{R}^n$ 中线性无关的向量，并令 $S=\mathrm{Span}(\boldsymbol{x}, \boldsymbol{y})$. 我们可以用向量 $\boldsymbol{x}$ 和 $\boldsymbol{y}$，通过令

$$\boldsymbol{A}=\boldsymbol{x}\boldsymbol{y}^{\mathrm{T}}+\boldsymbol{y}\boldsymbol{x}^{\mathrm{T}}$$

来定义一个矩阵 $\boldsymbol{A}$.
    (a) 证明 $\boldsymbol{A}$ 为对称的.
    (b) 证明 $N(\boldsymbol{A})=S^{\perp}$.
    (c) 证明 $\boldsymbol{A}$ 的秩必为 2.

5.3 最小二乘问题

数学和统计建模中的一个基本方法是，根据最小二乘(least squares)拟合平面上的

点集．最小二乘曲线的图形通常是基本类型的函数，例如线性函数、多项式或三角多项式．由于数据可能会有测量误差或试验误差，我们不要求曲线通过所有数据点．事实上，我们需要在所有数据点处的 y 值和逼近曲线相应点处的 y 值之间误差的平方和最小意义下的最佳曲线．

图 5.3.1　高斯的肖像

最小二乘技术是由勒让德(A. M. Legendre)和高斯(Carl Friedrich Gauss)独立地提出的．尽管有明确的证据表明，在高斯还是一个学生的时候，早于勒让德的文章九年就已经提出这种方法并使用它进行了天文计算，然而有关这个主题的第一篇文章是勒让德在1806年发表的．图 5.3.1 给出了高斯的肖像．

231

应用 1：天文学——高斯的谷神星轨道计算

1801年1月1日，意大利天文学家 G. Piazzi 发现了谷神星．他在6个星期中跟踪这颗小行星，但由于太阳的干扰，这颗小行星不见了．很多著名的天文学家发表了文章，预测谷神星的轨道．高斯也发表了一个预测，但是他预测的轨道和其他人有相当大的差异．谷神星在1801年12月7日被一个观测者再度发现，并在1802年1月1日又被另一观测者发现．这两种情况均和高斯预测的位置十分接近．高斯立刻在天文学界赢得了威望，并在一段时间内，他被公认为是知名的天文学家而不是数学家．他成功的关键就在于使用了最小二乘法．

超定方程组的最小二乘解

最小二乘问题一般可化为一个超定的线性方程组．回顾一下，一个超定方程组含有的方程数多于变量数．这种方程组通常是不相容的．因此，给定一个 $m\times n$ 的方程组 $\boldsymbol{A}\boldsymbol{x}=\boldsymbol{b}$，其中$m>n$，一般我们不能期望找到一个向量 $\boldsymbol{x}\in\mathbf{R}^n$，使得 $\boldsymbol{A}\boldsymbol{x}$ 等于 $\boldsymbol{b}$．事实上，可以寻找一个向量 $\boldsymbol{x}$，使得 $\boldsymbol{A}\boldsymbol{x}$ "最接近" $\boldsymbol{b}$．正如所期望的，正交性在求 $\boldsymbol{x}$ 的过程中扮演了重要的角色．

给定一个方程组 $\boldsymbol{A}\boldsymbol{x}=\boldsymbol{b}$，其中 $\boldsymbol{A}$ 为一个 $m\times n(m>n)$ 矩阵，并且 $\boldsymbol{b}\in\mathbf{R}^m$，则对每一 $\boldsymbol{x}\in\mathbf{R}^n$，可以构造一个*残差*(residual)

$$r(\boldsymbol{x})=\boldsymbol{b}-\boldsymbol{A}\boldsymbol{x}$$

$\boldsymbol{b}$ 和 $\boldsymbol{A}\boldsymbol{x}$ 间的距离为

$$\|\boldsymbol{b}-\boldsymbol{A}\boldsymbol{x}\|=\|r(\boldsymbol{x})\|$$

我们希望寻找一个向量 $\boldsymbol{x}\in\mathbf{R}^n$，使得 $\|r(\boldsymbol{x})\|$ 是最小的．最小化 $\|r(\boldsymbol{x})\|$ 等价于最小化 $\|r(\boldsymbol{x})\|^2$．达到最小值的向量$\hat{\boldsymbol{x}}$ 称为方程组 $\boldsymbol{A}\boldsymbol{x}=\boldsymbol{b}$ 的*最小二乘解*(least squares solution)．

若$\hat{\boldsymbol{x}}$为方程组 $\boldsymbol{A}\boldsymbol{x}=\boldsymbol{b}$ 的最小二乘解，且 $\boldsymbol{p}=\boldsymbol{A}\hat{\boldsymbol{x}}$，则 $\boldsymbol{p}$ 就是 $\boldsymbol{A}$ 的列空间中和 $\boldsymbol{b}$ 最接近的向量．下面的定理保证了这个最接近的向量 $\boldsymbol{p}$ 不仅是存在的，而且还是唯一的．另外，它给出了该向量的一个重要特征．

定理 5.3.1　*令 S 为 $\mathbf{R}^m$ 的一个子空间．对每一 $\boldsymbol{b}\in\mathbf{R}^m$，在 S 中均存在一个唯一的元素 $\boldsymbol{p}$ 和 $\boldsymbol{b}$ 最接近，即对任意 $\boldsymbol{y}\neq\boldsymbol{p}$，有*

$$\|\boldsymbol{b}-\boldsymbol{y}\|>\|\boldsymbol{b}-\boldsymbol{p}\|$$

此外，S 中给定的向量 $\boldsymbol{p}$ 和向量 $\boldsymbol{b}\in\mathbf{R}^m$ 最接近的充要条件是 $\boldsymbol{b}-\boldsymbol{p}\in S^{\perp}$.

证 由于 $\mathbf{R}^m=S\oplus S^{\perp}$，$\mathbf{R}^m$ 中的每一元素 $\boldsymbol{b}$ 可以唯一地表示为一个和

$$\boldsymbol{b}=\boldsymbol{p}+\boldsymbol{z}$$

其中 $\boldsymbol{p}\in S$ 且 $\boldsymbol{z}\in S^{\perp}$. 若 $\boldsymbol{y}$ 为 S 中的任何其他元素，则

$$\|\boldsymbol{b}-\boldsymbol{y}\|^2=\|(\boldsymbol{b}-\boldsymbol{p})+(\boldsymbol{p}-\boldsymbol{y})\|^2$$

232

由于 $\boldsymbol{p}-\boldsymbol{y}\in S$，且 $\boldsymbol{b}-\boldsymbol{p}=\boldsymbol{z}\in S^{\perp}$，则由毕达哥拉斯定律有

$$\|\boldsymbol{b}-\boldsymbol{y}\|^2=\|\boldsymbol{b}-\boldsymbol{p}\|^2+\|\boldsymbol{p}-\boldsymbol{y}\|^2$$

因此，

$$\|\boldsymbol{b}-\boldsymbol{y}\|>\|\boldsymbol{b}-\boldsymbol{p}\|$$

于是，若 $\boldsymbol{p}\in S$，且 $\boldsymbol{b}-\boldsymbol{p}\in S^{\perp}$，则 $\boldsymbol{p}$ 为 S 中最接近 $\boldsymbol{b}$ 的元素. 反之，若 $\boldsymbol{q}\in S$，且 $\boldsymbol{b}-\boldsymbol{q}\notin S^{\perp}$，则 $\boldsymbol{q}\neq\boldsymbol{p}$，由前面的讨论(当 $\boldsymbol{y}=\boldsymbol{q}$ 时)知，

$$\|\boldsymbol{b}-\boldsymbol{q}\|>\|\boldsymbol{b}-\boldsymbol{p}\|$$ ■

现在考虑 $\boldsymbol{b}$ 在子空间 S 中的特殊情形，我们有

$$\boldsymbol{b}=\boldsymbol{p}+\boldsymbol{z},\quad \boldsymbol{p}\in S,\quad \boldsymbol{z}\in S^{\perp}$$

及

$$\boldsymbol{b}=\boldsymbol{b}+\mathbf{0}$$

由直和表示的唯一性，有

$$\boldsymbol{p}=\boldsymbol{b}\quad 且\quad \boldsymbol{z}=\mathbf{0}$$

一个向量$\hat{\boldsymbol{x}}$为 $\boldsymbol{A}\boldsymbol{x}=\boldsymbol{b}$ 的最小二乘解的充要条件是 $\boldsymbol{p}=\boldsymbol{A}\hat{\boldsymbol{x}}$ 为 $R(\boldsymbol{A})$ 中最接近 $\boldsymbol{b}$ 的向量. 向量 $\boldsymbol{p}$ 称为 $\boldsymbol{b}$ 在 $R(\boldsymbol{A})$ 上的投影(projection). 由定理 5.3.1 有

$$\boldsymbol{b}-\boldsymbol{p}=\boldsymbol{b}-A\hat{\boldsymbol{x}}=r(\hat{\boldsymbol{x}})$$

必为 $R(\boldsymbol{A})^{\perp}$ 中的元素. 因此$\hat{\boldsymbol{x}}$ 为最小二乘问题的解的充要条件是

$$r(\hat{\boldsymbol{x}})\in R(\boldsymbol{A})^{\perp}\tag{1}$$

(见图 5.3.2).

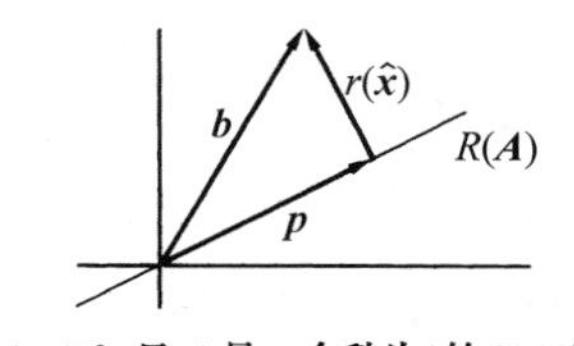

a) $\boldsymbol{b}\in\mathbf{R}^2$，且 A 是一个秩为1的 2×1矩阵

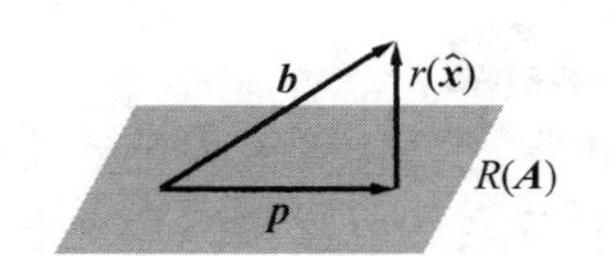

b) $\boldsymbol{b}\in\mathbf{R}^2$，且 A 是一个秩为2的3×2矩阵

图 5.3.2

如何寻找满足条件(1)的向量$\hat{\boldsymbol{x}}$呢？关键是求解由定理 5.2.1 给出的最小二乘问题，它表明

$$R(\boldsymbol{A})^{\perp}=N(\boldsymbol{A}^{\mathrm{T}})$$

一个向量$\hat{\boldsymbol{x}}$是方程组 $\boldsymbol{A}\boldsymbol{x}=\boldsymbol{b}$ 的最小二乘解，当且仅当

$$r(\hat{\boldsymbol{x}})\in N(\boldsymbol{A}^{\mathrm{T}})$$

233

或等价地，

$$\mathbf{0}=\boldsymbol{A}^{\mathrm{T}}r(\hat{\boldsymbol{x}})=\boldsymbol{A}^{\mathrm{T}}(\boldsymbol{b}-\boldsymbol{A}\hat{\boldsymbol{x}})$$

因此，为求解最小二乘问题 $\boldsymbol{Ax}=\boldsymbol{b}$，我们必须求解

$$\boldsymbol{A}^{\mathrm{T}}\boldsymbol{Ax}=\boldsymbol{A}^{\mathrm{T}}\boldsymbol{b} \tag{2}$$

方程(2)表示的 $n\times n$ 线性方程组称为**正规方程组**(normal equations). 一般地，正规方程组可能存在多个解；然而，若 $\hat{\boldsymbol{x}}$ 和 $\hat{\boldsymbol{y}}$ 均为解，则由于 $\boldsymbol{b}$ 在 $R(\boldsymbol{A})$ 中的投影 $\boldsymbol{p}$ 是唯一的，故

$$\boldsymbol{A}\hat{\boldsymbol{x}}=\boldsymbol{A}\hat{\boldsymbol{y}}=\boldsymbol{p}$$

下面的定理指明在何种条件下最小二乘问题 $\boldsymbol{Ax}=\boldsymbol{b}$ 将有唯一解.

定理 5.3.2　*若 $\boldsymbol{A}$ 是一个秩为 n 的 $m\times n$ 矩阵，则正规方程组*

$$\boldsymbol{A}^{\mathrm{T}}\boldsymbol{Ax}=\boldsymbol{A}^{\mathrm{T}}\boldsymbol{b}$$

有唯一解

$$\hat{\boldsymbol{x}}=(\boldsymbol{A}^{\mathrm{T}}\boldsymbol{A})^{-1}\boldsymbol{A}^{\mathrm{T}}\boldsymbol{b}$$

且 $\hat{\boldsymbol{x}}$ 为方程组 $\boldsymbol{Ax}=\boldsymbol{b}$ 唯一的最小二乘解.

证　我们首先证明 $\boldsymbol{A}^{\mathrm{T}}\boldsymbol{A}$ 为非奇异的. 为此，令 $\boldsymbol{z}$ 为

$$\boldsymbol{A}^{\mathrm{T}}\boldsymbol{Ax}=\mathbf{0} \tag{3}$$

的一个解. 则 $\boldsymbol{Az}\in N(\boldsymbol{A}^{\mathrm{T}})$. 显然，$\boldsymbol{Az}\in R(\boldsymbol{A})=N(\boldsymbol{A}^{\mathrm{T}})^{\perp}$. 由于 $N(\boldsymbol{A}^{\mathrm{T}})\cap N(\boldsymbol{A}^{\mathrm{T}})^{\perp}=\{\mathbf{0}\}$，可得 $\boldsymbol{Az}=\mathbf{0}$. 若 $\boldsymbol{A}$ 的秩为 n，则 $\boldsymbol{A}$ 的列向量是线性无关的，因此，$\boldsymbol{Ax}=\mathbf{0}$ 仅有平凡解. 故 $\boldsymbol{z}=\mathbf{0}$，且(3)仅有平凡解. 由定理1.5.2，$\boldsymbol{A}^{\mathrm{T}}\boldsymbol{A}$ 为非奇异的. 由此可得 $\hat{\boldsymbol{x}}=(\boldsymbol{A}^{\mathrm{T}}\boldsymbol{A})^{-1}\boldsymbol{A}^{\mathrm{T}}\boldsymbol{b}$ 为正规方程组的唯一解，进而，方程组 $\boldsymbol{Ax}=\boldsymbol{b}$ 有唯一的最小二乘解. ■

投影向量

$$\boldsymbol{p}=\boldsymbol{A}\hat{\boldsymbol{x}}=\boldsymbol{A}(\boldsymbol{A}^{\mathrm{T}}\boldsymbol{A})^{-1}\boldsymbol{A}^{\mathrm{T}}\boldsymbol{b}$$

为 $R(\boldsymbol{A})$ 中的元素，并在最小二乘意义下最接近 $\boldsymbol{b}$. 矩阵 $\boldsymbol{P}=\boldsymbol{A}(\boldsymbol{A}^{\mathrm{T}}\boldsymbol{A})^{-1}\boldsymbol{A}^{\mathrm{T}}$ 称为**投影矩阵**(projection matrix).

应用 2：弹簧常数

虎克定律指出，弹簧受力时变化的长度和受力的大小成正比. 因此，若 F 为受到的力，且 x 为弹簧在外力作用下的伸长长度，则 $F=kx$. 比例常数 k 称为**弹簧常数**(spring constant).

一些学物理的学生希望确定一个给定的弹簧的弹簧常数. 他们使用 3、5 和 8 磅的力拉伸弹簧，弹簧分别伸长 4、7 和 11 英寸. 利用虎克定律，他们给出了下列方程组：

234

$$\begin{aligned}4k&=3\\7k&=5\\11k&=8\end{aligned}$$

方程组显然是不相容的，因为每一个方程均得到不同的 k. 学生决定使用方程组的最小二乘解，而不是其中的任何一个值.

$$(4,7,11)\begin{bmatrix}4\\7\\11\end{bmatrix}(k)=(4,7,11)\begin{bmatrix}3\\5\\8\end{bmatrix}$$

$$186k=135$$

$$k\approx 0.726$$

▶**例 1** 求方程组

$$\begin{aligned}x_1+\ x_2&=3\\-2x_1+3x_2&=1\\2x_1-\ x_2&=2\end{aligned}$$

的最小二乘解.

解 该方程组的正规方程组是

$$\begin{bmatrix}1&-2&2\\1&3&-1\end{bmatrix}\begin{bmatrix}1&1\\-2&3\\2&-1\end{bmatrix}\begin{bmatrix}x_1\\x_2\end{bmatrix}=\begin{bmatrix}1&-2&2\\1&3&-1\end{bmatrix}\begin{bmatrix}3\\1\\2\end{bmatrix}$$

它可化简为一个 2×2 方程组

$$\begin{bmatrix}9&-7\\-7&11\end{bmatrix}\begin{bmatrix}x_1\\x_2\end{bmatrix}=\begin{bmatrix}5\\4\end{bmatrix}$$

这个 2×2 方程组的解为 $\left(\frac{83}{50},\ \frac{71}{50}\right)^{\mathrm{T}}$. ◀

科学家们经常收集数据，并尝试寻找变量之间的函数关系. 例如，数据可能是液体的温度 T_0，T_1，…，T_n，分别对应测量的时间 t_0，t_1，…，t_n. 若温度 T 可以表示为一个时间 t 的函数，这个函数就可用于预测以后的温度. 如果数据包含平面上的 $n+1$ 个点，则可以找到一个不超过 n 次的多项式通过所有的点. 这个多项式称为插值多项式(interpolating polynomial). 事实上，由于数据通常包含试验误差，因此不能要求函数通过所有的点. 实际上，并不严格通过所有点的低次多项式往往真正描述了变量间的关系. 例如，如果变量间的实际关系为线性的，但数据含有很小的误差，使用插值多项式可能会更糟糕(见图 5.3.3).

235

给定数据表

x	x_1	x_2	$\cdots$	x_m
y	y_1	y_2	$\cdots$	y_m

我们希望寻找一个线性函数

$$y=c_0+c_1x$$

在最小二乘意义下最好地拟合数据. 若我们要求

$$y_i=c_0+c_1x_i\quad i=1,2,\cdots,m$$

可得到一个有两个变量的 m 个方程.

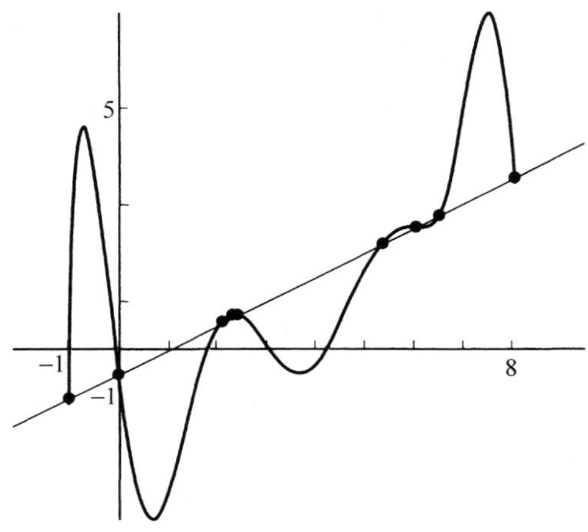

x	−1.00	0.00	2.10	2.30	2.40	5.30	6.00	6.50	8.00
y	−1.02	−0.52	0.55	0.70	0.70	2.13	2.52	2.82	3.54

图　5.3.3

$$\begin{bmatrix} 1 & x_1 \\ 1 & x_2 \\ \vdots & \vdots \\ 1 & x_m \end{bmatrix} \begin{bmatrix} c_0 \\ c_1 \end{bmatrix} = \begin{bmatrix} y_1 \\ y_2 \\ \vdots \\ y_m \end{bmatrix} \tag{4}$$

系数为(4)的最小二乘解的线性函数称为数据的最优线性最小二乘拟合函数.

▶**例 2**　给定数据

x	0	3	6
y	1	4	5

236 求最优线性最小二乘拟合函数.

解　对这个例子，方程组(4)变为

$$\boldsymbol{A}\boldsymbol{c} = \boldsymbol{y}$$

其中

$$\boldsymbol{A} = \begin{bmatrix} 1 & 0 \\ 1 & 3 \\ 1 & 6 \end{bmatrix}, \quad \boldsymbol{c} = \begin{bmatrix} c_0 \\ c_1 \end{bmatrix} \quad 及 \quad \boldsymbol{y} = \begin{bmatrix} 1 \\ 4 \\ 5 \end{bmatrix}$$

正规方程组为

$$\boldsymbol{A}^{\mathrm{T}}\boldsymbol{A}\boldsymbol{c} = \boldsymbol{A}^{\mathrm{T}}\boldsymbol{y}$$

化简为

$$\begin{bmatrix} 3 & 9 \\ 9 & 45 \end{bmatrix} \begin{bmatrix} c_0 \\ c_1 \end{bmatrix} = \begin{bmatrix} 10 \\ 42 \end{bmatrix} \tag{5}$$

该方程组的解为$\left(\frac{4}{3}, \frac{2}{3}\right)$. 因此，最优线性最小二乘拟合为

$$y=\frac{4}{3}+\frac{2}{3}x$$ ◀

例 2 也可使用微积分计算. 残差 $r(\boldsymbol{c})$ 为

$$r(\boldsymbol{c})=\boldsymbol{y}-\boldsymbol{A}\boldsymbol{c}$$

且

$$\begin{aligned}\|r(\boldsymbol{c})\|^2 &= \|\boldsymbol{y}-\boldsymbol{A}\boldsymbol{c}\|^2\\ &= [1-(c_0+0c_1)]^2+[4-(c_0+3c_1)]^2+[5-(c_0+6c_1)]^2\\ &= f(c_0,c_1)\end{aligned}$$

因此，$\|r(\boldsymbol{c})\|^2$ 可看成是两个变量的函数 $f(c_0, c_1)$. 这个函数的最小值将在其偏导数为零的点处取得.

$$\frac{\partial f}{\partial c_0}=-2(10-3c_0-9c_1)=0$$

$$\frac{\partial f}{\partial c_1}=-6(14-3c_0-15c_1)=0$$

将方程两端同除以−2，则可得到与(5)相同的方程组(见图 5.3.4).

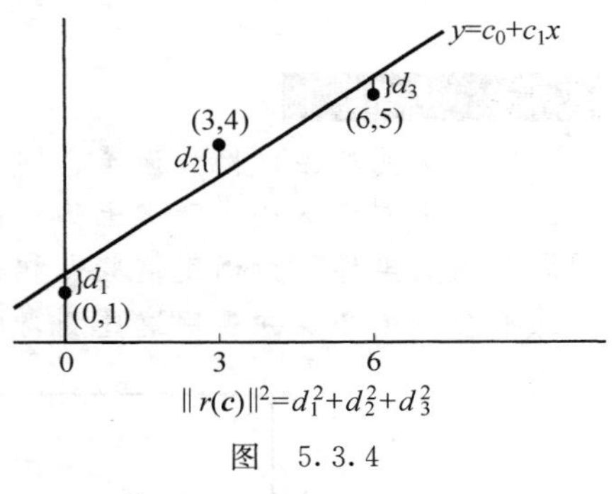

图 5.3.4

若数据看起来不像线性函数，则可以使用一个高次的多项式. 为求出数据

x	x_1	x_2	$\cdots$	x_m
y	y_1	y_2	$\cdots$	y_m

采用 n 次多项式的最优最小二乘拟合系数 c_0，c_1，…，c_n，必须求方程组

$$\begin{bmatrix}1 & x_1 & x_1^2 & \cdots & x_1^n\\ 1 & x_2 & x_2^2 & \cdots & x_2^n\\ \vdots & & & & \\ 1 & x_m & x_m^2 & \cdots & x_m^n\end{bmatrix}\begin{bmatrix}c_0\\ c_1\\ \vdots\\ c_n\end{bmatrix}=\begin{bmatrix}y_1\\ y_2\\ \vdots\\ y_m\end{bmatrix} \tag{6}$$

的最小二乘解.

237

▶**例 3**　求对数据

x	0	1	2	3
y	3	2	4	4

的最优二次最小二乘拟合.

解　对这个例子，方程组(6)化为

$$\begin{bmatrix}1 & 0 & 0\\ 1 & 1 & 1\\ 1 & 2 & 4\\ 1 & 3 & 9\end{bmatrix}\begin{bmatrix}c_0\\ c_1\\ c_2\end{bmatrix}=\begin{bmatrix}3\\ 2\\ 4\\ 4\end{bmatrix}$$

因此正规方程组为

$$\begin{bmatrix}1 & 1 & 1 & 1\\0 & 1 & 2 & 3\\0 & 1 & 4 & 9\end{bmatrix}\begin{bmatrix}1 & 0 & 0\\1 & 1 & 1\\1 & 2 & 4\\1 & 3 & 9\end{bmatrix}\begin{bmatrix}c_0\\c_1\\c_2\end{bmatrix}=\begin{bmatrix}1 & 1 & 1 & 1\\0 & 1 & 2 & 3\\0 & 1 & 4 & 9\end{bmatrix}\begin{bmatrix}3\\2\\4\\4\end{bmatrix}$$

这可以化简为

$$\begin{bmatrix}4 & 6 & 14\\6 & 14 & 36\\14 & 36 & 98\end{bmatrix}\begin{bmatrix}c_0\\c_1\\c_2\end{bmatrix}=\begin{bmatrix}13\\22\\54\end{bmatrix}$$

这个方程组的解为[2.75，−0.25，0.25]. 给定数据的最优二次最小二乘拟合多项式为

$$p(x)=2.75-0.25x+0.25x^2$$ ◀

应用3：坐标测量

很多工业产品，例如渔竿、圆盘和管子，形状均为圆形的. 公司通常会雇用质量控制工程师来测试这些生产线上的产品是否符合工业标准. 使用传感器可以记录工业产品圆周上点的坐标. 为确定这些点和一个圆的接近程度，我们可以根据这些数据，用最小二乘拟合一个圆，并观察这些测得的点与圆的接近程度(见图5.3.5).

238

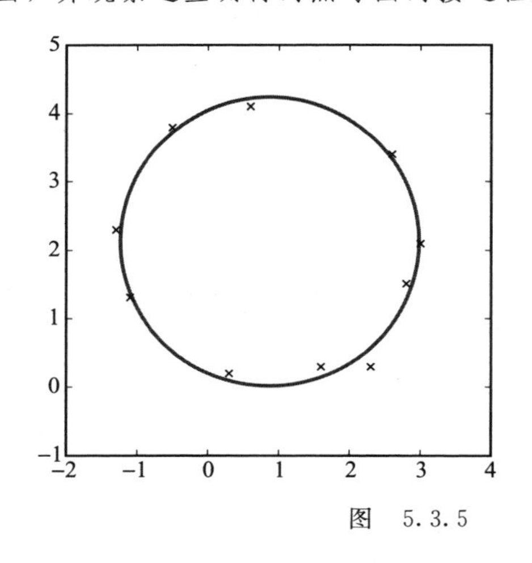

x	y
3.0	2.1
2.6	3.4
0.6	4.1
−0.5	3.8
−1.3	2.3
−1.1	1.3
0.3	0.2
1.6	0.3
2.3	0.3
2.8	1.5

图 5.3.5

为拟合一个圆

$$(x-c_1)^2+(y-c_2)^2=r^2 \tag{7}$$

到 n 个样本坐标对 (x_1, y_1)，(x_2, y_2)，…，(x_n, y_n)，我们需要确定圆心 (c_1, c_2) 和半径 r. 改写方程(7)，得到

$$2xc_1+2yc_2+(r^2-c_1^2-c_2^2)=x^2+y^2$$

如果令 $c_3=r^2-c_1^2-c_2^2$，则方程可写为

$$2xc_1+2yc_2+c_3=x^2+y^2$$

将每一数据点代入方程，我们将得到超定方程组

$$\begin{bmatrix} 2x_1 & 2y_1 & 1 \\ 2x_2 & 2y_2 & 1 \\ \vdots & \vdots & \vdots \\ 2x_n & 2y_n & 1 \end{bmatrix} \begin{bmatrix} c_1 \\ c_2 \\ c_3 \end{bmatrix} = \begin{bmatrix} x_1^2 + y_1^2 \\ x_2^2 + y_2^2 \\ \vdots \\ x_n^2 + y_n^2 \end{bmatrix}$$

一旦求得了最小二乘解 $\boldsymbol{c}$，则最小二乘圆的圆心(c_1, c_2)和半径可由

$$r = \sqrt{c_3 + c_1^2 + c_2^2}$$

确定. 为衡量样本点与圆的接近程度，我们可以通过设置

$$r_i = r^2 - (x_i - c_1)^2 - (y_i - c_2)^2, \quad i = 1,2,\cdots,n$$

构造一个剩余向量 $\boldsymbol{r}$ 于是，可以使用 $\|\boldsymbol{r}\|$ 作为这些点与圆的接近程度的一个度量.

239

应用 4：管理科学(回顾层次分析法)

在 1.3 节中，给出了一个数学系在雇佣员工时如何使用管理科学中层次分析过程的例子. 这个过程包括选择决策所需依据的准则，并给每一准则赋予权重. 在这个例子中，雇佣决定依赖于候选人在研究、教学及学术活动三个方面的排序. 委员会对每一候选人都在这三个方面赋予了权重. 权重的度量取决于候选人在每一领域中的相对强弱. 一旦所有权重均被赋值，则总排序的结果即可通过矩阵乘以一个向量来求得.

该过程的关键就是如何赋予权重. 教学方面的评估将依赖于查找委员会的定性判断. 这种判断必须转换为量化的权重. 研究方面的评估可以量化地通过候选人在期刊上发表论文的页数及定性地考虑期刊的质量来进行. 确定定性判别权重的标准方法是首先将候选人之间进行两两比较，然后使用比较的结果来确定权重. 我们此处描述的方法会导出一个超定方程组. 我们将通过求解方程组的最小二乘解来计算权重.

在 6.8 节中，我们将考察另外一种经常使用的“特征向量法”来确定两两比较的权重. 在该方法中，我们构造一个比较矩阵 $\boldsymbol{C}$，其(i, j)元素就表示第 i 个特征或选项与第 j 个特征或选项之间的相对权重. 该方法依赖于一个关于正矩阵(即矩阵的元素均为正的实数)的重要定理，该定理将在 6.8 节中讲解. “特征向量法”是由层次分析法的提出者 T. L. Satty 推荐使用的.

对我们给出的查找例子，委员会定性地认为教学和研究是同等重要的，它们均是学术活动重要性的两倍. 为反映这样的判断，研究、教学和学术活动对应的权重 w_1，w_2 和 w_3 必须满足：

$$w_1 = w_2, \quad w_1 = 2w_3, \quad w_2 = 2w_3$$

此外，权重的和必须相加为 1. 权重可通过下面方程组求得：

$$\begin{aligned} w_1 &- w_2 &+ 0w_3 &= 0 \\ w_1 &+ 0w_2 &- 2w_3 &= 0 \\ 0w_1 &+ w_2 &- 2w_3 &= 0 \\ w_1 &+ w_2 &+ w_3 &= 1 \end{aligned}$$

尽管方程组是超定的，但是仍有一个唯一解 $\boldsymbol{w} = (0.4, 0.4, 0.2)^{\mathrm{T}}$. 通常超定方程

组是不相容的．事实上，如果委员会使用四个准则，并依据他们自己的判断给出两两比较的结果，最终得到的方程组(有七个方程四个未知量)就更像是不相容的了．对不相容的方程组，可以通过求解方程组的最小二乘解来确定和为 1 的权重．下面的例子中，我们将展示如何操作．

240

▶**例 4**　假设为筛选数学系的职位，查找委员会已经将人数限制在了只有四名候选人的小范围：Gauss 博士，Ipsen 博士，O'Leary 博士和 Taussky 博士．为确定研究对应的权重，查找委员会决定同时考虑发表论文的数量和发表论文的质量两个方面．委员会认为论文的质量要比论文的数量更为重要，因此，他们给出论文数量的权重为 0.4，而质量的权重为 0.6．该决策对应的层次结构如图 5.3.6 所示．所有委员会计算的权重也包括在该图中．我们将考察出版物的量和质对应的权重是如何获得的，以及是如何将图中的所有权重组合在一起得到候选人总排序结果的．

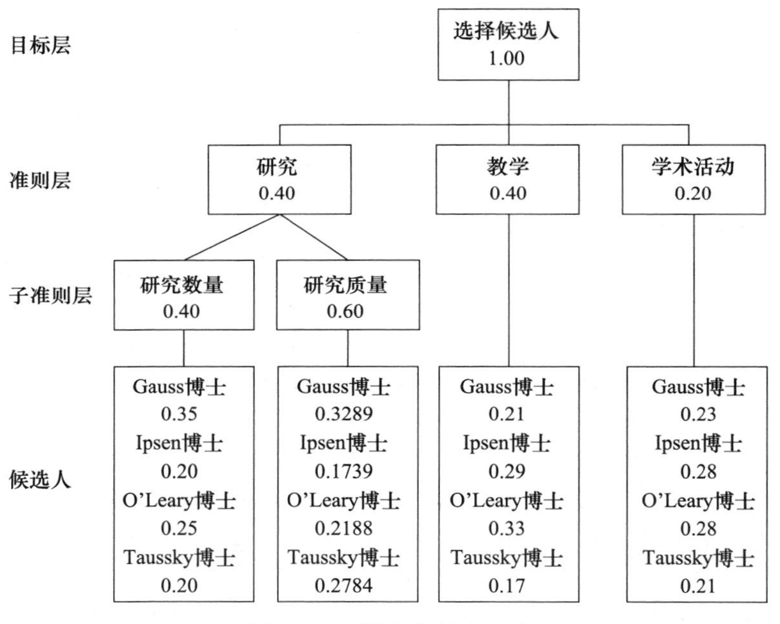

图 5.3.6　层次分析过程图

研究数量的权重是通过计算候选人发表论文的页数，除以所有候选人发表论文的总页数来求得的．这些权重在表 5.3.1 中给出．

表 5.3.1　研究数量的权重

候选人	论文页数	权重
Gauss	700	0.35
Ipsen	400	0.20
O'Leary	500	0.25
Taussky	400	0.20
总计	2 000	1.00

241

为对研究质量进行评级，委员会两两比较了候选人发表论文的质量．若在某一对比中对候选人的评估相同，则他们将得到相同的权重．同时，委员会也一致同意没有任何一个候选人的质量权重会超过其他候选人质量权重的两倍．因此，若候选人 i 比候选人 j 的论文给人更为深刻的印象，则权重将会按照如下的方法赋值：

$$w_i=\beta w_j \text{ 或 } w_j=\frac{1}{\beta}w_i\text{，其中 } 1<\beta\leqslant 2$$

在研究了所有候选人的论文后，委员会同意了下列的成对比较权重：

$w_1=1.75w_2$，$w_1=1.5w_3$，$w_1=1.25w_4$，$w_2=0.75w_3$，$w_2=0.50w_4$，$w_3=0.75w_4$

这些条件可以导出下面的线性方程组：

$$\begin{array}{rcrcrcrcl}
1w_1 & - & 1.75w_2 & + & 0w_3 & + & 0w_4 & = & 0\\
1w_1 & + & 0w_2 & - & 1.5w_3 & + & 0w_4 & = & 0\\
1w_1 & + & 0w_2 & + & 0w_3 & - & 1.25w_4 & = & 0\\
0w_1 & + & 1w_2 & - & 0.75w_3 & + & 0w_4 & = & 0\\
0w_1 & + & 1w_2 & + & 0w_3 & - & 0.50w_4 & = & 0\\
0w_1 & + & 0w_2 & + & 1w_3 & - & 0.75w_4 & = & 0
\end{array}$$

因为解 $\boldsymbol{w}$ 是一个权重向量，其分量的和必然为 1.

$$w_1+w_2+w_3+w_4=1$$

求出的层次分析权重必须严格满足最后给出的方程，因此 w_4 可以按照如下的方式计算：

$$w_4=1-w_1-w_2-w_3 \tag{8}$$

而上述的 6×3 方程组可以改写为

$$\begin{array}{rcrcrcl}
1w_1 & - & 1.75w_2 & + & 0w_3 & = & 0\\
1w_1 & + & 0w_2 & - & 1.5w_3 & = & 0\\
2.25w_1 & + & 1.25w_2 & + & 1.25w_3 & = & 1.25\\
0w_1 & + & 1w_2 & - & 0.75w_3 & = & 0\\
0.5w_1 & + & 1.5w_2 & + & 0.5w_3 & = & 0.5\\
0.75w_1 & + & 0.75w_2 & + & 1.75w_3 & = & 0.75
\end{array}$$

尽管这个方程组是不相容的，但其存在唯一的最小二乘解 $w_1=0.328\,9$，$w_2=0.173\,9$，$w_3=0.218\,8$. 利用方程(8)可得 $w_4=0.278\,4$.

决策过程的最后一步是利用不同的分类及其子类来计算排序向量. 我们将每一个向量乘以图中给出的相应权重，然后将它们组合成为总排序向量 $\boldsymbol{r}$.

242

$$\boldsymbol{r}=0.40\left[0.40\begin{bmatrix}0.35\\0.20\\0.25\\0.20\end{bmatrix}+0.60\begin{bmatrix}0.328\,9\\0.173\,9\\0.218\,8\\0.278\,4\end{bmatrix}\right]+0.40\begin{bmatrix}0.21\\0.29\\0.33\\0.17\end{bmatrix}+0.20\begin{bmatrix}0.23\\0.28\\0.28\\0.21\end{bmatrix}$$

$$=0.40\begin{bmatrix}0.337\,3\\0.184\,3\\0.231\,3\\0.247\,0\end{bmatrix}+0.40\begin{bmatrix}0.21\\0.29\\0.33\\0.17\end{bmatrix}+0.20\begin{bmatrix}0.23\\0.28\\0.28\\0.21\end{bmatrix}=\begin{bmatrix}0.264\,9\\0.245\,7\\0.280\,5\\0.208\,8\end{bmatrix}$$

具有最高评级的候选人是 O'Leary，Gauss 是第二位，Ipsen 和 Taussky 分别为第三

和第四位. ◀

5.3 节练习

1. 求下列方程组的最小二乘解.

(a) $\begin{aligned} x_1 + x_2 &= 3 \\ 2x_1 - 3x_2 &= 1 \\ 0x_1 + 0x_2 &= 2 \end{aligned}$

(b) $\begin{aligned} -x_1 + x_2 &= 10 \\ 2x_1 + x_2 &= 5 \\ x_1 - 2x_2 &= 20 \end{aligned}$

(c) $\begin{aligned} x_1 + x_2 + x_3 &= 4 \\ -x_1 + x_2 + x_3 &= 0 \\ -x_2 + x_3 &= 1 \\ x_1 \quad\quad + x_3 &= 2 \end{aligned}$

2. 对练习 1 中的每一解 $\hat{\boldsymbol{x}}$：

(a) 求投影 $\boldsymbol{p}=\boldsymbol{A}\hat{\boldsymbol{x}}$.　(b) 求残差 $r(\hat{\boldsymbol{x}})$.　(c) 验证 $r(\hat{\boldsymbol{x}})\in N(\boldsymbol{A}^{\mathrm{T}})$.

3. 对下列每一方程组 $\boldsymbol{Ax}=\boldsymbol{b}$，求所有的最小二乘解.

(a) $\boldsymbol{A}=\begin{bmatrix} 1 & 2 \\ 2 & 4 \\ -1 & -2 \end{bmatrix}$, $\boldsymbol{b}=\begin{bmatrix} 3 \\ 2 \\ 1 \end{bmatrix}$　(b) $\boldsymbol{A}=\begin{bmatrix} 1 & 1 & 3 \\ -1 & 3 & 1 \\ 1 & 2 & 4 \end{bmatrix}$, $\boldsymbol{b}=\begin{bmatrix} -2 \\ 0 \\ 8 \end{bmatrix}$

4. 对练习 3 中的每一个方程组，确定 $\boldsymbol{b}$ 到 $R(\boldsymbol{A})$的投影 $\boldsymbol{p}$，并验证 $\boldsymbol{b}-\boldsymbol{p}$ 与 $\boldsymbol{A}$ 的每一列向量正交.

5. (a) 求数据

x	-1	0	1	2
y	0	1	3	9

的最优线性最小二乘拟合函数.

(b) 在一个坐标系下画出你在(a)中得到的线性函数和数据.

6. 求一个二次多项式，对练习 5 中的数据进行最优最小二乘拟合. 画出你的函数在点 $x=-1$，0，1，2 的值，并画草图.

7. 给定点集(x_1, y_1)，(x_2, y_2)，…，(x_n, y_n)，令

$$\boldsymbol{x}=(x_1, x_2, \cdots, x_n)^{\mathrm{T}} \qquad \boldsymbol{y}=(y_1, y_2, \cdots, y_n)^{\mathrm{T}}$$

$$\bar{x}=\frac{1}{n}\sum_{i=1}^{n} x_i \qquad \bar{y}=\frac{1}{n}\sum_{i=1}^{n} y_i$$

并令 $y=c_0+c_1x$ 为给定点的最优线性最小二乘拟合函数. 证明：若$\bar{x}=0$，则

$$c_0=\bar{y} \quad 且 \quad c_1=\frac{\boldsymbol{x}^{\mathrm{T}}\boldsymbol{y}}{\boldsymbol{x}^{\mathrm{T}}\boldsymbol{x}}$$

8. 练习 7 中的点$(\bar{x}, \bar{y})$称为点集的质心(center of mass). 证明最小二乘直线必过质心. [提示：使用变量替换 $z=x-\bar{x}$，将问题转化为均值为 0 的新自变量的问题.]

9. 令 $\boldsymbol{A}$ 是一个秩为 n 的 $m\times n$ 矩阵，并令 $\boldsymbol{P}=\boldsymbol{A}(\boldsymbol{A}^{\mathrm{T}}\boldsymbol{A})^{-1}\boldsymbol{A}^{\mathrm{T}}$.

(a) 证明对每一 $\boldsymbol{b}\in R(A)$有 $\boldsymbol{Pb}=\boldsymbol{b}$. 用投影对其进行说明.

(b) 若 $\boldsymbol{b}\in R(\boldsymbol{A})^{\perp}$，证明 $\boldsymbol{Pb}=\boldsymbol{0}$.

243

(c) 若 $R(\boldsymbol{A})$为 $\mathbf{R}^3$ 中一个过原点的平面，给出(a)和(b)的几何描述.

10. 令 $\boldsymbol{A}$ 是秩为 3 的 8×5 矩阵，并令 $\boldsymbol{b}$ 为 $N(\boldsymbol{A}^{\mathrm{T}})$中的一非零向量.

(a) 证明方程组 $\boldsymbol{Ax}=\boldsymbol{b}$ 必为不相容的.

(b) 方程组 $\boldsymbol{Ax}=\boldsymbol{b}$ 有多少个最小二乘解? 试说明.

11. 令 $\boldsymbol{P}=\boldsymbol{A}(\boldsymbol{A}^{\mathrm{T}}\boldsymbol{A})^{-1}\boldsymbol{A}^{\mathrm{T}}$，其中 $\boldsymbol{A}$ 是秩为 n 的 $m\times n$ 矩阵.

(a) 证明 $\boldsymbol{P}^2=\boldsymbol{P}$.

(b) 证明 $\boldsymbol{P}^k=\boldsymbol{P}$，其中 $k=1, 2, \cdots$.

(c) 证明 $\boldsymbol{P}$ 为对称的. [提示：若 $\boldsymbol{B}$ 为非奇异的，则 $(\boldsymbol{B}^{-1})^{\mathrm{T}}=(\boldsymbol{B}^{\mathrm{T}})^{-1}$.]

12. 证明：若

$$\begin{bmatrix} \boldsymbol{A} & \boldsymbol{I} \\ \boldsymbol{O} & \boldsymbol{A}^{\mathrm{T}} \end{bmatrix}\begin{bmatrix} \hat{\boldsymbol{x}} \\ \boldsymbol{r} \end{bmatrix}=\begin{bmatrix} \boldsymbol{b} \\ \boldsymbol{0} \end{bmatrix}$$

则 $\hat{\boldsymbol{x}}$ 为方程组 $\boldsymbol{Ax}=\boldsymbol{b}$ 的最小二乘解，且 $\boldsymbol{r}$ 为剩余向量.

13. 令 $\boldsymbol{A}\in\mathbf{R}^{m\times n}$，且令 $\hat{\boldsymbol{x}}$ 为最小二乘问题 $\boldsymbol{Ax}=\boldsymbol{b}$ 的一个解. 证明一个向量 $\boldsymbol{y}\in\mathbf{R}^n$ 也为一个解的充要条件是，对某向量 $\boldsymbol{z}\in N(\boldsymbol{A})$ 有 $\boldsymbol{y}=\hat{\boldsymbol{x}}+\boldsymbol{z}$. [提示：$N(\boldsymbol{A}^{\mathrm{T}}\boldsymbol{A})=N(\boldsymbol{A})$.]

14. 求圆的方程，使得该最优最小二乘圆拟合点 $(-1, -2)$，$(0, 2.4)$，$(1.1, -4)$，$(2.4, -1.6)$.

15. 设例 4 的查找过程中，查找委员会对候选人的教学证书进行了如下评估：

(i) Gauss 和 Taussky 的教学证书相同.

(ii) O'Leary 的教学证书应当为 Ipsen 的教学证书的 1.25 倍，并为 Gauss 和 Taussky 的教学证书的 1.75 倍.

(iii) Ipsen 的教学证书应当为 Gauss 和 Taussky 的教学证书的 1.25 倍.

(a) 利用应用 4 中给出的权重向量对候选人的教学证书进行排序.

(b) 利用(a)中给出的向量对候选人进行总排序.

5.4 内积空间

标量积不仅在 $\mathbf{R}^n$ 中有用，而且对很多情况都有用. 为将这个概念推广到其他向量空间，我们引入如下的定义.

定义和例子

定义 一个向量空间 V 上的**内积**(inner product)为 V 上的运算，它将 V 中的向量 $\boldsymbol{x}$ 和 $\boldsymbol{y}$ 与一个实数 $\langle\boldsymbol{x}, \boldsymbol{y}\rangle$ 关联，并满足下列条件：

Ⅰ. $\langle\boldsymbol{x}, \boldsymbol{x}\rangle\geqslant 0$，等号成立的充要条件是 $\boldsymbol{x}=\boldsymbol{0}$.

Ⅱ. 对 V 中所有的 $\boldsymbol{x}$ 和 $\boldsymbol{y}$，有 $\langle\boldsymbol{x}, \boldsymbol{y}\rangle=\langle\boldsymbol{y}, \boldsymbol{x}\rangle$.

Ⅲ. 对 V 中所有的 $\boldsymbol{x}$，$\boldsymbol{y}$，$\boldsymbol{z}$ 及所有的标量 α 和 β，有 $\langle\alpha\boldsymbol{x}+\beta\boldsymbol{y}, \boldsymbol{z}\rangle=\alpha\langle\boldsymbol{x}, \boldsymbol{z}\rangle+\beta\langle\boldsymbol{y}, \boldsymbol{z}\rangle$.

一个定义了内积的向量空间 V 称为内积空间(inner product space).

向量空间 $\mathbf{R}^n$

$\mathbf{R}^n$ 中的标准内积就是标量积

$$\langle\boldsymbol{x},\boldsymbol{y}\rangle = \boldsymbol{x}^{\mathrm{T}}\boldsymbol{y}$$

给定一个元素为正的向量 $\boldsymbol{w}$，我们也可定义 $\mathbf{R}^n$ 上的一个内积为

$$\langle\boldsymbol{x},\boldsymbol{y}\rangle = \sum_{i=1}^{n} x_i y_i w_i \tag{1}$$

元素 w_i 称为权(weight).

244

向量空间 $\mathbf{R}^{m\times n}$

给定 $\mathbf{R}^{m\times n}$ 中的 $\boldsymbol{A}$ 和 $\boldsymbol{B}$，我们可以定义一个内积为

$$\langle \boldsymbol{A},\boldsymbol{B}\rangle = \sum_{i=1}^{m}\sum_{j=1}^{n} a_{ij}b_{ij} \tag{2}$$

留给读者去验证(2)确实定义了一个 $\mathbf{R}^{m\times n}$ 上的内积.

向量空间 $C[a, b]$

在 $C[a, b]$中，我们可以定义内积为

$$\langle f,g\rangle = \int_a^b f(x)g(x)\mathrm{d}x \tag{3}$$

注意到

$$\langle f,f\rangle = \int_a^b f^2(x)\mathrm{d}x \geqslant 0$$

若对$[a, b]$中的某个 x_0，$f(x_0)\neq 0$，则由于 $f^2(x)$为连续的，故存在一个包含点 x_0 的$[a, b]$的子区间 I，使得对 I 中的所有 x，$f^2(x)\geqslant f^2(x_0)/2$. 若令 p 表示 I 的长度，则可得

$$\langle f,f\rangle = \int_a^b f^2(x)\mathrm{d}x \geqslant \int_I f^2(x)\mathrm{d}x \geqslant \frac{f^2(x_0)p}{2} > 0$$

所以，若$\langle f, f\rangle=0$，则 $f(x)$必在$[a, b]$上恒等于零. 留给读者去验证(3)满足内积定义中的其他两个条件.

若 $w(x)$为$[a, b]$上的一个正的连续函数，则

$$\langle f,g\rangle = \int_a^b f(x)g(x)w(x)\mathrm{d}x \tag{4}$$

也定义了一个 $C[a, b]$上的内积. 函数 $w(x)$称为**权函数**(weight function). 因此，可以在 $C[a, b]$上定义不同的内积.

向量空间 P_n

令 x_1，x_2，…，x_n 为不同的实数. 对每一对 P_n 中的多项式，定义

$$\langle p,q\rangle = \sum_{i=1}^{n} p(x_i)q(x_i) \tag{5}$$

容易看到，(5)满足内积定义中的条件Ⅱ和Ⅲ. 为证明Ⅰ成立，注意到

245

$$\langle p,p\rangle = \sum_{i=1}^{n} p^2(x_i) \geqslant 0$$

若$\langle p, p\rangle=0$，则 x_1，x_2，…，x_n 必为 $p(x)=0$ 的根. 因为 $p(x)$是不超过 n 次的多项式，故它必为零多项式.

若 $w(x)$为一正函数，则

$$\langle p,q\rangle = \sum_{i=1}^{n} p(x_i)q(x_i)w(x_i)$$

也定义了 P_n 上的一个内积.

内积空间的基本性质

5.1 节中给出的 $\mathbf{R}^n$ 中的标量积的结论也可以推广到内积空间中. 特别地，若 $\boldsymbol{v}$ 为内积空间 V 中的一个向量，$\boldsymbol{v}$ 的**长度**(length)或**范数**(norm)定义为

$$\|\boldsymbol{v}\| = \sqrt{\langle \boldsymbol{v},\boldsymbol{v}\rangle}$$

如果两个向量 $\boldsymbol{u}$ 和 $\boldsymbol{v}$ 满足 $\langle \boldsymbol{u}, \boldsymbol{v}\rangle=0$，则称它们为正交的(orthogonal)．类似于 $\mathbf{R}^n$ 中，一对正交向量将满足毕达哥拉斯定律.

定理 5.4.1(毕达哥拉斯定律)　*若 $\boldsymbol{u}$ 和 $\boldsymbol{v}$ 为一个内积空间 V 中的正交向量，则*

$$\|\boldsymbol{u}+\boldsymbol{v}\|^2 = \|\boldsymbol{u}\|^2 + \|\boldsymbol{v}\|^2$$

证

$$\begin{aligned}\|\boldsymbol{u}+\boldsymbol{v}\|^2 &= \langle \boldsymbol{u}+\boldsymbol{v},\boldsymbol{u}+\boldsymbol{v}\rangle \\ &= \langle \boldsymbol{u},\boldsymbol{u}\rangle + 2\langle \boldsymbol{u},\boldsymbol{v}\rangle + \langle \boldsymbol{v},\boldsymbol{v}\rangle \\ &= \|\boldsymbol{u}\|^2 + \|\boldsymbol{v}\|^2\end{aligned}$$

■

在 $\mathbf{R}^2$ 中，它完全类似图 5.4.1 所示的毕达哥拉斯定理.

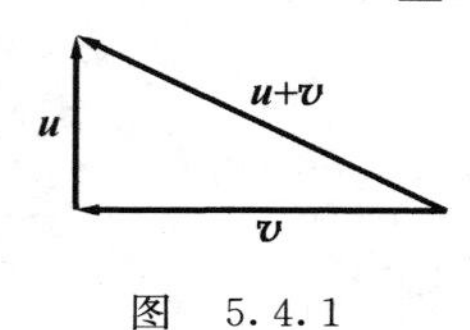

图 5.4.1

▶**例 1**　考虑向量空间 $C[-1, 1]$，其上按照(3)定义内积．则向量 1 和 x 是正交的，因为

$$\langle 1,x\rangle = \int_{-1}^{1} 1\cdot x\mathrm{d}x = 0$$

为确定这些向量的长度，我们计算

$$\langle 1,1\rangle = \int_{-1}^{1} 1\cdot 1\mathrm{d}x = 2$$

$$\langle x,x\rangle = \int_{-1}^{1} x^2\mathrm{d}x = \frac{2}{3}$$

246

由此可得

$$\|1\| = (\langle 1,1\rangle)^{1/2} = \sqrt{2}$$

$$\|x\| = (\langle x,x\rangle)^{1/2} = \frac{\sqrt{6}}{3}$$

由于 1 和 x 是正交的，它们满足毕达哥拉斯定律：

$$\|1+x\|^2 = \|1\|^2 + \|x\|^2 = 2+\frac{2}{3} = \frac{8}{3}$$

读者可以验证

$$\|1+x\|^2 = \langle 1+x,1+x\rangle = \int_{-1}^{1}(1+x)^2\mathrm{d}x = \frac{8}{3}$$

◀

▶**例 2**　对向量空间 $C[-\pi, \pi]$，若我们使用一个常数权函数 $w=1/\pi$ 来定义内积

$$\langle f,g\rangle = \frac{1}{\pi}\int_{-\pi}^{\pi} f(x)g(x)\mathrm{d}x \tag{6}$$

则可得到

$$\langle \cos x,\sin x\rangle = \frac{1}{\pi}\int_{-\pi}^{\pi}\cos x\sin x\,\mathrm{d}x = 0$$

$$\langle \cos x,\cos x\rangle = \frac{1}{\pi}\int_{-\pi}^{\pi}\cos x\cos x\,\mathrm{d}x = 1$$

$$\langle \sin x,\sin x\rangle = \frac{1}{\pi}\int_{-\pi}^{\pi}\sin x\sin x\,\mathrm{d}x = 1$$

因此 $\cos x$ 和 $\sin x$ 为相应于这种内积的正交单位向量．由毕达哥拉斯定律可得

$$\| \cos x + \sin x \| = \sqrt{2}$$ ◀

内积(6)在应用三角函数逼近一般函数的傅里叶分析中扮演着关键的角色．我们将在5.5节中看到一些这种应用．

对向量空间 $\mathbf{R}^{m\times n}$，由内积(2)定义的范数称为弗罗贝尼乌斯(Frobenius)范数，并记为 $\|\cdot\|_F$．因此，若 $\mathbf{A}\in\mathbf{R}^{m\times n}$，则

$$\|\mathbf{A}\|_F = (\langle \mathbf{A},\mathbf{A}\rangle)^{1/2} = \left(\sum_{i=1}^{m}\sum_{j=1}^{n} a_{ij}^2\right)^{1/2}$$

▶**例3**　若

$$\boldsymbol{A} = \begin{bmatrix} 1 & 1 \\ 1 & 2 \\ 3 & 3 \end{bmatrix} \quad 且 \quad \boldsymbol{B} = \begin{bmatrix} -1 & 1 \\ 3 & 0 \\ -3 & 4 \end{bmatrix}$$

247

则

$$\langle \boldsymbol{A},\boldsymbol{B}\rangle = 1\cdot -1 + 1\cdot 1 + 1\cdot 3 + 2\cdot 0 + 3\cdot -3 + 3\cdot 4 = 6$$

因此 $\boldsymbol{A}$ 和 $\boldsymbol{B}$ 不是正交的．这些矩阵的范数定义为

$$\|\boldsymbol{A}\|_F = (1+1+1+4+9+9)^{1/2} = 5$$

$$\|\boldsymbol{B}\|_F = (1+1+9+0+9+16)^{1/2} = 6$$ ◀

▶**例4**　在 P_5 中，用(5)定义一个内积，其中 $x_i=(i-1)/4$，$i=1, 2, \cdots, 5$. 则函数 $p(x)=4x$的长度为

$$\|4x\| = (\langle 4x,4x\rangle)^{1/2} = \left(\sum_{i=1}^{5} 16x_i^2\right)^{1/2} = \left(\sum_{i=1}^{5}(i-1)^2\right)^{1/2} = \sqrt{30}$$ ◀

定义　若 $\boldsymbol{u}$ 和 $\boldsymbol{v}$ 为内积空间 V 中的向量，且 $\boldsymbol{v}\neq\mathbf{0}$，则 $\boldsymbol{u}$ 到 $\boldsymbol{v}$ 的**标量投影**(scalar projection)为

$$\alpha = \frac{\langle \boldsymbol{u},\boldsymbol{v}\rangle}{\|\boldsymbol{v}\|}$$

且 $\boldsymbol{u}$ 到 $\boldsymbol{v}$ 的**向量投影**(vector projection)为

$$\boldsymbol{p} = \alpha\left(\frac{1}{\|\boldsymbol{v}\|}\boldsymbol{v}\right) = \frac{\langle \boldsymbol{u},\boldsymbol{v}\rangle}{\langle \boldsymbol{v},\boldsymbol{v}\rangle}\boldsymbol{v} \tag{7}$$

观察　若 $\boldsymbol{v}\neq\mathbf{0}$，且 $\boldsymbol{p}$ 为 $\boldsymbol{u}$ 到 $\boldsymbol{v}$ 的向量投影，则

Ⅰ. $\boldsymbol{u}-\boldsymbol{p}$ 和 $\boldsymbol{p}$ 是正交的.

Ⅱ. $\boldsymbol{u}=\boldsymbol{p}$ 的充要条件是 $\boldsymbol{u}$ 为一个标量乘以 $\boldsymbol{v}$.

证　观察Ⅰ. 由于

$$\langle \boldsymbol{p},\boldsymbol{p}\rangle = \left\langle \frac{\alpha}{\|\boldsymbol{v}\|}\boldsymbol{v}, \frac{\alpha}{\|\boldsymbol{v}\|}\boldsymbol{v}\right\rangle = \left(\frac{\alpha}{\|\boldsymbol{v}\|}\right)^2\langle \boldsymbol{v},\boldsymbol{v}\rangle = \alpha^2$$

且

$$\langle \boldsymbol{u},\boldsymbol{p}\rangle = \frac{(\langle \boldsymbol{u},\boldsymbol{v}\rangle)^2}{\langle \boldsymbol{v},\boldsymbol{v}\rangle} = \alpha^2$$

由此可得

$$\langle \boldsymbol{u}-\boldsymbol{p},\boldsymbol{p}\rangle = \langle \boldsymbol{u},\boldsymbol{p}\rangle - \langle \boldsymbol{p},\boldsymbol{p}\rangle = \alpha^2-\alpha^2=0$$

故 $\boldsymbol{u}-\boldsymbol{p}$ 和 $\boldsymbol{p}$ 为正交的.

观察Ⅱ. 若 $\boldsymbol{u}=\beta\boldsymbol{v}$，则 $\boldsymbol{u}$ 到 $\boldsymbol{v}$ 的向量投影为

$$\boldsymbol{p}=\frac{\langle \beta\boldsymbol{v},\boldsymbol{v}\rangle}{\langle \boldsymbol{v},\boldsymbol{v}\rangle}\boldsymbol{v}=\beta\boldsymbol{v}=\boldsymbol{u}$$

248

反之，若 $\boldsymbol{u}=\boldsymbol{p}$，由(7)可得

$$\boldsymbol{u}=\beta\boldsymbol{v}, \text{其中 } \beta=\frac{\alpha}{\|\boldsymbol{v}\|}$$

■

观察Ⅰ和Ⅱ在建立下面的定理时非常有用.

定理 5.4.2(柯西-施瓦茨不等式)　若 $\boldsymbol{u}$ 和 $\boldsymbol{v}$ 为内积空间 V 中的两个向量，则

$$|\langle \boldsymbol{u},\boldsymbol{v}\rangle| \leqslant \|\boldsymbol{u}\|\,\|\boldsymbol{v}\| \tag{8}$$

等式成立的充要条件是 $\boldsymbol{u}$ 和 $\boldsymbol{v}$ 为线性相关的.

证　若 $\boldsymbol{v}=\boldsymbol{0}$，则

$$|\langle \boldsymbol{u},\boldsymbol{v}\rangle| = 0 = \|\boldsymbol{u}\|\,\|\boldsymbol{v}\|$$

若 $\boldsymbol{v}\neq\boldsymbol{0}$，则令 $\boldsymbol{p}$ 为 $\boldsymbol{u}$ 到 $\boldsymbol{v}$ 的向量投影. 由于 $\boldsymbol{p}$ 和 $\boldsymbol{u}-\boldsymbol{p}$ 正交，由毕达哥拉斯定律可得

$$\|\boldsymbol{p}\|^2+\|\boldsymbol{u}-\boldsymbol{p}\|^2=\|\boldsymbol{u}\|^2$$

因此，

$$\frac{(\langle \boldsymbol{u},\boldsymbol{v}\rangle)^2}{\|\boldsymbol{v}\|^2}=\|\boldsymbol{p}\|^2=\|\boldsymbol{u}\|^2-\|\boldsymbol{u}-\boldsymbol{p}\|^2$$

于是

$$(\langle \boldsymbol{u},\boldsymbol{v}\rangle)^2=\|\boldsymbol{u}\|^2\|\boldsymbol{v}\|^2-\|\boldsymbol{u}-\boldsymbol{p}\|^2\|\boldsymbol{v}\|^2\leqslant\|\boldsymbol{u}\|^2\|\boldsymbol{v}\|^2 \tag{9}$$

由此

$$|\langle \boldsymbol{u},\boldsymbol{v}\rangle| \leqslant \|\boldsymbol{u}\|\,\|\boldsymbol{v}\|$$

(9)中等式成立的充要条件是 $\boldsymbol{u}=\boldsymbol{p}$. 由观察Ⅱ可得(8)中等式成立的充要条件是 $\boldsymbol{v}=\boldsymbol{0}$，或者 $\boldsymbol{u}$ 为 $\boldsymbol{v}$ 的倍数. 简单地说，等式成立的充要条件是 $\boldsymbol{u}$ 和 $\boldsymbol{v}$ 为线性相关的. ■

柯西-施瓦茨不等式的一个结论是，若 $\boldsymbol{u}$ 和 $\boldsymbol{v}$ 为非零向量，则

$$-1\leqslant\frac{\langle \boldsymbol{u},\boldsymbol{v}\rangle}{\|\boldsymbol{u}\|\,\|\boldsymbol{v}\|}\leqslant 1$$

因此，存在[0，π]中唯一的角度 θ，使得

$$\cos\theta=\frac{\langle \boldsymbol{u},\boldsymbol{v}\rangle}{\|\boldsymbol{u}\|\,\|\boldsymbol{v}\|} \tag{10}$$

于是方程(10)可以用于定义两个非零向量 $\boldsymbol{u}$ 和 $\boldsymbol{v}$ 间的夹角.

范数

范数(norm)在数学中有一个与内积无关的意义，且应当验证它在这里的用法.

249

定义　设 V 为一个向量空间. 若对每一向量 $\boldsymbol{v}\in V$，存在一个与之相关联的实数 $\|\boldsymbol{v}\|$，称为 $\boldsymbol{v}$ 的**范数**(norm)，它满足：

Ⅰ. $\|\boldsymbol{v}\|\geqslant 0$，其中等式成立的充要条件为 $\boldsymbol{v}=\boldsymbol{0}$.

Ⅱ. 对任一标量 α，$\|\alpha \boldsymbol{v}\| = |\alpha|\ \|\boldsymbol{v}\|$.

Ⅲ. 对所有的 $\boldsymbol{v}$，$\boldsymbol{w}\in V$，$\|\boldsymbol{v}+\boldsymbol{w}\| \leqslant \|\boldsymbol{v}\| + \|\boldsymbol{w}\|$.

则称 V 为**线性赋范空间**(normed linear space). 第三个条件称为**三角不等式**(triangle inequality)(见图 5.4.2).

定理 5.4.3 如果 V 为一内积空间，则对任意的 $\boldsymbol{v}\in V$，方程

$$\|\boldsymbol{v}\| = \sqrt{\langle \boldsymbol{v},\boldsymbol{v}\rangle}$$

定义了 V 上的一个范数.

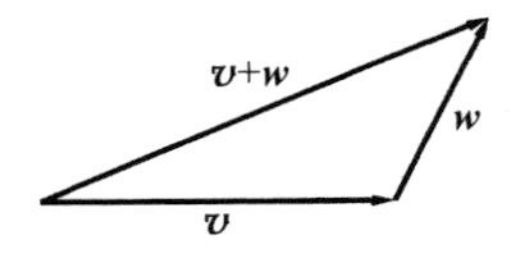

图 5.4.2

证 易见，定义中的条件Ⅰ和条件Ⅱ是满足的. 我们将其留给读者验证，下面证明条件Ⅲ是满足的.

$$\begin{aligned}\|\boldsymbol{u}+\boldsymbol{v}\|^2 &= \langle \boldsymbol{u}+\boldsymbol{v},\boldsymbol{u}+\boldsymbol{v}\rangle \\ &= \langle \boldsymbol{u},\boldsymbol{u}\rangle + 2\langle \boldsymbol{u},\boldsymbol{v}\rangle + \langle \boldsymbol{v},\boldsymbol{v}\rangle \\ &\leqslant \|\boldsymbol{u}\|^2 + 2\|\boldsymbol{u}\|\ \|\boldsymbol{v}\| + \|\boldsymbol{v}\|^2 \quad (\text{柯西-施瓦茨}) \\ &= (\|\boldsymbol{u}\| + \|\boldsymbol{v}\|)^2\end{aligned}$$

因此，

$$\|\boldsymbol{u}+\boldsymbol{v}\| \leqslant \|\boldsymbol{u}\| + \|\boldsymbol{v}\| \qquad \blacksquare$$

可以在给定向量空间中定义很多不同的范数. 例如，在 $\mathbf{R}^n$ 中，我们可以对每一 $\boldsymbol{x}=(x_1, x_2, \cdots, x_n)^{\mathrm{T}}$，定义

$$\|\boldsymbol{x}\|_1 = \sum_{i=1}^{n} |x_i|$$

容易验证 $\|\cdot\|_1$ 定义了一个 $\mathbf{R}^n$ 上的范数. 另一个 $\mathbf{R}^n$ 中的重要范数为一致范数(uniform norm)或无穷范数(infinity norm)，定义为

250

$$\|\boldsymbol{x}\|_\infty = \max_{1\leqslant i\leqslant n} |x_i|$$

更为一般地，我们可以在 $\mathbf{R}^n$ 上定义一个范数：对任一实数 $p\geqslant 1$，

$$\|\boldsymbol{x}\|_p = \left(\sum_{i=1}^{n} |x_i|^p\right)^{1/p}$$

特别地，若 $p=2$，则

$$\|\boldsymbol{x}\|_2 = \left(\sum_{i=1}^{n} |x_i|^2\right)^{1/2} = \sqrt{\langle \boldsymbol{x},\boldsymbol{x}\rangle}$$

范数 $\|\cdot\|_2$ 为 $\mathbf{R}^n$ 上由内积诱导的范数. 若 $p\neq 2$，则 $\|\cdot\|_p$ 并不对应于任何内积. 当范数不是由内积诱导时，毕达哥拉斯定律并不成立. 例如，

$$\boldsymbol{x}_1 = \begin{bmatrix}1\\2\end{bmatrix} \quad \text{和} \quad \boldsymbol{x}_2 = \begin{bmatrix}-4\\2\end{bmatrix}$$

为正交的. 然而，

$$\|\boldsymbol{x}_1\|_\infty^2 + \|\boldsymbol{x}_2\|_\infty^2 = 4 + 16 = 20$$

但

$$\|\boldsymbol{x}_1 + \boldsymbol{x}_2\|_\infty^2 = 16$$

另一方面，若使用 $\|\cdot\|_2$，则

$$\|x_1\|_2^2 + \|x_2\|_2^2 = 5 + 20 = 25 = \|x_1 + x_2\|_2^2$$

▶**例 5** 令 $\boldsymbol{x}$ 为 $\mathbf{R}^3$ 中的向量$(4, -5, 3)^{\mathrm{T}}$. 求 $\|\boldsymbol{x}\|_1$, $\|\boldsymbol{x}\|_2$ 及 $\|\boldsymbol{x}\|_\infty$.

$$\|\boldsymbol{x}\|_1 = |4| + |-5| + |3| = 12$$

$$\|\boldsymbol{x}\|_2 = \sqrt{16+25+9} = 5\sqrt{2}$$

$$\|\boldsymbol{x}\|_\infty = \max(|4|, |-5|, |3|) = 5$$ ◀

也可以在 $\mathbf{R}^{m\times n}$ 上定义很多不同的矩阵范数. 在第 7 章中确定线性方程组的敏感性时，我们将学习其他类型的矩阵范数.

一般地，范数给出了一种方法来度量两个向量的距离.

定义 令 $\boldsymbol{x}$ 和 $\boldsymbol{y}$ 为一个线性赋范空间中的向量. $\boldsymbol{x}$ 和 $\boldsymbol{y}$ 的距离定义为数值 $\|\boldsymbol{y}-\boldsymbol{x}\|$.

很多应用问题中，均需要求子空间 S 中距向量空间 V 中的给定向量 $\boldsymbol{v}$ 最近的向量. 如果在 V 中使用由内积诱导的范数，则最近的向量可以通过计算向量 $\boldsymbol{v}$ 到子空间 S 的向量投影得到，这种类型的问题将在下一节中讨论.

251

5.4 节练习

1. 令 $\boldsymbol{x}=(-1, -1, 1, 1)^{\mathrm{T}}$ 及 $\boldsymbol{y}=(1, 1, 5, -3)^{\mathrm{T}}$. 证明 $\boldsymbol{x}\perp\boldsymbol{y}$. 计算 $\|\boldsymbol{x}\|_2$, $\|\boldsymbol{y}\|_2$, $\|\boldsymbol{x}+\boldsymbol{y}\|_2$ 并验证毕达哥拉斯定律成立.
2. 令 $\boldsymbol{x}=(1, 1, 1, 1)^{\mathrm{T}}$ 及 $\boldsymbol{y}=(8, 2, 2, 0)^{\mathrm{T}}$.
   (a) 求 $\boldsymbol{x}$ 和 $\boldsymbol{y}$ 间的夹角 θ.
   (b) 求 $\boldsymbol{x}$ 到 $\boldsymbol{y}$ 的向量投影 $\boldsymbol{p}$.
   (c) 验证 $\boldsymbol{x}-\boldsymbol{p}$ 和 $\boldsymbol{p}$ 正交.
   (d) 计算 $\|\boldsymbol{x}-\boldsymbol{p}\|_2$, $\|\boldsymbol{p}\|_2$, $\|\boldsymbol{x}\|_2$ 并验证毕达哥拉斯定律成立.
3. 在方程(1)中，用权向量 $\boldsymbol{w}=\left(\frac{1}{4}, \frac{1}{2}, \frac{1}{4}\right)^{\mathrm{T}}$ 定义一个 $\mathbf{R}^3$ 的内积，并令 $\boldsymbol{x}=(1, 1, 1)^{\mathrm{T}}$ 及 $\boldsymbol{y}=(-5, 1, 3)^{\mathrm{T}}$.
   (a) 证明 $\boldsymbol{x}$ 和 $\boldsymbol{y}$ 相应于这个内积是正交的.
   (b) 计算相应于这个内积的值 $\|\boldsymbol{x}\|$ 和 $\|\boldsymbol{y}\|$.
4. 给定

$$\boldsymbol{A}=\begin{bmatrix}1 & 2 & 2\\1 & 0 & 2\\3 & 1 & 1\end{bmatrix} \quad \text{和} \quad \boldsymbol{B}=\begin{bmatrix}-4 & 1 & 1\\-3 & 3 & 2\\1 & -2 & -2\end{bmatrix}$$

   求下列值：
   (a) $\langle\boldsymbol{A}, \boldsymbol{B}\rangle$ (b) $\|\boldsymbol{A}\|_F$ (c) $\|\boldsymbol{B}\|_F$ (d) $\|\boldsymbol{A}+\boldsymbol{B}\|_F$
5. 证明方程(2)定义了 $\mathbf{R}^{m\times n}$ 上的一个内积.
6. 证明由方程(3)定义的内积满足内积定义中的后两个条件.
7. 在 $C[0, 1]$ 中，用(3)定义内积，求：
   (a) $\langle e^x, e^{-x}\rangle$ (b) $\langle x, \sin\pi x\rangle$ (c) $\langle x^2, x^3\rangle$
8. 在 $C[0, 1]$ 中，用(3)定义内积，考虑向量 1 和 x.
   (a) 求 1 和 x 间的夹角 θ.
   (b) 求 1 到 x 的向量投影 $\boldsymbol{p}$，并验证 $1-\boldsymbol{p}$ 和 $\boldsymbol{p}$ 正交.
   (c) 计算 $\|1-\boldsymbol{p}\|$, $\|\boldsymbol{p}\|$, $\|1\|$，并验证毕达哥拉斯定律成立.

9. 在$C[-\pi, \pi]$中，用(6)定义内积，证明$\cos mx$和$\sin nx$是正交的，且均为单位向量. 求这两个向量之间的距离.
10. 证明：函数x和x^2在P_5中用(5)定义的内积下是正交的，其中$x_i=(i-3)/2$，$i=1, 2, \cdots, 5$.
11. 在P_5中用练习10定义的内积，其范数定义为

$$\| p \| = \sqrt{\langle p, p \rangle} = \left\{ \sum_{i=1}^{5} [p(x_i)]^2 \right\}^{1/2}$$

求：

(a) $\| x \|$　　(b) $\| x^2 \|$　　(c) x和x^2之间的距离

12. 若V为内积空间，证明：

$$\| \boldsymbol{v} \| = \sqrt{\langle \boldsymbol{v}, \boldsymbol{v} \rangle}$$

满足范数定义中的前两个条件.

13. 证明：

$$\| \boldsymbol{x} \|_1 = \sum_{i=1}^{n} | x_i |$$

定义了$\mathbf{R}^n$上的一个范数.

14. 证明：

$$\| \boldsymbol{x} \|_\infty = \max_{1 \leqslant i \leqslant n} | x_i |$$

定义了$\mathbf{R}^n$上的一个范数.

15. 对下列每一$\mathbf{R}^3$中的向量，求$\| \boldsymbol{x} \|_1$，$\| \boldsymbol{x} \|_2$和$\| \boldsymbol{x} \|_\infty$.

(a) $\boldsymbol{x}=(-3, 4, 0)^{\mathrm{T}}$　　(b) $\boldsymbol{x}=(-1, -1, 2)^{\mathrm{T}}$　　(c) $\boldsymbol{x}=(1, 1, 1)^{\mathrm{T}}$

16. 令$\boldsymbol{x}=(5, 2, 4)^{\mathrm{T}}$及$\boldsymbol{y}=(3, 3, 2)^{\mathrm{T}}$. 求$\| \boldsymbol{x}-\boldsymbol{y} \|_1$，$\| \boldsymbol{x}-\boldsymbol{y} \|_2$和$\| \boldsymbol{x}-\boldsymbol{y} \|_\infty$. 在什么范数下，这两个向量最接近？在什么范数下，它们离得最远？
17. 令$\boldsymbol{x}$和$\boldsymbol{y}$为一内积空间中的向量. 证明：若$\boldsymbol{x} \perp \boldsymbol{y}$，则$\boldsymbol{x}$和$\boldsymbol{y}$的距离为

$$(\| \boldsymbol{x} \|^2 + \| \boldsymbol{y} \|^2)^{1/2}$$

18. 证明：若$\boldsymbol{u}$或$\boldsymbol{v}$为内积空间中的向量，满足毕达哥拉斯定律$\| \boldsymbol{u}+\boldsymbol{v} \|^2 = \| \boldsymbol{u} \|^2 + \| \boldsymbol{v} \|^2$，则$\boldsymbol{u}$和$\boldsymbol{v}$必为正交的.

252

19. 在$\mathbf{R}^n$中利用内积

$$\langle \boldsymbol{x}, \boldsymbol{y} \rangle = \boldsymbol{x}^{\mathrm{T}} \boldsymbol{y}$$

给出一个计算两个向量$\boldsymbol{x}=(x_1, x_2, \cdots, x_n)^{\mathrm{T}}$和$\boldsymbol{y}=(y_1, y_2, \cdots, y_n)^{\mathrm{T}}$之间的距离的公式.

20. 令$\boldsymbol{A}$为非奇异$n \times n$矩阵，对$\mathbf{R}^n$中的每个向量$\boldsymbol{x}$，定义

$$\| \boldsymbol{x} \|_A = \| \boldsymbol{A}\boldsymbol{x} \|_2 \tag{11}$$

证明(11)定义了$\mathbf{R}^n$上的一个范数.

21. 令$\boldsymbol{x} \in \mathbf{R}^n$. 证明$\| \boldsymbol{x} \|_\infty \leqslant \| \boldsymbol{x} \|_2$.
22. 令$\boldsymbol{x} \in \mathbf{R}^2$. 证明$\| \boldsymbol{x} \|_2 \leqslant \| \boldsymbol{x} \|_1$. [提示：将$\boldsymbol{x}$写为$x_1\boldsymbol{e}_1 + x_2\boldsymbol{e}_2$的形式，并利用三角不等式.]
23. 给出一个非零向量$\boldsymbol{x} \in \mathbf{R}^2$的例子，使得

$$\| \boldsymbol{x} \|_\infty = \| \boldsymbol{x} \|_2 = \| \boldsymbol{x} \|_1$$

24. 证明对任何向量空间的一个范数，

$$\| -\boldsymbol{v} \| = \| \boldsymbol{v} \|$$

25. 证明一赋范向量空间中的任意向量$\boldsymbol{u}$和$\boldsymbol{v}$，满足

$$\| \boldsymbol{u}+\boldsymbol{v} \| \geqslant | \| \boldsymbol{u} \| - \| \boldsymbol{v} \| |$$

26. 证明一内积空间 V 中的任何向量 $\boldsymbol{u}$ 和 $\boldsymbol{v}$，满足

$$\|\boldsymbol{u}+\boldsymbol{v}\|^2+\|\boldsymbol{u}-\boldsymbol{v}\|^2=2\|\boldsymbol{u}\|^2+2\|\boldsymbol{v}\|^2$$

给出向量空间 $\mathbf{R}^2$ 上对这个结论的一个几何解释.

27. 练习 26 的结论对不是由内积诱导的范数并不成立. 在 $\mathbf{R}^2$ 中给出使用 $\|\cdot\|_1$ 的一个例子.

28. 确定下列是否定义了 $C[a, b]$上的范数.

(a) $\|f\|=|f(a)|+|f(b)|$　　(b) $\|f\|=\int_a^b|f(x)|\mathrm{d}x$

(c) $\|f\|=\max\limits_{a\leqslant x\leqslant b}|f(x)|$

29. 令 $\boldsymbol{x}\in\mathbf{R}^n$，证明：

(a) $\|\boldsymbol{x}\|_1\leqslant n\|\boldsymbol{x}\|_\infty$　　(b) $\|\boldsymbol{x}\|_2\leqslant\sqrt{n}\|\boldsymbol{x}\|_\infty$

给出 $\mathbf{R}^n$ 空间中的向量的例子，使(a)和(b)中的等号成立.

30. 画出 $\mathbf{R}^2$ 中点集$(x_1, x_2)=\boldsymbol{x}^{\mathrm{T}}$ 的草图，满足：

(a) $\|\boldsymbol{x}\|_2=1$　　(b) $\|\boldsymbol{x}\|_1=1$　　(c) $\|\boldsymbol{x}\|_\infty=1$

31. 令 $\boldsymbol{K}$ 是形如

$$\boldsymbol{K}=\begin{bmatrix}1 & -c & -c & \cdots & -c & -c\\ 0 & s & -sc & \cdots & -sc & -sc\\ 0 & 0 & s^2 & \cdots & -s^2c & -s^2c\\ \vdots & & & & & \\ 0 & 0 & 0 & \cdots & s^{n-2} & -s^{n-2}c\\ 0 & 0 & 0 & \cdots & 0 & s^{n-1}\end{bmatrix}$$

的 $n\times n$ 矩阵，其中 $c^2+s^2=1$. 证明 $\|\boldsymbol{K}\|_F=\sqrt{n}$.

32. $n\times n$ 矩阵的迹(记为 $\mathrm{tr}(\boldsymbol{C})$)是矩阵对角元素的和，即

$$\mathrm{tr}(\boldsymbol{C})=c_{11}+c_{22}+\cdots+c_{nn}$$

若 $\boldsymbol{A}$ 和 $\boldsymbol{B}$ 为 $m\times n$ 矩阵，证明：

(a) $\|\boldsymbol{A}\|_F^2=\mathrm{tr}(\boldsymbol{A}^{\mathrm{T}}\boldsymbol{A})$

(b) $\|\boldsymbol{A}+\boldsymbol{B}\|_F^2=\|\boldsymbol{A}\|_F^2+2\mathrm{tr}(\boldsymbol{A}^{\mathrm{T}}\boldsymbol{B})+\|\boldsymbol{B}\|_F^2$

33. 考虑定义了内积$\langle\boldsymbol{x}, \boldsymbol{y}\rangle=\boldsymbol{x}^{\mathrm{T}}\boldsymbol{y}$ 的向量空间 $\mathbf{R}^n$. 对任意的 $n\times n$ 矩阵 $\boldsymbol{A}$，证明：

(a) $\langle\boldsymbol{A}\boldsymbol{x}, \boldsymbol{y}\rangle=\langle\boldsymbol{x}, \boldsymbol{A}^{\mathrm{T}}\boldsymbol{y}\rangle$　　(b) $\langle\boldsymbol{A}^{\mathrm{T}}\boldsymbol{A}\boldsymbol{x}, \boldsymbol{x}\rangle=\|\boldsymbol{A}\boldsymbol{x}\|^2$

5.5 正交集

在 $\mathbf{R}^2$ 中，一般使用标准基$\{\boldsymbol{e}_1, \boldsymbol{e}_2\}$比使用其他基(如$\{(2, 1)^{\mathrm{T}}, (3, 5)^{\mathrm{T}}\}$)更为简便. 例如，容易求得相应于标准基的坐标$(x_1, x_2)^{\mathrm{T}}$. 标准基中的元素是正交的单位向量. 在使用内积空间 V 时，通常需要有由相互正交的单位向量构成的一组基. 这样不仅方便了求向量的坐标，同时也方便了求解最小二乘问题.

定义　令 $\boldsymbol{v}_1, \boldsymbol{v}_2, \cdots, \boldsymbol{v}_n$ 为一内积空间 V 中的非零向量. 若当 $i\neq j$ 时有$\langle\boldsymbol{v}_i, \boldsymbol{v}_j\rangle=0$，则$\{\boldsymbol{v}_1, \boldsymbol{v}_2,\cdots, \boldsymbol{v}_n\}$称为向量的**正交集**(orthogonal set).

253

▶**例 1**　集合$\{(1, 1, 1)^{\mathrm{T}}, (2, 1, -3)^{\mathrm{T}}, (4, -5, 1)^{\mathrm{T}}\}$为 $\mathbf{R}^3$ 中的一个正交集，因为

$$(1,1,1)(2,1,-3)^{\mathrm{T}}=0$$

$$(1,1,1)(4,-5,1)^{\mathrm{T}}=0$$
$$(2,1,-3)(4,-5,1)^{\mathrm{T}}=0$$
◀

定理 5.5.1　若$\{\boldsymbol{v}_1, \boldsymbol{v}_2, \cdots, \boldsymbol{v}_n\}$为一内积空间$V$中非零向量的正交集，则$\boldsymbol{v}_1, \boldsymbol{v}_2, \cdots, \boldsymbol{v}_n$是线性无关的.

证　假设$\boldsymbol{v}_1, \boldsymbol{v}_2, \cdots, \boldsymbol{v}_n$为相互正交的非零向量，且

$$c_1\boldsymbol{v}_1+c_2\boldsymbol{v}_2+\cdots+c_n\boldsymbol{v}_n=\boldsymbol{0} \tag{1}$$

若$1\leqslant j\leqslant n$，则方程(1)两端同时与向量$\boldsymbol{v}_j$做内积，我们看到

$$c_1\langle\boldsymbol{v}_j,\boldsymbol{v}_1\rangle+c_2\langle\boldsymbol{v}_j,\boldsymbol{v}_2\rangle+\cdots+c_n\langle\boldsymbol{v}_j,\boldsymbol{v}_n\rangle=0$$
$$c_j\|\boldsymbol{v}_j\|^2=0$$

因此所有的标量$c_1, c_2, \cdots, c_n$必为0. ■

定义　规范正交的(orthonormal)向量集合是单位向量的正交集.

集合$\{\boldsymbol{u}_1, \boldsymbol{u}_2, \cdots, \boldsymbol{u}_n\}$是规范正交集的充要条件为

$$\langle\boldsymbol{u}_i,\boldsymbol{u}_j\rangle=\delta_{ij}$$

其中

$$\delta_{ij}=\begin{cases}1, & i=j\\0, & i\neq j\end{cases}$$

给定任意的正交非零向量集合$\{\boldsymbol{v}_1, \boldsymbol{v}_2, \cdots, \boldsymbol{v}_n\}$，可以通过定义

$$\boldsymbol{u}_i=\left(\frac{1}{\|\boldsymbol{v}_i\|}\right)\boldsymbol{v}_i, \quad i=1,2,\cdots,n$$

构造一个规范正交集. 读者可以验证$\{\boldsymbol{u}_1, \boldsymbol{u}_2, \cdots, \boldsymbol{u}_n\}$为规范正交集.

▶**例 2**　在例1中我们看到，若$\boldsymbol{v}_1=(1, 1, 1)^{\mathrm{T}}$，$\boldsymbol{v}_2=(2, 1, -3)^{\mathrm{T}}$及$\boldsymbol{v}_3=(4, -5, 1)^{\mathrm{T}}$，则$\{\boldsymbol{v}_1, \boldsymbol{v}_2, \boldsymbol{v}_3\}$为$\mathbf{R}^3$中的一个正交集. 为构造规范正交集，令

$$\boldsymbol{u}_1=\left(\frac{1}{\|\boldsymbol{v}_1\|}\right)\boldsymbol{v}_1=\frac{1}{\sqrt{3}}(1,1,1)^{\mathrm{T}}$$
$$\boldsymbol{u}_2=\left(\frac{1}{\|\boldsymbol{v}_2\|}\right)\boldsymbol{v}_2=\frac{1}{\sqrt{14}}(2,1,-3)^{\mathrm{T}}$$
$$\boldsymbol{u}_3=\left(\frac{1}{\|\boldsymbol{v}_3\|}\right)\boldsymbol{v}_3=\frac{1}{\sqrt{42}}(4,-5,1)^{\mathrm{T}}$$
◀

254

▶**例 3**　在$C[-\pi, \pi]$上定义内积

$$\langle f,g\rangle=\frac{1}{\pi}\int_{-\pi}^{\pi}f(x)g(x)\mathrm{d}x \tag{2}$$

集合$\{1, \cos x, \cos 2x, \cdots, \cos nx\}$为一个正交向量集合，由于对任意正整数$j$和$k$，有

$$\langle 1,\cos kx\rangle=\frac{1}{\pi}\int_{-\pi}^{\pi}\cos kx\,\mathrm{d}x=0$$
$$\langle \cos jx,\cos kx\rangle=\frac{1}{\pi}\int_{-\pi}^{\pi}\cos jx\cos kx\,\mathrm{d}x=0 \quad (j\neq k)$$

函数$\cos x, \cos 2x, \cdots, \cos nx$已经是单位向量，因为

$$\langle \cos kx, \cos kx \rangle = \frac{1}{\pi}\int_{-\pi}^{\pi} \cos^2 kx\,dx = 1, \quad k = 1,2,\cdots,n$$

为构造一个规范正交集，我们仅需要在 1 的方向上求出单位向量.

$$\| 1 \|^2 = \langle 1,1 \rangle = \frac{1}{\pi}\int_{-\pi}^{\pi} 1 dx = 2$$

因此，$1/\sqrt{2}$为一个单位向量，且$\{1/\sqrt{2}, \cos x, \cos 2x, \cdots, \cos nx\}$为一个规范正交的向量集合. ◀

由定理 5.5.1，若 $\boldsymbol{B}=\{\boldsymbol{u}_1, \boldsymbol{u}_2, \cdots, \boldsymbol{u}_k\}$为一个内积空间 V 中的规范正交集，则 $\boldsymbol{B}$ 为子空间 $S=\mathrm{Span}(\boldsymbol{u}_1, \boldsymbol{u}_2, \cdots, \boldsymbol{u}_k)$ 的一组基. 我们称 $\boldsymbol{B}$ 为 S 的一组规范正交基(orthonormal basis). 一般地，使用规范正交基比使用一般的基要方便得多. 特别地，非常容易计算一个给定的向量 $\boldsymbol{v}$ 在规范正交基下的坐标. 一旦坐标确定了，就可以用它们计算 $\|\boldsymbol{v}\|$.

定理 5.5.2　令$\{\boldsymbol{u}_1, \boldsymbol{u}_2, \cdots, \boldsymbol{u}_n\}$为一个内积空间 V 的规范正交基. 若 $\boldsymbol{v}=\sum_{i=1}^{n} c_i\boldsymbol{u}_i$，则 $c_i=\langle \boldsymbol{v}, \boldsymbol{u}_i\rangle$.

证

$$\langle \boldsymbol{v}, \boldsymbol{u}_i \rangle = \left\langle \sum_{j=1}^{n} c_j\boldsymbol{u}_j, \boldsymbol{u}_i \right\rangle = \sum_{j=1}^{n} c_j\langle \boldsymbol{u}_j, \boldsymbol{u}_i\rangle = \sum_{j=1}^{n} c_j\delta_{ji} = c_i \qquad ■$$

作为定理 5.5.2 的推论，我们给出两个非常重要的结论.

推论 5.5.3　令$\{\boldsymbol{u}_1, \boldsymbol{u}_2, \cdots, \boldsymbol{u}_n\}$为一个内积空间 V 的规范正交基. 若 $\boldsymbol{u}=\sum_{i=1}^{n} a_i\boldsymbol{u}_i$ 及 $\boldsymbol{v}=\sum_{i=1}^{n} b_i\boldsymbol{u}_i$，则

$$\langle \boldsymbol{u}, \boldsymbol{v}\rangle = \sum_{i=1}^{n} a_i b_i$$

[255]

证　由定理 5.5.2，有

$$\langle \boldsymbol{v}, \boldsymbol{u}_i\rangle = b_i, \quad i = 1,2,\cdots,n$$

因此，

$$\langle \boldsymbol{u}, \boldsymbol{v}\rangle = \left\langle \sum_{i=1}^{n} a_i\boldsymbol{u}_i, \boldsymbol{v}\right\rangle = \sum_{i=1}^{n} a_i\langle \boldsymbol{u}_i, \boldsymbol{v}\rangle = \sum_{i=1}^{n} a_i\langle \boldsymbol{v}, \boldsymbol{u}_i\rangle = \sum_{i=1}^{n} a_i b_i \qquad ■$$

推论 5.5.4(帕塞瓦尔公式)　若$\{\boldsymbol{u}_1, \boldsymbol{u}_2, \cdots, \boldsymbol{u}_n\}$为一个内积空间 V 的一组规范正交基，且 $\boldsymbol{v}=\sum_{i=1}^{n} c_i\boldsymbol{u}_i$，则

$$\|\boldsymbol{v}\|^2 = \sum_{i=1}^{n} c_i^2$$

证　若 $\boldsymbol{v}=\sum_{i=1}^{n} c_i\boldsymbol{u}_i$，则由推论 5.5.3，

$$\|\boldsymbol{v}\|^2=\langle\boldsymbol{v},\boldsymbol{v}\rangle=\sum_{i=1}^{n}c_i^2$$ ■

▶**例 4** 向量

$$\boldsymbol{u}_1=\left(\frac{1}{\sqrt{2}},\frac{1}{\sqrt{2}}\right)^{\mathrm{T}}\quad 和\quad \boldsymbol{u}_2=\left(\frac{1}{\sqrt{2}},-\frac{1}{\sqrt{2}}\right)^{\mathrm{T}}$$

构成了 $\mathbf{R}^2$ 的一组规范正交基. 若 $\boldsymbol{x}\in\mathbf{R}^2$，则

$$\boldsymbol{x}^{\mathrm{T}}\boldsymbol{u}_1=\frac{x_1+x_2}{\sqrt{2}}\quad 且\quad \boldsymbol{x}^{\mathrm{T}}\boldsymbol{u}_2=\frac{x_1-x_2}{\sqrt{2}}$$

由定理 5.5.2 可得

$$\boldsymbol{x}=\frac{x_1+x_2}{\sqrt{2}}\boldsymbol{u}_1+\frac{x_1-x_2}{\sqrt{2}}\boldsymbol{u}_2$$

再由推论 5.5.4 可得

$$\|\boldsymbol{x}\|^2=\left(\frac{x_1+x_2}{\sqrt{2}}\right)^2+\left(\frac{x_1-x_2}{\sqrt{2}}\right)^2=x_1^2+x_2^2$$ ◀

▶**例 5** 给定$\{1/\sqrt{2},\ \cos 2x\}$为 $C[-\pi,\ \pi]$中的一个规范正交集(内积与例 3 中定义的相同)，不求原函数，计算 $\int_{-\pi}^{\pi}\sin^4 x\mathrm{d}x$ 的值.

解 由于

$$\sin^2 x=\frac{1-\cos 2x}{2}=\frac{1}{\sqrt{2}}\frac{1}{\sqrt{2}}+\left(-\frac{1}{2}\right)\cos 2x$$

256

由帕塞瓦尔公式，有

$$\int_{-\pi}^{\pi}\sin^4 x\ \mathrm{d}x=\pi\|\sin^2 x\|^2=\pi\left(\frac{1}{2}+\frac{1}{4}\right)=\frac{3\pi}{4}$$ ◀

正交矩阵

列向量构成 $\mathbf{R}^n$ 中的一组规范正交基的 $n\times n$ 矩阵是特别重要的.

定义 若一个 $n\times n$ 矩阵 $\boldsymbol{Q}$ 的列向量构成 $\mathbf{R}^n$ 中的一组规范正交基，则称 $\boldsymbol{Q}$ 为**正交矩阵**(orthogonal matrix).

定理 5.5.5 一个 $n\times n$ 矩阵 $\boldsymbol{Q}$ 是正交矩阵的充要条件为 $\boldsymbol{Q}^{\mathrm{T}}\boldsymbol{Q}=\boldsymbol{I}$.

证 由定义，一个 $n\times n$ 矩阵 $\boldsymbol{Q}$ 是正交矩阵的充要条件为它的列向量满足

$$\boldsymbol{q}_i^{\mathrm{T}}\boldsymbol{q}_j=\delta_{ij}$$

然而，$\boldsymbol{q}_i^{\mathrm{T}}\boldsymbol{q}_j$ 为矩阵 $\boldsymbol{Q}^{\mathrm{T}}\boldsymbol{Q}$ 的$(i,\ j)$元素. 因此，$\boldsymbol{Q}$ 是正交矩阵的充要条件为 $\boldsymbol{Q}^{\mathrm{T}}\boldsymbol{Q}=\boldsymbol{I}$. ■

由定理可得，若 $\boldsymbol{Q}$ 为一正交矩阵，则 $\boldsymbol{Q}$ 可逆，且 $\boldsymbol{Q}^{-1}=\boldsymbol{Q}^{\mathrm{T}}$.

▶**例 6** 对任意固定的 θ，矩阵

$$\boldsymbol{Q}=\begin{bmatrix}\cos\theta & -\sin\theta\\ \sin\theta & \cos\theta\end{bmatrix}$$

是正交的，且

$$Q^{-1} = Q^{\mathrm{T}} = \begin{bmatrix} \cos\theta & \sin\theta \\ -\sin\theta & \cos\theta \end{bmatrix}$$ ◀

例 6 中的矩阵 $\boldsymbol{Q}$ 可看成是一个从 $\mathbf{R}^2$ 到 $\mathbf{R}^2$ 的线性变换，其作用是将每一向量旋转一个角度 θ，而向量的长度保持不变(见 4.2 节中的例 2). 类似地，$\boldsymbol{Q}^{-1}$ 可看成是一个旋转角度为 $-\theta$ 的旋转(见图 5.5.1).

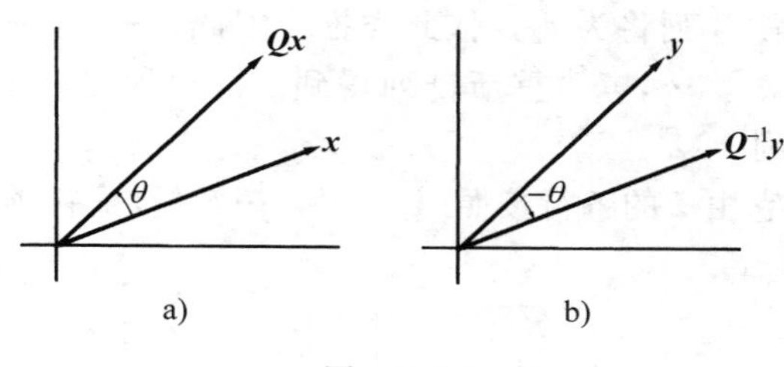

图　5.5.1

一般地，乘以一个正交矩阵时，内积保持不变(即 $\langle \boldsymbol{x}, \boldsymbol{y}\rangle = \langle \boldsymbol{Qx}, \boldsymbol{Qy}\rangle$). 这是成立的，因为

$$\langle \boldsymbol{Qx}, \boldsymbol{Qy}\rangle = (\boldsymbol{Qy})^{\mathrm{T}}\boldsymbol{Qx} = \boldsymbol{y}^{\mathrm{T}}\boldsymbol{Q}^{\mathrm{T}}\boldsymbol{Qx} = \boldsymbol{y}^{\mathrm{T}}\boldsymbol{x} = \langle \boldsymbol{x}, \boldsymbol{y}\rangle$$

特别地，若 $\boldsymbol{x}=\boldsymbol{y}$，则 $\|\boldsymbol{Qx}\|^2 = \|\boldsymbol{x}\|^2$，因此 $\|\boldsymbol{Qx}\| = \|\boldsymbol{x}\|$，即乘以一个正交矩阵仍保持向量的长度.

257

正交矩阵的性质　若 $\boldsymbol{Q}$ 为 $n\times n$ 正交矩阵，则：

(a) $\boldsymbol{Q}$ 的列向量构成了 $\mathbf{R}^n$ 的一组规范正交基.

(b) $\boldsymbol{Q}^{\mathrm{T}}\boldsymbol{Q}=\boldsymbol{I}$.

(c) $\boldsymbol{Q}^{\mathrm{T}}=\boldsymbol{Q}^{-1}$.

(d) $\langle \boldsymbol{Qx}, \boldsymbol{Qy}\rangle = \langle \boldsymbol{x}, \boldsymbol{y}\rangle$.

(e) $\|\boldsymbol{Qx}\|_2 = \|\boldsymbol{x}\|_2$.

置换矩阵

置换矩阵(permutation matrix)是将单位矩阵的各列重新排列得到的矩阵. 显然，置换矩阵为正交矩阵. 若 $\boldsymbol{P}$ 为一个将单位矩阵的各列重新按照(k_1, k_2, …, k_n)进行排列得到的置换矩阵，则 $\boldsymbol{P}=(\boldsymbol{e}_{k_1}, \boldsymbol{e}_{k_2}, \cdots, \boldsymbol{e}_{k_n})$. 若 $\boldsymbol{A}$ 为 $m\times n$ 矩阵，则

$$\boldsymbol{AP} = (\boldsymbol{Ae}_{k_1}, \boldsymbol{Ae}_{k_2}, \cdots, \boldsymbol{Ae}_{k_n}) = (\boldsymbol{a}_{k_1}, \boldsymbol{a}_{k_2}, \cdots, \boldsymbol{a}_{k_n})$$

$\boldsymbol{A}$ 右乘 $\boldsymbol{P}$ 就是将 $\boldsymbol{A}$ 的各列重新按照(k_1, k_2, …, k_n)排列. 例如，若

$$\boldsymbol{A} = \begin{bmatrix} 1 & 2 & 3 \\ 1 & 2 & 3 \end{bmatrix} \quad 且 \quad \boldsymbol{P} = \begin{bmatrix} 0 & 1 & 0 \\ 0 & 0 & 1 \\ 1 & 0 & 0 \end{bmatrix}$$

则

$$\boldsymbol{AP} = \begin{bmatrix} 3 & 1 & 2 \\ 3 & 1 & 2 \end{bmatrix}$$

由于 $\boldsymbol{P}=(\boldsymbol{e}_{k_1}, \boldsymbol{e}_{k_2}, \cdots, \boldsymbol{e}_{k_n})$为正交的，故

$$\boldsymbol{P}^{-1}=\boldsymbol{P}^{\mathrm{T}}=\begin{bmatrix}\boldsymbol{e}_{k_1}^{\mathrm{T}}\\ \boldsymbol{e}_{k_2}^{\mathrm{T}}\\ \vdots\\ \boldsymbol{e}_{k_n}^{\mathrm{T}}\end{bmatrix}$$

$\boldsymbol{P}^{\mathrm{T}}$ 的第 k_1 列将为 $\boldsymbol{e}_1$，第 k_2 列将为 $\boldsymbol{e}_2$，依此类推. 因此，$\boldsymbol{P}^{\mathrm{T}}$ 为一个置换矩阵. $\boldsymbol{P}^{\mathrm{T}}$ 可直接由 $\boldsymbol{I}$ 的各列按照(k_1，k_2，…，k_n)重新排列得到. 一般地，一个置换矩阵可由 $\boldsymbol{I}$ 对其各行或各列重新排列得到.

258

若 $\boldsymbol{Q}$ 为置换矩阵，它由 $\boldsymbol{I}$ 的各行按照(k_1，k_2，…，k_n)重新排列得到，且 $\boldsymbol{B}$ 为 $n\times r$ 矩阵，则

$$\boldsymbol{QB}=\begin{bmatrix}\boldsymbol{e}_{k_1}^{\mathrm{T}}\\ \boldsymbol{e}_{k_2}^{\mathrm{T}}\\ \vdots\\ \boldsymbol{e}_{k_n}^{\mathrm{T}}\end{bmatrix}\boldsymbol{B}=\begin{bmatrix}\boldsymbol{e}_{k_1}^{\mathrm{T}}\boldsymbol{B}\\ \boldsymbol{e}_{k_2}^{\mathrm{T}}\boldsymbol{B}\\ \vdots\\ \boldsymbol{e}_{k_n}^{\mathrm{T}}\boldsymbol{B}\end{bmatrix}=\begin{bmatrix}\vec{\boldsymbol{b}}_{k_1}\\ \vec{\boldsymbol{b}}_{k_2}\\ \vdots\\ \vec{\boldsymbol{b}}_{k_n}\end{bmatrix}$$

因此，$\boldsymbol{QB}$ 为将 $\boldsymbol{B}$ 的各行按照(k_1，k_2，…，k_n)重新排列得到的矩阵. 例如，若

$$\boldsymbol{Q}=\begin{bmatrix}0&0&1\\1&0&0\\0&1&0\end{bmatrix}\quad 且\quad \boldsymbol{B}=\begin{bmatrix}1&1\\2&2\\3&3\end{bmatrix}$$

则

$$\boldsymbol{QB}=\begin{bmatrix}3&3\\1&1\\2&2\end{bmatrix}$$

一般地，若 $\boldsymbol{P}$ 为 $n\times n$ 置换矩阵，$n\times r$ 矩阵 $\boldsymbol{B}$ 左乘 $\boldsymbol{P}$ 会将 $\boldsymbol{B}$ 的各行重排，$m\times n$ 矩阵 $\mathbf{A}$ 右乘 $\boldsymbol{P}$ 会将 $\mathbf{A}$ 的各列重排.

规范正交集与最小二乘问题

在求解最小二乘问题时，正交性扮演了重要的角色. 回顾一下，若 $\mathbf{A}$ 是一个秩为 n 的 $m\times n$ 矩阵，则最小二乘问题 $\mathbf{A}\boldsymbol{x}=\boldsymbol{b}$ 有唯一解 $\hat{\boldsymbol{x}}$，它可通过求解正规方程组 $\mathbf{A}^{\mathrm{T}}\mathbf{A}\boldsymbol{x}=\mathbf{A}^{\mathrm{T}}\boldsymbol{b}$ 得到. 投影 $\boldsymbol{p}=\mathbf{A}\hat{\boldsymbol{x}}$ 为 $R(\mathbf{A})$ 中最接近 $\boldsymbol{b}$ 的向量. 当 $\mathbf{A}$ 的列向量构成了 $\mathbf{R}^m$ 中的一个正交集时，最小二乘问题很容易求解.

定理 5.5.6 *若 $\mathbf{A}$ 的列向量构成了 $\mathbf{R}^m$ 中的规范正交集，则 $\mathbf{A}^{\mathrm{T}}\mathbf{A}=\boldsymbol{I}$ 且最小二乘问题的解为*

$$\hat{\boldsymbol{x}}=\mathbf{A}^{\mathrm{T}}\boldsymbol{b}$$

证 $\mathbf{A}^{\mathrm{T}}\mathbf{A}$ 的(i，j)元素由 $\mathbf{A}^{\mathrm{T}}$ 的第 i 行和 $\mathbf{A}$ 的第 j 列得到. 因此，(i，j)元素实际上就是 $\mathbf{A}$ 的第 i 列和第 j 列的标量积. 由于 $\mathbf{A}$ 的列向量为正交的，由此可得

$$\mathbf{A}^{\mathrm{T}}\mathbf{A}=(\delta_{ij})=\boldsymbol{I}$$

因此，正规方程组化简为

$$x = A^{\mathrm{T}} b$$

■

如果 **A** 的各列不正交会怎样呢？下一节我们将学习求 $R(A)$ 的一组规范正交基的方法. 通过这个方法，我们将 **A** 分解为乘积 **QR**，其中 **Q** 有一个规范正交的列向量集合，**R** 为上三角形矩阵. 利用这个分解，最小二乘问题可以快速且精确地求解.

259

如果我们有 $R(A)$ 的一组规范正交基，则投影 $p=A\hat{x}$ 可用基元素确定. 事实上，这是在内积空间 V 的子空间 S 中，寻找与 V 中给定向量 x 最接近的向量 p 的常见最小二乘问题的特殊情形. 如果 S 有一组规范正交基，则这个问题很容易求解. 我们首先证明下面的定理.

定理 5.5.7　令 S 为一个内积空间 V 的子空间，并令 $x\in V$. 令 $\{u_1, u_2, \cdots, u_n\}$ 为 S 的一组规范正交基. 若

$$p = \sum_{i=1}^{n} c_i u_i \tag{3}$$

其中对每一 i，

$$c_i = \langle x, u_i \rangle \tag{4}$$

则 $p-x\in S^{\perp}$（见图 5.5.2）.

证　我们将首先证明对每一 i，$(p-x)\perp u_i$.

$$\begin{aligned}\langle u_i, p-x\rangle &= \langle u_i, p\rangle - \langle u_i, x\rangle \\ &= \left\langle u_i, \sum_{j=1}^{n} c_j u_j \right\rangle - c_i \\ &= \sum_{j=1}^{n} c_j \langle u_i, u_j\rangle - c_i \\ &= 0\end{aligned}$$

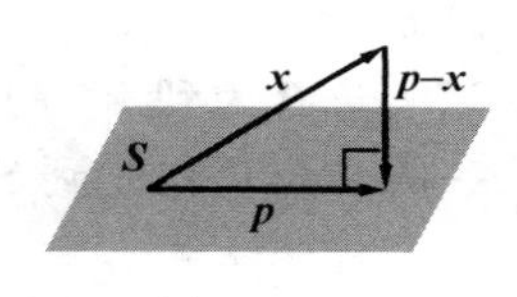

图　5.5.2

所以 $p-x$ 和所有的 u_i 正交. 若 $y\in S$，则

$$y = \sum_{i=1}^{n} \alpha_i u_i$$

因此，

260

$$\langle p-x, y\rangle = \left\langle p-x, \sum_{i=1}^{n} \alpha_i u_i \right\rangle = \sum_{i=1}^{n} \alpha_i \langle p-x, u_i\rangle = 0$$

■

若 $x\in S$，上面的结论是显然的，因为由定理 5.5.2，$p-x=\mathbf{0}$. 若 $x\notin S$，则 p 为 S 中和 x 最接近的元素.

定理 5.5.8　在定理 5.5.7 的假设下，p 为 S 中最接近 x 的元素，也就是说，对 S 中的任何 $y\neq p$，都有

$$\| y-x \| > \| p-x \|$$

证　若 $y\in S$ 且 $y\neq p$，则

$$\| y-x \|^2 = \| (y-p)+(p-x) \|^2$$

由于 $y-p\in S$，由定理 5.5.7 及毕达哥拉斯定律可得

$$\|\boldsymbol{y}-\boldsymbol{x}\|^2=\|\boldsymbol{y}-\boldsymbol{p}\|^2+\|\boldsymbol{p}-\boldsymbol{x}\|^2>\|\boldsymbol{p}-\boldsymbol{x}\|^2$$

因此，$\|\boldsymbol{y}-\boldsymbol{x}\|>\|\boldsymbol{p}-\boldsymbol{x}\|$. ■

由(3)和(4)定义的向量 $\boldsymbol{p}$ 称为 $\boldsymbol{x}$ 到 S 上的投影(projection).

推论 5.5.9 令 S 为 $\mathbf{R}^m$ 的一个非零子空间，并令 $\boldsymbol{b}\in\mathbf{R}^m$. 若$\{\boldsymbol{u}_1, \boldsymbol{u}_2, \cdots, \boldsymbol{u}_k\}$为 S 的一组规范正交基，且 $\boldsymbol{U}=(\boldsymbol{u}_1, \boldsymbol{u}_2, \cdots, \boldsymbol{u}_k)$，则 $\boldsymbol{b}$ 到 S 上的投影 $\boldsymbol{p}$ 为

$$\boldsymbol{p}=\boldsymbol{U}\boldsymbol{U}^{\mathrm{T}}\boldsymbol{b}$$

证 由定理 5.5.8 可得，$\boldsymbol{b}$ 到 S 上的投影为

$$\boldsymbol{p}=c_1\boldsymbol{u}_1+c_2\boldsymbol{u}_2+\cdots+c_k\boldsymbol{u}_k=\boldsymbol{U}\boldsymbol{c}$$

其中

$$\boldsymbol{c}=\begin{bmatrix}c_1\\c_2\\\vdots\\c_k\end{bmatrix}=\begin{bmatrix}\boldsymbol{u}_1^{\mathrm{T}}\boldsymbol{b}\\\boldsymbol{u}_2^{\mathrm{T}}\boldsymbol{b}\\\vdots\\\boldsymbol{u}_k^{\mathrm{T}}\boldsymbol{b}\end{bmatrix}=\boldsymbol{U}^{\mathrm{T}}\boldsymbol{b}$$

因此，

$$\boldsymbol{p}=\boldsymbol{U}\boldsymbol{U}^{\mathrm{T}}\boldsymbol{b}$$ ■

推论 5.5.9 中的矩阵 $\boldsymbol{U}\boldsymbol{U}^{\mathrm{T}}$ 为到 $\mathbf{R}^m$ 的子空间 S 上的投影矩阵. 为将任意向量 $\boldsymbol{b}\in\mathbf{R}^m$ 投影到 S，我们仅需求 S 的规范正交基$\{\boldsymbol{u}_1, \boldsymbol{u}_2, \cdots, \boldsymbol{u}_k\}$，构造 $\boldsymbol{U}\boldsymbol{U}^{\mathrm{T}}$，然后用 $\boldsymbol{U}\boldsymbol{U}^{\mathrm{T}}$ 乘以 $\boldsymbol{b}$.

若 $\boldsymbol{P}$ 为到 $\mathbf{R}^m$ 的子空间 S 上的投影矩阵，则对任意 $\boldsymbol{b}\in\mathbf{R}^m$，$\boldsymbol{b}$ 到 S 上的投影 $\boldsymbol{p}$ 是唯一的. 若 $\boldsymbol{Q}$ 也是到 S 的投影矩阵，则

261

$$\boldsymbol{Q}\boldsymbol{b}=\boldsymbol{p}=\boldsymbol{P}\boldsymbol{b}$$

由此可得

$$\boldsymbol{q}_j=\boldsymbol{Q}\boldsymbol{e}_j=\boldsymbol{P}\boldsymbol{e}_j=\boldsymbol{p}_j,\quad j=1,2,\cdots,m$$

故有 $\boldsymbol{Q}=\boldsymbol{P}$. 因此到 $\mathbf{R}^m$ 的子空间 S 上的投影矩阵是唯一的.

▶**例 7** 令 S 为 $\mathbf{R}^3$ 中所有形如$(x, y, 0)^{\mathrm{T}}$的向量的集合. 求 S 中最接近向量 $\boldsymbol{w}=(5, 3, 4)^{\mathrm{T}}$ 的向量 $\boldsymbol{p}$(见图 5.5.3).

解 令 $\boldsymbol{u}_1=(1, 0, 0)^{\mathrm{T}}$ 及 $\boldsymbol{u}_2=(0, 1, 0)^{\mathrm{T}}$. 显然，$\boldsymbol{u}_1$ 和 $\boldsymbol{u}_2$ 构成 S 的一组规范正交基. 现在

$$c_1=\boldsymbol{w}^{\mathrm{T}}\boldsymbol{u}_1=5$$
$$c_2=\boldsymbol{w}^{\mathrm{T}}\boldsymbol{u}_2=3$$

可以看出向量 $\boldsymbol{p}$ 恰恰就是我们所期望的：

$$\boldsymbol{p}=5\boldsymbol{u}_1+3\boldsymbol{u}_2=(5,3,0)^{\mathrm{T}}$$

同时，$\boldsymbol{p}$ 还可使用投影矩阵 $\boldsymbol{U}\boldsymbol{U}^{\mathrm{T}}$ 计算得到：

$$\boldsymbol{p}=\boldsymbol{U}\boldsymbol{U}^{\mathrm{T}}\boldsymbol{w}=\begin{bmatrix}1&0&0\\0&1&0\\0&0&0\end{bmatrix}\begin{bmatrix}5\\3\\4\end{bmatrix}=\begin{bmatrix}5\\3\\0\end{bmatrix}$$ ◀

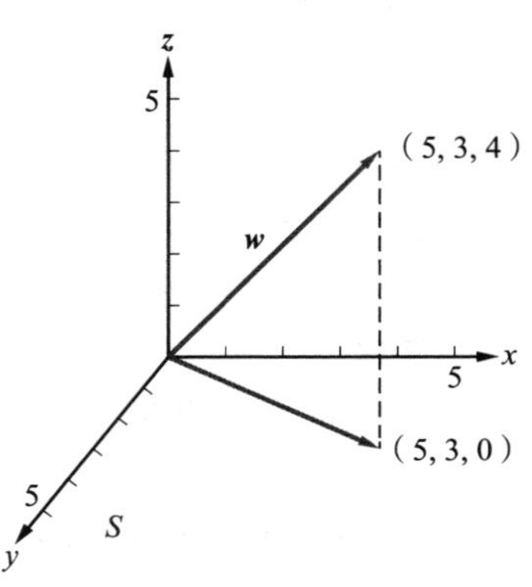

图 5.5.3

函数逼近

在很多实际问题中，需要利用一些特殊类型的函数集合对一个连续函数进行逼近. 通常，我们使用一个不超过 n 次的多项式进行逼近. 利用定理 5.5.8，我们可以得到最优最小二乘逼近.

▶**例 8**　求在区间[0，1]上 e^x 的一个最优线性最小二乘逼近函数.

262

解　令 S 为所有在 $C[0,1]$中的线性函数的子空间. 尽管函数 1 和 x 张成 S，但它们并不正交. 我们寻找一个形如 $x-a$ 的函数和 1 正交.

$$\langle 1,x-a\rangle=\int_0^1(x-a)\mathrm{d}x=\frac{1}{2}-a$$

因此 $a=\frac{1}{2}$. 由于 $\|x-\frac{1}{2}\|=1/\sqrt{12}$，由此可得

$$u_1(x)=1\quad 及\quad u_2(x)=\sqrt{12}\left(x-\frac{1}{2}\right)$$

构成 S 的一组规范正交基.

令

$$c_1=\int_0^1 u_1(x)\mathrm{e}^x\mathrm{d}x=\mathrm{e}-1$$

$$c_2=\int_0^1 u_2(x)\mathrm{e}^x\mathrm{d}x=\sqrt{3}(3-\mathrm{e})$$

投影

$$\begin{aligned}p(x)&=c_1u_1(x)+c_2u_2(x)\\&=(\mathrm{e}-1)\cdot 1+\sqrt{3}(3-\mathrm{e})\left[\sqrt{12}\left(x-\frac{1}{2}\right)\right]\\&=(4\mathrm{e}-10)+6(3-\mathrm{e})x\end{aligned}$$

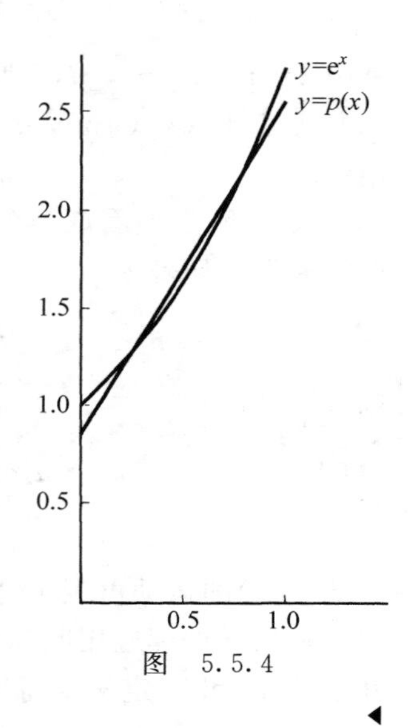

图　5.5.4

为[0，1]上 e^x 的最优线性最小二乘逼近函数(见图 5.5.4).　◀

263

用三角多项式逼近

三角多项式用于逼近周期函数. 所谓 n 次三角多项式(trigonometric polynomial)，是一个形如

$$t_n(x)=\frac{a_0}{2}+\sum_{k=1}^{n}(a_k\cos kx+b_k\sin kx)$$

的函数.

我们已经看到函数集合

$$\frac{1}{\sqrt{2}},\cos x,\cos 2x,\cdots,\cos nx$$

构成了相应于内积(2)的一个规范正交集. 我们留给读者验证，若函数

$$\sin x,\sin 2x,\cdots,\sin nx$$

加入这个集合中，它仍然是规范正交集. 因此，可以利用定理 5.5.8 寻找一个最优最小二乘意义的不超过 n 次的三角多项式，来逼近一个周期为 2π 的连续周期函数 $f(x)$. 注意到

$$\left\langle f,\frac{1}{\sqrt{2}}\right\rangle\frac{1}{\sqrt{2}}=\langle f,1\rangle\frac{1}{2}$$

所以，如果

$$a_0=\langle f,1\rangle=\frac{1}{\pi}\int_{-\pi}^{\pi}f(x)\mathrm{d}x$$

且

$$a_k=\langle f,\cos kx\rangle=\frac{1}{\pi}\int_{-\pi}^{\pi}f(x)\cos kx\,\mathrm{d}x$$

$$b_k=\langle f,\sin kx\rangle=\frac{1}{\pi}\int_{-\pi}^{\pi}f(x)\sin kx\,\mathrm{d}x$$

其中 $k=1$，2，…，n，则这些系数确定了 f 的最优最小二乘逼近．a_k 和 b_k 就是人们熟知的傅里叶系数(Fourier coefficient)，它们出现在很多涉及函数的三角级数逼近的应用中．

我们将 $f(x)$看成一个沿直线运动的物体在时刻 x 时的位置，并令 t_n 为 f 的 n 次傅里叶逼近．如果令

$$r_k=\sqrt{a_k^2+b_k^2}\quad 和\quad \theta_k=\tan^{-1}\left(\frac{b_k}{a_k}\right)$$

则

$$\begin{aligned}a_k\cos kx+b_k\sin kx&=r_k\left(\frac{a_k}{r_k}\cos kx+\frac{b_k}{r_k}\sin kx\right)\\&=r_k\cos(kx-\theta_k)\end{aligned}$$

因此 $f(x)$的运动可表示为简谐运动的叠加．

在信号处理应用问题中，使用复形式的三角逼近表示很有用．在此，我们用实傅里叶系数 a_k 和 b_k 定义复傅里叶系数 c_k：

264

$$\begin{aligned}c_k=\frac{1}{2}(a_k-\mathrm{i}b_k)&=\frac{1}{2\pi}\int_{-\pi}^{\pi}f(x)(\cos kx-\mathrm{i}\sin kx)\mathrm{d}x\\&=\frac{1}{2\pi}\int_{-\pi}^{\pi}f(x)\mathrm{e}^{-\mathrm{i}kx}\mathrm{d}x\quad(k\geqslant 0)\end{aligned}$$

后面的等式由恒等式

$$\mathrm{e}^{\mathrm{i}\theta}=\cos\theta+\mathrm{i}\sin\theta$$

得到．我们还定义 c_{-k}为 c_k 的复共轭．因此，

$$c_{-k}=\overline{c_k}=\frac{1}{2}(a_k+\mathrm{i}b_k)\quad(k\geqslant 0)$$

此外，如果要求 a_k 和 b_k，则

$$a_k=c_k+c_{-k}\quad 且\quad b_k=\mathrm{i}(c_k-c_{-k})$$

使用这些恒等式，可以得到

$$\begin{aligned}c_k\mathrm{e}^{\mathrm{i}kx}+c_{-k}\mathrm{e}^{-\mathrm{i}kx}&=(c_k+c_{-k})\cos kx+\mathrm{i}(c_k-c_{-k})\sin kx\\&=a_k\cos kx+b_k\sin kx\end{aligned}$$

因此，三角多项式

$$t_n(x)=\frac{a_0}{2}+\sum_{k=1}^{n}(a_k\cos kx+b_k\sin kx)$$

可以写为复形式

$$t_n(x)=\sum_{k=-n}^{n}c_k e^{ikx}$$

应用 1：信号处理

离散傅里叶变换

图 5.5.5a 中所示的函数 $f(x)$ 对应于一个含有噪声的信号．其中，自变量 x 表示时间，且信号的值绘制为一个时间的函数．这里，使用起始时间为 0 很方便．因此，我们选择[0，2π]为内积区间，而不取[−π，π]．

我们使用一个三角多项式

$$t_n(x)=\sum_{k=-n}^{n}c_k e^{ikx}$$

来逼近函数 $f(x)$．

265

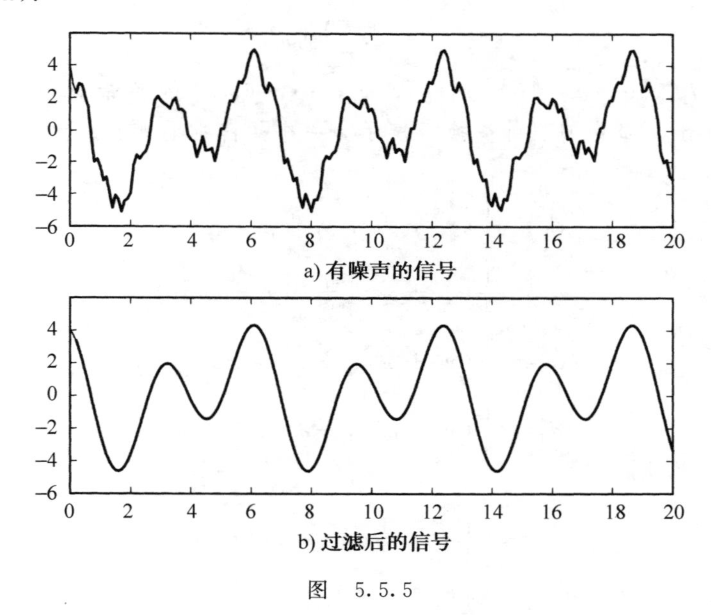

图 5.5.5

正如前面已经讨论的，三角逼近使得我们可以将函数表示为一个简谐波的叠加．第 k 个简谐波可写为 $r_k\cos(kx-\theta_k)$．k 称为**角频率**(angular frequency)．如果在 k 增加时 c_k 迅速趋向于 0，则称信号是**光滑**(smooth)的．如果在频率较大时一些系数仍然不变小，图形将变成图 5.5.5a中有噪声的形状．我们可通过将这些系数设为 0 来对信号进行过滤．图 5.5.5b 给出了将源信号中的一些高频部分抑制后得到的光滑函数．

在实际的信号处理应用中，我们没有信号函数 $f(x)$ 的数学公式，而只有信号在时间

序列 x_0，x_1，…，x_N 处的采样，其中 $x_j=\frac{2j\pi}{N}$. 函数 f 由 N 个采样值表示：

$$y_0 = f(x_0),\quad y_1 = f(x_1),\cdots,y_{N-1} = f(x_{N-1})$$

[注：$y_N=f(2\pi)=f(0)=y_0$.]在这种情况下，我们无法使用积分计算傅里叶系数. 如不使用

$$c_k = \frac{1}{2\pi}\int_0^{2\pi} f(x)\mathrm{e}^{-\mathrm{i}kx}\,\mathrm{d}x$$

而是用数值积分法——梯形法则——来逼近这个积分. 近似式为

266

$$d_k = \frac{1}{N}\sum_{j=0}^{N-1} f(x_j)\mathrm{e}^{-\mathrm{i}kx_j} \tag{5}$$

系数 d_k 为傅里叶系数的逼近. 采样点数 N 越大，d_k 和 c_k 越接近.

如果令

$$\omega_N = \mathrm{e}^{-\frac{2\pi\mathrm{i}}{N}} = \cos\frac{2\pi}{N} - \mathrm{i}\sin\frac{2\pi}{N}$$

则方程(5)可以写为

$$d_k = \frac{1}{N}\sum_{j=0}^{N-1} y_j\omega_N^{jk}$$

有限序列 $\{d_0, d_1, \cdots, d_{N-1}\}$ 称为 $\{y_0, y_1, \cdots, y_{N-1}\}$ 的**离散傅里叶变换**(discrete Fourier transform). 离散傅里叶变换可表示为一个矩阵向量乘法. 例如，若 $N=4$，则系数为

$$d_0 = \frac{1}{4}(y_0 + y_1 + y_2 + y_3)$$

$$d_1 = \frac{1}{4}(y_0 + \omega_4 y_1 + \omega_4^2 y_2 + \omega_4^3 y_3)$$

$$d_2 = \frac{1}{4}(y_0 + \omega_4^2 y_1 + \omega_4^4 y_2 + \omega_4^6 y_3)$$

$$d_3 = \frac{1}{4}(y_0 + \omega_4^3 y_1 + \omega_4^6 y_2 + \omega_4^9 y_3)$$

如果令

$$\boldsymbol{z} = \frac{1}{4}\boldsymbol{y} = \frac{1}{4}(y_0, y_1, y_2, y_3)^{\mathrm{T}}$$

则向量 $\boldsymbol{d}=(d_0, d_1, d_2, d_3)^{\mathrm{T}}$ 可通过将 $\boldsymbol{z}$ 乘以矩阵

$$F_4 = \begin{bmatrix} 1 & 1 & 1 & 1 \\ 1 & \omega_4 & \omega_4^2 & \omega_4^3 \\ 1 & \omega_4^2 & \omega_4^4 & \omega_4^6 \\ 1 & \omega_4^3 & \omega_4^6 & \omega_4^9 \end{bmatrix} = \begin{bmatrix} 1 & 1 & 1 & 1 \\ 1 & -\mathrm{i} & -1 & \mathrm{i} \\ 1 & -1 & 1 & -1 \\ 1 & \mathrm{i} & -1 & -\mathrm{i} \end{bmatrix}$$

得到. 矩阵 F_4 称为**傅里叶矩阵**.

在有 N 个采样数据 y_0，y_1，…，y_{N-1} 的情形下，系数可通过令

$$z = \frac{1}{N}y \quad \text{和} \quad d = F_N z$$

计算，其中 $y=(y_0, y_1, \cdots, y_{N-1})^T$，且 F_N 为 $N\times N$ 矩阵，其 (j, k) 元素由 $f_{j,k}=\omega_N^{(j-1)(k-1)}$ 给出．通过将 F_N 乘以向量 z 来计算离散傅里叶系数 d 的方法称为 DFT **算法**．DFT 算法中需要使用 N^2 的倍数次算术运算(因为使用了复算术运算，所以粗略地需要使用 $8N^2$ 次算术运算)．

267

在信号处理应用中，N 通常非常大，因此 DFT 的计算过程即使使用现代计算能力强大的计算机也会十分缓慢且代价高昂．信号处理领域的一个变革是 1965 年由 J. W. Cooley 和J. W. Tukey引入了一种十分高效的计算离散傅里叶变换的方法．事实上，1965 年 Cooley-Tukey 的文章是对 1805 年高斯提出的方法的重新发现．

快速傅里叶变换

Cooley 和 Tukey 的方法称为**快速傅里叶变换**(fast Fourier transform)，或简写为 FFT，这是一种计算离散傅里叶变换的高效算法．它利用了傅里叶矩阵的特殊性质．下面以 $N=4$ 为例进行说明．将 F_4 的各列重新排列，使得它的奇数列全都在偶数列的前面．这个重新排列等价于 F_4 右乘置换矩阵

$$P_4 = \begin{bmatrix} 1 & 0 & 0 & 0 \\ 0 & 0 & 1 & 0 \\ 0 & 1 & 0 & 0 \\ 0 & 0 & 0 & 1 \end{bmatrix}$$

如果令 $w=P_4^T z$，则

$$F_4 z = F_4 P_4 P_4^T z = F_4 P_4 w$$

将 $F_4 P_4$ 进行 2×2 分块，可得

$$F_4 P_4 = \left[\begin{array}{cc|cc} 1 & 1 & 1 & 1 \\ 1 & -1 & -\mathrm{i} & \mathrm{i} \\ \hline 1 & 1 & -1 & -1 \\ 1 & -1 & \mathrm{i} & -\mathrm{i} \end{array}\right]$$

第(1，1)和(2，1)块均等于傅里叶矩阵 F_2，且如果令

$$D_2 = \begin{bmatrix} 1 & 0 \\ 0 & -\mathrm{i} \end{bmatrix}$$

则第(1，2)和(2，2)块分别为 D_2F_2 和 $-D_2F_2$．计算傅里叶变换的系数现在可以通过分块乘法实现．

$$d_4 = \begin{bmatrix} F_2 & D_2F_2 \\ F_2 & -D_2F_2 \end{bmatrix}\begin{bmatrix} w_1 \\ w_2 \end{bmatrix} = \begin{bmatrix} F_2w_1 + D_2F_2w_2 \\ F_2w_1 - D_2F_2w_2 \end{bmatrix}$$

计算过程简化为计算两个长度为 2 的傅里叶变换．如果令 $q_1=F_2w_1$，且 $q_2=D_2(F_2w_2)$，则

$$d_4 = \begin{bmatrix} q_1 + q_2 \\ q_1 - q_2 \end{bmatrix}$$

268

上面所描述的过程一般只在采样点为偶数时才是可用的．比如说，如果 $N=2m$，且

将矩阵 $\boldsymbol{F}_{2m}$ 变换为奇数列在前，则重新排列后的傅里叶矩阵 $\boldsymbol{F}_{2m}\boldsymbol{P}_{2m}$ 可分成 $m\times m$ 的块

$$\boldsymbol{F}_{2m}\boldsymbol{P}_{2m}=\begin{bmatrix}\boldsymbol{F}_m & \boldsymbol{D}_m\boldsymbol{F}_m\\ \boldsymbol{F}_m & -\boldsymbol{D}_m\boldsymbol{F}_m\end{bmatrix}$$

其中 $\boldsymbol{D}_m$ 为对角矩阵，其(j,j)元素为 ω_{2m}^{j-1}. 则离散傅里叶变换可通过两个长度为 m 的变换求得. 进而，如果 m 也是偶数，则每一个长度为 m 的变换可以使用两个长度为 $\frac{m}{2}$ 的变换计算，依此类推.

如果初始时 N 为 2 的一个幂，不妨设为 $N=2^k$，则可以递归地使用这个递归过程 k 次. 计算 FFT 的算术运算次数与 $Nk=N\log_2 N$ 成正比. 事实上，FFT 实际的算术运算次数近似地为 $5N\log_2 N$. 这个过程的计算是如何显著加速的呢？如果考虑 $N=2^{20}=1\,048\,576$ 的情形，则 DFT 算法需要 $8N^2=8\cdot 2^{40}$ 次运算，即近似地有 8.8 万亿次运算. 然而，FFT 算法仅需要 $100N=100\cdot 2^{20}$ 或近似地 1 亿次运算. 这两个运算次数的比值为

$$r=\frac{8N^2}{5N\log_2 N}=0.08\cdot 1\,048\,576=83\,886$$

此时 FFT 算法要比 DFT 算法快几乎 84 000 倍.

5.5 节练习

1. 下列哪些向量集合构成 $\mathbf{R}^2$ 中的规范正交基？

   (a) $\{(1,0)^{\mathrm{T}},(0,1)^{\mathrm{T}}\}$　　(b) $\left\{\left(\frac{3}{5},\frac{4}{5}\right)^{\mathrm{T}},\left(\frac{5}{13},\frac{12}{13}\right)^{\mathrm{T}}\right\}$　　(c) $\{(1,-1)^{\mathrm{T}},(1,1)^{\mathrm{T}}\}$

   (d) $\left\{\left(\frac{\sqrt{3}}{2},\frac{1}{2}\right)^{\mathrm{T}},\left(-\frac{1}{2},\frac{\sqrt{3}}{2}\right)^{\mathrm{T}}\right\}$

2. 令

$$\boldsymbol{u}_1=\begin{bmatrix}\frac{1}{3\sqrt{2}}\\ \frac{1}{3\sqrt{2}}\\ -\frac{4}{3\sqrt{2}}\end{bmatrix},\quad \boldsymbol{u}_2=\begin{bmatrix}\frac{2}{3}\\ \frac{2}{3}\\ \frac{1}{3}\end{bmatrix},\quad \boldsymbol{u}_3=\begin{bmatrix}\frac{1}{\sqrt{2}}\\ -\frac{1}{\sqrt{2}}\\ 0\end{bmatrix}$$

   (a) 证明 $\{\boldsymbol{u}_1,\boldsymbol{u}_2,\boldsymbol{u}_3\}$ 构成 $\mathbf{R}^3$ 的一组规范正交基.

   (b) 令 $\boldsymbol{x}=(1,1,1)^{\mathrm{T}}$. 利用定理 5.5.2，将 $\boldsymbol{x}$ 写为 $\boldsymbol{u}_1$，$\boldsymbol{u}_2$ 和 $\boldsymbol{u}_3$ 的线性组合的形式，并利用帕塞瓦尔公式计算 $\|\boldsymbol{x}\|$.

3. 令 S 为 $\mathbf{R}^3$ 的子空间，它由练习 2 中的向量 $\boldsymbol{u}_2$ 和 $\boldsymbol{u}_3$ 张成. 令 $\boldsymbol{x}=(1,2,2)^{\mathrm{T}}$. 求 $\boldsymbol{x}$ 到 S 的投影 $\boldsymbol{p}$. 证明 $(\boldsymbol{p}-\boldsymbol{x})\perp\boldsymbol{u}_2$ 且 $(\boldsymbol{p}-\boldsymbol{x})\perp\boldsymbol{u}_3$.

4. 令 θ 为一个给定的实数，并令

$$\boldsymbol{x}_1=\begin{bmatrix}\cos\theta\\ \sin\theta\end{bmatrix}\quad 且\quad \boldsymbol{x}_2=\begin{bmatrix}-\sin\theta\\ \cos\theta\end{bmatrix}$$

   (a) 证明 $\{\boldsymbol{x}_1,\boldsymbol{x}_2\}$ 为 $\mathbf{R}^2$ 的一组规范正交基.

   (b) 给定一个 $\mathbf{R}^2$ 中的向量 $\boldsymbol{y}$，将它写为线性组合 $c_1\boldsymbol{x}_1+c_2\boldsymbol{x}_2$.

   (c) 验证

$$c_1^2+c_2^2=\|\boldsymbol{y}\|^2=y_1^2+y_2^2$$

5. 令 $\boldsymbol{u}_1$ 和 $\boldsymbol{u}_2$ 为 $\mathbf{R}^2$ 中的一组规范正交基，并令 $\boldsymbol{u}$ 为 $\mathbf{R}^2$ 的一个单位向量．若 $\boldsymbol{u}^{\mathrm{T}}\boldsymbol{u}_1=\frac{1}{2}$，求 $|\boldsymbol{u}^{\mathrm{T}}\boldsymbol{u}_2|$ 的值．

6. 令$\{\boldsymbol{u}_1, \boldsymbol{u}_2, \boldsymbol{u}_3\}$为内积空间 V 的一组规范正交基，并令

$$\boldsymbol{u}=\boldsymbol{u}_1+2\boldsymbol{u}_2+2\boldsymbol{u}_3 \quad 且 \quad \boldsymbol{v}=\boldsymbol{u}_1+7\boldsymbol{u}_3$$

求下列各值．

(a) $\langle\boldsymbol{u}, \boldsymbol{v}\rangle$．

(b) $\|\boldsymbol{u}\|$ 和 $\|\boldsymbol{v}\|$．

(c) $\boldsymbol{u}$ 和 $\boldsymbol{v}$ 的夹角 θ．

7. 令$\{\boldsymbol{u}_1, \boldsymbol{u}_2, \boldsymbol{u}_3\}$为内积空间 V 的一组规范正交基．若 $\boldsymbol{x}=c_1\boldsymbol{u}_1+c_2\boldsymbol{u}_2+c_3\boldsymbol{u}_3$ 为一个向量，满足 $\|\boldsymbol{x}\|=5$，$\langle\boldsymbol{u}_1, \boldsymbol{x}\rangle=4$，且 $\boldsymbol{x}\perp\boldsymbol{u}_2$，则 c_1，c_2，c_3 可能的取值是什么？

8. 函数 $\cos x$ 和 $\sin x$ 构成了 $C[-\pi, \pi]$中的一组规范正交集．若

$$f(x)=3\cos x+2\sin x \quad 和 \quad g(x)=\cos x-\sin x$$

用推论 5.5.3 求

$$\langle f,g\rangle=\frac{1}{\pi}\int_{-\pi}^{\pi}f(x)g(x)\mathrm{d}x$$

9. 集合

$$S=\left\{\frac{1}{\sqrt{2}},\cos x,\cos 2x,\cos 3x,\cos 4x\right\}$$

为 $C[-\pi, \pi]$上用(2)定义内积的内积空间中的一个规范正交集．

(a) 用三角恒等式将函数 $\sin^4 x$ 写成 S 中元素的线性组合．

(b) 用(a)中的结论及定理 5.5.2 求下列积分值：

(i) $\int_{-\pi}^{\pi}\sin^4 x\cos x\,\mathrm{d}x$　　(ii) $\int_{-\pi}^{\pi}\sin^4 x\cos 2x\,\mathrm{d}x$

(iii) $\int_{-\pi}^{\pi}\sin^4 x\cos 3x\,\mathrm{d}x$　　(iv) $\int_{-\pi}^{\pi}\sin^4 x\cos 4x\,\mathrm{d}x$

10. 写出傅里叶矩阵 $\boldsymbol{F}_8$．证明 $\boldsymbol{F}_8\boldsymbol{P}_8$ 可分解为分块形式：

$$\begin{bmatrix}\boldsymbol{F}_4 & \boldsymbol{D}_4\boldsymbol{F}_4\\ \boldsymbol{F}_4 & -\boldsymbol{D}_4\boldsymbol{F}_4\end{bmatrix}$$

11. 证明正交矩阵的转置仍为正交矩阵．

12. 若 $\boldsymbol{Q}$ 为 $n\times n$ 正交矩阵，且 $\boldsymbol{x}$ 和 $\boldsymbol{y}$ 为 $\mathbf{R}^n$ 中的非零向量，则比较 $\boldsymbol{Qx}$ 和 $\boldsymbol{Qy}$ 间的夹角与 $\boldsymbol{x}$ 和 $\boldsymbol{y}$ 的夹角，能得出什么结论？证明你的结论．

13. 令 $\boldsymbol{Q}$ 为 $n\times n$ 正交矩阵．利用数学归纳法证明下列结论．

(a) $(\boldsymbol{Q}^m)^{-1}=(\boldsymbol{Q}^{\mathrm{T}})^m=(\boldsymbol{Q}^m)^{\mathrm{T}}$，其中 m 为任意正整数．

(b) $\|\boldsymbol{Q}^m\boldsymbol{x}\|=\|\boldsymbol{x}\|$，其中 $\boldsymbol{x}\in\mathbf{R}^n$．

14. 令 $\boldsymbol{u}$ 为 $\mathbf{R}^n$ 中的一个单位向量，且令 $\boldsymbol{H}=\boldsymbol{I}-2\boldsymbol{u}\boldsymbol{u}^{\mathrm{T}}$．证明 $\boldsymbol{H}$ 为正交且对称的，故是自逆的．

15. 令 $\boldsymbol{Q}$ 为正交矩阵，且令 $d=\det(\boldsymbol{Q})$．证明 $|d|=1$．

16. 证明：两个正交矩阵的乘积也是一个正交矩阵．两个置换矩阵的乘积是否仍然是置换矩阵？试说明．

17. 共有多少个 $n\times n$ 的置换矩阵？

18. 证明：若 $\boldsymbol{P}$ 为对称的置换矩阵，则 $\boldsymbol{P}^{2k}=\boldsymbol{I}$，且 $\boldsymbol{P}^{2k+1}=\boldsymbol{P}$．

19. 证明：若 $\boldsymbol{U}$ 为 $n\times n$ 正交矩阵，则

$$\boldsymbol{u}_1\boldsymbol{u}_1^{\mathrm{T}}+\boldsymbol{u}_2\boldsymbol{u}_2^{\mathrm{T}}+\cdots+\boldsymbol{u}_n\boldsymbol{u}_n^{\mathrm{T}}=\boldsymbol{I}$$

20. 利用数学归纳法证明：若 $n\times n$ 矩阵 $\boldsymbol{Q}$ 为上三角矩阵和正交矩阵，则 $\boldsymbol{q}_j=\pm\boldsymbol{e}_j$，$j=1$，2，…，$n$.

21. 令

$$\boldsymbol{A}=\begin{bmatrix}\frac{1}{2} & -\frac{1}{2}\\ \frac{1}{2} & -\frac{1}{2}\\ \frac{1}{2} & \frac{1}{2}\\ \frac{1}{2} & \frac{1}{2}\end{bmatrix}$$

(a) 证明 $\boldsymbol{A}$ 的列向量构成了 $\mathbf{R}^4$ 的一个正交集.

(b) 对下列 $\boldsymbol{b}$ 的选择，求最小二乘问题 $\boldsymbol{Ax}=\boldsymbol{b}$ 的解.

(i) $\boldsymbol{b}=(4,0,0,0)^{\mathrm{T}}$　　(ii) $\boldsymbol{b}=(1,2,3,4)^{\mathrm{T}}$　　(iii) $\boldsymbol{b}=(1,1,2,2)^{\mathrm{T}}$

22. 令 $\boldsymbol{A}$ 为练习 21 中给出的矩阵.

(a) 求 $\mathbf{R}^4$ 中的向量到 $R(\boldsymbol{A})$ 的投影矩阵 $\boldsymbol{P}$.

(b) 对练习 21(b)中的每一个解，计算 $\boldsymbol{Ax}$，并将其和 $\boldsymbol{Pb}$ 比较.

23. 令 $\boldsymbol{A}$ 为练习 21 中给出的矩阵.

(a) 求 $N(\boldsymbol{A}^{\mathrm{T}})$ 的一组规范正交基.

(b) 求 $\mathbf{R}^4$ 中的向量到 $N(\boldsymbol{A}^{\mathrm{T}})$ 的投影矩阵 $\boldsymbol{Q}$.

270

24. 令 $\boldsymbol{A}$ 为 $m\times n$ 矩阵，令 $\boldsymbol{P}$ 为将 $\mathbf{R}^m$ 中的向量映上到 $R(\boldsymbol{A})$ 的投影矩阵，并令 $\boldsymbol{Q}$ 为将 $\mathbf{R}^n$ 中的向量映上到 $R(\boldsymbol{A}^{\mathrm{T}})$ 的投影矩阵. 证明：

(a) $\boldsymbol{I}-\boldsymbol{P}$ 为从 $\mathbf{R}^m$ 映上到 $N(\boldsymbol{A}^{\mathrm{T}})$ 的投影矩阵.

(b) $\boldsymbol{I}-\boldsymbol{Q}$ 为从 $\mathbf{R}^n$ 映上到 $N(\boldsymbol{A})$ 的投影矩阵.

25. 令 $\boldsymbol{P}$ 为 $\mathbf{R}^m$ 的子空间 S 对应的投影矩阵. 证明：

(a) $\boldsymbol{P}^2=\boldsymbol{P}$　　(b) $\boldsymbol{P}^{\mathrm{T}}=\boldsymbol{P}$

26. 令 $\boldsymbol{A}$ 为 $m\times n$ 矩阵，其列向量两两正交，并令 $\boldsymbol{b}\in\mathbf{R}^m$. 证明：若 $\boldsymbol{y}$ 为方程组 $\boldsymbol{Ax}=\boldsymbol{b}$ 的最小二乘解，则

$$y_i=\frac{\boldsymbol{b}^{\mathrm{T}}\boldsymbol{a}_i}{\boldsymbol{a}_i^{\mathrm{T}}\boldsymbol{a}_i},\quad i=1,2,\cdots,n$$

27. 令 $\boldsymbol{v}$ 为内积空间 V 中的一个向量，$\boldsymbol{p}$ 为 $\boldsymbol{v}$ 到 V 的一个 n 维子空间 S 上的投影. 证明 $\|\boldsymbol{p}\|\leqslant\|\boldsymbol{v}\|$. 在什么条件下等式成立？

28. 令 $\boldsymbol{v}$ 为内积空间 V 中的一个向量，$\boldsymbol{p}$ 为 $\boldsymbol{v}$ 到 V 的一个 n 维子空间 S 上的投影. 证明 $\|\boldsymbol{p}\|^2=\langle\boldsymbol{p},\boldsymbol{v}\rangle$.

29. 考虑向量空间 $C[-1,1]$，其上定义内积

$$\langle f,g\rangle=\int_{-1}^{1}f(x)g(x)\mathrm{d}x$$

及范数

$$\|f\|=(\langle f,f\rangle)^{1/2}$$

(a) 证明向量 1 和 x 是正交的.

(b) 计算 $\|1\|$ 和 $\|x\|$.

(c) 利用线性函数 $l(x)=c_1 1+c_2 x$ 求函数 $x^{1/3}$ 在区间$[-1,1]$上的最小二乘逼近.

(d) 绘制 $x^{1/3}$ 和 $l(x)$ 在$[-1,1]$上的草图.

30. 考虑内积空间 $C[0,1]$，其上定义内积

$$\langle f,g\rangle=\int_0^1 f(x)g(x)\mathrm{d}x$$

令 S 为由向量 1 和 $2x-1$ 张成的子空间.

(a) 证明 1 和 $2x-1$ 是正交的.

(b) 求 $\|1\|$ 和 $\|2x-1\|$.

(c) 利用子空间 S 中的函数求函数$\sqrt{x}$的最优最小二乘逼近.

31. 令

$$S=\{1/\sqrt{2},\cos x,\cos 2x,\cdots,\cos nx,\sin x,\sin 2x,\cdots,\sin nx\}$$

证明：S 为 $C[-\pi,\ \pi]$中用(2)定义内积的一组规范正交集.

32. 求函数 $f(x)=|x|$ 在$[-\pi,\ \pi]$上由不超过 2 次的三角多项式给出的最小二乘逼近.

33. 令$\{\boldsymbol{x}_1,\ \boldsymbol{x}_2,\ \cdots,\ \boldsymbol{x}_k,\ \boldsymbol{x}_{k+1},\ \cdots,\ \boldsymbol{x}_n\}$为内积空间 V 的一组规范正交基. 令 S_1 为 $\boldsymbol{x}_1,\ \boldsymbol{x}_2,\ \cdots,\ \boldsymbol{x}_k$ 张成的子空间，并令 S_2 为 $\boldsymbol{x}_{k+1},\ \boldsymbol{x}_{k+2},\ \cdots,\ \boldsymbol{x}_n$ 张成的子空间. 证明 $S_1\perp S_2$.

34. 令 $\boldsymbol{x}$ 为练习 33 中的内积空间 V 的一个元素，并令 $\boldsymbol{p}_1$ 和 $\boldsymbol{p}_2$ 分别为 $\boldsymbol{x}$ 到 S_1 和 S_2 上的投影. 证明：

(a) $\boldsymbol{x}=\boldsymbol{p}_1+\boldsymbol{p}_2$.

(b) 若 $\boldsymbol{x}\in S_1^{\perp}$，则 $\boldsymbol{p}_1=\boldsymbol{0}$，因此 $S^{\perp}=S_2$.

35. 令 S 为内积空间 V 的一子空间. 令$\{\boldsymbol{x}_1,\ \boldsymbol{x}_2,\ \cdots,\ \boldsymbol{x}_n\}$为 S 的一组正交基，且令 $\boldsymbol{x}\in V$. 证明：用 S 中的元素给出的 $\boldsymbol{x}$ 的最优最小二乘逼近为

$$\boldsymbol{p}=\sum_{i=1}^{n}\frac{\langle\boldsymbol{x},\boldsymbol{x}_i\rangle}{\langle\boldsymbol{x}_i,\boldsymbol{x}_i\rangle}\boldsymbol{x}_i$$

36. 若一个(实的或复的)标量 u 满足 $u^n=1$，则称该标量为 n 次单位根.

(a) 证明：若 u 为 n 次单位根且 $u\neq 1$，则 $1+u+u^2+\cdots+u^{n-1}=0$.

[提示：$1-u^n=(1-u)(1+u+u^2+\cdots+u^{n-1})$.]

(b) 令 $\omega_n=\mathrm{e}^{\frac{2\pi\mathrm{i}}{n}}$. 利用欧拉公式($\mathrm{e}^{\mathrm{i}\theta}=\cos\theta+\mathrm{i}\sin\theta$)证明 ω_n 是 n 次单位根.

(c) 证明：若 j 和 k 是正整数，且 $u_j=\omega_n^{j-1}$，$z_k=\omega_n^{-(k-1)}$，则 u_j，z_k 和 u_jz_k 均为 n 次单位根.

37. 令 ω_n，u_j 和 z_k 如练习 36 中所定义. 若 $\boldsymbol{F}_n$ 是 $n\times n$ 傅里叶矩阵，则它的$(j,\ s)$元素为

$$f_{js}=\omega_n^{(j-1)(s-1)}=u^{s-1}$$

令 $\boldsymbol{G}_n$ 为一个矩阵，定义为

$$g_{sk}=\frac{1}{f_{sk}}=\omega^{-(s-1)(k-1)}=z^{s-1},1\leqslant s\leqslant n,1\leqslant k\leqslant n$$

证明 $\boldsymbol{F}_n\boldsymbol{G}_n$ 的$(j,\ k)$元素为 $1+u_jz_k+(u_jz_k)^2+\cdots+(u_jz_k)^{n-1}$.

38. 利用练习 36 和 37 的结论证明 $\boldsymbol{F}_n$ 是非奇异的，且

$$\boldsymbol{F}_n^{-1}=\frac{1}{n}\boldsymbol{G}_n=\frac{1}{n}\overline{\boldsymbol{F}_n}$$

其中$\overline{\boldsymbol{F}_n}$是$(i,\ j)$元素为 f_{ij} 的复共轭的矩阵.

271

5.6 格拉姆-施密特正交化过程

本节我们将学习对一个给定的 n 维内积空间 V 如何构造一组规范正交基. 这个方法用到了将一组一般的基$\{\boldsymbol{x}_1,\ \boldsymbol{x}_2,\ \cdots,\ \boldsymbol{x}_n\}$变换为一组规范正交基$\{\boldsymbol{u}_1,\ \boldsymbol{u}_2,\ \cdots,\ \boldsymbol{u}_n\}$的投影.

我们将构造 $\boldsymbol{u}_i$，使得

$$\mathrm{Span}(\boldsymbol{u}_1,\cdots,\boldsymbol{u}_k)=\mathrm{Span}(\boldsymbol{x}_1,\cdots,\boldsymbol{x}_k)$$

其中 $k=1, 2, \cdots, n$. 为开始这个过程，令

$$\boldsymbol{u}_1=\left(\frac{1}{\|\boldsymbol{x}_1\|}\right)\boldsymbol{x}_1 \tag{1}$$

因为 $\boldsymbol{u}_1$ 是 $\boldsymbol{x}_1$ 方向上的单位向量，所以 $\mathrm{Span}(\boldsymbol{u}_1)=\mathrm{Span}(\boldsymbol{x}_1)$. 令 $\boldsymbol{p}_1$ 为 $\boldsymbol{x}_2$ 到 $\mathrm{Span}(\boldsymbol{x}_1)=\mathrm{Span}(\boldsymbol{u}_1)$上的投影向量.

$$\boldsymbol{p}_1=\langle\boldsymbol{x}_2,\boldsymbol{u}_1\rangle\boldsymbol{u}_1$$

由定理5.5.7，

$$(\boldsymbol{x}_2-\boldsymbol{p}_1)\perp\boldsymbol{u}_1$$

注意到 $\boldsymbol{x}_2-\boldsymbol{p}_1\neq\boldsymbol{0}$，因为

$$\boldsymbol{x}_2-\boldsymbol{p}_1=\frac{-\langle\boldsymbol{x}_2,\boldsymbol{u}_1\rangle}{\|\boldsymbol{x}_1\|}\boldsymbol{x}_1+\boldsymbol{x}_2 \tag{2}$$

且 $\boldsymbol{x}_1$ 和 $\boldsymbol{x}_2$ 线性无关. 若令

$$\boldsymbol{u}_2=\frac{1}{\|\boldsymbol{x}_2-\boldsymbol{p}_1\|}(\boldsymbol{x}_2-\boldsymbol{p}_1) \tag{3}$$

则 $\boldsymbol{u}_2$ 为和向量 $\boldsymbol{u}_1$ 正交的一个单位向量. 由(1)、(2)和(3)可得 $\mathrm{Span}(\boldsymbol{u}_1, \boldsymbol{u}_2)\subset\mathrm{Span}(\boldsymbol{x}_1, \boldsymbol{x}_2)$. 由于 $\boldsymbol{u}_1$ 和 $\boldsymbol{u}_2$ 是线性无关的，可得$\{\boldsymbol{u}_1, \boldsymbol{u}_2\}$为 $\mathrm{Span}(\boldsymbol{x}_1, \boldsymbol{x}_2)$的一组规范正交基，因此 $\mathrm{Span}(\boldsymbol{x}_1, \boldsymbol{x}_2)=\mathrm{Span}(\boldsymbol{u}_1, \boldsymbol{u}_2)$.

为构造 $\boldsymbol{u}_3$，继续使用相同的方法. 令 $\boldsymbol{p}_2$ 为 $\boldsymbol{x}_3$ 到 $\mathrm{Span}(\boldsymbol{x}_1, \boldsymbol{x}_2)=\mathrm{Span}(\boldsymbol{u}_1, \boldsymbol{u}_2)$上的投影向量，

$$\boldsymbol{p}_2=\langle\boldsymbol{x}_3,\boldsymbol{u}_1\rangle\boldsymbol{u}_1+\langle\boldsymbol{x}_3,\boldsymbol{u}_2\rangle\boldsymbol{u}_2$$

并令

$$\boldsymbol{u}_3=\frac{1}{\|\boldsymbol{x}_3-\boldsymbol{p}_2\|}(\boldsymbol{x}_3-\boldsymbol{p}_2)$$

272　依此类推(见图5.6.1).

定理5.6.1(格拉姆-施密特过程)　令$\{\boldsymbol{x}_1, \boldsymbol{x}_2, \cdots, \boldsymbol{x}_n\}$为一内积空间 V 的一组基. 令

$$\boldsymbol{u}_1=\left(\frac{1}{\|\boldsymbol{x}_1\|}\right)\boldsymbol{x}_1$$

并递归地定义 $\boldsymbol{u}_2, \boldsymbol{u}_3, \cdots, \boldsymbol{u}_n$ 为

$$\boldsymbol{u}_{k+1}=\frac{1}{\|\boldsymbol{x}_{k+1}-\boldsymbol{p}_k\|}(\boldsymbol{x}_{k+1}-\boldsymbol{p}_k),\quad k=1,2,\cdots,n-1$$

其中

$$\boldsymbol{p}_k=\langle\boldsymbol{x}_{k+1},\boldsymbol{u}_1\rangle\boldsymbol{u}_1+\langle\boldsymbol{x}_{k+1},\boldsymbol{u}_2\rangle\boldsymbol{u}_2+\cdots+\langle\boldsymbol{x}_{k+1},\boldsymbol{u}_k\rangle\boldsymbol{u}_k$$

为 $\boldsymbol{x}_{k+1}$ 到 $\mathrm{Span}(\boldsymbol{u}_1, \boldsymbol{u}_2, \cdots, \boldsymbol{u}_k)$上的投影向量. 集合

$$\{\boldsymbol{u}_1,\boldsymbol{u}_2,\cdots,\boldsymbol{u}_n\}$$

即为 V 的一组规范正交基.

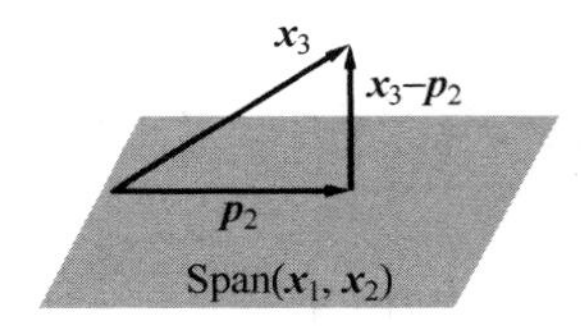

图　5.6.1

证　我们将使用归纳法进行论证. 显然，$\mathrm{Span}(\boldsymbol{u}_1)=\mathrm{Span}(\boldsymbol{x}_1)$. 假设 $\boldsymbol{u}_1, \boldsymbol{u}_2, \cdots, \boldsymbol{u}_k$ 已经构造好，使得$\{\boldsymbol{u}_1, \boldsymbol{u}_2, \cdots, \boldsymbol{u}_k\}$为一规范正交集，且

$$\mathrm{Span}(\boldsymbol{u}_1,\boldsymbol{u}_2,\cdots,\boldsymbol{u}_k)=\mathrm{Span}(\boldsymbol{x}_1,\boldsymbol{x}_2,\cdots,\boldsymbol{x}_k)$$

由于 $\boldsymbol{p}_k$ 为 $\boldsymbol{u}_1$，$\boldsymbol{u}_2$，…，$\boldsymbol{u}_k$ 的线性组合，可得 $\boldsymbol{p}_k\in\mathrm{Span}(\boldsymbol{x}_1, \boldsymbol{x}_2, \cdots, \boldsymbol{x}_k)$，且 $\boldsymbol{x}_{k+1}-\boldsymbol{p}_k\in\mathrm{Span}(\boldsymbol{x}_1, \boldsymbol{x}_2, \cdots, \boldsymbol{x}_{k+1})$.

$$\boldsymbol{x}_{k+1}-\boldsymbol{p}_k=\boldsymbol{x}_{k+1}-\sum_{i=1}^{k}c_i\boldsymbol{x}_i$$

由于 $\boldsymbol{x}_1$，$\boldsymbol{x}_2$，…，$\boldsymbol{x}_{k+1}$ 为线性无关的，可得 $\boldsymbol{x}_{k+1}-\boldsymbol{p}_k$ 非零，并由定理 5.5.7，它和每一个 $\boldsymbol{u}_i(1\leqslant i\leqslant k)$ 均正交. 因此 $\{\boldsymbol{u}_1, \boldsymbol{u}_2, \cdots, \boldsymbol{u}_{k+1}\}$ 为 $\mathrm{Span}\{\boldsymbol{x}_1, \boldsymbol{x}_2, \cdots, \boldsymbol{x}_{k+1}\}$ 中的一个规范正交向量集. 由于 $\boldsymbol{u}_1$，$\boldsymbol{u}_2$，…，$\boldsymbol{u}_{k+1}$ 线性无关，它们构成了 $\mathrm{Span}(\boldsymbol{x}_1, \boldsymbol{x}_2, \cdots, \boldsymbol{x}_{k+1})$ 的一组基，因此，

$$\mathrm{Span}(\boldsymbol{u}_1,\boldsymbol{u}_2,\cdots,\boldsymbol{u}_{k+1})=\mathrm{Span}(\boldsymbol{x}_1,\boldsymbol{x}_2,\cdots,\boldsymbol{x}_{k+1})$$

由数学归纳法可得 $\{\boldsymbol{u}_1, \boldsymbol{u}_2, \cdots, \boldsymbol{u}_n\}$ 为 V 的一组规范正交基. ■

273

▶**例 1** 如果 P_3 中的内积定义为

$$\langle p,q\rangle=\sum_{i=1}^{3}p(x_i)q(x_i)$$

其中 $x_1=-1$，$x_2=0$ 且 $x_3=1$，求 P_3 的一组规范正交基.

解 从基 $\{1, x, x^2\}$ 开始，我们可以使用格拉姆-施密特过程生成一组规范正交基.

$$\|1\|^2=\langle 1,1\rangle=3$$

因此，

$$\boldsymbol{u}_1=\left(\frac{1}{\|1\|}\right)1=\frac{1}{\sqrt{3}}$$

令

$$p_1=\left\langle x,\frac{1}{\sqrt{3}}\right\rangle\frac{1}{\sqrt{3}}=\left(-1\cdot\frac{1}{\sqrt{3}}+0\cdot\frac{1}{\sqrt{3}}+1\cdot\frac{1}{\sqrt{3}}\right)\frac{1}{\sqrt{3}}=0$$

故

$$x-p_1=x\quad\text{且}\quad\|x-p_1\|^2=\langle x,x\rangle=2$$

于是

$$\boldsymbol{u}_2=\frac{1}{\sqrt{2}}x$$

最后，

$$p_2=\left\langle x^2,\frac{1}{\sqrt{3}}\right\rangle\frac{1}{\sqrt{3}}+\left\langle x^2,\frac{1}{\sqrt{2}}x\right\rangle\frac{1}{\sqrt{2}}x=\frac{2}{3}$$

$$\|x^2-p_2\|^2=\left\langle x^2-\frac{2}{3},x^2-\frac{2}{3}\right\rangle=\frac{2}{3}$$

由此

$$\boldsymbol{u}_3=\frac{\sqrt{6}}{2}\left(x^2-\frac{2}{3}\right)$$ ◀

有关正交多项式的详细内容将在 5.7 节中深入研究.

▶**例 2** 令

$$\boldsymbol{A}=\begin{bmatrix}1 & -1 & 4\\ 1 & 4 & -2\\ 1 & 4 & 2\\ 1 & -1 & 0\end{bmatrix}$$

274
求 $\boldsymbol{A}$ 的列空间的一组规范正交基.

解 $\boldsymbol{A}$ 的列向量为线性无关的，由此构成了 $\mathbf{R}^4$ 的 3 维子空间的一组基. 可以使用如下的格拉姆-施密特过程构造一组规范正交基. 令

$$\begin{aligned}
r_{11} &= \|\boldsymbol{a}_1\| = 2\\
\boldsymbol{q}_1 &= \frac{1}{r_{11}}\boldsymbol{a}_1 = \left(\frac{1}{2},\frac{1}{2},\frac{1}{2},\frac{1}{2}\right)^{\mathrm{T}}\\
r_{12} &= \langle\boldsymbol{a}_2,\boldsymbol{q}_1\rangle = \boldsymbol{q}_1^{\mathrm{T}}\boldsymbol{a}_2 = 3\\
\boldsymbol{p}_1 &= r_{12}\boldsymbol{q}_1 = 3\boldsymbol{q}_1\\
\boldsymbol{a}_2-\boldsymbol{p}_1 &= \left(-\frac{5}{2},\frac{5}{2},\frac{5}{2},-\frac{5}{2}\right)^{\mathrm{T}}\\
r_{22} &= \|\boldsymbol{a}_2-\boldsymbol{p}_1\| = 5\\
\boldsymbol{q}_2 &= \frac{1}{r_{22}}(\boldsymbol{a}_2-\boldsymbol{p}_1) = \left(-\frac{1}{2},\frac{1}{2},\frac{1}{2},-\frac{1}{2}\right)^{\mathrm{T}}\\
r_{13} &= \langle\boldsymbol{a}_3,\boldsymbol{q}_1\rangle = \boldsymbol{q}_1^{\mathrm{T}}\boldsymbol{a}_3 = 2,\quad r_{23} = \langle\boldsymbol{a}_3,\boldsymbol{q}_2\rangle = \boldsymbol{q}_2^{\mathrm{T}}\boldsymbol{a}_3 = -2\\
\boldsymbol{p}_2 &= r_{13}\boldsymbol{q}_1 + r_{23}\boldsymbol{q}_2 = (2,0,0,2)^{\mathrm{T}}\\
\boldsymbol{a}_3-\boldsymbol{p}_2 &= (2,-2,2,-2)^{\mathrm{T}}\\
r_{33} &= \|\boldsymbol{a}_3-\boldsymbol{p}_2\| = 4\\
\boldsymbol{q}_3 &= \frac{1}{r_{33}}(\boldsymbol{a}_3-\boldsymbol{p}_2) = \left(\frac{1}{2},-\frac{1}{2},\frac{1}{2},-\frac{1}{2}\right)^{\mathrm{T}}
\end{aligned}$$

向量 $\boldsymbol{q}_1$，$\boldsymbol{q}_2$，$\boldsymbol{q}_3$ 构成了 $R(\boldsymbol{A})$的一组规范正交基. ◀

如果跟踪格拉姆-施密特过程中的所有内积和范数，我们可以得到矩阵 $\boldsymbol{A}$ 的一个有用的因式分解. 对例 2 中给出的矩阵，若用 r_{ij} 构造一个矩阵

$$\boldsymbol{R}=\begin{bmatrix}r_{11} & r_{12} & r_{13}\\ 0 & r_{22} & r_{23}\\ 0 & 0 & r_{33}\end{bmatrix}=\begin{bmatrix}2 & 3 & 2\\ 0 & 5 & -2\\ 0 & 0 & 4\end{bmatrix}$$

并令

$$\boldsymbol{Q}=(\boldsymbol{q}_1,\boldsymbol{q}_2,\boldsymbol{q}_3)=\begin{bmatrix}\frac{1}{2} & -\frac{1}{2} & \frac{1}{2}\\ \frac{1}{2} & \frac{1}{2} & -\frac{1}{2}\\ \frac{1}{2} & \frac{1}{2} & \frac{1}{2}\\ \frac{1}{2} & -\frac{1}{2} & -\frac{1}{2}\end{bmatrix}$$

则容易验证 $\boldsymbol{QR}=\boldsymbol{A}$. 这个结果由下面的定理证明.

定理 5.6.2(格拉姆-施密特 QR 分解) 若 $\boldsymbol{A}$ 是秩为 n 的 $m\times n$ 矩阵，则 $\boldsymbol{A}$ 可分解为乘积 $\boldsymbol{QR}$，其中 $\boldsymbol{Q}$ 为各列向量正交的 $m\times n$ 矩阵，且 $\boldsymbol{R}$ 为 $n\times n$ 上三角矩阵，其对角元素均为正. [注：$\boldsymbol{R}$ 必为非奇异的，因为 $\det(\boldsymbol{R})>0$.]

275

证 令 $\boldsymbol{p}_1$，$\boldsymbol{p}_2$，…，$\boldsymbol{p}_{n-1}$ 为定理 5.6.1 中定义的投影向量，且令 $\{\boldsymbol{q}_1,\boldsymbol{q}_2,\cdots,\boldsymbol{q}_n\}$ 为由格拉姆-施密特过程得到的 $R(\boldsymbol{A})$ 的规范正交基. 定义

$$r_{11}=\|\boldsymbol{a}_1\|$$

$$r_{kk}=\|\boldsymbol{a}_k-\boldsymbol{p}_{k-1}\|,\quad k=2,3,\cdots,n$$

且

$$r_{ik}=\boldsymbol{q}_i^{\mathrm{T}}\boldsymbol{a}_k,\quad i=1,2,\cdots,k-1,\quad k=2,3,\cdots,n$$

由格拉姆-施密特过程，

$$\begin{aligned} r_{11}\boldsymbol{q}_1&=\boldsymbol{a}_1 \\ r_{kk}\boldsymbol{q}_k&=\boldsymbol{a}_k-r_{1k}\boldsymbol{q}_1-r_{2k}\boldsymbol{q}_2-\cdots-r_{k-1,k}\boldsymbol{q}_{k-1},\quad k=2,3,\cdots,n \end{aligned}\tag{4}$$

方程组(4)可写为

$$\begin{aligned} \boldsymbol{a}_1&=r_{11}\boldsymbol{q}_1 \\ \boldsymbol{a}_2&=r_{12}\boldsymbol{q}_1+r_{22}\boldsymbol{q}_2 \\ &\vdots \\ \boldsymbol{a}_n&=r_{1n}\boldsymbol{q}_1+\cdots+r_{nn}\boldsymbol{q}_n \end{aligned}$$

如果令

$$\boldsymbol{Q}=(\boldsymbol{q}_1,\boldsymbol{q}_2,\cdots,\boldsymbol{q}_n)$$

并定义 $\boldsymbol{R}$ 为上三角矩阵

$$\boldsymbol{R}=\begin{bmatrix} r_{11} & r_{12} & \cdots & r_{1n} \\ 0 & r_{22} & \cdots & r_{2n} \\ \vdots & & & \\ 0 & 0 & \cdots & r_{nn} \end{bmatrix}$$

则乘积 $\boldsymbol{QR}$ 的第 j 列将为

$$\boldsymbol{Qr}_j=r_{1j}\boldsymbol{q}_1+r_{2j}\boldsymbol{q}_2+\cdots+r_{jj}\boldsymbol{q}_j=\boldsymbol{a}_j$$

其中 $j=1,2,\cdots,n$. 因此，

$$\boldsymbol{QR}=(\boldsymbol{a}_1,\boldsymbol{a}_2,\cdots,\boldsymbol{a}_n)=\boldsymbol{A}$$ ■

▶**例 3** 计算矩阵

$$\boldsymbol{A}=\begin{bmatrix} 1 & -2 & -1 \\ 2 & 0 & 1 \\ 2 & -4 & 2 \\ 4 & 0 & 0 \end{bmatrix}$$

的格拉姆-施密特 QR 分解.

276

解

第 1 步：令

$$r_{11}=\|\boldsymbol{a}_1\|=5$$

$$\boldsymbol{q}_1=\frac{1}{r_{11}}\boldsymbol{a}_1=\left(\frac{1}{5},\frac{2}{5},\frac{2}{5},\frac{4}{5}\right)^{\mathrm{T}}$$

第 2 步：令

$$r_{12}=\boldsymbol{q}_1^{\mathrm{T}}\boldsymbol{a}_2=-2$$

$$\boldsymbol{p}_1=r_{12}\boldsymbol{q}_1=-2\boldsymbol{q}_1$$

$$\boldsymbol{a}_2-\boldsymbol{p}_1=\left(-\frac{8}{5},\frac{4}{5},-\frac{16}{5},\frac{8}{5}\right)^{\mathrm{T}}$$

$$r_{22}=\|\boldsymbol{a}_2-\boldsymbol{p}_1\|=4$$

$$\boldsymbol{q}_2=\frac{1}{r_{22}}(\boldsymbol{a}_2-\boldsymbol{p}_1)=\left(-\frac{2}{5},\frac{1}{5},-\frac{4}{5},\frac{2}{5}\right)^{\mathrm{T}}$$

第 3 步：令

$$r_{13}=\boldsymbol{q}_1^{\mathrm{T}}\boldsymbol{a}_3=1,\quad r_{23}=\boldsymbol{q}_2^{\mathrm{T}}\boldsymbol{a}_3=-1$$

$$\boldsymbol{p}_2=r_{13}\boldsymbol{q}_1+r_{23}\boldsymbol{q}_2=\boldsymbol{q}_1-\boldsymbol{q}_2=\left(\frac{3}{5},\frac{1}{5},\frac{6}{5},\frac{2}{5}\right)^{\mathrm{T}}$$

$$\boldsymbol{a}_3-\boldsymbol{p}_2=\left(-\frac{8}{5},\frac{4}{5},\frac{4}{5},-\frac{2}{5}\right)^{\mathrm{T}}$$

$$r_{33}=\|\boldsymbol{a}_3-\boldsymbol{p}_2\|=2$$

$$\boldsymbol{q}_3=\frac{1}{r_{33}}(\boldsymbol{a}_3-\boldsymbol{p}_2)=\left(-\frac{4}{5},\frac{2}{5},\frac{2}{5},-\frac{1}{5}\right)^{\mathrm{T}}$$

每一步中，我们均求得了 $\boldsymbol{Q}$ 的一列和 $\boldsymbol{R}$ 的一列. 故因式分解为

$$\boldsymbol{A}=\boldsymbol{QR}=\begin{bmatrix}\frac{1}{5} & -\frac{2}{5} & -\frac{4}{5}\\ \frac{2}{5} & \frac{1}{5} & \frac{2}{5}\\ \frac{2}{5} & -\frac{4}{5} & \frac{2}{5}\\ \frac{4}{5} & \frac{2}{5} & -\frac{1}{5}\end{bmatrix}\begin{bmatrix}5 & -2 & 1\\ 0 & 4 & -1\\ 0 & 0 & 2\end{bmatrix}$$ ◀

我们在 5.5 节中看到，如果 $m\times n$ 矩阵 $\boldsymbol{A}$ 的各列构成一个规范正交集，则 $\boldsymbol{Ax}=\boldsymbol{b}$ 的最小二乘解就是 $\hat{\boldsymbol{x}}=\boldsymbol{A}^{\mathrm{T}}\boldsymbol{b}$. 若 $\boldsymbol{A}$ 的秩为 n，但它的列向量并不能构成 $\mathbf{R}^m$ 中的一个规范正交集，则 QR 分解可用于求解最小二乘问题.

定理 5.6.3 若 $\boldsymbol{A}$ 是一个秩为 n 的 $m\times n$ 矩阵，则 $\boldsymbol{Ax}=\boldsymbol{b}$ 的最小二乘解为 $\hat{\boldsymbol{x}}=\boldsymbol{R}^{-1}\boldsymbol{Q}^{\mathrm{T}}\boldsymbol{b}$，其中 $\boldsymbol{Q}$ 和 $\boldsymbol{R}$ 为定理 5.6.2 中给出的因式分解矩阵. 解 $\hat{\boldsymbol{x}}$ 可以使用回代法求解 $\boldsymbol{Rx}=\boldsymbol{Q}^{\mathrm{T}}\boldsymbol{b}$ 得到.

277

证 令 $\hat{\boldsymbol{x}}$ 为由定理 5.3.2 保证的最小二乘问题 $\boldsymbol{Ax}=\boldsymbol{b}$ 的解. 故 $\hat{\boldsymbol{x}}$ 为正规方程组

$$\boldsymbol{A}^{\mathrm{T}}\boldsymbol{Ax}=\boldsymbol{A}^{\mathrm{T}}\boldsymbol{b}$$

的解．若 $\boldsymbol{A}$ 可分解为乘积 $\boldsymbol{QR}$，这个方程组化为

$$(\boldsymbol{QR})^{\mathrm{T}}\boldsymbol{QRx}=(\boldsymbol{QR})^{\mathrm{T}}\boldsymbol{b}$$

或

$$\boldsymbol{R}^{\mathrm{T}}(\boldsymbol{Q}^{\mathrm{T}}\boldsymbol{Q})\boldsymbol{Rx}=\boldsymbol{R}^{\mathrm{T}}\boldsymbol{Q}^{\mathrm{T}}\boldsymbol{b}$$

由于 $\boldsymbol{Q}$ 的各列正交，可得 $\boldsymbol{Q}^{\mathrm{T}}\boldsymbol{Q}=\boldsymbol{I}$，因此，

$$\boldsymbol{R}^{\mathrm{T}}\boldsymbol{Rx}=\boldsymbol{R}^{\mathrm{T}}\boldsymbol{Q}^{\mathrm{T}}\boldsymbol{b}$$

由于 $\boldsymbol{R}^{\mathrm{T}}$ 是可逆的，该式可化简为

$$R\boldsymbol{x}=\boldsymbol{Q}^{\mathrm{T}}\boldsymbol{b}\quad 或\quad \boldsymbol{x}=\boldsymbol{R}^{-1}\boldsymbol{Q}^{\mathrm{T}}\boldsymbol{b}$$ ■

▶**例 4**　求

$$\begin{bmatrix}1&-2&-1\\2&0&1\\2&-4&2\\4&0&0\end{bmatrix}\begin{bmatrix}x_1\\x_2\\x_3\end{bmatrix}=\begin{bmatrix}-1\\1\\1\\-2\end{bmatrix}$$

的最小二乘解．

解　该方程组的系数矩阵在例 3 中进行了分解．利用那个因式分解，我们有

$$\boldsymbol{Q}^{\mathrm{T}}\boldsymbol{b}=\begin{bmatrix}\frac{1}{5}&\frac{2}{5}&\frac{2}{5}&\frac{4}{5}\\-\frac{2}{5}&\frac{1}{5}&-\frac{4}{5}&\frac{2}{5}\\-\frac{4}{5}&\frac{2}{5}&\frac{2}{5}&-\frac{1}{5}\end{bmatrix}\begin{bmatrix}-1\\1\\1\\-2\end{bmatrix}=\begin{bmatrix}-1\\-1\\2\end{bmatrix}$$

方程组 $\boldsymbol{Rx}=\boldsymbol{Q}^{\mathrm{T}}\boldsymbol{b}$ 容易使用回代法求解：

$$\left[\begin{array}{ccc|c}5&-2&1&-1\\0&4&-1&-1\\0&0&2&2\end{array}\right]$$

其解为 $\boldsymbol{x}=\left(-\frac{2}{5},\ 0,\ 1\right)^{\mathrm{T}}$. ◀　278

改进的格拉姆-施密特过程

在第 7 章中，我们将考虑求解最小二乘问题的计算机方法．在使用例 4 中的 QR 方法及有限位精度的算术运算计算时，一般得不到准确的解．实际中，由于在计算 $\boldsymbol{q}_1$，$\boldsymbol{q}_2$，…，$\boldsymbol{q}_n$ 过程中的舍入误差，很可能损失正交性．我们可以使用改进的格拉姆-施密特方法来达到更好的数值精度．在改进版本中，向量 $\boldsymbol{q}_1$ 和以前一样构造：

$$\boldsymbol{q}_1=\frac{1}{\|\boldsymbol{a}_1\|}\boldsymbol{a}_1$$

然而，其余的向量 $\boldsymbol{a}_2$，$\boldsymbol{a}_3$，…，$\boldsymbol{a}_n$ 则修正为和 $\boldsymbol{q}_1$ 正交的向量．这可通过从向量 $\boldsymbol{a}_k$ 中减去 $\boldsymbol{a}_k$ 到 $\boldsymbol{q}_1$ 上的投影得到：

$$\boldsymbol{a}_k^{(1)}=\boldsymbol{a}_k-(\boldsymbol{q}_1^{\mathrm{T}}\boldsymbol{a}_k)\boldsymbol{q}_1,\quad k=2,3,\cdots,n$$

第二步，我们取

$$q_2=\frac{1}{\|a_2^{(1)}\|}a_2^{(1)}$$

向量 $\boldsymbol{q}_2$ 已经和 $\boldsymbol{q}_1$ 正交．然后，将其余的向量修正为和 $\boldsymbol{q}_2$ 正交：

$$\boldsymbol{a}_k^{(2)}=\boldsymbol{a}_k^{(1)}-(\boldsymbol{q}_2^{\mathrm{T}}\boldsymbol{a}_k^{(1)})\boldsymbol{q}_2,\quad k=3,4,\cdots,n$$

使用类似的方法可成功求得 $\boldsymbol{q}_3$，$\boldsymbol{q}_4$，…，$\boldsymbol{q}_n$．最后一步，仅需令

$$\boldsymbol{q}_n=\frac{1}{\|\boldsymbol{a}_n^{(n-1)}\|}\boldsymbol{a}_n^{(n-1)}$$

就得到一个正交集$\{\boldsymbol{q}_1,\boldsymbol{q}_2,\cdots,\boldsymbol{q}_n\}$．如下的算法总结了这个过程．

算法 5.6.1（改进的格拉姆-施密特过程）

对 $k=1,2,\cdots,n$，集合

$$r_{kk}=\|\boldsymbol{a}_k\|$$

$$\boldsymbol{q}_k=\frac{1}{r_{kk}}\boldsymbol{a}_k$$

　对 $j=k+1,k+2,\cdots,n$，集合

$$r_{kj}=\boldsymbol{q}_k^{\mathrm{T}}\boldsymbol{a}_j$$

$$\boldsymbol{a}_j=\boldsymbol{a}_j-r_{kj}\boldsymbol{q}_k$$

　循环结束

循环结束

如果将改进的格拉姆-施密特过程应用于一个秩为 n 的 $m\times n$ 矩阵 $\boldsymbol{A}$ 的列向量，则正如前面所述，可得到 $\boldsymbol{A}$ 的 QR 分解．这个分解即可用于求解最小二乘问题 $\boldsymbol{A}\boldsymbol{x}=\boldsymbol{b}$．然而，这种情况下不应直接计算 $\boldsymbol{Q}^{\mathrm{T}}\boldsymbol{b}$．相反，当确定了每个列向量 $\boldsymbol{q}_k$ 时，修改右边的向量获得一个修正的向量 $\boldsymbol{b}_k$，然后令 $c_k=\boldsymbol{q}_k^{\mathrm{T}}\boldsymbol{b}_k$．使用改进的格拉姆-施密特 QR 分解求解最小二乘问题的算法将在 7.7 节给出．

279

5.6 节练习

1. 对下列矩阵，使用格拉姆-施密特过程求 $R(\boldsymbol{A})$的一组规范正交基．

   (a) $\boldsymbol{A}=\begin{bmatrix}-1&3\\1&5\end{bmatrix}$　　(b) $\boldsymbol{A}=\begin{bmatrix}2&5\\1&10\end{bmatrix}$

2. 将练习 1 中的各矩阵分解为乘积 $\boldsymbol{QR}$，其中 $\boldsymbol{Q}$ 为正交矩阵，且 $\boldsymbol{R}$ 为上三角的．
3. 给定 $\mathbf{R}^3$ 的基$\{(1,2,-2)^{\mathrm{T}},(4,3,2)^{\mathrm{T}},(1,2,1)^{\mathrm{T}}\}$，利用格拉姆-施密特过程得到一组规范正交基．
4. 考虑向量空间 $C[-1,1]$，其中内积定义为

   $$\langle f,g\rangle=\int_{-1}^{1}f(x)g(x)\mathrm{d}x$$

   求由 1，x 和 x^2 张成的子空间的一组规范正交基．

5. 令

$$A=\begin{bmatrix}2&1\\1&1\\2&1\end{bmatrix}\quad 和\quad b=\begin{bmatrix}12\\6\\18\end{bmatrix}$$

(a) 使用格拉姆-施密特过程求 A 的列空间的一组规范正交基.

(b) 将 A 分解为乘积 QR，其中 Q 的列向量为一个规范正交集，且 R 为上三角的.

(c) 求最小二乘问题

$$Ax=b$$

的解.

6. 重复练习 5，使用

$$A=\begin{bmatrix}3&-1\\4&2\\0&2\end{bmatrix}\quad 和\quad b=\begin{bmatrix}0\\20\\10\end{bmatrix}$$

7. 向量 $x_1=\frac{1}{2}(1,\ 1,\ 1,\ -1)^{\mathrm{T}}$ 和 $x_2=\frac{1}{6}(1,\ 1,\ 3,\ 5)^{\mathrm{T}}$ 构成 $\mathbf{R}^4$ 的一个规范正交集. 通过求

$$\begin{bmatrix}1&1&1&-1\\1&1&3&5\end{bmatrix}$$

的零空间的规范正交基，将它扩展为 $\mathbf{R}^4$ 的一组规范正交基. [提示：首先求零空间的一组基，然后使用格拉姆-施密特过程.]

8. 使用格拉姆-施密特过程，求由 $x_1=(4,\ 2,\ 2,\ 1)^{\mathrm{T}}$，$x_2=(2,\ 0,\ 0,\ 2)^{\mathrm{T}}$ 和 $x_3=(1,\ 1,\ -1,\ 1)^{\mathrm{T}}$ 张成的 $\mathbf{R}^4$ 的子空间的一组规范正交基.

9. 使用改进的格拉姆-施密特过程重复练习 8，并比较它们的结果.

10. 令 A 为 $m\times 2$ 矩阵. 证明：若经典的格拉姆-施密特过程和改进的格拉姆-施密特过程都应用于 A 的列向量，则两种算法将产生完全相同的 QR 分解，即使在用有限精度算术进行计算时也是如此(证明两种算法将进行完全相同的算术计算).

11. 令 A 为 $m\times 3$ 矩阵. 令 QR 为将经典格拉姆-施密特过程应用于 A 的列向量时得到的 QR 分解，令 $\widetilde{Q}\widetilde{R}$ 为使用改进的格拉姆-施密特过程时得到的分解. 证明：若使用精确算术进行计算，那么我们将有

$$\widetilde{Q}=Q\quad 且\quad \widetilde{R}=R$$

并证明当用有限精度算术进行计算时，$\tilde{r}_{23}$ 将不必等于 r_{23} 且因此 $\tilde{r}_{33}$ 和 $\tilde{q}_3$ 将不必与 r_{33} 和 q_3 相同.

12. 如果将格拉姆-施密特过程用于向量集 $\{v_1,\ v_2,\ v_3\}$ 会如何？其中 v_1 和 v_2 为线性无关的，而 $v_3\in\operatorname{Span}(v_1,\ v_2)$. 该过程是否会失败？如果是，为什么？试说明.

13. 令 A 是秩为 n 的 $m\times n$ 矩阵，并令 $b\in\mathbf{R}^m$. 若 Q 和 R 为将格拉姆-施密特过程应用于 A 的列向量求得的矩阵，且

$$p=c_1q_1+c_2q_2+\cdots+c_nq_n$$

为 b 到 $R(A)$ 上的投影，证明：

(a) $c=Q^{\mathrm{T}}b$　　(b) $p=QQ^{\mathrm{T}}b$　　(c) $QQ^{\mathrm{T}}=A(A^{\mathrm{T}}A)^{-1}A^{\mathrm{T}}$

280

14. 令 U 为 $\mathbf{R}^n$ 的一个 m 维子空间，并令 V 为 U 的一个 k 维子空间，其中 $0<k<m$.

(a) 证明：任何 V 的规范正交基 $\{v_1,\ v_2,\ \cdots,\ v_k\}$ 可以扩展成形如 $\{v_1,\ v_2,\ \cdots,\ v_k,\ v_{k+1},\ \cdots,\ v_m\}$ 的 U 的一组规范正交基.

(b) 证明：若 $W=\operatorname{Span}(v_{k+1},\ v_{k+2},\ \cdots,\ v_m)$，则 $U=V\oplus W$.

15. (维数定理)令 U 和 V 为 $\mathbf{R}^n$ 的子空间. 当 $U\cap V=\{\mathbf{0}\}$ 时，我们有如下的维数关系：

$$\dim(U+V)=\dim U+\dim V$$

（见 3.4 节练习 18.）使用练习 14 中的结论证明更一般的定理：

$$\dim(U+V)=\dim U+\dim V-\dim(U\cap V)$$

5.7　正交多项式

我们已经看到如何使用多项式进行数据拟合以及逼近连续函数. 由于这种问题均为最小二乘问题，它们均可通过选取逼近函数的一组正交基进行简化. 这使我们得到正交多项式的概念.

本节我们研究一族与 $C[a, b]$上的不同内积相关的正交多项式. 我们将看到每一类中的多项式均满足一个三项的递推关系. 这个递推关系在计算机应用中十分有用. 每一特定的正交多项式族均在很多数学领域中有着重要的应用. 我们称这些多项式为经典多项式，并对它们进行较为详细的研究. 特别地，经典多项式是很多数学物理问题的偏微分方程的解中某些特定二阶线性微分方程的解.

正交序列

由于定理 5.6.1 是使用归纳法证明的，所以格拉姆-施密特过程对可数集合是成立的. 因此，若 $\mathbf{x}_1$，$\mathbf{x}_2$，…为向量空间 V 中的一个向量序列，且 $\mathbf{x}_1$，$\mathbf{x}_2$，…，$\mathbf{x}_n$ 对每一个 n 均是线性无关的，则格拉姆-施密特过程可以用于构造一个序列 $\mathbf{u}_1$，$\mathbf{u}_2$，…，其中 $\{\mathbf{u}_1, \mathbf{u}_2, \cdots\}$是一个规范正交集，且

$$\operatorname{Span}(\mathbf{x}_1,\mathbf{x}_2,\cdots,\mathbf{x}_n)=\operatorname{Span}(\mathbf{u}_1,\mathbf{u}_2,\cdots,\mathbf{u}_n)$$

对每一个 n 成立. 特别地，从序列 1，x，x^2，…可以构造一个规范正交序列(orthonormal sequence) $p_0(x)$，$p_1(x)$，….

令 P 为所有多项式构成的向量空间，并定义 P 上的内积$\langle ,\rangle$为

$$\langle p,q\rangle=\int_a^b p(x)q(x)w(x)\mathrm{d}x \tag{1}$$

其中 $w(x)$为一个正连续函数. 区间可以为开的或闭的，且可以是有限的或无限的. 然而，如果

$$\int_a^b p(x)w(x)\mathrm{d}x$$

281 是不适定的，则我们要求它对每一个 $p\in P$ 均收敛.

定义　令 $p_0(x)$，$p_1(x)$，…为一个多项式序列，且对每一个 i 有 $\deg p_i(x)=i$. 若当 $i\neq j$ 时，$\langle p_i(x), p_j(x)\rangle=0$，则$\{p_n(x)\}$称为**正交多项式序列**(sequence of orthogonal polynomial). 若$\langle p_i, p_j\rangle=\delta_{ij}$，则$\{p_n(x)\}$称为**规范正交多项式序列**(sequence of orthonormal polynomial).

定理 5.7.1　*若 p_0，p_1，…为正交多项式序列，则*

Ⅰ. *p_0，p_1，…，p_{n-1} 构成了 P_n 的一组基.*

Ⅱ. *$p_n\in P_n^{\perp}$(即 p_n 和每一次数小于 n 的多项式正交).*

证　由定理 5.5.1，p_0，p_1，…，p_{n-1}在 P_n 中是线性无关的. 由于 $\dim P_n=n$，这 n

个向量必构成了 P_n 中的一组基．令 $p(x)$ 为任意次数小于 n 的多项式．则

$$p(x)=\sum_{i=0}^{n-1}c_ip_i(x)$$

因此，

$$\langle p_n,p\rangle=\left\langle p_n,\sum_{i=0}^{n-1}c_ip_i\right\rangle=\sum_{i=0}^{n-1}c_i\langle p_n,p_i\rangle=0$$

故 $p_n\in P_n^{\perp}$． ■

若 $\{p_0, p_1, \cdots, p_{n-1}\}$ 为 P_n 中的一个正交集，且

$$u_i=\left(\frac{1}{\|p_i\|}\right)p_i,\quad i=0,1,\cdots,n-1$$

则 $\{u_0, u_1, \cdots, u_{n-1}\}$ 为 P_n 中的一组规范正交基．于是，若 $p\in P_n$，则

$$\begin{aligned}p&=\sum_{i=0}^{n-1}\langle p,u_i\rangle u_i\\&=\sum_{i=0}^{n-1}\left\langle p,\left(\frac{1}{\|p_i\|}\right)p_i\right\rangle\left(\frac{1}{\|p_i\|}\right)p_i\\&=\sum_{i=0}^{n-1}\frac{\langle p,p_i\rangle}{\langle p_i,p_i\rangle}p_i\end{aligned}$$

类似地，若 $f\in C[a, b]$，则用 P_n 中的元素得到的 f 的最优最小二乘逼近为

$$p=\sum_{i=0}^{n-1}\frac{\langle f,p_i\rangle}{\langle p_i,p_i\rangle}p_i$$

其中 $p_0, p_1, \cdots, p_{n-1}$ 为正交多项式．

正交多项式序列的另外一个好的特性是，它们满足一个三项递推关系． 282

定理 5.7.2 令 $p_0, p_1, \cdots$ 为一个正交多项式序列．对每一个 i，令 a_i 表示 p_i 的首系数，并定义 $p_{-1}(x)$ 为零多项式．则

$$\alpha_{n+1}p_{n+1}(x)=(x-\beta_{n+1})p_n(x)-\alpha_n\gamma_np_{n-1}(x)\quad(n\geqslant 0)$$

其中 $\alpha_0=\gamma_0=1$，且

$$\alpha_n=\frac{a_{n-1}}{a_n},\quad \beta_n=\frac{\langle p_{n-1},xp_{n-1}\rangle}{\langle p_{n-1},p_{n-1}\rangle},\quad \gamma_n=\frac{\langle p_n,p_n\rangle}{\langle p_{n-1},p_{n-1}\rangle}\quad(n\geqslant 1)$$

证　由于 $p_0, p_1, \cdots, p_{n+1}$ 构成 P_{n+2} 的一组基，我们可记

$$xp_n(x)=\sum_{k=0}^{n+1}c_{nk}p_k(x)\tag{2}$$

其中

$$c_{nk}=\frac{\langle xp_n,p_k\rangle}{\langle p_k,p_k\rangle}\tag{3}$$

对任何用(1)定义的内积，有

$$\langle xf,g\rangle=\langle f,xg\rangle$$

特别地，有

$$\langle xp_n, p_k\rangle = \langle p_n, xp_k\rangle$$

由定理5.7.1可得，若 $k<n-1$，则

$$c_{nk} = \frac{\langle xp_n, p_k\rangle}{\langle p_k, p_k\rangle} = \frac{\langle p_n, xp_k\rangle}{\langle p_k, p_k\rangle} = 0$$

因此，(2)化简为

$$xp_n(x) = c_{n,n-1}p_{n-1}(x) + c_{n,n}p_n(x) + c_{n,n+1}p_{n+1}(x)$$

这可改写为

$$c_{n,n+1}p_{n+1}(x) = (x - c_{n,n})p_n(x) - c_{n,n-1}p_{n-1}(x) \tag{4}$$

比较(4)中两端的多项式的首系数，我们看到

$$c_{n,n+1}a_{n+1} = a_n$$

或

$$c_{n,n+1} = \frac{a_n}{a_{n+1}} = \alpha_{n+1} \tag{5}$$

由(4)有

$$c_{n,n+1}\langle p_n, p_{n+1}\rangle = \langle p_n, (x - c_{n,n})p_n\rangle - c_{n,n-1}\langle p_n, p_{n-1}\rangle$$
$$0 = \langle p_n, xp_n\rangle - c_{nn}\langle p_n, p_n\rangle$$

283

于是

$$c_{nn} = \frac{\langle p_n, xp_n\rangle}{\langle p_n, p_n\rangle} = \beta_{n+1}$$

由(3)可得

$$\begin{aligned}\langle p_{n-1}, p_{n-1}\rangle c_{n,n-1} &= \langle xp_n, p_{n-1}\rangle \\ &= \langle p_n, xp_{n-1}\rangle \\ &= \langle p_n, p_n\rangle c_{n-1,n}\end{aligned}$$

因此，由(5)我们有

$$c_{n,n-1} = \frac{\langle p_n, p_n\rangle}{\langle p_{n-1}, p_{n-1}\rangle}\alpha_n = \gamma_n\alpha_n$$ ■

在定理5.7.2中，使用递推关系生成正交多项式序列时，在每一步中，我们选择的非零首系数 a_{n+1} 是任意的．这是合理的，因为 p_{n+1} 的任何非零倍数也和 p_0，p_1，…，p_n 正交．例如，如果选择 a_i 为1，则递推关系将化简为

$$p_{n+1}(x) = (x - \beta_{n+1})p_n(x) - \gamma_n p_{n-1}(x)$$

经典正交多项式

我们首先看一些例子．由于它们的重要性，我们从最简单的勒让德多项式开始讨论经典多项式．

勒让德多项式

勒让德多项式在内积

$$\langle p, q\rangle = \int_{-1}^{1} p(x)q(x)\mathrm{d}x$$

意义下正交．令 $P_n(x)$ 表示次数为 n 的勒让德多项式．若选择首系数，使得对每一个 n

有$P_n(1)=1$,则勒让德多项式的递推公式为

$$(n+1)P_{n+1}(x)=(2n+1)xP_n(x)-nP_{n-1}(x)$$

利用这个公式，很容易得到勒让德多项式的序列. 这个多项式序列的前五项是

$$P_0(x)=1$$

$$P_1(x)=x$$

$$P_2(x)=\frac{1}{2}(3x^2-1)$$

$$P_3(x)=\frac{1}{2}(5x^3-3x)$$

$$P_4(x)=\frac{1}{8}(35x^4-30x^2+3)$$

284

切比雪夫多项式

切比雪夫多项式在内积

$$\langle p,q\rangle=\int_{-1}^{1}p(x)q(x)(1-x^2)^{-1/2}\mathrm{d}x$$

意义下正交. 习惯上使用规范化的首系数，使得对 $k=1,2,\cdots$，有 $a_0=1$，且 $a_k=2^{k-1}$. 切比雪夫多项式记为 $T_n(x)$，它有如下有趣的性质：

$$T_n(\cos\theta)=\cos n\theta$$

这个性质再加上三角恒等式

$$\cos(n+1)\theta=2\cos\theta\cos n\theta-\cos(n-1)\theta$$

可得到递推关系

$$T_1(x)=xT_0(x)$$

$$T_{n+1}(x)=2xT_n(x)-T_{n-1}(x),\quad n\geqslant 1$$

雅可比多项式

勒让德多项式和切比雪夫多项式均为雅可比多项式的特例. 雅可比多项式 $P_n^{(\lambda,\mu)}$ 在内积

$$\langle p,q\rangle=\int_{-1}^{1}p(x)q(x)(1-x)^{\lambda}(1+x)^{\mu}\mathrm{d}x$$

意义下正交，其中 $\lambda,\mu>-1$.

埃尔米特多项式

埃尔米特多项式定义在区间$(-\infty,\infty)$上. 它们在内积

$$\langle p,q\rangle=\int_{-\infty}^{\infty}p(x)q(x)\mathrm{e}^{-x^2}\mathrm{d}x$$

意义下正交. 埃尔米特多项式的递推关系为

$$H_{n+1}(x)=2xH_n(x)-2nH_{n-1}(x)$$

拉盖尔多项式

拉盖尔多项式定义在区间$(0,\infty)$上，且在内积

$$\langle p,q\rangle=\int_{0}^{\infty}p(x)q(x)x^{\lambda}\mathrm{e}^{-x}\mathrm{d}x$$

意义下正交，其中 $\lambda>-1$. 拉盖尔多项式的递推关系为

$$(n+1)L_{n+1}^{(\lambda)}(x)=(2n+\lambda+1-x)L_n^{(\lambda)}(x)-(n+\lambda)L_{n-1}^{(\lambda)}(x)$$

285 切比雪夫多项式、埃尔米特多项式和拉盖尔多项式的比较汇总在表 5.7.1 中.

表 5.7.1　切比雪夫多项式、埃尔米特多项式和拉盖尔多项式的比较

切比雪夫多项式	埃尔米特多项式	拉盖尔多项式($\lambda=0$)
$T_{n+1}=2xT_n-T_{n-1}$，$n\geqslant 1$	$H_{n+1}=2xH_n-2nH_{n-1}$	$(n+1)L_{n+1}^{(0)}=(2n+1-x)L_n^{(0)}-nL_{n-1}^{(0)}$
$T_0=1$	$H_0=1$	$L_0^{(0)}=1$
$T_1=x$	$H_1=2x$	$L_1^{(0)}=1-x$
$T_2=2x^2-1$	$H_2=4x^2-2$	$L_2^{(0)}=\frac{1}{2}x^2-x+2$
$T_3=4x^3-3x$	$H_3=8x^3-12x$	$L_3^{(0)}=\frac{1}{6}x^3+9x^2-18x+6$

应用 1：数值积分

正交多项式的一个重要应用出现在数值积分中. 为近似计算

$$\int_a^b f(x)w(x)\mathrm{d}x \tag{6}$$

我们首先利用插值多项式逼近 $f(x)$. 可以使用**拉格朗日插值公式**(Lagrange's interpolation formula)求得一个多项式 $P(x)$，它和函数 $f(x)$ 在区间$[a, b]$中的 n 个点 x_1，x_2，…，x_n 处相等：

$$P(x)=\sum_{i=1}^{n} f(x_i)L_i(x)$$

其中拉格朗日函数 L_i 定义为

$$L_i(x)=\frac{\prod\limits_{\substack{j=1\\j\neq i}}^{n}(x-x_j)}{\prod\limits_{\substack{j=1\\j\neq i}}^{n}(x_i-x_j)}$$

积分(6)可以近似为

$$\int_a^b P(x)w(x)\mathrm{d}x=\sum_{i=1}^{n}A_i f(x_i) \tag{7}$$

其中

$$A_i=\int_a^b L_i(x)w(x)\mathrm{d}x,\quad i=1,2,\cdots,n$$

可以证明，当 $f(x)$ 为次数小于 n 的多项式时，(7)将给出积分的精确值. 若合理选取点 x_1，x_2，…，x_n，公式(7)将对更高次的多项式给出精确值. 事实上，可以证明，若 p_0，p_1，p_2，…为一个在内积(1)下正交的多项式序列，且点 x_1，x_2，…，x_n 为 $p_n(x)$ 的零点，则公式(7)将对所有次数小于 $2n$ 的多项式给出精确值. 下面的定理保证了 p_n 的根均为实根，且在开区间(a, b)内.

286 **定理 5.7.3**　若 p_0，p_1，p_2，…为内积(1)意义下的正交多项式序列，则 $p_n(x)$的所

有零点均为实数，且在区间(a, b)内.

证　令x_1，x_2，…，x_m为$p_n(x)$在(a, b)内的零点，并且在此区间内$p_n(x)$改变符号. 因此$p_n(x)$必有因子$(x-x_i)^{k_i}$，其中k_i为奇数，$i=1$，2，…，m. 我们记

$$p_n(x) = (x-x_1)^{k_1}(x-x_2)^{k_2}\cdots(x-x_m)^{k_m}q(x)$$

其中$q(x)$在(a, b)内不改变符号，且对$i=1$，…，m有$q(x_i)\neq 0$. 显然，$m\leqslant n$. 我们将证明$m=n$. 令

$$r(x) = (x-x_1)(x-x_2)\cdots(x-x_m)$$

乘积

$$p_n(x)r(x) = (x-x_1)^{k_1+1}(x-x_2)^{k_2+1}\cdots(x-x_m)^{k_m+1}q(x)$$

对每一个i，将仅含有$(x-x_i)$的偶数次方，由此将在(a, b)内不改变符号. 因此，

$$\langle p_n, r\rangle = \int_a^b p_n(x)r(x)w(x)\mathrm{d}x \neq 0$$

由于p_n和所有次数小于n的多项式正交，由此可得$\deg(r(x))=m\geqslant n$. ■

形如(7)的数值积分公式(其中x_i为正交多项式的根)称为高斯积分公式(Gaussian quadrature formula). 关于该公式对次数小于$2n$的多项式也是精确的证明可在很多大学数值分析教科书中找到.

事实上，并不需要进行n次积分来计算积分系数A_1，A_2，…，A_n. 它们可以通过求解一个$n\times n$线性方程组得到. 练习16说明了如何在一个积分法则下，使用勒让德多项式P_n的根近似计算$\int_{-1}^{1}f(x)\mathrm{d}x$.

5.7 节练习

1. 使用递推公式计算：(a) T_4，T_5；(b) H_4，H_5.
2. 令$p_0(x)$，$p_1(x)$和$p_2(x)$为在内积

$$\langle p(x), q(x)\rangle = \int_{-1}^{1}\frac{p(x)q(x)}{1+x^2}\mathrm{d}x$$

意义下正交的多项式. 若所有多项式的首系数均为1，利用定理5.7.2求$p_1(x)$和$p_2(x)$.

3. 证明切比雪夫多项式有下列性质：

(a) $2T_m(x)T_n(x)=T_{m+n}(x)+T_{m-n}(x)$，其中$m>n$.

(b) $T_m(T_n(x))=T_{mn}(x)$.

4. 求在内积

$$\langle f, g\rangle = \int_{-1}^{1}f(x)g(x)\mathrm{d}x$$

意义下，$[-1, 1]$上e^x的最优积分最小二乘逼近.

287

5. 令p_0，p_1，…为正交多项式序列，并令a_n为p_n的首系数. 证明：

$$\|p_n\|^2 = a_n\langle x^n, p_n\rangle$$

6. 令$T_n(x)$是次数为n的切比雪夫多项式，并定义

$$U_{n-1}(x) = \frac{1}{n}T_n'(x)$$

其中$n=1$，2，….

(a) 求$U_0(x)$，$U_1(x)$和$U_2(x)$.

(b) 若 $x=\cos\theta$，证明：

$$U_{n-1}(x)=\frac{\sin n\theta}{\sin\theta}$$

7. 令 $U_{n-1}(x)$ 如练习 6 中所定义，其中 $n\geqslant 1$，并定义 $U_{-1}(x)=0$. 证明：
   (a) $T_n(x)=U_n(x)-xU_{n-1}(x)$，其中 $n\geqslant 0$.
   (b) $U_n(x)=2xU_{n-1}(x)-U_{n-2}(x)$，其中 $n\geqslant 1$.
8. 证明练习 6 中定义的 U_i 在内积

$$\langle p,q\rangle=\int_{-1}^{1}p(x)q(x)(1-x^2)^{1/2}\mathrm{d}x$$

   意义下是正交的. 序列 U_i 称为第二类切比雪夫多项式(Chebyshev polynomials of second kind).
9. 对 $n=0$，1，2，证明：勒让德多项式 $P_n(x)$ 满足二阶方程

$$(1-x^2)y''-2xy'+n(n+1)y=0$$

10. 证明下列等式.
   (a) $H_n'(x)=2nH_{n-1}(x)$，$n=0$，1，….
   (b) $H_n''(x)-2xH_n'(x)+2nH_n(x)=0$，$n=0$，1，….
11. 给定一个函数 $f(x)$，它过点(1，2)，(2，-1)，(3，4)，用这些给定点作为 f 的插值点，利用拉格朗日插值公式构造一个二次插值多项式.
12. 证明：若 $f(x)$ 为次数小于 n 的多项式，则 $f(x)$ 必等于(7)中的插值多项式 $P(x)$，于是(7)中给出了 $\int_a^b f(x)w(x)\mathrm{d}x$ 的精确值.
13. 使用勒让德多项式 $P_2(x)$ 的零点，求一个两点积分公式

$$\int_{-1}^{1}f(x)\mathrm{d}x\approx A_1f(x_1)+A_2f(x_2)$$

14. (a) 对多少次的多项式，练习 13 中给出的积分公式是精确的？
   (b) 使用练习 13 中的公式近似计算

$$\int_{-1}^{1}(x^3+3x^2+1)\mathrm{d}x\quad 和\quad \int_{-1}^{1}\frac{1}{1+x^2}\mathrm{d}x$$

   这个近似值和精确值比较起来如何？
15. 令 x_1，x_2，…，x_n 为区间[-1，1]内的不同点，并令

$$A_i=\int_{-1}^{1}L_i(x)\mathrm{d}x,\quad i=1,2,\cdots,n$$

   其中 L_i 为点 x_1，x_2，…，x_n 的拉格朗日函数.
   (a) 说明为什么积分公式

$$\int_{-1}^{1}f(x)\mathrm{d}x=A_1f(x_1)+A_2f(x_2)+\cdots+A_nf(x_n)$$

   在 $f(x)$ 是一次数小于 n 的多项式时将为积分的精确值.
   (b) 将这个积分公式应用于一个次数为 0 的多项式，证明：

$$A_1+A_2+\cdots+A_n=2$$

16. 令 x_1，x_2，…，x_n 为勒让德多项式 P_n 的根. 若 A_i 如练习 15 中所定义，则积分公式

$$\int_{-1}^{1}f(x)\mathrm{d}x=A_1f(x_1)+A_2f(x_2)+\cdots+A_nf(x_n)$$

   将对次数小于 $2n$ 的多项式给出精确值.
   (a) 若 $1\leqslant j<2n$，证明：

$$P_j(x_1)A_1+P_j(x_2)A_2+\cdots+P_j(x_n)A_n=\langle 1,P_j\rangle=0$$

(b) 利用(a)部分和练习 15 的结论，建立一个 $n\times n$ 非齐次线性方程组，并求系数 A_1，A_2，…，A_n.

17. 令 $Q_0(x)$，$Q_1(x)$，…为一个规范正交多项式序列，即它是一个正交多项式序列，且对每一个 k 有 $\|Q_k\|=1$.

288

(a) 在使用规范正交多项式序列的情况下，定理 5.7.2 中的递推公式可以化简成什么？

(b) 令 λ 为 Q_n 的一个根. 证明：λ 必满足矩阵方程

$$\begin{bmatrix} \beta_1 & \alpha_1 & & & \\ \alpha_1 & \beta_2 & \alpha_2 & & \\ & \ddots & \ddots & \ddots & \\ & & \alpha_{n-2} & \beta_{n-1} & \alpha_{n-1} \\ & & & \alpha_{n-1} & \beta_n \end{bmatrix} \begin{bmatrix} Q_0(\lambda) \\ Q_1(\lambda) \\ \vdots \\ Q_{n-2}(\lambda) \\ Q_{n-1}(\lambda) \end{bmatrix} = \lambda \begin{bmatrix} Q_0(\lambda) \\ Q_1(\lambda) \\ \vdots \\ Q_{n-2}(\lambda) \\ Q_{n-1}(\lambda) \end{bmatrix}$$

其中 α_i 和 β_j 为递推公式的系数.

第 5 章练习

MATLAB 练习

1. 令

$$\boldsymbol{x}=[0:4,4,-4,1,1]' \quad 和 \quad \boldsymbol{y}=\text{ones}(9,1)$$

(a) 使用 MATLAB 函数 norm 计算 $\|\boldsymbol{x}\|$，$\|\boldsymbol{y}\|$ 和 $\|\boldsymbol{x}+\boldsymbol{y}\|$ 的值，并验证三角不等式成立. 同样利用 MATLAB 验证平行四边形法则

$$\|\boldsymbol{x}+\boldsymbol{y}\|^2+\|\boldsymbol{x}-\boldsymbol{y}\|^2=2(\|\boldsymbol{x}\|^2+\|\boldsymbol{y}\|^2)$$

(b) 若

$$t=\frac{\boldsymbol{x}^{\mathrm{T}}\boldsymbol{y}}{\|\boldsymbol{x}\|\,\|\boldsymbol{y}\|}$$

则为什么我们知道 $|t|$ 必然小于等于 1？使用 MATLAB 计算 t 的值，并使用 MATLAB 函数 acos 计算 $\boldsymbol{x}$ 和 $\boldsymbol{y}$ 的夹角. 将角度乘以 $180/\pi$ 转化为度.（注意，在 MATLAB 中 π 的值由 pi 给出.）

(c) 使用 MATLAB 命令计算 $\boldsymbol{x}$ 到 $\boldsymbol{y}$ 上的投影向量 $\boldsymbol{p}$. 令 $\boldsymbol{z}=\boldsymbol{x}-\boldsymbol{p}$，通过计算两个向量的标量积验证 $\boldsymbol{z}$ 和 $\boldsymbol{p}$ 是正交的. 计算 $\|\boldsymbol{x}\|^2$ 和 $\|\boldsymbol{z}\|^2+\|\boldsymbol{p}\|^2$，并验证毕达哥拉斯定律.

2. (使用线性函数对数据集进行最小二乘拟合)如下的 x 和 y 的表格是 5.3 节中给出的(见图 5.3.3).

x	-1.0	0.0	2.1	2.3	2.4	5.3	6.0	6.5	8.0
y	-1.02	-0.52	0.55	0.70	0.70	2.13	2.52	2.82	3.54

这九个数据点接近一条直线，因此这些数据可以使用一个线性函数 $z=c_1x+c_2$ 逼近. 将数据点的 x 和 y 坐标分别输入为列向量 $\boldsymbol{x}$ 和 $\boldsymbol{y}$. 令 $\boldsymbol{V}=[\boldsymbol{x},\ \text{ones(size}(\boldsymbol{x}))]$，并将系数 c_1 和 c_2 看成 9×2 线性方程组 $\boldsymbol{Vc}=\boldsymbol{y}$ 的最小二乘解，使用 MATLAB 运算“\”求出它们. 为用图形显示结果，令

$$\boldsymbol{w}=-1:0.1:8 \quad 和 \quad \boldsymbol{z}=c(1)*\boldsymbol{w}+c(2)*\text{ones(size}(\boldsymbol{w}))$$

并使用 MATLAB 命令

$$\text{plot}(\boldsymbol{x},\boldsymbol{y},\text{‘}x\text{’},\boldsymbol{w},\boldsymbol{z})$$

绘制原始的数据点和线性最小二乘拟合函数.

3. (使用最小二乘多项式构造温度曲线)在气象预报模型中，重要的输入数据集包括大气层不同位置的温度值. 这些数据中，有的是直接利用气象气球测得的，有的则是根据遥远的气象卫星的声音推断出来的. 下面给出一个典型的 RAOB(气象气球)的数据. 温度 T 使用开氏温度，并可以看成是大气压力 p 的函数，其中 p 的单位为分巴. 压力范围在 1～3 分巴对应于大气层的顶端，而那些在 9～10

分巴范围的数据则对应于大气层较低的部分.

p	1	2	3	4	5	6	7	8	9	10
T	222	227	223	233	244	253	260	266	270	266

(a) 通过命令 $\boldsymbol{p}$=[1：10]′输入压力值作为列向量 $\boldsymbol{p}$，然后输入温度值作为列向量 $\boldsymbol{T}$. 为求得这些数据采用线性函数 c_1x+c_2 的最优最小二乘拟合，构造超定方程组 $\boldsymbol{Vc}=\boldsymbol{T}$. 系数矩阵 $\boldsymbol{V}$ 可由

289

MATLAB 命令

$$\boldsymbol{V} = [\boldsymbol{p},\text{ones}(10,1)]$$

得到，或也可由

$$\boldsymbol{A} = \text{vander}(\boldsymbol{p});\quad \boldsymbol{V} = \boldsymbol{A}(:,9:10)$$

得到.

注： 对任何向量 $\boldsymbol{x}=(x_1,\ x_2,\ \cdots,\ x_{n+1})^{\mathrm{T}}$，利用 MATLAB 命令 vander($\boldsymbol{x}$)会得到满的范德蒙德矩阵，形如

$$\begin{bmatrix} x_1^n & x_1^{n-1} & \cdots & x_1 & 1 \\ x_2^n & x_2^{n-1} & \cdots & x_2 & 1 \\ \vdots & & & & \\ x_{n+1}^n & x_{n+1}^{n-1} & \cdots & x_{n+1} & 1 \end{bmatrix}$$

对一个线性拟合，仅使用了满范德蒙德矩阵的后两列. 关于 vander 函数的更多信息，可以通过输入命令 help vander 得到. 一旦构造了 $\boldsymbol{V}$，方程组的最小二乘解 $\boldsymbol{c}$ 即可利用 MATLAB 运算“\”得到.

(b) 为看到线性函数对数据拟合的优劣，用命令

$$\boldsymbol{q} = 1:0.1:10;$$

定义一个压力值的范围. 相应的函数值可通过

$$\boldsymbol{z} = \text{polyval}(\boldsymbol{c},\boldsymbol{q});$$

求得. 我们可利用命令

$$\text{plot}(\boldsymbol{q},\boldsymbol{z},\boldsymbol{p},\boldsymbol{T},\text{'}x\text{'})$$

绘制函数和数据点的图像.

(c) 现在我们开始尝试使用一个三次多项式求一个更好的拟合. 可以求三次多项式

$$c_1x^3+c_2x^2+c_3x+c_4$$

的系数，它可通过求解超定方程组 $\boldsymbol{Vc}=\boldsymbol{T}$ 的最小二乘解得到数据点的最优最小二乘拟合. 系数矩阵 $\boldsymbol{V}$ 可以通过选取矩阵 $\boldsymbol{A}$=vander($\boldsymbol{p}$)的后四列得到. 为观察结果的图像，仍令

$$\boldsymbol{z} = \text{polyval}(\boldsymbol{c},\boldsymbol{q})$$

并用和以前一样的命令将三次函数和数据点画出来. 你得到的拟合在什么地方更好，是在大气层的顶端还是底部?

(d) 为得到同时在大气层的顶端和底部都较好的拟合，尝试使用六次多项式. 如前使用 $\boldsymbol{A}$ 的后七列确定系数. 令 $\boldsymbol{z}$=ployval($\boldsymbol{c}$, $\boldsymbol{q}$)，并画出结果的图形.

4. (最小二乘圆)圆心在(3, 1)，半径为 2 的圆的参数方程为

$$x = 3+2\cos t,\quad y = 1+2\sin t$$

令 t=0：5：6，并使用 MATLAB 生成圆上相应点的 x 和 y 的坐标. 然后使用命令

x = x+0.1 * rand(1,13)　　和　　y = y+0.1 * rand(1,13)

为你的数据添加一些噪声. 使用 MATLAB 求最小二乘拟合这些点得到的圆的圆心 $\boldsymbol{c}$ 和半径 r. 令

t1 = 0：0.1：6.3，　x1 = c(1)+r * cos(t1)，　y1 = c(2)+r * sin(t1)

并使用命令

```
plot(x1,y1,x,y,'x')
```

绘制圆和数据点.

5. (基本子空间：规范正交基)向量空间 $N(\boldsymbol{A})$，$R(\boldsymbol{A})$，$N(\boldsymbol{A}^{\mathrm{T}})$，$R(\boldsymbol{A}^{\mathrm{T}})$为四个和矩阵 $\boldsymbol{A}$ 相关的基本子空间. 我们可以使用 MATLAB 命令对每一个与给定矩阵相关的基本子空间构造一组规范正交基. 然后，可以构造矩阵在每一个基本子空间上的投影.
   (a) 令
   $$\boldsymbol{A} = \mathtt{rand}(5,2) * \mathtt{rand}(2,5)$$
   你认为 $\boldsymbol{A}$ 的秩和零度是多少？试说明. 使用 MATLAB 命令 rank($\boldsymbol{A}$)和 $\boldsymbol{Z}$=null($\boldsymbol{A}$)检验你的答案. Z 的各列构成了 $N(\boldsymbol{A})$的一组规范正交基.
   (b) 接下来，令
   $$\boldsymbol{Q} = \mathtt{orth}(\boldsymbol{A}), \quad \boldsymbol{W} = \mathtt{null}(\boldsymbol{A}'), \quad \boldsymbol{S} = [\boldsymbol{Q} \quad \boldsymbol{W}]$$
   矩阵 $\boldsymbol{S}$ 应为正交的. 为什么？试说明. 计算 $\boldsymbol{S} * \boldsymbol{S}'$，并将你的结果和 eye(5)比较. 理论上，$\boldsymbol{A}^{\mathrm{T}}\boldsymbol{W}$ 和 $\boldsymbol{W}^{\mathrm{T}}\boldsymbol{A}$ 的全部元应当为零. 为什么？试说明. 用 MATLAB 命令计算 $\boldsymbol{A}^{\mathrm{T}}\boldsymbol{W}$ 和 $\boldsymbol{W}^{\mathrm{T}}\boldsymbol{A}$.
   (c) 证明：若 $\boldsymbol{Q}$ 和 $\boldsymbol{W}$ 是使用精确的算术运算求得的，则我们有
   $$\boldsymbol{I} - \boldsymbol{W}\boldsymbol{W}^{\mathrm{T}} = \boldsymbol{Q}\boldsymbol{Q}^{\mathrm{T}} \quad \text{和} \quad \boldsymbol{Q}\boldsymbol{Q}^{\mathrm{T}}\boldsymbol{A} = \boldsymbol{A}$$
   [提示：将 $\boldsymbol{S}\boldsymbol{S}^{\mathrm{T}}$ 用 $\boldsymbol{Q}$ 和 $\boldsymbol{W}$ 表示.]使用 MATLAB 验证这些恒等式.

290

   (d) 证明：若 $\boldsymbol{Q}$ 为使用精确的算术运算求得，则对所有 $\boldsymbol{b} \in R(\boldsymbol{A})$，我们将有 $\boldsymbol{Q}\boldsymbol{Q}^{\mathrm{T}}\boldsymbol{b} = \boldsymbol{b}$. 使用 MATLAB 命令$\boldsymbol{b}$=$\boldsymbol{A}$ * rand(5, 1)验证，然后计算 $\boldsymbol{Q} * \boldsymbol{Q}' * \boldsymbol{b}$，并和 $\boldsymbol{b}$ 进行比较.
   (e) 由于 $\boldsymbol{Q}$ 的列向量构成了 $R(\boldsymbol{A})$的一组规范正交基，因此 $\boldsymbol{Q}\boldsymbol{Q}^{\mathrm{T}}$ 就是相应于 $R(\boldsymbol{A})$的投影矩阵. 于是，对任何 $\boldsymbol{c} \in \mathbf{R}^5$，向量 $\boldsymbol{q} = \boldsymbol{Q}\boldsymbol{Q}^{\mathrm{T}}\boldsymbol{c}$ 为 $\boldsymbol{c}$ 到 $R(\boldsymbol{A})$上的投影. 令 $\boldsymbol{c}$=rand(5, 1)，并计算投影向量 $\boldsymbol{q}$. 向量 $\boldsymbol{r} = \boldsymbol{c} - \boldsymbol{q}$ 应在 $N(\boldsymbol{A}^{\mathrm{T}})$中. 为什么？试说明. 用 MATLAB 计算 $\boldsymbol{A}' * \boldsymbol{r}$.
   (f) 矩阵 $\boldsymbol{W}\boldsymbol{W}^{\mathrm{T}}$ 为相应于 $N(\boldsymbol{A}^{\mathrm{T}})$的投影矩阵. 使用 MATLAB 计算 $\boldsymbol{c}$ 到 $N(\boldsymbol{A}^{\mathrm{T}})$的投影 $\boldsymbol{w} = \boldsymbol{W}\boldsymbol{W}^{\mathrm{T}}\boldsymbol{c}$，并和 $\boldsymbol{r}$ 比较.
   (g) 令 $\boldsymbol{Y}$=orth($\boldsymbol{A}'$)，并使用它求相应于 $R(\boldsymbol{A}^{\mathrm{T}})$的投影矩阵 $\boldsymbol{U}$. 令 $\boldsymbol{b}$=rand(5, 1)，并计算 $\boldsymbol{b}$ 到 $R(\boldsymbol{A}^{\mathrm{T}})$的投影向量 $\boldsymbol{y} = \boldsymbol{U} * \boldsymbol{b}$. 同时计算 $\boldsymbol{U} * \boldsymbol{y}$，并将它和 $\boldsymbol{y}$ 比较. 向量 $\boldsymbol{s} = \boldsymbol{b} - \boldsymbol{y}$ 应在 $N(\boldsymbol{A})$中. 为什么？试说明. 使用 MATLAB 计算 $\boldsymbol{A} * \boldsymbol{s}$.
   (h) 使用矩阵 $\boldsymbol{Z}$=null($\boldsymbol{A}$)计算相应于 $N(\boldsymbol{A})$的投影矩阵 $\boldsymbol{V}$. 计算 $\boldsymbol{V} * \boldsymbol{b}$，并将它和 $\boldsymbol{s}$ 比较.

测试题 A——判断正误

对于下列每一命题，如果命题总是成立则回答真，否则回答假. 如果命题为真，则说明或证明你的结论. 如果命题为假，则举例说明命题不总是成立.

1. 若 $\boldsymbol{x}$ 和 $\boldsymbol{y}$ 为 $\mathbf{R}^n$ 中的非零向量，则从 $\boldsymbol{x}$ 到 $\boldsymbol{y}$ 上的向量投影等于从 $\boldsymbol{y}$ 到 $\boldsymbol{x}$ 上的向量投影.
2. 若 $\boldsymbol{x}$ 和 $\boldsymbol{y}$ 是 $\mathbf{R}^n$ 中的单位向量，且 $|\boldsymbol{x}^{\mathrm{T}}\boldsymbol{y}| = 1$，则 $\boldsymbol{x}$ 和 $\boldsymbol{y}$ 是线性无关的.
3. 若 U，V 和 W 是 $\mathbf{R}^3$ 的子空间，且 $U \perp V$ 及 $V \perp W$，则 $U \perp W$.
4. 在 $\boldsymbol{A}$ 的列空间中可以找到一个非零向量 $\boldsymbol{y}$，使得 $\boldsymbol{A}^{\mathrm{T}}\boldsymbol{y} = \boldsymbol{0}$.
5. 如果 $\boldsymbol{A}$ 为 $m \times n$ 矩阵，则 $\boldsymbol{A}\boldsymbol{A}^{\mathrm{T}}$ 和 $\boldsymbol{A}^{\mathrm{T}}\boldsymbol{A}$ 有相同的秩.
6. 如果 $m \times n$ 矩阵 $\boldsymbol{A}$ 的列向量线性无关且 $\boldsymbol{b}$ 为 $\mathbf{R}^m$ 中的一个向量，则 $\boldsymbol{b}$ 到 $\boldsymbol{A}$ 的列空间没有唯一的投影.
7. 若 $N(\boldsymbol{A}) = \{\boldsymbol{0}\}$，则方程组 $\boldsymbol{A}\boldsymbol{x} = \boldsymbol{b}$ 将有唯一的最小二乘解.
8. 若 $\boldsymbol{Q}_1$ 和 $\boldsymbol{Q}_2$ 为正交矩阵，则 $\boldsymbol{Q}_1\boldsymbol{Q}_2$ 也为正交矩阵.
9. 若$\{\boldsymbol{u}_1, \boldsymbol{u}_2, \cdots, \boldsymbol{u}_k\}$为 $\mathbf{R}^n$ 中向量的一个规范正交集，且

$$U = (\boldsymbol{u}_1, \boldsymbol{u}_2, \cdots, \boldsymbol{u}_k)$$

则 $\boldsymbol{U}^{\mathrm{T}}\boldsymbol{U}=\boldsymbol{I}_k$($k\times k$ 单位矩阵).

10. 若$\{\boldsymbol{u}_1, \boldsymbol{u}_2, \cdots, \boldsymbol{u}_k\}$为 $\mathbf{R}^n$ 中向量的一个规范正交集，且

$$\boldsymbol{U} = (\boldsymbol{u}_1, \boldsymbol{u}_2, \cdots, \boldsymbol{u}_k)$$

则 $\boldsymbol{U}\boldsymbol{U}^{\mathrm{T}}=\boldsymbol{I}_n$($n\times n$ 单位矩阵).

测试题 B

1. 给定

$$\boldsymbol{x} = \begin{bmatrix} 1 \\ 1 \\ 2 \\ 2 \end{bmatrix} \quad 和 \quad \boldsymbol{y} = \begin{bmatrix} -2 \\ 1 \\ 2 \\ 0 \end{bmatrix}$$

(a) 求 $\boldsymbol{x}$ 到 $\boldsymbol{y}$ 的向量投影 $\boldsymbol{p}$.

(b) 验证 $\boldsymbol{x}-\boldsymbol{p}$ 和 $\boldsymbol{p}$ 是正交的.

(c) 验证毕达哥拉斯定律对 $\boldsymbol{x}$，$\boldsymbol{p}$ 和 $\boldsymbol{x}-\boldsymbol{p}$ 成立，即

$$\|\boldsymbol{x}\|^2 = \|\boldsymbol{p}\|^2 + \|\boldsymbol{x}-\boldsymbol{p}\|^2$$

2. 令 $\boldsymbol{v}_1$ 和 $\boldsymbol{v}_2$ 为内积空间 V 中的向量.

(a) 是否有

$$|\langle \boldsymbol{v}_1, \boldsymbol{v}_2 \rangle| > \|\boldsymbol{v}_1\| \, \|\boldsymbol{v}_2\|$$

试说明.

(b) 若

$$|\langle \boldsymbol{v}_1, \boldsymbol{v}_2 \rangle| = \|\boldsymbol{v}_1\| \, \|\boldsymbol{v}_2\|$$

你可得到关于向量 $\boldsymbol{v}_1$ 和 $\boldsymbol{v}_2$ 的什么结论？试说明.

3. 令 $\boldsymbol{v}_1$ 和 $\boldsymbol{v}_2$ 为内积空间 V 中的向量. 证明：

$$\|\boldsymbol{v}_1 + \boldsymbol{v}_2\|^2 \leqslant (\|\boldsymbol{v}_1\| + \|\boldsymbol{v}_2\|)^2$$

4. 令 $\boldsymbol{A}$ 是秩为 4 的 7×5 矩阵，并令 $\boldsymbol{b}$ 为 $\mathbf{R}^8$ 中的一个向量. 与矩阵 $\boldsymbol{A}$ 相关联的四个基本子空间为 $R(\boldsymbol{A})$，$N(\boldsymbol{A}^{\mathrm{T}})$，$R(\boldsymbol{A}^{\mathrm{T}})$和 $N(\boldsymbol{A})$.

291

(a) $N(\boldsymbol{A}^{\mathrm{T}})$的维数是多少，其他哪些基本子空间是 $N(\boldsymbol{A}^{\mathrm{T}})$的正交补？

(b) 若 $\boldsymbol{x}$ 为 $R(\boldsymbol{A})$中的向量，且 $\boldsymbol{A}^{\mathrm{T}}\boldsymbol{x}=\boldsymbol{0}$，则你可以得到关于 $\|\boldsymbol{x}\|$ 的什么结论？试说明.

(c) $N(\boldsymbol{A}^{\mathrm{T}}\boldsymbol{A})$的维数是多少？方程组 $\boldsymbol{A}\boldsymbol{x}=\boldsymbol{b}$ 的最小二乘解有多少个？试说明.

5. 令 $\boldsymbol{x}$ 和 $\boldsymbol{y}$ 为 $\mathbf{R}^n$ 中的向量，并令 $\boldsymbol{Q}$ 为 $n\times n$ 的正交矩阵. 证明：若

$$\boldsymbol{z} = \boldsymbol{Q}\boldsymbol{x} \quad 且 \quad \boldsymbol{w} = \boldsymbol{Q}\boldsymbol{y}$$

则 $\boldsymbol{z}$ 和 $\boldsymbol{w}$ 的夹角等于 $\boldsymbol{x}$ 和 $\boldsymbol{y}$ 的夹角.

6. 令 S 为 $\mathbf{R}^3$ 的二维子空间，由

$$\boldsymbol{x}_1 = \begin{bmatrix} 1 \\ 0 \\ 2 \end{bmatrix} \quad 和 \quad \boldsymbol{x}_2 = \begin{bmatrix} 0 \\ 1 \\ -2 \end{bmatrix}$$

张成.

(a) 求 $S^{\perp}$ 的一组基.

(b) 给出 S 和 $S^{\perp}$ 的一个几何描述.

(c) 求从 $\mathbf{R}^3$ 到 $S^{\perp}$ 上向量投影的投影矩阵 $\boldsymbol{P}$.

7. 给定下列数据点：

x	-1	1	2
y	1	3	3

求采用线性函数 $f(x)=c_1+c_2x$ 的最优最小二乘拟合.

8. 令$\{\boldsymbol{u}_1, \boldsymbol{u}_2, \boldsymbol{u}_3\}$为内积空间 V 的三维子空间 S 的一组规范正交基，并令

$$\boldsymbol{x}=2\boldsymbol{u}_1-2\boldsymbol{u}_2+\boldsymbol{u}_3 \quad \text{和} \quad \boldsymbol{y}=3\boldsymbol{u}_1+\boldsymbol{u}_2-4\boldsymbol{u}_3$$

(a) 求$\langle \boldsymbol{x}, \boldsymbol{y}\rangle$的值.

(b) 求 $\|\boldsymbol{x}\|$ 的值.

9. 令 $\boldsymbol{A}$ 是秩为 4 的 7×5 矩阵. 令 $\boldsymbol{P}$ 和 $\boldsymbol{Q}$ 分别为从 $\mathbf{R}^7$ 到 $R(\boldsymbol{A})$和 $N(\boldsymbol{A}^{\mathrm{T}})$上向量投影的投影矩阵.

(a) 证明 $\boldsymbol{PQ}=\boldsymbol{O}$.

(b) 证明 $\boldsymbol{P}+\boldsymbol{Q}=\boldsymbol{I}$.

10. 给定

$$\boldsymbol{A}=\begin{bmatrix}1 & -3 & -5\\ 1 & 1 & -2\\ 1 & -3 & 1\\ 1 & 1 & 4\end{bmatrix} \quad \text{和} \quad \boldsymbol{b}=\begin{bmatrix}-6\\ 1\\ 1\\ 6\end{bmatrix}$$

若使用格拉姆-施密特过程求 $R(\boldsymbol{A})$的一组规范正交基，并将 $\boldsymbol{A}$ 进行 QR 分解，则当两个规范正交向量 $\boldsymbol{q}_1$ 和 $\boldsymbol{q}_2$ 计算完毕后，我们有

$$\boldsymbol{Q}=\begin{bmatrix}\frac{1}{2} & -\frac{1}{2} & \_\_\_\\ \frac{1}{2} & \frac{1}{2} & \_\_\_\\ \frac{1}{2} & -\frac{1}{2} & \_\_\_\\ \frac{1}{2} & \frac{1}{2} & \_\_\_\end{bmatrix}, \quad \boldsymbol{R}=\begin{bmatrix}2 & -2 & \_\_\_\\ 0 & 4 & \_\_\_\\ 0 & 0 & \_\_\_\end{bmatrix}$$

(a) 完成该过程. 求 $\boldsymbol{q}_3$ 并填写 $\boldsymbol{Q}$ 和 $\boldsymbol{R}$ 的第三列.

(b) 利用 QR 分解求 $\boldsymbol{Ax}=\boldsymbol{b}$ 的最小二乘解.

11. 函数 $\cos x$ 和 $\sin x$ 均为 $C[-\pi, \pi]$在内积

$$< f,g >=\frac{1}{\pi}\int_{-\pi}^{\pi} f(x)g(x)\mathrm{d}x$$

意义下的单位向量.

(a) 证明 $\cos x \perp \sin x$.

(b) 求 $\|\cos x+\sin x\|_2$ 的值.

12. 考虑向量空间 $C[-1, 1]$，其上的内积定义为

$$< f,g >=\int_{-1}^{1} f(x)g(x)\mathrm{d}x$$

(a) 证明：

$$u_1(x)=\frac{1}{\sqrt{2}} \quad \text{和} \quad u_2(x)=\frac{\sqrt{6}}{2}x$$

构成了一个规范正交集.

(b) 用(a)的结果求一线性函数，对 $h(x)=x^{1/3}+x^{2/3}$进行最优最小二乘逼近.

292

第6章

特　征　值

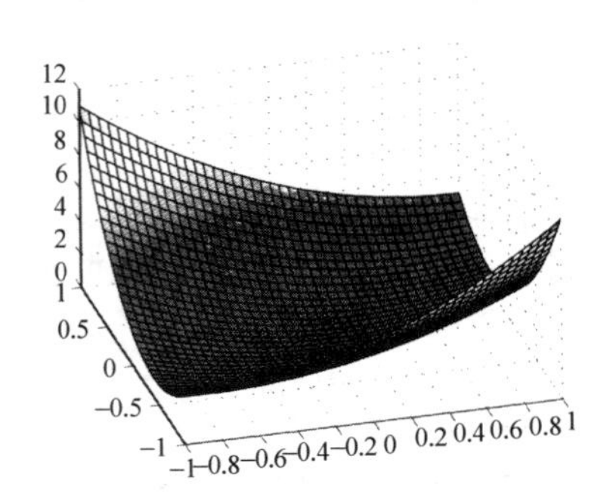

6.1 节中我们将考虑方程 $\boldsymbol{Ax}=\lambda\boldsymbol{x}$. 这个方程出现在很多线性代数的应用问题中. 如果方程有非零解 $\boldsymbol{x}$, 则 λ 称为 $\boldsymbol{A}$ 的特征值(eigenvalue), 且 $\boldsymbol{x}$ 称为属于 λ 的特征向量(eigenvector).

不论我们是否了解, 特征值在我们的生活中都是非常普遍的. 只要有振动就有特征值, 即振动的自然频率. 如果你曾经弹过吉他, 那么你已经求解了一个特征值问题. 工程师在设计建筑物的时候, 他们关心的是建筑物振动的频率. 这在地震多发的地方也是至关重要的. 边值问题的特征值可以用于确定原子的能态, 或引起横梁扭曲的临界荷载, 后者将在 6.1 节中介绍.

在 6.2 节中, 我们将学习更多关于如何使用特征值和特征向量求解线性微分方程组的问题. 我们将考虑一些应用问题, 包括混合问题、弹簧系统的简谐运动以及建筑物的振动. 建筑物的运动可以模型化为一个二阶微分方程组, 形如

$$\boldsymbol{MY}''(t)=\boldsymbol{KY}(t)$$

其中 $\boldsymbol{Y}(t)$ 为一个所有元素为 t 的函数的向量, $\boldsymbol{Y}''(t)$ 为将 $\boldsymbol{Y}(t)$ 的每一个元素对 t 求二阶导数后得到的函数构成的向量. 方程的解可由矩阵 $\boldsymbol{A}=\boldsymbol{M}^{-1}\boldsymbol{K}$ 的特征值和特征向量求得.

一般地, 我们可以将特征值看成与线性变换相关联的自然频率. 若 $\boldsymbol{A}$ 为 $n\times n$ 矩阵, 则可将 $\boldsymbol{A}$ 看成一个 $\mathbf{R}^n$ 上的线性算子. 特征值和特征向量为理解算子的作用提供了便利. 例如, 若 $\lambda>0$, 算子在任何属于 λ 的特征向量上的作用就是简单地将其伸长或压缩一个常数因子. 事实上, 算子在任何特征向量的线性组合上的作用都是容易确定的. 特别地, 如果可以找到 $\mathbf{R}^n$ 的一组特征向量基, 则算子在这一组基下可表示为一个对角矩阵 $\boldsymbol{D}$, 且矩阵 $\boldsymbol{A}$ 可分解为乘积 $\boldsymbol{XDX}^{-1}$. 在 6.3 节中, 我们将看到如何这样做, 并将介绍一些应用问题.

在 6.4 节中, 我们考虑有复元素的矩阵. 在这个前提下, 我们将考虑一个矩阵, 其特征向量可以用于构造 $\mathbf{C}^n$ 中的一组规范正交基($\mathbf{C}^n$ 是所有复 n 元组的向量空间). 在 6.5 节中, 我们介绍矩阵的奇异值分解, 并给出四个应用问题. 关于这个分解的另外一个重要应用将在第 7 章中给出.

6.6 节讨论多变量二次方程的特征值的应用, 同时也包括多变量函数的极大值和极小值的应用. 在 6.7 节中, 我们考虑对称正定矩阵. 这种矩阵的特征值是实的, 且为正

的，它有广泛的应用．最后，在 6.8 节中，我们学习具有非负元素的矩阵，以及它们在经济学中的应用.

6.1 特征值和特征向量

很多应用问题都涉及将一个线性变换重复作用到一个向量上．求解这类问题的关键是针对算子选择一个在某种意义下很自然的坐标系或基，并使得包含该算子的计算得以简化．对应于这一组新的基向量(特征向量)，我们关联一个缩放因子(特征值)表示该算子的自然频率．下面用一个简单的例子来说明.

▶**例 1** 回顾 1.4 节中的应用 1．在某城镇中，每年 30%的已婚女性离婚，且 20%的单身女性结婚．假定共有 8 000 名已婚女性和 2 000 名单身女性，并且总人口数保持不变．我们研究结婚率和离婚率保持不变时将来长时间的期望问题.

为求得 1 年后结婚女性和单身女性的人数，我们将向量 $\boldsymbol{w}_0=(8\,000,\ 2\,000)^{\mathrm{T}}$ 乘以

$$\boldsymbol{A}=\begin{bmatrix}0.7 & 0.2\\ 0.3 & 0.8\end{bmatrix}$$

1 年后结婚女性和单身女性的人数为

$$\boldsymbol{w}_1=\boldsymbol{A}\boldsymbol{w}_0=\begin{bmatrix}0.7 & 0.2\\ 0.3 & 0.8\end{bmatrix}\begin{bmatrix}8\,000\\ 2\,000\end{bmatrix}=\begin{bmatrix}6\,000\\ 4\,000\end{bmatrix}$$

为求得第 2 年结婚女性和单身女性的人数，我们计算

$$\boldsymbol{w}_2=\boldsymbol{A}\boldsymbol{w}_1=\boldsymbol{A}^2\boldsymbol{w}_0$$

一般地，对 n 年来说，我们需要计算 $\boldsymbol{w}_n=\boldsymbol{A}^n\boldsymbol{w}_0$.

采用这种方法计算 $\boldsymbol{w}_{10}$，$\boldsymbol{w}_{20}$，$\boldsymbol{w}_{30}$，并将它们的元素四舍五入到最近的整数.

$$\boldsymbol{w}_{10}=\begin{bmatrix}4\,004\\ 5\,996\end{bmatrix},\quad \boldsymbol{w}_{20}=\begin{bmatrix}4\,000\\ 6\,000\end{bmatrix},\quad \boldsymbol{w}_{30}=\begin{bmatrix}4\,000\\ 6\,000\end{bmatrix}$$

294

过某一点以后，似乎总是会得到相同的答案．事实上，$\boldsymbol{w}_{12}=(4\,000,\ 6\,000)^{\mathrm{T}}$，又因为

$$\boldsymbol{A}\boldsymbol{w}_{12}=\begin{bmatrix}0.7 & 0.2\\ 0.3 & 0.8\end{bmatrix}\begin{bmatrix}4\,000\\ 6\,000\end{bmatrix}=\begin{bmatrix}4\,000\\ 6\,000\end{bmatrix}$$

可得该序列所有以后的向量保持不变．向量$(4\,000,\ 6\,000)^{\mathrm{T}}$ 称为该过程的稳态向量(steady-state vector).

假设初始时已婚女性和单身女性有不同的比例．例如，从有 10 000 名已婚女性和 0 名单身女性开始，则 $\boldsymbol{w}_0=(10\,000,\ 0)^{\mathrm{T}}$，然后可以用前面的方法将 $\boldsymbol{w}_0$ 乘以 $\boldsymbol{A}^n$ 计算出 $\boldsymbol{w}_n$．在这种情况下，可得 $\boldsymbol{w}_{14}=(4\,000,\ 6\,000)^{\mathrm{T}}$，因此仍会终止于相同的稳态向量.

为什么这个过程是收敛的，且为什么从不同的初始向量开始，看起来总是会得到相同的稳态向量呢？如果在 $\mathbf{R}^2$ 中选择一组使得线性算子 $\boldsymbol{A}$ 容易计算的基，则这些问题不难回答．特别地，如果选择稳态向量的一个倍数，比如说 $\boldsymbol{x}_1=(2,\ 3)^{\mathrm{T}}$，作为第一个基向量，则

$$\boldsymbol{A}\boldsymbol{x}_1=\begin{bmatrix}0.7 & 0.2\\ 0.3 & 0.8\end{bmatrix}\begin{bmatrix}2\\ 3\end{bmatrix}=\begin{bmatrix}2\\ 3\end{bmatrix}=\boldsymbol{x}_1$$

因此 $\boldsymbol{x}_1$ 也是一个稳态向量．由于 $\boldsymbol{A}$ 在 $\boldsymbol{x}_1$ 上的作用已经不能再简单了，因此很自然它是一个基向量．尽管还可使用另外一个稳态向量作为第二个基向量，然而，由于所有的稳态向量都是 $\boldsymbol{x}_1$ 的倍数，因此这样做是不可以的．但是，如果选择 $\boldsymbol{x}_2=(-1,\ 1)^{\mathrm{T}}$，则 $\boldsymbol{A}$ 在 $\boldsymbol{x}_2$ 上的作用也非常简单．

$$\boldsymbol{A}\boldsymbol{x}_2=\begin{bmatrix}0.7 & 0.2\\0.3 & 0.8\end{bmatrix}\begin{bmatrix}-1\\1\end{bmatrix}=\begin{bmatrix}-\dfrac{1}{2}\\\dfrac{1}{2}\end{bmatrix}=\frac{1}{2}\boldsymbol{x}_2$$

下面分析使用 $\boldsymbol{x}_1$ 和 $\boldsymbol{x}_2$ 作为基向量的过程．若将初始向量 $\boldsymbol{w}_0=(8\,000,\ 2\,000)^{\mathrm{T}}$ 表示为线性组合

$$\boldsymbol{w}_0=2\,000\begin{bmatrix}2\\3\end{bmatrix}-4\,000\begin{bmatrix}-1\\1\end{bmatrix}=2\,000\boldsymbol{x}_1-4\,000\boldsymbol{x}_2$$

则

$$\boldsymbol{w}_1=\boldsymbol{A}\boldsymbol{w}_0=2\,000\boldsymbol{A}\boldsymbol{x}_1-4\,000\boldsymbol{A}\boldsymbol{x}_2=2\,000\boldsymbol{x}_1-4\,000\left(\frac{1}{2}\right)\boldsymbol{x}_2$$

$$\boldsymbol{w}_2=\boldsymbol{A}\boldsymbol{w}_1=2\,000\boldsymbol{x}_1-4\,000\left(\frac{1}{2}\right)^2\boldsymbol{x}_2$$

一般地，

$$\boldsymbol{w}_n=\boldsymbol{A}^n\boldsymbol{w}_0=2\,000\boldsymbol{x}_1-4\,000\left(\frac{1}{2}\right)^n\boldsymbol{x}_2$$

295 这个和的第一部分是稳态向量，第二部分收敛到零向量．

对任何 $\boldsymbol{w}_0$ 的选择，是否总是会终止于相同的稳态向量？假设初始时有 p 名已婚女性．由于总共有 10 000 名女性，单身女性的数量必为 $10\,000-p$．初始向量则为

$$\boldsymbol{w}_0=\begin{bmatrix}p\\10\,000-p\end{bmatrix}$$

若将 $\boldsymbol{w}_0$ 表示为一个线性组合 $c_1\boldsymbol{x}_1+c_2\boldsymbol{x}_2$，则如前可得

$$\boldsymbol{w}_n=\boldsymbol{A}^n\boldsymbol{w}_0=c_1\boldsymbol{x}_1+\left(\frac{1}{2}\right)^n c_2\boldsymbol{x}_2$$

稳态向量将为 $c_1\boldsymbol{x}_1$．为求 c_1，我们将方程

$$c_1\boldsymbol{x}_1+c_2\boldsymbol{x}_2=\boldsymbol{w}_0$$

写为一个线性方程组

$$\begin{aligned}2c_1-c_2&=p\\3c_1+c_2&=10\,000-p\end{aligned}$$

将这两个方程相加，得到 $c_1=2\,000$．因此，对任意在 $0\leqslant p\leqslant 10\,000$ 范围内的整数 p，稳态向量应为

$$2\,000\boldsymbol{x}_1=\begin{bmatrix}4\,000\\6\,000\end{bmatrix}$$ ◀

因为矩阵 $\boldsymbol{A}$ 在向量 $\boldsymbol{x}_1$ 和 $\boldsymbol{x}_2$ 上的作用非常简单，所以它们很自然地被用于分析例 1

中的过程：

$$Ax_1 = x_1 = 1x_1 \quad 且 \quad Ax_2 = \frac{1}{2}x_2$$

对其中的每一向量，A 的作用仅仅是将向量乘以一个标量. 两个标量 1 和$\frac{1}{2}$可看成是线性变换的自然频率.

一般地，若线性变换可表示为一个 $n \times n$ 矩阵 A，且可以找到一个非零向量 x 使得对某标量 λ，有 $Ax = \lambda x$，则对该变换，很自然地选择 x 作为 $\mathbf{R}^n$ 的一个基向量，且标量 λ 定义了一个对应这个基向量的自然频率. 更精确地，我们使用下面的术语表述 x 和 λ.

定义 令 A 为 $n \times n$ 矩阵. 如果存在一个非零向量 x 使得 $Ax = \lambda x$，则称标量 λ 为**特征值**(eigenvalue 或 characteristic value)，称向量 x 为属于 λ 的**特征向量**(eigenvector 或 characteristic vector).

▶**例 2** 设

$$A = \begin{bmatrix} 4 & -2 \\ 1 & 1 \end{bmatrix} \quad 及 \quad x = \begin{bmatrix} 2 \\ 1 \end{bmatrix}$$

296

由于

$$Ax = \begin{bmatrix} 4 & -2 \\ 1 & 1 \end{bmatrix}\begin{bmatrix} 2 \\ 1 \end{bmatrix} = \begin{bmatrix} 6 \\ 3 \end{bmatrix} = 3\begin{bmatrix} 2 \\ 1 \end{bmatrix} = 3x$$

可得 $\lambda = 3$ 为 A 的一个特征值，且 $x = (2, 1)^{\mathrm{T}}$ 为一个属于 $\lambda = 3$ 的特征向量. 事实上，任何 x 的非零倍数都是一个特征向量，因为

$$A(\alpha x) = \alpha A x = \alpha \lambda x = \lambda(\alpha x)$$

因此，$(4, 2)^{\mathrm{T}}$ 也是 $\lambda = 3$ 的一个特征向量.

$$\begin{bmatrix} 4 & -2 \\ 1 & 1 \end{bmatrix}\begin{bmatrix} 4 \\ 2 \end{bmatrix} = \begin{bmatrix} 12 \\ 6 \end{bmatrix} = 3\begin{bmatrix} 4 \\ 2 \end{bmatrix}$$ ◀

特征值与特征向量的几何可视化

若正实数 λ_1 为 2×2 矩阵 A 的特征值，则为求出对应的特征向量，需求向量 x，使得 $Ax = \lambda_1 x$. 特征向量 x 的方向可由如下单位向量给出：

$$x_1 = \alpha x, \quad 其中\ \alpha = \frac{1}{\|x\|}$$

可以看出，方向向量 x_1 自身也是 λ_1 的特征向量，因为它是特征向量 x 的非零标量倍数. 由于 $\lambda_1 > 0$，向量 Ax_1 与 x_1 同向，且$\|Ax_1\| = \lambda_1$. 当 λ_1 为 A 的负实特征值，且单位特征向量为 x_1 时，向量 x_1 和 Ax_1 的方向将相反，且 Ax_1 的长度为$|\lambda_1|$. 一般地，对实特征值 λ_1，可将求其特征向量的问题看作寻找方向向量 x_1，使 Ax_1 和 x_1 同在 2 维平面内一条过原点的直线上.

$\mathbf{R}^2$ 中过原点的单位向量形如

$$x = \begin{bmatrix} \cos t \\ \sin t \end{bmatrix}, \quad 0 \leqslant t \leqslant 2\pi$$

几何上看，这些向量的起点在原点，端点都在以原点为中心、1为半径的圆上．搜索2×2矩阵实特征值的一种方法就是沿着圆周运动(令 t 从 0 变到 2π)，并尝试找到点 $(\cos t, \sin t)$，使向量 $\boldsymbol{x}$ 和 $\boldsymbol{Ax}$ 都在过原点的一条直线上．考虑下面的例子．

▶例 3　令

$$\boldsymbol{A}=\begin{bmatrix}\frac{1}{2} & \frac{3}{2}\\ \frac{3}{2} & \frac{1}{2}\end{bmatrix}$$

单位向量 $\boldsymbol{x}=(1, 0)^{\mathrm{T}}$ 不是它的特征向量，因为 $\boldsymbol{x}$ 和 $\boldsymbol{Ax}$ 不在同一条过原点的直线上，参见图 6.1.1.

297

为搜索特征向量，可将这一初始单位向量逆时针旋转．在旋转时，可以对比 $\boldsymbol{x}$ 和 $\boldsymbol{Ax}$ 的方向．若对某些方向向量 $\boldsymbol{x}$，向量 $\boldsymbol{Ax}$ 与 $\boldsymbol{x}$ 同向或反向，即得到了一个特征向量．就本例来说，直到将初始向量旋转了 45°后，两个向量才会平行．在此方向上，单位向量 $\boldsymbol{x}_1$ 将为 $\boldsymbol{A}$ 的一个特征向量．事实上，

$$\boldsymbol{x}_1=\begin{pmatrix}\cos\frac{\pi}{4}\\ \sin\frac{\pi}{4}\end{pmatrix}=\begin{pmatrix}\frac{1}{\sqrt{2}}\\ \frac{1}{\sqrt{2}}\end{pmatrix}\quad \text{且}\quad \boldsymbol{Ax}_1=\begin{pmatrix}\frac{2}{\sqrt{2}}\\ \frac{2}{\sqrt{2}}\end{pmatrix}=2\boldsymbol{x}_1$$

因此，$\boldsymbol{x}_1$ 是一个属于特征值 $\lambda_1=2$ 的单位特征向量，参见图 6.1.2a.

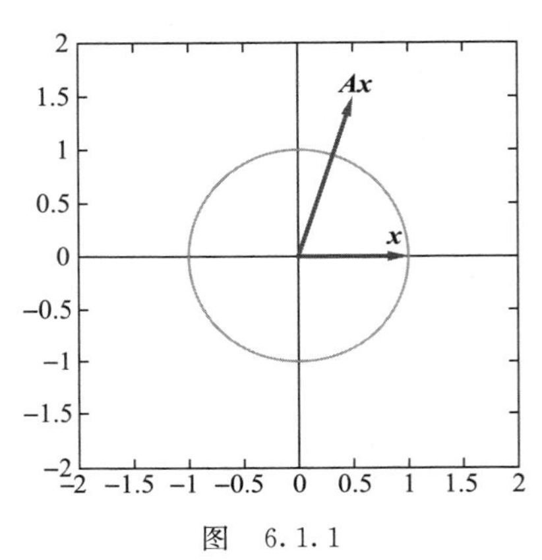

图　6.1.1

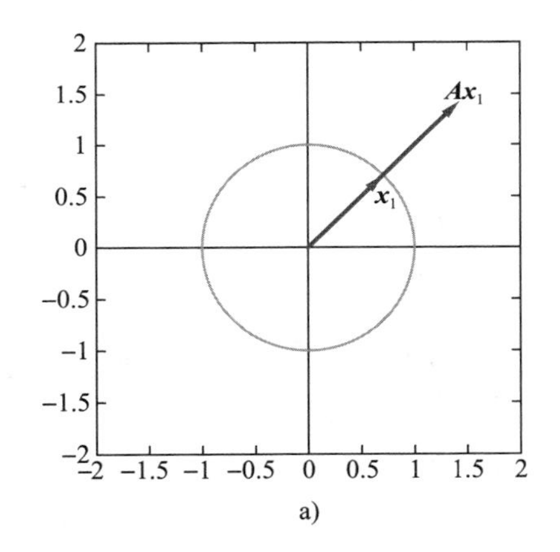

a)

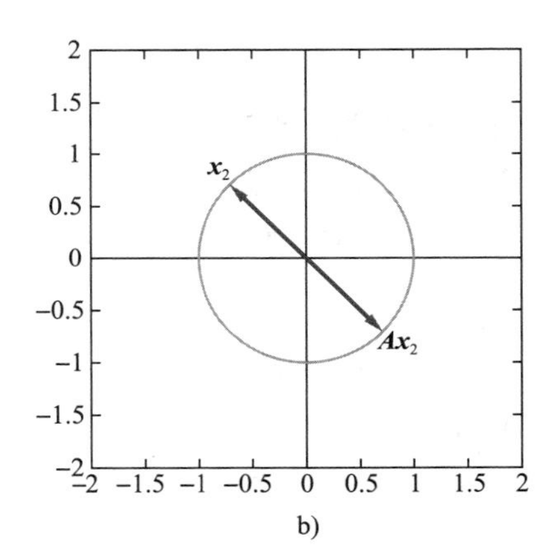

b)

图　6.1.2

若继续旋转 90°，可发现第二个单位特征向量.

$$\boldsymbol{x}_2=\begin{pmatrix}\cos\dfrac{3\pi}{4}\\ \sin\dfrac{3\pi}{4}\end{pmatrix}=\begin{pmatrix}-\dfrac{1}{\sqrt{2}}\\ \dfrac{1}{\sqrt{2}}\end{pmatrix}\quad 且\quad \boldsymbol{A}\boldsymbol{x}_2=\begin{pmatrix}\dfrac{1}{\sqrt{2}}\\ -\dfrac{1}{\sqrt{2}}\end{pmatrix}=-1\boldsymbol{x}_2$$

298

向量 $\boldsymbol{x}_2$ 为 $\boldsymbol{A}$ 属于特征值 $\lambda_2=-1$ 的单位特征向量，参见图 6.1.2b. ◀

一旦求得了单位特征向量 $\boldsymbol{x}$，就容易确定相应的特征值. 因为 $\|\boldsymbol{x}\|=1$，所以可得

$$\boldsymbol{x}^{\mathrm{T}}\boldsymbol{A}\boldsymbol{x}=\boldsymbol{x}^{\mathrm{T}}(\lambda\boldsymbol{x})=\lambda\|\boldsymbol{x}\|^2=\lambda$$

因此，可令 $\lambda=\boldsymbol{x}^{\mathrm{T}}\boldsymbol{A}\boldsymbol{x}$ 得到特征值.

下面我们介绍一种直接求特征值的方法. 一旦知道了特征值，就可以用一种直接的方法求出相应的特征向量.

求特征值和特征向量

方程 $\boldsymbol{A}\boldsymbol{x}=\lambda\boldsymbol{x}$ 可以写为

$$(\boldsymbol{A}-\lambda\boldsymbol{I})\boldsymbol{x}=\boldsymbol{0}\tag{1}$$

因此，λ 为 $\boldsymbol{A}$ 的特征值的充要条件是(1)有一非平凡解. (1)的解集为 $N(\boldsymbol{A}-\lambda\boldsymbol{I})$，它是 $\mathbf{R}^n$ 的一个子空间. 因此，若 λ 为 $\boldsymbol{A}$ 的一个特征值，则 $N(\boldsymbol{A}-\lambda\boldsymbol{I})\neq\{\boldsymbol{0}\}$，且 $N(\boldsymbol{A}-\lambda\boldsymbol{I})$ 中的任何非零向量均为属于 λ 的特征向量. 子空间 $N(\boldsymbol{A}-\lambda\boldsymbol{I})$ 称为对应于特征值 λ 的特征空间(eigenspace).

方程(1)有非平凡解的充要条件是 $\boldsymbol{A}-\lambda\boldsymbol{I}$ 为奇异的，或等价地，

$$\det(\boldsymbol{A}-\lambda\boldsymbol{I})=0\tag{2}$$

如果将(2)中的行列式展开，我们得到一个变量为 λ 的 n 次多项式：

$$p(\lambda)=\det(\boldsymbol{A}-\lambda\boldsymbol{I})$$

这个多项式称为特征多项式(characteristic polynomial)，且方程(2)称为矩阵 $\boldsymbol{A}$ 的特征方程(characteristic equation). 特征多项式的根即为 $\boldsymbol{A}$ 的特征值. 如果对重根也计数，则特征多项式将恰有 n 个根. 因此 $\boldsymbol{A}$ 将有 n 个特征值，其中一些可能会重复，一些可能会是复数. 对后一种情况，需将我们讨论的标量的范围扩大到复数，允许向量和矩阵可以用复数作为元素.

我们现在已经建立了 λ 为 $\boldsymbol{A}$ 的特征值的一些等价条件.

> 令 $\boldsymbol{A}$ 为 $n\times n$ 矩阵，且 λ 为一个标量. 下面的命题是等价的：
> (a) λ 为 $\boldsymbol{A}$ 的一个特征值.
> (b) $(\boldsymbol{A}-\lambda\boldsymbol{I})\boldsymbol{x}=\boldsymbol{0}$ 有一个非平凡解.
> (c) $N(\boldsymbol{A}-\lambda\boldsymbol{I})\neq\{\boldsymbol{0}\}$.
> (d) $\boldsymbol{A}-\lambda\boldsymbol{I}$ 为奇异的.
> (e) $\det(\boldsymbol{A}-\lambda\boldsymbol{I})=0$.

299

下面将给出一些利用命题(e)求特征值的例子.

▶**例 4** 求矩阵

$$\boldsymbol{A}=\begin{bmatrix}3 & 2\\ 3 & -2\end{bmatrix}$$

的特征值和相应的特征向量.

解　特征方程为

$$\begin{vmatrix} 3-\lambda & 2 \\ 3 & -2-\lambda \end{vmatrix} = 0 \quad 或 \quad \lambda^2-\lambda-12=0$$

因此，$\boldsymbol{A}$ 的特征值为 $\lambda_1=4$ 和 $\lambda_2=-3$. 为求得 $\lambda_1=4$ 对应的特征向量，必须求 $\boldsymbol{A}-4\boldsymbol{I}$ 的零空间.

$$\boldsymbol{A}-4\boldsymbol{I}=\begin{bmatrix} -1 & 2 \\ 3 & -6 \end{bmatrix}$$

求解 $(\boldsymbol{A}-4\boldsymbol{I})\boldsymbol{x}=\boldsymbol{0}$，我们有

$$\boldsymbol{x}=(2x_2, x_2)^{\mathrm{T}}$$

因此，任何 $(2, 1)^{\mathrm{T}}$ 的非零倍数均为 λ_1 对应的特征向量，且 $\{(2, 1)^{\mathrm{T}}\}$ 为 λ_1 对应的特征空间的一组基. 类似地，为求 λ_2 的特征向量，必须求解

$$(\boldsymbol{A}+3\boldsymbol{I})\boldsymbol{x}=\boldsymbol{0}$$

此时 $\{(-1, 3)^{\mathrm{T}}\}$ 为 $N(\boldsymbol{A}+3\boldsymbol{I})$ 的一组基，且 $(-1, 3)^{\mathrm{T}}$ 的任何非零倍数均为特征值 λ_2 对应的特征向量. ◀

▶**例 5**　令

$$\boldsymbol{A}=\begin{bmatrix} 2 & -3 & 1 \\ 1 & -2 & 1 \\ 1 & -3 & 2 \end{bmatrix}$$

求特征向量及其对应的特征空间.

解

$$\begin{vmatrix} 2-\lambda & -3 & 1 \\ 1 & -2-\lambda & 1 \\ 1 & -3 & 2-\lambda \end{vmatrix} = -\lambda(\lambda-1)^2$$

因此，特征多项式的根为 $\lambda_1=0$，$\lambda_2=\lambda_3=1$. 对应于 $\lambda_1=0$ 的特征空间是 $N(\boldsymbol{A})$，它可以使用通常的方法求得：

$$\left[\begin{array}{ccc|c} 2 & -3 & 1 & 0 \\ 1 & -2 & 1 & 0 \\ 1 & -3 & 2 & 0 \end{array}\right] \rightarrow \left[\begin{array}{ccc|c} 1 & 0 & -1 & 0 \\ 0 & 1 & -1 & 0 \\ 0 & 0 & 0 & 0 \end{array}\right]$$

300

令 $x_3=\alpha$，我们得到 $x_1=x_2=x_3=\alpha$. 因此，对应于 $\lambda_1=0$ 的特征空间包含所有形如 $\alpha(1, 1, 1)^{\mathrm{T}}$ 的向量. 为求对应于 $\lambda=1$ 的特征空间，必须求解方程组 $(\boldsymbol{A}-\boldsymbol{I})\boldsymbol{x}=\boldsymbol{0}$：

$$\left[\begin{array}{ccc|c} 1 & -3 & 1 & 0 \\ 1 & -3 & 1 & 0 \\ 1 & -3 & 1 & 0 \end{array}\right] \rightarrow \left[\begin{array}{ccc|c} 1 & -3 & 1 & 0 \\ 0 & 0 & 0 & 0 \\ 0 & 0 & 0 & 0 \end{array}\right]$$

令 $x_2=\alpha$，$x_3=\beta$，我们得到 $x_1=3\alpha-\beta$. 因此，对应于 $\lambda=1$ 的特征空间所包含的向量形如

$$\begin{bmatrix}3\alpha-\beta\\\alpha\\\beta\end{bmatrix}=\alpha\begin{bmatrix}3\\1\\0\end{bmatrix}+\beta\begin{bmatrix}-1\\0\\1\end{bmatrix}$$ ◀

▶**例 6**　给定

$$\boldsymbol{A}=\begin{bmatrix}1&2\\-2&1\end{bmatrix}$$

求 $\boldsymbol{A}$ 的特征值，并求相应的特征空间的基.

解

$$\begin{vmatrix}1-\lambda&2\\-2&1-\lambda\end{vmatrix}=(1-\lambda)^2+4$$

特征多项式的根为 $\lambda_1=1+2\mathrm{i}$，$\lambda_2=1-2\mathrm{i}$.

$$\boldsymbol{A}-\lambda_1\boldsymbol{I}=\begin{bmatrix}-2\mathrm{i}&2\\-2&-2\mathrm{i}\end{bmatrix}=-2\begin{bmatrix}\mathrm{i}&-1\\1&\mathrm{i}\end{bmatrix}$$

由此得$\{(1,\ \mathrm{i})^{\mathrm{T}}\}$为对应于 $\lambda_1=1+2\mathrm{i}$ 的特征空间的一组基. 类似地，

$$\boldsymbol{A}-\lambda_2\boldsymbol{I}=\begin{bmatrix}2\mathrm{i}&2\\-2&2\mathrm{i}\end{bmatrix}=2\begin{bmatrix}\mathrm{i}&1\\-1&\mathrm{i}\end{bmatrix}$$

故$\{(1,\ -\mathrm{i})^{\mathrm{T}}\}$为 $N(A-\lambda_2 I)$的一组基. ◀

应用 1：结构学——梁的弯曲

作为物理中特征值问题的例子，考虑一个梁的问题. 如果在梁的一端施加一个外力或荷载，当我们增加荷载使得它达到临界值时，梁将会弯曲. 如果继续增加荷载，使得它超过这个临界值并到达第二个临界值，则梁将再次弯曲，依此类推. 假设梁的长度为 L，且将它放置在一个左端固定在 $x=0$ 点的平面上. 令 $y(x)$表示梁上任意点 x 处的垂直位移，并假设梁仅受支撑力，也就是说，$y(0)=y(L)=0$(见图 6.1.3).

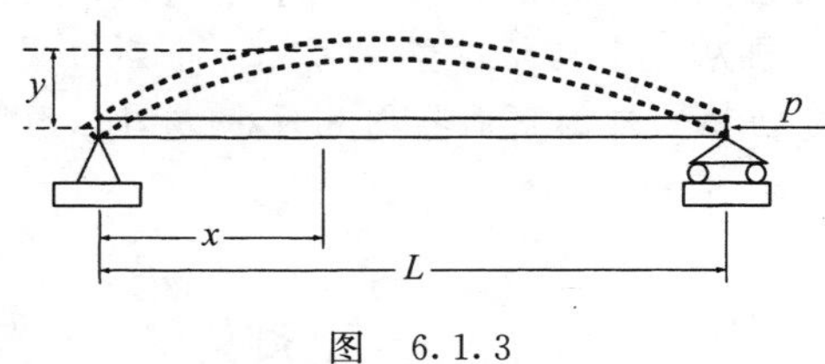

图　6.1.3

301

这个梁的物理系统模型可以化为边值问题

$$R\frac{\mathrm{d}^2y}{\mathrm{d}x^2}=-Py,\quad y(0)=y(L)=0 \tag{3}$$

其中 R 为梁的抗弯刚度，P 为梁上的荷载. 求解 $y(x)$的标准方法是，使用有限差分法逼近微分方程. 特别地，将区间$[0,\ L]$划分为 n 个相等的子区间

$$0=x_0<x_1<\cdots<x_n=L\quad\left(x_j=\frac{jL}{n},j=0,1,\cdots,n\right)$$

且对每个 j，我们用差商近似 $y''(x_j)$. 若令 $h=\dfrac{L}{n}$，且使用记号 y_k 简记 $y(x_k)$，则标准差分逼近为

$$y''(x_j) \approx \frac{y_{j+1} - 2y_j + y_{j-1}}{h^2}, \quad j = 1,2,\cdots,n$$

将它们代入方程(3)，最终可以得到一个有 n 个线性方程的方程组. 若将每一方程乘以 $-\frac{h^2}{R}$，并令 $\lambda=\frac{Ph^2}{R}$，则方程组可以写为形如 $\boldsymbol{Ay}=\lambda\boldsymbol{y}$ 的矩阵方程，其中

$$\boldsymbol{A} = \begin{bmatrix} 2 & -1 & 0 & \cdots & 0 & 0 & 0 \\ -1 & 2 & -1 & \cdots & 0 & 0 & 0 \\ 0 & -1 & 2 & \cdots & 0 & 0 & 0 \\ \vdots & & & & & & \vdots \\ 0 & 0 & 0 & \cdots & -1 & 2 & -1 \\ 0 & 0 & 0 & \cdots & 0 & -1 & 2 \end{bmatrix}$$

这个矩阵的特征值将为实的，且为正的.（见本章最后的 MATLAB 练习 14.）对充分大的 n，$\boldsymbol{A}$ 的每一特征值 λ 可用于逼近出现弯曲的临界荷载 $P=\frac{R\lambda}{h^2}$. 对应于最小特征值的临界荷载是一个最重要的荷载，因为事实上当荷载超过这个值时，梁将折断.

302

应用 2：航天飞机的定位

在 4.2 节中，我们看到了如何求相应于飞机的偏航、俯仰和翻滚的 3×3 旋转矩阵 $\boldsymbol{Y}$，$\boldsymbol{P}$ 和 $\boldsymbol{R}$. 回顾一下，飞机的偏航为一个绕 z 轴的旋转，俯仰为一个绕 y 轴的旋转，翻滚为一个绕 x 轴的旋转. 我们还看到飞机应用问题中一个先偏航、然后俯仰、最后翻滚的组合，可以表示为乘积 $\boldsymbol{Q}=\boldsymbol{YPR}$. 同样的术语——偏航、俯仰及翻滚，也可描述航天飞机从一个初始位置到另外一个新位置的过程. 其仅有的区别是，对航天飞机，通常将 x 轴和 z 轴的正向指向相反的方向. 图 6.1.4 给出了对航天飞机使用的坐标系和对飞机

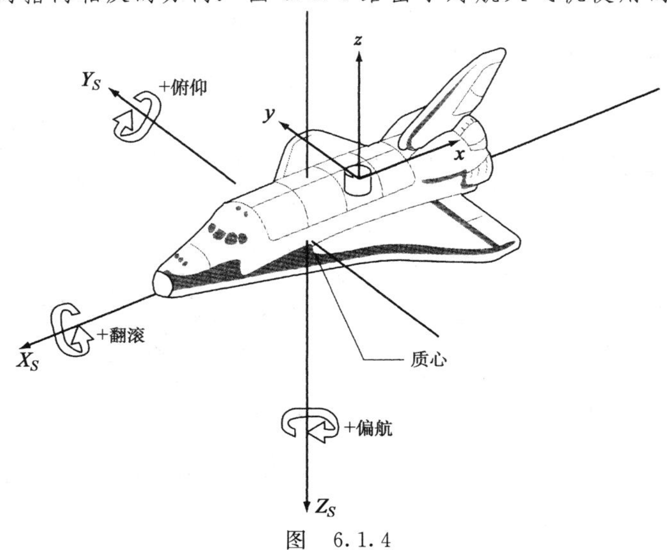

图 6.1.4

使用的坐标系的比较．在航天飞机坐标系下，偏航、俯仰和翻滚记为 Z_S，Y_S 和 X_S．坐标系的原点取在航天飞机的质心．我们可以使用偏航、俯仰和翻滚变换，由航天飞机的初始位置开始得到它的新位置，然而，与其使用三个独立的旋转，不如仅使用一个旋转更高效．给定偏航、俯仰和翻滚的角度，可以使用机载计算机求得对旋转 $\boldsymbol{R}$ 的一个新的轴心，以及一个绕该轴心旋转的角度 β.

在 2 维空间中，在平面上先旋转 45°，接着再旋转 30°，等价于从初始位置开始旋转 75°．类似地，在 3 维空间中，两个或多个旋转的组合也等价于一个旋转．在考虑航天飞机的情况时，我们希望使用一个围绕新轴 R 的旋转来实现偏航、俯仰和翻滚的组合旋转．这个新轴可以通过计算变换矩阵 $\boldsymbol{Q}$ 的特征向量得到．

303

表示偏航、俯仰和翻滚变换组合的变换矩阵 $\boldsymbol{Q}$ 是三个行列式为 1 的正交矩阵的乘积．因此，$\boldsymbol{Q}$ 也是正交的，且 $\det(\boldsymbol{Q})=1$．由此可知，$\lambda=1$ 必为 $\boldsymbol{Q}$ 的一个特征值(见练习 23)．若 $\boldsymbol{z}$ 为轴 R 方向上的一个单位向量，则在变换作用下，$\boldsymbol{z}$ 应当保持不变，因此我们有 $\boldsymbol{Qz}=\boldsymbol{z}$．故 $\boldsymbol{z}$ 为 $\boldsymbol{Q}$ 的一个属于特征值 $\lambda=1$ 的单位特征向量．特征向量 $\boldsymbol{z}$ 即确定了旋转轴．

为求得对新旋转轴 R 的旋转角度，用 $\boldsymbol{e}_1$ 表示 X_S 轴的初始方向，且 $\boldsymbol{q}_1=\boldsymbol{Q}\boldsymbol{e}_1$ 表示变换后的新方向．如果将 $\boldsymbol{e}_1$ 和 $\boldsymbol{q}_1$ 投影到 $\boldsymbol{R}$ 轴上，它们将投影到相同的向量

$$\boldsymbol{p}=(\boldsymbol{z}^{\mathrm{T}}\boldsymbol{e}_1)\boldsymbol{z}=z_1\boldsymbol{z}$$

上．向量

$$\boldsymbol{v}=\boldsymbol{e}_1-\boldsymbol{p} \quad 和 \quad \boldsymbol{w}=\boldsymbol{q}_1-\boldsymbol{p}$$

均为过原点且垂直于 R 轴的平面，这两个向量有相同的长度．当 $\boldsymbol{e}_1$ 旋转到 $\boldsymbol{q}_1$ 时，向量 $\boldsymbol{v}$ 旋转到 $\boldsymbol{w}$(见图 6.1.5)．旋转角度 β 可通过 $\boldsymbol{v}$ 和 $\boldsymbol{w}$ 的夹角求得：

304

$$\beta=\arccos\left(\frac{\boldsymbol{v}^{\mathrm{T}}\boldsymbol{w}}{\|\boldsymbol{v}\|^2}\right)$$

复特征值

若 $\boldsymbol{A}$ 为一个有实元素的 $n\times n$ 矩阵，则 $\boldsymbol{A}$ 的特征多项式将有实系数，因此它所有的复根必然为共轭对．于是，若 $\lambda=a+b\mathrm{i}(b\neq 0)$ 为 $\boldsymbol{A}$ 的一个特征值，则 $\bar{\lambda}=a-b\mathrm{i}$ 必然也是 $\boldsymbol{A}$ 的一个特征值．此处 $\bar{\lambda}$ 用来表示 λ 的复共轭．一个类似的符号可以用于矩阵：若 $\boldsymbol{A}=(a_{ij})$ 为一个有复元素的矩阵，则 $\overline{\boldsymbol{A}}=[\bar{a}_{ij}]$ 是对 $\boldsymbol{A}$ 的每一元素取共轭构成的矩阵．我们定义，一个实矩阵(real matrix)为满足性质 $\overline{\boldsymbol{A}}=\boldsymbol{A}$ 的矩阵．一般地，若 $\boldsymbol{A}$ 和 $\boldsymbol{B}$ 为有复元素的矩阵，且乘法 $\boldsymbol{AB}$ 是可行的，则 $\overline{\boldsymbol{AB}}=\overline{\boldsymbol{A}}\,\overline{\boldsymbol{B}}$(见练习 20)．

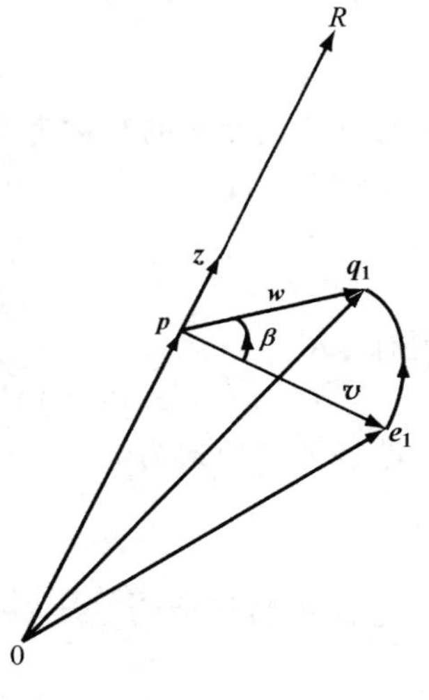

图　6.1.5

不仅仅一个实矩阵的复特征值成对出现，它的特征向量也是如此．事实上，若 λ 为 $n\times n$ 实矩阵 $\boldsymbol{A}$ 的一个复特征值，且 $\boldsymbol{z}$ 为属于 λ 的一个特征向量，则

$$\boldsymbol{A}\bar{\boldsymbol{z}}=\overline{\boldsymbol{A}}\,\bar{\boldsymbol{z}}=\overline{\boldsymbol{Az}}=\overline{\lambda\boldsymbol{z}}=\bar{\lambda}\,\bar{\boldsymbol{z}}$$

因此，$\bar{z}$ 为 $\boldsymbol{A}$ 的属于 $\bar{\lambda}$ 的特征向量. 例 6 中求得特征值 $\lambda=1+2\mathrm{i}$ 的特征向量为 $\boldsymbol{z}=(1, \mathrm{i})^{\mathrm{T}}$，且求得 $\bar{\lambda}=1-2\mathrm{i}$ 的特征向量为 $\bar{\boldsymbol{z}}=(1, -\mathrm{i})^{\mathrm{T}}$.

特征值的乘积与和

容易求得一个 $n\times n$ 矩阵 $\boldsymbol{A}$ 的特征值的和与乘积. 若 $p(\lambda)$ 为 $\boldsymbol{A}$ 的特征多项式，则

$$p(\lambda)=\det(\boldsymbol{A}-\lambda\boldsymbol{I})=\begin{vmatrix} a_{11}-\lambda & a_{12} & \cdots & a_{1n} \\ a_{21} & a_{22}-\lambda & & a_{2n} \\ \vdots & & & \\ a_{n1} & a_{n2} & & a_{nn}-\lambda \end{vmatrix} \tag{4}$$

按照第一列进行展开，我们得到

$$\det(\boldsymbol{A}-\lambda\boldsymbol{I})=(a_{11}-\lambda)\det(\boldsymbol{M}_{11})+\sum_{i=2}^{n}a_{i1}(-1)^{i+1}\det(\boldsymbol{M}_{i1})$$

其中子式 $\boldsymbol{M}_{i1}(i=2, 3, \cdots, n)$不包含两个对角元素$(a_{11}-\lambda)$及$(a_{ii}-\lambda)$. 将 $\det(\boldsymbol{M}_{11})$采用相同的方法展开，我们得到

$$(a_{11}-\lambda)(a_{22}-\lambda)\cdots(a_{nn}-\lambda) \tag{5}$$

是 $\det(\boldsymbol{A}-\lambda\boldsymbol{I})$的展开式中唯一包含多于 $n-2$ 个对角元素的项. 当(5)展开后，λ^n 的系数将为$(-1)^n$. 因此，$p(\lambda)$的首系数为$(-1)^n$，于是，若 λ_1，λ_2，…，λ_n 为 $\boldsymbol{A}$ 的特征值，则

305

$$\begin{aligned} p(\lambda) &= (-1)^n(\lambda-\lambda_1)(\lambda-\lambda_2)\cdots(\lambda-\lambda_n) \\ &= (\lambda_1-\lambda)(\lambda_2-\lambda)\cdots(\lambda_n-\lambda) \end{aligned} \tag{6}$$

利用(4)和(6)可得

$$\lambda_1\cdot\lambda_2\cdot\cdots\cdot\lambda_n=p(0)=\det(\boldsymbol{A})$$

由(5)还可看到$(-\lambda)^{n-1}$的系数为 $\sum_{i=1}^{n}a_{ii}$. 若用(6)求相同的系数，可得到 $\sum_{i=1}^{n}\lambda_i$. 由此

$$\sum_{i=1}^{n}\lambda_i=\sum_{i=1}^{n}a_{ii}$$

$\boldsymbol{A}$ 的对角线元素的和称为 $\boldsymbol{A}$ 的迹(trace)，并记为 $\mathrm{tr}(\boldsymbol{A})$.

▶**例 7**　若

$$\boldsymbol{A}=\begin{bmatrix} 5 & -18 \\ 1 & -1 \end{bmatrix}$$

则有

$$\det(\boldsymbol{A})=-5+18=13 \quad 和 \quad \mathrm{tr}(\boldsymbol{A})=5-1=4$$

A 的特征多项式为

$$\begin{vmatrix} 5-\lambda & -18 \\ 1 & -1-\lambda \end{vmatrix}=\lambda^2-4\lambda+13$$

由此 A 的特征值为$\lambda_1=2+3\mathrm{i}$ 和 $\lambda_2=2-3\mathrm{i}$. 注意

$$\lambda_1+\lambda_2=4=\mathrm{tr}(A)$$

且

$$\lambda_1\lambda_2 = 13 = \det(\boldsymbol{A})$$ ◀

在前面介绍的例子中，n 总是不超过 4. 对较大的 n，求特征多项式的根十分困难. 在第 7 章中，我们将学习求特征值的数值方法.（这些方法实际上不使用特征多项式.）若 $\boldsymbol{A}$ 的特征值已经使用某数值方法求得，则验证它们的准确性的方法就是计算它们的和，并与 $\boldsymbol{A}$ 的迹进行比较.

306

相似矩阵

我们将用一个有关相似矩阵特征值的重要结论来结束本节. 回顾一下，对矩阵 $\boldsymbol{A}$ 和 $\boldsymbol{B}$，若存在一个非奇异矩阵 $\boldsymbol{S}$，使得 $\boldsymbol{B}=\boldsymbol{S}^{-1}\boldsymbol{A}\boldsymbol{S}$，则称矩阵 $\boldsymbol{B}$ 相似(similar)于矩阵 $\boldsymbol{A}$.

定理 6.1.1 令 $\boldsymbol{A}$ 和 $\boldsymbol{B}$ 为 $n\times n$ 矩阵. 若 $\boldsymbol{B}$ 和 $\boldsymbol{A}$ 相似，则这两个矩阵有相同的特征多项式，且相应地，它们有相同的特征值.

证 令 $p_A(\lambda)$ 和 $p_B(\lambda)$ 分别表示 $\boldsymbol{A}$ 和 $\boldsymbol{B}$ 的特征多项式. 若 $\boldsymbol{B}$ 相似于 $\boldsymbol{A}$，则存在一个非奇异矩阵 $\boldsymbol{S}$，使得 $\boldsymbol{B}=\boldsymbol{S}^{-1}\boldsymbol{A}\boldsymbol{S}$. 因此，

$$\begin{aligned} p_B(\lambda) &= \det(\boldsymbol{B}-\lambda\boldsymbol{I}) \\ &= \det(\boldsymbol{S}^{-1}\boldsymbol{A}\boldsymbol{S}-\lambda\boldsymbol{I}) \\ &= \det(\boldsymbol{S}^{-1}(\boldsymbol{A}-\lambda\boldsymbol{I})\boldsymbol{S}) \\ &= \det(\boldsymbol{S}^{-1})\det(\boldsymbol{A}-\lambda\boldsymbol{I})\det(\boldsymbol{S}) \\ &= p_A(\lambda) \end{aligned}$$

一个矩阵的特征值为特征多项式的根. 因为两个矩阵有相同的特征多项式，所以它们必有相同的特征值. ■

▶**例 8** 给定

$$\boldsymbol{T}=\begin{bmatrix}2 & 1\\ 0 & 3\end{bmatrix} \quad 和 \quad \boldsymbol{S}=\begin{bmatrix}5 & 3\\ 3 & 2\end{bmatrix}$$

容易看到 $\boldsymbol{T}$ 的特征值为 $\lambda_1=2$ 和 $\lambda_2=3$. 若令 $\boldsymbol{A}=\boldsymbol{S}^{-1}\boldsymbol{T}\boldsymbol{S}$，则 $\boldsymbol{A}$ 的特征值应当和 $\boldsymbol{T}$ 的特征值相等.

$$\boldsymbol{A}=\begin{bmatrix}2 & -3\\ -3 & 5\end{bmatrix}\begin{bmatrix}2 & 1\\ 0 & 3\end{bmatrix}\begin{bmatrix}5 & 3\\ 3 & 2\end{bmatrix}=\begin{bmatrix}-1 & -2\\ 6 & 6\end{bmatrix}$$ ◀

我们留给读者验证这个矩阵的特征值为 $\lambda_1=2$ 和 $\lambda_2=3$.

6.1 节练习

1. 求下列矩阵的特征值及其对应的特征空间.

(a) $\begin{bmatrix}3 & 2\\ 4 & 1\end{bmatrix}$ (b) $\begin{bmatrix}6 & -4\\ 3 & -1\end{bmatrix}$ (c) $\begin{bmatrix}3 & -1\\ 1 & 1\end{bmatrix}$ (d) $\begin{bmatrix}3 & -8\\ 2 & 3\end{bmatrix}$

(e) $\begin{bmatrix}1 & 1\\ -2 & 3\end{bmatrix}$ (f) $\begin{bmatrix}0 & 1 & 0\\ 0 & 0 & 1\\ 0 & 0 & 0\end{bmatrix}$ (g) $\begin{bmatrix}1 & 1 & 1\\ 0 & 2 & 1\\ 0 & 0 & 1\end{bmatrix}$ (h) $\begin{bmatrix}1 & 2 & 1\\ 0 & 3 & 1\\ 0 & 5 & -1\end{bmatrix}$

(i) $\begin{bmatrix}4 & -5 & 1\\ 1 & 0 & -1\\ 0 & 1 & -1\end{bmatrix}$ (j) $\begin{bmatrix}-2 & 0 & 1\\ 1 & 0 & -1\\ 0 & 1 & -1\end{bmatrix}$ (k) $\begin{bmatrix}2 & 0 & 0 & 0\\ 0 & 2 & 0 & 0\\ 0 & 0 & 3 & 0\\ 0 & 0 & 0 & 4\end{bmatrix}$ (l) $\begin{bmatrix}3 & 0 & 0 & 0\\ 4 & 1 & 0 & 0\\ 0 & 0 & 2 & 1\\ 0 & 0 & 0 & 2\end{bmatrix}$

307

2. 证明：三角形矩阵的特征值为矩阵的对角元素.
3. 令 $\boldsymbol{A}$ 为 $n\times n$ 矩阵. 证明：$\boldsymbol{A}$ 为奇异的，当且仅当 $\lambda=0$ 为 $\boldsymbol{A}$ 的一个特征值.
4. 令 $\boldsymbol{A}$ 为非奇异矩阵，并令 λ 为 $\boldsymbol{A}$ 的特征值. 证明：$1/\lambda$ 为 $\boldsymbol{A}^{-1}$ 的特征值.
5. 令 $\boldsymbol{A}$ 和 $\boldsymbol{B}$ 为 $n\times n$ 矩阵. 证明：若 $\boldsymbol{A}$ 不存在等于 1 的特征值，则矩阵方程 $\boldsymbol{XA}+\boldsymbol{B}=\boldsymbol{X}$ 有唯一解.
6. 令 λ 为 $\boldsymbol{A}$ 的特征值，并令 $\boldsymbol{x}$ 为属于 λ 的特征向量. 用数学归纳法证明：对 $m\geqslant 1$，λ^m 为 $\boldsymbol{A}^m$ 的一个特征值，且 $\boldsymbol{x}$ 为 $\boldsymbol{A}^m$ 的一个属于 λ^m 的特征向量.
7. 令 $\boldsymbol{A}$ 为 $n\times n$ 矩阵且 $\boldsymbol{B}=\boldsymbol{I}-2\boldsymbol{A}+\boldsymbol{A}^2$.
   (a) 证明：若 $\boldsymbol{x}$ 为属于 $\boldsymbol{A}$ 的特征值 λ 的特征向量，则 $\boldsymbol{x}$ 也是属于 $\boldsymbol{B}$ 的特征值 μ 的特征向量. λ 和 μ 是如何关联的？
   (b) 证明：若 $\lambda=1$ 是 $\boldsymbol{A}$ 的特征值，则矩阵 $\boldsymbol{B}$ 是奇异的.
8. 若一个 $n\times n$ 矩阵 $\boldsymbol{A}$ 满足 $\boldsymbol{A}^2=\boldsymbol{A}$，则称它为幂等的(idempotent). 证明：若 λ 为一幂等矩阵的特征值，则 λ 必为 0 或 1.
9. 对一个 $n\times n$ 矩阵 $\boldsymbol{A}$，若存在某正整数 k 使得 $\boldsymbol{A}^k=\boldsymbol{O}$，则称 $\boldsymbol{A}$ 为幂零的(nilpotent). 证明：一个幂零矩阵的所有特征值均为 0.
10. 令 $\boldsymbol{A}$ 为 $n\times n$ 矩阵，并令 $\boldsymbol{B}=\boldsymbol{A}-\alpha\boldsymbol{I}$，其中 α 为标量. 比较 $\boldsymbol{A}$ 和 $\boldsymbol{B}$ 的特征值会得出什么结论？试说明.
11. 令 $\boldsymbol{A}$ 为 $n\times n$ 矩阵，并令 $\boldsymbol{B}=\boldsymbol{A}+\boldsymbol{I}$. $\boldsymbol{A}$ 和 $\boldsymbol{B}$ 可能相似吗？试说明.
12. 证明：$\boldsymbol{A}$ 和 $\boldsymbol{A}^{\mathrm{T}}$ 有相同的特征值. 它们是否有相同的特征向量？试说明.
13. 证明：矩阵

$$\boldsymbol{A}=\begin{bmatrix}\cos\theta & -\sin\theta\\ \sin\theta & \cos\theta\end{bmatrix}$$

   在 θ 不是 π 的倍数时，将有复特征值. 给出结果的几何解释.
14. 令 $\boldsymbol{A}$ 为 2×2 矩阵. 若 $\operatorname{tr}(\boldsymbol{A})=8$，且 $\det(\boldsymbol{A})=12$，$\boldsymbol{A}$ 的特征值是什么？
15. 令 $\boldsymbol{A}=(a_{ij})$ 为 $n\times n$ 矩阵，其特征值为 $\lambda_1, \lambda_2, \cdots, \lambda_n$. 证明：

$$\lambda_j=a_{jj}+\sum_{i\neq j}(a_{ii}-\lambda_i),\quad j=1,2,\cdots,n$$

16. 令 $\boldsymbol{A}$ 为 2×2 矩阵，并令 $p(\lambda)=\lambda^2+b\lambda+c$ 为 $\boldsymbol{A}$ 的特征多项式. 证明：$b=-\operatorname{tr}(\boldsymbol{A})$，且 $c=\det(\boldsymbol{A})$.
17. 令 λ 为 $\boldsymbol{A}$ 的一个非零特征值，并令 $\boldsymbol{x}$ 为一个属于 λ 的特征向量. 证明：对 $m=1, 2, \cdots$，$\boldsymbol{A}^m\boldsymbol{x}$ 也是属于 λ 的特征向量.
18. 令 $\boldsymbol{A}$ 为 $n\times n$ 矩阵，并令 λ 为 $\boldsymbol{A}$ 的一个特征值. 若 $\boldsymbol{A}-\lambda\boldsymbol{I}$ 的秩为 k，则相应于 λ 的特征空间的维数是多少？试说明.
19. 令 $\boldsymbol{A}$ 为 $n\times n$ 矩阵. 证明：一个 $\mathbf{R}^n$ 中的向量 $\boldsymbol{x}$ 为属于 $\boldsymbol{A}$ 的特征向量，当且仅当由 $\boldsymbol{x}$ 和 $\boldsymbol{Ax}$ 张成的 $\mathbf{R}^n$ 的子空间 S 的维数为 1.
20. 令 $\alpha=a+b\mathrm{i}$ 及 $\beta=c+d\mathrm{i}$ 为复标量，并令 $\boldsymbol{A}$ 和 $\boldsymbol{B}$ 为有复元素的矩阵.
   (a) 证明：

$$\overline{\alpha+\beta}=\overline{\alpha}+\overline{\beta}\quad 和\quad \overline{\alpha\beta}=\overline{\alpha}\,\overline{\beta}$$

   (b) 证明：$\overline{\boldsymbol{AB}}$ 的第(i, j)元素和 $\overline{\boldsymbol{A}}\,\overline{\boldsymbol{B}}$ 的第(i, j)元素相等，且因此，

$$\overline{\boldsymbol{AB}}=\overline{\boldsymbol{A}}\,\overline{\boldsymbol{B}}$$

21. 令 $\boldsymbol{Q}$ 为正交矩阵.
   (a) 证明：若 λ 为 $\boldsymbol{Q}$ 的一个特征值，则 $|\lambda|=1$.
   (b) 证明：$|\det(\boldsymbol{Q})|=1$.
22. 令 $\boldsymbol{Q}$ 为一个有特征值 $\lambda_1=1$ 的正交矩阵，且令 $\boldsymbol{x}$ 为一个属于 λ_1 的特征向量. 证明：$\boldsymbol{x}$ 也是 $\boldsymbol{Q}^{\mathrm{T}}$ 的一

个特征向量.

23. 令 $\boldsymbol{Q}$ 为 3×3 正交矩阵，其行列式为 1.

 (a) 若 $\boldsymbol{Q}$ 的特征值均为实的，且对它们进行排序，使得 $\lambda_1\geqslant\lambda_2\geqslant\lambda_3$，求所有可能的特征值的正三元组($\lambda_1$，$\lambda_2$，$\lambda_3$).

 (b) 当 λ_2 和 λ_3 为复数时，λ_1 的可能值是什么？试说明.

 (c) 说明为什么 $\lambda=1$ 必为 $\boldsymbol{Q}$ 的一个特征值.

24. 令 $\boldsymbol{x}_1$，$\boldsymbol{x}_2$，…，$\boldsymbol{x}_r$ 为 $n\times n$ 矩阵 $\boldsymbol{A}$ 的特征向量，并令 S 为由 $\boldsymbol{x}_1$，$\boldsymbol{x}_2$，…，$\boldsymbol{x}_r$ 张成的 $\mathbf{R}^n$ 的子空间. 证明：S 在 $\boldsymbol{A}$ 下是不变的(也就是说，证明若 $\boldsymbol{x}\in S$，则 $\boldsymbol{Ax}\in S$).

25. 令 $\boldsymbol{A}$ 为 $n\times n$ 矩阵，λ 为 $\boldsymbol{A}$ 的一个特征值. 证明：若 $\boldsymbol{B}$ 是与 $\boldsymbol{A}$ 交换的任一矩阵，则特征空间 $N(\boldsymbol{A}-\lambda\boldsymbol{I})$ 在 $\boldsymbol{B}$ 下是不变的.

26. 令 $\boldsymbol{B}=\boldsymbol{S}^{-1}\boldsymbol{AS}$，并令 $\boldsymbol{x}$ 为 $\boldsymbol{B}$ 的一个属于特征值 λ 的特征向量. 证明：$\boldsymbol{Sx}$ 为 $\boldsymbol{A}$ 的一个属于 λ 的特征向量.

27. 令 $\boldsymbol{A}$ 为 $n\times n$ 矩阵，特征值为 λ，令 $\boldsymbol{x}$ 为属于 λ 的特征向量. 令 $\boldsymbol{S}$ 为非奇异 $n\times n$ 矩阵，α 为一标量. 证明：若 $\boldsymbol{B}=\alpha\boldsymbol{I}-\boldsymbol{SAS}^{-1}$，$\boldsymbol{y}=\boldsymbol{Sx}$，则 $\boldsymbol{y}$ 为 $\boldsymbol{B}$ 的特征向量. 确定对应于 $\boldsymbol{y}$ 的 $\boldsymbol{B}$ 的特征值.

308

28. 证明：若两个 $n\times n$ 矩阵 $\boldsymbol{A}$ 和 $\boldsymbol{B}$ 有一公共的特征向量 $\boldsymbol{x}$(但并不一定有公共的特征值)，则 $\boldsymbol{x}$ 将是任何形如$\boldsymbol{C}=\alpha\boldsymbol{A}+\beta\boldsymbol{B}$ 的矩阵的一个特征向量.

29. 令 $\boldsymbol{A}$ 为 $n\times n$ 矩阵，并令 λ 为 $\boldsymbol{A}$ 的非零特征值. 证明：若 $\boldsymbol{x}$ 为一属于 λ 的特征向量，则 $\boldsymbol{x}$ 在 $\boldsymbol{A}$ 的列空间中. 因此，对应于 λ 的特征空间为 $\boldsymbol{A}$ 的列空间的一个子空间.

30. 令$\{\boldsymbol{u}_1，\boldsymbol{u}_2，…，\boldsymbol{u}_n\}$为 $\mathbf{R}^n$ 的一组规范正交基，并令 $\boldsymbol{A}$ 是秩为 1 的矩阵 $\boldsymbol{u}_1\boldsymbol{u}_1^{\mathrm{T}}$，$\boldsymbol{u}_2\boldsymbol{u}_2^{\mathrm{T}}$，…，$\boldsymbol{u}_n\boldsymbol{u}_n^{\mathrm{T}}$ 的一个线性组合. 若

$$\boldsymbol{A}=c_1\boldsymbol{u}_1\boldsymbol{u}_1^{\mathrm{T}}+c_2\boldsymbol{u}_2\boldsymbol{u}_2^{\mathrm{T}}+\cdots+c_n\boldsymbol{u}_n\boldsymbol{u}_n^{\mathrm{T}}$$

 证明：$\boldsymbol{A}$ 为一对称矩阵，其特征值为 c_1，c_2，…，c_n，且对每一 i，$\boldsymbol{u}_i$ 是一个属于 c_i 的特征向量.

31. 令 $\boldsymbol{A}$ 为矩阵，其各列元素之和等于一个固定常数 δ. 证明 δ 为 $\boldsymbol{A}$ 的一个特征值.

32. 令 λ_1 和 λ_2 为 $\boldsymbol{A}$ 的不同特征值. 令 $\boldsymbol{x}$ 为 $\boldsymbol{A}$ 的一个属于 λ_1 的特征向量，并令 $\boldsymbol{y}$ 为 $\boldsymbol{A}^{\mathrm{T}}$ 的一个属于 λ_2 的特征向量. 证明 $\boldsymbol{x}$ 和 $\boldsymbol{y}$ 是正交的.

33. 令 $\boldsymbol{A}$ 和 $\boldsymbol{B}$ 为 $n\times n$ 矩阵. 证明：

 (a) 若 λ 为 $\boldsymbol{AB}$ 的一个非零特征值，则它也是 $\boldsymbol{BA}$ 的一个特征值.

 (b) 若 $\lambda=0$ 为 $\boldsymbol{AB}$ 的一个特征值，则 $\lambda=0$ 也是 $\boldsymbol{BA}$ 的一个特征值.

34. 证明：不存在 $n\times n$ 矩阵 $\boldsymbol{A}$ 和 $\boldsymbol{B}$，使得

$$\boldsymbol{AB}-\boldsymbol{BA}=\boldsymbol{I}$$

 [提示：见练习 10 和练习 33.]

35. 令 $p(\lambda)=(-1)^n(\lambda^n-a_{n-1}\lambda^{n-1}-\cdots-a_1\lambda-a_0)$为次数 $n\geqslant1$ 的多项式，并令

$$\boldsymbol{C}=\begin{bmatrix} a_{n-1} & a_{n-2} & \cdots & a_1 & a_0 \\ 1 & 0 & \cdots & 0 & 0 \\ 0 & 1 & \cdots & 0 & 0 \\ \vdots & & & & \\ 0 & 0 & \cdots & 1 & 0 \end{bmatrix}$$

 (a) 证明：若 λ_i 为 $p(\lambda)=0$ 的一个根，则 λ_i 为一对应于 $\boldsymbol{C}$ 的特征向量 $\boldsymbol{x}=(\lambda_i^{n-1}，\lambda_i^{n-2}，…，\lambda_i，1)^{\mathrm{T}}$ 的特征值.

 (b) 用(a)的结论证明：若 $p(\lambda)$有 n 个不同的根，则 $p(\lambda)$是 $\boldsymbol{C}$ 的特征多项式.

 矩阵 $\boldsymbol{C}$ 称为 $p(\lambda)$的友矩阵(companion matrix).

36. 练习 35(b)中的结论即使在 $p(\lambda)$的所有特征值并非全不同的情况下也是成立的. 证明如下：

(a) 令

$$\boldsymbol{D}_m(\lambda)=\begin{bmatrix} a_m & a_{m-1} & \cdots & a_1 & a_0 \\ 1 & -\lambda & \cdots & 0 & 0 \\ \vdots & & & & \\ 0 & 0 & \cdots & 1 & -\lambda \end{bmatrix}$$

使用数学归纳法证明

$$\det(\boldsymbol{D}_m(\lambda))=(-1)^m(a_m\lambda^m+a_{m-1}\lambda^{m-1}+\cdots+a_1\lambda+a_0)$$

(b) 证明

$$\det(\boldsymbol{C}-\lambda\boldsymbol{I})=(a_{n-1}-\lambda)(-\lambda)^{n-1}-\det(\boldsymbol{D}_{n-2})=p(\lambda)$$

6.2 线性微分方程组

特征值在求解线性微分方程组的过程中扮演了一个重要的角色. 本节将讨论它们是如何用于求解常系数的线性微分方程组的. 首先考虑一阶方程组

$$\begin{aligned} y_1' &= a_{11}y_1+a_{12}y_2+\cdots+a_{1n}y_n \\ y_2' &= a_{21}y_1+a_{22}y_2+\cdots+a_{2n}y_n \\ &\vdots \\ y_n' &= a_{n1}y_1+a_{n2}y_2+\cdots+a_{nn}y_n \end{aligned}$$

309

其中对每个 i，$y_i=f_i(t)$为 $C^1[a, b]$中的一个函数. 若令

$$\boldsymbol{Y}=\begin{bmatrix} y_1 \\ y_2 \\ \vdots \\ y_n \end{bmatrix} \quad 且 \quad \boldsymbol{Y}'=\begin{bmatrix} y_1' \\ y_2' \\ \vdots \\ y_n' \end{bmatrix}$$

则方程组可写为

$$\boldsymbol{Y}'=\boldsymbol{AY}$$

$\boldsymbol{Y}$ 和 $\boldsymbol{Y}'$均为 t 的函数. 我们首先考虑最简单的情况. 当 $n=1$ 时，方程组简化为

$$y'=ay \tag{1}$$

显然，任何形如

$$y(t)=c\mathrm{e}^{at} \qquad (c\text{ 为任意常数})$$

的函数均满足方程(1). 当 $n>1$ 时，这个解的一个自然的推广是取

$$\boldsymbol{Y}=\begin{bmatrix} x_1\mathrm{e}^{\lambda t} \\ x_2\mathrm{e}^{\lambda t} \\ \vdots \\ x_n\mathrm{e}^{\lambda t} \end{bmatrix}=\mathrm{e}^{\lambda t}\boldsymbol{x}$$

其中 $\boldsymbol{x}=(x_1, x_2, \cdots, x_n)^{\mathrm{T}}$. 为验证这种形式的向量函数是可行的，我们计算导数

$$\boldsymbol{Y}'=\lambda\mathrm{e}^{\lambda t}\boldsymbol{x}=\lambda\boldsymbol{Y}$$

现在，如果我们选择 λ 为 $\boldsymbol{A}$ 的一个特征值，且 $\boldsymbol{x}$ 为属于 λ 的特征向量，则

$$AY = e^{\lambda t}Ax = \lambda e^{\lambda t}x = \lambda Y = Y'$$

故 Y 为方程组的一个解. 因此，若 λ 为 A 的特征值，且 x 为属于 λ 的特征向量，则 $e^{\lambda t}x$ 为方程组 $Y'=AY$ 的一个解. 不论 λ 是实的还是复的，这个结论都是成立的. 注意到，若 Y_1 和 Y_2 均为 $Y'=AY$ 的解，则 $\alpha Y_1+\beta Y_2$ 也是一个解，因为

$$\begin{aligned}(\alpha Y_1+\beta Y_2)' &= \alpha Y_1' + \beta Y_2' \\ &= \alpha AY_1 + \beta AY_2 \\ &= A(\alpha Y_1 + \beta Y_2)\end{aligned}$$

利用归纳法可得，若 Y_1，Y_2，…，Y_n 为 $Y'=AY$ 的解，则任意线性组合 $c_1Y_1+c_2Y_2+\cdots+c_nY_n$ 也将是一个解.

310

一般地，形如

$$Y' = AY$$

的 $n\times n$ 一阶方程组的解将构成所有连续向量值函数的向量空间的一个子空间. 此外，如果我们要求 $Y(t)$ 在 $t=0$ 时取预先给定的值 Y_0，则一个经典的微分方程定理保证了这个问题将有一个唯一解. 形如

$$Y' = AY, \quad Y(0) = Y_0$$

的问题称为*初值问题*(initial value problem).

▶**例 1** 解方程组

$$\begin{aligned}y_1' &= 3y_1 + 4y_2 \\ y_2' &= 3y_1 + 2y_2\end{aligned}$$

解

$$A = \begin{bmatrix} 3 & 4 \\ 3 & 2 \end{bmatrix}$$

A 的特征值为 $\lambda_1=6$ 及 $\lambda_2=-1$. 分别取 $\lambda=\lambda_1$ 和 $\lambda=\lambda_2$，求解 $(A-\lambda I)x=0$，得到 $x_1=(4,3)^T$ 为属于 λ_1 的一个特征向量，且 $x_2=(1,-1)^T$ 为属于 λ_2 的一个特征向量. 因此，任何形如

$$\begin{aligned}Y &= c_1 e^{\lambda_1 t}x_1 + c_2 e^{\lambda_2 t}x_2 \\ &= \begin{bmatrix} 4c_1 e^{6t} + c_2 e^{-t} \\ 3c_1 e^{6t} - c_2 e^{-t} \end{bmatrix}\end{aligned}$$

的向量函数均为方程组的一个解. ◀

在例 1 中，假设我们要求 $t=0$ 时，有 $y_1=6$ 及 $y_2=1$. 则

$$Y(0) = \begin{bmatrix} 4c_1 + c_2 \\ 3c_1 - c_2 \end{bmatrix} = \begin{bmatrix} 6 \\ 1 \end{bmatrix}$$

由此可得 $c_1=1$ 及 $c_2=2$. 于是，初值问题的解为

$$\begin{aligned}Y &= e^{6t}x_1 + 2e^{-t}x_2 \\ &= \begin{bmatrix} 4e^{6t} + 2e^{-t} \\ 3e^{6t} - 2e^{-t} \end{bmatrix}\end{aligned}$$

应用1：混合物

两个桶如图6.2.1所示连接在一起．初始时，桶A中有200L溶解了60g盐的水，桶B中有200L纯水．液体以如图所示的速度泵入和泵出两个桶．求每一时刻t每个桶中盐的含量．

311

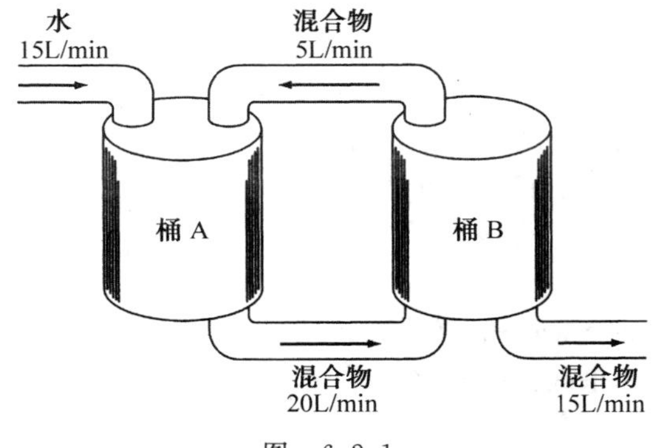

图 6.2.1

解 令$y_1(t)$和$y_2(t)$分别为时刻t时桶A和桶B中含盐的克数．初始时

$$\boldsymbol{Y}(0)=\begin{bmatrix}y_1(0)\\y_2(0)\end{bmatrix}=\begin{bmatrix}60\\0\end{bmatrix}$$

由于泵入和泵出液体的速度是相同的，所以每一个桶中液体的总量将保持200L．每一个桶中盐量的变化速度等于盐泵入的速度减去盐泵出的速度．对桶A，盐泵入的速度为

$$(5\ \mathrm{L/min})\cdot\left(\frac{y_2(t)}{200}\mathrm{g/L}\right)=\frac{y_2(t)}{40}\mathrm{g/min}$$

盐泵出的速度为

$$(20\ \mathrm{L/min})\cdot\left(\frac{y_1(t)}{200}\mathrm{g/L}\right)=\frac{y_1(t)}{10}\mathrm{g/min}$$

因此，桶A中盐的变化速度为

$$y_1'(t)=\frac{y_2(t)}{40}-\frac{y_1(t)}{10}$$

类似地，对桶B，盐的变化速度为

$$y_2'(t)=\frac{20y_1(t)}{200}-\frac{20y_2(t)}{200}=\frac{y_1(t)}{10}-\frac{y_2(t)}{10}$$

为求得$y_1(t)$和$y_2(t)$，需要求解初值问题

312

$$\boldsymbol{Y}'=\boldsymbol{AY},\quad \boldsymbol{Y}(0)=\boldsymbol{Y}_0$$

其中

$$\boldsymbol{A}=\begin{bmatrix}-\dfrac{1}{10} & \dfrac{1}{40}\\ \dfrac{1}{10} & -\dfrac{1}{10}\end{bmatrix},\quad \boldsymbol{Y}_0=\begin{bmatrix}60\\0\end{bmatrix}$$

$\boldsymbol{A}$的特征值为$\lambda_1=-\dfrac{3}{20}$，$\lambda_2=-\dfrac{1}{20}$，相应的特征向量为

$$\boldsymbol{x}_1=\begin{bmatrix}1\\-2\end{bmatrix}\quad 和\quad \boldsymbol{x}_2=\begin{bmatrix}1\\2\end{bmatrix}$$

它的解必有如下的形式：

$$\boldsymbol{Y}=c_1\mathrm{e}^{-3t/20}\boldsymbol{x}_1+c_2\mathrm{e}^{-t/20}\boldsymbol{x}_2$$

当$t=0$时，$\boldsymbol{Y}=\boldsymbol{Y}_0$．因此

$$c_1\boldsymbol{x}_1+c_2\boldsymbol{x}_2=\boldsymbol{Y}_0$$

我们可以通过解

$$\begin{bmatrix}1&1\\-2&2\end{bmatrix}\begin{bmatrix}c_1\\c_2\end{bmatrix}=\begin{bmatrix}60\\0\end{bmatrix}$$

求得 c_1 和 c_2. 这个方程组的解为 $c_1=c_2=30$. 因此，初值问题的解为

$$\boldsymbol{Y}(t)=\begin{bmatrix}y_1(t)\\y_2(t)\end{bmatrix}=\begin{bmatrix}30\mathrm{e}^{-3t/20}+30\mathrm{e}^{-t/20}\\-60\mathrm{e}^{-3t/20}+60\mathrm{e}^{-t/20}\end{bmatrix}$$

复特征值

令 $\boldsymbol{A}$ 为 $n\times n$ 实矩阵，它有一个复特征值 $\lambda=a+b\mathrm{i}$，并令 $\boldsymbol{x}$ 为属于 λ 的一个特征向量. 向量 $\boldsymbol{x}$ 可以分解为实部和虚部：

$$\boldsymbol{x}=\begin{bmatrix}\mathrm{Re}x_1+\mathrm{i}\ \mathrm{Im}x_1\\\mathrm{Re}x_2+\mathrm{i}\ \mathrm{Im}x_2\\\vdots\\\mathrm{Re}x_n+\mathrm{i}\ \mathrm{Im}x_n\end{bmatrix}=\begin{bmatrix}\mathrm{Re}x_1\\\mathrm{Re}x_2\\\vdots\\\mathrm{Re}x_n\end{bmatrix}+\mathrm{i}\begin{bmatrix}\mathrm{Im}x_1\\\mathrm{Im}x_2\\\vdots\\\mathrm{Im}x_n\end{bmatrix}=\mathrm{Re}\boldsymbol{x}+\mathrm{i}\ \mathrm{Im}\boldsymbol{x}$$

由于 $\boldsymbol{A}$ 的元素均为实的，可得 $\bar{\lambda}=a-b\mathrm{i}$ 也是 $\boldsymbol{A}$ 的一个特征值，它相应的特征向量为

$$\bar{\boldsymbol{x}}=\begin{bmatrix}\mathrm{Re}x_1-\mathrm{i}\ \mathrm{Im}x_1\\\mathrm{Re}x_2-\mathrm{i}\ \mathrm{Im}x_2\\\vdots\\\mathrm{Re}x_n-\mathrm{i}\ \mathrm{Im}x_n\end{bmatrix}=\mathrm{Re}\boldsymbol{x}-\mathrm{i}\ \mathrm{Im}\boldsymbol{x}$$

313

且 $\mathrm{e}^{\lambda t}\boldsymbol{x}$ 和 $\mathrm{e}^{\bar{\lambda}t}\bar{\boldsymbol{x}}$ 均为一阶方程组 $\boldsymbol{Y}'=\boldsymbol{AY}$ 的解. 这两个解的任意线性组合也将是一个解. 因此，若令

$$\boldsymbol{Y}_1=\frac{1}{2}(\mathrm{e}^{\lambda t}\boldsymbol{x}+\mathrm{e}^{\bar{\lambda}t}\bar{\boldsymbol{x}})=\mathrm{Re}(\mathrm{e}^{\lambda t}\boldsymbol{x})$$

且

$$\boldsymbol{Y}_2=\frac{1}{2\mathrm{i}}(\mathrm{e}^{\lambda t}\boldsymbol{x}-\mathrm{e}^{\bar{\lambda}t}\bar{\boldsymbol{x}})=\mathrm{Im}(\mathrm{e}^{\lambda t}\boldsymbol{x})$$

则向量函数 $\boldsymbol{Y}_1$ 和 $\boldsymbol{Y}_2$ 为 $\boldsymbol{Y}'=\boldsymbol{AY}$ 的实值解. 取

$$\begin{aligned}\mathrm{e}^{\lambda t}\boldsymbol{x}&=\mathrm{e}^{(a+\mathrm{i}b)t}\boldsymbol{x}\\&=\mathrm{e}^{at}(\cos bt+\mathrm{i}\sin bt)(\mathrm{Re}\boldsymbol{x}+\mathrm{i}\ \mathrm{Im}\boldsymbol{x})\end{aligned}$$

的实部和虚部，我们得到

$$\begin{aligned}\boldsymbol{Y}_1&=\mathrm{e}^{at}[(\cos bt)\mathrm{Re}\boldsymbol{x}-(\sin bt)\mathrm{Im}\boldsymbol{x}]\\\boldsymbol{Y}_2&=\mathrm{e}^{at}[(\cos bt)\mathrm{Im}\boldsymbol{x}+(\sin bt)\mathrm{Re}\boldsymbol{x}]\end{aligned}$$

▶**例 2** 解方程组

$$\begin{aligned}y_1'&=y_1+y_2\\y_2'&=-2y_1+3y_2\end{aligned}$$

解 令

$$\boldsymbol{A} = \begin{bmatrix} 1 & 1 \\ -2 & 3 \end{bmatrix}$$

$\boldsymbol{A}$ 的特征值为 $\lambda=2+\mathrm{i}$ 和 $\bar{\lambda}=2-\mathrm{i}$，相应的特征向量分别为 $\boldsymbol{x}=(1,\ 1+\mathrm{i})^{\mathrm{T}}$ 及 $\bar{\boldsymbol{x}}=(1,\ 1-\mathrm{i})^{\mathrm{T}}$.

$$\mathrm{e}^{\lambda t}\boldsymbol{x} = \begin{bmatrix} \mathrm{e}^{2t}(\cos t + \mathrm{i}\sin t) \\ \mathrm{e}^{2t}(\cos t + \mathrm{i}\sin t)(1+\mathrm{i}) \end{bmatrix}$$

$$= \begin{bmatrix} \mathrm{e}^{2t}\cos t + \mathrm{i}\mathrm{e}^{2t}\sin t \\ \mathrm{e}^{2t}(\cos t - \sin t) + \mathrm{i}\mathrm{e}^{2t}(\cos t + \sin t) \end{bmatrix}$$

令

$$\boldsymbol{Y}_1 = \mathrm{Re}(\mathrm{e}^{\lambda t}\boldsymbol{x}) = \begin{bmatrix} \mathrm{e}^{2t}\cos t \\ \mathrm{e}^{2t}(\cos t - \sin t) \end{bmatrix}$$

及

314

$$\boldsymbol{Y}_2 = \mathrm{Im}(\mathrm{e}^{\lambda t}\boldsymbol{x}) = \begin{bmatrix} \mathrm{e}^{2t}\sin t \\ \mathrm{e}^{2t}(\cos t + \sin t) \end{bmatrix}$$

则任何线性组合

$$\boldsymbol{Y} = c_1\boldsymbol{Y}_1 + c_2\boldsymbol{Y}_2$$

将为方程组的一个解. ◀

若方程组 $\boldsymbol{Y}'=\boldsymbol{A}\boldsymbol{Y}$ 的 $n\times n$ 系数矩阵 $\boldsymbol{A}$ 有 n 个线性无关的特征向量，则它的通解可利用我们已经给出的方法求得. 当 $\boldsymbol{A}$ 的线性无关特征向量数少于 n 个时，这个问题非常复杂，因此我们将这个问题的讨论推迟到 6.3 节中进行.

高阶方程组

给定形如

$$\boldsymbol{Y}'' = \boldsymbol{A}_1\boldsymbol{Y} + \boldsymbol{A}_2\boldsymbol{Y}'$$

的二阶方程组，可以令

$$\begin{aligned} y_{n+1}(t) &= y_1'(t) \\ y_{n+2}(t) &= y_2'(t) \\ &\vdots \\ y_{2n}(t) &= y_n'(t) \end{aligned}$$

将其转化为一阶方程组. 若令

$$\boldsymbol{Y}_1 = \boldsymbol{Y} = (y_1, y_2, \cdots, y_n)^{\mathrm{T}}$$

及

$$\boldsymbol{Y}_2 = \boldsymbol{Y}' = (y_{n+1}, \cdots, y_{2n})^{\mathrm{T}}$$

则

$$\boldsymbol{Y}_1' = \boldsymbol{O}\boldsymbol{Y}_1 + \boldsymbol{I}\boldsymbol{Y}_2$$

且

$$\boldsymbol{Y}_2' = \boldsymbol{A}_1\boldsymbol{Y}_1 + \boldsymbol{A}_2\boldsymbol{Y}_2$$

这些方程可组合成 $2n\times 2n$ 一阶方程组

$$\begin{bmatrix} \boldsymbol{Y}_1' \\ \boldsymbol{Y}_2' \end{bmatrix} = \begin{bmatrix} \boldsymbol{O} & \boldsymbol{I} \\ \boldsymbol{A}_1 & \boldsymbol{A}_2 \end{bmatrix} \begin{bmatrix} \boldsymbol{Y}_1 \\ \boldsymbol{Y}_2 \end{bmatrix}$$

若当 $t=0$ 时，$\boldsymbol{Y}_1=\boldsymbol{Y}$，且 $\boldsymbol{Y}_2=\boldsymbol{Y}'$，则初值问题将有唯一解.

315

▶**例 3** 求初值问题

$$\begin{aligned} y_1'' &= 2y_1 + y_2 + y_1' + y_2' \\ y_2'' &= -5y_1 + 2y_2 + 5y_1' - y_2' \end{aligned}$$

$$y_1(0) = y_2(0) = y_1'(0) = 4, \quad y_2'(0) = -4$$

解 令 $y_3=y_1'$，且 $y_4=y_2'$. 则可得一阶方程组

$$\begin{aligned} y_1' &= y_3 \\ y_2' &= y_4 \\ y_3' &= 2y_1 + y_2 + y_3 + y_4 \\ y_4' &= -5y_1 + 2y_2 + 5y_3 - y_4 \end{aligned}$$

这个方程组的系数矩阵为

$$\boldsymbol{A} = \begin{bmatrix} 0 & 0 & 1 & 0 \\ 0 & 0 & 0 & 1 \\ 2 & 1 & 1 & 1 \\ -5 & 2 & 5 & -1 \end{bmatrix}$$

特征值为

$$\lambda_1 = 1, \quad \lambda_2 = -1, \quad \lambda_3 = 3, \quad \lambda_4 = -3$$

对应这些特征值的特征向量为

$$\boldsymbol{x}_1 = (1,-1,1,-1)^{\mathrm{T}}, \quad \boldsymbol{x}_2 = (1,5,-1,-5)^{\mathrm{T}}$$

$$\boldsymbol{x}_3 = (1,1,3,3)^{\mathrm{T}}, \quad \boldsymbol{x}_4 = (1,-5,-3,15)^{\mathrm{T}}$$

因此其解将形如

$$c_1\boldsymbol{x}_1\mathrm{e}^{t} + c_2\boldsymbol{x}_2\mathrm{e}^{-t} + c_3\boldsymbol{x}_3\mathrm{e}^{3t} + c_4\boldsymbol{x}_4\mathrm{e}^{-3t}$$

可以使用初始条件求得 c_1，c_2，c_3 和 c_4. 当 $t=0$ 时，我们有

$$c_1\boldsymbol{x}_1 + c_2\boldsymbol{x}_2 + c_3\boldsymbol{x}_3 + c_4\boldsymbol{x}_4 = (4,4,4,-4)^{\mathrm{T}}$$

或等价地，

$$\begin{bmatrix} 1 & 1 & 1 & 1 \\ -1 & 5 & 1 & -5 \\ 1 & -1 & 3 & -3 \\ -1 & -5 & 3 & 15 \end{bmatrix} \begin{bmatrix} c_1 \\ c_2 \\ c_3 \\ c_4 \end{bmatrix} = \begin{bmatrix} 4 \\ 4 \\ 4 \\ -4 \end{bmatrix}$$

这个方程组的解为 $\boldsymbol{c}=(2,\ 1,\ 1,\ 0)^{\mathrm{T}}$，因此初值问题的解为

$$\boldsymbol{Y} = 2\boldsymbol{x}_1\mathrm{e}^{t} + \boldsymbol{x}_2\mathrm{e}^{-t} + \boldsymbol{x}_3\mathrm{e}^{3t}$$

316

于是，

$$\begin{bmatrix} y_1 \\ y_2 \\ y_1' \\ y_2' \end{bmatrix} = \begin{bmatrix} 2e^t + e^{-t} + e^{3t} \\ -2e^t + 5e^{-t} + e^{3t} \\ 2e^t - e^{-t} + 3e^{3t} \\ -2e^t - 5e^{-t} + 3e^{3t} \end{bmatrix}$$ ◀

一般地，如果有形如

$$\boldsymbol{Y}^{(m)} = \boldsymbol{A}_1\boldsymbol{Y} + \boldsymbol{A}_2\boldsymbol{Y}' + \cdots + \boldsymbol{A}_m\boldsymbol{Y}^{(m-1)}$$

的 m 阶方程组，其中 $\boldsymbol{A}_i$ 为 $n\times n$ 矩阵，可令

$$\boldsymbol{Y}_1 = \boldsymbol{Y},\quad \boldsymbol{Y}_2 = \boldsymbol{Y}_1',\cdots,\boldsymbol{Y}_m = \boldsymbol{Y}_{m-1}'$$

将其转化为一个一阶方程组. 最终我们得到一个方程组

$$\begin{bmatrix} \boldsymbol{Y}_1' \\ \boldsymbol{Y}_2' \\ \vdots \\ \boldsymbol{Y}_{m-1}' \\ \boldsymbol{Y}_m' \end{bmatrix} = \begin{bmatrix} \boldsymbol{O} & \boldsymbol{I} & \boldsymbol{O} & \cdots & \boldsymbol{O} \\ \boldsymbol{O} & \boldsymbol{O} & \boldsymbol{I} & \cdots & \boldsymbol{O} \\ \vdots & & & & \\ \boldsymbol{O} & \boldsymbol{O} & \boldsymbol{O} & \cdots & \boldsymbol{I} \\ \boldsymbol{A}_1 & \boldsymbol{A}_2 & \boldsymbol{A}_3 & \cdots & \boldsymbol{A}_m \end{bmatrix} \begin{bmatrix} \boldsymbol{Y}_1 \\ \boldsymbol{Y}_2 \\ \vdots \\ \boldsymbol{Y}_{m-1} \\ \boldsymbol{Y}_m \end{bmatrix}$$

另外，若要求当 $t=0$ 时，$\boldsymbol{Y}$，$\boldsymbol{Y}'$，…，$\boldsymbol{Y}^{(m-1)}$ 取给定的值，则此问题将仅有一个解.

若方程组仅形如 $\boldsymbol{Y}^{(m)}=\boldsymbol{A}\boldsymbol{Y}$，通常无须引入新的变量. 在这种情形，只需计算 $\boldsymbol{A}$ 的特征值的 m 次方根. 若 λ 为 $\boldsymbol{A}$ 的一个特征值，$\boldsymbol{x}$ 为属于 λ 的一个特征向量，σ 为 λ 的一个 m 次方根，且 $\boldsymbol{Y}=e^{\sigma t}\boldsymbol{x}$，则

$$\boldsymbol{Y}^{(m)} = \sigma^m e^{\sigma t}\boldsymbol{x} = \lambda\boldsymbol{Y}$$

且

$$\boldsymbol{A}\boldsymbol{Y} = e^{\sigma t}\boldsymbol{A}\boldsymbol{x} = \lambda e^{\sigma t}\boldsymbol{x} = \lambda\boldsymbol{Y}$$

因此，$\boldsymbol{Y}=e^{\sigma t}\boldsymbol{x}$ 为方程组的一个解.

应用 2：简谐运动

在图 6.2.2 中，两个物体通过弹簧相连，且端点 A 和 B 固定. 物体在水平方向可以自由运动. 假设这三个弹簧是相同的，且初始时系统处于平衡位置. 将一个外力施加在物体上，使得它产生运动. 在时刻 t，物体在水平方向上的位置分别记为 $x_1(t)$和 $x_2(t)$. 假设没有阻力，例如摩擦力. 则在时刻 t，作用在物体 m_1 上的力仅来自弹簧 1 和 2. 来自弹簧 1 的力为 $-kx_1$，来自弹簧 2 的力为 $k(x_2-x_1)$. 根据牛顿第二定律，

317

$$m_1x_1''(t) = -kx_1 + k(x_2 - x_1)$$

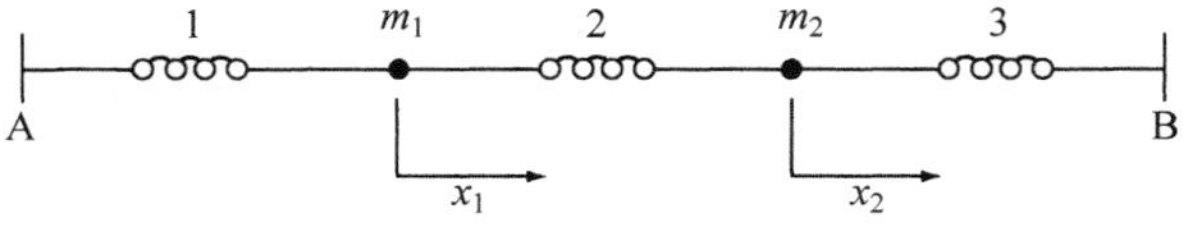

图　6.2.2

类似地，作用在第二个物体上的力仅来自弹簧 2 和 3. 再次利用牛顿第二定律，得到

$$m_2 x_2''(t) = -k(x_2 - x_1) - kx_2$$

于是，最终得到二阶方程组

$$x_1'' = -\frac{k}{m_1}(2x_1 - x_2)$$

$$x_2'' = -\frac{k}{m_2}(-x_1 + 2x_2)$$

现在假设 $m_1 = m_2 = 1$，$k=1$，且两个物体的初始速度为每秒$+2$个单位. 为求出以 t 为变量的位移函数 x_1 和 x_2，我们将方程组写为

$$\boldsymbol{X}'' = \boldsymbol{A}\boldsymbol{X} \tag{2}$$

系数矩阵

$$\boldsymbol{A} = \begin{bmatrix} -2 & 1 \\ 1 & -2 \end{bmatrix}$$

的特征值为 $\lambda_1 = -1$ 和 $\lambda_2 = -3$. 对应于 λ_1，我们有特征向量 $\boldsymbol{v}_1 = (1, 1)^{\mathrm{T}}$ 及 $\sigma_1 = \pm \mathrm{i}$. 因此$\mathrm{e}^{\mathrm{i}t}\boldsymbol{v}_1$ 和 $\mathrm{e}^{-\mathrm{i}t}\boldsymbol{v}_1$ 均为(2)的解. 由此可得

$$\frac{1}{2}(\mathrm{e}^{\mathrm{i}t} + \mathrm{e}^{-\mathrm{i}t})\boldsymbol{v}_1 = (\mathrm{Re}\,\mathrm{e}^{\mathrm{i}t})\boldsymbol{v}_1 = (\cos t)\boldsymbol{v}_1$$

及

$$\frac{1}{2\mathrm{i}}(\mathrm{e}^{\mathrm{i}t} - \mathrm{e}^{-\mathrm{i}t})\boldsymbol{v}_1 = (\mathrm{Im}\,\mathrm{e}^{\mathrm{i}t})\boldsymbol{v}_1 = (\sin t)\boldsymbol{v}_1$$

均为(2)的解. 类似地，对 $\lambda_2 = -3$，我们有特征向量 $\boldsymbol{v}_2 = (1, -1)^{\mathrm{T}}$ 及 $\sigma_2 = \pm\sqrt{3}\mathrm{i}$. 由此得

$$(\mathrm{Re}\,\mathrm{e}^{\sqrt{3}\mathrm{i}t})\boldsymbol{v}_2 = (\cos\sqrt{3}t)\boldsymbol{v}_2$$

[318]

及

$$(\mathrm{Im}\,\mathrm{e}^{\sqrt{3}\mathrm{i}t})\boldsymbol{v}_2 = (\sin\sqrt{3}t)\boldsymbol{v}_2$$

也均为(2)的解. 因此通解将形如

$$\begin{aligned} \boldsymbol{X}(t) &= c_1(\cos t)\boldsymbol{v}_1 + c_2(\sin t)\boldsymbol{v}_1 + c_3(\cos\sqrt{3}t)\boldsymbol{v}_2 + c_4(\sin\sqrt{3}t)\boldsymbol{v}_2 \\ &= \begin{bmatrix} c_1\cos t + c_2\sin t + c_3\cos\sqrt{3}t + c_4\sin\sqrt{3}t \\ c_1\cos t + c_2\sin t - c_3\cos\sqrt{3}t - c_4\sin\sqrt{3}t \end{bmatrix} \end{aligned}$$

当 $t=0$ 时，我们有

$$x_1(0) = x_2(0) = 0 \quad \text{和} \quad x_1'(0) = x_2'(0) = 2$$

由此可得

$$\begin{aligned} c_1 + c_3 &= 0 \\ c_1 - c_3 &= 0 \end{aligned} \quad \text{和} \quad \begin{aligned} c_2 + \sqrt{3}c_4 &= 2 \\ c_2 - \sqrt{3}c_4 &= 2 \end{aligned}$$

因此

$$c_1 = c_3 = c_4 = 0 \quad \text{且} \quad c_2 = 2$$

于是，初值问题的解化简为

$$\boldsymbol{X}(t) = \begin{bmatrix} 2\sin t \\ 2\sin t \end{bmatrix}$$

物体将以频率1和振幅2振荡.

应用3：建筑物的振动

作为另外一个物理系统的例子，我们考虑建筑物的振动. 若建筑物有k层，则可以用向量函数$\boldsymbol{Y}(t)=(y_1(t), y_2(t), \cdots, y_k(t))^{\mathrm{T}}$描述时刻$t$时楼层的水平偏差. 建筑物的运动可以模型化为一个二阶微分方程组

$$\boldsymbol{MY}''(t)=\boldsymbol{KY}(t)$$

质量矩阵(mass matrix)$\boldsymbol{M}$为对角矩阵，其元素相应于每一层的集中重量. **刚度矩阵**(stiffness matrix)$\boldsymbol{K}$的元素取决于支撑结构的弹性常数. 方程组的解形如$\boldsymbol{Y}(t)=\mathrm{e}^{i\sigma t}\boldsymbol{x}$，其中$\boldsymbol{x}$为$\boldsymbol{A}=\boldsymbol{M}^{-1}\boldsymbol{K}$的属于特征值$\lambda$的特征向量，且$\sigma$为$\lambda$的平方根.

319

6.2节练习

1. 求下列每一方程组的通解.

(a) $y_1'=y_1+y_2$, $y_2'=-2y_1+4y_2$

(b) $y_1'=2y_1+4y_2$, $y_2'=-y_1-3y_2$

(c) $y_1'=y_1-2y_2$, $y_2'=-2y_1+4y_2$

(d) $y_1'=y_1-y_2$, $y_2'=y_1+y_2$

(e) $y_1'=3y_1-2y_2$, $y_2'=2y_1+3y_2$

(f) $y_1'=y_1+y_3$, $y_2'=2y_2+6y_3$, $y_3'=y_2+3y_3$

2. 求解下列初值问题.

(a) $y_1'=-y_1+2y_2$, $y_2'=2y_1-y_2$　　$y_1(0)=3$，$y_2(0)=1$

(b) $y_1'=y_1-2y_2$, $y_2'=2y_1+y_2$　　$y_1(0)=1$，$y_2(0)=-2$

(c) $y_1'=2y_1-6y_3$, $y_2'=y_1-3y_3$, $y_3'=y_2-2y_3$　　$y_1(0)=y_2(0)=y_3(0)=2$

(d) $y_1'=y_1+2y_3$, $y_2'=y_2-y_3$, $y_3'=y_1+y_2+y_3$　　$y_1(0)=y_2(0)=1$，$y_3(0)=4$

3. 给定

$$\boldsymbol{Y}=c_1\mathrm{e}^{\lambda_1 t}\boldsymbol{x}_1+c_2\mathrm{e}^{\lambda_2 t}\boldsymbol{x}_2+\cdots+c_n\mathrm{e}^{\lambda_n t}\boldsymbol{x}_n$$

为初值问题

$$\boldsymbol{Y}'=\boldsymbol{AY},\quad \boldsymbol{Y}(0)=\boldsymbol{Y}_0$$

的解.

(a) 证明

$$\boldsymbol{Y}_0=c_1\boldsymbol{x}_1+c_2\boldsymbol{x}_2+\cdots+c_n\boldsymbol{x}_n$$

(b) 令$\boldsymbol{X}=(\boldsymbol{x}_1, \boldsymbol{x}_2, \cdots, \boldsymbol{x}_n)$及$\boldsymbol{c}=(c_1, c_2, \cdots, c_n)^{\mathrm{T}}$. 假设向量$\boldsymbol{x}_1, \boldsymbol{x}_2, \cdots, \boldsymbol{x}_n$线性无关，证明$\boldsymbol{c}=\boldsymbol{X}^{-1}\boldsymbol{Y}_0$.

4. 有两个桶，每一个桶装有100L混合物. 初始时，桶A中的混合物含有40g盐，而桶B中的混合物含有20g盐. 液体如下图所示泵入和泵出. 求时刻t时每一个桶中盐的含量.

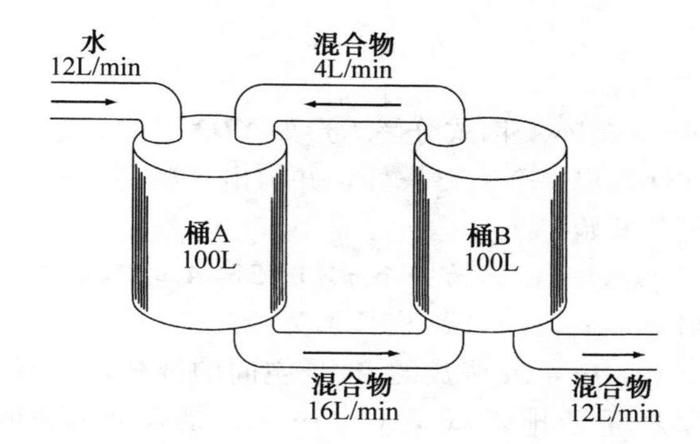

5. 求下列各问题的通解.

(a) $y_1''=-2y_2$
$y_2''=y_1+3y_2$

(b) $y_1''=2y_1+y_2'$
$y_2''=2y_2+y_1'$

6. 求解初值问题

$$y_1''=-2y_2+y_1'+2y_2'$$
$$y_2''=2y_1+2y_1'-y_2'$$
$$y_1(0)=1,\quad y_2(0)=0,\quad y_1'(0)=-3,\quad y_2'(0)=2$$

7. 在应用 2 中，假设解形如 $x_1=a_1\sin\sigma t$，$x_2=a_2\sin\sigma t$. 将表达式代入方程组中，并求出频率 σ 及振幅 a_1 和 a_2.

8. 用初始条件

$$x_1(0)=x_2(0)=1,\quad x_1'(0)=4\quad 及\quad x_2'(0)=2$$

求解应用 2 中的问题.

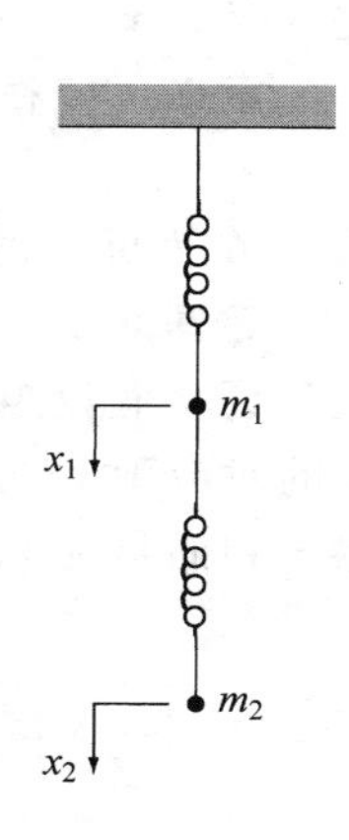

9. 两个物体采用如右图所示的方式用弹簧相互连接. 两个弹簧有相同的弹性常数，且第一个弹簧的一个端点是固定的. 若 x_1 和 x_2 表示从平衡位置开始的位移，给出一个描述该系统运动的二阶微分方程组.

320

10. 三个物体以如下图所示的方式与两个端点固定的一系列弹簧相连. 假设所有弹簧有相同的弹性常数，并令 $x_1(t)$，$x_2(t)$和 $x_3(t)$表示在时刻 t 物体的位置.

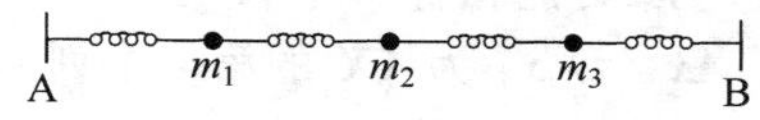

(a) 给出一个描述该系统运动的二阶微分方程组.

(b) 若 $m_1=m_3=\frac{1}{3}$，$m_2=\frac{1}{4}$，$k=1$，且

$$x_1(0)=x_2(0)=x_3(0)=1$$
$$x_1'(0)=x_2'(0)=x_3'(0)=0$$

求解该方程组.

11. 将 n 阶方程

$$y^{(n)}=a_0y+a_1y'+\cdots+a_{n-1}y^{(n-1)}$$

通过令 $y_1=y$ 及 $y_j=y_{j-1}'(j=2，3，\cdots，n)$，转化为一阶方程组. 求这个方程组的系数矩阵的特征多项式.

6.3 对角化

本节讨论将一个 $n\times n$ 矩阵 $\boldsymbol{A}$ 因式分解为形如 $\boldsymbol{XDX}^{-1}$ 的问题，其中 $\boldsymbol{D}$ 是对角的. 我们将对这种分解的存在性给出一个充要条件，并给出一些例子. 下面从证明属于不同特征值的特征向量线性无关开始.

定理 6.3.1 若 λ_1，λ_2，…，λ_k 为一个 $n\times n$ 矩阵 $\boldsymbol{A}$ 的不同特征值，相应的特征向量为 $\boldsymbol{x}_1$，$\boldsymbol{x}_2$，…，$\boldsymbol{x}_k$，则 $\boldsymbol{x}_1$，$\boldsymbol{x}_2$，…，$\boldsymbol{x}_k$ 线性无关.

证 令 r 为由 $\boldsymbol{x}_1$，$\boldsymbol{x}_2$，…，$\boldsymbol{x}_k$ 张成的 $\mathbf{R}^n$ 子空间的维数，并假设 $r<k$. 我们可以假设(如果需要，将 $\boldsymbol{x}_i$ 和 λ_i 重新排列) $\boldsymbol{x}_1$，$\boldsymbol{x}_2$，…，$\boldsymbol{x}_r$ 是线性无关的. 由于 $\boldsymbol{x}_1$，$\boldsymbol{x}_2$，…，$\boldsymbol{x}_r$，$\boldsymbol{x}_{r+1}$ 是线性相关的，因此存在不全为零的标量 c_1，c_2，…，c_r，c_{r+1}，使得

$$c_1\boldsymbol{x}_1+c_2\boldsymbol{x}_2+\cdots+c_r\boldsymbol{x}_r+c_{r+1}\boldsymbol{x}_{r+1}=\mathbf{0} \tag{1}$$

注意到 c_{r+1} 必不为零；否则 $\boldsymbol{x}_1$，$\boldsymbol{x}_2$，…，$\boldsymbol{x}_r$ 应为线性相关的. 所以 $c_{r+1}\boldsymbol{x}_{r+1}\neq\mathbf{0}$，因此 c_1，c_2，…，c_r 不能全为零. 用 $\boldsymbol{A}$ 乘以(1)，我们得到

$$c_1\boldsymbol{A}\boldsymbol{x}_1+c_2\boldsymbol{A}\boldsymbol{x}_2+\cdots+c_r\boldsymbol{A}\boldsymbol{x}_r+c_{r+1}\boldsymbol{A}\boldsymbol{x}_{r+1}=\mathbf{0}$$

或

$$c_1\lambda_1\boldsymbol{x}_1+c_2\lambda_2\boldsymbol{x}_2+\cdots+c_r\lambda_r\boldsymbol{x}_r+c_{r+1}\lambda_{r+1}\boldsymbol{x}_{r+1}=\mathbf{0} \tag{2}$$

(2)减去(1)的 λ_{r+1} 倍，得到

$$c_1(\lambda_1-\lambda_{r+1})\boldsymbol{x}_1+c_2(\lambda_2-\lambda_{r+2})\boldsymbol{x}_2+\cdots+c_r(\lambda_r-\lambda_{r+1})\boldsymbol{x}_r=\mathbf{0}$$

321 这和 $\boldsymbol{x}_1$，$\boldsymbol{x}_2$，…，$\boldsymbol{x}_r$ 线性无关矛盾. 因此，r 必等于 k. ■

定义 若存在一个非奇异矩阵 $\boldsymbol{X}$ 和一个对角矩阵 $\boldsymbol{D}$，使得 $n\times n$ 矩阵 $\boldsymbol{A}$ 满足

$$\boldsymbol{X}^{-1}\boldsymbol{AX}=\boldsymbol{D}$$

则称 $\boldsymbol{A}$ 为**可对角化的**(diagonalizable). 称 $\boldsymbol{X}$ 将 $\boldsymbol{A}$ **对角化**(diagonalize).

定理 6.3.2 一个 $n\times n$ 矩阵 $\boldsymbol{A}$ 是可对角化的，当且仅当 $\boldsymbol{A}$ 有 n 个线性无关的特征向量.

证 假设矩阵 $\boldsymbol{A}$ 有 n 个线性无关的特征向量 $\boldsymbol{x}_1$，$\boldsymbol{x}_2$，…，$\boldsymbol{x}_n$. 对每一个 i，令 λ_i 为 $\boldsymbol{A}$ 的对应于 $\boldsymbol{x}_i$ 的特征值. (某些 λ_i 可能相等.)令 $\boldsymbol{X}$ 为一个矩阵，对 $j=1$，2，…，n，其第 j 列向量为 $\boldsymbol{x}_j$. 由此可得，$\boldsymbol{A}\boldsymbol{x}_j=\lambda_j\boldsymbol{x}_j$ 为 $\boldsymbol{AX}$ 的第 j 个列向量. 因此，

$$\begin{aligned}\boldsymbol{AX}&=(\boldsymbol{A}\boldsymbol{x}_1,\boldsymbol{A}\boldsymbol{x}_2,\cdots,\boldsymbol{A}\boldsymbol{x}_n)\\&=(\lambda_1\boldsymbol{x}_1,\lambda_2\boldsymbol{x}_2,\cdots,\lambda_n\boldsymbol{x}_n)\\&=(\boldsymbol{x}_1,\boldsymbol{x}_2,\cdots,\boldsymbol{x}_n)\begin{bmatrix}\lambda_1&&&\\&\lambda_2&&\\&&\ddots&\\&&&\lambda_n\end{bmatrix}\\&=\boldsymbol{XD}\end{aligned}$$

由于 $\boldsymbol{X}$ 有 n 个线性无关的列向量，可得 X 为非奇异的，因此，

$$\boldsymbol{D}=\boldsymbol{X}^{-1}\boldsymbol{XD}=\boldsymbol{X}^{-1}\boldsymbol{AX}$$

反之，假设 $\boldsymbol{A}$ 为可对角化的，则存在一个非奇异矩阵 $\boldsymbol{X}$，使得 $\boldsymbol{AX}=\boldsymbol{XD}$. 若 $\boldsymbol{x}_1$，$\boldsymbol{x}_2$，…，$\boldsymbol{x}_n$ 为 $\boldsymbol{X}$ 的列向量，则对每一 j，

$$\boldsymbol{A}\boldsymbol{x}_j = \lambda_j \boldsymbol{x}_j \qquad (\lambda_j = d_{jj})$$

因此，对每一 j，λ_j 为 $\boldsymbol{A}$ 的特征值，且 $\boldsymbol{x}_j$ 为 $\boldsymbol{A}$ 的属于 λ_j 的特征向量．由于 $\boldsymbol{X}$ 的列向量是线性无关的，因此 $\boldsymbol{A}$ 有 n 个线性无关的特征向量． ■

注　1．若 $\boldsymbol{A}$ 为可对角化的，则对角化矩阵 $\boldsymbol{X}$ 的列向量为 $\boldsymbol{A}$ 的特征向量，且 $\boldsymbol{D}$ 的对角元素为 $\boldsymbol{A}$ 相应的特征值．

2．对角化矩阵 $\boldsymbol{X}$ 不是唯一的．把给定对角化矩阵 $\boldsymbol{X}$ 的各列重新排列，或将它们乘以一个非零标量，将得到一个新的对角化矩阵．

322

3．若 $\boldsymbol{A}$ 为 $n\times n$ 的，且 $\boldsymbol{A}$ 有 n 个不同的特征值，则 $\boldsymbol{A}$ 可对角化．若特征值不全相异，则 $\boldsymbol{A}$ 是否可以对角化取决于 $\boldsymbol{A}$ 是否有 n 个线性无关的特征向量．

4．若 $\boldsymbol{A}$ 为可对角化的，则 $\boldsymbol{A}$ 可分解为乘积 $\boldsymbol{X}\boldsymbol{D}\boldsymbol{X}^{-1}$．

从注 4 中可得

$$\boldsymbol{A}^2 = (\boldsymbol{X}\boldsymbol{D}\boldsymbol{X}^{-1})(\boldsymbol{X}\boldsymbol{D}\boldsymbol{X}^{-1}) = \boldsymbol{X}\boldsymbol{D}^2\boldsymbol{X}^{-1}$$

且一般地，

$$\begin{aligned}\boldsymbol{A}^k &= \boldsymbol{X}\boldsymbol{D}^k\boldsymbol{X}^{-1}\\ &= \boldsymbol{X}\begin{bmatrix}(\lambda_1)^k & & & \\ & (\lambda_2)^k & & \\ & & \ddots & \\ & & & (\lambda_n)^k\end{bmatrix}\boldsymbol{X}^{-1}\end{aligned}$$

一旦我们得到了一个因式分解 $\boldsymbol{A}=\boldsymbol{X}\boldsymbol{D}\boldsymbol{X}^{-1}$，则很容易计算 $\boldsymbol{A}$ 的幂次．

▶**例 1**　令

$$\boldsymbol{A} = \begin{bmatrix}2 & -3\\ 2 & -5\end{bmatrix}$$

$\boldsymbol{A}$ 的特征值为 $\lambda_1=1$ 和 $\lambda_2=-4$．相应于 λ_1 和 λ_2，我们有特征向量 $\boldsymbol{x}_1=(3,\ 1)^{\mathrm{T}}$ 和 $\boldsymbol{x}_2=(1,\ 2)^{\mathrm{T}}$．令

$$\boldsymbol{X} = \begin{bmatrix}3 & 1\\ 1 & 2\end{bmatrix} \quad 且 \quad \boldsymbol{D} = \begin{bmatrix}1 & 0\\ 0 & -4\end{bmatrix}$$

可得

$$\begin{aligned}\boldsymbol{X}^{-1}\boldsymbol{A}\boldsymbol{X} &= \frac{1}{5}\begin{bmatrix}2 & -1\\ -1 & 3\end{bmatrix}\begin{bmatrix}2 & -3\\ 2 & -5\end{bmatrix}\begin{bmatrix}3 & 1\\ 1 & 2\end{bmatrix}\\ &= \begin{bmatrix}1 & 0\\ 0 & -4\end{bmatrix} = \boldsymbol{D}\end{aligned}$$

及

$$\boldsymbol{X}\boldsymbol{D}\boldsymbol{X}^{-1} = \begin{bmatrix}3 & 1\\ 1 & 2\end{bmatrix}\begin{bmatrix}1 & 0\\ 0 & -4\end{bmatrix}\begin{bmatrix}\frac{2}{5} & -\frac{1}{5}\\ -\frac{1}{5} & \frac{3}{5}\end{bmatrix} = \begin{bmatrix}2 & -3\\ 2 & -5\end{bmatrix} = \boldsymbol{A}$$ ◀

▶**例 2**　令

$$A=\begin{bmatrix}3 & -1 & -2\\ 2 & 0 & -2\\ 2 & -1 & -1\end{bmatrix}$$

323

容易看到，$\boldsymbol{A}$ 的特征值为 $\lambda_1=0$，$\lambda_2=1$，$\lambda_3=1$. 对应于 $\lambda_1=0$，我们有特征向量 $(1, 1, 1)^{\mathrm{T}}$，且对应于 $\lambda=1$，我们有特征向量 $(1, 2, 0)^{\mathrm{T}}$ 和 $(1, 0, 1)^{\mathrm{T}}$. 令

$$X=\begin{bmatrix}1 & 1 & 1\\ 1 & 2 & 0\\ 1 & 0 & 1\end{bmatrix}$$

可得

$$\begin{aligned}XDX^{-1}&=\begin{bmatrix}1 & 1 & 1\\ 1 & 2 & 0\\ 1 & 0 & 1\end{bmatrix}\begin{bmatrix}0 & 0 & 0\\ 0 & 1 & 0\\ 0 & 0 & 1\end{bmatrix}\begin{bmatrix}-2 & 1 & 2\\ 1 & 0 & -1\\ 2 & -1 & -1\end{bmatrix}\\ &=\begin{bmatrix}3 & -1 & -2\\ 2 & 0 & -2\\ 2 & -1 & -1\end{bmatrix}\\ &=A\end{aligned}$$

尽管 $\lambda=1$ 为多重特征值，但矩阵仍可对角化，因为它有三个线性无关的特征向量. 又注意到，对 $k\geqslant 1$，

$$A^k=XD^kX^{-1}=XDX^{-1}=A$$ ◀

若一个 $n\times n$ 矩阵 $\boldsymbol{A}$ 有少于 n 个线性无关的特征向量，我们称 $\boldsymbol{A}$ 为**退化的**(defective). 根据定理 6.3.2，一个退化矩阵是不可对角化的.

▶**例 3**　令

$$A=\begin{bmatrix}1 & 1\\ 0 & 1\end{bmatrix}$$

$\boldsymbol{A}$ 的所有特征值均等于 1. 任何对应于 $\lambda=1$ 的特征向量必为 $\boldsymbol{x}_1=(1, 0)^{\mathrm{T}}$ 的倍数. 因此 $\boldsymbol{A}$ 是退化的，且不能对角化. ◀

▶**例 4**　令

$$A=\begin{bmatrix}2 & 0 & 0\\ 0 & 4 & 0\\ 1 & 0 & 2\end{bmatrix}\quad 且\quad B=\begin{bmatrix}2 & 0 & 0\\ -1 & 4 & 0\\ -3 & 6 & 2\end{bmatrix}$$

$\boldsymbol{A}$ 和 $\boldsymbol{B}$ 均有相同的特征值

324

$$\lambda_1=4,\quad \lambda_2=\lambda_3=2$$

$\boldsymbol{A}$ 对应于 $\lambda_1=4$ 的特征空间是由 $\boldsymbol{e}_2$ 张成的，且对应于 $\lambda=2$ 的特征空间是由 $\boldsymbol{e}_3$ 张成的. 由于 $\boldsymbol{A}$ 仅有两个线性无关的特征向量，所以它是退化的. 另一方面，矩阵 $\boldsymbol{B}$ 有对应于 $\lambda_1=4$ 的特征向量 $\boldsymbol{x}_1=(0, 1, 3)^{\mathrm{T}}$，且特征向量 $\boldsymbol{x}_2=(2, 1, 0)^{\mathrm{T}}$ 及 $\boldsymbol{e}_3$ 对应于 $\lambda=2$. 因此 $\boldsymbol{B}$ 有三个线性无关的特征向量，故为非退化的. 尽管 $\lambda=2$ 是重数为 2 的特征值，但矩阵 $\boldsymbol{B}$

仍是非退化的，因为它对应的特征空间的维数为 2.

从几何上看，矩阵 $\boldsymbol{B}$ 的作用是将两个线性无关的向量缩放一个因子 2. 由于特征空间 $N(\boldsymbol{B}-2\boldsymbol{I})$的维数为 2，所以可以将特征值$\lambda=2$看成几何重数(geometric multiplicity)是 2. 另一方面，矩阵 $\boldsymbol{A}$ 仅将沿着 z 轴的向量缩放因子 2. 此时特征值$\lambda=2$的代数重数(algebraic multiplicity)是 2，而 $\dim N(\boldsymbol{A}-2\boldsymbol{I})=1$，所以它的几何重数仅为 1(见图 6.3.1).

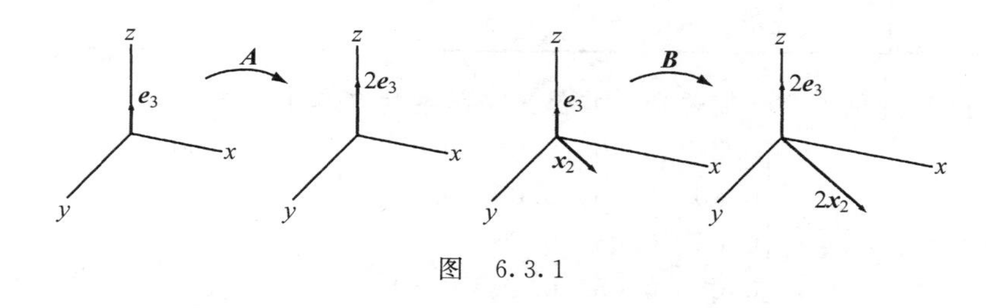

图 6.3.1 ◀

应用 1：马尔可夫链

6.1 节我们学习了一个简单的预测某一特定城镇中每年已婚女性和单身女性数量的矩阵模型. 给定一个初始向量 $\boldsymbol{x}_0$，其坐标表示当前已婚女性和单身女性的数量，我们可以通过计算

$$\boldsymbol{x}_1=\boldsymbol{A}\boldsymbol{x}_0,\quad \boldsymbol{x}_2=\boldsymbol{A}\boldsymbol{x}_1,\quad \boldsymbol{x}_3=\boldsymbol{A}\boldsymbol{x}_2,\cdots$$

预测今后已婚女性和单身女性的数量. 若将初始向量进行缩放，使得其包含的元素对应于已婚女性和未婚女性占总人口的百分比，则 $\boldsymbol{x}_n$ 的坐标将表示 n 年后已婚女性和未婚女性占总人口的百分比. 采用这种方法得到的向量序列就是马尔可夫链的一个例子. 马尔可夫链模型出现在广泛的应用领域中.

定义 对一个试验序列，若其每一步的输出都取决于概率，则称为一个**随机过程**(stochastic process). **马尔可夫过程**(Markov process)是随机过程，它有如下性质：

Ⅰ. 可能的输出集合或状态是有限的.

Ⅱ. 下一步输出的概率仅依赖于前一步的输出.

Ⅲ. 概率相对于时间是常数.

下面是一个马尔可夫过程的例子.

325

▶**例 5**(汽车租赁) 一个汽车商租赁四种类型的汽车：四门轿车、运动车、小货车和多功能车(SUV). 租期为 2 年. 在每一租期结束时，顾客需要续签租赁协议，并选择一辆新汽车.

汽车租赁可看成一个有四种可能输出的过程. 每一种输出的概率可以通过回顾以前的租赁记录进行预测. 这些记录表明，80%现在租用轿车的顾客将在下一个租期继续租用它. 此外，10%现在租用运动车的顾客将改租轿车. 另外，5%的租用小货车或 SUV 的顾客将改租轿车. 这些结果汇总在表 6.3.1 的第一行中. 第二行表示将在下一次租用运动车的顾客的比例，后面两行分别给出将租用小货车和 SUV 的百分比.

表 6.3.1　车辆租赁的转移概率

当前租用				下次租用
轿车	运动车	小货车	SUV	
0.80	0.10	0.05	0.05	轿车
0.10	0.80	0.05	0.05	运动车
0.05	0.05	0.80	0.10	小货车
0.05	0.05	0.10	0.80	SUV

假设初始时出租了 200 辆轿车，其他三种类型的车各 100 辆．若令

$$\boldsymbol{A}=\begin{bmatrix}0.80 & 0.10 & 0.05 & 0.05\\ 0.10 & 0.80 & 0.05 & 0.05\\ 0.05 & 0.05 & 0.80 & 0.10\\ 0.05 & 0.05 & 0.10 & 0.80\end{bmatrix},\quad \boldsymbol{x}_0=\begin{bmatrix}200\\100\\100\\100\end{bmatrix}$$

则可以通过令

$$\boldsymbol{x}_1=\boldsymbol{A}\boldsymbol{x}_0=\begin{bmatrix}0.80 & 0.10 & 0.05 & 0.05\\ 0.10 & 0.80 & 0.05 & 0.05\\ 0.05 & 0.05 & 0.80 & 0.10\\ 0.05 & 0.05 & 0.10 & 0.80\end{bmatrix}\begin{bmatrix}200\\100\\100\\100\end{bmatrix}=\begin{bmatrix}180\\110\\105\\105\end{bmatrix}$$

求得两年后租用每种类型的车辆将各有多少人．

为预测将来人数，可令

$$\boldsymbol{x}_{n+1}=\boldsymbol{A}\boldsymbol{x}_n,\quad n=1,2,\cdots$$

采用这种方法产生的向量 $\boldsymbol{x}_i$ 称为**状态向量**(state vector)，状态向量的序列称为**马尔可夫链**(Markov chain)．矩阵 $\boldsymbol{A}$ 称为**转移矩阵**．$\boldsymbol{A}$ 的每一列元素均为非负的，且它们的和为 1．每一列可以看成是一个**概率向量**(probability vector)．例如，$\boldsymbol{A}$ 的第一列对应于当前租用轿车的顾客．这一列中的元素对应于当租用进行更新时选择每一类汽车的概率．

326

一般地，如果一个矩阵的元素是非负的，且每一列元素的和为 1，则这个矩阵称为**随机的**(stochastic)．随机矩阵的列可以看成是概率向量．

若将初始向量除以 500(顾客的总人数)，则新的初始状态向量 $\boldsymbol{x}_0=(0.40, 0.20, 0.20, 0.20)^{\mathrm{T}}$ 的元素表示租用每一类汽车的人数所占的比例．$\boldsymbol{x}_1$ 的元素将表示下一次租用时的比例．因此 $\boldsymbol{x}_0$ 和 $\boldsymbol{x}_1$ 为概率向量，容易看出链中后续的状态向量将全部为概率向量．

这个过程的长时性态由转移矩阵 $\boldsymbol{A}$ 的特征值和特征向量决定．$\boldsymbol{A}$ 的特征值为 $\lambda_1=1$，$\lambda_2=0.8$，$\lambda_3=\lambda_4=0.7$．尽管 $\boldsymbol{A}$ 有多重的特征值，但它仍有四个线性无关的特征向量，因此它可以被对角化．若用特征向量构造对角化矩阵 $\boldsymbol{Y}$，则

$$
\begin{aligned}
\boldsymbol{A} &= \boldsymbol{YDY}^{-1} \\
&= \begin{bmatrix} 1 & -1 & 0 & 1 \\ 1 & -1 & 0 & -1 \\ 1 & 1 & 1 & 0 \\ 1 & 1 & -1 & 0 \end{bmatrix}
\begin{bmatrix} 1 & 0 & 0 & 0 \\ 0 & \frac{8}{10} & 0 & 0 \\ 0 & 0 & \frac{7}{10} & 0 \\ 0 & 0 & 0 & \frac{7}{10} \end{bmatrix}
\begin{bmatrix} \frac{1}{4} & \frac{1}{4} & \frac{1}{4} & \frac{1}{4} \\ -\frac{1}{4} & -\frac{1}{4} & \frac{1}{4} & \frac{1}{4} \\ 0 & 0 & \frac{1}{2} & -\frac{1}{2} \\ \frac{1}{2} & -\frac{1}{2} & 0 & 0 \end{bmatrix}
\end{aligned}
$$

可通过令

$$
\begin{aligned}
\boldsymbol{x}_n &= \boldsymbol{YD}^n\boldsymbol{Y}^{-1}\boldsymbol{x}_0 \\
&= \boldsymbol{YD}^n(0.25, -0.05, 0, 0.10)^{\mathrm{T}} \\
&= \boldsymbol{Y}(0.25, -0.05(0.8)^n, 0, 0.10(0.7)^n)^{\mathrm{T}} \\
&= 0.25\begin{bmatrix} 1 \\ 1 \\ 1 \\ 1 \end{bmatrix} - 0.05(0.8)^n\begin{bmatrix} -1 \\ -1 \\ 1 \\ 1 \end{bmatrix} + 0.10(0.7)^n\begin{bmatrix} 1 \\ -1 \\ 0 \\ 0 \end{bmatrix}
\end{aligned}
$$

计算状态向量. 当 n 增加时，$\boldsymbol{x}_n$ 趋向一个稳态向量

$$\boldsymbol{x} = (0.25, 0.25, 0.25, 0.25)^{\mathrm{T}}$$

因此利用马尔可夫链模型预测，经过较长时间后，租用将平均地在四类汽车间分配. ◀

一般地，在马尔可夫链中，假设初始向量 $\boldsymbol{x}_0$ 为概率向量，这意味着所有的状态向量均为概率向量. 我们可以期望，若该链收敛到一个稳态向量 $\boldsymbol{x}$，则这个稳态向量必然也是一个概率向量. 这事实上是下面定理中出现的情况.

定理 6.3.3 若一个有 $n\times n$ 转移矩阵 $\boldsymbol{A}$ 的马尔可夫链收敛到一个稳态向量 $\boldsymbol{x}$，则： 327

(i) $\boldsymbol{x}$ 为一个概率向量.

(ii) $\lambda_1=1$ 是 $\boldsymbol{A}$ 的一个特征值，且 $\boldsymbol{x}$ 为属于 λ_1 的特征向量.

证 (i) 用 $\boldsymbol{x}_k=(x_1^{(k)}, x_2^{(k)}, \cdots, x_n^{(k)})^{\mathrm{T}}$ 表示链中的第 k 个状态向量. 每一个 $\boldsymbol{x}_k$ 的元素均为非负的，且其和为 1. 对每个 j，极限向量 $\boldsymbol{x}$ 的第 j 个元素满足

$$x_j = \lim_{k\to\infty} x_j^{(k)} \geqslant 0$$

且

$$x_1 + x_2 + \cdots + x_n = \lim_{k\to\infty}(x_1^{(k)} + x_2^{(k)} + \cdots + x_n^{(k)}) = 1$$

因此，稳态向量 $\boldsymbol{x}$ 为一个概率向量.

(ii) 我们将留给读者证明 $\lambda_1=1$ 为 $\boldsymbol{A}$ 的一个特征值. (见练习 27.) 由此可得 $\boldsymbol{x}$ 为属于 $\lambda_1=1$ 的特征向量，因为

$$\boldsymbol{Ax} = \boldsymbol{A}(\lim_{k\to\infty}\boldsymbol{x}_k) = \lim_{k\to\infty}(\boldsymbol{Ax}_k) = \lim_{k\to\infty}\boldsymbol{x}_{k+1} = \boldsymbol{x}$$ ■

一般地，若 $\boldsymbol{A}$ 为 $n\times n$ 随机矩阵，则 $\lambda_1=1$ 为 $\boldsymbol{A}$ 的一个特征值，且其余的特征值满足

$$|\lambda_j| \leqslant 1, \quad j=2,3,\cdots,n$$

当 $\lambda_1=1$ 为转移矩阵 $\boldsymbol{A}$ 的主特征值(dominant eigenvalue)时，可保证马尔可夫链存在稳态向量．矩阵 $\boldsymbol{A}$ 的一个特征值 λ_1 称为主特征值，若 $\boldsymbol{A}$ 的其余特征值满足

$$|\lambda_j| < |\lambda_1|, \quad j=2,3,\cdots,n$$

定理 6.3.4　**若 $\lambda_1=1$ 为随机矩阵 $\boldsymbol{A}$ 的主特征值，则转移矩阵为 $\boldsymbol{A}$ 的马尔可夫链将收敛到稳态向量．**

证　当 $\boldsymbol{A}$ 可对角化时，令 $\boldsymbol{y}_1$ 为一个属于 $\lambda_1=1$ 的特征向量，且令 $Y=(\boldsymbol{y}_1, \boldsymbol{y}_2, \cdots, \boldsymbol{y}_n)$ 为将 $\boldsymbol{A}$ 对角化的矩阵．若 $\boldsymbol{E}$ 为(1，1)元素是 1、其他元素是 0 的矩阵，则当 $k\to\infty$ 时，

$$\boldsymbol{D}^k = \begin{bmatrix} \lambda_1^k & & & \\ & \lambda_2^k & & \\ & & \ddots & \\ & & & \lambda_n^k \end{bmatrix} \to \begin{bmatrix} 1 & & & \\ & 0 & & \\ & & \ddots & \\ & & & 0 \end{bmatrix} = \boldsymbol{E}$$

若 $\boldsymbol{x}_0$ 为任一初始概率向量，且 $\boldsymbol{c}=\boldsymbol{Y}^{-1}\boldsymbol{x}_0$，则

$$\boldsymbol{x}_k = \boldsymbol{A}^k\boldsymbol{x}_0 = \boldsymbol{Y}\boldsymbol{D}^k\boldsymbol{Y}^{-1}\boldsymbol{x}_0 = \boldsymbol{Y}\boldsymbol{D}^k\boldsymbol{c} \to \boldsymbol{Y}\boldsymbol{E}\boldsymbol{c} = \boldsymbol{Y}(c_1\boldsymbol{e}_1) = c_1\boldsymbol{y}_1$$

328

因此，向量 $c_1\boldsymbol{y}_1$ 为马尔可夫链的稳态向量．

当转移矩阵 $\boldsymbol{A}$ 为退化的，且主特征值为 $\lambda_1=1$ 时，仍可使用称为 $\boldsymbol{A}$ 的**若尔当标准型**(Jordan canonical form)的特殊矩阵 $\boldsymbol{J}$ 证明结论．这个主题将在第 8 章中详细进行讨论．在那一章中将证明，任何 $n\times n$ 矩阵 $\boldsymbol{A}$ 可被分解为 $\boldsymbol{A}=\boldsymbol{Y}\boldsymbol{J}\boldsymbol{Y}^{-1}$，其中 $\boldsymbol{J}$ 为一个上双对角矩阵，其主对角线上的元素为 $\boldsymbol{A}$ 的特征值，且 0 和 1 在主对角线元素的上方．可以证明，若 $\boldsymbol{A}$ 为随机的，且其主特征值为 $\lambda_1=1$，则当 $k\to\infty$ 时，$\boldsymbol{J}^k$ 将收敛于 $\boldsymbol{E}$．因此，$\boldsymbol{A}$ 退化时的证明与前面证明中将对角矩阵 $\boldsymbol{D}$ 替换为双对角矩阵 $\boldsymbol{J}$ 后是一样的．■

并不是所有的马尔可夫链都收敛到稳态向量．然而，如果转移矩阵 $\boldsymbol{A}$ 的所有元素均为正的，则可以证明存在着唯一的稳态向量 $\boldsymbol{x}$，且对任意的初始概率向量 $\boldsymbol{x}_0$，$\boldsymbol{A}^n\boldsymbol{x}_0$ 将收敛到 $\boldsymbol{x}$．事实上，这个结果在 $\boldsymbol{A}^k$ 有严格的正元素，甚至 $\boldsymbol{A}$ 可能有一些 0 元素的情况下也是成立的．一个转移矩阵为 $\boldsymbol{A}$ 的马尔可夫过程，若 $\boldsymbol{A}$ 的某幂次的元素全为正的，则称其为**正则的**(regular)．

6.8 节中我们将研究正定矩阵，即所有元素均为正的矩阵．其中的一个重要结论是由佩龙给出的定理．佩龙定理可用于证明：若一个马尔可夫过程的转移矩阵 $\boldsymbol{A}$ 是正的，则 $\lambda_1=1$ 为 $\boldsymbol{A}$ 的主特征值．

应用 2：网页搜索和网页分级

在网络上检索信息的一种常用方法是使用一个可用的搜索引擎用关键字进行搜索．一般地，搜索引擎将找到所有含有搜索关键字的网页，并按照其重要性进行分级．通常，有超过 200 亿用于搜索的网页，且差不多找到 20 000 个网页和所有关键字匹配是非常常见的．在这种情形，搜索引擎将网页分级为第一和第二完全取决于你搜索的信息．搜索引擎是如何对网页进行分级的呢？在这个应用中，我们将描述某搜索引擎所使用的技术．

用于网页分级的 PageRank 算法，事实上是一个依赖于网络链接结构的巨大的马尔可夫过程. 该算法最初的构想是由斯坦福大学的两名大学生提出的. 他们(Larry Page 和 Sergey Brin)使用该算法开发了网络上广泛使用的、非常成功的搜索引擎.

PageRank 算法将上网冲浪看成是随机过程. 该马尔可夫过程的转移矩阵 $\boldsymbol{A}$ 为 $n\times n$ 的，其中 n 为所搜索的网站的总数. 网页分级计算被称为“世界上最大的矩阵计算”，因为 n 的当前值已经超过了 200 亿. (见参考文献 1.) $\boldsymbol{A}$ 的第 (i, j) 元素表示网上随机冲浪时，从网站 j 到网站 i 的概率. 网页分级模型假设，冲浪总是按照一个固定的次数百分比沿着当前网页中的链接浏览，或者随机地链接到其他网页.

例如，假设当前网页编号为 j，且它有五个到其他网页的链接. 还假设用户将以 85%的概率沿着这五个链接浏览，以 15%的概率随机地转移到其他网页. 若从网页 j 到网页 i 没有链接，则

329

$$a_{ij}=0.15\frac{1}{n}$$

若网页 j 包含一个到网页 i 的链接，则一个人可能沿着这个链接到网页 i，也可能随机链接到网页 i. 此时

$$a_{ij}=0.85\frac{1}{5}+0.15\frac{1}{n}$$

若当前网页 j 没有到其他任何网页的超链接，则该网页被认为是一个**悬挂网页**(dangling page). 此时假设网上冲浪将以相等的概率链接到网络上的任何网页，我们令

$$a_{ij}=\frac{1}{n},\quad 1\leqslant i\leqslant n \tag{3}$$

更为一般地，令 $k(j)$ 表示从网页 j 到其他网页的链接数量. 若 $k(j)\neq 0$，网上冲浪的人仅沿着当前网页上的链接前进，且总是沿着其中之一前进，则从 j 链接到 i 的概率为

$$m_{ij}=\begin{cases}\dfrac{1}{k(j)} & \text{如果有从 } j \text{ 到 } i \text{ 的链接}\\ 0 & \text{否则}\end{cases}$$

当网页 j 为悬挂网页时，我们假设网络冲浪者将链接到网页 i 的概率为

$$m_{ij}=\frac{1}{n}$$

若利用可加性假设，即冲浪者将以概率 p 沿着当前网页中的链接到其他网页，或以概率 $1-p$ 随机地链接到其他网页，则从网页 j 链接到 i 的概率为

$$a_{ij}=pm_{ij}+(1-p)\frac{1}{n} \tag{4}$$

注意，当 j 为悬挂网页时，方程(4)简化为方程(3).

由于冲浪的随机性，$\boldsymbol{A}$ 的第 j 列中的每一元素都严格是正的. 由于 $\boldsymbol{A}$ 有严格正的元素，所以利用佩龙定理(6.8 节)可证明马尔可夫过程将收敛到一个唯一的稳态向量 $\boldsymbol{x}$. $\boldsymbol{x}$ 的第 k 个元素对应于较长时间随机冲浪后最终到达网站 k 的概率. 稳态向量中的元素给出网页的分级. x_k 的值确定了网站 k 的总体分级. 例如，若 x_k 为向量 $\boldsymbol{x}$ 的第三大元素，

则网站 k 将有第三大的总体网页分级．进行网页搜索时，搜索引擎首先寻找所有和关键字匹配的网页，然后将这些网页按照它们的网页分级递减的顺序列出来．

330

令 $\boldsymbol{M}=(m_{ij})$，且令 $\boldsymbol{e}$ 为 $\mathbf{R}^n$ 中的一个向量，其所有元素均为 1．矩阵 $\boldsymbol{M}$ 是稀疏的，即它的大多数元素等于 0．若令 $\boldsymbol{E}=\boldsymbol{e}\boldsymbol{e}^{\mathrm{T}}$，则 $\boldsymbol{E}$ 是一个秩为 1 的 $n\times n$ 矩阵，且可将方程(4)写为矩阵形式：

$$\boldsymbol{A}=p\boldsymbol{M}+\frac{1-p}{n}\boldsymbol{e}\boldsymbol{e}^{\mathrm{T}}=p\boldsymbol{M}+\frac{1-p}{n}\boldsymbol{E} \tag{5}$$

因此，$\boldsymbol{A}$ 是两个具有特殊结构的矩阵的和．为求稳态向量，我们需进行一系列乘法

$$\boldsymbol{x}_{j+1}=\boldsymbol{A}\boldsymbol{x}_j,\quad j=0,1,2,\cdots$$

如果利用 $\boldsymbol{M}$ 和 $\boldsymbol{E}$ 的特殊结构，这个计算可以大大简化(见练习 29)．

参考文献

1. Moler, Cleve, "The World's Largest Matrix Computation", *MATLAB News & Notes*, The Mathworks, Natick, MA, October 2002.

2. Page, Lawrence, Sergey Brin, Rajeev Motwani, and Terry Winograd, "The PageRank Citation Ranking: Bringing Order to the Web", November 1999. (dbpubs. stanford. edu/pub/1999-66)

应用 3：伴性基因

伴性基因是一种位于 X 染色体上的基因．例如，红绿色盲基因是一种隐性的伴性基因．为给出一个描述给定的人群中色盲的数学模型，需要将人群分成两类——男性和女性．令 $x_1^{(0)}$ 为男性中有色盲基因的比例，并令 $x_2^{(0)}$ 为女性中有色盲基因的比例．(由于色盲是隐性的，女性中实际的色盲比例将小于 $x_2^{(0)}$．)由于男性从母亲处获得一个 X 染色体，且不从父亲处获得 X 染色体，所以下一代的男性中色盲的比例 $x_1^{(1)}$ 将和上一代的女性中含有隐性色盲基因的比例相同．由于女性从双亲处分别得到一个 X 染色体，所以下一代女性中含有隐性基因的比例 $x_2^{(1)}$ 将为 $x_1^{(0)}$ 和 $x_2^{(0)}$ 的平均值．因此，

$$x_2^{(0)}=x_1^{(1)}$$

$$\frac{1}{2}x_1^{(0)}+\frac{1}{2}x_2^{(0)}=x_2^{(1)}$$

若 $x_1^{(0)}=x_2^{(0)}$，则将来各代中的比例将保持不变．假设 $x_1^{(0)}\neq x_2^{(0)}$，且将方程组写为矩阵方程：

$$\begin{bmatrix}0 & 1\\ \frac{1}{2} & \frac{1}{2}\end{bmatrix}\begin{bmatrix}x_1^{(0)}\\ x_2^{(0)}\end{bmatrix}=\begin{bmatrix}x_1^{(1)}\\ x_2^{(1)}\end{bmatrix}$$

令 $\boldsymbol{A}$ 表示系数矩阵，并令 $\boldsymbol{x}^{(n)}=(x_1^{(n)},x_1^{(n)})^{\mathrm{T}}$ 表示第$(n+1)$代男性和女性中色盲的比例．于是

331

$$\boldsymbol{x}^{(n)}=\boldsymbol{A}^n\boldsymbol{x}^{(0)}$$

为计算 $\boldsymbol{A}^n$，注意到 $\boldsymbol{A}$ 有特征值 1 和 $-\frac{1}{2}$，因此它可分解为乘积：

$$A=\begin{bmatrix}1 & -2\\ 1 & 1\end{bmatrix}\begin{bmatrix}1 & 0\\ 0 & -\frac{1}{2}\end{bmatrix}\begin{bmatrix}\frac{1}{3} & \frac{2}{3}\\ -\frac{1}{3} & \frac{1}{3}\end{bmatrix}$$

故

$$\begin{aligned}x^{(n)}&=\begin{bmatrix}1 & -2\\ 1 & 1\end{bmatrix}\begin{bmatrix}1 & 0\\ 0 & -\frac{1}{2}\end{bmatrix}^n\begin{bmatrix}\frac{1}{3} & \frac{2}{3}\\ -\frac{1}{3} & \frac{1}{3}\end{bmatrix}\begin{bmatrix}x_1^{(0)}\\ x_2^{(0)}\end{bmatrix}\\&=\frac{1}{3}\begin{bmatrix}1-\left(-\frac{1}{2}\right)^{n-1} & 2+\left(-\frac{1}{2}\right)^{n-1}\\ 1-\left(-\frac{1}{2}\right)^{n} & 2+\left(-\frac{1}{2}\right)^{n}\end{bmatrix}\begin{bmatrix}x_1^{(0)}\\ x_2^{(0)}\end{bmatrix}\end{aligned}$$

于是

$$\begin{aligned}\lim_{n\to\infty}x^{(n)}&=\frac{1}{3}\begin{bmatrix}1 & 2\\ 1 & 2\end{bmatrix}\begin{bmatrix}x_1^{(0)}\\ x_2^{(0)}\end{bmatrix}\\&=\begin{bmatrix}\dfrac{x_1^{(0)}+2x_2^{(0)}}{3}\\ \dfrac{x_1^{(0)}+2x_2^{(0)}}{3}\end{bmatrix}\end{aligned}$$

当代数增加时，男性和女性中含有色盲基因的比例将趋向于相同的数值. 如果男性中色盲的比例是 p，且经过若干代没有外来人口加入现有人口中，有理由认为女性中含有色盲基因的比例也为 p. 由于色盲基因是隐性的，所以可以认为女性中色盲的比例为 p^2. 因此，若 1%的男性是色盲，则可以认为 0.01%的女性是色盲.

矩阵指数

给定一个标量 a，指数 e^a 可以表示为一个幂级数

$$e^a=1+a+\frac{1}{2!}a^2+\frac{1}{3!}a^3+\cdots$$

类似地，对任何 $n\times n$ 矩阵 A，可以定义矩阵指数(matrix exponential) e^A 为一个收敛的幂级数：

$$e^A=I+A+\frac{1}{2!}A^2+\frac{1}{3!}A^3+\cdots \tag{6}$$

332

矩阵指数(6)出现在大量应用问题中. 在对角矩阵的情况下，

$$D=\begin{bmatrix}\lambda_1 & & & \\ & \lambda_2 & & \\ & & \ddots & \\ & & & \lambda_n\end{bmatrix}$$

容易计算矩阵指数：

$$e^{\boldsymbol{D}} = \lim_{m\to\infty}\left(\boldsymbol{I}+\boldsymbol{D}+\frac{1}{2!}\boldsymbol{D}^2+\cdots+\frac{1}{m!}\boldsymbol{D}^m\right)$$

$$= \lim_{m\to\infty}\begin{bmatrix}\sum_{k=1}^{m}\frac{1}{k!}\lambda_1^k & & \\ & \ddots & \\ & & \sum_{k=1}^{m}\frac{1}{k!}\lambda_n^k\end{bmatrix}$$

$$= \begin{bmatrix}e^{\lambda_1} & & & \\ & e^{\lambda_2} & & \\ & & \ddots & \\ & & & e^{\lambda_n}\end{bmatrix}$$

对一般的 $n\times n$ 矩阵 $\boldsymbol{A}$，计算矩阵指数是比较困难的. 但是，若 $\boldsymbol{A}$ 是可对角化的，则

$$\boldsymbol{A}^k = \boldsymbol{X}\boldsymbol{D}^k\boldsymbol{X}^{-1},\quad k=1,2,\cdots$$

$$e^{\boldsymbol{A}} = \boldsymbol{X}\left(\boldsymbol{I}+\boldsymbol{D}+\frac{1}{2!}\boldsymbol{D}^2+\frac{1}{3!}\boldsymbol{D}^3+\cdots\right)\boldsymbol{X}^{-1}$$

$$= \boldsymbol{X}e^{\boldsymbol{D}}\boldsymbol{X}^{-1}$$

▶**例 6**　求 $e^{\boldsymbol{A}}$，其中

$$\boldsymbol{A} = \begin{bmatrix}-2 & -6\\ 1 & 3\end{bmatrix}$$

解　$\boldsymbol{A}$ 的特征值为 $\lambda_1=1$ 和 $\lambda_2=0$，其特征向量为 $\boldsymbol{x}_1=(-2,\ 1)^{\mathrm{T}}$ 和 $\boldsymbol{x}_2=(-3,\ 1)^{\mathrm{T}}$. 因此，

$$\boldsymbol{A} = \boldsymbol{X}\boldsymbol{D}\boldsymbol{X}^{-1} = \begin{bmatrix}-2 & -3\\ 1 & 1\end{bmatrix}\begin{bmatrix}1 & 0\\ 0 & 0\end{bmatrix}\begin{bmatrix}1 & 3\\ -1 & -2\end{bmatrix}$$

及

333

$$e^{\boldsymbol{A}} = \boldsymbol{X}e^{\boldsymbol{D}}\boldsymbol{X}^{-1} = \begin{bmatrix}-2 & -3\\ 1 & 1\end{bmatrix}\begin{bmatrix}e^1 & 0\\ 0 & e^0\end{bmatrix}\begin{bmatrix}1 & 3\\ -1 & -2\end{bmatrix}$$

$$= \begin{bmatrix}3-2e & 6-6e\\ e-1 & 3e-2\end{bmatrix}$$ ◀

矩阵指数可以用于求解 6.2 节中学习的初值问题

$$\boldsymbol{Y}' = \boldsymbol{A}\boldsymbol{Y},\quad \boldsymbol{Y}(0)=\boldsymbol{Y}_0 \tag{7}$$

当只有一个未知量时，

$$y' = ay,\quad y(0)=y_0$$

的解为

$$y = e^{at}y_0 \tag{8}$$

我们可以将这个结论推广，并用矩阵指数 $e^{t\boldsymbol{A}}$ 表示方程(7)的解. 一般地，一个幂级数在其收敛半径内可以逐项求导. 由于 $e^{t\boldsymbol{A}}$ 的展开式的收敛半径为无穷，我们有

$$\begin{aligned}\frac{\mathrm{d}}{\mathrm{d}t}\mathrm{e}^{t\boldsymbol{A}} &= \frac{\mathrm{d}}{\mathrm{d}t}\left(\boldsymbol{I}+t\boldsymbol{A}+\frac{1}{2!}t^2\boldsymbol{A}^2+\frac{1}{3!}t^3\boldsymbol{A}^3+\cdots\right)\\ &= \left(\boldsymbol{A}+t\boldsymbol{A}^2+\frac{1}{2!}t^2\boldsymbol{A}^3+\cdots\right)\\ &= \boldsymbol{A}\left(\boldsymbol{I}+t\boldsymbol{A}+\frac{1}{2!}t^2\boldsymbol{A}^2+\cdots\right)\\ &= \boldsymbol{A}\mathrm{e}^{t\boldsymbol{A}}\end{aligned}$$

如(8)中，若令

$$\boldsymbol{Y}(t)=\mathrm{e}^{t\boldsymbol{A}}\boldsymbol{Y}_0$$

则

$$\boldsymbol{Y}'=\boldsymbol{A}\mathrm{e}^{t\boldsymbol{A}}\boldsymbol{Y}_0=\boldsymbol{A}\boldsymbol{Y}$$

且

$$\boldsymbol{Y}(0)=\boldsymbol{Y}_0$$

因此，

$$\boldsymbol{Y}'=\boldsymbol{A}\boldsymbol{Y},\quad \boldsymbol{Y}(0)=\boldsymbol{Y}_0$$

的解化简为

$$\boldsymbol{Y}=\mathrm{e}^{t\boldsymbol{A}}\boldsymbol{Y}_0 \tag{9}$$

尽管这个解的形式看起来和 6.2 节中的解不同，但它们没有本质的区别. 6.2 节中的解可表示为

$$c_1\mathrm{e}^{\lambda_1 t}\boldsymbol{x}_1+c_2\mathrm{e}^{\lambda_2 t}\boldsymbol{x}_2+\cdots+c_n\mathrm{e}^{\lambda_n t}\boldsymbol{x}_n$$

其中 $\boldsymbol{x}_i$ 为属于 λ_i 的特征向量，$i=1,2,\cdots,n$. 满足初始条件的 c_i 可通过求解方程组

$$\boldsymbol{X}\boldsymbol{c}=\boldsymbol{Y}_0$$

334

得到，其系数矩阵为 $X=(\boldsymbol{x}_1,\boldsymbol{x}_2,\cdots,\boldsymbol{x}_n)$.

若 $\boldsymbol{A}$ 为可对角化的，我们可将(9)写成

$$\boldsymbol{Y}=\boldsymbol{X}\mathrm{e}^{t\boldsymbol{D}}\boldsymbol{X}^{-1}\boldsymbol{Y}_0$$

因此，

$$\begin{aligned}\boldsymbol{Y}&=\boldsymbol{X}\mathrm{e}^{t\boldsymbol{D}}\boldsymbol{c}=(\boldsymbol{x}_1,\boldsymbol{x}_2,\cdots,\boldsymbol{x}_n)\begin{bmatrix}c_1\mathrm{e}^{\lambda_1 t}\\ c_2\mathrm{e}^{\lambda_2 t}\\ \vdots\\ c_n\mathrm{e}^{\lambda_n t}\end{bmatrix}\\ &=c_1\mathrm{e}^{\lambda_1 t}\boldsymbol{x}_1+\cdots+c_n\mathrm{e}^{\lambda_n t}\boldsymbol{x}_n\end{aligned}$$

综上所述，初值问题(7)的解为

$$\boldsymbol{Y}=\mathrm{e}^{t\boldsymbol{A}}\boldsymbol{Y}_0$$

若 $\boldsymbol{A}$ 为可对角化的，则这个解又可写为

$$\begin{aligned}\boldsymbol{Y}&=\boldsymbol{X}\mathrm{e}^{t\boldsymbol{D}}\boldsymbol{X}^{-1}\boldsymbol{Y}_0\\ &=c_1\mathrm{e}^{\lambda_1 t}\boldsymbol{x}_1+c_2\mathrm{e}^{\lambda_2 t}\boldsymbol{x}_2+\cdots+c_n\mathrm{e}^{\lambda_n t}\boldsymbol{x}_n\quad(\boldsymbol{c}=\boldsymbol{X}^{-1}\boldsymbol{Y}_0)\end{aligned}$$

▶**例 7**　用矩阵指数求解初值问题

$$\boldsymbol{Y}' = \boldsymbol{A}\boldsymbol{Y}, \quad \boldsymbol{Y}(0) = \boldsymbol{Y}_0$$

其中

$$\boldsymbol{A} = \begin{bmatrix} 3 & 4 \\ 3 & 2 \end{bmatrix}, \quad \boldsymbol{Y}_0 = \begin{bmatrix} 6 \\ 1 \end{bmatrix}$$

(这个问题在 6.2 节中的例 1 中已经求出.)

解　$\boldsymbol{A}$ 的特征值为 $\lambda_1 = 6$ 和 $\lambda_2 = -1$，其特征向量为 $\boldsymbol{x}_1 = (4, 3)^{\mathrm{T}}$ 和 $\boldsymbol{x}_2 = (1, -1)^{\mathrm{T}}$. 因此，

$$\boldsymbol{A} = \boldsymbol{X}\boldsymbol{D}\boldsymbol{X}^{-1} = \begin{bmatrix} 4 & 1 \\ 3 & -1 \end{bmatrix}\begin{bmatrix} 6 & 0 \\ 0 & -1 \end{bmatrix}\begin{bmatrix} \frac{1}{7} & \frac{1}{7} \\ \frac{3}{7} & -\frac{4}{7} \end{bmatrix}$$

且其解为

$$\begin{aligned} \boldsymbol{Y} &= \mathrm{e}^{t\boldsymbol{A}}\boldsymbol{Y}_0 \\ &= \boldsymbol{X}\mathrm{e}^{t\boldsymbol{D}}\boldsymbol{X}^{-1}\boldsymbol{Y}_0 \\ &= \begin{bmatrix} 4 & 1 \\ 3 & -1 \end{bmatrix}\begin{bmatrix} \mathrm{e}^{6t} & 0 \\ 0 & \mathrm{e}^{-t} \end{bmatrix}\begin{bmatrix} \frac{1}{7} & \frac{1}{7} \\ \frac{3}{7} & -\frac{4}{7} \end{bmatrix}\begin{bmatrix} 6 \\ 1 \end{bmatrix} \\ &= \begin{bmatrix} 4\mathrm{e}^{6t} + 2\mathrm{e}^{-t} \\ 3\mathrm{e}^{6t} - 2\mathrm{e}^{-t} \end{bmatrix} \end{aligned}$$

335　比较它和 6.2 节例 1 中的解. ◀

▶**例 8**　用矩阵指数求解初值问题

$$\boldsymbol{Y}' = \boldsymbol{A}\boldsymbol{Y}, \quad \boldsymbol{Y}(0) = \boldsymbol{Y}_0$$

其中

$$\boldsymbol{A} = \begin{bmatrix} 0 & 1 & 0 \\ 0 & 0 & 1 \\ 0 & 0 & 0 \end{bmatrix}, \quad \boldsymbol{Y}_0 = \begin{bmatrix} 2 \\ 1 \\ 4 \end{bmatrix}$$

解　由于矩阵 $\boldsymbol{A}$ 是退化的，我们使用矩阵指数的定义计算 $\mathrm{e}^{t\boldsymbol{A}}$. 注意到 $\boldsymbol{A}^3 = \boldsymbol{O}$，所以

$$\begin{aligned} \mathrm{e}^{t\boldsymbol{A}} &= \boldsymbol{I} + t\boldsymbol{A} + \frac{1}{2!}t^2\boldsymbol{A}^2 \\ &= \begin{bmatrix} 1 & t & t^2/2 \\ 0 & 1 & t \\ 0 & 0 & 1 \end{bmatrix} \end{aligned}$$

初值问题的解为

$$\begin{aligned} \boldsymbol{Y} &= \mathrm{e}^{t\boldsymbol{A}}\boldsymbol{Y}_0 \\ &= \begin{bmatrix} 1 & t & t^2/2 \\ 0 & 1 & t \\ 0 & 0 & 1 \end{bmatrix}\begin{bmatrix} 2 \\ 1 \\ 4 \end{bmatrix} = \begin{bmatrix} 2 + t + 2t^2 \\ 1 + 4t \\ 4 \end{bmatrix} \end{aligned}$$

◀

6.3 节练习

1. 下列各题中，将矩阵 $\boldsymbol{A}$ 分解为乘积 $\boldsymbol{XDX}^{-1}$，其中 $\boldsymbol{D}$ 为对角矩阵.

(a) $\boldsymbol{A}=\begin{bmatrix}0 & 1\\ 1 & 0\end{bmatrix}$　(b) $\boldsymbol{A}=\begin{bmatrix}5 & 6\\ -2 & -2\end{bmatrix}$　(c) $\boldsymbol{A}=\begin{bmatrix}2 & -8\\ 1 & -4\end{bmatrix}$

(d) $\boldsymbol{A}=\begin{bmatrix}2 & 2 & 1\\ 0 & 1 & 2\\ 0 & 0 & -1\end{bmatrix}$　(e) $\boldsymbol{A}=\begin{bmatrix}1 & 0 & 0\\ -2 & 1 & 3\\ 1 & 1 & -1\end{bmatrix}$　(f) $\boldsymbol{A}=\begin{bmatrix}1 & 2 & -1\\ 2 & 4 & -2\\ 3 & 6 & -3\end{bmatrix}$

2. 对练习 1 中的每一矩阵，利用因式分解 $\boldsymbol{XDX}^{-1}$求 $\boldsymbol{A}^6$.
3. 对练习 1 中的每一个非奇异矩阵，用因式分解 $\boldsymbol{XDX}^{-1}$求 $\boldsymbol{A}^{-1}$.

336

4. 对下列各题，求矩阵 $\boldsymbol{B}$，使得 $\boldsymbol{B}^2=\boldsymbol{A}$.

(a) $\boldsymbol{A}=\begin{bmatrix}2 & 1\\ -2 & -1\end{bmatrix}$　(b) $\boldsymbol{A}=\begin{bmatrix}9 & -5 & 3\\ 0 & 4 & 3\\ 0 & 0 & 1\end{bmatrix}$

5. 令 $\boldsymbol{A}$ 为 $n\times n$ 非退化矩阵，其对角化矩阵为 $\boldsymbol{X}$. 证明矩阵 $\boldsymbol{Y}=(\boldsymbol{X}^{-1})^{\mathrm{T}}$ 对角化 $\boldsymbol{A}^{\mathrm{T}}$.
6. 令 $\boldsymbol{A}$ 为可对角化矩阵，它的特征值全为 1 或者 -1. 证明 $\boldsymbol{A}^{-1}=\boldsymbol{A}$.
7. 证明任何形如

$$\begin{bmatrix}a & 1 & 0\\ 0 & a & 1\\ 0 & 0 & b\end{bmatrix}$$

的 3×3 矩阵是退化的.

8. 对下列各题，求标量 α 的所有可能值，使得矩阵是退化的，或者证明这样的值是不存在的.

(a) $\begin{bmatrix}1 & 1 & 0\\ 1 & 1 & 0\\ 0 & 0 & \alpha\end{bmatrix}$　(b) $\begin{bmatrix}1 & 1 & 1\\ 1 & 1 & 1\\ 0 & 0 & \alpha\end{bmatrix}$

(c) $\begin{bmatrix}1 & 2 & 0\\ 2 & 1 & 0\\ 2 & -1 & \alpha\end{bmatrix}$　(d) $\begin{bmatrix}4 & 6 & -2\\ -1 & -1 & 1\\ 0 & 0 & \alpha\end{bmatrix}$

(e) $\begin{bmatrix}3\alpha & 1 & 0\\ 0 & \alpha & 0\\ 0 & 0 & \alpha\end{bmatrix}$　(f) $\begin{bmatrix}3\alpha & 0 & 0\\ 0 & \alpha & 1\\ 0 & 0 & \alpha\end{bmatrix}$

(g) $\begin{bmatrix}\alpha+2 & 1 & 0\\ 0 & \alpha+2 & 0\\ 0 & 0 & 2\alpha\end{bmatrix}$　(h) $\begin{bmatrix}\alpha+2 & 0 & 0\\ 0 & \alpha+2 & 1\\ 0 & 0 & 2\alpha\end{bmatrix}$

9. 令 $\boldsymbol{A}$ 为 4×4 矩阵，并令 λ 是一个重数为 3 的特征值. 若 $\boldsymbol{A}-\lambda\boldsymbol{I}$ 的秩为 1，$\boldsymbol{A}$ 是否为退化的？试说明.
10. 令 $\boldsymbol{A}$ 为 $n\times n$ 矩阵，它有实的正特征值 $\lambda_1>\lambda_2>\cdots>\lambda_n$. 对每一 i，令 $\boldsymbol{x}_i$ 为属于 λ_i 的一个特征向量，并令 $\boldsymbol{x}=\alpha_1\boldsymbol{x}_1+\alpha_2\boldsymbol{x}_2+\cdots+\alpha_n\boldsymbol{x}_n$.

(a) 证明 $\boldsymbol{A}^m\boldsymbol{x}=\sum_{i=1}^{n}\alpha_i\lambda_i^m\boldsymbol{x}_i$.

(b) 若 $\lambda_1=1$，证明 $\lim_{m\to\infty}\boldsymbol{A}^m\boldsymbol{x}=\alpha_1\boldsymbol{x}_1$.

11. 令 $\boldsymbol{A}$ 为 $n\times n$ 实矩阵，令 $\lambda_1=a+b\mathrm{i}$(其中 a，b 为实数且 $b\neq 0$)为 $\boldsymbol{A}$ 的特征值. 令 $\boldsymbol{z}_1=\boldsymbol{x}+\mathrm{i}\boldsymbol{y}$(其中 $\boldsymbol{x}$

和 $\boldsymbol{y}$ 均有实元素)为属于 λ_1 的特征向量，并令 $\boldsymbol{z}_2=\boldsymbol{x}-\mathrm{i}\boldsymbol{y}$.

(a) 说明为什么 $\boldsymbol{z}_1$ 和 $\boldsymbol{z}_2$ 必线性无关.

(b) 证明：$\boldsymbol{y}\neq\boldsymbol{0}$ 且 $\boldsymbol{x}$ 和 $\boldsymbol{y}$ 是线性无关的.

12. 令 $\boldsymbol{A}$ 为 $n\times n$ 矩阵，它有一个重数为 n 的特征值 λ. 证明：$\boldsymbol{A}$ 可对角化的充要条件为 $\boldsymbol{A}=\lambda\boldsymbol{I}$.
13. 证明：一个非零的幂零矩阵是退化的.
14. 若 $\boldsymbol{A}$ 为可对角化矩阵，并令 $\boldsymbol{X}$ 为对角化矩阵. 证明：对应于 $\boldsymbol{A}$ 的非零特征值的 $\boldsymbol{X}$ 的列向量构成了 $R(\boldsymbol{A})$ 的一组基.
15. 由练习 14 可得，对一个可对角化矩阵，非零的特征值的个数(根据重数计数)等于矩阵的秩. 给出一个退化矩阵的例子，其秩不等于非零特征值的个数.
16. 令 $\boldsymbol{A}$ 为 $n\times n$ 矩阵，并令 λ 为 $\boldsymbol{A}$ 的一个特征值，其特征空间的维数为 k，其中 $1<k<n$. 特征空间的任何一组基 $\{\boldsymbol{x}_1, \boldsymbol{x}_2, \cdots, \boldsymbol{x}_k\}$ 可以扩张为 $\mathbf{R}^n$ 的一组基 $\{\boldsymbol{x}_1, \boldsymbol{x}_2, \cdots, \boldsymbol{x}_n\}$. 令 $X=\{\boldsymbol{x}_1, \boldsymbol{x}_2, \cdots, \boldsymbol{x}_n\}$，且 $\boldsymbol{B}=\boldsymbol{X}^{-1}\boldsymbol{A}\boldsymbol{X}$.

(a) 证明：$\boldsymbol{B}$ 形如

$$\begin{bmatrix}\lambda\boldsymbol{I} & \boldsymbol{B}_{12}\\ \boldsymbol{O} & \boldsymbol{B}_{22}\end{bmatrix}$$

其中 I 为 $k\times k$ 单位矩阵.

(b) 用定理 6.1.1 证明 λ 是重数至少为 k 的 $\boldsymbol{A}$ 的特征值.

17. 令 $\boldsymbol{x}$，$\boldsymbol{y}$ 为 $\mathbf{R}^n$ 中的非零向量，$n\geqslant 2$，并令 $\boldsymbol{A}=\boldsymbol{x}\boldsymbol{y}^{\mathrm{T}}$. 证明：

(a) $\lambda=0$ 为 $\boldsymbol{A}$ 的一个特征值，它有 $n-1$ 个线性无关的特征向量，因此其重数至少为 $n-1$(见练习 16).

(b) $\boldsymbol{A}$ 的其他特征值为

$$\lambda_n = \operatorname{tr}\boldsymbol{A} = \boldsymbol{x}^{\mathrm{T}}\boldsymbol{y}$$

且 $\boldsymbol{x}$ 为一个属于 λ_n 的特征向量.

(c) 若 $\lambda_n=\boldsymbol{x}^{\mathrm{T}}\boldsymbol{y}\neq 0$，则 $\boldsymbol{A}$ 为可对角化的.

18. 令 $\boldsymbol{A}$ 为可对角化的 $n\times n$ 矩阵. 证明：若 $\boldsymbol{B}$ 为任何和 $\boldsymbol{A}$ 相似的矩阵，则 $\boldsymbol{B}$ 为可对角化的.
19. 证明：若 $\boldsymbol{A}$ 和 $\boldsymbol{B}$ 为两个 $n\times n$ 矩阵，它们有相同的对角化矩阵 $\boldsymbol{X}$，则 $\boldsymbol{AB}=\boldsymbol{BA}$.
20. 令 $\boldsymbol{T}$ 为上三角矩阵，其对角线元素各不相同(即若 $i\neq j$，则 $t_{ii}\neq t_{jj}$). 证明：存在一个上三角矩阵 $\boldsymbol{R}$ 对角化 $\boldsymbol{T}$.
21. 每年某公司的每个雇员均有一个向慈善机构捐赠的机会，并被作为工资削减方案的一部分. 一般地，任何一年参加该活动的雇员中 80%的人将在下一年继续参加，且 30%的未参加该活动的雇员将会在下一年参加. 求这个马尔可夫过程的转移矩阵，并求其稳态向量. 你认为在较长时间后，有多大比例的雇员加入该过程中?

337

22. 年复一年，Mawtookit 城镇的人口保持常数 300 000. 一个政治学家估计，在这个城镇中有 150 000 名无党派人士、90 000 名民主党人和 60 000 名共和党人. 同时还估计每年 20%的无党派人士成为民主党人，且 10%的无党派人士成为共和党人，而每年 10%的共和党人转为民主党人，且 10%的共和党人转为无党派人士. 令

$$\boldsymbol{x}=\begin{bmatrix}150\,000\\ 90\,000\\ 60\,000\end{bmatrix}$$

并令 $\boldsymbol{x}^{(1)}$ 为一个表示 1 年后每一人群数量的向量.

(a) 求矩阵 $\boldsymbol{A}$，使得 $\boldsymbol{A}\boldsymbol{x}=\boldsymbol{x}^{(1)}$.

(b) 证明：$\lambda_1=1.0$，$\lambda_2=0.5$ 和 $\lambda_3=0.7$ 为 $\boldsymbol{A}$ 的特征值，且 $\boldsymbol{A}$ 可分解为一个乘积 $\boldsymbol{XDX}^{-1}$，其中 $\boldsymbol{D}$

为对角的.

(c) 在较长时间后，哪部分人群占多数？通过计算$\lim_{n\to\infty}A^n x$验证你的答案.

23. 令 $\boldsymbol{A}=\begin{bmatrix}\frac{1}{2} & \frac{1}{3} & \frac{1}{5}\\ \frac{1}{4} & \frac{1}{3} & \frac{2}{5}\\ \frac{1}{4} & \frac{1}{3} & \frac{2}{5}\end{bmatrix}$是一个马尔可夫过程的转移矩阵.

(a) 计算 det($\boldsymbol{A}$)和 trace($\boldsymbol{A}$)，并利用这些值求 $\boldsymbol{A}$ 的特征值.

(b) 说明为什么马尔可夫过程必收敛到一个稳态向量.

(c) 证明：$\boldsymbol{y}=(16, 15, 15)^{\mathrm{T}}$ 是 $\boldsymbol{A}$ 的一个特征向量. 这个稳态向量与 $\boldsymbol{y}$ 有什么关系？

24. 令 $\boldsymbol{A}$ 为 3×2 矩阵，其列向量 $\boldsymbol{a}_1$ 和 $\boldsymbol{a}_2$ 均为概率向量. 证明：若 $\boldsymbol{p}$ 为 $\mathbf{R}^2$ 中的概率向量，且 $\boldsymbol{y}=\boldsymbol{A}\boldsymbol{p}$，则 $\boldsymbol{y}$ 也是 $\mathbf{R}^3$ 中的概率向量.

25. 推广练习 24 中的结论. 证明：若 $\boldsymbol{A}$ 为 $m\times n$ 矩阵，其列向量均为概率向量，$\boldsymbol{p}$ 为 $\mathbf{R}^n$ 中的概率向量，则向量 $\boldsymbol{y}=\boldsymbol{A}\boldsymbol{p}$ 将是 $\mathbf{R}^m$ 中的概率向量.

26. 考虑仅由四个网页构成的网络，网页间的相互链接如下图所示. 若用 PageRank 算法对这些网页进行分级，求转移矩阵 $\boldsymbol{A}$. 假设网上冲浪时 85%的次数是沿着当前页面上的链接进行的.

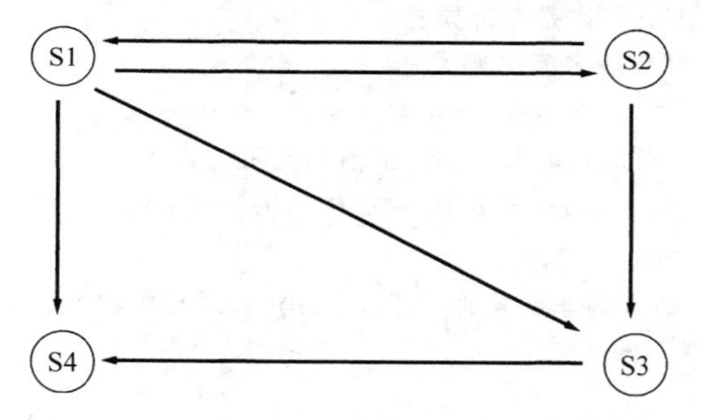

27. 令 $\boldsymbol{A}$ 为 $n\times n$ 随机矩阵，并令 $\boldsymbol{e}$ 为 $\mathbf{R}^n$ 中的向量，其元素均为 1. 证明 $\boldsymbol{e}$ 是 $\boldsymbol{A}^{\mathrm{T}}$ 的一个特征向量. 说明为什么随机矩阵必以 $\lambda=1$ 作为它的一个特征值.

28. 例 5 中的转移矩阵有这样的性质，即它的所有行和所有列的元素之和均为 1. 一般地，若 $\boldsymbol{A}$ 和 $\boldsymbol{A}^{\mathrm{T}}$ 均为随机的，则矩阵 $\boldsymbol{A}$ 称为**双随机的**(doubly stochastic). 令 $\boldsymbol{A}$ 为 $n\times n$ 双随机矩阵，其特征值满足

$$\lambda_1=1 \quad 且 \quad |\lambda_j|<1,\quad j=2,3,\cdots,n$$

若 $\boldsymbol{e}$ 为 $\mathbf{R}^n$ 中的向量，其所有元素均为 1，证明对任何初始向量 $\boldsymbol{x}_0$，马尔可夫链将收敛到稳态向量 $\boldsymbol{x}=\frac{1}{n}\boldsymbol{e}$. 因此，对双随机转移矩阵，稳态向量将以相等的概率分布到所有可能的输出上.

29. 令 $\boldsymbol{A}$ 为 PageRank 转移矩阵，并令 $\boldsymbol{x}_k$ 是以 $\boldsymbol{x}_0$ 为初始概率向量的马尔可夫链中的向量. 由于 n 非常大，直接计算 $\boldsymbol{x}_{k+1}=\boldsymbol{A}\boldsymbol{x}_k$ 的计算量是十分巨大的. 然而，如果利用方程(5)中给出的 $\boldsymbol{A}$ 的结构特点，计算可被大大化简. 由于 $\boldsymbol{M}$ 是稀疏的，乘法 $\boldsymbol{w}_k=\boldsymbol{M}\boldsymbol{x}_k$ 很容易计算. 证明：若令

$$\boldsymbol{b}=\frac{1-p}{n}\boldsymbol{e}$$

则

$$E\boldsymbol{x}_k=\boldsymbol{e},\quad \boldsymbol{x}_{k+1}=p\boldsymbol{w}_k+\boldsymbol{b}$$

其中 $\boldsymbol{M}$，E，$\boldsymbol{e}$ 和 p 如方程(5)中的定义.

30. 利用矩阵指数的定义，对下列矩阵求 e^{A}：

(a) $A=\begin{bmatrix}1 & 1\\ -1 & -1\end{bmatrix}$　　(b) $A=\begin{bmatrix}1 & 1\\ 0 & 1\end{bmatrix}$　　(c) $A=\begin{bmatrix}1 & 0 & -1\\ 0 & 1 & 0\\ 0 & 0 & 1\end{bmatrix}$

31. 对下列矩阵，求 e^{A}.

(a) $A=\begin{bmatrix}-2 & -1\\ 6 & 3\end{bmatrix}$　　(b) $A=\begin{bmatrix}3 & 4\\ -2 & -3\end{bmatrix}$　　(c) $A=\begin{bmatrix}1 & 1 & 1\\ -1 & -1 & -1\\ 1 & 1 & 1\end{bmatrix}$

32. 下列各题中，通过计算 $e^{tA}Y_0$ 来求解初值问题 $Y'=AY$，$Y(0)=Y_0$.

(a) $A=\begin{bmatrix}1 & -2\\ 0 & -1\end{bmatrix}$，$Y_0=\begin{bmatrix}1\\ 1\end{bmatrix}$　　(b) $A=\begin{bmatrix}2 & 3\\ -1 & -2\end{bmatrix}$，$Y_0=\begin{bmatrix}-4\\ 2\end{bmatrix}$

(c) $A=\begin{bmatrix}1 & 1 & 1\\ 0 & 0 & 1\\ 0 & 0 & -1\end{bmatrix}$，$Y_0=\begin{bmatrix}1\\ 1\\ 1\end{bmatrix}$　　(d) $A=\begin{bmatrix}1 & 1 & 1\\ 1 & 0 & 1\\ -1 & -1 & -1\end{bmatrix}$，$Y_0=\begin{bmatrix}1\\ 1\\ -1\end{bmatrix}$

33. 令 λ 为 $n\times n$ 矩阵 A 的特征值，并令 x 为属于 λ 的特征向量. 证明 e^{λ} 为 e^{A} 的一个特征值，且 x 为 e^{A} 的属于 e^{λ} 的特征向量.

34. 证明对任何可对角化矩阵 A，e^{A} 是非奇异的.

35. 令 A 为可对角化矩阵，其特征多项式为

$$p(\lambda)=a_1\lambda^{n}+a_2\lambda^{n-1}+\cdots+a_{n+1}$$

(a) 若 D 为对角矩阵，其对角元素为 A 的特征值，证明：

$$p(D)=a_1D^{n}+a_2D^{n-1}+\cdots+a_{n+1}I=O$$

(b) 证明 $p(A)=O$.

(c) 证明：若 $a_{n+1}\neq 0$，则 A 为非奇异的，且 $A^{-1}=q(A)$ 对某次数小于 n 的多项式 q 成立.

6.4 埃尔米特矩阵

令 $\mathbf{C}^{n}$ 表示所有 n 元复数组构成的向量空间. 所有复数的集合 $\mathbf{C}$ 将取为我们的标量域. 我们已经看到，实元素的矩阵 A 可能有复特征值和特征向量. 本节我们学习复元素的矩阵，并关注类似对称及正交的矩阵.

复内积

若 $\alpha=a+bi$ 为复标量，则 α 的长度为

$$|\alpha|=\sqrt{\bar{\alpha}\alpha}=\sqrt{a^2+b^2}$$

$\mathbf{C}^{n}$ 中的向量 $z=(z_1, z_2, \cdots, z_n)^{\mathrm{T}}$ 的长度为

$$\begin{aligned}\|z\|&=(|z_1|^2+|z_2|^2+\cdots+|z_n|^2)^{1/2}\\&=(\bar{z}_1z_1+\bar{z}_2z_2+\cdots+\bar{z}_nz_n)^{1/2}\\&=(\bar{z}^{\mathrm{T}}z)^{1/2}\end{aligned}$$

为方便起见，我们记 z^{H} 为 $\bar{z}$ 的转置. 即

$$\bar{z}^{\mathrm{T}}=z^{\mathrm{H}}\quad 且\quad \|z\|=(z^{\mathrm{H}}z)^{1/2}$$

339

定义　令 V 为复数域上的向量空间. V 上的**内积**(inner product)是一个关联 V 中任

意一对向量 z 和 w 的复数 $\langle z, w\rangle$，它满足如下条件：

Ⅰ. $\langle z, z\rangle \geqslant 0$，等号成立的充要条件为 $z=\mathbf{0}$.

Ⅱ. $\langle z, w\rangle=\overline{\langle w, z\rangle}$ 对 V 中所有的 z 和 w 成立.

Ⅲ. $\langle \alpha z+\beta w, u\rangle=\alpha\langle z, u\rangle+\beta\langle w, u\rangle$.

注意，这里指的是复内积空间 $\langle z, w\rangle=\overline{\langle w, z\rangle}$，而不是 $\langle w, z\rangle$. 如果允许这种运算，并进行适当改进，则在 5.5 节中给出的针对实内积空间的定理也将对复内积空间成立. 特别地，我们回顾定理 5.5.2：若 $\{u_1, u_2, \cdots, u_n\}$ 为实内积空间 V 的一组规范正交基，且

$$x=\sum_{i=1}^{n} c_i u_i$$

则

$$c_i=\langle u_i, x\rangle=\langle x, u_i\rangle \quad 且 \quad \| x \|^2=\sum_{i=1}^{n} c_i^2$$

对复内积空间，若 $\{w_1, w_2, \cdots, w_n\}$ 为一组规范正交基，且

$$z=\sum_{i=1}^{n} c_i w_i$$

则

$$c_i=\langle z, w_i\rangle, \quad \bar{c}_i=\langle w_i, z\rangle \quad 且 \quad \| z \|^2=\sum_{i=1}^{n} c_i \bar{c}_i$$

对 $\mathbf{C}^n$ 中的所有 z 和 w，定义 $\mathbf{C}^n$ 上的一个内积为

$$\langle z, w\rangle=w^{\mathrm{H}} z \tag{1}$$

留给读者去验证(1)事实上确实定义了一个 $\mathbf{C}^n$ 上的内积. 复内积空间 $\mathbf{C}^n$ 和实内积空间 $\mathbf{R}^n$ 是相似的. 主要的不同就是在复的情形中计算内积时，需在转置之前先取共轭.

$\mathbf{R}^n$	$\mathbf{C}^n$
$\langle x, y\rangle=y^{\mathrm{T}} x$	$\langle z, w\rangle=w^{\mathrm{H}} z$
$x^{\mathrm{T}} y=y^{\mathrm{T}} x$	$z^{\mathrm{H}} w=\overline{w^{\mathrm{H}} z}$
$\| x \|^2=x^{\mathrm{T}} x$	$\| z \|^2=z^{\mathrm{H}} z$

340

▶**例 1**　若

$$z=\begin{bmatrix}5+\mathrm{i}\\1-3\mathrm{i}\end{bmatrix} \quad 且 \quad w=\begin{bmatrix}2+\mathrm{i}\\-2+3\mathrm{i}\end{bmatrix}$$

则

$$w^{\mathrm{H}} z=(2-\mathrm{i}, -2-3\mathrm{i})\begin{bmatrix}5+\mathrm{i}\\1-3\mathrm{i}\end{bmatrix}=(11-3\mathrm{i})+(-11+3\mathrm{i})=0$$

$$z^{\mathrm{H}} z=|5+\mathrm{i}|^2+|1-3\mathrm{i}|^2=36$$

$$w^{\mathrm{H}} w=|2+\mathrm{i}|^2+|-2+3\mathrm{i}|^2=18$$

由此可得 z 和 w 是正交的，且

$$\|z\| = 6, \quad \|w\| = 3\sqrt{2}$$ ◀

埃尔米特矩阵

令 $M=(m_{ij})$ 为 $m\times n$ 矩阵，且对每个 i 和 j，$m_{ij}=a_{ij}+\mathrm{i}b_{ij}$. 我们可将 M 写为

$$M = A + \mathrm{i}B$$

其中 $A=(a_{ij})$ 和 $B=(b_{ij})$ 均为实的. 定义矩阵 M 的共轭为

$$\overline{M} = A - \mathrm{i}B$$

即 $\overline{M}$ 为一个将 M 的每一个元素取共轭得到的矩阵. $\overline{M}$ 的转置记为 M^{H}. 所有元素为复数的 $m\times n$ 矩阵构成的向量空间记为 $\mathbf{C}^{m\times n}$. 若 A 和 B 为 $\mathbf{C}^{m\times n}$ 的元素，且 $C\in\mathbf{C}^{n\times r}$，则容易验证下列法则(见练习 9).

Ⅰ. $(A^{\mathrm{H}})^{\mathrm{H}}=A$.
Ⅱ. $(\alpha A+\beta B)^{\mathrm{H}}=\overline{\alpha}A^{\mathrm{H}}+\overline{\beta}B^{\mathrm{H}}$.
Ⅲ. $(AC)^{\mathrm{H}}=C^{\mathrm{H}}A^{\mathrm{H}}$.

定义　若一个矩阵 M 满足 $M=M^{\mathrm{H}}$，则称它为**埃尔米特矩阵**(Hermitian).

▶**例 2**　矩阵

$$M = \begin{bmatrix} 3 & 2-\mathrm{i} \\ 2+\mathrm{i} & 4 \end{bmatrix}$$

为埃尔米特矩阵，因为

341

$$M^{\mathrm{H}} = \begin{bmatrix} \overline{3} & \overline{2-\mathrm{i}} \\ \overline{2+\mathrm{i}} & \overline{4} \end{bmatrix}^{\mathrm{T}} = \begin{bmatrix} 3 & 2-\mathrm{i} \\ 2+\mathrm{i} & 4 \end{bmatrix} = M$$ ◀

若 M 为一个实元矩阵，则 $M^{\mathrm{H}}=M^{\mathrm{T}}$. 特别地，若 M 为实对称矩阵，则 M 是埃尔米特矩阵. 因此，将埃尔米特矩阵看成和实对称矩阵是相似的. 下面的定理给出了埃尔米特矩阵很多好的性质.

定理 6.4.1　埃尔米特矩阵的特征值均为实的. 此外，属于不同特征值的特征向量是正交的.

证　令 A 为埃尔米特矩阵. 令 λ 为 A 的一个特征值，且令 x 为属于 λ 的一个特征向量. 若 $\alpha=x^{\mathrm{H}}Ax$，则

$$\overline{\alpha} = \alpha^{\mathrm{H}} = (x^{\mathrm{H}}Ax)^{\mathrm{H}} = x^{\mathrm{H}}Ax = \alpha$$

因此 α 为实的. 由此得到

$$\alpha = x^{\mathrm{H}}Ax = x^{\mathrm{H}}\lambda x = \lambda\|x\|^2$$

故

$$\lambda = \frac{\alpha}{\|x\|^2}$$

为实的. 若 x_1 和 x_2 分别为属于不同的特征值 λ_1 和 λ_2 的特征向量，则

$$(Ax_1)^{\mathrm{H}}x_2 = x_1^{\mathrm{H}}A^{\mathrm{H}}x_2 = x_1^{\mathrm{H}}Ax_2 = \lambda_2 x_1^{\mathrm{H}}x_2$$

且

$$(\boldsymbol{A}\boldsymbol{x}_1)^{\mathrm{H}}\boldsymbol{x}_2 = (\boldsymbol{x}_2^{\mathrm{H}}\boldsymbol{A}\boldsymbol{x}_1)^{\mathrm{H}} = (\lambda_1\boldsymbol{x}_2^{\mathrm{H}}\boldsymbol{x}_1)^{\mathrm{H}} = \lambda_1\boldsymbol{x}_1^{\mathrm{H}}\boldsymbol{x}_2$$

因此，

$$\lambda_1\boldsymbol{x}_1^{\mathrm{H}}\boldsymbol{x}_2 = \lambda_2\boldsymbol{x}_1^{\mathrm{H}}\boldsymbol{x}_2$$

由于 $\lambda_1 \neq \lambda_2$，可得

$$\langle \boldsymbol{x}_2, \boldsymbol{x}_2 \rangle = \boldsymbol{x}_1^{\mathrm{H}}\boldsymbol{x}_2 = 0$$

■

定义　若一个 $n\times n$ 矩阵 $\boldsymbol{U}$ 的列向量构成了 $\mathbf{C}^n$ 中的一个规范正交集，则称其为**酉矩阵**(unitary matrix).

因此 $\boldsymbol{U}$ 为酉矩阵的充要条件是 $\boldsymbol{U}^{\mathrm{H}}\boldsymbol{U}=\boldsymbol{I}$. 若 $\boldsymbol{U}$ 为酉矩阵，则由于其列向量是规范正交的，故 $\boldsymbol{U}$ 的秩必为 n. 由此可得

$$\boldsymbol{U}^{-1} = \boldsymbol{I}\boldsymbol{U}^{-1} = \boldsymbol{U}^{\mathrm{H}}\boldsymbol{U}\boldsymbol{U}^{-1} = \boldsymbol{U}^{\mathrm{H}}$$

一个实的酉矩阵就是一个正交矩阵.

推论 6.4.2　若埃尔米特矩阵 $\boldsymbol{A}$ 的特征值互不相同，则存在一个酉矩阵 $\boldsymbol{U}$ 对角化 $\boldsymbol{A}$. 342

证　对每一个 $\boldsymbol{A}$ 的特征值 λ_i，令 $\boldsymbol{x}_i$ 为属于 λ_i 的特征向量. 令 $\boldsymbol{u}_i=(1/\|\boldsymbol{x}_i\|)\boldsymbol{x}_i$. 则对每一 i，$\boldsymbol{u}_i$ 为属于 λ_i 的单位特征向量. 由定理 6.4.1，$\{\boldsymbol{u}_1, \boldsymbol{u}_2, \cdots, \boldsymbol{u}_n\}$为 $\mathbf{C}^n$ 中的规范正交集. 令 $\boldsymbol{U}$ 为对每一 i，其第 i 个列向量为 $\boldsymbol{u}_i$ 的矩阵，则 $\boldsymbol{U}$ 是酉矩阵，且 $\boldsymbol{U}$ 对角化 A. ■

▶**例 3**　令

$$\boldsymbol{A} = \begin{bmatrix} 2 & 1-\mathrm{i} \\ 1+\mathrm{i} & 1 \end{bmatrix}$$

求一个酉矩阵 $\boldsymbol{U}$ 对角化 $\boldsymbol{A}$.

解　$\boldsymbol{A}$ 的特征值为 $\lambda_1=3$ 和 $\lambda_2=0$，相应的特征向量为 $\boldsymbol{x}_1=(1-\mathrm{i}, 1)^{\mathrm{T}}$ 和 $\boldsymbol{x}_2=(-1, 1+\mathrm{i})^{\mathrm{T}}$. 令

$$\boldsymbol{u}_1 = \frac{1}{\|\boldsymbol{x}_1\|}\boldsymbol{x}_1 = \frac{1}{\sqrt{3}}(1-\mathrm{i},1)^{\mathrm{T}}$$

且

$$\boldsymbol{u}_2 = \frac{1}{\|\boldsymbol{x}_2\|}\boldsymbol{x}_2 = \frac{1}{\sqrt{3}}(-1,1+\mathrm{i})^{\mathrm{T}}$$

因此

$$\boldsymbol{U} = \frac{1}{\sqrt{3}}\begin{bmatrix} 1-\mathrm{i} & -1 \\ 1 & 1+\mathrm{i} \end{bmatrix}$$

且

$$\begin{aligned} \boldsymbol{U}^{\mathrm{H}}\boldsymbol{A}\boldsymbol{U} &= \frac{1}{3}\begin{bmatrix} 1+\mathrm{i} & 1 \\ -1 & 1-\mathrm{i} \end{bmatrix}\begin{bmatrix} 2 & 1-\mathrm{i} \\ 1+\mathrm{i} & 1 \end{bmatrix}\begin{bmatrix} 1-\mathrm{i} & -1 \\ 1 & 1+\mathrm{i} \end{bmatrix} \\ &= \begin{bmatrix} 3 & 0 \\ 0 & 0 \end{bmatrix} \end{aligned}$$

◀

事实上，当 $\boldsymbol{A}$ 的特征值不全相异时推论 6.4.2 也是成立的. 为证明它，我们首先证明下面的定理.

定理 6.4.3(舒尔定理)　对每一个 $n\times n$ 矩阵 $\boldsymbol{A}$，存在一个酉矩阵 $\boldsymbol{U}$，使得 $\boldsymbol{U}^{\mathrm{H}}\boldsymbol{A}\boldsymbol{U}$ 为上三角的.

证　利用对 n 的数学归纳法证明. 当 $n=1$ 时，结论是显然的. 假设对 $k\times k$ 矩阵该结论是成立的，并令 $\boldsymbol{A}$ 为 $(k+1)\times(k+1)$ 矩阵. 令 λ_1 为 $\boldsymbol{A}$ 的特征值，并令 $\boldsymbol{w}_1$ 为属于 λ_1 的单位特征向量. 利用格拉姆-施密特过程，构造 $\boldsymbol{w}_2$，$\boldsymbol{w}_3$，…，$\boldsymbol{w}_{k+1}$，使得 $\{\boldsymbol{w}_1, \boldsymbol{w}_2, \cdots, \boldsymbol{w}_{k+1}\}$ 为 $\mathbf{C}^{k+1}$ 的一组规范正交基. 令 $\boldsymbol{W}$ 为对 $i=1, 2, \cdots, k+1$，以 $\boldsymbol{w}_i$ 为第 i 列的矩阵. 则由归纳法，$\boldsymbol{W}$ 为酉矩阵. $\boldsymbol{W}^{\mathrm{H}}\boldsymbol{A}\boldsymbol{W}$ 的第一列将为 $\boldsymbol{W}^{\mathrm{H}}\boldsymbol{A}\boldsymbol{w}_1$.

343

$$\boldsymbol{W}^{\mathrm{H}}\boldsymbol{A}\boldsymbol{w}_1=\lambda_1\boldsymbol{W}^{\mathrm{H}}\boldsymbol{w}_1=\lambda_1\boldsymbol{e}_1$$

因此 $\boldsymbol{W}^{\mathrm{H}}\boldsymbol{A}\boldsymbol{W}$ 为形如

$$\left[\begin{array}{c|ccc}\lambda_1 & \times & \times\ \cdots & \times \\ \hline 0 & & & \\ \vdots & & \boldsymbol{M} & \\ 0 & & & \end{array}\right]$$

的矩阵，其中 $\boldsymbol{M}$ 为 $k\times k$ 矩阵. 由归纳假设，存在一个 $k\times k$ 的酉矩阵 $\boldsymbol{V}_1$，使得 $\boldsymbol{V}_1^{\mathrm{H}}\boldsymbol{M}\boldsymbol{V}_1=\boldsymbol{T}_1$，其中 $\boldsymbol{T}_1$ 是三角形的. 令

$$\boldsymbol{V}=\left[\begin{array}{c|ccc}1 & 0 & \cdots & 0 \\ \hline 0 & & & \\ \vdots & & \boldsymbol{V}_1 & \\ 0 & & & \end{array}\right]$$

且

$$\boldsymbol{V}^{\mathrm{H}}\boldsymbol{W}^{\mathrm{H}}\boldsymbol{A}\boldsymbol{W}\boldsymbol{V}=\left[\begin{array}{c|ccc}\lambda_1 & \times & \cdots & \times \\ \hline 0 & & & \\ \vdots & & \boldsymbol{V}_1^{\mathrm{H}}\boldsymbol{M}\boldsymbol{V}_1 & \\ 0 & & & \end{array}\right]=\left[\begin{array}{c|ccc}\lambda_1 & \times & \cdots & \times \\ \hline 0 & & & \\ \vdots & & \boldsymbol{T}_1 & \\ 0 & & & \end{array}\right]=\boldsymbol{T}$$

令 $\boldsymbol{U}=\boldsymbol{W}\boldsymbol{V}$. 矩阵 $\boldsymbol{U}$ 为酉矩阵，因为

$$\boldsymbol{U}^{\mathrm{H}}\boldsymbol{U}=(\boldsymbol{W}\boldsymbol{V})^{\mathrm{H}}\boldsymbol{W}\boldsymbol{V}=\boldsymbol{V}^{\mathrm{H}}\boldsymbol{W}^{\mathrm{H}}\boldsymbol{W}\boldsymbol{V}=\boldsymbol{I}$$

且 $\boldsymbol{U}^{\mathrm{H}}\boldsymbol{A}\boldsymbol{U}=\boldsymbol{T}$. ■

因式分解 $\boldsymbol{A}=\boldsymbol{U}\boldsymbol{T}\boldsymbol{U}^{\mathrm{H}}$ 通常称为 $\boldsymbol{A}$ 的舒尔分解(Schur decomposition). 当 $\boldsymbol{A}$ 为埃尔米特矩阵时，矩阵 $\boldsymbol{T}$ 将为对角的.

定理 6.4.4(谱定理)　若 $\boldsymbol{A}$ 为埃尔米特矩阵，则存在一个酉矩阵 $\boldsymbol{U}$ 对角化 $\boldsymbol{A}$.

证　由定理 6.4.3，存在一个酉矩阵 $\boldsymbol{U}$，使得 $\boldsymbol{U}^{\mathrm{H}}\boldsymbol{A}\boldsymbol{U}=\boldsymbol{T}$，其中 $\boldsymbol{T}$ 为上三角的. 而且

$$\boldsymbol{T}^{\mathrm{H}}=(\boldsymbol{U}^{\mathrm{H}}\boldsymbol{A}\boldsymbol{U})^{\mathrm{H}}=\boldsymbol{U}^{\mathrm{H}}\boldsymbol{A}^{\mathrm{H}}\boldsymbol{U}=\boldsymbol{U}^{\mathrm{H}}\boldsymbol{A}\boldsymbol{U}=\boldsymbol{T}$$

也就是说，$\boldsymbol{T}$ 是埃尔米特矩阵，因此必为对角的. ■

▶**例 4**　给定

$$\boldsymbol{A}=\begin{bmatrix}0 & 2 & -1\\ 2 & 3 & -2\\ -1 & -2 & 0\end{bmatrix}$$

344

求对角化 $\boldsymbol{A}$ 的正交矩阵 $\boldsymbol{U}$.

解　特征多项式

$$p(\lambda)=-\lambda^3+3\lambda^2+9\lambda+5=(1+\lambda)^2(5-\lambda)$$

的根为 $\lambda_1=\lambda_2=-1$，$\lambda_3=5$. 采用通常的方法求特征向量，我们看到向量 $\boldsymbol{x}_1=(1,0,1)^{\mathrm{T}}$ 和 $\boldsymbol{x}_2=(-2,1,0)^{\mathrm{T}}$ 构成了特征空间 $N(\boldsymbol{A}+\boldsymbol{I})$ 的一组基. 可以使用格拉姆-施密特过程得到一组对应于 $\lambda_1=\lambda_2=-1$ 的特征空间的规范正交基：

$$\boldsymbol{u}_1=\frac{1}{\|\boldsymbol{x}_1\|}\boldsymbol{x}_1=\frac{1}{\sqrt{2}}(1,0,1)^{\mathrm{T}}$$

$$\boldsymbol{p}=(\boldsymbol{x}_2^{\mathrm{T}}\boldsymbol{u}_1)\boldsymbol{u}_1=-\sqrt{2}\boldsymbol{u}_1=(-1,0,-1)^{\mathrm{T}}$$

$$\boldsymbol{x}_2-\boldsymbol{p}=(-1,1,1)^{\mathrm{T}}$$

$$\boldsymbol{u}_2=\frac{1}{\|\boldsymbol{x}_2-\boldsymbol{p}\|}(\boldsymbol{x}_2-\boldsymbol{p})=\frac{1}{\sqrt{3}}(-1,1,1)^{\mathrm{T}}$$

对应于 $\lambda_3=5$ 的特征空间是由向量 $\boldsymbol{x}_3=(-1,-2,1)^{\mathrm{T}}$ 张成的. 由于 $\boldsymbol{x}_3$ 必然与 $\boldsymbol{u}_1$ 及 $\boldsymbol{u}_2$ 正交(定理 6.4.1)，我们只需规范化

$$\boldsymbol{u}_3=\frac{1}{\|\boldsymbol{x}_3\|}\boldsymbol{x}_3=\frac{1}{\sqrt{6}}(-1,-2,1)^{\mathrm{T}}$$

因此 $\{\boldsymbol{u}_1,\boldsymbol{u}_2,\boldsymbol{u}_3\}$ 为一个规范正交集，且

$$\boldsymbol{U}=\begin{bmatrix}\frac{1}{\sqrt{2}} & -\frac{1}{\sqrt{3}} & -\frac{1}{\sqrt{6}}\\ 0 & \frac{1}{\sqrt{3}} & -\frac{2}{\sqrt{6}}\\ \frac{1}{\sqrt{2}} & \frac{1}{\sqrt{3}} & \frac{1}{\sqrt{6}}\end{bmatrix}$$

对角化 $\boldsymbol{A}$. ◀

由定理 6.4.4，每个埃尔米特矩阵 $\boldsymbol{A}$ 可以分解为乘积 $\boldsymbol{UDU}^{\mathrm{H}}$，其中 $\boldsymbol{U}$ 为酉矩阵，且 $\boldsymbol{D}$ 为对角矩阵. 由于 $\boldsymbol{U}$ 对角化 $\boldsymbol{A}$，因此 $\boldsymbol{D}$ 的对角元素为 $\boldsymbol{A}$ 的特征值，且 $\boldsymbol{U}$ 的列向量为 $\boldsymbol{A}$ 的特征向量. 因此 $\boldsymbol{A}$ 不能是退化的. 它有一个构成 $\mathbf{C}^n$ 的一组规范正交基的完备的特征向量集合. 在某种意义上，这是一种理想情况. 我们已经看到如何将一个向量表示为规范正交基中元素的线性组合(定理 5.5.2)，且 $\boldsymbol{A}$ 在任何特征向量的线性组合上的作用都可以容易地求得. 因此，若 $\boldsymbol{A}$ 有一个规范正交特征向量集 $\{\boldsymbol{u}_1,\boldsymbol{u}_2,\cdots,\boldsymbol{u}_n\}$，且 $\boldsymbol{x}=c_1\boldsymbol{u}_1+c_2\boldsymbol{u}_2+\cdots+c_n\boldsymbol{u}_n$，则

$$\boldsymbol{A}\boldsymbol{x}=c_1\lambda_1\boldsymbol{u}_1+c_2\lambda_2\boldsymbol{u}_2+\cdots+c_n\lambda_n\boldsymbol{u}_n$$

进而，

$$c_i=\langle\boldsymbol{x},\boldsymbol{u}_i\rangle=\boldsymbol{u}_i^{\mathrm{H}}\boldsymbol{x}$$

或等价地，$\boldsymbol{c}=\boldsymbol{U}^{\mathrm{H}}\boldsymbol{x}$. 于是

$$\boldsymbol{A}\boldsymbol{x}=\lambda_1(\boldsymbol{u}_1^{\mathrm{H}}\boldsymbol{x})\boldsymbol{u}_1+\lambda_2(\boldsymbol{u}_2^{\mathrm{H}}\boldsymbol{x})\boldsymbol{u}_2+\cdots+\lambda_n(\boldsymbol{u}_n^{\mathrm{H}}\boldsymbol{x})\boldsymbol{u}_n$$

345

实舒尔分解

若 $\boldsymbol{A}$ 是实 $n\times n$ 矩阵，则可以得到类似于 $\boldsymbol{A}$ 的舒尔分解的因式分解，但这仅对实矩阵适用. 设 $\boldsymbol{A}=\boldsymbol{QTQ}^{\mathrm{T}}$，其中 $\boldsymbol{Q}$ 为正交矩阵，$\boldsymbol{T}$ 为形如

$$\boldsymbol{T}=\begin{bmatrix}\boldsymbol{B}_1 & \times & \cdots & \times \\ & \boldsymbol{B}_2 & & \times \\ & O & \ddots & \\ & & & \boldsymbol{B}_j\end{bmatrix} \tag{2}$$

的实矩阵，其中 $\boldsymbol{B}_i$ 是 1×1 或 2×2 矩阵. 每个 2×2 分块对应于 $\boldsymbol{A}$ 的一对复共轭特征值. 矩阵 $\boldsymbol{T}$ 指的是 $\boldsymbol{A}$ 的实舒尔型. 每个实 $n\times n$ 矩阵 $\boldsymbol{A}$ 有这样一个因式分解的证明依赖于下面的性质：对 $\boldsymbol{A}$ 的每对复共轭特征值，存在一个 $\mathbf{R}^n$ 的二维子空间在 $\boldsymbol{A}$ 下保持不变.

定义　称 $\mathbf{R}^n$ 的子空间 S 在矩阵 $\boldsymbol{A}$ 下保持不变，若对每个 $\boldsymbol{x}\in S$，有 $\boldsymbol{Ax}\in S$.

引理 6.4.5　设 $\boldsymbol{A}$ 为实 $n\times n$ 矩阵，其特征值为 $\lambda_1=a+b\mathrm{i}$(其中 a 和 b 为实数且$b\neq0$)，并设 $\boldsymbol{z}_1=\boldsymbol{x}+\mathrm{i}\boldsymbol{y}$(其中 $\boldsymbol{x}$ 和 $\boldsymbol{y}$ 为 $\mathbf{R}^n$ 中的向量)是属于 λ_1 的特征向量. 若 $S=\mathrm{Span}(\boldsymbol{x},\boldsymbol{y})$，则 $\dim S=2$ 且 S 在 $\boldsymbol{A}$ 下保持不变.

证　由于 λ 为复数，因此 $\boldsymbol{y}$ 必非零；否则将有 $\boldsymbol{Az}=\boldsymbol{Ax}$(实向量)等于 $\lambda\boldsymbol{z}=\lambda\boldsymbol{x}$(复向量). 因为 $\boldsymbol{A}$ 为实的，$\lambda_2=a-b\mathrm{i}$ 也为 $\boldsymbol{A}$ 的特征值且 $\boldsymbol{z}_2=\boldsymbol{x}-\mathrm{i}\boldsymbol{y}$ 是属于λ_2 的特征向量. 若存在一个标量 c 满足 $\boldsymbol{x}=c\boldsymbol{y}$，则 $\boldsymbol{z}_1$ 和 $\boldsymbol{z}_2$ 将均为 $\boldsymbol{y}$ 的倍数且不可能是无关的. 然而，$\boldsymbol{z}_1$ 和 $\boldsymbol{z}_2$ 属于不同的特征值，因此它们必线性无关. 因此，$\boldsymbol{x}$ 不会是 $\boldsymbol{y}$ 的倍数，因此 $S=\mathrm{Span}(\boldsymbol{x},\boldsymbol{y})$的维数为 2.

为证明 S 的不变性，注意到由于 $\boldsymbol{Az}_1=\lambda_1\boldsymbol{z}_1$，等号两边实部和虚部必须一致，因此

$$\boldsymbol{Az}_1=\boldsymbol{Ax}+\mathrm{i}\boldsymbol{Ay}$$
$$\lambda_1\boldsymbol{z}_1=(a+b\mathrm{i})(\boldsymbol{x}+\mathrm{i}\boldsymbol{y})=(a\boldsymbol{x}-b\boldsymbol{y})+\mathrm{i}(b\boldsymbol{x}+a\boldsymbol{y})$$

于是可得

$$\boldsymbol{Ax}=a\boldsymbol{x}-b\boldsymbol{y},\boldsymbol{Ay}=b\boldsymbol{x}+a\boldsymbol{y}$$

若 $\boldsymbol{w}=c_1\boldsymbol{x}+c_2\boldsymbol{y}$ 是 S 中的任一向量，则

$$\boldsymbol{Aw}=c_1\boldsymbol{Ax}+c_2\boldsymbol{Ay}=c_1(a\boldsymbol{x}-b\boldsymbol{y})+c_2(b\boldsymbol{x}+a\boldsymbol{y})=(c_1a+c_2b)\boldsymbol{x}+(c_2a-c_1b)\boldsymbol{y}$$

于是 $\boldsymbol{Aw}$ 在 S 中，且因此 S 在 $\boldsymbol{A}$ 下保持不变. ■

346

利用这个引理，可以证明实矩阵的舒尔定理. 如前，用归纳法进行证明.

定理 6.4.6(实舒尔分解定理)　若 $\boldsymbol{A}$ 是 $n\times n$ 实矩阵，则 $\boldsymbol{A}$ 可以分解为乘积 $\boldsymbol{QTQ}^{\mathrm{T}}$，其中 $\boldsymbol{Q}$ 是正交矩阵，$\boldsymbol{T}$ 是舒尔型(2)中的矩阵.

证　在 $n=2$ 时，若 $\boldsymbol{A}$ 的特征值是实的，可以取 $\boldsymbol{q}_1$ 为属于第一个特征值 λ_1 的单位特征向量，$\boldsymbol{q}_2$ 为与 $\boldsymbol{q}_1$ 正交的任一单位向量. 若令 $\boldsymbol{Q}=(\boldsymbol{q}_1,\boldsymbol{q}_2)$，则 $\boldsymbol{Q}$ 是正交矩阵. 若令 $\boldsymbol{T}=\boldsymbol{Q}^{\mathrm{T}}\boldsymbol{AQ}$，则 $\boldsymbol{T}$ 的第一列为

$$\boldsymbol{Q}^{\mathrm{T}}\boldsymbol{Aq}_1=\lambda_1\boldsymbol{Q}^{\mathrm{T}}\boldsymbol{q}_1=\lambda_1\boldsymbol{e}_1$$

于是 $\boldsymbol{T}$ 是上三角的，且 $\boldsymbol{A}=\boldsymbol{QTQ}^{\mathrm{T}}$. 若 $\boldsymbol{A}$ 的特征值是复的，则可简单地令 $\boldsymbol{T}=\boldsymbol{A}$ 和 $\boldsymbol{Q}=\boldsymbol{I}$. 于是每个 2×2 实矩阵有一个实舒尔分解.

现在令 $\boldsymbol{A}$ 为 $k\times k$ 矩阵，其中 $k\geqslant3$，并假定对 $2\leqslant m<k$，每个 $m\times m$ 实矩阵有一个形如(2)的舒尔分解. 令 λ_1 为 $\boldsymbol{A}$ 的一个特征值. 若 λ_1 为实的，令 $\boldsymbol{q}_1$ 为属于 λ_1 的单位特征向量，并选取 $\boldsymbol{q}_2,\boldsymbol{q}_3,\cdots,\boldsymbol{q}_n$ 使得 $\boldsymbol{Q}_1=(\boldsymbol{q}_1,\boldsymbol{q}_2,\cdots,\boldsymbol{q}_n)$是正交矩阵. 如舒尔定理的证明一样，可得 $\boldsymbol{Q}_1{}^{\mathrm{T}}\boldsymbol{AQ}_1$ 的第一列为 $\lambda_1\boldsymbol{e}_1$. 若 λ_1 是复的，令 $\boldsymbol{z}=\boldsymbol{x}+\mathrm{i}\boldsymbol{y}$(其中 $\boldsymbol{x}$ 和 $\boldsymbol{y}$ 为实数)为属于

λ_1 的特征向量，并令 $S=\mathrm{Span}(\boldsymbol{x},\ \boldsymbol{y})$. 由引理 6.4.5，$\dim S=2$ 且 S 在 $\boldsymbol{A}$ 下是不变的. 令$\{\boldsymbol{q}_1,\ \boldsymbol{q}_2\}$是 S 的一组规范正交基. 选取 $\boldsymbol{q}_3$，$\boldsymbol{q}_4$，…，$\boldsymbol{q}_n$ 使得 $\boldsymbol{Q}_1=(\boldsymbol{q}_1,\ \boldsymbol{q}_2,\ \cdots,\ \boldsymbol{q}_n)$是正交矩阵. 因为 S 在 $\boldsymbol{A}$ 下保持不变，可得

$$\boldsymbol{A}\boldsymbol{q}_1 = b_{11}\boldsymbol{q}_1 + b_{21}\boldsymbol{q}_2,\ \boldsymbol{A}\boldsymbol{q}_2 = b_{12}\boldsymbol{q}_1 + b_{22}\boldsymbol{q}_2$$

其中 b_{11}，b_{21}，b_{12}，b_{22} 为标量，因此 $\boldsymbol{Q}_1^{\mathrm{T}}\boldsymbol{A}\boldsymbol{Q}_1$ 的前两列将为

$$(\boldsymbol{Q}_1^{\mathrm{T}}\boldsymbol{A}\boldsymbol{q}_1, \boldsymbol{Q}_1^{\mathrm{T}}\boldsymbol{A}\boldsymbol{q}_2) = (b_{11}\boldsymbol{e}_1 + b_{21}\boldsymbol{e}_2, b_{12}\boldsymbol{e}_1 + b_{22}\boldsymbol{e}_2)$$

因此，一般来说，$\boldsymbol{Q}_1{}^{\mathrm{T}}\boldsymbol{A}\boldsymbol{Q}_1$ 将为分块形式的矩阵

$$\boldsymbol{Q}_1^{\mathrm{T}}\boldsymbol{A}\boldsymbol{Q}_1 = \begin{bmatrix} \boldsymbol{B}_1 & \boldsymbol{X} \\ \boldsymbol{O} & \boldsymbol{A}_1 \end{bmatrix}$$

其中

若 λ_1 为实的，则 $\boldsymbol{B}_1=(\lambda_1)$且 $\boldsymbol{A}_1$ 为$(k-1)\times(k-1)$矩阵

若 λ_1 为复的，则 $\boldsymbol{B}_1$ 是 2×2 矩阵且 $\boldsymbol{A}_1$ 为$(k-2)\times(k-2)$矩阵

在每一种情况，可以对 $\boldsymbol{A}_1$ 应用归纳假设，得到舒尔分解 $\boldsymbol{A}_1=\boldsymbol{U}\boldsymbol{T}_1\boldsymbol{U}^{\mathrm{T}}$. 假设舒尔型 $\boldsymbol{T}_1$ 有 $j-1$个对角分块 $\boldsymbol{B}_2$，$\boldsymbol{B}_3$，…，$\boldsymbol{B}_j$. 若令

$$\boldsymbol{Q}_2 = \begin{bmatrix} \boldsymbol{I} & \boldsymbol{O} \\ \boldsymbol{O} & \boldsymbol{Q}_1 \end{bmatrix},\quad \boldsymbol{Q} = \boldsymbol{Q}_1\boldsymbol{Q}_2$$

则 $\boldsymbol{Q}_2$ 和 $\boldsymbol{Q}$ 均为 $k\times k$ 正交矩阵. 若令 $\boldsymbol{T}=\boldsymbol{Q}^{\mathrm{T}}\boldsymbol{A}\boldsymbol{Q}$，我们将得到一个舒尔型(2)中的矩阵，由此可得 $\boldsymbol{A}$ 将有舒尔分解 $\boldsymbol{Q}\boldsymbol{T}\boldsymbol{Q}^{\mathrm{T}}$. ■

347

在 $\boldsymbol{A}$ 的所有特征值均为实的情况下，实舒尔型 $\boldsymbol{T}$ 将为上三角矩阵. 在 $\boldsymbol{A}$ 为实对称矩阵的情况下，由于 $\boldsymbol{A}$ 的所有特征值均为实的，因此 $\boldsymbol{T}$ 必为上三角形的. 然而，在这种情况下，$\boldsymbol{T}$ 必也为对称的. 因此我们最终得到 $\boldsymbol{A}$ 的一个对角化. 这样，对实对称矩阵，我们有下面的谱定理：

推论 6.4.7(谱定理——实对称矩阵) 若 $\boldsymbol{A}$ 是实对称矩阵，则存在一个正交矩阵 $\boldsymbol{Q}$ 对角化 $\boldsymbol{A}$，即 $\boldsymbol{Q}^{\mathrm{T}}\boldsymbol{A}\boldsymbol{Q}=\boldsymbol{D}$，其中 $\boldsymbol{D}$ 是对角的.

正规矩阵

还存在着非埃尔米特矩阵具有完备的规范正交特征向量集. 例如，反对称矩阵和反埃尔米特矩阵就具有这样的性质.（若 $\boldsymbol{A}^H=-\boldsymbol{A}$，则 $\boldsymbol{A}$ 称为反埃尔米特矩阵.）一般地，若 $\boldsymbol{A}$ 为任何具有完备的规范正交特征向量集的矩阵，则 $\boldsymbol{A}=\boldsymbol{U}\boldsymbol{D}\boldsymbol{U}^H$，其中 $\boldsymbol{U}$ 是酉矩阵，且 $\boldsymbol{D}$ 为对角矩阵(其对角元素可能为复数). 一般地，$\boldsymbol{D}^H\neq\boldsymbol{D}$，因此，

$$\boldsymbol{A}^{\mathrm{H}} = \boldsymbol{U}\boldsymbol{D}^{\mathrm{H}}\boldsymbol{U}^{\mathrm{H}} \neq \boldsymbol{A}$$

然而，

$$\boldsymbol{A}\boldsymbol{A}^{\mathrm{H}} = \boldsymbol{U}\boldsymbol{D}\boldsymbol{U}^{\mathrm{H}}\boldsymbol{U}\boldsymbol{D}^{\mathrm{H}}\boldsymbol{U}^{\mathrm{H}} = \boldsymbol{U}\boldsymbol{D}\boldsymbol{D}^{\mathrm{H}}\boldsymbol{U}^{\mathrm{H}}$$

且

$$\boldsymbol{A}^{\mathrm{H}}\boldsymbol{A} = \boldsymbol{U}\boldsymbol{D}^{\mathrm{H}}\boldsymbol{U}^{\mathrm{H}}\boldsymbol{U}\boldsymbol{D}\boldsymbol{U}^{\mathrm{H}} = \boldsymbol{U}\boldsymbol{D}^{\mathrm{H}}\boldsymbol{D}\boldsymbol{U}^{\mathrm{H}}$$

由于

$$D^{H}D = DD^{H} = \begin{bmatrix} |\lambda_1|^2 & & & \\ & |\lambda_2|^2 & & \\ & & \ddots & \\ & & & |\lambda_n|^2 \end{bmatrix}$$

可得

$$AA^{H} = A^{H}A$$

定义　一个矩阵 A 若满足 $AA^{H}=A^{H}A$，则称为**正规矩阵**(normal matrix).

我们已经证明，若一个矩阵有完备的规范正交的特征向量集，则它是正规矩阵. 其逆也是成立的.

定理 6.4.8　一个矩阵 A 是正规矩阵，当且仅当 A 有一个完备的规范正交的特征向量集.

证　根据上面的注释，我们只需证明一个正规矩阵 A 有一个完备的规范正交的特征向量集即可. 由定理 6.4.3，存在一个酉矩阵 U 和一个三角形矩阵 T，使得 $T=U^{H}AU$. 我们说 T 也是正规矩阵. 为看出这一点，注意到

348

$$T^{H}T = U^{H}A^{H}UU^{H}AU = U^{H}A^{H}AU$$

且

$$TT^{H} = U^{H}AUU^{H}A^{H}U = U^{H}AA^{H}U$$

由于 $A^{H}A=AA^{H}$，可得 $T^{H}T=TT^{H}$. 比较 TT^{H} 和 $T^{H}T$ 的对角元素，我们看到

$$\begin{aligned} |t_{11}|^2+|t_{12}|^2+|t_{13}|^2+\cdots+|t_{1n}|^2 &= |t_{11}|^2 \\ |t_{22}|^2+|t_{23}|^2+\cdots+|t_{2n}|^2 &= |t_{12}|^2+|t_{22}|^2 \\ &\vdots \\ |t_{nn}|^2 &= |t_{1n}|^2+|t_{2n}|^2+|t_{3n}|^2+\cdots+|t_{nn}|^2 \end{aligned}$$

由此可得，当 $i\neq j$ 时，$t_{ij}=0$. 因此 U 对角化 A，且 U 的列向量为 A 的特征向量. ■

6.4 节练习

1. 对下列每一对 $\mathbf{C}^2$ 中的向量 z 和 w，求(i) $\|z\|$，(ii) $\|w\|$，(iii)$\langle z, w\rangle$，(iv)$\langle w, z\rangle$.

(a) $z=\begin{bmatrix} 4+2i \\ 4i \end{bmatrix}$，　$w=\begin{bmatrix} -2 \\ 2+i \end{bmatrix}$　　(b) $z=\begin{bmatrix} 1+i \\ 2i \\ 3-i \end{bmatrix}$，　$w=\begin{bmatrix} 2-4i \\ 5 \\ 2i \end{bmatrix}$

2. 令

$$z_1 = \begin{bmatrix} \frac{1+i}{2} \\ \frac{1-i}{2} \end{bmatrix} \quad 和 \quad z_2 = \begin{bmatrix} \frac{i}{\sqrt{2}} \\ -\frac{1}{\sqrt{2}} \end{bmatrix}$$

(a) 证明$\{z_1, z_2\}$为 $\mathbf{C}^2$ 中的一个规范正交集.

(b) 将向量 $z=\begin{bmatrix} 2+4i \\ -2i \end{bmatrix}$ 写为 z_1 和 z_2 的线性组合.

3. 令$\{u_1, u_2\}$为 $\mathbf{C}^2$ 的一组规范正交基，并令 $z=(4+2i)u_1+(6-5i)u_2$.

(a) $u_1^{H}z$，$z^{H}u_1$，$u_2^{H}z$ 和 $z^{H}u_2$ 的值是什么？

(b) 求 $\|\boldsymbol{z}\|$ 的值.

4. 下列矩阵哪些是埃尔米特矩阵？哪些是正规矩阵？

(a) $\begin{bmatrix} 1-\mathrm{i} & 2 \\ 2 & 3 \end{bmatrix}$ (b) $\begin{bmatrix} 1 & 2-\mathrm{i} \\ 2+\mathrm{i} & -1 \end{bmatrix}$ (c) $\begin{bmatrix} \frac{1}{\sqrt{2}} & -\frac{1}{\sqrt{2}} \\ \frac{1}{\sqrt{2}} & \frac{1}{\sqrt{2}} \end{bmatrix}$

(d) $\begin{bmatrix} \frac{1}{\sqrt{2}}\mathrm{i} & \frac{1}{\sqrt{2}} \\ \frac{1}{\sqrt{2}} & -\frac{1}{\sqrt{2}}\mathrm{i} \end{bmatrix}$ (e) $\begin{bmatrix} 0 & \mathrm{i} & 1 \\ \mathrm{i} & 0 & -2+\mathrm{i} \\ -1 & 2+\mathrm{i} & 0 \end{bmatrix}$ (f) $\begin{bmatrix} 3 & 1+\mathrm{i} & \mathrm{i} \\ 1-\mathrm{i} & 1 & 3 \\ -\mathrm{i} & 3 & 1 \end{bmatrix}$

5. 求一个正交矩阵或酉矩阵对角化下列各矩阵：

(a) $\begin{bmatrix} 2 & 1 \\ 1 & 2 \end{bmatrix}$ (b) $\begin{bmatrix} 1 & 3+\mathrm{i} \\ 3-\mathrm{i} & 4 \end{bmatrix}$ (c) $\begin{bmatrix} 2 & \mathrm{i} & 0 \\ -\mathrm{i} & 2 & 0 \\ 0 & 0 & 2 \end{bmatrix}$

(d) $\begin{bmatrix} 2 & 1 & 1 \\ 1 & 3 & -2 \\ 1 & -2 & 3 \end{bmatrix}$ (e) $\begin{bmatrix} 0 & 0 & 1 \\ 0 & 1 & 0 \\ 1 & 0 & 0 \end{bmatrix}$ (f) $\begin{bmatrix} 1 & 1 & 1 \\ 1 & 1 & 1 \\ 1 & 1 & 1 \end{bmatrix}$

349

(g) $\begin{bmatrix} 4 & 2 & -2 \\ 2 & 1 & -1 \\ -2 & -1 & 1 \end{bmatrix}$

6. 证明：埃尔米特矩阵的对角元素必为实的.

7. 令 $\boldsymbol{A}$ 为埃尔米特矩阵，$\boldsymbol{x}$ 为 $\mathbf{C}^n$ 中的向量. 证明：若 $c=\boldsymbol{x}\boldsymbol{A}\boldsymbol{x}^{\mathrm{H}}$，则 c 是实数.

8. 令 $\boldsymbol{A}$ 为埃尔米特矩阵，并令 $\boldsymbol{B}=\mathrm{i}\boldsymbol{A}$. 证明：$\boldsymbol{B}$ 是反埃尔米特矩阵.

9. 令 $\boldsymbol{A}$ 和 C 为 $\mathbf{C}^{m\times n}$ 中的矩阵，并令 $\boldsymbol{B}\in\mathbf{C}^{n\times r}$. 证明下列各法则：

(a) $(\boldsymbol{A}^{\mathrm{H}})^{\mathrm{H}}=\boldsymbol{A}$ (b) $(\alpha\boldsymbol{A}+\beta\boldsymbol{C})^{\mathrm{H}}=\overline{\alpha}\boldsymbol{A}^{\mathrm{H}}+\overline{\beta}\boldsymbol{C}^{\mathrm{H}}$ (c) $(\boldsymbol{A}\boldsymbol{B})^{\mathrm{H}}=\boldsymbol{B}^{\mathrm{H}}\boldsymbol{A}^{\mathrm{H}}$

10. 令 $\boldsymbol{A}$ 和 $\boldsymbol{B}$ 为埃尔米特矩阵. 判断下列每一命题的真与假. 对每一种情况，解释或证明你的答案.

(a) $\boldsymbol{AB}$ 的特征值都是实的.

(b) $\boldsymbol{ABA}$ 的特征值都是实的.

11. 证明：

$$\langle \boldsymbol{z},\boldsymbol{w}\rangle = \boldsymbol{w}^{\mathrm{H}}\boldsymbol{z}$$

定义了 $\mathbf{C}^n$ 上的一个内积.

12. 令 $\boldsymbol{x}$，$\boldsymbol{y}$，z 为 $\mathbf{C}^n$ 中的向量，并令 α 和 β 为复标量. 证明：

$$\langle \boldsymbol{z},\alpha\boldsymbol{x}+\beta\boldsymbol{y}\rangle = \overline{\alpha}\langle \boldsymbol{z},\boldsymbol{x}\rangle+\overline{\beta}\langle \boldsymbol{z},\boldsymbol{y}\rangle$$

13. 令 $\{\boldsymbol{u}_1, \cdots, \boldsymbol{u}_n\}$ 为复内积空间 V 的一组规范正交基，并令

$$\boldsymbol{z} = a_1\boldsymbol{u}_1 + a_2\boldsymbol{u}_2 + \cdots + a_n\boldsymbol{u}_n$$
$$\boldsymbol{w} = b_1\boldsymbol{u}_1 + b_2\boldsymbol{u}_2 + \cdots + b_n\boldsymbol{u}_n$$

证明：

$$\langle \boldsymbol{z},\boldsymbol{w}\rangle = \sum_{i=1}^{n}\overline{b_i}a_i$$

14. 给定

$$A = \begin{bmatrix} 4 & 0 & 0 \\ 0 & 1 & \mathrm{i} \\ 0 & -\mathrm{i} & 1 \end{bmatrix}$$

求一个矩阵 $\boldsymbol{B}$，使得 $\boldsymbol{B}^{\mathrm{H}}\boldsymbol{B}=\boldsymbol{A}$.

15. 令 $\boldsymbol{U}$ 为酉矩阵. 证明：
    (a) $\boldsymbol{U}$ 是正规矩阵.
    (b) 对 $\boldsymbol{x}\in\mathbf{C}^n$，$\|\boldsymbol{Ux}\|=\|\boldsymbol{x}\|$.
    (c) 若 λ 为 $\boldsymbol{U}$ 的一个特征值，则 $|\lambda|=1$.
16. 令 $\boldsymbol{u}$ 为 $\mathbf{C}^n$ 中的单位向量，并定义 $\boldsymbol{U}=\boldsymbol{I}-2\boldsymbol{u}\boldsymbol{u}^{\mathrm{H}}$. 证明：$\boldsymbol{U}$ 既是酉矩阵又是埃尔米特矩阵，因此它是自可逆的.
17. 证明：若 $\boldsymbol{U}$ 既是酉矩阵又是埃尔米特矩阵，则 $\boldsymbol{U}$ 的特征值必为 1 或 -1.
18. 令 $\boldsymbol{A}$ 为 2×2 矩阵，其舒尔分解为 $\boldsymbol{UTU}^{\mathrm{H}}$，并假设 $t_{12}\neq0$. 证明：
    (a) $\boldsymbol{A}$ 的特征值为 $\lambda_1=t_{11}$ 和 $\lambda_2=t_{22}$.
    (b) $\boldsymbol{u}_1$ 为 $\boldsymbol{A}$ 的属于 $\lambda_1=t_{11}$ 的特征向量.
    (c) $\boldsymbol{u}_2$ 不是 $\boldsymbol{A}$ 的属于 $\lambda_2=t_{22}$ 的特征向量.
19. 令 $\boldsymbol{A}$ 为 5×5 实矩阵. 令 $\boldsymbol{A}=\boldsymbol{QTQ}^{\mathrm{T}}$ 是 $\boldsymbol{A}$ 的实舒尔分解，其中 $\boldsymbol{T}$ 是方程(2)给出的分块矩阵. 下列每种情况中 $\boldsymbol{T}$ 可能的分块结构是什么?
    (a) $\boldsymbol{A}$ 的所有特征值均是实的.
    (b) $\boldsymbol{A}$ 有三个实特征值和两个复特征值.
    (c) $\boldsymbol{A}$ 有一个实特征值和四个复特征值.
20. 令 $\boldsymbol{A}$ 为 $n\times n$ 矩阵，其舒尔分解为 $\boldsymbol{UTU}^{\mathrm{H}}$. 证明：若 $\boldsymbol{T}$ 的对角元素均为相异的，则存在一个上三角矩阵 $\boldsymbol{R}$，使得 $\boldsymbol{X}=\boldsymbol{UR}$ 对角化 $\boldsymbol{A}$.
21. 证明：$\boldsymbol{M}=\boldsymbol{A}+\mathrm{i}\boldsymbol{B}$($\boldsymbol{A}$ 和 $\boldsymbol{B}$ 为实矩阵)为反埃尔米特矩阵，当且仅当 $\boldsymbol{A}$ 为反对称的且 $\boldsymbol{B}$ 为对称的.
22. 证明：若 $\boldsymbol{A}$ 为反埃尔米特矩阵，且 λ 为 $\boldsymbol{A}$ 的一个特征值，则 λ 为纯虚数(即 $\lambda=b\mathrm{i}$，其中 b 为实数).
23. 证明：若 $\boldsymbol{A}$ 为正规矩阵，则下列矩阵必然也是正规矩阵.
    (a) $\boldsymbol{A}^{\mathrm{H}}$　　(b) $\boldsymbol{I}+\boldsymbol{A}$　　(c) $\boldsymbol{A}^2$
24. 令 $\boldsymbol{A}$ 为 2×2 矩阵，满足性质 $a_{21}a_{12}>0$，并令

$$r=\sqrt{a_{21}/a_{12}} \quad 和 \quad S=\begin{bmatrix} r & 0 \\ 0 & 1 \end{bmatrix}$$

求 $\boldsymbol{B}=\boldsymbol{SAS}^{-1}$. 关于 $\boldsymbol{B}$ 的特征值和特征向量，你可以得到什么结论？关于 $\boldsymbol{A}$ 的特征值和特征向量，你可以得到什么结论？试说明.

25. 令 $p(x)=-x^3+cx^2+(c+3)x+1$，其中 c 为一个实数. 令

350

$$C=\begin{bmatrix} c & c+3 & 1 \\ 1 & 0 & 0 \\ 0 & 1 & 0 \end{bmatrix}$$

并令

$$A=\begin{bmatrix} -1 & 2 & -c-3 \\ 1 & -1 & c+2 \\ -1 & 1 & -c-1 \end{bmatrix}$$

(a) 求 $\boldsymbol{A}^{-1}\boldsymbol{CA}$.
(b) 证明 $\boldsymbol{C}$ 是 $p(x)$ 的友矩阵，并利用(a)的结论证明：无论 c 取何值，$p(x)$ 将只有实根.

26. 令 $\boldsymbol{A}$ 为埃尔米特矩阵，其特征值为 λ_1，λ_2，…，λ_n，且规范正交特征向量为 $\boldsymbol{u}_1$，$\boldsymbol{u}_2$，…，$\boldsymbol{u}_n$. 证明：

$$\boldsymbol{A}=\lambda_1\boldsymbol{u}_1\boldsymbol{u}_1^{\mathrm{H}}+\lambda_2\boldsymbol{u}_2\boldsymbol{u}_2^{\mathrm{H}}+\cdots+\lambda_n\boldsymbol{u}_n\boldsymbol{u}_n^{\mathrm{H}}$$

27. 令

$$\boldsymbol{A}=\begin{bmatrix}0 & 1\\ 1 & 0\end{bmatrix}$$

将 $\boldsymbol{A}$ 写为和式 $\lambda_1\boldsymbol{u}_1\boldsymbol{u}_1^{\mathrm{T}}+\lambda_2\boldsymbol{u}_2\boldsymbol{u}_2^{\mathrm{T}}$，其中 λ_1 和 λ_2 为特征值，且 $\boldsymbol{u}_1$ 和 $\boldsymbol{u}_2$ 为规范正交特征向量.

28. 令 $\boldsymbol{A}$ 为埃尔米特矩阵，其特征值为 $\lambda_1\geqslant\lambda_2\geqslant\cdots\geqslant\lambda_n$，且规范正交特征向量为 $\boldsymbol{u}_1$，$\boldsymbol{u}_2$，…，$\boldsymbol{u}_n$. 对 $\mathbf{C}^n$ 中的任意非零向量 $\boldsymbol{x}$，瑞利商(Rayleigh quotient)$\rho(\boldsymbol{x})$定义为

$$\rho(\boldsymbol{x})=\frac{\langle\boldsymbol{Ax},\boldsymbol{x}\rangle}{\langle\boldsymbol{x},\boldsymbol{x}\rangle}=\frac{\boldsymbol{x}^{\mathrm{H}}\boldsymbol{Ax}}{\boldsymbol{x}^{\mathrm{H}}\boldsymbol{x}}$$

(a) 若 $\boldsymbol{x}=c_1\boldsymbol{u}_1+c_2\boldsymbol{u}_2+\cdots+c_n\boldsymbol{u}_n$，证明：

$$\rho(\boldsymbol{x})=\frac{|c_1|^2\lambda_1+|c_2|^2\lambda_2+\cdots+|c_n|^2\lambda_n}{\|\boldsymbol{c}\|^2}$$

(b) 证明：

$$\lambda_n\leqslant\rho(\boldsymbol{x})\leqslant\lambda_1$$

(c) 证明：

$$\max_{\boldsymbol{x}\neq\boldsymbol{0}}\rho(\boldsymbol{x})=\lambda_1 \quad \text{且} \quad \min_{\boldsymbol{x}\neq\boldsymbol{0}}\rho(\boldsymbol{x})=\lambda_n$$

29. 给定 $\boldsymbol{A}\in\mathbf{R}^{m\times m}$，$\boldsymbol{B}\in\mathbf{R}^{n\times n}$，$\boldsymbol{C}\in\mathbf{R}^{m\times n}$，方程

$$\boldsymbol{AX}-\boldsymbol{XB}=\boldsymbol{C} \tag{3}$$

称为西尔维斯特方程. 若 $m\times n$ 矩阵 $\boldsymbol{X}$ 满足(3)，则称其为该方程的一个解.

(a) 证明：若 $\boldsymbol{B}$ 有舒尔分解 $\boldsymbol{B}=\boldsymbol{UTU}^{\mathrm{H}}$，则西尔维斯特方程可变换为形如 $\boldsymbol{AY}-\boldsymbol{YT}=\boldsymbol{G}$ 的方程，其中 $\boldsymbol{Y}=\boldsymbol{XU}$，$\boldsymbol{G}=\boldsymbol{CU}$.

(b) 证明：

$$(\boldsymbol{A}-t_{11}\boldsymbol{I})\boldsymbol{y}_1=\boldsymbol{g}_1$$

$$(\boldsymbol{A}-t_{jj}\boldsymbol{I})\boldsymbol{y}_j=\boldsymbol{g}_j+\sum_{i=1}^{j-1}t_{ij}\boldsymbol{y}_i,\ j=2,\ 3,\ \cdots,\ n$$

(c) 证明：若 $\boldsymbol{A}$ 和 $\boldsymbol{B}$ 没有公共的特征值，则西尔维斯特方程有一个解.

6.5 奇异值分解

在很多应用问题中，需要确定矩阵的秩或矩阵是否为亏秩的. 理论上说，可以使用高斯消元法将矩阵化为行阶梯形，然后计算其非零行的个数. 然而，在实际中，这种方法在有限位精度算法中并不实用. 若 $\boldsymbol{A}$ 是亏秩的，且 $\boldsymbol{U}$ 为求得的行阶梯形，则由于消元过程中的舍入误差，$\boldsymbol{U}$ 不太可能有准确的非零行数. 实际中，矩阵 $\boldsymbol{A}$ 的系数有可能含有某些误差. 这可能来源于数据的误差或者由于有限数系统. 因此，一般地，更为可行的是问 $\boldsymbol{A}$ 和一个亏秩矩阵的"接近"程度. 然而，很可能出现 $\boldsymbol{A}$ 十分接近亏秩矩阵，而求得的行阶梯形却不正确.

本节我们始终假设 $\boldsymbol{A}$ 为 $m\times n$ 矩阵，其中 $m\geqslant n$. (这个假设仅仅是为了方便，如果 $m<n$，所有结论仍然成立.)我们将给出一种方法，确定 $\boldsymbol{A}$ 是如何接近一个较小秩的矩阵. 这种方法包括将 $\boldsymbol{A}$ 分解为一个乘积 $\boldsymbol{U\Sigma V}^{\mathrm{T}}$，其中 $\boldsymbol{U}$ 是一个 $m\times m$ 正交矩阵，$\boldsymbol{V}$ 是一个

351 $n\times n$ 正交矩阵，$\boldsymbol{\Sigma}$ 是一个 $m\times n$ 矩阵，其对角线下的所有元素为 0，且对角线元素满足

$$\sigma_1 \geqslant \sigma_2 \geqslant \cdots \geqslant \sigma_n \geqslant 0$$

$$\boldsymbol{\Sigma} = \begin{bmatrix} \sigma_1 & & & \\ & \sigma_2 & & \\ & & \ddots & \\ & & & \sigma_n \\ & & & \\ & & & \end{bmatrix}$$

采用这种因式分解得到的 σ_i 是唯一的，并称为 $\boldsymbol{A}$ 的奇异值(singular value). 因式分解 $\boldsymbol{U\Sigma V}^{\mathrm{T}}$ 称为 $\boldsymbol{A}$ 的奇异值分解(singular value decomposition). 我们将证明 $\boldsymbol{A}$ 的秩等于非零的奇异值的个数，且非零的奇异值的个数给出了矩阵 $\boldsymbol{A}$ 如何接近一个较小秩的矩阵的度量.

下面从证明这种分解总是可行开始.

定理 6.5.1(SVD 定理)　*若 $\boldsymbol{A}$ 为 $m\times n$ 矩阵，则 $\boldsymbol{A}$ 有一个奇异值分解.*

证　$\boldsymbol{A}^{\mathrm{T}}\boldsymbol{A}$ 为一个对称的 $n\times n$ 矩阵. 因此，它的所有特征值均为实的，且它有一个正交的对角化矩阵 $\boldsymbol{V}$. 此外，它的特征值必然全部是非负的. 为看到这个结果，令 λ 为 $\boldsymbol{A}^{\mathrm{T}}\boldsymbol{A}$ 的一个特征值，$\boldsymbol{x}$ 为一个属于 λ 的特征向量. 可得

$$\|\boldsymbol{Ax}\|^2 = \boldsymbol{x}^{\mathrm{T}}\boldsymbol{A}^{\mathrm{T}}A\boldsymbol{x} = \lambda\boldsymbol{x}^{\mathrm{T}}\boldsymbol{x} = \lambda\|\boldsymbol{x}\|^2$$

于是

$$\lambda = \frac{\|\boldsymbol{Ax}\|^2}{\|\boldsymbol{x}\|^2} \geqslant 0$$

我们可以假设 $\boldsymbol{V}$ 的列已经进行了排序，使得对应的特征值满足

$$\lambda_1 \geqslant \lambda_2 \geqslant \cdots \geqslant \lambda_n \geqslant 0$$

$\boldsymbol{A}$ 的奇异值为

$$\sigma_j = \sqrt{\lambda_j},\quad j = 1,2,\cdots,n$$

令 r 表示 $\boldsymbol{A}$ 的秩. 矩阵 $\boldsymbol{A}^{\mathrm{T}}\boldsymbol{A}$ 也将有秩 r. 由于 $\boldsymbol{A}^{\mathrm{T}}\boldsymbol{A}$ 是对称的，它的秩等于非零的特征值的个数. 因此，

$$\lambda_1 \geqslant \lambda_2 \geqslant \cdots \geqslant \lambda_r > 0 \quad 且 \quad \lambda_{r+1} = \lambda_{r+2} = \cdots = \lambda_n = 0$$

对奇异值有类似的关系：

$$\sigma_1 \geqslant \sigma_2 \geqslant \cdots \geqslant \sigma_r > 0 \quad 及 \quad \sigma_{r+1} = \sigma_{r+2} = \cdots = \sigma_n = 0$$

现在令

352
$$\boldsymbol{V}_1 = (\boldsymbol{v}_1, \boldsymbol{v}_2, \cdots, \boldsymbol{v}_r),\quad \boldsymbol{V}_2 = (\boldsymbol{v}_{r+1}, \boldsymbol{v}_{r+2}, \cdots, \boldsymbol{v}_n)$$

及

$$\boldsymbol{\Sigma}_1 = \begin{bmatrix} \sigma_1 & & & \\ & \sigma_2 & & \\ & & \ddots & \\ & & & \sigma_r \end{bmatrix} \tag{1}$$

则 $\boldsymbol{\Sigma}_1$ 为一个 $r\times r$ 对角矩阵，其对角元素为非零的奇异值 σ_1，σ_2，$\cdots$，σ_r. $m\times n$ 矩阵 $\boldsymbol{\Sigma}$

则为

$$\boldsymbol{\Sigma}=\begin{bmatrix}\boldsymbol{\Sigma}_1 & \boldsymbol{O}\\ \boldsymbol{O} & \boldsymbol{O}\end{bmatrix}$$

$\boldsymbol{V}_2$ 的列向量为 $\boldsymbol{A}^{\mathrm{T}}\boldsymbol{A}$ 的属于 $\lambda=0$ 的特征向量．因此，

$$\boldsymbol{A}^{\mathrm{T}}\boldsymbol{A}\boldsymbol{v}_j=\boldsymbol{0},\quad j=r+1,r+2,\cdots,n$$

于是，$\boldsymbol{V}_2$ 的列向量构成了 $N(\boldsymbol{A}^{\mathrm{T}}\boldsymbol{A})=N(\boldsymbol{A})$ 的一组规范正交基．因此，

$$\boldsymbol{A}\boldsymbol{V}_2=\boldsymbol{O}$$

由于 $\boldsymbol{V}$ 是正交矩阵，可得

$$\boldsymbol{I}=\boldsymbol{V}\boldsymbol{V}^{\mathrm{T}}=\boldsymbol{V}_1\boldsymbol{V}_1^{\mathrm{T}}+\boldsymbol{V}_2\boldsymbol{V}_2^{\mathrm{T}}$$

$$\boldsymbol{A}=\boldsymbol{A}\boldsymbol{I}=\boldsymbol{A}\boldsymbol{V}_1\boldsymbol{V}_1^{\mathrm{T}}+\boldsymbol{A}\boldsymbol{V}_2\boldsymbol{V}_2^{\mathrm{T}}=\boldsymbol{A}\boldsymbol{V}_1\boldsymbol{V}_1^{\mathrm{T}}\tag{2}$$

到目前为止，我们已经证明了如何构造奇异值分解中的矩阵 $\boldsymbol{V}$ 和 $\boldsymbol{\Sigma}$．为完成证明，我们必须证明如何构造一个 $m\times m$ 正交矩阵 $\boldsymbol{U}$，使得

$$\boldsymbol{A}=\boldsymbol{U}\boldsymbol{\Sigma}\boldsymbol{V}^{\mathrm{T}}$$

或等价地，

$$\boldsymbol{A}\boldsymbol{V}=\boldsymbol{U}\boldsymbol{\Sigma}\tag{3}$$

比较(3)两端的前 r 列，可以看到

$$\boldsymbol{A}\boldsymbol{v}_j=\sigma_j\boldsymbol{u}_j,\quad j=1,2,\cdots,r$$

因此，如果定义

$$\boldsymbol{u}_j=\frac{1}{\sigma_j}\boldsymbol{A}\boldsymbol{v}_j,\quad j=1,2,\cdots,r\tag{4}$$

及

$$\boldsymbol{U}_1=(\boldsymbol{u}_1,\boldsymbol{u}_2,\cdots,\boldsymbol{u}_r)$$

则得到

$$\boldsymbol{A}\boldsymbol{V}_1=\boldsymbol{U}_1\boldsymbol{\Sigma}_1\tag{5}$$

353

$\boldsymbol{U}_1$ 的列向量构成了一个规范正交集，因为

$$\begin{aligned}\boldsymbol{u}_i^{\mathrm{T}}\boldsymbol{u}_j&=\left(\frac{1}{\sigma_i}\boldsymbol{v}_i^{\mathrm{T}}\boldsymbol{A}^{\mathrm{T}}\right)\left(\frac{1}{\sigma_j}\boldsymbol{A}\boldsymbol{v}_j\right)\\&=\frac{1}{\sigma_i\sigma_j}\boldsymbol{v}_i^{\mathrm{T}}(\boldsymbol{A}^{\mathrm{T}}A\boldsymbol{v}_j)\\&=\frac{\sigma_j}{\sigma_i}\boldsymbol{v}_i^{\mathrm{T}}\boldsymbol{v}_j\\&=\delta_{ij}\quad(1\leqslant i\leqslant r,\quad 1\leqslant j\leqslant r)\end{aligned}$$

由(4)式可得，每一 $\boldsymbol{u}_j\,(1\leqslant j\leqslant r)$ 均在 $\boldsymbol{A}$ 的列空间中．列空间的维数为 r，因此 $\boldsymbol{u}_1$，$\boldsymbol{u}_2$，…，$\boldsymbol{u}_r$ 构成了 $R(\boldsymbol{A})$ 的一组规范正交基．向量空间 $R(\boldsymbol{A})^{\perp}=N(\boldsymbol{A}^{\mathrm{T}})$ 的维数为 $m-r$．令 $\{\boldsymbol{u}_{r+1},\ \boldsymbol{u}_{r+2},\ \cdots,\boldsymbol{u}_m\}$ 为 $N(\boldsymbol{A}^{\mathrm{T}})$ 的一组规范正交基，并令

$$\boldsymbol{U}_2=(\boldsymbol{u}_{r+1},\boldsymbol{u}_{r+2},\cdots,\boldsymbol{u}_m)$$

$$\boldsymbol{U}=[\boldsymbol{U}_1\quad\boldsymbol{U}_2]$$

由定理 5.2.2，$\boldsymbol{u}_1$，$\boldsymbol{u}_2$，…，$\boldsymbol{u}_m$ 构成了 $\mathbf{R}^m$ 的一组规范正交基．因此 $\boldsymbol{U}$ 是正交矩阵．我

们还需证明 $\boldsymbol{U\Sigma V}^{\mathrm{T}}$ 事实上等于 $\boldsymbol{A}$. 这可由(5)和(2)得到，因为

$$\begin{aligned}\boldsymbol{U\Sigma V}^{\mathrm{T}} &= [\boldsymbol{U}_1 \quad \boldsymbol{U}_2]\begin{bmatrix}\boldsymbol{\Sigma}_1 & \boldsymbol{O}\\ \boldsymbol{O} & \boldsymbol{O}\end{bmatrix}\begin{bmatrix}\boldsymbol{V}_1^{\mathrm{T}}\\ \boldsymbol{V}_2^{\mathrm{T}}\end{bmatrix}\\ &= \boldsymbol{U}_1\boldsymbol{\Sigma}_1\boldsymbol{V}_1^{\mathrm{T}}\\ &= \boldsymbol{A}\boldsymbol{V}_1\boldsymbol{V}_1^{\mathrm{T}}\\ &= \boldsymbol{A}\end{aligned}$$

■

观察　令 $\boldsymbol{A}$ 为 $m\times n$ 矩阵，其奇异值分解为 $\boldsymbol{U\Sigma V}^{\mathrm{T}}$.

1. $\boldsymbol{A}$ 的奇异值 σ_1，σ_2，…，σ_n 是唯一的，然而矩阵 $\boldsymbol{U}$ 和 $\boldsymbol{V}$ 不是唯一的.

2. 由于 $\boldsymbol{V}$ 对角化 $\boldsymbol{A}^{\mathrm{T}}\boldsymbol{A}$，由此得到 $\boldsymbol{v}_j$ 是 $\boldsymbol{A}^{\mathrm{T}}\boldsymbol{A}$ 的特征向量.

3. 由于 $\boldsymbol{A}\boldsymbol{A}^{\mathrm{T}}=\boldsymbol{U\Sigma\Sigma}^{\mathrm{T}}\boldsymbol{U}^{\mathrm{T}}$，由此得 $\boldsymbol{U}$ 对角化 $\boldsymbol{A}\boldsymbol{A}^{\mathrm{T}}$，且 $\boldsymbol{u}_j$ 为 $\boldsymbol{A}\boldsymbol{A}^{\mathrm{T}}$ 的特征向量.

4. 比较方程

$$\boldsymbol{AV} = \boldsymbol{U\Sigma}$$

两端的第 j 列，我们得到

354

$$\boldsymbol{A}\boldsymbol{v}_j = \sigma_j\boldsymbol{u}_j, \quad j = 1,2,\cdots,n$$

类似地，

$$\boldsymbol{A}^{\mathrm{T}}\boldsymbol{U} = \boldsymbol{V}\boldsymbol{\Sigma}^{\mathrm{T}}$$

因此

$$\begin{aligned}\boldsymbol{A}^{\mathrm{T}}\boldsymbol{u}_j &= \sigma_j\boldsymbol{v}_j, \quad j = 1,2,\cdots,n\\ \boldsymbol{A}^{\mathrm{T}}\boldsymbol{u}_j &= \boldsymbol{0}, \quad j = n+1,n+2,\cdots,m\end{aligned}$$

$\boldsymbol{v}_j$ 称为 $\boldsymbol{A}$ 的*右奇异向量*(right singular vector)，$\boldsymbol{u}_j$ 称为 A 的*左奇异向量*(left singular vector).

5. 若 $\boldsymbol{A}$ 的秩为 r，则：

(i) $\boldsymbol{v}_1$，$\boldsymbol{v}_2$，…，$\boldsymbol{v}_r$ 构成了 $R(\boldsymbol{A}^{\mathrm{T}})$的一组规范正交基.

(ii) $\boldsymbol{v}_{r+1}$，$\boldsymbol{v}_{r+2}$，…，$\boldsymbol{v}_n$ 构成了 $N(\boldsymbol{A})$的一组规范正交基.

(iii) $\boldsymbol{u}_1$，$\boldsymbol{u}_2$，…，$\boldsymbol{u}_r$ 构成了 $R(\boldsymbol{A})$的一组规范正交基.

(iv) $\boldsymbol{u}_{r+1}$，$\boldsymbol{u}_{r+2}$，…，$\boldsymbol{u}_m$ 构成了 $N(\boldsymbol{A}^{\mathrm{T}})$的一组规范正交基.

6. 矩阵 $\boldsymbol{A}$ 的秩等于其非零的奇异值的个数(奇异值根据重数计数). 读者需要注意，不可对特征值使用类似的假设. 例如，矩阵

$$\boldsymbol{M} = \begin{bmatrix}0 & 1 & 0 & 0\\ 0 & 0 & 1 & 0\\ 0 & 0 & 0 & 1\\ 0 & 0 & 0 & 0\end{bmatrix}$$

的秩为 3，然而它的所有特征值均为 0.

7. 当 $\boldsymbol{A}$ 的秩 $r<n$ 时，如果令

$$\boldsymbol{U}_1 = (\boldsymbol{u}_1,\boldsymbol{u}_2,\cdots,\boldsymbol{u}_r), \quad \boldsymbol{V}_1 = (\boldsymbol{v}_1,\boldsymbol{v}_2,\cdots,\boldsymbol{v}_r)$$

且像方程(1)一样定义 $\boldsymbol{\Sigma}_1$，则

$$\boldsymbol{A} = \boldsymbol{U}_1\boldsymbol{\Sigma}_1\boldsymbol{V}_1^{\mathrm{T}} \tag{6}$$

因式分解(6)称为 $\boldsymbol{A}$ 的*压缩形式的奇异值分解*(compact form of the singular value decomposition). 这种形式在很多应用问题中十分有用.

▶**例 1** 令

$$\mathbf{A}=\begin{bmatrix}1 & 1\\ 1 & 1\\ 0 & 0\end{bmatrix}$$

求 A 的奇异值和奇异值分解.

解 矩阵

355

$$\mathbf{A}^{\mathrm{T}}\mathbf{A}=\begin{bmatrix}2 & 2\\ 2 & 2\end{bmatrix}$$

的特征值为 $\lambda_1=4$ 和 $\lambda_2=0$. 因此, $\mathbf{A}$ 的奇异值为 $\sigma_1=\sqrt{4}=2$ 和 $\sigma_2=0$. 特征值 λ_1 的特征向量形如 $\alpha(1, 1)^{\mathrm{T}}$, 且 λ_2 的特征向量为 $\beta(1, -1)^{\mathrm{T}}$. 因此, 正交矩阵

$$\mathbf{V}=\frac{1}{\sqrt{2}}\begin{bmatrix}1 & 1\\ 1 & -1\end{bmatrix}$$

对角化 $\mathbf{A}^{\mathrm{T}}\mathbf{A}$. 由观察 4 可得

$$\boldsymbol{u}_1=\frac{1}{\sigma_1}\mathbf{A}\boldsymbol{v}_1=\frac{1}{2}\begin{bmatrix}1 & 1\\ 1 & 1\\ 0 & 0\end{bmatrix}\begin{bmatrix}\frac{1}{\sqrt{2}}\\ \frac{1}{\sqrt{2}}\end{bmatrix}=\begin{bmatrix}\frac{1}{\sqrt{2}}\\ \frac{1}{\sqrt{2}}\\ 0\end{bmatrix}$$

$\boldsymbol{U}$ 的其他列向量必然构成 $N(\mathbf{A}^{\mathrm{T}})$ 的一组规范正交基. 我们可以采用通常的方法求得 $N(\mathbf{A}^{\mathrm{T}})$ 的一组基 $\{\boldsymbol{x}_2, \boldsymbol{x}_3\}$:

$$\boldsymbol{x}_2=(1,-1,0)^{\mathrm{T}} \quad 和 \quad \boldsymbol{x}_3=(0,0,1)^{\mathrm{T}}$$

由于这些向量已经正交, 无须使用格拉姆-施密特过程得到一组规范正交基. 我们只需令

$$\boldsymbol{u}_2=\frac{1}{\|\boldsymbol{x}_2\|}\boldsymbol{x}_2=\left(\frac{1}{\sqrt{2}}, -\frac{1}{\sqrt{2}}, 0\right)^{\mathrm{T}}$$

$$\boldsymbol{u}_3=\boldsymbol{x}_3=(0,0,1)^{\mathrm{T}}$$

然后可得

$$\mathbf{A}=\boldsymbol{U}\boldsymbol{\Sigma}\boldsymbol{V}^{\mathrm{T}}=\begin{bmatrix}\frac{1}{\sqrt{2}} & \frac{1}{\sqrt{2}} & 0\\ \frac{1}{\sqrt{2}} & -\frac{1}{\sqrt{2}} & 0\\ 0 & 0 & 1\end{bmatrix}\begin{bmatrix}2 & 0\\ 0 & 0\\ 0 & 0\end{bmatrix}\begin{bmatrix}\frac{1}{\sqrt{2}} & \frac{1}{\sqrt{2}}\\ \frac{1}{\sqrt{2}} & -\frac{1}{\sqrt{2}}\end{bmatrix}$$ ◀

奇异值的可视化

若将一个秩为 r 的 $m\times n$ 矩阵 $\mathbf{A}$ 看作从 $\mathbf{A}$ 的行空间到 $\mathbf{A}$ 的列空间的映射, 则根据前面的观察 4 和观察 5, 选择 $\boldsymbol{v}_1, \boldsymbol{v}_2, \cdots, \boldsymbol{v}_r$ 为其行空间的规范正交基是自然的, 因为像(image)向量

$$Av_1 = \sigma_1 u_1,\quad Av_2 = \sigma_2 u_2, \cdots, Av_r = \sigma_r u_r$$

是相互正交的，且相应的单位向量u_1，u_2，…，u_r 将构成 A 列空间的一组规范正交基. 对 2×2 矩阵，下面的例子从几何角度展示了如何通过在单位圆上移动向量得到右奇异向量.

356

▸**例 2**　令

$$A = \begin{bmatrix} 0.4 & -0.3 \\ 0.9 & 1.2 \end{bmatrix}$$

为求得 A 的一对右奇异向量，需求得一对规范正交向量 x 和 y，使其像向量 Ax 和 Ay 正交. 不能选择 $\mathbf{R}^2$ 的标准基向量，因为如果 $x=e_1$ 及 $y=e_2$，则像向量

$$Ae_1 = a_1 = \begin{bmatrix} 0.4 \\ 0.9 \end{bmatrix} \quad 和 \quad Ae_2 = a_2 = \begin{bmatrix} -0.3 \\ 1.2 \end{bmatrix}$$

并不正交. 参见图 6.5.1.

一种求右奇异向量的方法是，沿单位圆同时旋转这一初始向量对，且对每一旋转得到的向量对

$$x = \begin{bmatrix} \cos t \\ \sin t \end{bmatrix},\quad y = \begin{bmatrix} -\sin t \\ \cos t \end{bmatrix}$$

检验 Ax 和 Ay 是否正交. 对给定的矩阵 A，这将出现在初始向量 x 的顶点转到点(0.6，0.8)时. 此时得到右奇异向量为

$$v_1 = \begin{bmatrix} 0.6 \\ 0.8 \end{bmatrix},\quad v_2 = \begin{bmatrix} -0.8 \\ 0.6 \end{bmatrix}$$

因为

$$Av_1 = \begin{bmatrix} 0 \\ 1.5 \end{bmatrix} = 1.5\, e_1,\quad 且 \quad Av_2 = \begin{bmatrix} -0.5 \\ 0 \end{bmatrix} = -0.5\, e_1$$

由此，奇异值为 $\sigma_1 = 1.5$ 及 $\sigma_2 = 0.5$，对应的左奇异向量为$u_1 = e_1$ 及$u_2 = -e_2$. 参见图 6.5.2. ◂

357

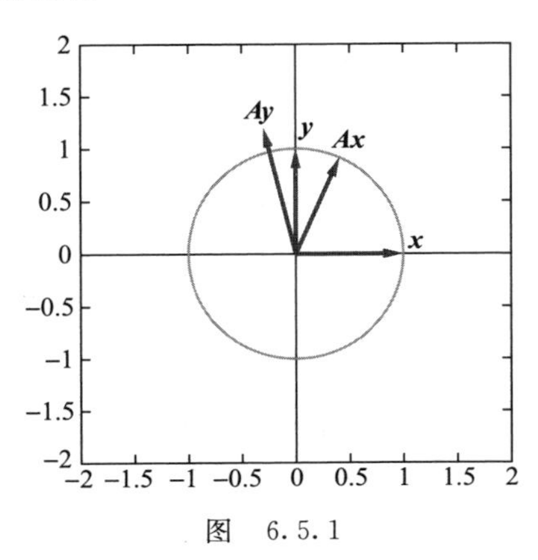

图　6.5.1

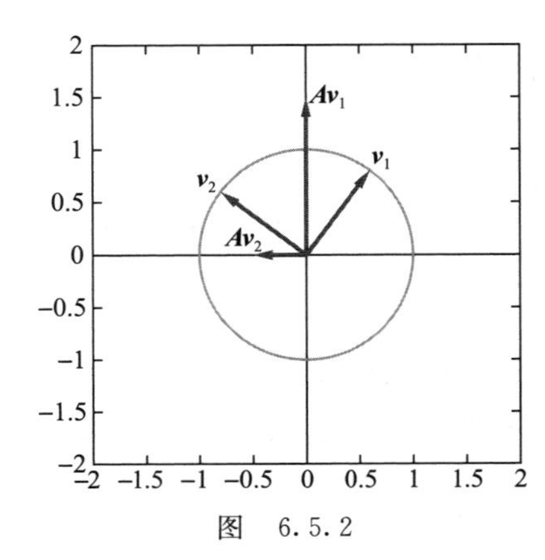

图　6.5.2

数值秩和较小秩近似

若 $\boldsymbol{A}$ 为 $m\times n$ 矩阵，其秩为 r，且 $0<k<r$，则可以用奇异值分解求一个 $\mathbf{R}^{m\times n}$ 中秩为 k 的矩阵，使得它在弗罗贝尼乌斯范数意义下最接近 $\boldsymbol{A}$. 令 $\mathcal{M}$ 为所有秩不超过 k 的 $m\times n$ 矩阵的集合. 可以证明存在一个 $\mathcal{M}$ 中的矩阵 $\boldsymbol{X}$，使得

$$\|\boldsymbol{A}-\boldsymbol{X}\|_F=\min_{S\in\mathcal{M}}\|\boldsymbol{A}-\boldsymbol{S}\|_F \tag{7}$$

我们将不证明这个结论，因为这个证明超出了本书的范围. 假设可以取得最小值，我们证明这样的 $\boldsymbol{X}$ 可以使用 $\boldsymbol{A}$ 的奇异值分解求出. 下面的引理将很有用处.

引理 6.5.2 若 $\boldsymbol{A}$ 为 $m\times n$ 矩阵，且 $\boldsymbol{Q}$ 为 $m\times m$ 正交矩阵，则

$$\|\boldsymbol{QA}\|_F=\|\boldsymbol{A}\|_F$$

证

$$\begin{aligned}\|\boldsymbol{QA}\|_F^2&=\|(\boldsymbol{Qa}_1,\boldsymbol{Qa}_2,\cdots,\boldsymbol{Qa}_n)\|_F^2\\&=\sum_{i=1}^n\|\boldsymbol{Qa}_i\|_2^2\\&=\sum_{i=1}^n\|\boldsymbol{a}_i\|_2^2\\&=\|\boldsymbol{A}\|_F^2\end{aligned}$$

■

若 $\boldsymbol{A}$ 有奇异值分解 $\boldsymbol{U\Sigma V}^{\mathrm{T}}$，则由引理可得

$$\|\boldsymbol{A}\|_F=\|\boldsymbol{\Sigma V}^{\mathrm{T}}\|_F$$

由于

$$\|\boldsymbol{\Sigma V}^{\mathrm{T}}\|_F=\|(\boldsymbol{\Sigma V}^{\mathrm{T}})^{\mathrm{T}}\|_F=\|\boldsymbol{V\Sigma}^{\mathrm{T}}\|_F=\|\boldsymbol{\Sigma}^{\mathrm{T}}\|_F$$

358

故

$$\|\boldsymbol{A}\|_F=(\sigma_1^2+\sigma_2^2+\cdots+\sigma_n^2)^{1/2}$$

定理 6.5.3 令 $\boldsymbol{A}=\boldsymbol{U\Sigma V}^{\mathrm{T}}$ 为 $m\times n$ 矩阵，并令 $\mathcal{M}$ 表示所有秩不超过 k 的 $m\times n$ 矩阵集合，其中 $0<k<\operatorname{rank}(\boldsymbol{A})$. 若 X 为 $\mathcal{M}$ 中满足(7)的一个矩阵，则

$$\|\boldsymbol{A}-\boldsymbol{X}\|_F=(\sigma_{k+1}^2+\sigma_{k+2}^2+\cdots+\sigma_n^2)^{1/2}$$

特别地，若 $\boldsymbol{A}'=\boldsymbol{U\Sigma}'\boldsymbol{V}^{\mathrm{T}}$，其中

$$\boldsymbol{\Sigma}'=\left[\begin{array}{ccc|c}\sigma_1&&&\\&\ddots&&\boldsymbol{O}\\&&\sigma_k&\\\hline&\boldsymbol{O}&&\boldsymbol{O}\end{array}\right]=\begin{bmatrix}\boldsymbol{\Sigma}_k&\boldsymbol{O}\\\boldsymbol{O}&\boldsymbol{O}\end{bmatrix}$$

则

$$\|\boldsymbol{A}-\boldsymbol{A}'\|_F=(\sigma_{k+1}^2+\sigma_{k+2}^2+\cdots+\sigma_n^2)^{1/2}=\min_{S\in\mathcal{M}}\|\boldsymbol{A}-\boldsymbol{S}\|_F$$

证 令 X 为 $\mathcal{M}$ 中满足(7)的一个矩阵. 由于 $\boldsymbol{A}'\in\mathcal{M}$，可得

$$\|\boldsymbol{A}-\boldsymbol{X}\|_F\leqslant\|\boldsymbol{A}-\boldsymbol{A}'\|_F=(\sigma_{k+1}^2+\sigma_{k+2}^2+\cdots+\sigma_n^2)^{1/2} \tag{8}$$

我们将证明

$$\|\boldsymbol{A}-\boldsymbol{X}\|_F\geqslant(\sigma_{k+1}^2+\sigma_{k+2}^2+\cdots+\sigma_n^2)^{1/2}$$

因此等式(8)成立. 令 $\boldsymbol{Q\Omega P}^{\mathrm{T}}$ 为 X 的奇异值分解，其中

$$\boldsymbol{\Omega}=\left[\begin{array}{cccc|c} \omega_1 & & & & \\ & \omega_2 & & & \\ & & \ddots & & \boldsymbol{O} \\ & & & \omega_k & \\ \hline & & \boldsymbol{O} & & \boldsymbol{O} \end{array}\right]=\begin{bmatrix} \boldsymbol{\Omega}_k & \boldsymbol{O} \\ \boldsymbol{O} & \boldsymbol{O} \end{bmatrix}$$

若令 $\boldsymbol{B}=\boldsymbol{Q}^{\mathrm{T}}\boldsymbol{A}\boldsymbol{P}$，则 $\boldsymbol{A}=\boldsymbol{Q}\boldsymbol{B}\boldsymbol{P}^{\mathrm{T}}$，由此可得

$$\|\boldsymbol{A}-\boldsymbol{X}\|_F=\|\boldsymbol{Q}(\boldsymbol{B}-\boldsymbol{\Omega})\boldsymbol{P}^{\mathrm{T}}\|_F=\|\boldsymbol{B}-\boldsymbol{\Omega}\|_F$$

我们使用同样的方法分解 $\boldsymbol{B}$：

$$\boldsymbol{B}=\left[\begin{array}{c|c} \overbrace{\boldsymbol{B}_{11}}^{k\times k} & \overbrace{\boldsymbol{B}_{12}}^{k\times(n-k)} \\ \hline \underbrace{\boldsymbol{B}_{21}}_{(m-k)\times k} & \underbrace{\boldsymbol{B}_{22}}_{(m-k)\times(n-k)} \end{array}\right]$$

359

可得

$$\|\boldsymbol{A}-\boldsymbol{X}\|_F^2=\|\boldsymbol{B}_{11}-\boldsymbol{\Omega}_k\|_F^2+\|\boldsymbol{B}_{12}\|_F^2+\|\boldsymbol{B}_{21}\|_F^2+\|\boldsymbol{B}_{22}\|_F^2$$

我们说 $\boldsymbol{B}_{12}=\boldsymbol{O}$. 如果不是这样，则定义

$$\boldsymbol{Y}=\boldsymbol{Q}\begin{bmatrix} \boldsymbol{B}_{11} & \boldsymbol{B}_{12} \\ \boldsymbol{O} & \boldsymbol{O} \end{bmatrix}\boldsymbol{P}^{\mathrm{T}}$$

矩阵 $\boldsymbol{Y}$ 在 $\mathcal{M}$ 中，且

$$\|\boldsymbol{A}-\boldsymbol{Y}\|_F^2=\|\boldsymbol{B}_{21}\|_F^2+\|\boldsymbol{B}_{22}\|_F^2<\|\boldsymbol{A}-\boldsymbol{X}\|_F^2$$

这和 $\boldsymbol{X}$ 的定义矛盾. 因此 $\boldsymbol{B}_{12}=\boldsymbol{O}$. 类似地，可以证明 $\boldsymbol{B}_{21}$ 也等于 $\boldsymbol{O}$. 如果令

$$\boldsymbol{Z}=\boldsymbol{Q}\begin{bmatrix} \boldsymbol{B}_{11} & \boldsymbol{O} \\ \boldsymbol{O} & \boldsymbol{O} \end{bmatrix}\boldsymbol{P}^{\mathrm{T}}$$

则 $\boldsymbol{Z}\in\mathcal{M}$，且

$$\|\boldsymbol{A}-\boldsymbol{Z}\|_F^2=\|\boldsymbol{B}_{22}\|_F^2\leqslant\|\boldsymbol{B}_{11}-\boldsymbol{\Omega}_K\|_F^2+\|\boldsymbol{B}_{22}\|_F^2=\|\boldsymbol{A}-\boldsymbol{X}\|_F^2$$

由 $\boldsymbol{X}$ 的定义可得，$\boldsymbol{B}_{11}$ 必等于 $\boldsymbol{\Omega}_k$. 若 $\boldsymbol{B}_{22}$ 有奇异值分解 $\boldsymbol{U}_1\boldsymbol{\Lambda}\boldsymbol{V}_1^{\mathrm{T}}$，则

$$\|\boldsymbol{A}-\boldsymbol{X}\|_F=\|\boldsymbol{B}_{22}\|_F=\|\boldsymbol{\Lambda}\|_F$$

令

$$\boldsymbol{U}_2=\begin{bmatrix} \boldsymbol{I}_k & \boldsymbol{O} \\ \boldsymbol{O} & \boldsymbol{U}_1 \end{bmatrix} \quad 及 \quad \boldsymbol{V}_2=\begin{bmatrix} \boldsymbol{I}_k & \boldsymbol{O} \\ \boldsymbol{O} & \boldsymbol{V}_1 \end{bmatrix}$$

现在

$$\boldsymbol{U}_2^{\mathrm{T}}\boldsymbol{Q}^{\mathrm{T}}\boldsymbol{A}\boldsymbol{P}\boldsymbol{V}_2=\begin{bmatrix} \boldsymbol{\Omega}_k & \boldsymbol{O} \\ \boldsymbol{O} & \boldsymbol{\Lambda} \end{bmatrix}$$

$$\boldsymbol{A}=(\boldsymbol{Q}\boldsymbol{U}_2)\begin{bmatrix} \boldsymbol{\Omega}_k & \boldsymbol{O} \\ \boldsymbol{O} & \boldsymbol{\Lambda} \end{bmatrix}(\boldsymbol{P}\boldsymbol{V}_2)^{\mathrm{T}}$$

由此可得 $\boldsymbol{\Lambda}$ 的对角元素为 $\boldsymbol{A}$ 的奇异值. 故

$$\|\boldsymbol{A}-\boldsymbol{X}\|_F=\|\boldsymbol{\Lambda}\|_F\geqslant(\sigma_{k+1}^2+\sigma_{k+2}^2+\cdots+\sigma_n^2)^{1/2}$$

由(8)可得

$$\|\boldsymbol{A}-\boldsymbol{X}\|_F=(\sigma_{k+1}^2+\sigma_{k+2}^2+\cdots+\sigma_n^2)^{1/2}=\|\boldsymbol{A}-\boldsymbol{A}'\|_F \qquad \blacksquare$$

若 $\boldsymbol{A}$ 有奇异值分解 $\boldsymbol{U\Sigma V}^{\mathrm{T}}$，则可以将 $\boldsymbol{A}$ 看成 $\boldsymbol{U\Sigma}$ 和 $\boldsymbol{V}^{\mathrm{T}}$ 的一个乘积．若将 $\boldsymbol{U\Sigma}$ 按列向量分块，且 $\boldsymbol{V}^{\mathrm{T}}$ 按行向量分块，则

360

$$\boldsymbol{U\Sigma}=(\sigma_1\boldsymbol{u}_1,\sigma_2\boldsymbol{u}_2,\cdots,\sigma_n\boldsymbol{u}_n)$$

且可以将 $\boldsymbol{A}$ 表示为一个外积展开：

$$\boldsymbol{A}=\sigma_1\boldsymbol{u}_1\boldsymbol{v}_1^{\mathrm{T}}+\sigma_2\boldsymbol{u}_2\boldsymbol{v}_2^{\mathrm{T}}+\cdots+\sigma_n\boldsymbol{u}_n\boldsymbol{v}_n^{\mathrm{T}} \tag{9}$$

若 $\boldsymbol{A}$ 的秩为 n，则

$$\boldsymbol{A}'=\boldsymbol{U}\begin{bmatrix}\sigma_1 & & & & \\ & \sigma_2 & & & \\ & & \ddots & & \\ & & & \sigma_{n-1} & \\ & & & & 0\end{bmatrix}\boldsymbol{V}^{\mathrm{T}}$$

$$=\sigma_1\boldsymbol{u}_1\boldsymbol{v}_1^{\mathrm{T}}+\sigma_2\boldsymbol{u}_2\boldsymbol{v}_2^{\mathrm{T}}+\cdots+\sigma_{n-1}\boldsymbol{u}_{n-1}\boldsymbol{v}_{n-1}^{\mathrm{T}}$$

将是一个秩为 $n-1$ 且在弗罗贝尼乌斯范数意义下最接近 $\boldsymbol{A}$ 的矩阵．类似地，

$$\boldsymbol{A}''=\sigma_1\boldsymbol{u}_1\boldsymbol{v}_1^{\mathrm{T}}+\sigma_2\boldsymbol{u}_2\boldsymbol{v}_2^{\mathrm{T}}+\cdots+\sigma_{n-2}\boldsymbol{u}_{n-2}\boldsymbol{v}_{n-2}^{\mathrm{T}}$$

将是一个秩为 $n-2$ 的最接近的矩阵，依此类推．特别地，若 $\boldsymbol{A}$ 为 $n\times n$ 非奇异矩阵，则 $\boldsymbol{A}'$ 为奇异的，且 $\|\boldsymbol{A}-\boldsymbol{A}'\|_F=\sigma_n$．因此 σ_n 可用于衡量一个方阵如何接近奇异．

读者应当注意，不要使用 $\det(\boldsymbol{A})$ 作为 $\boldsymbol{A}$ 如何接近奇异的一个度量．例如，若 $\boldsymbol{A}$ 为 100×100 的对角矩阵，其对角元素均为 $\frac{1}{2}$，则 $\det(\boldsymbol{A})=2^{-100}$，而 $\sigma_{100}=\frac{1}{2}$．另一方面，下例的矩阵十分接近奇异，尽管其行列式是 1，且其所有的特征值均为 1．

▶**例 3**　令 $\boldsymbol{A}$ 为 $n\times n$ 上三角矩阵，其对角元素均为 1，且位于主对角线上方的元素均为 -1．

$$\boldsymbol{A}=\begin{bmatrix}1 & -1 & -1 & \cdots & -1 & -1\\ 0 & 1 & -1 & \cdots & -1 & -1\\ 0 & 0 & 1 & \cdots & -1 & -1\\ \vdots & \vdots & \vdots & \ddots & \vdots & \vdots\\ 0 & 0 & 0 & \cdots & 1 & -1\\ 0 & 0 & 0 & \cdots & 0 & 1\end{bmatrix}$$

注意到 $\det(\boldsymbol{A})=\det(\boldsymbol{A}^{-1})=1$，且 $\boldsymbol{A}$ 的所有特征值均为 1．然而，若 n 很大，则 $\boldsymbol{A}$ 接近奇异．为看到这一点，令

$$\boldsymbol{B}=\begin{bmatrix}1 & -1 & -1 & \cdots & -1 & -1\\ 0 & 1 & -1 & \cdots & -1 & -1\\ 0 & 0 & 1 & \cdots & -1 & -1\\ \vdots & \vdots & \vdots & \ddots & \vdots & \vdots\\ 0 & 0 & 0 & \cdots & 1 & -1\\ \frac{-1}{2^{n-2}} & 0 & 0 & \cdots & 0 & 1\end{bmatrix}$$

361

矩阵 $\boldsymbol{B}$ 必为奇异的，因为方程组 $\boldsymbol{Bx}=\boldsymbol{0}$ 有非平凡解 $\boldsymbol{x}=(2^{n-2}, 2^{n-3}, \cdots, 2^0, 1)^{\mathrm{T}}$. 由于矩阵 $\boldsymbol{A}$ 和 $\boldsymbol{B}$ 仅在 $(n, 1)$ 位置上不同，因此

$$\|\boldsymbol{A}-\boldsymbol{B}\|_F=\frac{1}{2^{n-2}}$$

由定理 6.5.3 可得，

$$\sigma_n=\min_{\boldsymbol{X}\text{奇异}}\|\boldsymbol{A}-\boldsymbol{X}\|_F\leqslant\|\boldsymbol{A}-\boldsymbol{B}\|_F=\frac{1}{2^{n-2}}$$

因此，若 $n=100$，则 $\sigma_n\leqslant 1/2^{98}$，于是 $\boldsymbol{A}$ 是非常接近奇异的. ◀

应用 1：数值秩

在很多应用问题中，矩阵的计算是使用计算机采用有限位精度算法进行的. 若计算含有非奇异但是**非常接近**奇异的矩阵，则矩阵的行为将如一个奇异矩阵. 此时，线性方程组求解的计算结果无论如何也不会有准确的数字. 更为一般地，若一个 $m\times n$ 矩阵 $\boldsymbol{A}$ 和一个秩为 r 的矩阵**充分接近**，其中 $r<\min(m, n)$，则 $\boldsymbol{A}$ 在有限位精度算法中的行为将与秩为 r 的矩阵相似. 奇异值给出了一个如何衡量矩阵和一个较小秩矩阵接近程度的方法，然而必须说明，我们是说十分接近. 我们必须确定怎样才是足够接近. 这个答案依赖于所使用的计算机的机器精度.

机器精度可用机器的单位舍入误差表示. 单位舍入误差的另外一个名字是 machine epsilon. 为理解这个概念，需要了解计算机是如何表示数字的. 若计算机使用 beta(β) 进制的数据，且总是利用 n 个数位，则它使用**浮点数**(floating-point number)表示一个实数 x，记为 $fl(x)$，形如 $\pm 0.d_1d_2\cdots d_n\times\beta^k$，其中 d_i 为整数，且 $0\leqslant d_i<\beta$. 例如，$-0.543\,214\,69\times 10^{25}$ 为一个 8 位十进制浮点数，而 $0.110\,100\,111\,001\times 2^{-9}$ 表示一个 12 位二进制浮点数. 在 7.1 节中，我们将更为详细地讨论一个给定 machine epsilon 的浮点数. 由此导出，machine epsilon(ε) 为最小的浮点数，它可作为用浮点数近似表示一个实数时的相对误差的界，即对任意实数 x，

$$\left|\frac{fl(x)-x}{x}\right|<\varepsilon \tag{10}$$

对 8 位十进制浮点算法，machine epsilon 为 5×10^{-8}. 对 12 位二进制浮点算法，machine epsilon 为 $\left(\frac{1}{2}\right)^{-12}$，一般地，对 n 位 β 进制的算法，machine epsilon 为 $\frac{1}{2}\times\beta^{-n+1}$.

受到(10)的启发，machine epsilon 是作为舍入误差基本度量单位的一个自然选择. 假设 $\boldsymbol{A}$ 是秩为 n 的矩阵，而其小于 machine epsilon 的一个"小"倍数的奇异值的个数为 k. 则 $\boldsymbol{A}$ 和一个秩为 $n-k$ 的矩阵是充分接近的，以至于当使用浮点算法时无法区分它们的不同. 此时，说 $\boldsymbol{A}$ 的**数值秩**(numerical rank)为 $n-k$. 我们用以确定数值秩的 machine epsilon 的倍数依赖于矩阵的维数和其最大的奇异值. 下面关于数值秩的定义被普遍应用.

362

定义 一个 $m\times n$ 矩阵的**数值秩**(numerical rank)为矩阵的奇异值中大于 $\sigma_1\max(m, n)\varepsilon$ 的个数，其中 σ_1 为 $\boldsymbol{A}$ 的最大奇异值，且 ε 为 machine epsilon.

通常，在有限位精度计算中，术语"秩"指的是数值秩. 例如，MATLAB 命令

rank(A)将计算 $\boldsymbol{A}$ 的数值秩，而不是其准确的秩.

▶**例 4** 假设 $\boldsymbol{A}$ 为 5×5 矩阵，其奇异值为

$$\sigma_1=4,\quad \sigma_2=1,\quad \sigma_3=10^{-12},\quad \sigma_4=3.1\times10^{-14},\quad \sigma_5=2.6\times10^{-15}$$

且假设 machine epsilon 为 5×10^{-15}. 为求得数值秩，我们将奇异值和

$$\sigma_1\max(m,n)\varepsilon=4\cdot5\cdot5\times10^{-15}=10^{-13}$$

进行比较. 由于有三个奇异值大于 10^{-13}，所以矩阵的数值秩为 3. ◀

应用 2：数字图像处理

一个视频图像或图片可以通过将其分解为单元(或像素)数组并测量每一个单元的灰度进行数字化. 这些信息可使用一个 $m\times n$ 矩阵 $\boldsymbol{A}$ 进行存储和传输. $\boldsymbol{A}$ 的元素为非负值，对应于灰度级别的度量. 由于任一单元的灰度级别通常很接近其相邻的单元，所以可以将需要的存储数量从 mn 减少到 $m+n+1$. 一般地，矩阵 $\boldsymbol{A}$ 将有很小的奇异值. 因此，$\boldsymbol{A}$ 可以用一个秩非常小的矩阵来逼近.

若 $\boldsymbol{A}$ 的奇异值分解为 $\boldsymbol{U\Sigma V}^{\mathrm{T}}$，则 $\boldsymbol{A}$ 可表示为外积展开：

$$\boldsymbol{A}=\sigma_1\boldsymbol{u}_1\boldsymbol{v}_1^{\mathrm{T}}+\sigma_2\boldsymbol{u}_2\boldsymbol{v}_2^{\mathrm{T}}+\cdots+\sigma_n\boldsymbol{u}_n\boldsymbol{v}_n^{\mathrm{T}}$$

最接近的秩为 k 的矩阵可通过取这个和的前 k 项得到：

$$\boldsymbol{A}_k=\sigma_1\boldsymbol{u}_1\boldsymbol{v}_1^{\mathrm{T}}+\sigma_2\boldsymbol{u}_2\boldsymbol{v}_2^{\mathrm{T}}+\cdots+\sigma_k\boldsymbol{u}_k\boldsymbol{v}_k^{\mathrm{T}}$$

$\boldsymbol{A}_k$ 的总存储量为 $k(m+n+1)$. 我们可以考虑选择的 k 小于 n，且相应于 $\boldsymbol{A}_k$ 的图像和原来的图像非常接近. 对 k 的典型选择，$\boldsymbol{A}_k$ 所需的存储量将小于整个矩阵 $\boldsymbol{A}$ 所需存储量的 20%.

363

图 6.5.3 展示了一个 176×260 的矩阵 $\boldsymbol{A}$ 对应的图像和三个对应于 $\boldsymbol{A}$ 的较小秩近似

176×260原始图像

秩为5的近似图像

秩为15的近似图像

秩为30的近似图像

图 6.5.3 由 Oakridge 国家实验室提供

矩阵的图像. 图片中的三位绅士(从左到右)是：James H. Wilkinson、Wallace Givens 和 George Forsythe(三位数值线性代数的先驱者).

应用 3：信息检索——潜语义索引

我们再次回到 1.3 节和 5.1 节中讨论的信息检索应用问题. 在这个应用中，文档数据库被表示为一个数据库矩阵 $\boldsymbol{Q}$. 为搜索数据库，我们构造了一个单位搜索向量 $\boldsymbol{x}$，并令 $\boldsymbol{y}=\boldsymbol{Q}^{\mathrm{T}}\boldsymbol{x}$. 和搜索表达式最匹配的文档是那些 $\boldsymbol{y}$ 对应的元素最接近 1 的文档.

由于多义和同义的问题，可以考虑数据库的一个近似. 数据库矩阵中的某些元素可能包含外来的成分，因为存在着多义词，而某些将可能会丢失成分，因为存在着同义词. 假设可以纠正这些问题，且得到一个理想的矩阵 $\boldsymbol{P}$. 如果令 $\boldsymbol{E}=\boldsymbol{Q}-\boldsymbol{P}$，则由于 $\boldsymbol{Q}=\boldsymbol{P}+\boldsymbol{E}$，我们可以将 $\boldsymbol{E}$ 看成是数据库矩阵 $\boldsymbol{Q}$ 的一个误差矩阵. 可是，$\boldsymbol{E}$ 是未知的，因此我们无法准确地得到 $\boldsymbol{P}$. 然而，如果可以得到 $\boldsymbol{Q}$ 的一个简单近似 $\boldsymbol{Q}_1$，则 $\boldsymbol{Q}_1$ 也将是 $\boldsymbol{P}$ 的一个近似. 因此对某误差矩阵 $\boldsymbol{E}_1$，$\boldsymbol{Q}_1=\boldsymbol{P}+\boldsymbol{E}_1$. 在**潜语义索引**(latent semantic indexing, LSI)方法中，数据库矩阵 $\boldsymbol{Q}$ 用一个秩较小的矩阵 $\boldsymbol{Q}_1$ 近似. 该方法的基本思想是，一个较小秩的矩阵仍然给出了 $\boldsymbol{P}$ 的一个好的近似，且由于其结构较为简单，事实上将含有较小的误差，即 $\|\boldsymbol{E}_1\|<\|\boldsymbol{E}\|$.

这个较小秩的近似可通过在 $\boldsymbol{Q}$ 的奇异值分解的外积展开中截取得到. 这等价于令

$$\sigma_{r+1}=\sigma_{r+2}=\cdots=\sigma_n=0$$

然后令 $\boldsymbol{Q}_1=\boldsymbol{U}_1\boldsymbol{\Sigma}_1\boldsymbol{V}_1^{\mathrm{T}}$，即秩为 r 的奇异值分解矩阵的压缩形式. 进一步地，如果 $r<\min(m,n)/2$,则这个分解在使用中计算更为高效，且搜索的速度将大大提高. 计算的速度是和含有的算术运算的次数成正比的. 矩阵向量乘法 $\boldsymbol{Q}^{\mathrm{T}}\boldsymbol{x}$ 共需 mn 个标量乘法(每一个 n 个元素的乘法的 m 倍). 另一方面，$\boldsymbol{Q}_1^{\mathrm{T}}=\boldsymbol{V}_1\boldsymbol{\Sigma}_1\boldsymbol{U}_1^{\mathrm{T}}$，且乘法 $\boldsymbol{Q}_1^{\mathrm{T}}\boldsymbol{x}=\boldsymbol{V}_1(\boldsymbol{\Sigma}_1(\boldsymbol{U}_1\boldsymbol{x}^{\mathrm{T}}))$ 共需要 $r(m+n+1)$ 个标量乘法. 例如，若 $m=n=1\,000$，且 $r=200$，则

$$mn=10^6,\quad 而\quad r(m+n+1)=200\cdot 2001=400\,200$$

使用较小秩的矩阵进行搜索将比原来的快两倍以上.

应用 4：心理学——主成分分析

在 5.1 节中，我们看到心理学家斯皮尔曼如何使用一个相关矩阵比较一系列智力测试中的成绩. 基于观察到的相关性，斯皮尔曼得到了测试结果中隐含的一般函数. 心理学家的进一步工作是，确定由智力因素导致的、在一个学习领域中发展的公共因子，这称为**因子分析**(factor analysis).

较斯皮尔曼的工作早一些的是 1901 年 Karl Pearson 的一篇论文，其中分析了一个由3 000个罪犯的 7 个物理变量给出的相关矩阵. 这个研究包含了由 Harold Hotelling 在 1933 年发表的一篇著名论文中推广的方法的根. 这个方法称为**主成分分析**.

为看到这个方法的基本思想，假设有一个对一组 m 个人进行的 n 元智力测试序列，测试值距平均值的偏差构成了一个 $m\times n$ 的矩阵 $\boldsymbol{X}$. 尽管在实际使用时 $\boldsymbol{X}$ 的列向量是正相关的，但在考虑假设因子时应为不相关的. 因此，我们希望引入对应于假设因子的相互正交的向量 $\boldsymbol{y}_1$，$\boldsymbol{y}_2$，…，$\boldsymbol{y}_r$. 要求这些向量张成 $R(\boldsymbol{X})$，因此向量的个数 r 应等于 $\boldsymbol{X}$

的秩．此外，我们希望将这些向量按照其方差递减的顺序进行编号．

365

第一个主成分向量 $\boldsymbol{y}_1$ 应取为方差最大的．由于 $\boldsymbol{y}_1$ 在 $\boldsymbol{X}$ 的列空间中，所以可将其表示为一个乘积 $\boldsymbol{X}\boldsymbol{v}_1$，其中 $\boldsymbol{v}_1 \in \mathbf{R}^n$．协方差矩阵为

$$\boldsymbol{S} = \frac{1}{n-1}\boldsymbol{X}^{\mathrm{T}}\boldsymbol{X}$$

且 $\boldsymbol{y}_1$ 的方差为

$$\operatorname{var}(\boldsymbol{y}_1) = \frac{(\boldsymbol{X}\boldsymbol{v}_1)^{\mathrm{T}}\boldsymbol{X}\boldsymbol{v}_1}{n-1} = \boldsymbol{v}_1^{\mathrm{T}}\boldsymbol{S}\boldsymbol{v}_1$$

$\boldsymbol{v}_1$ 为所有单位向量 $\boldsymbol{v}$ 中使得 $\boldsymbol{v}^{\mathrm{T}}\boldsymbol{S}\boldsymbol{v}$ 最大化的向量，这可通过将 $\boldsymbol{v}_1$ 取为属于 $\boldsymbol{X}^{\mathrm{T}}\boldsymbol{X}$ 的最大特征值 λ_1 的单位特征向量来实现．（见 6.4 节练习 28.）$\boldsymbol{X}^{\mathrm{T}}\boldsymbol{X}$ 的特征向量为 $\boldsymbol{X}$ 的右奇异向量．因此，$\boldsymbol{v}_1$ 为 $\boldsymbol{X}$ 的对应于最大奇异值 $\sigma_1 = \sqrt{\lambda_1}$ 的右奇异向量．若 $\boldsymbol{u}_1$ 为相应的左奇异向量，则

$$\boldsymbol{y}_1 = \boldsymbol{X}\boldsymbol{v}_1 = \sigma_1\boldsymbol{u}_1$$

第二个主成分向量必形如 $\boldsymbol{y}_2 = \boldsymbol{X}\boldsymbol{v}_2$．可以证明，所有和 $\boldsymbol{v}_1$ 正交的单位向量中，使得 $\boldsymbol{v}^{\mathrm{T}}\boldsymbol{S}\boldsymbol{v}$ 最大化的向量就是 $\boldsymbol{X}$ 的右奇异向量 $\boldsymbol{v}_2$．若采用这种方式选择 $\boldsymbol{v}_2$，且 $\boldsymbol{u}_2$ 为相应的左奇异向量，则

$$\boldsymbol{y}_2 = \boldsymbol{X}\boldsymbol{v}_2 = \sigma_2\boldsymbol{u}_2$$

由于

$$\boldsymbol{y}_1^{\mathrm{T}}\boldsymbol{y}_2 = \sigma_1\sigma_2\boldsymbol{u}_1^{\mathrm{T}}\boldsymbol{u}_2 = 0$$

由此可得 $\boldsymbol{y}_1$ 和 $\boldsymbol{y}_2$ 为正交的．其余的 $\boldsymbol{y}_i$ 可以通过类似的方法得到．

一般地，奇异值分解求解了主成分问题．若 $\boldsymbol{X}$ 的秩为 r，且奇异值分解为 $\boldsymbol{X} = \boldsymbol{U}_1\boldsymbol{\Sigma}_1\boldsymbol{V}_1^{\mathrm{T}}$（压缩形式），则主成分向量为

$$\boldsymbol{y}_1 = \sigma_1\boldsymbol{u}_1, \quad \boldsymbol{y}_2 = \sigma_2\boldsymbol{u}_2, \cdots, \boldsymbol{y}_r = \sigma_r\boldsymbol{u}_r$$

左奇异向量 $\boldsymbol{u}_1$，$\boldsymbol{u}_2$，$\cdots$，$\boldsymbol{u}_n$ 为规范化了的主成分向量．如果令 $\boldsymbol{W} = \boldsymbol{\Sigma}_1\boldsymbol{V}_1^{\mathrm{T}}$，则

$$\boldsymbol{X} = \boldsymbol{U}_1\boldsymbol{\Sigma}_1\boldsymbol{V}_1^{\mathrm{T}} = \boldsymbol{U}_1\boldsymbol{W}$$

矩阵 $\boldsymbol{U}_1$ 的列对应于假设的智力因素．每一列中的元素衡量了一个学生的特定智力水平．矩阵 $\boldsymbol{W}$ 衡量了每一个测试依赖于假设因子的程度．

366

6.5 节练习

1. 证明 $\boldsymbol{A}$ 和 $\boldsymbol{A}^{\mathrm{T}}$ 有相同的非零奇异值．它们的奇异值分解有什么联系？
2. 使用例 1 的方法求下列每一矩阵的奇异值分解．

(a) $\begin{bmatrix} 1 & 1 \\ 2 & 2 \end{bmatrix}$　(b) $\begin{bmatrix} 2 & -2 \\ 1 & 2 \end{bmatrix}$　(c) $\begin{bmatrix} 1 & 3 \\ 3 & 1 \\ 0 & 0 \\ 0 & 0 \end{bmatrix}$　(d) $\begin{bmatrix} 2 & 0 & 0 \\ 0 & 2 & 1 \\ 0 & 1 & 2 \\ 0 & 0 & 0 \end{bmatrix}$

3. 对练习 2 中的每一矩阵：
   (a) 求秩．
   (b) 求秩为 1 的最接近的矩阵（在弗罗贝尼乌斯范数意义下）．

4. 给定

$$A=\begin{bmatrix}-2 & 8 & 20\\ 14 & 19 & 10\\ 2 & -2 & 1\end{bmatrix}=\begin{bmatrix}\frac{3}{5} & -\frac{4}{5} & 0\\ \frac{4}{5} & \frac{3}{5} & 0\\ 0 & 0 & 1\end{bmatrix}\begin{bmatrix}30 & 0 & 0\\ 0 & 15 & 0\\ 0 & 0 & 3\end{bmatrix}\begin{bmatrix}\frac{1}{3} & \frac{2}{3} & \frac{2}{3}\\ \frac{2}{3} & \frac{1}{3} & -\frac{2}{3}\\ \frac{2}{3} & -\frac{2}{3} & \frac{1}{3}\end{bmatrix}$$

求和 A 最接近的秩为 1 和秩为 2 的矩阵(在弗罗贝尼乌斯范数意义下).

5. 矩阵

$$A=\begin{bmatrix}2 & 5 & 4\\ 6 & 3 & 0\\ 6 & 3 & 0\\ 2 & 5 & 4\end{bmatrix}$$

的奇异值分解为

$$\begin{bmatrix}\frac{1}{2} & \frac{1}{2} & \frac{1}{2} & \frac{1}{2}\\ \frac{1}{2} & -\frac{1}{2} & -\frac{1}{2} & \frac{1}{2}\\ \frac{1}{2} & -\frac{1}{2} & \frac{1}{2} & -\frac{1}{2}\\ \frac{1}{2} & \frac{1}{2} & -\frac{1}{2} & -\frac{1}{2}\end{bmatrix}\begin{bmatrix}12 & 0 & 0\\ 0 & 6 & 0\\ 0 & 0 & 0\\ 0 & 0 & 0\end{bmatrix}\begin{bmatrix}\frac{2}{3} & \frac{2}{3} & \frac{1}{3}\\ -\frac{2}{3} & \frac{1}{3} & \frac{2}{3}\\ \frac{1}{3} & -\frac{2}{3} & \frac{2}{3}\end{bmatrix}$$

(a) 用奇异值分解求 $R(A^{\mathrm{T}})$和 $N(A)$的规范正交基.

(b) 用奇异值分解求 $R(A)$和 $N(A^{\mathrm{T}})$的规范正交基.

6. 证明：若 A 为对称矩阵，且其特征值为 λ_1，λ_2，…，λ_n，则 A 的奇异值为$|\lambda_1|$，$|\lambda_2|$，…，$|\lambda_n|$.

7. 令 A 为 $m\times n$ 矩阵，其奇异值分解为 $U\Sigma V^{\mathrm{T}}$，且假设 A 的秩为 r，其中 $r<n$. 证明$\{v_1, v_2, \cdots, v_r\}$为$R(A^{\mathrm{T}})$的一组规范正交基.

8. 令 A 为 $n\times n$ 矩阵. 证明 $A^{\mathrm{T}}A$ 和 AA^{T} 为相似的.

9. 令 A 是 $n\times n$ 矩阵，其奇异值为 σ_1，σ_2，…，σ_n，特征值为 λ_1，λ_2，…，λ_n. 证明 $|\lambda_1\lambda_2\cdots\lambda_n|=\sigma_1\sigma_2\cdots\sigma_n$.

10. 令 A 为 $n\times n$ 矩阵，奇异值分解为 $U\Sigma V^{\mathrm{T}}$，并令

367

$$B=\begin{bmatrix}O & A^{\mathrm{T}}\\ A & O\end{bmatrix}$$

证明：若

$$x_i=\begin{bmatrix}v_i\\ u_i\end{bmatrix},\ y_i=\begin{bmatrix}-v_i\\ u_i\end{bmatrix},\ i=1, 2, \cdots, n$$

则 x_i 和 y_i 是 B 的特征向量. B 的特征值和 A 的奇异值有什么关系?

11. 证明：若 σ 为 A 的一个奇异值，则存在一个非零向量 x 使得

$$\sigma=\frac{\|Ax\|_2}{\|x\|_2}$$

12. 令 A 是秩为 n 的 $m\times n$ 矩阵，其奇异值分解为 $U\Sigma V^{\mathrm{T}}$. 令 Σ^{+} 表示 $n\times m$ 矩阵

$$\begin{bmatrix} \frac{1}{\sigma_1} & & & \\ & \frac{1}{\sigma_2} & & O \\ & & \ddots & \\ & & & \frac{1}{\sigma_n} \end{bmatrix}$$

并定义 $\boldsymbol{A}^+ = \boldsymbol{V\Sigma}^+\boldsymbol{U}^{\mathrm{T}}$. 证明$\hat{\boldsymbol{x}}=\boldsymbol{A}^+\boldsymbol{b}$满足正规方程$\boldsymbol{A}^{\mathrm{T}}\boldsymbol{A}\boldsymbol{x}=\boldsymbol{A}^{\mathrm{T}}\boldsymbol{b}$.

13. 令 $\boldsymbol{A}^+$ 如练习 12 中所定义，并令 $\boldsymbol{P}=\boldsymbol{A}\boldsymbol{A}^+$. 证明 $\boldsymbol{P}^2=\boldsymbol{P}$，且 $\boldsymbol{P}^{\mathrm{T}}=\boldsymbol{P}$.

6.6 二次型

到目前为止，读者通过学习线性方程组，应当已经很了解矩阵的重要作用了. 本节我们将看到矩阵在研究二次方程时也扮演了重要的角色. 对每一个二次方程，可以关联一个向量函数$f(\boldsymbol{x})=\boldsymbol{x}^{\mathrm{T}}\boldsymbol{A}\boldsymbol{x}$. 这个向量函数称为二次型(quadratic form). 二次型出现在很多应用问题中. 在研究最优化理论时，二次型尤为重要.

定义 一个**二次方程**(quadratic equation)为两个变量 x 和 y 的方程

$$ax^2+2bxy+cy^2+dx+ey+f=0 \tag{1}$$

方程(1)可写为

$$\begin{bmatrix} x & y \end{bmatrix}\begin{bmatrix} a & b \\ b & c \end{bmatrix}\begin{bmatrix} x \\ y \end{bmatrix}+\begin{bmatrix} d & e \end{bmatrix}\begin{bmatrix} x \\ y \end{bmatrix}+f=0 \tag{2}$$

令

$$\boldsymbol{x}=\begin{bmatrix} x \\ y \end{bmatrix} \quad 和 \quad \boldsymbol{A}=\begin{bmatrix} a & b \\ b & c \end{bmatrix}$$

则

$$\boldsymbol{x}^{\mathrm{T}}\boldsymbol{A}\boldsymbol{x}=ax^2+2bxy+cy^2$$

称为与(1)相关的**二次型**(quadratic form).

圆锥曲线

一个形如(1)的方程对应的图形称为**圆锥曲线**(conic section). [如果没有有序对(x, y)满足(1)，则称方程表示一个虚圆锥曲线.]如果(1)的图形仅含有一个点、一条直线或两条直线，则称(1)表示一个退化的圆锥曲线. 我们更关心的是非退化的圆锥曲线. 非退化的圆锥曲线为圆、椭圆、抛物线或双曲线(见图 6.6.1). 当圆锥曲线的方程可以化为下列标准形式之一时，其草图很容易绘制： 368

(i) $x^2+y^2=r^2$ （圆）

(ii) $\dfrac{x^2}{\alpha^2}+\dfrac{y^2}{\beta^2}=1$ （椭圆）

(iii) $\dfrac{x^2}{\alpha^2}-\dfrac{y^2}{\beta^2}=1$ 或 $\dfrac{y^2}{\alpha^2}-\dfrac{x^2}{\beta^2}=1$ （双曲线）

(iv) $x^2=\alpha y$ 或 $y^2=\alpha x$ （抛物线）

其中 α，β 和 γ 为非零实数．注意，圆是椭圆在 $\alpha=\beta=\gamma$ 时的特殊情况．若一个圆锥曲线的方程可以化为四种标准形式之一，则称其为在标准位置(standard position)．图 6.6.1 中(i)、(ii)和(iii)对应的图形均关于所有坐标轴和原点对称．我们称这些曲线是以原点为中心的．在标准位置的抛物线，其顶点在原点，且关于一个坐标轴对称．

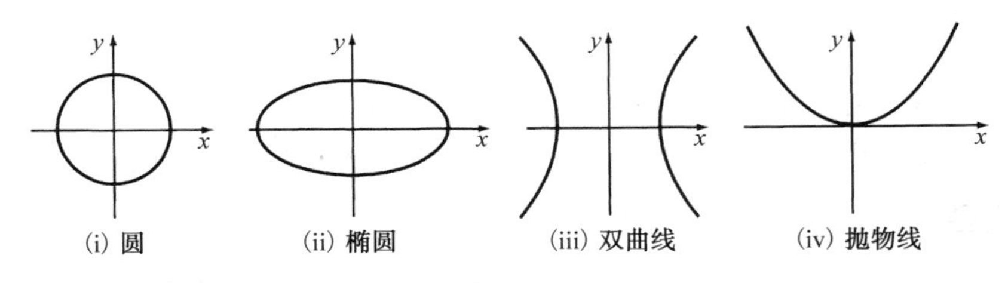

图　6.6.1

不是标准形式的圆锥曲线又如何呢？考虑下列情况．

情形 1：圆锥曲线由从标准位置水平移动得到．这出现在(1)中当 x^2 和 x 均有非零系数时．

情形 2：圆锥曲线由从标准位置垂直移动得到．这出现在(1)中当 y^2 和 y 均有非零系数时(即$c\neq0$，且 $e\neq0$)．

情形 3：圆锥曲线由标准位置旋转一个不是 90°的倍数得到．这出现在当 xy 项的系数非零时(即 $b\neq0$)．

一般地，我们可能有这三种情况的一种或几种的组合．为画出不在标准位置的圆锥曲线，通常求一个新的坐标系 x'和 y'，使得在新坐标系下圆锥曲线在标准位置．如果圆锥曲线仅是通过水平或垂直移动得到的，这不难做到，此时，新的坐标系可通过配方得到．下面的例子给出了如何这样做．

▶**例 1**　绘制方程

$$9x^2-18x+4y^2+16y-11=0$$

369

的草图．

解　为看到如何选择新的坐标系，我们进行配方：

$$9(x^2-2x+1)+4(y^2+4y+4)-11=9+16$$

这个方程可化简为

$$\frac{(x-1)^2}{2^2}+\frac{(y+2)^2}{3^2}=1$$

若令

$$x'=x-1\quad 及\quad y'=y+2$$

方程化为

$$\frac{(x')^2}{2^2}+\frac{(y')^2}{3^2}=1$$

它在 x'和 y'下是标准形式．因此图形(如图 6.6.2 所示)将为在 $x'y'$坐标系下标准位置的一个椭圆．椭圆的中心在 $x'y'$平面中的原点[即在点$(x,y)=(1,-2)$]．x'轴的方程为 $y'=0$，

它在 xy 平面上的方程为 $y=-2$. 类似地，y'轴对应于直线 $x=1$.

如果圆锥曲线的中心或顶点已经进行了平移，则会有一个小的问题. 然而，若圆锥曲线同时还被从标准位置进行了旋转，则需要进行坐标变换，使得在新坐标系 x'和 y'下方程不含有 $x'y'$项. 令 $\boldsymbol{x}=(x, y)^{\mathrm{T}}$ 及 $\boldsymbol{x}'=(x', y')^{\mathrm{T}}$. 由于新坐标系和旧坐标系相差一个旋转，我们有

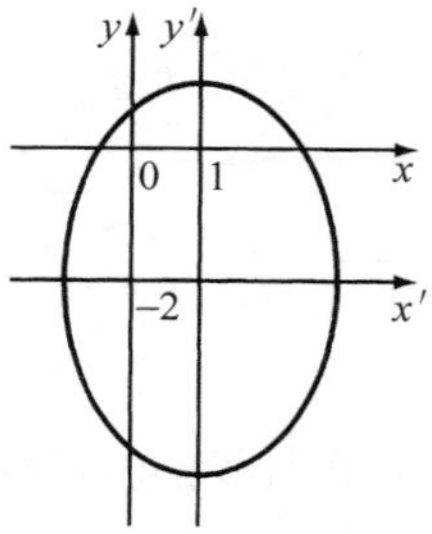

图 6.6.2

370

$$\boldsymbol{x}=Q\boldsymbol{x}' \quad \text{或} \quad \boldsymbol{x}'=Q^{\mathrm{T}}\boldsymbol{x}$$

其中

$$Q=\begin{bmatrix}\cos\theta & \sin\theta \\ -\sin\theta & \cos\theta\end{bmatrix} \quad \text{或} \quad Q^{\mathrm{T}}=\begin{bmatrix}\cos\theta & -\sin\theta \\ \sin\theta & \cos\theta\end{bmatrix}$$

若 $0<\theta<\pi$，则矩阵 Q 对应于一个顺时针旋转 θ 角的旋转变换，且 Q^{T} 对应于一个逆时针旋转 θ 角的旋转变换(见 4.2 节例 2). 利用这种变量变换，(2)化为

$$(\boldsymbol{x}')^{\mathrm{T}}(Q^{\mathrm{T}}AQ)\boldsymbol{x}'+[d' \quad e']\boldsymbol{x}'+f=0 \tag{3}$$

其中$[d' \quad e']=[d \quad e]Q$. 这个方程不包含 $x'y'$项的充要条件是 $Q^{\mathrm{T}}AQ$ 为对角的. 由于 A 是对称的，可以求得一对规范正交向量 $\boldsymbol{q}_1=(x_1, -y_1)^{\mathrm{T}}$ 和 $\boldsymbol{q}_2=(y_1, x_1)^{\mathrm{T}}$. 因此，若令 $\cos\theta=x_1$ 及 $\sin\theta=y_1$，则

$$Q=[\boldsymbol{q}_1 \quad \boldsymbol{q}_2]=\begin{bmatrix}x_1 & y_1 \\ -y_1 & x_1\end{bmatrix}$$

对角化 A，且(3)化简为

$$\lambda_1(x')^2+\lambda_2(y')^2+d'x'+e'y'+f=0$$

▶**例 2** 考虑圆锥曲线

$$3x^2+2xy+3y^2-8=0$$

该方程可写为

$$[x \quad y]\begin{bmatrix}3 & 1 \\ 1 & 3\end{bmatrix}\begin{bmatrix}x \\ y\end{bmatrix}=8$$

矩阵

$$\begin{bmatrix}3 & 1 \\ 1 & 3\end{bmatrix}$$

的特征值为 $\lambda=2$ 和 $\lambda=4$，其对应的单位特征向量为

$$\left(\frac{1}{\sqrt{2}},-\frac{1}{\sqrt{2}}\right)^{\mathrm{T}} \quad \text{和} \quad \left(\frac{1}{\sqrt{2}},\frac{1}{\sqrt{2}}\right)^{\mathrm{T}}$$

令

$$Q=\begin{bmatrix}\frac{1}{\sqrt{2}} & \frac{1}{\sqrt{2}} \\ -\frac{1}{\sqrt{2}} & \frac{1}{\sqrt{2}}\end{bmatrix}=\begin{bmatrix}\cos45^{\circ} & \sin45^{\circ} \\ -\sin45^{\circ} & \cos45^{\circ}\end{bmatrix}$$

并令

$$\begin{bmatrix} x \\ y \end{bmatrix} = \begin{bmatrix} \frac{1}{\sqrt{2}} & \frac{1}{\sqrt{2}} \\ -\frac{1}{\sqrt{2}} & \frac{1}{\sqrt{2}} \end{bmatrix} \begin{bmatrix} x' \\ y' \end{bmatrix}$$

371

于是

$$Q^{\mathrm{T}}AQ = \begin{bmatrix} 2 & 0 \\ 0 & 4 \end{bmatrix}$$

且圆锥曲线的方程化为

$$2(x')^2 + 4(y')^2 = 8$$

或

$$\frac{(x')^2}{4} + \frac{(y')^2}{2} = 1$$

在新坐标系下，x'轴的方向由点 $x'=1$，$y'=0$ 确定．为将其转换到 xy 坐标系下，我们做乘法

$$\begin{bmatrix} \frac{1}{\sqrt{2}} & \frac{1}{\sqrt{2}} \\ -\frac{1}{\sqrt{2}} & \frac{1}{\sqrt{2}} \end{bmatrix} \begin{bmatrix} 1 \\ 0 \end{bmatrix} = \begin{bmatrix} \frac{1}{\sqrt{2}} \\ -\frac{1}{\sqrt{2}} \end{bmatrix} = \boldsymbol{q}_1$$

x'轴将在 $\boldsymbol{q}_1$ 的方向上．类似地，为求得 y'轴的方向，我们作乘法

$$\boldsymbol{Q}\boldsymbol{e}_2 = \boldsymbol{q}_2$$

构成 $\boldsymbol{Q}$ 的列的特征向量告诉了我们新坐标轴的方向(见图 6.6.3)． ◀

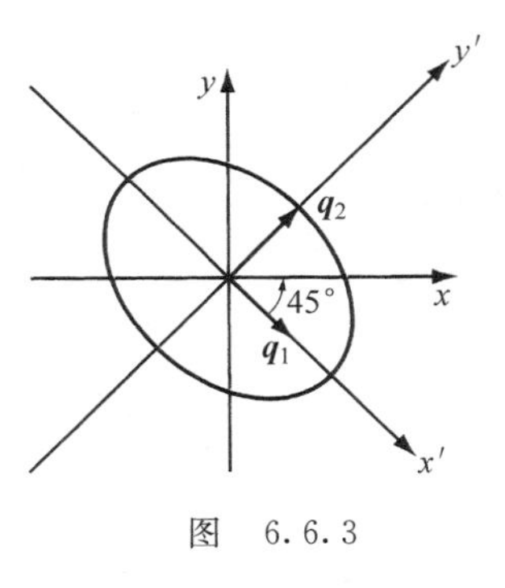

图 6.6.3

▶**例 3** 给定二次方程

$$3x^2 + 2xy + 3y^2 + 8\sqrt{2}y - 4 = 0$$

求一个坐标变换，使得结果方程表示一个在标准位置的圆锥曲线．

372

解 xy 项可采用例 2 中的方法消去．此时，利用旋转矩阵

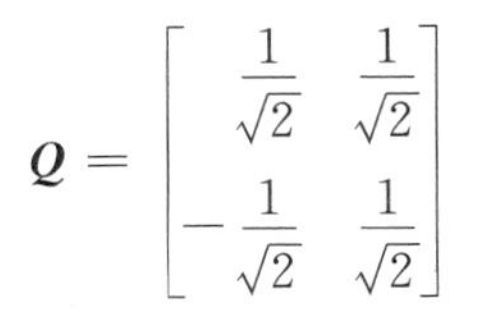

$$\boldsymbol{Q} = \begin{bmatrix} \frac{1}{\sqrt{2}} & \frac{1}{\sqrt{2}} \\ -\frac{1}{\sqrt{2}} & \frac{1}{\sqrt{2}} \end{bmatrix}$$

方程化为

$$2(x')^2 + 4(y')^2 + \begin{bmatrix} 0 & 8\sqrt{2} \end{bmatrix} \boldsymbol{Q} \begin{bmatrix} x' \\ y' \end{bmatrix} = 4$$

或

$$(x')^2 - 4x' + 2(y')^2 + 4y' = 2$$

如果进行配方，得到

$$(x'-2)^2+2(y'+1)^2=8$$

如果令 $x''=x'-2$，且 $y''=y'+1$（见图 6.6.4），方程化简为

$$\frac{(x'')^2}{8}+\frac{(y'')^2}{4}=1$$

◀

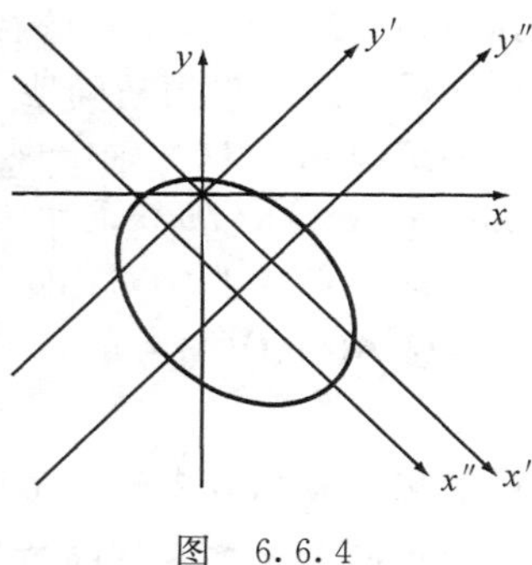

图　6.6.4

综上所述，一个关于变量 x 和 y 的二次方程可以写为

$$\boldsymbol{x}^{\mathrm{T}}\boldsymbol{A}\boldsymbol{x}+\boldsymbol{B}\boldsymbol{x}+f=0$$

其中 $\boldsymbol{x}=(x, y)^{\mathrm{T}}$，$\boldsymbol{A}$ 为 2×2 对称矩阵，$\boldsymbol{B}$ 为 1×2 矩阵，且 f 为一个标量．若 $\boldsymbol{A}$ 为非奇异的，则利用旋转和平移坐标轴，方程可以改写为

$$\lambda_1(x')^2+\lambda_2(y')^2+f'=0 \tag{4}$$

其中 λ_1 和 λ_2 为 $\boldsymbol{A}$ 的特征值．若(4)表示一个实的非退化圆锥曲线，则它将为椭圆或双曲线，这依赖于 λ_1 和 λ_2 符号相同还是相反．若 $\boldsymbol{A}$ 为奇异的，且只有一个特征值为零，则二次方程可化简为

373

$$\lambda_1(x')^2+e'y'+f'=0 \quad 或 \quad \lambda_2(y')^2+d'x'+f'=0$$

若 e' 和 d' 不为零，这些方程将表示抛物线．

没有理由限制在两个变量的情况，不妨考虑二次方程组和任意变量个数的二次方程．事实上，一个有 n 个变量 $x_1, x_2, \cdots, x_n$ 的二次方程形如

$$\boldsymbol{x}^{\mathrm{T}}\boldsymbol{A}\boldsymbol{x}+\boldsymbol{B}\boldsymbol{x}+\alpha=0 \tag{5}$$

其中 $\boldsymbol{x}=(x_1, x_2, \cdots, x_n)^{\mathrm{T}}$，$\boldsymbol{A}$ 为 $n\times n$ 对称矩阵，$\boldsymbol{B}$ 为 $1\times n$ 矩阵，且 α 为一个标量．向量函数

$$f(\boldsymbol{x})=\boldsymbol{x}^{\mathrm{T}}\boldsymbol{A}\boldsymbol{x}=\sum_{i=1}^{n}\left(\sum_{j=1}^{n}a_{ij}x_j\right)x_i$$

为二次方程关联的 n 个变量的**二次型**．

当有三个变量时，若

$$\boldsymbol{x}=\begin{bmatrix}x\\y\\z\end{bmatrix},\quad \boldsymbol{A}=\begin{bmatrix}a&d&e\\d&b&f\\e&f&c\end{bmatrix},\quad \boldsymbol{B}=\begin{bmatrix}g\\h\\i\end{bmatrix}$$

则(5)化为

$$ax^2+by^2+cz^2+2dxy+2exz+2fyz+gx+hy+iz+\alpha=0$$

三个变量的二次方程的图形称为**二次曲面**(quadric surface)．

有以下四种非退化的二次曲面：

1. 椭球面．
2. 双曲面(单叶或双叶)．
3. 锥面．
4. 抛物面(椭圆抛物面或双曲抛物面)．

正如二维情形，也可以使用平移和旋转将方程转化为标准形式

$$\lambda_1(x')^2+\lambda_2(y')^2+\lambda_3(z')^2+\alpha=0$$

其中 λ_1，λ_2 和 λ_3 为 $\mathbf{A}$ 的特征值. 对一般的 n 维情形，二次型总是可以转化为一个较简单的对角型. 更为精确地，我们有如下的定理.

定理 6.6.1（主轴定理）　若 $\mathbf{A}$ 为 $n\times n$ 实对称矩阵，则存在一个变量变换 $\boldsymbol{u}=Q^{\mathrm{T}}\boldsymbol{x}$，使得 $\boldsymbol{x}^{\mathrm{T}}\mathbf{A}\boldsymbol{x}=\boldsymbol{u}^{\mathrm{T}}\boldsymbol{D}\boldsymbol{u}$，其中 $\boldsymbol{D}$ 为对角矩阵.

证　若 $\mathbf{A}$ 为实对称矩阵，则由推论 6.4.7，存在一个正交矩阵 Q 对角化 $\mathbf{A}$，也就是说，$Q^{\mathrm{T}}\mathbf{A}Q=\boldsymbol{D}$（对角的）. 如果令 $\boldsymbol{u}=Q^{\mathrm{T}}\boldsymbol{x}$，则 $\boldsymbol{x}=Q\boldsymbol{u}$ 且

374

$$\boldsymbol{x}^{\mathrm{T}}\mathbf{A}\boldsymbol{x}=\boldsymbol{u}^{\mathrm{T}}Q^{\mathrm{T}}\mathbf{A}Q\boldsymbol{u}=\boldsymbol{u}^{\mathrm{T}}\boldsymbol{D}\boldsymbol{u}$$ ■

最优化：微积分中的一个应用

下面考虑多变量函数的最大化和最小化问题. 特别地，希望确定一个实值向量函数 $w=F(\boldsymbol{x})$ 的所有临界点. 如果函数为一个二次型 $w=\boldsymbol{x}^{\mathrm{T}}\mathbf{A}\boldsymbol{x}$，则 $\mathbf{0}$ 为一个临界点. 它是否是极大值、极小值或鞍点依赖于 $\mathbf{A}$ 的特征值. 更为一般地，若一个要求极值的函数是可微的，则它在局部的行为很像一个二次型. 因此，每一个临界点可以通过确定与其关联的二次型矩阵的特征值符号来检测.

定义　令 $F(\boldsymbol{x})$ 为 $\mathbf{R}^n$ 上的一个实值向量函数. 若在 $\mathbf{R}^n$ 中的一个点 $\boldsymbol{x}_0$ 处，F 的所有一阶偏导数均存在且等于零，则 $\boldsymbol{x}_0$ 称为 F 的**驻点**(stationary point).

若 $F(\boldsymbol{x})$ 在点 $\boldsymbol{x}_0$ 或者有局部极大值，或者有局部极小值，且 F 在 $\boldsymbol{x}_0$ 处存在一阶偏导数，则它们将全部为零. 因此，若 $F(\boldsymbol{x})$ 处处存在一阶偏导数，则其局部极大值和局部极小值将在驻点取得.

考虑二次型

$$f(x,y)=ax^2+2bxy+cy^2$$

f 的一阶偏导数为

$$f_x=2ax+2by$$
$$f_y=2bx+2cy$$

令这些方程等于零，我们看到(0，0)是一个驻点. 因而，如果矩阵

$$\mathbf{A}=\begin{bmatrix}a & b\\ b & c\end{bmatrix}$$

为非奇异的，这将是唯一的临界点. 因此，如果 $\mathbf{A}$ 是非奇异的，f 将在(0，0)点有一个全局极小值、全局极大值或鞍点.

将 f 写为

$$f(\boldsymbol{x})=\boldsymbol{x}^{\mathrm{T}}\mathbf{A}\boldsymbol{x},\quad 其中\ \boldsymbol{x}=\begin{bmatrix}x\\ y\end{bmatrix}$$

由于 $f(\mathbf{0})=0$，可得 f 在 $\mathbf{0}$ 处有全局极小值的充要条件为，对所有的 $\boldsymbol{x}\neq\mathbf{0}$，

$$\boldsymbol{x}^{\mathrm{T}}\mathbf{A}\boldsymbol{x}>0$$

f 在 $\mathbf{0}$ 处有全局极大值的充要条件为，对所有的 $\boldsymbol{x}\neq\mathbf{0}$，

$$\boldsymbol{x}^{\mathrm{T}}\mathbf{A}\boldsymbol{x}<0$$

若 $\boldsymbol{x}^{\mathrm{T}}\boldsymbol{A}\boldsymbol{x}$ 变号，则 $\mathbf{0}$ 为一个鞍点.

一般地，如果 f 为一个有 n 个变量的二次型，则对每一 $\boldsymbol{x}\in\mathbf{R}^n$，有

$$f(\boldsymbol{x})=\boldsymbol{x}^{\mathrm{T}}\boldsymbol{A}\boldsymbol{x}$$

其中 $\boldsymbol{A}$ 为 $n\times n$ 对称矩阵.

375

定义 若 $\boldsymbol{x}$ 在 $\mathbf{R}^n$ 中取遍所有非零向量时，一个二次型 $f(\boldsymbol{x})=\boldsymbol{x}^{\mathrm{T}}\boldsymbol{A}\boldsymbol{x}$ 仅取一个符号，则称其为**定的**(definite). 若对 $\mathbf{R}^n$ 中的所有非零 $\boldsymbol{x}$，$\boldsymbol{x}^{\mathrm{T}}\boldsymbol{A}\boldsymbol{x}>0$，则称该二次型为**正定的**(positive definite)；若对 $\mathbf{R}^n$ 中的所有非零 $\boldsymbol{x}$，$\boldsymbol{x}^{\mathrm{T}}\boldsymbol{A}\boldsymbol{x}<0$，则称该二次型为**负定的**(negative definite). 若一个二次型取不同的符号，则称它为**不定的**(indefinite). 若 $f(\boldsymbol{x})=\boldsymbol{x}^{\mathrm{T}}\boldsymbol{A}\boldsymbol{x}\geqslant 0$，且假定对某 $\boldsymbol{x}\neq\mathbf{0}$，其值为 0，则 $f(\boldsymbol{x})$ 称为**半正定的**(positive semidefinite). 若 $f(\boldsymbol{x})\leqslant 0$，且假定对某 $\boldsymbol{x}\neq\mathbf{0}$，其值为 0，则 $f(\boldsymbol{x})$ 称为**半负定的**(negative semidefinite).

二次型是正定的或负定的依赖于矩阵 $\boldsymbol{A}$. 若二次型是正定的，我们简称 $\boldsymbol{A}$ 为正定的. 前述定义可按如下方式重述.

定义 一个实对称矩阵 $\boldsymbol{A}$ 称为

Ⅰ. **正定的**(positive definite)，若对 $\mathbf{R}^n$ 中的所有非零 $\boldsymbol{x}$，$\boldsymbol{x}^{\mathrm{T}}\boldsymbol{A}\boldsymbol{x}>0$.

Ⅱ. **负定的**(negative definite)，若对 $\mathbf{R}^n$ 中的所有非零 $\boldsymbol{x}$，$\boldsymbol{x}^{\mathrm{T}}\boldsymbol{A}\boldsymbol{x}<0$.

Ⅲ. **半正定的**(positive semidefinite)，若对 $\mathbf{R}^n$ 中的所有非零 $\boldsymbol{x}$，$\boldsymbol{x}^{\mathrm{T}}\boldsymbol{A}\boldsymbol{x}\geqslant 0$.

Ⅳ. **半负定的**(negative semidefinite)，若对 $\mathbf{R}^n$ 中的所有非零 $\boldsymbol{x}$，$\boldsymbol{x}^{\mathrm{T}}\boldsymbol{A}\boldsymbol{x}\leqslant 0$.

Ⅴ. **不定的**(indefinite)，若 $\boldsymbol{x}^{\mathrm{T}}\boldsymbol{A}\boldsymbol{x}<0$ 的取值有不同的符号.

若 $\boldsymbol{A}$ 为非奇异的，则 $\mathbf{0}$ 为 $f(\boldsymbol{x})=\boldsymbol{x}^{\mathrm{T}}\boldsymbol{A}\boldsymbol{x}$ 的唯一驻点；若 $\boldsymbol{A}$ 为正定的，则它为全局极小值点；若 $\boldsymbol{A}$ 为负定的，则它为全局极大值点. 若 $\boldsymbol{A}$ 为不定的，则 $\mathbf{0}$ 为鞍点. 为对驻点进行分类，我们必须对 $\boldsymbol{A}$ 进行分类. 有很多方法来确定一个矩阵是否为正定的. 我们将在下一节学习其中的一些方法. 下面的定理给出了正定矩阵的也许是最重要的特征.

定理 6.6.2 若 $\boldsymbol{A}$ 为 $n\times n$ 实对称矩阵. 则 $\boldsymbol{A}$ 是正定的，当且仅当其所有的特征值是正的.

证 若 $\boldsymbol{A}$ 为正定的，且 λ 为 $\boldsymbol{A}$ 的一个特征值，则对任意属于 λ 的特征向量 $\boldsymbol{x}$，有

$$\boldsymbol{x}^{\mathrm{T}}\boldsymbol{A}\boldsymbol{x}=\lambda\boldsymbol{x}^{\mathrm{T}}\boldsymbol{x}=\lambda\|\boldsymbol{x}\|^2$$

因此

$$\lambda=\frac{\boldsymbol{x}^{\mathrm{T}}\boldsymbol{A}\boldsymbol{x}}{\|\boldsymbol{x}\|^2}>0$$

反之，假设 $\boldsymbol{A}$ 的所有特征值均为正的. 令 $\{\boldsymbol{x}_1, \boldsymbol{x}_2, \cdots, \boldsymbol{x}_n\}$ 为 $\boldsymbol{A}$ 的一个规范正交特征向量集. 若 $\boldsymbol{x}$ 为 $\mathbf{R}^n$ 中的任意非零向量，则 $\boldsymbol{x}$ 可写为

$$\boldsymbol{x}=c_1\boldsymbol{u}_1+c_2\boldsymbol{u}_2+\cdots+c_n\boldsymbol{u}_n$$

376

其中

$$c_i=\boldsymbol{x}^{\mathrm{T}}\boldsymbol{u}_i,\quad i=1,2,\cdots,n\quad 且\quad \sum_{i=1}^{n}c_i^{\,2}=\|\boldsymbol{x}\|^2>0$$

由此可得

$$\begin{aligned} \boldsymbol{x}^{\mathrm{T}}\boldsymbol{A}\boldsymbol{x} &= \boldsymbol{x}^{\mathrm{T}}(c_1\lambda_1\boldsymbol{u}_1 + c_2\lambda_2\boldsymbol{u}_2 + \cdots + c_n\lambda_n\boldsymbol{u}_n) \\ &= \sum_{i=1}^{n}(c_i)^2\lambda_i \\ &\geqslant (\min\lambda_i)\|\boldsymbol{x}\|^2 > 0 \end{aligned}$$

因此，$\boldsymbol{A}$ 是正定的. ■

若 $\boldsymbol{A}$ 的所有特征值均为负的，则 $-\boldsymbol{A}$ 必为正定的，因此，$\boldsymbol{A}$ 必为负定的. 若 $\boldsymbol{A}$ 的特征值有不同的符号，则 $\boldsymbol{A}$ 为不定的. 事实上，若 λ_1 为 $\boldsymbol{A}$ 的一个正的特征值，且 $\boldsymbol{x}_1$ 为一属于 λ_1 的特征向量，则

$$\boldsymbol{x}_1^{\mathrm{T}}\boldsymbol{A}\boldsymbol{x}_1 = \lambda_1\boldsymbol{x}_1^{\mathrm{T}}\boldsymbol{x}_1 = \lambda_1\|\boldsymbol{x}_1\|^2 > 0$$

若 λ_2 为负特征值，其特征向量为 $\boldsymbol{x}_2$，则

$$\boldsymbol{x}_2^{\mathrm{T}}\boldsymbol{A}\boldsymbol{x}_2 = \lambda_2\boldsymbol{x}_2^{\mathrm{T}}\boldsymbol{x}_2 = \lambda_2\|\boldsymbol{x}_2\|^2 < 0$$

▶**例 4** 二次型 $f(x, y)=2x^2-4xy+5y^2$ 的图像在图 6.6.5 中给出. 从图中并不能完全看出驻点(0, 0)是全局极小值点或鞍点. 我们可以用二次型的矩阵 $\boldsymbol{A}$ 确定这个问题.

$$\boldsymbol{A} = \begin{bmatrix} 2 & -2 \\ -2 & 5 \end{bmatrix}$$

$\boldsymbol{A}$ 的特征值为 $\lambda_1=6$ 和 $\lambda_2=1$. 由于所有的特征值均为正的，故可得 $\boldsymbol{A}$ 为正定的，因此驻点(0, 0)为全局极小值点. ◀

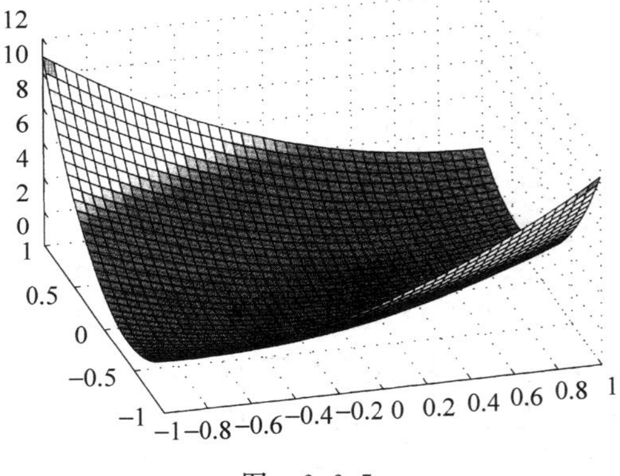

图 6.6.5

377

现在，假设我们有一函数 $F(x, y)$，其驻点为(x_0, y_0). 若 F 在(x_0, y_0)的邻域内有连续的三阶偏导数，则可将其在该点进行泰勒级数展开.

$$\begin{aligned} F(x_0+h, y_0+k) &= F(x_0, y_0) + [hF_x(x_0, y_0) + kF_y(x_0, y_0)] \\ &\quad + \frac{1}{2}[h^2F_{xx}(x_0, y_0) + 2hkF_{xy}(x_0, y_0) + k^2F_{yy}(x_0, y_0)] + R \\ &= F(x_0, y_0) + \frac{1}{2}(ah^2 + 2bhk + ck^2) + R \end{aligned}$$

其中

$$a = F_{xx}(x_0, y_0), \quad b = F_{xy}(x_0, y_0), \quad c = F_{yy}(x_0, y_0)$$

余项为

$$R = \frac{1}{6}[h^3F_{xxx}(\boldsymbol{z}) + 3h^2kF_{xxy}(\boldsymbol{z}) + 3hk^2F_{xyy}(\boldsymbol{z}) + k^3F_{yyy}(\boldsymbol{z})]$$

$$\boldsymbol{z} = (x_0+\theta h, y_0+\theta k), \quad 0<\theta<1$$

若 h 和 k 充分小，则$|R|$将小于$\frac{1}{2}|ah^2+2bhk+ck^2|$，于是$[F(x_0+h, y_0+k)-F(x_0, y_0)]$将和$(ah^2+2bhk+ck^2)$有相同的符号. 表达式

$$f(h,k) = ah^2 + 2bhk + ck^2$$

为变量 h 和 k 的二次型. 因此 $F(x, y)$在(x_0, y_0)处取得局部极小值(极大值)的充要条件为$f(h, k)$在(0, 0)处有一个极小值(极大值). 令

$$H = \begin{bmatrix} a & b \\ b & c \end{bmatrix} = \begin{bmatrix} F_{xx}(x_0,y_0) & F_{xy}(x_0,y_0) \\ F_{xy}(x_0,y_0) & F_{yy}(x_0,y_0) \end{bmatrix}$$

并令 λ_1 和 λ_2 为 H 的特征值. 若 H 为非奇异的, 则 λ_1 和 λ_2 为非零的, 且可将驻点如下分类:

(i) 若 $\lambda_1>0$, $\lambda_2>0$, 则 F 在(x_0, y_0)处有一个极小值.

(ii) 若 $\lambda_1<0$, $\lambda_2<0$, 则 F 在(x_0, y_0)处有一个极大值.

(iii) 若 λ_1 和 λ_2 有不同的符号, 则 F 在(x_0, y_0)处有一个鞍点.

▶**例 5**　函数

$$F(x,y) = \frac{1}{3}x^3 + xy^2 - 4xy + 1$$

的图像在图 6.6.6 中给出. 尽管所有的驻点均在显示的区域中, 但很难将它们从图形中区分出来. 然而, 我们可以解析地求出驻点, 然后通过研究对应于二阶偏导数的矩阵, 对每一个驻点进行分类.

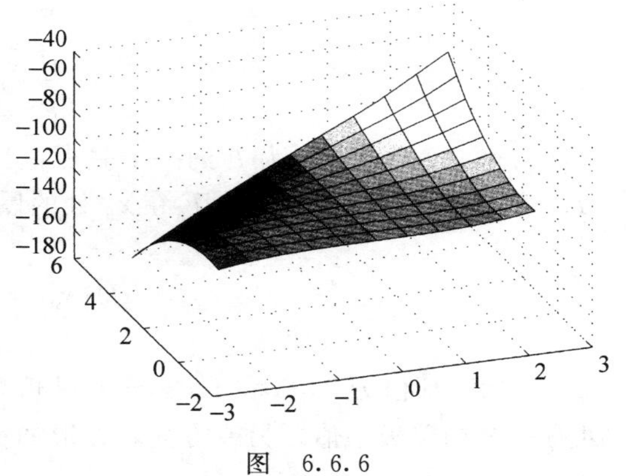

图　6.6.6

378

解　F 的一阶偏导数为

$$F_x = x^2 + y^2 - 4y$$

$$F_y = 2xy - 4x = 2x(y-2)$$

令 $F_y=0$, 我们得到 $x=0$ 或 $y=2$. 令 $F_x=0$, 我们看到, 若 $x=0$, 则 y 必为 0 或 4, 若 $y=2$, 则 $x=\pm 2$. 因此(0, 0), (0, 4), (2, 2), (−2, 2)为 F 的驻点. 为对驻点进行分类, 我们求二阶偏导数:

$$F_{xx} = 2x, \quad F_{xy} = 2y-4, \quad F_{yy} = 2x$$

对每一驻点(x_0, y_0), 求

$$\begin{bmatrix} 2x_0 & 2y_0-4 \\ 2y_0-4 & 2x_0 \end{bmatrix}$$

的特征值. 这些特征值汇总在表 6.6.1 中.

表　6.6.1

驻点(x_0, y_0)	λ_1	λ_2	说明
(0, 0)	4	−4	鞍点
(0, 4)	4	−4	鞍点
(2, 2)	4	4	局部极小值点
(−2, 2)	−4	−4	局部极大值点

◀

现在我们可以将对驻点进行分类的方法推广到多于两个变量的情形．令 $F(\boldsymbol{x})=F(x_1,x_2,\cdots,x_n)$为一个实值函数，其三阶偏导数均为连续的．令 $\boldsymbol{x}_0$ 为 F 的一个驻点，且定义矩阵 $\boldsymbol{H}=H(\boldsymbol{x}_0)$为

$$h_{ij}=F_{x_i x_j}(\boldsymbol{x}_0)$$

379

$H(\boldsymbol{x}_0)$称为 F 在 $\boldsymbol{x}_0$ 点的**黑塞矩阵**.

驻点可以按照如下进行分类：

(i) 若 $H(\boldsymbol{x}_0)$为正定的，则 $\boldsymbol{x}_0$ 为 F 的一个局部极小值点.

(ii) 若 $H(\boldsymbol{x}_0)$为负定的，则 $\boldsymbol{x}_0$ 为 F 的一个局部极大值点.

(iii) 若 $H(\boldsymbol{x}_0)$为不定的，则 $\boldsymbol{x}_0$ 为 F 的一个鞍点.

▶**例 6**　求函数

$$F(x,y,z)=x^2+xz-3\cos y+z^2$$

的局部极大值、极小值和所有鞍点.

解　F 的一阶偏导数为

$$F_x=2x+z$$
$$F_y=3\sin y$$
$$F_z=x+2z$$

由此可得，(x,y,z)为 F 的一个驻点，当且仅当 $x=z=0$，且 $y=n\pi$，其中 n 为一整数．令 $\boldsymbol{x}_0=(0,2k\pi,0)^{\mathrm{T}}$．$F$ 在 $\boldsymbol{x}_0$ 处的黑塞矩阵为

$$H(\boldsymbol{x}_0)=\begin{bmatrix}2&0&1\\0&3&0\\1&0&2\end{bmatrix}$$

$H(\boldsymbol{x}_0)$的特征值为 3，3 和 1．由于特征值均为正的，可得 $H(\boldsymbol{x}_0)$是正定的，因此 F 在 $\boldsymbol{x}_0$ 处有一个局部极小值．另一方面，在形如 $\boldsymbol{x}_1=(0,(2k-1)\pi,0)^{\mathrm{T}}$ 的驻点处，其黑塞矩阵为

$$H(\boldsymbol{x}_1)=\begin{bmatrix}2&0&1\\0&-3&0\\1&0&2\end{bmatrix}$$

$H(\boldsymbol{x}_1)$的特征值为-3，3 和 1．由此可得 $H(\boldsymbol{x}_1)$为不定的，因此 $\boldsymbol{x}_1$ 为 F 的一个鞍点．◀

6.6 节练习

1. 求下列二次型相关的矩阵.
   (a) $3x^2-5xy+y^2$
   (b) $2x^2+3y^2+z^2+xy-2xz+3yz$
   (c) $x^2+2y^2+z^2+xy-2xz+3yz$
2. 将例 2 中的特征值重新排列，使得 $\lambda_1=4$ 和 $\lambda_2=2$，并重做那个例子．x'和 y'将在哪个象限中？绘制草图，并和图 6.6.3 比较.
3. 对下列各题，求一个适当的坐标变换(即一个旋转和一个平移变换)，使得得到的圆锥曲线为标准形式，然后对它们进行分类，并绘制草图.

(a) $x^2+xy+y^2-6=0$ (b) $3x^2+8xy+3y^2+28=0$

(c) $-3x^2+6xy+5y^2-24=0$ (d) $x^2+2xy+y^2+3x+y-1=0$

4. 令 λ_1 和 λ_2 为

$$\mathbf{A}=\begin{bmatrix} a & b \\ b & c \end{bmatrix}$$

的特征值. 方程

$$ax^2+2bxy+cy^2=1$$

在 $\lambda_1\lambda_2<0$ 时将表示什么类型的圆锥曲线? 试说明.

380

5. 令 $\mathbf{A}$ 为 2×2 对称矩阵, 并令 α 为一个使得方程 $\mathbf{x}^{\mathrm{T}}\mathbf{A}\mathbf{x}=\alpha$ 相容的非零标量. 证明相应的圆锥曲线为非退化的, 当且仅当 $\mathbf{A}$ 是非奇异的.

6. 下列矩阵哪一个是正定的? 负定的? 不定的?

(a) $\begin{bmatrix} 3 & 2 \\ 2 & 2 \end{bmatrix}$ (b) $\begin{bmatrix} 3 & 4 \\ 4 & 1 \end{bmatrix}$ (c) $\begin{bmatrix} 3 & \sqrt{2} \\ \sqrt{2} & 4 \end{bmatrix}$

(d) $\begin{bmatrix} -2 & 0 & 1 \\ 0 & -1 & 0 \\ 1 & 0 & -2 \end{bmatrix}$ (e) $\begin{bmatrix} 1 & 2 & 1 \\ 2 & 1 & 1 \\ 1 & 1 & 2 \end{bmatrix}$ (f) $\begin{bmatrix} 2 & 0 & 0 \\ 0 & 5 & 3 \\ 0 & 3 & 5 \end{bmatrix}$

7. 对下列各个函数, 确定给定的驻点对应于局部极小值点、局部极大值点或鞍点中的哪一个.

(a) $f(x, y)=3x^2-xy+y^2$ $(0, 0)$

(b) $f(x, y)=\sin x+y^3+3xy+2x-3y$ $(0, -1)$

(c) $f(x, y)=\frac{1}{3}x^3-\frac{1}{3}y^3+3xy+2x-2y$ $(1, -1)$

(d) $f(x, y)=\frac{y}{x^2}+\frac{x}{y^2}+xy$ $(1, 1)$

(e) $f(x, y, z)=x^3+xyz+y^2-3x$ $(1, 0, 0)$

(f) $f(x, y, z)=-\frac{1}{4}(x^{-4}+y^{-4}+z^{-4})+yz-x-2y-2z$ $(1, 1, 1)$

8. 证明: 若 $\mathbf{A}$ 是对称正定的矩阵, 则 $\det(\mathbf{A})>0$. 给出一个 2×2 矩阵, 其行列式为正的, 但它不是正定的.

9. 证明: 若 $\mathbf{A}$ 是对称正定的矩阵, 则 $\mathbf{A}$ 为非奇异的, 且 $\mathbf{A}^{-1}$ 也是正定的.

10. 令 $\mathbf{A}$ 为 $n\times n$ 奇异矩阵. 证明 $\mathbf{A}^{\mathrm{T}}\mathbf{A}$ 为半正定的, 但并不正定.

11. 令 $\mathbf{A}$ 为 $n\times n$ 对称矩阵, 其特征值为 $\lambda_1, \lambda_2, \cdots, \lambda_n$. 证明对每一 $\mathbf{x}\in\mathbf{R}^n$, 存在一个规范正交向量集 $\{\mathbf{x}_1, \mathbf{x}_2, \cdots, \mathbf{x}_n\}$, 使得

$$\mathbf{x}^{\mathrm{T}}\mathbf{A}\mathbf{x}=\sum_{i=1}^{n}\lambda_i(\mathbf{x}^{\mathrm{T}}x_i)^2$$

12. 令 $\mathbf{A}$ 为对称正定矩阵. 证明 $\mathbf{A}$ 的对角元素必全为正的.

13. 令 $\mathbf{A}$ 为 $n\times n$ 对称正定矩阵, 并令 $\mathbf{S}$ 为 $n\times n$ 非奇异矩阵. 证明 $\mathbf{S}^{\mathrm{T}}\mathbf{A}\mathbf{S}$ 为正定的.

14. 令 $\mathbf{A}$ 为 $n\times n$ 对称正定矩阵. 证明 $\mathbf{A}$ 可分解为一个乘积 $\mathbf{Q}\mathbf{Q}^{\mathrm{T}}$, 其中 $\mathbf{Q}$ 为 $n\times n$ 矩阵, 其列为相互正交的. [提示: 见推论 6.4.7.]

6.7 正定矩阵

在 6.6 节中我们看到, 一个对称矩阵为正定的, 当且仅当其所有的特征值均为正的. 这种矩阵出现在很多应用问题中. 它们频繁地出现在使用有限差分法或有限元法来数值求

解边值问题的过程中. 因为它们在应用数学中的重要性，我们在本节学习它们的性质.

回顾一个 $n\times n$ 对称矩阵 $\mathbf{A}$，若对 $\mathbf{R}^n$ 中的所有非零向量 $\boldsymbol{x}$，$\boldsymbol{x}^{\mathrm{T}}\mathbf{A}\boldsymbol{x}>0$，则它为正定的. 在定理 6.6.2 中，对称正定矩阵的特征为它所有的特征值均是正的. 这个特征可用于得到如下的性质.

性质Ⅰ 若 $\mathbf{A}$ 为对称正定矩阵，则 $\mathbf{A}$ 为非奇异的.

性质Ⅱ 若 $\mathbf{A}$ 为对称正定矩阵，则 $\det(\mathbf{A})>0$.

若 $\mathbf{A}$ 为奇异的，$\lambda=0$ 应为其一个特征值. 因为 $\mathbf{A}$ 的所有特征值均为正的，故 $\mathbf{A}$ 必为非奇异的. 第二个性质也是根据定理 6.6.2 得到的，因为

381

$$\det(\mathbf{A})=\lambda_1\lambda_2\cdots\lambda_n>0$$

给定一个 $n\times n$ 矩阵 $\mathbf{A}$，令 $\mathbf{A}_r$ 表示将 $\mathbf{A}$ 的最后 $n-r$ 行和列删去后得到的矩阵. $\mathbf{A}_r$ 称为 $\mathbf{A}$ 的 r 阶前主子矩阵(leading principal submatrix). 我们现在可以得到正定矩阵的第三个性质.

性质Ⅲ 若 $\mathbf{A}$ 为对称正定矩阵，则 $\mathbf{A}$ 的前主子矩阵 $\mathbf{A}_1$，$\mathbf{A}_2$，…，$\mathbf{A}_n$ 均为正定的.

证 为证明 $\mathbf{A}_r$ 为正定的，其中 $1\leqslant r\leqslant n$，令 $\boldsymbol{x}_r=(x_1, x_2, \cdots, x_r)^{\mathrm{T}}$ 为 $\mathbf{R}^r$ 中的任意非零向量，并令

$$\boldsymbol{x}=(x_1,x_2,\cdots,x_r,0,\cdots,0)^{\mathrm{T}}$$

由于

$$\boldsymbol{x}_r^{\mathrm{T}}\mathbf{A}_r\boldsymbol{x}_r=\boldsymbol{x}^{\mathrm{T}}\mathbf{A}\boldsymbol{x}>0$$

可得 $\mathbf{A}_r$ 为正定的. ■

性质Ⅰ、性质Ⅱ和性质Ⅲ的一个直接推论是：若 $\mathbf{A}_r$ 为一个对称正定矩阵 $\mathbf{A}$ 的前主子矩阵，则 $\mathbf{A}_r$ 为非奇异的，且 $\det(\mathbf{A}_r)>0$. 这在使用高斯消元法的过程中有重要的作用. 一般地，若 $\mathbf{A}$ 为$n\times n$矩阵，其前主子矩阵均为非奇异的，则 $\mathbf{A}$ 可仅使用行运算Ⅲ化为上三角矩阵. 也就是说，在消元过程中，对角元素将不会是 0，所以消元过程无须交换行即可完成.

性质Ⅳ 若 $\mathbf{A}$ 为对称正定矩阵，则 $\mathbf{A}$ 可仅使用行运算Ⅲ化为上三角矩阵，且主元将全为正的.

下面以一个 4×4 对称正定矩阵 $\mathbf{A}$ 来说明性质Ⅳ. 首先注意到

$$a_{11}=\det(\mathbf{A}_1)>0$$

所以 a_{11} 可作为一个主元，且第一行作为第一个主行. 令 $a_{22}^{(1)}$ 表示第一列中的后三个元素消去后在(2，2)处的元素(见图 6.7.1). 在这一步时，子矩阵 $\mathbf{A}_2$ 转化为一个矩阵

$$\begin{bmatrix} a_{11} & a_{12} \\ 0 & a_{22}^{(1)} \end{bmatrix}$$

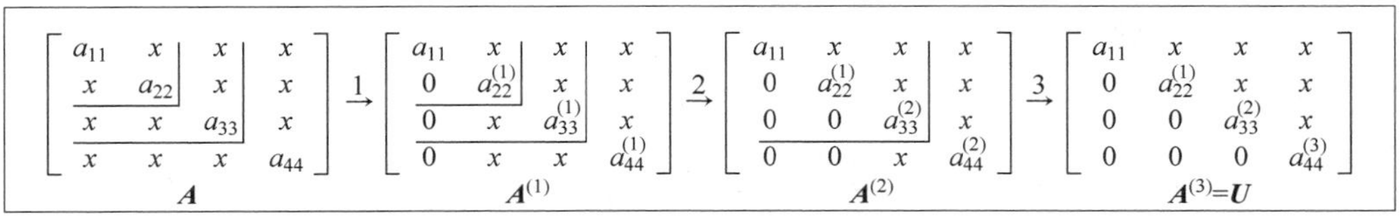

$$\underset{\mathbf{A}}{\begin{bmatrix} a_{11} & x & x & x \\ x & a_{22} & x & x \\ x & x & a_{33} & x \\ x & x & x & a_{44} \end{bmatrix}} \xrightarrow{1} \underset{\mathbf{A}^{(1)}}{\begin{bmatrix} a_{11} & x & x & x \\ 0 & a_{22}^{(1)} & x & x \\ 0 & x & a_{33}^{(1)} & x \\ 0 & x & x & a_{44}^{(1)} \end{bmatrix}} \xrightarrow{2} \underset{\mathbf{A}^{(2)}}{\begin{bmatrix} a_{11} & x & x & x \\ 0 & a_{22}^{(1)} & x & x \\ 0 & 0 & a_{33}^{(2)} & x \\ 0 & 0 & x & a_{44}^{(2)} \end{bmatrix}} \xrightarrow{3} \underset{\mathbf{A}^{(3)}=\mathbf{U}}{\begin{bmatrix} a_{11} & x & x & x \\ 0 & a_{22}^{(1)} & x & x \\ 0 & 0 & a_{33}^{(2)} & x \\ 0 & 0 & 0 & a_{44}^{(3)} \end{bmatrix}}$$

382

图 6.7.1

由于它仅使用行运算Ⅲ完成，因此行列式保持不变．于是

$$\det(\boldsymbol{A}_2)=a_{11}a_{22}^{(1)}$$

由此

$$a_{22}^{(1)}=\frac{\det(\boldsymbol{A}_2)}{a_{11}}=\frac{\det(\boldsymbol{A}_2)}{\det(\boldsymbol{A}_1)}>0$$

由于 $a_{22}^{(1)}\neq 0$，它可用于作为第二步消元过程中的主元．第二步后，矩阵 $\boldsymbol{A}_3$ 已经转化为

$$\begin{bmatrix} a_{11} & a_{12} & a_{13} \\ 0 & a_{22}^{(1)} & a_{23}^{(1)} \\ 0 & 0 & a_{33}^{(2)} \end{bmatrix}$$

由于仅使用了行运算Ⅲ，

$$\det(\boldsymbol{A}_3)=a_{11}a_{22}^{(1)}a_{33}^{(2)}$$

于是

$$a_{33}^{(2)}=\frac{\det(\boldsymbol{A}_3)}{a_{11}a_{22}^{(1)}}=\frac{\det(\boldsymbol{A}_3)}{\det(\boldsymbol{A}_2)}>0$$

故 $a_{33}^{(2)}$ 可用作最后一步的主元．第三步后，剩余的对角元素将为

$$a_{44}^{(3)}=\frac{\det(\boldsymbol{A}_4)}{\det(\boldsymbol{A}_3)}>0$$

一般地，若一个 $n\times n$ 矩阵 $\boldsymbol{A}$ 可以化为一个上三角矩阵 $\boldsymbol{U}$，而不需要进行行交换，则 $\boldsymbol{A}$ 可被分解为一个乘积 $\boldsymbol{LU}$，其中 $\boldsymbol{L}$ 为下三角的，其对角元素均为 1．$\boldsymbol{L}$ 对角线下的第 (i,j) 元素为在消元过程中从第 j 行减去第 i 行的倍数．下面以一个 3×3 矩阵的例子来说明．

▶**例 1**　令

$$\boldsymbol{A}=\begin{bmatrix} 4 & 2 & -2 \\ 2 & 10 & 2 \\ -2 & 2 & 5 \end{bmatrix}$$

矩阵 $\boldsymbol{L}$ 采用如下的方法求得．消元的第一步是从第二行减去第一行的 $\frac{1}{2}$ 倍，并从第三行中减去第一行的 $-\frac{1}{2}$ 倍．对应于这些运算，我们令 $l_{21}=\frac{1}{2}$ 及 $l_{31}=-\frac{1}{2}$．第一步后，得到矩阵

$$\boldsymbol{A}^{(1)}=\begin{bmatrix} 4 & 2 & -2 \\ 0 & 9 & 3 \\ 0 & 3 & 4 \end{bmatrix}$$

383

最后的消元过程是，从第三行中减去第一行的 $\frac{1}{3}$ 倍．对应于这一步，我们令 $l_{32}=\frac{1}{3}$．第二步后，得到最终的上三角矩阵

$$\boldsymbol{U}=\boldsymbol{A}^{(2)}=\begin{bmatrix} 4 & 2 & -2 \\ 0 & 9 & 3 \\ 0 & 0 & 3 \end{bmatrix}$$

矩阵 $\boldsymbol{L}$ 为

$$\boldsymbol{L}=\begin{bmatrix}1&0&0\\\frac{1}{2}&1&0\\-\frac{1}{2}&\frac{1}{3}&1\end{bmatrix}$$

可以验证乘积 $\boldsymbol{LU}=\boldsymbol{A}$.

$$\begin{bmatrix}1&0&0\\\frac{1}{2}&1&0\\-\frac{1}{2}&\frac{1}{3}&1\end{bmatrix}\begin{bmatrix}4&2&-2\\0&9&3\\0&0&3\end{bmatrix}=\begin{bmatrix}4&2&-2\\2&10&2\\-2&2&5\end{bmatrix}$$

为看到为什么这种分解是可行的，我们将消元过程用初等矩阵表示. 在消元过程中共使用三次行运算Ⅲ. 这等价于 $\boldsymbol{A}$ 左乘三个初等矩阵 $\boldsymbol{E}_1$，$\boldsymbol{E}_2$，$\boldsymbol{E}_3$. 即 $\boldsymbol{E}_3\boldsymbol{E}_2\boldsymbol{E}_1\boldsymbol{A}=\boldsymbol{U}$：

$$\begin{bmatrix}1&0&0\\0&1&0\\0&\frac{1}{3}&1\end{bmatrix}\begin{bmatrix}1&0&0\\0&1&0\\\frac{1}{2}&0&1\end{bmatrix}\begin{bmatrix}1&0&0\\-\frac{1}{2}&1&0\\0&0&1\end{bmatrix}\begin{bmatrix}4&2&-2\\2&10&2\\-2&2&5\end{bmatrix}=\begin{bmatrix}4&2&-2\\0&9&3\\0&0&3\end{bmatrix}$$

由于初等矩阵是非奇异的，可得

$$\boldsymbol{A}=(\boldsymbol{E}_1^{-1}\boldsymbol{E}_2^{-1}\boldsymbol{E}_3^{-1})\boldsymbol{U}$$

当初等矩阵的逆按照这种顺序乘起来后，结果是一个下三角矩阵 $\boldsymbol{L}$，其对角线元素为 1. $\boldsymbol{L}$ 的对角线下方的元素将是消元过程中减去的倍数.

$$\boldsymbol{E}_1^{-1}\boldsymbol{E}_2^{-1}\boldsymbol{E}_3^{-1}=\begin{bmatrix}1&0&0\\\frac{1}{2}&1&0\\0&0&1\end{bmatrix}\begin{bmatrix}1&0&0\\0&1&0\\-\frac{1}{2}&0&1\end{bmatrix}\begin{bmatrix}1&0&0\\0&1&0\\0&\frac{1}{3}&1\end{bmatrix}$$

$$=\begin{bmatrix}1&0&0\\\frac{1}{2}&1&0\\-\frac{1}{2}&\frac{1}{3}&1\end{bmatrix}$$ ◀

给定一个矩阵 $\boldsymbol{A}$ 的 $\boldsymbol{LU}$ 分解，可以进一步将 $\boldsymbol{U}$ 分解为一个乘积 $\boldsymbol{DU}_1$，其中 $\boldsymbol{D}$ 为对角的，$\boldsymbol{U}_1$ 为上三角的，其对角元素均为 1：

384

$$\boldsymbol{DU}_1=\begin{bmatrix}u_{11}&&&\\&u_{22}&&\\&&\ddots&\\&&&u_{nn}\end{bmatrix}\begin{bmatrix}1&\frac{u_{12}}{u_{11}}&\frac{u_{13}}{u_{11}}&\cdots&\frac{u_{1n}}{u_{11}}\\&1&\frac{u_{23}}{u_{22}}&\cdots&\frac{u_{2n}}{u_{22}}\\&&&&\vdots\\&&&&1\end{bmatrix}$$

由此可得 $\boldsymbol{A}=\boldsymbol{LDU}_1$. 一般地，若 $\boldsymbol{A}$ 可分解为一个形如 $\boldsymbol{LDU}$ 的乘积，其中 $\boldsymbol{L}$ 为下三角的，$\boldsymbol{D}$ 为对角的，$\boldsymbol{U}$ 为上三角的，且 $\boldsymbol{L}$ 和 $\boldsymbol{U}$ 的对角元素均为 1，则这种分解将是唯一的(见练习 8).

若 $\boldsymbol{A}$ 是一个对称正定矩阵，则 $\boldsymbol{A}$ 可分解为乘积 $\boldsymbol{LU}=\boldsymbol{LDU}_1$. 对角矩阵 $\boldsymbol{D}$ 的元素 u_{11}，u_{22}，…，u_{nn} 为消元过程中的主元. 由性质Ⅳ，这些元素均为正的. 此外，由于 $\boldsymbol{A}$ 是对称的，

$$\boldsymbol{LDU}_1=\boldsymbol{A}=\boldsymbol{A}^{\mathrm{T}}=(\boldsymbol{LDU}_1)^{\mathrm{T}}=\boldsymbol{U}_1^{\mathrm{T}}\boldsymbol{D}^{\mathrm{T}}\boldsymbol{L}^{\mathrm{T}}$$

由 $\boldsymbol{LDU}$ 分解的唯一性可得 $\boldsymbol{L}^{\mathrm{T}}=\boldsymbol{U}_1$. 因此

$$\boldsymbol{A}=\boldsymbol{LDL}^{\mathrm{T}}$$

这个重要的分解通常用于数值计算. 求解对称正定线性方程组时，可通过这个分解得到高效的算法.

性质Ⅴ 若 $\boldsymbol{A}$ 为对称正定矩阵，则 $\boldsymbol{A}$ 可分解为一个乘积 $\boldsymbol{LDL}^{\mathrm{T}}$，其中 $\boldsymbol{L}$ 为下三角的，其对角线上的元素为 1，且 $\boldsymbol{D}$ 为一个对角矩阵，其对角元素均为正的.

▶**例 2** 我们在例 1 中看到

$$\boldsymbol{A}=\begin{bmatrix}4&2&-2\\2&10&2\\-2&2&5\end{bmatrix}=\begin{bmatrix}1&0&0\\\frac{1}{2}&1&0\\-\frac{1}{2}&\frac{1}{3}&1\end{bmatrix}\begin{bmatrix}4&2&-2\\0&9&3\\0&0&3\end{bmatrix}=\boldsymbol{LU}$$

分解出 $\boldsymbol{U}$ 的对角元素，我们有

$$\boldsymbol{A}=\begin{bmatrix}1&0&0\\\frac{1}{2}&1&0\\-\frac{1}{2}&\frac{1}{3}&1\end{bmatrix}\begin{bmatrix}4&0&0\\0&9&0\\0&0&3\end{bmatrix}\begin{bmatrix}1&\frac{1}{2}&-\frac{1}{2}\\0&1&\frac{1}{3}\\0&0&1\end{bmatrix}=\boldsymbol{LDL}^{\mathrm{T}}$$ ◀

385

由于对角元素 u_{11}，u_{22}，…，u_{nn} 为正的，它可以进一步分解. 令

$$\boldsymbol{D}^{1/2}=\begin{bmatrix}\sqrt{u_{11}}&&&\\&\sqrt{u_{22}}&&\\&&\ddots&\\&&&\sqrt{u_{nn}}\end{bmatrix}$$

并令 $\boldsymbol{L}_1=\boldsymbol{LD}^{1/2}$. 则

$$\boldsymbol{A}=\boldsymbol{LDL}^{\mathrm{T}}=\boldsymbol{LD}^{1/2}(\boldsymbol{D}^{1/2})^{\mathrm{T}}\boldsymbol{L}^{\mathrm{T}}=\boldsymbol{L}_1\boldsymbol{L}_1^{\mathrm{T}}$$

这种分解称为 $\boldsymbol{A}$ 的楚列斯基分解(Cholesky decomposition).

性质Ⅵ(楚列斯基分解) 若 $\boldsymbol{A}$ 为对称正定矩阵，则 $\boldsymbol{A}$ 可分解为一个乘积 $\boldsymbol{LL}^{\mathrm{T}}$，其

中 $\boldsymbol{L}$ 为下三角的，其对角线元素均为正的.

对称正定矩阵 $\boldsymbol{A}$ 的楚列斯基分解也可以表示成上三角矩阵. 事实上，若 $\boldsymbol{A}$ 的楚列斯基分解为 $\boldsymbol{L}\boldsymbol{L}^{\mathrm{T}}$，其中 $\boldsymbol{L}$ 是下三角矩阵，其对角元素为正的，则 $\boldsymbol{R}=\boldsymbol{L}^{\mathrm{T}}$ 是上三角矩阵，其对角元素也是正的，且

$$\boldsymbol{A}=\boldsymbol{L}\boldsymbol{L}^{\mathrm{T}}=\boldsymbol{R}^{\mathrm{T}}\boldsymbol{R}$$

▶**例 3** 令 $\boldsymbol{A}$ 为例 1 和例 2 中的矩阵. 若令

$$\boldsymbol{L}_1=\boldsymbol{L}\boldsymbol{D}^{1/2}=\begin{bmatrix}1&0&0\\ \frac{1}{2}&1&0\\ -\frac{1}{2}&\frac{1}{3}&1\end{bmatrix}\begin{bmatrix}2&0&0\\0&3&0\\0&0&\sqrt{3}\end{bmatrix}=\begin{bmatrix}2&0&0\\1&3&0\\-1&1&\sqrt{3}\end{bmatrix}$$

则

$$\begin{aligned}\boldsymbol{L}_1\boldsymbol{L}_1^{\mathrm{T}}&=\begin{bmatrix}2&0&0\\1&3&0\\-1&1&\sqrt{3}\end{bmatrix}\begin{bmatrix}2&1&-1\\0&3&1\\0&0&\sqrt{3}\end{bmatrix}\\&=\begin{bmatrix}4&2&-2\\2&10&2\\-2&2&5\end{bmatrix}=\boldsymbol{A}\end{aligned}$$ ◀

矩阵 $\boldsymbol{A}$ 也可写为上三角矩阵 $\boldsymbol{R}=\boldsymbol{L}_1^{\mathrm{T}}$ 的形式.

$$\boldsymbol{A}=\boldsymbol{L}_1\boldsymbol{L}_1^{\mathrm{T}}=\boldsymbol{R}^{\mathrm{T}}\boldsymbol{R}$$

更一般地，容易证明，若 $\boldsymbol{B}$ 为非奇异的，则任何乘积 $\boldsymbol{B}^{\mathrm{T}}\boldsymbol{B}$ 应是正定的. 将这些结论总结在一起，我们有下面的定理.

386

定理 6.7.1 令 $\boldsymbol{A}$ 为 $n\times n$ 对称矩阵. 下面的命题是等价的.

(a) $\boldsymbol{A}$ 为正定的.

(b) 前主子矩阵 $\boldsymbol{A}_1, \boldsymbol{A}_2, \cdots, \boldsymbol{A}_n$ 均为正定的.

(c) $\boldsymbol{A}$ 可仅使用行运算Ⅲ化为上三角的，且主元将全为正的.

(d) $\boldsymbol{A}$ 有一个楚列斯基分解 $\boldsymbol{L}\boldsymbol{L}^{\mathrm{T}}$(其中 $\boldsymbol{L}$ 为下三角矩阵，其对角元素为正的).

(e) $\boldsymbol{A}$ 可以分解为一个乘积 $\boldsymbol{B}^{\mathrm{T}}\boldsymbol{B}$，其中 $\boldsymbol{B}$ 为某非奇异矩阵.

证 我们已经证明了(a)可推出(b)，(b)可推出(c)，(c)可推出(d). 为看到(d)可推出(e)，假设 $\boldsymbol{A}=\boldsymbol{L}\boldsymbol{L}^{\mathrm{T}}$. 若令 $\boldsymbol{B}=\boldsymbol{L}^{\mathrm{T}}$，则 $\boldsymbol{B}$ 为非奇异的，且

$$\boldsymbol{A}=\boldsymbol{L}\boldsymbol{L}^{\mathrm{T}}=\boldsymbol{B}^{\mathrm{T}}\boldsymbol{B}$$

最后，为证明(e)⇒(a)，假设 $\boldsymbol{A}=\boldsymbol{B}^{\mathrm{T}}\boldsymbol{B}$，其中 $\boldsymbol{B}$ 为非奇异的. 令 $\boldsymbol{x}$ 为 $\mathbf{R}^n$ 中的任何非零向量，并令 $\boldsymbol{y}=\boldsymbol{B}\boldsymbol{x}$. 由于 $\boldsymbol{B}$ 为非奇异的，$\boldsymbol{y}\neq\mathbf{0}$，由此可得

$$\boldsymbol{x}^{\mathrm{T}}\boldsymbol{A}\boldsymbol{x}=\boldsymbol{x}^{\mathrm{T}}\boldsymbol{B}^{\mathrm{T}}\boldsymbol{B}\boldsymbol{x}=\boldsymbol{y}^{\mathrm{T}}\boldsymbol{y}=\|\boldsymbol{y}\|^2>0$$

因此 $\boldsymbol{A}$ 为正定的. ■

定理 6.7.1 的类似结果对半正定的情况是不成立的. 例如，考虑矩阵

$$A=\begin{bmatrix}1 & 1 & -3\\ 1 & 1 & -3\\ -3 & -3 & 5\end{bmatrix}$$

其前主子矩阵均为非负的：

$$\det(A_1)=1,\quad \det(A_2)=0,\quad \det(A_3)=0$$

但 A 不是半正定的，因为它有一个负的特征值 $\lambda=-1$. 事实上，$x=(1,1,1)^{\mathrm{T}}$ 为一个属于 $\lambda=-1$ 的特征向量，且

$$x^{\mathrm{T}}Ax=-3$$

6.7 节练习

1. 对下列各矩阵，求所有的前主子矩阵的行列式，并利用它们确定矩阵是否是正定的.

(a) $\begin{bmatrix}2 & -1\\ -1 & 2\end{bmatrix}$ (b) $\begin{bmatrix}3 & 4\\ 4 & 2\end{bmatrix}$ (c) $\begin{bmatrix}6 & 4 & -2\\ 4 & 5 & 3\\ -2 & 3 & 6\end{bmatrix}$ (d) $\begin{bmatrix}4 & 2 & 1\\ 2 & 3 & -2\\ 1 & -2 & 5\end{bmatrix}$

2. 令 A 为 3×3 对称正定矩阵，并假设 $\det(A_1)=3$，$\det(A_2)=6$，$\det(A_3)=8$. 假设在将 A 化为三角形式的过程中仅使用行运算Ⅲ，则消元过程中选取的主元是什么？

387

3. 令

$$A=\begin{bmatrix}2 & -1 & 0 & 0\\ -1 & 2 & -1 & 0\\ 0 & -1 & 2 & -1\\ 0 & 0 & -1 & 2\end{bmatrix}$$

(a) 求 A 的 LU 分解.

(b) 说明为什么 A 必为正定的.

4. 对下列各题，将给定的矩阵分解为一个乘积 LDL^{T}，其中 L 为下三角的，其对角线元素均为 1，且 D 为对角矩阵.

(a) $\begin{bmatrix}4 & 2\\ 2 & 10\end{bmatrix}$ (b) $\begin{bmatrix}9 & -3\\ -3 & 2\end{bmatrix}$ (c) $\begin{bmatrix}16 & 8 & 4\\ 8 & 6 & 0\\ 4 & 0 & 7\end{bmatrix}$ (d) $\begin{bmatrix}9 & 3 & -6\\ 3 & 4 & 1\\ -6 & 1 & 9\end{bmatrix}$

5. 对练习 4 中的各矩阵，求楚列斯基分解 LL^{T}.

6. 令 A 为 $n\times n$ 对称正定矩阵. 对每一 x，$y\in\mathbf{R}^n$，定义

$$\langle x,y\rangle=x^{\mathrm{T}}Ay$$

证明 $\langle,\rangle$ 定义了 $\mathbf{R}^n$ 上的一个内积.

7. 证明下列结论：

(a) 若 U 为单位上三角矩阵，则 U 是非奇异的，且 U^{-1} 也是单位上三角的.

(b) 若 U_1 和 U_2 均为单位上三角矩阵，则乘积 U_1U_2 也是单位上三角矩阵.

8. 令 A 为 $n\times n$ 非奇异矩阵，且假设 $A=L_1D_1U_1=L_2D_2U_2$，其中 L_1 和 L_2 为下三角的，D_1 和 D_2 为对角的，U_1 和 U_2 为上三角的，且 L_1，L_2，U_1，U_2 的对角线元素均为 1. 证明 $L_1=L_2$，$D_1=D_2$，且 $U_1=U_2$. [提示：L_2^{-1} 为下三角的，且 U_1^{-1} 为上三角的. 比较方程 $D_2^{-1}L_2^{-1}L_1D_1=U_2U_1^{-1}$.]

9. 令 A 为一个对称正定矩阵，其楚列斯基分解为 $A=LL^{\mathrm{T}}=R^{\mathrm{T}}R$. 证明该分解中的上三角矩阵 L（或下三角矩阵 R）是唯一的.

10. 令 A 是秩为 n 的 $m\times n$ 矩阵. 证明矩阵 $A^{\mathrm{T}}A$ 是对称正定的.

11. 令 $\boldsymbol{A}$ 是秩为 n 的 $m\times n$ 矩阵，并令 $\boldsymbol{QR}$ 为使用格拉姆-施密特正交化过程对 $\boldsymbol{A}$ 的列向量进行处理后的分解．证明：若 $\boldsymbol{A}^{\mathrm{T}}\boldsymbol{A}$ 的楚列斯基分解为 $\boldsymbol{R}_1^{\mathrm{T}}\boldsymbol{R}_1$，则 $\boldsymbol{R}_1=\boldsymbol{R}$．因此 $\boldsymbol{A}$ 的格拉姆-施密特分解的上三角因子及 $\boldsymbol{A}^{\mathrm{T}}\boldsymbol{A}$ 的楚列斯基分解是相等的．
12. 令 $\boldsymbol{A}$ 为对称正定矩阵，并令 $\boldsymbol{Q}$ 为正交对角化矩阵．利用分解 $\boldsymbol{A}=\boldsymbol{QDQ}^{\mathrm{T}}$ 求一个非奇异矩阵 $\boldsymbol{B}$，使得 $\boldsymbol{B}^{\mathrm{T}}\boldsymbol{B}=\boldsymbol{A}$．
13. 令 $\boldsymbol{A}$ 为 $n\times n$ 对称矩阵．证明 $\mathrm{e}^{\boldsymbol{A}}$ 为对称且正定的矩阵．
14. 证明：若 $\boldsymbol{B}$ 为对称的非奇异矩阵，则 $\boldsymbol{B}^2$ 为正定的．
15. 令

$$\boldsymbol{A}=\begin{bmatrix}1 & -\frac{1}{2}\\ -\frac{1}{2} & 1\end{bmatrix}\quad 和\quad \boldsymbol{B}=\begin{bmatrix}1 & -1\\ 0 & 1\end{bmatrix}$$

(a) 证明 $\boldsymbol{A}$ 是正定的，且对所有的 $\boldsymbol{x}\in\mathbf{R}^2$，$\boldsymbol{x}^{\mathrm{T}}\boldsymbol{A}\boldsymbol{x}=\boldsymbol{x}^{\mathrm{T}}\boldsymbol{B}\boldsymbol{x}$．

(b) 证明 $\boldsymbol{B}$ 为正定的，但 $\boldsymbol{B}^2$ 不是正定的．

16. 令 $\boldsymbol{A}$ 为一个 $n\times n$ 对称负定矩阵．

(a) 若 n 为偶数，则 $\det(\boldsymbol{A})$的符号是什么？若 n 是奇数呢？

(b) 证明 $\boldsymbol{A}$ 的前主子矩阵为负定的．

(c) 证明 $\boldsymbol{A}$ 的前主子矩阵的行列式是交替符号的．

17. 令 $\boldsymbol{A}$ 为 $n\times n$ 对称正定矩阵．

(a) 若对 $k<n$，前主子矩阵 $\boldsymbol{A}_k$ 和 $\boldsymbol{A}_{k+1}$ 均为正定的，因此有楚列斯基分解 $\boldsymbol{L}_k\boldsymbol{L}_k^{\mathrm{T}}$ 和 $\boldsymbol{L}_{k+1}\boldsymbol{L}_{k+1}^{\mathrm{T}}$．若 $\boldsymbol{A}_{k+1}$可表示为

$$\boldsymbol{A}_{k+1}=\begin{bmatrix}\boldsymbol{A}_k & \boldsymbol{y}_k\\ \boldsymbol{y}_k^{\mathrm{T}} & \beta_k\end{bmatrix}$$

其中 $\boldsymbol{y}_k\in\mathbf{R}^k$，且 β_k 为一个标量，证明 $\boldsymbol{L}_{k+1}$形如

$$\boldsymbol{L}_{k+1}=\begin{bmatrix}\boldsymbol{L}_k & \boldsymbol{0}\\ \boldsymbol{x}_k^{\mathrm{T}} & \alpha_k\end{bmatrix}$$

并将 $\boldsymbol{x}_k$ 和 α_k 用 $\boldsymbol{L}_k$，$\boldsymbol{y}_k$ 和 β_k 表示．

(b) 前主子矩阵 $\boldsymbol{A}_1$ 有楚列斯基分解 $\boldsymbol{L}_1\boldsymbol{L}_1^{\mathrm{T}}$，其中 $\boldsymbol{L}_1=(\sqrt{a_{11}})$．说明如何利用(a)对 $\boldsymbol{A}_2$，$\boldsymbol{A}_3$，…，$\boldsymbol{A}_n$ 进行楚列斯基分解．设计一个算法，在一个循环中计算 $\boldsymbol{L}_2$，$\boldsymbol{L}_3$，…，$\boldsymbol{L}_n$．由于 $\boldsymbol{A}=\boldsymbol{A}_n$，$\boldsymbol{A}$ 的楚列斯基分解将为 $\boldsymbol{L}_n\boldsymbol{L}_n^{\mathrm{T}}$．（这个算法是高效的，它仅使用了相当于一般的计算 $\boldsymbol{LU}$ 分解所需算术运算的一半．）

388

6.8 非负矩阵

很多实际应用问题中出现的线性方程组，其系数矩阵的元素均为非负的值．本节将研究这样的矩阵和它们的一些性质．

定义　一个 $n\times n$ 实矩阵 $\boldsymbol{A}$，若对每一 i 和 j，$a_{ij}\geqslant 0$，则称为**非负的**(nonnegative)；若对每一 i 和 j，$a_{ij}>0$，则称为**正的**(positive)．

类似地，一个向量 $\boldsymbol{x}=(x_1,x_2,\cdots,x_n)^{\mathrm{T}}$，若满足每一 $x_i\geqslant 0$，则称为**非负的**(nonnegative)；若每一 $x_i>0$，则称为**正的**(positive)．

作为非负矩阵应用的一个例子，我们考虑列昂惕夫投入-产出模型．

应用 1：开放式模型

假设有 n 个工厂生产 n 种不同的产品．每一个工厂需要投入其他工厂的产品，甚至可能投入它自己的产品．在开放式模型中，假设每一种产品均需要其他的产品．问题是求满足总需求时，每个工厂的产出量是多少．

我们将证明这个问题可以表示为一个线性方程组，且该方程组有一个唯一的非负解．令 a_{ij} 表示第 j 个工厂要生产一个单位产品需要投入的第 i 个工厂的产品数量．此处一个单位的投入或产出是指价值为 1 美元的产品．因此，生产 1 美元的第 j 种产品的总成本为

$$a_{1j} + a_{2j} + \cdots + a_{nj}$$

由于 $\boldsymbol{A}$ 的元素均为非负的，故这个和等于 $\|\boldsymbol{a}_j\|_1$．显然，除非 $\|\boldsymbol{a}_j\|_1<1$，否则第 j 种产品是无利可图的．令 d_i 表示第 i 种产品的对外部分．最后，令 x_i 表示为满足需求，第 i 种产品产出的数量．若第 j 个工厂要生产的产品数量为 x_j，则它需要从第 i 个工厂投入 $a_{ij}x_j$ 单位产品．因此，第 i 个工厂的总需求量为

$$a_{i1}x_1 + a_{i2}x_2 + \cdots + a_{in}x_n + d_i$$

于是，我们要求

$$x_i = a_{i1}x_1 + a_{i2}x_2 + \cdots + a_{in}x_n + d_i$$

对 $i=1, 2, \cdots, n$ 成立．这可导出一个方程组

$$\begin{aligned}
(1-a_{11})x_1 + \quad (-a_{12})x_2 + \cdots + (-a_{1n})x_n &= d_1 \\
(-a_{21})x_1 + (1-a_{22})x_2 + \cdots + (-a_{2n})x_n &= d_2 \\
&\vdots \\
(-a_{n1})x_1 + \quad (-a_{n2})x_2 + \cdots + (1-a_{nn})x_n &= d_n
\end{aligned}$$

389

它可写为

$$(\boldsymbol{I}-\boldsymbol{A})\boldsymbol{x} = \boldsymbol{d} \tag{1}$$

$\boldsymbol{A}$ 的元素有两个重要性质：

(i) 对每一 i 和 j，$a_{ij} \geqslant 0$.

(ii) 对每一 j，$\|\boldsymbol{a}_j\|_1 = \sum_{i=1}^{n} a_{ij} < 1$.

向量 $\boldsymbol{x}$ 必不仅为(1)的解，它还必须为非负的．(没有任何理由有负的产出．)

为证明方程组有一个唯一的非负解，我们需要利用 5.4 节中介绍的和向量的 1-范数相关的矩阵范数．矩阵范数同样也称为 1-范数，且记为 $\|\cdot\|_1$．矩阵 1-范数的定义和性质在7.4 节中研究．在那一节，我们将证明对任意 $m\times n$ 矩阵 $\boldsymbol{B}$，

$$\|\boldsymbol{B}\|_1 = \max_{1\leqslant j\leqslant n}\left(\sum_{i=1}^{m}|b_{ij}|\right) = \max(\|\boldsymbol{b}_1\|_1, \|\boldsymbol{b}_2\|_1, \cdots, \|\boldsymbol{b}_n\|_1) \tag{2}$$

还将证明 1-范数满足下面的乘法性质：

$$\begin{aligned}
&\text{对任何矩阵 } \boldsymbol{C}\in\mathbf{R}^{n\times r}, \quad \|\boldsymbol{BC}\|_1 \leqslant \|\boldsymbol{B}\|_1\|\boldsymbol{C}\|_1 \\
&\text{对任何 } \boldsymbol{x}\in\mathbf{R}^n, \quad \|\boldsymbol{Bx}\|_1 \leqslant \|\boldsymbol{B}\|_1\|\boldsymbol{x}\|_1
\end{aligned} \tag{3}$$

特别地，若 $\boldsymbol{A}$ 为 $n\times n$ 矩阵，满足条件(i)和(ii)，则由(2)可得 $\|\boldsymbol{A}\|_1<1$．此外，

若λ为$\boldsymbol{A}$的任一特征值，且$\boldsymbol{x}$为属于λ的特征向量，则

$$|\lambda|\ \|\boldsymbol{x}\|_1=\|\lambda\boldsymbol{x}\|_1=\|\boldsymbol{A}\boldsymbol{x}\|_1\leqslant\|\boldsymbol{A}\|_1\|\boldsymbol{x}\|_1$$

于是

$$|\lambda|\leqslant\|\boldsymbol{A}\|_1<1$$

故1不是$\boldsymbol{A}$的一个特征值．由此可得$\boldsymbol{I}-\boldsymbol{A}$为非奇异的，故方程组(1)有唯一解：

$$\boldsymbol{x}=(\boldsymbol{I}-\boldsymbol{A})^{-1}\boldsymbol{d}$$

我们希望证明这个解必为非负的．为此，我们将证明$(\boldsymbol{I}-\boldsymbol{A})^{-1}$为非负的．首先注意到，作为乘法性质(3)的一个结论，我们有

$$\|\boldsymbol{A}^m\|_1\leqslant\|\boldsymbol{A}\|_1^m$$

由于$\|\boldsymbol{A}\|_1<1$，因此可得当$m\to\infty$时，

390

$$\|A^m\|_1\to 0$$

于是，当$m\to\infty$时，$\boldsymbol{A}^m$趋向于零矩阵．

由于

$$(\boldsymbol{I}-\boldsymbol{A})(\boldsymbol{I}+\boldsymbol{A}+\boldsymbol{A}^2+\cdots+\boldsymbol{A}^m)=\boldsymbol{I}-\boldsymbol{A}^{m+1}$$

可得

$$\boldsymbol{I}+\boldsymbol{A}+\boldsymbol{A}^2+\cdots+\boldsymbol{A}^m=(\boldsymbol{I}-\boldsymbol{A})^{-1}-(\boldsymbol{I}-\boldsymbol{A})^{-1}\boldsymbol{A}^{m+1}$$

当$m\to\infty$时，

$$(\boldsymbol{I}-\boldsymbol{A})^{-1}-(\boldsymbol{I}-\boldsymbol{A})^{-1}\boldsymbol{A}^{m+1}\to(\boldsymbol{I}-\boldsymbol{A})^{-1}$$

因此，当$m\to\infty$时，级数$\boldsymbol{I}+\boldsymbol{A}+\cdots+\boldsymbol{A}^m$将收敛于$(\boldsymbol{I}-\boldsymbol{A})^{-1}$．由条件(i)，$\boldsymbol{I}+\boldsymbol{A}+\boldsymbol{A}^2+\cdots+\boldsymbol{A}^m$对每一个$m$均为非负的，因此$(\boldsymbol{I}-\boldsymbol{A})^{-1}$必为非负的．由于$\boldsymbol{d}$为非负的，可得解$\boldsymbol{x}$必为非负的．然后，我们看到，条件(i)和(ii)保证了方程组(1)将有唯一的非负解$\boldsymbol{x}$．

当然，也有一个封闭式的列昂惕夫投入-产出模型．在封闭式模型中，假设每一个工厂必须生产足够的产品，仅满足其他工厂和其自身生产的投入量．对外部分被省略了．因此，替代方程组(1)，有

$$(\boldsymbol{I}-\boldsymbol{A})\boldsymbol{x}=\boldsymbol{0}$$

且要求$\boldsymbol{x}$为一个正解．此种情况下，$\boldsymbol{x}$的存在性是比开放模式更为深入的结果，且需要更高级的定理．

定理 6.8.1(佩龙定理)　若$\boldsymbol{A}$为正的$n\times n$矩阵，则$\boldsymbol{A}$有一个正的实特征值r，它具有如下性质：

(i) r为特征方程的一个单根．

(ii) r有一个正的特征向量$\boldsymbol{x}$．

(iii) 若λ是$\boldsymbol{A}$的任意其他特征值，则$|\lambda|<r$．

佩龙定理可以看成是弗罗贝尼乌斯给出的一个更具一般性定理的特例，弗罗贝尼乌斯定理应用于不可约的(irreducible)非负矩阵的情形．

定义　一个非负矩阵$\boldsymbol{A}$，若可将下标集$\{1,2,\cdots,n\}$划分为非空不交集合I_1和I_2，使得当$i\in I_1$且$j\in I_2$时，$a_{ij}=0$，则称其为**可约的**(reducible)．否则，$\boldsymbol{A}$称为**不可约的**(irreducible)．

391

▶**例 1** 令 $\boldsymbol{A}$ 为形如

$$\begin{bmatrix} \times & \times & 0 & 0 & \times \\ \times & \times & 0 & 0 & \times \\ \times & \times & \times & \times & \times \\ \times & \times & \times & \times & \times \\ \times & \times & 0 & 0 & \times \end{bmatrix}$$

的矩阵. 令 $I_1=\{1, 2, 5\}$, $I_2=\{3, 4\}$. 则 $I_1 \cup I_2=\{1, 2, 3, 4, 5\}$, 且当 $i \in I_1$, $j \in I_2$ 时, $a_{ij}=0$. 因此, $\boldsymbol{A}$ 为可约的. 若 $\boldsymbol{P}$ 为由交换单位矩阵 $\boldsymbol{I}$ 的第三行和第五行得到的置换矩阵, 则

$$\boldsymbol{PA}=\begin{bmatrix} \times & \times & 0 & 0 & \times \\ \times & \times & 0 & 0 & \times \\ \times & \times & 0 & 0 & \times \\ \times & \times & \times & \times & \times \\ \times & \times & \times & \times & \times \end{bmatrix}$$

且

$$\boldsymbol{PAP}^{\mathrm{T}}=\left[\begin{array}{ccc|cc} \times & \times & \times & 0 & 0 \\ \times & \times & \times & 0 & 0 \\ \times & \times & \times & 0 & 0 \\ \hline \times & \times & \times & \times & \times \\ \times & \times & \times & \times & \times \end{array}\right]$$

一般地, 可以证明一个 $n \times n$ 矩阵 $\boldsymbol{A}$ 是可约的, 当且仅当存在一个置换矩阵 $\boldsymbol{P}$, 使得 $\boldsymbol{PAP}^{\mathrm{T}}$ 为一个形如

$$\left[\begin{array}{c|c} \boldsymbol{B} & \boldsymbol{O} \\ \hline \boldsymbol{X} & \boldsymbol{C} \end{array}\right]$$

的矩阵, 其中 $\boldsymbol{B}$ 和 $\boldsymbol{C}$ 为方阵. ◀

定理 6.8.2(弗罗贝尼乌斯定理) 若 $\boldsymbol{A}$ 为不可约非负矩阵, 则 $\boldsymbol{A}$ 有一个正的实特征值 r, 它有如下性质:

(i) r 有一个正特征向量 $\boldsymbol{x}$.

(ii) 若 λ 为 $\boldsymbol{A}$ 的任意其他特征值, 则 $|\lambda| \leqslant r$. 特征值的绝对值在特征方程的所有单根处等于 r. 事实上, 若存在 m 个绝对值等于 r 的特征值, 它们必形如

$$\lambda_k = r\mathrm{e}^{2k\pi\mathrm{i}/m}, \quad k=0,1,\cdots,m-1$$

这个定理的证明超出了本书的范围, 请读者参阅 Gantmacher[4, 卷 2]. 佩龙定理是弗罗贝尼乌斯定理的一个特例.

392

应用 2: 封闭式模型

在封闭式列昂惕夫投入–产出模型中, 我们假设对外的部分没有需求, 且希望求满足所有 n 个工厂需求的产出. 因此, 像开放式模型中一样定义 x_i 和 a_{ij}, 对 $i=1, 2, \cdots, n$, 我们有

$$x_i = a_{i1}x_1 + a_{i2}x_2 + \cdots + a_{in}x_n$$

方程组可以写为

$$(\boldsymbol{A}-\boldsymbol{I})\boldsymbol{x}=\boldsymbol{0} \tag{4}$$

如前，我们有条件

(i)　$$a_{ij}\geqslant 0$$

由于没有对外的部分，故第 j 个工厂的产出量和对该工厂的总投入量应是相等的. 因此

$$x_j=\sum_{i=1}^{n}a_{ij}x_j$$

于是得到第二个条件

(ii)　$$\sum_{i=1}^{n}a_{ij}=1,\quad j=1,2,\cdots,n$$

条件(ii)意味着 $\boldsymbol{A}-\boldsymbol{I}$ 为奇异的，因为其行向量的和为 $\boldsymbol{0}$. 因此，1 为 $\boldsymbol{A}$ 的一个特征值，又由于 $\|\boldsymbol{A}\|_1=1$，由此可得 $\boldsymbol{A}$ 的所有特征值的模小于或等于 1. 假设系数 $\boldsymbol{A}$ 的非零元素足够多，使得 $\boldsymbol{A}$ 为不可约的. 则由定理 6.8.2，$\lambda=1$ 有一个正的特征向量 $\boldsymbol{x}$. 因此任何 $\boldsymbol{x}$ 的正倍数将为(4)的正解.

应用 3：再次讨论马尔可夫链

非负矩阵在马尔可夫过程的理论中也扮演着重要的角色. 回顾一下，若 $\boldsymbol{A}$ 为 $n\times n$ 随机矩阵，则 $\lambda_1=1$ 为 $\boldsymbol{A}$ 的一个特征值，且其余的特征值满足

$$|\lambda_j|\leqslant 1,\quad j=2,3,\cdots,n$$

当 $\boldsymbol{A}$ 为随机的且其元素均为正时，由佩龙定理可得 $\lambda_1=1$ 必为一个主特征值，这意味着以 $\boldsymbol{A}$ 为转移矩阵的马尔可夫链将对任何初始概率向量 $\boldsymbol{x}_0$ 都收敛到稳态向量. 事实上，若对某个 k，矩阵 $\boldsymbol{A}^k$ 为正的，则由佩龙定理，$\lambda_1=1$ 必为 $\boldsymbol{A}^k$ 的一个主特征值. 然后可以证明 $\lambda_1=1$ 也必为 $\boldsymbol{A}$ 的一个主特征值(见练习 12). 若一个马尔可夫过程的转移矩阵的某个幂次的所有元素均为严格正的，则称其为**正则的**(regular). 正则的马尔可夫过程的转移矩阵将以 $\lambda_1=1$ 作为其一个主特征值，且可以保证马尔可夫链收敛到一个稳态向量.

393

应用 4：层次分析法——用特征向量计算权重

在 5.3 节中，我们考虑了一个含有查找过程来填补一所大学全职教授空缺的例子. 为给四个候选人的研究质量分配权重，委员会对候选人的研究质量进行了两两比较. 通过研究候选人的出版物，委员会同意下列的成对比较权重：

$$w_1=1.75w_2,w_1=1.5w_3,w_1=1.25w_4,w_2=0.75w_3,w_2=0.50w_4,w_3=0.75w_4$$

此处诸如 $w_2=0.50w_4$ 这样的方程用来表示候选人 2 所从事的研究工作的质量仅为候选人 4 的一半. 同样，也可以说候选人 4 的研究工作质量是候选人 2 的两倍. 在第 5 章中，我们加入了权重之和必须为 1 的条件. 利用这个条件，可以将 w_4 用 w_1，w_2 和 w_3 表示. 然后，我们通过求解一个 6×3 线性方程组的最小二乘解来求得 w_1，w_2 和 w_3. 求得的权重向量为 $\boldsymbol{w}_1=(0.3289,\ 0.1739,\ 0.2188,\ 0.2784)^{\mathrm{T}}$.

接下来我们利用特征向量的计算考虑用其他方法计算权重. 为此，我们首先构造一个比较矩阵 $\boldsymbol{C}$. $\boldsymbol{C}$ 的$(i,\ j)$元表示候选人 i 的研究工作质量与候选人 j 的研究工作质量的

比值．因此，若 $w_2=0.50w_4$，则 $c_{24}=\frac{1}{2}$，$c_{42}=2$．判别研究质量的比较矩阵为

$$\boldsymbol{C}=\begin{bmatrix}1 & \frac{7}{4} & \frac{3}{2} & \frac{5}{4}\\ \frac{4}{7} & 1 & \frac{3}{4} & \frac{1}{2}\\ \frac{2}{3} & \frac{4}{3} & 1 & \frac{3}{4}\\ \frac{4}{5} & 2 & \frac{4}{3} & 1\end{bmatrix}$$

矩阵 $\boldsymbol{C}$ 称为**互反矩阵**(reciprocal matrix)，因为对所有 i 和 j 都有 $c_{ij}=\frac{1}{c_{ji}}$．由于矩阵 $\boldsymbol{C}$ 也是一个正矩阵，故由佩龙定理，矩阵 $\boldsymbol{C}$ 具有一个主特征值，其对应的特征向量为正向量．这个主特征值为 $\lambda_1=4.010\,6$．若计算相应于 λ_1 的特征向量，并将其归一化，即使其各元之和相加为 1，则最终得到下面的权重向量

$$\boldsymbol{w}_2=(0.325\,5, 0.164\,6, 0.217\,7, 0.292\,2)^{\mathrm{T}}$$

特征向量解 $\boldsymbol{w}_2$ 非常接近利用最小二乘法求得的权重向量 $\boldsymbol{w}_1$．为什么这种特征向量方法效果如此之好？要回答这个问题，我们首先考虑一个简单并可利用两种方法都得到同一个解的例子．

假设一个小的学校中的数学系正在寻找一个助理教授的人选．候选人将会在教学、研究和学术活动三个方面被评估．委员会决定教学的重要性是研究的 2 倍，是学术活动的 8 倍．委员会同时认为研究是学术活动重要性的 4 倍．此时，容易求得权重向量，因为这三个方面相对重要性的决定是相容的．

394

若 w_3 为赋予学术活动的权重，则研究的权重 w_2 必为 $4w_3$，且权重 w_1 必为 $8w_3$．因此，w_1 自动等于 $2w_2$．权重向量必然形如 $\boldsymbol{w}=(8w_3, 4w_3, w_3)^{\mathrm{T}}$．为满足 $\boldsymbol{w}$ 的元和为 1 的条件，w_3 的取值必为$\frac{1}{13}$．若使用 5.3 节中给出的最小二乘法，可以令 $w_3=1-w_1-w_2$．权重向量即可利用求解一个 3×2 方程组的最小二乘解求得．此时，这个 3×2 方程组是相容的，因此其最小二乘解就是其真解，故我们求得的权重向量为 $\boldsymbol{w}=\left(\frac{8}{13}, \frac{4}{13}, \frac{1}{13}\right)^{\mathrm{T}}$．

现在利用特征向量法计算权重．为此，首先构造如下比较矩阵：

$$\boldsymbol{C}=\begin{bmatrix}1 & 2 & 8\\ \frac{1}{2} & 1 & 4\\ \frac{1}{8} & \frac{1}{4} & 1\end{bmatrix}$$

注意到 $c_{12}=2$，因为教学的重要性被认为是学术活动的 2 倍，$c_{23}=4$ 是因为研究的重要性被认为是学术活动的 4 倍．由于相对重要性的判断采用了相容的方法给出，故 c_{13} 的值(即教学与学术活动的相对重要性)应当满足

$$c_{13} = 2 \cdot 4 = c_{12}c_{23}$$

事实上，若相对重要性准则中的所有决定都用了相容的方法，则比较矩阵中的元将对所有 i，j 和 k 满足性质 $c_{ij}=c_{ik}c_{kj}$. 一个具有这样性质的正反比较矩阵称为**相容的**(consistent). 注意，我们例子中的矩阵 $\boldsymbol{C}$ 的秩为 1，因为

$$\boldsymbol{c}_1 = \frac{1}{8}\boldsymbol{c}_3, \boldsymbol{c}_2 = \frac{1}{4}\boldsymbol{c}_3$$

一般地，若 $\boldsymbol{C}$ 为一个 $n\times n$ 相容的正反比较矩阵，$\boldsymbol{c}_j$ 和 $\boldsymbol{c}_k$ 为 $\boldsymbol{C}$ 的列向量，则

$$\boldsymbol{c}_j = \begin{bmatrix} c_{1j} \\ c_{2j} \\ \vdots \\ c_{nj} \end{bmatrix} = \begin{bmatrix} c_{1k}c_{kj} \\ c_{2k}c_{kj} \\ \vdots \\ c_{nk}c_{kj} \end{bmatrix} = c_{kj}\boldsymbol{c}_k$$

于是，$\boldsymbol{C}$ 的秩必为 1. 因此，0 必为 $\boldsymbol{C}$ 的一个特征值，且其特征空间的维数必为 $n-1$，该特征空间也是 $\boldsymbol{C}$ 的零空间. 因此，0 必为 $n-1$ 重特征值. 剩余的特征值 λ_1 必等于 $\boldsymbol{C}$ 的迹. 因此，$\lambda_1=n$ 为 $\boldsymbol{C}$ 的主特征值. 此外，由于 $\boldsymbol{C}$ 的秩为 1，任何 $\boldsymbol{C}$ 的列向量必然是一个属于主特征值的特征向量. (见 6.3 节练习 17.)

395

对我们的例子，$\boldsymbol{C}$ 的主特征值为 $\lambda_1=3$，因此，$\boldsymbol{c}_3$ 为一个属于 λ_1 的特征向量. 若将 $\boldsymbol{c}_3$ 除以其各分量的和，我们将最终得到权重向量 $\boldsymbol{w}=\left[\frac{8}{13}, \frac{4}{13}, \frac{1}{13}\right]^{\mathrm{T}}$.

一般地，若相对重要性的决定是按照相容的方法给出的，则只有一种方法选择权重，且最小二乘法和特征向量法都将得到相同的权重向量. 现在设这些决定不是按照相容的方法给出的. 在依靠人来给出这些决定的时候，这是常见的. 对于最小二乘法而言，变量为 w_1，w_2，…，w_{n-1} 的线性方程组是不相容的，但总是可以求得最小二乘解. 若使用特征向量法，比较矩阵 $\boldsymbol{C}_1$ 将不再相容. 根据佩龙定理，$\boldsymbol{C}_1$ 将存在主特征值 λ_1 和一个正的特征向量 $\boldsymbol{x}_1$. 这个特征向量可以通过缩放得到分量之和为 1 的权重向量 $\boldsymbol{w}_1$. 经过缩放的权重向量 $\boldsymbol{w}_1$ 可用于对准则赋予权重. 若相对重要性的决定不是非常不相容，而是用一种非常接近相容的方法得到，则选择特征向量 $\boldsymbol{w}_1$ 作为权重向量是可取的. 此时，矩阵 $\boldsymbol{C}_1$ 应当是一个在某种意义上比较接近正反比较矩阵的矩阵，且 λ_1 和 $\boldsymbol{w}_1$ 应当接近相容比较矩阵的主特征值和特征向量.

例如，假设学校中的查找委员会和以前一样，决定教学的重要性是研究的 2 倍，是学术活动的 8 倍，但此次假设研究的重要性是学术活动的 3 倍. 此时，比较矩阵为

$$\boldsymbol{C} = \begin{bmatrix} 1 & 2 & 8 \\ \frac{1}{2} & 1 & 3 \\ \frac{1}{8} & \frac{1}{3} & 1 \end{bmatrix}$$

矩阵 $\boldsymbol{C}_1$ 是不相容的，因此其主特征值 $\lambda_1=3.0092$，而不是 3. 但是，它非常接近 3. 属于 λ_1 的特征向量(归一化后各分量和为 1)为 $\boldsymbol{w}_1=(0.6282, 0.2854, 0.0864)^{\mathrm{T}}$. 表 6.8.1汇总了相容比较矩阵和不相容比较矩阵问题中的结果. 对每一比较矩阵，表中

都包含了主特征值和求得的权重．所有计算值都被舍入到 4 位小数．

表 6.8.1 比较矩阵的比较

矩阵	特征值	权重		
		教学	研究	学术活动
$\boldsymbol{C}$	3	0.615 4	0.307 7	0.076 9
$\boldsymbol{C}_1$	3.009 2	0.628 2	0.285 4	0.086 4

396

6.8 节练习

1. 求下列各矩阵的特征值，并验证定理 6.8.1 的条件(i)、(ii)和(iii)均成立．

(a) $\begin{bmatrix} 2 & 3 \\ 2 & 1 \end{bmatrix}$ (b) $\begin{bmatrix} 4 & 2 \\ 2 & 7 \end{bmatrix}$ (c) $\begin{bmatrix} 1 & 2 & 4 \\ 2 & 4 & 1 \\ 1 & 2 & 4 \end{bmatrix}$

2. 求下列各矩阵的特征值，并验证定理 6.8.2 的条件(i)和(ii)均成立．

(a) $\begin{bmatrix} 2 & 3 \\ 1 & 0 \end{bmatrix}$ (b) $\begin{bmatrix} 0 & 2 \\ 2 & 0 \end{bmatrix}$ (c) $\begin{bmatrix} 0 & 0 & 8 \\ 1 & 0 & 0 \\ 0 & 1 & 0 \end{bmatrix}$

3. 若

$$\boldsymbol{A} = \begin{bmatrix} 0.2 & 0.4 & 0.4 \\ 0.4 & 0.2 & 0.2 \\ 0.0 & 0.2 & 0.2 \end{bmatrix} \quad 及 \quad \boldsymbol{d} = \begin{bmatrix} 16\,000 \\ 8\,000 \\ 24\,000 \end{bmatrix}$$

求开放式列昂惕夫投入–产出模型中的产出向量 $\boldsymbol{x}$．

4. 考虑投入矩阵为

$$\boldsymbol{A} = \begin{bmatrix} 0.5 & 0.4 & 0.1 \\ 0.5 & 0.0 & 0.5 \\ 0.0 & 0.6 & 0.4 \end{bmatrix}$$

的封闭式列昂惕夫投入–产出模型．若 $\boldsymbol{x}=(x_1, x_2, x_3)^{\mathrm{T}}$ 为这个模型的任一产出向量，坐标 x_1，x_2 和 x_3 的关系是什么？

5. 证明：若对某正整数 m，$\boldsymbol{A}^m=\boldsymbol{O}$，则 $\boldsymbol{I}-\boldsymbol{A}$ 为非奇异的．

6. 令

$$\boldsymbol{A} = \begin{bmatrix} 0 & 1 & 1 \\ 0 & -1 & 1 \\ 0 & -1 & 1 \end{bmatrix}$$

(a) 求 $(\boldsymbol{I}-\boldsymbol{A})^{-1}$．

(b) 求 $\boldsymbol{A}^2$ 和 $\boldsymbol{A}^3$．验证 $(\boldsymbol{I}-\boldsymbol{A})^{-1}=\boldsymbol{I}+\boldsymbol{A}+\boldsymbol{A}^2$．

7. 下列矩阵中哪些是可约的？对每一可约矩阵，求一个置换矩阵 $\boldsymbol{P}$，使得 $\boldsymbol{PAP}^{\mathrm{T}}$ 形如

$$\left[\begin{array}{c|c} \boldsymbol{B} & \boldsymbol{O} \\ \hline \boldsymbol{X} & \boldsymbol{C} \end{array}\right]$$

其中 $\boldsymbol{B}$ 和 $\boldsymbol{C}$ 为方阵．

(a) $\begin{bmatrix} 1 & 1 & 1 & 0 \\ 1 & 1 & 1 & 0 \\ 1 & 1 & 1 & 1 \\ 1 & 1 & 1 & 1 \end{bmatrix}$ (b) $\begin{bmatrix} 1 & 0 & 1 & 1 \\ 1 & 1 & 1 & 1 \\ 1 & 0 & 1 & 1 \\ 1 & 0 & 1 & 1 \end{bmatrix}$

(c) $\begin{bmatrix} 1 & 0 & 1 & 0 & 0 \\ 0 & 1 & 1 & 1 & 1 \\ 1 & 0 & 1 & 0 & 0 \\ 1 & 1 & 0 & 1 & 1 \\ 1 & 1 & 1 & 1 & 1 \end{bmatrix}$　　(d) $\begin{bmatrix} 1 & 1 & 1 & 1 & 1 \\ 1 & 1 & 0 & 0 & 1 \\ 1 & 1 & 1 & 1 & 1 \\ 1 & 1 & 0 & 0 & 1 \\ 1 & 1 & 0 & 0 & 1 \end{bmatrix}$

8. 令 $\boldsymbol{A}$ 为一个不可约的非负 3×3 矩阵，其特征值满足 $\lambda_1=2=|\lambda_2|=|\lambda_3|$. 求 λ_2 和 λ_3.

9. 令

$$\boldsymbol{A}=\left[\begin{array}{c|c} \boldsymbol{B} & \boldsymbol{O} \\ \hline \boldsymbol{O} & \boldsymbol{C} \end{array}\right]$$

其中 $\boldsymbol{B}$ 和 $\boldsymbol{C}$ 为方阵.

(a) 若 λ 为 $\boldsymbol{B}$ 的一个特征值，其特征向量为 $\boldsymbol{x}=(x_1, x_2, \cdots, x_k)^{\mathrm{T}}$，证明：$\lambda$ 也是 $\boldsymbol{A}$ 的一个特征值，其特征向量为 $\tilde{\boldsymbol{x}}=(x_1, x_2, \cdots, x_k, 0, \cdots, 0)^{\mathrm{T}}$.

(b) 若 $\boldsymbol{B}$ 和 $\boldsymbol{C}$ 为正矩阵，证明：$\boldsymbol{A}$ 有正的实特征值 r，满足对任意的特征值 $\lambda\neq r$，有 $|\lambda|<r$. 再证明：r 的重数至多为 2，且 r 有非负的特征向量.

(c) 若 $\boldsymbol{B}=\boldsymbol{C}$，证明：(b)中的特征值 r 的重数为 2，并具有正的特征向量.

10. 证明：一个 2×2 矩阵 $\boldsymbol{A}$ 为可约的，当且仅当 $a_{12}a_{21}=0$.

11. 在 $\boldsymbol{A}$ 为一个 2×2 矩阵时，证明弗罗贝尼乌斯定理.

12. 我们可以证明对一个 $n\times n$ 随机矩阵，$\lambda_1=1$ 为其一个特征值，且其余的特征值必满足

$$|\lambda_j|\leqslant 1,\quad j=2,3,\cdots,n$$

(见 7.4 节练习 24.)证明：若 $\boldsymbol{A}$ 为 $n\times n$ 随机矩阵，满足对某正整数 k，$\boldsymbol{A}^k$ 为一个正矩阵，则

$$|\lambda_j|<1,\quad j=2,3,\cdots,n$$

13. 令 $\boldsymbol{A}$ 为 $n\times n$ 正随机矩阵，其主特征值为 $\lambda_1=1$，且特征向量 $\boldsymbol{x}_1, \boldsymbol{x}_2, \cdots, \boldsymbol{x}_n$ 线性无关，又令 $\boldsymbol{y}_0$ 为一个马尔可夫链

$$\boldsymbol{y}_0, \boldsymbol{y}_1=\boldsymbol{A}\boldsymbol{y}_0, \boldsymbol{y}_2=\boldsymbol{A}\boldsymbol{y}_1, \cdots$$

的初始概率向量.

(a) 证明：$\lambda_1=1$ 有一个正的特征向量 $\boldsymbol{x}_1$.

397

(b) 证明：$\|\boldsymbol{y}_j\|_1=1$，$j=0, 1, \cdots$.

(c) 证明：若

$$\boldsymbol{y}_0=c_1\boldsymbol{x}_1+c_2\boldsymbol{x}_2+\cdots+c_n\boldsymbol{x}_n$$

则在正特征向量 $\boldsymbol{x}_1$ 方向上的分量 c_1 必为非零的.

(d) 证明：马尔可夫链的状态向量 $\boldsymbol{y}_j$ 收敛到稳态向量.

(e) 证明：

$$c_1=\frac{1}{\|\boldsymbol{x}_1\|_1}$$

因此稳态向量和初始概率向量 $\boldsymbol{y}_0$ 是线性无关的.

14. 若随机矩阵 $\boldsymbol{A}$ 不是一个正矩阵，练习 13 中(c)和(d)的结果是否仍然成立？当 $\boldsymbol{A}$ 为非负随机矩阵，且对某正整数 k，$\boldsymbol{A}^k$ 为正时，回答相同的问题. 解释你的答案.

15. 一个管理学院的学生收到了四所大学的录取通知，现在必须从中选择一所接受. 该学生使用层次分析法在各所学校中进行选择，选择的过程依赖于如下四个准则：

(i) 资金问题——学费和奖学金；

(ii) 学校的声誉；

(iii) 校内的生活环境；

(iv) 地理环境——要去的学校的地理位置.

为权衡四个准则，学生认为资金问题和学校的声誉是同等重要的，同时，它们是校内环境重要性的 4 倍，是地理位置重要性的 6 倍. 该学生也认为校内环境的重要性是地理位置的 2 倍.

(a) 确定基于 4 个准则给定相对重要性的正反比较矩阵 $\boldsymbol{C}$.

(b) 证明矩阵 $\boldsymbol{C}$ 是不相容的.

(c) 通过改变一对准则之间的相对重要性将问题化为相容的，然后针对这个相容的问题给出一个新的比较矩阵 $\boldsymbol{C}_1$.

(d) 求 $\boldsymbol{C}_1$ 的一个主特征值对应的特征向量，并用其确定准则对应的权重向量.

第 6 章练习

MATLAB 练习

梁的临界荷载

1. 考虑 6.1 节的应用问题中与梁的临界荷载相关的矩阵. 为简便起见，我们假设梁的长度为 1，且抗弯刚度也为 1. 根据应用中给出的方法，若[0，1]可以分为 n 个子区间，则问题可以转化为一个矩阵方程 $\boldsymbol{A}\boldsymbol{y}=\lambda\boldsymbol{y}$. 梁的临界荷载可用 $\boldsymbol{P}=sn^2$ 近似，其中 s 为 $\boldsymbol{A}$ 的最小特征值. 当 $n=100$，200，400 时，可令

$$\boldsymbol{D} = \mathtt{diag}(\mathtt{ones}(n-1,1),1);\boldsymbol{A} = \mathtt{eye}(n) - \boldsymbol{D} - \boldsymbol{D}'$$

来构造系数矩阵. 对每一情形，求 $\boldsymbol{A}$ 的最小特征值，可令

$$s = \mathtt{min}(\mathtt{eig}(\boldsymbol{A}))$$

然后计算相应的临界荷载的近似值.

可对角化矩阵和退化矩阵

2. 构造一个对称矩阵 $\boldsymbol{A}$，可令

$$\boldsymbol{A} = \mathtt{round}(5 * \mathtt{rand}(6));\quad \boldsymbol{A} = \boldsymbol{A}+\boldsymbol{A}'$$

求 $\boldsymbol{A}$ 的特征值，可令 $\boldsymbol{e}=\mathtt{eig}(\boldsymbol{A})$.

(a) $\boldsymbol{A}$ 的迹可以用 MATLAB 命令 trace($\boldsymbol{A}$)求得，且 $\boldsymbol{A}$ 的特征值的和可使用命令 sum($\boldsymbol{e}$)求得. 求这两个值，并比较它们的结果. 使用命令 prod($\boldsymbol{e}$)求 $\boldsymbol{A}$ 的特征值的乘积，并将其与 det($\boldsymbol{A}$)比较.

(b) 求 $\boldsymbol{A}$ 的特征向量，可令[$\boldsymbol{X}$，$\boldsymbol{D}$]=eig($\boldsymbol{A}$). 用 MATLAB 计算 $\boldsymbol{X}^{-1}\boldsymbol{A}\boldsymbol{X}$，并将结果和 $\boldsymbol{D}$ 进行比较. 同时求 $\boldsymbol{A}^{-1}$ 和 $\boldsymbol{X}\boldsymbol{D}^{-1}\boldsymbol{X}^{-1}$，并比较结果.

3. 令

398

$$\boldsymbol{A} = \mathtt{ones}(10) + \mathtt{eye}(10)$$

(a) $\boldsymbol{A}-\boldsymbol{I}$ 的秩为多少？为什么 $\lambda=1$ 是一个重数为 9 的特征值？利用 MATLAB 函数 trace 求 $\boldsymbol{A}$ 的迹. 其余的特征值 λ_{10} 必等于 11. 为什么？试说明. 通过令 $\boldsymbol{e}=\mathtt{eig}(\boldsymbol{A})$求 $\boldsymbol{A}$ 的特征值. 利用 format long 考察特征值. 求得的特征值有多少位数值精度？

(b) 计算特征值的 MATLAB 程序是基于 7.6 节描述的 QR 算法的. 也可以通过计算特征多项式的根求 $\boldsymbol{A}$ 的特征值. 为确定 $\boldsymbol{A}$ 的特征多项式的系数，令 $\boldsymbol{p}=\mathtt{poly}(\boldsymbol{A})$. $\boldsymbol{A}$ 的特征多项式的系数必然为整数. 为什么？试说明. 若令 $\boldsymbol{p}=\mathtt{round}(\boldsymbol{p})$，最终可以得到 $\boldsymbol{A}$ 的特征多项式的准确系数. 求 $\boldsymbol{p}$ 的根，可令

$$\boldsymbol{r} = \mathtt{roots}(\boldsymbol{p})$$

并用 format long 显示结果. 计算的结果中有多少位数值精度？使用函数 eig 或求特征多项式的

根，哪一种计算特征值的方法更准确？

4. 考虑矩阵

$$\boldsymbol{A}=\begin{bmatrix}5 & -3\\3 & -5\end{bmatrix} \quad 和 \quad \boldsymbol{B}=\begin{bmatrix}5 & -3\\3 & 5\end{bmatrix}$$

注意，除了(2，2)元素外，这两个矩阵是相同的.

(a) 用 MATLAB 求 $\boldsymbol{A}$ 和 $\boldsymbol{B}$ 的特征值. 它们是否有相同类型的特征值？矩阵的特征值是它们的特征多项式的根. 用下面的 MATLAB 命令构造多项式，并将它们绘制在同一个坐标系中.

```
p=poly(A);                    q=poly(B);
x=-8:0.1:8;                   z=zeros(size(x));
y=polyval(p, x);              w=polyval(q, x);
plot(x, y, x, w, x, z)        hold on
```

使用命令 hold on 将把(b)中绘制的子序列添加到当前的图形中. 你怎样用图形估计 $\boldsymbol{A}$ 的特征值？这个图形告诉你关于 $\boldsymbol{B}$ 的特征值的什么信息？试说明.

(b) 为看到矩阵的(2，2)元素变化后特征值的变化，我们构造一个矩阵 $\boldsymbol{C}$，其(2，2)元素为可变的. 令

```
t = sym('t')    C = [5,-3;3,t-5]
```

当 t 从 0 变到 10 时，这些矩阵的(2，2)元素从 -5 到 5 变化. 用如下的 MATLAB 命令，绘制对应于 $t=1,2,\cdots,9$ 的中间矩阵的特征多项式的图形.

```
p = poly(C)
for j = 1:9
  s = subs(p,t,j);
  ezplot(s,[-10,10])
  axis([-10,10,-20,220])
  pause(2)
end
```

哪些中间矩阵的特征值为实的，哪些有复的特征值？符号矩阵 $\boldsymbol{C}$ 的特征多项式为一个二次多项式，其系数为 t 的函数. 为准确求得何处特征值从实数变为复数，将二次方程的判别式写为 t 的函数，并求其根. 其中一个根应在(0，10)之间. 将这个 t 代回矩阵 $\boldsymbol{C}$，并求这个矩阵的特征值. 说明这些结果如何和你的图形对应. 用手算求解特征向量. 这个矩阵是否是可对角化的？

5. 令

```
B = toeplitz(0:-1:-3,0:3)
```

矩阵 $\boldsymbol{B}$ 不是对称的，因此不能保证它是可对角化的. 用 MATLAB 验证 $\boldsymbol{B}$ 的秩为 2. 说明为什么 0 必为 $\boldsymbol{B}$ 的特征值，且对应的特征空间的维数必为 2. 令[$\boldsymbol{X}$, $\boldsymbol{D}$]=eig($\boldsymbol{B}$). 求 $\boldsymbol{X}^{-1}\boldsymbol{B}\boldsymbol{X}$，并和 $\boldsymbol{D}$ 进行比较. 再计算 $\boldsymbol{X}\boldsymbol{D}^5\boldsymbol{X}^{-1}$，并和 $\boldsymbol{B}^5$ 进行比较.

6. 令

```
C = triu(ones(4),1) + diag([1,-1],-2)
[X,D] = eig(C)
```

求 $\boldsymbol{X}^{-1}\boldsymbol{C}\boldsymbol{X}$，并将结果和 $\boldsymbol{D}$ 进行比较. $\boldsymbol{C}$ 是否为可对角化的？求 $\boldsymbol{X}$ 的秩和 $\boldsymbol{X}$ 的条件数. 若 $\boldsymbol{X}$ 的条件数较大，求得的特征值将不准确. 求 $\boldsymbol{C}$ 的行最简形. 说明为什么 0 必为 $\boldsymbol{C}$ 的一个特征值，且其对应的特征空间的维数必为 1. 用 MATLAB 求 $\boldsymbol{C}^4$. 它应当等于零矩阵. 给定 $\boldsymbol{C}^4=\boldsymbol{O}$，你可以得到关于 $\boldsymbol{C}$

的其他三个特征值的什么结论？试说明．$\boldsymbol{C}$是否为退化的？试说明．

7. 构造一个退化矩阵，可令

$$\boldsymbol{A}=\texttt{ones}(6);\quad \boldsymbol{A}=\boldsymbol{A}-\texttt{tril}(\boldsymbol{A})-\texttt{triu}(A,2)$$

容易看到，$\lambda=0$为$\boldsymbol{A}$的唯一特征值，且其特征空间由$\boldsymbol{e}_1$张成．利用MATLAB求$\boldsymbol{A}$的特征值和特征向量来验证．用format long来考察特征向量．求得的特征向量是否为$\boldsymbol{e}_1$的倍数？现在对$\boldsymbol{A}$进行类似的转换．令

$$\boldsymbol{Q}=\texttt{orth}(\texttt{rand}(6));\quad 及\quad \boldsymbol{B}=\boldsymbol{Q}'*\boldsymbol{A}*\boldsymbol{Q}$$

若计算过程采用精确的算术运算，矩阵$\boldsymbol{B}$将和$\boldsymbol{A}$相似，因此也是退化的．用MATLAB求$\boldsymbol{B}$的特征值和一个矩阵$\boldsymbol{X}$，$\boldsymbol{X}$包含$\boldsymbol{B}$的特征向量．求$\boldsymbol{X}$的秩．求得的矩阵$\boldsymbol{B}$是否为退化的？由于舍入误差的存在，更为合理的问题是矩阵$\boldsymbol{B}$是否是接近退化的(即$\boldsymbol{X}$的列向量是否接近线性相关)．为回答这个问题，用MATLAB计算rcond($\boldsymbol{X}$)，即$\boldsymbol{X}$的条件数的倒数．一个接近零的rcond值意味着$\boldsymbol{X}$接近亏秩．

8. 通过命令

$$\boldsymbol{B}=[-1,-1;1,1],\quad \boldsymbol{A}=[\texttt{zeros}(2),\texttt{eye}(2);\texttt{eye}(2),\boldsymbol{B}]$$

生成一个矩阵$\boldsymbol{A}$.

(a) 矩阵$\boldsymbol{A}$应有特征值$\lambda_1=1$和$\lambda_2=-1$．用MATLAB命令，通过求$\boldsymbol{A}-\boldsymbol{I}$和$\boldsymbol{A}+\boldsymbol{I}$的行最简形进行验证．$\lambda_1$和$\lambda_2$对应的特征空间的维数是什么？

(b) 容易看到trace($\boldsymbol{A}$)=0，且det($\boldsymbol{A}$)=1．利用MATLAB验证它们．使用迹和行列式的值，证明1和−1均为二重特征值．$\boldsymbol{A}$是否为退化的？试说明．

(c) 令$\boldsymbol{e}$=eig($\boldsymbol{A}$)，并用format long考察特征值．在求得的特征值中有多少位数值精度？令[$\boldsymbol{X}$，$\boldsymbol{D}$]=eig($\boldsymbol{A}$)，并求$\boldsymbol{X}$的条件数．条件数的对数给出了一个在计算$\boldsymbol{A}$的特征值过程中损失的数值精度的估计．

(d) 求$\boldsymbol{X}$的秩．求得的特征向量是否是线性无关的？用MATLAB计算$\boldsymbol{X}^{-1}\boldsymbol{A}\boldsymbol{X}$．求得的矩阵$\boldsymbol{X}$是否对角化$\boldsymbol{A}$？

应用：伴性基因

9. 假设10 000名男性和10 000名女性定居在太平洋上的一个已经开发的小岛上．还假设对定居者的医学研究发现，200名男性是色盲，且仅有9名女性是色盲．令$x(1)$为色盲基因在男性人口中的比例，并令$x(2)$为色盲基因在女性人口中的比例．假设$x(1)$等于男性中的色盲比例，且$x(2)^2$等于女性中的色盲比例．求$x(1)$和$x(2)$，并将它们输入到MATLAB中作为$\boldsymbol{x}$的列向量．再输入6.3节应用3中的矩阵$\boldsymbol{A}$．将MATLAB设置为format long，并用矩阵$\boldsymbol{A}$计算5，10，20和40代后，每个性别中色盲基因的比例．这个人群中色盲基因比例的极限是多少？在长时间过程中，将为色盲的人口在男性中的比例和在女性中的比例是多少？

相似性

10. 令

$$\boldsymbol{S}=\texttt{round}(10*\texttt{rand}(5));\quad \boldsymbol{S}=\texttt{triu}(\boldsymbol{S},1)+\texttt{eye}(5)$$
$$\boldsymbol{S}=\boldsymbol{S}'*\boldsymbol{S}\quad\quad \boldsymbol{T}=\texttt{inv}(\boldsymbol{S})$$

(a) $\boldsymbol{S}$的准确逆元素应为整数．为什么？试说明．用format long检验$\boldsymbol{T}$的元素．通过令$\boldsymbol{T}$=round($\boldsymbol{T}$)将$\boldsymbol{T}$的元素四舍五入到最接近的整数．计算$\boldsymbol{T}*\boldsymbol{S}$，并和eye(5)进行比较．

(b) 令

$$\boldsymbol{A}=\texttt{triu}(\texttt{ones}(5),1)+\texttt{diag}(1:5),\quad \boldsymbol{B}=\boldsymbol{S}*\boldsymbol{A}*\boldsymbol{T}$$

矩阵$\boldsymbol{A}$和$\boldsymbol{B}$均有特征值1，2，3，4，5．用MATLAB求$\boldsymbol{B}$的特征值．求得的特征值有多少位数值精度？用MATLAB计算，并比较下列各题：

(i) det($\boldsymbol{A}$)和 det($\boldsymbol{B}$).

(ii) trace($\boldsymbol{A}$)和 trace($\boldsymbol{B}$).

(iii) $\boldsymbol{SA}^2\boldsymbol{T}$ 和 $\boldsymbol{B}^2$.

400

(iv) $\boldsymbol{SA}^{-1}\boldsymbol{T}$ 和 $\boldsymbol{B}^{-1}$.

埃尔米特矩阵

11. 构造复的埃尔米特矩阵，可令

$$j = \text{sqrt}(-1);\quad \boldsymbol{A} = \text{rand}(5) + j * \text{rand}(5);\quad \boldsymbol{A} = (\boldsymbol{A} + \boldsymbol{A}')/2$$

(a) $\boldsymbol{A}$ 的特征值应为实的. 为什么？求特征值，并用 format long 检验你的结论. 求得的特征值是否为实的？再求其特征向量，可令

$$[\boldsymbol{X},\boldsymbol{D}] = \text{eig}(\boldsymbol{A})$$

你认为 $\boldsymbol{X}$ 是哪种类型的矩阵？使用 MATLAB 命令 $\boldsymbol{X}' * \boldsymbol{X}$ 来计算 $\boldsymbol{X}^{\mathrm{H}}\boldsymbol{X}$. 这个结果是否和你认为的相同？

(b) 令

$$\boldsymbol{E} = \boldsymbol{D} + j * \text{eye}(5)\quad \text{及}\quad \boldsymbol{B} = \boldsymbol{X} * \boldsymbol{E}/\boldsymbol{X}$$

你认为 $\boldsymbol{B}$ 是什么类型的矩阵？用 MATLAB 命令计算 $\boldsymbol{B}^{\mathrm{H}}\boldsymbol{B}$ 和 $\boldsymbol{BB}^{\mathrm{H}}$. 这两个矩阵比较会怎样？

最优化

12. 使用下列 MATLAB 命令，建立一个符号函数.

```
syms x y
f = (y+1)^3 + x*y^2 + y^2 - 4*x*y - 4*y + 1
```

求 f 的一阶偏导数和 f 的黑塞矩阵，可令

```
fx = diff(f,x),   fy = diff(f,y)
H = [diff(fx,x),diff(fx,y);diff(fy,x),diff(fy,y)]
```

我们可以用 subs 命令，求在一个给定点(x, y)处的黑塞矩阵. 例如，为求 $x=3$ 和 $y=5$ 时的黑塞矩阵，令

```
H1 = subs(H,[x,y],[3,5])
```

用 MATLAB 命令 solve(fx, fy)来求包含驻点的 x 和 y 坐标的向量 $\boldsymbol{x}$ 和 $\boldsymbol{y}$. 求在每一驻点处的黑塞矩阵，然后确定驻点是否是局部极大值点、局部极小值点或鞍点.

正定矩阵

13. 令

$$\boldsymbol{C} = \text{ones}(6) + 7 * \text{eye}(6)\quad \text{及}\quad [\boldsymbol{X},\boldsymbol{D}] = \text{eig}(\boldsymbol{C})$$

(a) 尽管 $\lambda=7$ 是一个重数为 5 的特征值，但矩阵 $\boldsymbol{C}$ 不是退化的. 为什么？试说明. 通过计算 $\boldsymbol{X}$ 的秩来检测 $\boldsymbol{C}$ 不是退化的. 再计算 $\boldsymbol{X}^{\mathrm{T}}\boldsymbol{X}$. $\boldsymbol{X}$ 是什么类型的矩阵？试说明. 再计算 $\boldsymbol{C}-7\boldsymbol{I}$. 对应 $\lambda=7$ 的特征空间的维数是多少？试说明.

(b) 矩阵 $\boldsymbol{C}$ 应为正定对称的. 为什么？试说明. 因此 $\boldsymbol{C}$ 应有一个楚列斯基分解 $\boldsymbol{LL}^{\mathrm{T}}$. MATLAB 命令 $\boldsymbol{R}$=chol($\boldsymbol{C}$)将生成一个等于 $\boldsymbol{L}^{\mathrm{T}}$ 的上三角矩阵 $\boldsymbol{R}$. 用这种方法计算 $\boldsymbol{R}$，并令 $\boldsymbol{L}=\boldsymbol{R}'$. 利用 MATLAB 验证

$$\boldsymbol{C} = \boldsymbol{LL}^{\mathrm{T}} = \boldsymbol{R}^{\mathrm{T}}\boldsymbol{R}$$

(c) 另外，可以通过 $\boldsymbol{C}$ 的 LU 分解得到其楚列斯基因子. 令

$$[\boldsymbol{L}\quad \boldsymbol{U}] = \text{lu}(\boldsymbol{C})$$

及

$$\boldsymbol{D} = \text{diag}(\text{sqrt}(\text{diag}(\boldsymbol{U})))\quad \text{和}\quad \boldsymbol{W} = (\boldsymbol{L} * \boldsymbol{D})'$$

比较 $\boldsymbol{R}$ 和 $\boldsymbol{W}$ 会如何？用这种方法计算楚列斯基分解不如使用 MATLAB 提供的方法(chol 函数)有效.

14. 对不同的 k，可令

$$\boldsymbol{D} = \text{diag(ones(k}-1\text{,1),1)};\boldsymbol{A} = 2 * \text{eye}(k) - \boldsymbol{D} - \boldsymbol{D}'$$

构造一个 $k\times k$ 矩阵 $\boldsymbol{A}$. 在每一种情形，求 $\boldsymbol{A}$ 的 LU 分解及 $\boldsymbol{A}$ 的行列式. 若 $\boldsymbol{A}$ 为一个这种形式的 $n\times n$矩阵，其 LU 分解是什么？其行列式是什么？为什么矩阵必为正定的？

401

15. 对任意正整数 n，MATLAB 命令 $\boldsymbol{P}$=pascal(n)将生成一个 $n\times n$ 矩阵 $\boldsymbol{P}$，其元素为

$$p_{ij} = \begin{cases} 1 & 若\ i=1\quad 或\quad j=1 \\ p_{i-1,j}+p_{i,j-1} & 若\ i>1\quad 且\quad j>1 \end{cases}$$

名字 pascal 源于帕斯卡三角形——一个三角形的数字数组，它可用于生成二项式系数. 矩阵 $\boldsymbol{P}$ 的元素构成了帕斯卡三角形的一部分.

(a) 令

$$\boldsymbol{P} = \text{pascal}(6)$$

并计算其行列式的值. 现在从矩阵 $\boldsymbol{P}$ 的(6, 6)元素中减去 1，令

$$\boldsymbol{P}(6,6) = \boldsymbol{P}(6,6) - 1$$

然后计算新矩阵 $\boldsymbol{P}$ 的行列式. 从一个 6×6 的帕斯卡矩阵的(6, 6)元素中减去 1，对矩阵的整体有什么影响？

(b) 在(a)中，我们看到 6×6 帕斯卡矩阵的行列式为 1，但是，如果从其(6, 6)元素中减去 1，则矩阵变为奇异的. 这对 $n\times n$ 帕斯卡矩阵是否成立？为回答这个问题，考虑 n=4, 8, 12 的情况. 在每种情况下，令 $\boldsymbol{P}$=pascal(n)，并计算其行列式. 接下来从(n, n)元素中减去 1，并计算结果矩阵的行列式. 我们在(a)中观察到的性质是否对一般的帕斯卡矩阵也会成立？

(c) 令

$$\boldsymbol{P} = \text{pascal}(8)$$

并检验其前主子矩阵. 假设所有的帕斯卡矩阵的行列式等于 1，为什么 $\boldsymbol{P}$ 必为正定的？求 $\boldsymbol{P}$ 的上三角楚列斯基因子 $\boldsymbol{R}$. 如何通过 $\boldsymbol{R}$ 的非零元素构造一个帕斯卡三角形？一般地，一个正定的矩阵的行列式与它的一个楚列斯基因子的行列式之间有什么关系？为什么必有 det($\boldsymbol{P}$)=1？

(d) 令

$$\boldsymbol{R}(8,8) = 0 \quad 及 \quad \boldsymbol{Q} = \boldsymbol{R}' * \boldsymbol{R}$$

矩阵 $\boldsymbol{Q}$ 应为奇异的，为什么？试说明. 为什么除了(8, 8)元素外，矩阵 $\boldsymbol{P}$ 和 $\boldsymbol{Q}$ 必然是相同的？为什么必有 $q_{88}=p_{88}-1$？试说明. 通过计算 $\boldsymbol{P}-\boldsymbol{Q}$，验证 $\boldsymbol{P}$ 和 $\boldsymbol{Q}$ 之间的关系.

测试题 A——判断正误

下列每一命题如果总是成立则回答真，否则回答假. 如果命题为真，说明或证明你的结论. 如果命题为假，举例说明命题不总是成立.

1. 若 $\boldsymbol{A}$ 为 $n\times n$ 矩阵，其特征值均为非零的，则 $\boldsymbol{A}$ 是非奇异的.
2. 若 $\boldsymbol{A}$ 为 $n\times n$ 矩阵，则 $\boldsymbol{A}$ 和 $\boldsymbol{A}^{\mathrm{T}}$ 有相同的特征向量.
3. 若 $\boldsymbol{A}$ 和 $\boldsymbol{B}$ 为相似矩阵，则它们有相同的特征值.
4. 若 $\boldsymbol{A}$ 和 $\boldsymbol{B}$ 为 $n\times n$ 矩阵，且它们有相同的特征值，则它们是相似的.
5. 若 $\boldsymbol{A}$ 有重数大于 1 的特征值，则 $\boldsymbol{A}$ 必为退化的.
6. 若 $\boldsymbol{A}$ 是一个秩为 3 的 4×4 矩阵，且 $\lambda=0$ 是一个重数为 3 的特征值，则 $\boldsymbol{A}$ 为可对角化的.
7. 若 $\boldsymbol{A}$ 是一个秩为 1 的 4×4 矩阵，且 $\lambda=0$ 是一个重数为 3 的特征值，则 $\boldsymbol{A}$ 为退化的.

8. 一个 $n\times n$ 矩阵 $\boldsymbol{A}$ 的秩等于 $\boldsymbol{A}$ 的非零特征值的个数，其中特征值的个数包括重数.

9. 一个 $m\times n$ 矩阵 $\boldsymbol{A}$ 的秩等于 $\boldsymbol{A}$ 的非零奇异值的个数，其中奇异值的个数包括重数.

10. 若 $\boldsymbol{A}$ 是埃尔米特矩阵，c 是一复标量，则 $c\boldsymbol{A}$ 是埃尔米特矩阵.

11. 若一个 $n\times n$ 矩阵 $\boldsymbol{A}$ 的舒尔分解为 $\boldsymbol{A}=\boldsymbol{UTU}^{\mathrm{T}}$，则 $\boldsymbol{A}$ 的特征值为 t_{11}，t_{22}，…，t_{nn}.

12. 若 $\boldsymbol{A}$ 是正规矩阵，但不是埃尔米特矩阵，则 $\boldsymbol{A}$ 必定至少有一个复特征值.

13. 若 $\boldsymbol{A}$ 为对称正定的，则 $\boldsymbol{A}$ 为非奇异的，且 $\boldsymbol{A}^{-1}$ 也是对称正定的.

14. 若 $\boldsymbol{A}$ 为对称的且 $\det(\boldsymbol{A})>0$，则 $\boldsymbol{A}$ 为正定的.

402

15. 若 $\boldsymbol{A}$ 是对称矩阵，则 $\mathrm{e}^{\boldsymbol{A}}$ 是对称正定的.

测试题 B

1. 令

$$\boldsymbol{A}=\begin{bmatrix}1 & 0 & 0\\ 1 & 1 & -1\\ 1 & 2 & -2\end{bmatrix}$$

(a) 求 $\boldsymbol{A}$ 的特征值.

(b) 对每一特征值，求其对应的特征空间的一组基.

(c) $\boldsymbol{A}$ 可分解为乘积 $\boldsymbol{XDX}^{-1}$，其中 $\boldsymbol{D}$ 为对角矩阵，然后利用这个分解计算 $\boldsymbol{A}^{7}$.

2. 令 $\boldsymbol{A}$ 为 4×4 实矩阵，其主对角线上的元素均为 1(即 $a_{11}=a_{22}=a_{33}=a_{44}=1$). 若 $\boldsymbol{A}$ 为奇异的，且 $\lambda_1=3+2\mathrm{i}$ 为 $\boldsymbol{A}$ 的一个特征值，则如果有的话，是否可以得出其余的特征值 λ_2，λ_3 和 λ_4？试说明.

3. 令 $\boldsymbol{A}$ 为一个非奇异的 $n\times n$ 矩阵，并令 λ 为 $\boldsymbol{A}$ 的一个特征值.

(a) 证明 $\lambda\neq 0$.

(b) 证明 $\dfrac{1}{\lambda}$ 为 $\boldsymbol{A}^{-1}$ 的一个特征值.

4. 证明：若 $\boldsymbol{A}$ 为一个形如

$$\boldsymbol{A}=\begin{bmatrix}a & 0 & 0\\ 0 & a & 1\\ 0 & 0 & a\end{bmatrix}$$

的矩阵，则 $\boldsymbol{A}$ 必为退化的.

5. 给定

$$\boldsymbol{A}=\begin{bmatrix}4 & 2 & 2\\ 2 & 10 & 10\\ 2 & 10 & 14\end{bmatrix}$$

(a) 不计算 $\boldsymbol{A}$ 的特征值，证明 $\boldsymbol{A}$ 是正定的.

(b) 将 $\boldsymbol{A}$ 分解为一个乘积 $\boldsymbol{LDL}^{\mathrm{T}}$，其中 $\boldsymbol{L}$ 为单位下三角矩阵，且 $\boldsymbol{D}$ 为对角的.

(c) 求 $\boldsymbol{A}$ 的楚列斯基分解.

6. 给定

$$f(x,y)=x^3y+x^2+y^2-2x-y+4$$

它有一个驻点(1, 0). 求 f 在点(1, 0)的黑塞矩阵，并用它确定该驻点是否是一个局部极大值点、局部极小值点或鞍点.

7. 给定

$$\boldsymbol{Y}'(t)=\boldsymbol{AY}(t)\qquad\qquad \boldsymbol{Y}(0)=\boldsymbol{Y}_0$$

其中

$$A=\begin{bmatrix}1 & -2\\ 3 & -4\end{bmatrix}\qquad\qquad Y_0=\begin{bmatrix}1\\ 2\end{bmatrix}$$

求 e^{tA}，并利用它求解初值问题.

8. 令 $\boldsymbol{A}$ 为 4×4 实对称矩阵，其特征值为

$$\lambda_1=1,\quad \lambda_2=\lambda_3=\lambda_4=0$$

(a) 说明为什么重特征值 $\lambda=0$ 必有三个线性无关的特征向量 $\boldsymbol{x}_2$，$\boldsymbol{x}_3$，$\boldsymbol{x}_4$.

(b) 令 $\boldsymbol{x}_1$ 为属于 λ_1 的特征向量. $\boldsymbol{x}_1$ 和 $\boldsymbol{x}_2$，$\boldsymbol{x}_3$，$\boldsymbol{x}_4$ 有什么关系？试说明.

(c) 说明如何使用 $\boldsymbol{x}_1$，$\boldsymbol{x}_2$，$\boldsymbol{x}_3$，$\boldsymbol{x}_4$ 构造一个正交矩阵 $\boldsymbol{U}$ 对角化 $\boldsymbol{A}$.

(d) 矩阵 $e^{\boldsymbol{A}}$ 是什么类型的？它是否对称？它是否正定？解释你的答案.

9. 令$\{\boldsymbol{u}_1, \boldsymbol{u}_2\}$为 $\mathbf{C}^2$ 的一组规范正交基，并假设一个向量 $\boldsymbol{z}$ 可以写为线性组合

$$\boldsymbol{z}=(5-7\mathrm{i})\boldsymbol{u}_1+c_2\boldsymbol{u}_2$$

(a) $\boldsymbol{u}_1^{\mathrm{H}}\boldsymbol{z}$ 和 $\boldsymbol{z}^{\mathrm{H}}\boldsymbol{u}_1$ 的值是多少？若 $\boldsymbol{z}^{\mathrm{H}}\boldsymbol{u}_2=1+5\mathrm{i}$，求 c_2 的值.

(b) 用(a)的结论求 $\|\boldsymbol{z}\|_2$.

10. 令 $\boldsymbol{A}$ 是一个秩为 3 的 5×5 非对称矩阵，令 $\boldsymbol{B}=\boldsymbol{A}^{\mathrm{T}}\boldsymbol{A}$，并令 $\boldsymbol{C}=e^{\boldsymbol{B}}$.

(a) 如果有的话，你可以通过 $\boldsymbol{B}$ 的特征值的性质得到什么结论？试说明. 用什么样的词来描述矩阵 $\boldsymbol{B}$?

(b) 如果有的话，你可以通过 $\boldsymbol{C}$ 的特征值的性质得到什么结论？试说明. 用什么样的词来描述矩阵 $\boldsymbol{C}$?

11. 令 $\boldsymbol{A}$ 和 $\boldsymbol{B}$ 为 $n\times n$ 矩阵.

(a) 若 $\boldsymbol{A}$ 为实的、非对称的，其舒尔分解为 $\boldsymbol{UTU}^{\mathrm{H}}$，则矩阵 $\boldsymbol{U}$ 和 $\boldsymbol{T}$ 是何种类型的？$\boldsymbol{A}$ 的特征值与 $\boldsymbol{U}$ 和 $\boldsymbol{T}$ 之间有什么关系？解释你的答案.

(b) 若 $\boldsymbol{B}$ 为埃尔米特矩阵，其舒尔分解为 $\boldsymbol{WSW}^{\mathrm{H}}$，则矩阵 $\boldsymbol{W}$ 和 $\boldsymbol{S}$ 是什么类型的？$\boldsymbol{B}$ 的特征值和特征向量与 $\boldsymbol{W}$ 和 $\boldsymbol{S}$ 之间有什么关系？解释你的答案.

403

12. 令 $\boldsymbol{A}$ 为一个矩阵，其奇异值分解为

$$\begin{bmatrix}\frac{2}{5} & -\frac{2}{5} & -\frac{2}{5} & -\frac{2}{5} & \frac{3}{5}\\ \frac{2}{5} & -\frac{2}{5} & -\frac{2}{5} & \frac{3}{5} & -\frac{2}{5}\\ \frac{2}{5} & -\frac{2}{5} & \frac{3}{5} & -\frac{2}{5} & -\frac{2}{5}\\ \frac{2}{5} & \frac{3}{5} & -\frac{2}{5} & -\frac{2}{5} & -\frac{2}{5}\\ \frac{3}{5} & \frac{2}{5} & \frac{2}{5} & \frac{2}{5} & \frac{2}{5}\end{bmatrix}\begin{bmatrix}100 & 0 & 0 & 0\\ 0 & 10 & 0 & 0\\ 0 & 0 & 10 & 0\\ 0 & 0 & 0 & 0\\ 0 & 0 & 0 & 0\end{bmatrix}\begin{bmatrix}\frac{1}{2} & \frac{1}{2} & \frac{1}{2} & \frac{1}{2}\\ \frac{1}{2} & -\frac{1}{2} & -\frac{1}{2} & \frac{1}{2}\\ -\frac{1}{2} & -\frac{1}{2} & \frac{1}{2} & \frac{1}{2}\\ -\frac{1}{2} & \frac{1}{2} & -\frac{1}{2} & \frac{1}{2}\end{bmatrix}$$

用奇异值分解做下列各题.

(a) 求 $\boldsymbol{A}$ 的秩.

(b) 求 $R(\boldsymbol{A})$的一组规范正交基.

(c) 求 $N(\boldsymbol{A})$的一组规范正交基.

(d) 求秩为 1 的矩阵 $\boldsymbol{B}$，它是最接近 $\boldsymbol{A}$ 的秩为 1 的矩阵(两个矩阵之间的距离是用弗罗贝尼乌斯范数进行衡量的).

(e) 令 $\boldsymbol{B}$ 为(d)中要求的矩阵. 用 $\boldsymbol{A}$ 的奇异值求 $\boldsymbol{A}$ 和 $\boldsymbol{B}$ 之间的距离(即使用 $\boldsymbol{A}$ 的奇异值求 $\|\boldsymbol{B}-\boldsymbol{A}\|_F$).

404

第7章 数值线性代数

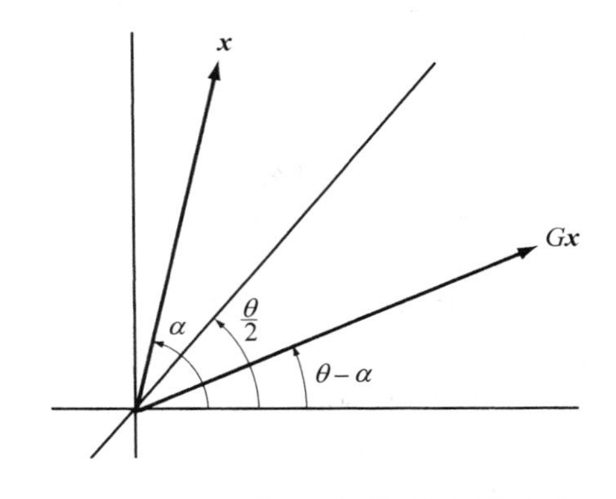

本章讨论求解线性代数问题的计算机方法．为理解这些方法，你应当熟悉计算机中用来表示数字的方法．当数据读入计算机后，它们均转换为计算机所使用的有限位数字．这种转换通常包含舍入误差．当算法使用代数运算计算时，将会出现更多的舍入误差．因此，我们无法期望得到原问题的准确解．最多可以期望的是，对原问题的一个小的扰动问题得到一个较好的近似．例如，假设我们希望求解 $\boldsymbol{Ax}=\boldsymbol{b}$．当 A 和 $\boldsymbol{b}$ 的元素读入计算机时，通常会出现舍入误差．因此，程序其实是尝试计算一个如下形式的原问题的扰动形式：

$$(\boldsymbol{A}+\boldsymbol{E})\boldsymbol{x}=\boldsymbol{b}+\boldsymbol{e}$$

其中，$\boldsymbol{E}$ 和 $\boldsymbol{e}$ 中的元都非常小．

如果利用一个算法可以得到一个小扰动问题的好的近似解，则称该算法是稳定的(stable)．由于在代数过程中误差的增加，一般来说，在精确算术运算中收敛到解的算法非常不稳定．

即使使用稳定的算法，我们也会遇到对扰动比较敏感的问题．例如，若 $\boldsymbol{A}$ 为“接近奇异的”，尽管 $\boldsymbol{E}$ 的所有元素非常小，$\boldsymbol{Ax}=\boldsymbol{b}$ 和 $(\boldsymbol{A}+\boldsymbol{E})\boldsymbol{x}=\boldsymbol{b}$ 的精确解也可能差别非常大．本章主要讨论求解线性方程组的数值方法．我们将对误差的增长和方程组对小变化的敏感性给予特别的关注．

在数值应用中，另外一个非常重要的问题是求一个矩阵的特征值．在7.6节中，给出了求解特征值的两个迭代方法．其中，第二个方法是非常强大的QR算法，它利用了7.5节中给出的特殊类型的正交变换．

在7.7节中，将介绍求解最小二乘问题的数值方法．此时，其系数矩阵是亏秩的，我们将利用奇异值分解求解在2-范数意义下特殊的最小二乘问题．在该节中还将介绍计算奇异值分解的Golub-Reinsch算法．

7.1 浮点数

在计算机上求解一个数值问题，通常不能期望得到准确解．存在一些误差是不可避免的．舍入误差将会出现在初始时将数据用计算机的有限位数字系统表示．更多的舍入误差将出现在算术运算中．这些误差可能增长到一定的程度，以致计算结果完全不可信．为避免这些，必须理解为何产生计算误差．为此，必须熟悉计算机中所使用的数字类型．

定义　一个 β 进制的**浮点数**(floating-point number)形如

$$\pm\left(\frac{d_1}{\beta}+\frac{d_2}{\beta^2}+\cdots+\frac{d_t}{\beta^t}\right)\times\beta^e$$

其中 t，d_1，d_2，…，d_t，β，e 均为整数，且

$$0\leqslant d_i\leqslant\beta-1,\quad i=1,2,\cdots,t$$

整数 t 表示数位的个数，它依赖于计算机的字长．指数 e 被限制在某个范围中，$L\leqslant e\leqslant U$，它同样也依赖于特定的计算机．尽管一些计算机使用其他进制，如八进制或十六进制，但大多数计算机使用二进制．手持式的计算器一般使用十进制．

▶**例 1**　下列为 5 位浮点小数(十进制)：

$$0.532\,16\times10^{-4}$$
$$-0.817\,24\times10^{21}$$
$$0.001\,12\times10^{8}$$
$$0.112\,00\times10^{6}$$

注意，数 $0.001\,12\times10^8$ 和 $0.112\,00\times10^6$ 是相等的．因此，浮点数的表示形式不是唯一的． ◀

称没有前导零的浮点数为规范的(normalized)。对基为 2 的非零浮点数，其首位总是 1．因此，若数字是规范的，则我们可将其表示为

$$1.b_1b_2\cdots b_t\times2^e$$

这种形式使得我们可以使用内存中的 t 个二进制位来表示一个 $t+1$ 位的数字．

406

▶**例 2**　$(0.236)_8\times8^2$ 和 $(1.01011)_2\times2^4$ 为规范的浮点数。其中 $(0.236)_8$ 表示

$$\frac{2}{8}+\frac{3}{8^2}+\frac{6}{8^3}$$

因此，$(0.236)_8\times8^2$ 是基为 8 的浮点数表示的十进制数字 19.75。类似地，

$$(1.01011)_2\times2^4=\left(1+\frac{1}{2^2}+\frac{1}{2^4}+\frac{1}{2^5}\right)\times2^4$$

是一个规范化的基为 2 的浮点数，表示的十进制数字为 21.5． ◀

为更好地理解我们使用的数字系统，下面给出一个非常简单的例子．

▶**例 3**　假设 $t=1$，$L=-1$，$U=1$ 及 $b=10$．在这个系统中共有 55 个 1 位浮点数．它们是

$$0,\pm0.1\times10^{-1},\pm0.2\times10^{-1},\cdots,\pm0.9\times10^{-1}$$
$$\pm0.1\times10^{0},\pm0.2\times10^{0},\cdots,\pm0.9\times10^{0}$$
$$\pm0.1\times10^{1},\pm0.2\times10^{1},\cdots,\pm0.9\times10^{1}$$

尽管所有的数均在区间[−9，9]内，但有超过三分之一的数的绝对值不超过 0.1，且超过三分之二的数的绝对值不超过 1．图 7.1.1 显示出这些点是如何在[0，2]之间分布的．

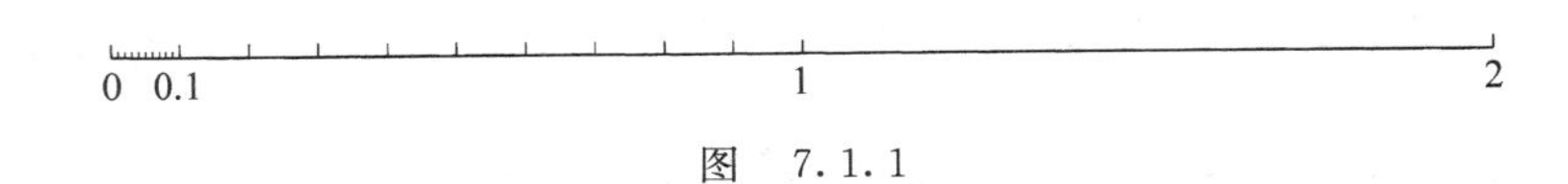

图　7.1.1

绝大多数实数需要四舍五入，使得它能表示为 t 位的浮点数．浮点数 x' 和原始数 x 之间的差称为舍入误差(round off error)．当和原始数的大小比较时，舍入误差的大小可能更有意义．表 7.1.1 给出了当用 4 位十进制浮点数近似实数时的绝对误差和相对误差．

定义　若 x 为实数，且 x' 为其浮点数近似，则差 $x'-x$ 称为**绝对误差**(absolute error)，商 $(x'-x)/x$ 称为**相对误差**(relative error)．

407

表 7.1.1　4 位十进制浮点数的舍入误差

实数 x	4 位十进制小数 x'	绝对误差 $x'-x$	相对误差 $(x'-x)/x$
62 133	0.6213×10^5	-3	$\frac{-3}{62133}\approx-4.8\times10^{-5}$
0.126 58	0.1266×10^0	2×10^{-5}	$\frac{1}{6329}\approx1.6\times10^{-4}$
47.213	0.4721×10^2	-3.0×10^{-3}	$\frac{-0.003}{47.213}\approx-6.4\times10^{-5}$
π	0.3142×10^1	$3.142-\pi\approx4\times10^{-4}$	$\frac{3.142-\pi}{\pi}\approx1.3\times10^{-4}$

现代计算机通常使用基为 2 的浮点数．当一个十进制数字转化为基为 2 的浮点数时，将会出现一些舍入误差．下面的例子说明了如何将一个十进制数字转化为一个基为 2 的浮点数．

▶**例 4**　考虑将十进制数字 11.31 表示为 10 位基 2 的浮点数．容易看到如何将数字的整数部分表示为基 2 的数字．因为 $11=2^3+2^1+2^0$，故整数部分表示为基 2 的数值为 $(1011)_2$．接下来，需要将分数部分 $m=0.31$ 表示为基 2 的数字 $(0.b_1b_2b_3b_4b_5b_6)_2$．由于 m 小于 $\frac{1}{2}$，数位 b_1 必为 0．注意到 $2m=2\times0.31=0.62$，因此，b_1 等于 0.62 的整数部分．为得到数位 b_2，可以将 0.62 加倍，并令 b_2 为 1.24 的整数部分．因此 $b_2=1$．接下来，将结果 1.24 的小数部分再次加倍．由于 $2\times0.24=0.48$，故 $b_3=0$．以此类推，得到

$$2\times0.48=0.96\quad b_4=0$$
$$2\times0.96=1.92\quad b_5=1$$
$$2\times0.92=1.84\quad b_6=1$$

由于 1.84 不是一个整数，我们不能将 0.31 精确地表示为一个 6 位基 2 的数字．若多计算一位 b_7，它将等于 1．如果下一位的取值为 1，则将其向上舍入．因此，最终使用 $(0.010100)_2$ 而不是 $(0.010011)_2$．综上，将 11.31 表示为 10 位基 2 的数字为 $(1011.010100)_2$．其规范化的基 2 浮点数表示为 $(1.011010100)_2\times2^3$．

用 10 位基 2 浮点数近似 11.31 的绝对误差为 0.002 5，相对误差大约为 2.2×10^{-4}．◀

因此，使用浮点数运算时，将出现额外的舍入误差．

▶**例 5** 令 $a'=0.263\times10^4$ 及 $b'=0.466\times10^1$ 为 3 位小数的浮点数．若将这些数相加，准确和应为

$$a'+b'=0.263\,446\times10^4$$

408

然而，这个和表示成浮点数为 0.263×10^4．因此，这将是计算得到的结果．我们将这个浮点数和记为 $fl(a'+b')$．该和的绝对误差为

$$fl(a'+b')-(a'+b')=-4.46$$

相对误差为

$$\frac{-4.46}{0.263\,44\times10^4}\approx-0.17\times10^{-2}$$

$a'b'$的真实值为 11 729.8．然而，$fl(a'b')$为 0.117×10^5．这个乘积的绝对误差为 -29.8，相对误差近似为 -0.25×10^{-2}．浮点数的减法和除法可以类似进行． ◀

一个实数 x 用浮点数 x'表示的相对误差通常记为符号 δ．因此

$$\delta=\frac{x'-x}{x}\quad 或 \quad x'=x(1+\delta) \tag{1}$$

$|\delta|$可以用一个正常数 ε 限制，称为机器精度（machine precision）或 machine epsilon．machine epsilon 定义为满足条件

$$fl(1+\varepsilon)>1$$

的最小浮点数．例如，若计算机使用 3 位小数的浮点数，则

$$fl(1+0.499\times10^{-2})=1$$

而

$$fl(1+0.500\times10^{-2})=1.01$$

此时，machine epsilon 应为 0.500×10^{-2}．更一般地，对于 t 位基 β 浮点数运算，machine epsilon 为$\frac{1}{2}\beta^{-t+1}$．特别地，对于 t 位基 2 运算，machine epsilon 是

$$\varepsilon=\frac{1}{2}\times2^{-t+1}=2^{-t}$$

由(1)可得，若 a'和 b'为两个浮点数，则

$$\begin{aligned}fl(a'+b')&=(a'+b')(1+\delta_1)\\fl(a'b')&=(a'b')(1+\delta_2)\\fl(a'-b')&=(a'-b')(1+\delta_3)\\fl(a'\div b')&=(a'\div b')(1+\delta_4)\end{aligned}$$

δ_i 为相对误差，且它们的绝对值均不超过 ε．注意，在例 5 中，$\delta_1\approx-0.17\times10^{-2}$，$\delta_2\approx-0.25\times10^{-2}$，且 $\varepsilon=0.5\times10^{-2}$．

409

如果你使用的数字含有某些小的误差，算术运算也将含有这些误差．如果对两个 k 个小数位相等的数，将一个从另外一个中减去，则结果中将会丢失有效数字．此时，这个差的相对误差将比其他数的相对误差大很多倍．

▶**例 6** 令 $c=3.421\,529\,8$ 及 $d=3.421\,385\,1$．使用 6 位小数的浮点算术运算求 $c-d$．

解 Ⅰ．第一步是将 c 和 d 表示为 6 位小数的浮点数：

$$c' = 0.342\,153 \times 10^1$$
$$d' = 0.342\,139 \times 10^1$$

c 和 d 的相对误差为

$$\frac{c'-c}{c} \approx 0.6 \times 10^{-7} \quad 和 \quad \frac{d'-d}{d} \approx 1.4 \times 10^{-6}$$

Ⅱ. $fl(c'-d') = c'-d' = 0.140\,000 \times 10^{-3}$. $c-d$ 的精确值为 $0.144\,7 \times 10^{-3}$. 将 $c-d$ 近似为 $fl(c'-d')$ 的绝对误差和相对误差，分别为

$$fl(c'-d') - (c-d) = -0.47 \times 10^{-5}$$

和

$$\frac{fl(c'-d') - (c-d)}{c-d} \approx -3.2 \times 10^{-2}$$

注意，差的相对误差与 c 或 d 的相对误差的量级超过了 10^4. ◀

例 6 说明了两个相近的数字相减时精度的损失. 例子中 c 和 d 的浮点表示都是精确到 6 位数字的，但是，在计算 $c-d$ 时，我们损失了 4 位精度.

IEEE 754 浮点数表示标准

标准的 IEEE 单精度浮点数表示格式使用 32 位：

$$b_1 b_2 \cdots b_9 b_{10} \cdots b_{31} b_{32}$$

其中每一个位 b_j 的取值为 0 或 1. 第一个位 b_1 用来表示浮点数的符号，b_2 到 b_9 用来表示基 $\beta=2$ 的指数部分，其他位则用来表示规范化以后数字的尾数. 基 2 的数字 $(b_2 b_3 \cdots b_9)_2$ 表示一个整数 e，其范围为 $0 \leqslant e \leqslant 255$. 这个数字 e 并不用于表示浮点数的指数，因为它总是非负的. 事实上，为允许 2 的负指数，我们使用 $k=e-127$. 这个值的取值范围在 -127 到 128 之间. 若令 $s=b_1$，m 为基 2 的数字 $b_{10} b_{11} \cdots b_{32}$，则规范化的浮点数 x 用位序列表示为

410

$$x = (-1)^s \times (1.m)_2 \times 2^k$$

▶**例 7**　求位序列 01000001100011000000000000000000 表示的 IEEE 单精度浮点数.

解　由于第一个位为 0，该数值是正号. 接下来的 8 位用来确定指数. 若令

$$e = (100011)_2 = 2^0 + 2^1 + 2^7 = 131$$

则指数将为 $k=e-127=4$. 因此给定位序列对应的浮点数为 $(1.0001100\cdots0)_2 \times 2^4$，即

$$\left(1 + \frac{1}{2^4} + \frac{1}{2^5}\right) \times 2^4 = 17.5$$ ◀

标准的 IEEE 双精度格式使用 64 位序列表示浮点数

$$b_1 b_2 \cdots b_{12} b_{13} \cdots b_{63} b_{64}$$

与前面一样，数字的符号由第一个 b_1 表示. 指数数值由 b_2，b_3，…，b_{12} 确定. 此时，若基 2 的整数 e 表示为 $(b_2 b_3 \cdots b_{12})_2$，则基 $\beta=2$ 的指数将满足数值 $k=e-1023$. 其余的 52 位 b_{13}，b_{14}，…，b_{64} 用于确定分数部分的尾数 m. 因此，规范化的双精度浮点数可以表示为

$$x = (-1)^s \times (1.m)_2 \times 2^k$$

对 IEEE 双精度算术运算 $t=52$，machine epsilon 为

$$\varepsilon = 2^{-52} \approx 2.22 \times 10^{-16}$$

所以，十进制数的双精度浮点数表示可以精确到 16 位十进制小数．MATLAB 软件包表示浮点数既使用了 IEEE 双精度形式也使用了单精度形式，默认使用双精度形式．如果在 MATLAB 中输入命令 eps，将输出 2^{-52} 的一个十进制表示．

精度损失及不稳定性

本章其余节中，我们考虑使用数值算法求解线性方程组、最小二乘问题及特征值问题．在第 1～6 章中，前述问题的求解都是基于精确算术运算的，但是，在使用有限精度算术方法时，将不会得到准确的答案(即算法可能不稳定)．在设计稳定算法时，需要尽可能避免精度的损失．减法运算中精度损失的位数可以使用例 6 中给出的两个相近数字做减法得到．此时，我们称结果不稳定的原因是数字的巨量消失(catastrophic cancellation)．例如，考虑二次方程的求根问题： 411

$$ax^2 + bx + c = 0$$

若使用精确的算术方法，根通常使用二次求根公式给出：

$$x = \frac{-b \pm \sqrt{b^2 - 4ac}}{2a} \tag{2}$$

若在浮点算术运算中使用公式(2)，且 $|b|$ 的取值比 $|4ac|$ 要大很多，则其中的一个解将会出现巨量消失的精度损失．为避免这一现象，我们首先计算没有显著巨量消失的根 r_1．为此，令

$$s = \begin{cases} 1 & 若\ b \geqslant 0 \\ -1 & 若\ b < 0 \end{cases}$$

并计算

$$r_1 = \frac{-b - s\sqrt{b^2 - 4ac}}{2a} \tag{3}$$

若 r_2 为另一个根，则可以将 ax^2+bx+c 进行因式分解：

$$ax^2 + bx + c = a(x - r_1)(x - r_2)$$

消去该方程中相等的项，我们可以看到 $c=ar_1r_2$．因此，第二个根可以简单地计算如下：

$$r_2 = \frac{c}{ar_1} \tag{4}$$

▶**例 8** 若 $a=1$，$b=-(10^7+10^{-7})$，$c=1$，则二次多项式 ax^2+bx+c 可因式分解为

$$x^2 - (10^7 + 10^{-7})x + 1 = (x - 10^7)(x - 10^{-7})$$

故其准确的根为 $r_1 = 10^7$ 和 $r_2 = 10^{-7}$．我们在 MATLAB 中使用两种方法通过标准的 IEEE 双精度算术运算对这两个根进行计算．首先，我们使用二次方程求根公式(2)．MATLAB 将返回下列求得的根：

$$r_1 = 10\,000\,000 \text{ 和 } r_2 = 9.965\,151\,548\,385\,620e - 008$$

接下来，用公式(3)和(4)求根．此次 MATLAB 返回了正确的结果

$$r_1 = 10\,000\,000 \text{ 和 } r_2 = 1.000\,000\,000\,000\,000e-007$$ ◀

412

数值算法的稳定性可能会被巨量消失或者内建代数运算过程中的舍入误差破坏. 正如例8中演示的情形，总有很多简单的预防工作可以避免巨量消失(见练习10).

同样也有一些可以避免算法舍入误差的预防工作. 第1章中介绍的求解线性方程组的高斯消元法，如果不仔细选择参与运算的行，就可能由于舍入误差而不稳定. 在7.3节中，我们将学习在消元过程中换行的策略. 在第6章中，我们学习了采用求特征多项式根的方法来计算矩阵的特征值. 这个方法在使用有限精度算术方法时，效果不佳. 系数中很小的误差或算术方法中的舍入误差都可能会引起求得的根有显著的变化. 在7.6节中，我们将学习其他计算特征值和特征向量的数值稳定的方法. 在第5章中，我们学习了使用正规方程的方法及由标准格拉姆-施密特方法导出的QR方法求解最小二乘问题. 但在使用有限精度算术方法进行计算时，都不能保证得到准确解. 在7.7节中，我们将使用一些其他数值稳定的方法来求解最小二乘问题.

7.1节练习

1. 将下列各数用3位十进制浮点数表示.

   (a) 2 312　　(b) 32.56　　(c) 0.012 77　　(d) 82 431

2. 当练习1中的各数用3位十进制浮点数表示后，求每一个实数的绝对误差和相对误差.
3. 将下列各数字用分数部分为4位尾数的基2规范浮点数表示，即将各数字表示为$\pm(1.b_1b_2b_3b_4)\times 2^k$的形式.

   (a) 21　　(b) $\frac{3}{8}$　　(c) 9.872　　(d) -0.1

4. 使用4位十进制浮点数算术运算做下列运算，并计算结果中的绝对误差和相对误差.

   (a) $10\,420+0.001\,8$　　(b) $10\,424-10\,416$

   (c) $0.123\,47-0.123\,42$　　(d) $(3\,626.6)\cdot(22.656)$

5. 令$x_1=94\,210$，$x_2=8\,631$，$x_3=1\,440$，$x_4=133$及$x_5=34$. 用4位十进制浮点数算术运算计算下列各式.

   (a) $(((x_1+x_2)+x_3)+x_4)+x_5$

   (b) $x_1+((x_2+x_3)+(x_4+x_5))$

   (c) $(((x_5+x_4)+x_3)+x_2)+x_1$

6. 对于使用16位十进制浮点数算术运算的计算机，其machine epsilon为多少?
7. 对于使用36位基2浮点数算术运算的计算机，其machine epsilon为多少?
8. 若$t=2$，$L=-2$，$U=2$，$\beta=2$，则该系统中共有多少个浮点数?
9. 下列给出的各数为IEEE单精度表示形式对应的位序列. 对每一种情形，给出该数的基2浮点数表示和基10十进制表示.

   (a) 01000001000110100000000000000000

   (b) 10111100010110000000000000000000

   (c) 11000100010010000000000000000000

10. 当计算下列函数在非常接近0的x处的值时将会显著地丢失精度. 对每个函数：(i)使用泰勒级数法作为替代方法近似计算函数值以避免丢失重要数位；(ii)使用手持式计算器或计算机计算当$x=10^{-8}$时函数的取值，同时使用替代方法来计算$x=10^{-8}$时函数的取值.

(a) $f(x)=\frac{1-\cos x}{\sin x}$　　(b) $f(x)=e^x-1$

413

(c) $f(x)=\sec x-\cos x$　　(d) $f(x)=\frac{\sin x}{x}-1$

7.2 高斯消元法

本节将讨论用高斯消元法求解 n 个未知量、n 个线性方程的方程组的问题. 因为高斯消元法涉及最少的算术运算，因此被认为是最高效的计算方法. 若系数矩阵 $\mathbf{A}$ 是非奇异的，则可以仅使用行运算Ⅰ和Ⅲ化简为严格三角形式. 为简单起见，我们将首先考虑这个，尽管一般必须交换行来实现数值稳定性. 下一节将介绍包含行交换的更一般消元算法.

不进行行交换的高斯消元法

令 $\mathbf{A}=\mathbf{A}^{(1)}=[a_{ij}^{(1)}]$为一个非奇异的矩阵. 则 $\mathbf{A}$ 可使用行运算Ⅰ和Ⅲ化简为严格三角形式. 为简单起见，假设化简过程可以仅使用行运算Ⅲ实现. 开始我们有

$$\mathbf{A}^{(1)}=\begin{bmatrix} a_{11}^{(1)} & a_{12}^{(1)} & \cdots & a_{1n}^{(1)} \\ a_{21}^{(1)} & a_{22}^{(1)} & \cdots & a_{2n}^{(1)} \\ \vdots & \vdots & \ddots & \vdots \\ a_{n1}^{(1)} & a_{n2}^{(1)} & \cdots & a_{nn}^{(1)} \end{bmatrix}$$

第 1 步： 对 $k=2,3,\cdots,n$，令 $l_{k1}=a_{k1}^{(1)}/a_{11}^{(1)}$(假设 $a_{11}^{(1)}\neq 0$). 第一步是使用 $n-1$ 次行运算Ⅲ消去 $\mathbf{A}$ 的第一列中对角线元素下面的元素. 注意 l_{k1} 为从第 k 行中减去的第一行的倍数. 得到的新矩阵为

$$\mathbf{A}^{(2)}=\begin{bmatrix} a_{11}^{(1)} & a_{12}^{(1)} & \cdots & a_{1n}^{(1)} \\ 0 & a_{22}^{(2)} & \cdots & a_{2n}^{(2)} \\ \vdots & \vdots & \ddots & \vdots \\ 0 & a_{n2}^{(2)} & \cdots & a_{nn}^{(2)} \end{bmatrix}$$

其中

$$a_{kj}^{(2)}=a_{kj}^{(1)}-l_{k1}a_{1j}^{(1)}\quad(2\leqslant k\leqslant n,2\leqslant j\leqslant n)$$

消元过程的第 1 步需要 $n-1$ 个除法、$(n-1)^2$ 个乘法和$(n-1)^2$ 个加减法.

第 2 步： 若 $a_{22}^{(2)}\neq 0$，则它可作为一个主元消去 $a_{32}^{(2)}$，$a_{42}^{(2)}$，$\cdots$，$a_{n2}^{(2)}$. 对 $k=3$，4，$\cdots$，n，令

$$l_{k2}=\frac{a_{k2}^{(2)}}{a_{22}^{(2)}}$$

414

从第 k 行中减去 $\mathbf{A}^{(2)}$ 的第二行的 l_{k2} 倍. 得到的新矩阵为

$$\mathbf{A}^{(3)}=\begin{bmatrix} a_{11}^{(1)} & a_{12}^{(1)} & a_{13}^{(1)} & \cdots & a_{1n}^{(1)} \\ 0 & a_{22}^{(2)} & a_{23}^{(2)} & \cdots & a_{2n}^{(2)} \\ 0 & 0 & a_{33}^{(3)} & \cdots & a_{3n}^{(3)} \\ \vdots & \vdots & \vdots & \ddots & \vdots \\ 0 & 0 & a_{n3}^{(3)} & \cdots & a_{nn}^{(3)} \end{bmatrix}$$

第2步需要 $n-2$ 个除法、$(n-2)^2$ 个乘法和 $(n-2)^2$ 个加减法.

进行了 $n-1$ 步后，最终可得到一个严格的三角形矩阵 $\boldsymbol{U}=\boldsymbol{A}^{(n)}$. 整个过程需要的计算量可以如下确定：

除法： $(n-1)+(n-2)+\cdots+1=\dfrac{n(n-1)}{2}$

乘法： $(n-1)^2+(n-2)^2+\cdots+1^2=\dfrac{n(2n-1)(n-1)}{6}$

加减法： $(n-1)^2+(n-2)^2+\cdots+1^2=\dfrac{n(2n-1)(n-1)}{6}$

消元过程可以总结为下列算法.

算法 7.2.1(不进行行交换的高斯消元法)

对 $i=1,2,\cdots,n-1$

　　对 $k=i+1,i+2,\cdots,n$

　　　　令 $l_{ki}=\dfrac{a_{ki}^{(i)}}{a_{ii}^{(i)}}$ （假设 $a_{ii}^{(i)}\neq 0$）

　　　　对 $j=i+1,i+2,\cdots,n$

　　　　　　令 $a_{kj}^{(i+1)}=a_{kj}^{(i)}-l_{ki}a_{ij}^{(i)}$

　　　　循环结束

　　循环结束

循环结束

为求解方程组 $\boldsymbol{Ax}=\boldsymbol{b}$，可将 $\boldsymbol{b}$ 附加到 $\boldsymbol{A}$ 上. 因此 $\boldsymbol{b}$ 可以存储在 $\boldsymbol{A}$ 的一个额外的列中. 消元过程便可使用算法 7.2.1，并令 j 从 $i+1$ 到 $n+1$ 取代从 $i+1$ 到 n. 然后，三角形方程组即可采用回代法求解.

415

使用三角形分解法求解 $\boldsymbol{Ax}=\boldsymbol{b}$

求解方程组 $\boldsymbol{Ax}=\boldsymbol{b}$ 过程中的主要工作是将矩阵 $\boldsymbol{A}$ 化简为严格三角形式. 假设求解完 $\boldsymbol{Ax}=\boldsymbol{b}$ 后，我们还需求解另一个方程组 $\boldsymbol{Ax}=\boldsymbol{b}_1$. 我们知道第一个方程组中得到的 $\boldsymbol{U}$，因此，能够求解这个新的方程组，而不需要重新将前面的过程再做一次. 如果使用 1.5 节中讨论的 LU 分解方法，则前述事情可以做到. 矩阵 $\boldsymbol{L}$ 是一个下三角矩阵，其对角线元全都等于 1. $\boldsymbol{L}$ 的副对角线元，就是算法 7.2.1 中的 l_{ki}. 这些数称为乘子(multiplier)，因为 l_{ki} 就是第 i 步中从第 k 行减去的第 i 行的倍数. 矩阵 $\boldsymbol{U}$ 是消元过程中得到的上三角矩阵. 为回顾分解过程的操作流程，我们考虑下面的例子.

▶**例 1**　令

$$\boldsymbol{A}=\begin{bmatrix}2 & 3 & 1\\ 4 & 1 & 4\\ 3 & 4 & 6\end{bmatrix}$$

消元过程可通过两步实现：

$$\begin{bmatrix}2 & 3 & 1\\4 & 1 & 4\\3 & 4 & 6\end{bmatrix}\xrightarrow{1}\begin{bmatrix}2 & 3 & 1\\0 & -5 & 2\\0 & -\frac{1}{2} & \frac{9}{2}\end{bmatrix}\xrightarrow{2}\begin{bmatrix}2 & 3 & 1\\0 & -5 & 2\\0 & 0 & 4.3\end{bmatrix}$$

第一步的乘子为 $l_{21}=2$，$l_{31}=\frac{3}{2}$，第二步的乘子为 $l_{32}=\frac{1}{10}$. 令

$$\boldsymbol{L}=\begin{bmatrix}1 & 0 & 0\\l_{21} & 1 & 0\\l_{31} & l_{32} & 1\end{bmatrix}=\begin{bmatrix}1 & 0 & 0\\2 & 1 & 0\\\frac{3}{2} & \frac{1}{10} & 1\end{bmatrix}$$

及

$$\boldsymbol{U}=\begin{bmatrix}2 & 3 & 1\\0 & -5 & 2\\0 & 0 & 4.3\end{bmatrix}$$

读者可以验证 $\boldsymbol{LU}=\boldsymbol{A}$. ◀

一旦 $\boldsymbol{A}$ 化简为三角形式，LU 分解即确定，方程组 $\boldsymbol{Ax}=\boldsymbol{b}$ 就可以通过两步进行求解. 416

第 1 步：前代. 方程组 $\boldsymbol{Ax}=\boldsymbol{b}$ 可写为如下形式：

$$\boldsymbol{LUx}=\boldsymbol{b}$$

令 $\boldsymbol{y}=\boldsymbol{Ux}$. 可得

$$\boldsymbol{Ly}=\boldsymbol{LUx}=\boldsymbol{b}$$

因此，可以通过求解下三角方程组求得 $\boldsymbol{y}$：

$$\begin{aligned}
&y_1 &&= b_1\\
&l_{21}y_1+y_2 &&= b_2\\
&l_{31}y_1+l_{32}y_2+y_3 &&= b_3\\
&\vdots && \vdots\\
&l_{n1}y_1+l_{n2}y_2+l_{n3}y_3+\cdots+y_n &&= b_n
\end{aligned}$$

由第一个方程可得 $y_1=b_1$. 这个值可用于从第二个方程中求解 y_2. y_1 和 y_2 的值又可用于从第三个方程中求解 y_3，依此类推. 求解下三角方程组的这种方法称为前代(forward substitution).

第 2 步：回代. 一旦 $\boldsymbol{y}$ 确定，仅需求解上三角方程组 $\boldsymbol{Ux}=\boldsymbol{y}$，即可求得方程组的解 $\boldsymbol{x}$. 上三角方程组可采用回代(back substitution)的方法求解.

▶**例 2**　解方程组

$$\begin{aligned}
2x_1+3x_2+x_3&=-4\\
4x_1+x_2+4x_3&=9\\
3x_1+4x_2+6x_3&=0
\end{aligned}$$

解　这个方程组的系数矩阵是例 1 中的矩阵 $\boldsymbol{A}$. 由于 $\boldsymbol{L}$ 和 $\boldsymbol{U}$ 已经确定，故方程组可以使用前代和回代求解.

$$\left[\begin{array}{ccc|c} 1 & 0 & 0 & -4 \\ 2 & 1 & 0 & 9 \\ \frac{3}{2} & \frac{1}{10} & 1 & 0 \end{array}\right] \qquad \begin{array}{l} y_1=-4 \\ y_2=9-2y_1=17 \\ y_3=0-\frac{3}{2}y_1-\frac{1}{10}y_2=4.3 \end{array}$$

$$\left[\begin{array}{ccc|c} 2 & 3 & 1 & -4 \\ 0 & -5 & 2 & 17 \\ 0 & 0 & 4.3 & 4.3 \end{array}\right] \qquad \begin{array}{rl} 2x_1+3x_2+x_3=-4 & x_1=2 \\ -5x_2+2x_3=17 & x_2=-3 \\ 4.3x_3=4.3 & x_3=1 \end{array}$$

417

方程组的解为 $\boldsymbol{x}=(2,\ -3,\ 1)^{\mathrm{T}}$. ◀

算法 7.2.2(前代和回代)

对 $k=1,2,\cdots,n$

$$令\ y_k=b_k-\sum_{i=1}^{k-1} l_{ki}y_i$$

→ 循环结束

对 $k=n,n-1,\cdots,1$

$$令\ x_k=\frac{y_k-\sum_{j=k+1}^{n} u_{kj}x_j}{u_{kk}}$$

→ 循环结束

运算量. 算法 7.2.2 需要 n 个除法、$n(n-1)$ 个乘法和 $n(n-1)$ 个加减法. 使用算法 7.2.1 和算法 7.2.2 求解一个方程组 $\boldsymbol{Ax}=\boldsymbol{b}$，共需运算次数

$$乘除法:\quad \frac{1}{3}n^3+n^2-\frac{1}{3}n$$

$$加减法:\quad \frac{1}{3}n^3+\frac{1}{2}n^2-\frac{5}{6}n$$

每一种情况下，$\frac{1}{3}n^3$ 均为主项. 使用高斯消元法求解一个方程组，粗略地说需要 $\frac{1}{3}n^3$ 个乘除法和 $\frac{1}{3}n^3$ 个加减法.

7.2 节练习

1. 令

$$\boldsymbol{A}=\begin{bmatrix} 1 & 1 & 1 \\ 2 & 4 & 1 \\ -3 & 1 & -2 \end{bmatrix}$$

将 $\boldsymbol{A}$ 分解为一个乘积 $\boldsymbol{LU}$，其中 $\boldsymbol{L}$ 为下三角的，其沿对角线的元素为 1，$\boldsymbol{U}$ 为上三角的.

2. 令 $\boldsymbol{A}$ 为练习 1 中的矩阵. 对下列每一个 $\boldsymbol{b}$，使用 $\boldsymbol{A}$ 的 LU 分解求解 $\boldsymbol{Ax}=\boldsymbol{b}$：

(a) $(4,\ 3,\ -13)^{\mathrm{T}}$　　(b) $(3,\ 1,\ -10)^{\mathrm{T}}$　　(c) $(7,\ 23,\ 0)^{\mathrm{T}}$

3. 令 $\boldsymbol{A}$ 和 $\boldsymbol{B}$ 为 $n\times n$ 矩阵，并令 $\boldsymbol{x}\in\mathbf{R}^n$.
   (a) 计算乘积 $\boldsymbol{Ax}$ 需要多少标量加法和乘法？
   (b) 计算乘积 $\boldsymbol{AB}$ 需要多少标量加法和乘法？
   (c) 计算 $(\boldsymbol{AB})\boldsymbol{x}$ 需要多少标量加法和乘法？计算 $\boldsymbol{A}(\boldsymbol{Bx})$ 呢？
4. 令 $\boldsymbol{A}\in\mathbf{R}^{m\times n}$，$\boldsymbol{B}\in\mathbf{R}^{n\times r}$，并令 $\boldsymbol{x}$，$\boldsymbol{y}\in\mathbf{R}^n$. 假设乘积 $\boldsymbol{Axy}^{\mathrm{T}}\boldsymbol{B}$ 使用下列方法计算：
   (i) $(\boldsymbol{A}(\boldsymbol{xy}^{\mathrm{T}}))\boldsymbol{B}$
   (ii) $(\boldsymbol{Ax})(\boldsymbol{y}^{\mathrm{T}}\boldsymbol{B})$
   (iii) $((\boldsymbol{Ax})\boldsymbol{y}^{\mathrm{T}})\boldsymbol{B}$
   (a) 对每一种计算，需要多少标量加法和乘法？
   (b) 比较每一种情况下，当 $m=5$，$n=4$，$r=3$ 时，所需的标量加法和乘法. 在这种情况下，哪一种方法是最高效的？

418

5. 令 $\boldsymbol{E}_{ki}$ 为将单位矩阵的第 k 行减去其第 i 行的 α 倍得到的初等矩阵.
   (a) 证明 $\boldsymbol{E}_{ki}=\boldsymbol{I}-\alpha\boldsymbol{e}_k\boldsymbol{e}_i^{\mathrm{T}}$.
   (b) 令 $\boldsymbol{E}_{ji}=\boldsymbol{I}-\beta\boldsymbol{e}_j\boldsymbol{e}_i^{\mathrm{T}}$. 证明 $\boldsymbol{E}_{ji}\boldsymbol{E}_{ki}=\boldsymbol{I}-(\alpha\boldsymbol{e}_k+\beta\boldsymbol{e}_j)\boldsymbol{e}_i^{\mathrm{T}}$.
   (c) 证明 $\boldsymbol{E}_{ki}^{-1}=\boldsymbol{I}+\alpha\boldsymbol{e}_k\boldsymbol{e}_i^{\mathrm{T}}$.
6. 令 $\boldsymbol{A}$ 为 $n\times n$ 矩阵，其三角形分解为 $\boldsymbol{LU}$. 证明
$$\det(\boldsymbol{A})=u_{11}u_{22}\cdots u_{nn}$$
7. 令 $\boldsymbol{A}$ 为 $n\times n$ 对称矩阵，其三角形分解为 $\boldsymbol{LU}$，则 $\boldsymbol{A}$ 可进一步分解为一个乘积 $\boldsymbol{LDL}^{\mathrm{T}}$（其中 $\boldsymbol{D}$ 为对角的）. 设计一个类似算法 7.2.2 的算法，求解 $\boldsymbol{LDL}^{\mathrm{T}}\boldsymbol{x}=\boldsymbol{b}$.
8. 写出一个算法，求解三对角方程组
$$\begin{bmatrix} a_1 & b_1 & & & \\ c_1 & a_2 & \ddots & & \\ & \ddots & \ddots & & \\ & & \ddots & a_{n-1} & b_{n-1} \\ & & & c_{n-1} & a_n \end{bmatrix}\begin{bmatrix} x_1 \\ x_2 \\ \vdots \\ x_{n-1} \\ x_n \end{bmatrix}=\begin{bmatrix} d_1 \\ d_2 \\ \vdots \\ d_{n-1} \\ d_n \end{bmatrix}$$
   将其对角元素作为高斯消元法中的主元. 它需要多少加减法和乘除法？
9. 令 $\boldsymbol{A}=\boldsymbol{LU}$，其中 $\boldsymbol{L}$ 为下三角矩阵，其对角元素均为 1，$\boldsymbol{U}$ 为上三角矩阵.
   (a) 使用前代法求解 $\boldsymbol{Ly}=\boldsymbol{e}_j$ 需要多少标量加法和乘法？
   (b) 求解 $\boldsymbol{Ax}=\boldsymbol{e}_j$ 需要多少加减法和乘除法？$\boldsymbol{Ax}=\boldsymbol{e}_j$ 的解 $\boldsymbol{x}_j$ 将为 $\boldsymbol{A}^{-1}$ 的第 j 列.
   (c) 给定分解 $\boldsymbol{A}=\boldsymbol{LU}$，计算 $\boldsymbol{A}^{-1}$ 需要多少乘除法和加减法？
10. 假设 $\boldsymbol{A}^{-1}$ 和 $\boldsymbol{A}$ 的 $\boldsymbol{LU}$ 分解已经确定. 计算 $\boldsymbol{A}^{-1}\boldsymbol{b}$ 需要多少标量加法和乘法？将这个数和使用算法 7.2.2 求解 $\boldsymbol{LUx}=\boldsymbol{b}$ 所需的运算量进行比较. 假设我们有很多方程组需要求解，它们有相同的系数矩阵 $\boldsymbol{A}$. 是否值得去计算 $\boldsymbol{A}^{-1}$？试说明.
11. 令 $\boldsymbol{A}$ 为 3×3 矩阵，并假设 $\boldsymbol{A}$ 可仅使用列运算Ⅲ转化为下三角矩阵 $\boldsymbol{L}$，即
$$\boldsymbol{AE}_1\boldsymbol{E}_2\boldsymbol{E}_3=\boldsymbol{L}$$
   其中 $\boldsymbol{E}_1$，$\boldsymbol{E}_2$，$\boldsymbol{E}_3$ 为第Ⅲ类初等矩阵. 令
$$\boldsymbol{U}=(\boldsymbol{E}_1\boldsymbol{E}_2\boldsymbol{E}_3)^{-1}$$
   证明 $\boldsymbol{U}$ 为上三角形的，其对角线元素均为 1，且 $\boldsymbol{A}=\boldsymbol{LU}$.（本练习给出了列形式的高斯消元法.）

7.3　主元选择策略

本节给出一个使用行交换的高斯消元算法. 在算法的每一步，需要选择一个主行. 通过一种合理的方式选择主行，通常可以避免不必要的较大误差的累积.

使用行交换的高斯消元法

考虑下面的例子.

例 1　令

$$\boldsymbol{A}=\begin{bmatrix}6 & -4 & 2\\4 & 2 & 1\\2 & -1 & 1\end{bmatrix}$$

419

我们希望使用行运算Ⅰ和Ⅲ将 $\boldsymbol{A}$ 化简为三角形式. 为跟踪行交换，需要使用一个行向量 $\boldsymbol{p}$. $\boldsymbol{p}$ 的坐标记为 $p(1)$，$p(2)$，$p(3)$. 初始时，令 $\boldsymbol{p}=(1, 2, 3)$. 假设在消元过程的第一步中，第三行被选为主行. 我们不是交换第一行和第三行，而是交换 $\boldsymbol{p}$ 的第一个元素和第三个元素. 令 $p(1)=3, p(3)=1$，向量 $\boldsymbol{p}$ 变为(3，2，1). 向量 $\boldsymbol{p}$ 用于跟踪各行的新排序. 可以认为 $\boldsymbol{p}$ 将各行进行了重新编号. 实际的行交换推迟到消元过程的最后再进行. 消元过程的第一步如下进行：

$$\begin{matrix}\text{行}\\ p(3)=1\\ p(2)=2\\ p(1)=3\end{matrix}\quad\begin{bmatrix}6 & -4 & 2\\4 & 2 & 1\\\mathbf{2} & \mathbf{-1} & \mathbf{1}\end{bmatrix}\rightarrow\begin{bmatrix}0 & -1 & -1\\0 & 4 & -1\\2 & -1 & 1\end{bmatrix}$$

若在第二步，$p(3)$被选为主行，$p(3)$和 $p(2)$的元素进行交换. 消元过程的最后一步则可如下完成：

$$\begin{matrix}p(2)=1\\ p(3)=2\\ p(1)=3\end{matrix}\quad\begin{bmatrix}0 & \mathbf{-1} & \mathbf{-1}\\0 & 4 & -1\\2 & -1 & 1\end{bmatrix}\rightarrow\begin{bmatrix}0 & -1 & -1\\0 & 0 & -5\\2 & -1 & 1\end{bmatrix}$$

若各行重新排序为$(p(1), p(2), p(3))=(3, 1, 2)$，结果矩阵将为严格三角形式：

$$\begin{matrix}p(1)=3\\ p(2)=1\\ p(3)=2\end{matrix}\begin{bmatrix}2 & -1 & 1\\0 & -1 & -1\\0 & 0 & -5\end{bmatrix}$$

除了开始将各行按照顺序(3，1，2)进行书写外，整个消元过程与不需要交换行的消元过程完全一样. 将 $\boldsymbol{A}$ 的各行按照(3，1，2)进行重新排列，等价于将 $\boldsymbol{A}$ 左乘一个置换矩阵：

$$\boldsymbol{P}=\begin{bmatrix}0 & 0 & 1\\1 & 0 & 0\\0 & 1 & 0\end{bmatrix}$$

我们对 $\boldsymbol{A}$ 和 $\boldsymbol{PA}$ 同时进行消元过程，并比较它们的结果. 用于消元过程的乘子为 3，2 和 -4. 它们将存储在被消去的项的位置，并用一个封闭的框将它们和矩阵的其他元素分开.

420

$$
\boldsymbol{A}=\begin{bmatrix}6 & -4 & 2\\4 & 2 & 1\\2 & -1 & 1\end{bmatrix}\rightarrow\begin{bmatrix}3 & -1 & -1\\2 & 4 & -1\\2 & -1 & 1\end{bmatrix}\rightarrow\begin{bmatrix}3 & -1 & -1\\2 & -4 & -5\\2 & -1 & 1\end{bmatrix}
$$

$$
\boldsymbol{PA}=\begin{bmatrix}2 & -1 & 1\\6 & -4 & 2\\4 & 2 & 1\end{bmatrix}\rightarrow\begin{bmatrix}2 & -1 & 1\\3 & -1 & -1\\2 & 4 & -1\end{bmatrix}\rightarrow\begin{bmatrix}2 & -1 & 1\\3 & -1 & -1\\2 & -4 & -5\end{bmatrix}
$$

消元完成后，若将矩阵 $\boldsymbol{A}$ 的各行重新排序，化简的结果矩阵将是相同的. $\boldsymbol{PA}$ 的最简形则包含确定三角形分解所需要的所有信息. 事实上，

$$
\boldsymbol{PA}=\boldsymbol{LU}
$$

其中

$$
\boldsymbol{L}=\begin{bmatrix}1 & 0 & 0\\3 & 1 & 0\\2 & -4 & 1\end{bmatrix}\quad 且\quad \boldsymbol{U}=\begin{bmatrix}2 & -1 & 1\\0 & -1 & -1\\0 & 0 & -5\end{bmatrix}
$$ ◀

在计算机上，我们不需要真正交换 $\boldsymbol{A}$ 的各行. 只需要简单地将 $p(k)$ 看成第 k 行，并用 $a_{p(k)j}$ 代替 a_{kj}.

算法 7.3.1（使用行交换的高斯消元法）

```
┌ 对 i = 1,2,…,n
│     令 p(i) = i
└→ 循环结束
┌ 对 i = 1,2,…,n
│ (1) 从下列元素中选择一个主元：a_p(j)i
│                      a_p(i)i, a_p(i+1)i, …, a_p(n)i
│     (选主元的策略将在本节稍后讨论)
│ (2) 交换 p 的第 i 个元素和第 j 个元素
│ (3) ┌ 对 k = i+1, i+2, …, n
│     │  令 l_p(k)i = a_p(k)i / a_p(i)i
│     │ ┌ 对 j = i+1, i+2, …, n
│     │ │   令 a_p(k)j = a_p(k)j − l_p(k)i a_p(i)j
│     │ └→ 循环结束
│     └→ 循环结束
└→ 循环结束
```

注 1. 乘子 $l_{p(k)i}$ 存储在被消去的 $a_{p(k)i}$ 处.

2. 向量 $\boldsymbol{p}$ 可用于构造置换矩阵 $\boldsymbol{P}$，其第 i 行为单位矩阵的第 $p(i)$ 行.

421

3. 矩阵 $\boldsymbol{PA}$ 可分解为一个乘积 $\boldsymbol{LU}$，其中

$$l_{ki}=\begin{cases}l_{p(k)i} & 若\ k>i\\ 1 & 若\ k=i\\ 0 & 若\ k<i\end{cases}\quad 且\quad u_{ki}=\begin{cases}a_{p(k)i} & 若\ k\leqslant i\\ 0 & 若\ k>i\end{cases}$$

4. 由于 $\boldsymbol{P}$ 为非奇异的，方程组 $\boldsymbol{Ax}=\boldsymbol{b}$ 等价于方程组 $\boldsymbol{PAx}=\boldsymbol{Pb}$. 令 $\boldsymbol{c}=\boldsymbol{Pb}$. 由于 $\boldsymbol{PA}=\boldsymbol{LU}$，可得方程组等价于

$$\boldsymbol{LUx}=\boldsymbol{c}$$

5. 若 $\boldsymbol{PA}=\boldsymbol{LU}$，则 $\boldsymbol{A}=\boldsymbol{P}^{-1}\boldsymbol{LU}=\boldsymbol{P}^{\mathrm{T}}\boldsymbol{LU}$.

由注 4 和注 5 可得，若 $\boldsymbol{A}=\boldsymbol{P}^{\mathrm{T}}\boldsymbol{LU}$，则方程组 $\boldsymbol{Ax}=\boldsymbol{b}$ 可使用三步求解：

第 1 步： 重排(reordering). 将 $\boldsymbol{b}$ 的元素重新排序为 $\boldsymbol{c}=\boldsymbol{Pb}$.

第 2 步： 前代(forward substitution). 解 $\boldsymbol{y}$ 的方程组 $\boldsymbol{Ly}=\boldsymbol{c}$.

第 3 步： 回代(back substitution). 解方程组 $\boldsymbol{Ux}=\boldsymbol{y}$.

▶**例 2** 解方程组

$$\begin{aligned}6x_1-4x_2+2x_3&=-2\\4x_1+2x_2+\ \ x_3&=4\\2x_1-\ \ x_2+\ \ x_3&=-1\end{aligned}$$

解 该方程组的系数矩阵为例 1 中的矩阵 $\boldsymbol{A}$. $\boldsymbol{P}$，$\boldsymbol{L}$ 和 $\boldsymbol{U}$ 已经确定，故可以用如下方式求解方程组：

第 1 步： $\boldsymbol{c}=\boldsymbol{Pb}=(-1,-2,4)^{\mathrm{T}}$

第 2 步：

$$\begin{aligned}&y_1 &&=-1 &\qquad y_1&=-1\\&3y_1+y_2 &&=-2 & y_2&=-2+3=1\\&2y_1-4y_2+y_3&&=4 & y_3&=4+2+4=10\end{aligned}$$

第 3 步：

$$\begin{aligned}2x_1-x_2+x_3&=-1 &\qquad x_1&=1\\-x_2-x_3&=1 & x_2&=1\\-5x_3&=10 & x_3&=-2\end{aligned}$$

方程组的解为 $\boldsymbol{x}=(1,\ 1,\ -2)^{\mathrm{T}}$. ◀

如果在每一步中，对角元素 $a_{ii}^{(i)}$ 均为非零的，则可使用不交换行的高斯消元法. 然而，在使用有限位精度算法时，主元 $a_{ii}^{(i)}$ 接近 0 也会引发问题.

▶**例 3** 考虑方程组

$$\begin{aligned}0.000\,1x_1+2x_2&=4\\x_1+\ \ x_2&=3\end{aligned}$$

422

该方程组的准确解为

$$\boldsymbol{x}=\left(\frac{2}{1.999\,9},\frac{3.999\,7}{1.999\,9}\right)^{\mathrm{T}}$$

当在第 4 位小数处进行四舍五入时，解为(1.000 1，1.999 9)^{T}. 下面使用 3 位小数的浮点数算法求解该方程组：

$$\left[\begin{array}{cc|c}0.000\,1 & 2 & 4\\1 & 1 & 3\end{array}\right]\rightarrow\left[\begin{array}{cc|c}0.000\,1 & 2 & 4\\0 & -0.200\times10^{5} & -0.400\times10^{5}\end{array}\right]$$

计算的解为 $\boldsymbol{x}'=(0,\ 2)^{\mathrm{T}}$. 它在 x_1 坐标上有 100% 的误差. 另一方面，如果交换各行避免使用较小的主元，则 3 位小数算法得到

$$\left[\begin{array}{cc|c} 1 & 1 & 3 \\ 0.0001 & 2 & 4 \end{array}\right] \rightarrow \left[\begin{array}{cc|c} 1 & 1 & 3 \\ 0 & 2.00 & 4.00 \end{array}\right]$$

在这种情况下，计算的解为 $\boldsymbol{x}'=(1,\ 2)^{\mathrm{T}}$. ◀

如果主元 $a_{ii}^{(i)}$ 的绝对值较小，则乘子 $l_{ki}=a_{ki}^{(i)}/a_{ii}^{(i)}$ 的绝对值可能很大. 如果在 $a_{ij}^{(i)}$ 的计算值中存在一个误差，它就会被乘以 l_{ki}. 一般地，较大的乘子会引起较大的误差. 另一方面，绝对值小于 1 的乘子带来的误差较小. 通过仔细地选择主元，尽量避免选择小的主元，并同时保持乘子的绝对值不超过 1. 这样做的一个非常常用的方法称为*部分选主元法*(partial pivoting).

部分选主元法

在消元过程的第 i 步，有 $n-i+1$ 个候选主元：

$$a_{p(i)i},a_{p(i+1)i},\cdots,a_{p(n)i}$$

选择绝对值最大的候选者

$$|a_{p(j)i}|=\max_{i\leqslant k\leqslant n}|a_{p(k)i}|$$

并交换 $\boldsymbol{p}$ 的第 i 个元素和第 j 个元素. 主元 $a_{p(i)i}$ 满足性质

$$|a_{p(i)i}|\geqslant|a_{p(k)i}|$$

其中 $k=i+1,\ i+2,\ \cdots,\ n$. 因此，乘子将满足

$$|l_{p(k)i}|=\left|\frac{a_{p(k)i}}{a_{p(i)i}}\right|\leqslant 1$$

通常可将这种做法更进一步，进行*全选主元法*(complete pivoting). 在全选主元时，主元选择为所有剩余的行和列中绝对值最大的元素. 此时，需要同时跟踪行和列. 在第 i 步，选择元素 $a_{p(j)q(k)}$，使得

$$|a_{p(j)q(k)}|=\max_{\substack{i\leqslant s\leqslant n\\ i\leqslant t\leqslant n}}|a_{p(s)q(t)}|$$

423

将 $\boldsymbol{p}$ 的第 i 个元素和第 j 个元素进行交换，并将 $\boldsymbol{q}$ 的第 i 个元素和第 k 个元素进行交换. 新的主元为 $a_{p(i)q(i)}$. 全选主元的主要不足是，在每一步，需要在 $\boldsymbol{A}$ 的 $(n-i+1)^2$ 个元素中进行搜索，这将是十分费时的. 虽然，当执行部分选主元法或全选主元法时，高斯消元是数值稳定的，但是使用部分选主元法更有效. 因此，所有标准数值软件包都选择使用部分选主元策略.

7.3 节练习

1. 令

$$\boldsymbol{A}=\begin{bmatrix} 0 & 3 & 1 \\ 1 & 2 & -2 \\ 2 & 5 & 4 \end{bmatrix} \quad 及 \quad \boldsymbol{b}=\begin{bmatrix} 1 \\ 7 \\ -1 \end{bmatrix}$$

(a) 将 $(\boldsymbol{A}\,|\,\boldsymbol{b})$ 的各行按照 $(2,\ 3,\ 1)$ 的顺序重新排列，然后求解重排之后的方程组.

(b) 将 $\boldsymbol{A}$ 分解为乘积 $\boldsymbol{P}^{\mathrm{T}}\boldsymbol{L}\boldsymbol{U}$，其中 $\boldsymbol{P}$ 为对应于(a)中重排的置换矩阵.

2. 令 $\boldsymbol{A}$ 为练习 1 中的矩阵. 使用分解 $\boldsymbol{P}^{\mathrm{T}}\boldsymbol{L}\boldsymbol{U}$，对下列每一个 $\boldsymbol{c}$，求解方程组 $\boldsymbol{A}\boldsymbol{x}=\boldsymbol{c}$：

   (a) $(8, 1, 20)^{\mathrm{T}}$　　(b) $(-9, -2, -7)^{\mathrm{T}}$　　(c) $(4, 1, 11)^{\mathrm{T}}$

3. 令

$$\boldsymbol{A}=\begin{bmatrix}1 & 8 & 6\\ -1 & -4 & 5\\ 2 & 4 & -6\end{bmatrix} \quad 及 \quad \boldsymbol{b}=\begin{bmatrix}8\\1\\4\end{bmatrix}$$

用部分选主元法求解 $\boldsymbol{A}\boldsymbol{x}=\boldsymbol{b}$. 若 $\boldsymbol{P}$ 为对应于主元选择策略的置换矩阵，将 $\boldsymbol{P}\boldsymbol{A}$ 分解为一个乘积 $\boldsymbol{L}\boldsymbol{U}$.

4. 令

$$\boldsymbol{A}=\begin{bmatrix}3 & 2\\ 2 & 4\end{bmatrix} \quad 及 \quad \boldsymbol{b}=\begin{bmatrix}5\\-2\end{bmatrix}$$

用全选主元法求解 $\boldsymbol{A}\boldsymbol{x}=\boldsymbol{b}$. 令 $\boldsymbol{P}$ 为对应于由主行选择策略确定的置换矩阵，$\boldsymbol{Q}$ 为对应于由主列选择策略确定的置换矩阵. 将 $\boldsymbol{P}\boldsymbol{A}\boldsymbol{Q}$ 分解为一个乘积 $\boldsymbol{L}\boldsymbol{U}$.

5. 令 $\boldsymbol{A}$ 为练习 4 中的矩阵，并令 $\boldsymbol{c}=(6, -4)^{\mathrm{T}}$. 用如下两步求解方程组 $\boldsymbol{A}\boldsymbol{x}=\boldsymbol{c}$：

   (a) 令 $\boldsymbol{z}=\boldsymbol{Q}^{\mathrm{T}}\boldsymbol{x}$，并求 $\boldsymbol{L}\boldsymbol{U}\boldsymbol{z}=\boldsymbol{P}\boldsymbol{c}$ 的解 $\boldsymbol{z}$.

   (b) 求 $\boldsymbol{x}=\boldsymbol{Q}\boldsymbol{z}$.

6. 给定

$$\boldsymbol{A}=\begin{bmatrix}5 & 4 & 7\\ 2 & -4 & 3\\ 2 & 8 & 6\end{bmatrix}, \quad \boldsymbol{b}=\begin{bmatrix}2\\-5\\4\end{bmatrix}, \quad \boldsymbol{c}=\begin{bmatrix}5\\-4\\2\end{bmatrix}$$

   (a) 使用全选主元法求解方程组 $\boldsymbol{A}\boldsymbol{x}=\boldsymbol{b}$.

   (b) 令 $\boldsymbol{P}$ 为由主行确定的置换矩阵，令 $\boldsymbol{Q}$ 为由主列确定的置换矩阵. 将 $\boldsymbol{P}\boldsymbol{A}\boldsymbol{Q}$ 分解为乘积 $\boldsymbol{L}\boldsymbol{U}$.

   (c) 用(b)中得到的 $\boldsymbol{L}\boldsymbol{U}$ 分解求解方程组 $\boldsymbol{A}\boldsymbol{x}=\boldsymbol{c}$.

7. 方程组

$$\begin{aligned}0.6000x_1-2000x_2&=2003\\0.3076x_1-0.4010x_2&=1.137\end{aligned}$$

的准确解为 $\boldsymbol{x}=(5, 1)^{\mathrm{T}}$. 假设计算得到的值 x_2 为 $x_2'=1+\varepsilon$. 将这个值代入第一个方程求解 x_1. 它的误差是多少？若 $\varepsilon=0.001$，求 x_1 对应的相对误差.

8. 用 4 位十进制浮点算法及部分选主元的高斯消元法求解练习 7 中的方程组.

9. 用 4 位十进制浮点算法及全选主元的高斯消元法求解练习 7 中的方程组.

10. 使用 4 位十进制浮点算法，并将练习 7 中的第一个方程乘以 1/2 000，第二个方程乘以 1/0.401 0 进行缩放. 使用部分选主元法求解缩放后的方程组.

424

7.4 矩阵范数和条件数

本节将讨论求解线性方程组的精度问题. 求得的解可以期望有什么样的精度？如何检测它们的精度？对这些问题的回答，很大程度上依赖于方程组的系数矩阵对一个小变化的敏感性. 矩阵的敏感性可以用它的条件数(condition number)来衡量. 一个非奇异矩阵的条件数可用其范数和其逆的范数来定义. 在讨论条件数之前，有必要对标准形式的矩阵范数建立一些重要的结论.

矩阵范数

正如向量范数用于衡量向量的大小一样，矩阵范数也可用来衡量矩阵的大小. 在5.4节中，我们介绍了一个由 $\mathbf{R}^{m\times n}$ 上的内积诱导的 $\mathbf{R}^{m\times n}$ 上的范数. 这个范数称为弗罗贝尼乌斯范数，并记为 $\|\cdot\|_F$. 已经看到，一个矩阵 $\boldsymbol{A}$ 的弗罗贝尼乌斯范数可以通过求其所有元素平方和的平方根得到：

$$\|\boldsymbol{A}\|_F=\left(\sum_{j=1}^{n}\sum_{i=1}^{m}a_{ij}^2\right)^{1/2} \tag{1}$$

事实上，由于对任意的 m 和 n，公式(1)定义了一个 $\mathbf{R}^{m\times n}$ 上的范数，因此它定义了一族矩阵范数. 弗罗贝尼乌斯范数具有很多重要的性质：

Ⅰ. 若 $\boldsymbol{a}_j$ 表示 $\boldsymbol{A}$ 的第 j 个列向量，则

$$\|\boldsymbol{A}\|_F=\left(\sum_{j=1}^{n}\sum_{i=1}^{m}a_{ij}^2\right)^{1/2}=\left(\sum_{j=1}^{n}\|\boldsymbol{a}_j\|_2^2\right)^{1/2}$$

Ⅱ. 若 $\vec{\boldsymbol{a}}_i$ 表示 $\boldsymbol{A}$ 的第 i 个行向量，则

$$\|\boldsymbol{A}\|_F=\left(\sum_{i=1}^{m}\sum_{j=1}^{n}a_{ij}^2\right)^{1/2}=\left(\sum_{i=1}^{m}\|\vec{\boldsymbol{a}}_i{}^{\mathrm{T}}\|_2^2\right)^{1/2}$$

Ⅲ. 若 $\boldsymbol{x}\in\mathbf{R}^n$，则

$$\begin{aligned}\|\boldsymbol{A}\boldsymbol{x}\|_2&=\left[\sum_{i=1}^{m}\left(\sum_{j=1}^{n}a_{ij}x_j\right)^2\right]^{1/2}=\left[\sum_{i=1}^{m}(\vec{\boldsymbol{a}}_i\boldsymbol{x})^2\right]^{1/2}\\&\leqslant\left[\sum_{i=1}^{m}\|\boldsymbol{x}\|_2^2\,\|\vec{\boldsymbol{a}}_i{}^{\mathrm{T}}\|_2^2\right]^{1/2}\quad(\text{柯西-施瓦茨不等式})\\&=\|\boldsymbol{A}\|_F\,\|\boldsymbol{x}\|_2\end{aligned}$$

425

Ⅳ. 若 $\boldsymbol{B}=(\boldsymbol{b}_1,\boldsymbol{b}_2,\cdots,\boldsymbol{b}_r)$ 为一个 $n\times r$ 矩阵，由性质Ⅰ和Ⅲ有

$$\begin{aligned}\|\boldsymbol{AB}\|_F&=\|(\boldsymbol{Ab}_1,\boldsymbol{Ab}_2,\cdots,\boldsymbol{Ab}_r)\|_F\\&=\left(\sum_{i=1}^{r}\|\boldsymbol{Ab}_i\|_2^2\right)^{1/2}\\&\leqslant\|\boldsymbol{A}\|_F\left(\sum_{i=1}^{r}\|\boldsymbol{b}_i\|_2^2\right)^{1/2}\\&=\|\boldsymbol{A}\|_F\,\|\boldsymbol{B}\|_F\end{aligned}$$

除了弗罗贝尼乌斯范数外，$\mathbf{R}^{m\times n}$ 上还有很多其他的范数可以使用. 使用任何范数必须满足一般范数定义中的三个条件：

(i) $\|\boldsymbol{A}\|\geqslant 0$，且 $\|\boldsymbol{A}\|=0$ 当且仅当 $\boldsymbol{A}=\boldsymbol{O}$.

(ii) $\|\alpha\boldsymbol{A}\|=|\alpha|\,\|\boldsymbol{A}\|$.

(iii) $\|\boldsymbol{A}+\boldsymbol{B}\|\leqslant\|\boldsymbol{A}\|+\|\boldsymbol{B}\|$.

可以看出，若矩阵范数族还满足一个附加的性质，则更加有用：

(iv) $\|\boldsymbol{AB}\|\leqslant\|\boldsymbol{A}\|\,\|\boldsymbol{B}\|$.

因此，我们仅考虑具有这个附加性质的范数族．性质(iv)的一个重要结论是

$$\|\boldsymbol{A}^n\| \leqslant \|\boldsymbol{A}\|^n$$

特别地，若 $\|\boldsymbol{A}\|<1$，则当 $n\to\infty$ 时，$\|\boldsymbol{A}^n\|\to 0$.

一般地，若一个 $\mathbf{R}^{m\times n}$ 上的矩阵范数 $\|\cdot\|_M$ 和 $\mathbf{R}^n$ 上的一个向量范数 $\|\cdot\|_V$ 满足对每一 $\boldsymbol{x}\in\mathbf{R}^n$，

$$\|\boldsymbol{A}\boldsymbol{x}\|_V \leqslant \|\boldsymbol{A}\|_M \|\boldsymbol{x}\|_V$$

则称它们为相容的(compatible)．特别地，由弗罗贝尼乌斯范数的性质Ⅲ可得，矩阵范数 $\|\cdot\|_F$ 和向量范数 $\|\cdot\|_2$ 是相容的．对每一个标准的向量范数，可以通过向量范数求一个矩阵的算子范数，并由此定义一个相容的矩阵范数．这样定义的矩阵范数称为从属于(subordinate)向量范数的矩阵范数．

从属的矩阵范数

可将每一个 $m\times n$ 矩阵看成一个从 $\mathbf{R}^n$ 到 $\mathbf{R}^m$ 的线性变换．对任何一族向量范数，可通过对每一非零向量 $\boldsymbol{x}$，比较 $\|\boldsymbol{A}\boldsymbol{x}\|$ 和 $\|\boldsymbol{x}\|$，并取

$$\|\boldsymbol{A}\| = \max_{\boldsymbol{x}\neq\boldsymbol{0}} \frac{\|\boldsymbol{A}\boldsymbol{x}\|}{\|\boldsymbol{x}\|} \tag{2}$$

426 来定义一个算子范数(operator norm)．

可以证明，存在 $\mathbf{R}^n$ 中的一个特殊的 $\boldsymbol{x}_0$，使得 $\|\boldsymbol{A}\boldsymbol{x}\|/\|\boldsymbol{x}\|$ 最大化，但这个证明超出了本书讨论的范围．假设 $\|\boldsymbol{A}\boldsymbol{x}\|/\|\boldsymbol{x}\|$ 总是可以最大化，我们将证明(2)事实上定义了一个 $\mathbf{R}^{m\times n}$ 上的范数．为此，需要验证定义中的三个条件都满足：

(i) 对每一 $\boldsymbol{x}\neq\boldsymbol{0}$，

$$\frac{\|\boldsymbol{A}\boldsymbol{x}\|}{\|\boldsymbol{x}\|}\geqslant 0$$

因此，

$$\|\boldsymbol{A}\| = \max_{\boldsymbol{x}\neq\boldsymbol{0}} \frac{\|\boldsymbol{A}\boldsymbol{x}\|}{\|\boldsymbol{x}\|}\geqslant 0$$

若 $\|\boldsymbol{A}\|=0$，则对每一 $\boldsymbol{x}\in\mathbf{R}^n$，$\boldsymbol{A}\boldsymbol{x}=\boldsymbol{0}$．这意味着

$$\boldsymbol{a}_j = \boldsymbol{A}\boldsymbol{e}_j = \boldsymbol{0}, \quad j = 1,2,\cdots,n$$

于是，$\boldsymbol{A}$ 必为零矩阵．

(ii) $\|\alpha\boldsymbol{A}\| = \max_{\boldsymbol{x}\neq\boldsymbol{0}} \frac{\|\alpha\boldsymbol{A}\boldsymbol{x}\|}{\|\boldsymbol{x}\|} = |\alpha|\max_{\boldsymbol{x}\neq\boldsymbol{0}} \frac{\|\boldsymbol{A}\boldsymbol{x}\|}{\|\boldsymbol{x}\|} = |\alpha|\,\|\boldsymbol{A}\|$

(iii) 若 $\boldsymbol{x}\neq\boldsymbol{0}$，则

$$\begin{aligned}
\|\boldsymbol{A}+\boldsymbol{B}\| &= \max_{\boldsymbol{x}\neq\boldsymbol{0}} \frac{\|(\boldsymbol{A}+\boldsymbol{B})\boldsymbol{x}\|}{\|\boldsymbol{x}\|} \\
&\leqslant \max_{\boldsymbol{x}\neq\boldsymbol{0}} \frac{\|\boldsymbol{A}\boldsymbol{x}\|+\|\boldsymbol{B}\boldsymbol{x}\|}{\|\boldsymbol{x}\|} \\
&\leqslant \max_{\boldsymbol{x}\neq\boldsymbol{0}} \frac{\|\boldsymbol{A}\boldsymbol{x}\|}{\|\boldsymbol{x}\|} + \max_{\boldsymbol{x}\neq\boldsymbol{0}} \frac{\|\boldsymbol{B}\boldsymbol{x}\|}{\|\boldsymbol{x}\|} \\
&= \|\boldsymbol{A}\|+\|\boldsymbol{B}\|
\end{aligned}$$

因此，(2)定义了一个 $\mathbf{R}^{m\times n}$ 上的范数．对每一族向量范数 $\|\cdot\|$，可以由(2)定义一族矩阵范数．由(2)定义的矩阵范数称为从属于向量范数 $\|\cdot\|$ 的矩阵范数．

定理 7.4.1 若矩阵范数族 $\|\cdot\|_M$ 从属于向量范数族 $\|\cdot\|_V$，则 $\|\cdot\|_M$ 和 $\|\cdot\|_V$ 是相容的，且矩阵范数 $\|\cdot\|_M$ 满足性质(iv)．

证 若 $\boldsymbol{x}$ 为 $\mathbf{R}^n$ 中的任何非零向量，则

$$\frac{\|\boldsymbol{Ax}\|_V}{\|\boldsymbol{x}\|_V}\leqslant\max_{\boldsymbol{y}\neq\boldsymbol{0}}\frac{\|\boldsymbol{Ay}\|_V}{\|\boldsymbol{y}\|_V}=\|\boldsymbol{A}\|_M$$

因此

$$\|A\boldsymbol{x}\|_V\leqslant\|A\|_M\|\boldsymbol{x}\|_V$$

427

由于最后的不等式在 $\boldsymbol{x}=\boldsymbol{0}$ 时也是成立的，可得 $\|\cdot\|_M$ 和 $\|\cdot\|_V$ 是相容的．若 $\boldsymbol{B}$ 为 $n\times r$ 矩阵，则由于 $\|\cdot\|_M$ 和 $\|\cdot\|_V$ 是相容的，有

$$\|\boldsymbol{ABx}\|_V\leqslant\|\boldsymbol{A}\|_M\|\boldsymbol{Bx}\|_V\leqslant\|\boldsymbol{A}\|_M\|\boldsymbol{B}\|_M\|\boldsymbol{x}\|_V$$

因此，对所有 $\boldsymbol{x}\neq\boldsymbol{0}$，

$$\frac{\|\boldsymbol{ABx}\|_V}{\|\boldsymbol{x}\|_V}\leqslant\|\boldsymbol{A}\|_M\|\boldsymbol{B}\|_M$$

故

$$\|\boldsymbol{AB}\|_M=\max_{\boldsymbol{x}\neq\boldsymbol{0}}\frac{\|\boldsymbol{ABx}\|_V}{\|\boldsymbol{x}\|_V}\leqslant\|\boldsymbol{A}\|_M\|\boldsymbol{B}\|_M$$ ■

计算一个矩阵的弗罗贝尼乌斯范数是一件简单的事情．例如，若

$$\boldsymbol{A}=\begin{bmatrix}4&2\\0&4\end{bmatrix}$$

则

$$\|\boldsymbol{A}\|_F=(4^2+0^2+2^2+4^2)^{1/2}=6$$

另一方面，若 $\|\cdot\|$ 为一个从属的矩阵范数，则计算 $\|\boldsymbol{A}\|$ 并不显而易见．可以看出，矩阵范数

$$\|\boldsymbol{A}\|_1=\max_{\boldsymbol{x}\neq\boldsymbol{0}}\frac{\|\boldsymbol{Ax}\|_1}{\|\boldsymbol{x}\|_1}$$

和

$$\|\boldsymbol{A}\|_\infty=\max_{\boldsymbol{x}\neq\boldsymbol{0}}\frac{\|\boldsymbol{Ax}\|_\infty}{\|\boldsymbol{x}\|_\infty}$$

是容易计算的．

定理 7.4.2 若 $\boldsymbol{A}$ 为 $m\times n$ 矩阵，则

$$\|\boldsymbol{A}\|_1=\max_{1\leqslant j\leqslant n}\left(\sum_{i=1}^m|a_{ij}|\right)$$

且

$$\|\boldsymbol{A}\|_\infty=\max_{1\leqslant i\leqslant m}\left(\sum_{j=1}^n|a_{ij}|\right)$$

证 我们将证明

$$\| \boldsymbol{A} \|_1 = \max_{1 \leqslant j \leqslant n} \left(\sum_{i=1}^{m} | a_{ij} | \right)$$

428

而将第二部分的证明作为一个练习．令

$$\alpha = \max_{1 \leqslant j \leqslant n} \sum_{i=1}^{m} | a_{ij} | = \sum_{i=1}^{m} | a_{ik} |$$

也就是说，k 为最大值出现时对应列的下标．令 $\boldsymbol{x}$ 为 $\mathbf{R}^n$ 中的任一向量，则

$$\boldsymbol{A}\boldsymbol{x} = \left(\sum_{j=1}^{n} a_{1j} x_j, \sum_{j=1}^{n} a_{2j} x_j, \cdots, \sum_{j=1}^{n} a_{mj} x_j \right)^{\mathrm{T}}$$

由此可得

$$\begin{aligned} \| \boldsymbol{A}\boldsymbol{x} \|_1 &= \sum_{i=1}^{m} \left| \sum_{j=1}^{n} a_{ij} x_j \right| \\ &\leqslant \sum_{i=1}^{m} \sum_{j=1}^{n} | a_{ij} x_j | \\ &= \sum_{j=1}^{n} \left(| x_j | \sum_{i=1}^{m} | a_{ij} | \right) \\ &\leqslant \alpha \sum_{j=1}^{n} | x_j | \\ &= \alpha \| \boldsymbol{x} \|_1 \end{aligned}$$

因此，对 $\mathbf{R}^n$ 中的任何非零向量 $\boldsymbol{x}$，

$$\frac{\| \boldsymbol{A}\boldsymbol{x} \|_1}{\| \boldsymbol{x} \|_1} \leqslant \alpha$$

于是

$$\| \boldsymbol{A} \|_1 = \max_{\boldsymbol{x} \neq \boldsymbol{0}} \frac{\| \boldsymbol{A}\boldsymbol{x} \|_1}{\| \boldsymbol{x} \|_1} \leqslant \alpha \tag{3}$$

另一方面，

$$\| \boldsymbol{A}\boldsymbol{e}_k \|_1 = \| \boldsymbol{a}_k \|_1 = \alpha$$

由于 $\| \boldsymbol{e}_k \|_1 = 1$，可得

$$\| \boldsymbol{A} \|_1 = \max_{\boldsymbol{x} \neq \boldsymbol{0}} \frac{\| \boldsymbol{A}\boldsymbol{x} \|_1}{\| \boldsymbol{x} \|_1} \geqslant \frac{\| \boldsymbol{A}\boldsymbol{e}_k \|_1}{\| \boldsymbol{e}_k \|_1} = \alpha \tag{4}$$

429

结合(3)和(4)就可推出 $\| \boldsymbol{A} \|_1 = \alpha$. ■

▶**例 1** 令

$$\boldsymbol{A} = \begin{bmatrix} -3 & 2 & 4 & -3 \\ 5 & -2 & -3 & 5 \\ 2 & 1 & -6 & 4 \\ 1 & 1 & 1 & 1 \end{bmatrix}$$

则

$$\| \boldsymbol{A} \|_1 = |4| + |-3| + |-6| + |1| = 14$$

且

$$\|\boldsymbol{A}\|_{\infty}=|5|+|-2|+|-3|+|5|=15$$ ◀

由于矩阵的2-范数依赖于矩阵的奇异值，因此它很难计算. 事实上，矩阵的2-范数就是它最大的奇异值.

定理 7.4.3 *若 $\boldsymbol{A}$ 为 $m\times n$ 矩阵，其奇异值分解为 $\boldsymbol{U\Sigma V}^{\mathrm{T}}$，则*

$$\|\boldsymbol{A}\|_2=\sigma_1 \quad (\text{最大的奇异值})$$

证 由于 $\boldsymbol{U}$ 和 $\boldsymbol{V}$ 是正交的，

$$\|\boldsymbol{A}\|_2=\|\boldsymbol{U\Sigma V}^{\mathrm{T}}\|_2=\|\boldsymbol{\Sigma}\|_2$$

（见练习42.）现在

$$\begin{aligned}\|\boldsymbol{\Sigma}\|_2&=\max_{\boldsymbol{x}\neq\boldsymbol{0}}\frac{\|\boldsymbol{\Sigma x}\|_2}{\|\boldsymbol{x}\|_2}\\&=\max_{\boldsymbol{x}\neq\boldsymbol{0}}\frac{\left(\sum_{i=1}^{n}(\sigma_i x_i)^2\right)^{1/2}}{\left(\sum_{i=1}^{n}x_i^2\right)^{1/2}}\\&\leqslant\sigma_1\end{aligned}$$

然而，若选择 $\boldsymbol{x}=\boldsymbol{e}_1$，则

$$\frac{\|\boldsymbol{\Sigma x}\|_2}{\|\boldsymbol{x}\|_2}=\sigma_1$$

由此可得

$$\|\boldsymbol{A}\|_2=\|\boldsymbol{\Sigma}\|_2=\sigma_1$$ ■

430

推论 7.4.4 *若 $\boldsymbol{A}=U\Sigma V^{\mathrm{T}}$ 为非奇异的，则*

$$\|\boldsymbol{A}^{-1}\|_2=\frac{1}{\sigma_n}$$

证 将 $\boldsymbol{A}^{-1}=\boldsymbol{V\Sigma}^{-1}\boldsymbol{U}^{\mathrm{T}}$ 的奇异值按递减顺序排列为

$$\frac{1}{\sigma_n}\geqslant\frac{1}{\sigma_{n-1}}\geqslant\cdots\geqslant\frac{1}{\sigma_1}$$

则

$$\|\boldsymbol{A}^{-1}\|_2=\frac{1}{\sigma_n}$$ ■

条件数

矩阵范数可用于估计线性方程组对系数矩阵的微小变化的敏感性. 考虑下面的例子.

▶**例 2** 求解如下的方程组：

$$\begin{aligned}2.0000x_1+2.0000x_2&=6.0000\\2.0000x_1+2.0005x_2&=6.0010\end{aligned}\tag{5}$$

如果使用5位十进制浮点运算，求得的准确解为 $\boldsymbol{x}=(1,\ 2)^{\mathrm{T}}$. 然而，假设强制使用4位

十进制浮点数，则替换(5)，有

$$\begin{aligned} 2.000x_1 + 2.000x_2 &= 6.000 \\ 2.000x_1 + 2.001x_2 &= 6.001 \end{aligned} \tag{6}$$

方程组(6)的准确解为 $\boldsymbol{x}'=(2, 1)^{\mathrm{T}}$.

方程组(5)和(6)除了系数 a_{22} 外是相同的．这个系数的相对误差是

$$\frac{a_{22}' - a_{22}}{a_{22}} \approx 0.000\,25$$

然而，解向量 $\boldsymbol{x}$ 和 $\boldsymbol{x}'$ 的坐标的相对误差为

$$\frac{x_1' - x_1}{x_1} = 1.0 \quad 和 \quad \frac{x_2' - x_2}{x_2} = -0.5$$ ◀

定义 若一个矩阵 $\boldsymbol{A}$ 的元素有相对很小的变化，而 $\boldsymbol{Ax}=\boldsymbol{b}$ 的解有相对较大的变化，则称其为**病态的**(ill-conditioned)．若 $\boldsymbol{A}$ 的元素有相对很小的变化，$\boldsymbol{Ax}=\boldsymbol{b}$ 的解也有相对较小的变化，则 $\boldsymbol{A}$ 称为**良态的**(well-conditioned)．

431

如果矩阵 $\boldsymbol{A}$ 是病态的，求解 $\boldsymbol{Ax}=\boldsymbol{b}$ 通常不会很精确．尽管 $\boldsymbol{A}$ 的元素可用浮点数准确表示，但消元过程中很小的舍入误差也将对求解结果有很大的影响．另一方面，如果矩阵是良态的，并选择一个合适的主元策略，则可以得到十分精确的解．一般地，解的精度依赖于矩阵的状态．如果可以度量一个矩阵 $\boldsymbol{A}$ 的状态，则这个度量即可给出计算解中相对误差的一个界.

令 $\boldsymbol{A}$ 为 $n\times n$ 非奇异矩阵，并考虑方程组 $\boldsymbol{Ax}=\boldsymbol{b}$．若 $\boldsymbol{x}$ 为方程组的准确解，且 $\boldsymbol{x}'$ 为计算解，则误差可表示为向量 $\boldsymbol{e}=\boldsymbol{x}-\boldsymbol{x}'$．若 $\|\cdot\|$ 为 $\mathbf{R}^n$ 上的一个范数，则 $\|\boldsymbol{e}\|$ 为绝对误差的一个度量，且 $\|\boldsymbol{e}\|/\|\boldsymbol{x}\|$ 为相对误差的一个度量．一般地，无法确定 $\|\boldsymbol{e}\|$ 和 $\|\boldsymbol{e}\|/\|\boldsymbol{x}\|$ 的精确值．一种可行的方法是，通过将 $\boldsymbol{x}'$ 代回到原方程组中，并观察 $\boldsymbol{b}'=\boldsymbol{Ax}'$ 和 $\boldsymbol{b}$ 的接近程度来检验 $\boldsymbol{x}'$ 的精度．向量

$$\boldsymbol{r} = \boldsymbol{b} - \boldsymbol{b}' = \boldsymbol{b} - \boldsymbol{Ax}'$$

称为残差(residual)，且它容易计算．值

$$\frac{\|\boldsymbol{b} - \boldsymbol{Ax}'\|}{\|\boldsymbol{b}\|} = \frac{\|\boldsymbol{r}\|}{\|\boldsymbol{b}\|}$$

称为相对残差(relative residual)．则相对残差是否是相对误差的一个好的估计呢？这个问题的答案依赖于 $\boldsymbol{A}$ 的状态．例 2 中，计算解 $\boldsymbol{x}'=(2, 1)^{\mathrm{T}}$ 的残差为

$$\boldsymbol{r} = \boldsymbol{b} - \boldsymbol{Ax}' = (0, 0.000\,5)^{\mathrm{T}}$$

在∞-范数意义下的相对残差为

$$\frac{\|\boldsymbol{r}\|_\infty}{\|\boldsymbol{b}\|_\infty} = \frac{0.000\,5}{6.001\,0} \approx 0.000\,083$$

相对误差为

$$\frac{\|\boldsymbol{e}\|_\infty}{\|\boldsymbol{x}\|_\infty} = 0.5$$

相对误差超过了相对残差的 6 000 倍．一般地，我们将证明若 $\boldsymbol{A}$ 为病态的，则相对残差比相对误差要小很多．另一方面，对良态的矩阵，相对残差和相对误差十分接近．为证

明它，需要使用矩阵范数. 回顾一下，若 $\|\cdot\|$ 为 $\mathbf{R}^{n\times n}$ 上的一个相容的矩阵范数，则对任一 $n\times n$ 矩阵 $\boldsymbol{C}$ 和任一向量 $\boldsymbol{y}\in\mathbf{R}^n$，有

$$\|\boldsymbol{Cy}\| \leqslant \|\boldsymbol{C}\| \|\boldsymbol{y}\| \tag{7}$$

此时

$$\boldsymbol{r} = \boldsymbol{b} - \boldsymbol{Ax}' = \boldsymbol{Ax} - \boldsymbol{Ax}' = \boldsymbol{Ae}$$

432

因此，

$$\boldsymbol{e} = \boldsymbol{A}^{-1}\boldsymbol{r}$$

由性质(7)可得

$$\|\boldsymbol{e}\| \leqslant \|\boldsymbol{A}^{-1}\| \|\boldsymbol{r}\|$$

和

$$\|\boldsymbol{r}\| = \|\boldsymbol{Ae}\| \leqslant \|\boldsymbol{A}\| \|\boldsymbol{e}\|$$

因此，

$$\frac{\|\boldsymbol{r}\|}{\|\boldsymbol{A}\|} \leqslant \|\boldsymbol{e}\| \leqslant \|\boldsymbol{A}^{-1}\| \|\boldsymbol{r}\| \tag{8}$$

现在 $\boldsymbol{x}$ 为 $\boldsymbol{Ax}=\boldsymbol{b}$ 的准确解，因此 $\boldsymbol{x}=\boldsymbol{A}^{-1}\boldsymbol{b}$. 与(8)同样的推理，可得

$$\frac{\|\boldsymbol{b}\|}{\|\boldsymbol{A}\|} \leqslant \|\boldsymbol{x}\| \leqslant \|\boldsymbol{A}^{-1}\| \|\boldsymbol{b}\| \tag{9}$$

由(8)和(9)可得

$$\frac{1}{\|\boldsymbol{A}\| \|\boldsymbol{A}^{-1}\|} \frac{\|\boldsymbol{r}\|}{\|\boldsymbol{b}\|} \leqslant \frac{\|\boldsymbol{e}\|}{\|\boldsymbol{x}\|} \leqslant \|\boldsymbol{A}\| \|\boldsymbol{A}^{-1}\| \frac{\|\boldsymbol{r}\|}{\|\boldsymbol{b}\|}$$

数 $\|\boldsymbol{A}\| \|\boldsymbol{A}^{-1}\|$ 称为 A 的条件数(condition number)，并记为 $\mathrm{cond}(\boldsymbol{A})$. 因此

$$\frac{1}{\mathrm{cond}(\boldsymbol{A})} \frac{\|\boldsymbol{r}\|}{\|\boldsymbol{b}\|} \leqslant \frac{\|\boldsymbol{e}\|}{\|\boldsymbol{x}\|} \leqslant \mathrm{cond}(\boldsymbol{A}) \frac{\|\boldsymbol{r}\|}{\|\boldsymbol{b}\|} \tag{10}$$

不等式(10)在相对误差 $\|\boldsymbol{e}\|/\|\boldsymbol{x}\|$ 和相对残差 $\|\boldsymbol{r}\|/\|\boldsymbol{b}\|$ 之间建立了联系. 若条件数接近 1，则相对误差和相对残差将很接近. 若条件数很大，则相对误差将比相对残差大很多倍.

▶**例 3** 令

$$\boldsymbol{A} = \begin{bmatrix} 3 & 3 \\ 4 & 5 \end{bmatrix}$$

则

$$\boldsymbol{A}^{-1} = \frac{1}{3}\begin{bmatrix} 5 & -3 \\ -4 & 3 \end{bmatrix}$$

$\|\boldsymbol{A}\|_\infty=9$，且 $\|\boldsymbol{A}^{-1}\|_\infty=\frac{8}{3}$. (使用 $\|\cdot\|_\infty$ 是因为它容易计算.)因此

$$\mathrm{cond}_\infty(\boldsymbol{A}) = 9 \cdot \frac{8}{3} = 24$$

理论上讲，求解方程组 $\boldsymbol{Ax}=\boldsymbol{b}$ 的相对误差应为相对残差的 24 倍. ◀

▶**例 4** 设 $\boldsymbol{x}'=(2.0,\ 0.1)^{\mathrm{T}}$ 为方程组

$$3x_1 + 3x_2 = 6$$
$$4x_1 + 5x_2 = 9$$

433

计算得到的解．求残差 $\boldsymbol{r}$ 和相对残差 $\|\boldsymbol{r}\|_\infty / \|\boldsymbol{b}\|_\infty$.

解

$$\boldsymbol{r} = \begin{bmatrix}6\\9\end{bmatrix} - \begin{bmatrix}3 & 3\\4 & 5\end{bmatrix}\begin{bmatrix}2.0\\0.1\end{bmatrix} = \begin{bmatrix}-0.3\\0.5\end{bmatrix}$$

$$\frac{\|\boldsymbol{r}\|_\infty}{\|\boldsymbol{b}\|_\infty} = \frac{0.5}{9} = \frac{1}{18}$$ ◀

通过观察看到，例 4 中的方程组的真实解为 $\boldsymbol{x} = \begin{bmatrix}1\\1\end{bmatrix}$. 误差 $\boldsymbol{e}$ 为

$$\boldsymbol{e} = \boldsymbol{x} - \boldsymbol{x}' = \begin{bmatrix}-1.0\\0.9\end{bmatrix}$$

相对误差为

$$\frac{\|\boldsymbol{e}\|_\infty}{\|\boldsymbol{x}\|_\infty} = \frac{1.0}{1} = 1$$

相对误差是相对残差的 18 倍．因为 $\text{cond}(\boldsymbol{A}) = 24$，所以这并不奇怪．这个结果和使用 $\|\cdot\|_1$ 是类似的．此时

$$\frac{\|\boldsymbol{r}\|_1}{\|\boldsymbol{b}\|_1} = \frac{0.8}{15} = \frac{4}{75} \quad 且 \quad \frac{\|\boldsymbol{e}\|_1}{\|\boldsymbol{x}\|_1} = \frac{1.9}{2} = \frac{19}{20}$$

非奇异矩阵的条件数事实上给了我们一个关于 $\boldsymbol{A}$ 的状态的非常有用的信息．令 $\boldsymbol{A}'$ 为将矩阵 $\boldsymbol{A}$ 的元素进行微小改变后得到的新矩阵．令 $\boldsymbol{E} = \boldsymbol{A}' - \boldsymbol{A}$．因此 $\boldsymbol{A}' = \boldsymbol{A} + \boldsymbol{E}$，其中 $\boldsymbol{E}$ 中的元素相对 $\boldsymbol{A}$ 的元素来说很小．若对某个 $\boldsymbol{E}$，方程组 $\boldsymbol{A}'\boldsymbol{x} = \boldsymbol{b}$ 和 $\boldsymbol{A}\boldsymbol{x} = \boldsymbol{b}$ 的解相差非常大，则 $\boldsymbol{A}$ 为病态的．令 $\boldsymbol{x}'$ 为 $\boldsymbol{A}'\boldsymbol{x} = \boldsymbol{b}$ 的解，且 $\boldsymbol{x}$ 为 $\boldsymbol{A}\boldsymbol{x} = \boldsymbol{b}$ 的解．条件数可用于比较相对于矩阵 $\boldsymbol{A}$ 的变化和与 $\boldsymbol{x}'$ 相关的解的变化．

$$\boldsymbol{x} = \boldsymbol{A}^{-1}\boldsymbol{b} = \boldsymbol{A}^{-1}\boldsymbol{A}'\boldsymbol{x}' = \boldsymbol{A}^{-1}(\boldsymbol{A} + \boldsymbol{E})\boldsymbol{x}' = \boldsymbol{x}' + \boldsymbol{A}^{-1}\boldsymbol{E}\boldsymbol{x}'$$

因此，

$$\boldsymbol{x} - \boldsymbol{x}' = \boldsymbol{A}^{-1}\boldsymbol{E}\boldsymbol{x}'$$

利用不等式(7)，我们看到

$$\|\boldsymbol{x} - \boldsymbol{x}'\| \leqslant \|\boldsymbol{A}^{-1}\|\ \|\boldsymbol{E}\|\ \|\boldsymbol{x}'\|$$

或

$$\frac{\|\boldsymbol{x} - \boldsymbol{x}'\|}{\|\boldsymbol{x}'\|} \leqslant \|\boldsymbol{A}^{-1}\|\ \|\boldsymbol{E}\| = \text{cond}(\boldsymbol{A})\frac{\|\boldsymbol{E}\|}{\|\boldsymbol{A}\|} \tag{11}$$

回到例 2 中，可以看到不等式(11)是如何应用的．令 $\boldsymbol{A}$ 和 $\boldsymbol{A}'$ 为例 2 中的两个系数矩阵：

$$\boldsymbol{E} = \boldsymbol{A}' - \boldsymbol{A} = \begin{bmatrix}0 & 0\\0 & 0.0005\end{bmatrix}$$

及

$$A^{-1}=\begin{bmatrix}2\,000.5 & -2\,000\\ -2\,000 & 2\,000\end{bmatrix}$$

434

在∞-范数意义下，$\boldsymbol{A}$ 的相对误差为

$$\frac{\|\boldsymbol{E}\|_\infty}{\|\boldsymbol{A}\|_\infty}=\frac{0.000\,5}{4.000\,5}\approx 0.000\,1$$

条件数为

$$\operatorname{cond}(\boldsymbol{A})=\|\boldsymbol{A}\|_\infty\|\boldsymbol{A}^{-1}\|_\infty=(4.000\,5)(4\,000.5)\approx 16\,004$$

不等式(11)给出的相对误差界为

$$\operatorname{cond}(\boldsymbol{A})\frac{\|\boldsymbol{E}\|}{\|\boldsymbol{A}\|}=\|\boldsymbol{A}^{-1}\|\,\|\boldsymbol{E}\|=(4\,000.5)(0.000\,5)\approx 2$$

例 2 中真正的相对误差为

$$\frac{\|\boldsymbol{x}-\boldsymbol{x}'\|_\infty}{\|\boldsymbol{x}'\|_\infty}=\frac{1}{2}$$

若 $\boldsymbol{A}$ 为 $n\times n$ 非奇异矩阵，并且使用 2-范数求它的条件数，则

$$\operatorname{cond}_2(\boldsymbol{A})=\|\boldsymbol{A}\|_2\|\boldsymbol{A}^{-1}\|_2=\frac{\sigma_1}{\sigma_n}$$

若 σ_n 很小，则 $\operatorname{cond}_2(\boldsymbol{A})$将很大. 最小的奇异值 σ_n 为一个矩阵接近奇异程度的度量. 因此，矩阵越接近奇异，它也就越病态. 若一个线性方程组的系数矩阵很接近奇异，则由于舍入误差而引起的矩阵很小的变化可能导致方程组解的极大变化. 为说明条件数和接近奇异之间的关系，我们再次考察第 6 章中的例子.

▶**例 5** 在 6.5 节中，已经看到一个 100×100 的非奇异矩阵

$$\boldsymbol{A}=\begin{bmatrix}1 & -1 & -1 & \cdots & -1 & -1\\ 0 & 1 & -1 & \cdots & -1 & -1\\ 0 & 0 & 1 & \cdots & -1 & -1\\ \vdots & \vdots & \vdots & \ddots & \vdots & \vdots\\ 0 & 0 & 0 & \cdots & 1 & -1\\ 0 & 0 & 0 & \cdots & 0 & 1\end{bmatrix}$$

它实际上非常接近奇异，并且要使得这个矩阵奇异，只需将 $\boldsymbol{A}$ 的(100，1)元素的值从 0 变为$-\frac{1}{2^{98}}$即可. 由定理 6.5.2 可得

$$\sigma_n=\min_{X\text{奇异}}\|\boldsymbol{A}-\boldsymbol{X}\|_F\leqslant\frac{1}{2^{98}}$$

435

故 $\operatorname{cond}_2(\boldsymbol{A})$必然非常大. 使用无穷范数，甚至容易看出 $\boldsymbol{A}$ 是极其病态的. $\boldsymbol{A}$ 的逆为

$$\boldsymbol{A}^{-1}=\begin{bmatrix}1 & 1 & 2 & 4 & \cdots & 2^{98}\\ 0 & 1 & 1 & 2 & \cdots & 2^{97}\\ \vdots & \vdots & \vdots & \vdots & \ddots & \vdots\\ 0 & 0 & 0 & 0 & \cdots & 2^1\\ 0 & 0 & 0 & 0 & \cdots & 2^0\\ 0 & 0 & 0 & 0 & \cdots & 1\end{bmatrix}$$

$\boldsymbol{A}$ 和 $\boldsymbol{A}^{-1}$ 的无穷范数均可使用矩阵的第一行求得．$\boldsymbol{A}$ 的无穷范数条件数为

$$\operatorname{cond}_{\infty}\boldsymbol{A} = \|\boldsymbol{A}\|_{\infty}\|\boldsymbol{A}^{-1}\|_{\infty} = 100\times 2^{99} \approx 6.34\times 10^{31}$$

◀

7.4 节练习

1. 对下列矩阵，求 $\|\cdot\|_F$，$\|\cdot\|_{\infty}$ 和 $\|\cdot\|_1$．

(a) $\begin{bmatrix} 1 & 0 \\ 0 & 1 \end{bmatrix}$　(b) $\begin{bmatrix} 1 & 4 \\ -2 & 2 \end{bmatrix}$　(c) $\begin{bmatrix} \frac{1}{2} & \frac{1}{2} \\ \frac{1}{2} & \frac{1}{2} \end{bmatrix}$　(d) $\begin{bmatrix} 0 & 5 & 1 \\ 2 & 3 & 1 \\ 1 & 2 & 2 \end{bmatrix}$　(e) $\begin{bmatrix} 5 & 0 & 5 \\ 4 & 1 & 0 \\ 3 & 2 & 1 \end{bmatrix}$

2. 令

$$\boldsymbol{A} = \begin{bmatrix} 2 & 0 \\ 0 & -2 \end{bmatrix} \quad 及 \quad \boldsymbol{x} = \begin{bmatrix} x_1 \\ x_2 \end{bmatrix}$$

并令

$$f(x_1, x_2) = \|\boldsymbol{Ax}\|_2 / \|\boldsymbol{x}\|_2$$

通过对所有的$(x_1, x_2)\neq(0, 0)$求函数 f 的最大值，求 $\|\boldsymbol{A}\|_2$ 的值．

3. 令

$$\boldsymbol{A} = \begin{bmatrix} 1 & 0 \\ 0 & 0 \end{bmatrix}$$

使用练习 2 中的方法求 $\|\boldsymbol{A}\|_2$ 的值．

4. 给定

$$\boldsymbol{D} = \begin{bmatrix} 3 & 0 & 0 & 0 \\ 0 & -5 & 0 & 0 \\ 0 & 0 & -2 & 0 \\ 0 & 0 & 0 & 4 \end{bmatrix}$$

(a) 求 $\boldsymbol{D}$ 的奇异值分解．

(b) 求 $\|\boldsymbol{D}\|_2$ 的值．

5. 证明：若 $\boldsymbol{D}$ 为 $n\times n$ 对角矩阵，则

$$\|\boldsymbol{D}\|_2 = \max_{1\leqslant i\leqslant n}(|d_{ii}|)$$

6. 若 $\boldsymbol{D}$ 为 $n\times n$ 对角矩阵，比较 $\|\boldsymbol{D}\|_1$，$\|\boldsymbol{D}\|_2$ 和 $\|\boldsymbol{D}\|_{\infty}$ 的值有什么结果？解释你的答案．

7. 令 $\boldsymbol{I}$ 表示 $n\times n$ 单位矩阵．求 $\|\boldsymbol{I}\|_1$，$\|\boldsymbol{I}\|_{\infty}$ 和 $\|\boldsymbol{I}\|_F$ 的值．

8. 令 $\|\cdot\|_M$ 表示一个 $\mathbf{R}^{n\times n}$ 上的矩阵范数，$\|\cdot\|_V$ 表示一个 $\mathbf{R}^n$ 上的向量范数，且 $\boldsymbol{I}$ 为 $n\times n$ 单位矩阵．证明：

(a) 若 $\|\cdot\|_M$ 和 $\|\cdot\|_V$ 是相容的，则 $\|\boldsymbol{I}\|_M\geqslant 1$．

(b) 若 $\|\cdot\|_M$ 从属于 $\|\cdot\|_V$，则 $\|\boldsymbol{I}\|_M=1$．

9. 一个 $\mathbf{R}^n$ 中的向量 $\boldsymbol{x}$ 也可看成一个 $n\times 1$ 的矩阵 $\boldsymbol{X}$：

$$\boldsymbol{x} = \boldsymbol{X} = \begin{bmatrix} x_1 \\ x_2 \\ \vdots \\ x_n \end{bmatrix}$$

(a) 比较矩阵范数 $\|\boldsymbol{X}\|_{\infty}$ 和向量范数 $\|\boldsymbol{x}\|_{\infty}$ 的值有什么结果？试说明．

(b) 比较矩阵范数 $\|\boldsymbol{X}\|_1$ 和向量范数 $\|\boldsymbol{x}\|_1$ 的值有什么结果？试说明．

10. $\mathbf{R}^n$ 中的向量 $\boldsymbol{y}$ 也可被视为 $n\times 1$ 矩阵 $\boldsymbol{Y}=(\boldsymbol{y})$. 证明：

(a) $\|\boldsymbol{Y}\|_2=\|\boldsymbol{y}\|_2$　　(b) $\|\boldsymbol{Y}^{\mathrm{T}}\|_2=\|\boldsymbol{y}\|_2$

436

11. 令 $\boldsymbol{A}=\boldsymbol{w}\boldsymbol{y}^{\mathrm{T}}$，其中 $\boldsymbol{w}\in\mathbf{R}^m$，$\boldsymbol{y}=\mathbf{R}^n$. 证明：

(a) $\dfrac{\|\boldsymbol{Ax}\|_2}{\|\boldsymbol{x}\|_2}\leqslant\|\boldsymbol{y}\|_2\|\boldsymbol{w}\|_2$，其中 $\boldsymbol{x}\in\mathbf{R}^n$ 且 $\boldsymbol{x}\neq\mathbf{0}$.

(b) $\|\boldsymbol{A}\|_2=\|\boldsymbol{y}\|_2\|\boldsymbol{w}\|_2$.

12. 给定

$$\boldsymbol{A}=\begin{bmatrix}3 & -1 & -2\\ -1 & 2 & -7\\ 4 & 1 & 4\end{bmatrix}$$

(a) 求 $\|\boldsymbol{A}\|_\infty$.

(b) 求一个向量 $\boldsymbol{x}$，其所有坐标仅为 ± 1，使得 $\|\boldsymbol{Ax}\|_\infty=\|\boldsymbol{A}\|_\infty$.（注意 $\|\boldsymbol{x}\|_\infty=1$，故 $\|\boldsymbol{A}\|_\infty=\|\boldsymbol{Ax}\|_\infty/\|\boldsymbol{x}\|_\infty$.）

13. 定理 7.4.2 指出

$$\|\boldsymbol{A}\|_\infty=\max_{1\leqslant i\leqslant m}\left(\sum_{j=1}^n|a_{ij}|\right)$$

采用下面两步证明这个命题.

(a) 首先证明

$$\|\boldsymbol{A}\|_\infty\leqslant\max_{1\leqslant i\leqslant m}\left(\sum_{j=1}^n|a_{ij}|\right)$$

(b) 构造一个向量 $\boldsymbol{x}$，其所有坐标仅为 ± 1，使得

$$\frac{\|\boldsymbol{Ax}\|_\infty}{\|\boldsymbol{x}\|_\infty}=\|\boldsymbol{Ax}\|_\infty=\max_{1\leqslant i\leqslant m}\left(\sum_{j=1}^n|a_{ij}|\right)$$

14. 证明 $\|\boldsymbol{A}\|_F=\|\boldsymbol{A}^{\mathrm{T}}\|_F$.

15. 令 $\boldsymbol{A}$ 为 $n\times n$ 对称矩阵. 证明 $\|\boldsymbol{A}\|_\infty=\|\boldsymbol{A}\|_1$.

16. 令 $\boldsymbol{A}$ 为 5×4 矩阵，其奇异值为 $\sigma_1=5$，$\sigma_2=3$ 及 $\sigma_3=\sigma_4=1$. 求 $\|\boldsymbol{A}\|_2$ 和 $\|\boldsymbol{A}\|_F$ 的值.

17. 令 $\boldsymbol{A}$ 为 $m\times n$ 矩阵.

(a) 证明 $\|\boldsymbol{A}\|_2\leqslant\|\boldsymbol{A}\|_F$.

(b) 什么情况下有 $\|\boldsymbol{A}\|_2=\|\boldsymbol{A}\|_F$?

18. 令 $\|\cdot\|$ 表示向量范数族，并令 $\|\cdot\|_M$ 为从属于它的矩阵范数. 证明

$$\|\boldsymbol{A}\|_M=\max_{\|\boldsymbol{x}\|=1}\|\boldsymbol{Ax}\|$$

19. 令 $\boldsymbol{A}$ 为 $m\times n$ 矩阵，令 $\|\cdot\|_v$ 和 $\|\cdot\|_w$ 分别为 $\mathbf{R}^n$ 和 $\mathbf{R}^m$ 上的向量范数. 证明

$$\|\boldsymbol{A}\|_{v,w}=\max_{\boldsymbol{x}\neq\mathbf{0}}\frac{\|\boldsymbol{Ax}\|_w}{\|\boldsymbol{x}\|_v}$$

定义了 $\mathbf{R}^{m\times n}$ 上的一个矩阵范数.

20. 令 $\boldsymbol{A}$ 为 $m\times n$ 矩阵. $\boldsymbol{A}$ 的(1，2)-范数为

$$\|\boldsymbol{A}\|_{(1,2)}=\max_{\boldsymbol{x}\neq\mathbf{0}}\frac{\|\boldsymbol{Ax}\|_2}{\|\boldsymbol{x}\|_1}$$

(见练习 19.)证明 $\|\boldsymbol{A}\|_{(1,2)}=\max(\|\boldsymbol{a}_1\|_2,\ \|\boldsymbol{a}_2\|_2,\ \cdots,\ \|\boldsymbol{a}_n\|_2)$.

21. 令 $\boldsymbol{A}$ 为 $m\times n$ 矩阵. 证明 $\|\boldsymbol{A}\|_{(1,2)}\leqslant\|\boldsymbol{A}\|_2$.

22. 令 $\boldsymbol{A}\in\mathbf{R}^{m\times n}$，$\boldsymbol{B}\in\mathbf{R}^{n\times r}$. 证明：

(a) $\|\boldsymbol{Ax}\|\leqslant\|\boldsymbol{A}\|_{(1,2)}\|\boldsymbol{x}\|_1$，其中 $\boldsymbol{x}\in\mathbf{R}^n$.

(b) $\|AB\|_{(1,2)} \leqslant \|A\|_2 \|B\|_{(1,2)}$.

(c) $\|AB\|_{(1,2)} \leqslant \|A\|_{(1,2)} \|B\|_1$.

23. 令 $\mathbf{A}$ 为一个 $n\times n$ 矩阵，并令 $\|\cdot\|_M$ 为一与 $\mathbf{R}^n$ 上的某向量范数相容的矩阵范数. 若 λ 为 $\mathbf{A}$ 的一个特征值，证明 $|\lambda| \leqslant \|\mathbf{A}\|_M$.

24. 使用练习 23 的结果证明：若 λ 为一个随机矩阵的特征值，则 $|\lambda| \leqslant 1$.

25. 数独是涉及矩阵的数字谜题. 在谜题中，给出了 9×9 矩阵 $\mathbf{A}$ 的一些元素，要求将其他空格的元素填上. 矩阵 $\mathbf{A}$ 的块结构为

$$\mathbf{A} = \begin{bmatrix} \mathbf{A}_{11} & \mathbf{A}_{12} & \mathbf{A}_{13} \\ \mathbf{A}_{21} & \mathbf{A}_{22} & \mathbf{A}_{23} \\ \mathbf{A}_{31} & \mathbf{A}_{32} & \mathbf{A}_{33} \end{bmatrix}$$

其中每个子矩阵 $\mathbf{A}_{ij}$ 为 3×3 的. 谜题的规则是每行、每列及每个子矩阵必须由 1～9 的整数组成，且每个数字只能出现一次. 我们称这样的矩阵为**数独矩阵**. 证明：若 $\mathbf{A}$ 是数独矩阵，则 $\lambda=45$ 是它的主特征值.

26. 令 $\mathbf{A}_{ij}$ 为数独矩阵 $\mathbf{A}$ 的子矩阵(见练习 25). 证明：若 λ 是 $\mathbf{A}_{ij}$ 的一个特征值，则 $|\lambda| \leqslant 22$.

27. 令 $\mathbf{A}$ 为一个 $n\times n$ 矩阵，且 $\mathbf{x}\in\mathbf{R}^n$. 证明：

(a) $\|\mathbf{A}\mathbf{x}\|_\infty \leqslant n^{1/2} \|\mathbf{A}\|_2 \|\mathbf{x}\|_\infty$.

(b) $\|\mathbf{A}\mathbf{x}\|_2 \leqslant n^{1/2} \|\mathbf{A}\|_\infty \|\mathbf{x}\|_2$.

(c) $n^{-1/2} \|\mathbf{A}\|_2 \leqslant \|\mathbf{A}\|_\infty \leqslant n^{1/2} \|\mathbf{A}\|_2$.

28. 令 $\mathbf{A}$ 为 $n\times n$ 对称矩阵，其特征值为 $\lambda_1, \lambda_2, \cdots, \lambda_n$，其规范正交的特征向量为 $\mathbf{u}_1, \mathbf{u}_2, \cdots, \mathbf{u}_n$. 令 $\mathbf{x}\in\mathbf{R}^n$，并令 $c_i=\mathbf{u}_i^{\mathrm{T}}\mathbf{x}$，其中 $i=1, 2, \cdots, n$. 证明：

437

(a) $\|\mathbf{A}\mathbf{x}\|_2^2 = \sum_{i=1}^{n} (\lambda_i c_i)^2$.

(b) 若 $\mathbf{x}\neq\mathbf{0}$，则

$$\min_{1\leqslant i\leqslant n} |\lambda_i| \leqslant \frac{\|\mathbf{A}\mathbf{x}\|_2}{\|\mathbf{x}\|_2} \leqslant \max_{1\leqslant i\leqslant n} |\lambda_i|$$

(c) $\|\mathbf{A}\|_2 = \max_{1\leqslant i\leqslant n} |\lambda_i|$.

29. 令

$$\mathbf{A} = \begin{bmatrix} 1 & -0.99 \\ -1 & 1 \end{bmatrix}$$

求 $\mathbf{A}^{-1}$ 和 $\mathrm{cond}_\infty(\mathbf{A})$.

30. 求解下面两个方程组，并比较它们的解. 它们的系数矩阵是否是良态的？是否是病态的？试说明.

$$\begin{aligned} 1.0x_1 + 2.0x_2 &= 1.12 \\ 2.0x_1 + 3.9x_2 &= 2.16 \end{aligned} \qquad \begin{aligned} 1.000x_1 + 2.011x_2 &= 1.120 \\ 2.000x_1 + 3.982x_2 &= 2.160 \end{aligned}$$

31. 令

$$\mathbf{A} = \begin{bmatrix} 1 & 0 & 1 \\ 2 & 2 & 3 \\ 1 & 1 & 2 \end{bmatrix}$$

求 $\mathrm{cond}_\infty(\mathbf{A}) = \|\mathbf{A}\|_\infty \|\mathbf{A}^{-1}\|_\infty$.

32. 令 $\mathbf{A}$ 为 $n\times n$ 非奇异矩阵，并令 $\|\cdot\|_M$ 表示和 $\mathbf{R}^n$ 上的某向量范数相容的矩阵范数. 证明

$$\mathrm{cond}_M(\mathbf{A}) \geqslant 1$$

33. 令

$$A_n = \begin{bmatrix} 1 & 1 \\ 1 & 1-\frac{1}{n} \end{bmatrix}$$

其中 n 为正整数．求：

(a) A_n^{-1}　　(b) $\text{cond}_\infty(A_n)$　　(c) $\lim_{n\to\infty} \text{cond}_\infty(A_n)$

34. 若 A 为 5×3 矩阵，且 $\|A\|_2=8$，$\text{cond}_2(A)=2$，$\|A\|_F=12$，求 A 的奇异值.

35. 令

$$A = \begin{bmatrix} 3 & 2 \\ 1 & 1 \end{bmatrix} \quad 及 \quad b = \begin{bmatrix} 5 \\ 2 \end{bmatrix}$$

使用两位十进制浮点运算求得的解为 $x=(1.1, 0.88)^T$.

(a) 求残差向量 r 及相对残差 $\|r\|_\infty / \|b\|_\infty$ 的值.

(b) 求 $\text{cond}_\infty(A)$的值.

(c) 不计算精确解，利用(a)和(b)的结果得到计算解的相对误差界.

(d) 求精确解 x，并求真实的相对误差．将它和由(c)得到的界进行比较.

36. 令

$$A = \begin{bmatrix} -0.50 & 0.75 & -0.25 \\ -0.50 & 0.25 & 0.25 \\ 1.00 & -0.50 & 0.50 \end{bmatrix}$$

求 $\text{cond}_1(A)=\|A\|_1\|A^{-1}\|_1$.

37. 令 A 为练习 36 中的矩阵，并令

$$A' = \begin{bmatrix} -0.5 & 0.8 & -0.3 \\ -0.5 & 0.3 & 0.3 \\ 1.0 & -0.5 & 0.5 \end{bmatrix}$$

令 x 和 x'分别为方程组 $Ax=b$ 和 $A'x=b$ 的解，其中 $b\in\mathbf{R}^3$．求相对误差$(\|x-x'\|_1)/\|x'\|_1$ 的一个界.

38. 给定

$$A = \begin{bmatrix} 1 & -1 & -1 & -1 \\ 0 & 1 & -1 & -1 \\ 0 & 0 & 1 & -1 \\ 0 & 0 & 0 & 1 \end{bmatrix}, \quad b = \begin{bmatrix} 5.00 \\ 1.02 \\ 1.04 \\ 1.10 \end{bmatrix}$$

通过将 b 的各元素舍入到其最接近的整数，并使用整数算术运算求解舍入后的方程组，得到 $Ax=b$ 的一个近似解．求得的近似解为 $x'=(12, 4, 2, 1)^T$．令 r 表示残差向量.

(a) 求 $\|r\|_\infty$ 和 $\text{cond}_\infty(A)$的值.

(b) 使用(a)中的结果求得解的相对误差的一个上界.

(c) 求准确解 x，并求相对误差$\dfrac{\|x-x'\|_\infty}{\|x\|_\infty}$.

39. 令 A 和 B 为 $n\times n$ 非奇异矩阵．证明

$$\text{cond}(AB) \leqslant \text{cond}(A)\text{cond}(B)$$

40. 令 D 为 $n\times n$ 非奇异对角矩阵，并令

$$d_{\max} = \max_{1\leqslant i\leqslant n} |d_{ii}| \quad 及 \quad d_{\min} = \min_{1\leqslant i\leqslant n} |d_{ii}|$$

(a) 证明：

$$\mathrm{cond}_1(\boldsymbol{D}) = \mathrm{cond}_\infty(\boldsymbol{D}) = \frac{d_{\max}}{d_{\min}}$$

(b) 证明：

$$\mathrm{cond}_2(\boldsymbol{D}) = \frac{d_{\max}}{d_{\min}}$$

438

41. 令 $\boldsymbol{Q}$ 为 $n\times n$ 正交矩阵．证明：

(a) $\|\boldsymbol{Q}\|_2=1$.　　(b) $\mathrm{cond}_2(\boldsymbol{Q})=1$.

(c) 对任何 $\boldsymbol{b}\in\mathbf{R}^n$，$\boldsymbol{Qx}=\boldsymbol{b}$ 解的相对误差等于相对残差，也就是说，

$$\frac{\|\boldsymbol{e}\|_2}{\|\boldsymbol{x}\|_2} = \frac{\|\boldsymbol{r}\|_2}{\|\boldsymbol{b}\|_2}$$

42. 令 $\boldsymbol{A}$ 为 $n\times n$ 矩阵，并令 $\boldsymbol{Q}$ 和 $\boldsymbol{V}$ 为 $n\times n$ 正交矩阵．证明：

(a) $\|\boldsymbol{QA}\|_2=\|\boldsymbol{A}\|_2$　　(b) $\|\boldsymbol{AV}\|_2=\|\boldsymbol{A}\|_2$　　(c) $\|\boldsymbol{QAV}\|_2=\|\boldsymbol{A}\|_2$

43. 令 $\boldsymbol{A}$ 为 $m\times n$ 矩阵，并令 σ_1 为 $\boldsymbol{A}$ 的最大奇异值．若 $\boldsymbol{x}$ 和 $\boldsymbol{y}$ 为 $\mathbf{R}^n$ 中的非零向量，证明下列各式成立：

(a) $\dfrac{|\boldsymbol{x}^{\mathrm{T}}\boldsymbol{Ay}|}{\|\boldsymbol{x}\|_2\|\boldsymbol{y}\|_2}\leqslant\sigma_1$

[提示：利用柯西–施瓦茨不等式.]

(b) $\max\limits_{\boldsymbol{x}\neq\boldsymbol{0},\boldsymbol{y}\neq\boldsymbol{0}}\dfrac{|\boldsymbol{x}^{\mathrm{T}}\boldsymbol{Ay}|}{\|\boldsymbol{x}\|\|\boldsymbol{y}\|}=\sigma_1$

44. 令 $\boldsymbol{A}$ 为 $m\times n$ 矩阵，其奇异值分解为 $\boldsymbol{U\Sigma V}^{\mathrm{T}}$．证明：

$$\min_{\boldsymbol{x}\neq\boldsymbol{0}}\frac{\|\boldsymbol{Ax}\|_2}{\|\boldsymbol{x}\|_2} = \sigma_n$$

45. 令 $\boldsymbol{A}$ 为 $m\times n$ 矩阵，其奇异值分解为 $\boldsymbol{U\Sigma V}^{\mathrm{T}}$．证明：对任何 $\boldsymbol{x}\in\mathbf{R}^n$，

$$\sigma_n\|\boldsymbol{x}\|_2 \leqslant \|\boldsymbol{Ax}\|_2 \leqslant \sigma_1\|\boldsymbol{x}\|_2$$

46. 令 $\boldsymbol{A}$ 为 $n\times n$ 非奇异矩阵，并令 $\boldsymbol{Q}$ 为 $n\times n$ 正交矩阵．证明：

(a) $\mathrm{cond}_2(\boldsymbol{QA})=\mathrm{cond}_2(\boldsymbol{AQ})=\mathrm{cond}_2(\boldsymbol{A})$.

(b) 若 $\boldsymbol{B}=\boldsymbol{Q}^{\mathrm{T}}\boldsymbol{AQ}$，则 $\mathrm{cond}_2(\boldsymbol{B})=\mathrm{cond}_2(\boldsymbol{A})$.

47. 令 $\boldsymbol{A}$ 为 $n\times n$ 非奇异对称矩阵，其特征值为 λ_1，λ_2，…，λ_n．证明：

$$\mathrm{cond}_2(\boldsymbol{A}) = \frac{\max\limits_{1\leqslant i\leqslant n}|\lambda_i|}{\min\limits_{1\leqslant i\leqslant n}|\lambda_i|}$$

7.5　正交变换

正交变换是数值线性代数中非常重要的工具之一．本节介绍的正交变换类型是非常容易使用的，并且不需要很多的存储空间．更为重要的是，包含正交变换的过程具有固有的稳定性．例如，令 $\boldsymbol{x}\in\mathbf{R}^n$，且 $\boldsymbol{x}'=\boldsymbol{x}+\boldsymbol{e}$ 为 $\boldsymbol{x}$ 的一个近似：若 $\boldsymbol{Q}$ 为一个正交矩阵，则

$$\boldsymbol{Qx}' = \boldsymbol{Qx} + \boldsymbol{Qe}$$

$\boldsymbol{Qx}'$ 中的误差为 $\boldsymbol{Qe}$．相应于2-范数，向量 $\boldsymbol{Qe}$ 和 $\boldsymbol{e}$ 有相同的大小：

$$\|\boldsymbol{Qe}\|_2 = \|\boldsymbol{e}\|_2$$

类似地，若 $\boldsymbol{A}'=\boldsymbol{A}+\boldsymbol{E}$，则

$$\boldsymbol{QA}'=\boldsymbol{QA}+\boldsymbol{QE}$$

且

$$\|\boldsymbol{QE}\|_2=\|\boldsymbol{E}\|_2$$

当对一个向量或矩阵应用正交变换时，在 2-范数的意义下，误差将不会增加. 439

初等正交变换

所谓初等正交矩阵(elementary orthogonal matrix)，是说一个矩阵形如

$$\boldsymbol{Q}=\boldsymbol{I}-2\boldsymbol{u}\boldsymbol{u}^{\mathrm{T}}$$

其中 $\boldsymbol{u}\in\mathbf{R}^n$，且 $\|\boldsymbol{u}\|_2=1$. 为看到 $\boldsymbol{Q}$ 是正交的，注意到

$$\boldsymbol{Q}^{\mathrm{T}}=(\boldsymbol{I}-2\boldsymbol{u}\boldsymbol{u}^{\mathrm{T}})^{\mathrm{T}}=\boldsymbol{I}-2\boldsymbol{u}\boldsymbol{u}^{\mathrm{T}}=\boldsymbol{Q}$$

及

$$\begin{aligned}\boldsymbol{Q}^{\mathrm{T}}\boldsymbol{Q}=\boldsymbol{Q}^2&=(\boldsymbol{I}-2\boldsymbol{u}\boldsymbol{u}^{\mathrm{T}})(\boldsymbol{I}-2\boldsymbol{u}\boldsymbol{u}^{\mathrm{T}})\\&=\boldsymbol{I}-4\boldsymbol{u}\boldsymbol{u}^{\mathrm{T}}+4\boldsymbol{u}(\boldsymbol{u}^{\mathrm{T}}\boldsymbol{u})\boldsymbol{u}^{\mathrm{T}}\\&=\boldsymbol{I}\end{aligned}$$

因此，若 $\boldsymbol{Q}$ 为一个初等正交矩阵，则

$$\boldsymbol{Q}^{\mathrm{T}}=\boldsymbol{Q}^{-1}=\boldsymbol{Q}$$

矩阵 $\boldsymbol{Q}=\boldsymbol{I}-2\boldsymbol{u}\boldsymbol{u}^{\mathrm{T}}$ 可由单位向量 $\boldsymbol{u}$ 完全确定. 相较存储 $\boldsymbol{Q}$ 的所有 n^2 个元素，仅需存储向量 $\boldsymbol{u}$. 为计算 $\boldsymbol{Qx}$，注意到

$$\begin{aligned}\boldsymbol{Qx}&=(\boldsymbol{I}-2\boldsymbol{u}\boldsymbol{u}^{\mathrm{T}})\boldsymbol{x}\\&=\boldsymbol{x}-2\alpha\boldsymbol{u},\quad \text{其中 }\alpha=\boldsymbol{u}^{\mathrm{T}}\boldsymbol{x}\end{aligned}$$

矩阵乘积 $\boldsymbol{QA}$ 可如下计算：

$$\boldsymbol{QA}=(\boldsymbol{Qa}_1,\boldsymbol{Qa}_2,\cdots,\boldsymbol{Qa}_n)$$

其中

$$\boldsymbol{Qa}_i=\boldsymbol{a}_i-2\alpha_i\boldsymbol{u},\quad \alpha_i=\boldsymbol{u}^{\mathrm{T}}\boldsymbol{a}_i$$

初等正交变换可用于求 $\boldsymbol{A}$ 的一个 QR 分解，因此可用于求解线性方程组 $\boldsymbol{Ax}=\boldsymbol{b}$. 正如使用高斯消元法一样，可选择初等矩阵使系数矩阵的元素为零. 为看到如何这样做，考虑求一个单位向量 $\boldsymbol{u}$，使得

$$(\boldsymbol{I}-2\boldsymbol{u}\boldsymbol{u}^{\mathrm{T}})\boldsymbol{x}=(\alpha,0,\cdots,0)^{\mathrm{T}}=\alpha\boldsymbol{e}_1$$

其中 $\boldsymbol{x}\in\mathbf{R}^n$ 为任一给定的向量.

豪斯霍尔德变换

令 $\boldsymbol{H}=\boldsymbol{I}-2\boldsymbol{u}\boldsymbol{u}^{\mathrm{T}}$. 若 $\boldsymbol{Hx}=\alpha\boldsymbol{e}_1$，则由于 $\boldsymbol{H}$ 是正交的，可得

$$|\alpha|=\|\alpha\boldsymbol{e}_1\|_2=\|\boldsymbol{Hx}\|_2=\|\boldsymbol{x}\|_2$$

若取 $\alpha=\|\boldsymbol{x}\|_2$ 或 $\alpha=-\|\boldsymbol{x}\|_2$，则由于 $\boldsymbol{Hx}=\alpha\boldsymbol{e}_1$，故 $\boldsymbol{H}$ 为其自身的逆，可得

$$\boldsymbol{x}=\boldsymbol{H}(\alpha\boldsymbol{e}_1)=\alpha(\boldsymbol{e}_1-(2u_1)\boldsymbol{u})\tag{1}$$

440

因此，

$$x_1=\alpha(1-2u_1^2)$$

$$x_2 = -2\alpha u_1 u_2$$
$$\vdots$$
$$x_n = -2\alpha u_1 u_n$$

求解 u_i，有

$$u_1 = \pm\left(\frac{\alpha - x_1}{2\alpha}\right)^{1/2}$$

$$u_i = \frac{-x_i}{2\alpha u_1}, \quad i = 2,3,\cdots,n$$

若令

$$u_1 = -\left(\frac{\alpha - x_1}{2\alpha}\right)^{1/2}, \quad \text{并令 } \beta = \alpha(\alpha - x_1)$$

则

$$-2\alpha u_1 = [2\alpha(\alpha - x_1)]^{1/2} = (2\beta)^{1/2}$$

由此可得

$$\boldsymbol{u} = \left(-\frac{1}{2\alpha u_1}\right)(-2\alpha u_1^2, x_2, \cdots, x_n)^{\mathrm{T}}$$
$$= \frac{1}{\sqrt{2\beta}}(x_1 - \alpha, x_2, \cdots, x_n)^{\mathrm{T}}$$

若令 $\boldsymbol{v} = (x_1 - \alpha,\ x_2,\ \cdots,\ x_n)^{\mathrm{T}}$，则

$$\|\boldsymbol{v}\|_2^2 = (x_1 - \alpha)^2 + \sum_{i=2}^{n} x_i^2 = 2\alpha(\alpha - x_1)$$

于是

$$\|\boldsymbol{v}\|_2 = \sqrt{2\beta}$$

故

$$\boldsymbol{u} = \frac{1}{\sqrt{2\beta}}\boldsymbol{v} = \frac{1}{\|\boldsymbol{v}\|_2}\boldsymbol{v}$$

且

$$\boldsymbol{H} = \boldsymbol{I} - 2\boldsymbol{u}\boldsymbol{u}^{\mathrm{T}} = \boldsymbol{I} - \frac{1}{\beta}\boldsymbol{v}\boldsymbol{v}^{\mathrm{T}} \tag{2}$$

(2)式中的结论在 $\alpha = \pm\|\boldsymbol{x}\|_2$ 时成立，但是，在有限精度算术中，它取决于符号的选择. 因为 $\boldsymbol{v}$ 的第一个元为 $v_1 = x_1 - \alpha$，因此，若 x_1 和 α 的值很相近并有相同的符号，则有可能损失重要的数值. 为避免此种情形，标量 α 最好定义为

$$\alpha = \begin{cases} -\|\boldsymbol{x}\|_2 & \text{若 } x_1 > 0 \\ \|\boldsymbol{x}\|_2 & \text{若 } x_1 \leqslant 0 \end{cases} \tag{3}$$

441

综上，给定一个向量 $\boldsymbol{x} \in \mathbf{R}^n$，若我们如(3)中一样定义 α，并令

$$\beta = \alpha(\alpha - x_1)$$
$$\boldsymbol{v} = (x_1 - \alpha, x_2, \cdots, x_n)^{\mathrm{T}}$$

$$\boldsymbol{u} = \frac{1}{\|\boldsymbol{v}\|_2}\boldsymbol{v} = \frac{1}{\sqrt{2\beta}}\boldsymbol{v}$$

和

$$\boldsymbol{H} = \boldsymbol{I} - 2\boldsymbol{u}\boldsymbol{u}^{\mathrm{T}} = \boldsymbol{I} - \frac{1}{\beta}\boldsymbol{v}\boldsymbol{v}^{\mathrm{T}}$$

则

$$\boldsymbol{H}\boldsymbol{x} = \alpha\boldsymbol{e}_1$$

按照这种方式构造的矩阵 $\boldsymbol{H}$ 称为豪斯霍尔德变换(Householder transformation). 矩阵 $\boldsymbol{H}$ 是由向量 $\boldsymbol{v}$ 和标量 β 确定的. 对任意向量 $\boldsymbol{y}\in\mathbf{R}^n$,

$$\boldsymbol{H}\boldsymbol{y} = \left(I - \frac{1}{\beta}\boldsymbol{v}\boldsymbol{v}^{\mathrm{T}}\right)\boldsymbol{y} = \boldsymbol{y} - \left(\frac{\boldsymbol{v}^{\mathrm{T}}\boldsymbol{y}}{\beta}\right)\boldsymbol{v}$$

存储矩阵时，我们并不存储矩阵 H 的 n^2 个元素，而只需存储 $\boldsymbol{v}$ 和 β.

▶**例 1** 给定向量 $\boldsymbol{x}=(1, 2, 2)^{\mathrm{T}}$，求使得向量 $\boldsymbol{x}$ 的最后两个分量化为零的豪斯霍尔德变换矩阵.

解 因为 $x_1=1>0$，令 $\alpha=-\|\boldsymbol{x}\|_2=-3$，并令

$$\beta = \alpha(\alpha - x_1) = 12$$

$$\boldsymbol{v} = (x_1 - \alpha, x_2, x_3)^{\mathrm{T}} = (4,2,2)^{\mathrm{T}}$$

豪斯霍尔德矩阵可由下式给出：

$$\boldsymbol{H} = \boldsymbol{I} - \frac{1}{12}\boldsymbol{v}\boldsymbol{v}^{\mathrm{T}} = \frac{1}{3}\begin{bmatrix} -1 & -2 & -2 \\ -2 & 2 & -1 \\ -2 & -1 & 2 \end{bmatrix}$$

读者可以验证

$$\boldsymbol{H}\boldsymbol{x} = -3\boldsymbol{e}_1$$ ◀

假设现在我们希望仅将一个向量 $\boldsymbol{x}=(x_1, x_2, \cdots, x_k, x_{k+1}, \cdots, x_n)^{\mathrm{T}}$ 的后 $n-k$ 个分量化为零. 为此，令 $\boldsymbol{x}^{(1)}=(x_1, x_2, \cdots, x_{k-1})^{\mathrm{T}}$ 且 $\boldsymbol{x}^{(2)}=(x_k, x_{k+1}, \cdots, x_n)^{\mathrm{T}}$. 令 $\boldsymbol{I}^{(1)}$ 和 $\boldsymbol{I}^{(2)}$ 分别为 $(k-1)\times(k-1)$ 矩阵和 $(n-k+1)\times(n-k+1)$ 单位阵. 利用刚刚给出的方法，我们可以构造一个豪斯霍尔德矩阵 $\boldsymbol{H}_k^{(2)}=\boldsymbol{I}^{(2)}-(1/\beta_k)\boldsymbol{v}_k\boldsymbol{v}_k^{\mathrm{T}}$，使得 [442]

$$\boldsymbol{H}_k^{(2)}\boldsymbol{x}^{(2)} = \alpha\boldsymbol{e}_1^{(2)}$$

其中 $\alpha=\pm\|\boldsymbol{x}^{(2)}\|_2$ 且 $\boldsymbol{e}_1^{(2)}$ 为 $(n-k+1)\times(n-k+1)$ 单位阵的第一列向量. 令

$$\boldsymbol{H}_k = \begin{bmatrix} \boldsymbol{I}^{(1)} & \boldsymbol{O} \\ \boldsymbol{O} & \boldsymbol{H}_k^{(2)} \end{bmatrix} \tag{4}$$

可得

$$\boldsymbol{H}_k\boldsymbol{x} = \begin{bmatrix} \boldsymbol{I}^{(1)} & \boldsymbol{O} \\ \boldsymbol{O} & \boldsymbol{H}_k^{(2)} \end{bmatrix}\begin{bmatrix} \boldsymbol{x}^{(1)} \\ \boldsymbol{x}^{(2)} \end{bmatrix} = \begin{bmatrix} \boldsymbol{I}^{(1)}\boldsymbol{x}^{(1)} \\ \boldsymbol{H}^{(2)}\boldsymbol{x}^{(2)} \end{bmatrix} = \begin{bmatrix} \boldsymbol{x}^{(1)} \\ \alpha\boldsymbol{e}_1^{(2)} \end{bmatrix}$$

注 1. (4)式中定义的豪斯霍尔德矩阵 $\boldsymbol{H}_k$ 是一个初等正交矩阵. 若令

$$\boldsymbol{v} = \begin{bmatrix} \boldsymbol{0} \\ \boldsymbol{v}_k \end{bmatrix} \quad 及 \quad \boldsymbol{u} = (1/\|\boldsymbol{v}\|)\boldsymbol{v}$$

则

$$H_k = I - \frac{1}{\beta_k} vv^{\mathrm{T}} = I - 2uu^{\mathrm{T}}$$

2. H_k的作用类似于对任何向量 $y \in \mathbf{R}^n$ 的前 $k-1$ 坐标的恒等变换．若 $y=(y_1,\ y_2,\ \cdots,\ y_{k-1},\ y_k,\ \cdots,\ y_n)^{\mathrm{T}}$，$y^{(1)}=(y_1,\ y_2,\ \cdots,\ y_{k-1})^{\mathrm{T}}$，且 $y^{(2)}=(y_k,\ y_{k+1},\ \cdots,\ y_n)^{\mathrm{T}}$，则

$$H_k y = \begin{bmatrix} I^{(1)} & O \\ O & H_k^{(2)} \end{bmatrix} \begin{bmatrix} y^{(1)} \\ y^{(2)} \end{bmatrix} = \begin{bmatrix} y^{(1)} \\ H_k^{(2)} y^{(2)} \end{bmatrix}$$

特别地，若 $y^{(2)}=\mathbf{0}$，则 $H_k y = y$.

3. 一般不需存储整个矩阵 H_k．只要存储第 $n-k+1$ 向量 v_k 和标量 β_k 即可.

▸**例 2**　求将向量 $y=(3,\ 1,\ 2,\ 2)^{\mathrm{T}}$ 最后两个元素化为零，而保持第一个元素不变的豪斯霍尔德矩阵.

443

解　该豪斯霍尔德矩阵将仅改变向量 y 的最后三个元素．这些元素对应的向量为 $\mathbf{R}^3$ 中的 $x=(1,\ 2,\ 2)^{\mathrm{T}}$．但是这个向量的后两个元素已经在例 1 中被化为零了．例 1 中对应的 3×3 豪斯霍尔德矩阵可以构成一个 4×4 矩阵

$$H = \begin{bmatrix} 1 & 0 & 0 & 0 \\ 0 & -\frac{1}{3} & -\frac{2}{3} & -\frac{2}{3} \\ 0 & -\frac{2}{3} & \frac{2}{3} & -\frac{1}{3} \\ 0 & -\frac{2}{3} & -\frac{1}{3} & \frac{2}{3} \end{bmatrix}$$

这个矩阵即可对向量 y 进行需要的操作．读者可以自行验证 $Hy=(3,\ -3,\ 0,\ 0)^{\mathrm{T}}$.　◂

现在我们已经做好用豪斯霍尔德变换求解线性方程组的准备了．假设 A 为一个$n\times n$ 非奇异矩阵，可以使用豪斯霍尔德变换将 A 化为严格三角形式．首先，可求一个豪斯霍尔德变换 $H_1 = I-(1/\beta_1)v_1 v_1^{\mathrm{T}}$，当将其作用在 A 的第一列上时将得到一个 e_1 的倍数．因此，$H_1 A$ 将形如

$$\begin{bmatrix} \times & \times & \cdots & \times \\ 0 & \times & \cdots & \times \\ 0 & \times & \cdots & \times \\ \vdots & \vdots & \ddots & \vdots \\ 0 & \times & \cdots & \times \end{bmatrix}$$

然后，可求一个豪斯霍尔德变换 H_2，它将把 $H_1 A$ 第二列中的后 $n-2$ 个元素化为零，而该列中的第一个元素保持不变．由注 2 可知 H_2 对 $H_1 A$ 的第一列不起作用，因此乘以 H_2 得到一个如下形式的矩阵：

$$H_2 H_1 A = \begin{bmatrix} \times & \times & \times & \cdots & \times \\ 0 & \times & \times & \cdots & \times \\ 0 & 0 & \times & \cdots & \times \\ \vdots & \vdots & \vdots & \ddots & \vdots \\ 0 & 0 & \times & \cdots & \times \end{bmatrix}$$

可以继续使用这种形式的豪斯霍尔德变换，直到最后得到一个上三角矩阵，将这个矩阵记为 $\boldsymbol{R}$. 即

$$\boldsymbol{H}_{n-1}\cdots\boldsymbol{H}_2\boldsymbol{H}_1\boldsymbol{A}=\boldsymbol{R}$$

由此可得

$$\begin{aligned}\boldsymbol{A}&=\boldsymbol{H}_1^{-1}\boldsymbol{H}_2^{-1}\cdots\boldsymbol{H}_{n-1}^{-1}\boldsymbol{R}\\&=\boldsymbol{H}_1\boldsymbol{H}_2\cdots\boldsymbol{H}_{n-1}\boldsymbol{R}\end{aligned}$$

令 $\boldsymbol{Q}=\boldsymbol{H}_1\boldsymbol{H}_2\cdots\boldsymbol{H}_{n-1}$. 则矩阵 $\boldsymbol{Q}$ 是正交的，且 $\boldsymbol{A}$ 可分解为一个正交矩阵乘以一个上三角矩阵：

$$\boldsymbol{A}=\boldsymbol{QR}$$

444

一旦 $\boldsymbol{A}$ 分解为一个乘积 $\boldsymbol{QR}$，方程组 $\boldsymbol{Ax}=\boldsymbol{b}$ 即容易求解.

事实上，若将两端同时乘以 $\boldsymbol{Q}^{\mathrm{T}}$，即可得到上三角形方程组 $\boldsymbol{Rx}=\boldsymbol{c}$，其中 $\boldsymbol{c}=\boldsymbol{Q}^{\mathrm{T}}\boldsymbol{b}$. 由于 $\boldsymbol{Q}$ 为豪斯霍尔德矩阵的乘积，故并不需要计算矩阵乘法来显式得到 $\boldsymbol{Q}$. 事实上，我们可以通过豪斯霍尔德变换序列作用在向量 $\boldsymbol{b}$ 上来计算 $\boldsymbol{c}$，

$$\boldsymbol{c}=\boldsymbol{H}_{n-1}\cdots\boldsymbol{H}_2\boldsymbol{H}_1\boldsymbol{b}\tag{5}$$

方程组 $\boldsymbol{Rx}=\boldsymbol{c}$ 即可采用回代法求解了.

计算量. 在用豪斯霍尔德变换求解 $n\times n$ 方程组时，将 $\boldsymbol{A}$ 化为三角形式后大部分工作就完成了. 所需要的计算量大约是 $2/3n^3$ 个乘法、$2/3n^3$ 个加法和 $n-1$ 个开方.

旋转和反射

通常需要使用变换仅将向量中的某一个元素消去. 此时，使用旋转或反射较为方便. 首先，考虑二维情形.

令

$$\boldsymbol{R}=\begin{bmatrix}\cos\theta & -\sin\theta\\ \sin\theta & \cos\theta\end{bmatrix}\quad\text{及}\quad \boldsymbol{G}=\begin{bmatrix}\cos\theta & \sin\theta\\ \sin\theta & -\cos\theta\end{bmatrix}$$

并令

$$\boldsymbol{x}=\begin{bmatrix}x_1\\ x_2\end{bmatrix}=\begin{bmatrix}r\cos\alpha\\ r\sin\alpha\end{bmatrix}$$

为 $\mathbf{R}^2$ 中的一个向量. 则

$$\boldsymbol{Rx}=\begin{bmatrix}r\cos(\theta+\alpha)\\ r\sin(\theta+\alpha)\end{bmatrix}\quad\text{且}\quad \boldsymbol{Gx}=\begin{bmatrix}r\cos(\theta-\alpha)\\ r\sin(\theta-\alpha)\end{bmatrix}$$

$\boldsymbol{R}$ 表示在平面上的一个转角为 θ 的旋转. 矩阵 $\boldsymbol{G}$ 的作用是将 $\boldsymbol{x}$ 关于直线 $x_2=[\tan(\theta/2)]x_1$ 作对称(见图 7.5.1).

若令 $\cos\theta=x_1/r$ 且 $\sin\theta=-x_2/r$，则

$$\boldsymbol{Rx}=\begin{bmatrix}x_1\cos\theta-x_2\sin\theta\\ x_1\sin\theta+x_2\cos\theta\end{bmatrix}=\begin{bmatrix}r\\ 0\end{bmatrix}$$

若令 $\cos\theta=x_1/r$ 且 $\sin\theta=x_2/r$，则

$$\boldsymbol{Gx}=\begin{bmatrix}x_1\cos\theta+x_2\sin\theta\\ x_1\sin\theta-x_2\cos\theta\end{bmatrix}=\begin{bmatrix}r\\ 0\end{bmatrix}$$

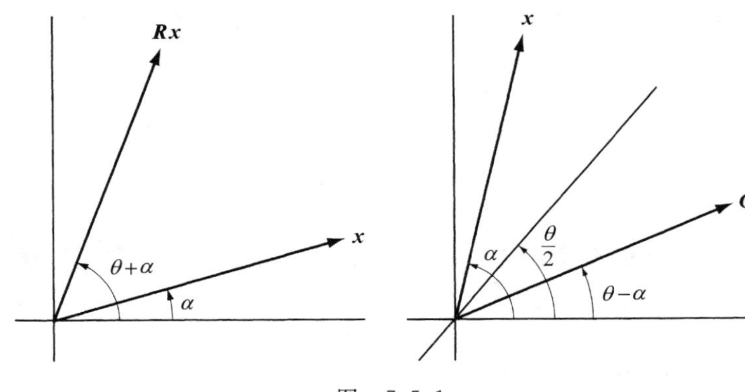

图　7.5.1

R 和 **G** 均为正交的．矩阵 **G** 还是对称的．事实上，**G** 为一个初等正交矩阵．若令 $\boldsymbol{u}=(\sin\theta/2,\ -\cos\theta/2)^{\mathrm{T}}$，则 $\boldsymbol{G}=\boldsymbol{I}-2\boldsymbol{u}\boldsymbol{u}^{\mathrm{T}}$．

445

▶**例 3**　令 $\boldsymbol{x}=(-3,\ 4)^{\mathrm{T}}$．为求一个将 $\boldsymbol{x}$ 的第二个坐标化为零的旋转矩阵 **R**，令

$$r=\sqrt{(-3)^2+4^2}=5$$

$$\cos\theta=\frac{x_1}{r}=-\frac{3}{5}$$

$$\sin\theta=-\frac{x_2}{r}=-\frac{4}{5}$$

并令

$$\boldsymbol{R}=\begin{bmatrix}\cos\theta & -\sin\theta\\ \sin\theta & \cos\theta\end{bmatrix}=\begin{bmatrix}-\frac{3}{5} & \frac{4}{5}\\ -\frac{4}{5} & -\frac{3}{5}\end{bmatrix}$$

读者可以验证 $\boldsymbol{Rx}=5\boldsymbol{e}_1$．

为求一个将 $\boldsymbol{x}$ 的第二个坐标化为零的反射矩阵 **G**，采用和旋转矩阵相同的方法计算 r 和 $\cos\theta$，但令

$$\sin\theta=\frac{x_2}{r}=\frac{4}{5}$$

及

$$\boldsymbol{G}=\begin{bmatrix}\cos\theta & \sin\theta\\ \sin\theta & -\cos\theta\end{bmatrix}=\begin{bmatrix}-\frac{3}{5} & \frac{4}{5}\\ \frac{4}{5} & \frac{3}{5}\end{bmatrix}$$

读者可以验证 $\boldsymbol{Gx}=5\boldsymbol{e}_1$．◀

现在考虑 n 维情形．令 **R** 和 **G** 为 $n\times n$ 矩阵，其中

$$r_{ii}=r_{jj}=\cos\theta \qquad g_{ii}=\cos\theta,g_{jj}=-\cos\theta$$

$$r_{ji}=\sin\theta,r_{ij}=-\sin\theta \quad g_{ji}=g_{ij}=\sin\theta$$

446

且对所有 $\boldsymbol{R}$ 和 $\boldsymbol{G}$ 的其他元素，有 $r_{st}=g_{st}=\delta_{st}$. 因此除$(i, i)$，$(i, j)$，$(j, j)$和$(j, i)$位置上的元素外，$\boldsymbol{R}$ 和 $\boldsymbol{G}$ 等于单位矩阵. 令 $c=\cos\theta$ 及 $s=\sin\theta$. 若 $\boldsymbol{x}\in\mathbf{R}^n$，则

$$\boldsymbol{R}\boldsymbol{x} = (x_1, x_2, \cdots, x_{i-1}, x_i c - x_j s, x_{i+1}, x_{i+2}, \cdots, x_{j-1}, x_i s + x_j c, x_{j+1}, x_{j+2}, \cdots, x_n)^{\mathrm{T}}$$

且

$$\boldsymbol{G}\boldsymbol{x} = (x_1, x_2, \cdots, x_{i-1}, x_i c + x_j s, x_{i+1}, x_{i+2}, \cdots, x_{j-1}, x_i s - x_j c, x_{j+1}, x_{j+2}, \cdots, x_n)^{\mathrm{T}}$$

变换 $\boldsymbol{R}$ 和 $\boldsymbol{G}$ 仅改变了一个向量的第 i 个分量和第 j 个分量. 对其他坐标，它们没有任何作用. 称 $\boldsymbol{R}$ 为平面旋转(plane rotation)，并称 $\boldsymbol{G}$ 为吉文斯变换(Givens transformation)或吉文斯反射(Givens reflection). 若令

$$c=\frac{x_i}{r} \quad 且 \quad s=-\frac{x_j}{r} \quad \left(r=\sqrt{x_i^2+x_j^2}\right)$$

则 $\boldsymbol{R}\boldsymbol{x}$ 的第 j 个分量将为 0. 若令

$$c=\frac{x_i}{r} \quad 及 \quad s=\frac{x_j}{r}$$

则 $\boldsymbol{G}\boldsymbol{x}$ 的第 j 个分量将为 0.

▶**例 4** 令 $\boldsymbol{x}=(5, 8, 12)^{\mathrm{T}}$. 求一个旋转矩阵 $\boldsymbol{R}$，将 $\boldsymbol{x}$ 的第三个元素化为零，但 $\boldsymbol{x}$ 的第二个元素保持不变.

解 由于 $\boldsymbol{R}$ 仅作用在 x_1 和 x_3 上，令

$$r=\sqrt{x_1^2+x_3^2}=13$$

$$c=\frac{x_1}{r}=\frac{5}{13}$$

$$s=-\frac{x_3}{r}=-\frac{12}{13}$$

并令

$$\boldsymbol{R}=\begin{bmatrix} c & 0 & -s \\ 0 & 1 & 0 \\ s & 0 & c \end{bmatrix}=\begin{bmatrix} \frac{5}{13} & 0 & \frac{12}{13} \\ 0 & 1 & 0 \\ -\frac{12}{13} & 0 & \frac{5}{13} \end{bmatrix}$$

读者可以验证 $\boldsymbol{R}\boldsymbol{x}=(13, 8, 0)^{\mathrm{T}}$. ◀

给定一个 $n\times n$ 非奇异矩阵 $\boldsymbol{A}$，可以使用平面旋转或吉文斯变换得到 $\boldsymbol{A}$ 的一个 QR 分解. 令 $\boldsymbol{G}_{21}$ 为作用在第一个坐标和第二个坐标上的吉文斯变换，它作用到 $\boldsymbol{A}$ 后的结果为在(2, 1)的位置上得到一个零. 可以将另一个吉文斯变换 $\boldsymbol{G}_{31}$ 作用到 $\boldsymbol{G}_{21}\boldsymbol{A}$，在(3, 1)的位置上得到一个零. 这个过程可以一直进行，直到第一列中的后 $n-1$ 个元素均被消去：

447

$$\boldsymbol{G}_{n1}\cdots\boldsymbol{G}_{31}\boldsymbol{G}_{21}\boldsymbol{A}=\begin{bmatrix} \times & \times & \cdots & \times \\ 0 & \times & \cdots & \times \\ 0 & \times & \cdots & \times \\ \vdots & \vdots & \ddots & \vdots \\ 0 & \times & \cdots & \times \end{bmatrix}$$

下一步，可用吉文斯变换 $\boldsymbol{G}_{32}$，$\boldsymbol{G}_{42}$，…，$\boldsymbol{G}_{n2}$ 将第二列中的后 $n-2$ 个元素消去. 一直进行这个过程，直到所有对角线下面的元素均被消去.

$$(\boldsymbol{G}_{n,n-1})\cdots(\boldsymbol{G}_{n2}\cdots\boldsymbol{G}_{32})(\boldsymbol{G}_{n1}\cdots\boldsymbol{G}_{21})\boldsymbol{A}=\boldsymbol{R}\quad(\boldsymbol{R}\text{ 为上三角矩阵})$$

如果令 $\boldsymbol{Q}^{\mathrm{T}}=(\boldsymbol{G}_{n,n-1})\cdots(\boldsymbol{G}_{n2}\cdots\boldsymbol{G}_{32})(\boldsymbol{G}_{n1}\cdots\boldsymbol{G}_{21})$，则 $\boldsymbol{A}=\boldsymbol{QR}$，且方程组 $\boldsymbol{Ax}=\boldsymbol{b}$ 等价于方程组

$$\boldsymbol{Rx}=\boldsymbol{Q}^{\mathrm{T}}\boldsymbol{b}$$

这个方程组可通过回代的方法求解.

计算量. 使用吉文斯变换或平面旋转将 $\boldsymbol{A}$ 进行 QR 分解，粗略地需要 $\frac{4}{3}n^3$ 次乘法、$\frac{2}{3}n^3$ 次加法和 $\frac{1}{2}n^2$ 次开方.

求解一般线性方程组的 QR 分解法

给定一个有 n 个方程 n 个未知量的线性方程组，可以使用豪斯霍尔德矩阵、旋转或吉文斯变换对矩阵 $\boldsymbol{A}$ 进行 QR 分解. 之后，线性方程组的解可通过令 $\boldsymbol{c}=\boldsymbol{Q}^{\mathrm{T}}\boldsymbol{b}$ 及用回代法求解 $\boldsymbol{Rx}=\boldsymbol{c}$ 求得. 若使用豪斯霍尔德矩阵进行 QR 分解，计算量大约有 $\frac{2}{3}n^3$ 次乘法和 $\frac{2}{3}n^3$ 次加法. 但是，使用高斯消元法求解同样的方程组大概需要 $\frac{1}{3}n^3$ 次乘法和 $\frac{1}{3}n^3$ 次加法. 因此，求解线性方程组时，使用高斯消元法求解方程组的速度是使用豪斯霍尔德矩阵进行 QR 分解速度的 2 倍，是使用旋转或吉文斯变换进行 QR 分解的 4 倍.

对超定方程组 $\boldsymbol{Ax}=\boldsymbol{b}$，需要求解其最小二乘解. 此时，可以构造正规方程，然后利用高斯消元法进行求解. 但是，当计算过程使用的是有限精度算术运算时，这个过程还是有问题的. 一个可以替代的方法是，在 $m\times n$ 系数矩阵的秩为 n 时，可以使用豪斯霍尔德矩阵得到 $\boldsymbol{A}$ 的 QR 分解，然后可以用其求解最小二乘问题. 求解最小二乘问题的数值方法将在 7.7 节中讨论.

448

7.5 节练习

1. 对下列向量 $\boldsymbol{x}$，求一个旋转矩阵 $\boldsymbol{R}$，使得 $\boldsymbol{Rx}=\|\boldsymbol{x}\|_2\boldsymbol{e}_1$.

   (a) $\boldsymbol{x}=(1,1)^{\mathrm{T}}$　　(b) $\boldsymbol{x}=(\sqrt{3},-1)^{\mathrm{T}}$　　(c) $\boldsymbol{x}=(-4,3)^{\mathrm{T}}$

2. 给定 $\boldsymbol{x}\in\mathbf{R}^3$，定义

$$r_{ij}=(x_i^2+x_j^2)^{1/2},\quad i,j=1,2,3$$

   对下列情形，分别求使得 $\boldsymbol{G}_{ij}\boldsymbol{x}$ 的第 i 个坐标和第 j 个坐标为 r_{ij} 和 0 的吉文斯变换.

   (a) $\boldsymbol{x}=(3,1,4)^{\mathrm{T}}$，$i=1$，$j=3$

   (b) $\boldsymbol{x}=(1,-1,2)^{\mathrm{T}}$，$i=1$，$j=2$

   (c) $\boldsymbol{x}=(4,1,\sqrt{3})^{\mathrm{T}}$，$i=2$，$j=3$

   (d) $\boldsymbol{x}=(4,1,\sqrt{3})^{\mathrm{T}}$，$i=3$，$j=2$

3. 对每一个给定的向量 $\boldsymbol{x}$，求一个豪斯霍尔德变换，使得 $\boldsymbol{Hx}=\alpha\boldsymbol{e}_1$，其中 $\alpha=\|\boldsymbol{x}\|_2$.

   (a) $\boldsymbol{x}=(-1,8,-4)^{\mathrm{T}}$　　(b) $\boldsymbol{x}=(3,6,2)^{\mathrm{T}}$　　(c) $\boldsymbol{x}=(0,-3,4)^{\mathrm{T}}$

4. 对下列各情形，求一个将向量的后两个坐标化为零的豪斯霍尔德变换.

(a) $\mathbf{x}=(5, 1, 4, 8)^{\mathrm{T}}$　　(b) $\mathbf{x}=(4, -3, -2, -1, 2)^{\mathrm{T}}$

5. 给定

$$\mathbf{A}=\begin{bmatrix}1 & 3 & -2\\ 1 & 1 & 1\\ 1 & -5 & 1\\ 1 & -1 & 2\end{bmatrix}$$

(a) 求豪斯霍尔德矩阵 $\mathbf{H}=\mathbf{I}-(1/\beta)\mathbf{v}\mathbf{v}^{\mathrm{T}}$ 中的标量 β 和向量 $\mathbf{v}$，使得 $\mathbf{a}_1$ 的后三个元素化为零.

(b) 不显式构造矩阵 $\mathbf{H}$，计算乘积 $\mathbf{HA}$.

6. 给定

$$\mathbf{A}=\begin{bmatrix}-1 & \frac{3}{2} & \frac{1}{2}\\ 2 & 8 & 8\\ -2 & -7 & 1\end{bmatrix} \quad 及 \quad \mathbf{b}=\begin{bmatrix}\frac{11}{2}\\ 0\\ 1\end{bmatrix}$$

(a) 用豪斯霍尔德变换将 $\mathbf{A}$ 转化为上三角矩阵 $\mathbf{R}$. 同时变换向量 $\mathbf{b}$，也就是说，计算 $\mathbf{c}=\mathbf{H}_2\mathbf{H}_1\mathbf{b}$.

(b) 求 $\mathbf{Rx}=\mathbf{c}$ 中的 $\mathbf{x}$，并通过计算残差 $\mathbf{r}\mathbf{b}-\mathbf{Ax}$ 检验你的答案.

7. 对下列方程组，使用吉文斯反射将方程组变换为上三角形式，然后求解上三角形方程组.

(a) $\begin{aligned}3x_1+8x_2&=5\\ 4x_1-x_2&=-5\end{aligned}$　　(b) $\begin{aligned}x_1+4x_2&=5\\ x_1+2x_2&=1\end{aligned}$　　(c) $\begin{aligned}4x_1-4x_2+x_3&=2\\ x_2+3x_3&=2\\ -3x_1+3x_2-2x_3&=1\end{aligned}$

8. 假设希望消去向量 $\mathbf{x}$ 最后的坐标，而前面 $n-2$ 个坐标保持不变. 如果通过一个吉文斯变换 $\mathbf{G}$ 来实现，需要多少计算量？使用一个豪斯霍尔德变换 $\mathbf{H}$ 呢？若 $\mathbf{A}$ 为 $n\times n$ 矩阵，计算 $\mathbf{GA}$ 和 $\mathbf{HA}$ 需要多少计算量？

9. 令 $\mathbf{H}_k=\mathbf{I}-2\mathbf{u}\mathbf{u}^{\mathrm{T}}$ 为一个豪斯霍尔德变换，其中

$$\mathbf{u}=(0,\cdots,0,u_k,u_{k+1},\cdots,u_n)^{\mathrm{T}}$$

令 $\mathbf{b}\in\mathbf{R}^n$，并令 $\mathbf{A}$ 为一个 $n\times n$ 矩阵. 计算(a)$\mathbf{H}_k\mathbf{b}$ 和(b)$\mathbf{H}_k\mathbf{A}$ 分别需要多少次加法和乘法？

10. 令 $\mathbf{Q}^{\mathrm{T}}=\mathbf{G}_{n-k}\cdots\mathbf{G}_2\mathbf{G}_1$，其中 $\mathbf{G}_i$ 为吉文斯变换. 令 $\mathbf{b}\in\mathbf{R}^n$，并令 $\mathbf{A}$ 为一个 $n\times n$ 矩阵. 计算(a)$\mathbf{Q}^{\mathrm{T}}\mathbf{b}$ 和(b)$\mathbf{Q}^{\mathrm{T}}\mathbf{A}$分别需要多少次加法和乘法？

11. 令 $\mathbf{R}_1$ 和 $\mathbf{R}_2$ 为两个 2×2 旋转矩阵，并令 $\mathbf{G}_1$ 和 $\mathbf{G}_2$ 为两个 2×2 吉文斯变换. 下列情况是何种类型的变换？

(a) $\mathbf{R}_1\mathbf{R}_2$　　(b) $\mathbf{G}_1\mathbf{G}_2$　　(c) $\mathbf{R}_1\mathbf{G}_1$　　(d) $\mathbf{G}_1\mathbf{R}_1$

12. 令 $\mathbf{x}$ 和 $\mathbf{y}$ 为 $\mathbf{R}^n$ 中不同的向量，满足 $\|\mathbf{x}\|_2=\|\mathbf{y}\|_2$. 定义

$$\mathbf{u}=\frac{1}{\|\mathbf{x}-\mathbf{y}\|_2}(\mathbf{x}-\mathbf{y}) \quad 及 \quad \mathbf{Q}=\mathbf{I}-2\mathbf{u}\mathbf{u}^{\mathrm{T}}$$

证明：

(a) $\|\mathbf{x}-\mathbf{y}\|_2^2=2(\mathbf{x}-\mathbf{y})^{\mathrm{T}}\mathbf{x}$　　(b) $\mathbf{Qx}=\mathbf{y}$

13. 令 $\mathbf{u}$ 为 $\mathbf{R}^n$ 中的单位向量，并令

$$\mathbf{Q}=\mathbf{I}-2\mathbf{u}\mathbf{u}^{\mathrm{T}}$$

449

(a) 证明 $\mathbf{u}$ 为 $\mathbf{Q}$ 的一个特征向量. 它对应的特征值是什么？

(b) 令 $\mathbf{z}$ 为 $\mathbf{R}^n$ 中的一个与 $\mathbf{u}$ 正交的非零向量. 证明 $\mathbf{z}$ 为 $\mathbf{Q}$ 的属于特征值 $\lambda=1$ 的特征向量.

(c) 证明特征值 $\lambda=1$ 必为 $n-1$ 重的. $\det(\mathbf{Q})$的值是什么？

14. 令 $\boldsymbol{R}$ 为一个 $n\times n$ 的平面旋转. $\det(\boldsymbol{R})$的值是什么？证明 $\boldsymbol{R}$ 不是一个初等正交矩阵.

15. 令 $\boldsymbol{A}=\boldsymbol{Q}_1\boldsymbol{R}_1=\boldsymbol{Q}_2\boldsymbol{R}_2$，其中 $\boldsymbol{Q}_1$ 和 $\boldsymbol{Q}_2$ 为正交的，且 $\boldsymbol{R}_1$ 和 $\boldsymbol{R}_2$ 均为上三角非奇异矩阵.
   (a) 证明 $\boldsymbol{Q}_1^{\mathrm{T}}\boldsymbol{Q}_2$ 为对角的.
   (b) 比较 $\boldsymbol{R}_1$ 和 $\boldsymbol{R}_2$ 有什么结论？试说明.

16. 令 $\boldsymbol{A}=\boldsymbol{x}\boldsymbol{y}^{\mathrm{T}}$，其中 $\boldsymbol{x}\in\mathbf{R}^m$，$\boldsymbol{y}\in\mathbf{R}^n$，且 $\boldsymbol{x}$ 和 $\boldsymbol{y}$ 均为非零向量. 证明 $\boldsymbol{A}$ 有一个形如 $\boldsymbol{H}_1\boldsymbol{\Sigma}\boldsymbol{H}_2$ 的奇异值分解，其中 $\boldsymbol{H}_1$ 和 $\boldsymbol{H}_2$ 为豪斯霍尔德变换，且

$$\sigma_1=\|\boldsymbol{x}\|\,\|\boldsymbol{y}\|,\quad \sigma_2=\sigma_3=\cdots=\sigma_n=0$$

17. 令

$$\boldsymbol{R}=\begin{bmatrix}\cos\theta & -\sin\theta\\ \sin\theta & \cos\theta\end{bmatrix}$$

证明：若 θ 不是 π 的整数倍，则 $\boldsymbol{R}$ 可分解为乘积 $\boldsymbol{R}=\boldsymbol{ULU}$，其中

$$\boldsymbol{U}=\begin{bmatrix}1 & \dfrac{\cos\theta-1}{\sin\theta}\\ 0 & 1\end{bmatrix}\quad 及\quad \boldsymbol{L}=\begin{bmatrix}1 & 0\\ \sin\theta & 1\end{bmatrix}$$

一个旋转矩阵的这种形式的分解是在涉及小波及滤波器的应用问题中提出的.

7.6 特征值问题

本节将介绍一些计算 $n\times n$ 矩阵 $\boldsymbol{A}$ 的特征值和特征向量的数值方法. 第一种方法称为幂法. 幂法是一种求矩阵的主特征值及其对应的特征向量的迭代方法. 所谓主特征值，是指特征值 λ_1 满足 $|\lambda_1|>|\lambda_i|$，其中 $i=2,3,\cdots,n$. 若 $\boldsymbol{A}$ 的特征值满足

$$|\lambda_1|>|\lambda_2|>\cdots>|\lambda_n|$$

则幂法可用于一次一个地计算特征值. 第二种方法称为 QR 算法. QR 算法是一种涉及正交相似变换的迭代方法. 与幂法相比，它有很多优点. 无论 $\boldsymbol{A}$ 是否有主特征值，它都会收敛，并且它同时求得所有的特征值.

在第 6 章的例子中，特征值是通过构造特征多项式并求其根得到的. 然而这个过程并不适合数值计算. 该过程的难点是，在特征多项式的系数中，一个或几个有很小的变化时，计算求得的零点会有十分巨大的改变. 例如，考虑多项式 $p(x)=x^{10}$. 其首系数为 1，且其余的系数全为 0. 若将常数项加上 -10^{-10}，得到的多项式为 $q(x)=x^{10}-10^{-10}$. 尽管 $p(x)$和$q(x)$的系数仅相差 10^{-10}，但 $q(x)$根的绝对值均为$\dfrac{1}{10}$，而 $p(x)$的根均为 0. 因此，尽管特征多项式的系数已经非常精确地求得，但计算得到的特征值也会有明显的误差. 因此，本节所讨论的方法并不使用特征多项式. 为看到直接使用矩阵 $\boldsymbol{A}$ 进行运算的好处，必须确定 $\boldsymbol{A}$ 的元素微小变化对特征值的作用. 这可通过下面的定理得到.

450

定理 7.6.1 令 $\boldsymbol{A}$ 为 $n\times n$ 矩阵，有 n 个线性无关的特征向量，并令 $\boldsymbol{X}$ 为一个将 $\boldsymbol{A}$ 对角化的矩阵. 即

$$\boldsymbol{X}^{-1}\boldsymbol{A}\boldsymbol{X}=\boldsymbol{D}=\begin{bmatrix}\lambda_1 & & & \\ & \lambda_2 & & \\ & & \ddots & \\ & & & \lambda_n\end{bmatrix}$$

若 $\boldsymbol{A}'=\boldsymbol{A}+\boldsymbol{E}$，且 λ' 为 $\boldsymbol{A}'$ 的一个特征值，则

$$\min_{1\leqslant i\leqslant n}|\lambda'-\lambda_i|\leqslant \operatorname{cond}_2(\boldsymbol{X})\|\boldsymbol{E}\|_2 \tag{1}$$

证 假设 λ' 等于某一 λ_i（否则，没什么需要证明的）. 因此，若令 $\boldsymbol{D}_1=\boldsymbol{D}-\lambda'\boldsymbol{I}$，则 $\boldsymbol{D}_1$ 为非奇异对角矩阵. 由于 λ' 为 $\boldsymbol{A}'$ 的一个特征值，它也是 $\boldsymbol{X}^{-1}\boldsymbol{A}'\boldsymbol{X}$ 的一个特征值. 因此 $\boldsymbol{X}^{-1}\boldsymbol{A}'\boldsymbol{X}-\lambda'\boldsymbol{I}$ 是奇异的，故 $\boldsymbol{D}_1^{-1}(\boldsymbol{X}^{-1}\boldsymbol{A}'\boldsymbol{X}-\lambda'\boldsymbol{I})$ 也是奇异的. 但是

$$\begin{aligned}\boldsymbol{D}_1^{-1}(\boldsymbol{X}^{-1}\boldsymbol{A}'\boldsymbol{X}-\lambda'\boldsymbol{I}) &= \boldsymbol{D}_1^{-1}\boldsymbol{X}^{-1}(\boldsymbol{A}+\boldsymbol{E}-\lambda'\boldsymbol{I})\boldsymbol{X}\\ &= \boldsymbol{D}_1^{-1}\boldsymbol{X}^{-1}\boldsymbol{E}\boldsymbol{X}+\boldsymbol{I}\end{aligned}$$

因此，-1 为 $\boldsymbol{D}_1^{-1}\boldsymbol{X}^{-1}\boldsymbol{E}\boldsymbol{X}$ 的一个特征值. 由此可得

$$|-1|\leqslant\|\boldsymbol{D}_1^{-1}\boldsymbol{X}^{-1}\boldsymbol{E}\boldsymbol{X}\|_2\leqslant\|\boldsymbol{D}_1^{-1}\|_2\operatorname{cond}_2(\boldsymbol{X})\|\boldsymbol{E}\|_2$$

$\boldsymbol{D}_1^{-1}$ 的 2-范数为

$$\|\boldsymbol{D}_1^{-1}\|_2=\max_{1\leqslant i\leqslant n}|\lambda'-\lambda_i|^{-1}$$

使得 $|\lambda'-\lambda_i|^{-1}$ 最大化的下标 i 和使得 $|\lambda'-\lambda_i|$ 最小化的下标是相同的. 因此

$$\min_{1\leqslant i\leqslant n}|\lambda'-\lambda_i|\leqslant \operatorname{cond}_2(\boldsymbol{X})\|\boldsymbol{E}\|_2$$ ■

若矩阵 $\boldsymbol{A}$ 为对称的，则可以选择一个正交的对角化矩阵. 一般地，若 $\boldsymbol{Q}$ 为一个正交矩阵，则

$$\operatorname{cond}_2(\boldsymbol{Q})=\|\boldsymbol{Q}\|_2\|\boldsymbol{Q}^{-1}\|_2=1$$

因此，(1)化简为

$$\min_{1\leqslant i\leqslant n}|\lambda'-\lambda_i|\leqslant\|\boldsymbol{E}\|_2$$

于是，若 $\boldsymbol{A}$ 为对称的，且 $\|\boldsymbol{E}\|_2$ 很小，则 $\boldsymbol{A}'$ 的特征值将很接近 $\boldsymbol{A}$ 的特征值.

现在我们已经做好讨论一些计算 $n\times n$ 矩阵 $\boldsymbol{A}$ 的特征值和特征向量的方法的准备了. 将要展示的求 $\boldsymbol{A}$ 的特征向量的第一种方法是，将 $\boldsymbol{A}$ 作用在 $\mathbf{R}^n$ 的一个给定向量上. 为理解其基本思想，假设 $\boldsymbol{A}$ 有 n 个线性无关的特征向量 $\boldsymbol{x}_1$，$\boldsymbol{x}_2$，$\cdots$，$\boldsymbol{x}_n$，且相应的特征值满足 [451]

$$|\lambda_1|>|\lambda_2|\geqslant\cdots\geqslant|\lambda_n| \tag{2}$$

给定 $\mathbf{R}^n$ 中的一个任意向量 $\boldsymbol{v}_0$，可记

$$\begin{aligned}\boldsymbol{v}_0&=\alpha_1\boldsymbol{x}_1+\alpha_2\boldsymbol{x}_2+\cdots+\alpha_n\boldsymbol{x}_n\\ \boldsymbol{A}\boldsymbol{v}_0&=\alpha_1\lambda_1\boldsymbol{x}_1+\alpha_2\lambda_2\boldsymbol{x}_2+\cdots+\alpha_n\lambda_n\boldsymbol{x}_n\\ \boldsymbol{A}^2\boldsymbol{v}_0&=\alpha_1\lambda_1^2\boldsymbol{x}_1+\alpha_2\lambda_2^2\boldsymbol{x}_2+\cdots+\alpha_n\lambda_n^2\boldsymbol{x}_n\end{aligned}$$

且一般地，

$$\boldsymbol{A}^k\boldsymbol{v}_0=\alpha_1\lambda_1^k\boldsymbol{x}_1+\alpha_2\lambda_2^k\boldsymbol{x}_2+\cdots+\alpha_n\lambda_n^k\boldsymbol{x}_n$$

若定义

$$\boldsymbol{v}_k=\boldsymbol{A}^k\boldsymbol{v}_0,\quad k=1,2,\cdots$$

则

$$\frac{1}{\lambda_1^k}\boldsymbol{v}_k=\alpha_1\boldsymbol{x}_1+\alpha_2\left(\frac{\lambda_2}{\lambda_1}\right)^k\boldsymbol{x}_2+\cdots+\alpha_n\left(\frac{\lambda_n}{\lambda_1}\right)^k\boldsymbol{x}_n \tag{3}$$

由于

$$\left|\frac{\lambda_i}{\lambda_1}\right| < 1, \quad i = 2,3,\cdots,n$$

由此得到

$$\frac{1}{\lambda_1^k}\boldsymbol{v}_k \to \alpha_1 \boldsymbol{x}_1, \quad k \to \infty$$

因此，若 $\alpha_1 \neq 0$，则序列$\{(1/\lambda_1^k)\boldsymbol{v}_k\}$收敛到 $\boldsymbol{A}$ 的特征向量 $\alpha_1\boldsymbol{x}_1$. 至此，这种方法有一些明显的难点. 由于 λ_1 为未知的，故无法计算$(1/\lambda_1^k)\boldsymbol{v}_k$. 即使 λ_1 已知，因为 λ_1^k 接近 0 或 $\pm\infty$，这个问题仍然很困难. 但是，好在不需将序列$\{\boldsymbol{v}_k\}$用因子 $1/\lambda_1^k$ 进行缩放. 若在每一步中，将 $\boldsymbol{v}_k$ 缩放后可得到单位向量，则序列将收敛到一个向量 $\boldsymbol{x}_1$ 方向上的单位向量. 特征值 λ_1 可以同时求出. 这种计算最大数值的特征值及其相应的特征向量的方法称为幂法(power method). 它可以总结如下.

幂法

递归地定义两个序列$\{\boldsymbol{v}_k\}$和$\{\boldsymbol{u}_k\}$. 初始时，$\boldsymbol{u}_0$ 可为 $\mathbf{R}^n$ 中的任何非零向量. 一旦确定了 $\boldsymbol{u}_k$，向量 $\boldsymbol{v}_{k+1}$和 $\boldsymbol{u}_{k+1}$可如下计算：

1. 令 $\boldsymbol{v}_{k+1} = \boldsymbol{A}\boldsymbol{u}_k$.
2. 求 $\boldsymbol{v}_{k+1}$绝对值最大的坐标 j_{k+1}.
3. 令 $\boldsymbol{u}_{k+1} = (1/v_{j_{k+1}})\boldsymbol{v}_{k+1}$.

452

序列$\{\boldsymbol{u}_k\}$具有这样的性质，即对 $k \geqslant 1$，$\|\boldsymbol{u}_k\|_\infty = u_{j_k} = 1$. 若 $\boldsymbol{A}$ 的特征值满足(2)，且 $\boldsymbol{u}_0$ 可写为一个特征向量的线性组合 $\alpha_1\boldsymbol{x}_1 + \alpha_2\boldsymbol{x}_2 + \cdots + \alpha_n\boldsymbol{x}_n$，其中 $\alpha_1 \neq 0$，则序列$\{\boldsymbol{u}_k\}$将收敛到 λ_1 的特征向量 $\boldsymbol{y}$. 若 k 较大，则 $\boldsymbol{u}_k$ 将是 $\boldsymbol{y}$ 的一个较好的近似，且 $\boldsymbol{v}_{k+1} = \boldsymbol{A}\boldsymbol{u}_k$ 将为 $\lambda_1\boldsymbol{y}$ 的一个较好的近似. 由于 $\boldsymbol{u}_k$ 的第 j_k 个坐标是 1，故 $\boldsymbol{v}_{k+1}$的第 j_k 个坐标将为 λ_1 的一个较好的近似.

注意到(3)，可以期望 $\boldsymbol{u}_k$ 收敛到 $\boldsymbol{y}$ 的速度与$(\lambda_2/\lambda_1)^k$ 收敛到 0 的速度相同. 因此，若$|\lambda_2|$和$|\lambda_1|$的大小很接近，则收敛速度将很慢.

▶**例 1** 令

$$\boldsymbol{A} = \begin{bmatrix} 2 & 1 \\ 1 & 2 \end{bmatrix}$$

容易求得 $\boldsymbol{A}$ 的准确特征值. 可得 $\lambda_1 = 3$，且 $\lambda_2 = 1$，分别对应特征向量 $\boldsymbol{x}_1 = (1, 1)^{\mathrm{T}}$ 和 $\boldsymbol{x}_2 = (1, -1)^{\mathrm{T}}$. 为说明由幂法得到的向量是如何收敛的，取 $\boldsymbol{u}_0 = (2, 1)^{\mathrm{T}}$，并使用该方法.

$$\boldsymbol{v}_1 = \boldsymbol{A}\boldsymbol{u}_0 = \begin{bmatrix} 5 \\ 4 \end{bmatrix}, \qquad \boldsymbol{u}_1 = \frac{1}{5}\boldsymbol{v}_1 = \begin{bmatrix} 1.0 \\ 0.8 \end{bmatrix}$$

$$\boldsymbol{v}_2 = \boldsymbol{A}\boldsymbol{u}_1 = \begin{bmatrix} 2.8 \\ 2.6 \end{bmatrix}, \quad \boldsymbol{u}_2 = \frac{1}{2.8}\boldsymbol{v}_2 = \begin{bmatrix} 1 \\ \frac{13}{14} \end{bmatrix} \approx \begin{bmatrix} 1.00 \\ 0.93 \end{bmatrix}$$

$$v_3=Au_2=\frac{1}{14}\begin{bmatrix}41\\40\end{bmatrix},\quad u_3=\frac{14}{41}v_3=\begin{bmatrix}1\\ \frac{40}{41}\end{bmatrix}\approx\begin{bmatrix}1.00\\0.98\end{bmatrix}$$

$$v_4=Au_3\approx\begin{bmatrix}2.98\\2.95\end{bmatrix}$$

若将 $u_3=(1.00, 0.98)^T$ 作为一个近似特征向量，则 2.98 为 λ_1 的近似值. 因此，仅使用了很少的迭代，λ_1 的近似值的误差便仅为 0.02 了. ◀

幂法在仅需要少数主特征值及特征向量的应用中特别有用. 例如，在层次分析法(AHP)中，仅需相应于主特征值的特征向量作为决策过程的权重(见 6.8 节).

应用 1：计算层次分析法(AHP)中的权重向量

在 6.8 节的应用 4 中，我们考虑了一个查找委员会使用层次分析法决定雇员的例子. 在该例子中，查找委员会认为教学的重要性是研究的 2 倍，是学术活动的 8 倍. 同时，他们也认为研究的重要性是学术活动的 3 倍. 这个问题的比较矩阵为

453

$$C=\begin{bmatrix}1 & 2 & 8\\ \frac{1}{2} & 1 & 3\\ \frac{1}{8} & \frac{1}{3} & 1\end{bmatrix}$$

属于主特征值的特征向量可以使用幂法求得. 由于主特征值接近 3 且其余的特征值接近 0，幂法将会很快收敛. 对于此种情形，我们使用 $u_0=(1, 1, 1)^T$ 作为初始向量，并在每一步时均将其归一化，以使得 $u_k(k\geqslant 1)$ 的所有分量之和为 1. 利用这个过程，我们最终可以得到下列的一组向量：

$$u_1=\begin{bmatrix}0.6486\\0.2654\\0.0860\end{bmatrix},\quad u_2=\begin{bmatrix}0.6286\\0.2854\\0.0860\end{bmatrix},\quad u_3=\begin{bmatrix}0.6281\\0.2854\\0.0864\end{bmatrix},\quad u_4=\begin{bmatrix}0.6282\\0.2854\\0.0864\end{bmatrix}$$

其中，所有的元均显示到 4 位小数. 当 $k\geqslant 3$ 时，计算向量 u_k 的前 3 位小数都相同. 因此，若我们取 $w=u_4$ 为权重向量，则它可以精确到 3 位小数.

对一个 $n\times n$ 的比较矩阵 C，计算层次分析法中权重向量的幂法可归纳如下：

1. 令 $u_0=e$，其中 e 为 $\mathbf{R}^n$ 中一个所有分量相加均为 1 的向量.
2. 对 $k=1, 2, \cdots$

   令 $v=Au_k$

   $$s=\sum_{i=1}^{n}v_i$$

   $$u_{k+1}=\frac{1}{s}v$$

迭代过程需在 u_k 和 u_{k+1} 达到需要的相同位数时终止. 然后，我们使用求得的特征向量 u_{k+1} 作为层次分析法中的权重向量.

幂法可用于求绝对值最大的特征值 λ_1 及其对应的特征向量 y_1. 那么其他的特征值和特

征向量呢？如果可将求 $\boldsymbol{A}$ 的其他特征值的问题化简为求某个 $(n-1)\times(n-1)$ 矩阵 $\boldsymbol{A}_1$ 的特征

454

值的问题，则幂法可应用于 $\boldsymbol{A}_1$. 而这事实上可通过所谓的收缩(deflation)过程实现.

收缩

收缩的基本思想是，求一个非奇异矩阵 $\boldsymbol{H}$，使得 $\boldsymbol{HAH}^{-1}$ 为一个形如

$$\left[\begin{array}{c|ccc} \lambda_1 & \times & \cdots & \times \\ \hline 0 & & & \\ \vdots & & \boldsymbol{A}_1 & \\ 0 & & & \end{array}\right] \tag{4}$$

的矩阵. 由于 $\boldsymbol{A}$ 和 $\boldsymbol{HAH}^{-1}$ 是相似的，故它们有相同的特征多项式. 因此，若 $\boldsymbol{HAH}^{-1}$ 形如(4)，则

$$\det(\boldsymbol{A}-\lambda\boldsymbol{I}) = \det(\boldsymbol{HAH}^{-1}-\lambda\boldsymbol{I}) = (\lambda_1-\lambda)\det(\boldsymbol{A}_1-\lambda\boldsymbol{I})$$

由此可得 $\boldsymbol{A}$ 的其余 $n-1$ 个特征值是 $\boldsymbol{A}_1$ 的特征值. 余下的问题是：如何求得这个矩阵 $\boldsymbol{H}$？注意到(4)要求 $\boldsymbol{HAH}^{-1}$ 的第一列为 $\lambda_1\boldsymbol{e}_1$. 而 $\boldsymbol{HAH}^{-1}$ 的第一列为 $\boldsymbol{HAH}^{-1}\boldsymbol{e}_1$. 因此

$$\boldsymbol{HAH}^{-1}\boldsymbol{e}_1 = \lambda_1\boldsymbol{e}_1$$

或等价地，

$$\boldsymbol{A}(\boldsymbol{H}^{-1}\boldsymbol{e}_1) = \lambda_1(\boldsymbol{H}^{-1}\boldsymbol{e}_1)$$

故 $\boldsymbol{H}^{-1}\boldsymbol{e}_1$ 在对应于 λ_1 的特征空间中. 因此，对某个属于 λ_1 的特征向量 $\boldsymbol{x}_1$，

$$\boldsymbol{H}^{-1}\boldsymbol{e}_1 = \boldsymbol{x}_1 \quad \text{或} \quad \boldsymbol{Hx}_1 = \boldsymbol{e}_1$$

必须求矩阵 $\boldsymbol{H}$，使得对某个属于 λ_1 的特征向量 $\boldsymbol{x}_1$ 有 $\boldsymbol{Hx}_1=\boldsymbol{e}_1$. 这可通过一个豪斯霍尔德变换得到. 若 $\boldsymbol{y}_1$ 为求得的属于特征值 λ_1 的特征向量，令

$$\boldsymbol{x}_1 = \frac{1}{\|\boldsymbol{y}_1\|_2}\boldsymbol{y}_1$$

由于 $\|\boldsymbol{x}_1\|_2=1$，可以求得一个豪斯霍尔德变换 $\boldsymbol{H}$，使得

$$\boldsymbol{Hx}_1 = \boldsymbol{e}_1$$

因为 $\boldsymbol{H}$ 为一个豪斯霍尔德变换，所以可得 $\boldsymbol{H}^{-1}=\boldsymbol{H}$，因此 $\boldsymbol{HAH}$ 是要求的相似变换.

化简为海森伯格形式

求特征值的标准方法均为迭代法. 每一次迭代所需的计算量通常非常大，除非初始

455

时 $\boldsymbol{A}$ 为一种容易计算的特殊形式. 若不是这样，标准的方法是将 $\boldsymbol{A}$ 在相似变换的意义下化简为一个较为简单的形式. 通常，豪斯霍尔德矩阵被用于将 $\boldsymbol{A}$ 转化为形如

$$\begin{bmatrix} \times & \times & \cdots & \times & \times & \times \\ \times & \times & \cdots & \times & \times & \times \\ 0 & \times & \cdots & \times & \times & \times \\ 0 & 0 & \cdots & \times & \times & \times \\ \vdots & \vdots & \ddots & \vdots & \vdots & \vdots \\ 0 & 0 & \cdots & \times & \times & \times \\ 0 & 0 & \cdots & 0 & \times & \times \end{bmatrix}$$

的矩阵. 这种形式的矩阵称为上海森伯格形式(upper Hessenberg form). 因此 $\boldsymbol{B}$ 为上海森伯格形式,当且仅当 $i \geqslant j+2$ 时,$b_{ij}=0$.

一个矩阵 $\boldsymbol{A}$ 可以使用下面的方法变换为上海森伯格形式. 首先,选择一个豪斯霍尔德矩阵 $\boldsymbol{H}_1$,使得 $\boldsymbol{H}_1\boldsymbol{A}$ 形如

$$\begin{bmatrix} a_{11} & a_{12} & \cdots & a_{1n} \\ \times & \times & \cdots & \times \\ 0 & \times & \cdots & \times \\ \vdots & \vdots & \ddots & \vdots \\ 0 & \times & \cdots & \times \end{bmatrix}$$

矩阵 $\boldsymbol{H}_1$ 将形如

$$\begin{bmatrix} 1 & 0 & \cdots & 0 \\ 0 & \times & \cdots & \times \\ \vdots & \vdots & \ddots & \vdots \\ 0 & \times & \cdots & \times \end{bmatrix}$$

因此将 $\boldsymbol{H}_1\boldsymbol{A}$ 右乘 $\boldsymbol{H}_1$ 将保持第一列不变. 若 $\boldsymbol{A}^{(1)}=\boldsymbol{H}_1\boldsymbol{A}\boldsymbol{H}_1$,则 $\boldsymbol{A}^{(1)}$ 为一个形如

$$\begin{bmatrix} a_{11}^{(1)} & a_{12}^{(1)} & \cdots & a_{1n}^{(1)} \\ a_{21}^{(1)} & a_{22}^{(1)} & \cdots & a_{2n}^{(1)} \\ 0 & a_{32}^{(1)} & \cdots & a_{3n}^{(1)} \\ \vdots & \vdots & \ddots & \vdots \\ 0 & a_{n2}^{(1)} & \cdots & a_{nn}^{(1)} \end{bmatrix}$$

的矩阵. 由于 $\boldsymbol{H}_1$ 为一个豪斯霍尔德矩阵,故 $\boldsymbol{H}_1^{-1}=\boldsymbol{H}_1$,因此 $\boldsymbol{A}^{(1)}$ 和 $\boldsymbol{A}$ 是相似的. 下一步,选择一个豪斯霍尔德矩阵 $\boldsymbol{H}_2$,使得

$$\boldsymbol{H}_2(a_{12}^{(1)},a_{22}^{(1)},\cdots,a_{n2}^{(1)})^{\mathrm{T}} = (a_{12}^{(1)},a_{22}^{(1)},\times,0,\cdots,0)^{\mathrm{T}}$$

456

矩阵 $\boldsymbol{H}_2$ 将形如

$$\begin{bmatrix} 1 & 0 & 0 & \cdots & 0 \\ 0 & 1 & 0 & \cdots & 0 \\ 0 & 0 & \times & \cdots & \times \\ \vdots & \vdots & \vdots & \ddots & \vdots \\ 0 & 0 & \times & \cdots & \times \end{bmatrix} = \left[\begin{array}{c|c} \boldsymbol{I}_2 & \boldsymbol{O} \\ \hline \boldsymbol{O} & \boldsymbol{X} \end{array}\right]$$

$\boldsymbol{A}^{(1)}$ 左乘 $\boldsymbol{H}_2$ 将保持其前两行和第一列不变:

$$\boldsymbol{H}_2\boldsymbol{A}^{(1)} = \begin{bmatrix} a_{11}^{(1)} & a_{12}^{(1)} & a_{13}^{(1)} & \cdots & a_{1n}^{(1)} \\ a_{21}^{(1)} & a_{22}^{(1)} & a_{23}^{(1)} & \cdots & a_{2n}^{(1)} \\ 0 & \times & \times & \cdots & \times \\ 0 & 0 & \times & \cdots & \times \\ \vdots & \vdots & \vdots & \ddots & \vdots \\ 0 & 0 & \times & \cdots & \times \end{bmatrix}$$

$\boldsymbol{H}_2\boldsymbol{A}^{(1)}$ 右乘 $\boldsymbol{H}_2$ 将保持前两列不变. 因此 $\boldsymbol{A}^{(2)}=\boldsymbol{H}_2\boldsymbol{A}^{(1)}\boldsymbol{H}_2$ 形如

$$\begin{bmatrix} \times & \times & \times & \cdots & \times \\ \times & \times & \times & \cdots & \times \\ 0 & \times & \times & \cdots & \times \\ 0 & 0 & \times & \cdots & \times \\ \vdots & \vdots & \vdots & \ddots & \vdots \\ 0 & 0 & \times & \cdots & \times \end{bmatrix}$$

这个过程可以持续到最终得到一个上海森伯格矩阵

$$\boldsymbol{H} = \boldsymbol{A}^{(n-2)} = \boldsymbol{H}_{n-2}\cdots\boldsymbol{H}_2\boldsymbol{H}_1\boldsymbol{A}\boldsymbol{H}_1\boldsymbol{H}_2\cdots\boldsymbol{H}_{n-2}$$

它和 $\boldsymbol{A}$ 是相似的.

特别地，若 $\boldsymbol{A}$ 是对称的，则由于

$$\begin{aligned} \boldsymbol{H}^{\mathrm{T}} &= \boldsymbol{H}_{n-2}^{\mathrm{T}}\cdots\boldsymbol{H}_2^{\mathrm{T}}\boldsymbol{H}_1^{\mathrm{T}}A^{\mathrm{T}}\boldsymbol{H}_1^{\mathrm{T}}\boldsymbol{H}_2^{\mathrm{T}}\cdots\boldsymbol{H}_{n-2}^{\mathrm{T}} \\ &= \boldsymbol{H}_{n-2}\cdots\boldsymbol{H}_2\boldsymbol{H}_1\boldsymbol{A}\boldsymbol{H}_1\boldsymbol{H}_2\cdots\boldsymbol{H}_{n-2} \\ &= \boldsymbol{H} \end{aligned}$$

可得 $\boldsymbol{H}$ 为三对角的. 因此，任何 $n\times n$ 矩阵 $\boldsymbol{A}$ 均可相似变换为上海森伯格形式. 若 $\boldsymbol{A}$ 是对称的，化简过程将得到一个对称三对角矩阵.

在本节的最后，给出求解一个矩阵的特征值的一种可行的最好方法. 这种方法称为 QR 算法，它是由 K. G. F. Francis 于 1961 年提出的. [457]

QR 算法

给定一个 $n\times n$ 矩阵 $\boldsymbol{A}$，将其分解为一个乘积 $\boldsymbol{Q}_1\boldsymbol{R}_1$，其中 $\boldsymbol{Q}_1$ 为正交的，且 $\boldsymbol{R}_1$ 为上三角的. 定义

$$\boldsymbol{A}_1 = \boldsymbol{A} = \boldsymbol{Q}_1\boldsymbol{R}_1$$

及

$$\boldsymbol{A}_2 = \boldsymbol{Q}_1^{\mathrm{T}}\boldsymbol{A}\boldsymbol{Q}_1 = \boldsymbol{R}_1\boldsymbol{Q}_1$$

将 $\boldsymbol{A}_2$ 分解为乘积 $\boldsymbol{Q}_2\boldsymbol{R}_2$，其中 $\boldsymbol{Q}_2$ 为正交的，且 $\boldsymbol{R}_2$ 为上三角的. 定义

$$\boldsymbol{A}_3 = \boldsymbol{Q}_2^{\mathrm{T}}\boldsymbol{A}_2\boldsymbol{Q}_2 = \boldsymbol{R}_2\boldsymbol{Q}_2$$

注意到 $\boldsymbol{A}_2=\boldsymbol{Q}_1^{\mathrm{T}}\boldsymbol{A}\boldsymbol{Q}_1$ 和 $\boldsymbol{A}_3=(\boldsymbol{Q}_1\boldsymbol{Q}_2)^{\mathrm{T}}\boldsymbol{A}(\boldsymbol{Q}_1\boldsymbol{Q}_2)$ 均与 $\boldsymbol{A}$ 相似. 可继续以这种方式做下去，得到一个相似矩阵序列. 一般地，若

$$\boldsymbol{A}_k = \boldsymbol{Q}_k\boldsymbol{R}_k$$

则 $\boldsymbol{A}_{k+1}$ 定义为 $\boldsymbol{R}_k\boldsymbol{Q}_k$. 可以证明，在非常一般的条件下，采用这种方式定义的矩阵序列收敛到一个矩阵 $\boldsymbol{T}$：

$$\boldsymbol{T} = \begin{bmatrix} \boldsymbol{B}_1 & \times & \cdots & \times \\ & \boldsymbol{B}_2 & \cdots & \times \\ & \boldsymbol{O} & \ddots & \vdots \\ & & & \boldsymbol{B}_S \end{bmatrix}$$

其中 $\boldsymbol{B}_i$ 为 1×1 或 2×2 对角块. 矩阵 $\boldsymbol{T}$ 是 $\boldsymbol{A}$ 的实舒尔型. (见定理 6.4.6.) $\boldsymbol{T}$ 的每一个 2×2块将对应于 $\boldsymbol{A}$ 的一对共轭的复特征值. $\boldsymbol{A}$ 的特征值也将为所有 $\boldsymbol{B}_i$ 的特征值. 当 $\boldsymbol{A}$

对称时，每一个 $\boldsymbol{A}_k$ 也将为对称的，且序列将收敛到一个对角矩阵.

▶**例 2**　令 $\boldsymbol{A}_1$ 为例 1 中的矩阵. $\boldsymbol{A}_1$ 的 QR 分解仅需一个吉文斯变换：

$$\boldsymbol{G}_1=\frac{1}{\sqrt{5}}\begin{bmatrix}2 & 1\\1 & -2\end{bmatrix}$$

因此，

$$\boldsymbol{A}_2=\boldsymbol{G}_1\boldsymbol{A}\boldsymbol{G}_1=\frac{1}{5}\begin{bmatrix}2 & 1\\1 & -2\end{bmatrix}\begin{bmatrix}2 & 1\\1 & 2\end{bmatrix}\begin{bmatrix}2 & 1\\1 & -2\end{bmatrix}=\begin{bmatrix}2.8 & -0.6\\-0.6 & 1.2\end{bmatrix}$$

$\boldsymbol{A}_2$ 的 QR 分解可利用如下吉文斯变换得到：

$$\boldsymbol{G}_2=\frac{1}{\sqrt{8.2}}\begin{bmatrix}2.8 & -0.6\\-0.6 & -2.8\end{bmatrix}$$

458

因此，

$$\boldsymbol{A}_3=\boldsymbol{G}_2\boldsymbol{A}_2\boldsymbol{G}_2\approx\begin{bmatrix}2.98 & 0.22\\0.22 & 1.02\end{bmatrix}$$

在每一次迭代后，非对角元素均变得越来越接近 0，且对角元素越来越接近特征值 $\lambda_1=3$ 和 $\lambda_2=1$. ◀

注　1. 考虑到 QR 算法中每一次迭代的工作量，使得初始矩阵 $\boldsymbol{A}$ 为海森伯格形式或对称三对角形式是很重要的. 若不是这样的情形，需对 $\boldsymbol{A}$ 进行相似变换得到一个矩阵 $\boldsymbol{A}_1$，而它是这两种形式之一.

2. 若 $\boldsymbol{A}_k$ 为上海森伯格形式，则 QR 分解可使用 $n-1$ 个吉文斯变换得到.

$$\boldsymbol{G}_{n,n-1}\cdots\boldsymbol{G}_{32}\boldsymbol{G}_{21}\boldsymbol{A}_k=\boldsymbol{R}_k$$

令

$$\boldsymbol{Q}_k^{\mathrm{T}}=\boldsymbol{G}_{n,n-1}\cdots\boldsymbol{G}_{32}\boldsymbol{G}_{21}$$

有

$$\boldsymbol{A}_k=\boldsymbol{Q}_k\boldsymbol{R}_k$$

及

$$\boldsymbol{A}_{k+1}=\boldsymbol{Q}_k^{\mathrm{T}}\boldsymbol{A}_k\boldsymbol{Q}_k$$

为求 $\boldsymbol{A}_{k+1}$，不需要显式地求 $\boldsymbol{Q}_k$. 仅需跟踪 $n-1$ 个吉文斯变换即可. 当 $\boldsymbol{R}_k$ 右乘 $\boldsymbol{G}_{21}$ 时，结果矩阵的(2，1)元素将被赋值. 对角线下方的其他元素仍将全部为零. $\boldsymbol{R}_k\boldsymbol{G}_{21}$ 右乘 $\boldsymbol{G}_{32}$ 将仅影响(3，2)位置的元素，$\boldsymbol{R}_k\boldsymbol{G}_{21}\boldsymbol{G}_{32}$ 右乘 $\boldsymbol{G}_{43}$ 将仅影响(4，3)位置的元素，等等. 因此，结果矩阵 $\boldsymbol{A}_{k+1}=\boldsymbol{R}_k\boldsymbol{G}_{21}\boldsymbol{G}_{32}\cdots\boldsymbol{G}_{n,n-1}$ 将为上海森伯格形式. 若 $\boldsymbol{A}_1$ 为对称三对角矩阵，则每一次求得的 $\boldsymbol{A}_i$ 将为上海森伯格形式且对称. 因此，$\boldsymbol{A}_2$，$\boldsymbol{A}_3$，…均为三对角的.

3. 正如在幂法中一样，当某些特征值很接近时，收敛速度可能很慢. 为加快收敛，需要人为地引入原点平移(origin shift). 在第 k 步时，选择一个标量 α_k，并将 $\boldsymbol{A}_k-\alpha_k\boldsymbol{I}$(而不是 $\boldsymbol{A}_k$)分解为一个乘积 $\boldsymbol{Q}_k\boldsymbol{R}_k$. 矩阵 $\boldsymbol{A}_{k+1}$ 定义为

$$\boldsymbol{A}_{k+1}=\boldsymbol{R}_k\boldsymbol{Q}_k+\alpha_k\boldsymbol{I}$$

注意到

$$\boldsymbol{Q}_k^{\mathrm{T}}\boldsymbol{A}_k\boldsymbol{Q}_k=\boldsymbol{Q}_k^{\mathrm{T}}(\boldsymbol{Q}_k\boldsymbol{R}_k+\alpha_k\boldsymbol{I})\boldsymbol{Q}_k=\boldsymbol{R}_k\boldsymbol{Q}_k+\alpha_k\boldsymbol{I}=\boldsymbol{A}_{k+1}$$

故 $\boldsymbol{A}_k$ 和 $\boldsymbol{A}_{k+1}$ 是相似的．通过适当选择平移 α_k，收敛过程可以大大加快．

4．上面已经给出了方法的主线，更为详细的内容(例如如何选择原点平移等)均被忽略了．更为深入的介绍和对收敛性的证明，可参见 Wilkinson[39]．

459

7.6 节练习

1．令

$$\boldsymbol{A}=\begin{bmatrix}1 & 1\\ 1 & 1\end{bmatrix}$$

(a) 对任何非零初始向量，对使用幂法迭代一步．

(b) 对 $\boldsymbol{A}$ 使用 QR 算法迭代一步．

(c) 通过求解特征方程得到 $\boldsymbol{A}$ 的准确特征值，并求对应于最大特征值的特征空间．将你的结果与(a)和(b)中的结果进行比较．

2．令

$$\boldsymbol{A}=\begin{bmatrix}2 & 1 & 0\\ 1 & 3 & 1\\ 0 & 1 & 2\end{bmatrix}\quad 及\quad \boldsymbol{u}_0=\begin{bmatrix}1\\ 1\\ 1\end{bmatrix}$$

(a) 使用幂法计算 $\boldsymbol{v}_1$，$\boldsymbol{u}_1$，$\boldsymbol{v}_2$，$\boldsymbol{u}_2$ 和 $\boldsymbol{v}_3$．(舍入到两位小数．)

(b) 利用 $\boldsymbol{v}_3$ 的坐标，求 $\boldsymbol{A}$ 的最大特征值的近似值 λ_1'．求 λ_1 的准确值，并和 λ_1' 进行比较．相对误差是多少？

3．令

$$\boldsymbol{A}=\begin{bmatrix}1 & 2\\ -1 & -1\end{bmatrix}\quad 及\quad \boldsymbol{u}_0=\begin{bmatrix}1\\ 1\end{bmatrix}$$

(a) 使用幂法计算 $\boldsymbol{u}_1$，$\boldsymbol{u}_2$，$\boldsymbol{u}_3$ 和 $\boldsymbol{u}_4$．

(b) 说明为什么幂法在这种情况时是不好的．

4．令

$$\boldsymbol{A}=\boldsymbol{A}_1=\begin{bmatrix}1 & 1\\ 1 & 3\end{bmatrix}$$

使用 QR 算法计算 $\boldsymbol{A}_2$ 和 $\boldsymbol{A}_3$．求 $\boldsymbol{A}$ 的准确特征值，并将它们与 $\boldsymbol{A}_3$ 中的对角元素进行比较．它们在多少位小数上是相同的？

5．给定

$$\boldsymbol{A}=\begin{bmatrix}5 & 2 & 2\\ -2 & 1 & -2\\ -3 & -4 & 2\end{bmatrix}$$

(a) 验证 $\lambda_1=4$ 是 $\boldsymbol{A}$ 的一个特征值，且 $\boldsymbol{y}_1=(2,\ -2,\ 1)^{\mathrm{T}}$ 为属于 λ_1 的特征向量．

(b) 求一个豪斯霍尔德变换 $\boldsymbol{H}$，使得 $\boldsymbol{HAH}$ 形如

$$\begin{bmatrix}4 & \times & \times\\ 0 & \times & \times\\ 0 & \times & \times\end{bmatrix}$$

(c)求 $\boldsymbol{HAH}$，并求 $\boldsymbol{A}$ 的其余特征值．

6．令 $\boldsymbol{A}$ 为一个 $n\times n$ 矩阵，它有不同的实特征值 λ_1，λ_2，…，λ_n．令 λ 为一个不是 $\boldsymbol{A}$ 的特征值的标量，并令$\boldsymbol{B}=(\boldsymbol{A}-\lambda\boldsymbol{I})^{-1}$．证明：

(a) 标量 $\mu_j = 1/(\lambda_j - \lambda)(j=1, 2, \cdots, n)$为 $\boldsymbol{B}$ 的特征值.

(b) 若 $\boldsymbol{x}_j$ 为 $\boldsymbol{B}$ 的一个属于 μ_j 的特征向量，则 $\boldsymbol{x}_j$ 为 $\boldsymbol{A}$ 的属于 λ_j 的特征向量.

(c) 若对 $\boldsymbol{B}$ 使用幂法，则向量序列将收敛到 $\boldsymbol{A}$ 的属于最接近 λ 的特征值的特征向量. [若和其他特征值相比，λ 更接近于 λ_i，则其收敛速度将很快. 这种利用$(\boldsymbol{A}-\lambda\boldsymbol{I})^{-1}$求特征向量的方法称为*逆幂法*(inverse power method).]

7. 令 $\boldsymbol{x}=(x_1, x_2, \cdots, x_n)^{\mathrm{T}}$ 为 $\boldsymbol{A}$ 的属于 λ 的特征向量. 若 $|x_i| = \|\boldsymbol{x}\|_\infty$，证明：

(a) $\sum_{j=1}^{n} a_{ij} x_j = \lambda x_i$ (b) $|\lambda - a_{ii}| \leqslant \sum_{\substack{j=1 \\ j\neq i}}^{n} |a_{ij}|$ (Gerschgorin 定理)

8. 令 λ 为 $n\times n$ 矩阵 $\boldsymbol{A}$ 的特征值. 证明：

$$|\lambda - a_{jj}| \leqslant \sum_{\substack{i=1 \\ i\neq j}}^{n} |a_{ij}| \qquad \text{(关于列的 Gerschgorin 定理)}$$

9. 令 $\boldsymbol{A}$ 为一个矩阵，其特征值为 $\lambda_1, \lambda_2, \cdots, \lambda_n$，并令 λ 为 $\boldsymbol{A}+\boldsymbol{E}$ 的一个特征值. 令 $\boldsymbol{X}$ 为一个将 $\boldsymbol{A}$ 对角化的矩阵，并令 $\boldsymbol{C}=\boldsymbol{X}^{-1}\boldsymbol{E}\boldsymbol{X}$. 证明：

(a) 对某个 i，

$$|\lambda - \lambda_i| \leqslant \sum_{j=1}^{n} |c_{ij}|$$

[提示：λ 为 $\boldsymbol{X}^{-1}(\boldsymbol{A}+\boldsymbol{E})\boldsymbol{X}$ 的特征值. 利用练习 7 中的 Gerschgorin 定理.]

(b) $\min_{1\leqslant j\leqslant n} |\lambda - \lambda_j| \leqslant \mathrm{cond}_\infty(X) \|E\|_\infty$.

460

10. 令 $\boldsymbol{A}_k = \boldsymbol{Q}_k\boldsymbol{R}_k(k=1, 2, \cdots)$为使用 QR 算法并令 $\boldsymbol{A}=\boldsymbol{A}_1$ 得到的矩阵序列. 对每一个正整数 k，定义

$$\boldsymbol{P}_k = \boldsymbol{Q}_1\boldsymbol{Q}_2\cdots\boldsymbol{Q}_k \quad \text{及} \quad \boldsymbol{U}_k = \boldsymbol{R}_k\cdots\boldsymbol{R}_2\boldsymbol{R}_1$$

证明对所有的 $k\geqslant 1$，

$$\boldsymbol{P}_k\boldsymbol{A}_{k+1} = \boldsymbol{A}\boldsymbol{P}_k$$

11. 令 $\boldsymbol{P}_k$ 和 $\boldsymbol{U}_k$ 如练习 10 中的定义. 证明：

(a) $\boldsymbol{P}_{k+1}\boldsymbol{U}_{k+1} = \boldsymbol{P}_k\boldsymbol{A}_{k+1}\boldsymbol{U}_k = \boldsymbol{A}\boldsymbol{P}_k\boldsymbol{U}_k$.

(b) $\boldsymbol{P}_k\boldsymbol{U}_k = \boldsymbol{A}^k$，且因此

$$(\boldsymbol{Q}_1\boldsymbol{Q}_2\cdots\boldsymbol{Q}_k)(\boldsymbol{R}_k\cdots\boldsymbol{R}_2\boldsymbol{R}_1)$$

为 $\boldsymbol{A}^k$ 的 QR 分解.

12. 令 $\boldsymbol{R}_k$ 为 $k\times k$ 上三角矩阵，并假设

$$\boldsymbol{R}_k\boldsymbol{U}_k = \boldsymbol{U}_k\boldsymbol{D}_k$$

其中 $\boldsymbol{U}_k$ 为一个上三角矩阵，其对角元素为 1，$\boldsymbol{D}_k$ 为一个对角矩阵. 令 $\boldsymbol{R}_{k+1}$ 为一个上三角矩阵，形如

$$\begin{bmatrix} \boldsymbol{R}_k & \boldsymbol{b}_k \\ \boldsymbol{0}^{\mathrm{T}} & \beta_k \end{bmatrix}$$

其中 β_k 不是 $\boldsymbol{R}_k$ 的一个特征值. 求$(k+1)\times(k+1)$矩阵 $\boldsymbol{U}_{k+1}$ 和 $\boldsymbol{D}_{k+1}$，形如

$$\boldsymbol{U}_{k+1} = \begin{bmatrix} \boldsymbol{U}_k & \boldsymbol{x}_k \\ \boldsymbol{0}^{\mathrm{T}} & 1 \end{bmatrix}, \quad \boldsymbol{D}_{k+1} = \begin{bmatrix} \boldsymbol{D}_k & \boldsymbol{0} \\ \boldsymbol{0}^{\mathrm{T}} & \beta \end{bmatrix}$$

使得

$$\boldsymbol{R}_{k+1}\boldsymbol{U}_{k+1} = \boldsymbol{U}_{k+1}\boldsymbol{D}_{k+1}$$

13. 令 $\boldsymbol{R}$ 为一个 $n\times n$ 上三角矩阵，其对角元素各不相同. 令 $\boldsymbol{R}_k$ 为 $\boldsymbol{R}$ 的阶为 k 的前主子矩阵，并令 $\boldsymbol{U}_1=(1)$.

(a) 用练习12的结论设计一个求 $\boldsymbol{R}$ 的特征向量的算法. 特征向量的矩阵 $\boldsymbol{U}$ 应为上三角的，其对角元素均为1.

(b) 证明这个算法大概需要 $n^3/6$ 次浮点数的乘除法.

7.7 最小二乘问题

本节将介绍求超定方程组最小二乘解的计算方法. 令 $\boldsymbol{A}$ 为 $m\times n$ 矩阵，其中 $m\geqslant n$，并令 $\boldsymbol{b}\in\mathbf{R}^m$. 我们考虑求将 $\|\boldsymbol{b}-\boldsymbol{A}\boldsymbol{x}\|_2^2$ 最小化的向量 $\hat{\boldsymbol{x}}$ 的一些方法.

正规方程

第5章中我们看到，若 $\hat{\boldsymbol{x}}$ 满足正规方程

$$\boldsymbol{A}^{\mathrm{T}}\boldsymbol{A}\boldsymbol{x}=\boldsymbol{A}^{\mathrm{T}}\boldsymbol{b}$$

则 $\hat{\boldsymbol{x}}$ 为最小二乘问题的解. 若 $\boldsymbol{A}$ 为满秩的(秩为 n)，则 $\boldsymbol{A}^{\mathrm{T}}\boldsymbol{A}$ 为非奇异的，因此方程组将有唯一解. 于是，若 $\boldsymbol{A}^{\mathrm{T}}\boldsymbol{A}$ 是可逆的，一个求解最小二乘问题的方法是，构造正规方程，然后使用高斯消元法. 这样的算法应包含以下两个主要部分：

1. 计算 $\boldsymbol{B}=\boldsymbol{A}^{\mathrm{T}}\boldsymbol{A}$ 及 $\boldsymbol{c}=\boldsymbol{A}^{\mathrm{T}}\boldsymbol{b}$.
2. 求解 $\boldsymbol{B}\boldsymbol{x}=\boldsymbol{c}$.

注意，构造正规方程粗略地需要 $mn^2/2$ 次乘法. 由于 $\boldsymbol{A}^{\mathrm{T}}\boldsymbol{A}$ 为非奇异的，故矩阵 $\boldsymbol{B}$ 为正定的. 对于对称正定矩阵，存在简化的算法，它仅需通常算法一半数量的乘法. 因此，求解 $\boldsymbol{B}\boldsymbol{x}=\boldsymbol{c}$ 粗略地需要 $n^3/6$ 次乘法. 接下来，大量的工作将用于构造正规方程，而不是求解. 然而，这个方法的主要困难是，在构造正规方程时可能将问题最终转化为一个病态的方程. 回顾7.4节的内容，若 $\boldsymbol{x}'$ 为 $\boldsymbol{B}\boldsymbol{x}=\boldsymbol{c}$ 的计算解，且 $\boldsymbol{x}$ 为其准确解，则不等式

461

$$\frac{1}{\operatorname{cond}(\boldsymbol{B})}\frac{\|\boldsymbol{r}\|}{\|\boldsymbol{c}\|}\leqslant\frac{\|\boldsymbol{x}-\boldsymbol{x}'\|}{\|\boldsymbol{x}\|}\leqslant\operatorname{cond}(\boldsymbol{B})\frac{\|\boldsymbol{r}\|}{\|\boldsymbol{c}\|}$$

给出了相对误差和相对残差的比较. 若 $\boldsymbol{A}$ 的奇异值为 $\sigma_1\geqslant\sigma_2\geqslant\cdots\geqslant\sigma_n>0$，则 $\operatorname{cond}_2(\boldsymbol{A})=\sigma_1/\sigma_n$. $\boldsymbol{B}$ 的奇异值为 $\sigma_1^2,\ \sigma_2^2,\ \cdots,\ \sigma_n^2$. 因此，

$$\operatorname{cond}_2(\boldsymbol{B})=\frac{\sigma_1^2}{\sigma_n^2}=[\operatorname{cond}_2(\boldsymbol{A})]^2$$

例如，若 $\operatorname{cond}_2(\boldsymbol{A})=10^4$，正规方程计算结果的相对误差可以达到相对残差的 10^8 倍. 通过构造正规方程，由于计算最小二乘解时损失的精确小数位数可能最终被加倍. 正是出于这个原因，我们在使用正规方程求解最小二乘法时应当非常小心.

求解最小二乘问题的改进的格拉姆-施密特方法

若 $\boldsymbol{A}$ 为一个秩为 n 的 $m\times n(m>n)$ 矩阵，我们可以使用格拉姆-施密特正交化过程进行分解，得到 $\boldsymbol{A}=\boldsymbol{Q}\boldsymbol{R}$，其中 $\boldsymbol{Q}$ 为一个各列均正交的 $m\times n$ 矩阵，$\boldsymbol{R}$ 为一个对角线元均为正值的 $n\times n$ 上三角矩阵. 理论上讲，线性方程组 $\boldsymbol{A}\boldsymbol{x}=\boldsymbol{b}$ 的最小二乘解可以使用如下两步求得：

(i) 令 $\boldsymbol{c}=\boldsymbol{Q}^{\mathrm{T}}\boldsymbol{b}$.

(ii) 使用回代法求解上三角方程组 $\boldsymbol{R}\boldsymbol{x}=\boldsymbol{c}$ 得到 $\boldsymbol{x}$.

不幸的是，若使用经典的格拉姆-施密特方法，由于有效数字的显著性丢失，计算得到的矩阵 $\boldsymbol{Q}$ 的列向量可能会失去正交的特性，因此，第(ii)步计算得到的向量 $\boldsymbol{x}$ 不会非常准确. 事实上，如果使用经典的格拉姆-施密特方法，可能会出现巨量消失，并使求得的向量 $\boldsymbol{x}$ 根本没有准确数位.

但是，可以使用改进的格拉姆-施密特算法来计算 $\boldsymbol{A}$ 的 QR 分解. 虽然在计算 $\boldsymbol{Q}$ 的列向量时，仍会损失部分正交性，但是，此时的损失相比较而言很小. 尽管正交性有所损失，但已经证明，通过使用改进的格拉姆-施密特 QR 分解和在第(i)步中计算 $\boldsymbol{c}$ 时适当修改向量 $\boldsymbol{b}$，该算法将会在数值上稳定. 因此，我们并不选择计算 $c_k=\boldsymbol{q}_k^{\mathrm{T}}\boldsymbol{b}$，而是计算 $c_k=\boldsymbol{q}_k^{\mathrm{T}}\boldsymbol{b}_k$，其中 $\boldsymbol{b}_k$ 为向量 $\boldsymbol{b}$ 的修正值. 此处，我们将不再讨论算法的数值稳定性，因为这大大超出了本书的范围. 计算超定线性方程组 $\boldsymbol{Ax}=\boldsymbol{b}$ 最小二乘解的改进的格拉姆-施密特方法归纳为下面的算法.

462

算法 7.7.1 针对最小二乘问题改进的格拉姆-施密特过程

给定一个秩为 n 的 $m\times n$ 矩阵 $\boldsymbol{A}$ 和 $\mathbf{R}^m$ 中的一个向量 $\boldsymbol{b}$.

使用算法 5.6.1 计算 $\boldsymbol{A}$ 的改进的格拉姆-施密特 QR 分解中的 $\boldsymbol{Q}$ 和 $\boldsymbol{R}$.

令 $\boldsymbol{b}_1=\boldsymbol{b}$

对 $k=1,2,\cdots,n$，令

$c_k=\boldsymbol{q}_k^{\mathrm{T}}\boldsymbol{b}_k$

$\boldsymbol{b}_{k+1}=\boldsymbol{b}_k-c_k\boldsymbol{q}_k$

循环结束

使用回代法利用 $\boldsymbol{Rx}=\boldsymbol{c}$ 计算 $\boldsymbol{x}$.

豪斯霍尔德 QR 分解

在使用格拉姆-施密特方法求解最小二乘问题时，我们使用了一种 QR 分解 $\boldsymbol{A}=\boldsymbol{QR}$，其中 $\boldsymbol{Q}$ 为一个各列正交的 $m\times n$ 矩阵，$\boldsymbol{R}$ 为一个 $n\times n$ 的上三角矩阵. 另外一种求解最小二乘问题的方法使用了另一种不同的 QR 分解. 这种分解方法是通过对 $\boldsymbol{A}$ 应用一系列豪斯霍尔德变换得到的. 这时，$\boldsymbol{Q}$ 为一个 $m\times m$ 的正交矩阵，$\boldsymbol{R}$ 则是一个次对角元均为 0 的 $m\times n$ 矩阵.

给定一个满秩的 $m\times n$ [1] 矩阵 $\boldsymbol{A}$，可使用 n 个豪斯霍尔德变换将其对角线下方的所有元素化为零. 因此，

$$\boldsymbol{H}_n\boldsymbol{H}_{n-1}\cdots\boldsymbol{H}_1\boldsymbol{A}=\boldsymbol{R}$$

其中，$\boldsymbol{R}$ 形如

$$\begin{bmatrix}\boldsymbol{R}_1\\ \boldsymbol{O}\end{bmatrix}=\begin{bmatrix}\times & \times & \times & \cdots & \times\\ & \times & \times & \cdots & \times\\ & & \times & \cdots & \times\\ & & & \ddots & \vdots\\ & & & & \times\end{bmatrix}$$

[1] 此处 $m>n$. ——译者注

其对角元素非零. 令

$$Q^{\mathrm{T}}=H_nH_{n-1}\cdots H_1=\begin{bmatrix}Q_1^{\mathrm{T}}\\Q_2^{\mathrm{T}}\end{bmatrix}$$

其中 Q_1^{T} 为一个 $n\times m$ 矩阵，它由 Q^{T} 的前 n 行组成. 由于 $Q^{\mathrm{T}}A=R$，可得

$$A=QR=[Q_1\quad Q_2]\begin{bmatrix}R_1\\O\end{bmatrix}=Q_1R_1$$

463

令

$$c=Q^{\mathrm{T}}b=\begin{bmatrix}Q_1^{\mathrm{T}}b\\Q_2^{\mathrm{T}}b\end{bmatrix}=\begin{bmatrix}c_1\\c_2\end{bmatrix}$$

其正规方程可写为

$$R_1^{\mathrm{T}}Q_1^{\mathrm{T}}Q_1R_1x=R_1^{\mathrm{T}}Q_1^{\mathrm{T}}b$$

由于 $Q_1^{\mathrm{T}}Q_1=I$，且 R_1^{T} 为非奇异的，故它可化简为

$$R_1x=c_1$$

这个方程组可以通过回代法求解. 解 $x=R_1^{-1}c_1$ 将为最小二乘问题的唯一解. 为计算残差，注意到

$$Q^{\mathrm{T}}r=\begin{bmatrix}c_1\\c_2\end{bmatrix}-\begin{bmatrix}R_1\\O\end{bmatrix}x=\begin{bmatrix}0\\c_2\end{bmatrix}$$

因此

$$r=Q\begin{bmatrix}0\\c_2\end{bmatrix}\quad 且\quad \|r\|_2=\|c_2\|_2$$

综上所述，若 A 为一个满秩的 $m\times n$ 矩阵，最小二乘问题可如下求解：

1. 使用豪斯霍尔德变换求

$$R=H_n\cdots H_2H_1A\quad 及\quad c=H_n\cdots H_2H_1b$$

2. 将 R 和 c 写为分块形式：

$$R=\begin{bmatrix}R_1\\O\end{bmatrix}\quad c=\begin{bmatrix}c_1\\c_2\end{bmatrix}$$

其中 R_1 和 c_1 均有 n 行.

3. 使用回代法求解 $R_1x=c_1$.

伪逆法

下面考虑矩阵 A 的秩 $r<n$ 的情况. 奇异值分解给出了在这种情况下求解最小二乘问题的关键. 它可用于构造一个 A 的广义逆. 当 A 为 $n\times n$ 非奇异矩阵，且奇异值分解为 $U\Sigma V^{\mathrm{T}}$ 时，其逆为

464

$$A^{-1}=V\Sigma^{-1}U^{\mathrm{T}}$$

更为一般地，若 $A=U\Sigma V^{\mathrm{T}}$ 是一个秩为 r 的 $m\times n$ 矩阵，则矩阵 Σ 将为一个 $m\times n$ 矩阵，

形如

$$\boldsymbol{\Sigma}=\left[\begin{array}{c|c}\boldsymbol{\Sigma}_1 & \boldsymbol{O}\\ \hline \boldsymbol{O} & \boldsymbol{O}\end{array}\right]=\left[\begin{array}{cccc|c}\sigma_1 & & & & \\ & \sigma_2 & & & \boldsymbol{O}\\ & & \ddots & & \\ & & & \sigma_r & \\ \hline & & \boldsymbol{O} & & \boldsymbol{O}\end{array}\right]$$

且可以定义

$$\boldsymbol{A}^{+}=\boldsymbol{V}\boldsymbol{\Sigma}^{+}\boldsymbol{U}^{\mathrm{T}} \tag{1}$$

其中 $\boldsymbol{\Sigma}^{+}$ 为 $n\times m$ 矩阵

$$\boldsymbol{\Sigma}^{+}=\left[\begin{array}{c|c}\boldsymbol{\Sigma}_1^{-1} & \boldsymbol{O}\\ \hline \boldsymbol{O} & \boldsymbol{O}\end{array}\right]=\left[\begin{array}{ccc|c}\frac{1}{\sigma_1} & \ddots & & \boldsymbol{O}\\ & & \frac{1}{\sigma_r} & \\ \hline & \boldsymbol{O} & & \boldsymbol{O}\end{array}\right]$$

方程(1)给出了一个矩阵逆的自然推广．(1)定义的矩阵 $\boldsymbol{A}^{+}$ 称为 $\boldsymbol{A}$ 的伪逆(pseudoinverse)．

还可利用它的代数性质定义 $\boldsymbol{A}^{+}$．这些性质在下列四个条件中给出．

彭罗斯条件

1. $\boldsymbol{AXA}=\boldsymbol{A}$
2. $\boldsymbol{XAX}=\boldsymbol{X}$
3. $(\boldsymbol{AX})^{\mathrm{T}}=\boldsymbol{AX}$
4. $(\boldsymbol{XA})^{\mathrm{T}}=\boldsymbol{XA}$

若 $\boldsymbol{A}$ 为 $m\times n$ 矩阵，则必存在一个唯一的 $n\times m$ 矩阵 $\boldsymbol{X}$ 满足这些条件．事实上，若令 $\boldsymbol{X}=\boldsymbol{A}^{+}=\boldsymbol{V}\boldsymbol{\Sigma}^{+}\boldsymbol{U}^{\mathrm{T}}$，则容易验证 $\boldsymbol{X}$ 满足所有四个条件，这留给读者作为练习．为证明唯一性，假设 $\boldsymbol{Y}$ 也满足彭罗斯条件．通过使用这些条件，可得

$$\begin{aligned}\boldsymbol{X}&=\boldsymbol{XAX} && (2)\\ &=\boldsymbol{A}^{\mathrm{T}}\boldsymbol{X}^{\mathrm{T}}\boldsymbol{X} && (4)\\ &=(\boldsymbol{AYA})^{\mathrm{T}}\boldsymbol{X}^{\mathrm{T}}\boldsymbol{X} && (1)\\ &=(\boldsymbol{A}^{\mathrm{T}}\boldsymbol{Y}^{\mathrm{T}})(\boldsymbol{A}^{\mathrm{T}}\boldsymbol{X}^{\mathrm{T}})\boldsymbol{X} && \\ &=\boldsymbol{YAXAX} && (4)\\ &=\boldsymbol{YAX} && (1)\end{aligned}\qquad\qquad\begin{aligned}\boldsymbol{Y}&=\boldsymbol{YAY} && (2)\\ &=\boldsymbol{YY}^{\mathrm{T}}\boldsymbol{A}^{\mathrm{T}} && (3)\\ &=\boldsymbol{YY}^{\mathrm{T}}(\boldsymbol{AXA})^{\mathrm{T}} && (1)\\ &=\boldsymbol{Y}(\boldsymbol{Y}^{\mathrm{T}}\boldsymbol{A}^{\mathrm{T}})(\boldsymbol{X}^{\mathrm{T}}\boldsymbol{A}^{\mathrm{T}}) && \\ &=\boldsymbol{YAYAX} && (3)\\ &=\boldsymbol{YAX} && (1)\end{aligned}$$

465

于是，$\boldsymbol{X}=\boldsymbol{Y}$．因此 $\boldsymbol{A}^{+}$ 为满足这四个条件的唯一矩阵．这些条件通常用于定义伪逆，且 $\boldsymbol{A}^{+}$ 通常称为穆尔-彭罗斯伪逆(Moore-Penrose pseudoinverse)．

为看到伪逆如何用于求解最小二乘问题，首先考虑 $\boldsymbol{A}$ 是一个秩为 n 的 $m\times n$ 矩阵的情形．因此，$\boldsymbol{\Sigma}$ 形如

$$\boldsymbol{\Sigma}=\begin{bmatrix}\boldsymbol{\Sigma}_1\\ \boldsymbol{O}\end{bmatrix}$$

其中 $\boldsymbol{\Sigma}_1$ 为一个 $n\times n$ 非奇异对角矩阵．矩阵 $\boldsymbol{A}^{\mathrm{T}}\boldsymbol{A}$ 为非奇异的，且

$$(\boldsymbol{A}^{\mathrm{T}}\boldsymbol{A})^{-1}=\boldsymbol{V}(\boldsymbol{\Sigma}^{\mathrm{T}}\boldsymbol{\Sigma})^{-1}\boldsymbol{V}^{\mathrm{T}}$$

正规方程的解为

$$
\begin{aligned}
\boldsymbol{x} &= (\boldsymbol{A}^{\mathrm{T}}\boldsymbol{A})^{-1}\boldsymbol{A}^{\mathrm{T}}\boldsymbol{b} \\
&= \boldsymbol{V}(\boldsymbol{\Sigma}^{\mathrm{T}}\boldsymbol{\Sigma})^{-1}\boldsymbol{V}^{\mathrm{T}}\boldsymbol{V}\boldsymbol{\Sigma}^{\mathrm{T}}\boldsymbol{U}^{\mathrm{T}}\boldsymbol{b} \\
&= \boldsymbol{V}(\boldsymbol{\Sigma}^{\mathrm{T}}\boldsymbol{\Sigma})^{-1}\boldsymbol{\Sigma}^{\mathrm{T}}\boldsymbol{U}^{\mathrm{T}}\boldsymbol{b} \\
&= \boldsymbol{V}\boldsymbol{\Sigma}^{+}\boldsymbol{U}^{\mathrm{T}}\boldsymbol{b} \\
&= \boldsymbol{A}^{+}\boldsymbol{b}
\end{aligned}
$$

因此，若 $\boldsymbol{A}$ 为满秩的，则 $\boldsymbol{A}^{+}\boldsymbol{b}$ 为最小二乘问题的解. 若 $\boldsymbol{A}$ 的秩 $r<n$ 时如何呢？此时，最小二乘问题将有无穷多解. 下面的定理说明 $\boldsymbol{A}^{+}\boldsymbol{b}$ 不仅是一个解，而且也是相应于 2-范数的最小解.

定理 7.7.1 若 $\boldsymbol{A}$ 是一个秩为 $r<n$ 的 $m\times n$ 矩阵，其奇异值分解为 $\boldsymbol{U\Sigma V}^{\mathrm{T}}$，则向量

$$
\boldsymbol{x}=\boldsymbol{A}^{+}\boldsymbol{b}=\boldsymbol{V}\boldsymbol{\Sigma}^{+}\boldsymbol{U}^{\mathrm{T}}\boldsymbol{b}
$$

最小化 $\|\boldsymbol{b}-\boldsymbol{Ax}\|_2^2$. 此外，若 $\boldsymbol{z}$ 为任何其他使得 $\|\boldsymbol{b}-\boldsymbol{Ax}\|_2^2$ 最小化的向量，则 $\|\boldsymbol{z}\|_2>\|\boldsymbol{x}\|_2$.

证 令 $\boldsymbol{x}$ 为 $\mathbf{R}^n$ 中的一个向量，并定义

$$
\boldsymbol{c}=\boldsymbol{U}^{\mathrm{T}}\boldsymbol{b}=\begin{bmatrix}\boldsymbol{c}_1\\ \boldsymbol{c}_2\end{bmatrix} \quad \text{和} \quad \boldsymbol{y}=\boldsymbol{V}^{\mathrm{T}}\boldsymbol{x}=\begin{bmatrix}\boldsymbol{y}_1\\ \boldsymbol{y}_2\end{bmatrix}
$$

其中 $\boldsymbol{c}_1$ 和 $\boldsymbol{y}_1$ 为 $\mathbf{R}^r$ 中的向量. 由于 $\boldsymbol{U}^{\mathrm{T}}$ 是正交的，可得

$$
\begin{aligned}
\|\boldsymbol{b}-\boldsymbol{Ax}\|_2^2 &= \|\boldsymbol{U}^{\mathrm{T}}\boldsymbol{b}-\boldsymbol{\Sigma}(\boldsymbol{V}^{\mathrm{T}}\boldsymbol{x})\|_2^2 \\
&= \|\boldsymbol{c}-\boldsymbol{\Sigma}\boldsymbol{y}\|_2^2 \\
&= \left\|\begin{bmatrix}\boldsymbol{c}_1\\ \boldsymbol{c}_2\end{bmatrix}-\begin{bmatrix}\boldsymbol{\Sigma}_1 & \boldsymbol{O}\\ \boldsymbol{O} & \boldsymbol{O}\end{bmatrix}\begin{bmatrix}\boldsymbol{y}_1\\ \boldsymbol{y}_2\end{bmatrix}\right\|_2^2 \\
&= \left\|\begin{bmatrix}\boldsymbol{c}_1-\boldsymbol{\Sigma}_1\boldsymbol{y}_1\\ \boldsymbol{c}_2\end{bmatrix}\right\|_2^2 \\
&= \|\boldsymbol{c}_1-\boldsymbol{\Sigma}_1\boldsymbol{y}_1\|_2^2+\|\boldsymbol{c}_2\|_2^2
\end{aligned}
$$

466

由于 $\boldsymbol{c}_2$ 和 $\boldsymbol{x}$ 线性无关，可得 $\|\boldsymbol{b}-\boldsymbol{Ax}\|^2$ 取得最小值的充要条件为

$$
\|\boldsymbol{c}_1-\boldsymbol{\Sigma}_1\boldsymbol{y}_1\|=0
$$

因此 $\boldsymbol{x}$ 为最小二乘问题的解的充要条件是 $\boldsymbol{x}=\boldsymbol{V}\boldsymbol{y}$，其中 $\boldsymbol{y}$ 为一个向量，形如

$$
\begin{bmatrix}\boldsymbol{\Sigma}_1^{-1}\boldsymbol{c}_1\\ \boldsymbol{y}_2\end{bmatrix}
$$

特别地，

$$
\begin{aligned}
\boldsymbol{x} &= \boldsymbol{V}\begin{bmatrix}\boldsymbol{\Sigma}_1^{-1}\boldsymbol{c}_1\\ \boldsymbol{0}\end{bmatrix} \\
&= \boldsymbol{V}\begin{bmatrix}\boldsymbol{\Sigma}_1^{-1} & \boldsymbol{O}\\ \boldsymbol{O} & \boldsymbol{O}\end{bmatrix}\begin{bmatrix}\boldsymbol{c}_1\\ \boldsymbol{c}_2\end{bmatrix} \\
&= \boldsymbol{V}\boldsymbol{\Sigma}^{+}\boldsymbol{U}^{\mathrm{T}}\boldsymbol{b}
\end{aligned}
$$

$$= \boldsymbol{A}^{+}\boldsymbol{b}$$

是一个解．若 $\boldsymbol{z}$ 为任何其他的解，则 $\boldsymbol{z}$ 必形如

$$\boldsymbol{z} = \boldsymbol{V}\boldsymbol{y} = \boldsymbol{V}\begin{bmatrix} \boldsymbol{\Sigma}_1^{-1}\boldsymbol{c}_1 \\ \boldsymbol{y}_2 \end{bmatrix}$$

其中 $\boldsymbol{y}_2 \neq \boldsymbol{0}$．由此可得

$$\|\boldsymbol{z}\|^2 = \|\boldsymbol{y}\|^2 = \|\boldsymbol{\Sigma}_1^{-1}\boldsymbol{c}_1\|^2 + \|\boldsymbol{y}_2\|^2 > \|\boldsymbol{\Sigma}_1^{-1}\boldsymbol{c}_1\|^2 = \|\boldsymbol{x}\|^2$$ ■

若 $\boldsymbol{A}$ 的奇异值分解 $\boldsymbol{U\Sigma V}^{\mathrm{T}}$ 是已知的，则求最小二乘问题的解是一个简单的问题．若 $\boldsymbol{U}=(\boldsymbol{u}_1,\ \boldsymbol{u}_2,\ \cdots,\ \boldsymbol{u}_m)$，且 $\boldsymbol{V}=(\boldsymbol{v}_1,\ \boldsymbol{v}_2,\ \cdots,\ \boldsymbol{v}_n)$，则定义 $\boldsymbol{y}=\boldsymbol{\Sigma}^{+}\boldsymbol{U}^{\mathrm{T}}\boldsymbol{b}$，我们有

$$y_i = \frac{1}{\sigma_i}\boldsymbol{u}_i^{\mathrm{T}}\boldsymbol{b},\quad i = 1,2,\cdots,r \quad (r = \boldsymbol{A}\ \text{的秩})$$

$$y_i = 0,\qquad i = r+1, r+2,\cdots,n$$

于是

$$\boldsymbol{A}^{+}\boldsymbol{b} = \boldsymbol{V}\boldsymbol{y} = \begin{bmatrix} v_{11}y_1 + v_{12}y_2 + \cdots + v_{1r}y_r \\ v_{21}y_1 + v_{22}y_2 + \cdots + v_{2r}y_r \\ \vdots \\ v_{n1}y_1 + v_{n2}y_2 + \cdots + v_{nr}y_r \end{bmatrix}$$

$$= y_1\boldsymbol{v}_1 + y_2\boldsymbol{v}_2 + \cdots + y_r\boldsymbol{v}_r$$

因此 $\boldsymbol{x}=\boldsymbol{A}^{+}\boldsymbol{b}$ 的解可通过下面两步计算：

1. 令 $y_i=(1/\sigma_i)\boldsymbol{u}_i^{\mathrm{T}}\boldsymbol{b}$，其中 $i=1,\ 2,\ \cdots,\ r$.
2. 令 $\boldsymbol{x}=y_1\boldsymbol{v}_1+y_2\boldsymbol{v}_2+\cdots+y_r\boldsymbol{v}_r$.

467

这一小节的结论给出了求一个矩阵的奇异值的计算方法．在最后一小节我们将看到，一个对称矩阵的特征值对矩阵元素的扰动非常不敏感．这个结论对一个 $m\times n$ 矩阵的奇异值也是成立的．若两个矩阵 $\boldsymbol{A}$ 和 $\boldsymbol{B}$ 很接近，则它们的奇异值必然也很接近．更精确地，若 $\boldsymbol{A}$ 的奇异值为 $\sigma_1\geqslant\sigma_2\geqslant\cdots\geqslant\sigma_n$，且 $\boldsymbol{B}$ 的奇异值为 $\omega_1\geqslant\omega_2\geqslant\cdots\geqslant\omega_n$，则

$$|\sigma_i - \omega_i| \leqslant \|\boldsymbol{A}-\boldsymbol{B}\|_2,\quad i = 1,2,\cdots,n$$

（见 Datta[23]）．因此，在计算一个矩阵 $\boldsymbol{A}$ 的奇异值时，无需担心 $\boldsymbol{A}$ 的元素的微小变化可能使计算得到的奇异值有较大的变化．

求奇异值的问题可以使用正交变换进行简化．若 $\boldsymbol{A}$ 的奇异值分解为 $\boldsymbol{U\Sigma V}^{\mathrm{T}}$，且 $\boldsymbol{B}=\boldsymbol{HAP}^{\mathrm{T}}$，其中 $\boldsymbol{H}$ 为一个 $m\times m$ 正交矩阵，且 $\boldsymbol{P}$ 为一个 $n\times n$ 正交矩阵，则 $\boldsymbol{B}$ 有奇异值分解 $(\boldsymbol{HU})\boldsymbol{\Sigma}(\boldsymbol{PV})^{\mathrm{T}}$．矩阵 $\boldsymbol{A}$ 和 $\boldsymbol{B}$ 将有相同的奇异值，且若 $\boldsymbol{B}$ 具有比 $\boldsymbol{A}$ 更为简单的结构，则计算它的奇异值应当比较容易．事实上，Gene. H. Golub 和 William. Kahan 已经证明，$\boldsymbol{A}$ 可分解为上双对角形式，且化简过程可通过豪斯霍尔德变换完成．

双对角化

令 $\boldsymbol{H}_1$ 为消去 $\boldsymbol{A}$ 的第一列的对角线下方所有元素的豪斯霍尔德变换．令 $\boldsymbol{P}_1$ 为一个豪斯霍尔德变换，使得 $\boldsymbol{H}_1\boldsymbol{A}$ 右乘 $\boldsymbol{P}_1$ 后，可消去 $\boldsymbol{H}_1\boldsymbol{A}$ 第一行的后 $n-2$ 个元素，而保持其第一列不变，即

$$
\boldsymbol{H}_1\boldsymbol{A}\boldsymbol{P}_1=\begin{bmatrix}\times & \times & 0 & \cdots & 0\\ 0 & \times & \times & \cdots & \times\\ \vdots & \vdots & \vdots & \ddots & \vdots\\ 0 & \times & \times & \cdots & \times\end{bmatrix}
$$

下一步，用一个豪斯霍尔德变换 $\boldsymbol{H}_2$ 消去 $\boldsymbol{H}_1\boldsymbol{A}\boldsymbol{P}_1$ 中第二列对角线下方的所有元素，而保持第一行和第一列不变：

$$
\boldsymbol{H}_2\boldsymbol{H}_1\boldsymbol{A}\boldsymbol{P}_1=\begin{bmatrix}\times & \times & 0 & \cdots & 0\\ 0 & \times & \times & \cdots & \times\\ 0 & 0 & \times & \cdots & \times\\ \vdots & \vdots & \vdots & \ddots & \vdots\\ 0 & 0 & \times & \cdots & \times\end{bmatrix}
$$

则 $\boldsymbol{H}_2\boldsymbol{H}_1\boldsymbol{A}\boldsymbol{P}_1$ 可通过右乘一个豪斯霍尔德变换 $\boldsymbol{P}_2$，消去第二行中的后 $n-3$ 个元素，而保持前两列和第一行不变：

468

$$
\boldsymbol{H}_2\boldsymbol{H}_1\boldsymbol{A}\boldsymbol{P}_1\boldsymbol{P}_2=\begin{bmatrix}\times & \times & 0 & 0 & \cdots & 0\\ 0 & \times & \times & 0 & \cdots & 0\\ 0 & 0 & \times & \times & \cdots & \times\\ \vdots & \vdots & \vdots & \vdots & \ddots & \vdots\\ 0 & 0 & \times & \times & \cdots & \times\end{bmatrix}
$$

以这种方式继续进行下去，可得一个矩阵

$$
\boldsymbol{B}=\boldsymbol{H}_n\boldsymbol{H}_{n-1}\cdots\boldsymbol{H}_1\boldsymbol{A}\boldsymbol{P}_1\boldsymbol{P}_2\cdots\boldsymbol{P}_{n-2}
$$

形如

$$
\begin{bmatrix}\times & \times & & & \\ & \times & \times & & \\ & & \ddots & \ddots & \\ & & & \times & \times\\ & & & & \times\end{bmatrix}
$$

由于 $\boldsymbol{H}=\boldsymbol{H}_n\boldsymbol{H}_{n-1}\cdots\boldsymbol{H}_1$，且 $\boldsymbol{P}^{\mathrm{T}}=\boldsymbol{P}_1\boldsymbol{P}_2\cdots\ \boldsymbol{P}_{n-2}$ 为正交的，可得 $\boldsymbol{B}$ 和 $\boldsymbol{A}$ 有相同的奇异值.

现在，这个问题已经化简为求一个上双对角矩阵 $\boldsymbol{B}$ 的奇异值问题. 此时，可构造一个对称的三对角矩阵 $\boldsymbol{B}^{\mathrm{T}}\boldsymbol{B}$，然后使用 QR 算法计算它的特征值. 问题是，在构造 $\boldsymbol{B}^{\mathrm{T}}\boldsymbol{B}$ 时仍会将条件数平方，因此求得的解将非常不可靠. 该方法得到了一系列收敛于一个对角矩阵 $\boldsymbol{\Sigma}$ 的双对角矩阵 $\boldsymbol{B}_1$，$\boldsymbol{B}_2$，$\cdots$. 该方法包含了一系列对 $\boldsymbol{B}$ 的吉文斯变换，它们交替地作用在其左边和右边.

Golub-Reinsch 算法

令

$$
\boldsymbol{R}_k=\begin{bmatrix}\boldsymbol{I}_{k-1} & \boldsymbol{O} & \boldsymbol{O}\\ \boldsymbol{O} & \boldsymbol{G}(\theta_k) & \boldsymbol{O}\\ \boldsymbol{O} & \boldsymbol{O} & \boldsymbol{I}_{n-k-1}\end{bmatrix}
$$

及

$$L_k=\begin{bmatrix} \boldsymbol{I}_{k-1} & \boldsymbol{O} & \boldsymbol{O} \\ \boldsymbol{O} & \boldsymbol{G}(\varphi_k) & \boldsymbol{O} \\ \boldsymbol{O} & \boldsymbol{O} & \boldsymbol{I}_{n-k-1} \end{bmatrix}$$

对某夹角 θ_k 和 φ_k，2×2 矩阵 $\boldsymbol{G}(\theta_k)$和 $\boldsymbol{G}(\varphi_k)$为

$$\boldsymbol{G}(\theta_k)=\begin{bmatrix} \cos\theta_k & \sin\theta_k \\ \sin\theta_k & -\cos\theta_k \end{bmatrix} \quad 和 \quad \boldsymbol{G}(\varphi_k)=\begin{bmatrix} \cos\varphi_k & \sin\varphi_k \\ \sin\varphi_k & -\cos\varphi_k \end{bmatrix}$$

469

矩阵 $\boldsymbol{B}=\boldsymbol{B}_1$ 首先右乘 $\boldsymbol{R}_1$．这将给(2，1)位置的元素赋值.

$$\boldsymbol{B}_1\boldsymbol{R}_1=\begin{bmatrix} \times & \times & & & \\ \times & \times & \times & & \\ & & \times & \ddots & \\ & & & \ddots & \times \\ & & & & \times \end{bmatrix}$$

然后选择 $\boldsymbol{L}_1$，消去由 $\boldsymbol{R}_1$ 赋值的元素．同时，它也将对(1，3)位置进行赋值．因此，

$$\boldsymbol{L}_1\boldsymbol{B}_1\boldsymbol{R}_1=\begin{bmatrix} \times & \times & \times & & \\ & \times & \times & & \\ & & & \ddots & \\ & & & \ddots & \times \\ & & & & \times \end{bmatrix}$$

选择一个 $\boldsymbol{R}_2$，消去(1，3)元素．同时，它也将对 $\boldsymbol{L}_1\boldsymbol{B}_1\boldsymbol{R}_1$ 的(3，2)元素赋值．然后用 $\boldsymbol{L}_2$ 消去(3，2)元素，并给(2，4)元素赋值，依此类推.

$$\underset{\boldsymbol{L}_1\boldsymbol{B}_1\boldsymbol{R}_1\boldsymbol{R}_2}{\begin{bmatrix} \times & \times & & & & \\ & \times & \times & & & \\ & \times & \times & \times & & \\ & & & & \ddots & \\ & & & & \ddots & \times \\ & & & & & \times \end{bmatrix}} \qquad \underset{\boldsymbol{L}_2\boldsymbol{L}_1\boldsymbol{B}_1\boldsymbol{R}_1\boldsymbol{R}_2}{\begin{bmatrix} \times & \times & & & & \\ & \times & \times & \times & & \\ & & \times & \times & & \\ & & & & \ddots & \\ & & & & \ddots & \times \\ & & & & & \times \end{bmatrix}}$$

继续进行下去，直到最终得到一个新的双对角矩阵：

$$\boldsymbol{B}_2=\boldsymbol{L}_{n-1}\boldsymbol{L}_{n-2}\cdots\boldsymbol{L}_1\boldsymbol{B}_1\boldsymbol{R}_1\boldsymbol{R}_2\cdots\boldsymbol{R}_{n-1}$$

为什么 $\boldsymbol{B}_2$ 一定会比 $\boldsymbol{B}_1$ 更好？可以证明，若正确地选择第一个变换 $\boldsymbol{R}_1$，则 $\boldsymbol{B}_2^{\mathrm{T}}\boldsymbol{B}_2$ 将由 $\boldsymbol{B}_1^{\mathrm{T}}\boldsymbol{B}_1$ 利用带原点平移的 QR 算法一次迭代得到．这个过程应用于 $\boldsymbol{B}_2$，可得到一个新的双对角矩阵 $\boldsymbol{B}_3$，使得 $\boldsymbol{B}_3^{\mathrm{T}}\boldsymbol{B}_3$ 由 $\boldsymbol{B}_1^{\mathrm{T}}\boldsymbol{B}_1$ 利用带原点平移的 QR 算法两次迭代得到．尽管从未计算过 $\boldsymbol{B}_i^{\mathrm{T}}\boldsymbol{B}_i$，但是可以知道通过适当选取平移，这些矩阵将快速收敛到一个对角矩阵．$\boldsymbol{B}_i$ 必然也收敛到一个对角矩阵 $\boldsymbol{\Sigma}$．由于每一个 $\boldsymbol{B}_i$ 都和 $\boldsymbol{B}$ 有相同的奇异值，故 $\boldsymbol{\Sigma}$ 的对角元素将为 $\boldsymbol{B}$ 的奇异值．矩阵 $\boldsymbol{U}$ 和 $\boldsymbol{V}^{\mathrm{T}}$ 可通过跟踪所有的正交变换得到.

此处仅给出了该算法的一个简要介绍，更多的讨论超出了本书的范围．对该算法的详细讨论，读者可以参考文献[37]第 135 页 Golub 和 Reinsch 的论文．

470

7.7 节练习

1. 求下列各最小二乘问题 $\boldsymbol{A}=\boldsymbol{QR}$ 的解 $\boldsymbol{x}$.

(a) $\boldsymbol{Q}=\begin{bmatrix}\frac{1}{\sqrt{2}} & \frac{1}{\sqrt{2}}\\ \frac{1}{\sqrt{2}} & -\frac{1}{\sqrt{2}}\\ 0 & 0\end{bmatrix}$, $\boldsymbol{R}=\begin{bmatrix}1 & 1\\ 0 & 1\end{bmatrix}$, $\boldsymbol{b}=\begin{bmatrix}1\\ 1\\ 1\end{bmatrix}$

(b) $\boldsymbol{Q}=\begin{bmatrix}1 & 0 & 0\\ 0 & \frac{1}{\sqrt{2}} & -\frac{1}{\sqrt{2}}\\ 0 & \frac{1}{\sqrt{2}} & \frac{1}{\sqrt{2}}\\ 0 & 0 & 0\end{bmatrix}$, $\boldsymbol{R}=\begin{bmatrix}1 & 1 & 0\\ 0 & 1 & 1\\ 0 & 0 & 1\end{bmatrix}$, $\boldsymbol{b}=\begin{bmatrix}1\\ 3\\ 1\\ 2\end{bmatrix}$

(c) $\boldsymbol{Q}=\begin{bmatrix}1 & 0 & 0\\ 0 & \frac{1}{\sqrt{2}} & -\frac{1}{\sqrt{2}}\\ 0 & \frac{1}{\sqrt{2}} & \frac{1}{\sqrt{2}}\end{bmatrix}$, $\boldsymbol{R}=\begin{bmatrix}1 & 1\\ 0 & 1\\ 0 & 0\end{bmatrix}$, $\boldsymbol{b}=\begin{bmatrix}1\\ \sqrt{2}\\ -\sqrt{2}\end{bmatrix}$

(d) $\boldsymbol{Q}=\begin{bmatrix}\frac{1}{2} & \frac{1}{\sqrt{2}} & 0 & \frac{1}{2}\\ \frac{1}{2} & 0 & \frac{1}{\sqrt{2}} & -\frac{1}{2}\\ \frac{1}{2} & 0 & -\frac{1}{\sqrt{2}} & -\frac{1}{2}\\ \frac{1}{2} & -\frac{1}{\sqrt{2}} & 0 & \frac{1}{2}\end{bmatrix}$, $\boldsymbol{R}=\begin{bmatrix}1 & 1 & 0\\ 0 & 1 & 1\\ 0 & 0 & 1\\ 0 & 0 & 0\end{bmatrix}$, $\boldsymbol{b}=\begin{bmatrix}2\\ -2\\ 0\\ 2\end{bmatrix}$

2. 令

$$\boldsymbol{A}=\begin{bmatrix}\boldsymbol{D}\\ \boldsymbol{E}\end{bmatrix}=\begin{bmatrix}d_1 & & & \\ & d_2 & & \\ & & \ddots & \\ & & & d_n\\ \hline e_1 & & & \\ & e_2 & & \\ & & \ddots & \\ & & & e_n\end{bmatrix} \text{ 及 } \boldsymbol{b}=\begin{bmatrix}b_1\\ b_2\\ \vdots\\ b_{2n}\end{bmatrix}$$

使用正规方程求最小二乘问题的解 $\boldsymbol{x}$.

3. 给定

$$A=\begin{bmatrix}1&0\\1&3\\1&3\\1&0\end{bmatrix},\quad b=\begin{bmatrix}-4\\2\\2\\2\end{bmatrix}$$

(a) 使用豪斯霍尔德变换将 $\boldsymbol{A}$ 化为

$$\begin{bmatrix}R_1\\O\end{bmatrix}=\begin{bmatrix}\times&\times\\0&\times\\0&0\\0&0\end{bmatrix}$$

并对 $\boldsymbol{b}$ 使用相同的变换.

(b) 使用(a)的结论，求最小二乘问题 $\boldsymbol{Ax}=\boldsymbol{b}$ 的解.

4. 令

$$A=\begin{bmatrix}1&5\\1&3\\1&11\\1&5\end{bmatrix}\quad 及\quad b=\begin{bmatrix}1\\-1\\3\\5\end{bmatrix}$$

(a) 使用算法 5.6.1 计算 $\boldsymbol{A}$ 的改进的格拉姆一施密特 QR 分解中的 $\boldsymbol{Q}$ 和 $\boldsymbol{R}$.

(b) 使用算法 7.7.1 计算线性方程组 $\boldsymbol{Ax}=\boldsymbol{b}$ 的最小二乘解.

5. 令

$$A=\begin{bmatrix}1&1\\\rho&0\\0&\rho\end{bmatrix}$$

其中 ρ 为一个小的标量.

471

(a) 求 $\boldsymbol{A}$ 精确的奇异值.

(b) 假设 ρ 充分小，使得 $1+\rho^2$ 在你的计算器上四舍五入为 1. 求 $\boldsymbol{A}^{\mathrm{T}}\boldsymbol{A}$ 的特征值，并将特征值的平方根和(a)中的结论进行比较.

6. 证明伪逆 $\boldsymbol{A}^{+}$ 满足彭罗斯条件.

7. 令 $\boldsymbol{B}$ 为满足彭罗斯条件 1 和 3 的任意矩阵，并令 $\boldsymbol{x}=\boldsymbol{Bb}$. 证明 $\boldsymbol{x}$ 为正规方程 $\boldsymbol{A}^{\mathrm{T}}\boldsymbol{Ax}=\boldsymbol{A}^{\mathrm{T}}\boldsymbol{b}$ 的解.

8. 若 $\boldsymbol{x}\in\mathbf{R}^m$，可将 $\boldsymbol{x}$ 看成一个 $m\times 1$ 矩阵. 若 $\boldsymbol{x}\neq\boldsymbol{0}$，则可定义一个 $1\times m$ 矩阵 $\boldsymbol{X}$：

$$X=\frac{1}{\|x\|_2^2}x^{\mathrm{T}}$$

证明：$\boldsymbol{X}$ 和 $\boldsymbol{x}$ 满足四个彭罗斯条件，因此，

$$x^{+}=X=\frac{1}{\|x\|_2^2}x^{\mathrm{T}}$$

9. 证明：若 $\boldsymbol{A}$ 是一个秩为 n 的 $m\times n$ 矩阵，则 $\boldsymbol{A}^{+}=(\boldsymbol{A}^{\mathrm{T}}\boldsymbol{A})^{-1}\boldsymbol{A}^{\mathrm{T}}$.

10. 令 $\boldsymbol{A}$ 为 $m\times n$ 矩阵，且令 $\boldsymbol{b}\in\mathbf{R}^m$. 证明 $\boldsymbol{b}\in R(\boldsymbol{A})$的充要条件为

$$b=AA^{+}b$$

11. 令 $\boldsymbol{A}$ 为 $m\times n$ 矩阵，其奇异值分解为 $\boldsymbol{U\Sigma V}^{\mathrm{T}}$，并设 $\boldsymbol{A}$ 的秩为 r，其中 $r<n$. 令 $\boldsymbol{b}\in\mathbf{R}^m$. 证明：一个向量$\boldsymbol{x}\in\mathbf{R}^n$最小化 $\|\boldsymbol{b}-A\boldsymbol{x}\|_2$ 的充要条件为

$$x=A^{+}b+c_{r+1}v_{r+1}+c_{r+2}v_{r+2}+\cdots+c_nv_n$$

其中 c_{r+1}，c_{r+2}，…，c_n 为标量.

12. 令

$$A=\begin{bmatrix}1&1\\1&1\\0&0\end{bmatrix}$$

求 A^+，并验证 A 和 A^+ 满足四个彭罗斯条件(见 6.5 节例 1).

13. 给定

$$A=\begin{bmatrix}1&2\\-1&-2\end{bmatrix}\quad 和\quad b=\begin{bmatrix}6\\-4\end{bmatrix}$$

(a) 求 A 的奇异值分解，并用它求 A^+.

(b) 用 A^+ 求方程组 $Ax=b$ 的最小二乘解.

(c) 求最小二乘问题 $Ax=b$ 的所有解.

14. 证明下列各式：

(a) $(A^+)^+=A$

(b) $(AA^+)^2=AA^+$

(c) $(A^+A)^2=A^+A$

15. 令 $A_1=U\Sigma_1V^T$ 及 $A_2=U\Sigma_2V^T$，其中

$$\Sigma_1=\begin{bmatrix}\sigma_1&&&&&&\\&\sigma_2&&&&&\\&&\ddots&&&&\\&&&\sigma_{r-1}&&&\\&&&&0&&\\&&&&&\ddots&\\&&&&&&0\end{bmatrix}$$

及

$$\Sigma_2=\begin{bmatrix}\sigma_1&&&&&&&\\&\sigma_2&&&&&&\\&&\ddots&&&&&\\&&&\sigma_{r-1}&&&&\\&&&&\sigma_r&&&\\&&&&&0&&\\&&&&&&\ddots&\\&&&&&&&0\end{bmatrix}$$

且 $\sigma_r=\rho>0$. $\|A_1-A_2\|_F$ 和 $\|A_1^+-A_2^+\|_F$ 的值是多少？若令 $\rho\to0$，这些值如何变化？

16. 令 $A=XY^T$，其中 X 为一个 $m\times r$ 矩阵，Y^T 为一个 $r\times n$ 矩阵，且 X^TX 和 Y^TY 均为非奇异的. 证明矩阵

$$B=Y(Y^TY)^{-1}(X^TX)^{-1}X^T$$

满足彭罗斯条件，因此必等于 A^+. 于是 A^+ 可通过这种分解求得.

472

7.8 迭代法

本节将学习求解线性方程组 $Ax=b$ 的迭代法. 迭代法从一个初始的近似解 $x^{(0)}$

开始，通过确定的过程，得到一个更好的近似 $\boldsymbol{x}^{(1)}$. 然后，从 $\boldsymbol{x}^{(1)}$ 开始，重复相同的过程，得到一个改进了的近似 $\boldsymbol{x}^{(2)}$，并依此类推. 迭代过程将会在达到某一精度要求后终止.

迭代法对求解大型稀疏方程组非常有用. 例如，这样的方程组可出现在求解偏微分方程的边值问题时. 使用迭代法求解一个 $n \times n$ 方程组的解，所需的浮点运算次数(flops)成正比于 n^2，而高斯消元法所需的浮点运算次数则成正比于 n^3. 因此，当 n 较大时，迭代法给出了一种实用的求解方程组的办法. 此外，存储稀疏系数矩阵 $\boldsymbol{A}$ 所用的内存与 n 成正比，但高斯消元或者其他前述章节中研究的直接方法，一般需要将 $\boldsymbol{A}$ 中的零填充，这使存储需要的空间与 n^2 成正比. 当 n 很大时，这就成了一个问题.

此处描述的迭代法在每次迭代时，仅需将 $\boldsymbol{A}$ 乘以一个 $\mathbf{R}^n$ 中的向量. 若 $\boldsymbol{A}$ 是稀疏的，这通常可使用一些系统化的方法，使得 $\boldsymbol{A}$ 中只有少量的位置需要使用. 迭代法的一个不足是，求解 $\boldsymbol{Ax}=\boldsymbol{b}_1$ 后，必须再次从头开始计算 $\boldsymbol{Ax}=\boldsymbol{b}_2$.

矩阵分裂

给定方程组 $\boldsymbol{Ax}=\boldsymbol{b}$，将其系数矩阵 $\boldsymbol{A}$ 写为 $\boldsymbol{A}=\boldsymbol{C}-\boldsymbol{M}$，其中 $\boldsymbol{C}$ 为一个非奇异矩阵，其形式有利于矩阵求逆(例如，对角形或三角形的). 表达式 $\boldsymbol{A}=\boldsymbol{C}-\boldsymbol{M}$ 被称为矩阵分裂(matrix splitting). 于是，方程组可被改写为如下的形式：

$$\boldsymbol{Cx} = \boldsymbol{Mx} + \boldsymbol{b}$$
$$\boldsymbol{x} = \boldsymbol{C}^{-1}\boldsymbol{Mx} + \boldsymbol{C}^{-1}\boldsymbol{b}$$

若令

$$\boldsymbol{B} = \boldsymbol{C}^{-1}\boldsymbol{M} = \boldsymbol{I} - \boldsymbol{C}^{-1}\boldsymbol{A}, \quad \text{及} \quad \boldsymbol{c} = \boldsymbol{C}^{-1}\boldsymbol{b}$$

则

$$\boldsymbol{x} = \boldsymbol{Bx} + \boldsymbol{c} \tag{1}$$

为求解方程组，首先从一个猜测的初始点 $\boldsymbol{x}^{(0)}$ 开始，它可能是 $\mathbf{R}^n$ 中的任意向量. 然后，令

$$\boldsymbol{x}^{(1)} = \boldsymbol{Bx}^{(0)} + \boldsymbol{c}$$
$$\boldsymbol{x}^{(2)} = \boldsymbol{Bx}^{(1)} + \boldsymbol{c}$$

并且一般地有

$$\boldsymbol{x}^{(k+1)} = \boldsymbol{Bx}^{(k)} + \boldsymbol{c}$$

473

令 $\boldsymbol{x}$ 为线性方程组的一个解. 若 $\|\cdot\|$ 表示 $\mathbf{R}^n$ 上的一些向量范数，且矩阵 $\boldsymbol{B}$ 对应的范数小于 1，可以证明，当 $k \to \infty$ 时，有 $\|\boldsymbol{x}^{(k)} - \boldsymbol{x}\| \to 0$. 事实上，

$$\boldsymbol{x}^{(1)} - \boldsymbol{x} = (\boldsymbol{Bx}^{(0)} + \boldsymbol{c}) - (\boldsymbol{Bx} + \boldsymbol{c}) = \boldsymbol{B}(\boldsymbol{x}^{(0)} - \boldsymbol{x})$$
$$\boldsymbol{x}^{(2)} - \boldsymbol{x} = (\boldsymbol{Bx}^{(1)} + \boldsymbol{c}) - (\boldsymbol{Bx} + \boldsymbol{c}) = \boldsymbol{B}(\boldsymbol{x}^{(1)} - \boldsymbol{x}) = \boldsymbol{B}^2(\boldsymbol{x}^{(0)} - \boldsymbol{x})$$

并依此类推. 一般地，

$$\boldsymbol{x}^{(k)} - \boldsymbol{x} = \boldsymbol{B}^k(\boldsymbol{x}^{(0)} - \boldsymbol{x}) \tag{2}$$

因此，

$$\|\boldsymbol{x}^{(k)} - \boldsymbol{x}\| = \|\boldsymbol{B}^k(\boldsymbol{x}^{(0)} - \boldsymbol{x})\|$$

$$\leqslant \|\boldsymbol{B}^k\|\|\boldsymbol{x}^{(0)}-\boldsymbol{x}\|$$
$$\leqslant \|\boldsymbol{B}\|^k\|\boldsymbol{x}^{(0)}-\boldsymbol{x}\|$$

因此，若$\|\boldsymbol{B}\|<1$，则当$k\to\infty$时，有$\|\boldsymbol{x}^{(k)}-\boldsymbol{x}\|\to 0$.

尽管在实践中，通常只使用$\|\cdot\|_\infty$和$\|\cdot\|_1$，但前述结果对$\mathbf{R}^n$中的任何标准范数都成立．于是，从根本上说，需要一个容易求逆的矩阵$\boldsymbol{C}$，且$\boldsymbol{C}^{-1}$足够近似$\boldsymbol{A}^{-1}$，使得

$$\|\boldsymbol{I}-\boldsymbol{C}^{-1}\boldsymbol{A}\|=\|\boldsymbol{B}\|<1$$

最后的这个条件意味着，$\boldsymbol{B}$的所有特征向量的模都应小于1.

定义　令λ_1，λ_2，…，λ_n为$\boldsymbol{B}$的特征值，并令$\rho(\boldsymbol{B})=\max\limits_{1\leqslant i\leqslant n}|\lambda_i|$．常数$\rho(\boldsymbol{B})$被称为$\boldsymbol{B}$的谱半径(spectral radius).

定理 7.8.1　令$\boldsymbol{x}^{(0)}$为$\mathbf{R}^n$中的任一向量，并定义$\boldsymbol{x}^{(i+1)}=\boldsymbol{B}\boldsymbol{x}^{(i)}+\boldsymbol{c}$，其中$i=0$，1，…．若$\boldsymbol{x}$为(1)的解，则使$\boldsymbol{x}^{(k)}\to\boldsymbol{x}$成立的充要条件是$\rho(\boldsymbol{B})<1$.

证　下面将仅证明当$\boldsymbol{B}$有n个线性无关特征向量时的情形．$\boldsymbol{B}$不能被对角化的情形超出了本书的范畴．若$\boldsymbol{x}_1$，$\boldsymbol{x}_2$，…，$\boldsymbol{x}_n$为$\boldsymbol{B}$的n个线性无关特征向量，则

$$\boldsymbol{x}^{(0)}-\boldsymbol{x}=\alpha_1\boldsymbol{x}_1+\alpha_2\boldsymbol{x}_2+\cdots+\alpha_n\boldsymbol{x}_n$$

且由(2)可得

$$\begin{aligned}\boldsymbol{x}^{(k)}-\boldsymbol{x}&=\boldsymbol{B}^k(\alpha_1\boldsymbol{x}_1+\alpha_2\boldsymbol{x}_2+\cdots+\alpha_n\boldsymbol{x}_n)\\&=\alpha_1\lambda_1^k\boldsymbol{x}_1+\alpha_2\boldsymbol{x}_2+\cdots+\alpha_n\lambda_n^k\boldsymbol{x}_n\end{aligned}$$

因此，当且仅当$|\lambda_i|<1(i=1,2,\cdots,n)$，时，有

$$\boldsymbol{x}^{(k)}-\boldsymbol{x}\to\boldsymbol{0}$$

因此，$\boldsymbol{x}^{(k)}-\boldsymbol{x}\to\boldsymbol{0}$的充要条件是$\rho(\boldsymbol{B})<1$.　■

选$\boldsymbol{C}$的最简单方法是，令$\boldsymbol{C}$为一个对角矩阵，其对角线元素为$\boldsymbol{A}$的对角元素．采用这种方法选择$\boldsymbol{C}$的迭代法称为雅可比迭代(Jacobi iteration).

474

雅可比迭代

令

$$\boldsymbol{C}=\begin{bmatrix}a_{11}&0&\cdots&0\\0&a_{22}&&\\\vdots&\vdots&\ddots&\vdots\\0&0&\cdots&a_{nn}\end{bmatrix}$$

及

$$\boldsymbol{M}=-\begin{bmatrix}0&a_{12}&\cdots&a_{1n}\\a_{21}&0&\cdots&a_{2n}\\\vdots&\vdots&\ddots&\vdots\\a_{n1}&a_{n2}&\cdots&0\end{bmatrix}$$

并令$\boldsymbol{B}=\boldsymbol{C}^{-1}\boldsymbol{M}$及$\boldsymbol{c}=\boldsymbol{C}^{-1}\boldsymbol{b}$．因此，

$$\boldsymbol{B}=\begin{bmatrix} 0 & \frac{-a_{12}}{a_{11}} & \cdots & \frac{-a_{1n}}{a_{11}} \\ \frac{-a_{21}}{a_{22}} & 0 & \cdots & \frac{-a_{2n}}{a_{22}} \\ \vdots & \vdots & \ddots & \vdots \\ \frac{-a_{n1}}{a_{nn}} & \frac{-a_{n2}}{a_{nn}} & \cdots & 0 \end{bmatrix} \quad \text{且} \quad \boldsymbol{c}=\begin{bmatrix} \frac{b_1}{a_{11}} \\ \frac{b_2}{a_{22}} \\ \vdots \\ \frac{b_n}{a_{nn}} \end{bmatrix}$$

在第$(i+1)$次迭代时，向量$\boldsymbol{x}^{(i+1)}$由下式算得：

$$x_j^{(i+1)}=\frac{1}{a_{jj}}\Big(-\sum_{\substack{k=1\\k\neq j}}^{n}a_{jk}x_k^{(i)}+b_j\Big) \quad j=1,2,\cdots,n \tag{3}$$

向量$\boldsymbol{x}^{(i)}$用于计算$\boldsymbol{x}^{(i+1)}$. 因此，这两个向量得分别存储.

若$\boldsymbol{A}$的对角元素比非对角元素大很多，则$\boldsymbol{B}$的元素应当都很小，且雅可比迭代应收敛. 若

$$|a_{ii}|>\sum_{\substack{j=1\\j\neq i}}^{n}|a_{ij}|, \quad i=1,2,\cdots,n$$

则称$\boldsymbol{A}$为**对角占优**(diagonally dominant)的. 若$\boldsymbol{A}$为对角占优的，则雅可比迭代中的矩阵$\boldsymbol{B}$将有如下的性质：

$$\sum_{j=1}^{n}|b_{ij}|=\sum_{\substack{j=1\\j\neq i}}^{n}\frac{|a_{ij}|}{|a_{ii}|}<1, \quad i=1,2,\cdots,n$$

475

因此，

$$\|\boldsymbol{B}\|_\infty=\max_{1\leqslant i\leqslant n}\Big(\sum_{j=1}^{n}|b_{ij}|\Big)<1$$

于是可得，若$\boldsymbol{A}$是对角占优的，则雅可比迭代将收敛到$\boldsymbol{Ax}=\boldsymbol{b}$的解.

与雅可比迭代不同，还可取$\boldsymbol{C}$为$\boldsymbol{A}$的下三角部分(即当$i\geqslant j$时，$c_{ij}=a_{ij}$；当$i<j$时，$c_{ij}=0$). 因为$\boldsymbol{C}$是比雅可比迭代法中的对角矩阵更好近似于A的矩阵，可以期望$\boldsymbol{C}^{-1}$也是$\boldsymbol{A}^{-1}$的更好的近似，且$\boldsymbol{B}$也有较小的范数. 使用这种方法选择$\boldsymbol{C}$的迭代格式被称为高斯-赛德尔迭代(Gauss-Seidel iteration). 它通常比雅可比迭代的收敛速度更快.

高斯-赛德尔迭代

令

$$\boldsymbol{L}=-\begin{bmatrix} 0 & 0 & \cdots & 0 & 0 \\ a_{21} & 0 & \cdots & 0 & 0 \\ \vdots & \vdots & \ddots & \vdots & \vdots \\ a_{n-1,1} & a_{n-1,2} & \cdots & 0 & 0 \\ a_{n1} & a_{n2} & \cdots & a_{n,n-1} & 0 \end{bmatrix}$$

$$D=\begin{bmatrix}a_{11}&0&\cdots&0\\0&a_{22}&\cdots&0\\\vdots&\vdots&\ddots&\vdots\\0&0&\cdots&a_{nn}\end{bmatrix}$$

及

$$U=-\begin{bmatrix}0&a_{12}&\cdots&a_{1,n-1}&a_{1n}\\0&0&\cdots&a_{2,n-1}&a_{2n}\\\vdots&\vdots&\ddots&\vdots&\vdots\\0&0&\cdots&0&a_{n-1,n}\\0&0&\cdots&0&0\end{bmatrix}$$

取 $\boldsymbol{C}=\boldsymbol{D}-\boldsymbol{L}$ 及 $\boldsymbol{M}=\boldsymbol{U}$. 令 $\boldsymbol{x}^{(0)}$ 为 $\mathbf{R}^n$ 中任一非零向量. 则有

$$\begin{aligned}\boldsymbol{C}\boldsymbol{x}^{(i+1)}&=\boldsymbol{M}\boldsymbol{x}^{(i)}+\boldsymbol{b}\\(\boldsymbol{D}-\boldsymbol{L})\boldsymbol{x}^{(i+1)}&=\boldsymbol{U}\boldsymbol{x}^{(i)}+\boldsymbol{b}\\\boldsymbol{D}\boldsymbol{x}^{(i+1)}&=\boldsymbol{L}\boldsymbol{x}^{(i+1)}+\boldsymbol{U}\boldsymbol{x}^{(i)}+\boldsymbol{b}\end{aligned}$$

每次可以由最后一个方程求解 $\boldsymbol{x}^{(i+1)}$ 的一个元素. $\boldsymbol{x}^{(i+1)}$ 的第一个元素可由下式给出：

476

$$x_1^{(i+1)}=\frac{1}{a_{11}}\left(-\sum_{k=2}^{n}a_{1k}x_k^{(i)}+b_1\right)$$

$\boldsymbol{x}^{(i+1)}$ 的第二个元素可利用第一个元素和 $\boldsymbol{x}^{(i)}$ 后面的 $n-2$ 个坐标求得.

$$x_2^{(i+1)}=\frac{1}{a_{22}}\left(-a_{21}x_1^{(i+1)}-\sum_{k=3}^{n}a_{2k}x_k^{(i)}+b_2\right)$$

一般地，

$$x_j^{(i+1)}=\frac{1}{a_{jj}}\left(-\sum_{k=1}^{j-1}a_{jk}x_k^{(i+1)}-\sum_{k=j+1}^{n}a_{jk}x_k^{(i)}+b_j\right)\tag{4}$$

比较(3)和(4)是很有趣的. 雅可比和高斯-赛德尔迭代的区别是，后者中，下一迭代时立刻使用向量 $\boldsymbol{x}^{(i+1)}$ 的元素. 高斯-赛德尔迭代的程序实际上比雅可比迭代的程序简单. 向量 $\boldsymbol{x}^{(i)}$ 和 $\boldsymbol{x}^{(i+1)}$ 都可存储在相同的向量 $\boldsymbol{x}$ 中. 当 $\boldsymbol{x}^{(i+1)}$ 的一个元素计算完毕后，它会替换 $\boldsymbol{x}^{(i)}$ 中的对应坐标.

定理 7.8.2 当 $\boldsymbol{A}$ 为对角占优时，高斯-赛德尔迭代收敛于 $\boldsymbol{A}\boldsymbol{x}=\boldsymbol{b}$ 的一个解.

证 对 $j=1, 2, \cdots, n$，令

$$\alpha_j=\sum_{i=1}^{j-1}|a_{ji}|,\quad \beta_j=\sum_{i=j+1}^{n}|a_{ji}|,\quad 及\quad M_j=\frac{\beta_j}{(|a_{jj}|-\alpha_j)}$$

因为 $\boldsymbol{A}$ 是对角占优的，所以

$$|a_{jj}|>\alpha_j+\beta_j$$

且，因此有 $M_j<1$，$j=1, 2, \cdots, n$. 所以，

$$M=\max_{1\leqslant j\leqslant n}M_j<1$$

下面证明

$$\|\boldsymbol{B}\|_\infty=\max_{x\neq 0}\frac{\|\boldsymbol{Bx}\|_\infty}{\|\boldsymbol{x}\|_\infty}\leqslant M<1$$

令 $\boldsymbol{x}$ 为 $\mathbf{R}^n$ 中的任一非零向量，并令 $\boldsymbol{y}=\boldsymbol{Bx}$. 选择 k，使得

$$\|\boldsymbol{y}\|_\infty=\max_{1\leqslant i\leqslant n}|y_i|=|y_k|$$

由 $\boldsymbol{B}$ 的定义可知，

$$\boldsymbol{y}=\boldsymbol{Bx}=(\boldsymbol{D}-\boldsymbol{L})^{-1}\boldsymbol{Ux}$$

477

因此，

$$\boldsymbol{y}=\boldsymbol{D}^{-1}(\boldsymbol{Ly}+\boldsymbol{Ux})$$

对比两边的第 k 个位置，可以得到

$$y_k=\frac{1}{a_{kk}}\left(-\sum_{i=1}^{k-1}a_{ki}y_i-\sum_{i=k+1}^{n}a_{ki}x_i\right)$$

故

$$\|\boldsymbol{y}\|_\infty=|y_k|\leqslant\frac{1}{|a_{kk}|}(\alpha_k\|\boldsymbol{y}\|_\infty+\beta_k\|\boldsymbol{x}\|_\infty)\tag{5}$$

由(5)可得

$$\frac{\|\boldsymbol{Bx}\|_\infty}{\|\boldsymbol{x}\|_\infty}=\frac{\|\boldsymbol{y}\|_\infty}{\|\boldsymbol{x}\|_\infty}\leqslant M_k\leqslant M$$

所以，

$$\|\boldsymbol{B}\|_\infty=\max_{x\neq 0}\frac{\|\boldsymbol{Bx}\|_\infty}{\|\boldsymbol{x}\|_\infty}\leqslant M<1$$

于是，迭代过程将收敛于 $\boldsymbol{Ax}=\boldsymbol{b}$ 的一个解. ■

7.8 节练习

1. 令

$$\boldsymbol{A}=\begin{bmatrix}10&1\\2&10\end{bmatrix},\quad \boldsymbol{b}=\begin{bmatrix}11\\12\end{bmatrix},\quad 且\quad \boldsymbol{x}^{(0)}=\begin{bmatrix}0\\0\end{bmatrix}$$

用雅可比迭代法计算 $\boldsymbol{x}^{(1)}$ 和 $\boldsymbol{x}^{(2)}$. [真正的解为 $\boldsymbol{x}=(1,1)^{\mathrm{T}}$.]

2. 令

$$\boldsymbol{A}=\begin{bmatrix}1&1&1\\0&1&1\\0&0&1\end{bmatrix},\quad \boldsymbol{b}=\begin{bmatrix}3\\2\\1\end{bmatrix},\quad 且\quad \boldsymbol{x}^{(0)}=\begin{bmatrix}1\\0\\0\end{bmatrix}$$

用雅可比迭代法计算 $\boldsymbol{x}^{(1)}$，$\boldsymbol{x}^{(2)}$，$\boldsymbol{x}^{(3)}$ 和 $\boldsymbol{x}^{(4)}$.

3. 用高斯-赛德尔迭代法重复练习 1.

4. 令

$$\boldsymbol{A}=\begin{bmatrix}10&1&1\\1&10&1\\1&1&10\end{bmatrix},\quad \boldsymbol{b}=\begin{bmatrix}12\\12\\12\end{bmatrix},\quad 且\quad \boldsymbol{x}^{(0)}=\begin{bmatrix}1\\0\\0\end{bmatrix}$$

(a) 用雅可比迭代法计算 $\boldsymbol{x}^{(1)}$.

(b) 用高斯-赛德尔迭代法计算 $\boldsymbol{x}^{(1)}$.

(c) 对比(a)和(b)中求得的解与真正的解 $\boldsymbol{x}=(1,1,1)^{\mathrm{T}}$. 哪一个更接近?

5. 下列矩阵中的哪个能使迭代格式

$$\boldsymbol{x}^{(k+1)} = \boldsymbol{B}\boldsymbol{x}^{(k)} + \boldsymbol{c}$$

收敛到 $\boldsymbol{x}=\boldsymbol{B}\boldsymbol{x}+\boldsymbol{c}$ 的解? 试说明原因.

(a) $\boldsymbol{B}=\begin{bmatrix}1&1&1\\0&1&1\\0&0&1\end{bmatrix}$　(b) $\boldsymbol{B}=\begin{bmatrix}0.9&1&1\\0&0.9&1\\0&0&0.9\end{bmatrix}$　(c) $\boldsymbol{B}=\begin{bmatrix}\frac{1}{2}&10&100\\0&\frac{1}{2}&10\\0&0&\frac{1}{2}\end{bmatrix}$

478

(d) $\boldsymbol{B}=\begin{bmatrix}\frac{1}{4}&\frac{1}{4}&\frac{1}{4}\\\frac{1}{4}&\frac{1}{2}&\frac{1}{8}\\\frac{1}{2}&\frac{1}{4}&\frac{1}{8}\end{bmatrix}$　(e) $\boldsymbol{B}=\begin{bmatrix}\frac{1}{3}&\frac{1}{3}&\frac{1}{3}\\\frac{1}{2}&\frac{1}{3}&\frac{1}{6}\\0&\frac{1}{6}&\frac{1}{3}\end{bmatrix}$

6. 令 $\boldsymbol{x}$ 为 $\boldsymbol{x}=\boldsymbol{B}\boldsymbol{x}+\boldsymbol{c}$ 的解. 令 $\boldsymbol{x}^{(0)}$ 为 $\mathbf{R}^n$ 中的任一向量, 且定义

$$\boldsymbol{x}^{(k+1)} = \boldsymbol{B}\boldsymbol{x}^{(k)} + \boldsymbol{c}$$

其中 $k=0, 1, \cdots$. 证明: 若 $\boldsymbol{B}^m$ 为零矩阵, 则 $\boldsymbol{x}^{(m)}=\boldsymbol{x}$.

7. 令 $\boldsymbol{A}$ 为一个非奇异的上三角矩阵. 证明: 若算术计算是准确的, 则在经过 n 次雅可比迭代后, 算法将严格收敛到 $\boldsymbol{A}\boldsymbol{x}=\boldsymbol{b}$ 的解.

8. 对基于分裂 $\boldsymbol{A}=\boldsymbol{C}-\boldsymbol{M}$ 的迭代法, $\boldsymbol{C}$ 为一个非奇异矩阵, 证明:

$$\boldsymbol{x}^{(k+1)} = \boldsymbol{x}^{(k)} + \boldsymbol{C}^{-1}\boldsymbol{r}^{(k)}$$

其中 $\boldsymbol{r}^{(k)}$ 表示残差 $\boldsymbol{b}-\boldsymbol{A}\boldsymbol{x}^{(k)}$.

9. 令 $\boldsymbol{A}=\boldsymbol{D}-\boldsymbol{L}-\boldsymbol{U}$, 其中 $\boldsymbol{D}$, $\boldsymbol{L}$ 和 $\boldsymbol{U}$ 为高斯-赛德尔迭代法中定义的矩阵, 令 ω 为一个非零标量. 方程组 $\omega\boldsymbol{A}\boldsymbol{x}=\omega\boldsymbol{b}$ 可通过将 $\omega\boldsymbol{A}$ 分裂为 $\boldsymbol{C}-\boldsymbol{M}$ 的迭代法求解, 其中 $\boldsymbol{C}=\boldsymbol{D}-\omega\boldsymbol{L}$. 求对应于该分裂的 $\boldsymbol{B}$ 和 $\boldsymbol{c}$. [常数 ω 被称为**松弛参数**(relaxation parameter). 当 $\omega=1$ 时, 就是高斯-赛德尔迭代法.]

10. 令 $\boldsymbol{x}$ 为 $\boldsymbol{x}=\boldsymbol{B}\boldsymbol{x}+\boldsymbol{c}$ 的解. 令 $\boldsymbol{x}^{(0)}$ 为 $\mathbf{R}^n$ 中的任一向量, 且定义

$$\boldsymbol{x}^{(i+1)} = \boldsymbol{B}\boldsymbol{x}^{(i)} + \boldsymbol{c}$$

其中 $i=0, 1, \cdots$. 若 $\|\boldsymbol{B}\|=\alpha<1$, 证明:

$$\|\boldsymbol{x}^{(k)} - \boldsymbol{x}\| \leqslant \frac{\alpha}{1-\alpha}\|\boldsymbol{x}^{(k)} - \boldsymbol{x}^{(k-1)}\|$$

第 7 章练习

MATLAB 练习

线性方程组的敏感性

本练习中, 考虑线性方程组的数值解. 由于数据精度的限制, 系数矩阵 $\boldsymbol{A}$ 和右端项 $\boldsymbol{b}$ 通常包含很小的误差. 即使 $\boldsymbol{A}$ 或 $\boldsymbol{b}$ 中没有误差, 当它们的元素转化为计算机使用的有限精度数字系统时, 也会产生舍入误差. 因此, 通常认为系数矩阵和右端项包含很小的误差. 于是, 计算机求解的方程组是原方程组的一个小扰动形式. 若原方程组非常敏感, 在方程组具有小扰动的情况下, 其解可能有很大的变化.

一般地, 若一个问题解中的扰动和数据中的扰动是同阶的, 则称该问题为良态的. 若解中的变化

比数据中的变化大很多，则称该问题为病态的．一个问题是良态还是病态，依赖于解中的扰动大小和数据中的扰动大小的比较．对线性方程组，这依赖于其系数矩阵和一个秩较小的矩阵的接近程度．方程组的状态可以用矩阵的条件数来衡量．它可使用 MATLAB 命令 cond 来求得．MATLAB 计算得到的是 16 位有效精度的解．是否会损失数值精度，依赖于该方程组的敏感性．如果条件数是用指数形式表达的，则条件数越大，损失的数值精度越多．

1. 令

$$\boldsymbol{A}=\text{round}(10*\text{rand}(6))$$
$$\boldsymbol{s}=\text{ones}(6,1)$$
$$\boldsymbol{b}=\boldsymbol{A}*\boldsymbol{s}$$

方程组 $\boldsymbol{Ax}=\boldsymbol{b}$ 的解显然是 $\boldsymbol{s}$．使用 MATLAB 运算 \ 求解方程组．计算误差 $\boldsymbol{x}-\boldsymbol{s}$（由于 $\boldsymbol{s}$ 含有的元素均为 1，这和 $\boldsymbol{x}-\boldsymbol{1}$ 是相同的）．然后将方程组进行微小的扰动．令

$$t=1.0\text{e}-12,\quad \boldsymbol{E}=\text{rand}(6)-0.5,\quad \boldsymbol{r}=\text{rand}(6,1)-0.5$$

并令

$$\boldsymbol{M}=\boldsymbol{A}+t*\boldsymbol{E},\quad \boldsymbol{c}=\boldsymbol{b}+t*\boldsymbol{r}$$

求扰动后方程组 $\boldsymbol{Mz}=\boldsymbol{c}$ 中的 $\boldsymbol{z}$．通过计算 $\boldsymbol{z}-\boldsymbol{1}$ 将计算解 $\boldsymbol{z}$ 和原问题的解进行比较．比较解中扰动的大小与 $\boldsymbol{A}$ 和 $\boldsymbol{b}$ 中的扰动大小会有何结论？对 $t=1.0\text{e}-04$ 和 $t=1.0\text{e}-02$ 重复扰动分析．方程组 $\boldsymbol{Ax}=\boldsymbol{b}$ 是否是良态的？试说明．用 MATLAB 命令求 $\boldsymbol{A}$ 的条件数．

479

2. 以一个向量 $\boldsymbol{y}\in\mathbf{R}^n$ 构造一个 $n\times n$ 范德蒙德矩阵 $\boldsymbol{V}$，若 y_1，y_2，…，y_n 各不相同，则 $\boldsymbol{V}$ 将是非奇异的．

(a) 构造一个范德蒙德方程组，可令

$$\boldsymbol{y}=\text{rand}(6,1)\quad 及\quad \boldsymbol{V}=\text{vander}(\boldsymbol{y})$$

生成 $\mathbf{R}^6$ 中的向量 $\boldsymbol{b}$ 和 $\boldsymbol{s}$，可令

$$\boldsymbol{b}=\text{sum}(V')'\quad 及\quad \boldsymbol{s}=\text{ones}(6,1)$$

若 $\boldsymbol{V}$ 和 $\boldsymbol{b}$ 已经使用算术方法准确求得，则 $\boldsymbol{Vx}=\boldsymbol{b}$ 的准确解将为 $\boldsymbol{s}$．为什么？试说明．使用 \ 运算求解 $\boldsymbol{Vx}=\boldsymbol{b}$．用 MATLAB 的 format long 比较计算解 $\boldsymbol{x}$ 和准确解 $\boldsymbol{s}$．损失了多少位数值精度？求 $\boldsymbol{V}$ 的条件数．

(b) 范德蒙德矩阵在维数 n 增加时逐渐变为病态的．甚至对较小的 n，可通过取两个充分接近的点来构造病态的矩阵．令

$$x(2)=x(1)+1.0\text{e}-12$$

并使用 $x(2)$ 重新计算 $\boldsymbol{V}$．对新的矩阵 $\boldsymbol{V}$，令 $\boldsymbol{b}=\text{sum}(\boldsymbol{V}')'$，并求解方程组 $\boldsymbol{Vz}=\boldsymbol{b}$．损失了多少位数值精度？求 $\boldsymbol{V}$ 的条件数．

3. 采用如下方法构造一个矩阵 $\boldsymbol{C}$．令

$$\boldsymbol{A}=\text{round}(100*\text{rand}(4))$$
$$\boldsymbol{L}=\text{tril}(\boldsymbol{A},-1)+\text{eye}(4)$$
$$\boldsymbol{C}=\boldsymbol{L}*\boldsymbol{L}'$$

(a) 矩阵 $\boldsymbol{C}$ 是一个好的矩阵，因为它是对称的，其各元素均为整数，且其行列式为 1．使用 MATLAB 命令验证这些命题．为什么提前就知道该矩阵的行列式为 1？理论上，其准确逆的各元素也应全为整数．为什么？试说明．在计算中是否如此？计算 $\boldsymbol{D}=\text{inv}(\boldsymbol{C})$，并用命令 format long 检验它的元素．求 $\boldsymbol{C}*\boldsymbol{D}$，并和 eye(4) 比较．

(b) 令

$$\boldsymbol{r}=\text{ones}(4,1)\quad 及\quad \boldsymbol{b}=\text{sum}(\boldsymbol{C}')'$$

方程组 $\boldsymbol{Cx}=\boldsymbol{b}$ 采用准确算术运算的解应为 $\boldsymbol{r}$. 利用 \ 求方程组的解，并使用命令 format long 显示结果. 损失了多少位数值精度？通过选择一个小标量 e，如 1.0e−12，对方程组进行微小扰动，并将方程组的右端项替换为

$$\boldsymbol{b1} = \boldsymbol{b} + e * [1, -1, 1, -1]'$$

首先求解 e=1.0e−12 时扰动后的方程组，然后求解 e=1.0e−06 的情形. 在每种情形，通过显示 $\boldsymbol{x}-\boldsymbol{1}$，比较你的解 $\boldsymbol{x}$ 和准确解. 求 cond($\boldsymbol{C}$). $\boldsymbol{C}$ 是否为病态的？试说明.

4. $n\times n$ 希尔伯特矩阵 $\boldsymbol{H}$ 定义为

$$h(i,j) = 1/(i+j-1), \quad i,j = 1,2,\cdots,n$$

它可通过使用 MATLAB 函数 hilb 生成. 希尔伯特矩阵是一个著名的病态矩阵. 它通常作为说明矩阵计算存在不足的例子. MATLAB 函数 invhilb 给出了希尔伯特矩阵的准确的逆. 对 n=6，8，10，12，构造 $\boldsymbol{H}$ 和 $\boldsymbol{b}$，使得 $\boldsymbol{Hx}=\boldsymbol{b}$ 是一个希尔伯特方程组，其精确的算术解应为 ones(n，1). 对每种情形，使用 invhilb 求方程组的解 $\boldsymbol{x}$，并使用 format long 考察 $\boldsymbol{x}$. 损失了多少位数值精度？求每一个希尔伯特矩阵的条件数. 当 n 增加时，条件数如何变化？

特征值的敏感性

若 $\boldsymbol{A}$ 为一个 $n\times n$ 矩阵，且 $\boldsymbol{X}$ 为将 $\boldsymbol{A}$ 对角化的矩阵，则 $\boldsymbol{A}$ 的特征值的敏感性依赖于 $\boldsymbol{X}$ 的条件数. 若 $\boldsymbol{A}$ 是退化的，则特征值问题的条件数将为无穷. 关于特征值的敏感性的更多讨论，参考 Wilkinson [39]第 2 章.

5. 使用 MATLAB 求一个 6×6 随机矩阵 $\boldsymbol{B}$ 的特征值和特征向量. 求特征向量矩阵的条件数. 特征值问题是否是良态的？对 $\boldsymbol{B}$ 进行微小扰动：

$$B1 = \boldsymbol{B} + 1.0\mathrm{e}-04 * \mathrm{rand}(6)$$

求它的特征值，并和 $\boldsymbol{B}$ 准确的特征值进行比较.

6. 令

$$\boldsymbol{A} = \mathrm{round}(10 * \mathrm{rand}(5)); \boldsymbol{A} = \boldsymbol{A} + \boldsymbol{A}'$$
$$[\boldsymbol{X}, \boldsymbol{D}] = \mathrm{eig}(\boldsymbol{A})$$

求 cond($\boldsymbol{X}$)和 $\boldsymbol{X}^{\mathrm{T}}\boldsymbol{X}$. 矩阵 $\boldsymbol{X}$ 是何种类型的？特征值问题是否是良态的？试说明. 对 $\boldsymbol{A}$ 进行微小扰动：

$$\boldsymbol{A1} = \boldsymbol{A} + 1.0\mathrm{e}-06 * \mathrm{rand}(5)$$

求 $\boldsymbol{A}1$ 的特征值，并和 $\boldsymbol{A}$ 的特征值进行比较.

7. 令 $\boldsymbol{A}$=magic(4)及 t=trace($\boldsymbol{A}$). 标量 t 应为 $\boldsymbol{A}$ 的一个特征值，且其他的特征值之和将为零. 为什么？试说明. 使用 MATLAB 验证 $\boldsymbol{A}-t\boldsymbol{I}$ 是奇异的. 求 $\boldsymbol{A}$ 的特征值及一个特征向量矩阵 $\boldsymbol{X}$. 求 $\boldsymbol{A}$ 和 $\boldsymbol{X}$ 的条件数. 特征值问题是否是良态的？试说明. 对 $\boldsymbol{A}$ 进行扰动：

480

$$\boldsymbol{A1} = \boldsymbol{A} + 1.0\mathrm{e}-04 * \mathrm{rand}(4)$$

$\boldsymbol{A}1$ 和 $\boldsymbol{A}$ 的特征值比较会有何结论？

8. 令

$$\boldsymbol{A} = \mathrm{diag}(10:-1:1) + 10 * \mathrm{diag}(\mathrm{ones}(1,9),1)$$
$$[\boldsymbol{X}, \boldsymbol{D}] = \mathrm{eig}(\boldsymbol{A})$$

求 $\boldsymbol{X}$ 的条件数. 特征值问题是良态的吗？是病态的吗？试说明. 对 $\boldsymbol{A}$ 进行扰动

$$\boldsymbol{A1} = \boldsymbol{A}; \quad \boldsymbol{A1}(10,1) = 0.1$$

求 $\boldsymbol{A}1$ 的特征值，并和 $\boldsymbol{A}$ 的特征值进行比较.

9. 如下构造一个矩阵 $\boldsymbol{A}$：

$$\boldsymbol{A} = \mathrm{diag}(11:-1:1, -1);$$

```
for j = 0 : 11
  A = A + diag(12 - j :- 1 : 1, j);
end
```

(a) 求 **A** 的特征值及 **A** 的行列式的值. 使用 MATLAB 函数 prod 求特征值的乘积. 这个乘积的值和行列式的值比较会有什么结论?

(b) 求 **A** 的特征向量及特征值问题的条件数. 这个问题是良态的吗? 是病态的吗? 试说明.

(c) 令

A1 = A + 1.0e - 04 * rand(size(A))

求 **A**1 的特征值. 将它们和 **A** 的特征值进行比较, 可令

sort(eig(A1)) - sort(eig(A))

并使用 format long 显示输出结果.

豪斯霍尔德变换

豪斯霍尔德矩阵为一个形如 $\boldsymbol{I}-\frac{1}{b}\boldsymbol{v}\boldsymbol{v}^{\mathrm{T}}$ 的 $n\times n$ 正交矩阵. 对任何给定的非零向量 $\boldsymbol{x}\in\mathbf{R}^n$, 可以选择 b 和 $\boldsymbol{v}$ 使得 $\boldsymbol{Hx}$ 为 $\boldsymbol{e}_1$ 的倍数.

10. (a) 在 MATLAB 中求一个将给定向量 $\boldsymbol{x}$ 中的元素化为零的豪斯霍尔德矩阵的最简单方法是将 $\boldsymbol{x}$ 进行 QR 分解. 因此, 若给定一个向量 $\boldsymbol{x}\in\mathbf{R}^n$, 则 MATLAB 命令

[H,R] = qr(x)

将求得所需要的豪斯霍尔德矩阵 $\boldsymbol{H}$. 求一个将 $\boldsymbol{e}$=ones(4, 1)的后三个元素化为零的豪斯霍尔德矩阵 $\boldsymbol{H}$. 令

C = [e,rand(4,3)]

计算 **H** * **e** 及 **H** * **C**.

(b) 也可通过计算向量 $\boldsymbol{v}$ 和标量 b 来求将一个给定向量的元素化为零的豪斯霍尔德变换. 为此, 对一个给定的向量 $\boldsymbol{x}$, 令

```
a = ((x(1) <= 0) - (x(1) > 0)) * norm(x);
v = x;   v(1) = v(1) - a
b = a * (a - x(1))
```

利用(a)中对向量 $\boldsymbol{e}$ 的做法构造 $\boldsymbol{v}$ 和 b. 若 $\boldsymbol{K}=\boldsymbol{I}-\frac{1}{b}\boldsymbol{v}\boldsymbol{v}^{\mathrm{T}}$, 则

$$\boldsymbol{Ke} = \boldsymbol{e} - \left(\frac{\boldsymbol{v}^{\mathrm{T}}\boldsymbol{e}}{b}\right)\boldsymbol{v}$$

使用 MATLAB 求这两个数值, 并验证它们是相等的. 将 $\boldsymbol{Ke}$ 和(a)中的 $\boldsymbol{He}$ 进行比较有什么结论? 再比较**K** * **C**和 **C** - **v** * ((**v**' * **C**)/b), 并验证它们是相等的.

11. 令

x1 = (1 : 5)';   x2 = [1,3,4,5,9]';   x = [x1;x2]

构造一个豪斯霍尔德矩阵,

$$\boldsymbol{H} = \begin{bmatrix} \boldsymbol{I} & \boldsymbol{O} \\ \boldsymbol{O} & \boldsymbol{K} \end{bmatrix}$$

其中 $\boldsymbol{K}$ 是一个 5×5 的豪斯霍尔德矩阵, 它将 **x2** 的后四个元素化为零. 求乘积 $\boldsymbol{Hx}$.

旋转和反射

12. 为绘制 $y=\sin(x)$, 必须定义向量 $\boldsymbol{x}$ 和 $\boldsymbol{y}$ 的值, 并使用 plot 命令. 这可如下操作:

$$\boldsymbol{x} = 0:0.1:6.3; \quad \boldsymbol{y} = \sin(\boldsymbol{x});$$
$$\texttt{plot}(\boldsymbol{x}, \boldsymbol{y})$$

(a) 定义一个旋转矩阵，并用它将 $y=\sin(x)$ 的图形进行旋转．令

$$t = \text{pi}/4; \quad c = \cos(t); \quad s = \sin(t); \quad \boldsymbol{R} = [c, -s; s, c]$$

为求旋转后的坐标，令

$$\boldsymbol{Z} = \boldsymbol{R} * [\boldsymbol{x}; \boldsymbol{y}]; \quad \boldsymbol{x1} = \boldsymbol{Z}(1,:); \quad \boldsymbol{y1} = \boldsymbol{Z}(2,:);$$

向量 $\boldsymbol{x1}$ 和 $\boldsymbol{y1}$ 含有旋转后曲线的坐标．令

481

$$\boldsymbol{w} = [0,5]; \quad \texttt{axis square}$$

并用 MATLAB 命令绘制 $\boldsymbol{x1}$ 和 $\boldsymbol{y1}$：

$$\texttt{plot}(\boldsymbol{x1}, \boldsymbol{y1}, \boldsymbol{w}, \boldsymbol{w})$$

这个图形旋转的角度是多少？旋转的方向呢？

(b) 保持(a)中所有的变量，并令

$$\boldsymbol{G} = [c, s; s, -c]$$

矩阵 $\boldsymbol{G}$ 表示一个吉文斯反射．为确定反射后的坐标，令

$$\boldsymbol{Z} = \boldsymbol{G} * [\boldsymbol{x}; \boldsymbol{y}]; \quad \boldsymbol{x2} = \boldsymbol{Z}(1,:); \quad \boldsymbol{y2} = \boldsymbol{Z}(2,:);$$

使用 MATLAB 命令绘制反射后的曲线：

$$\texttt{plot}(\boldsymbol{x2}, \boldsymbol{y2}, \boldsymbol{w}, \boldsymbol{w})$$

曲线 $y=\sin(x)$ 已经关于一条通过原点并和 x 轴夹角为 $\pi/8$ 的直线进行了反射．为看到它，令

$$\boldsymbol{w1} = [0, 6.3 * \cos(t/2)]; \quad \boldsymbol{z1} = [0, 6.3 * \sin(t/2)];$$

并使用 MATLAB 命令同时绘制新的坐标轴和两条曲线：

$$\texttt{plot}(\boldsymbol{x}, \boldsymbol{y}, \boldsymbol{x2}, \boldsymbol{y2}, \boldsymbol{w1}, \boldsymbol{z1})$$

(c) 使用(a)中的旋转矩阵 $\boldsymbol{R}$ 将曲线 $y=-\sin(x)$ 进行旋转．绘制旋转后的曲线．这条曲线和(b)中的曲线比较有什么结论？试说明．

奇异值分解

13. 给定

$$\boldsymbol{A} = \begin{bmatrix} 4 & 5 & 2 \\ 4 & 5 & 2 \\ 0 & 3 & 6 \\ 0 & 3 & 6 \end{bmatrix}$$

在 MATLAB 中输入矩阵 $\boldsymbol{A}$，并令 $\boldsymbol{s}=\texttt{svd}(\boldsymbol{A})$ 求它的奇异值．

(a) 如何使用 $\boldsymbol{s}$ 的元素求 $\|\boldsymbol{A}\|_2$ 和 $\|\boldsymbol{A}\|_F$ 的值？求这些范数，可令

$$p = \texttt{norm}(\boldsymbol{A}) \quad \text{和} \quad q = \texttt{norm}(\boldsymbol{A}, \text{'fro'})$$

将你的结果与 $s(1)$ 以及 $\texttt{norm}(\boldsymbol{s})$ 进行比较．

(b) 为得到 $\boldsymbol{A}$ 的完全奇异值分解，令

$$[\boldsymbol{U}, \boldsymbol{D}, \boldsymbol{V}] = \texttt{svd}(\boldsymbol{A})$$

求和 $\boldsymbol{A}$ 最接近的秩为 1 的矩阵，可令

$$\boldsymbol{B} = s(1) * \boldsymbol{U}(:,1) * \boldsymbol{V}(:,1)'$$

$\boldsymbol{B}$ 的行向量和 $\boldsymbol{A}$ 的两个不同的行向量之间有什么关系？

(c) 矩阵 $\boldsymbol{A}$ 和 $\boldsymbol{B}$ 应有相同的 2-范数．为什么？试说明．使用 MATLAB 命令计算 $\|\boldsymbol{B}\|_2$ 和 $\|\boldsymbol{B}\|_F$．一般地，对一个秩为 1 的矩阵，其 2-范数应和弗罗贝尼乌斯范数相等．为什么？试说明．

14. 令

$$A = \mathrm{round}(10 * \mathrm{rand}(10,5)) \quad 及 \quad s = \mathrm{svd}(A)$$

(a) 用 MATLAB 命令求 $\|A\|_2$，$\|A\|_F$，$\mathrm{cond}_2(A)$，并将你的结果分别与 $s(1)$，$\mathrm{norm}(s)$，$s(1)/s(5)$进行比较.

(b) 令

$$[U,D,V] = \mathrm{svd}(A); \quad D(5,5) = 0; \quad B = U * D * V'$$

矩阵 B 应是最接近 A 的秩为 4 的矩阵(其中距离是在弗罗贝尼乌斯范数意义下测量的). 求 $\|A\|_2$和$\|B\|_2$. 比较这两个值有什么结论? 计算并比较这两个矩阵的弗罗贝尼乌斯范数. 再求 $\|A-B\|_F$,并将结果和$s(5)$进行比较. 令 $r=\mathrm{norm}(s(1:4))$，然后将结果和 $\|B\|_F$ 进行比较.

(c) 用 MATLAB 命令构造一个在弗罗贝尼乌斯范数意义下最接近 A 的秩为 3 的矩阵. 求 $\|C\|_2$ 和 $\|C\|_F$. 求得的结果与 $\|A\|_2$ 和 $\|A\|_F$ 比较有什么结论? 令

$$p = \mathrm{norm}(s(1:3)) \quad 及 \quad q = \mathrm{norm}(s(4:5))$$

求 $\|C\|_F$ 及 $\|A-C\|_F$，并将你的结果与 p 和 q 进行比较.

15. 令

$$A = \mathrm{rand}(8,4) * \mathrm{rand}(4,6), \quad [U,D,V] = \mathrm{svd}(A)$$

482

(a) A 的秩是多少? 使用 V 的列向量生成两个矩阵 V_1 和 V_2，它们的列分别构成了 $R(A^{\mathrm{T}})$和 $N(A)$ 的规范正交基. 令

$$P = V2 * V2', \quad r = P * \mathrm{rand}(6,1), \quad w = A' * \mathrm{rand}(8,1)$$

若 r 和 w 已经使用算术方法精确求得，则它们应为正交的. 为什么? 试说明. 使用 MATLAB 命令计算 $r^{\mathrm{T}}w$.

(b) 使用 U 的列向量生成两个矩阵 $U1$ 和 $U2$，其列向量分别构成 $R(A)$和 $N(A^{\mathrm{T}})$的规范正交基. 令

$$Q = U2 * U2', \quad y = Q * \mathrm{rand}(8,1), \quad z = A * \mathrm{rand}(6,1)$$

说明为什么所有的计算使用算术运算精确求解时，y 和 z 应为正交的. 使用 MATLAB 命令计算 $y^{\mathrm{T}}z$.

(c) 令 $X=\mathrm{pinv}(A)$. 使用 MATLAB 验证四个彭罗斯条件:

(i) $AXA=A$

(ii) $XAX=X$

(iii) $(AX)^{\mathrm{T}}=AX$

(iv) $(XA)^{\mathrm{T}}=XA$

(d) 计算并比较 AX 和 $U1(U1)^{\mathrm{T}}$. 若所有的计算均使用精确的算术运算，则这两个矩阵应为相等的. 为什么? 试说明.

Gerschgorin 圆

16. 对每一个 $A\in \mathbf{R}^{n\times n}$，可以关联 n 个复平面上的闭圆盘. 第 i 个圆盘的中心为 a_{ii}，且半径为

$$r_i = \sum_{\substack{j=1 \\ j\neq i}}^{n} |a_{ij}|$$

A 的每一个特征值至少含于一个圆盘中(见 7.6 节练习 7).

(a) 令

$$A = \mathrm{round}(10 * \mathrm{rand}(5))$$

求 A 的 Gerschgorin 圆盘的直径，并将它们存储于一个向量 r 中. 为绘制这些圆盘，需将圆的方程参数化. 这可令

$$t = [0:0.1:6.3]';$$

然后，可以生成两个矩阵 $\boldsymbol{X}$ 和 $\boldsymbol{Y}$，它们的列含有圆的 x 和 y 坐标. 首先将 $\boldsymbol{X}$ 和 $\boldsymbol{Y}$ 初始化为零，可令

$$\boldsymbol{X} = \text{zeros(length}(t),5); \quad \boldsymbol{Y} = \boldsymbol{X};$$

然后，矩阵可使用下列命令生成：

```
for i = 1 : 5
    X(:,i) = r(i) * cos(t) + real(A(i,i));
    Y(:,i) = r(i) * sin(t) + imag(A(i,i));
end
```

令 $\boldsymbol{e}$=eig($\boldsymbol{A}$)，并绘制其特征值及各圆盘，使用命令

```
plot(X,Y,real(e),imag(e),'x')
```

若所有的步骤均正确完成，则 $\boldsymbol{A}$ 的所有特征值应在圆盘之并中.

(b) 若 k 个 Gerschgorin 圆盘构成了一个复平面上的连通区域，并和其他的圆盘是分离的，则恰有 k 个矩阵的特征值在该区域内. 令

$$\boldsymbol{B} = [3 \quad 0.1 \quad 2; \quad 0.1 \quad 7 \quad 2; \quad 2 \quad 2 \quad 50]$$

(i) 采用(a)中的方法计算并绘制 $\boldsymbol{B}$ 的 Gerschgorin 圆盘.

(ii) 由于 $\boldsymbol{B}$ 是对称的，其特征值均为实的，因此必落在实轴上. 不计算特征值，说明为什么 $\boldsymbol{B}$ 必恰有一个特征值在区间[46, 54]内. 将 $\boldsymbol{B}$ 的前两行乘以 0.1，然后将前两列乘以 10，在 MATLAB 中可通过命令

$$\boldsymbol{D} = \text{diag}([0.1,0.1,1]) \quad 及 \quad \boldsymbol{C} = \boldsymbol{D} * \boldsymbol{B}/\boldsymbol{D}$$

实现这一操作. 新的矩阵 $\boldsymbol{C}$ 应和 $\boldsymbol{B}$ 有相同的特征值. 为什么？试说明. 使用 $\boldsymbol{C}$ 求含有其他两个特征值的区间. 计算并绘制 $\boldsymbol{C}$ 的 Gerschgorin 圆盘.

(iii) $\boldsymbol{C}^{\mathrm{T}}$ 的特征值与 $\boldsymbol{B}$ 和 $\boldsymbol{C}$ 的特征值之间有什么关系？计算并绘制 $\boldsymbol{C}^{\mathrm{T}}$ 的 Gerschgorin 圆盘. 使用 $\boldsymbol{C}^{\mathrm{T}}$ 的一行求一个含有其最大特征值的区间.

483

条件数的分布及随机生成矩阵的特征值

17. 令

$$\boldsymbol{A} = \text{rand}(10); \boldsymbol{A} = (\boldsymbol{A} + \boldsymbol{A}')/2$$

可随机生成一个 10×10 的对称矩阵. 由于 $\boldsymbol{A}$ 是对称的，故其特征值均为实的. 其正的特征值的个数为

$$y = \text{sum(eig}(\boldsymbol{A}) > 0)$$

(a) 对 j=1, 2, …, 100，随机生成一个 10×10 的对称矩阵，并求其正的特征值的个数. 记第 j 个矩阵的正特征值个数为 $y(j)$. 令 $\boldsymbol{x}$=0 : 10，并通过令 $\boldsymbol{n}$=hist($\boldsymbol{y}$, $\boldsymbol{x}$)求 $\boldsymbol{y}$ 的数据分布. 使用 MATLAB 命令 mean($\boldsymbol{y}$)求 $y(j)$的平均值. 用 MATLAB 命令 hist($\boldsymbol{y}$, $\boldsymbol{x}$)生成一个柱状图.

(b) 要随机生成一个 10×10 的对称矩阵，其元素均在区间[−1, 1]内，可令

$$\boldsymbol{A} = 2 * \text{rand}(10) - 1; \quad \boldsymbol{A} = (\boldsymbol{A} + \boldsymbol{A}')/2$$

使用这种方法随机生成矩阵，重复(a)中的过程. 将得到的 $\boldsymbol{y}$ 的数据分布和(a)中得到的数据分布比较会如何？

18. 一个非对称的矩阵 $\boldsymbol{A}$ 可能有复特征值. 可通过 MATLAB 命令

```
e = eig(A)
y = sum(e > 0 & imag(e) == 0)
```

求 $\boldsymbol{A}$ 的实的正特征值的个数. 随机生成 100 个非对称的 10×10 矩阵. 对每一个矩阵，求其正的实特征值，并将这些数存储在一个向量 $\boldsymbol{z}$ 中. 求 $z(j)$的平均值，并和练习 17(a)中求得的平均值进行

比较．求它们的分布，并绘制柱状图．

19. (a) 随机生成 100 个 5×5 矩阵，并求每个矩阵的条件数．求条件数的平均值，并绘制它们分布的柱状图．

    (b) 重复(a)，使用 10×10 矩阵．将你的结果和(a)中的结论进行比较．

测试题 A——判断正误

下列每一命题如果总是成立则回答真，否则回答假．如果命题为真，则说明或证明你的结论．如果命题为假，则举例说明命题不总是成立．

1. 若 a，b 和 c 为浮点数，则

$$fl(fl(a+b)+c)=fl(a+fl(b+c))$$

2. 计算 $\boldsymbol{A}(\boldsymbol{BC})$需要的浮点运算数和计算$(\boldsymbol{AB})\boldsymbol{C}$ 相同．
3. 若 $\boldsymbol{A}$ 是非奇异矩阵，并使用一个数值稳定的算法求解一个方程组 $\boldsymbol{Ax}=\boldsymbol{b}$，则求得的解的相对误差应当总是很小．
4. 若 $\boldsymbol{A}$ 为一个对称矩阵，并使用一个数值稳定的算法求一个方程组 $\boldsymbol{Ax}=\boldsymbol{b}$ 的特征值，则求得的特征值的相对误差应当总是很小．
5. 若 $\boldsymbol{A}$ 为一个非对称矩阵，并使用一个数值稳定的算法求一个方程组 $\boldsymbol{Ax}=\boldsymbol{b}$ 的特征值，则求得的特征值的相对误差应当总是很小．
6. 若 $\boldsymbol{A}^{-1}$和一个 $n\times n$ 矩阵 $\boldsymbol{A}$ 的 $\boldsymbol{LU}$ 分解已经求得，则通过乘法 $\boldsymbol{A}^{-1}\boldsymbol{b}$ 求解方程组 $\boldsymbol{Ax}=\boldsymbol{b}$，将比使用前代法和回代法求解 $\boldsymbol{LUx}=\boldsymbol{b}$ 更为高效．
7. 若 $\boldsymbol{A}$ 为对称矩阵，则 $\|\boldsymbol{A}\|_1=\|\boldsymbol{A}\|_\infty$．
8. 若 $\boldsymbol{A}$ 为 $m\times n$ 矩阵，则 $\|\boldsymbol{A}\|_2=\|\boldsymbol{A}\|_F$．
9. 若最小二乘问题中系数矩阵 $\boldsymbol{A}$ 的维数为 $m\times n$，且秩为 n，则使用 7.7 节中讨论的三种方法——正规方程、QR 分解及奇异值分解，均会得到较高精度的解．
10. 若对某小正数 ε，两个 $m\times n$ 矩阵 $\boldsymbol{A}$ 和 $\boldsymbol{B}$ 在 $\|\boldsymbol{A}-\boldsymbol{B}\|_2<\varepsilon$ 的意义下是接近的，则它们的伪逆也将是很接近的，也就是说，对某小正数 δ，有 $\|\boldsymbol{A}^+-\boldsymbol{B}^+\|_2<\delta$．

484

测试题 B

1. 令 $\boldsymbol{A}$ 和 $\boldsymbol{B}$ 为 $n\times n$ 矩阵，并令 $\boldsymbol{x}$ 为 $\mathbf{R}^n$ 中的一个向量．计算$(\boldsymbol{AB})\boldsymbol{x}$ 需要多少标量加法和乘法？计算 $\boldsymbol{A}(\boldsymbol{Bx})$需要多少标量加法和乘法？哪一种计算更高效？
2. 给定

$$\boldsymbol{A}=\begin{bmatrix}2&3&6\\4&4&8\\1&3&4\end{bmatrix},\quad \boldsymbol{b}=\begin{bmatrix}3\\0\\4\end{bmatrix},\quad \boldsymbol{c}=\begin{bmatrix}1\\8\\2\end{bmatrix}$$

   (a) 使用部分选主元的高斯消元法求解 $\boldsymbol{Ax}=\boldsymbol{b}$．

   (b) 写出对应于(a)中的主元选择策略的置换矩阵 $\boldsymbol{P}$，并求 $\boldsymbol{PA}$ 的 $\boldsymbol{LU}$ 分解．

   (c) 使用 $\boldsymbol{P}$，$\boldsymbol{L}$ 和 $\boldsymbol{U}$ 求解方程组 $\boldsymbol{Ax}=\boldsymbol{c}$．
3. 证明：若 $\boldsymbol{Q}$ 为任意 4×4 正交矩阵，则 $\|\boldsymbol{Q}\|_2=1$，且 $\|\boldsymbol{Q}\|_F=2$．
4. 给定

$$H=\begin{bmatrix}1 & \frac{1}{2} & \frac{1}{3} & \frac{1}{4}\\ \frac{1}{2} & \frac{1}{3} & \frac{1}{4} & \frac{1}{5}\\ \frac{1}{3} & \frac{1}{4} & \frac{1}{5} & \frac{1}{6}\\ \frac{1}{4} & \frac{1}{5} & \frac{1}{6} & \frac{1}{7}\end{bmatrix},\quad H^{-1}=\begin{bmatrix}16 & -120 & 240 & -140\\ -120 & 1\,200 & -2\,700 & 1\,680\\ 240 & -2\,700 & 6\,480 & -4\,200\\ -140 & 1\,680 & -4\,200 & 2\,800\end{bmatrix},\quad b=\begin{bmatrix}10\\ -10\\ 20\\ 10\end{bmatrix}$$

(a) 求 $\|H\|_1$ 和 $\|H^{-1}\|_1$ 的值.

(b) 当使用 MATLAB 命令求解 $Hx=b$，并利用求得的解 x'求一个残差向量 $r=b-Hx'$时，可以得到 $\|r\|_1=0.36\times10^{-11}$. 使用这个信息确定相对误差的界：

$$\frac{\|x-x'\|_1}{\|x\|_1}$$

其中 x 是方程组的精确解.

5. 令 A 为一个 10×10 矩阵，其条件数 $\text{cond}_\infty(A)=5\times10^6$. 假设使用 15 位十进制运算求一个方程组$Ax=b$ 的解及其相对残差$\frac{\|r\|_\infty}{\|b\|_\infty}$，经验证明大概是 2 倍 machine epsilon. 你期望在计算的解中有多少位数值精度？试说明.

6. 令 $x=(1,\ 2,\ -2)^{\mathrm{T}}$.

(a) 求一个豪斯霍尔德矩阵 H，使得 Hx 为一个形如$(r,\ 0,\ 0)^{\mathrm{T}}$ 的向量.

(b) 求一个吉文斯变换 G，使得 Gx 为一个形如$(1,\ s,\ 0)^{\mathrm{T}}$ 的向量.

7. 令 Q 为一个 $n\times n$ 正交矩阵，并令 R 为一个 $n\times n$ 上三角矩阵. 若 $A=QR$ 且 $B=RQ$，A 和 B 的特征值和特征向量之间有什么关系？试说明.

8. 令

$$A=\begin{bmatrix}1 & 2\\ 4 & 3\end{bmatrix}$$

估计 A 的最大特征值，并利用幂法进行 5 次迭代求对应的特征向量. 可以从任何非零向量 x_0 开始.

9. 令

$$A=\begin{bmatrix}5 & 2 & 4\\ 5 & 2 & 4\\ 3 & 6 & 0\\ 3 & 6 & 0\end{bmatrix}\quad 及\quad b=\begin{bmatrix}5\\ 1\\ -1\\ 9\end{bmatrix}$$

A 的奇异值分解为

$$\begin{bmatrix}\frac{1}{2} & \frac{1}{2} & \frac{1}{2} & \frac{1}{2}\\ \frac{1}{2} & \frac{1}{2} & -\frac{1}{2} & -\frac{1}{2}\\ \frac{1}{2} & -\frac{1}{2} & -\frac{1}{2} & \frac{1}{2}\\ \frac{1}{2} & -\frac{1}{2} & \frac{1}{2} & -\frac{1}{2}\end{bmatrix}\begin{bmatrix}12 & 0 & 0\\ 0 & 6 & 0\\ 0 & 0 & 0\\ 0 & 0 & 0\end{bmatrix}\begin{bmatrix}\frac{2}{3} & \frac{2}{3} & \frac{1}{3}\\ \frac{1}{3} & -\frac{2}{3} & \frac{2}{3}\\ -\frac{2}{3} & -\frac{1}{3} & \frac{2}{3}\end{bmatrix}$$

使用奇异值分解求方程组 $\boldsymbol{Ax}=\boldsymbol{b}$ 具有最小 2-范数的最小二乘解.

485

10. 令

$$\boldsymbol{A}=\begin{bmatrix}1&5\\1&5\\1&6\\1&2\end{bmatrix},\quad \boldsymbol{b}=\begin{bmatrix}2\\4\\5\\3\end{bmatrix}$$

(a) 使用豪斯霍尔德矩阵将 $\boldsymbol{A}$ 化为一个 4×2 上三角矩阵 $\boldsymbol{R}$.

(b) 对 $\boldsymbol{b}$ 使用相同的豪斯霍尔德矩阵，然后求方程组 $\boldsymbol{Ax}=\boldsymbol{b}$ 的最小二乘解.

486

第8章 标准型

8.1 幂零算子

若表示矩阵有 n 个线性无关特征向量的线性变换 L 将 n 维复向量空间映射到其自身，则以这些特征向量为基向量，线性变换 L 的表示矩阵将是一个对角矩阵. 本章中，主要关注 L 的表示矩阵没有足够数量线性无关特征向量张成空间 V 的情形. 此时，希望寻找 V 的一组有序基，使 L 的表示矩阵尽可能接近对角形式. 为简单起见，本节限定在只有一个重数为 n 的特征值 λ 的算子情形. 可以证明，该算子可被表示为一个双对角矩阵. 该矩阵的对角元素都等于 λ，且其上次对角元素均为 0 或 1. 为证明这一结论，需首先介绍一些基本的定义和定理.

回顾 5.2 节，一个向量空间 V 是两个子空间 S_1 与 S_2 **直和**(direct sum)的充要条件是，每一个 $\boldsymbol{v}\in V$ 均可唯一地写为 $\boldsymbol{x}_1+\boldsymbol{x}_2$，其中 $\boldsymbol{x}_1\in S_1$ 且 $\boldsymbol{x}_2\in S_2$. 记直和为 $S_1\oplus S_2$.

引理 8.1.1 令 $B_1=\{\boldsymbol{x}_1, \boldsymbol{x}_2, \cdots, \boldsymbol{x}_r\}$，$B_2=\{\boldsymbol{y}_1, \boldsymbol{y}_2, \cdots, \boldsymbol{y}_k\}$ 分别为空间 V 的子空间 S_1 和 S_2 的不交基向量集合. 则 $V=S_1\oplus S_2$ 的充要条件是 $B=B_1\cup B_2$ 为 V 的一个基.

证 练习. ■

定义 令 L 为一个从向量空间 V 到其自身的映射. 对 V 的一个子空间 S，若对任一 $\boldsymbol{x}\in S$，总有 $L(\boldsymbol{x})\in S$，则称 S 在 L 下**不变**(invariant).

例如，若 L 的表示矩阵有特征值 λ 且 S_λ 为对应于 λ 的特征空间，则 S_λ 在 L 下就是不变的. 这个成立是因为对任一 $\boldsymbol{x}\in S_\lambda$，总有 $L(\boldsymbol{x})=\lambda\boldsymbol{x}\in S_\lambda$.

487

若 S 为 L 的一个不变子空间，则 $L_{[S]}$ 表示将 L 限制在 S 上，它是一个将 S 映射到其自身的线性算子.

引理 8.1.2 令 L 为一个将线性空间 V 映射到其自身的线性算子，并令 S_1 和 S_2 为 L 下不变的两个子空间，且 $S_1\cap S_2=\{\boldsymbol{0}\}$. 若 $S=S_1\oplus S_2$，则 S 在 L 下不变. 进一步，若 $\boldsymbol{A}=[a_{ij}]$ 为 $L_{[S_1]}$ 在 S_1 有序基 $[\boldsymbol{x}_1, \boldsymbol{x}_2, \cdots, \boldsymbol{x}_r]$ 下的表示矩阵，$\boldsymbol{B}=[b_{ij}]$ 为 $L_{[S_2]}$ 在 S_2 有序基 $[\boldsymbol{y}_1, \boldsymbol{y}_2, \cdots, \boldsymbol{y}_k]$ 下的表示矩阵，则在 $[\boldsymbol{x}_1, \boldsymbol{x}_2, \cdots, \boldsymbol{x}_r, \boldsymbol{y}_1, \boldsymbol{y}_2, \cdots, \boldsymbol{y}_k]$ 下，$L_{[S]}$ 的表示矩阵 $\boldsymbol{C}$ 为

$$\boldsymbol{C}=\begin{bmatrix}\boldsymbol{A} & \boldsymbol{O}\\ \boldsymbol{O} & \boldsymbol{B}\end{bmatrix}$$

$$=\begin{bmatrix} a_{11} & \cdots & a_{1r} & 0 & \cdots & 0 \\ \vdots & \ddots & \vdots & \vdots & \ddots & \vdots \\ a_{r1} & \cdots & a_{rr} & 0 & \cdots & 0 \\ 0 & \cdots & 0 & b_{11} & \cdots & b_{1k} \\ \vdots & \ddots & \vdots & \vdots & \ddots & \vdots \\ 0 & \cdots & 0 & b_{k1} & \cdots & b_{kk} \end{bmatrix} \tag{1}$$

证 首先注意到 $S_1 \cap S_2=\{\mathbf{0}\}$，故 $\boldsymbol{x}_1$，$\boldsymbol{x}_2$，…，$\boldsymbol{x}_r$，$\boldsymbol{y}_1$，$\boldsymbol{y}_2$，…，$\boldsymbol{y}_k$ 是线性无关的，且构成 V 的子空间 S 的基. 由引理 8.1.1 可得 $S=S_1 \oplus S_2$，即 S 是 S_1 与 S_2 的直和. 若 $\boldsymbol{s}\in S$，则存在 $\boldsymbol{x}\in S_1$ 及 $\boldsymbol{y}\in S_2$，使得 $\boldsymbol{s}=\boldsymbol{x}+\boldsymbol{y}$. 因为 $L(\boldsymbol{x})\in S_1$ 且 $L(\boldsymbol{y})\in S_2$，故

$$L(\boldsymbol{s})=L(\boldsymbol{x})+L(\boldsymbol{y})$$

为 $S_1 \oplus S_2=S$ 中的元素. 因此，S 在 L 下不变.

令 $\boldsymbol{s}_i^{(1)}=L(\boldsymbol{x}_i)$，$i=1$，2，…，$r$ 且 $\boldsymbol{s}_j^{(2)}=L(\boldsymbol{y}_j)$，$j=1$，2，…，$k$. 因为每一个 $\boldsymbol{s}_i^{(1)}$ 都在 S_1 内，每一个 $\boldsymbol{s}_j^{(2)}$ 都在 S_2 内，故

$$\begin{aligned} L_{[S]}(\boldsymbol{x}_i) &= \boldsymbol{s}_i^{(1)}+\mathbf{0} \\ &= a_{1i}\boldsymbol{x}_1+a_{2i}\boldsymbol{x}_2+\cdots+a_{ri}\boldsymbol{x}_r+0\boldsymbol{y}_1+\cdots+0\boldsymbol{y}_k \end{aligned}$$

所以，$L_{[S]}$ 表示矩阵 $\boldsymbol{C}$ 的第 i 列为

$$\boldsymbol{c}_i=(a_{1i},a_{2i},\cdots,a_{ri},0,\cdots,0)^{\mathrm{T}}$$

类似地，

$$\begin{aligned} L_{[S]}(\boldsymbol{y}_j) &= \mathbf{0}+\boldsymbol{s}_j^{(2)} \\ &= 0\boldsymbol{x}_1+0\boldsymbol{x}_2+\cdots+0\boldsymbol{x}_r+b_{1j}\boldsymbol{y}_1+b_{2j}\boldsymbol{y}_2+\cdots+b_{kj}\boldsymbol{y}_k \end{aligned}$$

且 $\boldsymbol{c}_{j+r}$ 为

$$\boldsymbol{c}_{j+r}=(0,\cdots,0,b_{1j},b_{2j},\cdots,b_{kj})^{\mathrm{T}}$$

因此，在 $[\boldsymbol{x}_1, \boldsymbol{x}_2, \cdots, \boldsymbol{x}_r, \boldsymbol{y}_1, \boldsymbol{y}_2, \cdots, \boldsymbol{y}_k]$ 下，$L_{[S]}$ 的表示矩阵 $\boldsymbol{C}$ 将为公式(1)中的形式. ■

488

有时，也存在多个集合直和的形式. 一般地，若 S_1，S_2，…，S_r 为一个向量空间 V 的子空间，则 $V=S_1\oplus\cdots\oplus S_r$ 的充要条件是 $\boldsymbol{v}\in V$ 可被唯一地写为和式 $\boldsymbol{s}_1+\cdots+\boldsymbol{s}_r$，其中 $\boldsymbol{s}_i\in S_i$，$i=1$，2，…，r.

利用数学归纳法，可将对直和成立的所有引理推广到多于两个子空间的情形. 因此，若每一个子空间 S_i 的基为 B_i 且所有的 B_i 都不相交，则 $V=S_1\oplus S_2\oplus\cdots\oplus S_r$ 的充要条件是 $B=B_1\cup B_2\cup\cdots\cup B_r$ 为 V 的一组基. 若 S_1，S_2，…，S_r 在线性变换 L 下都是不变的，则 $S=S_1\oplus S_2\oplus\cdots\oplus S_r$ 在 L 下也不变，且 $L_{[S]}$ 的表示矩阵为一个分块对角矩阵：

$$\boldsymbol{A}=\begin{bmatrix} \boldsymbol{A}_1 & & & \\ & \boldsymbol{A}_2 & & \\ & & \ddots & \\ & & & \boldsymbol{A}_r \end{bmatrix} \tag{2}$$

令 L 为一个将 n 维向量空间 V 映射到其自身的线性算子. 若 V 可表示为在 L 下不变的子空间的直和，则 L 的表示矩阵可表示为(2)中分块对角矩阵 $\boldsymbol{A}$ 的形式.

该表达式的最简形式出现在 L 的表示矩阵可被对角化时．这一情形又出现在特征空间的维数与特征值的重数相等时．此时，可选择 $\boldsymbol{A}$，使其每一个对角块 $\boldsymbol{A}_i$ 都是一个对角矩阵，因此矩阵 $\boldsymbol{A}$ 也是一个对角矩阵．

但若有任何一个特征值对应的特征空间维数小于特征值的重数，则子空间 $S_{\lambda_1}\oplus S_{\lambda_2}\oplus\cdots\oplus S_{\lambda_r}$ 的维数将会小于 n，且该子空间将是 V 的真子空间．此时，似乎应扩充退化的空间 S_{λ_i}，以得到 V 的直和表示 $S_1\oplus S_2\oplus\cdots\oplus S_r$，其中，每一个 S_i 在 L 下都是不变的．进一步，L 的表示矩阵中对应的块也应尽可能使用对角化的形式．事实上，下面将证明可以找到不变子空间 S_i，对每一个 $L_{[S_i]}$，对应的表示矩阵都是一个特定的双对角矩阵．

例如，考虑 L 的表示矩阵 $\boldsymbol{A}$ 是一个 3×3 矩阵的情形，其表示矩阵的三重特征值为 λ，相应的特征空间 S_λ 维数为 1．此时，可以证明 L 能被表示为一个 3×3 矩阵

$$\boldsymbol{J}=\begin{bmatrix}\lambda & 1 & 0\\ 0 & \lambda & 1\\ 0 & 0 & \lambda\end{bmatrix}$$

若这一表示是可行的，则 $\boldsymbol{A}$ 应当与 $\boldsymbol{J}$ 相似，即存在可逆矩阵 $\boldsymbol{X}$，使得 $\boldsymbol{AX}=\boldsymbol{XJ}$．若令 $\boldsymbol{x}_1$，$\boldsymbol{x}_2$，$\boldsymbol{x}_3$ 为 $\boldsymbol{X}$ 的列向量，前述等式就是

$$\boldsymbol{A}(\boldsymbol{x}_1,\boldsymbol{x}_2,\boldsymbol{x}_3)=(\boldsymbol{x}_1,\boldsymbol{x}_2,\boldsymbol{x}_3)\boldsymbol{J}$$

因此

$$\begin{aligned}\boldsymbol{Ax}_1&=\lambda\boldsymbol{x}_1\\ \boldsymbol{Ax}_2&=\boldsymbol{x}_1+\lambda\boldsymbol{x}_2\\ \boldsymbol{Ax}_3&=\boldsymbol{x}_2+\lambda\boldsymbol{x}_3\end{aligned}$$

489

或等价地，

$$\begin{aligned}(\boldsymbol{A}-\lambda\boldsymbol{I})\boldsymbol{x}_1&=\boldsymbol{0}\\ (\boldsymbol{A}-\lambda\boldsymbol{I})\boldsymbol{x}_2&=\boldsymbol{x}_1\\ (\boldsymbol{A}-\lambda\boldsymbol{I})\boldsymbol{x}_3&=\boldsymbol{x}_2\end{aligned}$$

这些方程意味着

$$(\boldsymbol{A}-\lambda\boldsymbol{I})^3\boldsymbol{x}_3=(\boldsymbol{A}-\lambda\boldsymbol{I})^2\boldsymbol{x}_2=(\boldsymbol{A}-\lambda\boldsymbol{I})\boldsymbol{x}_1=\boldsymbol{0}\tag{3}$$

因此，若能找到一个向量 $\boldsymbol{x}$，使得

$$(\boldsymbol{A}-\lambda\boldsymbol{I})^3\boldsymbol{x}=\boldsymbol{0}\quad \text{且}\quad (\boldsymbol{A}-\lambda\boldsymbol{I})^2\boldsymbol{x}\neq\boldsymbol{0}\tag{4}$$

则可得

$$\boldsymbol{x}_3=\boldsymbol{x},\ \boldsymbol{x}_2=(\boldsymbol{A}-\lambda\boldsymbol{I})\boldsymbol{x},\quad \text{及}\quad \boldsymbol{x}_1=(\boldsymbol{A}-\lambda\boldsymbol{I})^2\boldsymbol{x}\tag{5}$$

(4)中的方程组事实上给出了解决这一问题的关键．若能找到向量 $\boldsymbol{x}$ 满足(4)，则不难证明(5)中定义的 $\boldsymbol{x}_1$，$\boldsymbol{x}_2$，$\boldsymbol{x}_3$ 是线性无关的，且 $\boldsymbol{X}=(\boldsymbol{x}_1,\ \boldsymbol{x}_2,\ \boldsymbol{x}_3)$ 是可逆的．方程(3)意味着对所有 $\boldsymbol{x}\in R(\boldsymbol{X})$，有

$$(\boldsymbol{A}-\lambda\boldsymbol{I})^3\boldsymbol{x}=\boldsymbol{0}$$

应注意到

$$(\boldsymbol{A}-\lambda\boldsymbol{I})^2\boldsymbol{x}\neq\boldsymbol{0}$$

对发展此处的理论至关重要．下面的定义中，会将此条件推广到一般的线性算子 L．

定义 令 L 为一个将向量空间 V 映射到其自身的线性算子. 若对所有 $\boldsymbol{v}\in V$ 都有 $L^k(\boldsymbol{v})=\boldsymbol{0}$，且存在 $\boldsymbol{v}_0\in V$ 使 $L^{k-1}(\boldsymbol{v}_0)\neq\boldsymbol{0}$，则称 L 为 k **幂零算子**(nilpotent of index k).

引理 8.1.3 令 L 为一个将向量空间 V 映射到其自身的线性算子，且 $\boldsymbol{v}\in V$. 若对某整数 $k\geqslant 1$，有 $L^k(\boldsymbol{v})=\boldsymbol{0}$ 及 $L^{k-1}(\boldsymbol{v})\neq\boldsymbol{0}$，则向量 $\boldsymbol{v}$，$L(\boldsymbol{v})$，$L^2(\boldsymbol{v})$，…，$L^{k-1}(\boldsymbol{v})$ 线性无关.

证 根据数学归纳法，该结论在 $k=1$ 时是显然成立的，因为

$$\boldsymbol{v}=L^0(\boldsymbol{v})\neq\boldsymbol{0}\quad 且\quad L(\boldsymbol{v})=\boldsymbol{0}$$

因此，只有一个非零向量 $\boldsymbol{v}$.（此处，L^0 表示恒等算子.）现设对某一 k，这一结论对所有 $j<k$ 都成立，且设存在一个向量 $\boldsymbol{v}$ 满足

490

$$L^{k-1}(\boldsymbol{v})\neq\boldsymbol{0}\quad 及\quad L^k(\boldsymbol{v})=\boldsymbol{0}$$

为证明它们的线性无关性，考虑方程

$$\alpha_1\boldsymbol{v}+\alpha_2L(\boldsymbol{v})+\cdots+\alpha_kL^{k-1}(\boldsymbol{v})=\boldsymbol{0}\tag{6}$$

若令 $\boldsymbol{w}=L(\boldsymbol{v})$，并在(6)两边作用 L，可得

$$\alpha_1L(\boldsymbol{v})+\alpha_2L^2(\boldsymbol{v})+\cdots+\alpha_{k-1}L^{k-1}(\boldsymbol{v})=\boldsymbol{0}$$

或

$$\alpha_1\boldsymbol{w}+\alpha_2L(\boldsymbol{w})+\cdots+\alpha_{k-1}L^{k-2}(\boldsymbol{w})=\boldsymbol{0}$$

因为

$$L^{k-2}(\boldsymbol{w})=L^{k-1}(\boldsymbol{v})\neq\boldsymbol{0}\quad 及\quad L^{k-1}(\boldsymbol{w})=L^k(\boldsymbol{v})=\boldsymbol{0}$$

所以由归纳假设有

$$\boldsymbol{w},L(\boldsymbol{w}),\cdots,L^{k-2}(\boldsymbol{w})$$

是线性无关的，且

$$\alpha_1=\alpha_2=\cdots=\alpha_{k-1}=0$$

因此，(6)化简为

$$\alpha_kL^{k-1}(\boldsymbol{v})=\boldsymbol{0}$$

由此可得 α_k 也必为零，故 $\boldsymbol{v}$，$L(\boldsymbol{v})$，$L^2(\boldsymbol{v})$，…，$L^{k-1}(\boldsymbol{v})$ 是线性无关的. ■

若对某 $\boldsymbol{v}\in V$，有 $L^{k-1}(\boldsymbol{v})\neq\boldsymbol{0}$ 及 $L^k(\boldsymbol{v})=\boldsymbol{0}$，则向量 $\boldsymbol{v}$，$L(\boldsymbol{v})$，$L^2(\boldsymbol{v})$，…，$L^{k-1}(\boldsymbol{v})$ 构成了子空间的一个基，该子空间记为 $C_L(\boldsymbol{v})$. 子空间 $C_L(\boldsymbol{v})$ 在 L 下是不变的，因为对每一个 $C_L(\boldsymbol{v})$ 中的向量

$$\boldsymbol{w}=\alpha_1\boldsymbol{v}+\alpha_2L(\boldsymbol{v})+\cdots+\alpha_kL^{k-1}(\boldsymbol{v})$$

总有

$$L(\boldsymbol{w})=\alpha_1L(\boldsymbol{v})+\alpha_2L^2(\boldsymbol{v})+\cdots+\alpha_{k-1}L^{k-1}(\boldsymbol{v})$$

因此，$L(\boldsymbol{w})$ 也在 $C_L(\boldsymbol{v})$ 中. $C_L(\boldsymbol{v})$ 被称为由 $\boldsymbol{v}$ 生成的 L **循环子空间**(L-cyclic subspace). 特别地，若 L 为 k 幂零算子，则对每一个非零向量 $\boldsymbol{v}_0\in V$，存在一个整数 k_0，$1\leqslant k_0\leqslant k$，使 $L^{k_0-1}(\boldsymbol{v}_0)\neq\boldsymbol{0}$ 且 $L^{k_0}(\boldsymbol{v}_0)=\boldsymbol{0}$. 因此，若 L 在 V 上幂零，则每一个 V 中的非零向量 $\boldsymbol{v}$ 都可关联一个 L 循环子空间 $C_L(\boldsymbol{v})$. 容易看到，L 循环子空间在 L 下是不变的.

令 $C_L(\boldsymbol{v})$ 为 V 的一个 L 循环子空间，其基为$\{\boldsymbol{v}, L(\boldsymbol{v}), \cdots, L^{k-1}(\boldsymbol{v})\}$. 令

$$\boldsymbol{y}_i=L^{k-i}(\boldsymbol{v}),\ i=1,2,\cdots,k\ (其中\ L^0=\boldsymbol{I})$$

则

491

$$[\mathbf{y}_1, \mathbf{y}_2, \cdots, \mathbf{y}_k] = [L^{k-1}(\mathbf{v}), L^{k-2}(\mathbf{v}), \cdots, \mathbf{v}]$$

为 $C_L(\mathbf{v})$的一个有序基．因为

$$L(\mathbf{y}_1) = 0$$
$$L(\mathbf{y}_j) = \mathbf{y}_{j-1} \qquad j = 2, 3, \cdots, k$$

所以 $L_{[C_L(\mathbf{v})]}$在基$[\mathbf{y}_1, \mathbf{y}_2, \cdots, \mathbf{y}_k]$下的表示矩阵为

$$\mathbf{A} = \begin{bmatrix} 0 & 1 & 0 & \cdots & 0 & 0 \\ 0 & 0 & 1 & \cdots & 0 & 0 \\ 0 & 0 & 0 & \cdots & 0 & 0 \\ \vdots & \vdots & \vdots & \ddots & \vdots & \vdots \\ 0 & 0 & 0 & \cdots & 0 & 1 \\ 0 & 0 & 0 & \cdots & 0 & 0 \end{bmatrix}$$

因此，$L_{[C_L(\mathbf{v})]}$可被表示为一个双对角矩阵，其主对角线元素都为 0，上次对角线元素均为 1.

引理 8.1.4　令 L 为一个将向量空间 V 映射到其自身的线性算子．若 L 为 V 上 k 幂零的，且 $L^{k-1}(\mathbf{v}_1)$，$L^{k-1}(\mathbf{v}_2)$，…，$L^{k-1}(\mathbf{v}_r)$线性无关，则 kr 个向量

$$\begin{aligned} &\mathbf{v}_1, L(\mathbf{v}_1), \cdots, L^{k-1}(\mathbf{v}_1) \\ &\mathbf{v}_2, L(\mathbf{v}_2), \cdots, L^{k-1}(\mathbf{v}_2) \\ &\vdots \\ &\mathbf{v}_r, L(\mathbf{v}_r), \cdots, L^{k-1}(\mathbf{v}_r) \end{aligned}$$

是线性无关的.

证　对 k 用数学归纳法．若 $k=1$，不需做任何证明．设结论对所有小于 k 的整数都成立，且 L 为 k 幂零的．若

$$\begin{aligned} &\alpha_{11}\mathbf{v}_1 + \alpha_{12}L(\mathbf{v}_1) + \cdots + \alpha_{1k}L^{k-1}(\mathbf{v}_1) \\ &+\alpha_{21}\mathbf{v}_2 + \alpha_{22}L(\mathbf{v}_2) + \cdots + \alpha_{2k}L^{k-1}(\mathbf{v}_2) \\ &\vdots \\ &+\alpha_{r1}\mathbf{v}_r + \alpha_{r2}L(\mathbf{v}_r) + \cdots + \alpha_{rk}L^{k-1}(\mathbf{v}_r) \\ &=\mathbf{0} \end{aligned} \tag{7}$$

则对(7)两边作用 L，可得

$$\begin{aligned} &\alpha_{11}\mathbf{y}_1 + \alpha_{12}L(\mathbf{y}_1) + \cdots + \alpha_{1,k-1}L^{k-1}(\mathbf{y}_1) \\ &+\alpha_{21}\mathbf{y}_2 + \alpha_{22}L(\mathbf{y}_2) + \cdots + \alpha_{2,k-1}L^{k-1}(\mathbf{y}_2) \\ &\vdots \\ &+\alpha_{r1}\mathbf{y}_r + \alpha_{r2}L(\mathbf{y}_r) + \cdots + \alpha_{r,k-1}L^{k-1}(\mathbf{y}_r) \\ &=\mathbf{0} \end{aligned} \tag{8}$$

其中 $\mathbf{y}_i = L(\mathbf{v}_i)$，$i=1, 2, \cdots, r$．因为对每一个 i 有 $L^{k-2}(\mathbf{y}_i) = L^{k-1}(\mathbf{v}_i)$，所以 $L^{k-2}(\mathbf{y}_1)$，$L^{k-2}(\mathbf{y}_2)$，…，$L^{k-2}(\mathbf{y}_n)$是线性无关的．令 S 为 V 的子空间，且由下列向量

张成：

$$\boldsymbol{y}_1, L(\boldsymbol{y}_1), \cdots, L^{k-2}(\boldsymbol{y}_1), \cdots, \boldsymbol{y}_r, L(\boldsymbol{y}_r), \cdots, L^{k-2}(\boldsymbol{y}_r)$$

492

由于 L 为 $k-1$ 幂零的，由归纳假设可得

$$\begin{gathered}\boldsymbol{y}_1, L(\boldsymbol{y}_1), \cdots, L^{k-2}(\boldsymbol{y}_1)\\ \boldsymbol{y}_2, L(\boldsymbol{y}_2), \cdots, L^{k-2}(\boldsymbol{y}_2)\\ \vdots\\ \boldsymbol{y}_r, L(\boldsymbol{y}_r), \cdots, L^{k-2}(\boldsymbol{y}_r)\end{gathered}$$

是线性无关的. 因此，

$$\alpha_{ij} = 0, \quad 1 \leqslant i \leqslant r, \quad 1 \leqslant j \leqslant k-1$$

且(8)可化简为

$$\alpha_{1k} L^{k-1}(\boldsymbol{v}_1) + \alpha_{2k} L^{k-1}(\boldsymbol{v}_2) + \cdots + \alpha_{rk} L^{k-1}(\boldsymbol{v}_r) = \boldsymbol{0}$$

由于 $L^{k-1}(\boldsymbol{v}_1)$，$L^{k-1}(\boldsymbol{v}_2)$，…，$L^{k-1}(\boldsymbol{v}_r)$是线性无关的，故

$$\alpha_{1k} = \alpha_{2k} = \cdots = \alpha_{rk} = 0$$

因此

$$\begin{gathered}\boldsymbol{v}_1, L(\boldsymbol{v}_1), \cdots, L^{k-1}(\boldsymbol{v}_1)\\ \boldsymbol{v}_2, L(\boldsymbol{v}_2), \cdots, L^{k-1}(\boldsymbol{v}_2)\\ \vdots\\ \boldsymbol{v}_r, L(\boldsymbol{v}_r), \cdots, L^{k-1}(\boldsymbol{v}_r)\end{gathered}$$

是线性无关的. ■

定理 8.1.5 *令 L 为一个将 n 维向量空间 V 映射到其自身的线性算子. 若 L 为 V 上 k 幂零的，则 V 可被分解为 L 循环子空间的直和.*

证 对 k 用数学归纳法. 若 $k=1$，则 L 为 V 上的零算子. 因此，若$\{\boldsymbol{v}_1, \boldsymbol{v}_2, \cdots, \boldsymbol{v}_n\}$为 V 的任意一组基，则对每一个 i，$C_L(\boldsymbol{v}_i)$就是 $\boldsymbol{v}_i$ 张成的一个一维子空间，故

$$V = C_L(\boldsymbol{v}_1) \oplus C_L(\boldsymbol{v}_2) \oplus \cdots \oplus C_L(\boldsymbol{v}_n)$$

现设对整数 $k>1$ 及 L 为 k 幂零算子时，结论对小于 k 的整数都成立. 令$\{\boldsymbol{v}_1, \boldsymbol{v}_2, \cdots, \boldsymbol{v}_m\}$为 $\ker(L^{k-1})$的一个基，则该基可被扩充为 V 的一组基$\{\boldsymbol{v}_1, \boldsymbol{v}_2, \cdots, \boldsymbol{v}_m, \boldsymbol{y}_1, \boldsymbol{y}_2, \cdots, \boldsymbol{y}_r\}$(其中 $r=n-m$).

因为 $\boldsymbol{y}_i \notin \ker(L^{k-1})$，则 $L^{k-1}(\boldsymbol{y}_i) \neq \boldsymbol{0}$. 令

$$B_1 = \{\boldsymbol{y}_1, L(\boldsymbol{y}_1), \cdots, L^{k-1}(\boldsymbol{y}_1), \cdots, \boldsymbol{y}_r, L(\boldsymbol{y}_r), \cdots, L^{k-1}(\boldsymbol{y}_r)\}$$

可证 B_1 为 V 的子空间 S_1 的基. 由引理 8.1.4，要得到这一结论，只需证明 $L^{k-1}(\boldsymbol{y}_1)$，$L^{k-1}(\boldsymbol{y}_2)$，…，$L^{k-1}(\boldsymbol{y}_r)$是线性无关的即可. 若

$$\alpha_1 L^{k-1}(\boldsymbol{y}_1) + \alpha_2 L^{k-1}(\boldsymbol{y}_2) + \cdots + \alpha_r L^{k-1}(\boldsymbol{y}_r) = \boldsymbol{0}$$

493

则

$$L^{k-1}(\alpha_1 \boldsymbol{y}_1 + \alpha_2 \boldsymbol{y}_2 + \cdots + \alpha_r \boldsymbol{y}_r) = \boldsymbol{0}$$

因此 $\alpha_1 \boldsymbol{y}_1 + \alpha_2 \boldsymbol{y}_2 + \cdots + \alpha_r \boldsymbol{y}_r \in \ker(L^{k-1})$. 但此时必有 $\alpha_1 = \alpha_2 = \cdots = \alpha_r = 0$，否则 $\boldsymbol{v}_1$，$\boldsymbol{v}_2$，…，$\boldsymbol{v}_m$，$\boldsymbol{y}_1$，$\boldsymbol{y}_2$，…，$\boldsymbol{y}_r$ 将是线性相关的. 因此，$L^{k-1}(\boldsymbol{y}_1)$，$L^{k-1}(\boldsymbol{y}_2)$，…，$L^{k-1}(\boldsymbol{y}_r)$是线性无关的，且 B_1 是 V 的子空间 S_1 的基. 由引理 8.1.1 有

$$S_1 = C_L(\boldsymbol{y}_1) \oplus C_L(\boldsymbol{y}_2) \oplus \cdots \oplus C_L(\boldsymbol{y}_r)$$

若 $S_1 \neq V$，B_1 可扩充为 V 的基 B. 令 B_2 为其他基向量的集合(即 $B = B_1 \cup B_2$ 且 $B_1 \cap B_2 = \varnothing$). B_2 为 V 的子空间 S_2 的基，则由引理 8.1.1 得 $V = S_1 \oplus S_2$. 根据构造，S_2 就是 $\ker(L^{k-1})$的子空间.（若 $\boldsymbol{s} \in S_2$，它必然形如 $\boldsymbol{s} = \alpha_1 \boldsymbol{v}_1 + \alpha_2 \boldsymbol{v}_2 + \cdots + \alpha_m \boldsymbol{v}_m + 0\boldsymbol{y}_1 + 0\boldsymbol{y}_2 + \cdots + 0\boldsymbol{y}_r$.)因此，$L$ 为 S_2 上 $k_1 < k$ 幂零的. 由归纳假设，S_2 可被写为 L 循环子空间的一个直和，故 $V = S_1 \oplus S_2$. 这表明 V 是一个 L 循环子空间的直和. ■

推论 8.1.6 若 L 为一个将 n 维向量空间 V 映射到其自身的线性算子，且 L 为 V 上 k 幂零的，则 L 可表示为如下矩阵：

$$\boldsymbol{A} = \begin{bmatrix} \boldsymbol{J}_1 & & & \\ & \boldsymbol{J}_2 & & \\ & & \ddots & \\ & & & \boldsymbol{J}_s \end{bmatrix}$$

其中每一个 $\boldsymbol{J}_i$ 为一个 $k_i \times k_i$ 的双对角矩阵$\left(1 \leqslant k_i \leqslant k \text{ 且 } \sum_{i=1}^{s} k_i = n\right)$，其主对角线元素均为 0，上次对角线元素均为 1.

证 由定理 8.1.5，有

$$V = C_L(\boldsymbol{v}_1) \oplus C_L(\boldsymbol{v}_2) \oplus \cdots \oplus C_L(\boldsymbol{v}_s)$$

若 $C_L(\boldsymbol{v}_i)$的维数为 k_i，则 $L_{[C_L(\boldsymbol{v}_i)]}$在基$[L^{k_i-1}(\boldsymbol{v}_i), L^{k_i-2}(\boldsymbol{v}_i), \cdots, \boldsymbol{v}_i]$下的表示矩阵为

$$\boldsymbol{J}_i = \begin{bmatrix} 0 & 1 & & & \\ & 0 & 1 & & \\ & & \ddots & \ddots & \\ & & & 0 & 1 \\ & & & & 0 \end{bmatrix}$$

推论的结论可最终由引理 8.1.2 得到. ■

由推论 8.1.6 知，若 L 在 n 维向量空间 V 上是幂零的，则其所有特征值都是 0. 反之，若 L 的所有特征值都是 0，则由定理 6.4.3，L 可被表示为一个对角元素都是 0 的三角形矩阵 $\boldsymbol{T}$. 因此，对某些 k，$\boldsymbol{T}^k$ 将为零矩阵，且因此 L^k 将为零算子. 所以，若 L 为一个将 n 维向量空间 V 映射到其自身的线性算子，则 L 为幂零的充要条件是其所有特征值都是 0.

494

推论 8.1.7 令 L 为一个将 n 维向量空间 V 映射到其自身的线性算子. 若 L 只有一个特征值 λ，则 L 的表示矩阵 $\boldsymbol{A}$ 形如

$$\boldsymbol{A} = \begin{bmatrix} \boldsymbol{J}_1(\lambda) & & & \\ & \boldsymbol{J}_2(\lambda) & & \\ & & \ddots & \\ & & & \boldsymbol{J}_s(\lambda) \end{bmatrix} \tag{9}$$

其中 $\boldsymbol{J}_i(\lambda)$为如下形式的双对角矩阵：

$$\boldsymbol{J}_i(\lambda)=\begin{bmatrix}0 & 1 & & & \\ & 0 & 1 & & \\ & & \ddots & \ddots & \\ & & & 0 & 1 \\ & & & & 0\end{bmatrix} \tag{10}$$

证 令$\mathcal{I}$为V上的恒等算子. 算子$L-\lambda\mathcal{I}$的特征值全都是0，因此$L-\lambda\mathcal{I}$是幂零的. 由推论8.1.6知，在V的某有序基$[\boldsymbol{v}_1, \boldsymbol{v}_2, \cdots, \boldsymbol{v}_n]$下，算子$L-\lambda\mathcal{I}$的表示矩阵形如

$$\boldsymbol{J}=\begin{bmatrix}\boldsymbol{J}_1(0) & & & \\ & \boldsymbol{J}_2(0) & & \\ & & \ddots & \\ & & & \boldsymbol{J}_s(0)\end{bmatrix},\quad \text{其中}\quad \boldsymbol{J}_i(0)=\begin{bmatrix}0 & 1 & & & \\ & 0 & 1 & & \\ & & \ddots & \ddots & \\ & & & 0 & 1 \\ & & & & 0\end{bmatrix}$$

在基$[\boldsymbol{v}_1, \boldsymbol{v}_2, \cdots, \boldsymbol{v}_n]$下，$\lambda\mathcal{I}$的表示矩阵可化简为$\lambda\boldsymbol{I}$. 由于$L=(L-\lambda\mathcal{I})+\lambda\mathcal{I}$，故在基$[\boldsymbol{v}_1, \boldsymbol{v}_2, \cdots, \boldsymbol{v}_n]$下$L$的表示矩阵为

$$\boldsymbol{J}+\lambda\boldsymbol{I}=\begin{bmatrix}\boldsymbol{J}_1(\lambda) & & & \\ & \boldsymbol{J}_2(\lambda) & & \\ & & \ddots & \\ & & & \boldsymbol{J}_s(\lambda)\end{bmatrix}$$ ■

形如(10)中的矩阵称为**简单若尔当矩阵**(simple Jordan matrix). 因此，一个简单若尔当矩阵就是一个双对角矩阵，其主对角线元素均为λ，上次对角线元素均为1.

▶**例1** 令

$$\boldsymbol{A}=\begin{bmatrix}1 & 2 & 1 & 1 & 1\\ 0 & 1 & 1 & 2 & 1\\ 0 & 0 & 1 & 1 & 0\\ 0 & 0 & 0 & 1 & 0\\ 0 & 0 & 0 & 0 & 1\end{bmatrix}$$

495

可将$\boldsymbol{A}$看作一个从R^5到R^5算子的表示矩阵. 因为$\lambda=1$为其仅有的特征值，所以$\boldsymbol{A}$就与一个分块对角矩阵相似，该矩阵的对角块均为简单若尔当矩阵，其对角线和上次对角线元素均为1. $\lambda=1$对应的特征空间是由向量$\boldsymbol{x}=(1, 0, 0, 0, 0)^{\mathrm{T}}$和$\boldsymbol{y}=(0, 0, -1, 0, 1)^{\mathrm{T}}$张成的空间. 因此，双对角矩阵将包含两个简单若尔当块，$\boldsymbol{J}_1(1)$和$\boldsymbol{J}_2(1)$. 若按照块从大到小的顺序排列，则分块对角矩阵仅可能是

$$\left[\begin{array}{ccc|cc}1 & 1 & 0 & & \\ 0 & 1 & 1 & & \\ 0 & 0 & 1 & & \\ \hline & & & 1 & 1\\ & & & 0 & 1\end{array}\right] \quad \text{或} \quad \left[\begin{array}{cccc|c}1 & 1 & 0 & 0 & 0\\ 0 & 1 & 1 & 0 & 0\\ 0 & 0 & 1 & 1 & 0\\ 0 & 0 & 0 & 1 & 0\\ \hline 0 & 0 & 0 & 0 & 1\end{array}\right]$$

为确定哪种形式是正确的，需计算 $\boldsymbol{A}-\boldsymbol{I}$ 的幂：

$$\boldsymbol{A}-\boldsymbol{I}=\begin{bmatrix}0&2&1&1&1\\0&0&1&2&1\\0&0&0&1&0\\0&0&0&0&0\\0&0&0&0&0\end{bmatrix}\qquad(\boldsymbol{A}-\boldsymbol{I})^2=\begin{bmatrix}0&0&2&5&2\\0&0&0&1&0\\0&0&0&0&0\\0&0&0&0&0\\0&0&0&0&0\end{bmatrix}$$

$$(\boldsymbol{A}-\boldsymbol{I})^3=\begin{bmatrix}0&0&0&2&0\\0&0&0&0&0\\0&0&0&0&0\\0&0&0&0&0\\0&0&0&0&0\end{bmatrix}\qquad(\boldsymbol{A}-\boldsymbol{I})^4=\boldsymbol{O}$$

因此，$\boldsymbol{A}-\boldsymbol{I}$ 是一个 4 幂零的矩阵．方程组

$$(\boldsymbol{A}-\boldsymbol{I})^k\boldsymbol{s}=\boldsymbol{x}\quad 和 \quad(\boldsymbol{A}-\boldsymbol{I})^j\boldsymbol{s}=\boldsymbol{y}$$

在 k 和 j 大于 3 时显然是不相容的．下面在这些方程组相容时来确定最大的 k 和 j．对 $k=3$，方程组

$$(\boldsymbol{A}-\boldsymbol{I})^3\boldsymbol{s}=\boldsymbol{x}$$

是相容的，且有无穷多解．取其中一个解

$$\boldsymbol{x}_1=\left(0,0,0,\frac{1}{2},0\right)^{\mathrm{T}}$$

为得到其余的循环子空间，计算

$$\boldsymbol{x}_2=(\boldsymbol{A}-\boldsymbol{I})\boldsymbol{x}_1=\left(\frac{1}{2},1,\frac{1}{2},0,0\right)^{\mathrm{T}}$$

$$\boldsymbol{x}_3=(\boldsymbol{A}-\boldsymbol{I})\boldsymbol{x}_2=(\boldsymbol{A}-\boldsymbol{I})^2\boldsymbol{x}_1=\left(\frac{5}{2},\frac{1}{2},0,0,0\right)^{\mathrm{T}}$$

在有序基[$\boldsymbol{x}$，$\boldsymbol{x}_3$，$\boldsymbol{x}_2$，$\boldsymbol{x}_1$]下，算子 $\boldsymbol{A}$ 在该子空间中的矩阵表示形式将为

$$\boldsymbol{J}_1(1)=\begin{bmatrix}1&1&0&0\\0&1&1&0\\0&0&1&1\\0&0&0&1\end{bmatrix}$$

496

方程组

$$(\boldsymbol{A}-\boldsymbol{I})^j\boldsymbol{s}=\boldsymbol{y}$$

对所有正整数 j 都不相容．因此，包含 $\boldsymbol{y}$ 的循环子空间维数为 1．由此得到，在基[$\boldsymbol{x}$，$\boldsymbol{x}_3$，$\boldsymbol{x}_2$，$\boldsymbol{x}_1$，$\boldsymbol{y}$]下，$\boldsymbol{A}$ 的表示矩阵为

$$\boldsymbol{J}=\begin{bmatrix}\boldsymbol{J}_1(1)&\\&\boldsymbol{J}_2(1)\end{bmatrix}=\left[\begin{array}{cccc|c}1&1&0&0&0\\0&1&1&0&0\\0&0&1&1&0\\0&0&0&1&0\\\hline 0&0&0&0&1\end{array}\right]$$

读者可以验证，若 $\boldsymbol{Y}$ 为各列分别是 $\boldsymbol{x}$，$\boldsymbol{x}_3$，$\boldsymbol{x}_2$，$\boldsymbol{x}_1$，$\boldsymbol{y}$ 的矩阵，则

$$\boldsymbol{YJY}^{-1} = \boldsymbol{A}$$ ■

下一节中，我们将证明有不同特征值 λ_1，λ_2，…，λ_m 的矩阵 $\boldsymbol{A}$ 是相似于如下矩阵 $\boldsymbol{J}$ 的：

$$\boldsymbol{J} = \begin{bmatrix} \boldsymbol{B}_1 & & & \\ & \boldsymbol{B}_2 & & \\ & & \ddots & \\ & & & \boldsymbol{B}_m \end{bmatrix}$$

其中，每一个 $\boldsymbol{B}_i$ 都形如(9)，其对角线元素为 λ_i，即

$$\boldsymbol{B}_i = \begin{bmatrix} \boldsymbol{J}_1(\lambda_i) & & & \\ & \boldsymbol{J}_2(\lambda_i) & & \\ & & \ddots & \\ & & & \boldsymbol{J}_s(\lambda_i) \end{bmatrix}$$

其中 $\boldsymbol{J}_k(\lambda_i)$均为简单若尔当矩阵. $\boldsymbol{J}$ 被称为 $\boldsymbol{A}$ 的**若尔当标准型**(Jordan canonical form). 除各块的排列顺序外，若尔当标准型是唯一的.

8.1 节练习

1. 令 L 为一个 5 维向量空间 V 上的线性算子，$\boldsymbol{A}$ 为 L 的表示矩阵. 若 L 是 3 幂零的，则 $\boldsymbol{A}$ 可能的若尔当标准型是什么？
2. 令 $\boldsymbol{A}$ 为一个 4×4 矩阵，它只有特征值 $\lambda=2$. $\boldsymbol{A}$ 可能的若尔当标准型是什么？
3. 令 L 为一个 6 维向量空间 V 上的线性算子，且 $\boldsymbol{A}$ 为 L 的表示矩阵. 若 L 仅有特征根 λ 且特征空间 S_λ 的维数为 3，则 $\boldsymbol{A}$ 可能的若尔当标准型是什么？
4. 对下列各矩阵，求矩阵 $\boldsymbol{S}$，使得 $\boldsymbol{S}^{-1}\boldsymbol{AS}$ 为简单若尔当矩阵：

497

(a) $\boldsymbol{A}=\begin{bmatrix} 1 & 0 & 1 \\ 1 & 0 & 2 \\ 1 & -1 & 2 \end{bmatrix}$ (b) $\boldsymbol{A}=\begin{bmatrix} 1 & 2 & 0 & 0 \\ 0 & 1 & 2 & 0 \\ 0 & 0 & 1 & 2 \\ 0 & 0 & 0 & 1 \end{bmatrix}$

5. 对下列各矩阵，求矩阵 $\boldsymbol{S}$，使得 $\boldsymbol{S}^{-1}\boldsymbol{AS}$ 为 $\boldsymbol{A}$ 的若尔当标准型：

(a) $\boldsymbol{A}=\begin{bmatrix} -1 & 1 & 0 & 0 \\ -1 & 1 & 0 & 0 \\ -2 & 2 & 0 & 0 \\ 0 & 3 & -1 & 0 \end{bmatrix}$ (b) $\boldsymbol{A}=\begin{bmatrix} 0 & 0 & 1 & 1 & 1 \\ 0 & 0 & 0 & 1 & 1 \\ 0 & 0 & 0 & 0 & 1 \\ 0 & 0 & 0 & 0 & 0 \\ 0 & 0 & 0 & 0 & 0 \end{bmatrix}$

6. 令 S_1 和 S_2 为有限维向量空间 V 的子空间. 证明：$V=S_1\oplus S_2$ 的充要条件是 $V=S_1+S_2$ 且 $S_1\cap S_2=\{0\}$.
7. 证明引理 8.1.1.
8. 令 L 为一个将向量空间 V 映射到其自身的线性算子. 证明：$\ker(L)$和 $R(L)$为 V 的 L 不变子空间.
9. 令 L 为一个向量空间 V 上的线性算子. 令 $S_k[\boldsymbol{v}]$为由 $\boldsymbol{v}$，$L(\boldsymbol{v})$，…，$L^{k-1}(\boldsymbol{v})$张成的子空间. 证明：$S_k[\boldsymbol{v}]$是 L 不变子空间的充要条件为 $L^k(\boldsymbol{v})\in S_k[\boldsymbol{v}]$.
10. 令 L 为一个向量空间 V 上的线性算子. 令 $\mathcal{I}$为恒等算子，且 λ 为标量. 证明：L 在 S 上不变的充要

条件为 $L-\lambda\mathcal{I}$ 在 S 上不变.

11. 令 S 为 x，$x\mathrm{e}^x$ 及 $x\mathrm{e}^x+x^2\mathrm{e}^x$ 张成的 $C[a, b]$ 的子空间. 令 D 为 S 上的微分算子.
    (a) 求基 $[\mathrm{e}^x, x\mathrm{e}^x, x\mathrm{e}^x+x^2\mathrm{e}^x]$ 下 D 的表示矩阵 $\boldsymbol{A}$.
    (b) 求 $\boldsymbol{A}$ 的若尔当标准型及相应的 S 的基.
12. 令 D 为 P_n 上定义的线性算子 $D(p)=p'$，$p\in P_n$. 证明：D 为幂零的并可表示为一个简单若尔当矩阵.

8.2　若尔当标准型

本节将证明任一 n 维向量空间 V 上的线性算子 L 都可以表示为一个分块对角矩阵，其对角块均为简单若尔当矩阵. 这一结果将可被用于求解形如 $\boldsymbol{Y}'=\boldsymbol{AY}$ 的线性微分方程组，其中 $\boldsymbol{A}$ 是退化的.

下面首先考虑 L 有超过一个不同特征根的情形. 希望证明若 L 有不同的特征根 λ_1，λ_2，…，λ_k，则 V 可被分解为不变子空间 S_1，S_2，…，S_k 的直和，使得 $L-\lambda_i\mathcal{I}$ 在 S_i 上是幂零的，$i=1, 2, \cdots, k$. 为此，需首先证明如下的引理和定理.

引理 8.2.1　*若 L 为一个将 n 维向量空间 V 映射到其自身的线性算子，则对所有 $k>0$，存在一个正整数 k_0，使得 $\ker(L^{k_0})=\ker(L^{k_0+k})$.*

证　若 $i<j$，则显然 $\ker(L^i)$ 为 $\ker(L^j)$ 的子空间. 可以证明若对某个 i，有 $\ker(L^i)=\ker(L^{i+1})$，则对所有 $k\geqslant 1$，都有 $\ker(L^i)=\ker(L^{i+k})$. 该结论可通过对 k 使用数学归纳法得到. 当 $k=1$ 时，无需证明. 设对某 $k>1$，该结论对所有小于 k 的整数都成立. 则若 $\boldsymbol{v}\in\ker(L^{i+k})$，有

$$0=L^{i+k}(\boldsymbol{v})=L^{i+k-1}(L(\boldsymbol{v}))$$

因此，$L(\boldsymbol{v})\in\ker(L^{i+k-1})$. 由归纳假设，$\ker(L^{i+k-1})=\ker(L^i)$，故 $L(\boldsymbol{v})\in\ker(L^i)$ 且因此 $\boldsymbol{v}\in\ker(L^{i+1})$，因为 $\ker(L^{i+1})=\ker(L^i)$，所以有 $\boldsymbol{v}\in\ker(L^i)$ 且 $\ker(L^i)=\ker(L^{i+k})$. 因此，若对某些 i，有 $\ker(L^{i+1})=\ker(L^i)$，则

$$\ker(L^i)=\ker(L^{i+1})=\ker(L^{i+2})=\cdots$$

由于 V 是有限维的，故 $\ker(L^k)$ 的维数不能随着 k 的增加无限增加. 因此，对某 k_0，必有 $\dim(\ker(L^{k_0}))=\dim(\ker(L^{k_0+1}))$，故 $\ker(L^{k_0})$ 和 $\ker(L^{k_0+1})$ 必然相等. 因此

498

$$\ker(L^{k_0})=\ker(L^{k_0+1})=\ker(L^{k_0+2})=\cdots$$ ■

定理 8.2.2　*若 L 为一个 n 维向量空间 V 上的线性变换，则存在不变子空间 X 和 Y，使得 $V=X\oplus Y$，L 在 X 上是幂零的，且 $L_{[Y]}$ 是可逆的.*

证　令 k_0 为使 $\ker(L^{k_0})=\ker(L^{k_0+1})$ 的最小正整数. 由引理 8.2.1 可得，对所有 $j\geqslant 1$ 有 $\ker(L^{k_0})=\ker(L^{k_0+j})$. 令 $X=\ker(L^{k_0})$. 显然，X 在 L 下是不变的，因为当 $\boldsymbol{x}\in X$ 时，有 $L(\boldsymbol{x})\in\ker(L^{k_0-1})$，且 X 为 $\ker(L^{k_0})$ 的真子空间. 令 $Y=R(L^{k_0})$. 若 $\boldsymbol{w}\in X\cap Y$，则对某 $\boldsymbol{v}$，有 $\boldsymbol{w}=L^{k_0}(\boldsymbol{v})$，因此

$$\boldsymbol{0}=L^{k_0}(\boldsymbol{w})=L^{k_0}(L^{k_0}(\boldsymbol{v}))=L^{2k_0}(\boldsymbol{v})$$

因此，$\boldsymbol{v}\in\ker(L^{2k_0})=\ker(L^{k_0})$，故

$$\boldsymbol{w}=L^{k_0}(\boldsymbol{v})=\boldsymbol{0}$$

因此，$X\cap Y=\{\mathbf{0}\}$．下证 $V=X\oplus Y$．令$\{\boldsymbol{x}_1,\boldsymbol{x}_2,\cdots,\boldsymbol{x}_r\}$为 X 的基，并令$\{\boldsymbol{y}_1,\boldsymbol{y}_2,\cdots,\boldsymbol{y}_{n-r}\}$为 Y 的基．由引理 8.2.1，只需证明 $\boldsymbol{x}_1,\boldsymbol{x}_2,\cdots,\boldsymbol{x}_r,\boldsymbol{y}_1,\boldsymbol{y}_2,\cdots,\boldsymbol{y}_{n-r}$是线性无关，并构成 V 的一组基即可．若

$$\alpha_1\boldsymbol{x}_1+\alpha_2\boldsymbol{x}_2+\cdots+\alpha_r\boldsymbol{x}_r+\beta_1\boldsymbol{y}_1+\beta_2\boldsymbol{y}_2+\cdots+\beta_{n-r}\boldsymbol{y}_{n-r}=\mathbf{0} \tag{1}$$

则将上式两端作用 L^{k_0} 可得

$$\beta_1L^{k_0}(\boldsymbol{y}_1)+\beta_2L^{k_0}(\boldsymbol{y}_2)+\cdots+\beta_{n-r}L^{k_0}(\boldsymbol{y}_{n-r})=\mathbf{0}$$

或

$$L^{k_0}(\beta_1\boldsymbol{y}_1+\beta_2\boldsymbol{y}_2+\cdots+\beta_{n-r}\boldsymbol{y}_{n-r})=\mathbf{0}$$

因此，$\beta_1\boldsymbol{y}_1+\beta_2\boldsymbol{y}_2+\cdots+\beta_{n-r}\boldsymbol{y}_{n-r}\in X\cap Y$，且

$$\beta_1\boldsymbol{y}_1+\beta_2\boldsymbol{y}_2+\cdots+\beta_{n-r}\boldsymbol{y}_{n-r}=\mathbf{0}$$

由于所有 $\boldsymbol{y}_i$ 是线性无关的，故

$$\beta_1=\beta_2=\cdots=\beta_{n-r}=0$$

所以(1)可化简为

$$\alpha_1\boldsymbol{x}_1+\alpha_2\boldsymbol{x}_2+\cdots+\alpha_r\boldsymbol{x}_r=\mathbf{0}$$

由于所有 $\boldsymbol{x}_i$ 是线性无关的，故

$$\alpha_1=\alpha_2=\cdots=\alpha_r=0$$

499

因此 $\boldsymbol{x}_1,\boldsymbol{x}_2,\cdots,\boldsymbol{x}_r,\boldsymbol{y}_1,\boldsymbol{y}_2,\cdots,\boldsymbol{y}_{n-r}$线性无关且 $V=X\oplus Y$．L 在 X 上是不变的．可以证明 L 在 Y 上是不变且可逆的．令 $\boldsymbol{y}\in Y$，则对某 $\boldsymbol{v}\in V$，有 $\boldsymbol{y}=L^{k_0}(\boldsymbol{v})$．因此，

$$L(\boldsymbol{y})=L(L^{k_0}(\boldsymbol{v}))=L^{k_0+1}(\boldsymbol{v})=L^{k_0}(L(\boldsymbol{v}))$$

因此，$L(\boldsymbol{y})\in Y$ 且 Y 在 L 下是不变的．为证 $L_{[Y]}$是可逆的，只需证明

$$\ker(L_{[Y]})=Y\cap\ker(L)=\{\mathbf{0}\}$$

但这一结论可直接由 $\ker(L)\subset X$ 及 $X\cap Y=\{\mathbf{0}\}$得到．■

现在已经做好了证明本节结论的准备了．

定理 8.2.3　*令 L 为一个将有限维向量空间 V 映射到其自身的线性算子．若 $\lambda_1,\lambda_2,\cdots,\lambda_k$ 为 L 表示矩阵的不同特征值，则 V 可被分解为直和*

$$X_1\oplus X_2\oplus\cdots\oplus X_k$$

使得 $L-\lambda_i\mathcal{I}$ 在 X_i 上是幂零的，且 X_i 的维数等于 λ_i 的重数．

证　令 $L_1=L-\lambda_1\mathcal{I}$．由定理 8.2.2，存在 L_1 下不变的子空间 X_1 和 Y_1，使得 $V=X_1\oplus Y_1$，L_1 在 X_1 上是幂零的，且 $L_{1[Y]}$可逆．因此，在 L_1 下 X_1 和 Y_1 也是不变的．由推论 8.1.2，$L_{[X_1]}$可被表示为一个分块对角矩阵 $\boldsymbol{A}_1$，其对角块为对角线元素均为 λ_1 的简单若尔当矩阵．因此，

$$\det(\boldsymbol{A}_1-\lambda\boldsymbol{I})=(\lambda_1-\lambda)^{m_1}$$

其中 m_1 为 X_1 的维数．令 $\boldsymbol{B}_1$ 为 $L_{[Y_1]}$的表示矩阵．由于 L_1 在 Y_1 上是可逆的，故 λ_1 不是 $\boldsymbol{B}_1$ 的特征值．因此，

$$\det(\boldsymbol{B}_1-\lambda\boldsymbol{I})=q(\lambda)$$

其中 $q(\lambda_1)\neq0$．由引理 8.1.2，V 上算子 L 的表示矩阵为

$$A = \begin{bmatrix} A_1 & \\ & B_1 \end{bmatrix}$$

因此，若将每一个 L 的特征值 λ_i 乘重数 r_i 次，则

$$\begin{aligned}(\lambda_1-\lambda)^{r_1}(\lambda_2-\lambda)^{r_2}\cdots(\lambda_k-\lambda)^{r_k} &= \det(A-\lambda I) \\ &= \det(A_1-\lambda I)\det(B_1-\lambda I) \\ &= (\lambda_1-\lambda)^{m_1}q(\lambda)\end{aligned}$$

因此，$r_1=m_1$ 且

500

$$q(\lambda) = (\lambda_2-\lambda)^{r_2}(\lambda_3-\lambda)^{r_3}\cdots(\lambda_k-\lambda)^{r_k}$$

若考虑向量空间 Y_1 上的算子 $L_2=L-\lambda_2\mathcal{I}$，则可将 Y_1 分解为一个直和 $X_2\oplus Y_2$，使得 L 下 X_2 和 Y_2 是不变的，L_2 在 X_2 上是幂零的，且 $L_{[Y_2]}$ 可逆. 事实上，可不断进行该过程，将 Y_i 分解为直和 $X_{i+1}\oplus Y_{i+1}$，直到得到直和的形式

$$V = X_1 \oplus X_2 \oplus \cdots \oplus X_{k-1} \oplus Y_{k-1}$$

对每一个特征值 λ_k，向量空间 Y_{k-1} 的维数为 r_k. 因此，若令 $X_k=Y_{k-1}$，则 $L-\lambda_k\mathcal{I}$ 将在 X_k 上是幂零的，并将得到需要的 V 的分解. ■

由定理 8.2.3，每一个将 n 维向量空间 V 映射到其自身的线性映射 L 均可被表示为一个分块对角矩阵，其形式为

$$J = \begin{bmatrix} A_1 & & & \\ & A_2 & & \\ & & \ddots & \\ & & & A_k \end{bmatrix}$$

其中每一个 A_i 均为 $r_i\times r_i$ 的分块对角矩阵($r_i=\lambda_i$ 的重数)，这些块都是主对角元素为 λ_i 的简单若尔当矩阵.

若 A 为一个 $n\times n$ 矩阵，则在 $\mathbb{R}^n$ 的标准基下，A 表示的算子 L_A 定义为

$$L_A(x) = Ax, \quad x \in \mathbb{R}^n$$

根据前面的讨论，L_A 可被表示为一个前述的矩阵 J，并且 A 与 J 相似. 因此，每一个有不同特征值 λ_1，λ_2，…，λ_k 的 $n\times n$ 矩阵 A 都与一个如下形式的矩阵相似：

$$J = \begin{bmatrix} A_1 & & & \\ & A_2 & & \\ & & \ddots & \\ & & & A_k \end{bmatrix} \tag{2}$$

其中 A_i 为一个 $r_i\times r_i$ 的矩阵($r_i=\lambda_i$ 的重数)，形如

$$A_i = \begin{bmatrix} J_1(\lambda_i) & & & \\ & J_2(\lambda_i) & & \\ & & \ddots & \\ & & & J_s(\lambda_i) \end{bmatrix} \tag{3}$$

其中 $J(\lambda_i)$ 均为简单若尔当矩阵. 由(2)和(3)定义的矩阵 J 称为 A 的**若尔当标准型**

(Jordan canonical form). 除对角线上简单若尔当矩阵块的顺序外，一个矩阵的若尔当标准型是唯一的.

501

▶**例 1** 求矩阵

$$A=\begin{bmatrix}-3 & 1 & 0 & 1 & 1\\ -3 & 1 & 0 & 1 & 1\\ -4 & 1 & 0 & 2 & 1\\ -3 & 1 & 0 & 1 & 1\\ -4 & 1 & 0 & 1 & 2\end{bmatrix}$$

的若尔当标准型.

解 A 的特征多项式为

$$|A-\lambda I|=\lambda^4(1-\lambda)$$

对应于 $\lambda=1$ 的特征空间是由 $x_1=(1,1,1,1,2)^{\mathrm{T}}$ 张成的，对应于 $\lambda=0$ 的特征空间是由 $x_2=(1,1,0,1,1)^{\mathrm{T}}$ 和 $x_3=(0,0,1,0,0)^{\mathrm{T}}$ 张成的. 因此，A 的若尔当标准型将包含三个简单若尔当块. 除这些块的顺序外，仅有两种可能：

$$\left[\begin{array}{c|c|ccc}1 & & & & \\ \hline & 0 & & & \\ \hline & & 0 & 1 & \\ & & & 0 & 1\\ & & & & 0\end{array}\right] \quad 或 \quad \left[\begin{array}{c|cc|cc}1 & & & & \\ \hline & 0 & 1 & & \\ & & 0 & & \\ \hline & & & 0 & 1\\ & & & & 0\end{array}\right]$$

为确定哪一个是正确的，计算 $(A-0I)^2=A^2$.

$$A^2=\begin{bmatrix}-1 & 0 & 0 & 0 & 1\\ -1 & 0 & 0 & 0 & 1\\ -1 & 0 & 0 & 0 & 1\\ -1 & 0 & 0 & 0 & 1\\ -2 & 0 & 0 & 0 & 2\end{bmatrix}$$

下面，考虑方程组

$$A^2x=x_i$$

其中 $i=2$，3. 由于这些方程组是不相容的，A 的若尔当标准型不能有任何 3×3 简单若尔当块，因此，其形式必为

$$J=X^{-1}AX=\left[\begin{array}{c|cc|cc}1 & & & & \\ \hline & 0 & 1 & & \\ & & 0 & & \\ \hline & & & 0 & 1\\ & & & & 0\end{array}\right]$$

为求得 X，需求解

$$Ax=x_i$$

502

其中 $i=2$，3．方程组 $\boldsymbol{Ax}=\boldsymbol{x}_2$ 有无穷多解．可选择其中的一个，如 $\boldsymbol{x}_4=(1,3,0,0,1)^{\mathrm{T}}$．类似地，$\boldsymbol{Ax}=\boldsymbol{x}_3$ 有无穷多解，其中一个解是 $\boldsymbol{x}_5=(1,0,0,2,1)^{\mathrm{T}}$．令

$$\boldsymbol{X}=[\boldsymbol{x}_1\quad \boldsymbol{x}_2\quad \boldsymbol{x}_3\quad \boldsymbol{x}_4\quad \boldsymbol{x}_5]=\begin{bmatrix}1&1&0&1&1\\1&1&0&3&0\\1&0&1&0&0\\1&1&0&0&2\\2&1&0&1&1\end{bmatrix}$$

读者可以验证 $\boldsymbol{X}^{-1}\boldsymbol{AX}=\boldsymbol{J}$．◀

若尔当标准型的一个主要应用是求解系数矩阵退化的线性微分方程组．给定一个方程组

$$\boldsymbol{Y}'(t)=\boldsymbol{AY}(t)$$

利用 $\boldsymbol{A}$ 的若尔当标准型，可将其化简．事实上，若 $\boldsymbol{A}=\boldsymbol{XJX}^{-1}$，则

$$\boldsymbol{Y}'(t)=(\boldsymbol{XJX}^{-1})\boldsymbol{Y}(t)$$

因此，若令 $\boldsymbol{Z}=\boldsymbol{X}^{-1}\boldsymbol{Y}$，则 $\boldsymbol{Y}'=\boldsymbol{XZ}'$ 且方程组化简为

$$\boldsymbol{XZ}'=\boldsymbol{XJZ}$$

乘以 $\boldsymbol{X}^{-1}$ 后，可得

$$\boldsymbol{Z}'=\boldsymbol{JZ}\tag{4}$$

根据 $\boldsymbol{J}$ 的结构，这一新方程组是很容易求解的．事实上，求解(4)仅需求解一系列小规模方程组即可．每一个方程组的形式均为

$$\begin{aligned}z_1'&=\lambda z_1+z_2\\z_2'&=\lambda z_2+z_3\\&\vdots\\z_{k-1}'&=\lambda z_{k-1}+z_k\\z_k'&=\lambda z_k\end{aligned}$$

这些方程均可在最后一个方程解出后求解．最后一个方程的解显然是

$$z_k=c\mathrm{e}^{\lambda t}$$

任何形如

$$z'(t)-\lambda z(t)=u(t)$$

503

的方程解为

$$z(t)=\mathrm{e}^{\lambda t}\int \mathrm{e}^{-\lambda t}u(t)\mathrm{d}t$$

因此，可解 z_{k-1} 的方程

$$z_{k-1}'-\lambda z_{k-1}=z_k$$

然后求解 z_{k-2} 的方程

$$z_{k-2}'-\lambda z_{k-2}=z_{k-1}$$

等等．

▶**例 2**　求初值问题

$$\begin{bmatrix} y_1' \\ y_2' \\ y_3' \\ y_4' \end{bmatrix} = \begin{bmatrix} 1 & 0 & 0 & -1 \\ 0 & 1 & 1 & 0 \\ 0 & -1 & 1 & 2 \\ 1 & 0 & 2 & 1 \end{bmatrix} \begin{bmatrix} y_1 \\ y_2 \\ y_3 \\ y_4 \end{bmatrix}$$

$$y_1(0) = y_2(0) = y_3(0) = 0, \quad y_4(0) = 2$$

解　系数矩阵 $\boldsymbol{A}$ 有两个不同的特征值 $\lambda_1=0$ 和 $\lambda_2=2$，每一个特征根的重数都是 2. 相应的特征空间维数均为 1. 利用本节中的方法，$\boldsymbol{A}$ 可分解为 $\boldsymbol{XJX}^{-1}$，其中

$$\boldsymbol{J} = \begin{bmatrix} 0 & 1 & 0 & 0 \\ 0 & 0 & 0 & 0 \\ 0 & 0 & 2 & 1 \\ 0 & 0 & 0 & 2 \end{bmatrix}$$

$\boldsymbol{X}$ 的选择并不唯一. 读者可以验证：

$$\boldsymbol{X} = \begin{bmatrix} 1 & 1 & -1 & 1 \\ 1 & 1 & 1 & -1 \\ -1 & 0 & 1 & 0 \\ 1 & 0 & 1 & 0 \end{bmatrix}$$

即可满足要求. 若做变量变换，并令 $\boldsymbol{Z}=\boldsymbol{X}^{-1}\boldsymbol{Y}$，则可将方程组写为如下形式：

$$\boldsymbol{Z}' = \boldsymbol{JZ}$$

$\boldsymbol{J}$ 的块结构使方程组可分为两个较为简单的方程组：

$$\begin{aligned} z_1' &= z_2 \\ z_2' &= 0 \end{aligned} \quad \text{及} \quad \begin{aligned} z_3' &= 2z_3 + z_4 \\ z_4' &= 2z_4 \end{aligned}$$

第一个方程组不难求解.

504

$$\begin{aligned} z_1 &= c_1 t + c_2 \\ z_2 &= c_1 \end{aligned} \quad (c_1 \text{ 和 } c_2 \text{ 都是常数})$$

为求第二个方程组，首先求

$$z_4' = 2z_4$$

得到

$$z_4 = c_3 e^{2t}$$

因此，

$$z_3' - 2z_3 = c_3 e^{2t}$$

故

$$z_3 = e^{2t}\int e^{-2t}(c_3 e^{2t})\,dt = e^{2t}(c_3 t + c_4)$$

最后，有

$$Y = XZ = \begin{bmatrix} (c_1t+c_2)+c_1-(c_3t+c_4)\mathrm{e}^{2t}+c_3\mathrm{e}^{2t} \\ (c_1t+c_2)+c_1+(c_3t+c_4)\mathrm{e}^{2t}-c_3\mathrm{e}^{2t} \\ -(c_1t+c_2)+(c_3t+c_4)\mathrm{e}^{2t} \\ (c_1t+c_2)+(c_3t+c_4)\mathrm{e}^{2t} \end{bmatrix}$$

若令 $t=0$ 并根据初始条件求解 c_i 可得

$$c_1=-1, \quad c_2=c_3=c_4=1$$

因此，初值问题的解为

$$\begin{aligned} y_1 &= -t-t\mathrm{e}^{2t} \\ y_2 &= -t+t\mathrm{e}^{2t} \\ y_3 &= -1+t+(1+t)\mathrm{e}^{2t} \\ y_4 &= 1-t+(1+t)\mathrm{e}^{2t} \end{aligned}$$

◀

若尔当标准型不仅给出了算子的一个很好的表示，也使人们在系数矩阵退化时，仍能求解方程组 $\boldsymbol{Y}'=\boldsymbol{AY}$. 从理论的观点看，其重要性是毋庸置疑的. 但从应用的观点看，它确实不怎么有用.

若 $n\geqslant 5$，通常需要使用一些数值方法求得 $\boldsymbol{A}$ 的特征值. 求得的 λ_i 仅是真实特征值的近似. 因此，有可能在真实的 $\lambda_1=\lambda_2$ 时，得到不同的 λ_1' 和 λ_2'. 因此，实践中，很难确定特征值正确的重数. 此外，为求解 $\boldsymbol{Y}'=\boldsymbol{AY}$，需求相似矩阵 $\boldsymbol{X}$，使得 $\boldsymbol{A}=\boldsymbol{XJX}^{-1}$. 但是，当 $\boldsymbol{A}$ 有重复的特征值时，矩阵 $\boldsymbol{X}$ 可能会对一些扰动非常敏感，且实践中求得的相似矩阵元素有多少位精度实际上是没有任何保证的. 一种推荐的替代方法是计算矩阵指数 $\mathrm{e}^{\boldsymbol{A}}$，并将其用于求解 $\boldsymbol{Y}'=\boldsymbol{AY}$.

505

8.2 节练习

1. 令 $\boldsymbol{A}$ 为一个 4×4 矩阵，其仅有的特征值为 $\lambda=2$. $\boldsymbol{A}$ 可能的若尔当标准型是什么？
2. 令 $\boldsymbol{A}$ 为一个 5×5 矩阵. 若 $\boldsymbol{A}^2\neq 0$，$\boldsymbol{A}^3=0$，则 $\boldsymbol{A}$ 可能的若尔当标准型是什么？
3. 求下列每一矩阵的若尔当标准型 $\boldsymbol{J}$ 及一个矩阵 $\boldsymbol{X}$，使得 $\boldsymbol{X}^{-1}\boldsymbol{AX}=\boldsymbol{J}$：

(a) $\boldsymbol{A}=\begin{bmatrix} 1 & 0 & 1 \\ 1 & 0 & 2 \\ 1 & -1 & 2 \end{bmatrix}$　(b) $\boldsymbol{A}=\begin{bmatrix} 0 & 0 & 0 & 1 \\ 0 & 0 & 0 & 1 \\ 1 & 2 & 0 & 0 \\ 0 & 0 & 0 & -1 \end{bmatrix}$　(c) $\boldsymbol{A}=\begin{bmatrix} 1 & 2 & 0 & 0 \\ 0 & 1 & 2 & 0 \\ 0 & 0 & 1 & 2 \\ 0 & 0 & 0 & 1 \end{bmatrix}$

(d) $\boldsymbol{A}=\begin{bmatrix} 1 & 1 & 1 & 1 & 1 \\ 0 & 1 & 1 & 1 & 1 \\ 0 & 0 & 1 & 1 & 1 \\ 0 & 0 & 0 & 0 & 1 \\ 0 & 0 & 0 & 0 & 0 \end{bmatrix}$　(e) $\boldsymbol{A}=\begin{bmatrix} 2 & 1 & 1 & 1 & 1 & 1 \\ 0 & 2 & 1 & 1 & 1 & 1 \\ 0 & 0 & 0 & 1 & 1 & 1 \\ 0 & 0 & 0 & 0 & 1 & 1 \\ 0 & 0 & 0 & 0 & 1 & 1 \\ 0 & 0 & 0 & 0 & 1 & 1 \end{bmatrix}$

4. 令 L 为一个有限维向量空间 V 上的线性算子.
   (a) 证明：$R(L^i)\subset R(L^j)$，其中 $i>j$.
   (b) 若对某 k_0，有 $R(L^{k_0})=R(L^{k_0+1})$，则对所有 $k\geqslant 1$，有 $R(L^{k_0})=R(L^{k_0+k})$.

5. 令 L 为练习 4 中的算子.

(a) 证明：存在一个最小的正整数 k_0，使得 $R(L^{k_0})=R(L^{k_0+1})$.

(b) 令 k_1 为使得 $\ker(L^{k_1})=\ker(L^{k_1+1})$的最小正整数. 证明 $k_1=k_0$.

6. 求初值问题

506

$$
\begin{aligned}
y_1' &= y_3 \\
y_2' &= y_1 - y_2 + 2y_3 \\
y_3' &= y_1 - y_2 + y_3 \\
y_1(0) = 0, &\quad y_2(0) = 0, \quad y_3(0) = -1
\end{aligned}
$$

附录

MATLAB

MATLAB 是一个交互式的矩阵运算程序. 初始版本的 MATLAB(matrix laboratory 的缩写)是由 Cleve Moler 在 Linpack 和 Eispack 软件实验室中开发的. 多年来, MATLAB 经历了一系列的扩展和改版. 现在, 它成了科学计算中的首选软件. MATLAB 是由马萨诸塞州 Natick 市的 MathWorks 公司发布的.

除了广泛应用于工业和工程中外, MATLAB 也已经成为本科线性代数课程的一个标准教学工具.

MATLAB 的桌面显示

启动后, MATLAB 将显示一个有三个窗口的桌面. 右边的窗口称为命令窗口, 可以在这里输入 MATLAB 命令并执行. 左上窗口中显示的是当前目录浏览器或工作区浏览器, 这取决于选择了什么按钮.

利用工作区浏览器, 可观察并改变工作区的内容. 使用工作区也可以绘制数据集合的图形. 只需选择要绘制的数据, 并选择要得到的图形类型, 则 MATLAB 就会在一个新图形窗口中显示图形. 在当前目录浏览器中, 可以看到 MATLAB 和其他文件, 并可对文件进行打开、编辑或查找等操作.

左下窗口显示命令的历史, 从中可以看到你在命令窗口中输入的所有命令. 要重复以前的操作, 只需点击该命令, 使其高亮显示, 然后双击即可执行. 也可以在命令窗口中利用箭头键, 直接回调或编辑命令. 在命令窗口中, 可以使用向上箭头键回调前面的命令. 利用左右箭头键可对命令进行编辑. 按计算机上的回车键, 即可执行编辑后的命令.

任何 MATLAB 窗口均可通过点击窗口右上角的"×"关闭. 要从 MATLAB 桌面中分离窗口, 单击窗口右上角"×"旁边的箭头即可.

基本的数据元素

MATLAB 使用的基本数据元素为矩阵. 一旦矩阵已经输入或生成, 用户就可经过少量的编程快速地开始运算.

在 MATLAB 中输入矩阵是十分容易的. 为输入矩阵

$$\begin{bmatrix} 1 & 2 & 3 & 4 \\ 5 & 6 & 7 & 8 \\ 9 & 10 & 11 & 12 \\ 13 & 14 & 15 & 16 \end{bmatrix}$$

键入

$$\boldsymbol{A} = [1\ \ 2\ \ 3\ \ 4;\ \ 5\ \ 6\ \ 7\ \ 8;\ \ 9\ \ 10\ \ 11\ \ 12;\ \ 13\ \ 14\ \ 15\ \ 16]$$

或一次仅输入矩阵的一行：

$$\boldsymbol{A} = \begin{bmatrix} 1 & 2 & 3 & 4 \\ 5 & 6 & 7 & 8 \\ 9 & 10 & 11 & 12 \\ 13 & 14 & 15 & 16 \end{bmatrix}$$

矩阵输入后，可以采用两种方法对其编辑．在命令窗口中，可使用 MATLAB 命令重新定义任何元素．例如，命令 $\boldsymbol{A}(1, 3)=5$ 仅将 $\boldsymbol{A}$ 的第一行的第三个元素改为 5．也可以利用工作区浏览器编辑矩阵的元素．要使用工作区浏览器改变 $\boldsymbol{A}$ 的(1，3)元素，首先在浏览器的变量名列中找到 $\boldsymbol{A}$，然后点击 $\boldsymbol{A}$ 左边数组的图标，以打开一个显示矩阵的数组．要将(1，3)元素改为 5，点击数组中相应的单元格然后输入 5 即可．

等间隔点的行向量可使用 MATLAB 算子"："生成．命令 $\boldsymbol{x}=2:6$ 可以生成一个元素为从整数 2 到 6 的行向量．

$$\boldsymbol{x} =$$

$$2\quad 3\quad 4\quad 5\quad 6$$

并不需要使用整数或步长为 1．例如，命令 $\boldsymbol{x}=1.2:0.2:2$ 将生成

$$\boldsymbol{x} =$$

$$1.2000\quad 1.4000\quad 1.6000\quad 1.8000\quad 2.0000$$

子矩阵

为引用前面输入的矩阵 $\boldsymbol{A}$ 的子矩阵，可使用"："来指定行和列．例如，由第 2～4 列的第 2 和 3 行元素构成的子矩阵为 $\boldsymbol{A}(2:3, 2:4)$．因此，语句

$$\boldsymbol{C} = \boldsymbol{A}(2:3,2:4)$$

508

将生成

$$\boldsymbol{C} =$$

$$\begin{matrix} 6 & 7 & 8 \\ 10 & 11 & 12 \end{matrix}$$

若要使用冒号自身作为一个参数，则将包含矩阵的所有行或所有列．例如，$\boldsymbol{A}(:, 2:3)$表示由 $\boldsymbol{A}$ 的第 2 和 3 列的所有元素构成的子矩阵，而 $\boldsymbol{A}(4, :)$表示 $\boldsymbol{A}$ 的第 4 行向量．可以使用向量作为参数，指出包含哪些行和哪些列来利用非相邻的行或列生成一个子矩阵．例如，要生成一个仅包含 $\boldsymbol{A}$ 的第 1 和 3 行中的第 2 和 4 列元素的子矩阵，可令

$$\boldsymbol{E} = \boldsymbol{A}([1,3],[2,4])$$

结果将为

$$\boldsymbol{E} =$$

$$\begin{matrix} 2 & 4 \\ 10 & 12 \end{matrix}$$

生成矩阵

也可通过使用 MATLAB 的内建函数生成矩阵. 例如，命令

$$\boldsymbol{B} = \mathrm{rand}(4)$$

将生成一个元素为 0～1 之间的随机数的 4×4 矩阵. 其他可用于生成矩阵的函数为 eye、zeros、ones、magic、hilb、pascal、toeplitz、compan 和 vander. 要创建一个三角形矩阵或对角矩阵，可使用 MATLAB 函数 triu、tril 和 diag.

生成矩阵的命令也可用于生成分块矩阵. 例如，MATLAB 命令

$$\boldsymbol{E} = [\mathrm{eye}(2),\quad \mathrm{ones}(2,3);\quad \mathrm{zeros}(2),\quad [1:3;\quad 3:-1:1]]$$

将生成矩阵

$$\boldsymbol{E} =$$

$$\begin{matrix} 1 & 0 & 1 & 1 & 1 \\ 0 & 1 & 1 & 1 & 1 \\ 0 & 0 & 1 & 2 & 3 \\ 0 & 0 & 3 & 2 & 1 \end{matrix}$$

509

矩阵算术运算

矩阵的加法和乘法

MATLAB 中的矩阵算术运算很直接. 可以通过简单地输入 $\boldsymbol{A} * \boldsymbol{B}$ 来求矩阵 $\boldsymbol{A}$ 乘以矩阵 $\boldsymbol{B}$. $\boldsymbol{A}$ 与 $\boldsymbol{B}$ 的和或差可分别使用 $\boldsymbol{A}+\boldsymbol{B}$ 或 $\boldsymbol{A}-\boldsymbol{B}$ 给出. 实矩阵 $\boldsymbol{A}$ 的转置为 $\boldsymbol{A}'$. 对一个有复元的矩阵 $\boldsymbol{C}$，“′” 运算对应于共轭转置. 因此 $\boldsymbol{C}^{\mathrm{H}}$ 在 MATLAB 中为 $\boldsymbol{C}'$.

反斜线或矩阵左除

若 $\boldsymbol{W}$ 为 $n\times n$ 矩阵，且 $\boldsymbol{b}$ 表示 $\mathbf{R}^n$ 中的一个向量，方程组 $\boldsymbol{Wx}=\boldsymbol{b}$ 的解可用 MATLAB 中的反斜线命令求得，可令

$$\boldsymbol{x} = \boldsymbol{W} \backslash \boldsymbol{b}$$

例如，若令

$$\boldsymbol{W} = [1\quad 1\quad 1\quad 1;\quad 1\quad 2\quad 3\quad 4;\quad 3\quad 4\quad 6\quad 2;\quad 2\quad 7\quad 10\quad 5]$$

及 $\boldsymbol{b}$=[3; 5; 5; 8]，则命令

$$\boldsymbol{x} = \boldsymbol{W} \backslash \boldsymbol{b}$$

将得到

$$\boldsymbol{x} =$$

$$\begin{matrix} 1.0000 \\ 3.0000 \\ -2.0000 \\ 1.0000 \end{matrix}$$

当 $n\times n$ 系数矩阵为奇异的或其秩的数值小于 n 时，运算 “\” 也将求得一个解，但 MATLAB 会给出一个警告. 例如，若初始的 4×4 矩阵 $\boldsymbol{A}$ 为奇异的，则命令

$$\boldsymbol{x} = \boldsymbol{A} \backslash \boldsymbol{b}$$

得到

```
Warning: Matrix is close to singular or badly scaled. Results may be inaccurate. RCOND =
1.387779e-018.
```

$$x =$$

```
1.0e+015 *
      2.2518
     -3.0024
     -0.7506
      1.5012
```

510

其中 1.0e+015 表示 x 中的元素的幂指数. 因此，列出的四个元素中的每一个都要乘以 10^{15}. RCOND 为系数矩阵的条件数倒数的近似值. 尽管矩阵是非奇异的，其条件数为 10^{18} 阶，仍可估计在用十进制表示求得的解时损失了大概 18 位数值精度. 由于计算机仅跟踪 16 位小数，这意味着求得的解将没有任何精确数字.

若一个线性方程组的系数矩阵的行数多于列数，则 MATLAB 假设需要求一个最小二乘解. 若令

$$C = A(:,1:2)$$

则 C 为 4×2 矩阵，且命令

$$x = C \backslash b$$

将求出最小二乘解

$$x =$$

```
   -2.2500
    2.6250
```

若现在令

$$C = A(:,1:3)$$

则 C 将为一个 4×3 矩阵，其秩为 2. 尽管最小二乘问题不会有唯一解，MATLAB 仍将求得一个解并返回一个警告，说明矩阵是亏秩的. 此时，命令

$$x = C \backslash b$$

得到

```
Warning: Rank deficient, rank = 2, tol = 1.7852e-014.
```

$$x =$$

```
   -0.9375
         0
    1.3125
```

指数

矩阵的幂很容易计算. 在 MATLAB 中矩阵 A^5 可通过输入 A^5 求得. 也可在操作数前加一个句点对每一元素进行操作. 例如，若 V=[1 2; 3 4]，则 V^2 结果为

$$\text{ans} = \begin{matrix} 7 & 10 \\ 15 & 22 \end{matrix}$$

而 $\boldsymbol{V}$.^2 将得到

$$\text{ans} = \begin{matrix} 1 & 4 \\ 9 & 16 \end{matrix}$$

511

MATLAB 函数

为求一个方阵 $\boldsymbol{A}$ 的特征值，只需输入 eig($\boldsymbol{A}$). 特征向量和特征值可以通过令

$$[\boldsymbol{X} \quad \boldsymbol{D}] = \text{eig}(\boldsymbol{A})$$

求得. 类似地，可通过一个单词的命令求一个矩阵的行列式、逆、条件数、范数和秩. 矩阵分解(例如 LU 分解、QR 分解、楚列斯基分解、舒尔分解和奇异值分解)也可使用一个命令求得. 例如，命令

$$[\boldsymbol{Q} \quad \boldsymbol{R}] = \text{qr}(\boldsymbol{A})$$

将生成一个正交(或酉)矩阵 $\boldsymbol{Q}$ 以及一个上三角矩阵 $\boldsymbol{R}$，它们和 $\boldsymbol{A}$ 有相同的维数，并使得$\boldsymbol{A}=\boldsymbol{QR}$.

编程特点

MATLAB 具有所有你在使用高级语言中期望的流程控制结构，包括 for 循环、while 循环和 if 语句. 它们使得用户可以编写自己的 MATLAB 程序并创建 MATLAB 的附加函数. 需要说明的是，除非在每一行的最后有一个分号，否则 MATLAB 将自动打印出每一个命令的输出结果. 当使用循环时，建议在每一个命令的后面附加一个分号，以避免输出迭代过程中的所有中间结果.

M-文件

可以通过添加你自己的程序将 MATLAB 扩展. MATLAB 的程序均给定扩展名 .m，并称为 M-文件(M-file). 有两种基本类型的 M-文件.

脚本文件

脚本文件(script file)是包含一系列 MATLAB 命令的文件. 在这些命令中，所使用的变量均为全局的，因此，在 MATLAB 会话中，每次运行脚本文件均将改变这些变量的值. 例如，若想求一个矩阵的零度，可建立一个脚本文件 nullity.m，它含有下列命令：

```
[m, n]=size(A);
nuldim=n-rank(A)
```

输入命令 nullity，将执行该文件中的两行代码. 用这种方法求零度的缺点在于，必须令矩阵的名字为 $\boldsymbol{A}$. 另外一种方法是建立一个函数文件(function file).

512

函数文件

函数文件的开始是一个形如

```
function[oargl, …, oargj]=fname(inargl, …, inargk)
```

的函数声明语句. 在函数 M-文件中，所有变量均为局部的. 当调用一个函数文件时，在 MATLAB 会话中，仅将输出变量改变. 例如，可以建立一个函数文件 nullity.m 来求一个矩阵的零度：

```
function k=nullity(A)
% The command nullity(A) computes the dimension
% of the nullspace of A.
[m, n]=size(A);
k=n-rank(A);
```

以%开头的命令行为注释行，它将不会执行. 这些行会在你向 MATLAB 会话中输入 help nullity 时显示. 一旦保存了函数，就可在 MATLAB 会话中使用与调用 MATLAB 内建函数相同的方法进行调用. 例如，若令

$$\boldsymbol{B} = [1\ 2\ 3;4\ 5\ 6;7\ 8\ 9];$$

然后输入命令

```
n = nullity(B)
```

MATLAB 将返回答案：n=1.

MATLAB 路径

用户编写的 M-文件应保存在一个可以加入 MATLAB 路径(MATLAB path)中的目录下，该路径是 MATLAB 用于自动搜索 M-文件的目录列表. 为从 MATLAB 路径添加或删除一个目录或者重新排序路径中的目录，选择页面顶端的首页选项卡，然后点击设置路径选项.

关系运算符和逻辑运算符

MATLAB 有 6 个关系运算符，可用于标量或数组中元素之间的比较. 这些运算符如右表所示.

关系运算符

<	小于
<=	小于或等于
>	大于
>=	大于或等于
==	等于
~=	不等于

513

给定两个 $m\times n$ 矩阵 $\boldsymbol{A}$ 和 $\boldsymbol{B}$，使用命令

$$\boldsymbol{C} = \boldsymbol{A} < \boldsymbol{B}$$

将得到一个由 0 和 1 组成的 $m\times n$ 矩阵. (i, j) 元素为 1，当且仅当 $a_{ij}<b_{ij}$. 例如，假定

$$\boldsymbol{A} = \begin{bmatrix} -2 & 0 & 3 \\ 4 & 2 & -5 \\ -1 & -3 & 2 \end{bmatrix}$$

使用命令 $\boldsymbol{A}>=0$ 将得到

```
ans =
      0  1  1
      1  1  0
      0  0  1
```

在右表中给出三个逻辑运算符，这些逻辑运算符将任何非零的标量视为“真”，且将 0 视为“假”. 运算符 & 对应于逻辑“与”. 若 a 和 b 为标量，则表达式 $a\&b$ 在 a 和 b 均非零时为 1(真)，否则为 0. 运算符 | 对应于逻辑“或”. 表达式 $a|b$ 在 a 和 b 均为 0 时等于 0，否则等于 1. 运算符 ~ 对应于逻辑“非”. 对一个标量 a，若 $a=0$(假)，则它取值为 1(真)；若 $a\neq 0$(真)，则它取值为 0(假).

逻辑运算符

&	与
|	或
~	非

对矩阵而言，这些运算符是针对元素进行的. 因此，若 $\boldsymbol{A}$ 和 $\boldsymbol{B}$ 均为 $m\times n$ 矩阵，则 $\boldsymbol{A}\&\boldsymbol{B}$ 为一个 0 和 1 组成的矩阵，其中第 ij 个元素为 $a(i, j)\&b(i, j)$. 例如，若

$$\boldsymbol{A}=\begin{bmatrix}1&0&1\\0&1&1\\0&0&1\end{bmatrix} \quad 及 \quad \boldsymbol{B}=\begin{bmatrix}-1&2&0\\1&0&3\\0&1&2\end{bmatrix}$$

则

$$\boldsymbol{A}\&\boldsymbol{B}=\begin{bmatrix}1&0&0\\0&0&1\\0&0&1\end{bmatrix},\quad \boldsymbol{A}|\boldsymbol{B}=\begin{bmatrix}1&1&1\\1&1&1\\0&1&1\end{bmatrix},\quad \sim\boldsymbol{A}=\begin{bmatrix}0&1&0\\1&0&0\\1&1&0\end{bmatrix}$$

514

关系运算符和逻辑运算符通常用于 if 语句中.

列向量运算符

MATLAB 有很多函数，当应用于行向量或列向量 $\boldsymbol{x}$ 时，它们将返回一个数. 例如，命令 max($\boldsymbol{x}$)将求出 $\boldsymbol{x}$ 中的最大元素，sum($\boldsymbol{x}$)将返回 $\boldsymbol{x}$ 的元素之和的值. 这种类型的其他函数有 min、prod、mean、all 和 any. 当应用于矩阵时，这些函数将作用在每一个列向量上，并返回一个行向量. 例如，若

$$\boldsymbol{A}=\begin{bmatrix}-3&2&5&4\\1&3&8&0\\-6&3&1&3\end{bmatrix}$$

则

$$\begin{aligned}\texttt{min}(\boldsymbol{A})&=(-6,2,1,0)\\ \texttt{max}(\boldsymbol{A})&=(1,3,8,4)\\ \texttt{sum}(\boldsymbol{A})&=(-8,8,14,7)\\ \texttt{prod}(\boldsymbol{A})&=(18,18,40,0)\end{aligned}$$

图形

若 $\boldsymbol{x}$ 和 $\boldsymbol{y}$ 为两个相同长度的向量，命令 plot($\boldsymbol{x}$，$\boldsymbol{y}$)将得到所有(x_i，y_i)对所对应的图形，并且每一个点和下一个点之间用一条线段相连. 若 x 的坐标选择得充分接近，图形将是一条光滑的曲线. 命令 plot($\boldsymbol{x}$，$\boldsymbol{y}$，‘x’)将使用 x 绘制有序对，但不连接各点.

例如，要绘制函数 $f(x)=\dfrac{\sin x}{x+1}$ 在[0，10]上的图形，令

$$x = 0:0.2:10 \quad 及 \quad y = \sin(x)./(x+1)$$

命令 plot(x, y)将生成函数的图形．为比较这个图形和函数 sin(x)的图形，可令 $z=\sin(x)$，并使用命令 plot(x, y, x, z)同时绘制两条曲线．在这个命令中还可以包括其他参数来指定每个图的形式．例如，命令

plot(x,y,'c',x,z,'——')

将使用淡蓝色的线(直线)绘制第一个函数，使用虚线绘制第二个函数，如图 A.1 所示．

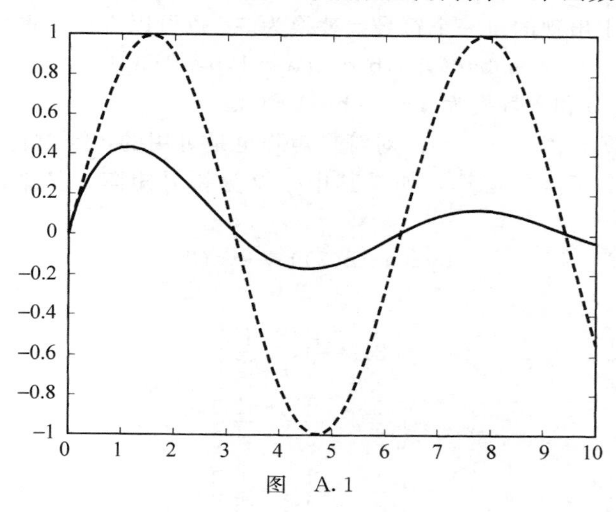

图　A.1

可以在 MATLAB 中绘制更复杂的图形，包括极坐标、三维曲面及等高线图等． 515

符号工具箱

为辅助数值计算，还可以在 MATLAB 中使用符号工具箱进行符号运算．符号工具箱用于处理符号表达式．它可用于求解方程组、微分和积分函数，以及进行符号矩阵运算．

MATLAB 命令 sym 可用于将任何 MATLAB 数据结构转化为一个符号对象．例如，命令sym('t')将把字符串't'转换为符号变量 t，命令 sym(hilb(3))将生成一个符号形式的 3×3 希尔伯特矩阵

$$\left[1,\ \frac{1}{2},\ \frac{1}{3}\right]$$
$$\left[\frac{1}{2},\ \frac{1}{3},\ \frac{1}{4}\right]$$
$$\left[\frac{1}{3},\ \frac{1}{4},\ \frac{1}{5}\right]$$

使用 syms 命令，一次可以创建很多符号变量．例如，命令

```
syms a b c
```

创建了三个符号变量 a，b 和 c．若令

$$\boldsymbol{A} = [\mathrm{a,b,c;b,c,a;c,a,b}]$$ 516

其结果将为符号矩阵

```
A =
     [a,  b,  c]
     [b,  c,  a]
     [c,  a,  b]
```

MATLAB 命令 subs 可用于将一个表达式或值替换为符号变量. 例如，命令 subs(A，c，3)将把符号矩阵 **A** 中出现的每一个符号 c 替换为 3. 也可以进行多重替换. 命令

```
subs(A,[a,b,c],[a-1,b+1,3])
```

将把矩阵 **A** 中的 a，b 和 c 替换为 a−1，b+1 和 3.

标准的矩阵运算 * 、^、+、−、′对符号矩阵也是可用的，且对符号和数的组合矩阵也是可用的. 对两个矩阵的运算，如果其中一个为符号矩阵，其结果将为一个符号矩阵. 例如，命令

```
sym(hilb(3)) + eye(3)
```

将得到符号矩阵

$$\left[2,\ \frac{1}{2},\ \frac{1}{3}\right]$$
$$\left[\frac{1}{2},\ \frac{4}{3},\ \frac{1}{4}\right]$$
$$\left[\frac{1}{3},\ \frac{1}{4},\ \frac{6}{5}\right]$$

标准的 MATLAB 矩阵命令，例如

```
det,eig,inv,null,trace,sum,prod,poly
```

对符号矩阵均可用. 然而，其他一些命令，例如

```
rref,orth,rank,norm
```

对符号矩阵则不可用. 类似地，对符号矩阵没有任何形式的标准矩阵分解.

帮助工具

MATLAB 包含一个帮助工具，它提供了所有 MATLAB 特性的帮助信息. 要访问 MATLAB 的帮助浏览器，可点击工具栏中的帮助按钮(这是一个带有？的按钮)或在命令窗口中输入 doc. 帮助工具给出了开始使用 MATLAB 以及使用和配置桌面的信息. 它列出了所有 MATLAB 函数、运算和命令，并提供了相应的介绍.

517

简单地在命令窗口中输入 help，并在其后加上命令的名字，也可以直接得到任何 MATLAB 命令的帮助信息. 例如，MATLAB 命令 eig 是用于计算特征值的. 为得到如何使用这个命令的信息，可以通过帮助浏览器找到命令，或者简单地在命令窗口中输入 help eig.

在命令窗口中，也可以获得任何 MATLAB 运算符的帮助. 只需简单地在命令窗口中输入 help，其后加上运算符的名称即可. 例如，要得到反斜线运算符的帮助信息，首先输入 help\.

小结

MATLAB 是矩阵计算的一个强大且用户友好的工具. 它易于掌握, 因此, 学生只需进行较少的准备即可进行数值试验. 事实上, 附录中的材料加上帮助工具应当足够使你开始工作了.

每一章最后的 MATLAB 练习是为加强对线性代数的理解而设计的. 这些练习并不假定读者熟悉 MATLAB. 它通常给出使用的命令, 以帮助读者理解复杂的 MATLAB 结构. 因此, 读者不需要学习额外的 MATLAB 书籍或手册即可完成所有的 MATLAB 练习.

这个附录总结了与本科线性代数课程相关的 MATLAB 特性, 很多其他更高级的功能并没有介绍. 更为详细的内容可参考文献[20]和[29]中的描述.

518

参考文献

A 线性代数和矩阵论

[1] Brualdi, Richard A., and Herbert J. Ryser, *Combinatorial Matrix Theory*. New York: Cambridge University Press, 1991.

[2] Carlson, David, Charles R. Johnson, David C. Lay, and A. Duane Porter, *Linear Algebra Gems: Assets for Undergraduate Mathematics*. Washington, DC: MAA, 2001.

[3] Carlson, David, Charles R. Johnson, David C. Lay, A. Duane Porter, Ann Watkins, and William Watkins, eds., *Resources for Teaching Linear Algebra*. Washington, DC: MAA, 1997.

[4] Gantmacher, Felix R., *The Theory of Matrices*, 2 vols. New York: Chelsea Publishing Co., 1960.

[5] Hill, David R., and David E. Zitarelli, *Linear Algebra Labs with MATLAB*, 3rd ed. Upper Saddle River, NJ: Prentice Hall, 2004.

[6] Hogben, Leslie, ed., *Handbook of Linear Algebra*, 2nd ed. Boca Raton, FL: Chapman and Hall/CRC Press, 2013.

[7] Horn, Roger A., and Charles R. Johnson, *Matrix Analysis*, 2nd ed. New York: Cambridge University Press, 2012.

[8] Horn, Roger A., and Charles R. Johnson, *Topics in Matrix Analysis*. New York: Cambridge University Press, 1991.

[9] Keith, Sandra, *Visualizing Linear Algebra Using Maple*. Upper Saddle River, NJ: Prentice Hall, 2001.

[10] Kleinfeld, Erwin, and Margaret Kleinfeld, *Understanding Linear Algebra Using MATLAB*. Upper Saddle River, NJ: Prentice Hall, 2001.

[11] Lancaster, Peter, and M. Tismenetsky, *The Theory of Matrices with Applications*, 2nd ed. New York: Academic Press, 1985.

[12] Leon, Steven J., Eugene Herman, and Richard Faulkenberry, *ATLAST Computer Exercises for Linear Algebra*, 2nd ed. Upper Saddle River, NJ: Prentice Hall, 2003.

[13] Ortega, James M., *Matrix Theory: A Second Course*. New York: Plenum Press, 1987.

[14] Strang, Gilbert, *Essays in Linear Algebra*. Wellesley, MA: Wellesley-Cambridge Press, 2012.

B 应用和数值线性代数

[15] Anderson, E., Z. Bai, C. Bischof, J. Demmel, J. Dongarra, J. Du Croz, A. Greenbaum, S. Hammarling, A. McKenney, S. Ostrouchov, and D. Sorenson, *LAPACK Users' Guid*, 3rd ed. Philadelphia: SIAM, 1999.

[16] Bellman, Richard, *Introduction to Matrix Analysis*, 2nd ed. New York: McGraw-Hill Book Co., 1970.

[17] Björck, Åke, *Numerical Methods for Least Squares Problems*. Philadelphia: SIAM, 1996.

[18] Björck, Åke, *Numerical Methods in Matrix Computations*, New York: Springer, 2015.

[19] Chan, Raymond H., Chen Crief, and Dianne P. O'Leary, *Milestones in Matrix Computation The Selected Works of Gene H. Golub With Commentaries*. Oxford: Oxford University Press, 2007.

[20] Coleman, Thomas F., and Charles Van Loan, *Handbook for Matrix Computations*. Philadelphia: SIAM, 1988.

[21] Conte, S. D., and C. deBoor, *Elementary Numerical Analysis: An Algorithmic Approach*, Philadelphia: SIAM, 2017.

[22] Dahlquist, G., and Å. Björck, *Numerical Methods in Scientific Computing*, Vol. 1. Philadelphia: SIAM, 2008.

[23] Datta, BiswaNath, *Numeircal Linear Algebra and Applications*, 2nd ed. Philadelphia: SIAM 2010.

[24] Demmel, James W., *Applied Numerical Linear Algebra*. Philadelphia: SIAM, 1997.

[25] Fletcher, Trevor J., *Linear Algebra Through Its Applications*. New York: Van Nostrand Reinhold, 1972.

[26] Gander, Walter, Martin Gander, and Felix Kwok, *Scientific Computing-An Introduction using Maple and MATLAB*, New York: Springer, 2014.

[27] Golub, Gene H., and Charles F. Van Loan, *Matrix Computations*, 4th ed. Baltimore, MD: Johns Hopkins University Press, 2013.

[28] Greenbaum, Anne, *Iterative Methods for Solving Linear Systems*. Philadelphia: SIAM, 1997.

[29] Higham, Desmond J., and Nicholas J. Higham, *MATLAB Guide*. Philadelphia: SIAM, 2000.

[30] O'Leary, Dianne P., *Scientific Computing with Case Studies*. Philadelphia: SIAM, 2009.

[31] Parlett, Beresford N., *The Symmetric Eigenvalue Problem*. Philadelphia: SIAM, 1997. (Reprint of Prentice-Hall 1980 edition).

[32] Saad, Yousef, *Iterative Methods for Sparse Linear Systems*, 2nd ed. Philadelphia: SIAM, 2003.

[33] Stewart, G. W., *Matrix Algorithms, Volume I: Basic Decompositions*. Philadelphia: SIAM, 1998.

[34] Stewart, G. W., *Matrix Algorithms, Volume II: Eigensystems*. Philadelphia: SIAM, 2001.

[35] Strang, Gilbert, *Essays in Linear Algebra*. Wellesley, MA: Wellesley-Cambridge Press, 2012.

[36] Trefethen, Loyd N., *Numerical Linear Algebra*. Philadelphia: SIAM, 1997.

[37] Watkins, David S., *Fundamentals of Matrix Computation*, 2nd ed. New York: John Wiley & Sons, 2002.

[38] Watkins, David S., *The Matrix Eigenvalue Problem GR and Krylov Subspace Methods*, Philadelphia: SIAM, 2007.

[39] Wilkinson, J. H., *The Algebraic Eigenvalue Problem*. New York: Oxford University Press, 1965.

[40] Wilkinson, J. H., and C. Reinsch, *Handbook for Automatic Computation*, Vol. II: *Linear Algebra*. New York: Springer-Verlag, 1971.

C 其他相关资料

[41] Chiang, Alpha C., *Fundamental Methods of Mathematical Economics*. New York: McGraw-Hill Book Co., 1967.

[42] Courant, R., and D. Hilbert, *Methods of Mathematical Physics*, Vol. I. New York: Wiley-Interscience, 1953.

[43] Edwards, Allen L., *Multiple Regression and the Analysis of Variance and Covariance*. New York: W. H. Freeman and Co., 1985.

[44] Gander, Walter, and Jiří Hřebíček, *Solving Problems in Scientific Computing Using maple and MATLAB*, 4th ed. Berlin: Springer-Verlag, 2004.

[45] Higham, Nicholas J., *Accuracy and Stability of Numerical Algorithms*, 2nd ed. Philadelphia: SIAM, 2002.

[46] Rivlin, Theodore J., *The Chebyshev Polynomials*. New York: Wiley-Interscience, 1974.

[47] Van Loan, Charles, *Computational Frameworks for the Fast Fourier Transform*. Philadelphia: SIAM, 1992.

参考文献[5]、[12]、[20]和[29]是有关 MATLAB 的内容. 扩展的参考文献包含在[4]、[7]、[23]、[27]、[31]、[32]和[39]中.

部分练习参考答案

第 1 章

1.1 节

1. (a) $(11, 3)$; (b) $(4, 1, 3)$; (c) $(-2, 0, 3, 1)$; (d) $(-2, 3, 0, 3, 1)$

2. (a) $\begin{bmatrix} 1 & -3 \\ 0 & 2 \end{bmatrix}$; (b) $\begin{bmatrix} 1 & 1 & 1 \\ 0 & 2 & 1 \\ 0 & 0 & 3 \end{bmatrix}$; (c) $\begin{bmatrix} 1 & 2 & 2 & 1 \\ 0 & 3 & 1 & -2 \\ 0 & 0 & -1 & 2 \\ 0 & 0 & 0 & 4 \end{bmatrix}$

3. (a) 一个解. 两条直线交于一点$(3, 1)$.
   (b) 无解. 两条直线平行.
   (c) 无穷多解. 所有方程表示同一直线.
   (d) 无解. 每一对直线相交于一点，但三条直线不交于同一点.

4. (a) $\left[\begin{array}{cc|c} 1 & 1 & 4 \\ 1 & -1 & 2 \end{array}\right]$; (c) $\left[\begin{array}{cc|c} 2 & -1 & 3 \\ -4 & 2 & -6 \end{array}\right]$;
   (d) $\left[\begin{array}{cc|c} 1 & 1 & 1 \\ 1 & -1 & 1 \\ -1 & 3 & 3 \end{array}\right]$

6. (a) $(1, -2)$; (b) $(3, 2)$; (c) $\left(\frac{1}{2}, \frac{2}{3}\right)$; (d) $(1, 1, 2)$;
   (e) $(-3, 1, 2)$; (f) $(-1, 1, 1)$; (g) $(1, 1, -1)$; (h) $(4, -3, 1, 2)$

7. (a) $(2, -1)$; (b) $(-2, 3)$

8. (a) $(-1, 2, 1)$; (b) $(3, 1, -2)$

1.2 节

1. 行阶梯形：(a)、(c)、(d)、(g)和(h)；行最简形：(c)、(d)和(g).

2. (a) 不相容; (c) 相容，无穷多解; (d) 相容，$(4, 5, 2)$;
   (e) 不相容; (f) 相容，$(5, 3, 2)$

3. (b) $\varnothing$; (c) $\{(2+3\alpha, \alpha, -2) \mid \alpha$ 为实数$\}$;
   (d) $\{(5-2\alpha-\beta, \alpha, 4-3\beta, \beta) \mid \alpha, \beta$ 为实数$\}$; (e) $\{(3-5\alpha+2\beta, \alpha, \beta, 6) \mid \alpha, \beta$ 为实数$\}$;
   (f) $\{(\alpha, 2, -1) \mid \alpha$ 为实数$\}$

4. (a) x_1, x_2, x_3为首变量. (c) x_1, x_3 为首变量，且 x_2 为自由变量.
   (e) x_1, x_4 为首变量，且 x_2, x_3 为自由变量.

5. (a) $(5, 1)$; (b) 不相容; (c) $(0, 0)$; (d) $\left\{\left(\frac{5-\alpha}{4}, \frac{1+7\alpha}{8}, \alpha\right) \mid \alpha \text{ 为实数}\right\}$;
   (e) $\{(8-2\alpha, \alpha-5, \alpha)\}$; (f) 不相容; (g) 不相容; (h) 不相容;

(i) $\left(0,\ \frac{3}{2},\ 1\right)$；　　(j) $\{(2-6\alpha,\ 4+\alpha,\ 3-\alpha,\ \alpha)\}$；

(k) $\left\{\left(\frac{15}{4}-\frac{5}{8}\alpha-\beta,\ -\frac{1}{4}-\frac{1}{8}\alpha,\ \alpha,\ \beta\right)\right\}$

6. (a) $(0,\ -1)$；　(b) $\left\{\left(\frac{3}{4}-\frac{5}{8}\alpha,\ -\frac{1}{4}-\frac{1}{8}\alpha,\ \alpha,\ 3\right) \mid \alpha \text{ 为实数}\right\}$；

(d) $\left\{\alpha\left(-\frac{4}{3},\ 0,\ \frac{1}{3},\ 1\right)\right\}$

8. $a\neq -2$　9. $\beta=2$　10. (a) $a=5$，$b=4$；　(b) $a=5$，$b\neq 4$

11. (a) $(-2,\ 2)$；　(b) $(-7,\ 4)$　12. (a) $(-3,\ 2,\ 1)$；　(b) $(2,\ -2,\ 1)$

15. $x_1=280$，$x_2=230$，$x_3=350$，$x_4=590$　19. $x_1=2$，$x_2=3$，$x_3=12$，$x_4=6$

20. 6 摩尔 N_2，18 摩尔 H_2，21 摩尔 O_2

21. 三个应相等，即 $x_1=x_2=x_3$

22. (a) $(5,\ 3,\ -2)$；　(b) $(2,\ 4,\ 2)$；　(c) $(2,\ 0,\ -2,\ -2,\ 0,\ 2)$

1.3 节

1. (a) $\begin{bmatrix} 6 & 2 & 8 \\ -4 & 0 & 2 \\ 2 & 4 & 4 \end{bmatrix}$；　(b) $\begin{bmatrix} 4 & 1 & 6 \\ -5 & 1 & 2 \\ 3 & -2 & 3 \end{bmatrix}$；　(c) $\begin{bmatrix} 3 & 2 & 2 \\ 5 & -3 & -1 \\ -4 & 16 & 1 \end{bmatrix}$；

(d) $\begin{bmatrix} 3 & 5 & -4 \\ 2 & -3 & 16 \\ 2 & -1 & 1 \end{bmatrix}$；　(f) $\begin{bmatrix} 5 & 5 & 8 \\ -10 & -1 & -9 \\ 15 & 4 & 6 \end{bmatrix}$；　(h) $\begin{bmatrix} 5 & -10 & 15 \\ 5 & -1 & 4 \\ 8 & -9 & 6 \end{bmatrix}$

2. (a) $\begin{bmatrix} 15 & 19 \\ 4 & 0 \end{bmatrix}$；　(c) $\begin{bmatrix} 19 & 21 \\ 17 & 21 \\ 8 & 10 \end{bmatrix}$；　(f) $\begin{bmatrix} 6 & 4 & 8 & 10 \\ -3 & -2 & -4 & -5 \\ 9 & 6 & 12 & 15 \end{bmatrix}$

(b)和(e)是不可能的．

3. (a) 3×3；　(b) 1×2

4. (a) $\begin{bmatrix} 3 & 2 \\ 2 & -3 \end{bmatrix}\begin{bmatrix} x_1 \\ x_2 \end{bmatrix}=\begin{bmatrix} 1 \\ 5 \end{bmatrix}$；　(b) $\begin{bmatrix} 1 & 1 & 0 \\ 2 & 1 & -1 \\ 3 & -2 & 2 \end{bmatrix}\begin{bmatrix} x_1 \\ x_2 \\ x_3 \end{bmatrix}=\begin{bmatrix} 5 \\ 6 \\ 7 \end{bmatrix}$；

(c) $\begin{bmatrix} 2 & 1 & 1 \\ 1 & -1 & 2 \\ 3 & -2 & -1 \end{bmatrix}\begin{bmatrix} x_1 \\ x_2 \\ x_3 \end{bmatrix}=\begin{bmatrix} 4 \\ 2 \\ 0 \end{bmatrix}$

9. (a) $\boldsymbol{b}=2\boldsymbol{a}_1+\boldsymbol{a}_2$

10. (a) 不相容；(b) 相容；(c) 不相容

13. $\boldsymbol{b}=(8,\ -7,\ -1,\ 7)^{\mathrm{T}}$

14. $\boldsymbol{w}=\left(\frac{1}{2},\ \frac{1}{3},\ \frac{1}{6}\right)^{\mathrm{T}}$，$\boldsymbol{r}=\left(\frac{43}{120},\ \frac{45}{120},\ \frac{32}{120}\right)^{\mathrm{T}}$

18. $b=a_{22}-\dfrac{a_{12}a_{21}}{a_{11}}$

1.4 节

7. $\boldsymbol{A}=\boldsymbol{A}^2=\boldsymbol{A}^3=\boldsymbol{A}^n$

8. $\boldsymbol{A}^{2n}=\boldsymbol{I}$，$\boldsymbol{A}^{2n+1}=\boldsymbol{A}$

13.(a) $\begin{bmatrix} 1 & -2 \\ -3 & 7 \end{bmatrix}$；(c) $\begin{bmatrix} 1 & -\frac{3}{2} \\ -1 & 2 \end{bmatrix}$

31.4 500 名已婚女性，5 500 名未婚女性

32.(b) 从 V_2 到 V_3 有 0 条长度为 2 的路，从 V_2 到 V_5 有 3 条长度为 2 的路

(c) 从 V_2 到 V_3 有 6 条长度为 3 的路，从 V_2 到 V_5 有 2 条长度为 3 的路

33.(a) $\boldsymbol{A}=\begin{bmatrix} 0 & 1 & 0 & 1 & 0 \\ 1 & 0 & 1 & 1 & 0 \\ 0 & 1 & 0 & 0 & 0 \\ 1 & 1 & 0 & 0 & 1 \\ 0 & 0 & 0 & 1 & 0 \end{bmatrix}$；

(c) 从 V_2 到 V_4 有 5 条长度为 3 的路和 7 条长度不超过 3 的路

1.5 节

1.(a) 第Ⅰ类；　(b) 不是初等矩阵；　(c) 第Ⅲ类；　(d) 第Ⅱ类

3.(a) $\begin{bmatrix} -2 & 0 \\ 0 & 1 \end{bmatrix}$；　(b) $\begin{bmatrix} 1 & 0 & 0 \\ 0 & 0 & 1 \\ 0 & 1 & 0 \end{bmatrix}$；　(c) $\begin{bmatrix} 1 & 0 & 0 \\ 0 & 1 & 0 \\ 0 & 2 & 1 \end{bmatrix}$

4.(a) $\begin{bmatrix} 0 & 0 & 1 \\ 0 & 1 & 0 \\ 1 & 0 & 0 \end{bmatrix}$；　(b) $\begin{bmatrix} 1 & -3 \\ 0 & 1 \end{bmatrix}$；　(c) $\begin{bmatrix} \frac{1}{2} & 0 & 0 \\ 0 & 1 & 0 \\ 0 & 0 & 1 \end{bmatrix}$

5.(a) $\boldsymbol{E}=\begin{bmatrix} 1 & 0 & 0 \\ 0 & 1 & 0 \\ 1 & 0 & 1 \end{bmatrix}$；　(b) $\boldsymbol{F}=\begin{bmatrix} 1 & 0 & 0 \\ 0 & 1 & -1 \\ 0 & 0 & 1 \end{bmatrix}$

6.(a) $\boldsymbol{E}_1=\begin{bmatrix} 1 & 0 & 0 \\ -3 & 1 & 0 \\ 0 & 0 & 1 \end{bmatrix}$；　(b) $\boldsymbol{E}_2=\begin{bmatrix} 1 & 0 & 0 \\ 0 & 1 & 0 \\ -2 & 0 & 1 \end{bmatrix}$；　(c) $\boldsymbol{E}_3=\begin{bmatrix} 1 & 0 & 0 \\ 0 & 1 & 0 \\ 0 & 1 & 1 \end{bmatrix}$

8.(a) $\begin{bmatrix} 1 & 0 \\ 3 & 1 \end{bmatrix}\begin{bmatrix} 3 & 1 \\ 0 & 2 \end{bmatrix}$；　(c) $\begin{bmatrix} 1 & 0 & 0 \\ 3 & 1 & 0 \\ -2 & 2 & 1 \end{bmatrix}\begin{bmatrix} 1 & 1 & 1 \\ 0 & 2 & 3 \\ 0 & 0 & 3 \end{bmatrix}$

9.(b) (i) $(0, -1, 1)^{\mathrm{T}}$，　(ii) $(-4, -2, 5)^{\mathrm{T}}$，　(iii) $(0, 3, -2)^{\mathrm{T}}$

10. (a) $\begin{bmatrix} 0 & 1 \\ 1 & 1 \end{bmatrix}$；　(b) $\begin{bmatrix} 3 & -5 \\ -1 & 2 \end{bmatrix}$；　(c) $\begin{bmatrix} -4 & 3 \\ \frac{3}{2} & -1 \end{bmatrix}$；　(d) $\begin{bmatrix} \frac{1}{3} & 0 \\ -1 & \frac{1}{3} \end{bmatrix}$；

(f) $\begin{bmatrix} 3 & 0 & -5 \\ 0 & \frac{1}{3} & 0 \\ -1 & 0 & 2 \end{bmatrix}$；　(g) $\begin{bmatrix} 2 & -3 & 3 \\ -\frac{3}{5} & \frac{6}{5} & -1 \\ -\frac{2}{5} & -\frac{1}{5} & 0 \end{bmatrix}$；　(h) $\begin{bmatrix} -\frac{1}{2} & -1 & -\frac{1}{2} \\ -2 & -1 & -1 \\ \frac{3}{2} & 1 & \frac{1}{2} \end{bmatrix}$

11.(a) $\begin{bmatrix} -1 & 0 \\ 4 & 2 \end{bmatrix}$；　(b) $\begin{bmatrix} -8 & 5 \\ -14 & 9 \end{bmatrix}$

12. (a) $\begin{bmatrix} 20 & -5 \\ -34 & 7 \end{bmatrix}$; (c) $\begin{bmatrix} 0 & -2 \\ -2 & 2 \end{bmatrix}$

1.6 节

1. (b) $\begin{bmatrix} \boldsymbol{I} \\ \boldsymbol{A}^{-1} \end{bmatrix}$; (c) $\begin{bmatrix} \boldsymbol{A}^{\mathrm{T}}\boldsymbol{A} & \boldsymbol{A}^{\mathrm{T}} \\ \boldsymbol{A} & \boldsymbol{I} \end{bmatrix}$; (d) $\boldsymbol{A}\boldsymbol{A}^{\mathrm{T}}+\boldsymbol{I}$; (e) $\begin{bmatrix} \boldsymbol{I} & \boldsymbol{A}^{-1} \\ \boldsymbol{A} & \boldsymbol{I} \end{bmatrix}$

3. (a) $\boldsymbol{A}\boldsymbol{b}_1=\begin{bmatrix} 3 \\ 3 \end{bmatrix}$, $\boldsymbol{A}\boldsymbol{b}_2=\begin{bmatrix} 4 \\ -1 \end{bmatrix}$;

(b) $[1 \quad 1]\boldsymbol{B}=[3 \quad 4]$, $[2 \quad -1]\boldsymbol{B}=[3 \quad -1]$; (c) $\boldsymbol{A}\boldsymbol{B}=\begin{bmatrix} 3 & 4 \\ 3 & -1 \end{bmatrix}$

4. (a) $\left[\begin{array}{cc|cc} 3 & 1 & 1 & 1 \\ 3 & 2 & 1 & 2 \\ \hline 1 & 1 & 1 & 1 \\ 1 & 2 & 1 & 1 \end{array}\right]$; (c) $\left[\begin{array}{cc|cc} 2 & 2 & 2 & 2 \\ 2 & 4 & 2 & 2 \\ \hline 3 & 1 & 1 & 1 \\ 3 & 2 & 1 & 2 \end{array}\right]$; (d) $\left[\begin{array}{cc|cc} 1 & 2 & 1 & 1 \\ 1 & 1 & 1 & 1 \\ \hline 3 & 2 & 1 & 2 \\ 3 & 1 & 1 & 1 \end{array}\right]$

5. (b) $\left[\begin{array}{ccc|c} 0 & 2 & 0 & -2 \\ 8 & 5 & 8 & -5 \\ 3 & 2 & 3 & -2 \\ \hline 5 & 3 & 5 & -3 \end{array}\right]$; (d) $\left[\begin{array}{cc} 3 & -3 \\ 2 & -2 \\ 1 & -1 \\ \hline 5 & -5 \\ 4 & -4 \end{array}\right]$

13. $\boldsymbol{A}^2=\begin{bmatrix} \boldsymbol{B} & \boldsymbol{O} \\ \boldsymbol{O} & \boldsymbol{B} \end{bmatrix}$, $\boldsymbol{A}^4=\begin{bmatrix} \boldsymbol{B}^2 & \boldsymbol{O} \\ \boldsymbol{O} & \boldsymbol{B}^2 \end{bmatrix}$

14. (a) $\begin{bmatrix} \boldsymbol{O} & \boldsymbol{I} \\ \boldsymbol{I} & \boldsymbol{O} \end{bmatrix}$; (b) $\begin{bmatrix} \boldsymbol{I} & \boldsymbol{O} \\ -\boldsymbol{B} & \boldsymbol{I} \end{bmatrix}$

测试题 A

1. 假 2. 真 3. 真 4. 真 5. 假 6. 假 7. 假 8. 假 9. 假 10. 真 11. 真 12. 真 13. 真 14. 假 15. 真

第 2 章

2.1 节

1. (a) $\det(\boldsymbol{M}_{21})=-8$, $\det(\boldsymbol{M}_{22})=-2$, $\det(\boldsymbol{M}_{23})=5$; (b) $A_{21}=8$, $A_{22}=-2$, $A_{23}=-5$

2. (a)和(c)是非奇异的.

3. (a) 1; (b) 4; (c) 0; (d) 58; (e) −39; (f) 0; (g) 8; (h) 20

4. (a) 2; (b) −4; (c) 0; (d) 0

5. $-x^3+ax^2+bx+c$ 6. $\lambda=6$ 或 -1

2.2 节

1. (a) −24; (b) 30; (c) −1 2. (a) 10; (b) 20

3. (a)、(e)和(f)是奇异的，而(b)、(c)和(d)是非奇异的.

4. $c=5$ 或 -3 7. (a) 20; (b) 108; (c) 160; (d) $\frac{5}{4}$

9. (a) −6; (c) 6; (e) 1 13. $\det(\boldsymbol{A})=u_{11}u_{22}u_{33}$

2.3 节

1. (a) $\det(\boldsymbol{A})=-7$, $\operatorname{adj}\boldsymbol{A}=\begin{bmatrix} -1 & -2 \\ -3 & 1 \end{bmatrix}$, $\boldsymbol{A}^{-1}=\begin{bmatrix} \frac{1}{7} & \frac{2}{7} \\ \frac{3}{7} & -\frac{1}{7} \end{bmatrix}$;

(c) $\det(\boldsymbol{A})=3$，$\operatorname{adj}\boldsymbol{A}=\begin{bmatrix}-3 & 5 & 2\\ 0 & 1 & 1\\ 6 & -8 & -5\end{bmatrix}$，$\boldsymbol{A}^{-1}=\frac{1}{3}\operatorname{adj}\boldsymbol{A}$

2. (a) $\left(\frac{5}{7}, \frac{8}{7}\right)$；　(b) $\left(\frac{11}{5}, -\frac{4}{5}\right)$；　(c) $(4, -2, 2)$；　(d) $(2, -1, 2)$；

(e) $\left(-\frac{2}{3}, \frac{2}{3}, \frac{1}{3}, 0\right)$

3. $-\frac{3}{4}$　　4. $\left(\frac{1}{2}, -\frac{3}{4}, 1\right)^{\mathrm{T}}$

5. (a) $\det(\boldsymbol{A})=0$，因此 $\boldsymbol{A}$ 是奇异的．

(b) $\operatorname{adj}\boldsymbol{A}=\begin{bmatrix}-1 & 2 & -1\\ 2 & -4 & 2\\ -1 & 2 & -1\end{bmatrix}$ 且 $\boldsymbol{A}\operatorname{adj}\boldsymbol{A}=\begin{bmatrix}0 & 0 & 0\\ 0 & 0 & 0\\ 0 & 0 & 0\end{bmatrix}$

9. (a) $\det(\operatorname{adj}(\boldsymbol{A}))=8$ 且 $\det(\boldsymbol{A})=2$；　(b) $\boldsymbol{A}=\begin{bmatrix}1 & 0 & 0 & 0\\ 0 & 4 & -1 & 1\\ 0 & -6 & 2 & -2\\ 0 & 1 & 0 & 1\end{bmatrix}$

14. 做作业．

测试题 A

1. 真　2. 假　3. 假　4. 真　5. 假　6. 真　7. 真　8. 真　9. 假　10. 真

第 3 章

3.1 节

1. (a) $\|\boldsymbol{x}_1\|=10$，$\|\boldsymbol{x}_2\|=\sqrt{17}$；　(b) $\|\boldsymbol{x}_3\|=13<\|\boldsymbol{x}_1\|+\|\boldsymbol{x}_2\|$

2. (a) $\|\boldsymbol{x}_1\|=\sqrt{5}$，$\|\boldsymbol{x}_2\|=3\sqrt{5}$；　(b) $\|\boldsymbol{x}_3\|=4\sqrt{5}=\|\boldsymbol{x}_1\|+\|\boldsymbol{x}_2\|$

7. 若对向量空间中的所有 $\boldsymbol{x}$，都有 $\boldsymbol{x}+\boldsymbol{y}=\boldsymbol{x}$，则 $\boldsymbol{0}=\boldsymbol{0}+\boldsymbol{y}=\boldsymbol{y}$.

8. 若 $\boldsymbol{x}+\boldsymbol{y}=\boldsymbol{x}+\boldsymbol{z}$，则 $-\boldsymbol{x}+(\boldsymbol{x}+\boldsymbol{y})=-\boldsymbol{x}+(\boldsymbol{x}+\boldsymbol{z})$，再由公理 1、2、3 和 4 可得结论．

11. V 不是一个向量空间．公理 6 不成立.

3.2 节

1. (a)和(c)是子空间；(b)、(d)和(e)不是．

2. (b)和(c)是子空间；(a)和(d)不是．

3. (a)、(c)、(e)和(f)是子空间；(b)、(d)和(g)不是．

4. (a) $\{(0, 0)^{\mathrm{T}}\}$；　(b) $\operatorname{Span}((-2, 1, 0, 0)^{\mathrm{T}}, (3, 0, 1, 0)^{\mathrm{T}})$；

(c) $\operatorname{Span}((1, 1, 1)^{\mathrm{T}})$；　(d) $\operatorname{Span}((-5, 0, -3, 1)^{\mathrm{T}}, (-1, 1, 0, 0)^{\mathrm{T}})$

5. 仅(c)中的集合为 P_4 的子空间．

6. (a)、(b)和(d)是子空间．

11. (a)、(c)和(e)是张集．

12. (a)和(b)是张集．

16. (b)和(c)

3.3 节

1. (a)和(e)线性无关；(b)、(c)和(d)线性相关．

2. (a)和(e)线性无关；(b)、(c)和(d)不是．

3. (a) 和(b)均为 3-维空间；　(c) 平面通过(0，0，0)点；
(d) 直线通过(0，0，0)点；　(e) 平面通过(0，0，0)点

4. (a) 线性无关；　(b) 线性无关；　(c) 线性相关

8. (a)和(b)是线性相关的，(c)和(d)是线性无关的．

11. 当 α 为 $\pi/2$ 的奇数倍时．若 $y=\cos x$ 的图形左移或右移 $\pi/2$ 的奇数倍，我们得到 $\sin x$ 或 $-\sin x$ 的图形．

3.4 节

1. 仅(a)和(e)中的向量构成一组基．

2. 仅(a)中的向量构成一组基．

3. (c) 2　4. 1

5. (c) 2；　(d) 3-维空间中通过(0，0，0)点的平面

6. (b) $\{(1,1,1)^T\}$，维数为 1；　(c) $\{(1,0,1)^T,(0,1,1)^T\}$，维数为 2

7. 基 $\{(1,1,0,0)^T,(1,-1,1,0)^T,(0,2,0,1)^T\}$　11. $\{x^2+2, x+3\}$

12. (a) $\{E_{11}, E_{22}\}$；　(c) $\{E_{11}, E_{21}, E_{22}\}$；　(e) $\{E_{12}, E_{21}, E_{22}\}$；　(f) $\{E_{11}, E_{22}, E_{21}+E_{12}\}$

13. 2　14. (a) 3；　(b) 3；　(c) 2；　(d) 2

15. (a) $\{x, x^2\}$；　(b) $\{x-1, (x-1)^2\}$；　(c) $\{x(x-1)\}$

3.5 节

1. (a) $\begin{bmatrix}1 & -1\\1 & 1\end{bmatrix}$；　(b) $\begin{bmatrix}1 & 2\\2 & 5\end{bmatrix}$；　(c) $\begin{bmatrix}0 & 1\\1 & 0\end{bmatrix}$

2. (a) $\begin{bmatrix}\frac{1}{2} & \frac{1}{2}\\-\frac{1}{2} & \frac{1}{2}\end{bmatrix}$；　(b) $\begin{bmatrix}5 & -2\\-2 & 1\end{bmatrix}$；　(c) $\begin{bmatrix}0 & 1\\1 & 0\end{bmatrix}$

3. (a) $\begin{bmatrix}\frac{5}{2} & \frac{7}{2}\\-\frac{1}{2} & -\frac{1}{2}\end{bmatrix}$；(b) $\begin{bmatrix}11 & 14\\-4 & -5\end{bmatrix}$；　(c) $\begin{bmatrix}2 & 3\\3 & 4\end{bmatrix}$

4. $[\boldsymbol{x}]_E=(-1,2)^T$，$[\boldsymbol{y}]_E=(5,-8)^T$，$[\boldsymbol{z}]_E=(-1,5)^T$

5. (a) $\begin{bmatrix}2 & 0 & -1\\-1 & 2 & -1\\0 & -1 & 1\end{bmatrix}$；　(b) $(1,-4,3)^T$；　(c) $(0,-1,1)^T$；　(d) $(2,2,-1)^T$

6. (a) $\begin{bmatrix}1 & -1 & -2\\1 & 1 & 0\\1 & 0 & 1\end{bmatrix}$；　(b) $\begin{bmatrix}7\\5\\-2\end{bmatrix}$

7. $\boldsymbol{w}_1=(5,9)^T$ 和 $\boldsymbol{w}_2=(1,4)^T$　8. $\boldsymbol{u}_1=(0,-1)^T$ 和 $\boldsymbol{u}_2=(1,5)^T$

9. (a) $\begin{bmatrix}2 & 2\\-1 & 1\end{bmatrix}$；　(b) $\begin{bmatrix}\frac{1}{4} & -\frac{1}{2}\\\frac{1}{4} & \frac{1}{2}\end{bmatrix}$　10. $\begin{bmatrix}1 & -1 & 0\\0 & 1 & -1\\0 & 0 & 1\end{bmatrix}$

3.6 节

2. (a) 3；　(b) 3；　(c) 2

3. (a) $\boldsymbol{u}_2$，$\boldsymbol{u}_4$，$\boldsymbol{u}_5$ 为 $\boldsymbol{U}$ 对应于自由变量的列向量．

$\boldsymbol{u}_2=2\boldsymbol{u}_1$, $\boldsymbol{u}_4=5\boldsymbol{u}_1-\boldsymbol{u}_3$, $\boldsymbol{u}_5=-3\boldsymbol{u}_1+2\boldsymbol{u}_3$

4.(a) 相容； (b) 不相容； (e) 相容

5.(a) 有无穷多解； (c) 有唯一解

8.$\boldsymbol{A}$ 的秩$=3$， $\dim N(\boldsymbol{B})=1$ 18.(b) $n-1$

32. 若 $\boldsymbol{x}_j$ 为 $\boldsymbol{A}\boldsymbol{x}=\boldsymbol{e}_j$ ($j=1, 2, \cdots, m$) 的解，且 $\boldsymbol{X}=(\boldsymbol{x}_1, \boldsymbol{x}_2, \cdots, \boldsymbol{x}_m)$，则 $\boldsymbol{A}\boldsymbol{X}=\boldsymbol{I}_m$.

测试题 A

1. 真 2. 假 3. 假 4. 假 5. 真 6. 真 7. 假 8. 真 9. 真 10. 假 11. 真 12. 假 13. 真 14. 假 15. 假

第 4 章

4.1 节

1. (a) 关于 x_2 轴反射； (b) 关于原点反射； (c) 关于直线 $x_2=x_1$ 反射； (d) 向量的长度减半； (e)投影到 x_2 轴上

4.$(7, 18)^{\mathrm{T}}$

5. 除(c)外，其他均为从 $\mathbf{R}^3$ 到 $\mathbf{R}^2$ 的线性变换.

6.(b)和(c)为从 $\mathbf{R}^2$ 到 $\mathbf{R}^3$ 的线性变换.

7.(a)、(b)和(d)为线性变换.

9.(a)和(c)为从 P_2 到 P_3 的线性变换.

10.$L(\mathrm{e}^x)=\mathrm{e}^x-1$，且 $L(x^2)=x^3/3$.

11.(a)和(c)为从 $C[0, 1]$到 $\mathbf{R}^1$ 的线性变换.

17. (a) $\ker(L)=\{\mathbf{0}\}$，$L(\mathbf{R}^3)=\mathbf{R}^3$；
(c) $\ker(L)=\mathrm{Span}(\boldsymbol{e}_2, \boldsymbol{e}_3)$，$L(\mathbf{R}^3)=\mathrm{Span}((1, 1, 1)^{\mathrm{T}})$

18.(a) $L(S)=\mathrm{Span}(\boldsymbol{e}_2, \boldsymbol{e}_3)$； (b) $L(S)=\mathrm{Span}(\boldsymbol{e}_1, \boldsymbol{e}_2)$

19.(a) $\ker(L)=P_1$，$L(P_3)=\mathrm{Span}(x^2, x)$； (c) $\ker(L)=\mathrm{Span}(x^2-x)$，$L(P_3)=P_2$

23.(a) 中的算子是一一的，并且是映上的.

4.2 节

1. (a) $\begin{bmatrix}-1 & 0\\ 0 & 1\end{bmatrix}$； (c) $\begin{bmatrix}0 & 1\\ 1 & 0\end{bmatrix}$； (d) $\begin{bmatrix}\frac{1}{2} & 0\\ 0 & \frac{1}{2}\end{bmatrix}$； (e) $\begin{bmatrix}0 & 0\\ 0 & 1\end{bmatrix}$

2.(a) $\begin{bmatrix}1 & 1 & 0\\ 0 & 0 & 0\end{bmatrix}$； (b) $\begin{bmatrix}1 & 0 & 0\\ 0 & 1 & 0\end{bmatrix}$； (c) $\begin{bmatrix}-1 & 1 & 0\\ 0 & -1 & 1\end{bmatrix}$

3.(a) $\begin{bmatrix}0 & 0 & 1\\ 0 & 1 & 0\\ 1 & 0 & 0\end{bmatrix}$； (b) $\begin{bmatrix}1 & 0 & 0\\ 1 & 1 & 0\\ 1 & 1 & 1\end{bmatrix}$； (c) $\begin{bmatrix}0 & 0 & 2\\ 3 & 1 & 0\\ 2 & 0 & -1\end{bmatrix}$

4.(a) $(0, 0, 0)^{\mathrm{T}}$； (b) $(2, -1, -1)^{\mathrm{T}}$； (c) $(-15, 9, 6)^{\mathrm{T}}$

5.(a) $\begin{bmatrix}\frac{1}{\sqrt{2}} & \frac{1}{\sqrt{2}}\\ -\frac{1}{\sqrt{2}} & \frac{1}{\sqrt{2}}\end{bmatrix}$； (b) $\begin{bmatrix}0 & 1\\ 1 & 0\end{bmatrix}$； (c) $\begin{bmatrix}\sqrt{3} & -1\\ 1 & \sqrt{3}\end{bmatrix}$； (d) $\begin{bmatrix}0 & 1\\ 0 & 0\end{bmatrix}$

6. $\begin{bmatrix}1 & 0\\ 0 & 1\\ 1 & 1\end{bmatrix}$ 7.(b) $\begin{bmatrix}0 & 0 & 1\\ 0 & 1 & -1\\ 1 & -1 & 0\end{bmatrix}$

8. (a) $\begin{bmatrix}1 & 1 & 1\\ 2 & 0 & 1\\ 0 & -2 & -1\end{bmatrix}$； (b) (i) $7\boldsymbol{y}_1+6\boldsymbol{y}_2-8\boldsymbol{y}_3$， (ii) $3\boldsymbol{y}_1+3\boldsymbol{y}_2-3\boldsymbol{y}_3$， (iii) $\boldsymbol{y}_1+5\boldsymbol{y}_2+3\boldsymbol{y}_3$

9. (a) 平方； (b) (i) 压缩因子 $\frac{1}{2}$，(ii) 顺时针旋转 45°，(iii) 右移 2 个单位并下移 3 个单位

10. (a) $\begin{bmatrix}-\frac{1}{2} & -\frac{\sqrt{3}}{2} & 0\\ \frac{\sqrt{3}}{2} & -\frac{1}{2} & 0\\ 0 & 0 & 1\end{bmatrix}$； (b) $\begin{bmatrix}1 & 0 & -3\\ 0 & 1 & 5\\ 0 & 0 & 1\end{bmatrix}$； (d) $\begin{bmatrix}-1 & 0 & 0\\ 0 & 1 & 2\\ 0 & 0 & 1\end{bmatrix}$

13. $\begin{bmatrix}1 & \frac{1}{2}\\ 1 & 0\end{bmatrix}$

14. $\begin{bmatrix}1 & \frac{1}{2} & \frac{1}{2}\\ -2 & 0 & 0\end{bmatrix}$； (a) $\begin{bmatrix}\frac{1}{2}\\ -2\end{bmatrix}$； (d) $\begin{bmatrix}5\\ -8\end{bmatrix}$

15. $\begin{bmatrix}1 & 1 & 0\\ 0 & 1 & 2\\ 0 & 0 & 1\end{bmatrix}$

18. (a) $\begin{bmatrix}-1 & -3 & 1\\ 0 & 2 & 0\end{bmatrix}$； (c) $\begin{bmatrix}2 & -2 & -4\\ -1 & 3 & 3\end{bmatrix}$

4.3 节

1. 对矩阵 $\boldsymbol{A}$，参见 4.2 节练习 1 中的答案．

(a) $\boldsymbol{B}=\begin{bmatrix}0 & 1\\ 1 & 0\end{bmatrix}$； (b) $\boldsymbol{B}=\begin{bmatrix}-1 & 0\\ 0 & -1\end{bmatrix}$； (c) $\boldsymbol{B}=\begin{bmatrix}1 & 0\\ 0 & -1\end{bmatrix}$；

(d) $\boldsymbol{B}=\begin{bmatrix}\frac{1}{2} & 0\\ 0 & \frac{1}{2}\end{bmatrix}$； (e) $\boldsymbol{B}=\begin{bmatrix}\frac{1}{2} & \frac{1}{2}\\ \frac{1}{2} & \frac{1}{2}\end{bmatrix}$

2. (a) $\begin{bmatrix}1 & 1\\ -1 & -3\end{bmatrix}$； (b) $\begin{bmatrix}1 & 0\\ -4 & -1\end{bmatrix}$

3. $\boldsymbol{B}=\boldsymbol{A}=\begin{bmatrix}2 & -1 & -1\\ -1 & 2 & -1\\ -1 & -1 & 2\end{bmatrix}$

（注：此时矩阵 $\boldsymbol{A}$ 和 $\boldsymbol{U}$ 是可交换的，因此 $\boldsymbol{B}=\boldsymbol{U}^{-1}\boldsymbol{A}\boldsymbol{U}=\boldsymbol{U}^{-1}\boldsymbol{U}\boldsymbol{A}=\boldsymbol{A}$.）

4. $\boldsymbol{V}=\begin{bmatrix}1 & 1 & 0\\ 1 & 2 & -2\\ 1 & 0 & 1\end{bmatrix}$， $\boldsymbol{B}=\begin{bmatrix}0 & 0 & 0\\ 0 & 1 & 0\\ 0 & 0 & 1\end{bmatrix}$

5. (a) $\begin{bmatrix}0 & 0 & 2\\ 0 & 1 & 0\\ 0 & 0 & 2\end{bmatrix}$； (b) $\begin{bmatrix}0 & 0 & 0\\ 0 & 1 & 0\\ 0 & 0 & 2\end{bmatrix}$； (c) $\begin{bmatrix}1 & 0 & 1\\ 0 & 1 & 0\\ 0 & 0 & 1\end{bmatrix}$； (d) $a_1x+a_2 2^n(1+x^2)$

6. (a) $\begin{bmatrix}1 & 0 & 0\\0 & 1 & 1\\0 & 1 & -1\end{bmatrix}$； (b) $\begin{bmatrix}0 & 0 & 0\\0 & 0 & 1\\0 & 1 & 0\end{bmatrix}$； (c) $\begin{bmatrix}0 & 0 & 0\\0 & 1 & 0\\0 & 0 & -1\end{bmatrix}$

测试题 A

1. 假 2. 真 3. 真 4. 假 5. 假 6. 真 7. 真 8. 真 9. 真 10. 假

第 5 章

5.1 节

1. (a) $0°$； (b) $90°$

2. (a) $\sqrt{14}$(标量投影)，$(2, 1, 3)^{\mathrm{T}}$(向量投影)； (b) 0，$\mathbf{0}$；

 (c) $\dfrac{14\sqrt{13}}{13}$，$\left(\dfrac{42}{13}, \dfrac{28}{13}\right)^{\mathrm{T}}$； (d) $\dfrac{8\sqrt{21}}{21}$，$\left(\dfrac{8}{21}, \dfrac{16}{21}, \dfrac{32}{21}\right)^{\mathrm{T}}$

3. (a) $\boldsymbol{p}=(3, 0)^{\mathrm{T}}$，$\boldsymbol{x}-\boldsymbol{p}=(0, 4)^{\mathrm{T}}$，$\boldsymbol{p}^{\mathrm{T}}(\boldsymbol{x}-\boldsymbol{p})=3\cdot 0+0\cdot 4=0$；

 (c) $\boldsymbol{p}=(3, 3, 3)^{\mathrm{T}}$，$\boldsymbol{x}-\boldsymbol{p}=(-1, 1, 0)^{\mathrm{T}}$，$\boldsymbol{p}^{\mathrm{T}}(\boldsymbol{x}-\boldsymbol{p})=-1\cdot 3+1\cdot 3+0\cdot 3=0$

5. $(1.8, 3.6)$

6. $(1.4, 3.8)$ 7. 0.4

8. (a) $2x+4y+3z=0$； (c) $z-4=0$ 9. $\dfrac{5}{3}$ 10. $\dfrac{8}{7}$

20. 四舍五入到小数点后两位的相关矩阵为

$$\begin{bmatrix}1.00 & -0.04 & 0.41\\-0.04 & 1.00 & 0.87\\0.41 & 0.87 & 1.00\end{bmatrix}$$

5.2 节

1. (a) $R(\boldsymbol{A}^{\mathrm{T}})$的基为$\{(3, 4)^{\mathrm{T}}\}$，$N(\boldsymbol{A})$的基为$\{(-4, 3)^{\mathrm{T}}\}$，

 $R(\boldsymbol{A})$的基为$\{(1, 2)^{\mathrm{T}}\}$，$N(\boldsymbol{A}^{\mathrm{T}})$的基为$\{(-2, 1)^{\mathrm{T}}\}$；

 (d) $R(\boldsymbol{A}^{\mathrm{T}})$的基：$\{(1, 0, 0, 0)^{\mathrm{T}}, (0, 1, 0, 0)^{\mathrm{T}}(0, 0, 1, 1)^{\mathrm{T}}\}$；

 $N(\boldsymbol{A})$的基：$\{(0, 0, -1, 1)^{\mathrm{T}}\}$，

 $R(\boldsymbol{A})$的基：$\{(1, 0, 0, 1)^{\mathrm{T}}, (0, 1, 0, 1)^{\mathrm{T}}(0, 0, 1, 1)^{\mathrm{T}}\}$，

 $N(A^{\mathrm{T}})$的基：$\{(1, 1, 1, -1)^{\mathrm{T}}\}$

2. (a) $\{(1, 1, 0)^{\mathrm{T}}, (-1, 0, 1)^{\mathrm{T}}\}$

3. (b) 正交补由$(-5, 1, 3)^{\mathrm{T}}$ 张成．

4. $\{(-1, 2, 0, 1)^{\mathrm{T}}, (2, -3, 1, 0)^{\mathrm{T}}\}$是 $S^{\perp}$ 的一组基．

5. (a) $\boldsymbol{N}=(8, -2, 1)^{\mathrm{T}}$； (b) $8x-2y+z=7$

9. $\dim N(\boldsymbol{A})=n-r$，$\dim N(\boldsymbol{A}^{\mathrm{T}})=m-r$

5.3 节

1. (a) $(2, 1)^{\mathrm{T}}$； (c) $(1.6, 0.6, 1.2)^{\mathrm{T}}$

2. (1a) $\boldsymbol{p}=(3, 1, 0)^{\mathrm{T}}$，$\boldsymbol{r}=(0, 0, 2)^{\mathrm{T}}$

 (1c) $\boldsymbol{p}=(3.4, 0.2, 0.6, 2.8)^{\mathrm{T}}$，$\boldsymbol{r}=(0.6, -0.2, 0.4, -0.8)^{\mathrm{T}}$

3. (a) $\{(1-2\alpha, \alpha)^{\mathrm{T}} \mid \alpha$ 为实数$\}$； (b) $\{(2-2\alpha, 1-\alpha, \alpha)^{\mathrm{T}} \mid \alpha$ 为实数$\}$

4. (a) $\boldsymbol{p}=(1, 2, -1)^{\mathrm{T}}$，$\boldsymbol{b}-\boldsymbol{p}=(2, 0, 2)^{\mathrm{T}}$； (b) $\boldsymbol{p}=(3, 1, 4)^{\mathrm{T}}$，$\boldsymbol{p}-\boldsymbol{b}=(-5, -1, 4)^{\mathrm{T}}$

5. (a) $y=1.8+2.9x$ 6. $0.55+1.65x+1.25x^2$

14. 最小二乘圆的圆心为$(0.58, -0.64)$，半径为 2.73(答案四舍五入到两位小数).

15. (a) $\boldsymbol{w}=(0.1995,\ 0.2599,\ 0.3412,\ 0.1995)^{\mathrm{T}}$

 (b) $\boldsymbol{r}=(0.2605,\ 0.2337,\ 0.2850,\ 0.2208)^{\mathrm{T}}$

5.4 节

1. $\|\boldsymbol{x}\|_2=2$，$\|\boldsymbol{y}\|_2=6$，$\|\boldsymbol{x}+\boldsymbol{y}\|_2=2\sqrt{10}$ 2. (a) $\theta=\frac{\pi}{4}$； $\boldsymbol{p}=\left(\frac{4}{3},\ \frac{1}{3},\ \frac{1}{3},\ 0\right)^{\mathrm{T}}$

3. (b) $\|\boldsymbol{x}\|=1$，$\|\boldsymbol{y}\|=3$ 4. (a) 0； (b) 5； (c) 7； (d) $\sqrt{74}$

7. (a) 1； (b) $\frac{1}{\pi}$ 8. (a) $\frac{\pi}{6}$； (b) $\boldsymbol{p}=\frac{3}{2}x$

11. (a) $\frac{\sqrt{10}}{2}$； (b) $\frac{\sqrt{34}}{4}$

15. (a) $\|\boldsymbol{x}\|_1=7$，$\|\boldsymbol{x}\|_2=5$，$\|\boldsymbol{x}\|_\infty=4$；

 (b) $\|\boldsymbol{x}\|_1=4$，$\|\boldsymbol{x}\|_2=\sqrt{6}$，$\|\boldsymbol{x}\|_\infty=2$；

 (c) $\|\boldsymbol{x}\|_1=3$，$\|\boldsymbol{x}\|_2=\sqrt{3}$，$\|\boldsymbol{x}\|_\infty=1$

16. $\|\boldsymbol{x}-\boldsymbol{y}\|_1=5$，$\|\boldsymbol{x}-\boldsymbol{y}\|_2=3$，$\|\boldsymbol{x}-\boldsymbol{y}\|_\infty=2$

28. (a) 不是范数； (b) 是范数； (c) 是范数

5.5 节

1. (a) 和(d)

2. (b) $\boldsymbol{x}=-\frac{\sqrt{2}}{3}\boldsymbol{u}_1+\frac{5}{3}\boldsymbol{u}_2$，$\|\boldsymbol{x}\|=\left[\left(-\frac{\sqrt{2}}{3}\right)^2+\left(\frac{5}{3}\right)^2\right]^{1/2}=\sqrt{3}$

3. $\boldsymbol{p}=\left(\frac{23}{18},\ \frac{41}{18},\ \frac{8}{9}\right)^{\mathrm{T}}$，$\boldsymbol{p}-\boldsymbol{x}=\left(\frac{5}{18},\ \frac{5}{18},\ -\frac{10}{9}\right)^{\mathrm{T}}$

4. (b) $c_1=y_1\cos\theta+y_2\sin\theta$，$c_2=-y_1\sin\theta+y_2\cos\theta$

6. (a) 15； (b) $\|\boldsymbol{u}\|=3$，$\|\boldsymbol{v}\|=5\sqrt{2}$； (c) $\frac{\pi}{4}$

9. (b) (i) 0， (ii) $-\frac{\pi}{2}$， (iii) 0， (iv) $\frac{\pi}{8}$

21. (b) (i) $(2,\ -2)^{\mathrm{T}}$， (ii) $(5,\ 2)^{\mathrm{T}}$， (iii) $(3,\ 1)^{\mathrm{T}}$

22. (a) $\boldsymbol{P}=\begin{bmatrix}\frac{1}{2}&\frac{1}{2}&0&0\\\frac{1}{2}&\frac{1}{2}&0&0\\0&0&\frac{1}{2}&\frac{1}{2}\\0&0&\frac{1}{2}&\frac{1}{2}\end{bmatrix}$ 23. (b) $\boldsymbol{Q}=\begin{bmatrix}\frac{1}{2}&-\frac{1}{2}&0&0\\-\frac{1}{2}&\frac{1}{2}&0&0\\0&0&\frac{1}{2}&-\frac{1}{2}\\0&0&-\frac{1}{2}&\frac{1}{2}\end{bmatrix}$

29. (b) $\|1\|=\sqrt{2}$，$\|x\|=\frac{\sqrt{6}}{3}$； (c) $l(x)=\frac{9}{7}x$

5.6 节

1. (a) $\left\{\left(-\frac{1}{\sqrt{2}},\ \frac{1}{\sqrt{2}}\right)^{\mathrm{T}},\ \left(\frac{1}{\sqrt{2}},\ \frac{1}{\sqrt{2}}\right)^{\mathrm{T}}\right\}$； (b) $\left\{\left(\frac{2}{\sqrt{5}},\ \frac{1}{\sqrt{5}}\right)^{\mathrm{T}},\ \left(-\frac{1}{\sqrt{5}},\ \frac{2}{\sqrt{5}}\right)^{\mathrm{T}}\right\}$

2. (a) $\begin{bmatrix}-\frac{1}{\sqrt{2}}&\frac{1}{\sqrt{2}}\\\frac{1}{\sqrt{2}}&\frac{1}{\sqrt{2}}\end{bmatrix}\begin{bmatrix}\sqrt{2}&\sqrt{2}\\0&4\sqrt{2}\end{bmatrix}$； (b) $\begin{bmatrix}\frac{2}{\sqrt{5}}&-\frac{1}{\sqrt{5}}\\\frac{1}{\sqrt{5}}&\frac{2}{\sqrt{5}}\end{bmatrix}\begin{bmatrix}\sqrt{5}&4\sqrt{5}\\0&3\sqrt{5}\end{bmatrix}$

3. $\left\{\left(\frac{1}{3}, \frac{2}{3}, -\frac{2}{3},\right)^{\mathrm{T}}, \left(\frac{2}{3}, \frac{1}{3}, \frac{2}{3},\right)^{\mathrm{T}}, \left(-\frac{2}{3}, \frac{2}{3}, \frac{1}{3}\right)^{\mathrm{T}}\right\}$

4. $u_1(x)=\frac{1}{\sqrt{2}}$，$u_2(x)=\frac{\sqrt{6}}{2}x$，$u_3(x)=\frac{3\sqrt{10}}{4}\left(x^2-\frac{1}{3}\right)$

5. (a) $\left\{\frac{1}{3}(2, 1, 2)^{\mathrm{T}}, \frac{\sqrt{2}}{6}(-1, 4, -1)^{\mathrm{T}}\right\}$；

(b) $\boldsymbol{Q}=\begin{bmatrix}\frac{2}{3} & \frac{-\sqrt{2}}{6}\\ \frac{1}{3} & \frac{2\sqrt{2}}{3}\\ \frac{2}{3} & \frac{-\sqrt{2}}{6}\end{bmatrix}$；　$\boldsymbol{R}=\begin{bmatrix}3 & \frac{5}{3}\\ 0 & \frac{\sqrt{2}}{3}\end{bmatrix}$；　(c) $\boldsymbol{x}=\begin{bmatrix}9\\ -3\end{bmatrix}$

6. (a) $\begin{bmatrix}\frac{3}{5} & -\frac{4}{5\sqrt{2}}\\ \frac{4}{5} & \frac{3}{5\sqrt{2}}\\ 0 & \frac{1}{\sqrt{2}}\end{bmatrix}\begin{bmatrix}5 & 1\\ 0 & 2\sqrt{2}\end{bmatrix}$；　(c) $(2.1, 5.5)^{\mathrm{T}}$

7. $\left\{\left(-\frac{1}{\sqrt{2}}, \frac{1}{\sqrt{2}}, 0, 0\right)^{\mathrm{T}}, \left(\frac{\sqrt{2}}{3}, \frac{\sqrt{2}}{3}, -\frac{\sqrt{2}}{2}, \frac{\sqrt{2}}{6}\right)^{\mathrm{T}}\right\}$

8. $\left\{\left(\frac{4}{5}, \frac{2}{5}, \frac{2}{5}, \frac{1}{5}\right)^{\mathrm{T}}, \left(\frac{1}{5}, -\frac{2}{5}, -\frac{2}{5}, \frac{4}{5}\right)^{\mathrm{T}}, \left(0, \frac{1}{\sqrt{2}}, -\frac{1}{\sqrt{2}}, 0\right)^{\mathrm{T}}\right\}$

5.7 节

1. (a) $T_4=8x^4-8x^2+1$，$T_5=16x^5-20x^3+5x$；
   (b) $H_4=16x^4-48x^2+12$，$H_5=32x^5-160x^3+120x$

2. $p_1(x)=x$，$p_2(x)=x^2-\frac{4}{\pi}+1$

4. $p(x)=(\sinh 1)P_0(\mathrm{x})+\frac{3}{\mathrm{e}}P_1(x)+5\left(\sinh 1-\frac{3}{\mathrm{e}}\right)P_2(x)$，
   $p(x)\approx 0.996\,3+1.103\,6x+0.536\,7x^2$

6. (a) $U_0=1$，$U_1=2x$，$U_2=4x^2-1$

11. $p(x)=(x-2)(x-3)+(x-1)(x-3)+2(x-1)(x-2)$

13. $1\cdot f\left(-\frac{1}{\sqrt{3}}\right)+1\cdot f\left(\frac{1}{\sqrt{3}}\right)$

14. (a) 次数不超过 3；(b) 公式给出了第一个积分的准确值．第二个积分的近似值为 1.5，而准确值为$\frac{\pi}{2}$.

测试题 A

1. 假　2. 假　3. 假　4. 假　5. 真　6. 假　7. 真　8. 真　9. 真　10. 假

第 6 章

6.1 节

1. (a) $\lambda_1=5$，特征空间由$(1, 1)^{\mathrm{T}}$ 张成，
   $\lambda_2=-1$，特征空间由$(1, -2)^{\mathrm{T}}$ 张成；

(b) $\lambda_1=3$，特征空间由 $(4,3)^{\mathrm{T}}$ 张成，

$\lambda_2=2$，特征空间由 $(1,1)^{\mathrm{T}}$ 张成；

(c) $\lambda_1=\lambda_2=2$，特征空间由 $(1,1)^{\mathrm{T}}$ 张成；

(d) $\lambda_1=3+4\mathrm{i}$，特征空间由 $(2\mathrm{i},1)^{\mathrm{T}}$ 张成，

$\lambda_2=3-4\mathrm{i}$，特征空间由 $(-2\mathrm{i},1)^{\mathrm{T}}$ 张成；

(e) $\lambda_1=2+\mathrm{i}$，特征空间由 $(1,1+\mathrm{i})^{\mathrm{T}}$ 张成，

$\lambda_2=2-\mathrm{i}$，特征空间由 $(1,1-\mathrm{i})^{\mathrm{T}}$ 张成；

(f) $\lambda_1=\lambda_2=\lambda_3=0$，特征空间由 $(1,0,0)^{\mathrm{T}}$ 张成；

(g) $\lambda_1=2$，特征空间由 $(1,1,0)^{\mathrm{T}}$ 张成，

$\lambda_2=1$，特征空间由 $(1,0,0)^{\mathrm{T}}$，$(0,1,-1)^{\mathrm{T}}$ 张成；

(h) $\lambda_1=1$，特征空间由 $(1,0,0)^{\mathrm{T}}$ 张成，

$\lambda_2=4$，特征空间由 $(1,1,1)^{\mathrm{T}}$ 张成，

$\lambda_3=-2$，特征空间由 $(-1,-1,5)^{\mathrm{T}}$ 张成；

(i) $\lambda_1=2$，特征空间由 $(7,3,1)^{\mathrm{T}}$ 张成，

$\lambda_2=1$，特征空间由 $(3,2,1)^{\mathrm{T}}$ 张成，

$\lambda_3=0$，特征空间由 $(1,1,1)^{\mathrm{T}}$ 张成；

(j) $\lambda_1=\lambda_2=\lambda_3=-1$，特征空间由 $(1,0,1)^{\mathrm{T}}$ 张成；

(k) $\lambda_1=\lambda_2=2$，特征空间由 $\boldsymbol{e}_1$ 和 $\boldsymbol{e}_2$ 张成，

$\lambda_3=3$，特征空间由 $\boldsymbol{e}_3$ 张成，

$\lambda_4=4$，特征空间由 $\boldsymbol{e}_4$ 张成；

(l) $\lambda_1=3$，特征空间由 $(1,2,0,0)^{\mathrm{T}}$ 张成，

$\lambda_2=1$，特征空间由 $(0,1,0,0)^{\mathrm{T}}$ 张成，

$\lambda_3=\lambda_4=2$，特征空间由 $(0,0,1,0)^{\mathrm{T}}$ 张成

10. 当且仅当 $\boldsymbol{A}$ 的某特征值 λ 满足 $\beta=\lambda-\alpha$ 时，β 是 $\boldsymbol{B}$ 的特征值.

14. $\lambda_1=6$，$\lambda_2=2$

24. $\lambda_1\boldsymbol{x}^{\mathrm{T}}\boldsymbol{y}=(\boldsymbol{A}\boldsymbol{x})^{\mathrm{T}}\boldsymbol{y}=\boldsymbol{x}^{\mathrm{T}}\boldsymbol{A}^{\mathrm{T}}\boldsymbol{y}=\lambda_2\boldsymbol{x}^{\mathrm{T}}\boldsymbol{y}$

6.2 节

1. (a) $\begin{bmatrix} c_1\mathrm{e}^{2t}+c_2\mathrm{e}^{3t} \\ c_1\mathrm{e}^{2t}+2c_2\mathrm{e}^{3t}\end{bmatrix}$；　(b) $\begin{bmatrix} -c_1\mathrm{e}^{-2t}-4c_2\mathrm{e}^{t} \\ c_1\mathrm{e}^{-2t}+c_2\mathrm{e}^{t}\end{bmatrix}$；　(c) $\begin{bmatrix} 2c_1+c_2\mathrm{e}^{5t} \\ c_1-2c_2\mathrm{e}^{5t}\end{bmatrix}$；

(d) $\begin{bmatrix} -c_1\mathrm{e}^{t}\sin t+c_2\mathrm{e}^{t}\cos t \\ c_1\mathrm{e}^{t}\cos t+c_2\mathrm{e}^{t}\sin t\end{bmatrix}$；　(e) $\begin{bmatrix} -c_1\mathrm{e}^{3t}\sin 2t+c_2\mathrm{e}^{3t}\cos 2t \\ c_1\mathrm{e}^{3t}\cos 2t+c_2\mathrm{e}^{3t}\sin 2t\end{bmatrix}$；　(f) $\begin{bmatrix} -c_1+c_2\mathrm{e}^{5t}+c_3\mathrm{e}^{t} \\ -3c_1+8c_2\mathrm{e}^{5t} \\ c_1+4c_2\mathrm{e}^{5t}\end{bmatrix}$

2. (a) $\begin{bmatrix} \mathrm{e}^{-3t}+2\mathrm{e}^{t} \\ -\mathrm{e}^{-3t}+2\mathrm{e}^{t}\end{bmatrix}$；　(b) $\begin{bmatrix} \mathrm{e}^{t}\cos 2t+2\mathrm{e}^{t}\sin 2t \\ \mathrm{e}^{t}\sin 2t-2\mathrm{e}^{t}\cos 2t\end{bmatrix}$；

(c) $\begin{bmatrix} -6\mathrm{e}^{t}+2\mathrm{e}^{-t}+6 \\ -3\mathrm{e}^{t}+\mathrm{e}^{-t}+4 \\ -\mathrm{e}^{t}+\mathrm{e}^{-t}+2\end{bmatrix}$；　(d) $\begin{bmatrix} -2-3\mathrm{e}^{t}+6\mathrm{e}^{2t} \\ 1+3\mathrm{e}^{t}-3\mathrm{e}^{2t} \\ 1+3\mathrm{e}^{2t}\end{bmatrix}$

4. $y_1(t)=15\mathrm{e}^{-0.24t}+25\mathrm{e}^{-0.08t}$，$y_2(t)=-30\mathrm{e}^{-0.24t}+50\mathrm{e}^{-0.08t}$

5. (a) $\begin{bmatrix} -2c_1\mathrm{e}^{t}-2c_2\mathrm{e}^{-t}+c_3\mathrm{e}^{\sqrt{2}t}+c_4\mathrm{e}^{-\sqrt{2}t} \\ c_1\mathrm{e}^{t}+c_2\mathrm{e}^{-t}-c_3\mathrm{e}^{\sqrt{2}t}-c_4\mathrm{e}^{-\sqrt{2}t}\end{bmatrix}$；　(b) $\begin{bmatrix} c_1\mathrm{e}^{2t}+c_2\mathrm{e}^{-2t}-c_3\mathrm{e}^{t}-c_4\mathrm{e}^{-t} \\ c_1\mathrm{e}^{2t}-c_2\mathrm{e}^{-2t}+c_3\mathrm{e}^{t}-c_4\mathrm{e}^{-t}\end{bmatrix}$

6. $y_1(t)=-e^{2t}+e^{-2t}+e^t$；　$y_2(t)=-e^{2t}-e^{-2t}+2e^t$

8. $x_1(t)=\cos t+3\sin t+\frac{1}{\sqrt{3}}\sin\sqrt{3}t$，$x_2(t)=\cos t+3\sin t-\frac{1}{\sqrt{3}}\sin\sqrt{3}t$

10. (a) $m_1x_1''(t)=-kx_1+k(x_2-x_1)$

$m_2x_2''(t)=-k(x_2-x_1)+k(x_3-x_2)$

$m_3x_3''(t)=-k(x_3-x_2)-kx_3$；

(b) $\begin{bmatrix}0.1\cos 2\sqrt{3}t+0.9\cos\sqrt{2}t\\-0.2\cos 2\sqrt{3}t+1.2\cos\sqrt{2}t\\0.1\cos 2\sqrt{3}t+0.9\cos\sqrt{2}t\end{bmatrix}$

11. $p(\lambda)=(-1)^n(\lambda^n-a_{n-1}\lambda^{n-1}-\cdots-a_1\lambda-a_0)$

6.3 节

8. (b) $\alpha=2$；　(c) $\alpha=3$ 或 $\alpha=-1$；　(d) $\alpha=1$；　(e) $\alpha=0$；　(g) α 的所有值

21. 马尔可夫链的转移矩阵和稳态向量是

$$\begin{bmatrix}0.80&0.30\\0.20&0.70\end{bmatrix},\quad \boldsymbol{x}=\begin{bmatrix}0.60\\0.40\end{bmatrix}$$

长时间后，可以期望60%的雇员参与.

22. (a) $\boldsymbol{A}=\begin{bmatrix}0.70&0.20&0.10\\0.20&0.70&0.10\\0.10&0.10&0.80\end{bmatrix}$；

(c) 当 n 变得很大时，三部分人群中的成员将全部超过 100 000.

26. 转移矩阵为

$$\boldsymbol{A}=0.85\begin{bmatrix}0&\frac{1}{2}&0&\frac{1}{4}\\\frac{1}{3}&0&0&\frac{1}{4}\\\frac{1}{3}&\frac{1}{2}&0&\frac{1}{4}\\\frac{1}{3}&0&1&\frac{1}{4}\end{bmatrix}+0.15\begin{bmatrix}\frac{1}{4}&\frac{1}{4}&\frac{1}{4}&\frac{1}{4}\\\frac{1}{4}&\frac{1}{4}&\frac{1}{4}&\frac{1}{4}\\\frac{1}{4}&\frac{1}{4}&\frac{1}{4}&\frac{1}{4}\\\frac{1}{4}&\frac{1}{4}&\frac{1}{4}&\frac{1}{4}\end{bmatrix}$$

30. (b) $\begin{bmatrix}e&e\\0&e\end{bmatrix}$

31. (a) $\begin{bmatrix}3-2e&1-e\\-6+6e&-2+3e\end{bmatrix}$；　(c) $\begin{bmatrix}e&-1+e&-1+e\\1-e&2-e&1-e\\-1+e&-1+e&e\end{bmatrix}$

32. (a) $\begin{bmatrix}e^{-t}\\e^{-t}\end{bmatrix}$；　(b) $\begin{bmatrix}-3e^t-e^{-t}\\e^t+e^{-t}\end{bmatrix}$；　(c) $\begin{bmatrix}3e^t-2\\2-e^{-t}\\e^{-t}\end{bmatrix}$

6.4 节

1. (a) $\|\boldsymbol{z}\|=6$，$\|\boldsymbol{w}\|=3$，$\langle\boldsymbol{z},\boldsymbol{w}\rangle=-4+4i$，$\langle\boldsymbol{w},\boldsymbol{z}\rangle=-4-4i$；

(b) $\|\boldsymbol{z}\|=4$，$\|\boldsymbol{w}\|=7$，$\langle\boldsymbol{z},\boldsymbol{w}\rangle=-4+10i$，$\langle\boldsymbol{w},\boldsymbol{z}\rangle=-4-10i$

2. (b) $\boldsymbol{z}=4\boldsymbol{z}_1+2\sqrt{2}\boldsymbol{z}_2$

3. (a) $\boldsymbol{u}_1^H\boldsymbol{z}=4+2i$，$\boldsymbol{z}^H\boldsymbol{u}_1=4-2i$，$\boldsymbol{u}_2^H\boldsymbol{z}=6-5i$，$\boldsymbol{z}^H\boldsymbol{u}_2=6+5i$；

(b) $\|\boldsymbol{z}\|=9$

4. (b)和(f)是埃尔米特矩阵，而(b)、(c)、(e)和(f)是正规矩阵．

14. (b) $\|\boldsymbol{Ux}\|^2=(\boldsymbol{Ux})^{\mathrm{H}}\boldsymbol{Ux}=\boldsymbol{x}^{\mathrm{H}}\boldsymbol{U}^{\mathrm{H}}\boldsymbol{Ux}=\boldsymbol{x}^{\mathrm{H}}\boldsymbol{x}=\|\boldsymbol{x}\|^2$

15. $\boldsymbol{U}$ 是酉的，因为 $\boldsymbol{U}^{\mathrm{H}}\boldsymbol{U}=(\boldsymbol{I}-2\boldsymbol{uu}^{\mathrm{H}})^2=\boldsymbol{I}-4\boldsymbol{uu}^{\mathrm{H}}+4\boldsymbol{u}(\boldsymbol{u}^{\mathrm{H}}\boldsymbol{u})\boldsymbol{u}^{\mathrm{H}}=\boldsymbol{I}$.

24. $\lambda_1=1$，$\lambda_2=-1$，$\boldsymbol{u}_1=\left(\frac{1}{\sqrt{2}},\ \frac{1}{\sqrt{2}}\right)^{\mathrm{T}}$，$\boldsymbol{u}_2=\left(-\frac{1}{\sqrt{2}},\ \frac{1}{\sqrt{2}}\right)^{\mathrm{T}}$，$\boldsymbol{A}=1\begin{bmatrix}\frac{1}{2} & \frac{1}{2}\\ \frac{1}{2} & \frac{1}{2}\end{bmatrix}+(-1)\begin{bmatrix}\frac{1}{2} & -\frac{1}{2}\\ -\frac{1}{2} & \frac{1}{2}\end{bmatrix}$

6.5 节

2. (a) $\sigma_1=\sqrt{10}$，$\sigma_2=0$；　(b) $\sigma_1=3$，$\sigma_2=2$；　(c) $\sigma_1=4$，$\sigma_2=2$；

　(d) $\sigma_1=3$，$\sigma_2=2$，$\sigma_3=1$. 矩阵 $\boldsymbol{U}$ 和 $\boldsymbol{V}$ 不是唯一的．读者可通过计算 $\boldsymbol{U\Sigma V}^{\mathrm{T}}$ 来验证答案．

3. (b) $\boldsymbol{A}$ 的秩$=2$，$\boldsymbol{A}'=\begin{bmatrix}1.2 & -2.4\\ -0.6 & 1.2\end{bmatrix}$

4. 最接近的秩为 2 的矩阵是 $\begin{bmatrix}-2 & 8 & 20\\ 14 & 19 & 10\\ 0 & 0 & 0\end{bmatrix}$，最接近的秩为 1 的矩阵是 $\begin{bmatrix}6 & 12 & 12\\ 8 & 16 & 16\\ 0 & 0 & 0\end{bmatrix}$

5. (a) $R(\boldsymbol{A}^{\mathrm{T}})$的基：$\left\{\boldsymbol{v}_1=\left(\frac{2}{3},\ \frac{2}{3},\ \frac{1}{3}\right)^{\mathrm{T}},\ \boldsymbol{v}_2=\left(-\frac{2}{3},\ \frac{1}{3},\ \frac{2}{3}\right)^{\mathrm{T}}\right\}$；

　$N(\boldsymbol{A})$的基：$\left\{\boldsymbol{v}_3=\left(\frac{1}{3},\ -\frac{2}{3},\ \frac{2}{3}\right)^{\mathrm{T}}\right\}$

6.6 节

1. (a) $\begin{bmatrix}3 & -\frac{5}{2}\\ -\frac{5}{2} & 1\end{bmatrix}$；　(b) $\begin{bmatrix}2 & \frac{1}{2} & -1\\ \frac{1}{2} & 3 & \frac{3}{2}\\ -1 & \frac{3}{2} & 1\end{bmatrix}$

3. (a) $\boldsymbol{Q}=\frac{1}{\sqrt{2}}\begin{bmatrix}1 & 1\\ 1 & -1\end{bmatrix}$，$\frac{(x')^2}{4}+\frac{(y')^2}{12}=1$，椭圆；

　(d) $\boldsymbol{Q}=\frac{1}{\sqrt{2}}\begin{bmatrix}1 & 1\\ -1 & 1\end{bmatrix}$，$\left(y'+\frac{\sqrt{2}}{2}\right)^2=-\frac{\sqrt{2}}{2}(x'-\sqrt{2})$或$(y'')^2=-\frac{\sqrt{2}}{2}x''$，抛物线

6. (a) 正定；　(b) 不定；　(d) 负定；　(e) 不定

7. (a) 极小值；　(b) 鞍点；　(c) 鞍点；　(f) 局部极大值

6.7 节

1. (a) $\det(\boldsymbol{A}_1)=2$，$\det(\boldsymbol{A}_2)=3$，正定；

　(b) $\det(\boldsymbol{A}_1)=3$，$\det(\boldsymbol{A}_2)=-10$，不正定；

　(c) $\det(\boldsymbol{A}_1)=6$，$\det(\boldsymbol{A}_2)=14$，$\det(\boldsymbol{A}_3)=-38$，不正定；

　(d) $\det(\boldsymbol{A}_1)=4$，$\det(\boldsymbol{A}_2)=8$，$\det(\boldsymbol{A}_3)=13$，正定

2. $a_{11}=3$，$a_{22}^{(1)}=2$，$a_{33}^{(2)}=\frac{4}{3}$

4. (a) $\begin{bmatrix}1 & 0\\ \frac{1}{2} & 1\end{bmatrix}\begin{bmatrix}4 & 0\\ 0 & 9\end{bmatrix}\begin{bmatrix}1 & \frac{1}{2}\\ 0 & 1\end{bmatrix}$；　(b) $\begin{bmatrix}1 & 0\\ -\frac{1}{3} & 1\end{bmatrix}\begin{bmatrix}9 & 0\\ 0 & 1\end{bmatrix}\begin{bmatrix}1 & -\frac{1}{3}\\ 0 & 1\end{bmatrix}$；

(c) $\begin{bmatrix} 1 & 0 & 0 \\ \frac{1}{2} & 1 & 0 \\ \frac{1}{4} & -1 & 1 \end{bmatrix} \begin{bmatrix} 16 & 0 & 0 \\ 0 & 2 & 0 \\ 0 & 0 & 4 \end{bmatrix} \begin{bmatrix} 1 & \frac{1}{2} & \frac{1}{4} \\ 0 & 1 & -1 \\ 0 & 0 & 1 \end{bmatrix}$； (d) $\begin{bmatrix} 1 & 0 & 0 \\ \frac{1}{3} & 1 & 0 \\ -\frac{2}{3} & 1 & 1 \end{bmatrix} \begin{bmatrix} 9 & 0 & 0 \\ 0 & 3 & 0 \\ 0 & 0 & 2 \end{bmatrix} \begin{bmatrix} 1 & \frac{1}{3} & -\frac{2}{3} \\ 0 & 1 & 1 \\ 0 & 0 & 1 \end{bmatrix}$

5. (a) $\begin{bmatrix} 2 & 0 \\ 1 & 3 \end{bmatrix} \begin{bmatrix} 2 & 1 \\ 0 & 3 \end{bmatrix}$； (b) $\begin{bmatrix} 3 & 0 \\ -1 & 1 \end{bmatrix} \begin{bmatrix} 3 & -1 \\ 0 & 1 \end{bmatrix}$；

(c) $\begin{bmatrix} 4 & 0 & 0 \\ 2 & \sqrt{2} & 0 \\ 1 & -\sqrt{2} & 2 \end{bmatrix} \begin{bmatrix} 4 & 2 & 1 \\ 0 & \sqrt{2} & -\sqrt{2} \\ 0 & 0 & 2 \end{bmatrix}$； (d) $\begin{bmatrix} 3 & 0 & 0 \\ 1 & \sqrt{3} & 0 \\ -2 & \sqrt{3} & \sqrt{2} \end{bmatrix} \begin{bmatrix} 3 & 1 & -2 \\ 0 & \sqrt{3} & \sqrt{3} \\ 0 & 0 & \sqrt{2} \end{bmatrix}$

6.8 节

1. (a) $\lambda_1=4$，$\lambda_2=-1$，$\boldsymbol{x}_1=(3, 2)^{\mathrm{T}}$；
   (b) $\lambda_1=8$，$\lambda_2=3$，$\boldsymbol{x}_1=(1, 2)^{\mathrm{T}}$；
   (c) $\lambda_1=7$，$\lambda_2=2$，$\lambda_3=0$，$\boldsymbol{x}_1=(1, 1, 1)^{\mathrm{T}}$
2. (a) $\lambda_1=3$，$\lambda_2=-1$，$\boldsymbol{x}_1=(3, 1)^{\mathrm{T}}$；
   (b) $\lambda_1=2=2\exp(0)$，$\lambda_2=-2=2\exp(\pi i)$，$\boldsymbol{x}_1=(1, 1)^{\mathrm{T}}$；
   (c) $\lambda_1=2=2\exp(0)$，$\lambda_2=-1+\sqrt{3}i=2\exp\left(\frac{2\pi i}{3}\right)$，$\lambda_3=-1-\sqrt{3}i=2\exp\left(\frac{4\pi i}{3}\right)$，$\boldsymbol{x}_1=(4, 2, 1)^{\mathrm{T}}$
3. $x_1=70\,000$，$x_2=56\,000$，$x_3=44\,000$ 4. $x_1=x_2=x_3$
5. $(\boldsymbol{I}-\boldsymbol{A})^{-1}=\boldsymbol{I}+\boldsymbol{A}+\cdots+\boldsymbol{A}^{m-1}$
6. (a) $(\boldsymbol{I}-\boldsymbol{A})^{-1}=\begin{bmatrix} 1 & -1 & 3 \\ 0 & 0 & 1 \\ 0 & -1 & 2 \end{bmatrix}$； (b) $\boldsymbol{A}^2=\begin{bmatrix} 0 & -2 & 2 \\ 0 & 0 & 0 \\ 0 & 0 & 0 \end{bmatrix}$，$\boldsymbol{A}^3=\begin{bmatrix} 0 & 0 & 0 \\ 0 & 0 & 0 \\ 0 & 0 & 0 \end{bmatrix}$
7. (b)和(c)是可约的.
15. (d) $\boldsymbol{w}=\left(\frac{12}{29}, \frac{12}{29}, \frac{3}{29}, \frac{2}{29}\right)^{\mathrm{T}}\approx(0.413\,8, 0.413\,8, 0.103\,4, 0.069\,0)^{\mathrm{T}}$

测试题 A

1. 真 2. 假 3. 真 4. 假 5. 假 6. 假 7. 假 8. 假 9. 真 10. 假 11. 真 12. 真 13. 真 14. 假 15. 真

第 7 章

7.1 节

1. (a) 0.231×10^4； (b) 0.326×10^2； (c) 0.128×10^{-1}； (d) 0.824×10^5
2. (a) $\varepsilon=-2$；$\delta\approx-8.7\times10^{-4}$； (b) $\varepsilon=0.04$；$\delta\approx1.2\times10^{-3}$；
   (c) $\varepsilon=3.0\times10^{-5}$；$\delta\approx2.3\times10^{-3}$； (d) $\varepsilon=-31$；$\delta\approx-3.8\times10^{-4}$
3. (a) $(1.0101)_2\times2^4$； (b) $(1.1000)_2\times2^{-2}$； (c) $(1.0100)_2\times2^3$； (d) $-(1.1010)_2\times2^{-4}$
4. (a) $10\,420$，$\varepsilon=-0.001\,8$，$\delta\approx-1.7\times10^{-7}$； (b) 0，$\varepsilon=-8$，$\delta=-1$；
   (c) 1×10^{-4}，$\varepsilon=5\times10^{-5}$，$\delta=1$； (d) $82\,190$，$\varepsilon=25.750\,4$，$\delta\approx3.1\times10^{-4}$
5. (a) $0.104\,3\times10^6$； (b) $0.104\,5\times10^6$； (c) $0.104\,5\times10^6$
8. 23
9. (a) $(1.0011100000000000000000)_2\times2^3$ 或 9.75

7.2 节

1. $\boldsymbol{A}=\begin{bmatrix}1&0&0\\2&1&0\\-3&2&1\end{bmatrix}\begin{bmatrix}1&1&1\\0&2&-1\\0&0&3\end{bmatrix}$

2. (a) $(2,\ -1,\ 3)^{\mathrm{T}}$； (b) $(1,\ -1,\ 3)^{\mathrm{T}}$； (c) $(1,\ 5,\ 1)^{\mathrm{T}}$

3. (a) n^2个乘法和$n(n-1)$个加法；

   (b) n^3 个乘法和 $n^2(n-1)$个加法；

   (c) $(\boldsymbol{AB})\boldsymbol{x}$ 需要 n^3+n^2 个乘法和 n^3-n 个加法；

   $\boldsymbol{A}(\boldsymbol{Bx})$需要 $2n^2$ 个乘法和 $2n(n-1)$个加法．

4. (b) (i) 156 个乘法和 105 个加法， (ii) 47 个乘法和 24 个加法， (iii) 100 个乘法和 60 个加法

8. $5n-4$ 个乘除法，$3n-3$ 个加减法

9. (a) $[(n-j)(n-j+1)]/2$ 个乘法，$[(n-j-1)(n-j)]/2$ 个加法；

   (c) 给定 $\boldsymbol{LU}$ 分解，计算 $\boldsymbol{A}^{-1}$需要$\frac{2}{3}n^3$阶的附加乘除法．

7.3 节

1. (a) $(1,\ 1,\ -2)$； (b) $\begin{bmatrix}0&0&1\\1&0&0\\0&1&0\end{bmatrix}\begin{bmatrix}1&0&0\\2&1&0\\0&3&1\end{bmatrix}\begin{bmatrix}1&2&-2\\0&1&8\\0&0&-23\end{bmatrix}$

2. (a) $(1,\ 2,\ 2)$； (b) $(4,\ -3,\ 0)$； (c) $(1,\ 1,\ 1)$

3. $\boldsymbol{P}=\begin{bmatrix}0&0&1\\1&0&0\\0&1&0\end{bmatrix}$， $\boldsymbol{L}=\begin{bmatrix}1&0&0\\\frac{1}{2}&1&0\\-\frac{1}{2}&-\frac{1}{3}&1\end{bmatrix}$， $\boldsymbol{U}=\begin{bmatrix}2&4&-6\\0&6&9\\0&0&5\end{bmatrix}$， $\boldsymbol{x}=\begin{bmatrix}6\\-\frac{1}{2}\\1\end{bmatrix}$

4. $\boldsymbol{P}=\boldsymbol{Q}=\begin{bmatrix}0&1\\1&0\end{bmatrix}$，$\boldsymbol{PAQ}=\boldsymbol{LU}=\begin{bmatrix}1&0\\\frac{1}{2}&1\end{bmatrix}\begin{bmatrix}4&2\\0&2\end{bmatrix}$，$\boldsymbol{x}=\begin{bmatrix}3\\-2\end{bmatrix}$

5. (a) $\hat{\boldsymbol{c}}=\boldsymbol{Pc}=(-4,\ 6)^{\mathrm{T}}$，$\boldsymbol{y}=\boldsymbol{L}^{-1}\hat{\boldsymbol{c}}=(-4,\ 8)^{\mathrm{T}}$，$\boldsymbol{z}=\boldsymbol{U}^{-1}\boldsymbol{y}=(-3,\ 4)^{\mathrm{T}}$

   (b) $\boldsymbol{x}=\boldsymbol{Qz}=(4,\ -3)^{\mathrm{T}}$

6. (b) $\boldsymbol{P}=\begin{bmatrix}0&0&1\\0&1&0\\1&0&0\end{bmatrix}$， $\boldsymbol{Q}=\begin{bmatrix}0&0&1\\1&0&0\\0&1&0\end{bmatrix}$， $\boldsymbol{L}=\begin{bmatrix}1&0&0\\-\frac{1}{2}&1&0\\\frac{1}{2}&\frac{2}{3}&1\end{bmatrix}$， $\boldsymbol{U}=\begin{bmatrix}8&6&2\\0&6&3\\0&0&2\end{bmatrix}$

7. 误差 $\frac{-2\,000e}{0.6}\approx-3\,333e$. 若 $e=0.001$，则 $\delta=-\frac{2}{3}$.

8. $(1.667,\ 1.001)$ 9. $(5.002,\ 1.000)$ 10. $(5.001,\ 1.001)$

7.4 节

1. (a) $\|\boldsymbol{A}\|_F=\sqrt{2}$，$\|\boldsymbol{A}\|_\infty=1$，$\|\boldsymbol{A}\|_1=1$； (b) $\|\boldsymbol{A}\|_F=5$，$\|\boldsymbol{A}\|_\infty=5$，$\|\boldsymbol{A}\|_1=6$；

   (c) $\|\boldsymbol{A}\|_F=\|\boldsymbol{A}\|_\infty=\|\boldsymbol{A}\|_1=1$； (d) $\|\boldsymbol{A}\|_F=7$，$\|\boldsymbol{A}\|_\infty=6$，$\|\boldsymbol{A}\|_1=10$；

   (e) $\|\boldsymbol{A}\|_F=9$，$\|\boldsymbol{A}\|_\infty=10$，$\|\boldsymbol{A}\|_1=12$

2. 2 4. $\|\boldsymbol{I}\|_1=\|\boldsymbol{I}\|_\infty=1$，$\|\boldsymbol{I}\|_F=\sqrt{n}$

6. (a) 10；　(b) $(-1, 1, -1)^{\mathrm{T}}$

27. (a) 由于对任何 $\mathbf{R}^n$ 中的向量 $\boldsymbol{y}$，我们有

$$\|\boldsymbol{y}\|_\infty \leqslant \|\boldsymbol{y}\|_2 \leqslant \sqrt{n}\|\boldsymbol{y}\|_\infty$$

故有

$$\|\boldsymbol{Ax}\|_\infty \leqslant \|\boldsymbol{Ax}\|_2 \leqslant \|\boldsymbol{A}\|_2\|\boldsymbol{x}\|_2 \leqslant \sqrt{n}\|\boldsymbol{A}\|_2\|\boldsymbol{x}\|_\infty$$

29. $\mathrm{cond}_\infty \boldsymbol{A}=400$　30. 解为$(-0.48, 0.8)^{\mathrm{T}}$和$(-2.902, 2.0)^{\mathrm{T}}$

31. $\mathrm{cond}_\infty(\boldsymbol{A})=28$　33. (a) $\boldsymbol{A}_n^{-1}=\begin{bmatrix}1-n & n\\ n & -n\end{bmatrix}$；　(b) $\mathrm{cond}_\infty \boldsymbol{A}_n=4n$；　(c) $\lim\limits_{n\to\infty}\mathrm{cond}_\infty \boldsymbol{A}_n=\infty$

34. $\sigma_1=8$，$\sigma_2=8$，$\sigma_3=4$

35. (a) $\boldsymbol{r}=(-0.06, 0.02)^{\mathrm{T}}$，且相对残量为 0.012；

(b) 20；　(d) $\boldsymbol{x}=(1, 1)^{\mathrm{T}}$，$\|\boldsymbol{x}-\boldsymbol{x}'\|_\infty=0.12$

36. $\mathrm{cond}_1(\boldsymbol{A})=6$　37. 0.3

38. (a) $\|\boldsymbol{r}\|_\infty=0.10$，$\mathrm{cond}_\infty(\boldsymbol{A})=32$；　(b) 0.64；

(c) $\boldsymbol{x}=(12.50, 4.26, 2.14, 1.10)^{\mathrm{T}}$，$\delta=0.04$

7.5 节

1. (a) $\begin{bmatrix}\frac{1}{\sqrt{2}} & \frac{1}{\sqrt{2}}\\ -\frac{1}{\sqrt{2}} & \frac{1}{\sqrt{2}}\end{bmatrix}$；　(b) $\begin{bmatrix}\frac{\sqrt{3}}{2} & -\frac{1}{2}\\ \frac{1}{2} & \frac{\sqrt{3}}{2}\end{bmatrix}$；　(c) $\begin{bmatrix}-\frac{4}{5} & \frac{3}{5}\\ -\frac{3}{5} & -\frac{4}{5}\end{bmatrix}$

2. (a) $\begin{bmatrix}\frac{3}{5} & 0 & \frac{4}{5}\\ 0 & 1 & 0\\ \frac{4}{5} & 0 & -\frac{3}{5}\end{bmatrix}$；　(b) $\begin{bmatrix}\frac{1}{\sqrt{2}} & -\frac{1}{\sqrt{2}} & 0\\ -\frac{1}{\sqrt{2}} & -\frac{1}{\sqrt{2}} & 0\\ 0 & 0 & 1\end{bmatrix}$；　(c) $\begin{bmatrix}1 & 0 & 0\\ 0 & \frac{1}{2} & \frac{\sqrt{3}}{2}\\ 0 & \frac{\sqrt{3}}{2} & -\frac{1}{2}\end{bmatrix}$；

(d) $\begin{bmatrix}1 & 0 & 0\\ 0 & -\frac{\sqrt{3}}{2} & \frac{1}{2}\\ 0 & \frac{1}{2} & \frac{\sqrt{3}}{2}\end{bmatrix}$

3. 对给定的 β 和 $\boldsymbol{v}$，$\boldsymbol{H}=\boldsymbol{I}-\frac{1}{\beta}\boldsymbol{v}\boldsymbol{v}^{\mathrm{T}}$.

(a) $\beta=90$，$\boldsymbol{v}=(-10, 8, -4)^{\mathrm{T}}$；　(b) $\beta=70$，$\boldsymbol{v}=(10, 6, 2)^{\mathrm{T}}$；

(c) $\beta=15$，$\boldsymbol{v}=(-5, -3, 4)^{\mathrm{T}}$

4. (a) $\beta=90$，$\boldsymbol{v}=(0, 10, 4, 8)^{\mathrm{T}}$；　(b) $\beta=15$，$\boldsymbol{v}=(0, 0, -5, -1, 2)^{\mathrm{T}}$

6. (a) $\boldsymbol{H}_2\boldsymbol{H}_1\boldsymbol{A}=\boldsymbol{R}$，其中 $\boldsymbol{H}_i=\boldsymbol{I}-\frac{1}{\beta_i}\boldsymbol{v}_i\boldsymbol{v}_i^{\mathrm{T}}$，$i=1, 2$，且 $\beta_1=12$，$\beta_2=45$.

$$\boldsymbol{v}_1=\begin{bmatrix}-4\\ 2\\ -2\end{bmatrix},\quad \boldsymbol{v}_2=\begin{bmatrix}0\\ 9\\ -3\end{bmatrix},\quad \boldsymbol{R}=\begin{bmatrix}3 & \frac{19}{2} & \frac{9}{2}\\ 0 & -5 & -3\\ 0 & 0 & 6\end{bmatrix},\quad \boldsymbol{c}=\boldsymbol{H}_2\boldsymbol{H}_1\boldsymbol{b}=\left(-\frac{5}{2}, -5, 0\right)^{\mathrm{T}};$$

(b) $\boldsymbol{x}=(-4, 1, 0)^{\mathrm{T}}$

7. (a) $G=\begin{bmatrix}\frac{3}{5} & \frac{4}{5}\\ \frac{4}{5} & -\frac{3}{5}\end{bmatrix}$，　$x=\begin{bmatrix}-1\\ 1\end{bmatrix}$

8. 求 H 需要三个乘法、两个加法和一个开方．求 G 需要四个乘除法、一个加法和一个开方．计算 GA 需要 $4n$ 个乘法和 $2n$ 个加法，而计算 HA 需要 $3n$ 个乘除法和 $3n$ 个加法．

9. (a) $n-k+1$ 个乘除法，$2n-2k+1$ 个加法；

   (b) $n(n-k+1)$个乘除法，$n(2n-2k+1)$个加法

10. (a) $4(n-k)$个乘除法，$2(n-k)$个加法；

    (b) $4n(n-k)$个乘法，$2n(n-k)$个加法

11. (a) 旋转；　(b) 旋转；　(c) 吉文斯变换；　(d) 吉文斯变换

7.6 节

1. (a) $u_1=\begin{bmatrix}1\\ 1\end{bmatrix}$；　(b) $A_2=\begin{bmatrix}2 & 0\\ 0 & 0\end{bmatrix}$；

   (c) $\lambda_1=2$，$\lambda_2=0$；对应于 λ_1 的特征空间由 u_1 张成．

2. (a) $v_1=\begin{bmatrix}3\\ 5\\ 3\end{bmatrix}$，　$u_1=\begin{bmatrix}0.6\\ 1.0\\ 0.6\end{bmatrix}$，　$v_2=\begin{bmatrix}2.2\\ 4.2\\ 2.2\end{bmatrix}$，　$u_2=\begin{bmatrix}0.52\\ 1.00\\ 0.52\end{bmatrix}$，　$v_3=\begin{bmatrix}2.05\\ 4.05\\ 2.05\end{bmatrix}$；

   (b) $\lambda_1'=4.05$；　(c) $\lambda_1=4$，$\delta=0.0125$

3. (b) A 没有主特征值．

4. $A_2=\begin{bmatrix}3 & -1\\ -1 & 1\end{bmatrix}$，$A_3=\begin{bmatrix}3.4 & 0.2\\ 0.2 & 0.6\end{bmatrix}$，$\lambda_1=2+\sqrt{2}\approx 3.414$，$\lambda_2=2-\sqrt{2}\approx 0.586$

5. (b) $H=I-\frac{1}{\beta}vv^{\mathrm{T}}$，其中 $\beta=\frac{1}{3}$，$v=\left(-\frac{1}{3},\ -\frac{2}{3},\ \frac{1}{3}\right)^{\mathrm{T}}$；

   (c) $\lambda_2=3$，$\lambda_3=1$，$HAH=\begin{bmatrix}4 & 0 & 3\\ 0 & 5 & -4\\ 0 & 2 & -1\end{bmatrix}$

7.7 节

1. (a) $(\sqrt{2},\ 0)^{\mathrm{T}}$；　(b) $(1-3\sqrt{2},\ 3\sqrt{2},\ -\sqrt{2})^{\mathrm{T}}$；　(c) $(1,\ 0)^{\mathrm{T}}$；　(d) $(1-\sqrt{2},\ \sqrt{2},\ -\sqrt{2})^{\mathrm{T}}$

2. $x_i=\dfrac{d_ib_i+e_ib_{n+i}}{d_i^2+e_i^2}$，$i=1, 2, \cdots, n$

4. (a) $Q=\begin{bmatrix}\frac{1}{2} & -\frac{1}{6}\\ \frac{1}{2} & -\frac{1}{2}\\ \frac{1}{2} & \frac{5}{6}\\ \frac{1}{2} & -\frac{1}{6}\end{bmatrix}$，$R=\begin{bmatrix}2 & 12\\ 0 & 6\end{bmatrix}$

   (b) $x=\left[0, \frac{1}{3}\right]^{\mathrm{T}}$

5. (a) $\sigma_1=\sqrt{2+\rho^2}$，$\sigma_2=\rho$；　(b) $\lambda_1'=2$，$\lambda_2'=0$，$\sigma_1'=\sqrt{2}$，$\sigma_2'=0$

12. $\boldsymbol{A}^+ = \begin{bmatrix} \frac{1}{4} & \frac{1}{4} & 0 \\ \frac{1}{4} & \frac{1}{4} & 0 \end{bmatrix}$

13. (a) $\boldsymbol{A}^+ = \begin{bmatrix} \frac{1}{10} & -\frac{1}{10} \\ \frac{2}{10} & -\frac{2}{10} \end{bmatrix}$；　(b) $\boldsymbol{A}^+\boldsymbol{b} = \begin{bmatrix} 1 \\ 2 \end{bmatrix}$；　(c) $\left\{\boldsymbol{y} \mid \boldsymbol{y} = \begin{bmatrix} 1 \\ 2 \end{bmatrix} + \alpha \begin{bmatrix} -2 \\ 1 \end{bmatrix}\right\}$

15. $\|\boldsymbol{A}_1 - \boldsymbol{A}_2\|_F = \rho$，$\|\boldsymbol{A}_1^+ - \boldsymbol{A}_2^+\|_F = 1/\rho$. 当 $\rho \to 0$ 时，$\|\boldsymbol{A}_1 - \boldsymbol{A}_2\|_F \to 0$，且 $\|\boldsymbol{A}_1^+ - \boldsymbol{A}_2^+\|_F \to \infty$.

测试题 A

1. 假　2. 假　3. 假　4. 真　5. 假　6. 假　7. 真　8. 假　9. 假　10. 假

索　　引

索引中的页码为英文原书页码，与书中页边标注的页码一致.

G

H

I

P

Q